Fachberichte Messen, Steuern, Regeln

Band 1: Automatisierungstechnik im Wandel durch Mikroprozessoren
INTERKAMA-Kongreß 1977
Herausgegeben von M. Syrbe, B. Will
X, 675 Seiten, 1977

Band 2: Entwurf digitaler Steuerungen.
Ein Kolloquiumsbericht
Herausgegeben von K. H. Fasol
VI, 250 Seiten. 1979

Band 3: M. Cremer: Der Verkehrsfluß auf Schnellstraßen.
Modelle, Überwachung, Regelung.
XVI, 203 Seiten. 1979

Band 4: Wege zu sehr fortgeschrittenen Handhabungssystemen
Herausgegeben von H. Steusloff
VI, 205 Seiten. 1980

Band 5: Meß- und Automatisierungstechnik - Technologien, Verfahren, Ziele
INTERKAMA-Kongreß 1980
Herausgegeben von D. Ernst und M. Thoma
XI, 863 Seiten. 1980

Band 6: H.G. Jacob: Rechnergestützte Optimierung statischer
und dynamischer Systeme - Beispiele mit FORTRAN-Programmen.
XII, 229 Seiten. 1982

Band 7: J.P. Foith †: Intelligente Bildsensoren
zum Sichten, Handhaben, Steuern und Regeln
IX, 196 Seiten. 1982

Band 8: A. Korn: Bildverarbeitung durch das visuelle System
VIII, 185 Seiten. 1982

Band 9: Sehr fortgeschrittene Handhabungssysteme -
Ergebnisse und Anwendung
Herausgegeben von P. J. Becker
(in Vorbereitung)

Band 10: Fortschritte durch digitale Meß- und Automatisierungstechnik
INTERKAMA-Kongreß 1983
Herausgegeben von M. Syrbe und M. Thoma
XV, 791 Seiten. 1983

Fachberichte Messen · Steuern · Regeln

Herausgegeben von M. Syrbe und M. Thoma

10

Fortschritte durch digitale Meß- und Automatisierungstechnik

INTERKAMA-Kongreß 1983

Herausgegeben von M. Syrbe und M. Thoma

Springer-Verlag
Berlin Heidelberg New York Tokyo

Herausgeber:
Professor Dr. Max Syrbe
Fraunhofer-Institut für
Informations- und Datenverarbeitung IITB
Sebastian-Kneipp-Straße 12/14
7500 Karlsruhe 1

Professor Dr.-Ing. Manfred Thoma
Institut für Regelungstechnik
Universität Hannover
Appelstraße 11
3000 Hannover 1

CIP-Kurztitelaufnahme der Deutschen Bibliothek
Fortschritte durch digitale Mess- und Automatisierungstechnik /
INTERKAMA-Kongress 1983. Hrsg. von M. Syrbe u. M. Thoma. –
Berlin ; Heidelberg ; New York ; Tokyo : Springer, 1983.
(Fachberichte Messen, Steuern, Regeln ; 10)
NE: Syrbe, Max [Hrsg.]; INTERKAMA <09, 1983, Düsseldorf> ; GT

ISBN-13: 978-3-540-12862-5 e-ISBN-13: 978-3-642-95443-6
DOI: 10.1007/978-3-642-95443-6

2060/3020/543210

VORWORT

Bei der ersten INTERKAMA im Jahre 1957 lag das Hauptinteresse der Meß-, Regelungs- und Automatisierungstechnik darin, die körperliche Arbeit des Menschen zu erleichtern und effektiver zu gestalten.
Die stürmische Entwicklung der letzten Jahre auf dem Gebiete der Digitaltechnik wirkt sich zunehmend auch dahingehend aus, daß die Intelligenz des Menschen unterstützt und entlastet wird. Auch die Gesichtspunkte einer verbesserten Produktqualität und einer vom Gesetzgeber geforderten schadstoffarmen Produktionssteuerung stellen Anforderungen an Fertigungs- und Produktionsprozesse, die sich wohl nur unter Verwendung moderner Meß- und Regelungstechnik, die sich auf die Mikroelektronik abstützt, lösen lassen.
Diese Strukturänderungen haben in den letzten Jahren eine evolutionäre Entwicklung insbesondere auf den durch die INTERKAMA repräsentierten Gebieten der Meß-, Regelungs- und Automatisierungstechnik herbeigeführt.

Das Anliegen des internationalen Kongresses ist es, durch Aufzeigen neuerer Ergebnisse und zukünftiger Entwicklungen besonders den in der Praxis tätigen Entwicklern und Anwendern Anregungen zu geben. Neben modernen Geräteentwicklungen wird auch auf fortgeschrittene Meß- und Automatisierungsverfahren eingegangen. Dabei ist es zwingend, den rasanten Fortschritt bei hochintegrierten Halbleiterbausteinen zu berücksichtigen, der zur Entwicklung von Mikrorechnern führte, die eine rasch wachsende Zahl von Funktionen zu realisieren gestatten, ohne daß deren Kosten heute ins Gewicht fallen. Damit läßt sich in der Zukunft in immer größerem Maße eine dezentrale Prozeßführung kostengünstig realisieren, die neben einer besseren Überschaubarkeit und Betriebssicherheit auch den Einsatz von "intelligenteren", wie z.B. optimalen, adaptiven und anderen Regelstrategien auch bei weniger kostenintensiven Anlagen gestattet.

Ein verstärktes Problem stellt dabei das starke Anwachsen der unterschiedlichen angebotenen und verwendeten Bus-System dar.
Es ist zu hoffen, daß die praktischen Erfahrungen mit diesen Systemen zu einer Standardisierung ähnlich der in der analogen Meß- und Automatisierungstechnik führen. Darüber hinaus ist nicht zuletzt aus ökonomischen Gründen eine standardisierte portable Echtzeitsprache zur Prozeßregelung und Meßdatenverarbeitung notwendig.

Ein weiteres Beispiel ist die Entwicklung von Halbleitersensoren mit integrierten Funktionseinheiten zur Meßwertverarbeitung, die Teil eines verteilt strukturierten Gesamtsystems sind. Die auf diese Weise intelligenten Sensoren und die für die Auswertung ihrer Signale benötigten Mustererkennungsstrategien spielen bei der Programmierung und auch bei der Optimierung und Sicherheit des Fertigungs- oder Produktionsablaufs eine wichtige Rolle. Sie stellen somit für eine erfolgreiche flexible Automatisierung eine wesentliche Voraussetzung dar.

Wie die nachfolgend aufgeführten vier Kongreßschwerpunkte mit ihren Themengruppen verdeutlichen, lag diese Entwicklung auch bei der thematischen Zusammenstellung der über 60 von anerkannten Fachleuten vorgetragenen Referate zugrunde:

1. PRÜFEN, MESSEN

   Sensoren
   Mustererkennung, Bildverarbeitung
   Prüftechnik und Qualitätssicherung
   Beobachter und Prozeßidentifikationsverfahren im praktischen Einsatz

2. STEUERN, REGELN

   Sensitivität und Robustheit bei Regelungssystemen
   Steuerungs- und Regelungsverfahren für komplexe Aufgaben
   Bauelemente, Geräte und Systeme der digitalen Meß-, Steuerungs- und Regelungstechnik

3. GERÄTETECHNOLOGIE

Neue Kommunkationstechniken für die Meß-, Steuerungs- und Regelungstechnik

4. SYSTEMTECHNIK

Rechnergestützter Systementwurf, Simulation, Software-Engineering
Praktische Erfahrungen mit verteilten Automatisierungssystemen
Visuelle und auditive Mensch-Prozeß-Kommunikation
Zuverlässigkeit und Fehlertoleranzen von Automatisierungssystemen

Den Autoren danken wir für ihre Mitwirkung und termingerechte Abfassung ihrer Vorträge. Besonderer Dank gilt den Kongreßbeirats-mitgliedern, die für die Auswahl und die Abstimmung der Vorträge sorgten und gleichzeitig die Betreuung der einzelnen Themengruppen übernahmen.

Schließlich gilt unser Dank dem Verlag, der in bewährter Weise den Kongreßbericht erstellte, der sowohl als Arbeitsvorlage während des Kongresses als auch als Dokumentation in den späteren Jahren Beachtung finden wird.

Max Syrbe   Manfred Thoma

INHALTSVERZEICHNIS / CONTENTS

PRÜFTECHNIK UND QUALITÄTSSICHERUNG
Testing procedures and quality assurance

Kirmse, W., Pfeifer, T.

SENSITIVITÄT UND ROBUSTHEIT BEI REGELUNGSSYSTEMEN
Sensitivity and robustness in control systems

Mansour, M., Thoma, M.

STEUERUNGS- UND REGELUNGSVERFAHREN FÜR KOMPLEXE AUFGABEN
Feedforward and feedback control in complex structures

Stams, D., Schmidt, G.

BAUELEMENTE, GERÄTE UND SYSTEME DER DIGITALEN MESS-, STEUERUNGS- UND REGELUNGSTECHNIK
Components and systems for digital measurement and process control

Hück, A., Fülles, H.

NEUE KOMMUNIKATIONSTECHNIKEN FÜR DIE MESS-, STEUERUNGS- UND REGELUNGSTECHNIK
New communication techniques for measurement and process control applications

Kaltenecker, H., Büsing, W.

RECHNERGESTÜTZTER SYSTEMENTWURF, SIMULATION, SOFTWARE-ENGINEERING
Computer aided design, system simulation, software engineering

Syrbe, M., Hommel, G.

SENSOREN ALS GRUNDELEMENTE DER AUTOMATISIERUNGSTECHNIK

SENSORS AS BASIC ELEMENTS FOR AUTOMATION TECHNOLOGY

J. Hesse

Fraunhofer-Institut für Physikalische Meßtechnik
78 Freiburg, B.R. Deutschland

Summary

Modern measurement and automatic control techniques depend increasingly upon microcomputer compatible sensors. Cheap mass produced silicon or thin fil sensors will influence most of all the automotive and hausehold goods industries. More expensive sensors which are produced in smaller quantities in foil, thick film or by new technologies (i.e. optical fibers) will be favourably applied to industrial process and fabrication control techniques. Especially for the great variety of applications in automatics the more costly sensors will be acceptable. Sensors for the automatic position control and for torque measurements are proper examples. Further development will concentrate upon the field of intelligent sensors, in which signal processing functions are integrated.

1. Einleitung

In vielen industriellen Bereichen prägt heute die Mikroelektronik die technische Entwicklung. Sie hat eine erhebliche Rationalisierungswirkung aufgrund der niedrigen Kosten pro Schaltfunktion bei immer noch steigender Komplexität der Schaltungen. Darüber hinaus verändert sie auch die Konzeption von Geräten und Anlagen, denn sie verdrängt die Elemente der konventionellen, analogen Signalaufnahme und - verarbeitung durch digitale Schaltfunktionen.

Die Meß-, Steuer- und Regelungstechnik (MSR) hat diesbezüglich Anpassungsprobleme: Es fehlen mikroelektronik-kompatible Meßwertaufnehmer, die die praktisch wichtigen nichtelektrischen Größen wie Kraft, Druck, Moment, Position, Drehgeschwindigkeit, Durchfluß, Füllstand, Feuchte oder Temperatur durch Umformung in ein zu den Bauelementen der Mikroelektronik passendes elektrisches Signal abbilden (Bild 1).

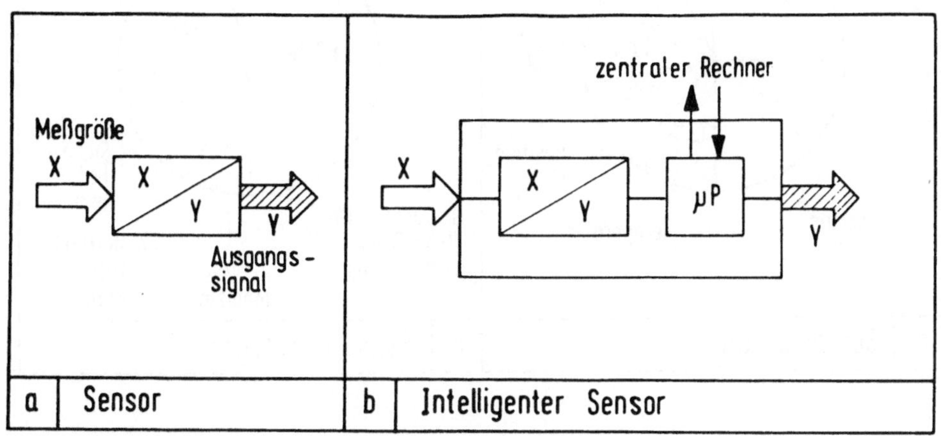

Bild 1: Zur Definition von Sensoren

Dieser Beitrag skizziert die ökonomischen Randbedingungen, leitet daraus Hinweise auf anwendungsgerechte Sensorprinzipien und -technologien ab und gibt Beispiele für neue erfolgreiche Entwicklungen zur Automatisierung mit Sensoren.

2. Ökonomische Aspekte

Wie andere Produkte auch, wird man Sensoren marktgerecht entwickeln und fertigen. Zum deutschen Markt von Sensoren gibt es erst einige wenige verläßliche Angaben /1/. Danach sollen 1980 rund 0,85 Millionen Sensoren eingesetzt worden sein, und zwar vorwiegend als Geschwindigkeits-Meßaufnehmer und nur in geringerem Umfang zur Messung von Temperatur, Durchfluß und Füllstand. Bis 1986 soll sich der Markt auf 2,6 Millionen Stück verdreifachen (Bild 2a). Die relative Bedeutung der Geschwindigkeitssensoren wird dann abnehmen zugunsten von Füllstandssensoren und Sensoren für Druck/Vibration, Position und Feuchte.

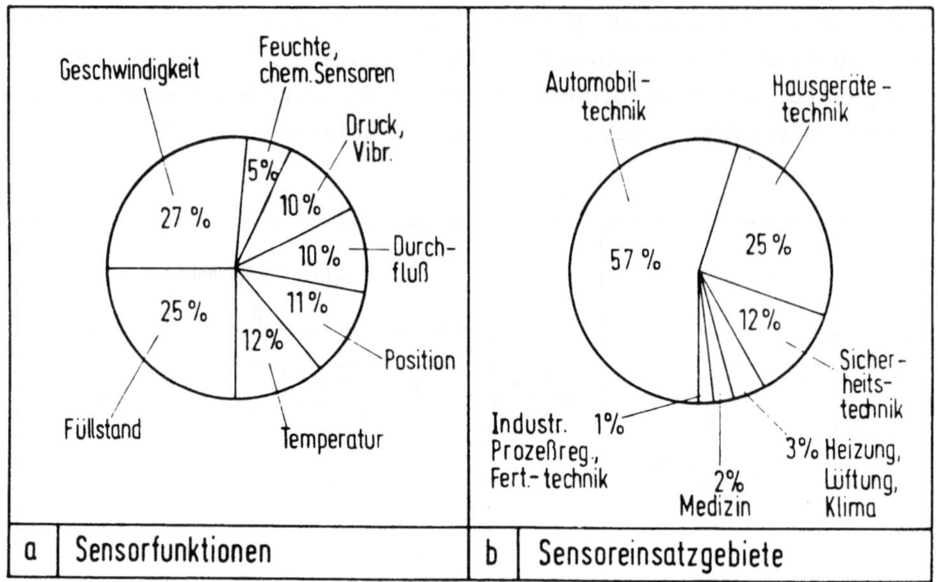

Bild 2: Verteilung des Sensormarktes 1986 (2,6 Millionen Stück) nach Sensorfunktion und Einsatzgebiet /1/

Nach Verteilung auf die Einsatzgebiete (Bild 2b) bestimmen die Automobiltechnik und die Hausgerätetechnik den Markt nach Stückzahlen, und in beiden Bereichen werden auch alle in Bild 2a genannten Sensorfunktionen benötigt. Der Anteil der Automatisierungstechnik ist im einzelnen nicht ausgewiesen. Im Hausgerätebereich kann man aber die meisten Sensoren dazurechnen. Beispielsweise sind Durchfluß, Füllstand, Wasserhärte, Feuchte und Temperatur wesentliche Meß- und Regelgrößen im Wasch-"Automaten". In der Automobiltechnik dagegen dienen Sensoren für Durchfluß, Füllstand oder Geschwindigkeit überwiegend der Erfassung mit Anzeige von Meßdaten ohne größere Automatisierungsfunktion.

Im Vergleich zu diesen stückzahlintensiven Einsatzgebieten bleiben Sensoren für die industrielle Prozeßregelung und die Fertigungstechnik - die klassischen Gebiete der Automatisierungstrechnik - nominell unbedeutend. Man rechnet mit 0,1 Millionen Stück in 1986, und zwar vorzugsweise zur Messung von Position und Durchfluß /1/.

Insgesamt wären also etwa 30-40 % aller Sensoren (Bild 2) in Verbindung mit Automatisierungsaufgaben zu sehen.

Auch wenn diese Prognosen im Detail unsicher sein mögen, dürften sie im Trend richtig sein. Sie liefern damit einer marktgerechten Entwicklung mindestens Orientierungshilfen:

- Im Hinblick auf hohe Stückzahlen dominieren mittelfristig Sensoren für Geschwindigkeit (auch Drehgeschwindigkeit) und Füllstand. Sensoren für Temperatur, Position, Durchfluß, Druck und chemische Größen haben nur zusammengenommen ein gleich großes Marktvolumen.

- Die stückzahlbestimmenden Einsatzgebiete für Sensoren sind die Automobil- und die Hausgerätetechnik.

Wenn nun Stückzahlargumente die Entwicklung von Sensoren prägen, dann bestimmen die Randbedingungen der Automobil- und Hausgerätetechnik auch die Konstruktionsmerkmale und die Technologie der Sensoren. Sie müssen so angelegt sein, daß u.a. Preise zwischen 1 und 10 DM pro Sensor und wartungsfreier Betrieb über mindestens 5 Jahre erreicht werden können. Im Prinzip wären das auch so für die industrielle Prozeßregelung und die Fertigungstechnik vernünftige Ziele. Bei nur 0,1 Millionen Stück pro Jahr sind aber niedrige Bauelementpreise schon fertigungstechnisch unrealistisch und dürften hier eher bei 10 bis 100 DM pro Sensor liegen.

3. Sensorkonzepte und -technologien

Für die technisch wichtigen Sensorfunktionen gibt es jeweils mehrere physikalische Lösungsansätze. In Tabelle 1 sind Effekte zusammengestellt, die im Hinblick auf die Haupteinsatzgebiete besonders erfolgversprechend erscheinen.

Zur Realisierung entsprechender Sensoren kann man Metalle (z.B. Wiegand-Effekt), Halbleiter (z.B. Feldeffekt) oder auch keramische Werkstoffe (z.B. Piezoeffekt) einsetzen. Im Sinne der in Abschnitt 2 dargelegten ökonomischen Randbedingungen wären für Halbleiter die Siliziumtechnologie und für Metalle bzw. Keramik die Dünnfilm- bzw. Dickschichttechnologie geeignete Ansatzpunkte. Bezüglich Investitionskosten von Fertigungslinien, Reproduzierbarkeit und Ausbeute in der Fertigung sowie Miniaturisierungspotential der Sensoren haben sie jeweils spezifische Vor- und Nachteile.

Meßgröße	Signalabbildender Effekt
Druck	Kapazitätsänderung Piezoeffekt
Moment	magnetoelastischer Effekt
Position	optische oder elektrodynamische Effekte
Beschleunigung	Piezoeffekt
Drehzahl	Wiegand-Effekt
Durchfluß	Änderung des elektrischen Widerstands
Feuchte	Halbleiter-Feldeffekt

Tabelle 1: Signalabbildende Effekte für Sensoren

Der Vergleich (Tabelle 2) zeigt vor allem, daß der Einsatz der Siliziumtechnologie erst bei ziemlich großen Stückzahlen sinnvoll wird, aber dann hätte sie den anderen Technologien gegenüber klare Vorteile. Nach Stand und Komplexität dieser Technologie dürfte sich die Herstellung von Silizium-Sensoren dann auf die etablierten großen Halbleiterfirmen konzentrieren.

Beim heute und mittelfristig noch vergleichsweise geringen Stückzahlbedarf (vgl. Bild 2b und Tabelle 2, Zeile 2) bleiben aber die anderen Technologien (Tabelle 2) vorerst mindestens konkurrenzfähig, vielleicht sogar überlegen. Das gilt insbesondere für die Sensoren zur industriellen Prozeßregelung und Fertigungstechnik (nur 0,1 Mio Stück in 1986!). Hier hätten also auch neue

Kriterium	Technologie: Silizium	Dünnfilm	Dickschicht
Investitionen für eine Fertigungslinie (in MIO DM)	> 1	$\gtrsim 0{,}3$	$\gtrsim 0{,}1$
Produktionsgerecht für jährliche Stückzahlen	$> 10^5$	$10^3 - 10^6$	$10^2 - 10^5$
Sensorfertigungskosten			
- bei hohen	sehr niedrig	niedrig	niedrig
- bei niedrigen Stückzahlen	sehr hoch	hoch	mittel
Miniaturisierungsmöglichkeit	sehr gut	gut	mittel

Tabelle 2: Sensortechnologien im Vergleich /2/

Technologien (z.B. faseroptische Sensoren) noch reelle Einsatzchancen. Gerade dieser Bereich der kleinen Stückzahlen öffnet auch mittelständischen Unternehmen den Markt für Sensoren mit erheblichen innovativen Möglichkeiten.

4. Beispiele für Sensoren in der Automatisierungstechnik

Die Funktion von modernen Sensoren in den Systemen der MSR-Technik läßt sich am besten in ihrer Wechselwirkung mit dem Prozeß demonstrieren. Im folgenden werden dazu drei Neuentwicklungen zur berührungslosen, automatischen Messung der Position bzw. des Drehmoments herangezogen. Sie stehen beispielhaft für Lösungen, die mit technisch einfachen Ansätzen auskommen und deswegen auch der Entwicklung und Fertigung in kleineren Unternehmen zugänglich wären.

4.1 Sensor zur automatischen Werkzeugvermessung

Zur automatischen Überwachung des Abnutzungsgrades von Werkzeugen eignen sich empfindliche, berührungslose Abstandsmeßverfahren, die die Veränderung der Abmessungen gegenüber einem Sollzustand ermitteln. Dafür wurden D-Feld-Sensoren entwickelt /3/. Sie messen die Potentialverschiebung auf einem metallischen Leiter (Sonde S), die ein Werkzeug bei Abstandsänderung durch Änderung der Feldverteilung zwischen zwei Elektroden (E_1/E_2) bewirkt (Bild 3a). Je nach Einsatzfall sind Elektroden und Sonde kompakt oder in Dünnschichttechnik aufbaubar. Bei geeigneter Dimensionierung läßt sich als Empfindlichkeit 25 mV Sondensignal pro 1 µm Abstandsänderung erreichen. Im Strom- und Spannungsniveau sind diese Sensoren mikroelektronik-kompatibel. Die Meßschaltung ist einfach (Bild 3b) und kann als integrierte Schaltung (IC) aufgebaut werden /4/.

Die praktische Einsatzfähigkeit wurde am Beispiel der automatischen Vermessung von Fräserschneiden verifiziert /5/. Der Abrieb ließ sich auf 1 µm genau messen, und darüber hinaus hoben sich Änderungen im Schlag sowie Kerben deutlich ab (Bild 3c).

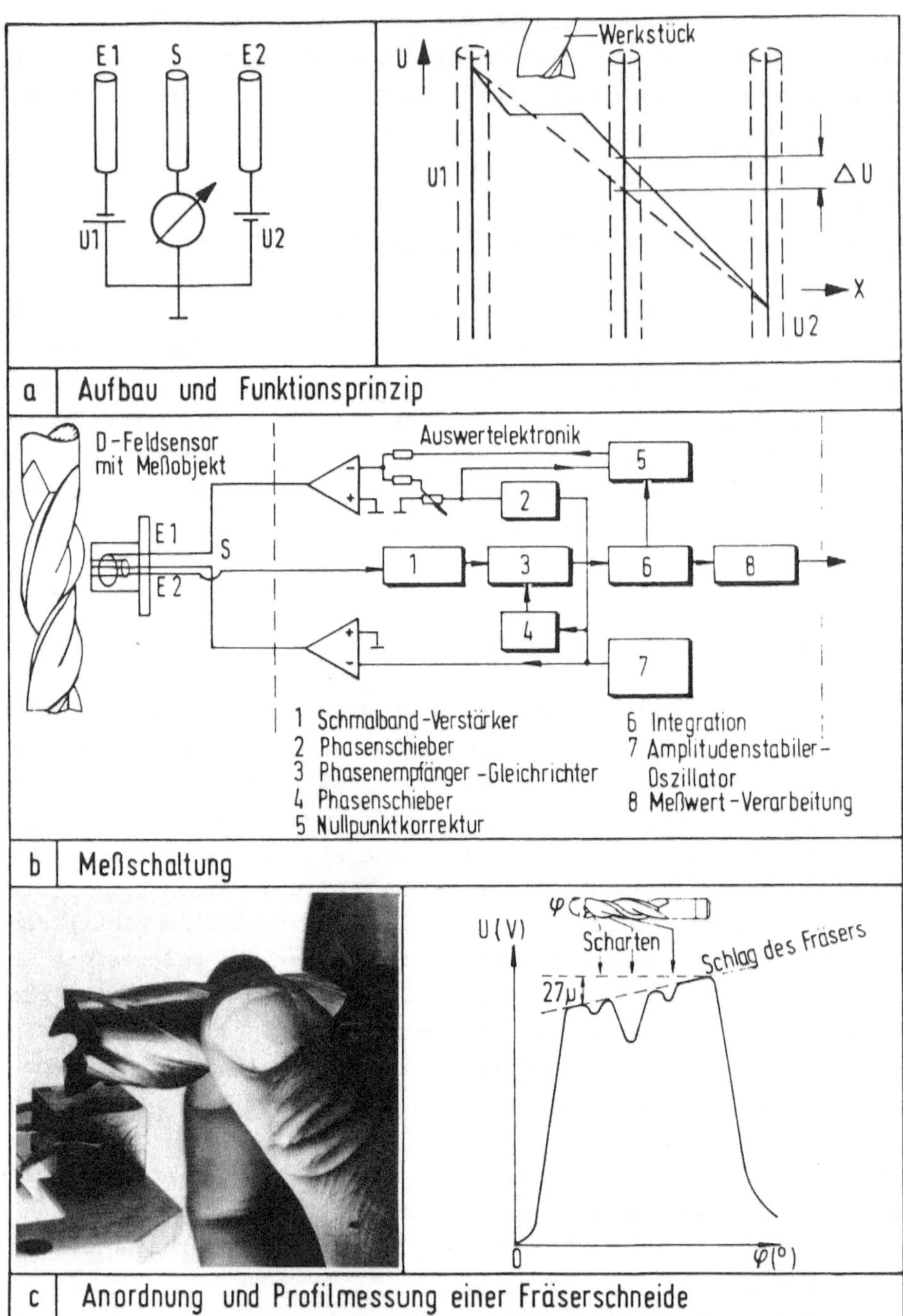

Bild 3: Positionssensor /5/

4.2 Sensor zur automatischen Überwachung rotierender Werkzeuge

In der automatischen spanabhebenden Fertigung ist die Überwachung der Werkzeuge eine effiziente Maßnahme zur Kostensenkung. Für das wichtige Bearbeitungsverfahren Bohren mit Mehrspindel-Anlagen (Bild 4a) eignen sich zur frühzeitigen Erkennung von Werkzeugbruch (Bild 4b) auch

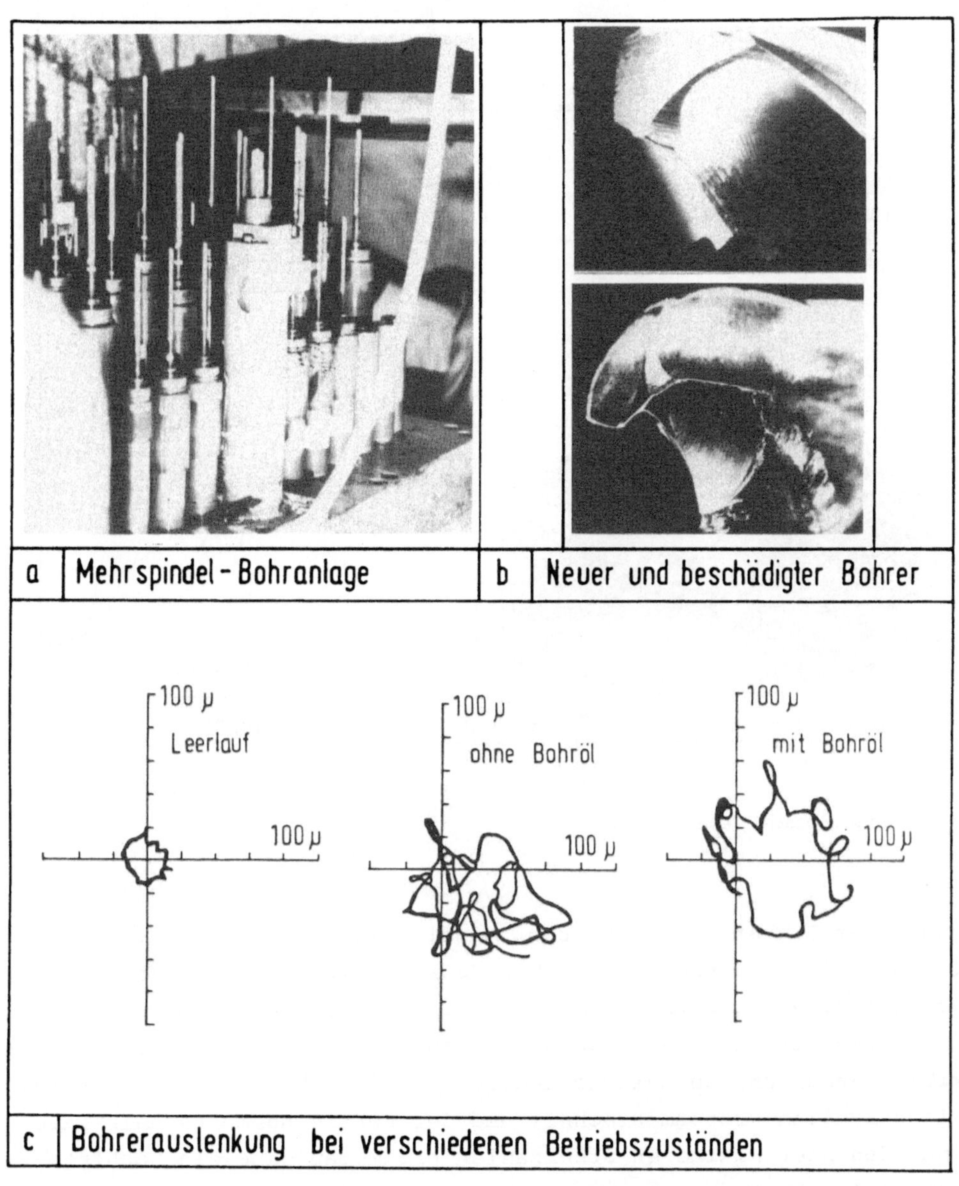

Bild 4: Abstandssensor /6/

induktive Wegaufnehmer als Sensoren /6/. Damit läßt sich bei winkelsynchroner Abtastung z.B. der Weg der Bohrer in der Aufnahmeebene berührungsfrei erfassen. Bild 4c zeigt die so kontrollierte Verschiebung des Bohrermittelpunktes nach dem Aufsetzen des Werkzeuges, die vergrößerte Durchbiegung während des Bohrens und die Zunahme hochfrequenter Schwingungen beim Bohren ohne Bohröl. Dieser Sensor erlaubt ebenfalls die Positionsüberwachung im µm-Bereich.

4.3 Sensor zur automatischen Motordrehmomentmessung

Der Lastzustand von Motoren läßt sich über die Messung des Drehmoments bestimmten /7/. In einer Welle, die dieses Drehmoment überträgt, ändern sich mit dem Drehmoment die wirkenden Zug- und Druckspannungen und dazu proportional die Permeabilität des Materials. Diese Permeabilitätsänderung wird über die Verstimmung einer magnetischen Brücke berührungslos aufgenommen. Das Meßsignal ist dem Drehmoment linear proportional. Bild 5a zeigt die Meßanordnung, Bild 5b den Meßkopf und den zeitlichen Verlauf des so ermittelten Drehmoments am Beispiel eines Bremsvorgangs. Dieser Sensor ist auch außerordentlich unempfindlich bezüglich Temperatur und elektromagnetischer Störung. Da sich außerdem die Signalelektronik als integrierte Schaltung aufbauen läßt, sind neben der Motor- und Getriebesteuerung weitere Einsatzmöglichkeiten mit Automatisierung zu erwarten.

5. Ausblick

Mikroelektronik-kompatible Sensoren sind Schlüsselbauelemente für die Systeme der MSR-Technik im allgemeinen und für Automatisierungsaufgaben im besonderen. Die entwicklerischen Leistungen auf diesem Gebiet werden für das künftige Geräte- und Anlagengeschäft mitentscheidend sein. Im internationalen Vergleich gibt es - anders als bei den Bauelementen der Konsumelektronik - hier bisher keinen ausgeprägten Entwicklungsvorsprung eines Landes. Das läßt auch allen Unternehmen bei entsprechendem Engagement noch ihre Chancen. Entscheidend dabei wird sein, wie schnell preiswerte *und* intelligente Lösungen erarbeitet werden können. Gerade in dieser Kombination sind sie interessant als *intelligente Sensoren*, die man durch mikroelektronische Schaltungen so erweitert, daß sie die Funktion des Meßwertaufnehmers mit Funktionen der Signalverarbeitung (z.B. Nullpunktstabili-

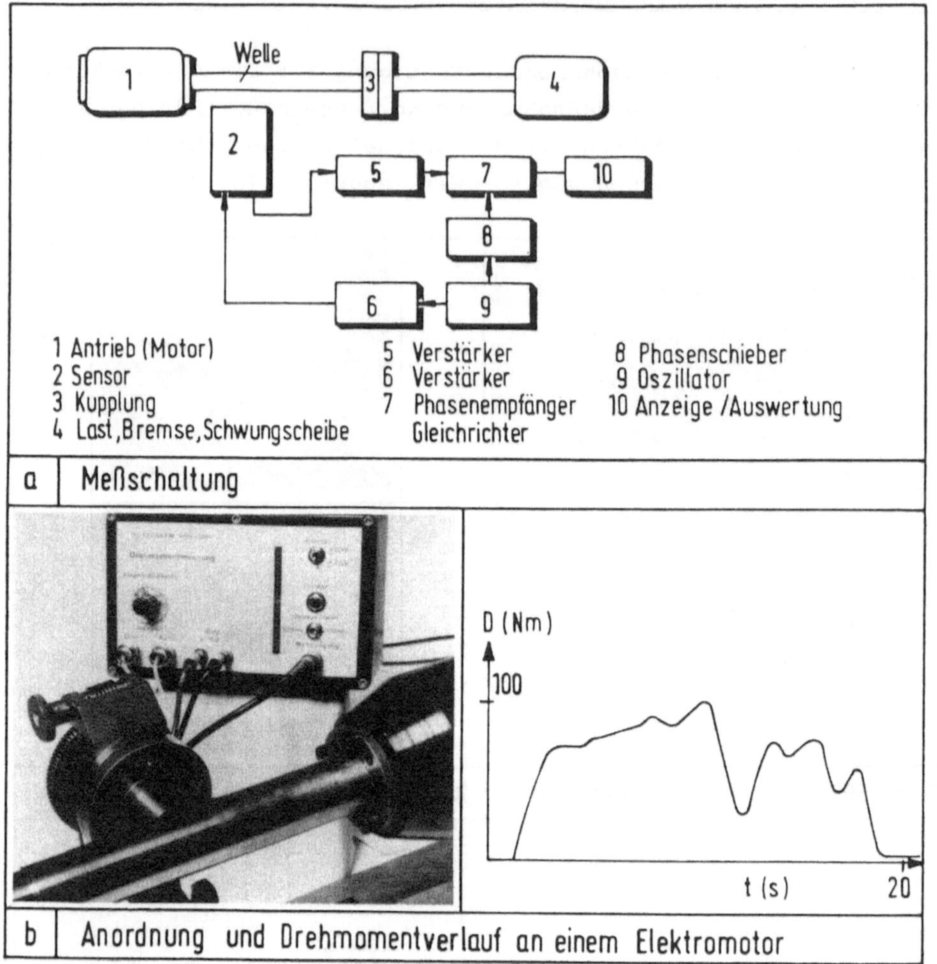

Bild 5: Drehmomentsensor /7/

sierung oder Linearitätskorrektur) monolithisch integriert verbinden (Bild 1b). Die Realisierung solcher Sensoren in Siliziumtechnologie liegt dort nahe, wo Sensoren mit dieser Technologie machbar sind. Solche Lösungen hätten große anwendungstechnische Vorteile bezüglich einer flexiblen Anpassung an unterschiedliche Meßaufgaben: Gerade im Bereich der inustriellen Prozeßmeßtechnik und der Fertigungsmeßtechnik wäre das bei den hier kleineren Stückzahlen pro Meßaufgabe ein hochinteressanter Aspekt/8,9/.

Literatur

/1/ H. Brendecke: "Mikroelektronik-kompatible Sensoren - eine Herausforderung für Entwickler und Hersteller", TECHNISCHES MESSEN 50 (1983) H. 10 (im Druck)

/2/ G. Tschulena, M. Selders: "Schlüsseltechnologien zur Sensorherstellung", TECHNISCHES MESSEN 50 (1983) 127 - 134

/3/ A. Dumbs, E. Bergmann: "Vorrichtung zur berührungslosen Bestimmung der Lage und/oder der dielektrischen Eigenschaften von Objekten", Europäische Patentanmeldung, Veröffentlichungs-Nr. 0038551

/4/ Forschungs- und Entwicklungsprojekt am Fraunhofer-Institut für Physikalische Meßtechnik, Freiburg, im Auftrag des BMFT

/5/ H. Laun: "Vermessung von Werkzeugen für Metallbearbeitungsmaschinen", Arbeitsbericht des Fraunhofer-Instituts für Physikalische Meßtechnik, Freiburg, für den Verein Deutscher Werkzeugmaschinenfabriken e.V. (1983)

/6/ F. Quante, H. Fehrenbach, H.-E. Meier: "Automatische Überwachung rotierender Werkzeuge mit Abstands- und Schwingungssensoren in der spanabhebenden Fertigung", TECHNISCHES MESSEN 50 (1983) H. 10 (im Druck)

/7/ H. Winterhoff, E. Heidler: "Berührungslose Drehmomentmessung mit Magnetostriktiven Sensoren", TECHNISCHES MESSEN 50 (1983) H. 12 (im Druck)

/8/ D. Meyer-Ebrecht, D. Schröder: "Intelligente Sensoren-Aufgaben und Möglichkeiten", NTG-Fachberichte 79 (1982) 81-87

/9/ H.-R. Tränkler: "Die Schlüsselrolle der Sensortechnik in Meßsystemen", TECHNISCHES MESSEN 49 (1982) 343-353

Sensoren für das Massenprodukt Auto

Sensors for Mass-Produced Automobiles

U. Wittkowski

Volkswagenwerk Aktiengesellschaft
3180 Wolfsburg 1, B.R. Deutschland

Summary

The present situation and main points of future development for automotive Sensors are described. The basic problem in developing them is to find out technical solutions for improving known methods for sensors so that they will work in the rough environment of an autombile. A scheme containing measuring principles and methods for the important quantity fuel flow is given. Possibilities to improve a measuring method are demonstrated using the example of a thermal fuel flow sensor.

1. Einleitung

Der gegenwärtige große und in Zukunft anwachsende Bedarf /1/ an Sensoren für das Automobil resultiert aus der Vielzahl der zu erfassenden physikalischen Größen

- beim Umwandeln der chemisch gebundenen Energie des Kraftstoffs in mechanische Energie,
- beim Steuern oder Regeln des Betriebszustands und
- des Fahr- sowie Bremsverhaltens und
- zum Informieren des Fahrers

vervielfacht mit der hohen Stückzahl jährlich produzierter Kraftfahrzeuge (Tab. 1).

Hersteller-Land	Anzahl
Bundesrepublik Deutschland	3.577.807
USA	6.251.003
Japan	6.974.131
Welt	28.240.903

Tabelle 1: Kraftfahrzeugproduktion 1981
(ohne Lastwagen und Busse) /2/

Allein für eine Standardausrüstung von 5 Sensoren je Kraftfahrzeug (Tachometer, Kraftstoffvorratsgeber, Öldruckschalter, Temperaturgeber, Unterdruckgeber) folgt mit der Weltproduktion an Kraftfahrzeugen eine Anzahl von 140 Mio. Stück eingebauter Sensoren im Jahre 1981. Schätzungen des weltweiten Umsatzes liegen für 1986 bei $ 307 Mio. /1/.

2. Stand der Technik

Die Durchsicht der in heutigen Kraftfahrzeugen vorzufindenden Sensoren (Bild 1) ergibt, daß die meisten davon zur Fahrerinformation dienen, und zwar im wesentlichen über folgende Größen

- . Fahrzustand (Tachometer),
- . Betriebszustand (Drehzahlmesser, Temperaturfühler, Thermoschalter, Druckgeber, Druckschalter, Lampenkontroll- und Leuchtweitesensor, Reifendrucksensor sowie verschiedene elektrische Kontakte mit Sensorfunktion) und
- . Vorräte an Betriebsstoffen (Kraftstoffvorratsgeber, Kühlmittelvorratssensor, Schmierölvorratssensor, Warnkontakte für Brems- und Hydraulikflüssigkeit).

Natürlich sind alle in Bild 1 aufgeführten Sensoren nicht in jedem Fahrzeug eingebaut. Die Auswahl hängt vom Fahrzeugmodell und von der Sonderausstattung ab.

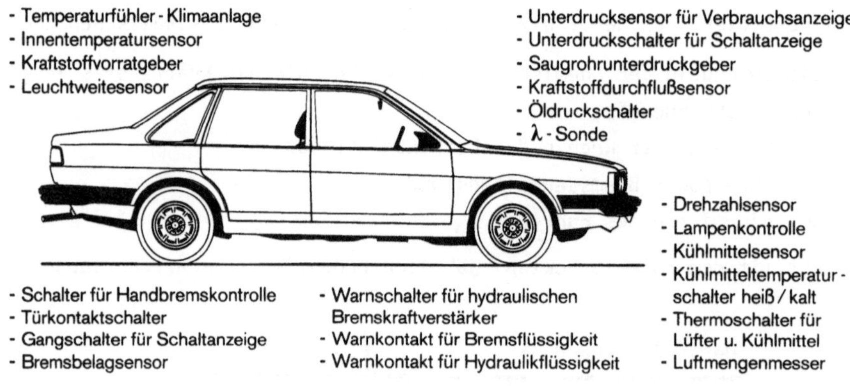

Bild 1: Sensoren in Kraftfahrzeugen, Stand der Technik

Einige Sensoren werden zum Regeln von Teilsystemen des Fahrzeugs benötigt, beispielsweise Thermoschalter im Kühlmittelkreislauf oder Unterdruckgeber zum Steuern von Zündverteilern und Bremssystemen.

An Sensoren zum Regeln oder Steuern des Motors sind neben Drehzahlgebern, Temperaturfühlern und Druckgebern auch Luft-Durchflußsensoren /3/ sowie Sensoren zum Bestimmen des Luft-Kraftstoff-Verhältnisses (λ -Sonde) /4/ in heutigen Kraftfahrzeugen vorhanden. Art und Anzahl hängen vom jeweiligen Motorkonzept ab.

3. Schwerpunkte zukünftiger Sensoren-Entwicklung

Erkennbar sind zwei Schwerpunkte für die zukünftige Sensorenentwicklung, und zwar

- die Integration von Signalelektronik zur Meßwertaufbereitung und Einflußgrößenkorrektur in den dann "intelligenten" Sensor /5/ sowie
- das Entwickeln von Sensoren zum Messen physikalischer Größen, für die heute keine oder nur unbefriedigende Lösungen vorliegen (Bild 2).

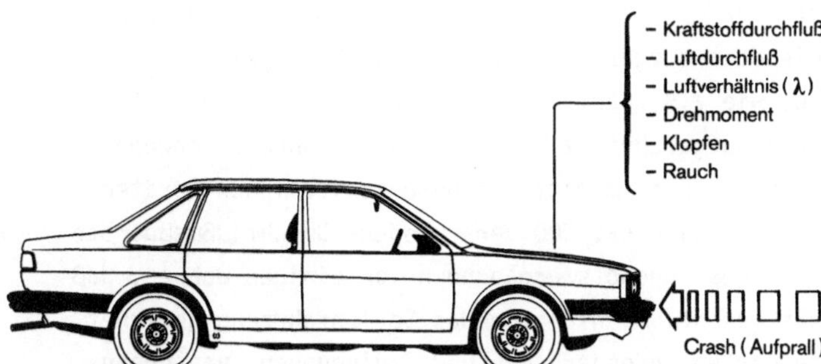

Bild 2: Schwerpunkte der Entwicklung

Zu den Sensoren, die unter den Bedingungen im Kraftfahrzeug unbefriedigend arbeiten oder derzeitigen (bzw. zukünftigen) Anforderungen nicht mehr genügen, zählen solche für Kraftstoff- und Luftdurchfluß.

Lösungsansätze sind für Klopfsensoren und Sensoren zum Ermitteln des Luft-Kraftstoff-Verhältnisses (λ -Sonde) bei Luftüberschuß vorhanden. Beide Sensorarten sind für Motor-Regelkonzepte im Magerbereich ($\lambda > 1$) erforderlich. Ferner fehlt eine λ-Sonde mit ausreichenden Standzeiten für verbleite Kraftstoffe.

Für den geregelten Betrieb von Dieselmotoren an der Rauchgrenze, der eine Leistungssteigerung bei Motoren und eine Vereinfachung der Einspritzpumpenfertigung ermöglichen würde, fehlt ein Rauchsensor, mit dessen Hilfe mindestens genau so gut wie mit dem menschlichen Auge der Beginn der Rauchbildung erkannt werden kann.

Noch ziemlich weit entfernt von der Realisierung für die Serie ist der Drehmomentsensor /6/. Dieser könnte direkt zum Regeln von Motoren, Getrieben und nicht blockierenden Bremssystemen eingesetzt werden.

Zum Aktivieren von Systemen zum Insassenschutz (z.B. Gurtstrammer, Airbag) wird die Suche nach einem einfachen und billigen Sensor weitergehen, mit dessen Hilfe der Aufprall schon in einer frühen Phase erkannt werden kann /7/.

4. Auswahl von Prinzipien und Verfahren für Kraftfahrzeug-Sensoren

Es kann davon ausgegangen werden, daß zum Messen aller physikalischer Größen im Kraftfahrzeug eine Reihe von Prinzipien und Grundverfahren leicht zu finden ist. Die Aufgabe besteht also nicht darin, Prinzipien zu suchen, sondern diese so anzuwenden bzw. weiterzuentwickeln, daß die scharfen Kriterien für Sensoren im Kraftfahrzeug erfüllt werden. Diese Kriterien werden noch erläutert.

Wenn man zunächst die physikalischen Prinzipien betrachtet, so ergibt sich beispielsweise für die Größe Kraftstoffdurchfluß die in der Systematik in Bild 3 dargestellte Situation. Für die dort aufgeführten 8 Gebiete der Physik erhält man 20 verschiedene Prinzipien, wie z.B. Wärmeleitung, Druckabfall, Laufzeit usw. Dazu sind 40 Grundverfahren aufgeführt, z.B. Hitzdrahtverfahren, Schwebekörperverfahren, Meßflügelverfahren. Bei im Mittel 5 unterschiedlichen Geräten für jedes der 40 Verfahren befinden sich ca. 200 verschiedene Durchflußmeßgeräte auf dem Markt. Die Durchsicht dieses Angebots ergab noch vor einigen Jahren, daß damals praktisch kein Gerät als Durchflußsensor für das Serienfahrzeug geeignet war. Der Grund dafür waren die harten Anforderungen und Bedingungen, von denen einige in Tabelle 2 aufgeführt sind.

1. Richtwerte für alle Kraftfahrzeugsensoren	
. Hohe Genauigkeit	: 1 % v. Meßw. zum Regeln und Steuern 3 % v. Meßw. zur Fahrerinformation
. Langzeitstabilität der Kennwerte	: 5 Jahre bis 10 Jahre
. Beschleunigung	: bis 50 g (kurzzeitig bis 1000 g)
. Temperaturen	: von -30 °C bis 200 °C (an Abgasrohren bis 800 °C)
. Elektromagnetische Störungen	: Fahrzeugelektrik und Fremdfelder
. Versorgungsspannung	: U = 12 V (+ 4 V; -6 V)
. Preis je Stück	: in der Regel unter DM 10,--
2. Spezifische Richtwerte für Kraftstoff-Durchflußsensoren	
. Durchflußbereich	: 0,5 l/h bis 50 l/h (1:100), für den einzelnen Motortyp 1:40
. Ansprechzeit	: 10 ms für Regelung und Steuerung 100 ms zur Fahrerinformation
(. Kraftstoffpulsationen, Dampfblasen)	

Tabelle 2: Bedingungen für Kraftstoff-Durchflußsensoren (Auszug)

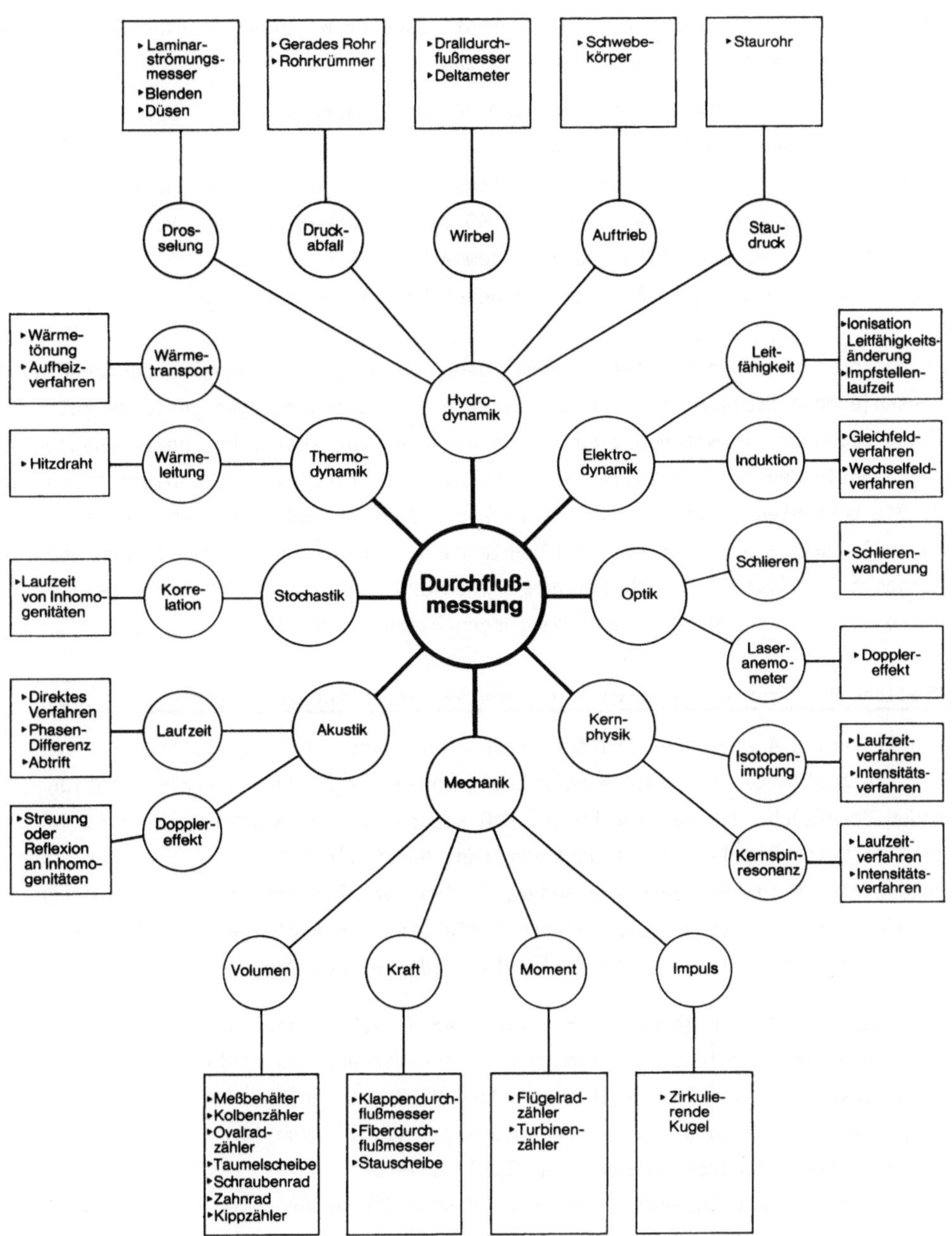

Bild 3: Prinzipien und Verfahren zur Durchflußmessung

Hervorzuheben sind für den Kraftstoff-Durchflußsensor wegen der daraus resultierenden besonderen meßtechnischen Schwierigkeiten

- die Temperatur, die im Motorraum 100 °C übersteigen kann
- hohe Beschleunigungen von einigen 10 g, die bei Auffahrunfällen und bei unsachgemäßer Behandlung in Werkstätten auch einige 100 g erreichen können
- der große Meßbereich von ungefähr 1:40 zwischen Leerlauf- und Vollastverbrauch (z.B. von 1 l/h bis 40 l/h) sowie
- der kleine zulässige Meßfehler von ungefähr 1 % vom Meßwert.

Wegen des bereits erwähnten damals vorhandenen Mangels an geeigneten Sensoren wurde an verschiedenen Stellen eine auf den Einsatz in Kraftfahrzeugen gezielte Entwicklung begonnen. Inzwischen sind einige Sensoren für Kraftfahrzeuge vorhanden /8/. Sie beruhen in den meisten Fällen auf mechanischen Prinzipien /9/. Diese haben dann u.U. die bekannten Schwächen durch verschleißbehaftete oder verschmutzungsempfindliche Teile, wie z.B. Lager für Meßflügelachsen. Ferner führen Pulsationen und Gasblasen im Kraftstoff zu erheblichen Meßfehlern, wenn nicht Vorrichtungen wie Gasblasenabscheider und Pulsationsdämpfungen hinzugefügt sind.

5. Möglichkeiten zur Weiterentwicklung von Verfahren für Kraftfahrzeugsensoren

Die in Abschnitt 4 erwähnten Kraftstoff-Durchflußsensoren sind als "Massenprodukte" für bestimmte Anwendungen entwickelt worden, z.B. zur Fahrerinformation über den Verbrauch. Das hat zur Folge, daß sie für andere Anwendungen, z.B. in speziellen Motor-Regel- und -Steuerkonzepten, Nachteile haben. Die gleichen Verhältnisse liegen bei Sensoren für andere Größen vor. Zum Optimieren solcher Sensoren oder zum Weiterentwickeln anderer Verfahren stehen einige Möglichkeiten zur Verfügung, über die im Einzelfall entschieden werden muß, z.B.

- Einsatz spezieller Materialien (wie Spezialstähle oder Kunststoffe),
- Einfügen von Vorrichtungen zum Mindern der Wirkung von Einflußgrößen (z.B. Gasblasenabscheider bei Kraftstoff-Durchflußsensoren) oder
- spezielle Gestaltung von Sensorkomponenten (z.B. aerodynamisch günstige Formen für Luftdurchflußsensoren /10/) sowie
- Erfassen der Einflußgrößen und rechnerische Korrektur unter Verwendung von Mikrorechnern.

6. Thermischer Kraftstoff-Durchflußsensor

Am Beispiel eines thermischen Kraftstoff-Durchflußsensors soll hier eine technische Lösung beschrieben werden,die für das Kraftfahrzeug brauchbar ist.

6.1 Prinzip und Verfahren

Der prinzipielle Aufbau des Sensors ist in Bild 4 wiedergegeben.

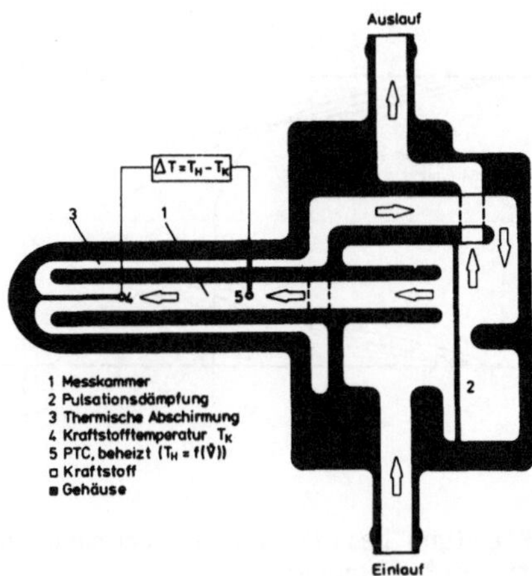

Bild 4: Prinzipieller Aufbau des thermischen Kraftstoff-Durchflußsensors

Der Kraftstoff gelangt durch den Einlauf in die Pulsationsdämpfungskammer, in der durch die Wirkung der Gummimembran (2) Pulsationen im Kraftstoff beseitigt werden. Oberhalb der Bildebene befindet sich an dieser Kammer ein Gasblasenabscheider. Der beruhigte, gasblasenfreie Kraftstoff strömt durch den zylinderförmigen Meßkanal. Dort kühlt er den geheizten Widerstand (5) ab. Anschließend wird durch den Temperaturfühler (4) die Kraftstoff-Temperatur gemessen. Die Differenz ΔT liefert die Information über den Durchfluß. Nach dem Austritt aus dem Meßkanal fließt der Kraftstoff konzentrisch um den Meßkanal über die hintere Hälfte der Pulsationsdämpfungskammer durch den Auslauf in Richtung zum Motor.

Die entscheidenen Störgrößen bei diesen Verfahren sind

- die Umgebungstemperatur,
- Turbulenzen sowie
- Pulsationen und
- Gasblasen im Kraftstoff.

6.2 Thermische Schirmung

Die Störgröße Außentemperatur kann, wenn der Sensor im Motorraum eingebaut ist, je nach Lufttemperatur, Motortemperatur und Fahrzustand Werte von z.B. -20 °C bis über 100 °C annehmen. Ist der Meßkanal des Sensors (Abschnitt 6.1) thermisch nicht geschützt und weicht die Kraftstoff-Temperatur von der Außentemperatur ab, dann bildet sich im Kraftstoff innerhalb des Meßkanals ein radiales Temperaturgefälle aus, das eine Verformung des Strömungsprofils (Bild 5) verursacht.

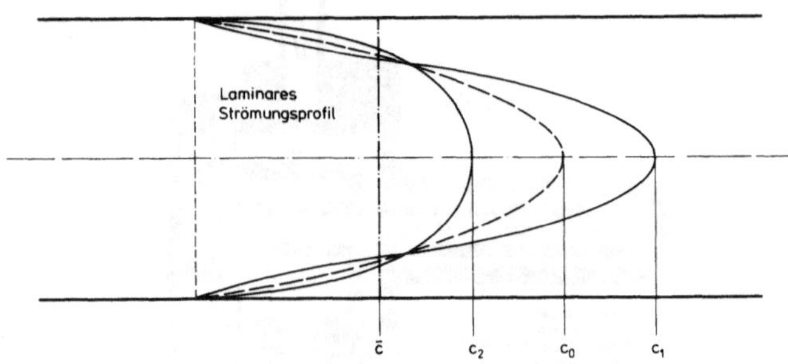

Bild 5: Geschwindigkeitsverteilung bei laminarer Strömung und verschiedenen Temperaturverteilungen:

c_0: konstante Temperatur im Meßkanal

c_1: Temperaturabfall zur Wand

c_2: Temperaturanstieg zur Wand

$\bar{c}$: Mittelwert über Meßkanalquerschnitt aus c_0, c_1 und c_2.

Da jedoch aus der Strömungsgeschwindigkeit an einem Ort auf den Durchfluß im Querschnitt geschlossen wird, führt die Profilverzerrung zu erheblichen Meßfehlern.

Die Beeinflussung der Kraftstoff-Temperatur im Meßkanal durch die Außentemperatur wird hier dadurch ausgeschlossen, daß der Kraftstoff nach Austritt aus den Meßkanal diesen konzentrisch umströmt und ihn wie ein hochwirksamer Isolationsmantel umgibt. Durch diese spezielle Maßnahme ist das hier vorliegende thermische Problem gelöst.

6.3 Meßkanal

Damit sich im Kraftstoff am geheizten Meßwiderstand (Nr. 5 in Bild 4) ein ungestörtes Strömungsprofil ausbildet, ist vom Eintritt des Kraftstoffs in den Meßkanal bis zum geheizten Widerstand eine Beruhigungsstrecke von 3 cm bis 5 cm ausreichend. Diese empirisch ermittelte Länge ist um den Faktor 20 bis 30 niedriger als Werte nach der Theorie /11/.

Durch die Reihenfolge der Anordnung der Fühler in Strömungsrichtung, erst geheizter Widerstand (5) und dann Temperaturfühler (4), vermeidet man, daß Turbulenzen, die sich am Temperaturfühler bilden, den Meßeffekt am geheizten Widerstand stören. Sie würden starke Durchflußschwankungen vortäuschen. Untersuchungen haben gezeigt, daß die Kraftstoff-Temperatur am Meßort (4) durch den davorliegenden geheizten Widerstand praktisch nicht verfälscht wird.

6.4 Pulsationsdämpfung und Gasblasenabscheider

Pulsationen im Kraftstoff würden das Strömungsprofil am Meßort stören und dadurch zu Fehlern beitragen. Die in der Technik bekannte Methode, Pulsationen mit Hilfe einer Gummimembran (Nr. 2, Bild 4) wegzudämpfen, hat sich hier bewährt.

Ein Gasblasenabscheider wurde in den Sensor integriert, weil durch die niedrige Wärmekapazität der Gasblasen die Temperatur des geheizten Meßwiderstands stark ansteigt und dadurch ein zu kleiner Durchfluß vorgetäuscht wird.

6.5 Technische Ausführung

Ein fahrzeugtaugliches Labormuster des Sensors zeigt Bild 6. Im vorderen Teil des Bildes befinden sich Pulsationsdämpfung und Gasblasenabscheider, links und rechts sind die Anschlüsse für die Kraftstoff-Leitung (Zu- und Auslauf). Der aus Kunststoff gefertigte hintere Teil des Sensorgehäuses enthält den Meßkanal

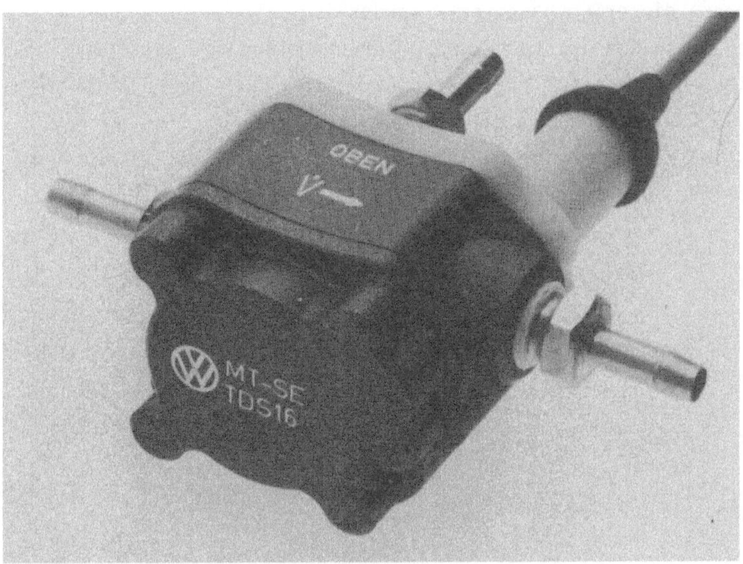

Bild 6: Fahrzeugtaugliches Labormuster des thermischen Kraftstoff-Durchflußsensors

(zylinderförmiger Ansatz) und den Austritt für das abgeschiedene Gas (Schlauchanschluß). Der geheizte Meßwiderstand (Bild 4) ist ein Miniatur-Thermistor (PTC) mit einer Metallfahne, auf der sich der Heizwiderstand befindet. Ein gleichartiger Thermistor wird auch zum Messen der Kraftstoff-Temperatur verwendet. Die Ansprechzeit liegt bei der jetzigen Ausführung unter 200 ms. Sie kann durch Herabsetzen der Wärmekapazität des Heizwiderstandes und der Thermistoren verkleinert werden.

Laboruntersuchungen und erste Fahrzeugmessungen brachten gute Ergebnisse. Bei einem Meßbereich von 1:80 (z.B. von 0,3 bis 24 l/h) liegt der Fehler unter 2,5 % vom Meßwert. Lediglich zur unteren Grenze des Meßbereichs steigt er auf Werte bis zu 5 % an.

Die Prüfung des Entwicklungsstands dieses Sensors unter Berücksichtigung der Richtwerte nach Tabelle 2 ergibt folgendes:

- Die Genauigkeit ist für die Fahrerinformation ausreichend. Für den Einsatz in Motorregelkonzepten könnten weitere Optimierungen erforderlich werden. Der Meßbereich von 1:80 ist größer als erforderlich.
- Temperaturprobleme können als gelöst angesehen werden.
- Störungen durch Dampfblasen und Pulsationen sind durch die eingeführten technischen Maßnahmen weitgehend ausgeschlossen.
- Die Ansprechzeit läßt sich durch Verminderung der Wärmekapazität der Temperaturfühler und des geheizten Widerstands verkürzen. Dazu sind Sonderentwicklungen dieser Komponenten erforderlich.
- Der Sensor selbst ist vom Prinzip her unempfindlich gegen Beschleunigungen.
- Über Kosten können zum gegenwärtigen Zeitpunkt keine Angaben gemacht werden.

Dieses Beispiel zeigt Schwierigkeiten aber auch Möglichkeiten bei der Entwicklung von Sensoren fürs Kraftfahrzeug auf.

7. Schrifttum

/1/ Jährlich 32 Prozent Wachstum in Europa. Markt & Technik, Nr. 38, 24.9.1982, S. 53-54.

/2/ 1982 Ward's Automotive Yearbook, Detroit (USA).

/3/ Schwarz, H.; Denz, H.; Zechnall, M.: Steuerung der Einspritzung und Zündung von Ottomotoren mit Hilfe der digitalen Motorelektronik. Bosch Techn. Berichte 7 (1981) 3, S. 139-151.

/4/ Hamann, E.; Manger, H.; Steinke, L.: Lamda-Sensor with Y_2O_3-Stabilized ZrO_2 - Ceramic for Application in Automotive Emission Control Systems, SAE-Paper 770401.

/5/ Wolber, W.G.: Smart Sensors, SAE-Paper 830100.

/6/ Fleming, W.J.: Engine Sensors: State of the Art. SAE-Paper 820904.

/7/ Scholz, H.: Der Airbag als Verbesserung des zukünftigen Insassenschutzes, ATZ Automobiltechnische Zeitschrift 77 (1975), 11.

/8/ Wolber, W.G.: Automotive Engine Control Sensors '80. SAE-Paper 800121.

/9/ Haub, M.: Bedeutung der Sensoren in der Kfz-Elektronik. Der Elektrotechniker, Nr. 3, 1983, S. 32-34.

/10/ Wittkowski, U.; Beyer, A., Müller, H.; Wagner, E.: Kraftstoffdurchfluß-, Luftdurchfluß- und Kraftstoffvorratsmessung im Serienfahrzeug, Ergebnisse der Sensorentwicklung. BMFT-Statusbericht, Entwicklungslinien in Kfz-Technik und Straßenverkehr, 1981, S. 152-160.

/11/ Gröber, Erk, Grigull: Wärmeübertragung, 3. Aufl., 1961, Springer-Verlag.

SENSOREN FÜR DIE ROBOTERTECHNIK

INDUSTRIAL ROBOTS WITH SENSORY CONTROL

H.J. Warnecke
M. Schweizer

Fraunhofer-Institut für
Produktionstechnik und
Automatisierung (IPA)

D-7000 Stuttgart 80
BR Deutschland

Summary

Industrial robots are able to do a lot of jobs in our factories, which are hard or dangerous to be performed by a human being. Tactile and optical sensors are the main topics for the fututre application of industrial robots in the field of arc welding, deburring, difficult assembly operations and unloading boxes or pallets.
After some remarks on the definition of the sensors and industrial robots a short description of some examples of pilot installations with industrial robots and sensory control at the Institute of Manufacturing Engineerung and Automation (IPA) is given.

Zusammenfassung

Der Einsatz von Sensoren an Industrierobotern wird allgemein als Schlüsselproblem für den vermehrten Einsatz flexibler Handhabungsgeräte in den Bereichen Bearbeiten, Montage, Entladen von Behältern und Bahnschweißen angesehen. Technische Sensoren können zwar nicht die Leistungsfähigkeit und Flexibilität menschlicher Sinnesorgane erreichen; sie können jedoch wie an beispielhaften Einsatzfällen, die am Fraunhofer-Institut für Produktionstechnik und Automatisierung realisiert wurden, gezeigt wird, einzelne Funktionen zuverlässig übernehmen.

1 Aufgaben eines Sensors

Ein Sensor soll einem Industrieroboter Informationen über seine Umgebung liefern, die für den Arbeitsablauf relevant, jedoch nicht vorhersehbar sind. Der Roboter muß in der Lage sein, auf diese Informationen so zu reagieren, daß das gewünschte Ergebnis automatisch erreicht oder aufrechterhalten wird. (Bild 1)

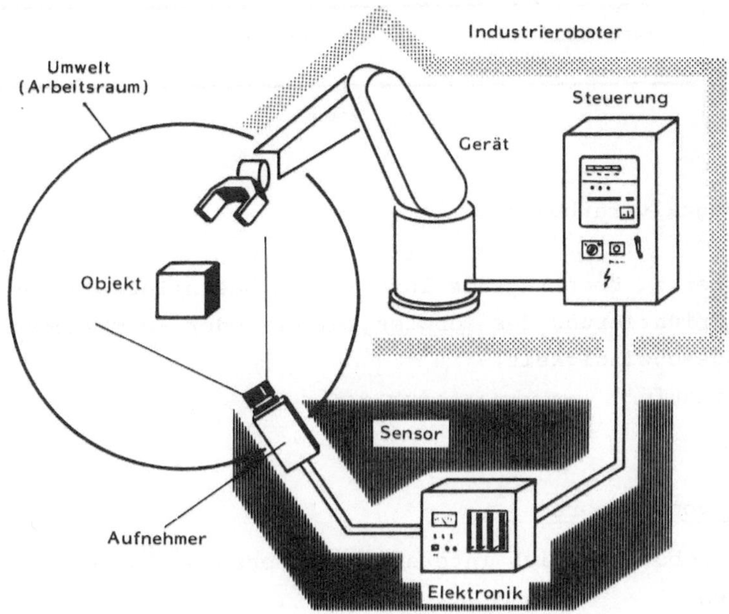

Bild 1 Industrieroboter-Sensor-System

Hierzu sind mit Hilfe unterschiedlicher Meßaufnehmer physikalische Größen und Zustände zu erfassen, in der Regel in elektrische Signale umzuwandeln, zu verarbeiten und zu interpretieren. (Bild 2)

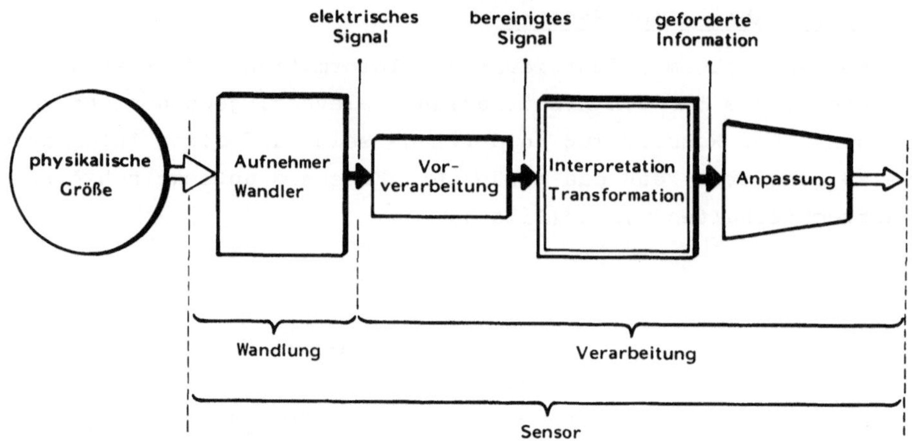

Bild 2 Sensorsignalverarbeitung

Die an den Roboter zu übertragende Information beeinflußt in der Regel

- Position und Orientierung des Robotergreifers oder -werkzeugs,
- die Bewegungsgeschwindigkeit,
- den Programmablauf.

1.1 Arten von Sensoren

Die im Industrieroboterbereich interessanten Sensoren lassen sich grob in die Kategorien

- taktile Sensoren und
- berührungslose Sensoren

einteilen, oder auch nach der Komplexität der übertragenen Informationen in

- Sensoren, die binäre Signale liefern (ja/nein),
- Sensoren, die eindimensionale Meßwerte liefern (Kräfte in einer Vorzugsrichtung, Entfernungen),
- Sensoren, die mehrdimensionale Meßwerte liefern (beliebig orientierte Kräfte),
- Sensoren, die zur Mustererkennung geeignet sind (Werkstückidentifizierung).

Für jede der genannten Kategorien lassen sich wieder verschiedene Arbeitsprinzipien einsetzen, die je nach den gegebenen Randbedingungen auszuwählen sind. (Bild 3)

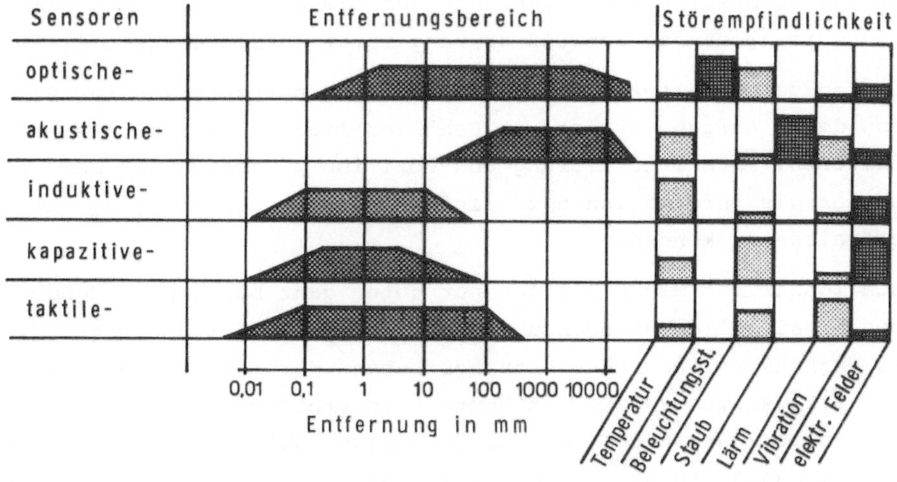

Bild 3 Abstandsmeßsysteme für Industrieroboter

Besonderer Bedarf im Hinblick auf zukünftige Einsatzgebiete für Industrieroboter besteht an der Verkettung von Robotern mit bildverarbeitenden, mustererkennenden Sensorsystemen und mit taktilen, mehrdimensionalen Kraft- und Momentsensoren.

1.2 Einsatzbereiche von Sensoren

Wichtige zukünftige Einsatzbereiche, die erst mit Hilfe von leistungsfähigen Sensoren für Industrieroboter erschlossen werden können, sind

- das Bearbeiten von Werkstücken,
- die Montage,
- das Entladen von Behältern,
- das Bahnschweißen.

Bei der Automatisierung des Bahnschweißens erfordern Werkstück- und Einspanntoleranzen in vielen Fällen eine Verfolgung der Schweißnaht während des Bewegungsvorganges oder mindestens eine automatische Erkennung des Nahtanfangs. Für diese Aufgabe wurden bereits eine Vielzahl von Sensorsystemen entwickelt; das Spektrum reicht vom einfachen Fühlstift bis zum Bildsensor, der neben der Nahterkennung auch das Schweißbad überprüfen soll zur Optimierung der Schweißparameter. Alle vorgeführten Geräte eignen sich jedoch nur für bestimmte Nahttypen und für bestimmte Randbedingungen. Prozeßbegleitend arbeitende Sensoren, die am Roboterarm angebracht sind, erfordern darüberhinaus meist sechsachsige Roboter, während typische Schweißroboter nur insgesamt 5 Achsen aufweisen, da das Schweißwerkzeug rotationssymmetrisch ist.

Das Entladen von Behältern ist ein typischer Einsatzbereich für Bildsensoren, deren Aufgabe es ist, im Behälter liegende Werkstücke zu identifizieren, ihre Orientierung und Position zu messen und dem Industrieroboter die Informationen zu liefern, die er benötigt, um sie gezielt ergreifen zu können.

Praktisch lösbar ist diese Aufgabe nur unter ganz bestimmten Randbedingungen hinsichtlich Beleuchtung, Kontrast Werkstück/Hintergrund, Form der Werkstücksilhouette, Ordnungszustand der Werkstücke, erforderlicher Zykluszeit usw. Es ist heute kein Problem, mit Hilfe eines Binärbildsensors Werkstücke, die im Durchlicht auf einer ebenen Unterlage liegen, anhand ihrer Silhouette zu identifizieren und zu vermessen, aber der gezielte "Griff in die Kiste" ist bisher nur für sehr spezielle Werkstücktypen (beispielsweise zylindrische Teile, die bei entsprechender Beleuchtung schmale Lichtbänder reflektieren, und die auch in jeder Lage problemlos ergriffen werden können) gelöst. Die vorgeführten Lösungen haben Showcharakter und sind ohne praktischen Nutzen.

Die Bereiche Bearbeiten und Montage sind wichtige Einsatzbereiche für taktile Sensoren. Sie werden in den beiden folgenden Abschnitten gesondert behandelt.

2 Bearbeiten mit sensorgeführten Industrierobotern

Eine Aufgabenstellung, bei der die Probleme und Anforderungen besonders deutlich hervortreten, die den Einsatz von Industrierobotern bei der Werkstückbearbeitung begleiten, ist das Gußputzen.

2.1 Störgrößen beim Gußputzen

Die Anwendung von Industrierobotern beim Gußputzen ist heute - verglichen mit anderen Anwendungsbereichen - noch relativ selten. Ein Grund für diese Tatsache sind die werkzeug-, werkstück- und roboterspezifischen Toleranzen, die beim Bearbeitungsprozeß als Störgrößen auftreten (Bild 4). Die Gußwerkstücke variieren dabei in der Geometrie (Erstarrungsvorgang) und in der Gratausprägung. Da Gußwerkstücke in der Regel keine reproduzierbare Spannfläche haben, muß auch die Aufspanntoleranz beim Gußputzen berücksichtigt werden.

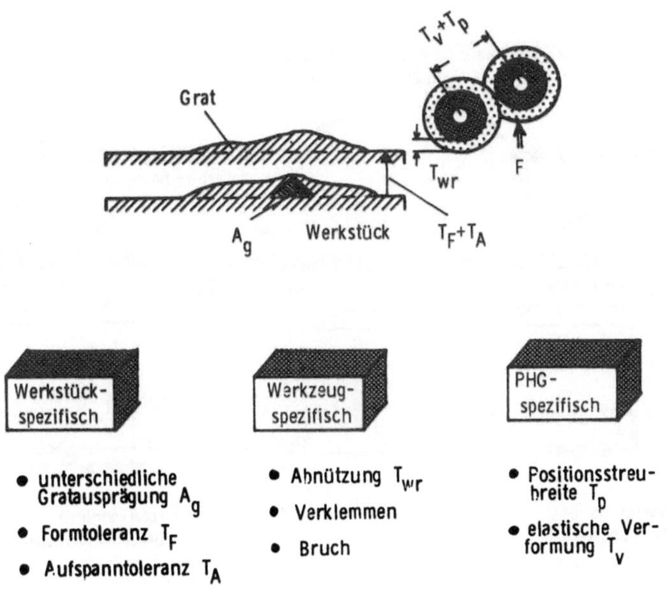

Bild 4 Störgrößen bei der Automatisierung des Gußputzens

Eine Analyse von über 100 Werkstücken (repräsentative Auswahl) in 11 Gießereien zeigt, daß bei größeren Werkstücken, bedingt durch Aufblähen der Form, Schwinden des Gußrohlings und die Wärmebehandlung an den zu bearbeitenden Kanten und Flächen Lageabweichungen bis zu ± 10 mm auftreten können. Für die Gußwerkstücke aus GGG läßt die entsprechende Norm im Nennmaßbereich 1250 - 1600 mm sogar einen Toleranzbereich von ± 19 mm zu.

Die Ausprägung der Form- und Aufspanntoleranzen und des Gratquerschnittes ist abhängig von dem angewendeten Formverfahren und nimmt in der Regel mit steigendem Werkstückgewicht zu.

2.2 Elastische Werkzeugaufhängungen

Treten die dargestellten Störgrößen nur innerhalb einer sehr engen Bandbreite auf, so erscheint beim Gußputzen mit Industrierobotern eine Meßwerterfassung mittels Sensoren nicht notwendig. Vielmehr können die geringfügig variierenden Größen wie Formabweichungen und Werkzeugverschleiß durch den Einbau von nachgiebigen Elementen (Bild 5) im Kraftfluß des Industrieroboters ausgeglichen werden (z.B. elastische Werkzeugaufhängung). Dadurch kann ein einfacher Aufbau des programmierbaren Gußputzsystems ohne anwendungsspezifische Steuerungseinrichtungen realisiert werden.

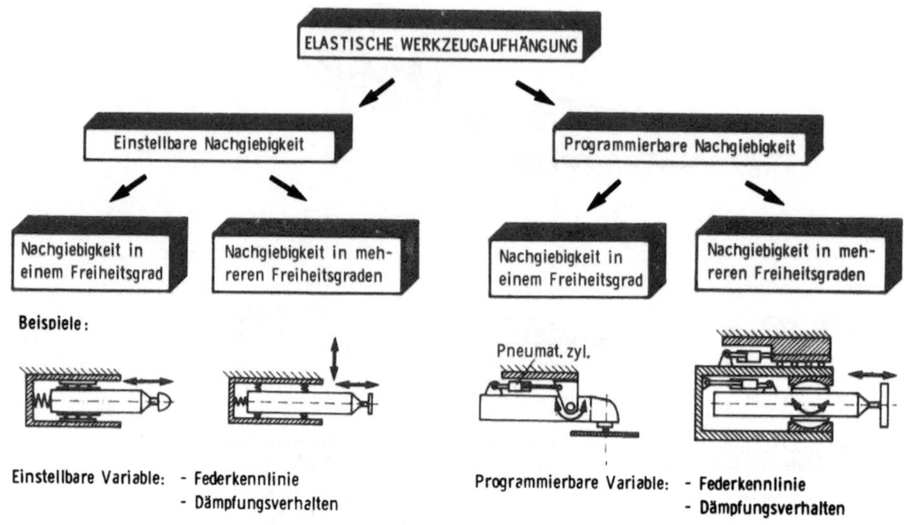

Bild 5 Elastische Werkzeugaufhängungen für Gußputzwerkzeuge

2.3 Adaptive Systeme

Überschreiten die auftretenden Toleranzen und Störgrößen ein gewisses Maß, so erscheint es nicht mehr möglich, durch fest vorgegebene Schnittparameter zufriedenstellende Bearbeitungsergebnisse innerhalb einer Werkstückserie zu erreichen. Eine optimal ausgelegte und demzufolge werkstückvariable Führung des Zerspanungsprozesses gelingt nur über eine Erfassung der wichtigsten toleranzbehafteten Größen (Grathöhe, Formabweichung) mit Hilfe von Sensoren und eine selbsttätige Prozeßoptimierung.

2.3.1 Geometrieverarbeitende Sensoren

Werden hohe Anforderungen an die Oberflächengeometrie gestellt, kann mit geometrieverarbeitenden Sensoren ein besseres Bearbeitungsergebnis als mit technologieverarbeitenden Sensoren erreicht werden. Derartige Sensoren können die Oberfläche an vorbestimmten Punkten antasten, sind aber nicht geeignet für ein Abtasten der Oberflächenkontur während des Bearbeitungsprozesses.

Für eine prozeßbegleitende Messung der Grathöhe erscheint die Messung der Werkzeugauslenkung (Bild 6) ein geeignetes Prinzip zu sein. Dieses Prinzip erlaubt den Aufbau einer Werkzeug-Sensor-Einheit mit folgenden Eigenschaften

- einfache und schnelle Programmierung von komplexen, in einer Ebene liegenden Konturen durch Abtasten eines Musterwerkstückes,
- eine einfache Korrektur der Werkzeugradienänderung,
- eine Anpassung des Anpreßdruckes entsprechend der Gratgröße.

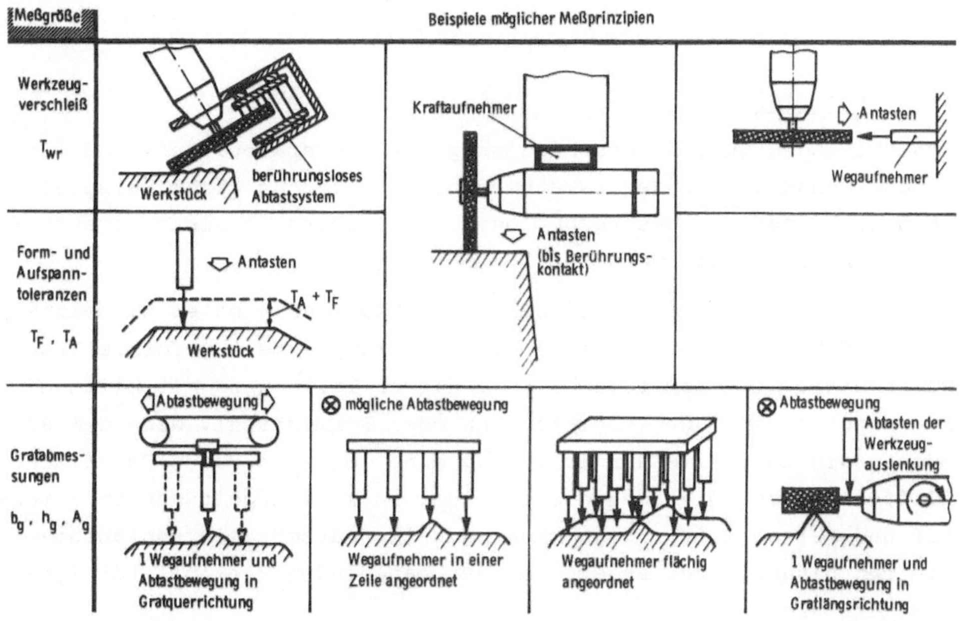

Bild 6 Meßgrößen und Meßprinzipien für geometrieverarbeitende Sensoren

2.3.2 Sensoren für technologische Meßgrößen

Die Leistungsaufnahme und die Schnittkräfte stellen beim Gußputzen geeignete Meßgrößen dar. Für die Leistungsmessung ist heute eine Vielzahl von geeigneten Meß- und Auswertegeräten verfügbar. Die Zerspanungskräfte können entweder am Greifer des Industrieroboters (bewegter Sensor) oder am Werkstück-Aufspanntisch bzw. an der stationären Bearbeitungsmaschine gemessen werden.

Am IPA wurden verschiedene Mehrkomponentenaufnehmer entwickelt und erprobt, die zwischen den Handachsen des Industrieroboters und dem Bearbeitungswerkzeug eingebaut werden können. Der Kraftmeßbereich beträgt bis zu 1000 N bei einer Meßgenauigkeit von ca. 6 %, und es können 3 Kraft- und 3 Momentenkomponenten ausreichend voneinander entkoppelt gemessen werden. Die Entwicklung von allgemein anwendbaren Bearbeitungsalgorithmen, die diese Meßgrößenwährend des Bearbeitungsvorganges auswerten und aus ihnen Korrekturgrößen ableiten, steht noch aus. Die Probleme liegen im regelungstechnischen Bereich und werden durch die hohen Datenraten und die mathematisch anspruchsvolle Verarbeitung der Meßgrößen (Koordinatentransformationen für alle Roboterachsen im ms-Takt) verschärft. Stand der Technik sind Korrekturbewegungen von 1 oder 2 Handachsen in vorprogrammierten Richtungen oder die kraftabhängige Regelung der Vorschubgeschwindigkeit.

2.3.3 Beispiel

Im vorhergehenden wurden verschiedene goemetrieverarbeitende und technologische Sensoren und Regelsysteme vorgestellt. An einem Beispiel soll nun der Einsatz eines technologischen Sensors in einem Versuchsaufbau am IPA erläutert werden.

Bei der Aufgabenstellung für diesen Versuchsaufbau ging es um Holzteile für die Möbelindustrie, insbesondere um kompliziert geformte Tisch- und Stuhlbeine. Die geometrische Form dieser Teile wird mit Hilfe einer Fräsmaschine erzeugt (Kopierfräsen oder Formfräsen). Nach dem Fräsen müssen die Holzteile zur Erzielung einer einwandfreien Oberfläche geschliffen werden. Dies geschieht bisher in zwei Arbeitsgängen (Grobschliff und Feinschliff) vollkommen manuell. Automatisierungsansätze scheiterten bisher unter anderem an der mangelnden Flexibilität (geringe Stückzahlen).

Am IPA wurden nun Versuche durchgeführt, bei denen ein Industrieroboter mit einem speziellen Greifer die Holzteile aus einem Magazin entnimmt, um sie dann für die Durchführung der Schleifarbeiten zu einem Schleifwerkzeug zu führen. Nach Beendigung des Schleifvorganges werden die Holzteile in einem anderen Magazin abgelegt (Bild 7).

Bild 7 Schleifen von Holzformteilen mit Industrierobotern

Der Versuchsaufbau bestand im wesentlichen aus den folgenden Komponenten:

- Spezialschleifwerkzeug für die Holzbearbeitung,
- Industrieroboter KUKA IR 601/60,
- Meßgerät zur kontinuierlichen Überwachung der Schleifleistung,
- Meßwertverarbeitung zur Anpassung des Meßsignals an die Steuerung des Industrieroboters,
- Sensorschnittstelle des Industrieroboters.

Die Versuche haben gezeigt, daß derartige Aufgabenstellungen heute durchaus lösbar sind. Probleme ergaben sich im Bereich der für die Meßwertverarbeitung erforderlichen Rechenzeit und bei der Übertragung der Meßergebnisse zur Industrierobotersteuerung. Bisher war eine Korrektur von gespeicherten Bewegungsprogrammen im allgemeinen nur nach aufwendigen Eingriffen in die Hardware und die Software des Industrieroboters möglich. Durch die Änderungen, die sich in diesem Bereich abzeichnen, wird in den nächsten Jahren die Anwendung der beschriebenen Sensorsysteme auf breiter Basis mit Sicherheit erheblich vereinfacht.

3 Montieren mit sensorgeführten Industrierobotern

Für die Montage, einen der lohnkostenintensivsten Bereiche der industriellen Fertigung, steht die allgemeine Anwendung von Industrierobotern noch bevor. Es werden in verschiedenen Marktprognosen hohe Zuwachsraten für den Industrieroboteinsatz bei der Montageautomatisierung in den 80er Jahren vorausgesetzt.

Zwei Probleme, die mit Hilfe geeigneter Sensorsysteme gelöst werden könnten, behindern zur Zeit den Einsatz von Industrierobotern in der Montage:

- die für viele Fügeoperationen zu geringe Positioniergenauigkeit der Roboter, die durch ihren mechanischen Aufbau bedingt ist,
- die erforderliche Überwachung des Montagevorganges und Kontrolle der Teile.

Während die Qualitätskontrolle häufig als Sichtprüfung durchgeführt werden kann, und hier deshalb bildverarbeitende Sensorsysteme eingesetzt werden können, sind die eigentlichen Fügevorgänge eine Domäne der taktilen Sensoren.

Zum Fügen von Bolzen mit Hilfe von Industrierobotern wurden in den letzten Jahren verschiedene Kraft/Momentsensoren entwickelt, die den Belastungszustand (Kräfte, Momente) an der Fügestelle erfassen und adaptiv den Bolzen fügen können. Derartige komplexe Systeme - mit oft mehr als drei Freiheitsgraden - scheiterten in der Praxis jedoch an

- dem hohen Rechnaufwand und der damit verbundenen hohen Fügezeit,
- an den Schwierigkeiten eines allgemein verwendbaren Fügealgorithmus für verschiedene, nicht zylindrische Fügeteile.

Vereinfachte Systeme, die nur eine Axialkraft oder Lateralkraft erfassen, werden dagegen häufig zur Überwachung des Fügevorganges eingesetzt (Bild 8).

Die Programmiersprachen moderner Industrieroboter verfügen inzwischen häufig über spezielle Befehle, die die Auswertung der Signale solcher einfachen Sensoren ermöglichen. So können beispielsweise Schwellwerte für Füge- oder Greifkräfte programmiert werden; ein Überschreiten der Schwelle, wenn sich etwa ein Werkstück verkantet, löst dann eine Programmverzweigung in einen Programmteil aus, der einen Fügeversuch mit dem gleichen oder einem neuen Werkstück wiederholt.

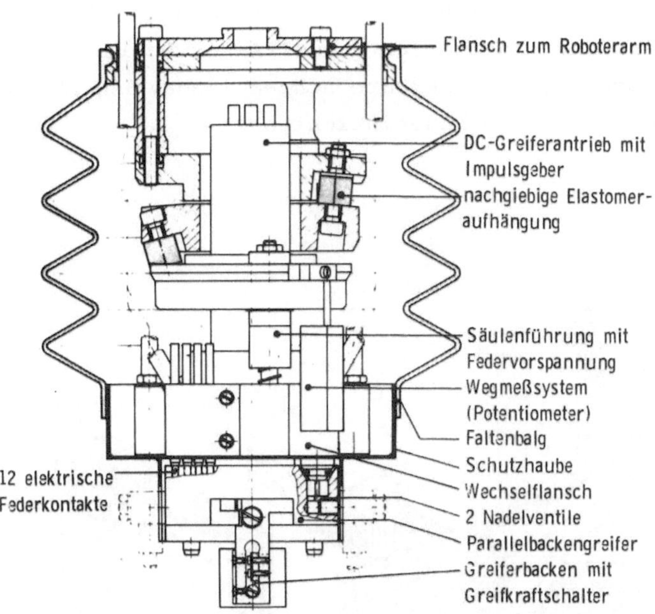

Bild 8 Modulares taktiles Greifer-Sensor-System

4 Entwicklungstendenzen

Die meisten heute eingesetzten sensorunterstützten Industrieroboter sind durch Verkettung eines Roboters mit einem bestimmten einzelnen Sensortyp im Hinblick auf einen speziellen Anwendungsfall entstanden. Höhere Flexibilität läßt sich erreichen, wenn man von vornherein ein Gesamtsystem aus übergeordneter Rechnersteuerung, Industrieroboter, Sensoren unterschiedlicher Art, programmierbaren Zuführeinrichtungen, usw. konzipiert, das einheitlich programmiert und bedient werden kann.

Für die Magazinierung von Kunststoffteilen (Bild 9) wurde am IPA Stuttgart ein flexibles System entwickelt. Dieses System kann ca. 100 unterschiedliche Werkstücke (Hohlteile) in einem Bereich von 10 bis 50 mm Durchmesser bzw. 10 bis 500 mm Länge ordnen und magazinieren. Das System umfaßt folgende Komponenten:

- Montageroboter mit drei Hauptachsen, eine rotatorische Nebenachse (PRAGMA A 3000, Fa. DEA), Greifer mit positionierbaren Greiferbakken, Greifkraftsensor, Fügekraftsensor, Sensor zur berührungslosen Abstandsmessung,

- Fernsehsensor zur Werkstückerkennung und -vermessung (OMS, Fa. BBC),
- programmierbare Vereinzelungseinrichtung (IPA-Entwicklung)
- sechs zusätzliche frei positionierbare Achsen (Magazinhandhabung, Förderbänder, programmierbare Ladeeinrichtungen).

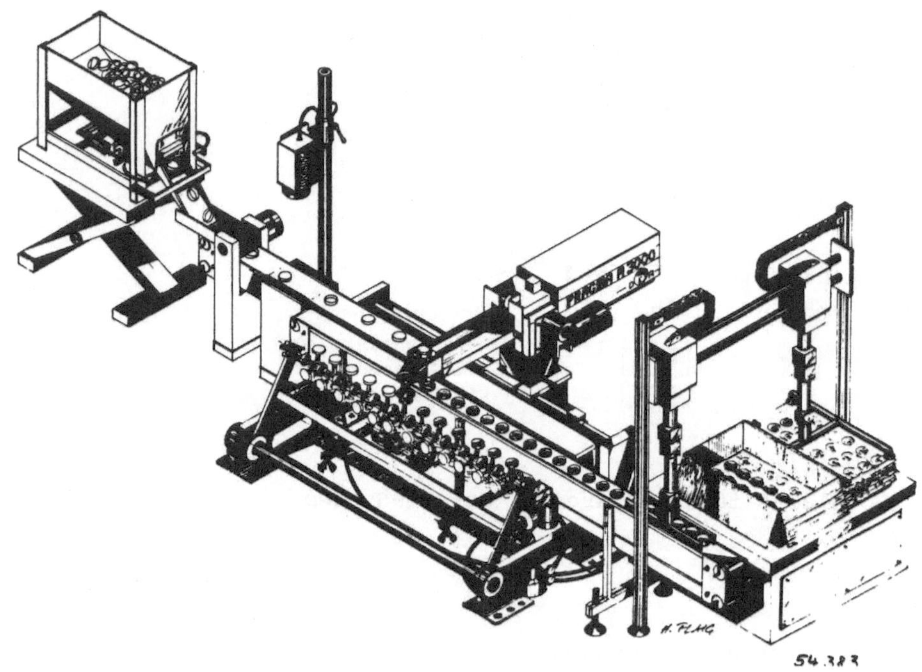

Bild 9 Flexibles Magaziniersystem

Dieses System handhabt Kunststoffteile mit einer Zykluszeit von ca. 2,5 sec beim Einsatz eines Armes des Montageroboters. Die durch den Vereinzelungsbunker vereinzelt dem Fernsehsensor zugeführten Werkstükke werden erkannt und vom Industrieroboter gezielt gegriffen. Falls die Teile in einer nicht gewünschten Lage auf dem Förderband liegen, werden sie während der Bewegung von den positionierbaren Greiferbakken umorientiert und danach in der gewünschten Lage weitergegeben. Die Lage des Werkstücks im Greifer wird durch einen entfernungsmessenden, optischen Sensor erfaßt, der in den Greifer integriert wurde. Durch die Verwendung der Sensoren und der programmierbaren Achsen in der Peripherie des Industrieroboters ist eine Umrüstung des Systems auf andere Werkstücke ohne mechanische Eingriffe möglich.

Hinsichtlich der Einzelkomponenten liegen Entwicklungsschwerpunkte in den Bereichen der bildverarbeitenden Sensoren und flexibler Füge- und Bearbeitungsalgorithmen.

Graubildverarbeitende Sensoren sowie schnelle Entfernungsmeßsysteme, die Szenen abtasten und dreidimensional abbilden können, sowie höchstintegrierte Spezialbausteine, die eine Auswertung solcher komplexer Informationen innerhalb vernünftiger Rechenzeiten ermöglichen, werden sehr viel anspruchsvollere Aufgaben in der industriellen Automatisierung übernehmen als die Binärsensoren, die heute angeboten, aber nur sehr zögernd eingesetzt werden.

Eine ebenfalls sehr anspruchsvolle Aufgabe ist das automatische Fügen prismatischer Teile mit Kraftrückkopplung über taktile Sensoren. Verschiedene Forschungseinrichtungen arbeiten an entsprechenden Algorithmen.

Zur Zeit sind solche Verfahren noch sehr langsam und unzuverlässig, jedoch wird auch hier die Mikroelektronik mit der Möglichkeit, komplexe Funktionen im Form von integrierten Spezialbausteinen zur Verfügung zu stellen, einen wirtschaftlichen Einsatz möglich machen.

LINEARE HALBLEITERBILDSENSOREN ZUR BERÜHRUNGSLOSEN ERFASSUNG GEOMETRISCHER MERKMALE

LINEAR SEMICONDUCTOR IMAGE SENSORS FOR NONCONTACT DIMENSIONAL MEASUREMENT

G. Jobs
Laboratorium für Werkzeugmaschinen
und Betriebslehre TH Aachen
5100 Aachen B.R. Deutschland

Summary:

Linear semiconductor image sensors consist of a single row of up to 2048 image sensor-elements of high geometric precision. As part of an optical measuring system, they can be used for noncontact dimensional measurements like length, thickness, height of an object, which is imaged on the sensor.
The principle of an CCD-image sensor is described. It is shown, that the resolution, which often is not enough in many applications, can be increased by interpolating the electric signal of the edge of an object. Two examples of an optical measuring system for more complexe measuring tasks are described.

Prinzip und Aufbau eines linearen Photoarrays

Ein lineares Photoarray ist ein eindimensionaler Halbleiterbildsensor, bei dem diskrete lichtempfindliche Elemente in der Größe von 13 x 13 μm^2 auf einem Siliziumsubstrat zu einer Linie aneinandergereiht sind.

Der Sensor vermag auftreffendes Licht in jedem Element aufgrund des inneren Photoeffektes in freie Ladungsträger umzuwandeln, diese Ladungen zu speichern und sequentiell als Ladungspakete auszugeben.

Während bei den älteren Ausführungsformen alle Photoelemente nacheinander über MOS-Transistoren auf eine einzige gemeinsame Videoleitung geschaltet werden (MOS-Photodiodenarrays), benutzt man die seit 1973 weiterentwickelten und heute in verschiedenen Variationen aufgebauten analogen Schieberegister (Charge Coupled Devices: CCDs) zum Auslesen der Information /1//2/. Bild 1 zeigt den schematischen Aufbau eines CCD-Arrays /3/.

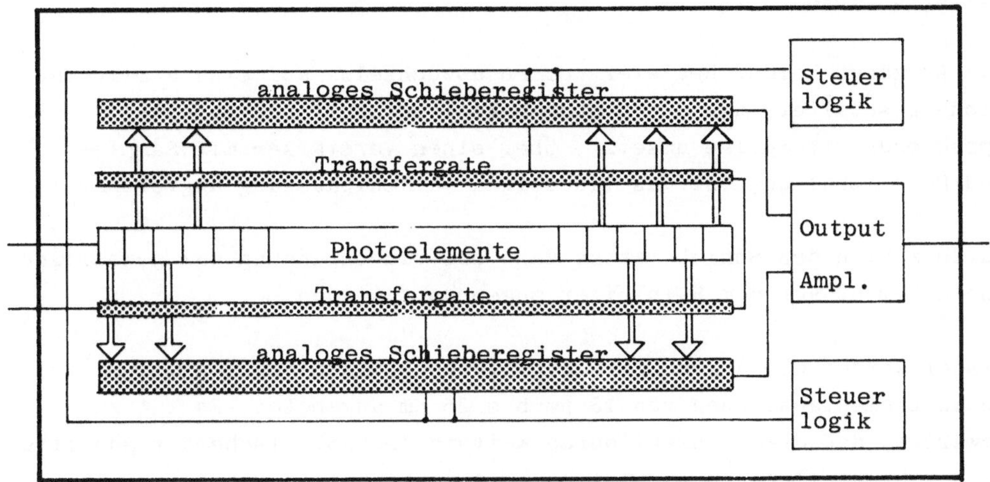

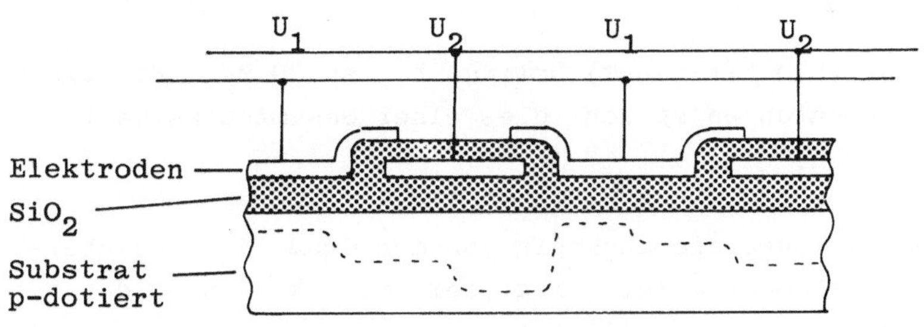

Bild 1: CCD-Array

Es besteht aus einer Aufreihung diskreter pn-Photodioden. Auftreffendes Licht erzeugt aufgrund des inneren Photoeffektes in jedem pn-Übergang freie Minoritätsladungen, welche während der Integrationszeit gesammelt werden. Parallel zu den Photoelementen sind zu beiden Seiten zwei analoge Schieberegister für geradzahlige und ungeradzahlige Elemente angeordnet, die über eine Potentialsperre (Transfergatter) während der Belichtungszeit elektrisch getrennt sind.

Zu Beginn eines Auslesezyklus, der wesentlich kürzer als die Belichtungszeit ist, können mit einem Transferimpuls die gespeicherten Photoladungen in die analogen Schieberegister geladen werden.

Diese bestehen aus diskreten MOS[1]-Kapazitäten, die die Ladungspakete unter ihren Elektroden nach dem Eimerkettenprinzip durch geeignetes Ändern der Elektrodenpotentiale von einer Kapazität zur nächsten weiterschieben /4/.

Die Ausgänge beider Register werden abwechselnd auf eine gemeinsame Diode geschaltet, die die Ladungspakete aufnimmt und in entsprechende Strompulse umsetzt. Über einen Verstärker mit Sample-and-Hold-Schaltung ist das Videosignal am Chipausgang abgreifbar.

Durch Zählen des Schiebetaktes kann die Videospannung dem jeweiligen Photoelement auf dem Halbleiter zugeordnet werden.

Bisher werden CCD-Arrays zwischen 128 und 2048 Elementen mit mittleren Elementabständen von 13 µm bis 25 µm angeboten. Es ist zu erwarten. daß diese Anzahl durch weitere technologische Fortschritte in der Herstellung in Zukunft noch zu erhöhen ist. Erhebliche Anstrengungen werden zur Zeit bei der Entwicklung zweidimensionaler Halbleiterbildmatrizen unternommen.

Die Abtastfrequenz (Clockfrequenz) beträgt bis zu 20 MHz. Bei einem Array mit 1024 Elementen entspricht dies einer Gesamtabtastzeit von 0,5 Millisekunden.

Die Sättigungsbelichtung, die abhängig von der Größe der Speicherkapazität des Photoelementes ist, liegt bei ca. 0,4 $\mu J/cm^2$, der Dynamikbereich erreicht bis zu 300:1.

Einsatz eines Arrays zur Längenmessung

Das lineare Photoarray stellt durch die diskrete Anordnung seiner Photoelemente ein "optisches Lineal" in der Bildebene eines

1) MOS: Metal-Oxide-Semiconductor

Abbildungssystems dar (Bild 2), das den Bildbereich in ortsfeste abzählbare Bildelemente gleicher Abstände auflöst.

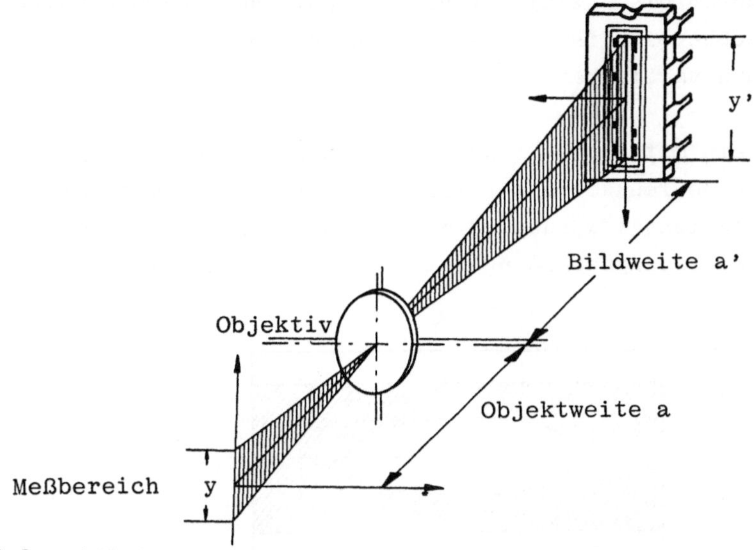

Bild 2: CCD-Array als Bildaufnehmer eines Längenmeßgerätes

Das Gesamtsystem besteht aus:

- Beleuchtung
- Prüfobjekt
- abbildendem System
- Sensor
- elektronischer Datenverarbeitung

und stellt eine optisch-elektronische Informationskette dar, an der alle Einzelkomponenten entscheidend beteiligt sind. Im Unterschied zum mathematischen Modell der Zentralprojektion besitzt ein mit Linsen abbildendes System nur eine zweidimensionale Gegenstandsebene, in der die zu erfassenden Objektbegrenzungen liegen müssen.

Aufgabe des Kameraobjektives als abbildendes System ist die Erzeugung eines verzerrungs- und vignettierungsfreien realen Bildes des zu messenden Gegenstandes auf dem Bildsensor. Diese Anforderungen sind durch Industrieobjektive weitgehend erfüllbar.

Wesentlichen Einfluß auf die Güte des Bildes hat auch die Art der Beleuchtung, die direkt im Schattenbildverfahren oder indirekt im

Auflichtverfahren das optische Muster der Prüfkörperkontur auf dem Bildsensor erzeugt. Das Verhältnis von Meßbereich und Auflösung des Systems wird durch die Anzahl der Bildelemente des Sensors begrenzt. Der absolute Meßbereich ist dagegen durch den Abbildungsmaßstab in weiten Bereichen variierbar.

In Bild 3 ist ein mit einer Öffnung versehenes Prüfobjekt in einer Linie von einer Zeilenkamera mit 1024 Elementen im Schattenbildverfahren aufgezeichnet worden. Die mit einem Oszilloskop dargestellte analoge Videoausgangsspannung zeigt drei Hell-Dunkel-Sprünge.

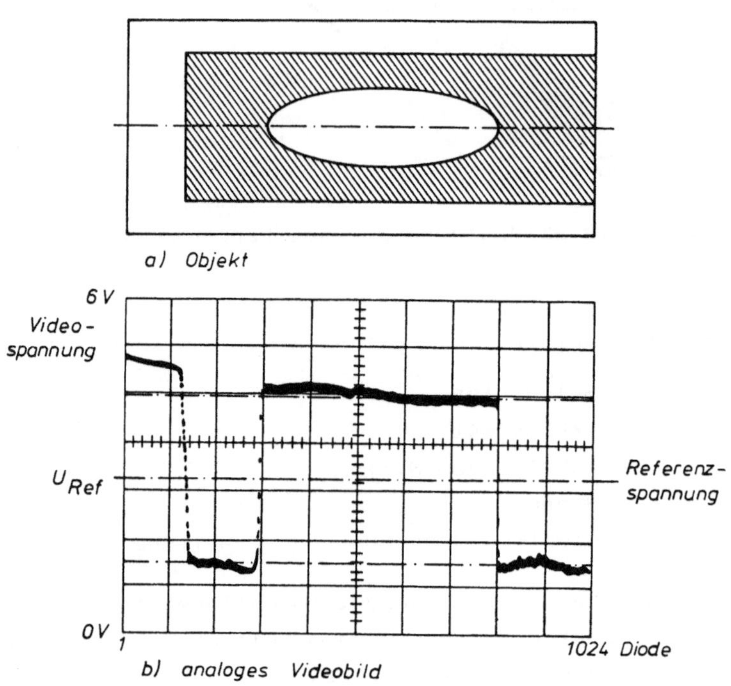

Bild 3: Videosignal einer Objektzeile

Die Digitalisierung des Videosignals besteht in einem Vergleich der Videospannung mit einer konstanten Referenzspannung,die 50 % des Hellwertes beträgt. Unbeleuchtete Dioden, deren Videospannungen unterhalb der Referenzspannung liegen, geben den logischen Wert 0 ab, beleuchtete Dioden liefern am Ausgang der Komparatorstufe den logischen Wert 1. Durch Zählen der Anzahl dunkler und heller Dioden oder durch Speichern der am Übergang beteiligten Diodennummern in einem Stapelspeicher kann bereits hardwaremäßig eine aufgabenbezogene

Datenreduktion erfolgen.

Erhöhung der Auflösung

Bisherige Erfahrungen mit dem Einsatz von Zeilenkameras zeigen, daß das Meßbereichs-Auflösungsverhältnis für viele Meßprobleme nicht ausreicht. Wird z.B. eine Genauigkeit von 10 µm gefordert, so beträgt der erfaßbare Meßbereich bei 1024 Elementen weniger als 10 mm.
Eine lückenlose Aneinanderreihung mehrerer Sensoren in einer Bildebene ist nicht möglich. Eine Lösung durch Erzeugung mehrerer Bildebenen durch Strahlteiler ist denkbar, wird in der Praxis jedoch aus Kostengründen nicht angewandt und wirft optische Probleme auf. Zum Teil lassen sich Prüfaufgaben höherer Genauigkeit bei großen Objekten mit geringen maßlichen Variationen durch den Einsatz mehrerer fest zugeordneter Kameras erfüllen.

Eine Möglichkeit der Auflösungserweiterung ist die elektronische Interpolation des analogen Videosignals. Bild 4 zeigt die Videospannung einer im Durchlicht aufgenommenen Objektkante, wobei jeder Diodenschritt 11 µm der Gegenstandsebene entspricht.

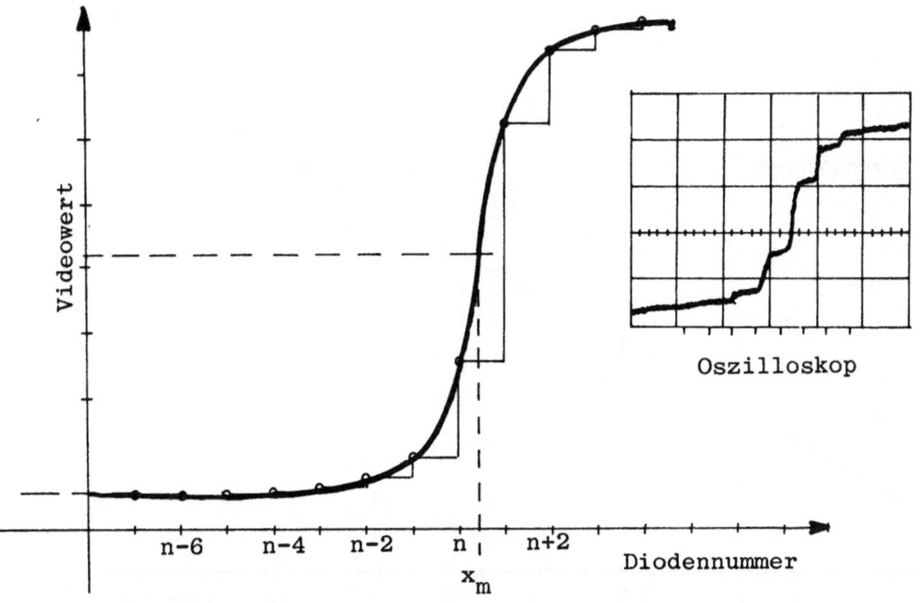

Bild 4: Signal eines Schattenübergangs

Man erkennt, daß der Übergang durch die optischen und elektronischen Übertragungseigenschaften nicht sprunghaft zwischen zwei benachbarten Dioden erfolgt, sondern sich über mehrere Dioden erstreckt.

In praktischen Versuchen wurden die einzelnen lichtproportionalen Spannungen mit Hilfe eines elektronischen 8 bit Analog-Digitalumsetzers im Echtzeitverfahren digitalisiert, in einem Stapelspeicher abgelegt, um dann von einem Rechner ausgelesen und ausgewertet zu werden.

Durch Ableitung einer geeigneten stetigen und monotonen Funktion aus den diskreten Spannungswerten kann der Verlauf der Videospannung im Übergangsbereich mathematisch näherungsweise beschrieben werden. Damit wird es möglich, den entsprechenden Abszissenpunkt x_m und damit den Ort der Kante innerhalb eines Diodenelementes zu berechnen.

Eine Untersuchung der statistischen Meßunsicherheit eines Exponentialansatzes symmetrisch zum Kurvenwendepunkt erbrachte theoretisch 15 Entscheidungsschritte innerhalb eines Diodenelementes bei einer Sicherheit von P = 99,7 %. Ein Vergleich (Bild 5) der Meßergebnisse

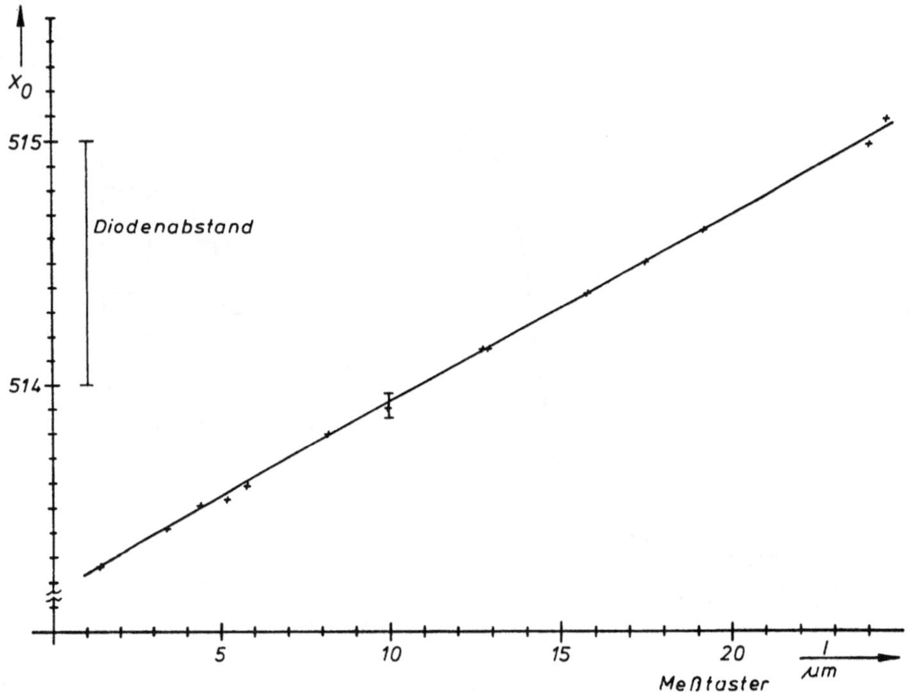

Bild 5: Vergleich des optischen Längenmeßgerätes mit einem Taster

des optischen Meßgerätes mit denen eines tastenden Systems hoher Genauigkeit bestätigte eine praktische Auflösungserhöhung um den Faktor acht.

Einsatzbeispiele

Ein CCD-Array läßt sich als Bildaufnehmer in einem Längenmeßgerät primär zu genauen Erfassung von Länge, Breite, Durchmesser eines Prüfkörpers einsetzen. In Verbindung mit einer mechanischen Zustellung und durch Auswertung mit einem Mikroprozessor eignet es sich darüberhinaus für komplexere Prüfaufgaben, die in kürzester Zeit eine Abtastung und Analyse erfordern.

Im folgenden seien zwei Beispiele aus dem Bereich der Sichtprüfung und der optischen Sortierung vorgestellt:
Bild 6 zeigt die Adaption eines Photoarrays an einen Profilprojektor,

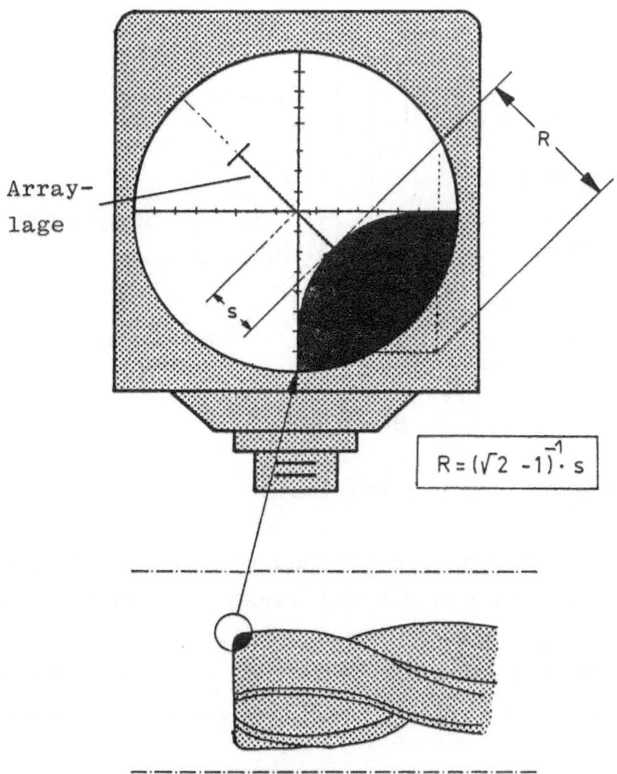

Bild 6: Optische Schneidenradienmessung mit einem CCD-Array

an dem der Schneidenradius von Fräswerkzeugen bisher nur visuell durch einen Bediener über Schablonen auf dem Sichtschirm bestimmt werden konnte /5/. Zur automatischen Erfassung des Schneidenradius wurde das Array durch Auskoppeln einer zweiten Bildebene unter 45^0 in der Bildschirmmitte so angeordnet, daß es jeweils den Abstand des Strichkreuzmittelpunktes zum Werkzeugschatten bestimmen konnte. Über eine einfache trigonometrische Gleichung wurde der Radius unmittelbar angezeigt.

Bild 7 zeigt zeigt einen Aufbau zur maßlichen Prüfung kleiner Stanzteile. Dabei werden die Prüflinge über eine Rutsche orthogonal zu den Zeilen zweier Kameras vorbeigeführt und damit in ihrer waagerechten und senkrechten Schattenkontur rasterartig erfaßt.

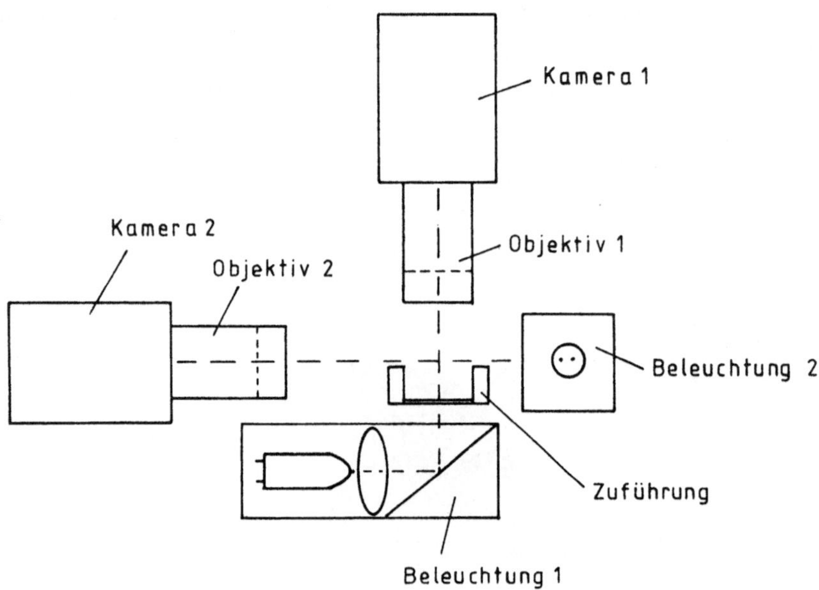

Bild 7: Maßliche Prüfung von Massenteilen

Meßparameter sind hier Außen- und Innendurchmesser sowie Konturverlauf. Bei einer Bildabtast von 0,5 Millisekunden konnte eine maximale Teilegeschwindigkeit von 300 mm/s zugelassen werden. Dies entspricht 1800 Teilen/Minute von 10 mm Durchmessern. Bei einem Meßbereich von 15 mm konnten Teile mit 0,05 mm Abweichung sicher erkannt und aussortiert werden.

/1/	Melen, R.	The tradeoff in monolithic image sensors MOS vs CCD Electronics (1973)5, 106-111
/2/	N.N.	Neuheiten bei CCD-Bildsensoren Markt & Technik (1983)17, 15-17
/3/	Tonn,H.	Halbleiter-Bildsensoren - eine neue Generation von CCD-Zeilen Elektronikpraxis (1979)10, 16-18
/4/	Mc Lean, T. P. Schagen, P.	Electronic Imaging Academic Press, New York 1979
/5/	Pfeifer, T. Jobs, G.	Einsatz von Zeilenkameras zur Werkzeugmessung Industrieanzeiger 104(1982)27, 26-29

ENTWICKLUNGSTENDENZEN UND GRENZEN

VON

HALBLEITER SENSOREN

SEMI CONDUCTOR SENSORS

TRENDS AND LIMITS

W. Henning

J. Binder

Unternehmensbereich Bauelemente

Siemens A.G.

8000 München 80, B.R.Deutschland

Summary

The development of microprocessor-based control systems has focused new attention on electronic sensors. The integration of sensors with signal-processing systems offers striking advantages over older discrete-sensor and hybrid-system approaches. Si-as well as GaAs-sensors are well known examples. Recent developmental work on polysilicon films has helped to overcome even natural limitations based on normal Si. Piezoresistive polysilicon pressure sensors e.g. combine a larger temperature range with easier signal conditioning.

On the other side, Si-derived sensors, as gas-or humidity sensors, with different evaporated active layers on basic Si are also getting more and more importance.

Further sensor activities are directed to more sophisticated monolithically integrated solutions encluding microprocessor-compatibility and to low-cost packaging to guarantee widest-spread applications.

1. Einleitung

Durch die Mikroelektronik ist es möglich, die zum Steuern, Regeln und Überwachen technischer Prozesse erforderliche Informationsverarbeitung von Mikrocomputern ausführen zu lassen.
Ein solcher Einsatz ist allerdings nur realisierbar, wenn die Ist-Werte aus dem Prozeß und der Umwelt durch entsprechende elektronische Sensoren aufgenommen werden.
Halbleiter eignen sich besonders gut für die Übersetzung nichtelektrischer Größen in elektrische, weil das Leitungsband nicht belegt ist. Die elektrische Leitung erfolgt nur unter bestimmten Voraussetzungen und ist durch verschiedene äußere Einflüsse veränderbar.

2. Silizium- und III/V-Planartechnologien

Die Silizium-Planartechnologie ist die wichtigste Basistechnologie. Sie hat heute einen hohen Entwicklungsstand erreicht; die Großserienfertigung wird beherrscht. Das Ausgangsmaterial ist verhältnismäßig kostengünstig. Vorteil dieser Technologie: Die Auswerteelektronik kann in den Sensorchip integriert werden.

Für die Anwendungen bei höheren Temperaturen, oberhalb 150°C, bildet die GaAs-Planartechnologie eine nahezu ideale Ergänzung zur Si-Planartechnologie. Sowohl aktive als auch passive Strukturen können durch Implantation mit geeigneter nachfolgender Ausheilung in semi-isolierendem GaAs-Substrat erzeugt werden. Die Maskierung der einzelnen Bereiche erfolgt durch Fotolack. Somit bietet auch diese Technologie die Möglichkeit der Mitintegration von Auswerteelektronik auf einem Chip.

3. Sensor - Signalverarbeitung

Der Sensor-Signalverarbeitung kommt sehr große Bedeutung zu: Sie muß auch unter kritischen Umweltbedingungen hochzuverlässig und kostengünstig sein, um von den Mengenmärkten der Haushalts- und Automobilindustrie akzeptiert zu werden. Weitere Kriterien sind eine sehr geringe Eigenerwärmung, um den zu überwachenden Prozess nicht zu stören sowie ein dem Raum am Einsatzort entsprechendes kleines Volumen. Schließlich darf die von der Elektronik normalerweise verursachte Drift nur klein sein im Vergleich zur Drift des Fühlerelements.

Integrierte Gleichspannungsverstärker mit Driften von weniger als 1.5µV/K kennzeichnen den heute bereits erreichten Stand der Technik. Weitere Vorteile sind der außerordentlich kleine Abstand von Sensor und Verstärker. Störspannungen können daher an Stellen kleinster Signalpegel kaum eingestreut werden; ihre Wirkung bleibt umso geringer, als auch die Versorgungsspannung auf dem Chip stabilisiert wird.
Nachteilig sind heute noch die durchzuführenden Abgleiche der Sensorparameter. Zur Signalaufbereitung gehören u.a. die Verstärkungs- und die Nullpunktskorrektur sowie deren Temperaturkompensationen, die in einer kostenintensiven "Abgleichstrategie" nacheinander durchgeführt werden müssen.
Einer Vereinfachung der "Abgleichstrategie" kommt daher besondere Wichtigkeit zu.

4. Mikroelektronik - Silizium - Sensoren

P i e z o r e s i s t i v e D r u c k s e n s o r e n zählen zu den weitverbreitesten Sensoren. Sie nutzen den "Piezoresistiven Effekt" des Siliziums /1-2/.
Silizium ändert bekanntlich unter mechanischer Spannung seine Leitfähigkeit. Der Zusammenhang zwischen Dehnung ε und Widerstandsänderung $\Delta R/_{R_O}$ ist der Gage-Faktor (K-Faktor). In p-Typ <100>-Silizium beträgt der K-Faktor etwa 100. Der K-Faktor kann je nach der Lage des Widerstandes zur Kristallorientierung und zur Richtung des Spannungsvektors in seiner Größe und im Vorzeichen verschieden sein. Außerdem ist er vom Leitungstyp und der Dotierungskonzentration abhängig. Das erklärt die Vielzahl bestehender Designs, die entweder auf hohen K-Faktor, oder auf spannungsfreie Montage hin entwickelt worden sind.
Bei den heute üblichen Meßzellen wird der Silizium-Chip im Waferverband mit eindiffundierten Widerständen auf der Frontseite von

der Rückseite geätzt /3-4/ und so die zentrale Partie zur Druckmembrane und der Rand zum Einspannring ausgebildet (Bild 1). Die Restdicke der Membran richtet sich nach dem gewählten Druckbereich und beträgt für einen 2bar-Sensor mit 2 mm großer Membran etwa 25µm.

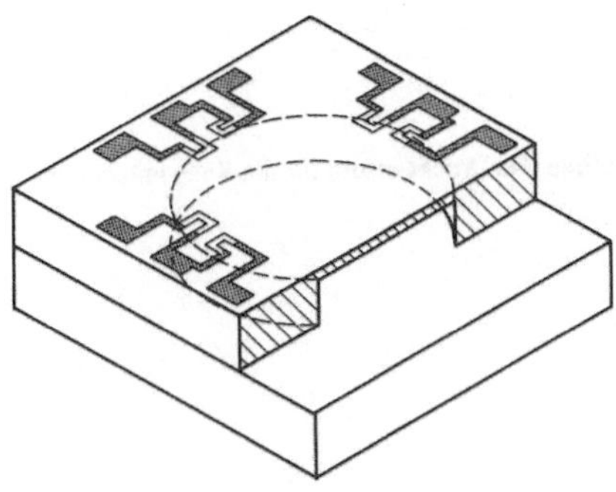

Bild 1: Druckmeßzelle nach Kistler

Zur spannungsfreien Montage in ein ausdehnungsmäßig nicht angepaßtes Gehäuse ist es erforderlich, die Siliziumscheibe mit den einzelnen fertiggestellten Drucksensoren mit einer zweiten, wesentlich dickeren Silizium- oder angepaßten Glasscheibe zu verbinden /5-6/.

Bild 2 zeigt den kompletten Aufbau eines Drucksensors für die Konsumtechnik. Eine interessante Drucksensor-Variante zur Erzielung eines frequenzanalogen Ausgangssignals stammt aus dem Fraunhofer-Institut in München-Pasing /7/. Bild 3 gibt die integrierte Sensorstruktur mit J^2L-Ringoszillatoren wieder:
Je ein longitudinal und transversal beanspruchter Widerstand ist in Serie zu einem J^2L-Ringoszillator geschaltet. Legt man an die Widerstände eine konstante Versorgungsspannung, so wird die Widerstandsänderung in eine Stromänderung umgesetzt und damit eine Frequenzänderung des Ringoszillators erreicht. Erste Messungen an Hybrid-aufgebauten Mustern ergaben bereits eine Empfindlichkeit

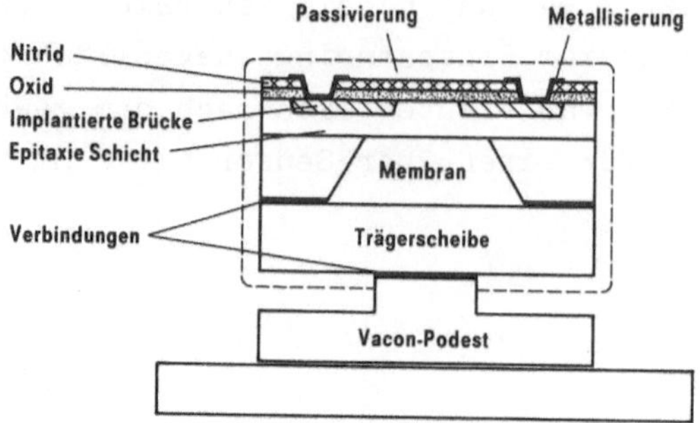

Bild 2: Aufbau des Drucksensors für die Konsumtechnik

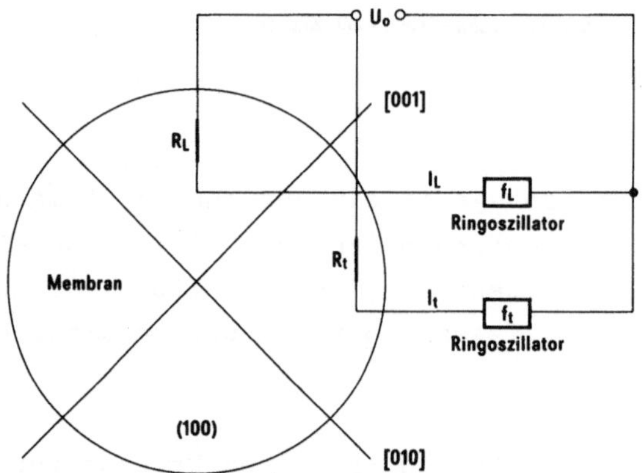

Bild 3: Schematischer Aufbau eines Drucksensors mit I^2 L-Ringoszillatoren

von ca 10 KHz/$_{bar}$ bei einer Versorgungsspannung von 4 Volt. Die Linearität des Sensors muß noch weiter verbessert werden.

5. Mikroelektronik - Polysilizium - Sensoren

Zukunftsweisende Bedeutung kommt Silizium-Sensoren mit rekristallisierten Polysilizium-Widerständen zu. Ihr Vorteil gegenüber diffundierten und implantierten Widerständen besteht in der definierten technologischen Einstellmöglichkeit von Schichtwiderstand und Temperaturkoeffizient bei gleichzeitiger Abgleichbarkeit durch Laser-Trimmen und damit in einer wesentlich vereinfachten Abgleichstrategie/8-9/.

Bild 4 zeigt eine *monolithisch-integrierte Silizium-Drucksensor-Meßzelle mit Polysilizium-Brücken- und Abgleichwiderständen*. Die Schaltung kann wahlweise für Spannungs- und Stromausgang ausgelegt werden.

Für den allgemeinen Funktionsabgleich ist die Messung der Sensordaten bei 2 Drucken und 2 Temperaturen erforderlich.

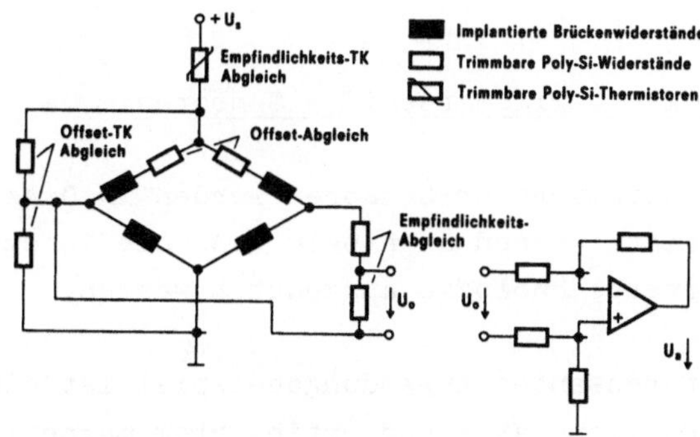

Bild 4: Silizium-Drucksensor-Meßzelle mit Polysilizium-Widerständen

Werden indes die Polysilizium-Widerstände durch Wahl geeigneter Dotierung zwischen $N=10^{18}$ und $10^{19}/cm^3$ und Laserausheilung "thermisch angepaßt" ($T_k=0$), so vereinfacht sich der Abgleich auf die Einstellung der gewünschten Empfindlichkeit und ihrer Temperaturabhängigkeit, einem Effekt zweiter Ordnung.

Eigene Untersuchungen /10/ ergaben nämlich bei einer Schichtdotierung von $N=6 \cdot 10^{18}/cm^3$ bereits eine Temperaturabhängigkeit der Empfindlichkeit von $\leq$20%/100K bei einem K-Faktor von 50. Nach Seto /11/ wird durch Einstellung einer Schichtdotierung $N=2 \cdot 10^{20}/cm^3$ die Temperaturabhängigkeit der Empfindlichkeit eliminiert. Der zugehörige K-Faktor hat sich halbiert.

In gleicher Weise lassen sich auch k o s t e n g ü n s t i g e , m o n o l i t h i s c h i n t e g r i e r t e T e m p e r a t u r- u n d P o s i t i o n s s e n s o r e n herstellen, bei denen die Abhängigkeit des Widerstandes von der Temperatur bzw. der Halleffekt ausgenutzt wird/12/.

Polysilizium-Sensoren zeichnen sich durch ein ausgezeichnetes Langzeit-Stabilitätsverhalten aus, sowie durch einen - im Vergleich zu normalem Silizium-deutlich erweiterten Temperaturbereich der Anwendung. Grund sind die fehlenden p-n-Übergänge. Polysilizium-Sensoren sind dabei, sich größere Marktanteile zu erobern.

6. Mikroelektronik - Galliumarsenid - Sensoren

Ausgesprochene Hochtemperatur-Sensoren werden in GaAs hergestellt. Wie eingangs erwähnt, können auch beim GaAs die Integrationsvorteile der Halbleitertechnologie ausgenutzt werden.

Ein besonders interessantes Anwendungsbeispiel ist ein Positionssensor mit GaAs-Hallgenerator und optimiertem magnetischem Kreis zur automatischen Getriebesteuerung /13/.
In diesem Fall wird der Dotierungsstoff Silizium zur Erzeugung der aktiven n-leitenden Bereiche lokal direkt in das semiisolierende GaAs-Substrat implantiert.

Die mitintegrierte Nachfolgeelektronik besteht aus einem 2-stufigen Differentialverstärker mit Sourcefolger-Endstufe. Diese verstärkt das ursprüngliche Signal um den Faktor 100 auf 5 V und macht es TTL-Kompatibel. Der Verstärker ist auf temperaturunabhängigen Arbeitspunkt (6mA) ausgelegt. Ebenfalls auf dem Chip befindet sich die Stromstabilisierung des Hallgenerators.
Zur Optimierung von Hallempfindlichkeit und Steuerwiderstand werden die Dotierungsmengen unterschiedlich gewählt. K_{BO}-Werte von 300 $\frac{V}{A.T.}$ und R_{10}-Werte um 1 K·Ohm wurden erreicht.

Abgesehen vom Kostenvorteil des Lokal-Implantationsverfahrens weisen Bauelemente in dieser Technik auch verbessertes Linearitätsverhalten gegenüber mesageätzten auf. Die gemessenen Temperaturkoeffizienten für Hallbeweglichkeit und steuerseitigen Innenwiderstand betragen nur 0.01%/K bzw. 0.025%/K.

7. Abgeleitete - Halbleiter - Sensoren

Ein zweiter, wichtiger Entwicklungszweig moderner Mikroelektronik-Sensoren umfaßt die "Abgeleiteten Halbleiter-Sensoren" mit Silizium oder anderen Halbleitern als Basismaterial und Umweltreaktiven aufgebrachten dünnen Fremdschichten. Sie ergänzen in idealer Weise die Einsatzmöglichkeiten der reinen Halbleiter-Sensoren unter Beibehaltung der Halbleiter-Fertigungsvorteile.

Bild 5 zeigt Schichtenfolge und Elektrodenstruktur eines Al_2O_3 - Dünnfilmkondensators zur Bestimmung der relativen Feuchte /14/. Die Siliziumdioxidschicht dient zur gegenseitigen elektrischen Isolierung der Kammelektroden. Die Gesamtkapazität der Anordnung beträgt 900pF, der Hub im Bereich zwischen 10 und 90% rel. Feuchte ca. 100pF. Die Linearität des Sensors ist ausgezeichnet, die Ansprechzeit t-(90%-Wert) = 30 sec ausreichend klein.

Bemerkenswert ist, daß die Schichten des Feuchtesensors durch Ionenbeschuß aktiviert werden müssen.

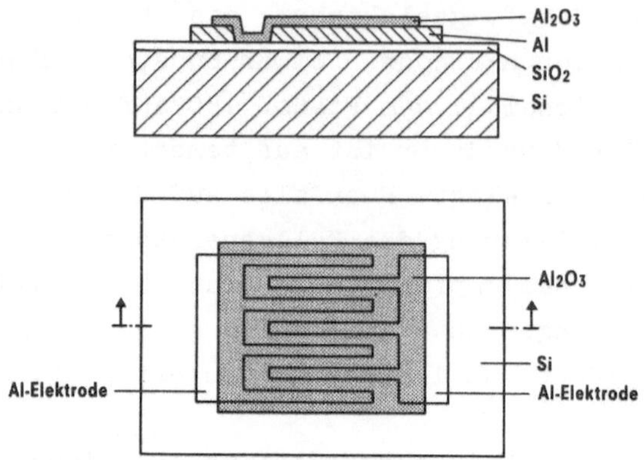

Bild 5: Schichtenfolge und Elektrodenstruktur eines Al_2O_3-Dünnfilmkondensators

Für den Umweltschutz und die Arbeitsplatzsicherung gleichermaßen wichtig sind e l e k t r o n i s c h e G a s s e n s o r e n /15/.

In den Forschungslaboratorien der Siemens AG gelang es, auch einen Halbleiter-Gassensor mit reaktiv gesputterten und getemperten WO_3- Dünnschichten zu entwickeln, der auf Propangas anspricht. Das gesputterte Wolframoxid hat gegenüber den bisher üblichen Zinn- und Zinkoxiden wesentlich geringere Regenerations- und Ansprechzeiten bei nur einigen Sekunden. Durch Zusatz eines katalytisch wirkenden Aktivators gelang es, die Empfindlichkeit um den Faktor 10 zu steigern. Das Langzeitverhalten konnte durch eine geeignete Oberflächen-Glimmbehandlung wesentlich verbessert werden.

8. Ausblick

Die Mikroelektronik erschließt immer breitere Anwendungsbereiche in der industriellen Informationsverarbeitung. Ausschlaggebend für den Einsatz der Mikroelektronik sind die Möglichkeiten des Informationsaustausches zwischen der Umwelt und dem signalverarbeitenden Mikrocomputer. Halbleitersensoren werden die maßgebende Rolle bei der Erfassung physikalischer Zustände und ihrer Umwandlung in elektrische Meßgrößen spielen.

L I T E R A T U R

/ 1/ Clark, S.K.; Wise, K.D.: Pressure sensitivity in anisotropically etched thin-diaphragm pressure sensors. IEEE Trans Electron Devices ED 26, 1979, S 1897.

/ 2/ Bicking, R.E.: A piezoresistive integrated pressure transducer. I Mech.E-paper C 161/81, presented at the Third International Conference on Automotive Electronics, London 1981.

/ 3/ Wise, K.D.; Clark, S.K.: Diaphragm formation and pressure sensitivity in batch fabricated Silicon pressure sensors. IEDM Dig.Tech.Papers, 1978, S. 96-99.

/ 4/ Jackson, T.N.; Tischler, M.A.; Wise, K.D.: An electrochemical p-n junction etch-stop for the formation of Silicon microstructures. IEEE Electron Device Lett. EDL-2.2, 1981, S. 44-45.

/ 5/ Burkart,H.: Weiterentwicklung der Verbindungstechnik Diffusionsschweißen für die Silizium-Druckmeßmembran. Siemens interne Mitteilungen, 1978, S. 1.

/ 6/ Wallis,G.; Pomerantz,D.: Field assisted glas-metal sealing. Journal of Appl.Phys., 1969, S.3946.

/ 7/ Hwang,H.J. und Reichl,H.: Monolithic integrated sensors in J^2L-technique. 9.Imeko-Weltkongress, Berichtsband I, 1982, S. 37-50

/ 8/ Akasaka, Y.u.a.: CW Laser-Annealing of Ion Implanted or Doped Polycrystalline Silicon, Solid State Techn. 1981, P-88

/ 9/ Schaumburg, H.: Laserbearbeitung von Halbleiterstrukturen, elektronik industrie 7/8, 1981, S.33

/10/ Binder, J.u.a.: Laser-rekristallisierte Polysilizium-Schichten für Sensoranwendungen. Siemens int. Mitteilungen, 1982, S 1-26

/11/ Seto, J.Y.W.: The piezoresistive Properties of Polycristalline Silicon J.Appl. Phys. 47, 1976, p-5167

/12/ Weissel, R.: Polysilizium als neues Material für Temperatur- und Drucksensoren, NTG-Fachberichte Band 79, 1982, S. 56-61

/13/ Pettenpaul, E.u.a.: Ionenimplantierte Halleffekt-Sensoren in GaAs, NTG-Fachberichte Band 79, 1982, S. 266-270

/14/ Reichl, H. u.a.: Entwicklung von Mikroprozessor-spezifischen Sensorbausteinen. Fraunhofer Institut f. Festkörpertechnologie April 1980, S. 82-94

/15/ Treitinger, L. und Voit, H.: Gesputterte WO_3-Dünnschichten als Halbleiter-Gassensoren für reduzierende Gase. NTG-Fachberichte Band 79, 1982, S. 324-335

FASEROPTISCHE SENSOREN

FIBEROPTIC SENSORS

W. Sohler

Angewandte Physik
Universität-Gesamthochschule Paderborn
4790 Paderborn, Deutschland

Summary

The concept of fiber and integrated optical sensors is introduced. It has led to the development of a large number of different sensors for temperature, pressure, rotation rate, magnetic field, current, etc. in the last few years. These new devices can roughly be categorized in two classes: 1) amplitude modulating sensors which alter the intensity of the light in the fiber as function of a physical perturbation and 2) interferometric sensors which measure the phase shift induced in a monomode optical waveguide. Several examples of both classes are discussed to present the state of the art of this new sensor technology.

1. Einleitung

Die bedeutenden Fortschritte bei der Herstellung dämpfungsarmer Glasfasern sowie die detaillierte Kenntnis ihrer Lichtleiteigenschaften haben in den letzten Jahren die Entwicklung einer großen Vielfalt faseroptischer Sensoren ermöglicht. Unter solch einem Sensor versteht man einen optischen Meßfühler (in vielen Fällen ein Stück einer Lichtleitfaser), der über eine Glasfaser mit Licht versorgt wird und über eine zweite Faser (die unter Umständen mit der Versorgungsfaser identisch sein kann) ein durch die Meßgröße geeignet codiertes optisches Signal zum Detektor und damit zur Meßdatenverarbeitung mit Anzeige oder Regler zurückführt. (s. Abb. 1)

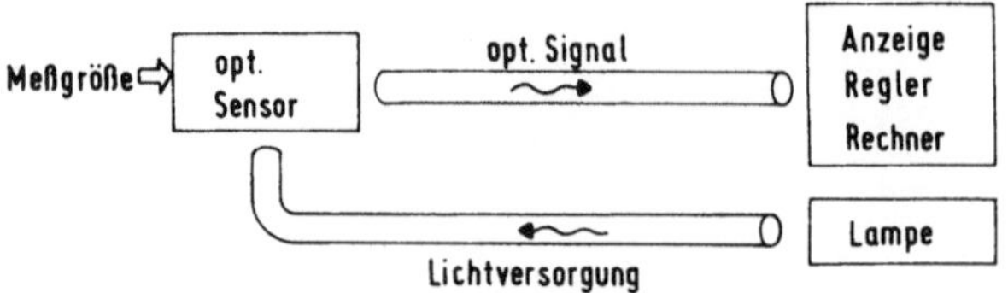

Abb. 1: Schematische Darstellung eines faseroptischen Sensors.

Dadurch nutzt man zum einen die Vorteile optischer Signalübertragung aus; insbesondere profitiert man von der Störunempfindlichkeit der optischen Übertragungsstrecke gegenüber elektromagnetischen Feldern. Zum anderen ermöglicht ein optischer Sensor eine direkte Konversion der Meßgröße in ein optisches Signal ohne eine weitere, elektrisch-optische Wandlung wie sie bei einem elektronischen Sensor mit optischer Signalübertragung erforderlich wäre.

Der Begriff "faseroptischer Sensor" beschreibt dennoch kein ganz einheitliches Konzept: Der eigentliche optische Sensor (s. Abb. 1) kann z.B. "extern" die Transmission auf dem Weg Versorgungs/Signalfaser als Funktion der Meßgröße modulieren; er kann aber auch "intern" ein Stück speziell präparierter (z.B. dotierter) Faser sein. Während diese Sensoren meist mit vielwelligen (Multimode-) Fasern hergestellt werden, gibt es daneben - im allgemeinen komplizierter aufgebaut - noch faseroptische Meßsysteme mit einwelligen (Monomode-) Fasern oder integriert optischen Wellenleitern als Sensorelement. Dabei wird die Phasenlage oder der Polarisationszustand des Lichtes durch die Einwirkung der Meßgröße auf den Lichtleiter verändert und mit Hilfe einer Interferometeranordnung sehr empfindlich nachgewiesen. Beide Gruppen von Sensoren sollen im folgenden anhand einiger Beispiele vorgestellt werden.

2. Faseroptische Sensoren mit vielwelligen Fasern (amplitudenmodulierende Sensoren)

2.1 "Externe" faseroptische Sensoren

Bei dieser Klasse von Sensoren ist der eigentliche optische Meßfühler eine "externe" Komponente, die durch eine Glasfaser mit Licht versorgt und über eine zweite Faser "abgetastet" wird. In den meisten Fällen ändert hierbei der "externe" optische Sensor in Abhängigkeit von der Meßgröße seine Transmission für Licht auf dem Weg Versorgungsfaser/Signalfaser. Eine einfache Lichtschranke, deren Stellung mit optischen Fasern abgetastet wird, kann also als ein optischer Sensor dieses Typs bezeichnet werden. Er wird zur Positionsbestimmung oder Füllstandsmessung eingesetzt. Eine verspiegelte Membran, die druckabhängig Licht aus der Versorgungsfaser in die Signalfaser einkoppelt, ist ein weiteres Beispiel [1]. Ein solcher Sensor wurde bereits so weit miniaturisiert, daß damit - in einen Katheter eingesetzt - die Druckmessung im lebenden Herzen möglich wurde [2]. Flüssigkristalle [3] oder Halbleiter [4] zwischen den beiden Fasern dienen der Temperaturbestimmung; dabei wird ausgenutzt, daß der Ordnungszustand des Flüssigkristalls und die spektrale Lage der Bandkantenabsorption des Halbleiters temperaturabhängig sind. Sehr kleine und empfindliche Sensoren sind damit bereits hergestellt worden; ein mögliches Einsatzfeld ist die hyperthermale Krebstherapie [5]. Auch ein Phosphor, durch die Versorgungsfaser mit UV-Licht optisch angeregt, kann als "externer" optischer Sensor bezeichnet werden. Seine temperaturabhängige Lumineszenzstrahlung (s. Abb. 2) wird durch die Signalfaser fortgeleitet und zur Bestimmung der Temperatur analysiert [6]. Die nahezu punktförmige Messung mit verschwindender Wärmekapazität ist für viele Einsatzmöglichkeiten ideal.

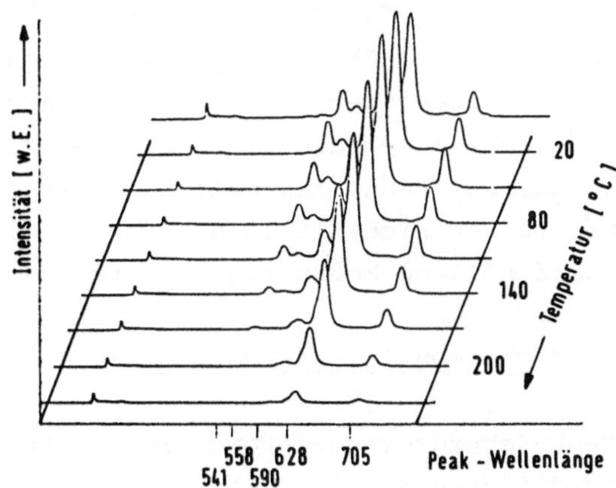

Abb. 2: Lumineszenz von Gd_2O_2S:Eu als Funktion der Wellenlänge und Temperatur [7].

2.2 "Interne" faseroptische Sensoren

Der eigentliche optische Sensor ist hierbei ein speziell präpariertes Faserstück zwischen Versorgungs- und Signalfaser. Es kann ein Stück "nackte" Faser (bestehend aus dem Faserkern allein) sein, deren Apertur und damit Transmission vom Brechungsindex des umgebenden Mediums abhängt. Solch ein Sensor eignet sich zur Niveaubestimmung einer Flüssigkeit [8] bzw. zur Messung ihres Brechungsindexes durch ein faseroptisches Refraktometer [9].

Ein anderes Beispiel stellt ein Stück Faser dar, welches durch eine äußere Kraft verformt wird. Dadurch entstehen Krümmungsverluste (Licht koppelt aus der Faser aus), die ein Maß für die einwirkende Kraft (bzw. Druck) sind [10]. Indirekt läßt sich mit solch einem Sensor auch eine Verschiebung sehr genau messen.

Daneben gibt es speziell dotierte Fasern (beispielsweise durch Ionen der seltenen Erden wie Nd und Eu), deren optisch angeregte Lumineszenz und Transmission ein Maß für die Temperatur sind [10].

3. Faseroptische Sensoren mit einwelligen Fasern (interferometrische Sensoren)

Bei dieser Gruppe von Sensoren wirkt die zu messende physikalische Größe auf eine einwellige (Monomode-) Faser oder einen entsprechenden integriert optischen Wellenleiter ein und erzeugt dort durch eine Modulation des Brechungsindexes des Wellenleiters eine Phasenänderung des durchgehenden Lichtes. Diese Phasenänderung wird dann in einer Interferometeranordnung nachgewiesen; dabei wurden Nachweisempfindlichkeiten bis zu 10^{-6} rad [11] erreicht. Da die induzierte Phasenverschiebung proportional zur Länge des Wellenleiters ist, auf den die Meßgröße einwirkt, lassen sich mit langen Fasern als Interferometerarme besonders empfindliche Meßanordnungen realisieren.

3.1 Mach-Zehnder- und Michelson-Interferometer

Mit faseroptischen Mach-Zehnder-Interferometern (s. Abb. 3) sind sehr kleine Temperaturdifferenzen [12], Längenänderungen [13] und Druckdifferenzen (Schall) [12, 11] zwischen Meß- und Vergleichsfaser nachgewiesen worden. Ein faseroptisches Hydrophon mit langen Fasern erreicht beispielsweise eine so hohe Empfindlichkeit, daß damit der "seastate zero", das frequenzabhängige Hintergrundrauschen in der Unterwasser-Sonartechnik, ausgemessen werden kann [14]. Dabei ist von großem Interesse, daß durch die Flexibilität der Quarzglasfasern Sensoren mit Richtcharakteristik hergestellt werden können.

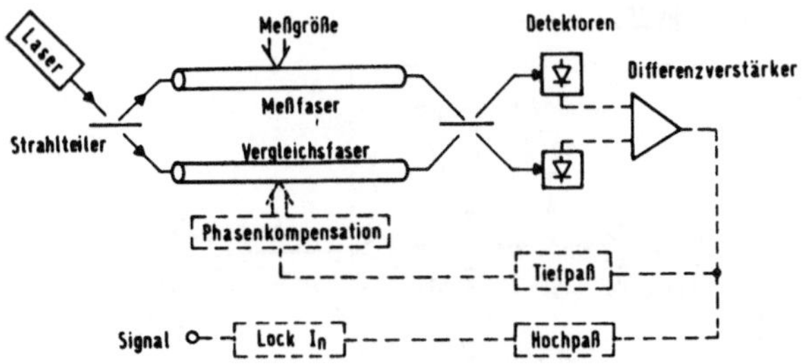

Abb. 3: Schematische Darstellung eines faseroptischen Mach-Zehnder-Interferometers.

Durch ein spezielles "Coating" (Überzug) der Fasern läßt sich nicht nur die Empfindlichkeit von Druckmessungen steigern [15]; es ermöglicht, auch andere Größen wie Magnetfeld und Strom zu messen, welche nicht direkt den Brechungsindex der Faser und damit die Phasenlage des Lichtes beeinflussen. So kann die Meßfaser beispielsweise mit einem magnetostriktiven Material (z.B. Nickel) überzogen werden [16], welches in einem Magnetfeld Kräfte auf die Faser ausübt, die dann Längen- und Brechungsindexänderungen hervorrufen. Die entsprechende Phasenänderung läßt sich leicht messen. Experimentell sind Empfindlichkeiten von 10^{-7} Oe/m Faserlänge erreicht worden [17]. Bei bekanntem Zusammenhang zwischen Magnetfeld und Strom (z.B. in einer Spule) läßt sich so die Stromstärke bestimmen. Die induzierte Phasendifferenz kann bis zu 100 rad/A·m Faserlänge betragen. Mit 10 cm langen Fasern sind Sensoren hergestellt worden, die im Bereich zwischen 0,5 und $5 \cdot 10^3$ µA einen linearen Zusammenhang zwischen Sensorsignal und Stromstärke zeigen [17].

Die gleichen Möglichkeiten sind auch bei einem faseroptischen Michelson-Interferometer gegeben, das mit verspiegelten Faserenden arbeitet [18]. Dadurch ist in vielen Fällen ein einfacherer, kompakterer Sensor möglich.

3.2 Ringinterferometer (faseroptisches Gyroskop)

Eines der am weitesten entwickelten faseroptischen Sensorsysteme ist ein Ringinterferometer, das die winkelgeschwindigkeitsabhängige Phasendifferenz (Sagnac-Effekt) zwischen den gegenläufigen Lichtwellen als Meßgröße auswertet [19]. Den schematischen Aufbau des Interferometers zeigt Abb. 4. Da die Phasendifferenz proportional zur Fläche

Abb. 4: Schematische Darstellung eines faseroptischen Gyroskops. (D_1,D_2: Detektoren; Pol.: Polarisator; ST_1, ST_2: Strahlteiler).

wächst, welche der Lichtweg einschließt, kann die Empfindlichkeit des Meßinstrumentes durch Verwendung einer langen Faser (aufgewickelt auf einer Spule) enorm gesteigert werden. Mit raffinierten Auswertemethoden sind heute bereits Nachweisempfindlichkeiten erreicht worden, welche leicht die Messung der Rotationsgeschwindigkeit unserer Erde erlauben. Dadurch ist es möglich, solch ein Ringinterferometer als Gyroskop einzusetzen, das eines Tages mechanische Kreiselsysteme in der Navigation verdrängen könnte.

3.3 Wellenleiter-Resonatoren

Optische Wellenleiter-Resonatoren vereinigen quasi die beiden Arme eines normalen Interferometers in sich selbst. Dadurch ist es möglich, sehr einfache Bauelemente herzustellen. Durch die Wahl der Spiegelreflektivitäten kann ferner jeder beliebige Zustand zwischen "Zweistrahl"- und "Vielstrahl"-Interferenz eingestellt werden. Dadurch

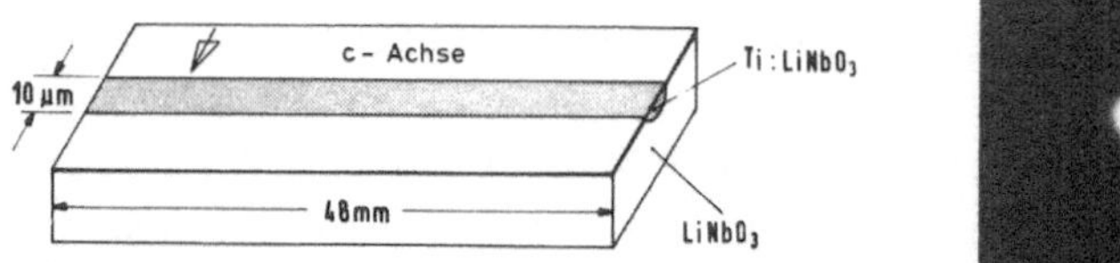

Abb. 5: Integriert optischer Ti:$LiNbO_3$ Streifenwellenleiter (links) mit dem Nahfeld seiner E^x_{11} Fundamentalmode bei der Wellenlänge λ = 1.15 µm (rechts).

ist es möglich, eine Empfindlichkeitssteigerung der Phasenmessung im Vergleich zum normalen Interferometer zu erreichen, die etwa der Finesse des Resonators (bis ca. 100) entspricht. Dieses Konzept des Wellenleiter-Resonators soll am Beispiel eines integriert optischen Resonators mit Ti:$LiNbO_3$ Wellenleiter vorgestellt werden (s. Abb. 5). Bereits ohne zusätzliche Verspiegelung seiner Stirnflächen bildet dieser Wellenleiter schon einen optischen Resonator (allerdings geringer Güte), da die Grenzflächen aufgrund des großen Brechungsindexes von $LiNbO_3$ eine Reflektivität von ca. 14 % aufweisen. Die dadurch entstehenden Resonanzen können gut in der Transmission (und Reflexion) des integriert optischen Resonators beobachtet werden, wenn seine optische Länge und damit die Phasenlage der miteinander interferierenden Wellen zum Beispiel durch eine Variation der Kristalltemperatur geändert wird (Abb. 6). Man erhält auf diese Weise eine periodische Kennlinie, die in etwa der eines normalen Interferometers entspricht, allerdings in Transmission mit schlechterem Kontrast. Den beiden Ausgängen eines normalen Interferometers entsprechen Reflexion und Transmission des Resonators, so daß alle vom Interferometer her bekannten Auswertemethoden zur Phasenbestimmung auf den Resonator (geringer Güte) übertragen werden können.

Ein faseroptischer Resonator geringer Güte - nur mit anpolierten Stirnflächen entsprechend unserem integriert optischen Beispiel - ist als Beschleunigungsaufnehmer ausgebildet worden [21]. Dabei verändern die beim Beschleunigen einer Masse auftretenden Kräfte den Durchmesser eines flexiblen Zylinders, um den der Faserresonator gewickelt ist.

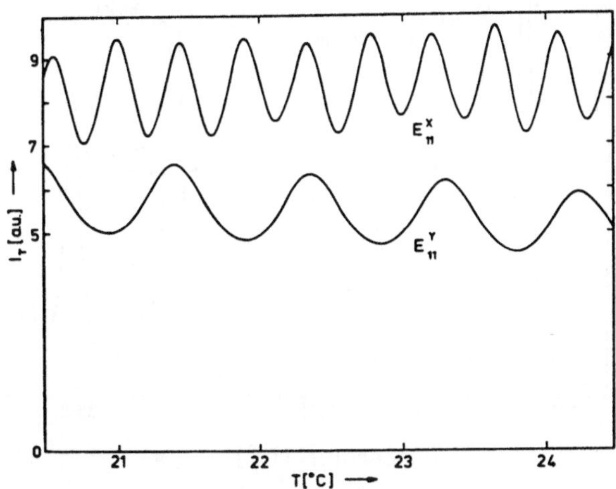

Abb. 6: Intensität am Resonatorausgang (Wellenleiter der Abb. 5) in Abhängigkeit von der Kristalltemperatur.

Periodische Beschleunigungen bis zu $3 \cdot 10^{-8}g$ (bei 150 Hz) konnten so nachgewiesen werden [21].

Das Resonatorkonzept wird noch wesentlich attraktiver, wenn die Güte des Wellenleiterresonators durch eine zusätzliche Verspiegelung seiner Stirnflächen erhöht wird. Dadurch interferieren viele Wellen miteinander; die Resonanzbedingung (für maximale Transmission) wird schärfer und führt so zu einer entsprechenden Empfindlichkeitssteigerung der Phasenmessung. Abb. 7 demonstriert die Anwendung solch eines integriert optischen Resonators als Spektrumanalysator [22, 23]: man erhält maximale Transmission, wenn für die einzelnen Frequenzen der optischen Moden des zur Untersuchung verwendeten Lasers die Resonanzbedingung (über die Kristalltemperatur) eingestellt ist.

Auch Faserresonatoren wurden als optische Sensoren für verschiedene Meßgrößen ausgebildet. So hat kürzlich eine japanische Arbeitsgruppe den Einsatz solcher Resonatoren als faseroptische Mikrophone, Thermometer, Voltmeter und Magnetometer demonstriert [24]. In den beiden letzten Meßgeräten wurde ein Faserresonator an einen piezoelektrischen bzw. magnetostriktiven Zylinder gekoppelt, der eine Feldänderung über eine Änderung des Durchmessers auf die Faser überträgt. Darüberhinaus wird mit integriert optischen (planaren) [25] und faser-

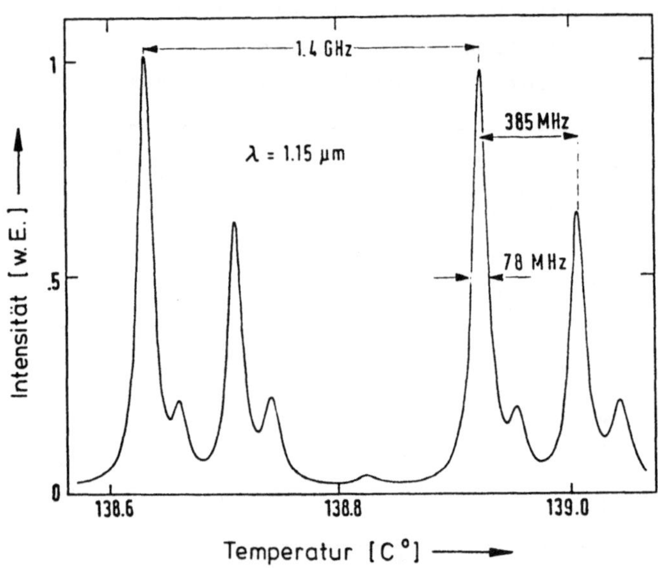

Abb. 7: Anwendung eines integriert optischen Resonators als Spektrumanalysator : Modenspektrum eines He-Ne-Lasers.

optischen [26] Ringresonatoren experimentiert. Diese Versuche haben das Ziel, die Faserspule in faseroptischen Gyroskopen geringer Empfindlichkeit durch einen Ringresonator zu ersetzen und dadurch zu einem kompakteren und stabileren Bauelement zu kommen.

3.4 Polarimetrische Sensoren

Eine weitere Klasse faseroptischer Sensoren mit Monomode-Wellenleitern bilden polarimetrische Sensoren. Auch sie können als Interferometer angesehen werden, die beide Arme in einer einzigen Faser vereinen. Gemessen werden dabei die relativen Phasendifferenzen zwischen den orthogonal polarisierten Komponenten des transmittierten Lichtes. Das zu messende physikalische Feld muß also eine Doppelbrechung im optischen Wellenleiter erzeugen bzw. ändern. Dadurch ist die Empfindlichkeit normalerweise wesentlich geringer als beim klassischen Interferometer; die Messung mit einer einzigen Faser erlaubt aber die Konstruktion sehr einfacher Sensoren beispielsweise zur Temperatur- [27] und Druckmessung [28].

Auch die Drehung der Polarisationsebene linear polarisierten Lichtes in einem longitudinalen Magnetfeld (Faraday-Effekt) kann zu Meßzwecken herangezogen werden. Dazu wird eine lange Glasfaser als Spule um einen stromführenden Leiter gewickelt. Die Drehung der Polarisationsebene ist dann proportional zum Linienintegral $\int \vec{H} d\vec{r}$ und damit zur Stromstärke im umschlossenen Leiter, die so berührungslos gemessen werden kann [29]. Prototypen solch eines Sensors, der erhebliche Kostenvorteile verspricht, sind bereits in Kraftwerken zur Strommessung an hochspannungsführenden Leitern (kein Isolationsproblem) eingesetzt worden [30].

4. Ausblick

Bereits in unmittelbarer Zukunft ist eine Reihe einsatzfähiger, neuer Meßgeräte mit faseroptischen Sensoren zu erwarten. Faseroptisches Gyroskop, Hydrophon, Stromwandler und Temperatursensor stehen an der Schwelle zum industriellen Einsatz. Eine Palette weiterer Sensoren wird hinzukommen; ihr bevorzugtes Einsatzfeld werden elektromagnetisch gestörte, chemisch aggressive oder explosive Umgebungen sein.

5. Literaturangaben

[1] R.J. Baumbick und J. Alexander, Control Engineering (März 1980).
[2] Hinweis im LASER FOCUS, 17, No. 10, 125 (1980).
[3] G.K. Livingston, Radiat. Environ. Biophys. 17, 233 (1980).
[4] K.A. James, W.H. Quick und V.H. Strahan, Control Engineering S. 30 (Feb. 1979).
[5] T.C. Cetas und W.G. Connor, Med. Phys. 5, 79 (1978).
[6] K.A. Wickersheim und R.B. Alves, Ind. Research/Development, p. 82 (Dez. 1979).
[7] H.J. Boehnel und W. Sohler, private Mitteilung
[8] R.J. Baumbick und J. Alexander, Control Engineering (März 1980).
[9] W. Sohler und K. Spenner, private Mitteilung;
K. Spenner, H. Schulte und H.J. Boehnel, in Proceedings of the "First International Conference on Optical Fibre Sensors", London 1983, IEE conference publication no. 221.
[10] J.N. Fields, C.K. Asawa, O.G. Ramer und M.K. Barnoski; J. Acoust. Soc. Am. 67 (3), 816 (1980).
[11] Th.G. Giallorenzi, J.A. Bucaro, A. Dandridge, G.H. Sigel, J.H. Cole, S.C. Rashleigh und R.G. Priest, IEEE J. Quantum Electron., vol. QE-18. 626 (1982).
H.F. Taylor, T.G. Giallorenzi und G.H. Sigel, Jr. in Proceedings of the "First European Conference on Integrated Optics", London 1981, 99 (IEE Conference Publication 201).
[12] G.B. Hocker, Appl. Opt. 18, 1445 (1979).
[13] A. Simon, Dissertation Universität Stuttgart 1978.
[14] J.E. Donovan, T.G. Giallorenzi, J.A. Bucaro und V.P. Simmons, 1981, "Applications of Fiber Optics in Sensors", Electro '81.
[15] G.B. Hocker, Opt. Lett. 4, 320 (1979).
[16] A.Yariv und H.V. Winsor, Opt. Lett. 5, 87 (1980).
[17] A. Dandridge, A.B. Tveten und T.G. Giallorenzi in Proceedings of the "First European Conference on Integrated Optics", London 1981, S. 107 (IEE Conference Publication no. 201).
[18] S. Ramakrishnan und W. Sohler; private Mitteilung
[19] S. Ezekiel und H.J. Arditty (editors): "Fiber Optic Rotation Sensors", Springer-Verlag, Berlin, Heidelberg, New York 1982.
[20] R. Regener, R. Ricken, W. Sohler und H. Suche, wird veröffentlicht.
[21] A.D. Kersey, D.A. Jackson und M. Corke, Optics Commun. 45, 71 (1983).
[22] R. Regener, W. Sohler und H. Suche, post-deadline paper in Proceedings of the "First European Conference on Integrated Optics", London 1981, S. 19.
[23] R. Kist und W. Sohler, IEEE J. Lightwave Techn., vol. LT-1, 105 (1983).
[24] T. Yoshino, K. Kurosawa, K. Itoh und T. Ose, IEEE J. Quantum Electron., vol. QE-18, 1624 (1982).
[25] J. Haavisto und G.A. Pajer, Optics Lett. 5, 510 (1980).
[26] L.F. Stokes, M. Chodorow und H.J. Shaw, Optics Lett. 7, 288 (1982)
[27] W. Eickhoff, Opt. Lett. 6, 204 (1981).
[28] S.C. Rashleigh, in Technical Digest, "Third International Conference on Integrated Optics and Optical Fiber Communication", April 1981, San Francisco, S. 128.
[29] W.D. Bargmann und H. Winterhoff, Techn. Messen 50, 69 (1983)
[30] Laser Focus, S. 48 (Feb. 1980).

AUFNEHMER MIT METALL-DÜNNFILMDEHNMESSSTREIFEN

TRANSDUCERS WITH METALLIC THIN-FILM-STRAIN-GAUGES

H. Franz - J. Klämt

Eckardt AG

7000 Stuttgart 50, B.R. Deutschland

Summary

After some remarks on the environmental conditions for industrial transmitters for pressure, differential pressure and level criteria for the selection of sensor elements are given. Metallic thin-film-strain gauges represent a good compromise. The thin-film-layers consisting of isolation, thin-film-resistance and contact-layer are applied one upon the other by sputter-method. Their properties are described. These layers can be deposited on a flexible beam or a diaphragm. Versions of sensors involving such bending elements and their most important data are presented.

1. Aufgabenstellung

In der Meß- und Regeltechnik speziell bei chemischen Anlagen gehören die Messungen von Druck-, Differenzdruck- und Niveau zu den häufigsten Meßaufgaben. Instrumente für Chemieanlagen haben bestimmte Randbedingungen zu erfüllen, die durch die Umgebung, die Normung und auch die Anwendung der Geräte geprägt sind.

Typische Umgebungsbedingungen sind

- korrosive und explosive Atmosphären
- korrosive und explosive Meßmedien
- stark wechselnde und unter Umständen hohe Luftfeuchtigkeit
- starke Vibrationen in einem weiten Frequenzbereich
- stark wechselnde Temperaturen in einem weiten Bereich.

Die Normung beginnt bei den Anschlußmaßen, den Armaturen und endet bei dem international genormten Signalpegel 4 bis 20 mA. Einen starken Einfluß auf die Gerätegestaltungen üben auch die Explosionsschutzmaßnahmen aus. Gebräuchlich sind

- eigensichere Stromkreise
- druckfeste Kapselung
- erhöhte Sicherheit
- Sonderschutzmaßnahmen

Neben den offiziellen Normungen existieren vor allem bei den Großfirmen interne Normungen. Besonders beim Einsatz von Datenerfassungsanlagen werden auch ungenormte mV-Signale angewendet.

Bei Verwendung von Geräten der Meß- und Regeltechnik in der Chemie steht der Dauerbetrieb im Vordergrund. Die Anlagen laufen oft monatelang, ohne daß Meßumformer überprüft werden können. Nur echte Ausfälle werden erkannt, nicht jedoch Driften oder Teildefekte. Chemieanlagen sind häufig räumlich weit ausgedehnt und Meßumformer schlecht zugänglich angebracht. Auf dem Transport zu ihrem Einsatzort und bei der Montage sind die Geräte harten Stößen und Schlägen ausgesetzt.

Andererseits sollen Anlagen zur Erhöhung ihrer Wirtschaftlichkeit optimal gefahren werden, was höchste Ansprüche an die Genauigkeit der Umformer stellt. Verlangt man "nur 2 % als Gesamtfehler" in einem Temperaturbereich von 80 K, so muß ein Betriebsmeßgerät den Genauigkeitsanforderungen von Labormeßgeräten genügen. Der genormte Eigenstromverbrauch kleiner 4 mA und die Anforderungen der Eigensicherheit bedingen für den Sensor einen sehr niedrigen Leistungspegel, sehr hohe Grenzfrequenzen sind dagegen kaum gefragt.

Der Markt für elektromechanische Umformer der Meß- und Regeltechnik läßt nur beschränkte Stückzahlen zu. So wurden z.B. 1981 in Deutschland nur rund 32 000 Druck- und Differenzdruckumformer verkauft. Daher ist es für den Hersteller wichtig, eine Technologie zu wählen, die sich nicht erst bei Großserienfertigung amortisiert. Zum Teil ganz andere Anforderungen liegen bei Sensoren z.B. für die Konsumer- oder KFZ-Industrie vor, Anforderungen, die durchaus zu anderen Sensorprinzipien führen können.

2. Auswahl des Sensorprinzips

Zur Zeit sind unterschiedliche Sensoren auf dem Markt vertreten, so der kapazitive und induktive Aufnehmer, Aufnehmer mit Halbleiterdehnmeßstreifen, Metalldehnmeßstreifen und schwingender Saite. Hier sollen nicht die Vor- und Nachteile der verschiedenen Technologien im einzelnen gegeneinander aufgewogen werden. Für die Auswahl war nur wichtig:

"Welcher Sensor erfüllt hinsichtlich
- der technischen Daten wie Linearität, Hysterese, Temperaturabhängigkeit, Langzeitverhalten
- der mechanischen Gestaltbarkeit
- der Verarbeitbarkeit des Meßsignals
- des Herstellungsaufwandes

die in der Einleitung angegebenen Bedingungen?"

Es zeigt sich, daß Sensoren mit Metalldehnmeßstreifen in Dünnschichttechnik einen guten Kompromiß darstellen.

2.1 Technische Daten

2.1.1 Linearität

Zwischen der Meßgröße Dehnung und der Widerstandsänderung besteht bei Metalldehnmeßstreifen ein streng linearer Zusammenhang. Bei Zusammenschaltung von vier Meßwiderständen zu einer Brückenschaltung ist keine Linearitätskorrektur nötig.

2.1.2 Hysterese

Dünnfilmdehnmeßstreifen zeigen keine meßbare Hysterese. Hysteresefehler von Geräten mit Dünnfilm-DMS sind allein auf mechanische Elemente wie Biegebalken oder Membran zurückzuführen.

2.1.3 Temperatureinfluß

Der Temperaturfehler von Dehnmeßstreifen auf metallischer Basis ist von Natur aus gering. Abweichungen von kleiner 0,03 %/K für Nullpunkt und Spanne werden bei einer Brückenschaltung ohne Abgleich erreicht. Temperaturkoeffizienten der Einzelwiderstände von 5 ppm, mit einer Gangabweichung der Widerstände untereinander von 1 ppm, sind bei geeigneter Technologie erreichbar. Der Restfehler läßt sich auf einfache Art abgleichen.

2.1.4 Langzeitstabilität

Datenblattangaben von marktgängigen Geräten sowie eigene Messungen beweisen, daß sich mit Dünnfilmdehnmeßstreifen bei sorgfältiger Fertigung ausgezeichnete Langzeitstabilitätswerte erreichen lassen.

2.2 Mechanische Gestaltung

Bei der Messung von Druck, Differenzdruck und Niveau ist es wünschenswert, ein der Meßaufgabe angepaßtes Kraft-Wegverhältnis zu erzeugen. Das Herstellungsverfahren der Dünnschichttechnik verlangt eine polier- und beschichtbare Oberfläche im Bereich der dehnungsempfindlichen Zone. Von dieser Einschränkung abgesehen, läßt sich das Biegeelement beliebig gestalten, z.B. als Biegebalken oder Membran. Kraftniveau und Meßweg sind durch die mechanische Formgebung in weiten Grenzen einstellbar.

2.3 Verarbeitung des Meßsignals

Bei der Versorgung der Dehnmeßstreifenbrücke mit Gleichstrom oder Gleichspannung entsteht als Meßsignal ein Gleichspannungssignal. Da eine elektronische Linearitäts- und Temperaturkompensation nicht nötig ist, wird an die Intelligenz der Auswerteschaltung nur eine geringe Anforderung gestellt. Der niedrige Signalpegel von 2 mV/V stellt beim heutigen Stand der Elektronik keine allzu große Schwierigkeit dar. Als Gleichspannungssignal kann das Meßsignal auch ohne elektronische Verarbeitung über kurze bis mittlere Strecken übertragen werden. Ähnlich wie bei Widerstandsthermometern oder Thermoelementen ist es einer Signalverarbeitung auf Datenerfassungsanlagen zugänglich.

2.4 Herstellungsaufwand

Setzt man einen hohen Stand der mechanischen Fertigung bei feinwerktechnischen Firmen voraus, so sind zusätzlich erhebliche Investitionen für die Dünnschichttechnik, die Reinraumaufwendungen und die Meß- und Prüfvorrichtungen nötig. Nicht zuletzt stellt die langwierige Technologieentwicklung einen stark risikobehafteten Kostenfaktor dar.

3. Aufbau eines Aufnehmers mit Dünnfilmdehnmeßstreifen

Nach seiner Wirkungsweise läßt sich ein Aufnehmer für mechanische Größen folgendermaßen aufgliedern:

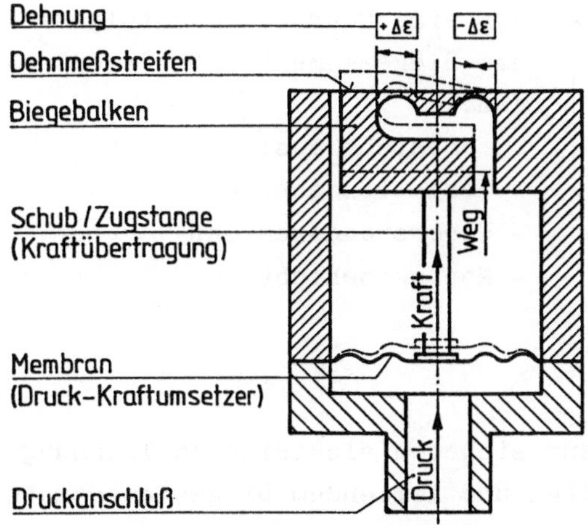

Bild 1 : Prinzipaufbau eines Druckaufnehmers

- Druck-Kraftumsetzer, z.B. Membran
- kraftschlüssige Verbindung z.B. Schub/Zugstange
- Biegeelement, z.B. Biegebalken
- Dehnmeßelement, z.B. Dünnfilmdehnmeßstreifen.

Demzufolge finden folgende physikalischen Umsetzungen statt: Der Druck wird durch die Membran in Kraft umgesetzt. Dadurch entsteht eine Auslenkung, die über eine Schubstange auf einen mittig angelenkten Biegebalken übertragen wird. Der Biegebalken wird S-förmig verformt. Auf seiner Oberfläche entstehen gedehnte und gestauchte Zonen. Aufgebrachte dehnungsempfindliche Elemente unterliegen einer Längen- und Querschnittsänderung, die dem Hookeschen Gesetz gehorcht. Diese geometrischen Verformungen sind für die Größe der Veränderung des elektrischen Widerstands verantwortlich. Fallen Druck-Kraftumsetzer, kraftschlüssige Verbindung und Biegeelement zusammen, erhält man die direkt beschichtete Membran.

3.1 Schichtaufbau des Dünnschichtsystems

Das Kernstück des Sensors bildet das Dehnmeßstreifen-Netzwerk zur Messung der Dehnung. Die Technik der Dehnmeßstreifen ist seit langem bekannt. Bekannt sind auch die Schwierigkeiten bezüglich der Langzeitstabilität beim geklebten Foliendehnmeßstreifen. Vor allem bei höheren Temperaturen neigen die organischen Zwischenschichten, sei es der Kleber oder der Folienträger zum Kriechen. Außerdem sind Metallfolien nur sehr schwer ausreichend hochohmig herzustellen.

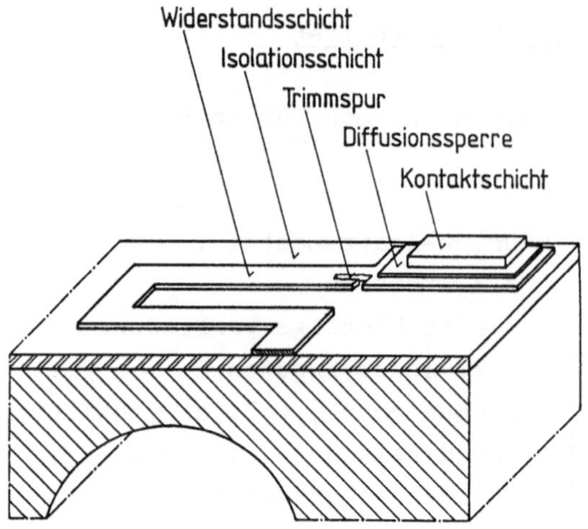

Bild 2: Schichtaufbau des Dünnschichtsystems

Diese Probleme treten bei Dünnfilmdehnmeßstreifen nicht auf, da bei ihnen die Klebschicht und der organische Zwischenträger entfallen. Zu ihrer Herstellung muß eine Mehrschichtenfolge auf das Biegeelement aufgebracht werden.

Sie besteht aus:

- Isolationsschicht
- Widerstandsschicht
- Kontaktschicht.

3.1.1 Isolationsschicht

Die Isolationsschicht dient zur sicheren elektrischen Trennung zwischen Dünnfilmdehnmeßstreifen und leitendem Biegeelementmaterial. Sie besteht aus hochreinem SiO_2, das in einem Hochfrequenzsputterverfahren aufgestäubt wird. Entscheidend für die Durchschlagfestigkeit der Schicht ist absolute Sauberkeit und eine einwandfreie Politur der Oberfläche. Die Schichtdicke beträgt ca. 5 µm. Das gewählte Sputterverfahren gewährleistet durch die hohe Auftreffgeschwindigkeit der Atome eine sehr gute Haftfestigkeit der Isolationsschicht sowie eine sehr gute Pinhole-Freiheit. Bei geeigneter Wahl der Sputterparamter liegt die Reißfestigkeit der Schicht bei über 1 % Dehnung. Eine Kontaminierung mit Fremdatomen, bis auf das Sputtergas selber, tritt nicht auf.

3.1.2 Widerstandsschicht

Die Widerstandsschicht hat d e n entscheidenden Einfluß auf die Güte des Dünnschichtsystems. Dazu einige Daten: Die Dehnung des Biegeelementes im dehnungsempfindlichen Bereich beträgt 0,1 %, der Proportionalitätsfaktor k zwischen Widerstandsänderung und Dehnung ca. 2.

Nach der Formel

$$\Delta R = k \cdot \varepsilon \cdot R$$

ändert sich der Widerstand bei Vollausschlag nur um 0,2 %. Während Linearität und Hysterese kein Problem darstellen, müssen dem Langzeit- und Temperaturverhalten besondere Aufmerksamkeit gewidmet werden. Dünnfilmdehnmeßstreifen aus NiCr-Material besitzen einen sehr kleinen Temperaturkoeffizienten, der noch dazu auf den Längenausdehnungskoeffizienten des Biegeelementes abgestimmt werden kann. Durch die Verwendung des Sputterverfahrens wird eine sehr gute Legierungstreue erreicht. Der Temperaturkoeffizient der Empfindlichkeit liegt, wahrscheinlich bedingt durch die Dünnschicht, unterhalb der für das Festmaterial angegebenen Werte. Die restlichen Temperaturfehler des Nullpunkts und der Spanne werden individuell mit externen Widerständen abgeglichen. Das Langzeitverhalten wird durch eine Voralterung und durch die absolute Gleichheit der Restalterung bestimmt. Feuchte muß durch äußere Maßnahmen wie Abdeckung oder hermetische Kapselung ferngehalten werden. Die Dicke der Widerstandsschicht beträgt 200 Å, ihr Flächenwiderstand etwa 100 Ω .

3.1.3 Kontaktschicht

Durch die Kontaktschicht werden die Widerstände nach außen und untereinander verbunden. Sie besteht aus einer ebenfalls gesputterten Goldschicht, die gegen intermetallische Korrosion durch eine Diffusionssperrschicht zur Widerstandsschicht geschützt ist. Auch hier kommt der Haftfestigkeit entscheidende Bedeutung zu. Die Kontaktierung erfolgt mit Golddrähtchen mittels eines Ultraschall- oder Spaltschweißverfahrens.

3.2 Herstellung der Mäander

Die Schichtenfolge wird ganzflächig auf die Biegeelemente aufgebracht. Die Herstellung der Mäander geschieht nach dem Stand der Technik von Dünnfilmwiderstandsnetzwerken mit Hilfe von photolitographischen Verfahren und partieller Naß- bzw. Trockenätzung. Es lassen sich Linienbreiten bis zu 10 µm und Widerstandstoleranzen bis zu 3 % auf einem Element herstellen.

3.3 Biegeelement

Wie bereits ausgeführt, können die Aufnehmer mit einem beschichteten Biegebalken oder mit einer beschichteten Membran ausgerüstet sein.

3.3.1 Biegebalken

Bild 3 zeigt als Ausführungsbeispiel einen Biegebalken. Die Kraft, mittig eingeleitet, erzeugt eine S-förmige Auslenkung mit einer Dehnungsüberhöhung an den Ausnehmungen. Der Krümmungsradi-

us dieser Ausnehmungen ist mit Hilfe der Methode der finiten Elemente auf eine möglichst große Dehnung im Bereich der Dehnmeßstreifen bei Vermeidung einer Spannungsspitze optimiert. Durch eine Variation der Stegdicke und des Bohrungsdurchmessers können die Biegebalken für Eigensteifigkeiten von 5 bis 160 Newton bei einem Meßweg von 30 µm ausgelegt werden. Ein im Bereich der Schubstange um den Auslenkbereich verjüngter Bolzen, der in einer Paßbohrung gehalten wird, begrenzt den Weg des Biegebalkens in beide Richtungen. Dieser mechanische Anschlag sorgt für eine Überlastsicherung mit kleinen Toleranzen. Entscheidend für die Meßeigenschaften des Systems hinsichtlich Hysterese und elastischer Nachwirkung ist eine sorgfältige Wärmebehandlung des Werkstoffes.

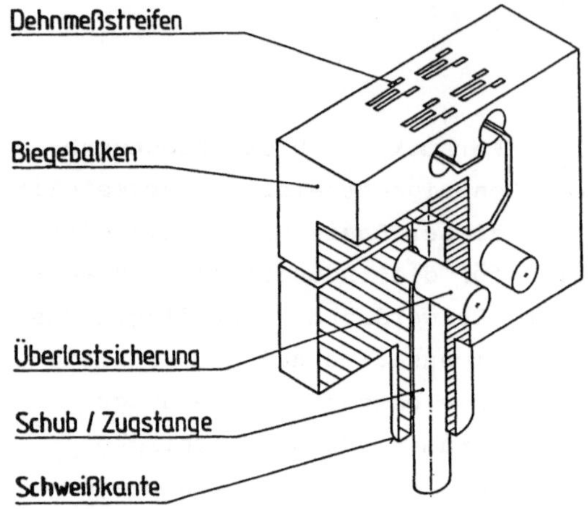

Bild 3 : Biegebalken

3.3.2 Beschichtete Membran

Eine beschichtete Membran ist in Bild 4 dargestellt. Sie besitzt bei Meßdrücken bis zu 100 bar eine ringförmige Ausnehmung. Die Dehnmeßstreifen messen in Vollbrückenschaltung die radiale Dehnung und Stauchung. Durch die Membrandicke bzw. die Tiefe der Ausnehmung wird der Meßbereich festgelegt.

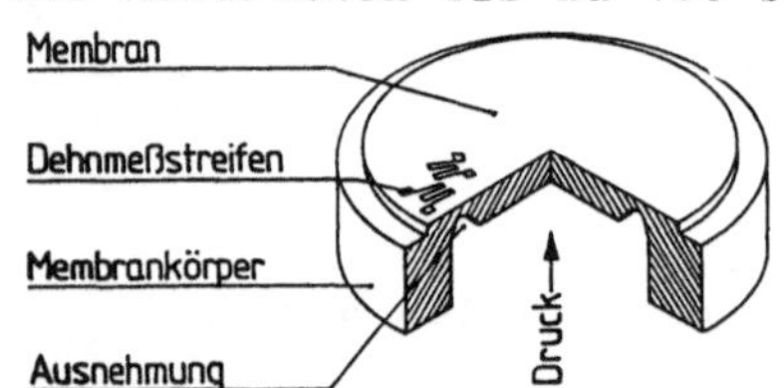

Bild 4: Beschichtete Membran

4. Ausführungsbeispiele für Meßzellen mit Dünnfilm-DMS

Einige Ausführungsbeispiele sollen zeigen, wie diese Biegeelemente in Geräten eingesetzt werden.

4.1 Druckmeßwerk 1,6 bar (Bild 5)

Eine gewellte Meßmembran mit Membranteller, in den die Schubstange eingeschweißt ist, lenkt den Biegebalken aus. Die Kontaktflächen des Biegebalkens werden durch Golddrähtchen mit den Stirnflächen von druckfesten Glasdurchführungen verbunden. Vor dem Aufschweißen einer äußerst weichen metallischen Schutzmembrane wird der Nullpunkt der DMS-Brücke mit einem Laser abgeglichen. Das System wird mit Öl gefüllt. Der Feinabgleich der Temperaturfehler erfolgt mit einem außen aufgesetzten, wärmeschlüssig verbundenem Widerstandsnetzwerk.

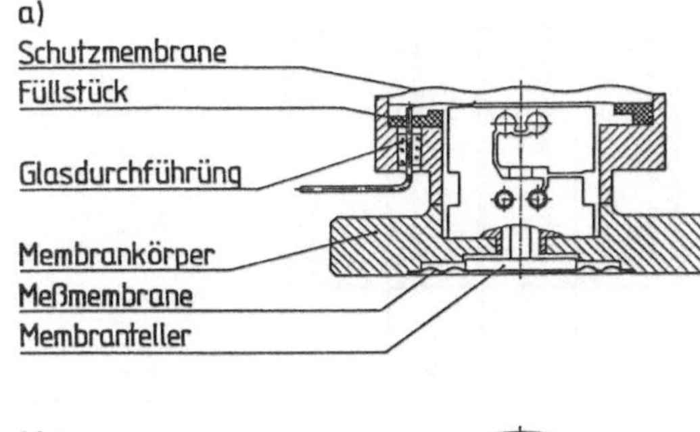

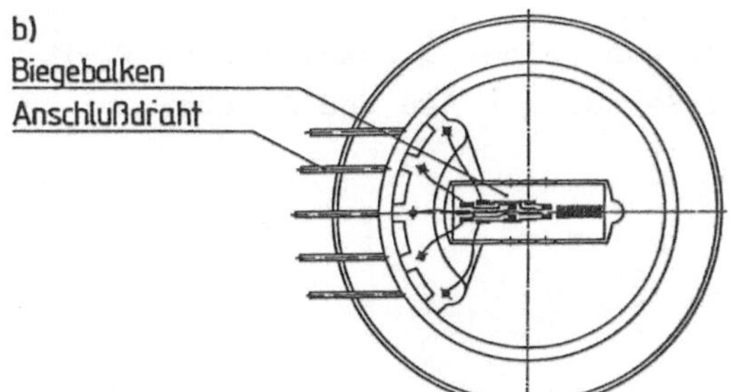

Bild 5 : Meßzelle für 1,6 bar a) Schnittbild
b) Draufsicht

Technische Daten eines abgeglichenen Meßwerks:

Temperaturfehler des Nullpunkts:	≦ 0,01 %/K
Temperaturfehler der Spanne:	≦ 0,01 %/K
Linearitätsabweichung:	≦ 0,1 %
Hysteresefehler:	≦ 0,05 %
Meßkraft:	= 20 N
Versorgungsspannung:	5 - 10 V
Widerstandswert:	6 kOhm
Ölvolumen:	≦ 1 cm^3
Langzeitabweichung:	≦ 0,5 % pro Jahr

(alle Angaben in % des Endwertes)

Schweißnähte:	elektronenstrahlgeschweißt

4.2 Druckmeßwerk 25 bar (Bild 6)

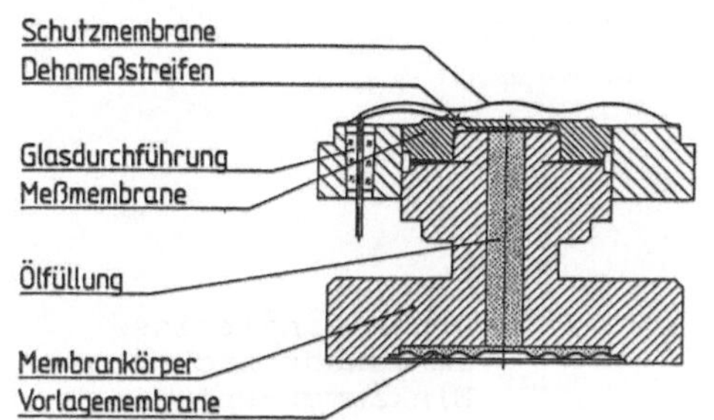

Bild 6 : Meßzelle 25 bar

Ein anderes Beispiel stellt der Druckumformer 25 bar in Bild 6 dar. Eine gewellte Vorlagemembran überträgt über eine Ölvorlage den Meßdruck auf eine beschichtete Meßmembran. Kontaktierung und Abdeckung erfolgen wie im vorherigen Beispiel.

4.3 Weitere Ausführungen

In ähnlicher Weise lassen sich Differenzdruck-, Absolutdruck- und Niveaumeßwerke herstellen. Sie können zusammen mit einer Feldelektronik in Zweileiterschaltung zu Feldmeßumformern kombiniert wer-

den. Ohne Elektronik lassen sie sich als Meßdosen zur Messung mit Datenerfassungsanlagen einsetzen. Setzt man ein Druckmeßwerk 1bar auf eine 19"-Leiterplatte, so erhält man einen PI-Signalumformer für den Signalbereich 0,2 bis 1 bar.

Auszug aus der verwendeten Literatur:

1. J.S. Johnston, Which Way for Process-Control-Transducers, C&I,Nov.82

2. G. Tschulena und M. Selders, Schlüsseltechnologien zur Sensorherstellung, Technisches Messen 50, 1983, Heft 4.

3. W. Peinke, Gesucht: Druckfühler für Feldmultiplexer, Regelungstechnische Praxis 25. Jahrg., 1983, Heft 4

4. T. Potma, Dehnungsmeßstreifen-Meßtechnik, Philips-Taschenbücher T 11, 1968

5. L. Holland, Vacuum Deposition of Thin Films, Chapman & Hall Ltd., London, 1961

6. G. Zinsmeister, Elektrische Eigenschaften aufgedampfter NiCr-Schichten der Zusammensetzung NiCr 80/20 bis 30/70, Firmenbericht Balzers

7. Hans-Ulrich Schreiber, Herstellung und Eigenschaften hochdurchschlagfester aufgestäubter SiO_2-Schichten, Doktorarbeit 73

8. Dr. Walter H. Class, Thin-Film Circuit Processing on Dielectric Substrates, Solid State Technology, 1974

9. R. Tavus, E. Kansky, A. Zalar and M. Gregoric, The Evaluation of the Technology for Depositing NiCr resistive Films, Aug. 1975

10. S. Schiller, U. Heising and K. Steinfelder, A new Sputter-Cleaning Systems for metallic Substrates, Thin Solid Films 33, 1976.

11. J.J. Bessot, Developments and Trends in Sputtering Deposition Techniques, Thin Solid Films 32, 1976.

12. R.C. Headly, Laser Trimming is an Art, that must be learned, Electronics, June 21, 1973

KAPAZITIVE AUFNEHMER HOHER GENAUIGKEIT

CAPACITIVE TRANSDUCERS WITH HIGH PRECISION

R. Orlowski

Philips GmbH Forschungslaboratorium Hamburg
D-2000 Hamburg 54, B.R. Deutschland

Summary

By means of modern technologies as Al_2O_3-ceramic and thick film printing techniques capacitive sensors with excellent properties can easily be made. As an example a new developed differential pressure transducer for industrial measurement and process control is presented. The fundamental principles, a new method for temperature compensation, and the technologies of one chamber sensors are discussed. The experimental results show accuracies of better than 0.1% and confirm the excellent mechanical properties of ceramic.

1. Einleitung

Kapazitive Sensorprinzipien zur Messung der physikalischen Größen Druck, Differenzdruck und Kraft werden u.a. in der industriellen Meßtechnik eingesetzt und lösen hier in vielen Fällen induktive Meßverfahren und die Anwendung von Dehnungsmeßstreifen ab. Die Gründe hierfür sind:

1. Kapazitive Sensoren weisen eine hohe Genauigkeit bei großem Ausgangssignal und kleiner Temperaturempfindlichkeit - das Meßprinzip beinhaltet keine Festkörpereffekte - auf.
2. Die Anwendung neuer Werkstoffe und Technologien führt zu neuen Sensorkonzepten.

Am Beispiel eines kapazitiven Sensors zur Messung von Differenzdrücken soll dargestellt werden, wie durch den Einsatz moderner Technologien, wie z.B. Al_2O_3-Keramik und Dickschichttechnik, neue Konstruktionsprinzipien realisiert werden können. Es werden die theoretischen Grundlagen des Sensors diskutiert und experimentelle Ergebnisse vorgestellt.

2. Differenzdruck-Sensoren

Differenzdruck-Sensoren erfassen kleine Druckunterschiede P_2-P_1 zwischen den Drücken P_1 und P_2. Die getrennte Messung von P_1 und P_2 liefert für die Druckdifferenz in den meisten Fällen nicht die gewünschte Genauigkeit. Daher wird P_1 und P_2 z.B. beidseitig auf eine Membran gegeben [1]. Bild 1a zeigt schematisch das Meßprinzip. Die Auslenkung der Membran ist proportional zur Druckdifferenz P_2-P_1.

Bei kapazitiven Sensoren ist die Membran die bewegliche Elektrode eines Differentialkondensators. Eine Lageänderung der Membran führt zu gegensinnigen Änderungen der Kapazitäten von C_1 und C_2. Gemessen wird die Abstandsdifferenz d_1-d_2 normiert auf den Gesamtweg d_1+d_2. Bei einem Plattenkondensator ist die Kapazität umgekehrt proportional zum Elektrodenabstand. Daher ist das Meßsignal P_2-P_1 bei dieser Anordnung proportional zu $(1/C_1-1/C_2)/(1/C_1+1/C_2)$.

Entsprechend Bild 1b wird der Sensor noch durch zwei Schutzmembranen vervollständigt. Zur Druckübertragung werden die Kammern links und rechts von der Meßmembran mit einer Flüssigkeit wie z.B. Silikonöl gefüllt. Die bei industriellen Differenzdruck-Sensoren geforderte einseitige Überlastfestigkeit gegen hohe Drücke P_1 oder P_2 wird durch Anlage der jeweiligen Schutzmembran oder der Meßmembran in einem speziell ausgearbeiteten Anlagebett erreicht (in Bild 1b nicht dargestellt). Solche kapazitiven Zweikammer-Differenzdruck-Sensoren weisen eine hohe Linearität von bis zu 0.05% und einen Temperaturkoeffizienten von ca. 0.1%/10 K auf. Diese Konstruktionsprinzipien sind zur Zeit sehr weit verbreitet, sie sind allerdings fertigungstechnisch nur sehr aufwendig realisierbar.

Konstruktiv wesentlich einfacher ist das Einkammerprinzip. Wie in Bild 2 gezeigt, wird auf die mittlere Meßmembran verzichtet und die Schutzmembranen übernehmen gleichzeitig die Meßfunktion. Es sind wieder zwei Meßkondensatoren C_1 und C_2 vorhanden mit den Membranen als bewegliche Elektroden. Mit Hilfe von Silikonöl wird der Druck von einer Seite zur anderen übertragen und die Federkonstanten beider Membranen parallel geschaltet. Beide Membranen zusammen wirken wie eine Meßmembran nach Bild 1. Das Meßsignal ΔP ist wieder proportional zur kapazitiven Abstandsänderung d_1-d_2. Eine Normierung auf den Gesamtweg d_1+d_2 ist beim Einkammer-Sensor allerdings nicht sinnvoll, da diese Größe wegen der temperaturbedingten Ausdehnung der eingeschlossenen Flüssigkeit temperaturabhängig ist. Andererseits ist es möglich, durch Messung von

$d_1+d_2 \sim 1C/_1+1/C_2$ die Temperatur der Flüssigkeit im Sensor zu erfassen und den Temperatureinfluß des Meßsignals $P_2-P_1 \sim 1/C_1-1/C_2$ zu kompensieren. Dieses Verfahren wird noch ausführlich erläutert. Im folgenden werden die theoretischen Grundlagen eines kapazitiven Differenzdruck-Sensors nach dem Einkammer-Prinzip näher erläutert und zusammen mit experimentellen Resultaten diskutiert. Die Realisierung des Sensors wird später beschrieben.

Grundlagen: Einkammer-Prinzip

Bild 3 zeigt schematisch die am Sensor wirkenden Drücke. Der Innendruck der Flüssigkeit P_I ist so gewählt, daß beide Membranen nach außen gewölbt sind. Die Biegelinien der am Rand fest eingespannten Membranen werden durch

$$w_i(r) = P_{M_i} A_1 (1- \frac{r^2}{R_i^2})^2 \quad , \quad A_i = \frac{3(1-\nu^2) R_i^4}{16 \; E \; h_i^3} \tag{1}$$

beschrieben [2], mit i = 1,2. Hierbei sind A die Federkonstanten, E der Elastizitätsmodul, ν die Poisson-Konstante, R die Radien, h die Dicken der Membranen und P_M die wirkenden Drücke. Bei inkompressibler Flüssigkeit ergeben sich im stationären Gleichgewicht folgende Beziehungen für die Drücke an den Membranen und für den Innendruck:

$$P_{M_1} = P_I(T) + \frac{P_2-P_1}{1+K^{-1}} \quad , \tag{2a}$$

$$P_{M_2} = P_I(T) - \frac{P_2-P_1}{1+K} \quad , \tag{2b}$$

$$P_I = P_I(T) + \frac{1}{2}[P_1+P_2+(P_2-P_1) \; \frac{K-K^{-1}}{2+K+K^{-1}}] \quad , \tag{2c}$$

mit

$$K = (\frac{R_2}{R_1})^6 \cdot (\frac{h_1}{h_2})^3 \tag{2d}$$

und

$$P_I(T) = P_{I_0} + \frac{V_0 \; \alpha \Delta T}{\frac{\pi(1-\nu^2)}{16 \; E} \; (\frac{R_1^6}{h_1^3} + \frac{R_2^6}{h_2^3})} \quad . \tag{2e}$$

Der Faktor K beschreibt die Asymmetrie der Membranen. Bei Abweichungen in den Radien und Dicken von 5% nimmt K Werte zwischen 0.7 und 1.5 an. Bei gleichen Werten für R und h hat K den Wert 1 und nach den Gln. (2a) und (2b) wirkt dann an jeder Membran die Hälfte des Differenzdrucks P_2-P_1. Für $P_2 > P_1$ wird $P_{M_1} > P_{M_2}$ und in Abb. 3 wird die Membran 1 noch weiter nach außen ausgelenkt, während Membran 2 der Nullage zustrebt.

Kritisch bei einem Einkammer-System ist die Ausdehnung der Flüssigkeit im Sensor mit zunehmender Temperatur. Dieses zusätzliche Flüssigkeitsvolumen $V_0\alpha\Delta T$, V_0 ist das Volumen bei $\Delta T = 0$, α der thermische Ausdehnungskoeffizient, wird durch zusätzliche Auslenkung der Membranen aufgenommen (Nenner des 2. Terms von Gl. (2e)) und führt daher zu einer Erhöhung des Innendrucks $P_I(T)$ entsprechend Gl. (2e) und zu einer zusätzlichen Belastung der beiden Membranen (Gln. (2a) und (2b)). Hieraus resultiert die konstruktive Forderung, das eingesperrte Flüssigkeitsvolumen so klein wie möglich zu halten. Für die weitere Diskussion ist es wichtig, daß die Drücke $P_{M1,2}$ an den Membranen unabhängig von Temperatureinflüssen proportional zum wirkenden Differenzdruck sind.

Die Auslenkung $w_{1,2}(r)$ der Membranen wird kapazitiv gemessen. Wie in Bild 2 schematisch dargestellt, befinden sich hierzu auf den Membranen und auf den Stirnflächen der Mittelplatte Elektrodenflächen mit einem inneren bzw. äußeren Radius von r_b bzw. r_a. Für nach außen vorgespannte Membranen (siehe Bild 3) haben die Kondensatoren die Kapazitäten

$$C_i = \frac{\pi R_i^2 \epsilon_r \epsilon_0}{\sqrt{A_i P_{M_i}}} \arctan \frac{(r_a^2 - r_b^2)}{R_i^2\left(\sqrt{\frac{d_{0i}}{A_i P_{M_i}}} + \sqrt{\frac{A_i P_{M_i}}{d_{0i}}}\left(1-\frac{r_a^2}{R_i^2}\right)\left(1-\frac{r_b^2}{R_i^2}\right)\right)}, \quad (3)$$

d_{0i} bezeichnet den kapazitiven Abstand für $P_{M_i} = 0$. Eine numerische Auswertung von $1/C_i$ nach Gl. (3) liefert nur geringe Abweichungen in der Linearität mit P_{M_i}, und für $r_a \le R/2$ ist $1/C_i$ ohne Genauigkeitseinbuße analog zur Gleichung eines einfachen Plattenkondensators zu beschreiben:

$$\frac{1}{C_i} = \frac{d_{0i} + F_i A_i P_{Mi}}{\epsilon_r \epsilon_0 \pi (r_a^2 - r_b^2)} \quad , \; F = (1 - \frac{r_a^2}{R_i^2})(1 - \frac{r_b^2}{R_i^2}) + \frac{r_a^2 - r_b^2}{3\,R_i^4} \quad . \qquad (4)$$

F ist hierbei ein Korrekturfaktor, der die Abweichung des realen Membrankondensators mit seiner gekrümmten Elektrodenfläche von einem idealen Plattenkondensator (F=1) beschreibt. Für z.B. $r_a = R_i/2$ und $r_b = 0$ hat F den Wert 0.8.

Die Verknüpfung von Gl. (4) mit den Gln. (2a) und (2b) liefert die Grundgleichung des kapazitiven Einkammer-Differenzdruck-Sensors:

$$\frac{1}{C_1} - \frac{1}{C_2} = \frac{d_{01} - d_{02} + (F_1 A_1 - F_2 A_2) P_I(T)}{\epsilon_r \epsilon_0 \pi (r_a^2 - r_b^2)} + \frac{\frac{F_1}{1+K^{-1}} A_1 + \frac{F_2}{1+K} A_2}{\epsilon_r \epsilon_0 \pi (r_a^2 - r_b^2)} (P_2 - P_1) \, . \qquad (5)$$

Der erste Term des Differenzsignals $1/C_1 - 1/C_2$ beschreibt den Nullpunkt, der zweite Term die Empfindlichkeit mit den jeweiligen Temperaturabhängigkeiten. Der Wert des Nullpunkts wird allein durch Fertigungstoleranzen in der Einstellung der Nullabstände d_{0i}, der Membranradien R_i und Membrandicken h_i bestimmt. Hier ist ein Wert von 10% des Endwerts erreichbar. Der Temperatureinfluß auf den Nullpunkt wird bestimmt über die Änderung des Innendrucks $P_I(T)$ aufgrund unterschiedlicher Werte für die Federkonstanten A_i (also letztlich wieder durch unterschiedliche R_i und h_i) und durch die Temperaturabhängigkeit der Dielektrizitätskonstanten $\epsilon_r(T)$ der Flüssigkeit im Sensor. Die Empfindlichkeit wird durch die Summe der Federkonstanten A_1 und A_2 beschrieben, verknüpft über die Geometriefaktoren F_i und K. Über die Wahl der Federkonstanten A_i für die beiden Membranen wird auch der Meßbereich des Sensors festgelegt. Der Einfluß der Temperatur auf die Empfindlichkeit erfolgt durch $\epsilon_r(T)$.

In Bild 4 sind experimentelle Ergebnisse des Differenzsignals $1/C_1 - 1/C_2$ in Abhängigkeit vom Differenzdruck $P_2 - P_1$ bei Temperaturen von +100 °C und -20 °C dargestellt. Die Meßwerte werden sehr gut durch Gl. (5) beschrieben. Der Meßbereich beträgt ± 500 mbar. Die typische Kennlinienabweichung zeigt Bild 5. Die Fehlergrenze für Nichtlinearität, Reproduzierbarkeit und Hysterese liegt unter ± 0.1%. In einzelnen Fällen wurden auch Fehlergrenzen von ± 0.03% gemessen.

Der Einfluß einer Temperaturänderung auf Nullpunkt und Empfindlichkeit ist in Abb. 4 deutlich sichtbar. Er liegt bei typischen Werten von 0.2%/10 K bzw. 0.8%/10 K. Diese Werte sind für einen industriellen Einsatz des Sensors zu groß und müssen daher verbessert werden.

Temperaturkompensation

Das Differenzsignal $1/C_1 - 1/C_2$ wird entsprechend Gl. (5) hauptsächlich durch $\epsilon_r(T)$ der Flüssigkeit im Sensor beeinflußt. Dieser Einfluß kann durch druckunabhängige Referenzkondensatoren, die aus schmalen Ringelektroden bestehen, und dicht am Befestigungsrand der Membranen angeordnet sind, erheblich verkleinert werden. Die Auswertung des neuen Meßsignals $P_2 - P_1 \sim Cr_1/C_1 - Cr_2/C_2$ ergibt Temperaturabweichungen von 0.1%/10 K bzw. 0.4%/10 K für den Nullpunkt bzw. die Empfindlichkeit.

Wesentlich bessere Daten sind mit einem neuen Verfahren erreichbar, das auf einer elektronischen Kompensation der Temperatureinflüsse beruht. Voraussetzung ist eine genaue Kenntnis der Temperatur im Sensor. Wie bereits früher ausgeführt, ist die Summe der Membranabstände $d_1 + d_2$ bei Einkammer-Sensoren aufgrund der Ausdehnung der Flüssigkeit temperaturabhängig und kann daher als Maß für die Temperatur verwendet werden. Die Abstandssumme $d_1 + d_2$ ist proportional zu $1/C_1 + 1/C_2$:

$$\frac{1}{C_1} + \frac{1}{C_2} = \frac{do_1 + do_2 + (F_1A_1 + F_2A_2)P_I(T)}{\epsilon_r\epsilon_0\pi(r_a^2 - r_b^2)} + \frac{\dfrac{F_1A_1}{1+K^{-1}} - \dfrac{F_2A_2}{1+K}}{\epsilon_r\epsilon_0\pi(r_a^2 - r_b^2)}(P_2 - P_1) \quad . \qquad (6)$$

Der Vergleich mit $1/C_1 - 1/C_2$ nach Gl. (5) zeigt, daß der Einfluß des 1. Terms (Nullpunkt) verstärkt ist, während der 2. Term (Empfindlichkeit) sehr klein wird. Die in Abb. 6 dargestellten experimentellen Ergebnisse bestätigen diese Erwartungen. Die gemessene Abhängigkeit des Summensignals $1/C_1 + 1/C_2$ vom Differenzdruck $P_2 - P_1$ ist vernachlässigbar klein. Der Wert von $1/C_1 + 1/C_2$ hängt linear von der Temperatur ab,

$$\frac{1}{C_1} + \frac{1}{C_2} = z_0 + z_1\,\Delta T \quad , \qquad (7)$$

und ist daher ein Maß für die Temperaturänderung ΔT im Sensor, z_0, z_1 sind Sensorkonstanten.

Entsprechend Gl. (7) können auch die kleinen Temperaturabhängigkeiten des Nullpunkts und der Empfindlichkeit des Differenzsignals $1/C_1-1/C_2$ in einer linearen Näherung beschrieben werden:

$$\frac{1}{C_1} - \frac{1}{C_2} = a_0 + a_1\ \Delta T + (b_0 + b_1\ \Delta T)\ (P_2 - P_1) \qquad (8)$$

a_0, b_0, a_1 und b_1 sind wieder Konstanten für Nullpunkt und Empfindlichkeit und deren Temperaturabhängigkeiten.

Die Kombination der Gln. (7) und (8) liefert für P_2-P_1 ein temperaturbereinigtes Meßsignal:

$$P_2-P_1 = \frac{\frac{1}{C_1} \cdot A - \frac{1}{C_2} \cdot B}{D + E\ (\frac{1}{C_1} + \frac{1}{C_2})} \qquad (9)$$

Die sensorspezifischen Konstanten A, B, D und E werden über Eichmessungen bestimmt. Die Temperaturkompensation erfolgt durch Einstellung von Parametern in einer elektronischen Auswerteschaltung, die zusätzlich zur Messung der Werte von $1/C_1$ und $1/C_2$ eine Rechenschaltung entsprechend Gl. (9) enthält.

Die Wirkung der Temperaturkompensation ist in Bild 7 dargestellt. Mit dem neuen Verfahren werden bei kapazitiven Sensoren nach dem Einkammer-Prinzip Temperaturfehler unter 0.1%/10 K für Nullpunkt und Empfindlichkeit erreicht. Hervorzuheben ist, daß die Messung der Temperatur im Sensor über die Meßwerte für die Sensorkapazitäten C_1 und C_2 erfolgt, d.h. ohne zusätzlichen konstruktiven Aufwand am Sensor.

Konstruktion und Technologie

Bei Sensoren für die industrielle Meßtechnik werden zur Zeit überwiegend metallische Werkstoffe und entsprechend angepaßte Verarbeitungs- und Verbindungstechniken eingesetzt.

Bei dem hier beschriebenen kapazitiven Einkammer-Differenzdruck-Sensor sind neue Wege beschritten worden. In Bild 8 ist der grundsätzliche Aufbau des Sensors gezeigt. Für die Membranen M_1 und M_2 und die Mittelplatte werden runde, plangeschliffene Platten aus Al_2O_3-Keramik verwendet. Die wichtigsten Daten der Keramik sind in Tabelle 1 zusammengefaßt.

Als Federmaterial weist Keramik gegenüber Metallen im wesentlichen drei Vorteile auf:

1. Die Dehnung folgt bis zur Bruchgrenze in nahezu idealer Weise dem Hookeschen Gesetz und zeigt keine Kriecheffekte. Temperaturen bis über 1000 ^{o}C beeinflussen diese Eigenschaften nur wenig.
2. Ohne zusätzliche Versteifungsmaßnahmen sind ebene Keramikmembranen bis zu einer Dicke von 0.15 mm mechanisch stabil.
3. Al_2O_3-Keramik ist korrosiv beständig gegen die meisten in der chemischen Industrie vorkommenden Stoffe.

Der größte Vorteil liegt aber in der Kombination von Keramik mit Dickschicht-(Siebdruck-)Technik. Diese Verfahren werden für die Herstellung von präzisen elektronischen Dickschichtschaltungen auf Keramiksubstraten schon lange angewendet. Bei Sensoren allerdings steht der Einsatz dieser Technologien erst am Anfang. Die Dickschichttechnik bietet u.a. folgende Möglichkeiten:

1. Verbindung von Keramikteilen wie z.B. Membranen mit Hilfe von gedruckten Glasloten.
2. Herstellung von elektrisch leitenden Belägen (kapazitive Elektroden) mit isoliert nach außen geführten Anschlußstegen.
3. Formgebung von Oberflächen durch Bedrucken mit dielektrischen Belägen (z.B. Glaskeramik) unterschiedlicher Dicke, z.B. zur Herstellung von profilierten Anlagebetten für Membranen.
4. Angepaßte Ausdehnungskoeffizienten von Keramik und Dickschichtbelägen.

Bei dem Sensor nach Bild 8 wurden die Vorteile von Keramik und Dickschichttechnik konsequent ausgenutzt. Die Membranen sind mit Hilfe von gedruckten Glasloten an den Stirnflächen der Mittelplatte befestigt. Zur Ausbildung eines planen Anlagebettes sind auf der Mittelplatte zusätzlich elektrisch isolierende Stützflächen S_1, S_2 gedruckt. Auf den Membranen und auf den Stützflächen befinden sich kreisförmige Elektrodenflächen mit Anschlußstegen, die unter dem Glaslot hindurch isoliert nach außen geführt sind. Die Hohlräume im Sensor sind mit Silikonöl gefüllt. Der Innendruck P_{I0} ist so gewählt, daß die Membranen nach außen gewölbt sind.

Der Meßbereich wird über die Federkonstanten A nach Gl. (1) und über den Innendruck P_{I0} eingestellt. Der Membranhub liegt je nach Meßbereich zwischen 5 und 50 µm. Im Überlastfall liegt die jeweils druckbelastete

Membran an der Stützfläche der Mittelplatte an. In Tabelle 2 sind die wesentlichen Daten des Sensors zusammengefaßt.

Zusammenfassung

Mit Hilfe moderner Technologien wie Al_2O_3-Keramik und Dickschichttechnik können kapazitive Sensoren mit hoher Genauigkeit einfach hergestellt werden. Als Beispiel hierfür wird ein auf dieser Basis neu entwickelter Differenzdruck-Sensor (Einkammer-Prinzip) für die industrielle Meßtechnik und Prozeßautomatisierung vorgestellt. Es werden die Grundlagen des Sensors, eine neue Methode zur Temperaturkompensation und die Realisierung erläutert. Die experimentellen Ergebnisse bestätigen die ausgezeichneten mechanischen Eigenschaften der Keramik. Es sind typische Kennlinienabweichungen von unter 0.1% und Temperaturfehler von besser als 0.1%/10 K für Nullpunkt und Empfindlichkeit erreicht worden.

Der Autor bedankt sich bei M. Budweit, V. Graeger, R. Kobs und M. Liehr für die ausgezeichnete experimentelle Unterstützung.

Tabelle 1: Eigenschaften von gesinterter Al_2O_3-Keramik

Elastizitätsmodul :	$3.3\cdot10^5$ N/mm^2
Biegefestigkeit :	300 N/mm^2
Druckfestigkeit :	> $1.7\cdot10^3$ N/mm^2
Ausdehnungskoeffizient:	$6.4\cdot10^{-6}/^{o}C$
Max. Arbeitstemperatur:	1650 ^{o}C
Korrosion :	Beständig gegen die meisten Stoffe

Tabelle 2: Technische Daten des kapazitiven Differenzdruck-Sensors

Werkstoff :	Al_2O_3-Keramik
Technologie :	Dickschichttechnik
Meßbereich :	± 5 mbar bis ± 2000 mbar
Kennlinienabweichung:	< 0.1%
Temperaturbereich :	-30 bis +100 ^{o}C
Temperaturfehler :	0.1%/10 K für Nullpunkt und Empfindlichkeit
Überlastgrenze :	160 bar

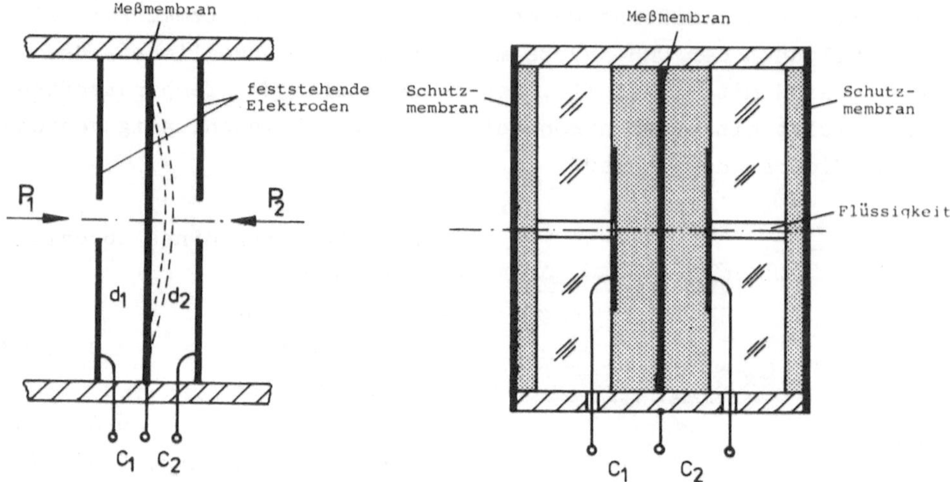

Bild 1: a) Kapazitives Prinzip zur Messung einer Druckdifferenz P_2-P_1
b) Zweikammer-Differenzdruck-Sensor mit Meß und Schutzmembranen

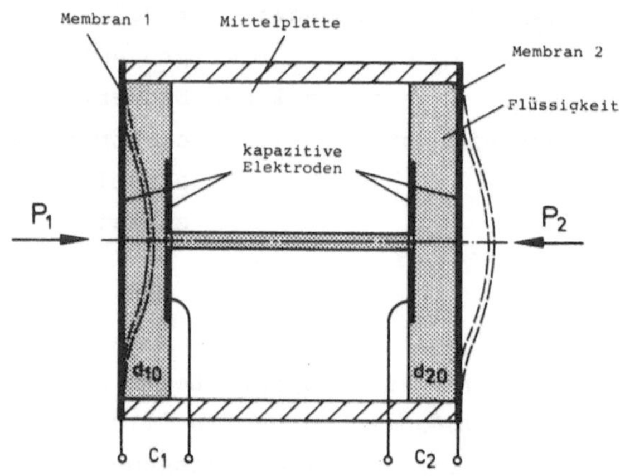

Bild 2: Einkammer-Differenzdruck-Sensor. Eingezeichnet ist der Fall $P_1 > P_2$

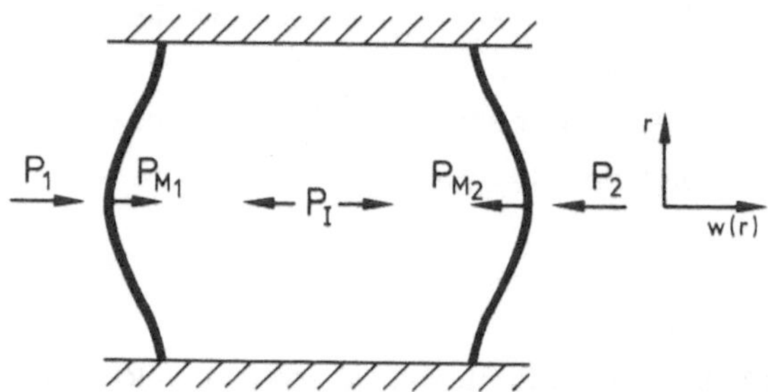

Bild 3: Druckverhältnisse im Sensor nach dem Einkammer-Prinzip. P_I ist der Innendruck der Flüssigkeit, P_{M_1} bzw. P_{M_2} sind die auf die Membranen wirkenden Drücke

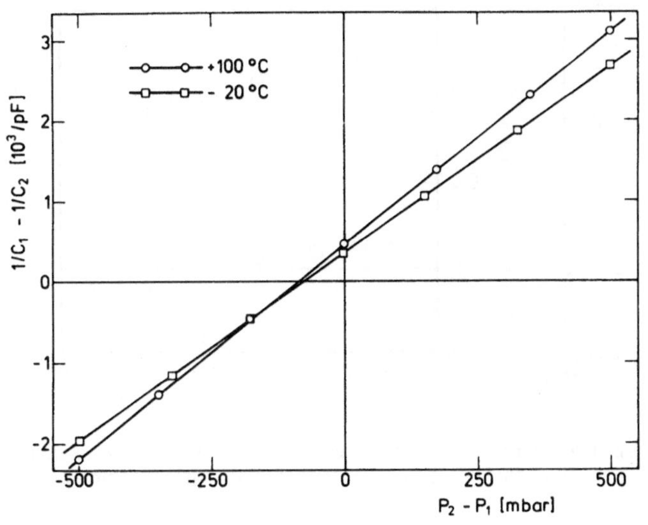

Bild 4: Experimentelle Resultate des Differenzsignals $1/C_1-1/C_2$ für einen kapazitiven Einkammer-Differenzdruck-Sensor in Abhängigkeit vom Druckunterschied P_2-P_1 für die Temperaturen + 100 °C und - 20 °C

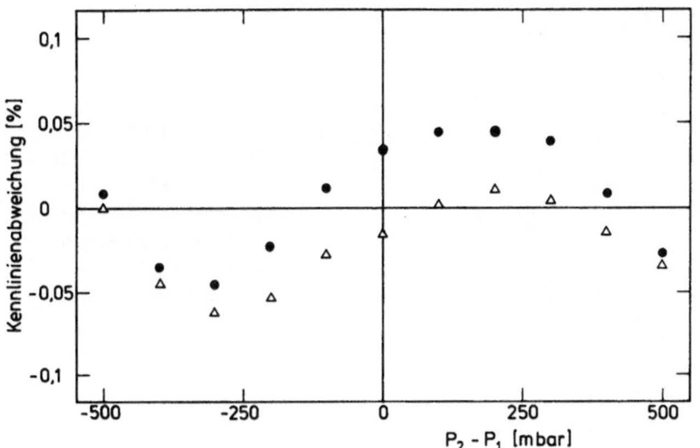

Bild 5: Typische Kennlinienabweichung für das Differenzsignal $1/C_1-1/C_2$

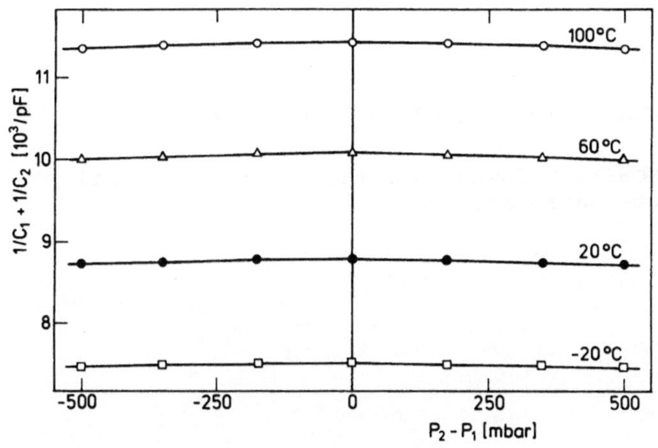

Bild 6: Experimentelle Ergebnisse des Summensignals $1/C_1+1/C_2$ in Abhängigkeit vom Differenzdruck P_2-P_1 für verschiedene Temperaturen

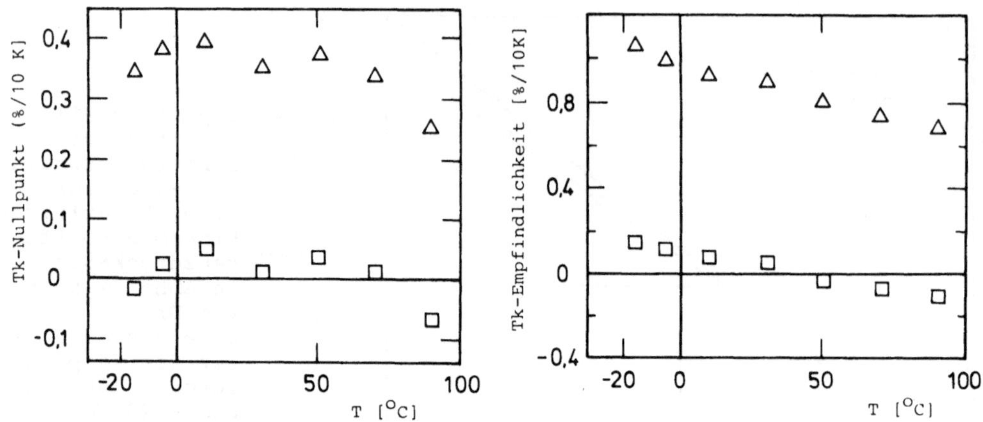

Bild 8: Gegenüberstellung der Meßwerte für den Temperaturkoeffizienten des Nullpunkts und der Steigung ohne (Δ) und mit (□) Temperaturkompensation

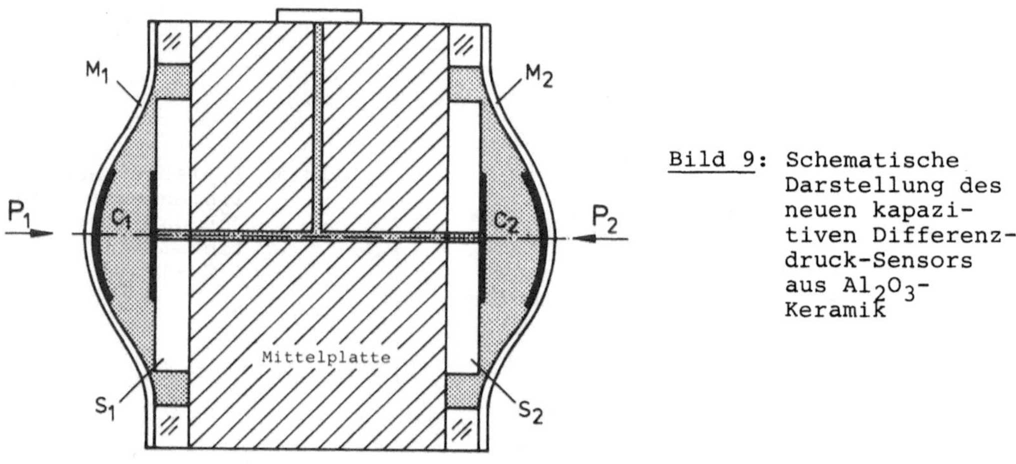

Bild 9: Schematische Darstellung des neuen kapazitiven Differenzdruck-Sensors aus Al_2O_3-Keramik

Literatur

[1] NORTON, H.N.: Sensor and Analyser Handbook, Prentice Hall Inc., 1982

[2] TIMOSHENKO, S.P., WOINOWSKY-KRIEGER, S.: Theory of Plates and Shells, McGraw Hill International, 1970

ERKENNUNG INDUSTRIELLER BILDER MIT MODELLEN

RECOGNITION OF INDUSTRIAL IMAGES USING MODELS

G. Winkler

Fraunhofer-Institut für Informations- und Datenverarbeitung (IITB)
Sebastian-Kneipp-Str.12-14, 7500 Karlsruhe 1, B.R. Deutschland

Summary

The basic goal of image analysis is to generate a compact description of a (in general) 3D scene on the basic of a 2D image. For that purpose scene, illumination, environment, and observer knowledge must be available. In industrial applications a lot of a priori knowledge can be embodied in models. Different possibilities for model-building are discussed. At present the situation seems to be characterized by the fact that general purpose models are not yet apt for industrial applications but that ad hoc approaches for specific problems are available.

1. Sehen als Rückschluß

Sehen und darauf gegründetes Urteilen und Handeln spielt in der industriellen Fertigung, in der Sichtprüfung, in der Prozeßsteuerung sowie in der Handhabung und Montage eine entscheidende Rolle. Die damit verbundenen Aufgaben wurden bis vor kurzem nur von Menschen gelöst. In zunehmendem Maße strebt man jedoch automatische Lösungen an, weil viele der angesprochenen Aufgaben Menschen nicht zugemutet werden sollten, die moderne Produktion eine vollständige, objektive und gleichmäßige Qualitätsprüfung der Ausgangs-, Zwischen- und Endprodukte erfordert und - langfristig - die automatische Lösung die konstengünstigere ist.

Die Automatisierung visueller Funktionen des Menschen macht es notwendig, Sensorsysteme zu entwickeln, die von der Bildaufnahme über eine rechnergestützte Bildverarbeitung bis zu einer kompakten Bildbeschreibung gelangen, also intelligentes Sehen mit Hilfe eines Rechners möglich machen. Sehen in diesem Sinne bedeutet die automatische Erzeugung einer zweckbestimmten Beschreibung einer Szene der realen Welt, von der ein Bild vorliegt. Es handelt sich dabei um einen Rückschluß von einem zweidimensionalen Bild auf eine i.a. dreidimensionale Szene. Je nach dem vorliegenden Zweck bezieht sich der Rückschluß auf

- Feststellung der An- oder Abwesenheit eines Objektes,
- Bestimmung der Klasse, der ein Objekt angehört,
- Bestimmung eines speziellen Objektes innerhalb einer Klasse,
- Messung bestimmter Parameter, die ein Objekt beschreiben,
- Aufzählung der relevanten Objekte einer Szene und ihrer Lage.

Natürlich kann auch eine Aufgabenkombination vorliegen.

In allen Fällen handelt es sich um spezielle Erkennungsprozesse, deren Schema in Bild 1 dargestellt ist. Der Rückschluß vom 2D-Bild auf eine 3D-Szene ist nicht einfach die Inversion der Bildentstehung. Denn zum einen ist der Abbildungsprozeß nicht umkehrbar; zum anderen ist der Anwender auch nicht an der exakten Rekonstruktion der Szene, sondern an einer informationsreduzierten, kompakten Beschreibung der Szene interessiert [1]. Man kann deshalb nur von einer partiellen Inversion der Bildentstehung sprechen. Aber auch dafür reicht die im 2D-Bild enthaltene Information oft nicht aus. Man braucht zusätzliche Informationen besonders dann, wenn absolute geometrische Größen der Szenenobjekte aus ihren Bildern bestimmt werden sollen.

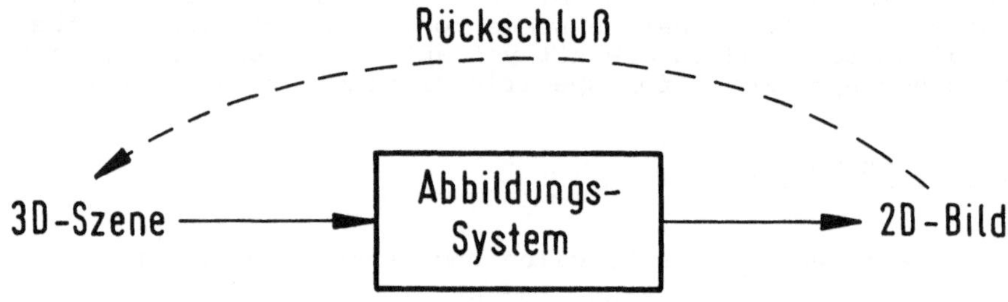

Bild 1: Erkennungsprozeß schematisch.

2. Modelle für formalisiertes Wissen

Um den Rückschluß im oben genannten Sinne durchzuführen, wird Wissen über die Bildentstehung genutzt, das man zu Modellen formalisiert. Im wesentlichen sind bei der Transformation Szene - Bild vier Komponenten beteiligt. Das Wissen über sie wird in vier Modellen zusammengefaßt, die das in Bild 2 wiedergegebene "Weltmodell" ausmachen:

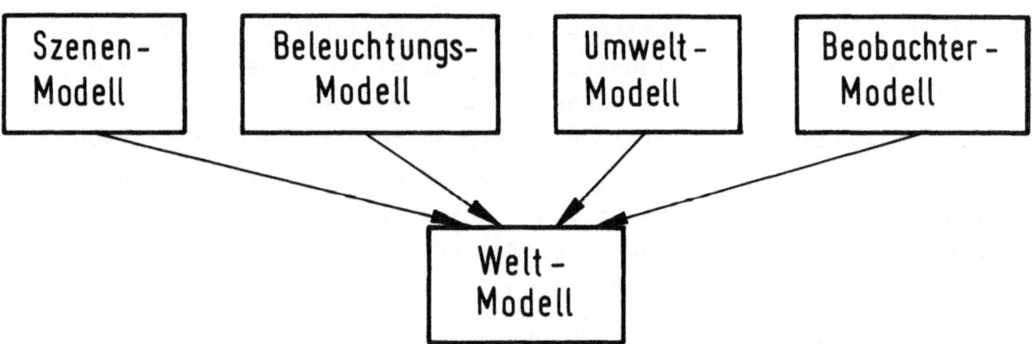

Bild 2: Komponenten des "Welt-Modells".

Szenen-Modell: Umfaßt unser Wissen über die Struktur der realen Objekte und besteht in der Angabe der Komponenten, aus denen die Objekte aufgebaut sind und der räumlichen Relationen, in denen die Komponenten zueinander stehen.

Beleuchtungs-Modell: Beschreibt die Beleuchtungsbedingungen und beinhaltet Positionen, räumliche Ausdehnungen, Intensitäten und evtl. auch Farben primärer Lichtquellen sowie die durch Reflektion an Oberflächen entstehenden sekundären Lichtquellen.

Umwelt-Modell: Erfaßt den Einfluß des Wetters, des Klimas, der Jahreszeit und der optischen Eigenschaften des die Szene umgebenden Mediums.

Beobachter-Modell: Betrifft den Aufnehmer und berücksichtigt dessen Position und Orientierung zu den Objekten in der Szene.

Nachfolgend beschränken wir uns auf die Interpretation von Bildern industrieller Szenen. Dabei soll die Beschreibung des Bildes genutzt werden, um eine intelligente Aktion eines technischen Systems zu erreichen. Diese Spezialisierung hat zur Folge, daß wir über die Komponenten des Bildentstehungsprozesses folgendes aussagen können:
Beleuchtungs-Modell: Die Wahl einer geeigneten Beleuchtung hat entscheidenden Einfluß auf die Leistungsfähigkeit des Bildverarbeitungssystems. Informationen, die bei der Aufnahme verloren gehen oder im Bildsignal nur undeutlich enthalten sind, können im ersten Fall durch keine und im zweiten Fall nur durch sehr aufwendige Bildverarbeitung wiedergewonnen werden. Anders als bei natürlichen Szenen im Freien, kann man bei industriellen Szenen Einfluß auf die Beleuchtung nehmen. Wir denken uns deshalb, daß durch Beleuchtung alle relevanten Informationen ins Signal gelangen [2].
Umwelt-Modell: Da Industrie-Szenen i.a. im Innern geschlossener Räume angesiedelt sind, haben Wetter, Klima und Jahreszeit kaum und Rauch und Staub nur einen geringen Einfluß auf das entstehende Bild. Deshalb sehen wir von ihnen ab.
Beobachter-Modell: Auch hier können wir bei industriellen Szenen auf die Auswahl eines geeigneten Wandlers nehmen. Wir wählen einen Aufnehmer, der photographisch fehlerfreie Bilder liefert.
Zu diskutieren bleibt das Szenen-Modell: Bei seiner Aufstellung wird man berücksichtigen, daß industrielle Objekte durch folgende Besonderheiten gekennzeichnet sind [3]:

- scharfe, wohldefinierte Konturen, die a priori oft bekannt sind,
- einfache Konturelemente (Strecken und Kreisabschnitte),

- wohldefinierte Unterschiede zwischen den Objektrealisationen,
- einfache Strukturen für zwei- und dreidimensionale Objekte.

Modelle für Objekte dieser Art werden aus zwei Teilen bestehen: Einer Menge aus Komponenten zum Aufbau der Objekte und einer Menge aus Relationen zum Erfassen der gegenseitigen Lage der Komponenten. Die Vielfalt der bisher vorgeschlagenen Modelle [4] rührt her von den verschiedenen Möglichkeiten, die man hat, Komponenten auszuwählen und Relationen zu formulieren. Allgemein läßt sich sagen, daß einfache Komponenten komplexe Relationen erfordern und umgekehrt komplexe Komponenten einfache Relationen möglich machen. Man kann die Einfachheit (Komplexität) des einen Modellteiles mit der Komplexität (Einfachheit) des anderen Modellteiles kompensieren. Zwar gibt es z.Z. keine allgemein anerkannten Prinzipien zur Formalisierung des a priori Wissens über Industrieobjekte, dennoch zeichnen sich zwei Hauptrichtungen ab:

- die syntaktische Methode, die sich an den formalen Sprachen orientiert und
- die Methodiken der relationalen Strukturen, die sich aus der Graphentheorie heraus entwickelt haben.

Nachfolgend soll über den Stand der Entwicklung entsprechender Verfahren, über deren Realisierung und Erprobung sowie über erkennbare Tendenzen für zukünftige Möglichkeiten berichtet werden. Aus Platzgründen können aus der Vielfalt der Modelle nur einige Beispiele angeprochen werden.

Zuvor soll noch darauf eingegangen werden, wie unter Einbeziehung der Modelle die Erkennung durchgeführt wird [5]. Das geschieht mit einer Folge von Operationen, die nacheinander auf das digitalisierte Bild angewandt, dieses in die kompakte Beschreibung der abgebildeten Szene überführen. Davon ausgehend, daß die im Bild enthaltenen Informationen in den räumlichen Änderungen der Intensität (oder in einer anderen Größe z.B. der Textur) enthalten ist, wird eine Segmentation des Bildes in die Komponenten des Modells vorgenommen und unter Berücksichtigung ihrer relativen Positionen eine symbolisierte Beschreibung des Bildes erzeugt. Diese wird beim eigentlichen Erkennungsvorgang mit der symbolischen Beschreibung der modellierten Objekte verglichen. Dies geschieht durch fortlaufende Aufstellung von Hypothesen über die Komponenten in den Bildern und deren Überprüfung anhand des Modells. Dabei werden die Hypothesen entweder aufrechterhalten oder verworfen. Diese Prozedur wird solange fortgesetzt, bis schließlich alle Komponenten einbezogen sind und am Ende das Modell jener Szene ermittelt ist, die mit größter Wahrscheinlichkeit als Urheberin des analysierten Bildes angesehen werden muß.

3. Modellvorschläge für industrielle Objekte

3.1 Syntaktische Modelle:

Beim syntaktischen Modell [6] wird versucht, die Konzepte eindimensionaler formaler Sprachen ins Mehrdimensionale - insbesondere ins Zweidimensionale [7] - zu übertragen. Dabei wird einer Bildbeschreibungssprache eine Bildgrammatik zugrundegelegt; sie besteht aus terminalen und nichtterminalen Komponenten (sog. Primitiven und Komplexen) sowie aus einer Reihe von Produktionsregeln, die den Aufbau komplexer Gebilde aus einfacheren beschreiben. Objekten entsprechen Sätze in Form von Netzen aus Primitiven. Der Erkennungsvorgang läuft auf eine grammatikalische Analyse hinaus, in der festgestellt wird, zu welcher Sprache - und damit zu welcher Klasse - ein vorgelegtes Objekt gehört. Je nach der speziellen Form des Netzes hat man Geflechte, Gewebe, Graphen und auch Bäume auf ihre Eignung zur Bildbeschreibung untersucht.
Trotz einer Reihe deutlicher Vorteile wie

- Möglichkeit zur formalen Beschreibung komplexer Objekte,
- sequentielle Analyse und Synthese aus Primitiven,
- kompakte Erfassung durch rekursive Produktionsregeln,
- Eignung für die rechnerinterne Darstellung

haben gravierende Nachteile wie

- Notwendigkeit aufwendiger kontextsensitiver Sprachen,
- Anfälligkeit gegen Bildstörungen,
- Problem der Produktionsregel-Bestimmung,
- Implementierung mehrerer Bildgrammatiken

zu keiner verbreiteten Anwendung dieses Konzeptes in reiner Form im industriellen Bereich geführt. Auch die in den letzten Jahren unternommenen Anstrengungen, die Methode zu verbessern und dadurch für den praktischen Einsatz attraktiver zu machen, wie

- stochastische Sprachen zur Beschreibung der Störanfälligkeit,
- fehlerkorrigierende grammatikalische Analyse für gestörte Bilder,
- Grammatiken mit Attributen zur Erfassung von Eigenschaften

haben bisher nicht den gewünschten Erfolg.
Trotzdem ist es gerechtfertigt, diesen durch seine methodische Geschlossenheit beeindruckenden Modellvorschlag an den Anfang einer Erörterung relationaler Modelle zu stellen; denn alle nachfolgend aufgeführten, mehr pragmatischen Vorschläge haben ihre Wurzeln in der syntaktischen Methode und sind durch den Versuch gekennzeichnet, unter Beibehaltung der Vorteile des Verfahrens seine Nachteile zu vermeiden.

3.2 Relationale Strukturen

Eine relationale Struktur RS ist definiert durch ein Triplett (E,P,R) aus einer Menge E von Elementen, den Teilen des Objektes, einer Menge P von Eigenschaften, die als Attribute die Objektteile näher beschreiben und einer Menge R von Relationen, die die Beziehungen zwischen den Objektteilen ausdrücken [8]. Objektteile sind z.B. Flächen, Linien, aber auch Punkte, Eigenschaften können geradlinig, kreisförmig oder quadratisch sein und als Relationen hat man es z.B. mit "benachbart", "innerhalb von" oder "größer als" zu tun. Solange man sich auf höchstens zweistellige Relationen beschränkt, lassen sich diese als (gerichtete) Graphen darstellen, wobei z.B. den Knoten die Teile und den Relationen die (gerichteten) Kanten zugeordnet werden. Zur Veranschaulichung ist dies im Bild 3 für einen Würfel als einfachstes Beispiel geschehen. Dabei kommt es darauf an, die Abbildung vom Objekt auf den Graphen so zu gestalten, daß dieser über jenes alle wichtigen Informationen enthält und die Unterscheidung verschiedener Objekte (oder verschiedener Positionen und Zustände einunddesselben Objektes) aufgrund der ihnen zugeordneten verschiedenen Graphen möglich ist.

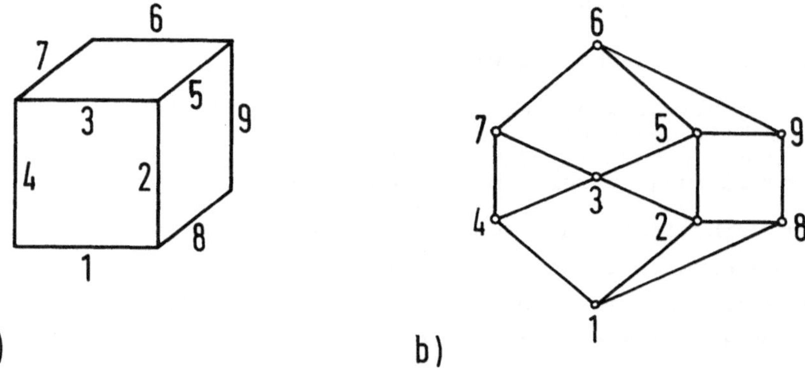

Bild 3: a) Würfel als Beispiel eines einfachen Objektes.
b) Darstellung des Würfels als Graph mit den Würfelkanten 1-9 als Objektteilen und den Graphenkanten als Relation "treffen in einer Ecke aufeinander."

Beim Erkennungsvorgang müssen zwei relationale Strukturen RS_1 (eines Modells) und RS_2 (eines Bildes) verglichen werden, wobei zu prüfen ist, ob RS_1 eine Teilstruktur von RS_2 ist. Das ist offensichtlich dann der Fall, wenn es eine eindeutige Zuordnung der Elemente von RS_1 zu den Elementen RS_2 derart gibt, daß genau die gleichen Relationen, die zwischen den Elementen von RS_1 bestehen, auch zwischen den zugeordneten Elementen von RS_2 gelten, oder: wenn RS_1 auf RS_2 monomorph abgebildet werden kann. Die Frage nach dem Vorhandensein eines Objektes in einem

Bild reduziert sich auf die Frage nach einem Monomorphismus zwischen den relationalen Strukturen des Objektmodells und des Bildes.

Relationale Strukturen vom bisher erörterten Typ haben zwei Nachteile, die einer verbreiteten industriellen Anwendung im Wege stehen:

- Die Erkennung aufgrund einer Monomorphismus-Prozedur kann keine Fehler korrigieren; entweder ergibt der Vergleich exakte Übereinstimmung oder der Kandidat wird zurückgewiesen. Wegen vieler Fehlerquellen bei Bildern industrieller Szenen tritt dieser Fall zu oft ein.
- Die Modelle sind symbolische Beschreibungen, also nicht in der Lage, quantifizierbare Eigenschaften und Relationen zu berücksichtigen. Für industrielle Objekte ist aber gerade die Erfassung qualitativer und quantitativer Eigenschaften und Relationen notwendig.

Durch die insbesondere von Tsai und Fu [9] untersuchten benannten (attributierten) relationalen Graphen wird ein Weg zur Überwindung der genannten Nachteile geschaffen. Bei diesem Lösungsvorschlag werden sowohl den Knoten (Objektteilen) als auch den Kanten (Relationen) quantifizierbare Attribute zugeordnet.- Ähnliche Absichten werden von Shapiro und Haralick [10] verfolgt. Ihre strukturellen Beschreibungen lassen auch quantifizierbare Eigenschaften und Relationen zu, aber nicht nur für zweistellige, sondern für N-stellige Relationen. Zur Bewältigung der in der realen Welt auftretenden gestörten Bilder wird ein "ungenaues Vergleichsverfahren" vorgeschlagen, bei dem als bester Modell-Kandidat der mit dem kleinsten Fehler zum Bild bestimmt wird.

3.3 Generalisierte Zylinder

Zur Darstellung komplexer Objekte der realen Welt benutzt Binford [11] als primitive Volumenelemente generalisierte Zylinder. Sie sind definiert durch eine ebene Querschnittsfläche mit der in Polarkoordinaten (ρ,ϕ) ausgedrückten Umrandung $\rho(\phi,z)$, durch eine Achse $z(t)$ und durch eine Exzentrizität ψ, die die Neigung der Querschnittsfläche zur Achse bestimmt. Jeder primitive Teilkörper entsteht durch die Bewegung des Zentrums der Querschnittsfläche entlang der Achse, wobei erstere gegen letztere um die Exzentrizität geneigt ist. Dadurch kann man eine große Vielfalt verschiedener Elementarkörper erzeugen. Reale Objekte werden durch Zusammenfügen generalisierter Zylinder aufgebaut - u.U. in mehreren Hierarchie-Ebenen [12]. Dazu muß die symbolische Beschreibung noch durch Verbindungsrelationen z.B. in Form von Graphen ergänzt werden. Ein Objekt ist erkannt, wenn seine beobachtete Beschreibung aufgrund der dem System zur Kenntnis gebrachten Modellbeschreibungen möglich ist. Dazu müssen zwei Graphen auf Monomorphismus überprüft werden. Wegen der zu erwartenden Vielfalt von Beschreibungen kann das nicht in der üblichen Form geschehen. Durch einen quantifizierten Graphenvergleich kann jedoch der am besten passende Referenzgraph bestimmt werden.

Das Hauptziel dieser und der bereits besprochenen Modellbildungen ist, durch Abwendung von der in der Vergangenheit favorisierten künstlichen Polyederwelt die Erkennung komplexer Objekte der realen Welt möglich zu machen. Die Verfahren wurden in Laborversuchen bei verschiedenen Objekten wie z.B. Werkstücken, Gebrauchsgegenständen und Flugzeugen erprobt. Dennoch, der Durchbruch zur breiten industriellen Anwendung blieb diesen Allzweckmodellen bis heute noch versagt. Systeme, denen diese Methodik zugrunde liegt, sind z.Z. zu langsam und zu teuer.

In dieser Lage werden drei Richtungen sichtbar, in die die Entwicklung der modellgestützten Erkennung industrieller Bilder geht:

- ad hoc Lösungen für spezielle Aufgaben,
- einfachere Modelle für technische Objekte und
- Einbeziehung des rechnergestützten Entwurfs.

Für jede dieser Tendenzen soll nachfolgend stellvertretend für viele ähnliche Arbeiten je ein Beispiel näher besprochen werden.

4. Beispiele für Entwicklungsrichtungen modellgestützter Erkennung

Um die modellgestützte Erkennung (Bestimmung der Position und Orientierung sich berührender oder überlappender flacher Werkstücke, die u.U. nur zum Teil im Blickfeld liegen) näher an die Praxis heranzuführen bemüht sich Perkins [13], frühere Modellkonzeptionen für spezielle Aufgaben zu vereinfachen. Diesem Ziel dient auch eine hierarchische Organisation zweier Modelle in zwei Ebenen. Dabei wird zunächst ein einfaches Modell mit globalen Flächenmerkmalen (Schwerpunkt, Achse des kleinsten Trägheitsmomentes) benutzt und erst bei Bedarf ein verfeinertes Modell mit Konturelementen aufgerufen.

Ähnliche Aufgaben können auch mit einem im IITB von Tropf, Hättich und Mitarbeitern entwickelten Verfahren gelöst werden [14]. Ihm liegt die Idee zugrunde, nicht nur das strukturelle Konzept der Mustererkennung mit dem numerischen zu kombinieren, was dadurch geschieht, daß die Objekte in einem geometrischen Modell aus Elementen aufgebaut werden, die über quantitative Angaben zu einem Ähnlichkeitsmaß führen, sondern das darüber hinaus die syntaktische Methode mit der relationalen in Verbindung bringt, indem in einem generativen Modell der Aufbauprozeß der Objekte aus den Elementen festgelegt wird. Bild 4 stellt die Erkennung zweier überlappender Halteklammern dar.

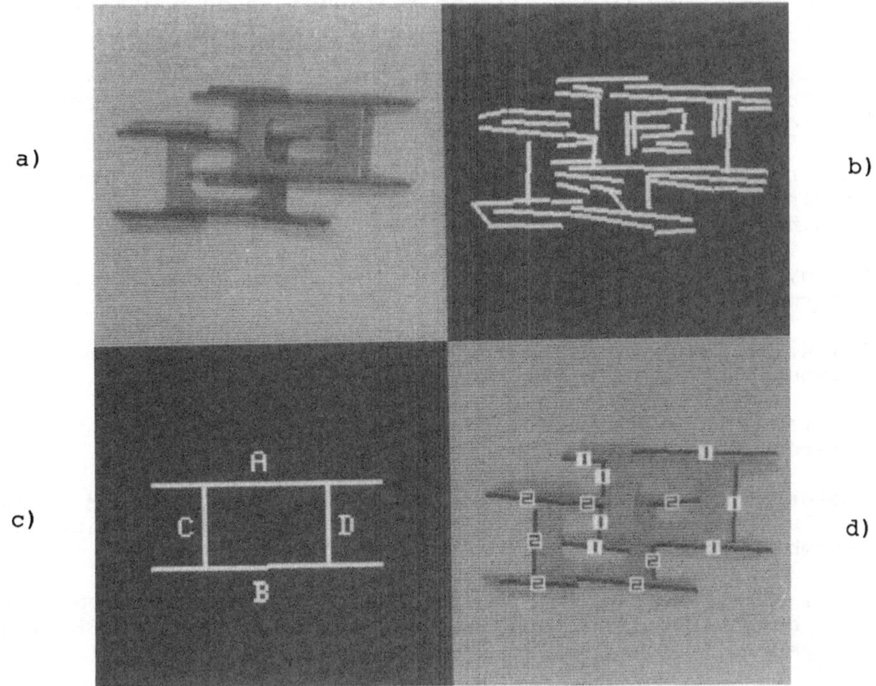

Bild 4: Erkennung einer Szene mit Halteklammern.
a) Originalbild
b) Kantenbild
c) Modell
d) Ergebnis

Rechnergestützte Entwurfsverfahren, für industrielle Objekte ohnehin in zunehmendem Maße eingesetzt, liefern in Gestalt der vielen Objektansichten im Grunde dasselbe, was man einem Objektmodell entnehmen kann, sind also zur Modellgenerierung einsetzbar. In der von Liebermann [15] ins Auge gefaßten Beschickungseinrichtung für beliebige Teile besteht das Verfahren darin, daß ein rechnergestütztes Entwurfssystem für die zu erkennenden Objekte eine Darstellung erzeugt, per Programm die stabilen Auflagen auf einer Ebene bestimmt und die Silhouetten in einem Merkmalextraktionsprogramm verarbeitet, das die Parameterwerte für Position und Orientierung in Echtzeit bestimmt.

5. Literatur

[1] Barrow, H.G. and Tenenbaum, J.M.: Computational Vision. Proc. IEEE, 69, 572-595 (1981).

[2] Schief, A.: Technische Bildverarbeitung: Stand und Entwicklung. FhG-Berichte 4-82, 28-34 (1982).

[3] Vamos, T.: Industrial Obejcts and Machine Parts Recognition; in: Syntactic Pattern Recognition, Applications, K.S. Fu Ed. Springer Verlag,Berlin, 243-267 (1977).

[4] Shapiro, L.G. and Haralick, R.M.: Organization of Relational Models for Scene Analysis. IEEE Trans. on Pattern Analysis and Machine Intelligence, PAMI-4, 595-602 (1982).

[5] Radig, J.H.: Models and Structures in Image Processing. Informatik-Fachberichte 47, 1-17 (1981).

[6] Fu, K.-S.: Syntactic Models for Image Analysis. Informatik-Fachberichte 49, 271-294 (1981).

[7] Winkler, G.: Bildbeschreibungssprachen - was sie sind und was sie leisten. Informatik-Fachberichte 17, 107-125 (1978).

[8] Ambler, A.P., Barrow, H.G., Brown, C.M., Burstall, R.M., and Popplestone, R.J.: A Versatile System for Computer-Controlled Assembly. Artificial Intelligence 6, 129-156 (1975).

[9] Tsai, W.-H. and Fu, K.-S.: Error-Correcting Isomorphisms of Attributed Relational Graphes for Pattern Analysis. IEEE Trans. on Systems, Man and Cybernetics, SMC-9, 757-768 (1979).

[10] Shapiro, L.G. and Haralick, R.M.: Structural Description and Inexact Matching. IEEE Trans. on Pattern Analysis and Machine Intelligence, PAMI-3, 504-519 (1981).

[11] Binford, Th.O.: Survey of Model-Based Image Analysis Systems. Intern. Journ. of Robotics Research 1, 18-64 (1982).

[12] Marr, D.: Representing Visual Information; in: Computer Vision Systems, A. Hanson and E. Riseman Eds., Academic Press, New York, 61-80 (1978).

[13] Perkins, W.A.: Simplified Model-Based Part Locator. Proc. 5th ICPR, Miami, 260-263 (1980).

[14] Freytag, R., Hättich, W. und Schwerdtmann, W.: Verbesserung der Leistungsfähigkeit von optischen Mustererkennungssystemen. IITB-Bericht 9714, Mai 1983.

[15] Liebermann, L.: Model-Driven Vision for Industrial Automation; in: Advances in Digital Image Processing, P. Stuclai Ed., Plenum Press, New York,235-246 (1979).

A NON-LINEAR TECHNIQUE FOR CONTOUR ENHANCEMENT BY AN ENGINEERING MODEL OF HUMAN VISION

EIN NICHT-LINEARES VERFAHREN FÜR KONTURVERSTARKUNG ÄHNLICH DER ARBEITSWEISE DER RETINA DES MENSCHLICHEN AUGES

D. Bosman, A.M.D. Bouvy
Technische Universitat Twente
Postfach 217, Enschede
Niederlande

Kurzfassung

Bei der Mustererkennung in komplexen Bildern (z.B. template matching) ist ein grosses Signal/Rausch Verhältnis (SRV) meistens von wichtiger Bedeutung für ein gutes Ergebnis. Bilder aber sind nicht immer ohne Rauschen, Konturen der zu erkennenden Bildmuster sind auch nicht immer genügend "scharf". Scharfe Konturen heisst: grosser Grautongradient, wenig "Faserigkeit" (raggedness) und "Reis" im Bild. Man kann das Signal/Rausch Verhältnis durch 2D-Tiefpassfilter verbessern; aber solche Rauschfilter verschmieren die für Konturauszüge notwendigen grossen Grautongradienten.
Es gibt nichtlineare Filter, die erhebliche SRV-Verbesserungen erzielen, wie das Median Filter, oder Requantisierung. Einige Beispiele werden gezeigt.

Es gibt ein nicht-lineares Konturanhebungsfilter, das schon hunderttausende von Jahren Entwicklung hinter sich hat: die Retina in den Augen von höheren Tieren. Sie erreicht Kontrastanhebung zugleich mit SRV-Verbesserungen. Der Mechanismus heisst "laterale Inhibition" und ist schon vielfach beschrieben, aber industriell noch nicht genutzt worden. Ein technisches Modell der lateralen Inhibition wird beschrieben und Rechner- Simulationsbilder werden gezeigt. Technische Anwendungen sind alle konturabhängigen oder -empfindlichen Merkmalsauszüge, z.B. Mustererkennung.

1. Introduction

Object recognition can be required for diverse purposes and in many application areas. It requires, amongst others, the extraction of relevant features embedded in an image presented to the viewer. Reliable operation implies that the detection and classification schemes involved in the extraction and recognition process score high, i.e. only small percentages are permitted of missers (parts of features that go undetected) or of false alarms (parts of the picture erroneously classified as part of a feature).

In this paper the images are limited to two-dimensional mappings of the natural environment which includes the object (distance domain); or to suitable transformations thereof, e.g. the spatial frequency domain obtained by Fourier transformation of the picture in the distance domain.

It is assumed that the picture is available in digital form, consisting of a matrix of mxm picture elements (pels) with gray level capacity of b bits. The picture is obtained by sampled measurement of reflected radiation (radiance L) which, in passive objects, is the product of local irradiance E and reflection coefficients ρ. In the pattern formed by the radiance contributions of every reflective surface in the geometry are the features embedded, e.g. in sudden changes of radiance (edge, line contrast). The contrast $C_v = \frac{L_2-L_1}{L} = \frac{\Delta L}{L}$ of two surfaces A_1 and A_2 does not depend on the local irradiance E. C_v depends on the ratio of the reflection coefficients ρ_2/ρ_1, the spatial orientation of the surfaces A_1 and A_2 with respect to source and camera (aspect angles) and on the distances between the source and the surfaces.

Assume further that contrasts which exceed an a priori level, are chosen as features to describe and to recognize an object in its environment, in particular edges and lines present in the pattern of spatial contrast distribution. Edges are, in the "across" direction, step functions in contrast, lines are pulse functions. After Fourier transform of the image, edges and lines are represented by the high frequency regions of the magnitude vs spatial frequency plot (Magnitude Spectral Density, MSD), surfaces by the low spatial frequency regions. Most images have an MSD with the magnitude of middle and high frequencies (at least) inversely proportional to frequency. If edge detection is to be based on exceedance of a constant threshold, then the magnitudes of the high frequency region must be amplified with respect to those of the lower frequencies: image enhancement. Otherwise also gray level contouring occurs. After such thresholding a bilevel (black and white) representation is obtained wherein original lines and lines derived from edges delineate all possible contours (i.e. the structure of the image) pertaining to the object and its environement.

Missers are the result of too low local contrast to exceed the threshold, false alarms of e.g. a high noise level. Thus, the contour extraction algorithm must be able to properly identify contrasts over wide ranges of radiance and contrast; while simultaneously being insensitive to input noise (and certainly not generate its own noise). Such requirements are by very nature contradictory, a compromise must be found. Since the value of a compromise depends on its application, its qualities or usefulness also depend upon the application. For instance, requirements for speed and noise immunity can usually be traded, similarly resolution and noise immunity, speed and resolution, etcetera.

The objective of the following is to introduce an algorithm (extremely old but relatively unknown in the engineering community) for image enhancement, the lateral inhibition algorithm (LIA), derived from processes which occur in the eyes of higher level animals. Its operation is highly non-linear, and there are indications that its noise sensitivity is less critical than when using enhancement filters derived from linear theory. A comparison is made between LIA and some well known algorithms, e.g. Lee and gradient determination.

2. Input range and noise requirements, noise propagation

In the example of figure 1, an object irradiated by a point source Q, reflects part of the received radiant flux. Assuming diffuse reflection, the reflecting parts of the object become Lambertian radiators, with radiance L depending on the geometry of the point source and object, the local reflection coefficient and the aspect angle of the reflecting surface. The irradiance of the target of the camera depends only on L and on the aperture of its lens; translation of the object over the projected distance in figure 1 changes this irradiance (mean and contrast ratio, see figure 2) by at least a factor 4. The interesting range of diffuse reflection coefficient ρ is about 20: reflection coefficient differences $\Delta\rho$ of 5% must be resolved in order to avoid an excessive number of missers. Therefore, under the condition that specular reflections can be avoided, the measurement system input radiance range must span at least $4(0.05)^{-1}$ or b = 7 bits. Its radiance signal range to noise ratio ($SRNR_L$) must exceed 100^2 or 44 db, as specified below.

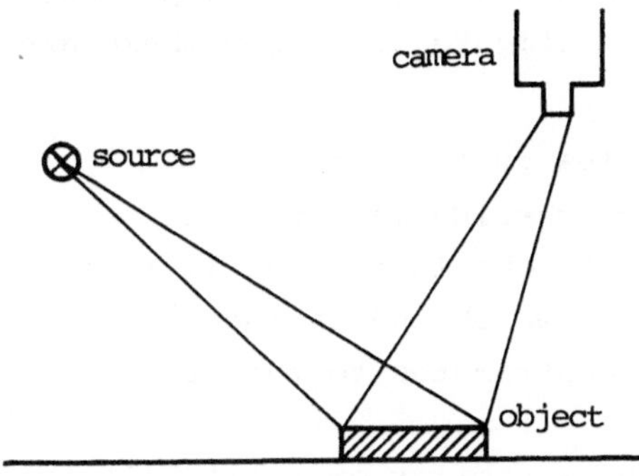

Fig. 1 Geometry of source, object and camera.

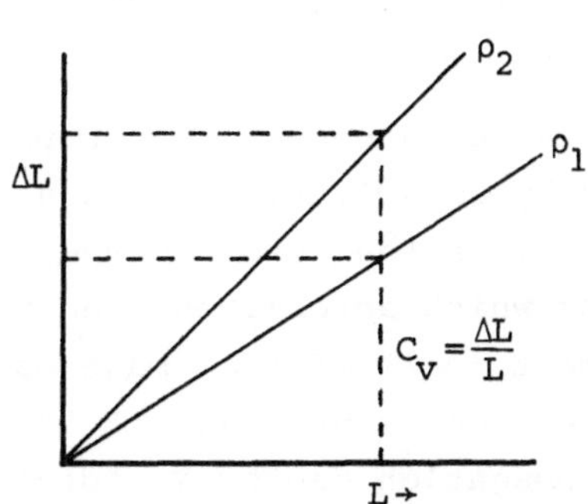

Fig. 2 Contrast independency of illumination.

Assume that the noise is image-independent, uncorrelated and normally distributed with zero mean. The reflection coefficient differences $\Delta\rho$ of surfaces produce radiance differences ΔL modulating the mean of the reflected radiance L (figure 2): the signal contrast being $C_v = \frac{\Delta L}{L}$. Similarly the standard deviation σ of the noise produces an equivalent noise contrast $C_n = \frac{\sigma}{L}$. A fraction of 2.3% exceeds the value 2σ and may in this example contribute to the number of false alarms when $2\,C_n > 0.05$, the edge contrast threshold which determines the amount of missers. At these levels the signal contrast to noise ratio SNR_c is then

$$SNR_c = \left(\frac{C_{v,min}}{2\,C_n}\right)^2 = \left(\frac{0.05}{0.05}\right)^2 = 1, \tag{2.1}$$

the input signal range to noise ratio $SRNR_L$ is then

$$SRNR_L = \left(\frac{L_{max}}{\sigma}\right)^2 = \left(\frac{4}{C_n}\right)^2 = \left(\frac{4.2}{0.05}\right)^2 = 160^2 \text{ or } 44 \text{ db}. \tag{2.2}$$

The 1σ value of the noise is smaller than the quantization level 2^{-7} of the analog to digital converter (ADC).

The objective of the image enhancement algorithm is to decrease the magnitude of lower frequency components so that gray level gradients stretching over long distances become small enough, not to exceed the contrast threshold. However, it can increase the variance of the input noise; as a consequence the high frequency components of this noise also are enhanced. Both the noise propagation factor and the ratio of signal power to noise power in the high frequency region are important indicators for its (satisfactory) operation (figure 5). Below these are briefly treated.

Assume that the enhancement algorithm operates on the original mxm image matrix by convolving it with a nxn processing matrix. This operation involves that every element $a_{i,j}$ of the latter matrix is a weight factor which determines the amount by which the collocating picture element (pel) of the image matrix contributes to the sum of n^2 such products, see figure 3a.

The noise propagation factor is obtained by a similar operation (if the noise is not increased by rounding or truncation errors). The total noise after processing is found by summation of the individual variance contributions which are obtained by multiplying the variance of each pel in the original image with the square of the weight factor of the collocating pel in the processing matrix. Assuming further that the noise contrast is shift invariant (independent of location), the total resulting variance σ_t^2 becomes

$$\sigma_t^2 = \sigma^2 \sum_{i=1}^{n} \sum_{j=1}^{n} a_{i,j}^2 \tag{2.3}$$

Thus the noise propagation factor equals the sum of the squared elements of the processing matrix.

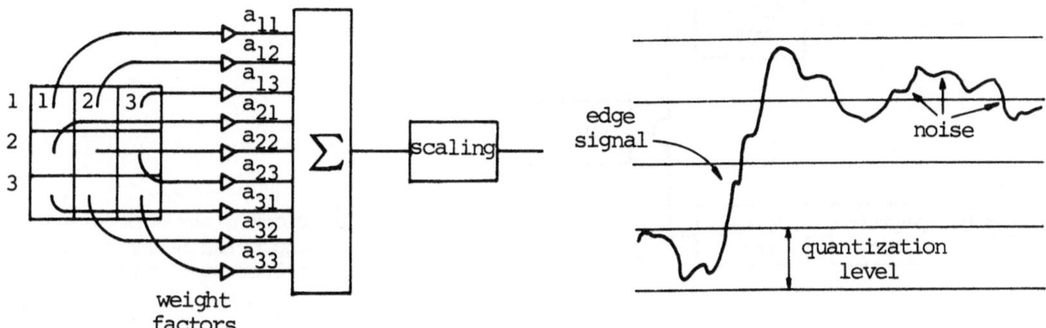

Fig. 3.a Two dimensional FIR filter matrix.

Fig. 3.b Edge corruption by noise.

The high frequency emphasis of the enhancement algorithm operates on the spatial frequency components of both the original image and on the noise (inasmuch as the latter exceeds the quantization level of the ADC) see figure 3b).

The uppermost frequency f_N in the sampled image which can theoretically be used is half the sampling frequency f_s (Nyquist frequency = $\frac{1}{2}$ f_s), but in a well designed system a presampling filter has already attenuated such frequencies appreciably so as to avoid aliasing errors. Usually the noise is added at a later stage; its bandwidth can exceed the Nyquist frequency. Consequently a good enhancement algorithm has a transfer function which emphasizes all higher spatial frequencies lower than the Nyquist frequency but attenuates those near the Nyquist frequency, see figure 4.

Both effects, of noise propagation and of high frequency emphasis, are depicted in block schematic form in figure 5. The properties of the three algorithms, gradient determination, Lee and LIA, are compared in this fashion.

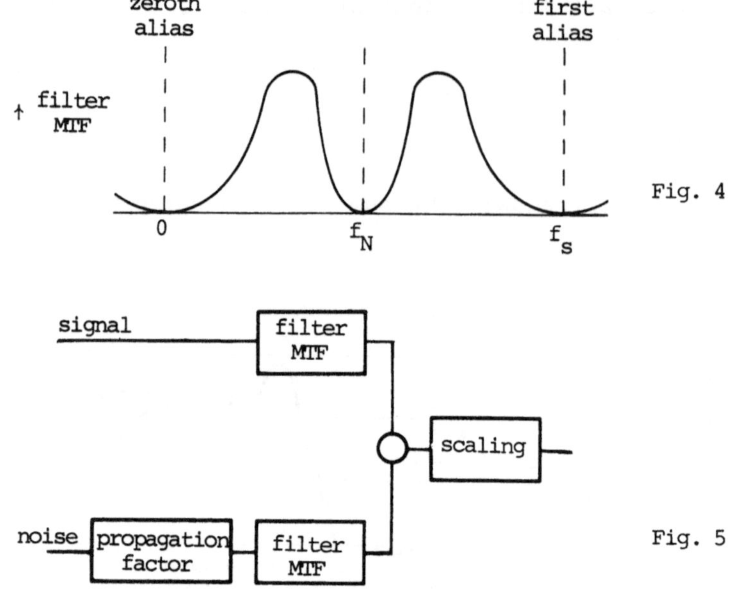

Fig. 4 Example of well designed enhancement filter. (≡ zero around f_N)

Fig. 5 Block diagram of signal and noise behaviour of filter of figure 3.a.

3. The lateral inhibition enhancement operation

Assume that a matrix of light detectors is illuminated by the picture of a bright disc on a darker background. The gradient between bright and darker is not infinitely steep, it stretches over a distance of 2 pel diameters as shown in figure 6a [1]. The pel arrangement is chosen hexagonal instead of orthogonal for reasons beyond the scope of this paper. In our example, each pel controls the luminous sensitivity of neighbouring cells (figure 7a), the 6 immediately surrounding and the next 2 adjacent rings. The number of outgoing innerconnecting control signals from each cell thus is 36. In highly developed natural eyes [2] this number is likely to be much higher, e.g. 90. Each control signal decreases the sensitivity t_x of the controlled cell [3] by an amount which (figure 7b)

a) is proportional to the amount of light perceived by the controlling cell
b) is approximately inversely proportional to the square of the distance between the controlling and the controlled cell.

The effect of such action using 36 interconnections on the picture of the disc in figure 6a is shown in figure 6b: the brighter and darker sides of the contour are enhanced, i.e. a lighter ring and a darker ring are visible. From experience with linear operators we may

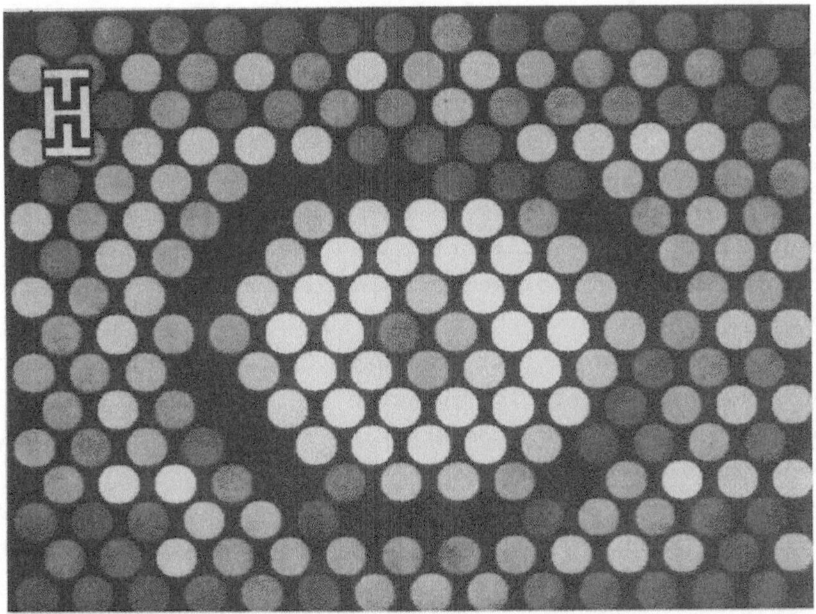

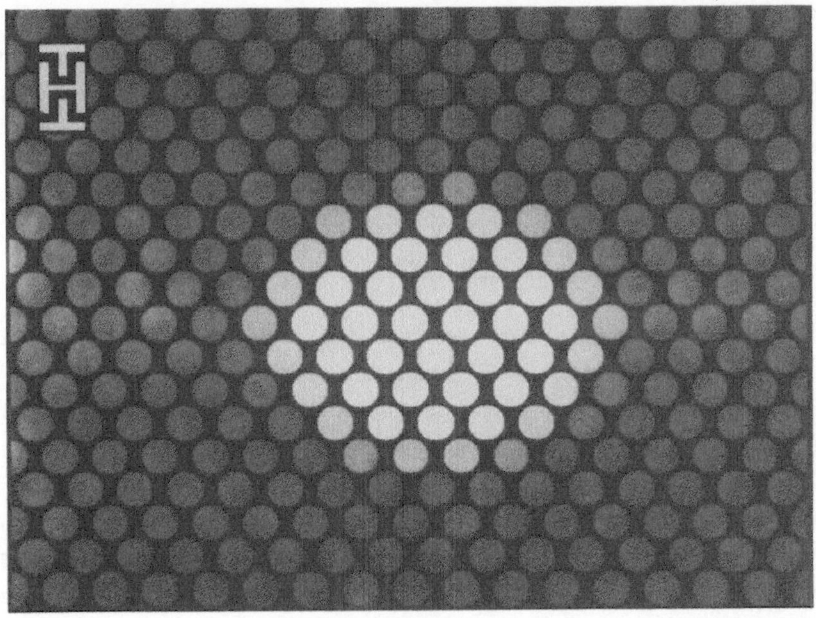

Fig. 6.a LIA input image.

6.b LIA output image.

interprete these "overshoots" as results from high spatial frequency emphasis as is indeed the case when the spatial frequency modulation transfer function (MTF, see figure 11) is calculated by taking the ratio of the Fourier transforms of figures 6.a en 6.b.

This lateral inhibition operation can be performed in a computer, but is also integrable on a ship because of its highly regular repetitivity. A possible electronic realization is shown in figure 8. The flow diagram for computer implementation in figure 9. In the first, each receptor is sensitive to the product of irradiation and time and "fires" (i.e. produces an output pulse of well defined duration) when this product reaches a threshold magnitude V_{t_r}. This is an integrating action which is useful in compensating for vibration of the image projected onto the retina [4].
Each output pulse discharges the capacitor of its own pel circuit, but also partly discharges the capacitors of neighbouring circuits through resistors R_1, R_2 and associated FET switches: thus inhibiting their responses.

It turns out that this type of smart sensor allows rather high tolerances in the sensitivities of the photocells in the matrix. This is equivalent to a low sensitivity to multiplicative noise. However, our experiments have been largely confined to additive noise, as developed in section 4.

4. Comparison of noise and high frequency characteristics of gradient determination, Lee and LIA algorithms

High frequency emphasis can be obtained by differentiation of the original signal. In discrete image processing this operation amounts to shifting the original in both horizontal (x) and vertical (y) directions over the sampling distance and forming two differences by subtraction of the original. As we are not interested in the sign of the gradient, the modulus of the resulting differences is taken, the so obtained two images are combined and properly scaled, see figure 10. The modulus of the spatial frequency transfer function of the gradient, determinated in this way, is given by

$$\begin{aligned} x &: |F\{\Delta\}_x| = 2|\sin \pi.u.\Delta x| \\ y &: |F\{\Delta\}_y| = 2|\sin \pi.v.\Delta y| \end{aligned} \qquad (4.1)$$

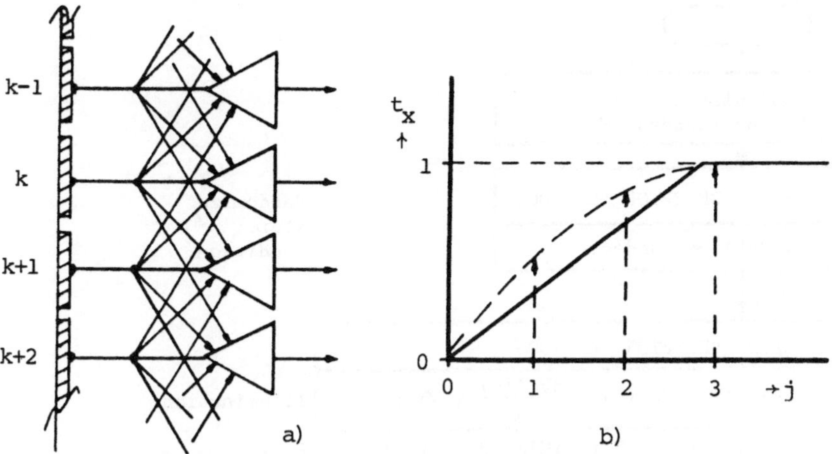

Fig. 7 Desentization scheme for neighbour cells.

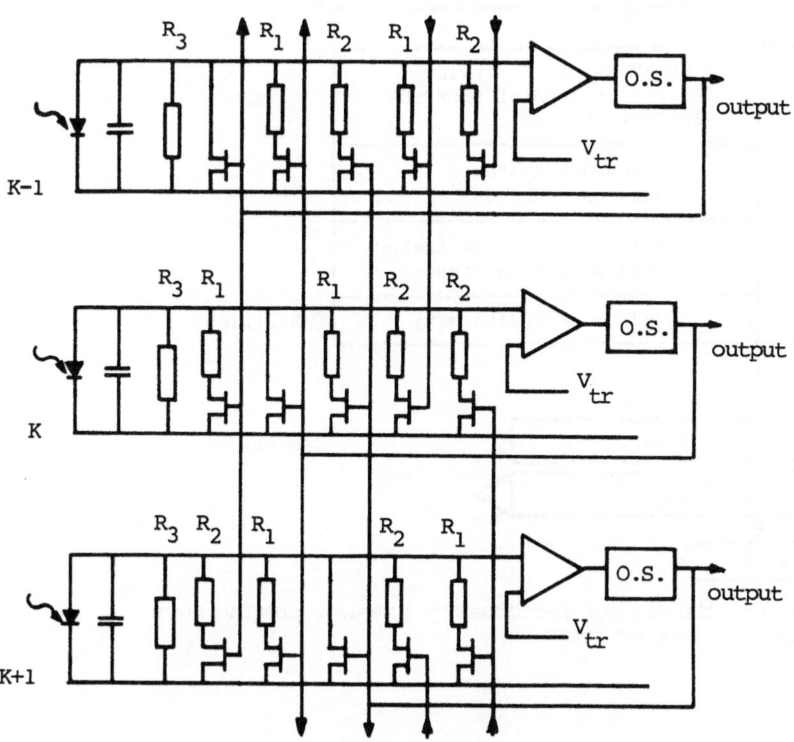

Fig. 8 LIA receptor arrangement, depicted in accordance with the desentization scheme of fig. 7.
R_1 low resistance: strong influence;
R_2 high resistance: little influence.

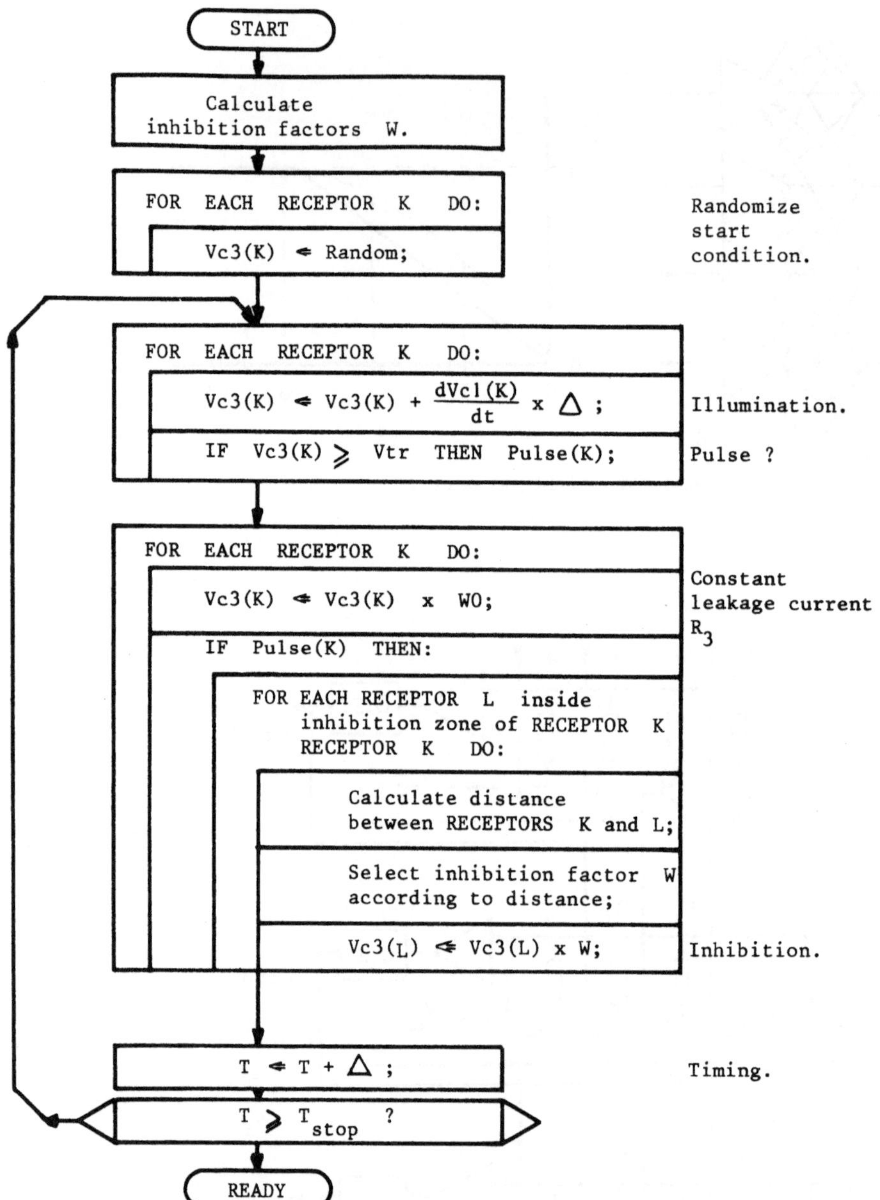

Fig. 9 Flow diagram of the actions performed by computer program used to simulate the receptor array.

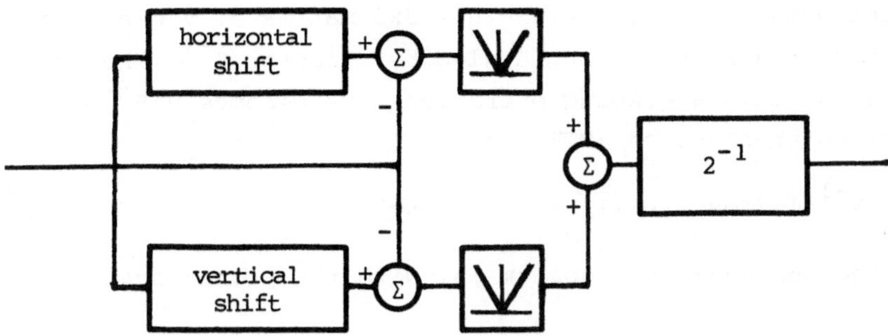

Fig. 10 Block diagram of gradient determination.

where u and v are the frequencies in horizontal, respectively vertical directions and $\Delta x, \Delta y$ sample distances. For low u,v, the sin function resembles its argument and the approximation is correct. At higher frequencies u,v the operation becomes less powerful than (continuous) differentiation, see figure 11. At the Nyquist frequency ($f_N = \frac{1}{2} f_s = \frac{1}{2\Delta x} = \frac{1}{2\Delta y}$) the one dimensional cross section through the transfer function equals unity, which infers that interference components around f_N (aliasing) are maximally transmitted: the operation violates our requirement that the transfer around f_N should be zero.

The noise propagation factor for uncorrelated noise equals $(4*1)(2^{-1})^2 = 1$ because in the double subtraction operation 4 pels are involved, the square of the weight factors each being equal to 1. The Lee algoritm is

$$g(x,y) = \alpha\ f(x,y) + (1-\alpha)\ \bar{f}(x,y) \tag{4.2}$$

where $\bar{f}(x,y)$ is a smoothed version of $f(x,y)$ obtained by convolution of $f(x,y)$ with an averaging matrix of size nxn. For large values of α this algoritm performs a high pass filter function. This performance can be made to approximate the gradient determination in a slight modification (Modified Lee, ML)

$$g(x,y) = f(x,y) - \bar{f}(x,y) \tag{4.3}$$

If the smoothed version $\bar{f}(x,y)$ is obtained by forming the average of a local (say 3x3) environment, the averaging operation consists of a convolution of the original f(x,y) with this 3x3 matrix of 9 elements, each equal to unity, the result being scaled by a factor 9^{-1}. The noise propagation factor of this averaging operation thus becomes $9*9^{-2}=9^{-1}$, its modulation transfer function (MTF) is:

$$M_a(u,v) = 9^{-1}(1+2\cos 2\pi u\Delta x)(1+2\cos 2\pi v\Delta y) \tag{4.4}$$

Thus the MTF of the enhancement algoritm is, with the proper scaling factor included:

$$M_L(u,v) = \{1-M_a(u,v)\}\frac{3}{2} \tag{4.5}$$

shown also in figure 11; at the Nyquist frequency the magnitude is $\frac{4}{3}$ due to scaling. The noise propagation factor is:

$$\left(\frac{8+8}{9^2}\right)^2 \left(\frac{3}{2}\right)^2 = 2 \tag{4.6}$$

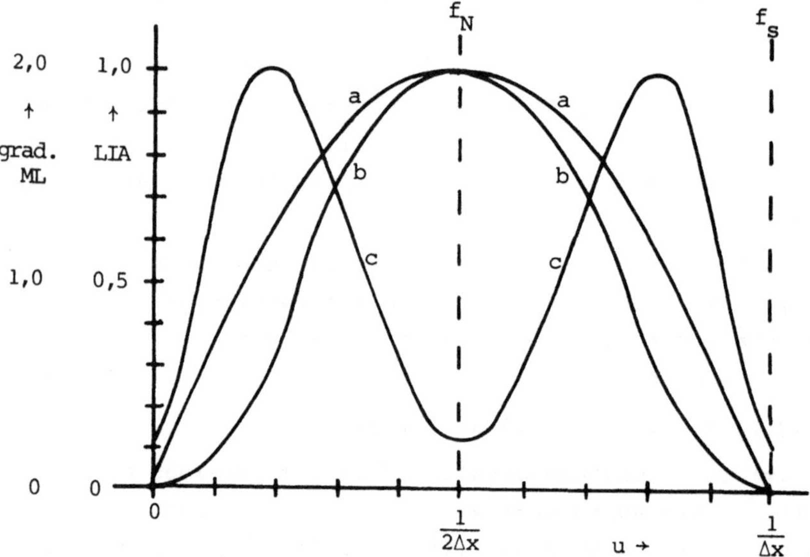

Fig. 11 One dimensional MTF's of the three algorithms.
a) gradient; b) modified Lee; c) normalised LIA (MTF_{max} = 1,0)

For LIA, being a highly complex and non-linear algoritm, the noise propagation factor and the MTF are not easily calculated analitically. In fact the MTF, being a notion from linear theory, does not exist as such but can be calculated numerically, given a specific image f(x,y). The MTF so determined using the images of figures 6a and 6b is depicted in figure 11.

For simulated LIA times of 200 msec. and 600 msec., the computed noise propagation factors are resp. 4 and 1.8.

5. Conclusion

As stated earlier, the enhancement operation does not alter the spatial frequency distribution of the contrast signal to noise ratio since both input signal and input noise are processed in a similar way. The quality of the algorithm is to be judged by its noise propagation factor and by the attenuation, or decrease in enhancement, around the Nyquist frequency f_N. Figure 11 shows that LIA is superior in this respect. Of course, the ML algorithm can be upgraded to attenuate near f_N by the addition of a linear low pass filter. It is interesting to note, however, that the biological development of lateral inhibition as evidenced in the retina of the eye has taken this aspect also into account; its implementation being very fast by the use of parallel operations. Moreover its performance is less affected by sensitivity tolerances in the individual receptors and by random initial conditions (additive noise) given sufficient integration time. Especially the latter aspects still require much further study.

References

[1] Bouvy, A.M.D.;An engineering model of non-linear contour enhancement by lateral inhibition. Twente University of Technology, group of Measurement and Instrumentation Sciences (TM 83.001), January 1983.

[2] Cornsweet, T.N.;Visual perception. Academic Press Inc., New York, 1970.

[3] Grift, J.J. van der.;A non-linear contour enhancement model for the blurred image on the retina. Twente University of Technology, group of Measurement and Instrumentation Sciences (TM 82.005), in Dutch language, April 1982.

[4] Bosman, D. e.a.;Displacement transducer with photoreceptor array. Paper submitted for publication in: "Proceedings of the S&A Symposium on force, pressure displacement and flow sensors". Twente University of Technology, May 1982.

BILDVERARBEITUNG FÜR AKTUELLE SORTIER- UND KOMMISSIONIERAUFGABEN

RECOGNITION OF RANDOMLY ORIENTATED CHARACTERS

G. Schöne

Abt. A451 E 23
im Geschäftsbereich Industrieanlagen, Schiffbau
und Sondertechnik

AEG - Telefunken
2000 Wedel/Holstein, B.R. Deutschland

Dr. R. Karg

Abt. Anlagenkomponenten (AT/EA)
im Geschäftsbereich Automatisierungstechnik

BROWN, BOVERI & CIE Aktiengesellschaft
6800 Mannheim 1, B.R. Deutschland

Summary

The principles of direct reading omnidirectional characters by image processing are discussed.
Two different approaches are shown, one of which is based on a Line Scan CCD Camera, while in the other case a high resolution Valve TV-Camera is used. Both concepts allow a fast moving Objectscenery up to 2m/second. However, the hardware of these systems is as well able to solve several different image processing tasks, when beeing properly programmed.

1. Aufgabenstellung

Die Automatisierung im Bereich der Produktion ,des Lager- und Versandwesens erfordert Systeme, mit denen Etiketten und Kennzeichnungen auf Produkten maschinell berührungslos gelesen werden können. Ein solches System muß in der Lage sein, Codes omnidirektional bei unterschiedlichem Abstand in einem größeren Suchbereich (z.B. Förderbandbreite) bei hoher Taktrate und Transportgeschwindigkeit lesen zu können. Balkencodes werden hier nur ungern verwendet, da die Information auch durch den Menschen direkt lesbar sein soll (Artikelnummern, Postleitzahlen, etc.). In anderen Fällen sind Fleckencodes oder ähnliche (z.B. Farbmarkierungen) einfacher aufbringbar.

Häufig ist es erwünscht, das Produkt selbst anhand seiner Form zu erkennen.
Beschrieben wird im Folgenden das Lesen von Codes und Klarschrift auf unpositionierten Gegenständen. Im Vordergrund stand nicht die Entwicklung neuer Zeichenklassifikatoren, sondern die Aufbereitung eines Bildes und das Auffinden des zu lesenden Informationsfeldes, um es mit bekannten Klassifikatoren weiterverarbeiten zu können.
Das Verfahren soll bis zu hohen Materialflußgeschwindigkeiten auf unterschiedlichsten Gegenständen mit hoher Zuverlässigkeit funktionieren.

Bild 1 zeigt eine typische Lesestation. Pakete, Artikel oder Behälter sollen beispielsweise auf einer Transportstraße anhand von aufgebrachten Ziffernfeldern, Codefeldern oder ihrem Aussehen selbst erkannt und das Ergebnis einem übergeordneten Fertigungs- oder Lagerrechner mitgeteilt werden. Bei Einsatz bildverarbeitender Systeme sind dabei im wesentlichen folgende Probleme zu lösen:

a) Die bewegte Objektszenerie kann scharf nur durch Kurzzeitbelichtung erfaßt werden.
Die Belichtungszeit T_B muß die Beziehung

$$T_B < \frac{\delta}{v}$$

erfüllen, wobei v die maximale Transportgeschwindigkeit und δ die lineare Abmessung des kleinsten zu erkennenden Bilddetails darstellt (Punkt-Auflösung).

b) Unter Umständen muß eine große Tiefenschärfe erreicht werden, um unterschiedlich hohe oder verschiedenartig plazierte (bei seitlicher Aufnahme) Gegenstände scharf abbilden zu können.

Dies erfordert bei einer flächenhaften Beleuchtung eine kleine Blendenöffnung.
Problem a) und b) zusammen stellen somit hohe Anforderungen an die Empfindlichkeit des bildabtastenden Systems bzw. erfordern eine hohe Beleuchtungsstärke.

c) Häufig ist nur beschränkter Freiraum für das Anbringen von beispielsweise Zifferncodes auf den zu identifizierenden Gegenständen vorhanden.

Darüberhinaus besteht der Wunsch, die somit in ihrer Abmessung relativ kleinen Codes unabhängig von ihrer Orientierung über die gesamte Transportbreite erfassen zu können. Dies erfordert eine hohe lokale Auflösung des Bildsensors bei gleichzeitiger Abtastung eines relativ großen Raumbereiches.

d) Alterung des Beleuchtungssystems, schwankende Tageslichteinflüsse und unterschiedliche Druckqualität erfordern die automatische Anpassung des Bildsensors an diese nicht konstanten Verhältnisse. Dies geschieht im allgemeinen durch intelligente Verstärkungsregelung in der Videosignaleingangsschaltung.

e) Die dem bildverarbeitenden System in sehr kurzer Zeitfolge (siehe a) angebotene, in ihrer Größe gegebenenfalls transformierte (siehe b), sehr umfangreiche Informationsmenge (siehe c) muß so vorverarbeitet werden, daß sie von heute verfügbaren Spezialrechnern mit begrenzter Rechenleistung noch wirtschaftlich analysiert werden kann. Daher muß die Objektszene so gestaltet sein, daß sie es erlaubt, das eigentliche Informationsfeld möglichst einfach zu finden.

2. Realisierung

Prinzipiell unterscheiden sich die beiden im folgenden vorgestellten Lösungen bezüglich der Lösung des Problems e).

Verfahren A setzt voraus, daß die zu lesende Code-Information in einem Feld definierter Größe dargestellt wird (Etikett). Das Feld muß von der Kamera als hellstes Gebiet in seiner lokalen Umgebung erkannt werden (Beschreibung des Verfahrens A in Bild 2A und 3A). Dies erlaubt es, noch auf Analog-Signal-Ebene bei relativ niedriger Auflösung die Entscheidung zu treffen, ob es sich um Information handelt, die es "lohnt" genauer mit hoher lokaler Auflösung (Untersuchung des Inhaltes) zu verarbeiten.

Verfahren B (Beschreibung des Verfahrens B in Bild 2B und 3B) setzt ein Orientierungszeichen voraus, das zusammen mit der eigentlichen Code-Information aufgebracht wird und die Lage der Ziffernfolge kennzeichnet. Dies befreit zwar von der Forderung nach einem hell hervorgehobenen fest umrissenen Etikettenfeld, erfordert aber die Analyse des gesamten Bildfeldes mit hoher Auflösung. Ferner ist zusätzlich der Platz zur Darstellung des Orientierungszeichens erforderlich.

Technologisch unterscheiden sich beide Verfahren in der Wahl der Kamera. Im Fall A wird eine Kamera verwendet, die nach Kurzzeitbelichtung ein flächiges Gesamtbild liefert. Während in Fall B eine Halbleiterzeilenkamera eingesetzt wird, bei der Zeile für Zeile neu belichtet wird. Die Bewegung des abzubildenden Gegenstandes sorgt dafür, daß dieser zeilenweise in Transportrichtung abgetastet wird. Im Fall B wird daher die Information über die Transportgeschwindigkeit (Weggeber) zusätzlich benötigt, um das aufgenommene Bild in Transportrichtung skalieren zu können.

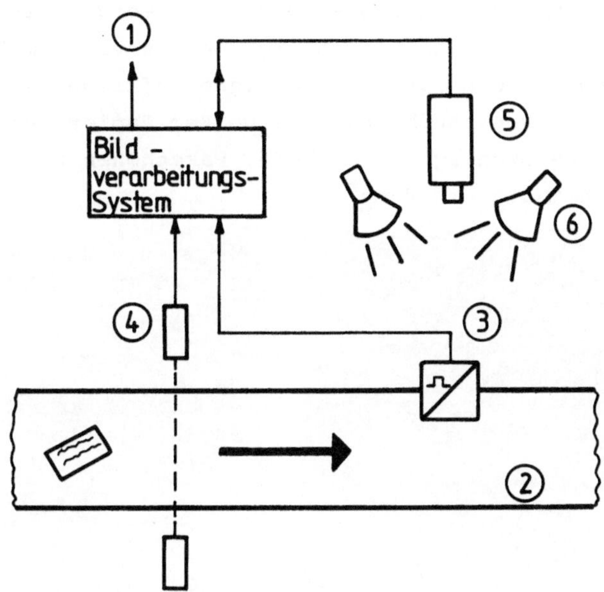

Bild 1: Aufbau einer Lesestation

1 Anschluß an übergeordneten Rechner
2 Transportband
3 Incrementaler Weggeber
4 ggf. Lichtschranke zur Detektion von z.B. Transportbehältern
5 Kamera
6 Beleuchtungseinrichtung

Bild 2,3: Verfahren A: Postleitzahlenleser der Firma AEG
Verfahren B: Omnidirektionaler Code-Sensor OCS der Fa. BBC

Bild 2A stellt schematisch verschiedene Schritte der elektronischen Verarbeitung dar, die von der Aufnahme eines Bildes bis zur Ausgabe der Postleitzahl über eine Schnittstelle durchlaufen werden. Bei jeder Belichtung wird in der Kamera ein komplettes Bild in einer Zeit von ca. 0,5 ms "eingefroren". Das Lesen und Auswerten eines Bildes dauert etwa 78 ms, was einer Folgefrequenz von rund 13 Hz entspricht.

Bei einer Fördergeschwindigkeit von 2 ms^{-1} und einem Paketabstand von 0,5 m wird jeder Paketaufkleber also drei- oder viermal gelesen. Durch die Verknüpfung der Einzelergebnisse wird eine höhere Sicherheit erreicht.

Während einer Erprobung wurden sehr gute Leseergebnisse (besser als 99%) erzielt. Dabei wurden absichtlich leicht verschmutzte, druckschwache, leicht beschädigte und geneigte Aufkleber verwendet, unter folgenden Bedingungen: Aufkleber aus weißem Papier, Pakete aus grauem Karton, beliebige Drehlage der Pakete, Pakethöhen zwischen 0 und 0,5 m und Fördergeschwindigkeit 2 ms^{-1}.

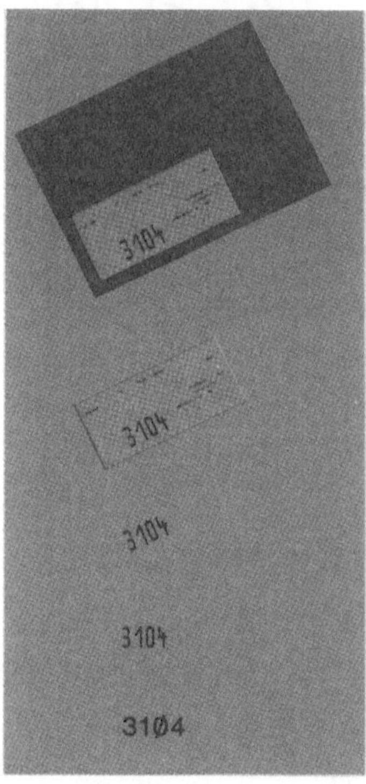

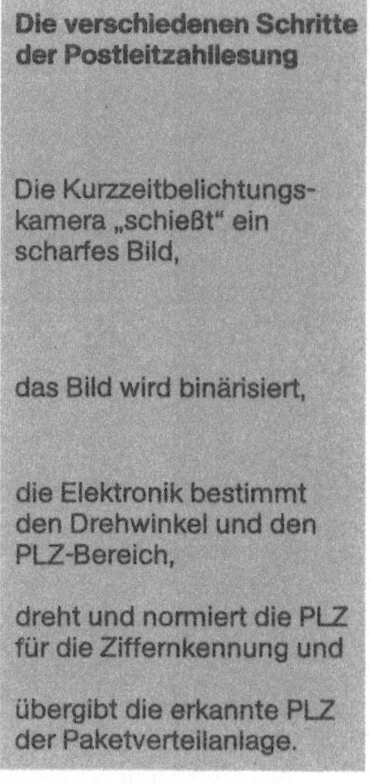

<u>Bild 2A:</u> Funktion des Postleitzahlenlesers von AEG

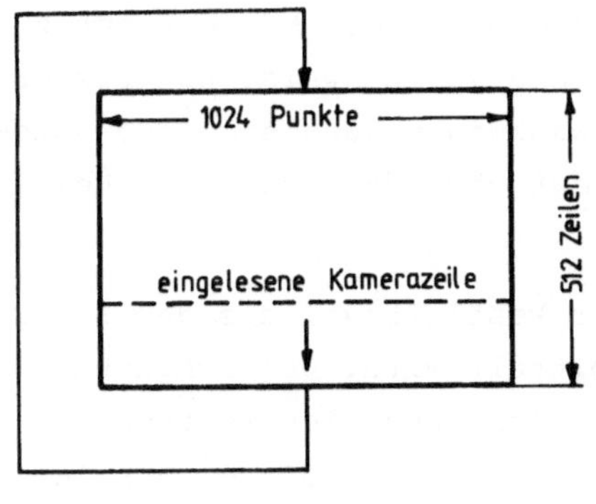

Das Bild wird in Transportrichtung durch die Zeilenkamera zeilenweise abgetastet und in ein FIFO eingelesen, das als Bildspeicher (Rundpuffer) dient. Während des Einlesevorganges wird nach dem rotationssymmetrischen Orientierungszeichen gesucht, das bei Mittenabtastung eine Impulsfolge

0 1 0 1 0 1 0

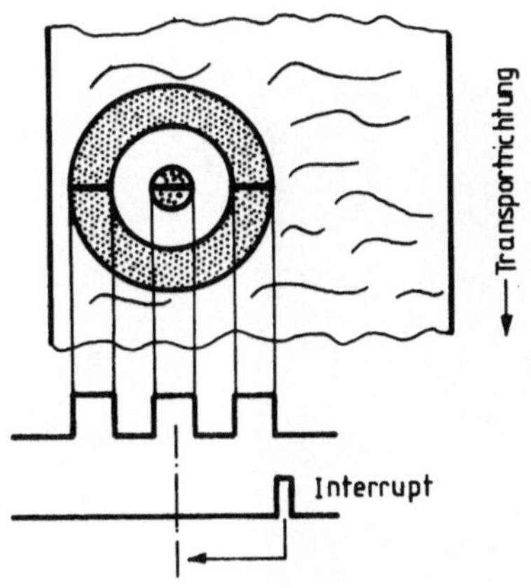

liefert. Solche "verdächtigen" Stellen werden per Interrupt vermerkt (1). Nach der Aufnahme n weiterer Zeilen (2) wird die bei (1) gefundene Koordinate durch Korrelation des Speicherinhaltes mit dem Zweidimensionalen Soll-Muster des Orientierungszeichens überprüft. Bei negativem Ergebnis wird die Suche (wie 1) fortgesetzt. Im Erfolgsfall werden nur noch soviele Zeilen eingelesen, daß das zu lesende Codefeld mit Sicherheit voll erfaßt ist (3). Nach Bestimmung der Drehlage (4) ist die Position des Ziffernfeldes bekannt (5), dessen Inhalt jetzt einem Korrelator zur Ziffernerkennung übergeben werden kann.

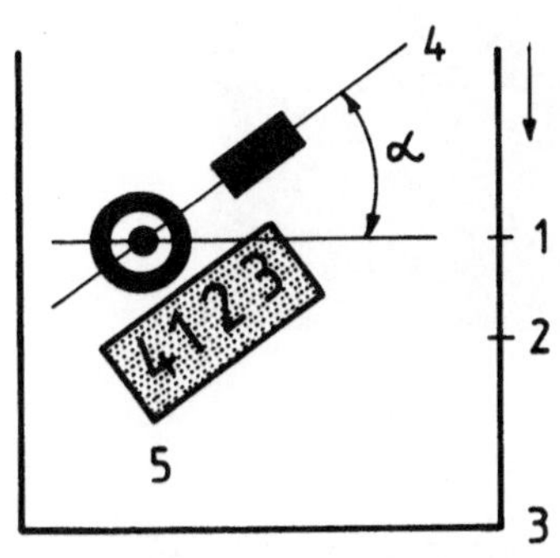

Bild 2B: Funktion des OCS der Firma BBC

Bild 3A zeigt ein typisches Sensorbild aus dem Prozeß. Man erkennt zunächst, daß das Grautonbild der Fernsehkamera spaltenweise binärisiert wird. Die Beleuchtungs- und Pakethöhenschwankungen ausgleichende automatische Binärisierungsschwelle wird aus der oben dargestellten Helligkeitsverteilung errechnet.

Ferner erkennt man, daß zur Auffindung der Postleitzahl aus dem Binärbild die Kontur des weißen Aufklebers ermittelt wird. Der schriftlesende Korrelator wird nach der Konturermittlung und elektronischen Rückdrehung der omnidirektional angelieferten Schriftzeichen nur in einem fest vorgegebenen Aufkleberbereich angesetzt (siehe Ziffernfeld links oben).

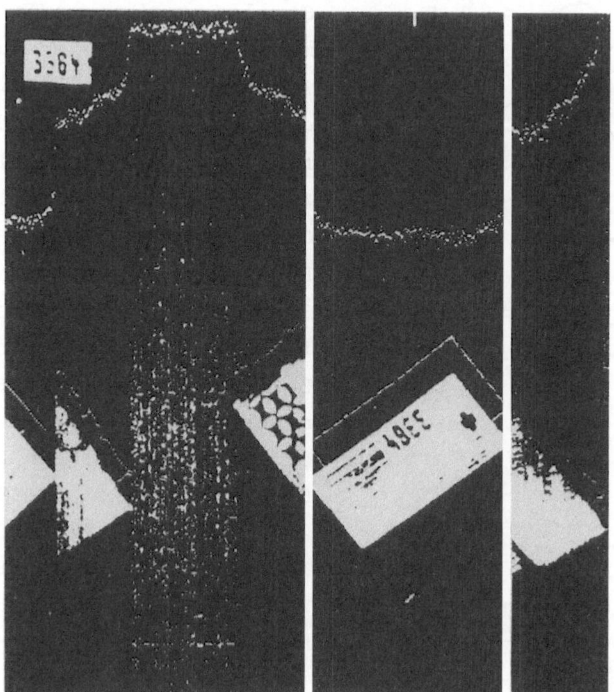

Bild 3A: Typisches, binärisiertes Sensorbild des Omnidirektionalen Klarschriftlesers OKL-PLZ 4 von AEG

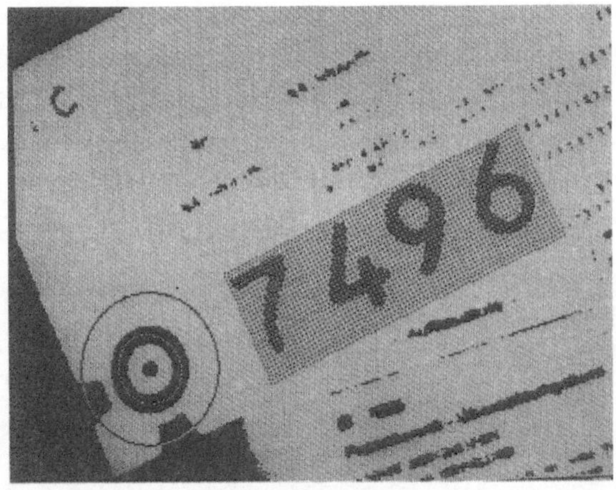

Bild 3B: Binär-Bild im Speicher des OCS

Das Bild wird von der Zeilenkamera wesentlich genauer abgetastet als für die Korrelation erforderlich. Damit ist auch Mehrfachlesung zur Erhöhung der Lesesicherheit möglich, indem dem Korrelator statistisch unterschiedliche Punkteraster angeboten werden.

Ansicht eines Paketes mit aufgedrucktem Code.
Der Code kann z.B. auf den Untergrund direkt aufgedruckt werden, sofern der Kontrast ausreicht. Der Lesevorgang ist weitgehend unabhängig von der sonstigen Gestaltung des Hintergrundes.

Anders als bei den vorangegangenen Beispielen, in denen das Grautonbild nach kurzer Schwellberechnung in ein Schwarz/Weiß-Bild umgewandelt wird, zeigt die anschließende Aufgabenstellung, wie die Verfahren der Grauwertbildverarbeitung vorhandene Information möglichst weitgehend ausnutzen und somit auch in der optisch ungünstigeren Umwelt eines Fertigungsprozesses zu zuverlässigen Meßergebnissen führen:

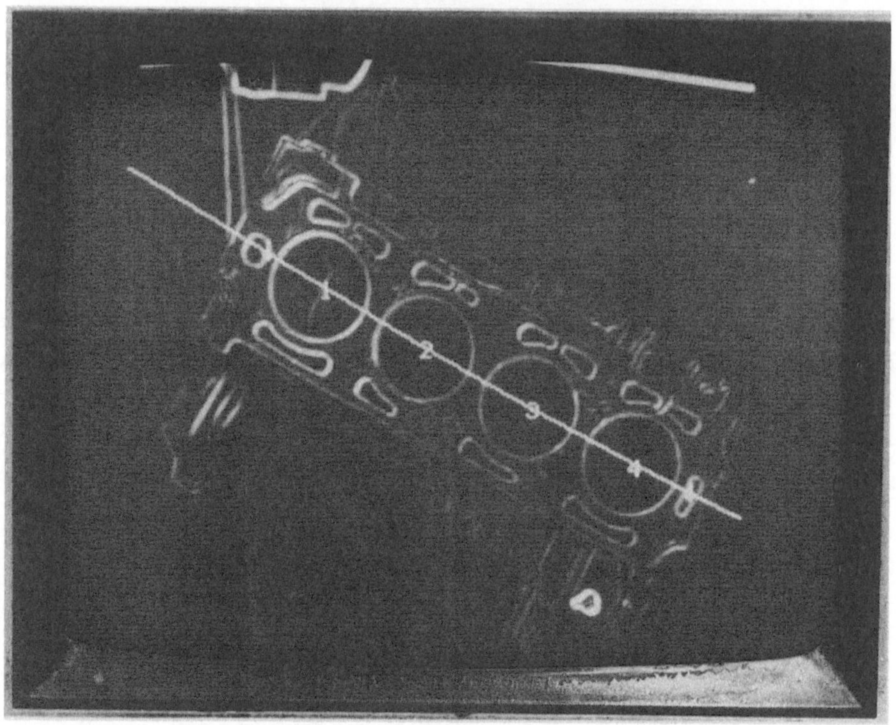

Bild 4: Grauwertbildverarbeitung von AEG (Beispiel Motorblockabstapeln)

Beispiel Motorblockabstapeln:
Die meßtechnische Aufgabe ist die Auffindung und genaue Positionsvermessung der zweiten Zylinderbohrung.
Zuverlässig gelöst ist dieses anspruchsvollere Problem durch

a) Konturextraktion im Grautonbild mittels Gradientenprozessor (siehe Bild 4)
b) Suche nach kreisförmigen Konturen mit dem Durchmesser der Zylinder
c) Unterscheidung der beiden Wasserlöcher rechts und links neben den Zylinderbohrungen
d) Logische Verknüpfung der Zwischenergebnisse zum meßtechnischen Endergebnis

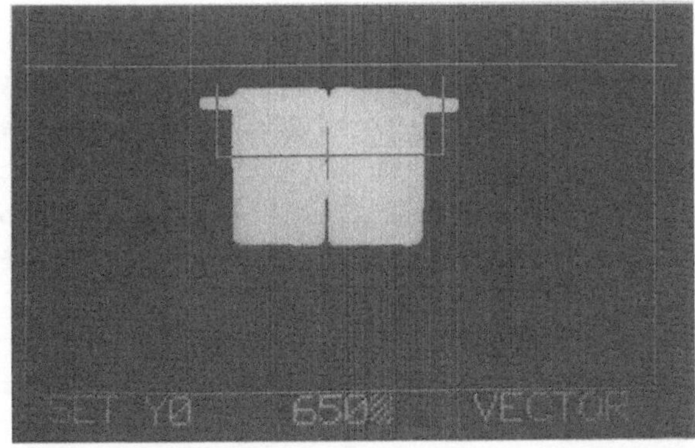

Bild 5: Automatisierte Sichtkontrolle an Bleiakkumulatorplatten mit dem BBC-Bildverarbeitungssystem OMS

Der Anwender definiert durch Programmierung von Abtastlinien die Überprüfung der Geometrie eines Produktes. Ebenfalls lassen sich auf diese Weise einfache Erkennungsaufgaben lösen, indem gezielt lokale Kriterien abgefragt werden können.
Weitere in einer anwenderorientierten Sprache aufrufbare Funktionen sind u.a.:

- Längen/Flächenvermessung
- Zählen von Löchern
- Erkennung von Formen, die durch "Zeigen" dem System bekannt gemacht wurden
- Entpalettieren
- Positions-(Koordinaten-)Vermessung, Drehlagevermessung
- Vollständigkeitskontrolle
- Verknüpfung von Grundfunktionen

Das Codeerkennungssystem OCS ist durch Umprogrammierung aus der OMS-Hardware hervorgegangen.

3. Schlußbetrachtungen

Das Problem des Code-Drucks und die verschiedenen Darstellungsformen (OCR-A, OCR-B, 7-Segment etc.) wurden nicht angesprochen. Eine Standardausführung gibt es nicht. Systeme wie die oben beschriebenen, müssen nicht nur aus diesem Grund flexibel programmierbar sein, um an die unterschiedlichen industriellen Belange angepaßt werden zu können:

Die Codierungsformmöglichkeiten werden durch die Artikel selbst und deren Umgebungsbedingungen stark beeinflußt (z.B. Autoreifen, Roh-Karosserien, Zylinderköpfe etc.). Dementsprechend vielfältig sind auch die Identifikationsaufgaben und Lösungen. Einen großen Anteil werden neben den oben beschriebenen auch nicht optische Verfahren (z.B. Abruf gespeicherter Information) abdecken, die hier allerdings nicht näher behandelt wurden.

Es wurde gezeigt, daß mit überschaubarem Aufwand mit der heute verfügbaren Technologie komplizierte Erkennungsaufgaben gelöst werden können. Es lohnt sich, die Entwicklung in diese Richtung intensiv weiterzubetreiben, da mit zunehmendem Automatisierungsgrad das Bedürfnis des Anwenders steigt, seine Produkte identifizierbar zu machen.

BORDRADAR-BILDAUSWERTUNG ZUR AUTOMATISCHEN FÜHRUNG VON BINNENSCHIFFEN

AUTOMATIC GUIDANCE OF INLAND SHIPS BY MEANS OF MARINE RADAR IMAGE PROCESSING

K.Mezger, H.Wehlan

Institut für Systemdynamik
und Regelungstechnik
Universität Stuttgart
7000 Stuttgart 80. B.R. Deutschland

Summary

A radar-based automatic course control system for inland ships is presented. The basic idea of the system is to keep the travelling ship automatically in the middle of the river. The image information as provided by the ship's radar is first converted to digital image data. A large degree of data reduction is achieved in this step by processing only the first incoming echo of any radar pulse transmitted. After further compressing the information and thereby reducing the effect of noise, digital data are passed to a computer for software image processing. The course of the waterway is extracted and smoothed by means of curve fitting procedures. The small number of resulting polynomial coefficients is then filtered in the time domain to reduce rapid variations of these coefficients since they are used directly for computing the guide track. A standard state-variable feedback controller determines the appropriate rudder command to ensure trackkeeping.

1. Einleitung

Auf fast allen kommerziell betriebenen Binnenschiffen sind heute Radargeräte vorhanden, die es ermöglichen, auch bei unsichtigem Wetter (Nacht, Nebel, etc.) zu fahren und so die Rentabilität der Schiffe zu erhöhen. Die Radarfahrt ist jedoch für den Schiffsführer äußerst nervenzehrend. Er muß mit höchster Konzentration das Radarbild hinsichtlich der Verkehrslage auswerten und gleichzeitig das Schiff steuern. Dabei kann er die Reaktion des Schiffes auf Rudereingriffe lediglich aus der Beobachtung des Wendezeigers (= Drehgeschwindigkeitskreisel) und des Radarbildes entnehmen. Ferner haben Binnenschiffe die Eigenschaft, daß sie aufgrund ihres teilweise kursinstabilen Verhaltens und aufgrund wechselnder Strömungsverhältnisse jederzeit unvorhersehbar den

Kurs ändern können. Dies muß insbesondere im engen Fahrwasser sofort erkannt und korrigiert werden.

Zur Unterstützung des Schiffsführers wurde ein Autopilotsystem entwikkelt und auf einem Versuchsschiff praktisch erprobt, das ihm die Arbeit der Ruderbetätigung abnimmt. Er kann so seine volle Aufmerksamkeit der Beobachtung des Verkehrsgeschehens widmen. Das System ist nur für relativ einfache Verkehrssituationen bei geringer Verkehrsdichte geeignet: Brücken können nicht automatisch durchfahren werden, besondere Fahrwassermarkierungen (Tonnen und Bojen) werden nicht berücksichtigt. Ausweich- und Überholmanöver können zwar automatisch gefahren, müssen jedoch manuell initiiert werden. Trotz dieser Einschränkungen stellt der entwickelte Autopilot eine erhebliche Erleichterung für den Schiffsführer dar. Das sichere und schnelle Ausregeln der oben erwähnten Störungen und Instabilitäten ist für den Autopiloten kein Problem: Ein kursgeregeltes Schiff fährt wesentlich ruhiger als ein manuell gesteuertes. (Unter "Kurs" ist hier eine Solltrajektorie zu verstehen, nicht nur - wie bei der Seeschiffahrt - der Kurswinkel.)

Das entwickelte System stellt einen ersten Schritt auf dem Weg zu einem komplexeren Autopiloten für alle Verkehrssituationen dar.

Der Autopilot arbeitet mit den bereits vorhandenen Sensoren Radargerät und Wendezeiger; er ist dadurch kostengünstig zu realisieren. Die Radarbildinformation wird mit Methoden der digitalen Bildverarbeitung ausgewertet. Dabei übernimmt ein Mikrorechner die Aufgaben der Bilderfassung und der Vorfilterung zur Störunterdrückung bei gleichzeitiger Datenreduktion. Ein nachgeschalteter Kleinrechner extrahiert aus dem gefilterten Bild den Verlauf beider Uferlinien, generiert daraus die Solltrajektorie und führt das Schiff unter Zuhilfenahme der Wendezeigerinformation auf dieser Solltrajektorie, indem er über entsprechende Stellsignale die Ruderanlage betätigt.

Die Arbeitsweise des Mikrorechners wird im Kapitel 2 beschrieben, die des Kleinrechners im Kapitel 3.

2. Bilderfassung und Vorfilterung

Beim Binnenschiffsradar handelt es sich um ein Rundsicht-Impuls-Primärradar relativ einfacher Bauweise. Eine Antenne mit starker horizontaler und mit wesentlich geringerer vertikaler Richtwirkung dreht sich fortlaufend um die Hochachse und sendet dabei in rascher Folge hochfrequente elektromagnetische Wellenzüge mit rechteckimpulsförmiger Hüllkurve in die augenblickliche Antennenrichtung (Azimut). Nach jedem Sendeimpuls wird die Antenne sofort auf Empfang umgeschaltet und empfängt nun die Echos der in dieser Richtung befindlichen reflektierenden Ziele. Das demodulierte Empfangssignal (Videosignal) dient zum Helltasten einer Kathodenstrahlröhre (Plan Position Indicator, PPI-Display). Die Ablenkung des Kathodenstrahls erfolgt in Polarkoordinaten, und zwar azimutal (= langsame Ablenkung) synchron zur Antenne, und radial (= schnelle Ablenkung) rampenförmig synchron zum Sendeimpuls. Da nun die Zeit zwischen Sendeimpuls und Echo proportional zur Zielentfernung ist, entsteht auf dem Bildschirm ein polar aufgebautes kartenähnliches Bild der Schiffsumgebung. Der dargestellte Bildradius ist dabei umgekehrt proportional zur Anstiegsgeschwindigkeit der rampenförmigen Radial-Ablenkung. Da die Wasseroberfläche - abgesehen von Störungen - nicht reflektiert, erkennt man auf dem Radarbild die Flußufer und die auf dem Wasser befindlichen Objekte als hellgetastete Bereiche.

Typische Daten für ein Binnenschiffsradar bei den hier interessierenden Entfernungsbereichen ($\leq$ 2 km) sind:

$\varphi_K = 1{,}2^\circ$	horizontale 3dB-Antennenkeulenbreite,
$T_A = 2$ sec	Antennenumdrehungszeit,
$f = 3{,}4$ kHz	Sendepulswiederholfrequenz,
$T_P = 50$ nsec	Sendeimpulsdauer,
$B = 18$ MHz	Videosignalbandbreite.

Diese Zahlenwerte sind maßgeblich für die Auslegung der Bilderfassung, insbesondere hinsichtlich der örtlichen Quantisierung und der Datenreduktion. Eine A m p l i t u d e n - Q u a n t i s i e r u n g des Videosignals von einem Bit ist dem einfachen Aufbau des Radarempfängers angemessen. Sie wird mit einem Schwellwertschalter realisiert, der das sogenannte digitalisierte Videosignal erzeugt.

Die Grundidee der hier beschriebenen Bilderfassung beruht auf der Tatsache, daß in der Regel das erste Echo eines jeden Sendeimpulses vom Ufer erzeugt wird. Ausnahmen sind die Echos von anderen Schiffen, von

Brücken, von Bojen und von Störungen der Wasseroberfläche (Wellen, Treibholz etc.). Beschränkt man sich nun generell auf die Erfassung des jeweils ersten Echos, so bedeutet dies einerseits einen gewissen Informationsverlust, der zu den eingangs erwähnten Einschränkungen führt, andererseits jedoch auch eine starke Datenreduktion: Man erhält ein polares Binärbild aus $f \cdot T_A = 6800$ Strahlen, bei dem je Strahl nur ein Bildpunkt (Pixel) gesetzt ist. Die radiale Entfernung dieses Punktes wird durch eine Zeitmessung mit Hilfe eines Binärzählers bestimmt, der vom Sendeimpuls von Null gestartet und vom digitalisierten Videosignal gestoppt wird. Mit einer Zählfrequenz $f_Z > B$ und $f_Z > 1/T_P$ vermeidet man weitere Informationsverluste. Das realisierte System arbeitet wahlweise mit $f_Z = 50$ MHz bzw. 25 MHz. Damit ergibt sich eine r a d i a l e   Q u a n t i s i e r u n g $r = c/2f_Z = 3$ m bzw. 6 m. Mit einem 8bit-Zähler erhält man eine Reichweite von $R = 256r = 768$ m für enges und $R = 1536$ m für breites Fahrwasser.

Nach jedem Zählerstopp wird der Zählerstand z vom Mikrorechner eingelesen und wie folgt ausgewertet: Unter den 3n Zahlen z, z+1 und z-1 der jeweils n letzten Bildstrahlen wird die kleinste gesucht, die mindestens k-mal auftritt; k ist ein einstellbarer Schwellwert. Man erhält so ein rechteckiges örtliches Filter ("Wanderfensterdetektor") der azimutalen Breite n und der radialen Länge 3, das gemäß einer k-aus-3n-Entscheidung ausgewertet wird und so sporadische Störechos unterdrückt. Die Wahl der Länge 3 berücksichtigt die Auswirkungen des Empfängerrauschens und der radialen Quantisierung mit freilaufendem Zählertakt.

Die dem Radargerät inhärente azimutale Quantisierung ist für die Bildauswertung unnötig fein. Es genügt, das Wanderfenster nur jeweils nach einem Antennenwinkelinkrement $\varphi_Q < \varphi_K$ auszuwerten, um sicherzustellen, daß keine echten Echos unterdrückt werden. Mit einer a z i m u t a l e n   Q u a n t i s i e r u n g von $\varphi_Q = 1^\circ$ erhält man im polaren Bild bei r = 3 m bzw. 6 m ungefähr quadratische Pixel in einem Abstand von 170 m bzw. 340 m.

Der Mikrorechner liefert also pro Antennenumlauf ein reduziertes und gefiltertes Bild in Form von 360 8bit-Zahlenwerten an den Kleinrechner zur Weiterverarbeitung. Die meisten dieser Zahlenwerte beschreiben den Abstand zum Ufer in verschiedenen Richtungen. Trotz der immensen Datenreduktion ist in der Zahlenfolge das Vorhandensein von Brücken, Bojen und anderen Schiffen anhand charakteristischer Abstandssprünge und -knicke deutlich erkennbar - darauf wird jedoch in der folgenden Beschreibung der Uferlinienextraktion nicht weiter eingegangen.

3. Bildauswertung

Die Berechnung einer Solltrajektorie für die automatische Führung eines Binnenschiffes muß sich zwangsläufig an der verfügbaren Information über den Wasserstraßenverlauf orientieren. Im Falle einer Radarbildauswertung ist diese Information durch die im Radarbild i.a. eindeutig erkennbaren Uferlinien gegeben. Es erscheint sinnvoll, die Flußmittellinie nach einer Glättung als Solltrajektorie zu verwenden, wobei durch Aufschaltung entsprechender Sollwerte auch andere Fahrspuren parallel zu dieser Linie gewählt werden können. Der Verlauf der Flußmittellinie kann durch ein örtliches Modell in der folgenden Weise vereinfacht dargestellt werden (Bild 1):

$$\begin{aligned} \frac{dy}{dx} &= \psi \\ \frac{d\psi}{dx} &= \psi' \\ \frac{d\psi'}{dx} &= w_1(x) \\ \frac{dz}{dx} &= w_2(x) \end{aligned} \qquad (1)$$

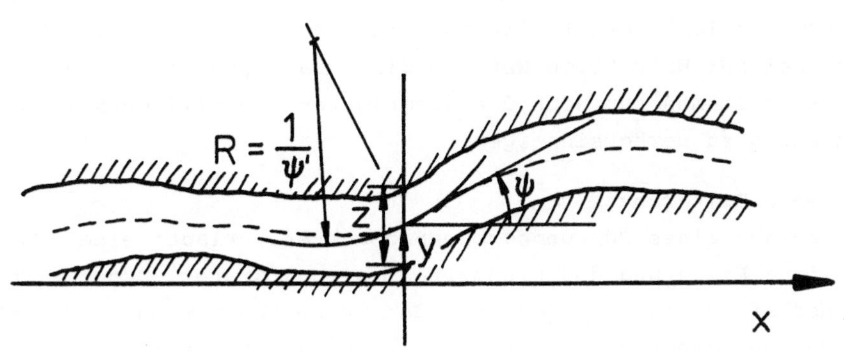

Bild 1. Flußdarstellung: Abstand y, Flußbreite z, Richtungswinkel ψ und Krümmung ψ'

Die dabei zugrunde gelegte Voraussetzung kleiner Winkel ψ ist in einem lokal an die Flußhauptrichtung angepaßten Koordinatensystem i.a. erfüllt. In den Gleichungen repräsentieren $w_1(x)$ und $w_2(x)$ unbekannte, als zufällig anzusehende Funktionen, die den scheinbar regellosen örtlichen Verlauf des Flusses und die vorhandene, wenn auch geringe Variation der Flußbreite z beschreiben.

Die beiden im Radarbild sichtbaren Uferlinien können als jeweils um eine halbe Flußbreite zur einen oder anderen Seite verschobene Messungen der Flußmittellinie interpretiert werden. Dabei kann die in der optischen Erscheinung der Uferlinien enthaltene Feinstruktur als Meßstörung angesehen werden. Eine örtliche Beschreibung der Flußmittellinie ergibt sich in einfacher Weise aus der Mittelung der die beiden Uferlinien charakterisierenden Größen Abstand, Winkel und Krümmung.

In einer solchen Beschreibung würde die in den Uferlinien gegebene Feinstruktur in entsprechender Weise auch bei der Mittellinie auftreten. Für eine automatische Schiffsführung ist es jedoch erforderlich, geglättete Solltrajektorien zu bestimmen, so daß der Steueraufwand durch Ruderlegen möglichst gering bleibt.

In dem hier vorliegenden Problembereich der Leitlinienbestimmung aus Uferlinienverläufen wurde dieser Forderung durch zweierlei Maßnahmen entsprochen:

- Örtliche Glättung
  Ein Radarbild liefert eine über einen großen örtlichen Bereich ausgedehnte Ansicht der Uferlinien. Hieraus ergibt sich die Möglichkeit, bei der Extraktion der Uferlinienparameter im Bildverarbeitungsalgorithmus nur noch die niedrigsten, im Bild enthaltenen Ortsfrequenzen zu berücksichtigen.

- Zeitliche Filterung
  Der Einsatz eines Führungsgrößenbeobachters erlaubt eine zusätzliche zeitliche Filterung der Flußmittellinienparameter. Dabei wird die Eigenschaft ausgenutzt, daß bei den großen Kurvenradien der Wasserstraßen und den niedrigen Fahrgeschwindigkeiten der Schiffe Veränderungen dieser Parameter (Krümmung, Winkel etc.), wie sie von Bild zu Bild bei der Fortbewegung registriert werden, nur sehr langsam vor sich gehen können.

Die erste beschriebene Maßnahme setzt bereits im Bildverarbeitungsalgorithmus an, auf den im folgenden näher eingegangen wird.

Die dem Rechner zur Verfügung gestellte Bildinformation besteht wie beschrieben aus den Polarkoordinatenwerten der ersten auftretenden Radarechos in einer 1-Grad-Quantisierung eines gesamten Antennenumlaufs. Da das erste Echo im allgemeinen durch das Ufer hervorgerufen wird, beinhalten diese 360 Koordinatenpaare den größten Teil der für eine automatische Schiffsführung benötigten Bildinformation.

Für eine Kenngrößenextraktion der Uferlinien ist zunächst eine Bildsegmentierung erforderlich, um die zum linken bzw. rechten Ufer gehörenden Bildpunkte voneinander zu trennen. Diese Trennung erfolgt in sehr einfacher Weise durch eine Bestimmung des Winkels maximaler Sichtweite vorn (Bild 2). Weiter wird der Auswertebereich um einen Sektor von ca. 80^{0} im hinteren Bildbereich eingeschränkt, da die hinter dem Schiff befindliche Konturinformation für die Schiffsführung nicht mehr relevant ist.

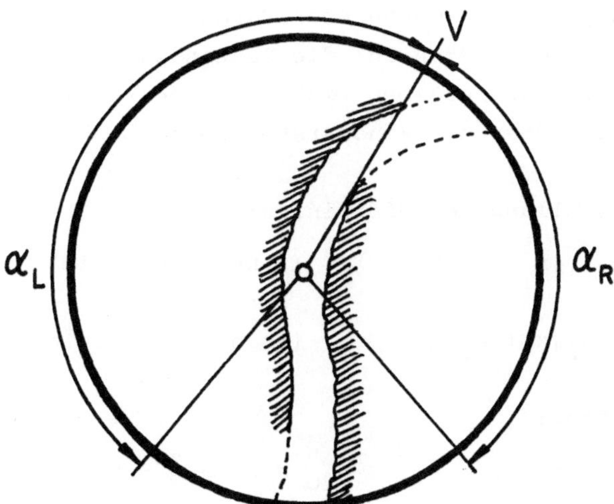

Bild 2. Bildsegmentierung: Auswertungssektoren für linke und rechte Uferlinie (α_L bzw. α_R); Richtung maximaler Sichtweite vorn (V).

Nach einer Transformation der verbleibenden Punkte in ein kartesisches Bezugssystem, dessen Orientierung der Hauptrichtung des Wasserstraßenverlaufs nachgeführt wird, erfolgt eine weitere, wesentliche Datenreduktion durch eine Polynomanpassung der die Uferlinien repräsentierenden Punkte. Für beide Uferlinien wird ein Least-squares-fit einer Parabel 2.Ordnung vorgenommen. Die gewählte Ordnungszahl ergibt sich aus der Anzahl geforderter Kenngrößen der Flußmittellinie (Abstand, Winkel, Krümmung), die den je drei Polynomkoeffizienten der Parabeln entsprechen. Durch die Beschränkung auf das erforderliche Minimum an Beschreibungsparametern ist sichergestellt, daß bei der oben erwähnten Extraktion lediglich die niedrigsten in der Konturinformation enthaltenen Frequenzanteile berücksichtigt werden. Die aus der Polardarstellung resultierende ungleiche Meßpunktdichte kann durch eine entsprechende Gewichtung der einzelnen Meßpunkte beim Least-squares-fit kompensiert werden. Es ist dabei sinnvoll, diese Kompensation nur in abgeschwächter Form durchzuführen. Dies bewirkt eine stärkere Gewichtung der für die Leitlinienbestimmung primär relevanten nahen Uferbereiche.

Eine solche Vorgehensweise entspricht einer One-Shot-Realisierung eines Intervallglättungsverfahrens mit einem entsprechend angesetzten dynamischen Modell.

Die aus diesem Algorithmus gewonnenen Parameter für die beiden Uferlinien werden nun als Meßgrößen für die Zustandsgrößen der Flußmittellinie interpretiert. Dabei ergeben sich folgende Zusammenhänge mit den örtlichen Zustandsgrößen der Flußdarstellung:

Polynomdarstellung der Uferlinien:

$$\begin{aligned} y_1 &= a_{10} + a_{11}x + a_{12}x^2 \qquad \text{(linke Uferlinie)} \\ y_2 &= a_{20} + a_{21}x + a_{22}x^2 \qquad \text{(rechte Uferlinie)} \end{aligned} \tag{2}$$

Meßgleichungen:

$$\begin{aligned} a_{10} &= \Delta y + \frac{z}{2} + v_{10} & a_{20} &= \Delta y - \frac{z}{2} + v_{20} \\ a_{11} &= \tan \Delta\psi + v_{11} & a_{21} &= \tan \Delta\psi + v_{21} \\ a_{12} &= \frac{(1+\tan^2\Delta\psi)}{2}\,\psi' + v_{12} & a_{22} &= \frac{(1+\tan^2\Delta\psi)}{2}\,\psi' + v_{22} \;, \end{aligned} \tag{3}$$

wobei für kleine $\Delta\psi$ folgende Näherungsbeziehungen verwendet werden können:

$$\begin{aligned} a_{11} &\simeq \Delta\psi + v_{11} & a_{21} &\simeq \Delta\psi + v_{21} \\ a_{12} &\simeq \frac{\psi'}{2} + v_{12} & a_{22} &\simeq \frac{\psi'}{2} + v_{22} \;. \end{aligned} \tag{4}$$

In diesen Gleichungen bezeichnen die v_{ij} die aus der Konturfeinstruktur und aus Näherungen der Gln.(1) und (4) resultierenden Fehlereinflüsse. Die Messung erfolgt in einem schiffsfesten Koordinatensystem; daher liefern die Meßgleichungen anstelle der absoluten Größen y und ψ nur die mit Δy und $\Delta\psi$ bezeichneten schiffsbezogenen Werte. Die Konturkrümmung ψ' und die Flußbreite z sind hiervon nicht betroffen, da sie gegen Drehung und Verschiebung des Bezugskoordinatensystems invariant sind. Örtliche Variationen des Flußverlaufs werden auf dem fahrenden Schiff als zeitliche Änderungen der Konturparameter registriert. Die örtlichen Differentialgleichungen (1) für das Modell des Flußverlaufs können durch Umrechnung mit der Fortbewegungsgeschwindigkeit des Fahrzeuges in zeitliche Differentialgleichungen umgeschrieben werden.

Diese dienen nun im Sinne der zweiten, weiter oben vorgeschlagenen Maßnahme zum Entwurf eines Führungsgrößenbeobachters. Dieser verarbeitet als Meßgrößen die Polynomkoeffizienten nach Gl.(3) und liefert neben einer Schätzung für die Flußbreite ($\hat{z}$) die als Leitlinie direkt verwendbaren Größen des gefilterten Flußmittellinienverlaufs ($\Delta\hat{y}, \Delta\hat{\psi}, \hat{\psi}'$). Durch entsprechende Wahl der Rückführfaktoren kann eine der jeweiligen Wasserstraße und der Fortbewegungsgeschwindigkeit angepaßte Filterung der Führungsgrößen erreicht werden. Dabei ist zu berücksichtigen, daß die zeitliche Filterung nur die Einbeziehung vergangener Messungen erlaubt, bei der örtlich vorgenommenen Glättung jedoch auch Uferpartien berücksichtigt werden, die erst in der Zukunft passiert werden. Durch eine stärkere Gewichtung vorausliegender Meßpunkte bei der Parabelberechnung kann das verzögernde Verhalten der zeitlichen Filterung praktisch kompensiert werden.

Die dem Führungsgrößenbeobachter entnommenen Zustandsgrößen für den geglätteten Flußmittellinienverlauf werden nun einem ebenfalls im Rechner realisierten Kursregler direkt als Sollwerte ($\hat{\psi}'$) bzw. als Soll-Ist-Differenzen ($\Delta\hat{\psi}, \Delta\hat{y}$) zur Verfügung gestellt. Dieser berechnet ein entsprechendes Stellsignal für den Ruderwinkel mit dem Ziel, das Fahrzeug auf der ermittelten Solltrajektorie zu führen.

Der hier beschriebene Radarautopilot wurde bereits bei mehreren Versuchsfahrten auf Neckar, Mosel und Rhein erfolgreich erprobt. Die Funktions- und Leistungsfähigkeit des Verfahrens wird im Rahmen des Vortrages auf dem Interkama-Kongreß 1983 anhand von Filmaufzeichnungen einiger Experimente demonstriert.

4. Ausblick

Das Ziel der weiteren Arbeiten ist die Entwicklung einer neuen Rechner/Radar-Koppelhardware zur Erfassung aller Echos und damit vollständiger Binärbilder. Darauf aufbauend soll softwareseitig die automatische Erkennung und Verfolgung von anderen Fahrzeugen, Radartonnen etc. implementiert werden, um die gesamte Verkehrslage bei der Leitlinienbestimmung korrekt berücksichtigen zu können.

AUTOMATISCHE SPRACHERKENNUNG UND IHRE BEDEUTUNG FÜR ZUKÜNFTIGE INFORMATIONS-UND KOMMUNIKATIONSSYSTEME

AUTOMATIC VOICE RECOGNITION AND ITS MEANING FOR FUTURE INFORMATION AND COMMUNICATION SYSTEMS

H. Unterberger

Zentrale Aufgaben Informationstechnik
Zentrale Technik
SIEMENS AG,
8000 München 83, B.R.Deutschland

Summary

Voice input is a very attractive alternative for the communication between a user and technical equipment compared with key-boards. It is more natural, faster and not restricted to a certain location. The problems of automatic voice recognition are mostly related with speaker dependance, continuous speech and size of the vocabulary. The particular aims of voice recognition concerning information and communication systems are: improvement of the man-machine-interface and terminals and new methods for communication services. Prerequisites for voice input are being defined and fields of applications as well as the impact of voice recognition for communication and information systems are being described.

1. Einführung

Die Akzeptanz zukünftiger Informations- und Kommunikationssysteme ist sehr stark abhängig von der Art und Weise, wie sie sich handhaben lassen. Neben der funktionalen Bedienung ist der eigentliche Zugriff bzw. die Steuerung ein wesentlicher Teil der Systemgestaltung. Gegenwärtig hat ein Benutzer nur über Tastaturen und Schalter Zugriff zu technischen Einrichtungen. Mit dem wachsenden Leistungsumfang dieser technischen Einrichtungen werden die Bedienungselemente aber immer unübersichtlicher und komplizierter. Vor allem dem gelegentlichen Benutzer wird dadurch der Zugriff zu dem System erschwert, was unter Umständen zu einer recht beträchtlichen Akzeptanzminderung führen kann.

Von zukünftigen Informations- und Kommunikationssystemen wird von Seiten des Benutzers erwartet, daß er mit ihnen seine gewohnten Kommunikationsmöglichkeiten beibehalten kann. Beim Informationsaustausch zwischen Menschen hat die Sprache eine tragende Funktion und so liegt es nur nahe, die akustische Sprache auch in die Kommunikation zwischen Mensch und Maschine miteinzubeziehen. Aufgabe der automatischen Spracherkennung ist es, die dafür erforderlichen Verfahren im Rahmen einer "künstlichen Intelligenz" festzulegen.

Sprachzugriff zu technischen Einrichtungen hat außerdem den Vorteil, daß er

- o natürlicher,
- o schneller,
- o nicht ortsgebunden und

somit insgesamt für den Benutzer bequemer ist.

Das akustische Sprachsignal ist äußerst komplex und so ist es nicht möglich, ad hoc Verfahren zu entwickeln, deren Leistungsfähigkeit mit der des Menschen vergleichbar ist. Zum besseren Verständnis der in den folgenden Abschnitten angesprochenen Aspekte und der Vorgehensweise bei den Forschungs- und Entwicklungsarbeiten zur automatischen Spracherkennung wird deshalb zunächst die Problematik der maschinellen, kognitiven Auswertung elektrischer Sprachsignale kurz umrissen.

2. Automatische Spracherkennung

Die digitale Sprachverarbeitung, der Oberbegriff für die automatische Spracherkennung, ist ein noch recht junges wissenschaftliches Betätigungsfeld, das seine Existenzmöglichkeit erst dem Fortschritt auf den Gebieten der Halbleiter- und Rechnertechnik verdankt. Obwohl die akustische Kommunikation zwischen Menschen auf den ersten Blick ein sehr einfacher Vorgang zu sein scheint,stellt man bei näherer Betrachtung fest, daß dies ganz und gar nicht so ist und technische Systeme schnell an den Grenzen ihrer Leistungsfähigkeit anstoßen.

Das akustische Signal enthält neben dem für den Informationsaustausch wichtigen Inhalt auch Information über den Sprecher und seine Stimmung bzw. den Zustand seines Sprachorganes. Die Sprachverarbeitung des Menschen benützt, ganz egal welche Information tatsächlich gewünscht wird, sämtliche Informationen die im Sprachsignal enthalten sind, gegebenenfalls um eine sichere Erkennung der gewünschten Information zu gewährleisten, siehe Bild 1. Für die maschinelle Verarbeitung ist eine ähnliche Auswertung des Sprachsignales zum gegenwärtigen Zeitpunkt zu komplex und so ist es Zielsetzung einzelner Disziplinen, wie Spracherkennung oder Sprechererkennung, die jeweils relevante Information aus dem vorgegebenen akustischen Signal zu extrahieren.

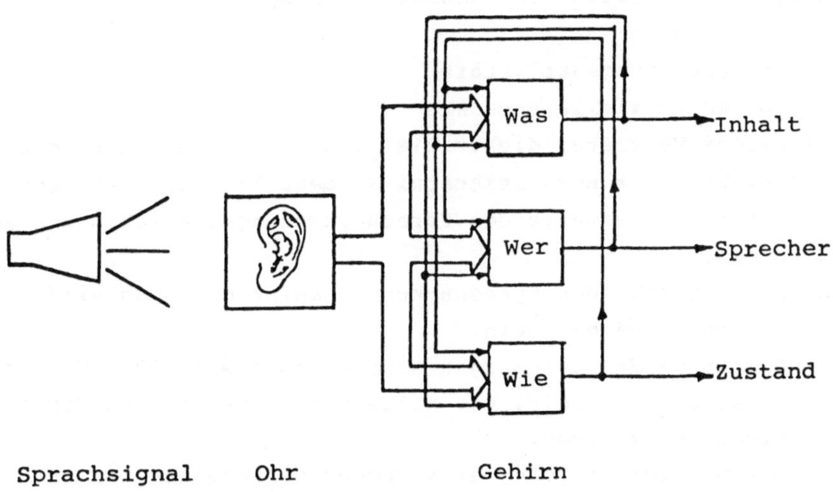

Bild 1 Modell für die kognitive Sprachverarbeitung des Menschen

Beschränkt man sich bei der Auswertung des akustischen Sprachsignals auf die Erkennung des Inhaltes, so gibt es in diesem Gebiet auch Aufgaben mit verschiedenen Schwierigkeitsgraden. Diese Schwierigkeitsgrade werden primär geprägt von den Faktoren:

- o Abhängigkeit vom Sprecher
- o Erkennung einzelner Äußerungen oder ganzer Sätze
- o Größe des Vokabulars

In Bild 2 sind diese Faktoren in drei Dimensionen zueinander dargestellt. Das Volumen des somit entstehenden Würfels umfaßt die Leistungsfähigkeit des Menschen. Mit technischen Spracherkennungseinrichtungen ist es zur Zeit - und sicher auch noch längere Zeit in der Zukunft - nicht möglich, eine derartige Leistungsfähigkeit zu erreichen. Vor allem betrifft dies aber die Universalität der menschlichen Leistungsfähigkeit; mit den in absehbarer Zeit erzielten Ergebnissen zur automatischen Spracherkennung wird es nur möglich sein, jeweils Teilbereiche dieses Volumens zu überdecken.

Die heutigen Aktivitäten zur automatischen Spracherkennung können unterteilt werden in:

- o Forschungsaktivitäten
- o Kommerzielle Produkte

Einige typische Vertreter dieser Zielrichtungen sind in Bild 2 eingetragen. Daraus können Erkenntnisse bezüglich der heutigen und in naher Zukunft zu erwartenden Spracherkennungseinrichtungen abgelesen werden:

- o Die Mehrzahl der Spracherkennungseinrichtungen wird sprecherabhängig sein.
- o Die Größe des zulässigen Wortschatzes wird 1000 Wörter in absehbarer Zeit, vor allem bei kommerziellen Systemen, nicht übersteigen.
- o Die Wortschatzgröße der sprecherunabhängigen Spracherkennungseinrichtungen wird in der Größenordnung von 100 Wörtern liegen.
- o Die Spracheingabe wird zunächst in Form von kommandohaften Äußerungen (einzelne Wörter, Wortketten) erfolgen.

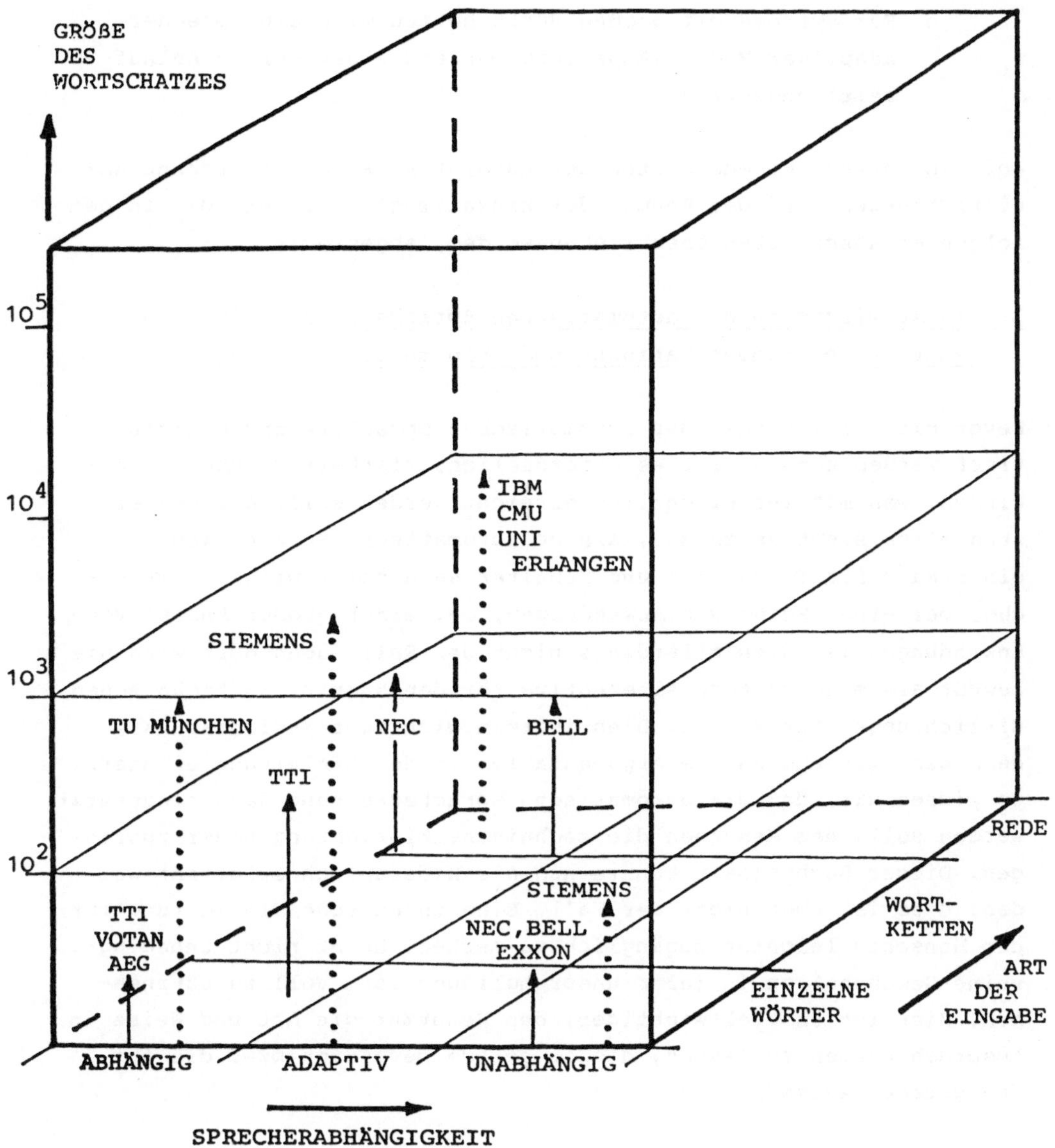

Bild 2 Automatische Spracherkennung - Forschungsaktivitäten und Produkte

- o Für Systeme mit großen Wortschätzen wird ein sprecheradaptiver Modus (Anpassung während einer kurzen Anlaufzeit) angestrebt.

Aufgrund dieser Eigenschaften der automatischen Spracherkennungseinrichtungen wird der Rahmen der Einsatzmöglichkeiten, die in den folgenden Abschnitten beschrieben werden, abgesteckt.

3. Die Auswirkungen der automatischen Spracherkennung für den Benutzer von Kommunikations- und Informationssystemen

Bevor die Auswirkungen der automatischen Spracherkennung diskutiert werden können, ist es erforderlich, Klarheit darüber zu gewinnen, was mit ihr eigentlich erreicht werden soll. Auf den ersten Blick sieht es so aus, als ob automatische Spracherkennung ein Ersatz für Tastaturen und Schalter sein soll. Dies stimmt sicher bei einer Reihe von Anwendungen; bei einer großen Anzahl von Anwendungen ist dies allerdings nicht der Fall, denn dort wird sie bewußt als eine weitere Alternative für den Zugriff zu technischen Einrichtungen betrachtet. Dies ist ein wichtiger Gesichtspunkt, denn wenn wir uns an die Argumentation in der Einleitung erinnern, so wissen wir, daß die automatische Spracherkennung dazu eingesetzt werden soll, dem Menschen die technische Einrichtung näher zubringen. Dieser Sachverhalt könnte nun als Widerspruch aufgefaßt werden; dies ist aber nicht der Fall. Eine technische Einrichtung für den Menschen leichter zugänglich zu machen, heißt nicht unbedingt, seine Gewohnheiten in ihrer unsprünglichen Form voll zu übernehmen. Hier ist es viel wichtiger, den Benutzer die Art und Weise in Anspruch nehmen zu lassen, die er gerade bevorzugt bzw. die für ihn gerade zweckmäßig ist.

Bezüglich des Einsatzes von automatischen Spracherkennungseinrichtungen sind zwei wesentliche, unterschiedliche Möglichkeiten denkbar, die in den folgenden Abschnitten beschrieben werden.

3.1 Spracheingabe für den gelegentlichen Benutzer von technischen Einrichtungen

Für den Personenkreis der gelegentlichen Benutzer (Amateure) ist die Spracheingabe ein wesentliches Hilfsmittel. Durch die automatische Spracherkennung entfällt der mühsame Weg der Umsetzung eines Gedankens (Befehl) in alpha-numerische Zeichen, bzw. in für den Rechner interpretierbare Codewörter. Der Benutzer muß lediglich den Wortschatz einhalten, Datenformate sind dabei konsequenterweise ohne Belang.

3.2 Spracheingabe für den dauernden Benutzer von technischen Einrichtungen

Für Benutzer, die eine technische Einrichtung dauernd in Anspruch nehmen (Profis), kann Spracheingabe sehr anstrengend werden, da die Stimme, z.B. im Vergleich zu Händen, ein relativ schwach belastbares Organ ist. Dauernde Spracheingabe würde zu Heiserkeit und ähnlichem führen. In solchen Fällen sind andere Eingabeverfahren, wie Tastaturen, wesentlich zweckmäßiger. Die Bedeutung der automatischen Spracherkennung für solche Einsätze sollte aber trotzdem nicht als zu gering eingeschätzt werden. Auch für den dauernden Benutzer technischer Einrichtungen bringt die Spracheingabe Vorteile, nämlich dann, wenn sie zusätzlich zur Tastatur,z.B. als Ersatz einer Funktionstaste oder zum Aufrufen einer unterstützenden Funktion oder eines Rechnerprogrammes, eingesetzt wird.

Von dieser Warte aus betrachtet ist somit ersichtlich, daß die Bedeutung der automatischen Spracheingabe abhängig von den Aufgaben des Anwenders geprägt wird.

3.3 Die Bedeutung der automatischen Spracherkennung für die technischen Einrichtungen

Bei der technischen Gestaltung von Informations- und Kommunikationssystemen kommen der automatischen Spracherkennung folgende Aufgaben zu:

- o Verbesserung von Endgeräten (Mensch-Maschine-Schnittstelle)
- o Verbesserung des Zugriffs zu Informations- und Kommunikationssystemen
- o Neue Kommunikationsmöglichkeiten

Der Gesichtspunkt der automatischen Spracherkennung zur Verbesserung der Mensch-Maschine-Schnittstelle wurde oben schon ausführlich erörtert, deshalb werden im folgenden nur die letzten beiden Gesichtspunkte näher betrachtet.

3.3.1 Verbesserung des Zugriffs zu Informations- und Kommunikationssystemen

Mit dem Zugriff zu Informations- und Kommunikationssystemen wird ein wichtiges neues Anwendungsgebiet für automatische Spracherkennung erschlossen. Ein entscheidendes Argument für die Spracheingabe ist die Komplexität und die damit verbundenen Schwierigkeiten bei der Bedienung derartiger Systeme, verursacht durch die vielfältigen Möglichkeiten, die sie anbieten. Besonders in Systemen mit vielen Funktionen kann die Bedienung sehr schwierig werden, wenn der Zugriff zu den einzelnen Diensten nur über herkömmliche Tastaturen oder Funktionsschalter möglich ist. Die Spracheingabe ist eine wichtige Alternative bei der benutzerfreundlichen Gestaltung derartiger Informations- und Kommunikationssysteme.

3.3.2 Einführung neuer Kommunikationsmöglichkeiten

Die automatische Spracherkennung schafft die Voraussetzung, neue Kommunikationsformen einzuführen bzw. bestehende zu verbessern.Ein Beispiel ist die elektronische Post mit akustischer Sprache (Electronic Voice Mail). Die Speicherung von gesprochener Sprache ist in digitalen Systemen sehr speicheraufwendig, denn selbst bei Telefonqualität ist für jede 16 Sekunden Sprache der Speicherbedarf in der Größenordnung von 1 MBit (= 64 kBit/s). Für Electronic-Voice-Mail-Systeme, wie sie gegenwärtig diskutiert und für die Zukunft geplant werden, bedeutet dies einen sehr hohen technischen und kostenmäßigen Aufwand für die Speicherung der Nachrichten.Eine recht einfache Möglichkeit für ein solches System ist mit Hilfe der automatischen Spracherkennung vorstellbar. Ist es nämlich möglich, die Nachrichten dieses Voice-Mail- Systems zu standardisieren, so könnten die akustisch eingegebenen Nachrichten über die automatische Spracherkennung in ein Codewort, das dieser Nachricht entspricht, umgesetzt und somit sehr effizient gespeichert werden.

4. Auswirkungen auf zukünftige Informations- und Kommunikationssysteme

In Anlehnung an Bild 2 ist in Tabelle 1 dargestellt, welche Leistungsanforderungen die verschiedenen Aufgaben an die automatische Spracherkennung stellen. Generell sind natürlich höhere Leistungsstandards der automatischen Spracherkennung für Einsätze mit geringen Anforderungen auch geeignet. Höhere Leistungsfähigkeit bedeutet aber auch höheren Aufwand und somit sind auch höhere Kosten damit verbunden, aus Wirtschaftlichkeitsgründen wird man deshalb nur die Spracherkennungseinrichtung einsetzen, die den jeweiligen Anwendungen am besten angepaßt sind. Die Anwendungsmöglichkeiten für automatische Spracherkennung umfassen ein großes Einsatzgebiet. Dies reicht vom Aufbau von Fernsprechverbindungen (Sprachwahl) bis hin zur hörenden Schreibmaschine. Die Einsatzmöglichkeiten hängen von dem funktionmäßigen Schwerpunkt der Informations- und Kommunikationseinrichtungen ab. Mit der automatischen Spracherkennung können sowohl die informations- als auch die kommunikationstechnischen Aufgaben und Funktionen unterstützt werden.

Spracheingabe wird ein wichtiger Faktor bei der Gestaltung von Informations- und Kommunikationssystemen zukünftiger Generationen sein. Durch den erleichterten Zugriff zu diesen Systemen kommt der Spracheingabe große Bedeutung in Bezug auf den Abbau von Akzeptanzschwellen bei der Einführung neuartiger technischer Einrichtungen zu.

LEISTUNGSFÄHIGKEIT / ANWENDUNG	WORTSCHATZ BIS ZU CA. 20 ÄUßERUNGEN SPRECHERUNABHÄNGIG	WORTSCHATZ BIS ZU CA. 500 ÄUßERUNGEN SPRECHERUNABHÄNGIG	WORTSCHATZ MIT MEHR ALS 1000 ÄUßERUNGEN SPRECHERADAPTIV
MENSCH-MASCHINE-SCHNITTSTELLE	**FUNKTIONSTASTEN**	DATENSICHTGERÄTE	"HÖRENDE SCHREIBMASCHINE"
ZUGRIFF ZU KOMMUNIKATIONS- UND INFORMATIONSSYSTEMEN	SPRACHWAHL, MULTIFUNKTIONALE TERMINALS	----	EINGABE IN NATÜRLICHER SPRACHE, EXPERTENSYSTEME, "5. GENERATION"
EINFÜHRUNG NEUER KOMMUNIKATIONSMÖGLICHKEITEN	KOMMANDOEINGABE FÜR BILDSCHIRMTEXT	"STANDARDISIERTE" SPRACH-MAIL-BOX-DIENSTE	ÜBERTRAGUNGSKODIERUNG FÜR MOBILE KOMMUNIKATION

Tabelle 1 Leistungsanforderungen und Aufgaben für die automatische Spracherkennung

QUALITÄT IM SPANNUNGSFELD NEUER MARKTANFORDERUNGEN UND NEUER TECHNOLOGIEN

QUALITY IN THE STRESS ZONE OF NEW MARKET REQUIREMENTS AND NEW TECHNOLOGIES

Dr. Roland Zürn

Daimler-Benz AG
Prüfwesen-Leitung
7000 Stuttgart 1, BRD

Summary

The customer today can select, not only in the automobile sector, from a wide international range the product ideally meeting his needs in respect of the price/performance ratio. High demands in terms of modern product conception and design are increasingly compelling industrial nations to employ new technologies with maximum economy.

In addition, international links between concerns and economic constrains lead inevitably to an export of know how.

Against the background of increasingly difficult market situations, particular significance is attached to product quality - especially as it represents a significant component when competing with low-wage countries. Such quality cannot simply be produced, however, but must rather be recompiled and assured by a constantly dynamic process. This paper presents a number of examples.

1 Einleitung

Das "Tabu" um das Herstellen eines technischen Produkts ist durch die Fortschritte auf dem Gebiet der Technologie weitgehend aufgehoben. Der gewollte und gesteuerte Technologietransfer im nationalen und internationalen Bereich steigert die Leistungsfähigkeit der Industrie schlechthin, aber er nivelliert auch ihren technologischen Wissensstand. Verlagerung von Produkten aus ökonomischen Gründen in Billiglohnländer ergänzen zusätzlich dieses Bild. Langfristig wird auch dadurch Wissen und know-how exportiert.

Die Zahl der Anbieter und Hersteller ist dadurch größer geworden, der Wettbewerb zwangsläufig härter. Neben rein nationalen Produkten gibt es unter eigener Regie in anderen Ländern produzierte Erzeugnisse und als nächsten Schritt solche, die absolut fremdgefertigte Importware darstellen. Kompensationsgeschäfte, die aus wirtschaftspolitischen Gründen notwendig sind, lassen bei dieser Art von Technologietransfer neue Produzenten und Marktanteile entstehen oder vorhandene erst zu Bedeutung gelangen.

Viele technische Publikationen sowie internationale Fach- und Automobilmessen tun ein übriges, den technischen Leistungsstand zu verbreiten und weiter auszubauen. Einen zusätzlichen Verknüpfungspunkt von technischem "know-how" stellen Zulieferfirmen, insbesondere die Hersteller von Werkzeugmaschinen, Einrichtungen, Vorrichtungen und Werkzeugen dar. Abgesicherte Erfahrungen der Vergangenheit sind naturgemäß die Basis neuer Angebote und notwendiger Referenzen. Die Abschottung eines Automobilbetriebs nach außen ist inzwischen auch wohl aus diesen Gründen einer Politik des offenen Hauses gewichen. Firmenbesuche im nationalen und internationalen Bereich sind heute Standard. Ein offener Erfahrungsaustausch in Detailfragen ist oft nicht mehr ausgeschlossen. Es gibt sogar Gebiete, wo es über eine echte Interessengemeinschaft zu einer engen Zusammenarbeit, wie in Deutschland z. B. im VDA, kommt (Bild 1). In diesem "Verband der Automobilindustrie" sind neben zwölf Automobilherstellern auch rund 325 Firmen zusammengeschlossen, die diesen Produktbereich beliefern bzw. ergänzen /1/. Kooperationsvereinbarungen zur Abrundung der Produktionskapazität oder des Programmangebots verbessern zudem Marktchancen und Wettbewerbsstruktur.

2 Qualität als Marktanforderung

Umgekehrt kann der Kunde heute aus einem großen internationalen Angebot das seinen Wünschen entsprechende Optimum hinsichtlich der Relation von Preis und Qualität suchen. Der heimische Markt in den Industrieländern, sowohl im europäischen als auch im amerikanischen Bereich, kommt dabei immer häufiger unter Kostendruck durch Angebote aus Ländern, die entweder Vorteile in der Währungsparität oder bei den Lohnkosten für ihre Arbeitskräfte haben /2/. Dabei stehen noch nicht einmal die Bruttostundenverdienste so sehr im Vordergrund, sondern vielmehr ihr Verhältnis zu den jeweiligen Lohnnebenkosten (Bild 2).

Es muß für die traditionellen Industrieländer gegenüber den Billiglohnländern vorrangigstes Ziel sein, auf dem Gebiet der Qualität - einem neben dem Preis wohl ebenso wichtigen Kaufkriterium - ihren Vorsprung zu erhalten. Dies umso mehr, als derzeit rund 60 % der Automobilproduktion in den Export gehen /3/ und die deutschen Exporteure vor nicht allzulanger Zeit bereits 68 % der Wettbewerbsvorteile bei sogenannten "Nichtpreiskomponenten" sahen /4/. Hiervon betrafen insgesamt 35 % die "Qualität" der Produkte (Bild 3).

Je höher ein Produktionserzeugnis entwickelt ist, desto leichter ist es für die Industrienationen, ihren Vorsprung im know-how und einer ausgereiften Technologie zu halten. Bei Kleinteilen und Massenartikeln ist dies schon sehr viel schwieriger. Wie schwer dies aber auch bei anspruchsvollen Produkten werden kann, zeigen die Erfolge der Japaner auf dem Gebiet der Elektronik, der Foto- und Fernsehindustrie. Auch der Automobilmarkt ist bereits nicht mehr die Domäne der alten klassischen Kraftfahrzeugproduzenten in Amerika und Europa. Japan hat sie alle überrundet und ist zum größten Automobilhersteller der Welt geworden /5/ (Bild 4).

Hohe Ansprüche von Kundenseite lassen sich vor diesem Hintergrund heute viel leichter durchsetzen als früher. Die Hersteller müssen Kundenwünsche und Erwartungen wahrnehmen, sorgfältig analysieren und weitmöglichst in ihren Programmen berücksichtigen, wenn sie ihren Anteil am Markt von morgen absichern wollen.

Damit wären wir beim Generalthema dieser Tagung, der Qualität als Forderung des Kunden, als Forderung des Marktes. Wie wird Qualität "gemacht"? Sie läßt sich nicht einfach produzieren. Sie läßt sich auch nicht in einem gezielten, einmaligen Prozeß erreichen. Vielmehr muß Qualität durch einen ständigen dynamischen Prozeß immer neu erarbeitet und gesichert werden. Alle Ebenen und alle Bereiche eines Unternehmens werden in diesem Bemühen und von dieser Aufgabe permanent tangiert und angesprochen. Das Wahrnehmen dieser Qualitätsverantwortung ist das Geheimnis zum letztendlichen Erfolg.

Die Qualitätssicherung beginnt mit der Definitionsphase für ein Produkt und der Aufgabe, es zu konzipieren und zu planen. Eine der wesentlichsten Aufgaben des obersten Managements ist es, neben der grundsätzlichen Festlegung von Strategie und Geschäftspolitik genaue Zielvorgaben für die einzelnen Fachbereiche zu definieren, diese gezielt zu koordinieren und alle Mitarbeiter für das gemeinsame Unternehmensziel zu motivieren.

An der Durchführung sind alle Bereiche fachbezogen beteiligt. Sie müssen möglichst umfassend alle Anforderungen an das Produkt, seine Herstellung und Wartung in einem Lastenheft zusammenstellen. Je komplizierter der Artikel, desto wichtiger und umfangreicher das Lastenheft.

Beim Auto z. B. wird es in der Regel Forderungen hinsichtlich nachfolgender Gesichtspunkte enthalten (Bild 5):

K o n z e p t i o n bezüglich

- Art des Fahrwerks
- Art des Antriebs
- Art und Typen von Motoren
- Größe des Fahrzeugs
- Gewicht des Fahrzeugs
- Sicherheitsfragen usw.

Als Beispiel zu letztgenanntem Punkt wäre das "Sicherheitskonzept Air-Bag" zu nennen (Bild 6). Dieser, in das Lenkrad integrierte Luftsack, wurde bis jetzt lediglich von Daimler-Benz zur Serienreife entwickelt und geliefert. Die Serienfreigabe erfolgte erst nach 30 Millionen Testkilometern. In den USA soll der Einbau des Air-Bags ab 1984 zur Pflicht werden.

M o d e und K o m f o r t bezüglich

- Fahrzeuggröße
- Form
- Ausstattung
- Zubehör usw.

Der Erfolg eines Modells und seines Produzenten hängt von vielen Faktoren ab; einer ist zweifellos das Design, jener komplexe Begriff, der zwischen Vernunft und Gefühl angesiedelt ist /6/. Da der persönliche Geschmack beim Kauf eines Autos eine große Rolle spielt, entscheiden auch Einzelheiten. Hier kann beispielhaft die verchromte Dachreling bei den T-Modellen mit ihren Ausstattungsvarianten angeführt werden. (Bild 7). Neben den üblichen Aufbauten lassen sich hier ganze Gepäckcontainer oder Ski- und Skistiefelboxen z. T. diebstahlsicher aufsetzen und arretieren - ein Ausführungsdetail, das sowohl den Bedürfnissen gewerblicher Nutzung als auch zeitgemäßen Freizeitambitionen gerecht wird.

A u s l e g u n g bezüglich

- Variantenvielfalt der Motoren und Getriebe
- Sonderausführung (z. B. Anti-Blockier-System)
- Emissions- und Verbrauchsverhalten usw.

Die versenkten Scheibenwischer der Daimler-Benz S-Klasse (Bild 8) zeigen stellvertretend, wie der c_W-Wert weiter gesenkt und somit die Fahrleistung günstiger gestaltet werden kann. Im übrigen wirkt sich diese Ausführung positiv auf die Fahrgeräusche aus.

P r o d u k t i o n   bezüglich

- rationellen Fertigungsmöglichkeiten
- rationeller Verknüpfung von Baureihen usw.

Am Beispiel der beiden automatischen Getriebe W4A 040 und W4A 020 für die gesamte PKW-Baureihe (Bild 9) wird das Prinzip der rationellen Fertigung gleicher oder ähnlicher Bauteile deutlich.

S e r v i c e   bezüglich

- Wartungsfreundlichkeit
- Reparaturfreundlichkeit usw.

Eine möglichst uneingeschränkte Zugänglichkeit der Aggregate, z. B. durch Senkrechtstellen der Motorhaube (Bild 10), können Servicearbeiten in entscheidendem Maße erleichtern. So kann Weitblick in der Konstruktionsphase einen wichtigen Beitrag zur Service-Qualität und damit zur langfristigen Zufriedenheit des Kunden leisten.

V e r k a u f   bezüglich

- Preis
- Stückzahlen
- Programmverknüpfungen
- Varianten.

Zu den frei entscheidbaren Gesichtspunkten kommen noch Auflagen hinzu, die heute schon in großem Umfang durch den Gesetzgeber formuliert werden. Es handelt sich um Fragen der Sicherheit, der Abgasdokumentation und des Kraftstoffverbrauchs.

Die praktische Durchführung zur Produktentstehung fällt in den Bereich der Technik, d. h. in die Konstruktion, den Versuch und die Produktion. Die Qualität wird dabei bereits am Reißbrett maßgeblich beeinflußt und mitgestaltet. Was entwicklungsseitig versäumt wurde, kann keine noch so gute Fertigung kompensieren. Dies gilt selbstverständlich auch im umgekehrten Sinn.

Die Forderung nach Funktionssicherheit eines Produkts ist längst Selbstverständlichkeit geworden. Darum formen viele wünschenswerte Verbesserungen hinsichtlich Komfort, Geräusch, Bedienung und Detail heute mit den Begriff der Qualität. Die Übersichtlichkeit der Armaturen, die Handlichkeit von Schaltern und Tasten, Griffwege und vieles mehr dienen als Bewertungskriterien in Fahrzeugvergleichen. Um hier ein Optimum zu erreichen, bedient man sich zunehmend der Rechnerunterstützung beim Konstruieren und Auslegen, wobei ergonomische Gesichtspunkte besondere Berücksichtigung finden. Diese CAD-Unterstützung findet jedoch in noch viel stärkerem Maße bei geometrischen Darstellungen von Einzelaggregaten Anwendung (Bild 11), die hinsichtlich ihrer Kompatibilität untereinander in allen möglichen Einbaulagen untersucht werden müssen.

Bei der Erprobung des Produkts müssen alle in der späteren Kundenpraxis vorkommenden Extremfälle der Beanspruchung, der Handhabung und der Wartung abgedeckt sein, bevor eine Serienfreigabe erfolgen darf; denn alle in die Serie einfließenden notwendigen Änderungen sind teuer und oft auch nicht mehr kurzfristig genug durchführbar. So werden z. B. bei automatischen PKW-Getrieben auf einem Lastwechselprüfstand (Bild 12) alle Schaltkombinationen vor dem Serienanlauf mit maximal auftretendem Moment bis zum Ausfall eines Bauteils gefahren. Diese Lebensdauerprüfung kann drei bis vier Wochen dauern und gibt wertvolle Hinweise und sichert so die Serientauglichkeit aller Einzelteile.

Einen theoretisch hundertprozentigen Anlauf ohne Adaptions- und Optimierungsprozeß gibt es in der Praxis wohl kaum. Man spricht von einer Anlaufphase oder einer Anlaufkurve, die für Vorgabezeiten, Kosten, Beanstandungen und Garantieschäden tendenziell in gleicher Weise gilt. Sie deckt den Zeitraum ab, bis vom Serienbeginn ausgehend das jeweilige Betrachtungskriterium keinen zeitabhängigen Einfluß mehr erkennen läßt. Um diese Lern-, Problem- oder Anlaufkurve, wie immer man sie nennen will, so flach und ihren zeitlichen Verlauf so kurz wie möglich zu halten, muß ein Vorversuch mit unter Serienbedingungen hergestellten Teilen und Aggregaten durchgeführt werden. Dies umso mehr, je höher später die Produktionsstückzahlen sind und je steiler die Stückzahlkurven ansteigen sollen.

Aus fertigungstechnischer Sicht müssen bei diesen Vorserienerzeugnissen alle in der Praxis sich ergebenden Toleranzen und Spiele erprobt, die Funktionsfähigkeit von Maschinen, Werkzeugen und Vorrichtungen getestet und die Serientauglichkeit der Arbeitspläne unter Beweis gestellt werden. Für diesen Fall stellt auch das in Bild 13 gezeigte flexible Fertigungssystem einen Beitrag moderner Produktionstechnik für kleine Losgrößen dar. Hier stehen sieben Bearbeitungszentren zur Verfügung, die alle mit Drehpalettenwechsler und Werkzeugmagazin (40 Speicher) ausgerüstet sind. Als Verkettungseinrichtung sind induktiv gesteuerte Flurförderzeuge vorgesehen.

Selbstverständlich sollten dabei schon endgültige Rohteile zur Verfügung stehen. In aller Regel erfolgt nämlich die Versuchserprobung zunächst z. B. nur mit Sandgußteilen, Freiformschmiedestücken oder in Versuchswerkzeugen hergestellten Teilen. Für die Serienproduktion werden dann aber Kokillen- oder Druckguß, Gesenkschmiede-, Preß-, Kaltfließpreßausführungen freigegeben und die Großserienwerkzeuge bringen ebenfalls neue spezifische Probleme.

Mit diesen Serieneinzelheiten muß dann in gleicher Weise unter Serienbedingungen an einem Pilotband eine Serienmontage sicherstellen, daß auch im Zusammenbau alle Probleme erkannt und beseitigt sind. Die Vorserienfahrzeuge selbst müssen mit hinreichendem Abstand vor der Hauptserie liegen, damit Erkenntnisse und evtl. notwendige Änderungen noch vor Serienanlauf Berücksichtigung finden können. Es handelt sich dabei sowohl um konstruktive Anpassungen und Änderungen als auch um fertigungs- oder verfahrenstechnische Adaptionen von Werkzeugen, Druckgußformen, Schmiedegesenken oder um Aufnahmen für nachfolgende Bearbeitungen. Auch die Folge von Montage- und Prüfarbeitsgängen wird häufig bei Pilotversuchen noch geändert. Diese können z. B. in einer Informationswerkstatt durchgeführt werden (Bild 14), in der insbesondere auch die Mitarbeiter mit Hilfe entsprechenden Medieneinsatzes und durch praktische Übungen auf ihre zukünftigen Montagearbeiten vorbereitet werden. Aufgrund der Ergebnisse von Pilotmontagen werden auch aufwendige Hilfsvorrichtungen konzipiert, die für die Serie dann einen optimalen Montageprozeß ermöglichen (Bild 15).

Wenn ein Fahrzeug oder ein neues Aggregat am Markt erscheint, muß es ausgereift und fertig entwickelt sein. Versuchserprobung in Kundenhand kostet Image, Geld und Marktanteile und wird heute von der Kundschaft nicht mehr toleriert.

Sicherheits- und Umweltauflagen müssen in jedem Falle voll entsprochen werden, da die Behörden hinsichtlich Zertifizierungen und amtlichen Typ-Prüfungen zwingende Vorschriften erlassen.

3 Qualitätssicherung beim Einsatz moderner Technologien

Der Markt erwartet bei Fahrzeugen allgemein ein Höchstmaß an Sicherheit, hohe Fahrleistung, niedriges Leistungsgewicht, modernes Styling, hohen Komfort und größtmögliche Wirtschaftlichkeit bei angemessenem Preis.

Diese Forderungen sind im Detail miteinander verknüpft. So einleuchtend sie auch klingen, so gegensätzlich können sie aber sein.

Geringer Benzinverbrauch bedingt niedriges Fahrzeuggewicht; kleines Gewicht wieder Leichtbauweise durch Verwenden teuerer Werkstoffe wie Leichtmetall und Kunststoffe und dies wiederum eine teurere Bauweise zur Erreichung der notwendigen Gestaltsfestigkeit. Daß dies jedoch nicht immer so sein muß, veranschaulicht das Beispiel der Aufnehmerkolben bei automatischen Getrieben(Bild 16), die früher aus Stahl gefertigt wurden. Durch den Einsatz glasfaserverstärkter Kunststoffe wurde nicht nur eine beträchtliche Gewichtseinsparung erzielt. Die spritzgegossenen Fertigteile sind einschließlich der notwendigen Dichtringe gegenüber der lohnintensiven spanenden Bearbeitung um etwa die Hälfte billiger.

Neue Technologien müssen prinzipiell erst erprobt werden. Verfahrenstechnik und Verfahrensforschung sind sehr intensiv zu betreiben, um die Sicherheit in der Großserienfertigung unter Beweis zu stellen. Oft sind für die Produktion spezifisch abgestimmte Maschinen, Anlagen, Einrichtungen und Werkzeuge zu entwickeln, deren Einsatz Erfahrungen und Versuche notwendig machen. Als Beispiel dieser Art ist das Kristallfreilegen von Siliziumkarbiden in der Zylinderlauffläche von Aluminium-Kurbelgehäusen anzuführen (Bild 17). In langen Versuchen mußten erst Honsteine und Honverfahren erprobt werden, die sicherstellen, daß die Si-Kristalle nicht zerstört und auch nicht herausgerissen werden. Andererseits mußten dann die chemischen Verfahren entwickelt werden, die ein gleichmässiges Freilegen der Si-Matrix bewirken. Das Grundgefüge wird durch chemisches Abtragen um 0,5 bis 1,5 µm zurückgelegt. Auch der prüftechnische Aufwand, die Si-Kristallverteilung (Bild 18) und ihre Freilegungstiefe zu erfassen, erforderte umfangreiche Vorversuche.

Die Großserienfertigung ist heute hochautomatisiert. Das bedeutet, daß der subjektive Einfluß des Bedienungsmannes weitestgehend minimiert ist. Werkstückaufnahme, Transport und Fertigungsprozeß sind fest miteinander gekoppelt und auch die Prüffunktionen sind meist in die Fertigungsstraßen integriert. Dabei handelt es sich nicht nur um Maschinenüberwachungen hinsichtlich der Bearbeitung von Merkmalen bzw. eines Werkzeugbruchs, sondern auch um maßliche Prüfungen. So werden z. B. in einer Transferstraße für Kurbelgehäuse Durchmesser, Abstandsmaße und Oberflächenrauheiten automatisch gemessen. Zum Teil werden die Meßergebnisse, wie nach dem Feindrehen der Zylinderbohrungen, zum Optimieren des nachfolgenden Honarbeitsganges verwendet. Für die Maschinenzustandsüberwachung kann z. B. ein transportabler Rechner verwendet werden (Bild 19), mit dem die Daten bezüglich Störungsuhrzeit, -dauer, -ort über einen bestimmten Zeitraum aufzunehmen und auszuwerten sind. Der zentrale Anschluß eines Rechners an alle Bearbeitungsstationen hat sich in einem Pilotversuch bereits bewährt.

Bei Annäherung an die Toleranzgrenzen der Qualitätsmerkmale kann es zusätzlich optische oder akustische Signale geben, bei Überschreitung der Grenzwerte ein Stillsetzen der entsprechenden Anlagen, bei gleichzeitiger Anzeige am Bildschirmgerät. "Qualität" verlangt aber weit mehr als die automatisierte Überwachung eines Prozesses oder eines Einzelteils. "Qualität" im Betrieb erfordert Planung und Strategie.

Es ist aus technischen Gründen heute nicht mehr notwendig und wäre aus wirtschaftlichen Gründen auch gar nicht mehr vertretbar, im Prüfbereich allgemein Werkstücke hundertprozentig zu überwachen, um eventuell schlechte Teile auszusortieren.

Das alte System mit einer teilespezifisch festgelegten konstanten Prüfschärfe ist durch ein neues dynamisches Qualitätssicherungssystem zu ersetzen. Dabei wird für jedes Fertigungslos aktuell festgelegt, welche Merkmale mit welcher Häufigkeit zu prüfen sind. Der Prüfbefund wird in einer Datenverarbeitungsanlage ausgewertet und stellt die Grundlage für die Folgelieferung und ihre Prüfung dar. Je nachdem muß diese gar nicht oder nur in Teilumfängen geprüft werden. Diese Dynamik ermöglicht eine schwerpunktorientierte Qualitätsprüfung, womit die Prüfkapazität an anderer Stelle gezielt besser eingesetzt werden kann.

Diese statistische Prüfung ist durchaus geeignet, das Qualitätsniveau langfristig zu beobachten und - wenn nötig - geeignete Maßnahmen einzuleiten. Das System läßt sich für die eigene Fertigung ebenso anwenden wie für eine Qualitätsüberwachung bei Auswärtsteilen. Der Aussagewert in Form einer Lieferantenbewertung ist noch zu erhöhen, wenn eine Fehlergewichtung Bestandteil der Rechenroutine ist (Bild 20). Den Neben-, Haupt- oder kritischen Fehlern wird ein Faktor zugeordnet, mit dem der Fehleranteil nach seiner Schwere gewichtet wird.

Bei allen vollautomatisierten 100 %-Prüfungen im Fertigungsprozeß, aber auch bei Meßeinrichtungen mit "Miniterminals", ermöglicht die Prozeßrechnertechnik die aktuelle Erfassung und Auswertung der Qualitätsdaten: Mittelwerte, Streuung oder Standardabweichung sind dann on-line ebenso präsent wie Stückzahlen von guten, schlechten und nachzuarbeitenden Teilen. Ein Bussystem konzentriert die Meßergebnisse in einer Zentrale, wo über Bildschirm und Schnelldrucker das Qualitätsgeschehen eines großen Fertigungsbereiches erfaßt, dokumentiert und abgefragt werden kann (Bild 21).

Im Gegensatz zur mechanischen Fertigung ist der einzelne Montage-Arbeitsgang sehr häufig nicht mehr direkt nachprüfbar, weil die Teile nicht mehr zugänglich sind oder weil es sich um Paßvorgänge handelt. Neben sorgfältigster Arbeitsausführung muß durch Überwachung sichergestellt werden, daß sich an den relevanten Montagebedingungen, d. h. an Werkzeugen, Einrichtungen und Sollwertvorgaben nichts geändert hat.

Stichproben und vor allem genaue Prüfstandsuntersuchungen müssen die Funktion sicherstellen. Eine ebenfalls stichprobenartige Erprobung der Dauerbeanspruchung auf Spezialprüfständen und mit Originalfahrzeugen (Bild 22) soll alle noch möglichen Lücken schließen. In einer sogenannten Auditprüfung werden die Prüflinge dann zerlegt und nach Checklisten einzeln vermessen und bewertet. Die Rückkoppelung aller Erkenntnisse daraus sorgen dafür, daß ganzheitlich eine Qualität sichergestellt wird, die dem Unternehmensziel entspricht und aus Kundensicht als ausgereift und bewährt angesprochen werden kann.

Den entscheidenden Maßstab für "Qualität" setzt allein der Kunde. Darum wird seiner Wertung und seinem Urteil große Bedeutung zugemessen. Alle Kundenbeanstandungen und alle Garantiemeldungen werden in unserem Hause sehr genau technisch analysiert. Im Bedarfsfall lösen sie schnelle und gezielte Maßnahmen zur Beseitigung aus. Mit Hilfe eines ausgefeilten Dokumentationssystems werden die Produktionsnummern des Fahrzeugs, der Aggregate und das Baudatum erfaßt. Über dem Baudatum lassen sich somit die Zahl der ausgebauten Aggregate und die Zahl der Beanstandungen im laufenden und in den zurückliegenden Jahren einzeln und kumulativ ausdrucken. Dabei wird für jeden Schadensfall die Laufleistung bis zum Schaden erfaßt. Die Zuordnung von Schadensschwerpunkten zu bestimmten Baudaten oder die Schadenserwartung in Abhängigkeit von der Kilometerleistung ist stets aktuell von Baubeginn an darstellbar. Auch die Schadensursache wird gleichzeitig miterfaßt, so daß neben den kumulierten Fehlerprozentsätzen auch die prozentuale Verteilung der Fehlerursachen in Pareto-Darstellung ermittelt und Gegenmaßnahmen qualifiziert beurteilt werden können.

Die dynamische Überwachung in der Wareneingangsprüfung, in der eigenen Fertigung, in Montage und Prüffeld, die Auditprüfung und die Garantieauswertung stellen ein in sich abgerundetes System einer Qualitätssicherung dar, das mit Hilfe moderner Datentechnik stets aktuelle Informationen, Auswertungen, Hochrechnungen und Trendinformationen ermöglicht.

Entscheidend für den Stand und das Niveau der "Qualität" ist die "abgesicherte Dynamik", mit der notwendige Schritte eingeleitet und Änderungen von Konstruktion, Fertigung oder Fremdteilen durchgezogen werden.

Trotz aller Technisierung und Automatisierung steht im Mittelpunkt der qualitätsrelevanten Einflußgrößen der Mensch (Bild 23), dessen Wissens- und Kenntnisstand durch Schulung erweitert und dessen Anschluß an die technisch-wissenschaftlichen Neuerungen sichergestellt werden muß (Bild 24). Je mehr es auch im psychologischen Bereich gelingt, das Interesse der Mitarbeiter zu wecken und ihre Motivation zu steigern, desto mehr wird ihr Leistungswille gestärkt.

Die freiwillige Beteiligung besonders der Mitarbeiter vor Ort in Form sogenannter Werkstattkreise (Bild 25) - verbunden mit einem Blick nach Japan - zeigt, welch großes Leistungspotential dadurch aktiviert werden kann.

Wenn die wirtschaftlichen Rahmenbedingungen es der europäischen Automobilindustrie erlauben, die zur Verbesserung ihrer Wettbewerbsfähigkeit erforderlichen Anpassungen fortzusetzen und zu verstärken, wie sie insbesondere in den beabsichtigten umfangreichen Investitionsvorhaben zum Ausdruck kommen, ist es Aufgabe der Unternehmen, dafür durch die aufgezeigte Symbiose aus modernsten Technologien und engagiertem Qualitätsbewusstsein die Voraussetzungen zu schaffen /7/.

4 Literatur

/1/ o. V. Verband der Automobilindustrie e. V., (VDA), Frankfurt, Stand 82.

/2/ o. V. Eurostat, Stundenverdienste, Statistisches Bundesamt, Wiesbaden, und Verband der Automobilindustrie e. V. (VDA), Frankfurt, 1981.

/3/ Peekhaus, G. Die deutsche Autokonjuktur lebt vom Export. Finanz und Wirtschaft vom 21.4.1982.

/4/ o. V. Weitere Chancen auf Auslandsmärkten? Koblenz: Industrie- und Handelskammer, 1979.

/5/ o. V. Geschäftsbericht 1981, Stuttgart: Daimler-Benz AG, 1982.

/6/ Sacco, B. Entscheidungen für mehr als eine Generation. Vortrag Technische Hochschule Aachen, 1982.

/7/ o. V. Die europäische Automobilindustrie. Bulletin der europäischen Gemeinschaften, Beilage 2/81.

Bildanhang

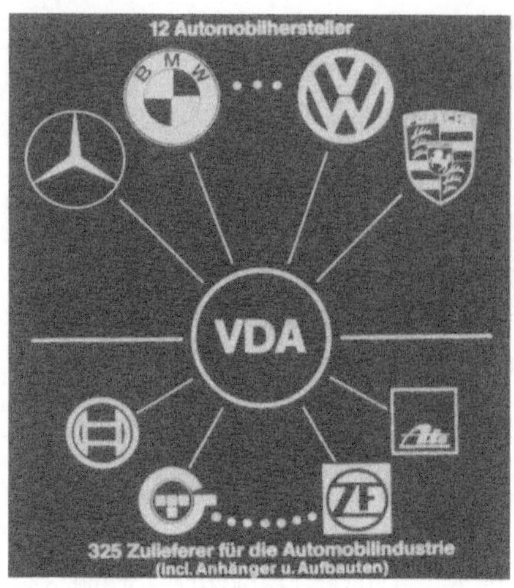

1

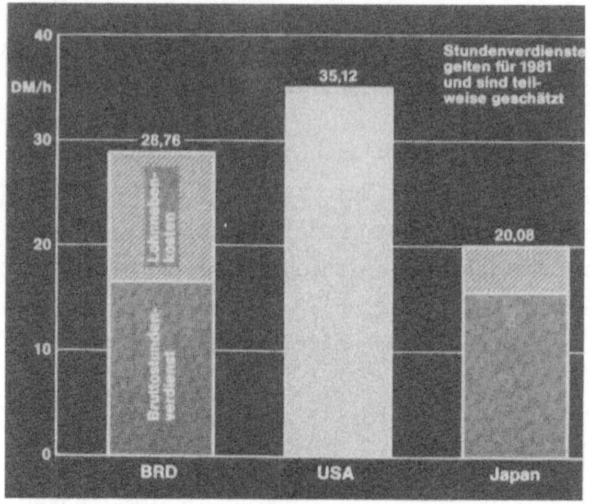

2

Nichtpreiskomponenten
68%
Sonstige 3%
Service 12%
technologischer Vorsprung 13%
Lieferzeit 18%
Erfahrung im Exportgeschäft 19%
Qualität 35%

3

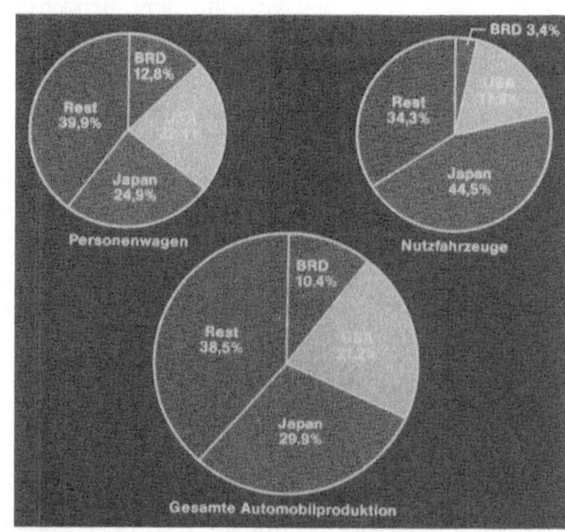

4

Anforderungen an das Produkt
in Bezug auf

- Konzeption
- Mode
- Auslegung
- Produktion
- Service
- Verkauf

5

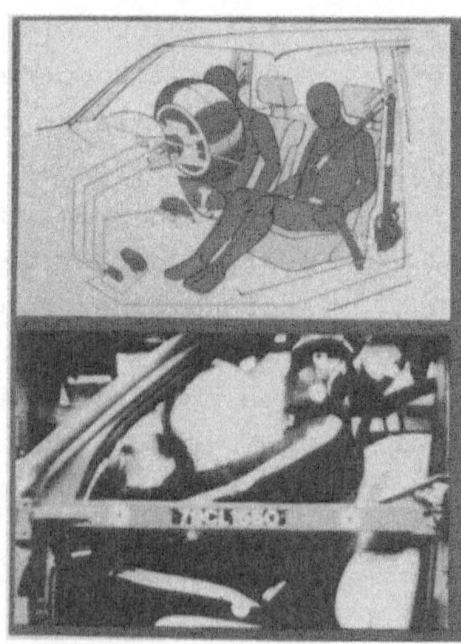

6

7

8

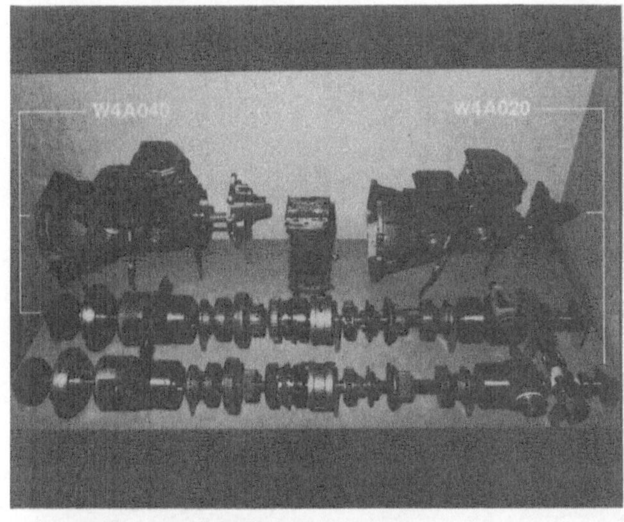

9

10

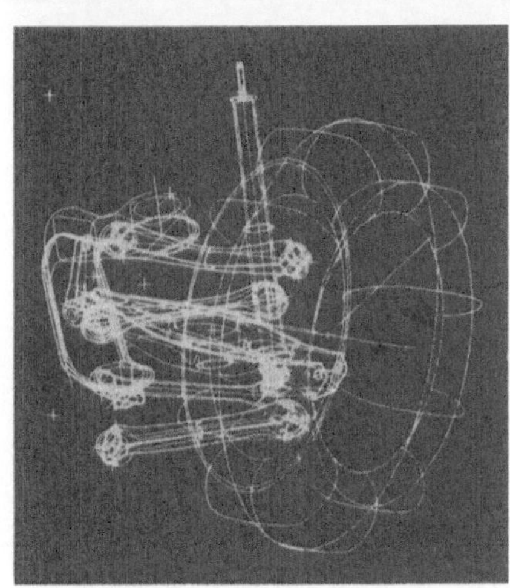

11

12

13

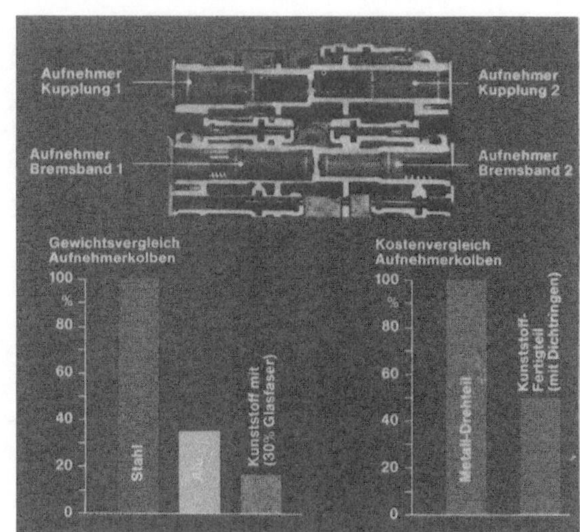

16

14

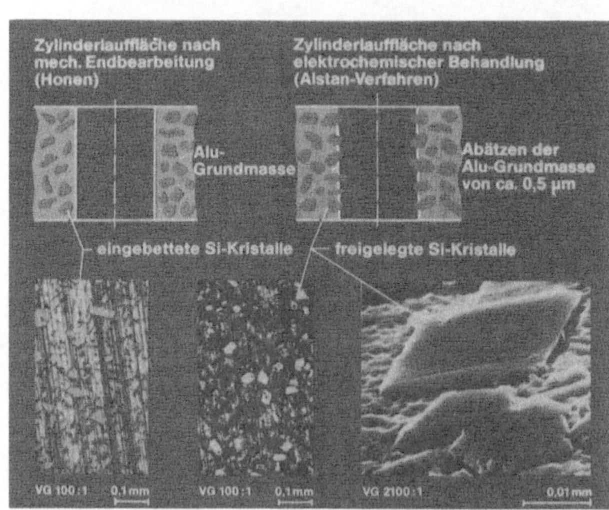

17

15

18

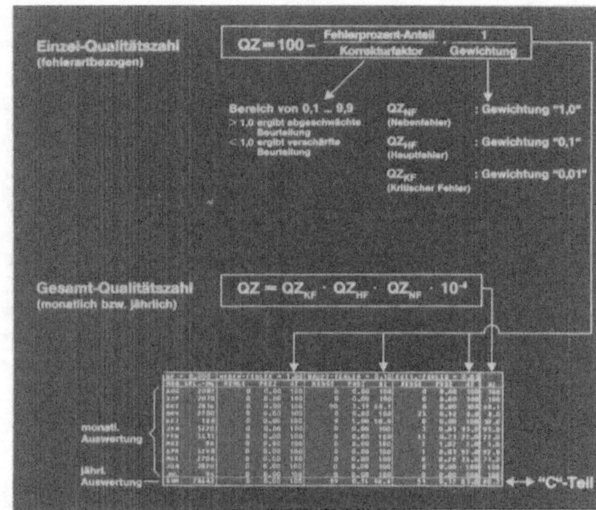

20

● Ausbringungs-optimierung
● Erkennung von Störungstrends
● Werkzeug Standzeitoptimierung

19

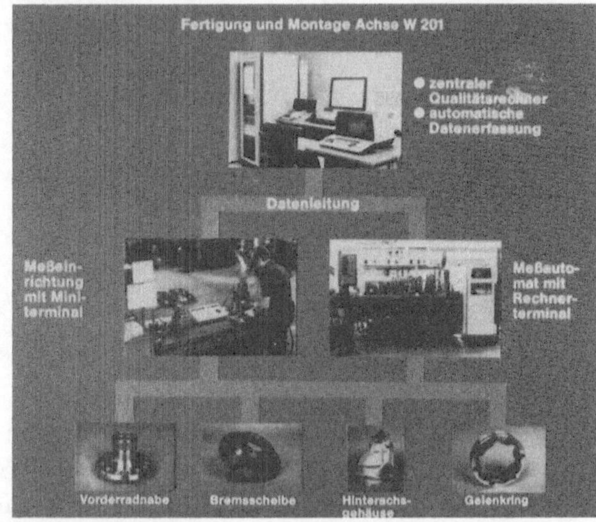

21

22

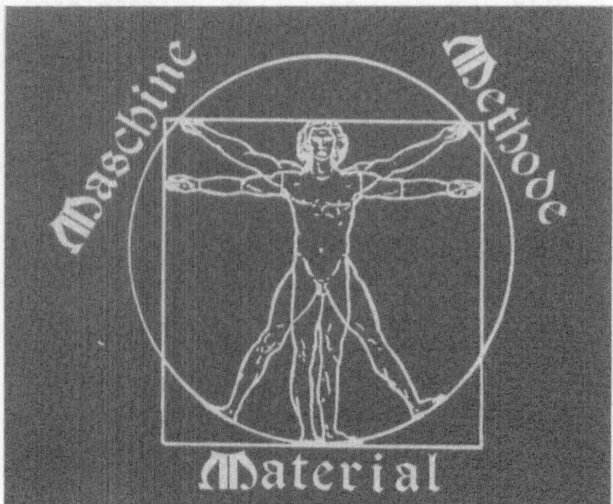

23

24

25

Bild 13: Flexible Universalfertigung bei Vorserien

Bild 14: Montage-Training in der Informations-Werkstatt

Bild 15: Optimaler Montage-Prozeß durch geeignete Vorrichtungen

Bild 16: Gewichts- und Kosteneinsparung mit alternativen Werkstoffen

Bild 17: Spezielle Bearbeitungstechniken durch Einsatz neuer Materialien

Bild 18: Prüfstand zum Beurteilen der Si-Einbettung

Bild 19: Qualitätssicherung durch Transferstraßenüberwachung

Bild 20: Liefer-Bewertung

Bild 21: Qualitätssicherung in der Achs-Fertigung

Bild 22: Erprobung der Dauerbeanspruchung mit Original-Fahrzeugen

Bild 23: Relevante Einflußgrößen auf die Qualität eines Produkts

Bild 24: Service-Schulung am Aggregat

Bild 25: Erweitern des Wissens- und Kenntnisstands durch Werkstattkreise

INTEGRATION VON NC-MEHRKOORDINATENMESSGERÄTEN IN FLEXIBLEN FERTIGUNGS SYSTEMEN (FFS)

INTEGRATION OF NC-MEASURING-CENTERS IN FLEXIBLE MANUFACTURING SYSTEM (FMS)

A. Storr, B. Grossmann, R. Ohnheiser

Institut für Steuerungstechnik der Werkzeugmaschinen und Fertigungseinrichtungen Universität Stuttgart, Seidenstr. 36, 7000 Stuttgart 1, B.R. Deutschland

Summary

Aims of quality monitoring integrated in FMS are to increase precision of manufacturing and to decrease cost of production by reducing refused parts and the expense to achive quality of a high level. Assumptions on the hardware-side are given by equipment for auto gauching. Programs influencing control data are developed partly, paying attention to interfaces of the numerical controls available or still to be designed.

1 Einleitung

Ein flexibles Fertigungssystem (FFS) besteht aus mehreren verketteten Einzelmaschinen und bearbeitet automatisch und in nicht durch Umrüsten unterbrochener Folge verschiedene Werkstücke gleichzeitig /1/. Vielfach wird in FFS auch eine automatische Qualitätskontrolle durchgeführt. Dafür dienen einerseits Einrichtungen zum Messen in der Maschine /2/ und andererseits numerisch gesteuerte Mehrkoordinatenmeßgeräte (MKM). Die Vorteile von MKM, die in diesem Beitrag vorzugsweise betrachtet werden, sind in der hohen erreichbaren Genauigkeit und ihrer Flexibilität zu sehen. Kennzeichen der Flexibilität sind

- der Einsatz für unterschiedliche Meßaufgaben bei geringem Umrüstaufwand infolge Werkstück- und Tasterwechsel;
- die Automatisierung des Meßablaufs;
- die Möglichkeiten der Rechnerunterstützung bei Steuerdatenerstellung, Meßdatenermittlung und Weiterverarbeitung der Meßergebnisse für Dokumentations- und Korrekturmaßnahmen.

Aufgabenstellungen bei der Integration eines MKM in ein FFS betreffen die konstruktive Gestaltung des Meßgeräts und die Verknüpfung mit dem Transportsystem als hardwareseitige Voraussetzungen sowie die Programmentwicklungen zur informationsflußtechnischen Verkettung. Schwerpunkte bei der Informationsverarbeitung sind die Erstellung der Steuerdaten für das MKM, die Verarbeitung der Informationen im Fertigungsrechner

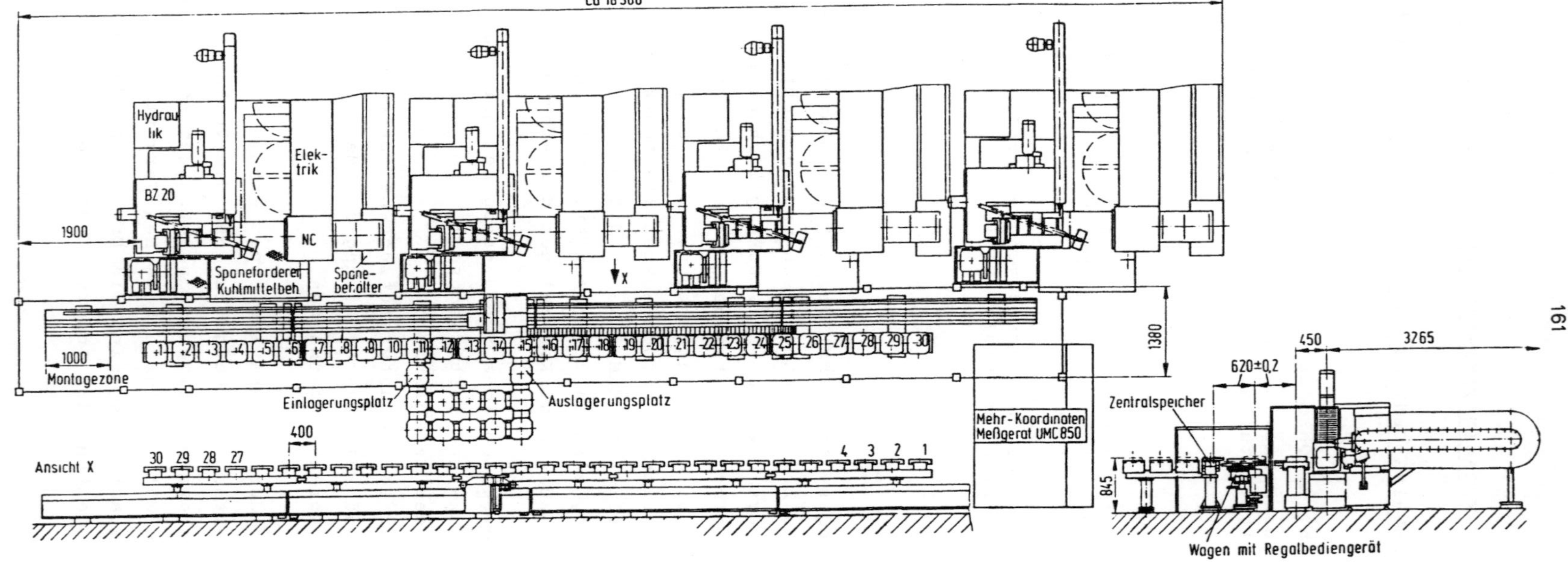

Bild 1: Flexibles Fertigungssystem (Quelle: Carl Zeiss, Oberkochen)

sowie die Meßdatenerfassung und -auswertung unter Einbezug von Korrekturmaßnahmen, die in einem Regelkreis veranlasst werden können.

2 Maschinen- und Steuerungshardware

Die folgenden Darstellungen beziehen sich auf zwei FFS, eines ist als Pilotanlage am Institut für Steuerungstechnik (Universität Stuttgart) aufgebaut, das zweite ist in Bild 1 gezeigt /3/. Bei beiden Anlagen sind Mehrkoordinatenmeßgeräte sowohl von der Seite des Material- als auch des Informationsflusses in die Systeme integriert. Sie umfassen jeweils vier sich ersetzende Bearbeitungszentren, wobei die Werkstücke durch ein Regalbediengerät aus einem zentralen Lager auf die Maschinen transportiert werden. Das MKM der Pilotanlage ist mit einer MPST-Steuerung (MPST: Mehrprozessor-Steuersystem) ausgerüstet, die Verfahranweisungen von einem Auswerterechner (HP 1000) erhält, die Messung durchführt und die Koordinatenwerte wieder an den Rechner rückmeldet /4/. Der Meßablauf ist in Kapitel 3.3 ausführlich beschrieben. Zur Übertragung der Meßprogramme und zur Rückübertragung der Meßergebnisse ist der Auswerterechner des MKM am Institut ebenfalls über eine serielle Schnittstelle mit dem Fertigungsrechner verbunden (Bild 2) bei dem industriell eingesetzten System ist diese Verbindung geplant, die Auswertung und Verarbeitung der Meßergebnisse erfolgt dort zunächst noch manuell durch das Bedienpersonal. Im folgenden wird die automatisierte Lösung behandelt.

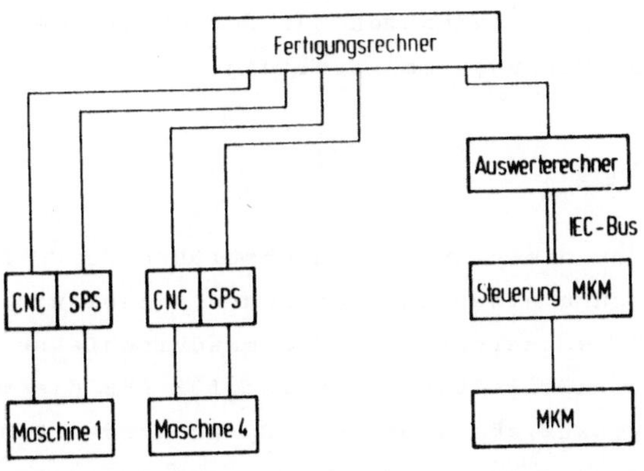

Bild 2: Steuerungsstruktur eines flexiblen Fertigungssystems mit integriertem Mehrkoordinatenmeßgerät

Der Dialog zwischen dem Fertigungsrechner und dem Auswerterechner umfaßt folgende Befehle:

- Übertragung eines Meßprogramms zum Auswerterechner;
- Rückübertragung von Meßergebnissen zum Fertigungsrechner;
- Übertragung des Verzeichnisses der am Auswerterechner vorhandenen Meßprogramme zum Fertigungsrechner;
- Koordination der Werkstückübergabe zwischen MKM und Transportgerät;
- Starten eines Meßvorgangs;
- Übertragung von Zustands- und Fehlermeldungen an den Fertigungsrechner.

3 Informationsfluß

Der Informationsfluß in flexiblen Fertigungssystemen bezogen auf die Meßprogrammerstellung und Meßdatenverarbeitung ist bidirektional: Durch ein integriertes Programmiersystem werden die Meßprogramme erstellt und dem zentralen Steuersystem des FFS, dessen Programme im Fertigungsrechner implementiert sind, übergeben. In diesem zentralen Steuersystem, das aus den Bausteinen Disposition, DNC (direct numerical control = Rechnerdirektsteuerung), Materialflußsteuerung, Bedienung und Meßdatenverarbeitung (Bild 3) besteht, werden die Meßprogramme verwaltet und bei Bedarf an den Auswerterechner des MKM überspielt. Die Meßdatenverarbeitung veranlaßt die Übertragung der Meßergebnisse vom Auswerterechner und die Maßnahmen zur Korrektur von Steuerdaten für das FFS und bei der Meßprogrammerstellung.

3.1 Meßprogrammerstellung

Alternative Methoden für die einmalig durchzuführende NC-Programmerstellung als Voraussetzung eines automatischen Meßablaufs sind die Lernprogrammierung und die rechnerunterstützte maschinenferne Programmierung. Aus Flexibilitäts- und Kapazitätsgründen ist für FFS die maschinenferne Programmierung vorzuziehen, bei der Sprach- oder Dialogeingaben durch Verarbeitungsprogramme zu NC-Steuerdaten umgesetzt werden. Zu unterscheiden sind verschiedene hersteller- bzw. steuerungsgebundene und ein universell anwendbares Programmiersystem.

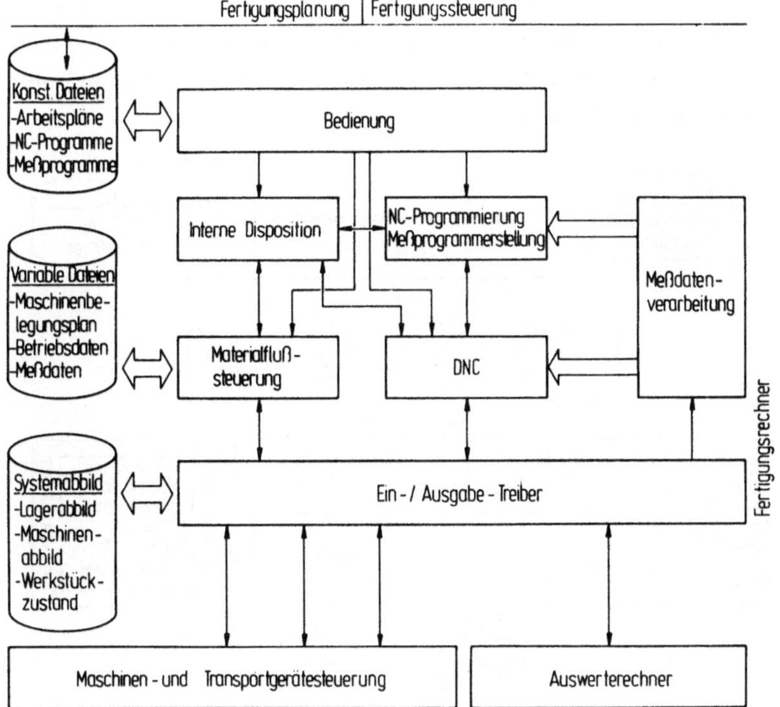

Bild 3: Programmbausteine zur Steuerung eines flexiblen Fertigungssystems mit integriertem Mehrkoordinatenmeßgerät

Für das universell anwendbare System N.C.M.E.S (Numerical Controlled Measuring and Evaluation System) ist eine sog. integrierte Lösung entwickelt und teilweise realisiert worden. N.C.M.E.S. gliedert sich in einen sogenannten maschinenfernen und einen maschinennahen Teil /5/. Im ersteren sind Processor und Postprocessorfunktionen enthalten, die als Schnittstellen das GMDATA (General Measuring Data) bzw. die an DIN 66025 ("Lochstreifennorm") orientierte CIDATA (Control Input Data) ausgeben /5, 6/. Auf dieses Meßprogramm kann der maschinenferne N.C.M.E.S.-Teil für die Ausführung von Steuer- und Auswerteberechnungen zugreifen. Die Sprachanweisungen sind in Aufbau und Wortwahl den APT-Systemen ähnlich. Die gegebenen Definitionsmöglichkeiten für Geometrie, Meßpunktegenerierung und Auswertung genügen den Forderungen bei auf FFS gefertigten rotatorischen und prismatischen Werkstückspektren.

Die System- und Sprachstruktur bietet die Voraussetzung einer integrierten NC-Programmierung mit dem Ziel, einmal eingegebene Daten mehrfach zu nutzen, um damit Programmierzeiten und potentielle Fehlerquellen reduzieren zu können. Übergreifende Informationen, die ausgehend von der Konstruktion im Fertigungsbereich sowohl für das Bearbeiten als auch für das Messen benötigt werden, sind die werkstückbeschreibenden Geometriedaten. Das Konzept einer integrierten Geometriedatenerstellung und -anwendung zeigt Bild 4.

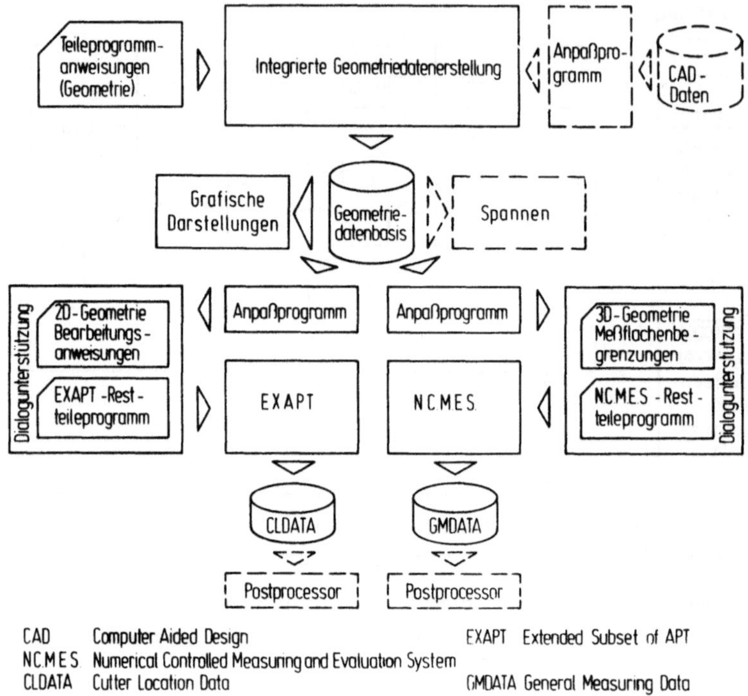

Bild 4: Integrierte NC-Programmerstellung bei FFS

Für die Anwendung integrierter Geometriedaten bieten sich zwei Strukturalternativen an. Im ersten Fall greifen die verfahrensspezifischen Technologiemodule über ein Datenverwaltungsprogramm direkt auf die Datenbasis zu, eine mehrfache Geometriedatenverarbeitung entfällt. Diese Lösung verlangt jedoch umfangreiche Eingriffe in existierende Programmiersysteme, verbunden mit den Problemen der Softwareverantwortung, Entwicklungsaufwand usw. Die zweite, in Bild 4 dargestellte Alternative beläßt die Grundsysteme als Basis und bereitet über einfach zu erstellende Anpaßprogramme, in Verbindung mit dialogunterstützten Eingabeprogrammen Teileprogrammanweisungen in der bekannten, für das jeweilige System geeigneten Form auf. Beim ersichtlichen Trend der Rechnerkosten sind die damit einhergehenden zusätzlichen Speicher- und Rechenkosten vernachlässigbar. Dieses Konzept wird derzeit exemplarisch realisiert und für die NC-Datenerstellung des am Institut für Steuerungstechnik aufgebauten FFS eingesetzt.

3.2 Meßprogrammübertragung

Die Meßprogramme mit den CIDATA werden am Fertigungsrechner erstellt und dort an zentraler Stelle verwaltet. Für jedes zu messende Werkstück wird das benötigte Meßprogramm vor dem Meßvorgang komplett an den Auswerterechner überspielt. Um Übertragungszeiten einzusparen ist dieser in der Lage, eine begrenzte Anzahl an Meßprogrammen, z.B. den Bedarf für eine Schicht, separat zu verwalten. Ebenso können Meßergebnisse zwischengespeichert werden, um sie geschlossen abrufen zu können, wenn sie der Fertigungsrechner benötigt. Die Datenübertragung zum Auswerterechner und die Meßprogrammverwaltung sind Teil des gesamten DNC-Systems, da sie dieselben Funktionen und Aufgaben beinhalten, wie die Verwaltung und Übertragung der NC-Programme zu den Bearbeitungsstationen. Lediglich die Ein-/Ausgabe-Treiber (Bild 3) sind an die Schnittstelle zum Auswerterechner angepaßt.

3.3 Ausführung des Meßablaufs

Der Meßablauf ist bei FFS so zu gestalten, daß er ohne manuelle Eingriffe ablaufen kann. Funktional läßt sich der Meßablauf in die Phasen des Tastereinmessens nach einem Tasterwechsel, der Werkstückzufuhr, der Ausrichtung, der eingentlichen Messung und der Meßpunktauswertung mit Ergebnisausgabe gliedern. Für die logisch und zeitlich richtige Abwicklung dieser Aufgaben wurde die in Bild 5 dargelegte Softwarekonfiguration im maschinennahen Rechner realisiert. Die Implementierung auf einem separaten Rechner bringt Vorteile für den zeitkritischen Datenverkehr mit der CNC, der über eine parallele Schnittstelle erfolgt.

Zentrales Glied ist das entwickelte maschinennahe Steuerprogramm (s. Bild 5), das DNC-Befehle vom Zentralrechner empfängt, durch den Aufruf entsprechender Programme deren Ausführung organisiert und für weitergehende Anwendungen Meßergebnisse rückmeldet. Nahezu unverändert konnte der N.C.M.E.S. Auswerteteil übernommen werden, Ergänzungen waren lediglich für die Ergebnisausgabe in einer für die DNC-Rückübertragung geeigneten Dateienform notwendig. Da die Werkstücke auf Paletten gespannt und ihre Lage damit hinreichend genau bekannt ist, kann über das jeweilige Meßprogramm eine automatische Feinausrichtung vorgenommen werden.

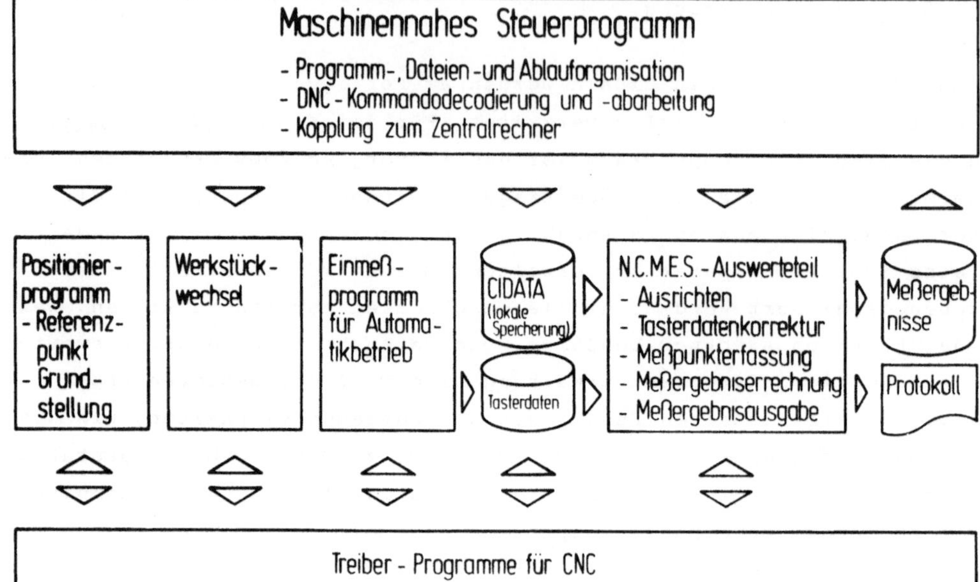

Bild 5: Softwarekonfiguration im Steuer- und Auswerterechner

4 Meßdatenrückführung und Steuerdatenkorrektur

4.1 Ziele

Der Vorteil eines FFS gegenüber einer konventionellen Fertigung liegt u.a. auf der dispositiven Seite, die eine kurzfristige Anpassung der Fertigungsreihenfolge an unterschiedliche Auftrags- und Systemzustände erlaubt. Der Ablauf der Fertigung läßt sich in einen organisatorischen und einen technischen Regelkreis unterteilen (Bild 6). Im organisatorischen Regelkreis werden aktuell Bearbeitungsschritte erfaßt und über die Maschinenbelegungsplanung und Arbeitsverteilung die Zuweisung von Aufträgen auf die einzelnen Maschinen beeinflußt. Hierdurch läßt sich ein optimaler Durchsatz an Werkstücken bezüglich des jeweils aktuellen Anlagenzustandes erreichen.

Durch den technischen Regelkreis läßt sich die Qualität der gefertigten Werkstücke verbessern. Hierzu werden die Werkstücke gemessen und dann entweder NC-Programme, Teileprogramme oder andere, die Bearbeitung beeinflussende Daten z.B. Werkzeugdaten, entsprechend korrigiert. Dies kann sowohl direkt in der Steuerung einer Bearbeitungsmaschine

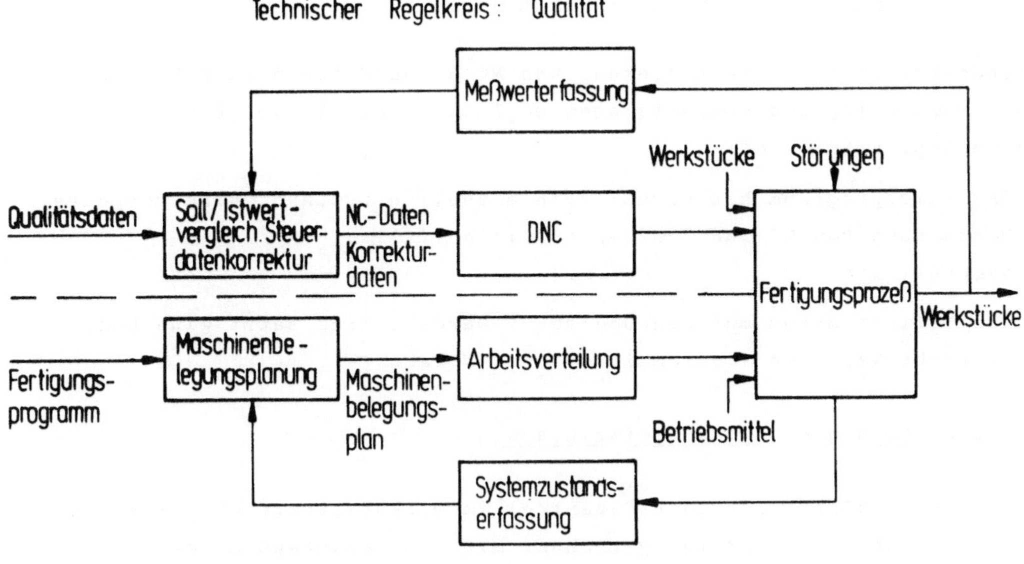

Bild 6: Fertigungsregelkreis

als auch im Fertigungsrechner bzw. im Rechner der Teileprogramme verarbeitet, erfolgen. Im Gegensatz zur konventionellen Fertigung lassen sich bei FFS mit MKM insbesondere mit integrierten NC-Programmiersystemen Korrekturvorgänge automatisieren.

4.2 Korrekturstellen und -zeitpunkte

Meß- und Korrekturdaten können zu verschiedenen Zeitpunkten, an verschiedenen Stellen und auf unterschiedliche Art und Weise wieder in das zentrale Steuersystem zurückgeführt werden. Steuerdaten können

- bearbeitungsprogrammbezogen,
- fertigungsbereichsbezogen und
- prozeßbezogen

beeinflußt werden.

Aufgabe des Steuersystems eines FFS ist es, diese Korrekturvorgänge möglichst zu automatisieren und darüber hinaus dem Bedienpersonal geeignete Hilfsmittel bereitzustellen, die eine schnellere und sichere Fehlerbeseitigung gestatten.

4.2.1 Bearbeitungsprogrammbezogene Beeinflussung

Grundsätzlich ist eine Korrektur von NC-Steuerdaten nach DIN 66025 oder von Teileprogrammanweisungen möglich. Vorteile von Änderungen im Teileprogramm sind:

- das Teileprogramm hat jeweils den aktuellen Zustand, eine doppelte Verwaltung von NC- und Teileprogramm entfällt;
  Nachteil ist
- das Teileprogramm muß neu übersetzt werden, dies setzt eine hohe Verfügbarkeit des Programmiersystems voraus.

4.2.2 Fertigungsbezogene Beeinflussung

Korrekturen können entweder dezentral im Werkstattbereich direkt an der NC oder zentral am Fertigungsrechner z.B. im Leitstand durchgeführt werden, dabei sind die unter 4.2.1 genannten Varianten möglich.
Korrekturen direkt an der NC bedeuten:
- in der Regel eine ausschließliche und manuelle NC-Datenkorrektur und Maschinenstillstandszeit;
- Werkzeugkorrekturen bzw. Nullpunktverschiebungen sind möglich, allerdings ist deren manuelle Eingabe in der Regel zeitintensiv und fehlerbehaftet.

Bei Korrekturen im Fertigungsrechner können

- sowohl NC- als auch Teileprogramme geändert werden, wozu ein Editor erforderlich ist;
- Werkzeugkorrekturen an die NC übertragen werden, sofern die Korrekturspeicher über die DNC-Schnittstelle gesetzt werden können.

Grundsätzlich gilt, daß einmalige Änderungen vorteilhaft an der NC, alle längerfristigen und dauerhaften Änderungen dagegen im Fertigungsrechner entweder auf NC-Programm- oder auf Teileprogrammebene ausgeführt werden.

4.2.3 Prozeßgekoppelte bzw. prozeßentkoppelte Beeinflussung

NC-Daten müssen
- beim Einfahren der Teile vor der Bearbeitung zur Beseitigung von Fehlern der NC-Programmierung und
- während der Fertigung zur Beseitigung von Werkzeugabnutzungen, Aufspannfehlern, Temperaturschwankungen usw.

geändert werden.

Das Einfahren der Teile kann auch außerhalb des FFS auf separaten Maschinen erfolgen. Die Problematik der Steuerdatenbeeinflussung wird dadurch nicht beeinflußt.

Die prozeßgekoppelte Beeinflussung kann entweder online zur Laufzeit des NC-Programms oder entkoppelt von der Bearbeitung durchgeführt werden. Änderungen zur Laufzeit setzen Meßeinrichtungen in der Maschine voraus, die nicht Thema dieses Berichts sind.

4.3 Voraussetzungen für eine rechnerunterstützte Beeinflussung

Zur Automatisierung sind zwei Voraussetzungen unabdingbar:

- Zur Korrektur der NC-Daten - zusammengefaßt in NC-Sätzen - ist ein direkter Bezug von einem bestimmten Maß bzw. mehreren Meßpunkten zu den dazugehörigen NC-Sätzen erforderlich.
- Zur Korrektur der Teileprogramme muß ein Rückschluß vom aktuellen NC-Satz zur bzw. zu den generierenden Teileprogrammanweisungen möglich sein.

Diese Voraussetzungen sind nicht grundsätzlich in jedem Fall erfüllt, da in der Regel mehrdeutige Zuordnungen gegeben sind. So kann das im Bild 7 beispielhaft angeführte Maß d_1 sowohl durch den NC-Satz :1 als auch durch Satz N4 verändert werden. Diese Problematik läßt sich umgehen, wenn bereits bei der Konstruktion bzw. Programmierung Korrekturstellen eingeplant und bestimmten NC-Sätzen bzw. Teileprogrammanweisungen fest zugeordnet werden. Eine Möglichkeit hierfür sind Korrekturparameter (Bild 7) deren Werte durch den Auswerterechner des Mehrkoordinatenmeßgerätes bestimmt werden.

Weiter ist es erforderlich, für alle zu bestimmenden Maße Sollwerte und Toleranzgrenzen dem Auswerterechner zur Verfügung zu stellen, damit entschieden werden kann, ob ein bestimmtes Maß innerhalb oder außerhalb einer bestimmten Toleranz liegt und somit Korrekturmaßnahmen überhaupt erforderlich sind.

4.4 Reaktionsmöglichkeiten des zentralen Steuersystems

Wurde durch den Auswerterechner eine Maßüberschreitung festgestellt, so sind sowohl organisatorische als auch technische Korrekturmaß-

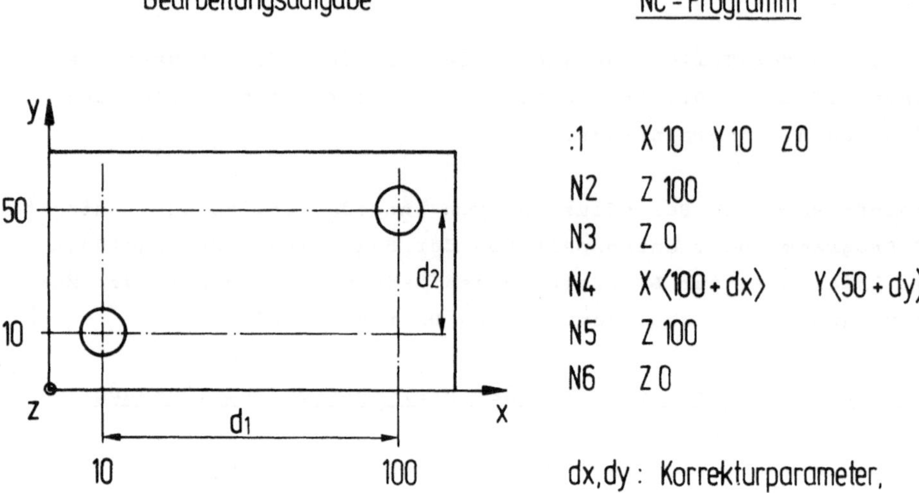

Bild 7: Meßdatenrückführung durch Korrekturparameter im NC-Programm

nahmen möglich. Organisatorische Korrekturmaßnahmen sind (Bild 8)

- die Änderung der Prüfhäufigkeit bei der Annäherung eines Maßes an die Toleranzgrenze;
- die Einteilung der Teile in bestimmte Toleranz- bzw. Passungsgruppen, falls dies vom zu fertigenden Teilespektrum her möglich ist;
- statistische Maßnahmen zur Erfassung und Dokumentation von Meßwerten, Trends, Fertigungsgenauigkeiten usw.

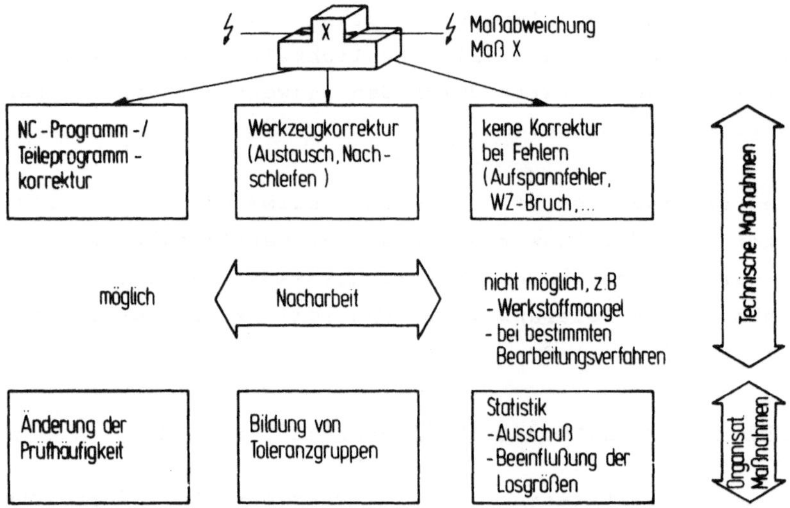

Bild 8: Einflußmöglichkeiten auf die Fertigung durch die Meßdatenrückführung

Durch diese Maßnahmen werden die gefertigten Werkstücke zwar direkt nicht verändert, wohl aber die Voraussetzungen für weiterführende technische Korrekturmaßnahmen geschaffen. Hierunter sind insbesondere die Entscheidungen zu verstehen, ob

- NC- oder Teileprogrammkorrekturen überhaupt erforderlich sind oder ob es sich um einmalige Maßabweichungen, hervorgerufen beispielsweise durch Aufspannfehler oder Werkzeugbruch, handelt,
- die Korrektur auf Werkzeugseite ausgeführt werden kann, beispielsweise durch Veränderung der Werkzeugkorrekturschalter in der NC oder durch einen Austausch des Werkzeugs,
- Nacharbeit an dem fehlerhaften Werkstück möglich ist oder nicht.

Diese Maßnahmen sind nicht alle vollständig automatisierbar, hier sind nach wie vor Entscheidungen des Bedienpersonals erforderlich. Ein erster Schritt wird sein, rechnerseitig Hilfsmittel zur Verfügung zu stellen, die durch entsprechende Bedienerführung eine Vorgehensweise in Dialog ermöglichen. Erste Untersuchungen, wie ein derartiges Kommunikationssystem aussehen sollte, wurden am Institut bereits durchgeführt.

5 Zusammenfassung

Ziele der in FFS integrierten Qualitätsüberwachung sind die Erhöhung der Fertigungsgenauigkeit und die Senkung von Fertigungskosten durch Reduktion von Ausschuß und von Aufwand für Nacharbeit. Gerätetechnische Voraussetzungen sind sowohl durch MKM als auch durch Einrichtungen zum Messen in der Maschine gegeben. Programme zur Beeinflussung von Steuerdaten unter Beachtung bereits vorhandener bzw. noch zu entwickelnder Schnittstellen bei numerischen Steuerungen sind teilweise vorhanden, ihre Entwicklung im Rahmen der gezeigten Lösungsansätze ist im Gange.

6 Schrifttum

/1/ Stute, G. Storr, A. — Flexible Fertigungssysteme. wt-Z.ind.Fertig.64 (1974) H3, S. 147 ... 156.

/2/ Storr, A., Kohler, P. — Messen von Bohrungen in der Bearbeitungsmaschine. Seminar "Herstellen von Präzisionsbohrungen", Uni Stuttgart, 2.10.1981.

/3/ Modrich, G. — Pilotanlage eines flexiblen Fertigungssystems zur Herstellung und Prüfung prismatischer Werkstücke der Feinwerktechnik. "Feinwerktechnik und Meßtechnik" 91. Jahrgang 1983, Heft 4.

/4/ Stute, G., Storr, A., Grossmann, B., Renn, W., Schwager, J. — Steuersystem für ein flexibles Fertigungssystem mit integriertem Werkzeugfluß. 14th CIRP International Seminar on Manufacturing Systems. Trondheim, Norwegen, Juni 1982.

/5/ Wollersheim, R. — Problemorientierte Programmiersprache N.C.M.E.S. mit Anwendungsbeispielen. VDI-Bericht Nr. 378 (1980), S. 57 ... 67.

/6/ Ohnheiser, R. — Steuerung und Aufbau eines Grafikmoduls. HGF-Kurzberichte (Lose-Blatt-Sammlung) Blatt 82/22. Essen: Girardet, 1982.

RECHNERGESTÜTZTE AUSWAHL KOSTENOPTIMALER STICHPROBENPLÄNE ZUR QUALITÄTSPRÜFUNG VON SERIENPRODUKTEN

COMPUTERIZED SELECTION OF COST OPTIMAL SAMPLING PLANS FOR QUALITY TESTS OF BATCH PRODUCTS

D. Hofmann

Sektion Technologie für den Wissenschaftlichen Gerätebau
Friedrich-Schiller-Universität Jena
6900 Jena, Deutsche Demokratische Republik

Summary

After some remarks on dependencies between quality assurance, measurement engineering and economy different standpoints concerning the selection methods of sampling plans are treated.
The purpose of the paper is to discuss new theoretical work and practical results for implementing technical and economical efficient sampling procedures. The application of computers was necessary to make it practicable. Emphasis is given to cost optimal Bayesian plans to minimize the average overall costs associated with the decision for accepting or rejecting a lot. Using a computer with man-machine-dialog could be greatly simplified the process of determining the sampling scheme.

1. Qualitätssicherung - Meßtechnik - Ökonomie

Die intensiv erweiterte Reproduktion industrieller Erzeugnisse sowie der bemerkenswerte Wandel der Produktionsmittel und der Marktanforderungen drängt zur Qualität.

Die Qualität eines Produktionsprozesses wird in der Produktion selbst erzeugt und durch die Prüfung überwacht. Die Qualität der Produktionsmittel und der Arbeit finden ihren Ausdruck in der Qualität der Erzeugnisse. Die technologische Optimierung reicht von der Auswahl hochproduktiver Fertigungsverfahren über automatisierte Maschinensysteme bis hin zur automatisierten Prüfung und Optimierung der Qualitätsparameter.

Qualität ist ein unscharfer Begriff. In der Produktion muß sie durch m e ß b a r e Stellvertreter untersetzt werden. Qualitätsforderungen lassen sich durch Meßgrößen exakt formulieren, schrittweise optimieren und objektiviert prüfen. Die Meßtechnik garantiert aufgrund ihrer spezifischen Eigenschaften die betriebsunabhängige Einheitlichkeit, Richtigkeit und Vergleichbarkeit der Ergebnisse von Qualitätsprüfungen. Unausgewertete, fehlinterpretierte und unterlassene Messungen wirken multiplikativ qualitätsmindernd /1/.

Wichtigster Weg zur Steigerung der Qualität ist der schrittweise Übergang von der prozeßexternen sortierenden zur prozeßinternen steuernden Qualitätssicherung /2/.

Meßtechnik und Qualitätssicherung sind teuer. Deshalb ist es erforderlich, die Ökonomie der industriellen Qualitätssicherung zu untersuchen und zu optimieren. Besonders bietet sich das für die Serien- und Massenproduktion an. Dabei haben sich die Auswahl und Anwendung von Stichprobenprüfungen sowie die Berücksichtigung von Vorinformationen über den Prozeß bewährt. Ihre praktische Anwendung wurde bisher durch die umfangreichen rechnerischen Operationen und komplizierten, logischen Entscheidungen erschwert. Nunmehr bietet die leistungsfähige, dezentralisierte Mikrorechentechnik eine akzeptable Lösung.

2. Auswahl von Stichprobenplänen

Stichprobenpläne (DIN 40080, TGL 14450, TGL 14452, MIL STD 105D, MIL STD 414, ISO 2859, ISO 3951) realisieren je nach Prüfschärfe den allmählichen Übergang von der 100 %- zur 0 %-Prüfung /3/ bis /6/. Von unterschiedlichen Autoren wurden mit unterschiedlichen Zielstellungen mehrere Attributstichprobensysteme entwickelt und zwar /7/:

- AQL-Systeme mit der annehmbaren Qualitätsgrenzlage
- LQ-Systeme mit der Grenzqualität
- AOQL-System mit dem maximalen Durchschlupf
- IQL-System mit der indifferenten Qualitätslage
- Kombinationen dieser Systeme.

Weitere Stichprobensysteme berücksichtigen

- Prüf- und Fehlerfolgekosten /8/ bis /11/
- Verteilung der Schlechtteile (Ausschuß und Nacharbeit) /12/.

Von LINSS /13/ wurde ein neuer Algorithmus erarbeitet, der sowohl die bisherigen rechnerischen Operationen als auch numerischen Entscheidungen geschlossen formuliert und dadurch mit einem Rechner behandelt werden kann.

3. Berechnung der Annahmekennlinien

Bei A t t r i b u t stichprobenprüfungen erfolgt die Berechnung der Annahmekennlinien aus der hypergeometrischen Verteilungsfunktion

$$L(p/n,n,Ac) = \sum_{i=0}^{Ac} \frac{\binom{pN}{i}\binom{n-pN}{n-i}}{\binom{N}{n}}$$

p Fehlerprozentsatz im Los ($0 \leqq p \leqq 1$); N Losumfang; n Stichprobenumfang ($n < N$); Ac Annahmezahl; i, pN ganzzahlig.

Bei V a r i a b l e n stichprobenprüfungen erfolgt die Berechnung der Annahmekennlinien bei normalverteilten Gütemerkmalen nach

$$L(p/n,k) = \Phi(p)\left[(\Phi^{-1}(1-p) - k)\sqrt{n} \right]$$

und bei logarithmisch normalverteilten Gütemerkmalen nach

$$L_L(p/n,k) = \Phi(p)\left[(\Phi_L^{-1}(1-p)/\sqrt{e^2 - e} - \sqrt{e} - k)\sqrt{n} \right]$$

k Annahmekonstante; $\Phi(p)$ standardisierte Normalverteilung; $\Phi^{-1}(1-p)$ inverse standardisierte Normalverteilung; $\Phi_L^{-1}(1-p)$ inverse standardisierte logarithmische Normalverteilung; e Basis der natürlichen Logarithmen.

Nach WÜRPEL /14/ haben die Gütemerkmale im Zahnradgetriebebau folgende Verteilungen:

- (65...80) % Normalverteilung
- (25...10) % logarithmische Normalverteilung
- (15...10) % andere Verteilungen.

Nach GÖRLER /15/ sind die Schlechtverteilungen im Maschinenbau bevorzugt linkssteil und gehören zum Typ der

- logarithmischen Normalverteilung
- Gammaverteilung
- Betaverteilung.

4. Berechnung kostenoptimaler Stichprobenpläne

Zur Auswahl kostenoptimaler Stichprobenpläne wird der Gewinn G maximiert. Der Gewinn ist das Integral der bewerteten Nutzenskennlinie K_{bVT} von Stichprobenplänen. Maximierungsvariablen sind der Stichprobenumfang n und die zulässige Fehlerzahl Ac /16/ bis /18/. Es gilt

$$G = \frac{100}{N} \int_{\mu-3\sigma}^{\mu+3\sigma} K_{bVT} \; dp \; \% \rightarrow \mathrm{Max}$$

mit

$$K_{bVT} = (N-n) \left[L(p) - f_k \; p \; L(p) \right] \Psi \, (p/\mu, \sigma)$$

N Losumfang; L(p) Annahmewahrscheinlichkeit (Annahmekennlinie) der Stichprobenpläne; $f_k = K_F/K_P$ relative Fehlerfolgekosten; p relative Anzahl fehlerhafter Einheiten im Los, bezogen auf den Losumfang N; p_o wirtschaftlich zulässiger Fehleranteil im Los (ökonomischer "break even" Punkt); K_F Folgekosten je fehlerhafte Einheit; K_P Prüfkosten je Einheit; VT Verteilungstyp der Schlechtteile; ψ Wahrscheinlichkeitsdichte (Verteilungsfunktion) von Ausschuß und Nacharbeit (Schlechtverteilung); μ Erwartungswert (Mittelwert); σ mittlere quadratische Abweichung (Standardabweichung).

Die Durchführung der Stichprobenprüfungen erfolgt normgerecht beispielsweise nach DIN 40080, TGL 14450 oder TGL 14452.

Zur Berechnung der kostenoptimalen Stichprobenpläne nach obengenannter Optimierungsstrategie wurde ein strukturiertes Programmpaket "Kostenoptimale Stichprobenprüfung KOSTI" erarbeitet, das die Unterprogramme

- Kostenoptimale Attributprüfung
- Kostenoptimale Variablenprüfung normalverteilter Merkmale
- Kostenoptimale Variablenprüfung logarithmisch-normalverteilter Merkmale

enthält.

Die Programme wurde in Fortran IV implementiert und arbeiten im Dialogbetrieb.

Die E i n g a b e n umfassen

- AS Typ des Stichprobenplanes
  - . AS 10 Attributstichprobenplan
  - . AS 20 σ-Variablenstichprobenplan
  - . AS 30 σ_L-Variablenstichprobenplan
  - . AS 40 s-Variablenstichprobenpläne für AS = 10; 20; 30; 40 mit Ausgabe einer tabellarischen Übersicht
- N Losumfang
- FK relative Fehlerfolgekosten
- VT Typ der Schlechtverteilung
  - . VT 1 Normalverteilung
  - . VT 2 logarithmische Normalverteilung (Index L)
  - . VT 3 Dreieckverteilung
  - . VT 4 Rechteckverteilung, Gleichverteilung
  - . VT 5 Exponentialverteilung
  - . VT 6 Laplaceverteilung
  - . VT 7 Gammaverteilung
  - . VT 8 Betaverteilung
- PQ Erwartungswert der Schlechtverteilung
- SIG mittlere quadratische Abweichung der Schlechtverteilung.

Bei unbekannter Qualitätsgeschichte sollte mit VT 4, PQ = 0,5 und SIG = 0,3 gerechnet werden.

Die A u s g a b e n umfassen

- n kostenoptimaler Stichprobenumfang
- Ac kostenoptimale Annahmezahl bei Attributprüfung
- k;M kostenoptimale Annahmekonstante; maximal zulässiger Fehlerprozentsatz bei Variablenprüfung normalverteilter und logarithmisch normalverteilter Merkmale
- AOQL maximaler Durchschlupf des kostenoptimalen Stichprobenplanes
- PAOQL Fehlerprozentsatz der Fertigung, bei dem der maximale Durchschlupf erreicht wird
- G Gewinn des kostenoptimalen Stichprobenplanes bezogen auf eine 100 %-Prüfung.

Typische Eigenschaften der Annahme-, Kosten- und Nutzenskennlinien wurden in den Tafeln 1 bis 4 /7/ und /16/zusammengefaßt dargestellt.

Tafel 1: Kosten- und Nutzenskennlinien für Attributstichprobenprüfung

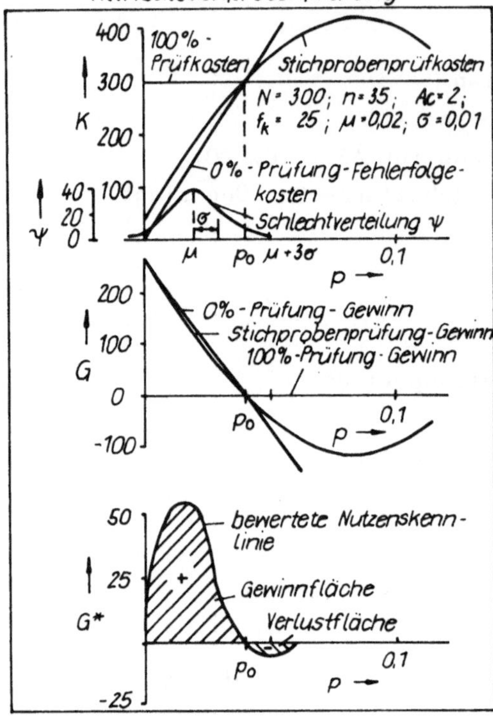

Tafel 2: Annahme- und Nutzenskennlinien für unterschiedliche Parameter

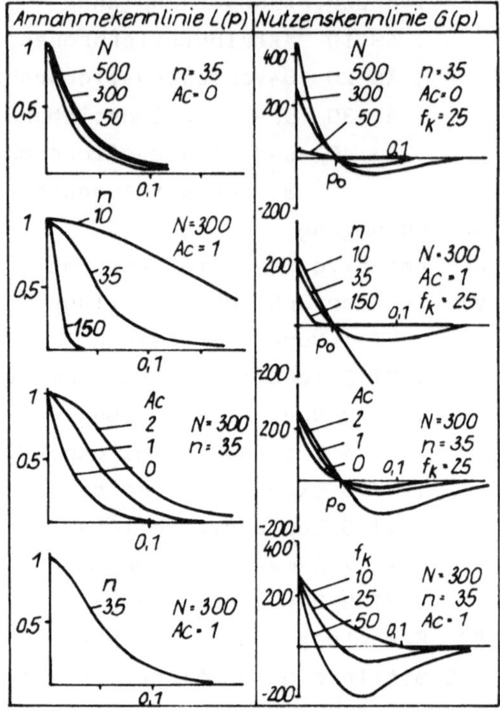

Tafel 3: Bewertete Nutzenskennlinie für normalverteilte Schlechtteile

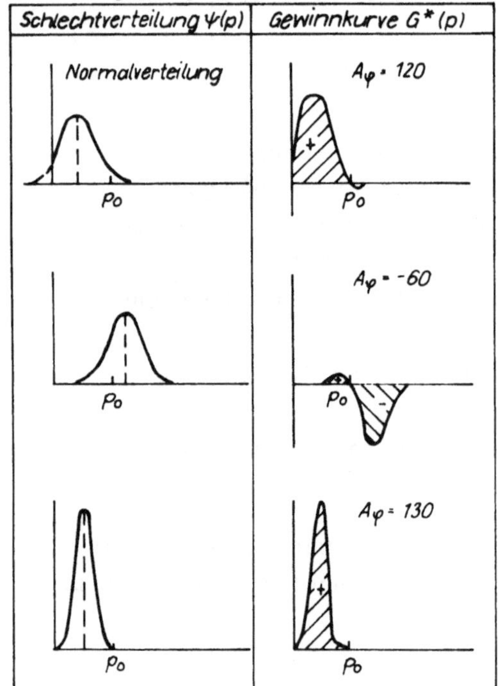

Tafel 4: Bewertete Nutzenskennlinie für nicht normalverteilte Schlechtteile

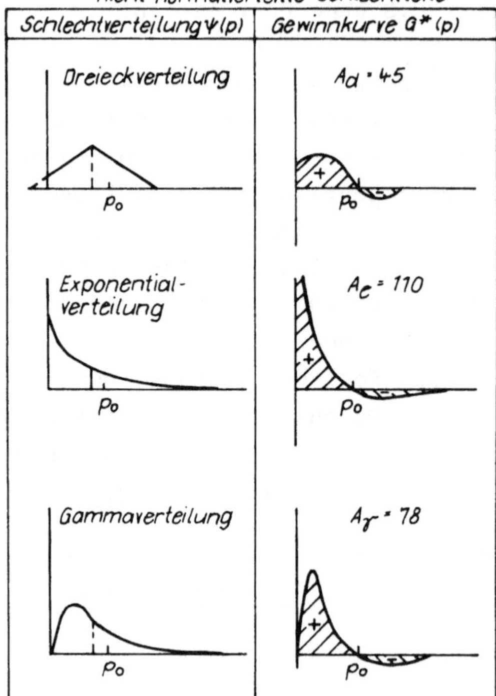

5. Anwendung kostenoptimaler Stichprobenpläne

Beispiel 1:
Für Fertigung und Montage eines präzisionsmechanischen Gerätes aus etwa 70 Einzelteilen mit etwa 350 funktionskritischen Prüfmerkmalen wurden 68 Prüfarbeitsgänge optimiert. Nach zweijähriger Laufzeit ergab sich durch Reduzierung der Prüfzeit und durch Senkung von Ausschuß und Nacharbeit eine Zeiteinsparung von etwa 10 000 h/a.

Die Einsparungen resultieren aus
- Objektivierung der Prüfprozesse durch Anwendung der Meßprogramme Gewinde, Kreis, Bohrungsabstand und Lageabweichung
- Rationalisierung der rechnergestützten Auswertung der Messungen
- Objektivierte Auswahl der Variablenstichprobenpläne.

Die normgerechte Stichprobenprüfung brachte 2 % Kosteneinsparungen gegenüber der 100 %-Prüfung. Die kostenoptimale Stichprobenprüfung brachte 14 % Kosteneinsparungen gegenüber der 100 %-Prüfung.

Beispiel 2:
Für die Endkontrolle massenproduzierter Werkzeuge wurden kostenoptimale merkmalsbezogene s-Variablenstichprobenpläne errechnet und ergaben folgende kostenoptimale Stichprobenumfänge $n_{opt,i}$ und kostenoptimale Annahmekonstanten $k_{opt,i}$ für die funktionsbestimmenden Qualitätsmerkmale x_i

	x_i	$n_{opt,i}$	$k_{opt,i}$
Durchmesser	x_1	30	0,40
Verjüngung	x_2	28	0,39
Hauptschneidenversatz	x_3	16	0,30
Hinterschliff 1	x_4	15	0,25
Hinterschliff 2	x_5	15	0,25

Gegenüber den bisher angewendeten nicht kostenoptimierten Stichprobenplänen ist eine Kosteneinsparung von etwa 11 Prozent zu erzielen.

Tafel 5: Anordnung zur automatisierten Prüfung von Spiralbohrern

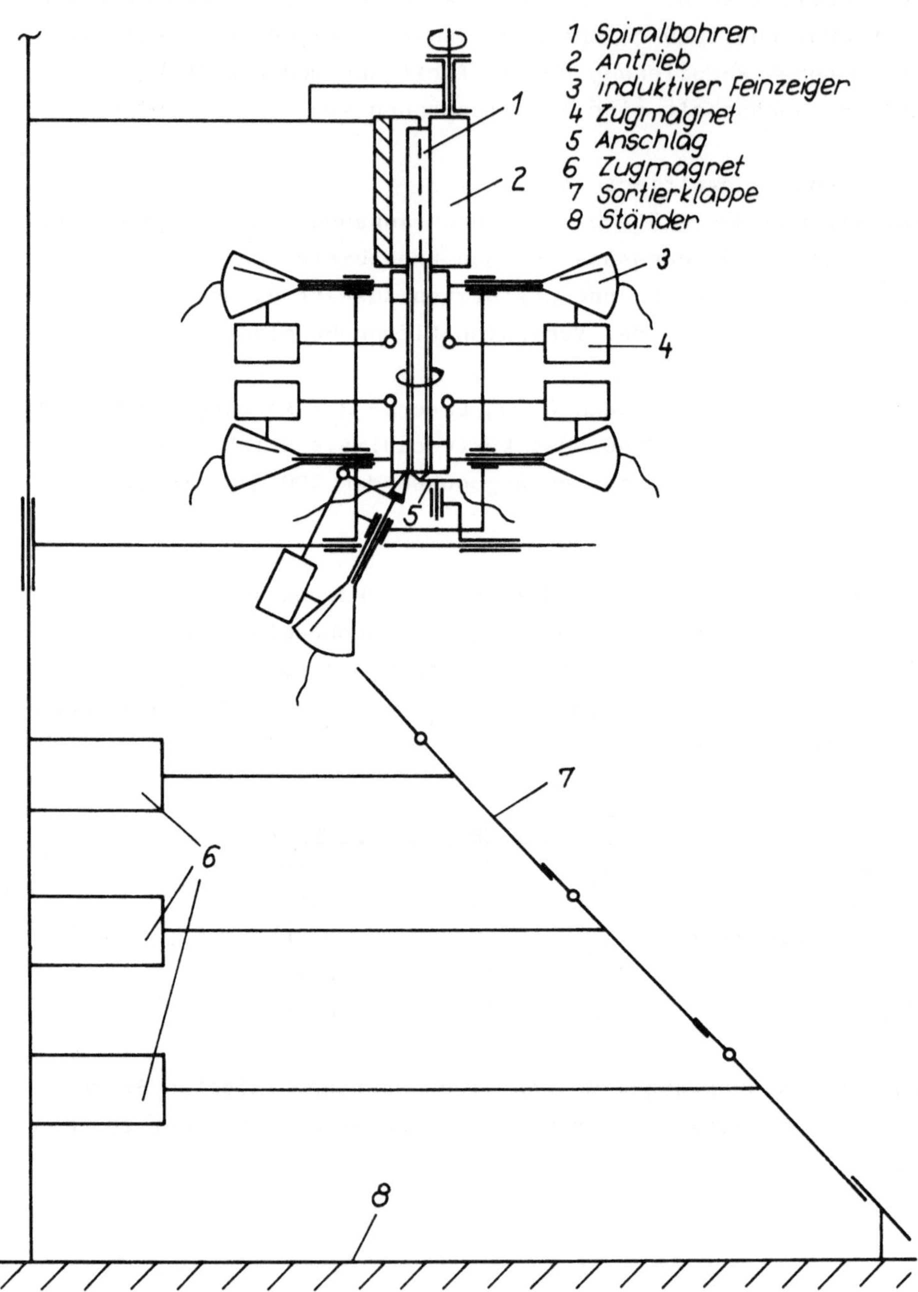

Zur Objektivierung der Prüfungen wurde eine automatisierte Mehrstellenprüfeinrichtung mit einem Mikrorechner für Steuerzwecke, zur Meßdatenverarbeitung und zur Qualitätssicherung aufgebaut (Tafel 5) /19/.

6. Zusammenfassende Schlußfolgerungen

An praktischen Beispielen wurde gezeigt, daß durch rechnergestützte Meßtechnik und Qualitätssicherung bedeutende Rationalisierungsreserven erschlossen werden können.
Großen Anteil haben die Prozeßanalyse und die Erarbeitung von Software.
Neue Algorithmen und Programme sowie Meßanordnungen wurden vorgestellt.
Zur Ermittlung von Fehlerfolgekosten und Prüfkosten gibt es bisher keine genormten Verfahren. Einbußen bei der Anwendung der obengenannten Optimierungsverfahren resultieren aus Unschärfen und Fehleinschätzungen bei den Fehlerfolge- und Prüfkosten.

Zukünftig sollte der Schwerpunkt auf die Sammlung und Systematisierung softwarekompatibler Programme für die industrielle Qualitätssicherung und auf ihre schrittweise Weiterentwicklung in Richtung kostenoptimaler Lösungen gelegt werden.

7. Literatur

/1/ Hofmann, D.: Handbuch Meßtechnik und Qualitätssicherung. Braunschweig/Wiesbaden: Friedr. Vieweg und Sohn 1982

/2/ Pfeifer, T.; Fürst, A.; Vollaard, W.: In-Process Measurement of Workpieces and Tools. UN-ECE Seminar on Present Use and Prospects for Precision Measuring Instruments in Engineering Industries. Paper SEM.1/R.25. Dresden: UN ECE 1982

/3/ Masing, W. (Herausg.): Handbuch der Qualitätssicherung. München, Wien: Carl Hanser Verlag 1980

/4/ Hald, A.: Statistical Theory of Sampling Inspection by Attributes. London: Academic Press 1981

/5/ Jonson, O. (ed.): Seminar on Computer-Aided Sampling Inspection. Bern: EOQC Sampling Procedures Committee and Deutsche Gesellschaft für Qualität e.V. (DGQ) 1983

/6/ Warnecke, H.J.; Dutschke, W.; Kampa, H.: Qualitätswesen. T.1 bis T.6. Zeitschrift ind. Fertigung 71(1981) Nr. 5, S. 319-322 bis Nr. 11, S. 711-712

/7/ Hofmann, D.; Linß, G.: Einfluß von Vorinformationen auf die Auswahl von Attributstichprobenplänen. Feingerätetechnik 30 (1981) H. 12, S. 551-553

/8/ Uhlmann, W.: Kostenoptimale Prüfpläne. Würzburg/Wien: Physica-Verlag 1970

/9/ Beckmann, M; Reichelt, C.; Spannhoff, E.: Stichprobenpläne für Attribute-Auswahl unter Berücksichtigung der Kosten. Qualität und Zuverlässigkeit 24 (1979) H. 12, S. 274-279

/10/ Krebs, W.: Anregungen zur Bestimmung der kostengünstigen Prüfvorschrift im Bereich der Attributprüfungen. Qualität und Zuverlässigkeit 24 (1979) H. 4, S. 101-108

/11/ MS RGW 01.910.40-79: Methodische Hinweise zur Standardisierung. Ökonomische Begründung von Stichprobenplänen, die in RGW-Standards festgelegt sind.

/12/ Molter, H.-H.: Prüfpläne der statistischen Qualitätskontrolle bei Berücksichtigung von Vorinformationen. Dissertation. Aachen: Technische Hochschule. 1976

/13/ Linß, G.: Untersuchungen zur wissenschaftlich begründeten Ermittlung des Prüfumfangs für Attributmerkmale in der Feinbearbeitung des Gerätebaus. Dissertation. Jena: Friedrich-Schiller-Universität 1979

/14/ Würpel, H.: Statistische Qualitätssteuerung im Zahnradgetriebebau (Einsatzvorbereitung-Prüfplanung-Verfahrensrationalisierung) Dissertation B. Magdeburg: Technische Hochschule 1980.

/15/ Görler, E.: Statistische Auswerteverfahren zur Beurteilung einseitig tolerierter Merkmale an Werkstücken des Maschinenbaus. Feingerätetechnik 29 (1980) H. 12. S. 554-557

/16/ Hofmann, D.; Linß, G.: Einfluß des Verteilungstyps auf die Auswahl von Attributstichprobenplänen. Feingerätetechnik 31 (1982) H. 6, S. 264-267

/17/ Hofmann, D.; Linß, G.; Winkler, A.: Rechnergestützte Auswahl kostenoptimaler Attributstichprobenpläne für unterschiedliche ökonomische und statistische Vorinformationen. Feingerätetechnik 32 (1983) H. 5. S. 220-223

/18/ Hofmann, D.; Linß, G.: Statistische Qualitätssteuerung unter Berücksichtigung von Vorinformationen am Beispiel der Herstellung von Präzisionsmeßgetrieben. 6. Vortragstagung Fertigung und Gütesicherung im Zahnradgetriebebau. Magdeburg 1983

/19/ Hofmann, D.; Nothelle, U. u.a.: Anordnung zur Prüfung und Produktionssteuerung von Spiralbohrern. WPG 01B/2360137 vom 21.12.1981

MASCHINENDIAGNOSE IN DER AUTOMATISIERTEN FERTIGUNG

DIAGNOSE OF PRODUCTION FACILITIES IN AUTOMATED PRODUCTION

M. Weck
Laboratorium für Werkzeugmaschinen und Betriebslehre
RWTH Aachen
5100 Aachen, Bundesrepublik Deutschland

Summary

An essential increase in productivity of machine tools and manufacturing-systems can be achieved by lowering the scrap-to-finish product ratio, the salvage-ratio and the technical outage time of the facilities and the control systems. Monitoring and diagnostic-devices are effective means to maintain and increase the availability of machine tools and the quality of products machined thereon by automatically predetermining failures and detecting faults. Especially when working in shifts with reduced personnel, such systems are of extreme urgency.

The report summarizes in comprehensive form the causes for the growing necessity of monitoring systems and systematically analyzes monitoring tasks. Representative examples from the industrial practice and from the development field describe the technical status quo and research aims concerning monitoring and diagnosis devices. A system for detecting edge-life completion by analyzing structure born noise is illustrated and a concept for numerical controls with high reliability and performance-standards is outlined. Furthermore a universal monitoring system is presented. The report closes with a survey of evaluation strategies for diagnostic-results.

1. Einleitung

Maßnahmen zur Steigerung der Produktivität stellen einen Schwerpunkt umfangreicher Forschungs- und Entwicklungsaktivitäten sowohl an Hochschulinstituten als auch bei Werkzeugmaschinenherstellern und -anwendern dar /1/. Aufgrund der sich zunehmend verschärfenden Konkurrenzsituation werden auch zukünftig technische, technologische und organisatorische Maßnahmen zur Senkung der Haupt- und Nebenzeiten im Bereich der Fertigung im Brennpunkt des Interesses stehen.

Ein wesentlicher Teil an Produktivitätsreserven läßt sich durch Nutzung von Fertigungseinrichtungen in Schichten mit stark reduziertem Personaleinsatz ausschöpfen. Dies erfordert jedoch, daß die Produktionsanlagen mit entsprechenden Einheiten zur automatischen Beschikkung und Entsorgung ausgerüstet sind und vor allem, daß alle sicherheits-, produktions- und qualitätsrelevanten Funktionen der Maschine ständig auf ihre Richtigkeit und Plausibilität überwacht werden.

Weitere Ansatzpunkte zur Produktivitätssteigerung stellen zum einen eine Senkung der Ausschuß- und Nacharbeitsquote sowie zum anderen eine Verringerung der technischen Ausfallzeiten von Fertigungseinrichtungen dar. Ein beträchtlicher Anteil dieser Stillstandszeiten wird durch den hohen Suchaufwand verursacht, der notwendig ist, um die relevante Fehlerursache ermitteln und damit den Fehler beheben zu können. Wesentliche Vorteile können hier Diagnosesysteme bieten, die es aufgrund eines systematischen Ansatzes ermöglichen, innerhalb kurzer Zeit eine gezielte Aussage über Fehlerart und Fehlerursache zu machen.

Gelingt es mit Hilfe technischer und organisatorischer Maßnahmen, die Verfügbarkeit der Fertigungsmittel zu steigern und den Anteil der Maschinenbelegungszeiten, der auf qualitätsbezogene Zusatzarbeit zurückzuführen ist, zu reduzieren, so wird dies wesentlich zur Steigerung der Wirtschaftlichkeit in der Fertigung beitragen.

2. Aufgaben der Überwachung und Diagnose

Die Aufgaben der Überwachung untergliedern sich in die Teilaufgaben Zustandserfassung, Zustandsvergleich und Diagnose /2/.

Die Zustandserfassung beinhaltet die Aufnahme von Meßwerten, Maschinenkennwerten und -parametern, die den gegenwärtig vorliegenden Zustand des Fertigungsmittels wiedergeben. Der Zustandsvergleich ist der Vergleich dieses Istzustandes mit einem vorgegebenen Sollzustand. Dieser Sollzustand wird je nach betrachtetem Parameter durch die bei der Maschinenabnahme festgestellten Maschinendaten unter Berücksichtigung umweltbedingter Veränderungen beschrieben oder durch vorgegebene prozeß-, werkstück- und werkzeugabhängige Größen definiert.

Der Zustandsvergleich erfüllt zwei Hauptaufgaben. Dies sind zum einen die Überprüfung von Grenzwerten und Trends und zum anderen die Kontrolle zeitlicher Abläufe. Eine Grenzwertüberprüfung kann dabei sowohl die Überprüfung auf Einhaltung eines minimalen oder maximalen Wertes als auch die Überprüfung auf Einhaltung von Toleranzen - sogenannten "erlaubten Bändern" - sein. Als Grenzwerte kommt eine Vielzahl von Betriebsparametern der Maschine in Betracht, z.B. Temperaturen, Drücke, Wege, Schaltzeiten usw., deren Überschreiten Rückschlüsse auf Fehler zuläßt.

Das Ergebnis des Zustandsvergleiches sind die "Symptome", die als Eingangsgrößen für die eigentliche Diagnose dienen. Die Diagnose wertet die Ergebnisse des Zustandsvergleiches aus, lokalisiert den Fehlerort und ermittelt die Fehlerursache. Das Ergebnis der Diagnose ist eine gezielte Aussage über Fehlerort und Fehlerursache. Eine systematische, durch entsprechende Hilfsmittel wie z.B. Fehlerbäume unterstützte Diagnose kann den Fehlersuchaufwand erheblich reduzieren. Darüber hinaus ermöglicht die als Diagnoseergebnis vorliegende detaillierte Aussage über Fehlerort und Fehlerursache bei frühzeitigem Erkennen des Fehlers eine Kompensation der auftretenden Abweichungen über einen maschineninternen Regelkreis. Andererseits kann eine gegebenenfalls notwendig werdende Reparatur dann ebenfalls gezielt angegangen werden. Die als Fehlerfolge auftretenden Ausfallzeiten und die damit verbundenen Kosten können so erheblich gesenkt werden. Trendauswertungen ermöglichen es darüber hinaus, Fehler schon in ihrer Entwicklung zu erkennen und so Folgefehler zu vermeiden.

3. Spezielle Beispiele zur Überwachung und Diagnose

3.1 Standzeitendeerkennung durch Körperschallanalyse

Das Erkennen des Standzeitendes von Werkzeugen der spanenden Fertigung ist ein bislang nur unbefriedrigend gelöstes Problem der Produktionstechnik. Erfahrungswerte und spezielle Datensammlungen bieten lediglich Anhaltspunkte zum rechtzeitigen Werkzeugwechsel, jedoch keine Gewähr, daß das Werkzeug nicht schon vorher ausfällt. Neuere Standzeitendesensoren erfordern einen hohen meßtechnischen Aufwand wie 3-Koordinaten-Meßplattformen /3/ und ähnliches.

Aus der Sprachanalyse sind Verfahren bekannt geworden, die eine eindeutige Charakterisierung der menschlichen Sprache gestatten. Diese sog. Cepstrum-Analyse wurde auch bereits erfolgreich bei der Prüfung von Turboaggregaten und Getrieben eingesetzt /4/.

Die ersten Versuche am Institut des Verfassers, die Cepstrum-Analyse auch zur Standzeitendeerkennung von Werkzeugen zu verwenden, sind sehr vielversprechend /5/. Bild 1 zeigt den Versuchsaufbau für die Problemlösung beim Bohren.Mittels eines einfachen Beschleunigungsaufnehmers werden die Körperschallsignale des Bohrvorgangs an geeigneter Stelle aufgenommen und auf Magnetband gespeichert. Eine Einheit zur Fast-Fouriertransformation und ein Minicomputer werten die Schwingungssignale aus.

Bild 2 stellt die Meßergebnisse einer Bohrfolge mit einem 5 mm Bohrer im Spektrum und im Cepstrum gegenüber. Bereits beim ersten Bohrloch zeigt das Cepstrum eine charakteristische Spitze, während das Spektrum keine ausgeprägten Eigenschaften aufweist. Die Spitzenamplitude im Cepstrum steigt von Bohrloch zu Bohrloch an. Das Spektrum hingegen verändert sich erst beim Standzeitende merklich durch einen Anstieg der 1.1 KHz-Amplitude. Diese, für den Werkzeugbruch verantwortliche Frequenz ist jedoch genau die, die im Cepstrum schon beim ersten Bohrloch auffiel.

Damit ist die Überwachungsstrategie festgelegt. Beim ersten Einsatz eines Bohrers wird mittels der Cepstrum-Analyse die kritische Frequenz bestimmt und ein Bandpass um diese Mittenfrequenz gelegt. Bei den folgenden Bohrungen braucht lediglich die Amplitude des resultierenden Signals auf Überschreiten eines vorgegebenen Grenzwertes überwacht zu werden, um das Standzeitende vorherzubestimmen und rechtzeitig ein neues Werkzeug einzuwechseln.

3.2 Ein "Fahrtenschreiber" für Fertigungseinrichtungen

Falls die Diagnose eines Fehlverhaltens der Werkzeugmaschine zu komplex ist, um prozeßbegleitend, d. h. on-line durchgeführt zu werden, ist es sinnvoll, die zeitliche Aufeinanderfolge relevanter Signale zu speichern und einer off-line Diagnose zu unterziehen, ähnlich wie dies bei Fahrtenschreibern in der Luftfahrt praktiziert wird. Die prinzipielle Wirkungsweise eines solchen Fahrtenschreibers für Fertigungseinrichtungen zeigt Bild 3. So können beispielsweise

- die aktuellen NC-Parameter
- Eingriffe des Bedienmannes
- spezielle Prozeßsignale wie Drehmoment, Schnittkraft, Bauteiltemperaturen, etc.

- Maschineneinstelldaten wie Wege, Vorschübe und Drehzahlen und
- ausgewählte Schaltsignale

aufgenommen und für jeweils eine bestimmte Zeitdauer gespeichert werden. Im Bild ist dieser Vorgang durch einen verschieblichen Rahmen auf der Zeitachse verdeutlicht. Der Rahmen gibt dabei den Beobachtungszeitraum wieder. Alle Informationen innerhalb des Rahmens sind gespeichert und können wahlfrei verarbeitet werden.

Im Normalfall bewegt sich der Rahmen mit der Zeit vorwärts und die jeweils ältesten Daten werden mit den aktuellen Werten überschrieben (Kreispuffer, Endlosmagnetband). Im Falle einer Fehlfunktion der Werkzeugmaschine wird der Rahmen angehalten und alle Daten des letzten Beobachtungsabschnittes eingefroren. Eine Rekonstruktion der Fehlerentwicklung durch exakte Analyse der im Fahrtenschreiber enthaltenen Daten kann in vielen Fällen die Ursachen des Fehlers offenlegen.

Wesentliche Probleme bei der Realisierung eines solchen Fahrtenschreibers für Werkzeugmaschinen sind die Auswahl der zu speichernden Signale und Parameter, die Größe des Bearbeitungszeitraumes und die Festlegung eines geeigneten Algorithmus zur Erkennung relevanter Fehlfunktionen der Fertigungseinrichtung und zum Anhalten des Fahrtenschreibers.

3.3 Konzept eines fehlertoleranten Steuerungssystems

Fehlertolerante Computersysteme werden z.Z. hauptsächlich zur Steuerung von Flugzeugen und Raketen eingesetzt. Beispiele sind das SIFT-System (Software Implemented Fault Tolerance), das FTMP-System (Fault-Tolerant Microprocessor) und das Tandem-System. Derartige Systeme wurden unter dem Gesichtspunkt ununterbrochen sicherer Funktionen selbst bei Vorliegen eines Defektes entwickelt. Die prinzipielle Idee dabei ist, zwei oder mehrere Computer so zu koppeln, daß sie sich gegenseitig überwachen und gegebenenfalls ersetzen können /6/.

In Anlehnung an diese Großrechnersysteme sollen fehlertolerante Prozessoren auch in der Fertigungssteuerung dort eingesetzt werden, wo Fehlfunktionen der Steuerung zu Schäden am Material oder Personal führen können. Als Beispiel sind hier sichere Pressensteuerungen zu nennen. Vorteile solcher Systeme sind der geringere Platzbedarf im Verhältnis zu herkömmlichen Relais-Steuerungen, sowie der höhere Bedienkomfort. Weiterhin können solch elektronische Geräte die Steuerung und Überwachung von Zusatzeinrichtungen übernehmen und, falls das System redundant ist, sich sogar selbst überwachen.

Das steigende Interesse der produzierenden Industrie an redundanten und fehlertoleranten Systemen führte am Laboratorium des Verfassers zur Entwicklung eines Konzeptes für eine flexible und modulare Steuerung mit diesen Eigenschaften. Aufgrund der hohen Anforderungen an die Sicherheit und Zuverlässigkeit des Systems wurde das System mit drei redundanten Prozessoren entworfen (vgl. Bild 4).

Der Steuerprozessor "1" übernimmt die Steuerung des Prozesses gemäß dem Anwenderprogramm. Die anderen Prozessoren überwachen die Steuerungsfunktion, indem sie Prozeßsignale redundant verarbeiten und Informationen über Zustände und Fehlererkennungen untereinander und mit dem Steuerprozessor austauschen. Wird ein Defekt des Steuerprozessors von beiden Kontroll-Prozessoren festgestellt, übernimmt einer der Kontroll-Prozessoren die Steuerungsfunktion verzögerungsfrei solange, bis der Steuerprozessor ausgetauscht wurde und wieder funktionsfähig ist. Derart ist die Sicherheit des Gesamtsystems selbst bei Ausfall einer ganzen Komponente gewährleistet, da - gemäß den Anforderungen der Berufsgenossenschaft - immer noch ein 2-kanaliges System aktiv bleibt. Die Kopplung des Systems mit dem Prozess und die Schnittstelle zu den Peripherieeinheiten ist ebenfalls mit 2-kanaligen fehlersicheren Elektroniken aufgebaut.

Die Zustandsbeschreibung in Bild 4 faßt alle möglichen Zustände des Systems zusammen. Unter der Voraussetzung, daß jeweils nur höchstens ein Prozessor zu einer Zeit defekt ist, entfallen die Zustände 4,6,7 und 8 und das Zustandsdiagramm nimmt eine Form an, wie im Bild unten rechts dargestellt /7/.

Ein wesentliches Merkmal des beschriebenen Systems ist seine sichere Funktion selbst bei Ausfall einer ganzen Komponente. Durch den Einsatz von drei redundanten Prozessoren wird jedoch nicht nur die Sicherheit der Steuerung selbst gesteigert, sondern auch die Verfügbarkeit der Gesamtanlage wesentlich erhöht.

3.4 Ein universelles Überwachungs- und Diagnosesystem

Heutige Überwachungssysteme sind in der Regel für jeweils spezielle Aufgabenstellungen ausgelegt. Obwohl ihre prinzipielle Funktionsweise meist sehr ähnlich ist, ergibt sich daraus dennoch eine große Vielfalt verschiedenartiger Geräte. Anzustreben ist in diesem Zusammenhang der Aufbau eines universellen Überwachungssystems, welches die elementaren Überwachungsfunktionen erfüllt und das vom Anwender leicht auf die speziellen Überwachungsaufgaben konfigurierbar ist. Vorteile einer solchen Lösung liegen im Bedienkomfort, im Aufwand, in der Verfügbarkeit, in der Einheitlichkeit und in vielem anderen mehr.

Die erste Version eines solchen Gerätes, das am Institut des Verfassers auf der Basis nur eines Mikroprozessors (MC 6809) aufgebaut wurde /8/, stellte sich für dynamische Prozesse bzw. komplexe Überwachungsaufgaben als zu langsam heraus, obwohl in zahlreichen Tests die grundsätzliche Funktionsfähigkeit des Systems nachgewiesen wurde.

In der Folgeentwicklung wurde eine spezielle Mehr-Mikroprozessor-Struktur entworfen, die auch den praktischen und industriellen Anforderungen gerecht wird /9/. Bild 5 zeigt den Aufbau des Gesamtsystems. Er besteht im wesentlichen aus sogenannten intelligenten Eingabekanälen, deren Anzahl von der Komplexität der zu erwartenden Überwachungsaufgaben abhängt (max. 256).

Jeder Eingabekanal enthält einen 16-Bit-Mikroprozessor (MC 68000) und ist mit 8 analogen und 16 digitalen Eingängen ausgestattet. Die Verantwortlichkeit eines Eingabekanals für ein bestimmtes Prozeßsignal wird von einem sog. Zentralprozessor delegiert, nachdem dieser die aktuellen Überwachungsaufgaben analysiert und optimiert hat. Der Zentralprozessor liest, speichert und interpretiert die programmierte Überwachungsaufgabe, verteilt die Teilaufgaben auf jeweils geeignete Eingabekanäle und beauftragt den entsprechenden Kanal mit der Bearbeitung der zugehörigen Prozeßsignale. Jeder Eingabekanal trägt seine zugeordneten Eingangssignale in den globalen Speicher ein, in dem so ein ständig aktualisiertes Prozeßabbild vorliegt. Weiterhin hat jeder Eingabekanal die Möglichkeit, mit Daten aus dem Prozeßabbild seinen lokalen Speicher zu aktualisieren. Ein sogenannter Memory-Monitor verwaltet die Zugriffsrechte der Eingabekanäle auf den globalen Speicher durch gegenseitigen Ausschluß. Zusätzliche Aufgaben für den Zentralprozessor neben der Bedienfeldüberwachung sind die Auswertung des Prozeßabbildes, insbesondere die Bearbeitung von Meldungen und die Verwaltung der Ausgabefunktionen. Ein graphischer Bildschirm und ein Massenspeicher bieten die Möglichkeit zur bildhaften Ausgabe der Überwachungsergebnisse und zur Durchführung der Fahrtenschreiber-Funktion.

Derzeit umfaßt das Funktionsmenü des Systems vier Operationskategorien (vgl. Bild 6). Jedes Prozeßsignal kann unmittelbar in den globalen Speicher eingetragen werden. In einigen Fällen ist es aber nützlich, daraus abgeleitete Signale einzusteuern und zu verarbeiten, so z.B. das gefilterte Signal, den gleitenden Mittelwert des Signals, das Ausgangssignal eines Maximalwertspeichers oder die zeitliche Änderung des Signals (Trend). Nach diesen Operationen der Signalsynthese sind arithmetische Operationen sinnvoll, um Prozeßsignale mit einer Konstanten skalieren zu können oder um abgeleitete Prozeßsignale aus externen Parametern, wie z.B. eine Motorleistung aus Drehzahl und Drehmoment zu bilden. Die Signalanalyse ist eine weitere Operationskategorie des Überwachungssystems. Hier werden einerseits statistische Werte wie z.B. die Varianz und andererseits transformierte Wertemengen wie das Spektrum oder das Cepstrum erzeugt. Schließlich vollziehen die Vergleichs- und Speicheroperationen die eigentlichen Funktionen der Überwachung wie Grenzwert- und Toleranzbandüberschreitungen, Fahrtenschreiber und Mustervergleichsoperationen. Letztere werden z.B. eingesetzt, um beim ersten Teil eines Loses den Schnittkraftverlauf über einem relevanten Bearbeitungssegment zu erlernen und bei den Folgeteilen des Loses auf Ähnlichkeit mit dem Muster zu vergleichen. Unzulässige Abweichungen weisen dann auf einen Defekt, bzw. auf eine fehlerhafte Bearbeitung hin.

4. Anwendungsmöglichkeiten von Diagnoseergebnissen

Die Ergebnisse der Zustandserfassung und des Zustandsvergleichs sowie der darauf aufbauenden Diagnose mit ihren Aussagen über Fehlerort und Fehlerursache ermöglichen eine Vielzahl unterschiedlicher Reaktionen.

Eine gezielte Auswertung der auftretenden Fehler sowie eine Analyse der zeitlichen Entwicklung der Fehlerhäufigkeit bilden die Grundlage für gezielte Reaktionen sowohl des Werkzeugmaschinenherstellers als auch des Anwenders.

Beim Werkzeugmaschinenhersteller stehen vor allem konstruktive Verbesserungen und Aussagen über Einsatzgebiete verbesserter Überwachungs- und Diagnosesysteme im Vordergrund.

Der Anwender ist dagegen primär an einer Verhütung von Fehlern und ihren Folgen für Fertigungszeiten und Kosten interessiert. Für ihn haben somit Maßnahmen der Fehlerkompensation und der geplanten Instandhaltung Vorrang. Desweiteren können die Ergebnisse der Diagnose jedoch auch zur Verbesserung bestehender Überwachung genutzt werden, wenn deutlich wird, daß auftretenden Schwachstellen nur so begegnet werden kann. Anhaltspunkte für die Lagerhaltung wichtiger Ersatzteile sowie Auswahl- und Bewertungskriterien für die Maschinenauswahl im Rahmen der Arbeits- und Investitionsplanung sind weitere Anwendungsmöglichkeiten, die unter anderem auf der Kenntnis der Zuverlässigkeit und der Arbeitsgenauigkeit einzelner Fertigungsmittel basieren. Gelingt es außerdem, die Instandsetzungsarbeiten außerhalb der normalen Produktionszeiten einzufügen, so werden mit einer solchermaßen geplanten und nicht unmittelbar störungsbedingten Instandhaltung die Fehlerfolgekosten weiter reduziert. Negative Auswirkungen, besonders in bezug auf die Qualität des Fertigungsergebnisses lassen sich auch zum Teil vermeiden, wenn die Einflüsse, die nicht zu Ausfällen der Maschine, zu Funktionsbeeinträchtigungen oder -störungen sowie zu Folgeschäden führen, mit Hilfe eines maschineninternen Regelkreises kompensiert werden. Hierunter fallen z.B. alle die Regelungen, die bereits im Rahmen von AC-Systemen entwickelt wurden.

Überwachungs- und Diagnosemaßnahmen stellen bei richtiger Auslegung und einer sinnvollen Nutzung der Ergebnisse ein wesentliches Hilfsmittel zur Sicherstellung der Fertigungsqualität sowie zur Reduzierung der Maschinenausfallzeiten dar. Desweiteren ermöglichen sie den Einsatz von Fertigungseinrichtungen in Schichten mit stark reduziertem Personaleinsatz.

Die Entwicklung umfassender Überwachungs- und Diagnosesysteme steht jedoch erst am Anfang. Um hier die gewünschten Ziele erreichen zu können, bedarf es erheblicher Anstrengungen von seiten der Forschung und der Industrie, was eine enge vertrauensvolle Zusammenarbeit von Werkzeugmaschinenherstellern, -anwendern und Forschungsinstituten erfordert.

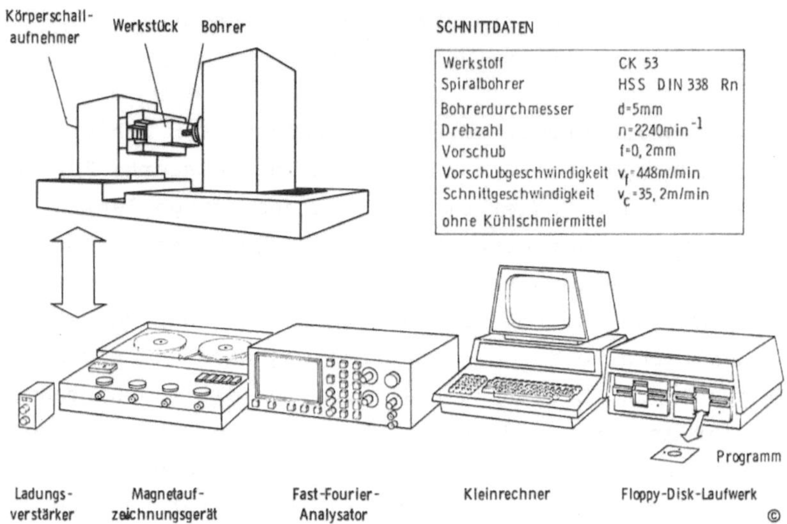

Bild 1: Meßaufbau zur Maschinenuntersuchung mit Hilfe der Cepstrum-Analyse

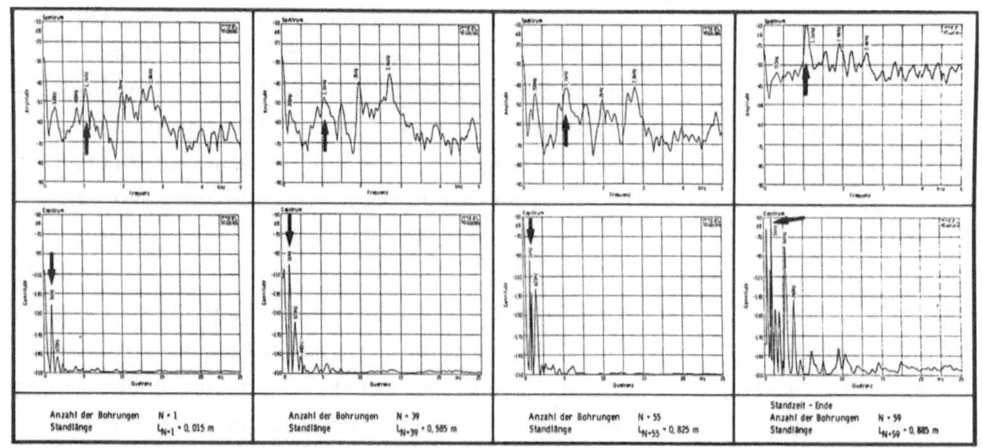

Bild 2: Vergleich des Spektrums und Cepstrums von Körperschallsignalen an Werkzeugmaschinen

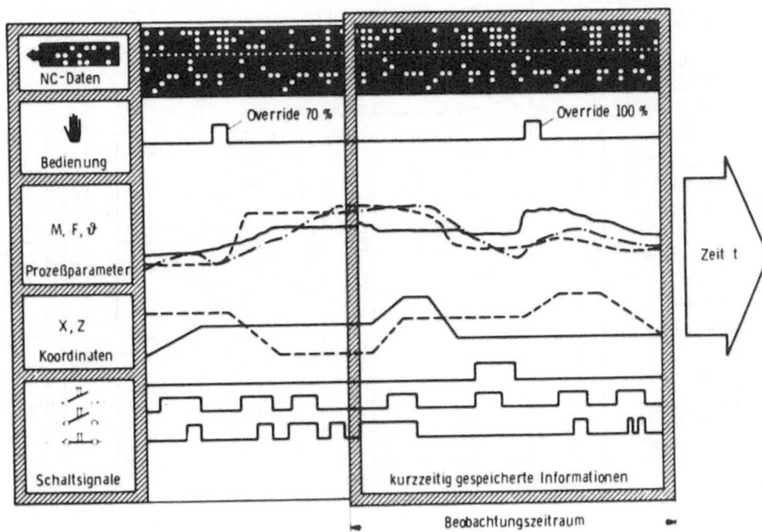

Bild 3: Prinzip eines"Fahrtenschreibers" für Werkzeugmaschinen

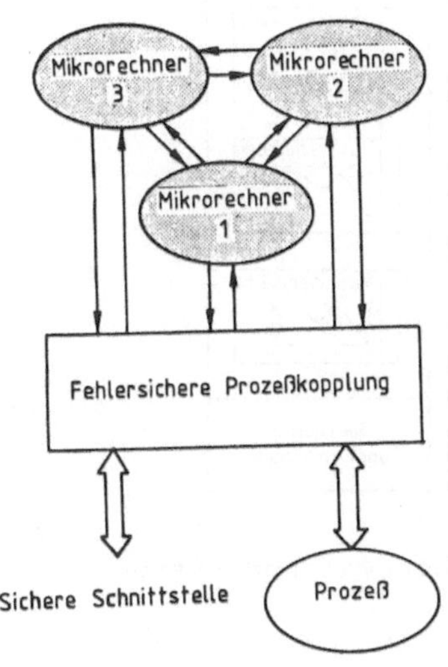

Konzept einer fehlertoleranten Steuerung

Zustand	Rechner 1	Rechner 2	Rechner 3
1	1	1	1
2	1	1	0
3	1	0	1
4	1	0	0
5	0	1	1
6	0	1	0
7	0	0	1
8	0	0	0

0≙ ausgefallen
1≙ in Betrieb
Tabellarische Zustandsbeschreibung des Mikrorechner-Konzepts

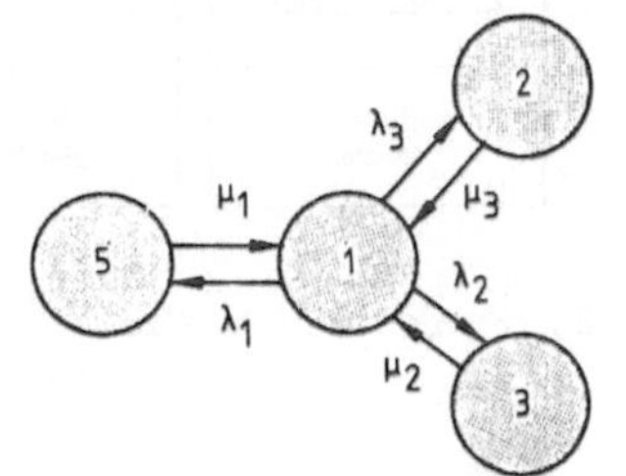

Zustandsdiagramm des Systems

Bild 4: Konzept eines fehlertoleranten Steuerungssystems

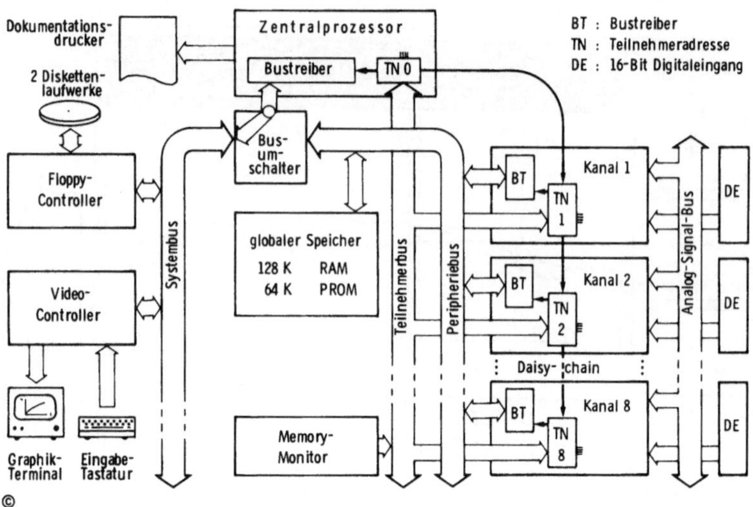

Bild 5: Struktur eines universellen Überwachungssystems auf Mehr-Mikroprozessorbasis

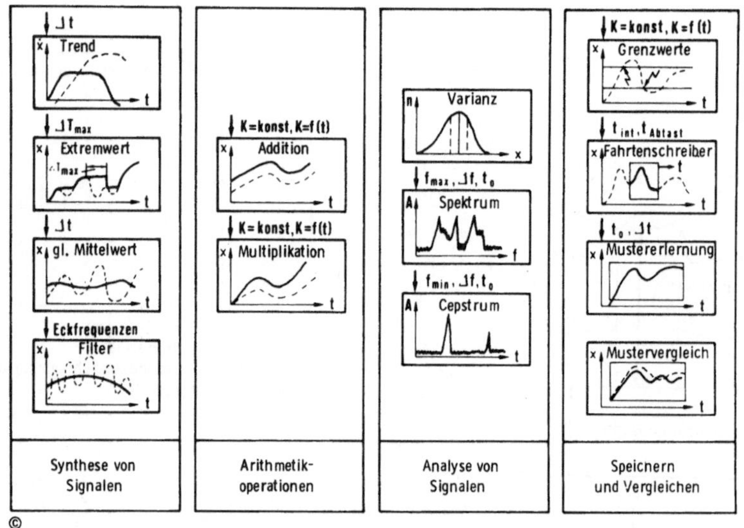

Bild 6: Funktionenmenü für ein universelles Überwachungssystem

5. Literatur

/1/ Autorenkollektiv (1981) — Maschinendiagnose in der automatisierten Fertigung, Veröffentlichung zum 17. AWK, Industrie-Anzeiger 103, Nr. 62

/2/ M. Weck (1983) — Maschinendiagnose in der NC-Fertigung, HDT-Veröffentlichungen 468 - Prozeßnahes Messen

/3/ W. Kluft (1978) — Automatische Werkzeugbrucherkennung bei der Drehbearbeitung Industrie-Anzeiger 100 Nr. 28

/4/ R.B. Randall (1981) — Cepstrum-Analysis, Technical Review No. 3, Brüel & Kjaer

/5/ M. Weck; H. Mehles (1983) — Überwachung von Fertigungseinrichtung und Prozeß mit Hilfe der Cepstrum-Analyse, Industrie-Anzeiger 105 Nr. 39

/6/ D.R. Ballard (1979) — Designing failsafe microprocessor systems, Elektronics, Jan. 4

/7/ M. Syrbe (1980) — Über die Beschreibung fehlertoleranter Systeme, Regelungstechnik Nr. 28, Heft 9

/8/ M. Weck, L. Kühne, M. Pascher, D. Vorsteher (1982) — Entwicklung eines universellen Überwachungsgerätes, Industrie-Anzeiger 104, Nr. 96, S. 42 ff

/9/ M. Weck, L. Kühne, M. Pascher, D. Vorsteher (1983) — Entwicklung eines anwenderprogrammierbaren Überwachungs- und Diagnosesystems für Fertigungseinrichtungen, Industrie-Anzeiger 105, Nr. 39

PRÜFABLAUFPROGRAMMIERUNG IM RECHNERDIALOG

EIN WEG ZUR WIRTSCHAFTLICHEN AUTOMATISIERUNG VON FUNKTIONSPRÜFSTÄNDEN

INTERACTIVE COMPUTER TEST PROGRAMMING

A WAY TO THE COST EFFECTIVE AUTOMATION OF FUNCTIONAL TESTING SYSTEMS

W. Breuer

AVIATEST GMBH
4000 Düsseldorf

U. Schwerhoff

Laboratorium für Werkzeugmaschinen und Betriebslehre
der RWTH Aachen

Summary

Automatic test equipments for functional tests of mechanical and electro mechanical components are problem dependent equipments by now. Rigid programming of the test task, lack of flexibility and a small range of test pieces per equipment are major problems. Increasing demands for the quality of products as well as the necessary rationalization of quality control in mechanical engineering require automatic test equipments that serve a wide range of test pieces and show simple and unique handling by the operator. One aspect to archieve these requirements is to simplify the programming of the test tasks for manufacturers and customers. This paper lists fundamental requirements of programming tools for these equipments and explains them in presinting some hints of an existing programming language and system.

1. Einleitung

Die in diesem Beitrag behandelten Prüfstände sollen die Leistungsfähigkeit und die Funktion eines oder mehrerer Prüflinge nachweisen und dokumentieren.

Die Palette der Prüflinge ist bezüglich der Komplexität sehr weit gespannt und wird verdeutlicht durch die Beispiele:

- Ventile
- Pumpen
- automatische Getriebe
- Vergaser
- Motoren oder
- Flugzeugtriebwerke

Bild 1

Bild 1 zeigt ein Beispiel eines solchen Prüfstandes, während in Bild 2 der prinzipielle Aufbau der elektrischen und elektronischen Komponenten wiedergegeben ist. Der Prüfling wird über

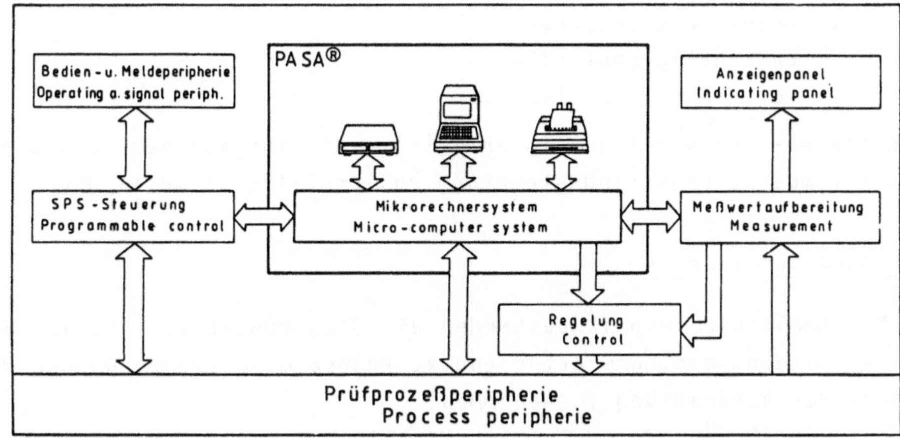

Bild 2

Halte- bzw. Einspannvorrichtungen fixiert und über hydraulische, pneumatische, mechanische oder elektrische Koppelelemente versorgt und stimuliert.
Die Erfassung der Prüfmerkmale erfolgt über die Messung unterschiedlicher physikalischer Größen. Diese Erfassung muß kontinuierlich aber auch zeitdiskret, etwa nach dem Erreichen von Betriebspunkten erfolgen können.
Der Ablauf des Prüfvorganges soll zur Erhöhung der Reproduzierbarkeit aber auch der Objektivität der Prüfaussage möglichst automatisch ablaufen.
Je nach Prüfling oder Prüfaufgabe müssen auch Handeingriffe und Abgleichaufgaben möglich sein.

Die Koordination aller Komponenten leistet das Prüfstandsautomatisierungssystem.

Die Aufgaben lassen sich einteilen in

. Prüfablaufaufgaben
. Überwachungsfunktionen und
. Steuer- und Regelungsfunktionen.

In die erste Gruppe fallen die Funktionen

. Meßwerterfassung, -verarbeitung und -dokumentation
. Bedienerdialog
. Ablaufkontrolle des Prüfprogramms (Einzelschritt, Programmstop, Schrittwiederholung, Programmunterbrechungen etc.)

Die Überwachungsfunktionen sind beispielsweise:

. Grenzwertüberwachung
. Endschalterkontrolle
. Not - Aus - Funktion

Die Steuer- und Regelfunktionen leisten die aufgabenbezogene und oft recht komplexe Prüfstandssteuerung und Prüflingsstimulierung.

2. Stand der Technik

In herkömmlicher Technik bestanden die Steuerungen von Prüfautomaten aus verbindungsprogrammierter Logik, Programmänderungen wurden durch Ändern der Verdrahtung vorgenommen.
Mit der Einführung der Halbleitertechnik und der integrierten Schalt-

kreise wurde die Anzahl der Funktionen bezogen auf das benötigte Volumen sowie die Lebensdauer der Steuerung wesentlich verbessert.

Erst mit dem Aufkommen der speicherprogrammierbaren Steuerungen kann von einer Programmierung im heutigen Sinne gesprochen werden. Die Programmänderung erfolgt durch die Änderung der Speicherzellen der Steuerung, die als Schreib-/Lesespeicher (RAM, random acces memory) der mit UV-Licht löschbare Nur-Lesespeicher (EPROM, erasable programmable read only memory) ausgeführt sind.

Nachteil dieser Steuerungen ist aber die fehlende Fähigkeit zur analogen Meßwerterfassung und Datenverarbeitung im benötigten Rahmen.

Dieser Mangel führte zur Entwicklung von Prüfständen, bei denen die Überwachungsfunktion von speicherprogrammierbaren Steuerungen und der Prüfablauf, die Meßwerterfassung, -verarbeitung und -dokumentation von Prozeßrechnern durchgeführt wurde.

Die Programmierung erfolgte auf beiden Systemen in der jeweiligen unterschiedlichen Programmiersprache, Synchronisations- und Kommunikationsschwierigkeiten führten zu aufwendigen und teuren Testphasen, die Flexibilität war zumindest stark eingeschränkt.

Mit den in zunehmendem Maße preiswert erhältlichen Mikrocomputersystemen steigender Leistungsfähigkeit ist ein Trend zur Realisierung von Prüfstandsautomatisierungssystemen mit diesen Komponenten feststellbar. Nur prüfstandsbezogene und nicht veränderbare Verknüpfungen (Sicherheitsüberwachung) werden noch systemextern etwa in programmierbaren Steuerungen (PC, programmable Controller) gelöst, im übrigen werden sowohl die Aufgaben des Prüfablaufs wie auch Überwachungs- und Steuerungsfunktionen von demselben Mikrocomputersystem geleistet.

Die Programmierung solcher Systeme kann neben der Maschinensprache inzwischen in fast jeder bekannten Hochsprache erfolgen, in jedem Falle muß aber in konventioneller Technik vom Programmierer ein hohes Maß an EDV-Kenntnissen vorausgesetzt werden.

3. Anforderungen an ein Programmiersystem

Um nun die Anforderungen an ein Programmiersystem zu definieren, das die geschilderten Probleme der Maschinen- oder Hochsprachenprogrammierung nicht aufweist, muß man einerseits den Personenkreis untersuchen, der mit diesem System arbeiten soll, und andererseits die Aufgaben analysieren, die programmiert werden sollen.

Aus der Untersuchung des betroffenen Personenkreises resultiert die Definition des Mensch - Maschine - Interfaces beim Programmiervorgang, die Aufgabenanalyse zeigt die notwendigen Befehle und Zeitanforderungen an die Programmiersprache auf.

Das Programmiersystem soll einerseits dem Hersteller solcher Prüfstände die Entwicklung und den Test erleichtern.

An diesen Arbeiten sind Personen unterschiedlicher Fachbereiche beteiligt: Hydrauliker, Pneumatiker, Mechaniker und Elektroniker unterschiedlicher Ausbildung und Qualifikation.

Jede der aufgezählten Gruppen hat im Laufe der Zeit eine eigene Art der Dokumentation der geleisteten Arbeit entwickelt, die dem Einzelproblem entsprechend zweckmäßig ist. Zusammen mit einer jeweils eigenen Fachsprache ist dieses Verfahren einer gemeinsamen Realisierung eines Prüfstandes nicht förderlich.

Häufig wird die Realisierung eines Programms für das Zusammenspiel aller Komponenten wegen der unvermeidlichen Kommunikationsschwierigkeiten erschwert.

Andererseits möchte der Käufer eines Prüfstandes die getätigten Investitionen möglichst vielfältig einsetzen und bei Prüflings- oder Modellwechseln speziell in der Entwicklung nicht jeweils den Hersteller zur Programmierung heranziehen müssen.
Das Personal des Käufers und damit Anwenders stammt aus den Bereichen Qualitätssicherung,
Prüfer oder Entwickler, von denen keine vertiefte Einarbeitung in EDV-Grundlagen und Programmierung erwartet werden kann.

Aus der Anzahl der betroffenen Fachbereiche ergibt sich für die Notation des Prüfprogramms eine weitestgehende Forderung nach Klartexteingabe, da die Beschränkung auf die Dokumentationsgewohnheiten einer der betroffenen Gruppen nicht sinnvoll erscheint.

- Die Befehle des Programmiersystems sind daher der Umgangssprache des jeweiligen Sprachraumes zu entnehmen.

- Die Benennung der Anschlüsse, Geräte, Variablen sollte frei wählbar sein (vereinbar).
- Fehleingaben (Syntaxfehler) sowie nicht sinnvolle oder nicht mögliche Anweisungen (Semantikfehler) sowie die Nennung nicht vorhandener Ein-/Ausgänge, Variablen etc. sollte unmittelbar nach der Eingabe angemahnt werden und korrigierbar sein, da die Erfahrung zeigt, daß die in fast allen Hochsprachen üblichen Fehlermeldungen in Compilerlistings von Bedienern mit geringen EDV-Kenntnissen nicht akzeptiert werden.
- Fehlermeldungen sollen nicht durch Angabe einer Fehlernummer, sondern durch Klartextangabe des Fehlergrundes erfolgen.
- Die Unterstützung des Bedieners wird erleichtert durch eine in der Informationstiefe gestaffelte, jederzeit abrufbare Anzeige, welche Eingabe oder Maßnahme das System erwartet bzw. welche Maßnahmen nach dem Auftreten eines Fehlers möglich sind.
- Durch geeignete Vorkehrungen (Systemdatei mit der Angabe der physikalisch vorhandenen Anschlüsse) muß ein fehlerfrei eingegebenes Programm lauffähig übersetzt werden können.

Betrachtet man die Aufgabenpalette, die von einem solchen System geleistet werden muß, dann erkennt man recht bald die Notwendigkeit der Multitaskingfähigkeit.

So müssen nämlich parallel zur eigentlichen Meßwerterfassung die Überwachungsfunktionen aktiv sein sowie Regel- und Steuerfunktionen ablaufen.
Als Beispiel für die Problematik mag die Ermittlung des Kennlinienfeldes eines Gebläses gelten.

Um z.B. den Gebläsedruck über den Volumenstrom zu messen, muß bei konstanter Drehzahl zeitgleich mit der Erfassung des aktuellen Volumenstroms über einen entsprechenden Sensor der Gebläsedruck erfaßt werden. Eine stufenlos verstellbare Drossel bildet die Belastung des Gebläses und wird durch eine geeignete Funktion (etwa Rampenfunktion) verändert.

Daneben ist etwa die Motortemperatur auf das Erreichen eines Grenzwertes hin zu überwachen.

Das Problem ist nicht in erster Linie die Realisierung solcher quasi gleichzeitiger Abläufe. Dies ist mit handelsüblichen Betriebssystemen möglich und wird durch entsprechende Hardwaremöglichkeiten wie Coprozessoren für 10 - Operationen oder Hardwarearithmetik noch erleichtert.
Die eigentliche Problematik liegt vielmehr in der anwenderfreundlichen Formulierung der Quasisgleichzeitigkeit.
Die übliche Notation zweier Programme oder Tasks und die gegenseitige Verriegelung über Semaphoren kann vom Anwender nicht erwartet werden.

Die Abwicklung der Koordination zwischen Überwachung und Meßprogramm kann daher nur in das Betriebssystem integriert werden.

Das folgende Beispiel einer realisierten Programmiersprache erläutert und ergänzt diese grundsätzlichen Anmerkungen.

4. Beispiel: PASA® - Das Prüfstandsautomatisierungssystem der Fa. Aviatest

Das Prüfstandsautomatisierungssystem Aviatest (PASA®) mit der Programmiersprache AVAS ist auf der Softwareseite in zwei Teile gegliedert:

- das Programmiersystem und
- das Ablaufsystem

Dieser Beitrag behandelt nur das Programmiersystem.
Das Programmiersystem ist ein integriertes System im Dialogbetrieb, welches sich aus allen Hilfsmitteln (in Form von Dienstprogrammen) zusammensetzt, die zur Programmierung notwendig sind.
Als Ergebnis der Anwendung aller Komponenten des Programmiersystems entsteht eine Datei, die das Programm in einer ablauffähigen Form enthält.
Die Ausführung geschieht dann durch das Ablaufsystem im Echtzeitbetrieb.

Das PASA-Programmiersystem besteht aus folgenden Dienstprogrammen:

- Das EINGABEPROGRAMM dient zur Eingabe neuer AVAS-Programme und zur Verbesserung, Änderung und Erweiterung vorhandener AVAS-Programme.
- Der ÜBERSETZER erzeugt aus den AVAS-Programmen maschinenunabhängigen Zwischencode.
- Der BINDER erstellt aus dem vom Übersetzer erzeugten Zwischencode einen ladefähigen Objektcode, der unter der Ablaufsystem ausgeführt wird.
- Das SYSPROM-Programm dient zur Ein/Ausgabe, Verbesserung und Änderung der Sysprom-Daten in der Sysprom-Datei. In ihr ist die Hardware/Software-Schnittstelle beschrieben.
- Das DATEI-PROGRAMM dient zum Auslisten der Directories und Testdateien. Außerdem können damit Disketten benannt, Disketten und Dateinamen geändert, Dateien gelöscht und kopiert werden.

Die zugehörige Programmiersprache AVAS ist eine problemorientierte Programmiersprache, d.h. ihre Elemente sind hinsichtlich ihrer Funktionalität aus den Erfordernissen der zu lösenden Probleme hergeleitet, nicht aus dem zur Verfügung stehenden Rechnertyp. Der Programmierer wird dadurch von den spezifischen Eigenschaften des Rechners, auf die in jeder Maschinensprache eingegangen werden muß, entlastet. Diese Eigenschaft, gemeinsam mit der Tatsache, das AVAS mit einer minimalen Anzahl von Befehlstypen auskommt, führt dazu, daß diese Programmiersprache von dem genannten Personenkreis angewandt werden kann. Jeder AVAS-Befehl erfüllt eine komplexe Funktion (verglichen mit Maschinensprachenniveau) und wird durch ein deutsches Schlüsselwort idendifiziert. AVAS-Programme erhalten so die Form einer forma-

lisierten Umgangssprache.
So wird z.B. die Ein- und Ausgabe von Daten von und zu den angeschlossenen Geräten jeweils mittels eines einzigen Befehls durchgeführt.
Der Programmierer wird somit weitgehend vom Umgang mit den physikalischen Eigenschaften der Geräte befreit.

Die Programmiersprache AVAS besteht derzeit aus 13 Befehlen unterteilt in Grundanweisungen und Sonderanweisungen.

a) Grundanweisungen:

SETZE ..... ist eine Wertzuweisung.
Es können Variable, Felder und Ausgänge auf einen bestimmten Wert oder auf Werte anderer Ein- und Ausgänge, sowie Variable gesetzt werden.
SETZE ANZEIGE 1, TEMP 1 (die Digitalanzeige 1 wird auf den Wert des Analogeinganges TEMP 1 gesetzt)
TEXT ..... ist eine Anweisung für die Ein- und Ausgabe von und zu einem Datensichtgerät und für die Ausgabe auf Drucker und Plotter.
TEXT DRUCKER, OELTEMPERATUR:", TEMP 1 (F4,1);
Es wird der Text "OELTEMPERATUR:" und der Wert des Analogeinganges TEMP 1 formatiert (4 Stellen insgesamt, davon 1 hinter dem Komma) ausgegeben.
WENN
DANN
SONST ..... ist eine Entscheidung und erlaubt die Abarbeitung alternativer Folgen von AVAS-Anweisungen.

```
WENN TEMP < 37
  DANN TEXT DRUCKER "Temperatur i.O.";
    SONST TEXT DRUCKER "Temperatur zu hoch";
```

SOLANGE ..... ist eine Anweisung durch die wiederholte Ausführung von Folgen von AVAS-Befehlen (Schleife) ausgedrückt werden.

```
SOLANGE TEMP < 45
  SETZE HEIZUNG, EIN
```

Diese Anweisung wird solange wiederholt bis TEMP > 45 Grad

GEHE ZU ..... erlaubt den direkten Sprung zu irgend einer anderen Anweisung im Programm. Es wird an der angegebenen Stelle mit der Ausführung fortgefahren.

b) Sonderanweisungen:

STOP
WEITER
ABBRUCH sind Anweisungen für die Steuerung der Prüfschrittfolgen
WARTE (eine Prüfschrittfolge wird um eine angegebene Zeit unterbrochen)
CLEAR B (alle deklarierten Binärausgänge werden zurückgesetzt)
PULS (auf einen Binärausgang werden in angegebenen Zeitabständen PULSE ausgegeben)
RAMPE (auf einen Analogausgang werden die Werte einer Rampenfunktion, d.h. einer linearen Funktion ausgegeben.
MIN/MAX (dienen der Minimum- oder Maximumermittlung z.B. eines Analogeinganges)

Bei Rechnungen sind die vier Grundrechenarten, bei Boolschen Ausdrücken die Operationen UND, ODER, NICHT zugelassen. Klammerungen können beliebig vorgenommen werden. Als Vergleichsoperationen sind >, < , = , < =, > = verfügbar.

Den Aufbau eines AVAS-Programms, dargestellt durch ein Syntaxdiagramm, zeigt Bild 3.

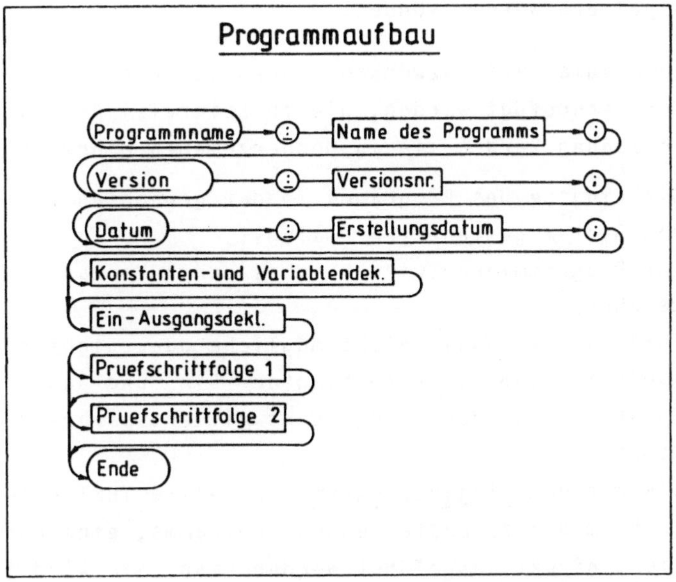

Bild 3

Es gliedert sich auf in den Programmkopf, der zur Idendifikation des Programms dient, einem Deklarationsteil, in dem nacheinander Konstanten, Variablen und Ein- und Ausgänge beschrieben werden, dem Anweisungsteil, der z.Zt. aus zwei Prüfschrittfolgen besteht, sowie dem Programmende.

Im Deklarationsteil werden zum einen Konstanten definiert und ihnen ein Name zugewiesen, zum anderen Variable, deren Wert aber (im Gegensatz zu den Konstanten) durch das Programm geändert, von außen über einen Ein-/Ausgang eingelesen oder nach außen ausgegeben werden können. Für sie wird ein Speicherplatz angelegt sowie weitere Informationen (wie Typ der Variable, z.B. Integer, Gleitpunkt etc.) abgespeichert. Weiterhin werden alle angeschlossenen Ein- und Ausgabegeräte deklariert. Die Benennungen sind frei wählbar.

In den beiden Prüfschrittfolgen, d.h. im Anweisungsteil, werden die Aktionen des Prüfprogramms definiert. Hierzu stehen die Anweisungen SETZE, WENN-DANN-SONST, SOLANGE, TEXT und GEHEZU sowie die Sonderanweisungen zur Verfügung. Die beiden Prüfschrittfolgen werden vom Betriebssystem als unabhängige Einheiten (Tasks) verwaltet und laufen quasi parallel ab, obwohl sie im PASA-Programm sequentiell aufeinander folgen. Sie können sich allerdings in ihrem Ablauf gegenseitig beeinflussen mittels der Sonderanweisungen WARTE, STOP, WEITER, ABBRUCH sowie über die Variablen, die von beiden Prüffolgen aus manipuliert werden können.

Zu Dokumentationszwecken können im Programm beliebig lange Kommentare eingefügt werden, die zu keinerlei Aktivitäten führen. Zwecks Erkennung werden sie in Sonderzeichen eingeschlossen.

Die Eingabe des Programms in der genannten Form erfolgt mittels eines vom System gesteuerten Dialogs.
Der Programmierer wird hierbei durch Vorgaben vom Eingabe-Programm geführt.
Fehleingaben sowie nicht mögliche oder nicht sinnvolle Anweisungen sowie Nennung nicht vorhandener Ein- und Ausgänge, Variablen und Konstanten werden im Klartext mit entsprechenden Hinweisen angemahnt.
Die mit dem Eingabeprogramm erstellte TEXT-Datei enthält die textuelle Form des zu erstellenden Programms, eine Form, die vom Rechner nicht direkt ausgeführt werden kann. Sie wird in der nächsten Phase vom Übersetzer in einen interpretationsfähigen Code übersetzt (den sog. Z-code) und auf die CODE-Datei ausgeschrieben.
Eine wichtige Funktion des Übersetzers ist noch, die im PASA-Programm deklarierten Ein-/Ausgänge auf Übereinstimmung mit den in der Prozeßkonfiguration tatsächlich existierenden Ein- und Ausgabegerä-

ten -mittels ihrer Beschreibung in der SYSPROM-Datei- zu überprüfen.

Die SYSPROM-Datei enthält die Beschreibung der Hardware:

- Kartentyp (des Mikrorechnersystems)
- Portadressen
- Kartenabhängige Parameter (interruptgesteuert, Call-Vektor usw.)
- Zuordnung zu den Ein-/Ausgabe Nummern, die im PASA-Programm benutzt werden
- Initialisierungsangaben
- PROM/RAM-Grenze
- gesamter zur Verfügung stehender Speicher

Durch die Trennung von Hardware und Software (Sysprom-Datei-AVAS-Programm) wird eine hohe Zielsystemunabhängigkeit der AVAS-Programme erreicht. Das heißt: ein AVAS Programm kann ohne weitere Anpassungen auf verschiedenen HW-Konfigurationen ablaufen.

Zur Übersetzungszeit schaut der Übersetzer bei jeder Ein/Ausgabe-Deklaration in der Syspromdatei die entsprechenden E/A-Ports nach und überprüft die Übereinstimmung der Deklaration mit der tatsächlichen in der Syspromdatei beschriebenen Hardware-Konfiguration.

Wegen dieser Trennung des Programms von der HW-Konfiguration können ganze Programm-Bibliotheken aufgebaut werden und bei den verschiedensten Anwendungen benutzt werden.

Zur Erstellung, Änderung und Ausgabe der Syspromdatei enthält das PASA-System den Syspromeditor.

Die Ausgabe des Übersetzers, die CODE-Datei, enthält nur den Code des PASA-Programms, der für sich noch nicht ablauffähig ist. In der nächsten Phase, der Bindephase, wird er vom Binder mit allen weiteren notwendigen Teilen zur LADE-Datei zusammengefügt. Diese sind z.B. die Programme, die die Ein-/Ausgabegeräte steuern (auch Treiber genannt), ein Betriebssystem (ROS), die Codes der PASA-Sonderanweisungen etc. Die vom Binder produzierte LADE-Datei stellt die Schnittstelle zum Ablaufsystem dar. Sie wird später vom Urlader (auch Booter genannt) des Ablaufsystems in den Speicher des Rechners geladen und zur Ausführung gebracht. Bild 4 zeigt die verschiedenen Phasen des Programmiervorgangs.

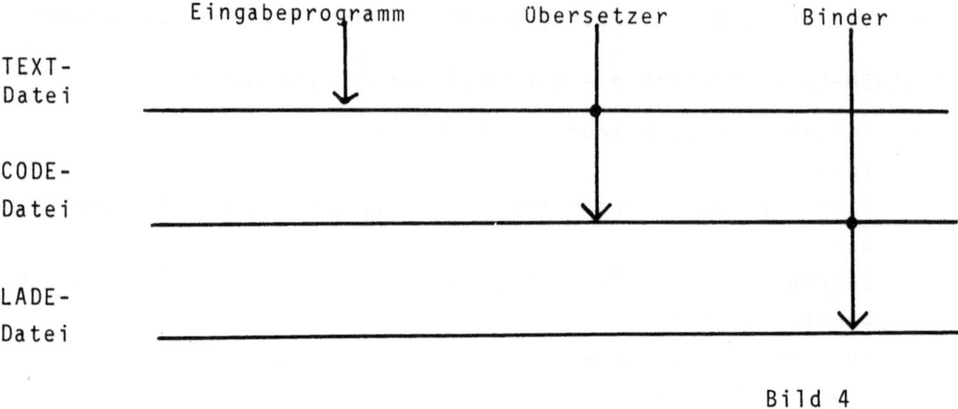

Bild 4

Der Benutzer bedient das PASA-System über sogenannte Menues (Kommandoleisten) interaktiv am Bildschirm. Diese Menues sind hierarchisch geordnet. Auf der jeweiligen Hierarchiestufe erscheint ein Menueangebot, aus dem der Benutzer durch eine Eingabe eine Funktion auswählt und damit zur nächstniedrigeren Hierarchieebene gelangt. Auf der tiefsten Ebene werden dann die eigentlichen Aktionen des ausgewählten Dienstprogramms bestimmt.

5. Zusammenfassung

Zusammenfassend kann gesagt werden, daß das vorgestellte Programmiersystem mit der Programmiersprache AVAS den zu Beginn genannten Anforderungen weitgehend entspricht.

Mit PASA® wurde ein System entwickelt, welches - nicht nur für den Prüfstandssektor - ein Softwarewerkzeug für wirtschaftliche Programmierung von Automatisierungsaufgaben darstellt.

Das System ist seit 1982 verfügbar und wurde bereits mehrfach angewandt.

ÜBERWACHUNG UND REGELUNG VON SPRITZGIESSMASCHINEN DURCH EINBEZIEHUNG VON PRODUKTEIGENSCHAFTEN

SUPERVISION AND CONTROL OF INJECTION MOULDING MACHINES WITH REGARD TO PRODUCT FEATURES

H. Käufer

Kunststofftechnikum
Technische Universität Berlin
1000 Berlin 21, B.R. Deutschland

H.-J. Lemke

Philips GmbH
Forschungslaboratorium Hamburg
2000 Hamburg 54, B.R. Deutschland

Summary

Injection moulding is one of the most important processes in plastics industries. Besides process know-how, advanced control methods are essential preconditions to guarantee a reliable and reproducible production. The paper deals with the identification of injection moulding by means of experimental modelling. Two mathematical models, both of very simple structure, are set up to be used for on-line adaptation: the model of the injection stage is utilized for process monitoring and machine supervision, a time-discrete model of the production cycle is the basis for feed-back and control of selected product features.

1 Einleitung

Das Herstellen von Präzisions-Spritzgußteilen erfordert - neben modernen Maschinen - eine genaue Verfahrenskenntnis und die Anwendung anspruchsvoller Regelungstechnik. Trotzdem scheint es, als würde die System- oder Prozeßanalyse nur eine untergeordnete Rolle im Bereich der Fertigungstechnik spielen. Moderne Prozeßsteuerungen für Spritzgießmaschinen nutzen zwar die neuesten Technologien, aber weniger die neueren Methoden der Regelungstechnik. Im praktischen Betrieb ist es für den Bediener schwer, einen quantitativen Zusammenhang zwischen den Maschineneinstellungen und den Produkteigenschaften zu finden und zur

Maschinenoptimierung zu nutzen. Diese Optimierung findet daher normalerweise durch Versuche und Erfahrung statt.

Die Analyse des Spritzgießprozesses erfolgte bisher hauptsächlich durch theoretische Modellbildung, über die das Verfahren selbst oder Maschinenteile optimiert werden konnten, und die die physikalischen Abläufe während der einzelnen Prozeßphasen deutlich machte [1].

2 Der Spritzgießprozeß

Das am weitesten verbreitete Verfahren zur Herstellung von Kunststoffteilen aus Thermoplasten ist das Spritzgießen. Dabei wird ein Granulat in einer Schneckenmaschine zu einer homogenen Masse aufgeschmolzen und unter Druck durch eine Düse in ein Werkzeug gespritzt, das ein oder mehrere Formnester enthält. In dieser Form erstarrt die Masse und kann kurz danach entformt werden. Da das Spritzgießteil in einem Arbeitsgang und i.a. ohne Nacharbeiten hergestellt werden kann, eignet sich gerade das Spritzgießverfahren für eine Massenproduktion. Der Verfahrensablauf beim Spritzgießen (Zyklus) läßt sich wie folgt einteilen: 1. Einspritzen, 2. Nachdrücken, 3. Kühlen, 4. Entformen, 5. Düse anlegen. Aufgrund der verschiedenen Aufgaben, die an eine Spritzgießmaschine gestellt werden, läßt sie sich in die Baugruppen Spritzeinheit und Schließeinheit aufteilen (Bild 1). Das Material wird durch Drehen der Schnecke aus dem Einfülltrichter eingezogen. Dabei wird die Schnecke gegen den Staudruck nach hinten zurückgeschoben. Die Maschinensteuerung beendet diesen Dosiervorgang bei der Schneckenposition, bei der die eingezogene Masse dem Spritzvolumen entspricht. Danach folgt die Einspritzphase. Durch eine Vorwärtsbewegung der Schnecke wird Material aus dem Zylinder in das Formnest gedrückt. Um der Volumenschwindung des Kunststoffes beim Erstarrungsvorgang entgegenzuwirken, wird in der Nachdruckphase durch die Schnecke weiteres Material ins Werkzeug gedrückt.

Die Steuerung einer Spritzgießmaschine ist nicht problemlos, da die Einstellwerte nicht universell sind. Aus diesem Grund werden heutzutage während der Einfahrphase vom Bediener optimale Einstellwerte festgelegt und während des gesamten Produktionsprozesses verwendet. Daher können bei einem Chargenwechsel bereits geringe Veränderungen im Material große Auswirkungen auf die Produktqualität haben. Gerade in den letzten Jahren wird daher nach Wegen gesucht, die Qualitätskontrolle der gespritzten Teile zu optimieren. Die Qualität eines Spritzgießteiles wird an den Produkteigenschaften gemessen. Diese kann man grob in vier Hauptgruppen unterteilen: Oberfläche, Dimensionen, Massehomogenität,

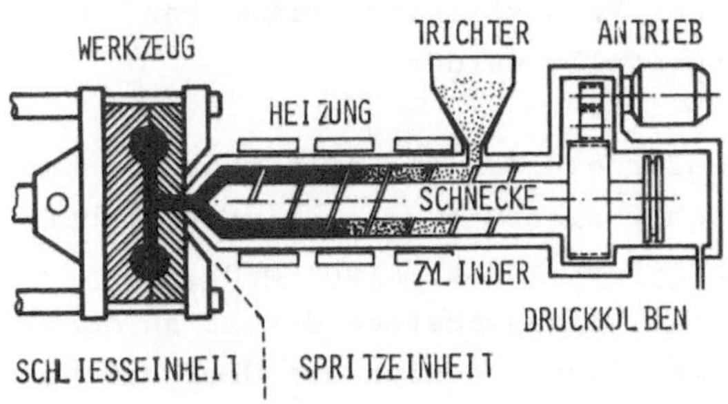

Bild 1: Schematischer Aufbau einer Spritzgießmaschine

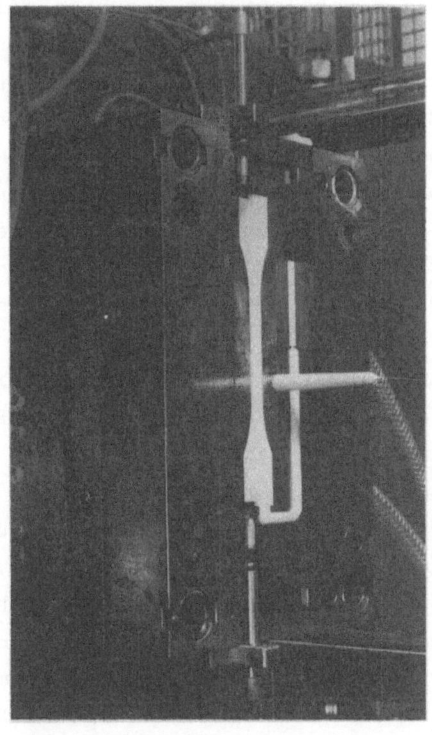

Bild 2: Versuchswerkzeug mit Längenmeßtastern

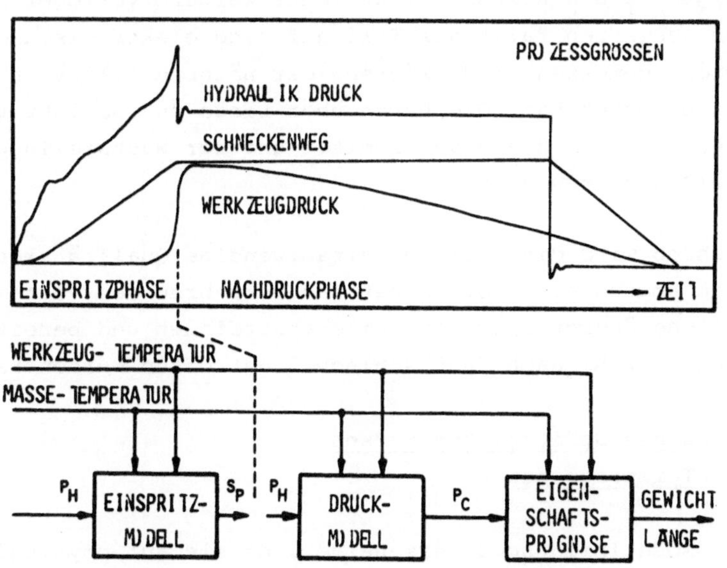

Bild 3: Typischer Verlauf der Zustandsgrößen und zugehörige Teilmodelle

und morphologische Struktur [4]. Zu der ersten Gruppe gehören die Rauhigkeit, der Glanz, Oberflächenfehler (Risse, Einfallstellen) und die Farbe. Die Dimension beschreibt Außenmaße (Länge, Dicke etc.) und das Gewicht. Die beiden letzten Gruppen beschrieben den Zustand der verarbeiteten Masse. So gehört zur Massehomogenität die Verteilung von Zusatzstoffen oder optische Eigenschaften. Die letzte Gruppe geht auf die Gefügestruktur, wie Molekulargewicht, Partikelstruktur und Doppelbrechung, ein. Mit der Untersuchung dieser Produkteigenschaften kann die Qualität eines Spritzgießteiles festgestellt werden.

Angesichts der steigenden Qualitätsanforderungen an Spritzgußteile kann festgestellt werden, daß eine Eigenschaftsmessung, die stichprobenhaft in von der Maschine entfernten Labors stattfindet, nicht mehr wirtschaftlich ist. Es wurde daher versucht, Eigenschaften direkt an der Maschine am gefertigten Teil zu messen. Dazu bot sich die Überprüfung der Dimension des Produktes an, da sie nur eine geringe Verzögerung des Zyklus bedingt, was den wirtschaftlichen Anforderungen entgegenkommt. Bei dem vorgestellten Verfahren werden die beiden Eigenschaften "Gewicht" und "Länge" gemessen. Im Versuchswerkzeug (Bild 2) sind zwei pneumatisch betätigte Meßtaster eingebaut. Öffnet sich das Werkzeug, so fahren die Taster an das Teil heran und die Längenmessung beginnt. Nachdem die Taster zurückgefahren sind (Dauer der Messung 1-2 s), wird der Auswerfer betätigt und das Werkzeug fährt ohne weitere Verzögerung wieder zu. Nach dem Auswerfen fällt das Teil auf eine elektronische Waage, auf der das Gewicht gemessen wird, während der nächste Zyklus an der Maschine bereits begonnen hat. Die Daten über Länge und Gewicht gehen dann an einen Rechner, der diese verarbeitet und zur Nachstellung der Maschineneinstellungen verwendet.

Mit diesem Verfahren wird die übliche zeitaufwendige Qualitätskontrolle durch Stichproben umgangen. Außerdem hat das Verfahren den Vorteil, daß eine kontinuierliche Überprüfung der Teile stattfindet und bereits an der Maschine eine Auswahl nach "gut/schlecht" getroffen werden kann.

3 Modellbildung des Spritzgießprozesses

3.1 Modelle von Teilprozessen

Die theoretische Modellbildung unterscheidet, da sie auf physikalisch-chemischen Grundgleichungen beruht, zwischen der Plastifizier- und Einspritzphase und der Kompressions- und Kühlphase, entsprechend dem zyklischen Ablauf des Spritzgießprozesses. Bei der Aufstellung mathematischer Prozeßmodelle auf dieser Basis werden für die Beschreibung der

Vorgänge beim Spritzgießen die Verläufe von Temperaturen, Drücken und Dichten berechnet. Daraus läßt sich auf einige Produkteigenschaften schließen, wenn die thermodynamischen Zustandsgrößen für alle Punkte des Spritzgießteiles bekannt sind.

Wenn auch die theoretischen Prozeßmodelle einen wesentlichen Beitrag zur Prozeß- und Maschinenoptimierung geleistet haben, so sind sie doch für den Einsatz bei der on-line-Modellbildung auf Mikrorechnern weniger gut geeignet. Es liegt daher nahe, auf die Beschreibung der physikalischen Zustandsverläufe zu verzichten und ein Eingangs-Ausgangs-Modell zu ermitteln, das wesentlich einfacher strukturiert werden kann. Die experimentelle Modellbildung durch statistische Auswertung von Meßdaten orientiert sich - ebenso wie die theoretische - an der Prozeßstruktur. Das hier einzubringende "a-priori"-Wissen beruht auf der physikalischen Prozeßanalyse und führt zu einer Definition von drei Teilmodellen, die den Gesamtprozeß bezüglich der wichtigsten Variablen beschreiben. Bild 3 zeigt den typischen Verlauf der Zustandsgrößen während des Zyklus, woraus sich ein Teilmodell für die Einspritzphase ergibt, das die Schneckenposition mit dem Hydraulikdruck und den Temperaturen verknüpft, und zwei Teilmodelle für die Nachdruckphase. Diese Blöcke enthalten die zeitveränderliche Druckübertragung während des Erstarrens der Schmelze und die Prognose der Teileigenschaften aus speziellen, gemessenen Zustandsgrößen.

Für die später zu beschreibende Prozeßüberwachung hat sich die Modellbildung der Einspritzphase als besonders günstig erwiesen, da hierbei sowohl Einflüsse des Materials (durch veränderte Viskosität) und der Spritzeinheit (Temperierung und Hydraulik), als auch der Form erfaßt werden. Aus der statischen Analyse von Hydraulikdruck und Schneckenweg und aus den Abläufen während des Einspritzvorganges ergibt sich ein Ansatz für ein nichtlineares Modell. Die Nichtlinearität erklärt sich aus dem erhöhten Hydraulikdruck zu Beginn der Bewegung, aus unterschiedlichen Fließquerschnitten und aus der Wegbegrenzung nach dem Füllen der Form. Ein mathematischer Modellansatz der Form

$$y_k = \sum_{i=1}^{n} a_i y_{k-1} + \sum_{j=1}^{3} \sum_{i=0}^{n} b_{ij} \operatorname{sign}(u_{k-i-d}) |u_{k-i-d}|^j$$

mit y_k: Schneckenposition, u_k: Hydraulikdruck, und n=1, d=1, ergab für 130 Meßwerte und 10 ms Abtastzeit die besten Ergebnisse. Bild 4 zeigt für eine konstant geregelte Einspritzgeschwindigkeit von v=20 mm/s den gemessenen und den vom Modell berechneten Schneckenweg. Die Parameter

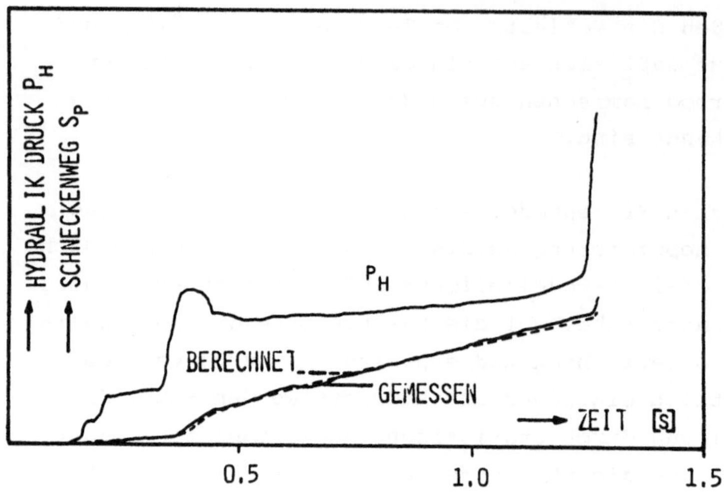

Bild 4:

Ergebnis der Modellbildung der Einspritzphase

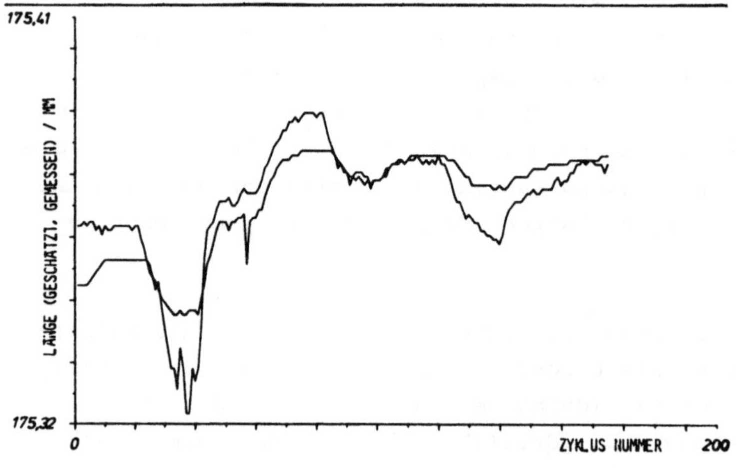

Bild 5:

Vergleich Messung-Zyklusmodell.

Längenprognose

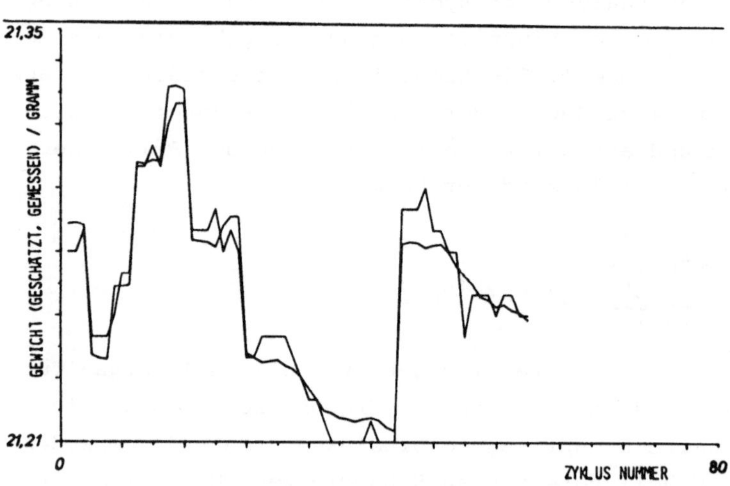

Gewichtsprognose

a_i, b_i des Modells sind von einem einfachen Least-Squares-Algorithmus geschätzt worden.

3.2 Modelle von Produktionszyklen

Für die Aufstellung eines mathematischen Modells zur Prognose von Produkteigenschaften wurden die in der Praxis wichtigen Einflußgrößen untersucht. Eine Korrelationsanalyse dieser Variablen und der Meßwerte von Gewicht und Länge ergibt als wirksamste Eingangsgrößen des gesuchten Zyklusmodells das Niveau des (konstant geregelten) Hydraulikdrucks (Nachdruck), sowie das Maximum der Schmelzetemperatur im Formnest. Es entsteht so ein zeitdiskretes Modell, wobei die Abtastzeit gerade der Zykluszeit entspricht:

$$\begin{pmatrix} w \\ l \end{pmatrix} = \begin{pmatrix} b_{11} & b_{12} & 0 \\ b_{21} & b_{22} & b_{23} \end{pmatrix} \begin{pmatrix} p_n \\ T_{max} \\ \sqrt{T_{max}} \end{pmatrix} + \begin{pmatrix} c_{11} \\ c_{21} \end{pmatrix}$$

mit p_n : Nachdruck,
T_{max}: Maximum der Schmelzetemperatur (Formnest)
w : Gewicht, l: Länge, c_{ij}: Konstanten.

Diese einfache Modellstruktur ergibt sich, weil bei den gewählten Eingangsgrößen keine dynamischen Anteile wirksam werden. Die Modellparameter b_{ij} wurden wieder durch Schätzverfahren (Least Squares) aus Meßdaten gewonnen. Bild 5 zeigt das Verhalten des geschätzten Zyklusmodells.

Im Betrieb der Maschine zusammen mit der Eigenschaftsregelung muß die Schätzung der Prozeßmodelle on-line erfolgen, damit der Eigenschaftsregler an veränderte Produktionsbedingungen angepaßt werden kann. Das Steuersystem der Maschine muß daher genügend Rechenleistung bereitstellen, um die Vorverarbeitung der Meßdaten (Längen-Signale, Maximum-Bestimmung, Radizierung) durchführen zu können. Die zeitaufwendigere Schätzung von Modellparametern kann in einem Teil des Spritzgießzyklus erfolgen, der für diese Rechenoperationen genügend Zeit läßt, wie etwa die Kühlphase.

4 Prozeßüberwachung

In der Einspritzphase des Spritzgießprozesses spiegeln sich in dem Verlauf der Prozeßgrößen viele Einflüsse aus unterschiedlichen Bereichen

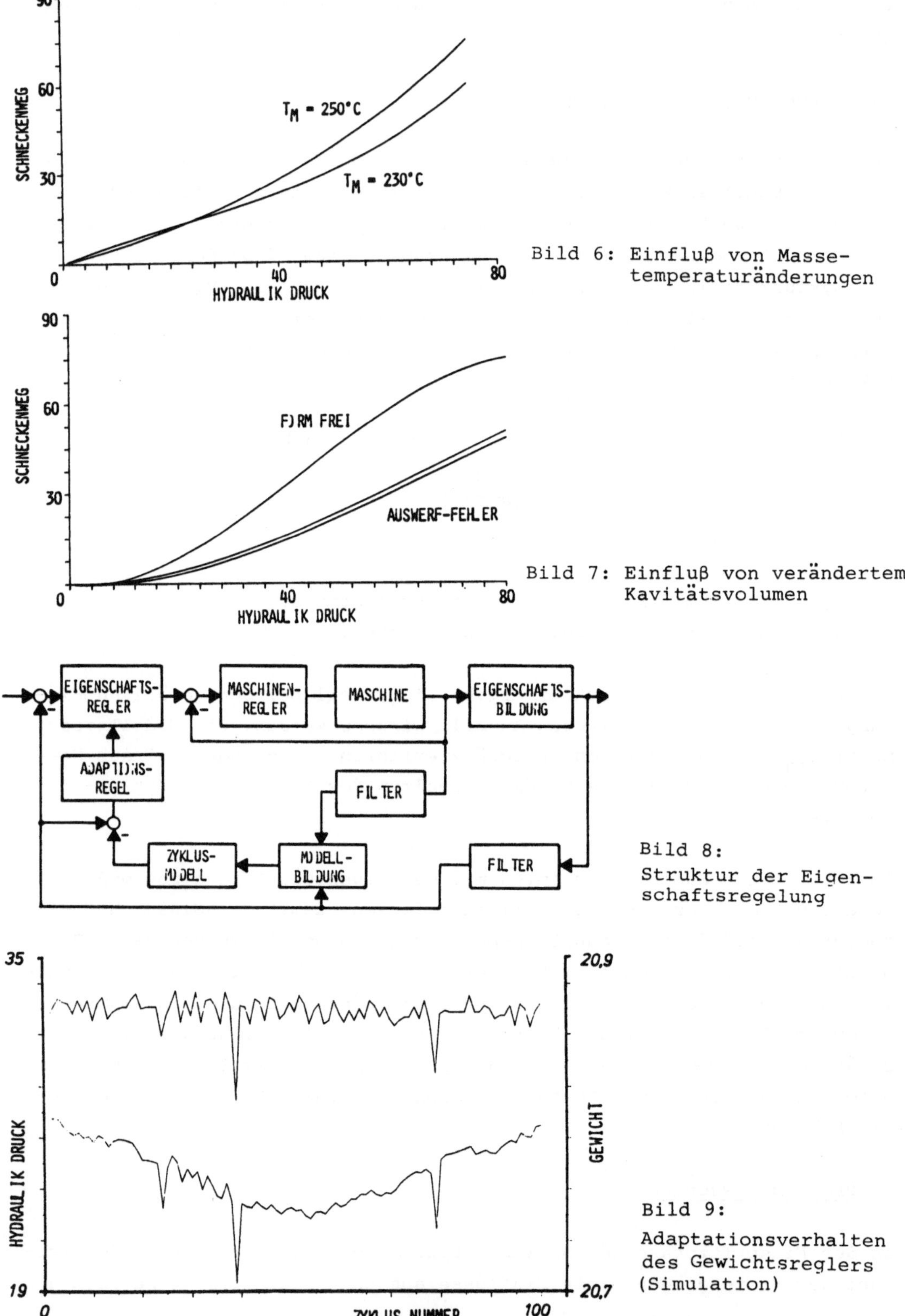

Bild 6: Einfluß von Massetemperaturänderungen

Bild 7: Einfluß von verändertem Kavitätsvolumen

Bild 8: Struktur der Eigenschaftsregelung

Bild 9: Adaptationsverhalten des Gewichtsreglers (Simulation)

der Maschine wieder. Das in Kapitel 3 vorgestellte Prozeßmodell dieser Phase ist daher besonders geeignet, Veränderungen in den Arbeitsbedingungen der Maschine deutlich zu machen.

Eine ständig oder von Zeit zu Zeit wiederholte Berechnung von aktuellen Modellparametern liefert Information über das Prozeßgeschehen in wesentlich kompakterer Form als die Meßgrößen selbst. Außerdem werden Störungen in den Meßsignalen durch das Schätzverfahren unterdrückt.

Während der dynamische Teil des Modells fast unabhängig von den Prozeßbedingungen ist, kann aus der statischen Kennlinie, die sich aus den nichtlinearen Termen ergibt, wichtige Prozeßinformation abgelesen werden. Unterschiede in der Einspritzgeschwindigkeit, in der Temperierung des Zylinders oder der Form, in den Materialeigenschaften und in den Fließwiderständen haben einen charakteristischen Einfluß auf die Kennlinie. Die Auswirkungen auf den Kennlinienverlauf sollen an zwei Beispielen gezeigt werden:

Änderung der Massetemperatur

Der Sollwert der Zylinder-Temperaturregelung wurde vom Nennwert 230 °C auf 250 °C erhöht. Bild 6 zeigt die Kennlinien für beide Fälle, die deutlich auseinander liegen. Wenn auch das berechnete Prozeßmodell aufgrund seiner Struktur keine direkte physikalische Interpretation zuläßt, so kann die Abweichung der Kennlinie doch so gedeutet werden, daß bei höheren Temperaturen ein geringerer Hydraulikdruck erforderlich ist, um eine bestimmte Schneckenposition zu erreichen. Entsprechend verläuft die Kennlinie bei höheren Massetemperaturen steiler und bei niedrigeren flacher.

Änderung des Kavitätsvolumens

Insbesondere bei Mehrfachformen kann es vorkommen, daß am Ende des Zyklus nicht alle Formteile ausgestoßen werden. Für den nächsten Spritzgießzyklus bedeutet dies eine Verringerung des Formvolumens. Bild 7 zeigt den Einfluß eines solchen Fehlers. Die Verminderung des Gesamtvolumens um ca. 6% ergibt eine Kennlinie, die im gesamten Verlauf unterhalb der Normalkurve liegt. Der Fließwiderstand und der Weg der Fließfront haben sich geändert. Für die Einhaltung der eingestellten Einspritzgeschwindigkeit muß die Regelung daher einen anderen Hydraulikdruck erzeugen. Der Zeitverlauf des Drucks ist deshalb gegenüber dem Normverlauf zwar etwas, aber nicht signifikant verändert. Erst die Datenverdichtung durch die Modellparameter macht diesen Fehler deutlich aus den Meßdaten ablesbar.

Für die Auswertung der Kennlinien kommen zwei Wege in Frage:

- der Maschinenbediener interpretiert die auf einem Monitor dargestellten Kennlinien bzw. die Abweichungen von einer Normalkennlinie. Hierfür muß er seine Erfahrung einbringen.
- Abweichungen der Kennlinie, d.h. ihrer Parameter, von der Normalkennlinie werden von einem Überwachungsalgorithmus erkannt, klassifiziert und ausgewertet. Dem Maschinenbediener kann dann ein Hinweis auf mögliche Fehlerursachen gegeben werden oder die Produktion wird automatisch abgebrochen.

Beide Wege erfordern ein Referenzmodell, das während der ungestörten Produktion ermittelt wurde und somit die Vergleichsbasis bildet. Während die grafische Darstellung leicht zu realisieren ist und noch weitere Information vermitteln kann (z.B. durch pseudo-3D, Farbgrafik), erfordert die automatische Interpretation von Modellparametern weitergehende Forschungsarbeit. Hierfür müssen insbesondere auch weitere Prozeßmodelle untersucht werden, deren Strukturen die automatische Fehlererkennung begünstigen.

5 Regelung mit Messung von Produkteigenschaften

Die Regelung über Produkteigenschaften erfolgt in einem überlagerten Regelkreis (Bild 8). Der zu regelnde Spritzgießprozeß stellt sich für diesen äußeren Regelkreis dar als eine Reihenschaltung aus dem (konventionell) geregelten kontinuierlichen Prozeßteil, an dessen Ausgang die Drücke, Temperaturen usw. gemessen werden können, und dem zeitdiskreten Prozeßteil der zyklischen Formteilbildung. Der überlagerte Regelkreis besteht aus den Meßeinrichtungen für Länge und Gewicht und dem Eigenschaftsregler, der neue Sollwerte für die unterlagerten Druck- und Temperaturregler erzeugt. Das so aufgebaute hierarchische Regelkonzept hat den Vorteil, daß die Maschine auch in gewohnter Weise gefahren werden kann, wenn die Eigenschaftsregelung versagt.

Das sehr einfache Zyklusmodell beschreibt die Eigenschaftsbildung nur in einem gewissen Arbeitsbereich der Maschine. Es ist deshalb notwendig, die Modellbildung zu wiederholen, wenn die Modellfehler zu groß werden, und dem Eigenschaftsregler neue, angepaßte Parameter zu übergeben. Für diese adaptive Regelung enthält der überlagerte Regelkreis einen Adaptionskreis, bestehend aus Meßfilter für die Prozeßgrößen, Modellbildungsalgorithmus und Adaptionsalgorithmus.

Die Eigenschaftsregelung bezüglich Formteilgewicht besteht nach [3] aus einem Steuerteil (feed forward control), der den ungestörten Prozeß der

Formteilbildung nach Maßgabe des aktuellen Prozeßmodells in einem offenen Kreis steuert. Mit diesem Reglerteil können - bei richtigem Modell - Formteile mit dem Sollgewicht produziert werden. Zum Ausgleich von Störungen enthält der Gewichtsregelkreis einen Integralregler, der bei Prozeßstörungen einen korrigierten Nachdruck erzeugt. Im ungestörten Fall liefert dieser Integrator keinen Beitrag. Seine Ausgangsgröße wird genutzt, um bei zu großen Abweichungen ein neues Prozeßmodell zu berechnen. Dies geschieht immer dann, wenn der Integralregler-Ausgang eine festgesetzte Schranke überschreitet. In diesem Fall erzeugt der Regler einen Nachdruck-Sollwert mit definierter Abweichung, so daß aus zwei aufeinanderfolgenden Formteilgewichten ein neues, für diesen Arbeitsbereich gültiges Modell berechnet werden kann. Integrator und Steuerteil erhalten die zugehörigen Reglerparameter, womit der Adaptionsschritt abgeschlossen ist. Bild 9 zeigt die Rechnersimulation einer langsamen Drift in den Prozeßparametern um etwa 25%. Während sich diese Störung in dem dreieckförmigen Verlauf des Hydraulikdrucks wiederspiegelt, bleibt das Formteilgewicht nahezu konstant, lediglich überlagert von einem statistischen Quantisierungsfehler der elektronischen Waage. Innerhalb der Simulationszeit erfolgten drei Adaptionen, erkenntlich an den Spitzen im Hydraulikdruckverlauf.

Zusammenfassung

Erste Untersuchungen haben gezeigt, daß auch in einem weitestgehend beherrschten Fertigungsprozeß wie dem Plastik-Spritzgießen der Einsatz moderner Meß- und Regelungstechnik Vorteile bringt. Die Anwendung von Identifikationsmethoden ermöglicht einerseits durch die Verdichtung von Prozeßdaten eine Maschinenüberwachung, die die bisher übliche sinnvoll ergänzen kann. In Kombination mit fortschrittlicher Sensortechnik lassen sich andererseits adaptive Regelkreise aufbauen, die einen Teil der Qualitätssicherung bereits an der Produktionsmaschine übernehmen können. Die heute üblichen Steuer- und Regelsysteme für Spritzgießmaschinen bieten bereits die notwendige Technologie, um diese Konzepte realisieren zu können.

Literatur

[1] G. Menges, Neueste Entwicklungen des Instituts für Kunststoffverarbeitung, Proc. 10. Kunststofftechnisches Kolloquium des IKV, Aachen, 1980, 1-22

[2] H. Käufer, R. Hüppe, Produktadaptive Spritzgießmaschinensteuerung, Plastverarbeiter 34(1983)3, 213-218

[3] F. Schmidt, An injection moulding control scheme for selected product features, 5th IFAC/IMECO Conf., PRP, Antwerpen 1983, to be published

[4] G. Menges, Vorlesungsumdruck Kunststofftechnologie, RWTH Aachen.

Qualitätssicherung bei der Fertigung von Fahrerinformationssystemen im Kraftfahrzeug

Quality Control during manufacture of on-board driver information systems for motor cars

Dr. Schulz Detlef
Robert Bosch GmbH, Nürnberg

This paper reports on methods of quality control in a precision mass production of electronic motor car equipment. The method of a progressive systemtest - that is a sequence of classified different tests - has the aim of recognizing and correcting erros in an early production stage and to control the production process. The problems of quality control of electronic motor car equipment are

- to design tests which are as near as possible to the application of the product, but reproducable,
- to substitute manual tests like sight and acoustical controls by objective methods.

1. Einleitung

1.1 Elektronik im Kraftfahrzeug

Beim "International Congress on Transportion Electronics" in Michigan im Oktober 1982 wurde das weltweite Marktvolumen für Systeme der Autoelektronik, die nicht der Unterhaltung dienen, bis 1990 auf 14 Milliarden Dollar geschätzt; gegenwärtig liegt es bei zwei Milliarden. Die Elektrotechnik nimmt im Automobilbau eine Schlüsselrolle ein - wenn es darum geht, Sicherheit und Zuverlässigkeit zu erhöhen und das Autofahren sauberer, sparsamer und komfortabler zu machen - obwohl sie für viele nur die Nebenrolle spielt, die das Wort "Kraftfahrzeugausrüstung" ausdrückt. Die Aufgaben der Elektronik werden ständig komplexer wie einige Anwendungen zeigen: Motorelektronik, Sicherheitssysteme, Fahrerinformationssysteme, Komforteinrichtungen u.a.

Wie ist die Qualitätssicherung einer Präzisionsmengenfertigung für elektronische Erzeugnisse zu gestalten, um eine ansprechende Qualität abzuliefern? Die Antwort darauf wird einerseits durch den Prüfablauf und andererseits durch den Einsatz geeigneter Prüfmittel gegeben. Die Gewinnung qualitätsrelevanter Kennwerte und deren Klassifikation wird als Mustererkennungsprozeß aufgefaßt.

1.2 Automatische Mustererkennung

Während der Prüfung werden vom Prüfling charakteristische Signale abgeleitet. Sie werden im Sinne der Mustererkennung als Muster bezeichnet. Die Muster werden bestimmten Klassen zugeteilt, z.B. den verschiedenen Qualitätskathegorien eines Produktes oder verschiedenen Fehlergruppen eines gefertigten Erzeugnisses. Die Zuordnung ist ein Mustererkennungsproblem. Ein automatisches Mustererkennungssystem setzt sich im wesentlichen aus zwei Komponenten zusammen: der Kennwertextraktor und der Klassifizierer (Bild 1).

Der Extraktor ermittelt nach einer Vorschrift Kennwerte, die die Erzeugnisgüte kennzeichnen. Der Klassifikator entscheidet aufgrund gelernter Referenzkennwerte, zu welcher Klasse das Muster gehört. Sowohl für Kennwertextraktor als auch für den Klassifikator sind verschiedene Verarbeitungsvorschriften möglich. Aus der Literatur /1/ sind statistische Klassifikatoren bekannt, die - unter bestimmten Kriterien - optimal zuordnen, d.h. die Fehlerrate minimieren. Sie finden in der vorliegenden Aufgabenstellung keine Anwendung. Bei der Güteprüfung wird gemäß den quantitativen Daten einer Prüfvorschrift beurteilt: Die Prüfung ist erfolgreich - das Erzeugnis ist gut - wenn sämtliche Prüfwerte in den vorgegebenen Toleranzen liegen.

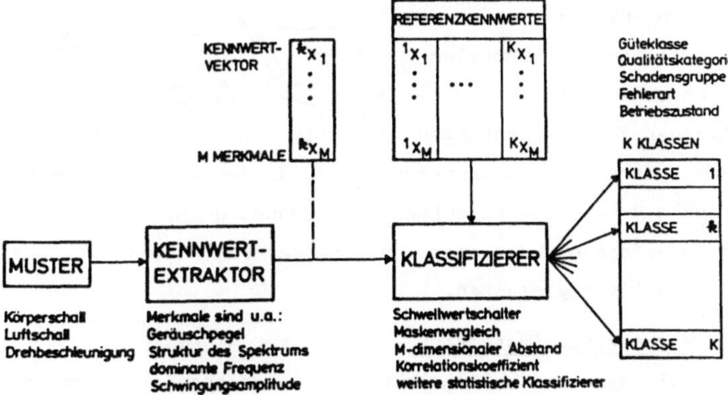

Bild 1 Automatisches Mustererkennungssystem

Das grundlegende Problem der Mustererkennung ist heute die Merkmaldefinition, d.h. eine Vorschrift für eine Musterverarbeitung zu geben, die reproduzierbar zu trennungswirksamen Kennwerten führt. Geeignete Umsetzer wandeln die physikalische Meßgröße in elektrische Spannungen, um sie mit den heutigen elektronischen Hilfsmitteln zu verarbeiten. Diese Meßsignale benutzt man zur Beschreibung der Signalurheber. Nicht die Meßgröße selbst, sondern die in ihr enthaltene Information über die Güte eines Erzeugnisses interessiert.

2. Materialfluß und Qualitätssicherung

Der folgende Abschnitt berichtet über Maßnahmen und Tester, die der Qualitätssicherung einer Elektronikfertigung zur Verfügung stehen. Struktur und Gliederung gleichen einer üblichen Elektronikfertigung /2,3/; in der Ausführung werden die Kfz-spezifischen Anforderungen deutlich.

2.1 Prüfbereiche und deren Aufgaben

Eine schematische Gliederung und die betreffenden Aufgaben einzelner Prüfschritte im Material- und Fertigungsfluß sind im Bild 2 dargestellt. Die vier wesentlichen

Bereiche sind:

- die Stoffeingangsprüfung
- die Teileprüfung
- die Systemprüfung
- die Sonderprüfung.

In der Elektroindustrie arbeitet die Qualitätssicherung mit Einrichtungen, die zwischen dem manuellen Prüfen einerseits und automatischen Testeinrichtungen (ATE) andererseits einzuordnen sind. In der Präzisionsmengenfertigung sind automatische Tester unverzichtbar. Sie können quantitativ den Gesamtzustand der Fertigung erfassen und darstellen, und dadurch den Produktionsprozeß kontrollieren und effektiver gestalten.

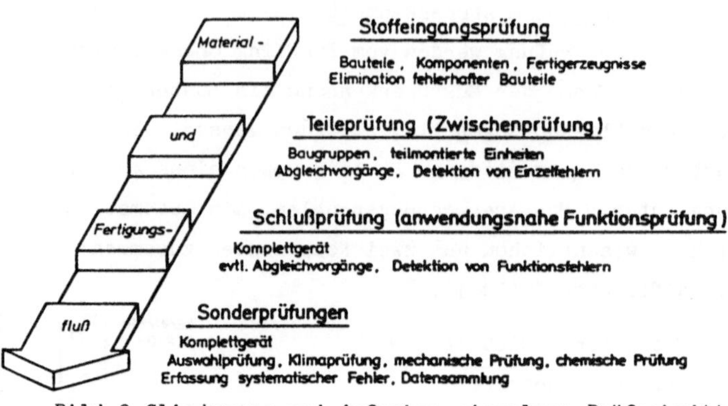

Bild 2 Gliederung und Aufgaben einzelner Prüfschritte

2.2 Progressiver Systemtest

Im Fertigungsbereich für elektronische Erzeugnisse wird der "Progressive Systemtest" verfolgt mit dem Ziel,

- die beobachtbaren Fehler so früh wie möglich zu entdecken und zu beseitigen. Bekanntlich wachsen die Kosten zur Fehlerbeseitigung von Fertigungsschritt zu Fertigungsschritt um den Faktor zehn /4/.
- die in den vorangegangenen Prüfungen gesammelten Erkenntnisse zu berücksichtigen und in weiteren Prüfungen den Prüfumfang weniger aufwendig zu gestalten.

Mit dieser Methodik der Folge aufeinander abgestimmten Prüfungen werden nur fehlerfreie Teile weiterverarbeitet; jeder Produktionsprozeß wird überwacht. Der Inhalt des Systemtest kann dadurch verringert werden, weil bereits bei vorangegangenen Tests prüfbare Eigenschaften kontrolliert werden.

2.2.1 Vortester

In Bild 3 sind in der oberen Hälfte die Prüfobjekte und die Tester in einer Matrix zusammengefaßt; die Reihenfolge orientiert sich am Material- und Fertigungsfluß:

- Passive und einfache aktive Bauelemente werden im Wareneingang bezüglich relevanter Parameter in Stichproben getestet.
- Im Burn-In-Test werden ausgewählte komplexe Bauelemente, z.B. Hybride, Temperatur- und Spannungsstreß ausgesetzt.

	Waren-eingang	Versch. BE-Tester	Burn in	Bare Board Tester	On Line Tester	Bestükken Löten	Durchgangs-Tester	In-circuit-Tester	Abgleich	Fkt/ System Tester	Fertig-Montage	Dauer-warme Test
Passive Bauelemente		X	X		X			X				(X)
Aktive Bauelemente		X	X		(X)			X				(X)
Unbestückte Leiterplatte				X			X	X				
Bestückte Leiterplatte							(X)	X		(X)		
Vollständige Leiterplatte								(X)		X		X
System										X		X
				STATISCHE		EIGENSCHAFTEN					DYNAMISCHE	

Bild 3 Progressiver Systemtest

- Der On-line-Tester überprüft umittelbar vor der Bestückung die passiven Bauelemente im Gurt, mit dem Ziel, reihenweise grobe Fehlbestückungen z.B. verdrehte Dioden zu vermeiden; er besitzt nur eine sehr grobe Meßgenauigkeit.
- Dem Lötbad folgt ein Durchgangstester mit dem Ziel, Kurzschlüsse infolge feiner Lötfädchen, Lötspritzer usw. festzustellen.

2.2.2 In-Circuit-Test

Den Vortestern folgt das wohl umstrittenste Prüfgerät innerhalb einer Elektronikfertigung: der In-Circuit-Tester (ICT). ICT überprüfen,inwieweit die Schaltung korrekt zusammengebaut wurde. Bei diesem Test wird die bestückte Leiterplatte im Nadelbettadapter an jedem Schaltungsknotenpunkt kontaktiert. Mittels der Guarding-Methode /5/ werden die Bauelemente elektronisch isoliert, Backdriving /6/ dient zur kontrollierten Stimulation. Auf diese Weise werden innerhalb der komplexen Schaltung die Parameter von passiven Bauelementen und von einfachen aktiven Bauelementen mit einer Genauigkeit im %-Bereich ermittelt. Die Sollkennwerte und deren zulässige Toleranz werden durch aktive Programmierung eingegeben. - Die Methode des Backdrivings besteht darin, die Eingänge integrierter Schaltkreise - die an Versorgungsspannung liegen - mit kontrollierten Stromimpulsen zu beaufschlagen, bis sich der betreffende Pegel am Eingang einstellt. Der Ausgang wird gemessen. Die Stromimpulse wirken auch rückwärts auf Ausgänge anderer Schaltkreise. Mögliche Vorschädigungen sind prinzipiell nicht auszuschließen; daher ist die Methode umstritten. Für militärische Geräte gibt es Einschränkungen für diese Anwendungen.

Fertigungsfehler, die am ICT detektiert werden, gliedern sich in die folgenden Klassen (Bild 4):

- Unterbrechungen und/oder Kurzschlüsse,
- falsche oder fehlende Bauelemente,
- verkehrt bestückte Bauelemente,
- defekte Bauelemente,

Die angegebenen Häufigkeiten /7/ der einzelnen Fehlerarten sind Mittelwerte; die Raten schwanken von Fall zu Fall erheblich.

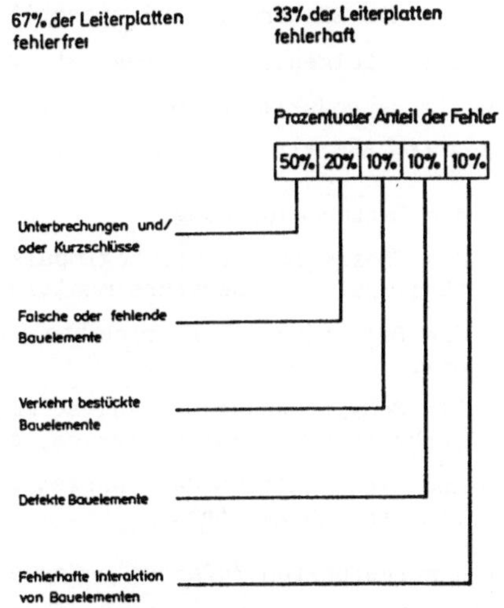

Einen großen Anteil der Testzeit verbrauchen die passiven Bauelemente. Um den Durchsatz zu erhöhen, ohne die Prüftiefe zu vermindern, wird zuweilen ein Funktionaltest eingeführt. Dabei werden in sich autarke Baugruppen innerhalb der Gesamtschaltung gezielt stimuliert und einfache, eng tolerierte Kennwerte gemessen. Erst im Fehlerfall werden die einzelnen Bauelemente dieser Baugruppe getestet. Dadurch wird bei einer analogen Leiterplatte mit ca. 150 Bauelementen etwa 30 % Testzeit gespart.

Bild 4 Häufigkeit der einzelnen Fehlerarten bestückter Leiterplatten

2.2.3 Funktion- und Systemtest

Funktion- und Systemtest stellen fest, inwieweit ein elektronisches Gerät ordnungsgemäß funktioniert. Während Vortester und ICT statistische Eigenschaften ermitteln, offenbaren sich hier insbesondere dynamische Fehler und solche, die aus der Interaktion der Bauelemente herrühren. Zur Prüfung von Leiterplatten und Geräten mit vielen Bauelementen und komplexen Funktionen kommen nur automatische Tester in betracht:

- aufwendige Stimulation und vielfältige Messungen sind vom Menschen nicht fehlerfrei und nur mit großem Zeitaufwand durchzuführen,
- rasche Änderungsfolgen des Erzeugnisses und große Variantenzahl erfordern Einrichtungen, die für die jeweilige Aufgabe mit wenig Aufwand erweitert werden,
- kleine Loßgrößen setzen Einrichtungen voraus, deren Umrüstzeiten auf die Programmwechselzeit schrumpfen.

Das Prinzip einer automatischen Prüfeinrichtung ist in Bild 5 dargestellt:

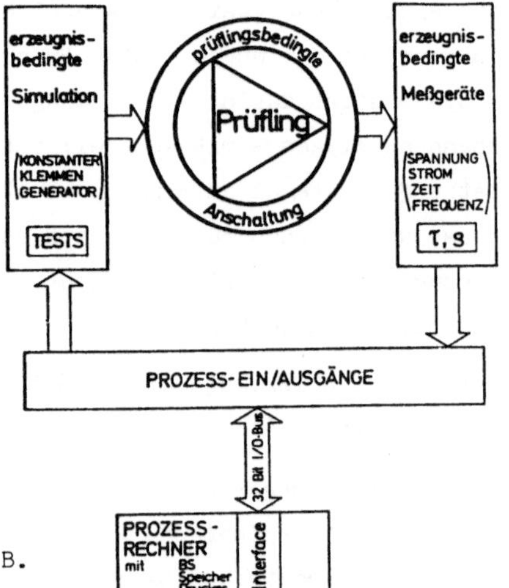

Bild 5 Prüfsystem

Der Prüfling ist über die erzeugnisspezifische Anschaltung mit der Simulationselektronik und den Meßgeräten einer Erzeugnisfamilie verbunden; für Ablaufsteuerung, Datenerfassung und Klassifikation sowie Berichtswesen ist ein Prozeßrechner vorgesehen.

Die anwendungsnahe Funktions- und Systemprüfung einer Kfz-Elektronik muß eigentlich in einem Automobil erfolgen; dieser Weg ist zu umständlich, wenig reproduzierbar und zu aufwendig. Folglich muß die benötigte Autoumgebung simuliert werden; z.B.

- die Batteriespannung,
- die Sensorsignale wie Wegimpulse, Einspritzimpulse, Zündimpuls, Temperatursimualtion durch Widerstände usw.
- die Belastung wie Leerlaufsteller, Zündspule und Zündkerze, Servomotoren, Ventile usw.
- die Schaltvorgänge im abgestimmten zeitlichen und logischen Ablauf, z.B. die Funktionen des Zündschlosses, die Veränderung von Gebersignalen usw.
- und nicht zuletzt der Fahrzeuglenker mit seinen optischen und akustischen sensorischen Fähigkeiten.

Die aufgeführten Aufgaben erfordern die Beherrschung von Spannungen von einigen µV bis etwa 40 KV, von Strömen im Bereich von einigen µA bis über 1000 A sowie Signalfrequenzen von 0 Hz bis etwa 10 MHz. Subjektiven Prüfungen, wie Sichtprüfungen, Klangbewertung usw. müssen in der Mengenfertigung durch objektive Verfahren ersetzt werden, Gerade die Prüfung von Fahrerinformations-Systemen erfordern Erkennungs-Systeme, um die dargestellte Bild- und Zahleninformation automatisch in den Klassifikationsvorgang einzubeziehen. Die Größenordnung von Fehlerraten einzelner Prüfabschnitte ist in Bild 6 dargestellt. Auch hier gilt, daß die Werte von Fall zu Fall schwanken; für ein "gut eingefahrenes" Erzeugnis liegen die Werte um den Faktor 0,5 bis 0,8 unter den angegebenen Fehlerraten.

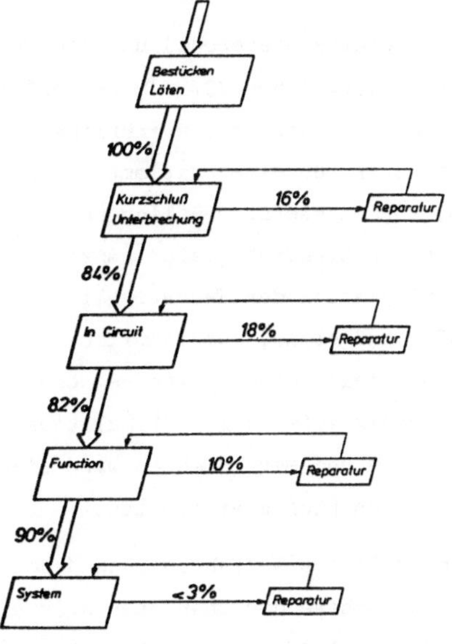

Bild 6 PCB-Prüfstruktur

3. Beispiel mustererkennender Verfahren

Im folgenden werden ausgewählte mustererkennende Verfahren beschrieben, die zur Prüfung prozessorgestützter Geräte besonders häufig eingesetzt werden.

3.1 Das dynamische Impedanzprofil

Für den In-Circuit-Test (Abschnitt 2.2.2) gibt es sogenannte Low-Cost-Tester; sie vermessen nicht die exakten Kennwerte von Bauelementen, sondern prüfen an den einzelnen Meßpunkten den zeitlichen Verlauf der Spannung bei eingeprägtem Strom. Der zeitliche Verlauf und die Größe der Spannung am Knotenpunkt charakterisieren die beteiligten Bauelemente.

Der charakteristische Zeitverlauf wird von einer Gut-Leiterplatte gelernt. Mit dieser Referenz werden die Prüflinge verglichen. Die Arbeitsweise dieser Meßmethode wird in Bild 7 erläutert /8/. Im Source-Punkt X wird ein Konstantstrom (10^{-5} - 10^{-3}A) eingeprägt, der Z-Punkt liegt an Masse.

Vorteile dieses Verfahren sind:

- überlegen schnelle Meßdauer/Bauelement z.B. ca. 125 Prüfpunkte/sec.
- der Referenzvektor ist von einem Gut-Muster erlernbar.

Nachteilig ist:

- keine Aussage über den Parameter des Meßobjekts,
- Toleranzvorgaben sind problematisch.

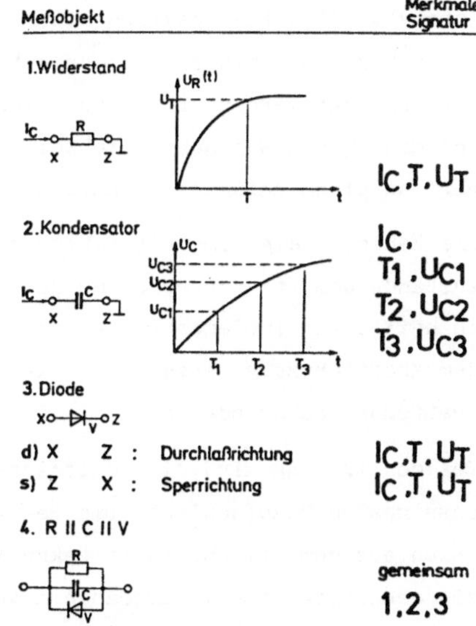

Bild 7 Dynamisches Impedanzsignaturprofil

3.2 Funktionstestverfahren

Es gibt eine Vielzahl von Funktionstestverfahren, die sich durch Kosten und Komplexität stark voneinander unterscheiden. Das Prinzip von drei bevorzugt eingesetzten Methoden wird vorgestellt:

3.2.1 Master-Slave-Vergleich

In einer Zweifach-Testvorrichtung werden gleichzeitig und synchron eine fehlerfreie

Leiterplatte (Referenz) und ein Prüfling getestet (Bild 8). Die Reaktionssignale werden verglichen /9/. Im Fehlerfall weicht die Antwort des Prüflings vom Gutmuster für eine bestimmte Situation ab, vorausgesetzt Prüfling und Referenz arbeiten wirklich gleich. Anzahl und Konfiguration der Teststimuli sind dafür maßgebend, daß sämtliche Fehler prinzipiell entdeckt werden können. Bei wenig aufwendigen Stimulationssignalen und Meßverfahren wird dieses Verfahren häufig eingesetzt.

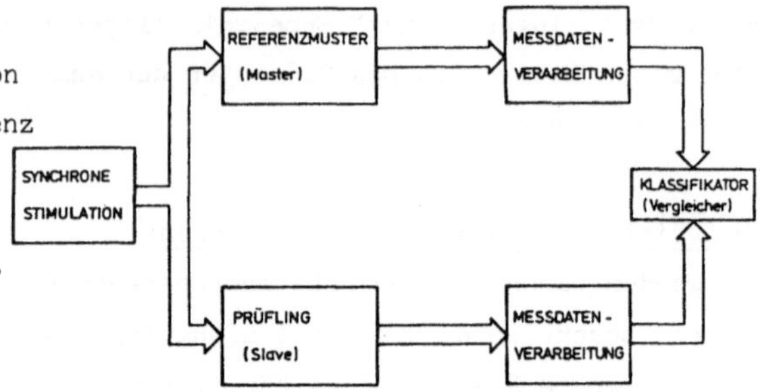

SYNCHRONE STIMULATION
REFERENZMUSTER (Master)
PRÜFLING (Slave)
MESSDATEN-VERARBEITUNG
MESSDATEN-VERARBEITUNG
KLASSIFIKATOR (Vergleicher)

Bild 8 Funktionstest: Master-Slave-Vergleich

Ein ähnliches Verfahren, das jedoch mit einer Testeinrichtung auskommt, prüft in der Lernphase die Charakteristik einer fehlerfreien Leiterplatte und speichert die Meßdaten als Referenzvektor ab. Anschließend werden alle Prüflinge mit den gelernten Referenzdaten verglichen. Ein bei beiden Testverfahren auftretendes Problem ist der Umstand, daß sowohl statische wie dynamische Toleranzen in Amplituden- und Zeitmeßwerten zu irrtümlichen Fehleranzeigen führen können.

3.2.2 Stimulationsverfahren

Die Stimulation, bei der ein Prüfling in der Testeinrichtung bearbeitet wird, ist ein sehr genaues Verfahren für den Funktions- und Systemtest; sie ist aber softwareintensiv /10/. Die Reaktion einer Schaltung auf Stimulations-Signale wird anhand eines Modells ermittelt. Die richtigen Reaktionen auf bestimmte Eingabedaten können vorhergesagt werden. Damit ist eine hohe Effektivität einer optimierten Stimulation und eine große Wahrscheinlichkeit der Fehlererkennung gewährleistet. Das Verfahren wird an einem Beispiel erläutert.

Die Fehleranzeige im Kraftfahrzeug oder Check Control hat die Aufgabe, fehlerhafte Zustände dem Kfz-Führer zu melden; z.B. "Motoröldruck zu gering" oder "Kühlwasser zu heiß". Der implementierte Prozessor wird mit analogen und digitalen Signalen aus dem Kraftfahrzeug versorgt. Er wertet sie programmgemäß aus und steuert ggf. die betreffende Leuchdiode an.

Bei der Prüfung wird die Fehleranzeige unter Rechnerkontrolle mit 16 Kfz-Simulationssignalen beaufschlagt. Die Reaktion des Prüflings, die für die jeweilige Situation aus dem Pflichtenheft bekannt ist, wird mittels eines angepaßten Phototransistorenfeldes mit 12 Empfängern von der Fehleranzeige abgelesen und im Rechner ausgewertet. Außerdem werden Reaktionszeiten ermittelt. Für jede Prüfsituation gibt es nur eine Gut-Konfiguration, jede Abweichung ist ein Fehler. Die korrekte Reaktion bei jeder der 30 Teilprüfungen ergibt eine Gesamt-Gut-Klassifikation. Neben dieser rechnergeführten elektrischen Funktionsprüfung werden weitere Sichtprüfungen durchgeführt: Oberfläche, mechanische Mängel am Gehäuse, einheitlich gleichmäßige Leuchtstärke und Farbe der Leuchtdioden usw. sind Prüfkriterien.

3.2.3 Signaturanalyse (Bild 9)

Eine wenig kostspielige Möglichkeit für dynamische Tests an digitalen Schaltungen ist die Signaturanalyse /11/. Mit Hilfe eines synchronisierten digitalen Empfängers werden die Ausgangsdaten (Bitfolgen) der Schaltung für die Dauer eines vorbestimmten Zeitfensters erfaßt und zu einer eindeutigen Signatur verdichtet. Die Datenerfassung wird von einer Startvoraussetzung getriggert, so daß nur die für den betreffenden Test relevanten Daten benutzt werden. Die Referenzsignaturen werden entweder von einer fehlerfreien Schaltung abgeleitet und gespeichert (gelernt) oder anhand eines Modells ermittelt.

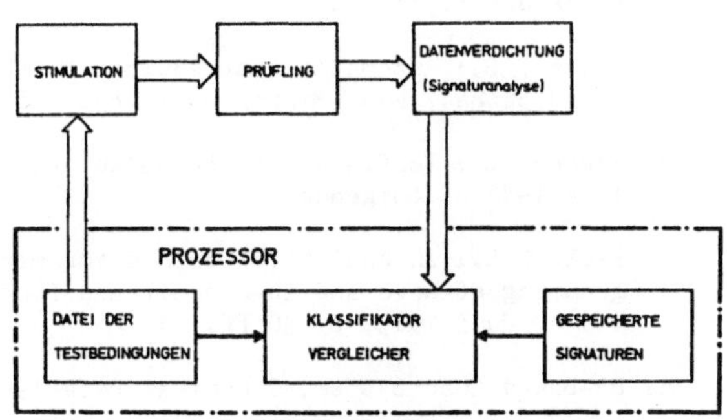

Bild 9 Funktionstest: Signaturanalyse

4. Zusammenfassung und Ausblick

Der Anteil der Elektronik im Kraftfahrzeug wird sich in der nächsten Dekade vervielfachen. Die Fertigungsstätten für Kfz-Elektronik müssen sich heute auf diese Produkte einrichten. Gliederung und Struktur einer Kfz-Elektronikfertigung wird sich nicht wesentlich von anderer Elektronikfertigung unterscheiden; in der Ausführung werden Anforderungen zu berücksichtigen sein, die sich aus der Kfz-Anwendung ergeben: Temperaturbereich, mechanische Beanspruchung, Störfestigkeit usw. seitens der Produkte und Präzisions-Mengenfertigung seitens der Stückzahlen.

Im vorliegenden Beitrag wird über Qualitätssicherungsmaßnahmen berichtet, die sich an dem Grundsatz orientieren: Qualität kann nicht erprüft, sondern muß gefertigt werden. Die Ausführung besorgt der progressive Systemtest mit dem Ziel, aufgetretene Fehler möglichst früh zu erkennen und zu beseitigen und mit dieser Kenntnis auf den Produktionsprozeß einzuwirken, damit solche Fehler nicht entstehen. Der progressive Systemtest besteht aus einer Vielzahl aufeinander abgestimmter Prüfungen. Statische Eigenschaften werden in den Vortest wie Bauelementetest, Burn-In-Test, Online-Test, Verbindungstest sowie im In-Circuit-Test ermittelt. Funktions- und Systemtest kontrollieren dynamische Eigenschaften und solche, die aus der Interaktion verschiedene Bauelemente/Baugruppen herrühren. Setzt man heute die Aufgabenteilung von In-Circuit-Test und Funktionstest mit etwa 50 : 50 an, dann wird sich künftig das Verhältnis zugunsten des dynamischen Test verschieben.

Die Probleme der Qualitätssicherung von Kfz-Elektronik bestehen darin, anwendungsnahe und doch reproduzierbare Prüfungen durchzuführen und die heute subjektiven Prüfungen wie Sicht- und akustische Prüfungen zu objektiven.

4. Literatur

/1/ Niemann, H.: Methoden der Mustererkennung. Akademische Verlagsgesellschaft, Frankfurt/M., 1974.

/2/ Glazer, S.: Automatic test equipment: where quality control and automation cross paths., MINI-Microsystems Mai 1983, p. 157 ff.

/3/ Wagner, R.: Verfahren und Methoden des Testens. Markt & Technik Nr. 14, 16.4.1982 u. folgende.

/4/ Paul, E.L.: An analytical method for measuring the relationship between programming efforts and in-circuit and functional test effectiveness, TEST! (v) 4, Juni 1983, S. 30 ff.

/5/ HP-Board Test System, Technical Data 1980.

/6/ Sobotka, L.J.: The Effects of Backdriving Digital Integrated Circuits during IN-CIRCUIT Testing. ATE Kongreß 1983 Session 2; Wiesbaden.

/7/ Faran, J.J.: Cost of Board Test and Repair for Different Testing Strategies. ATE Kongress 1980. Birmingham.

/8/ Fairchild: Screen 4400 Z-Produktbeschreibung, 1983.

/9/ Piolter, K.: Wirtschaftliches Testen von Mikroprozessoren. Elektronik 11. Juni 1982, S. 47-52.

/10/ Wolski, G.: ATE für die Autoelektronik. iee productronic, 28 (1983) 1, S.44-50.

/11/ Jessen, K.: Production Line Testing of Microprozessor Based Products. Test! (III) 8, Dezember 1981, S.13 ff.

Berührungslose Formvermessung von Oberflächen mittels Rasterspiegelung zur Automatisierung der Qualitätsprüfung

Contactless survey of surface shape by grid reflection for the automation of quality control

H. Marguerre

Siemens AG, Systemtechnische Entwicklung
7500 Karlsruhe 21, B.R. Deutschland

Summary

The three-dimensional shape of objects with surface-gloss can be displayed by an illumination source with grid structure. The optical method is practicable for use in quality inspection of formed or moulded parts with metal-, varnish-, plastic- or glass-surfaces. Examples of application are the detection of surface flaws on body sheets, bumpers or mouldings for automobiles. Automatic control in high speed production is possible with a video camera and image processing system.

1. Einleitung

Bildverarbeitungssysteme übernehmen heute vielfältige Aufgaben in den Bereichen: Wissenschaft, Medizin, Objektschutz, Fertigungsautomation und Qualitätssicherung. In der industriellen Anwendung gewinnt die automatisierte Sichtprüfung von Oberflächen zunehmend an Bedeutung. Der Wettbewerb erfordert dabei die Sicherung oder Steigerung des Qualitätsniveaus in der Serienfertigung, was nur durch den Einsatz von objektiven Prüfverfahren möglich ist. Ein Großteil der Sichtprüfungen erfolgt heute noch durch Prüfpersonal in einer durch Lärm, Staub oder Dämpfe belasteten Umgebung. Wegen der Monotonie dieser Tätigkeit und der Subjektivität des Erkennungsvorganges ist die Prüfung der Fertigungsqualität durch das menschliche Auge in vielen Fällen nicht ausreichend.

Trotz erheblicher Fortschritte auf den Gebieten Bildverarbietung /1/ und Mikroelektronik sind heute universell einsetzbare Systeme zur automatisierten Sichtprüfung am Markt kaum erhältlich. Gebräuchlich sind stattdessen auf die jeweilige Prüfaufgabe zugeschnittene Problemlösungen, bestehend aus den Komponenten: Beleuchtung, optische Abbildung, Bildaufnahme und Bildverarbeitung.

Dieser Beitrag befaßt sich mit den Möglichkeiten der automatisierten Sichtkontrolle von Formteilen mit Oberflächenglanz. Dabei kann es sich um Objekte mit Metall-, Lack-, Kunststoff- oder Glas-Oberflächen handeln. Ein wichtiges Anwendungsbeispiel ist die Erkennung von Rohbau- und Lackierungsfehlern an Karosserien in der Automobilindustrie. Häufige Fehler sind z.B. Lackeinschlüsse, Krater, Beulen oder Dellen, die sich normalerweise nur als Formabweichung der Oberfläche, jedoch nicht als Helligkeitsunterschied im Bild äußern. Daher ist für diese Anwendung eine spezielle Beleuchtung erforderlich.

2. Prinzip der Kontrastierung von spiegelnden Oberflächenstrukturen mittels Rasterbeleuchtung

Bekannte Beleuchtungsverfahren bei der Sichtkontrolle von Prüfobjekten sind: Auflicht, Durchlicht, Hellfeld, Dunkelfeld, Lichtschnitt oder Rasterprojektion. Zur Erfassung der dreidimensionalen Form von glänzenden Oberflächen ist eine Optikanordnung zur Rasterspiegelung entsprechend Bild 1 geeignet /2/ bis /5/. Ein mittels Streuscheibe gleichmäßig ausgeleuchtetes Strichraster wird dort über die zu prüfende Oberfläche gespiegelt und auf den Bildaufnahmesensor abgebildet. Im Bild können die Rasterlinien als Maßbezug zur Vermessung der Oberflächenform dienen.

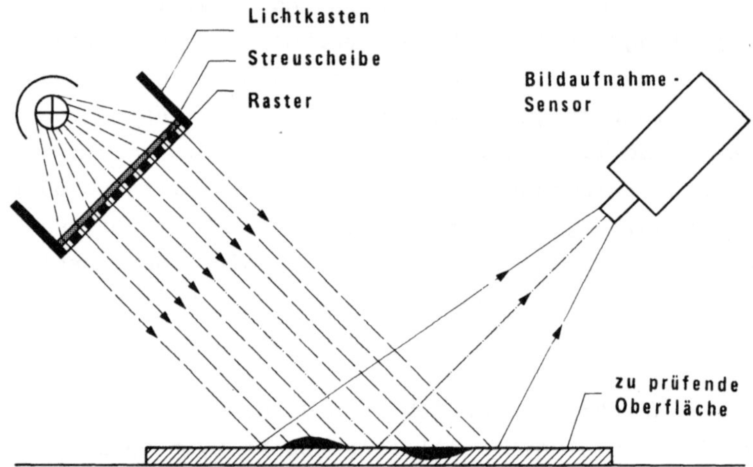

Bild 1 Rasterbeleuchtung bei der Oberflächenkontrolle

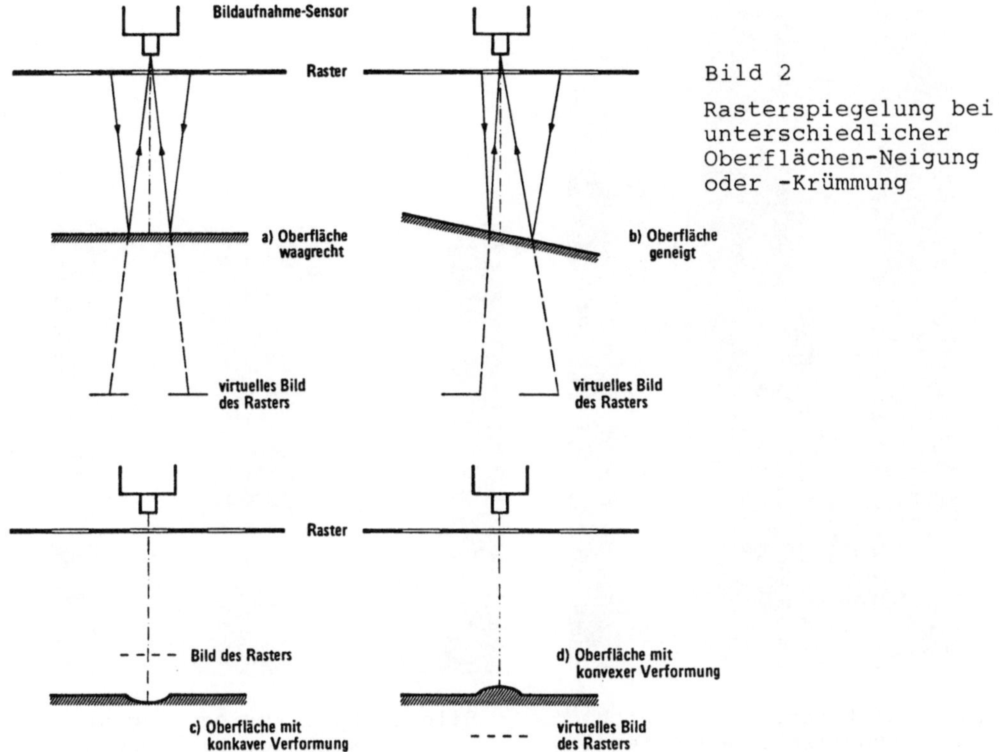

Bild 2

Rasterspiegelung bei unterschiedlicher Oberflächen-Neigung oder -Krümmung

Die Auswirkung der Neigung oder Oberflächen-Krümmung auf das Rasterspiegelbild ist in Bild 2 dargestellt. Eine Neigung der Oberfläche bewirkt einen seitlichen Versatz der Rasterlinien. Konkave oder konvexe Verformungen lassen sich vereinfacht als optische abbildende Elemente beschreiben, die ein Zwischenbild des Rasters erzeugen /6/. Die Kontrastierung durch Raster-Reflexion gelingt an dreidimensionalen Oberflächenstrukturen, die kleiner, gleich oder größer als eine Rasterperiode im Bild sind.

3. Kontrastierung von kleinen Oberflächenstrukturen

Ein Beispiel zur Kontrastierung von Oberflächenstrukturen, die kleiner oder gleich einer Rasterperiode sind, zeigt Bild 3: Die konkaven Verformungen haben jeweils unterschiedliche Rasterlage. In dieser Modelldarstellung bilden die kleinen sphärischen Hohlspiegel das umgebende Rastergebiet jeweils verkleinert und seitenverkehrt ab. Ähnliche optische Eigenschaften zeigt der konkave Lackierungsfehler ("Krater") in Bild 4 mit näherungsweise sphärischer Form.

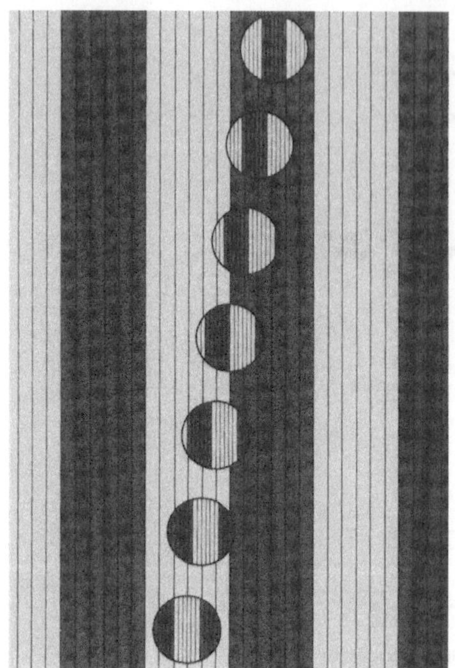
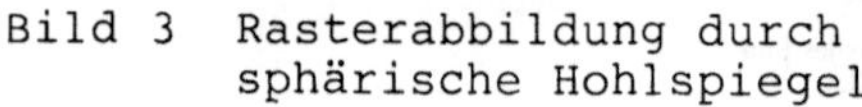

Bild 3 Rasterabbildung durch sphärische Hohlspiegel

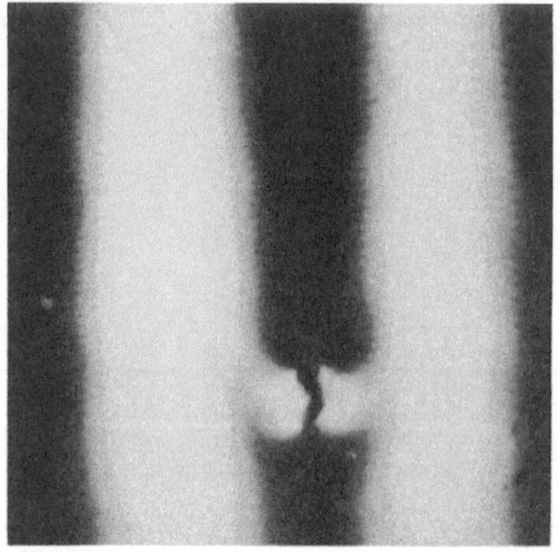

Bild 4 Rasterspiegelung an konkavem Lackierungsfehler

Häufige Fehler an Lackoberflächen sind kleine Fremdpartikel, die wie in Bild 5 mit Lack überzogen sind. Bei Rotationssymmetrie dieser Struktur können sich im Rasterspiegelbild geschlossene Ringe ergeben. Mit zunehmender Profilhöhe werden auch weiter entfernt liegende Rasterlinien gespiegelt. In Bild 6 ist ein Lackierungsfehler mit ähnlicher Gestalt dargestellt.

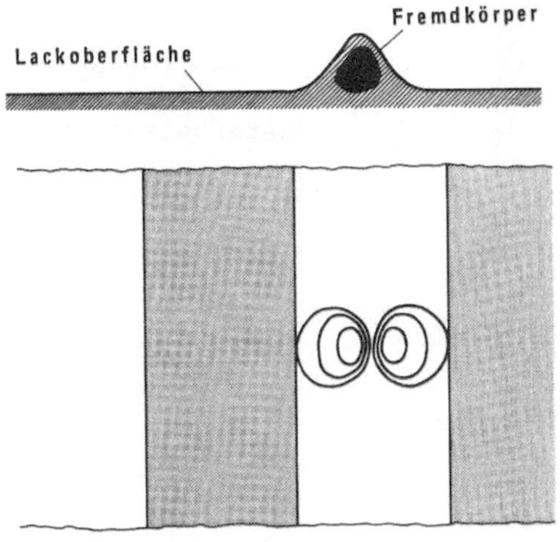

Bild 5 Modelldarstellung zur Rasterspiegelung an einem konvexen Lackierungsfehler

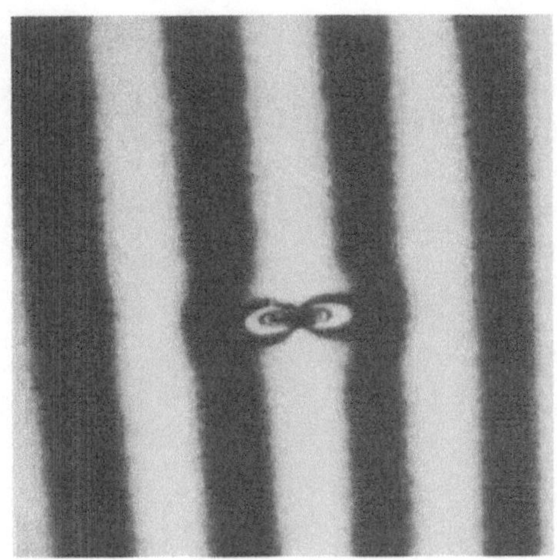

Bild 6 Rasterspiegelung an einer Lackoberfläche mit Fremdkörper-Einschluß

Die folgenden Bilder 7 bis 9 zeigen weitere Beispiele für die Kontrastierungsmöglichkeiten von kleinen Oberflächenstrukturen mittels Rasterbeleuchtung.

Bild 7 Rasterspiegelung an mit Lack überdeckten Schleifriefen

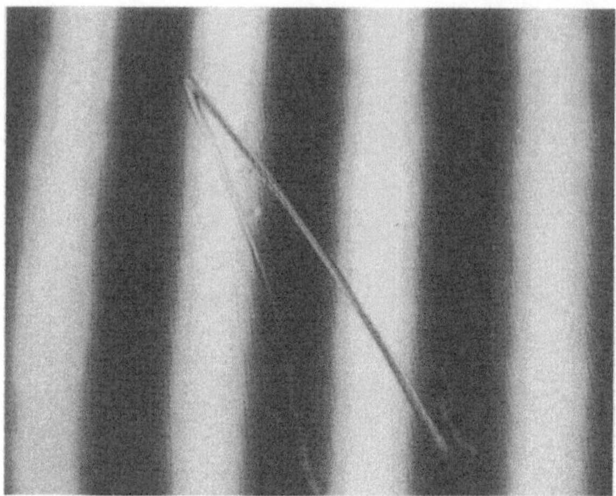

Bild 8 Kratzer auf einer Lackoberfläche bei Rasterbeleuchtung

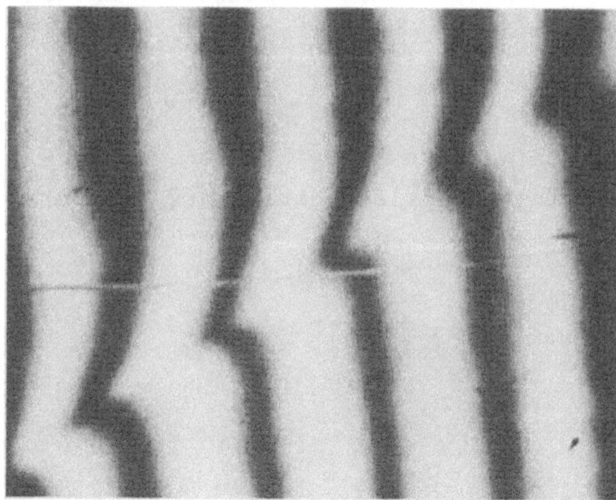

Bild 9 Formabweichung ("Läufer") an einer Lackoberfläche bei Rasterbeleuchtung

4. Kontrastierung von großen Oberflächenstrukturen

Der Rasterlinienabstand im Bild kann dann als Maßbezug zur Formvermessung dienen, wenn die Oberflächenstruktur wesentlich größer als eine Rasterperiode ist. Bild 10 zeigt hierzu als Beispiel das berechnete Rasterspiegelbild einer als kreisförmig angenommenen Vertiefung mit invertiertem Cosinusprofil /7/. Eine ähnliche Gestalt hatte die in Bild 11 dargestellte "Delle" in einer spiegelnden Metalloberfläche. Einen anderen Verlauf zeigen die Rasterlinien an einer konvexen Verformung ("Beule") wie in Bild 12.

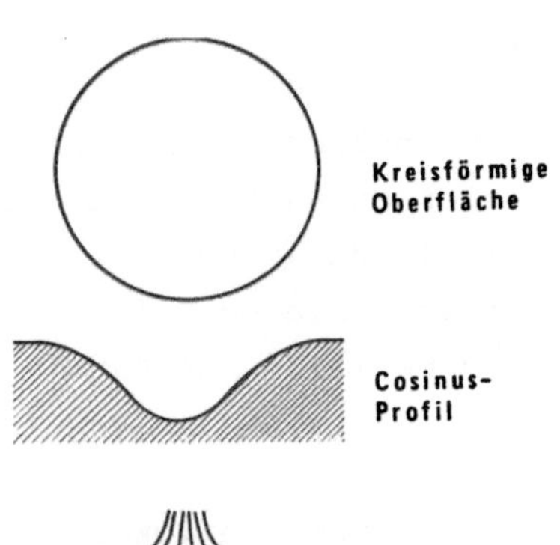

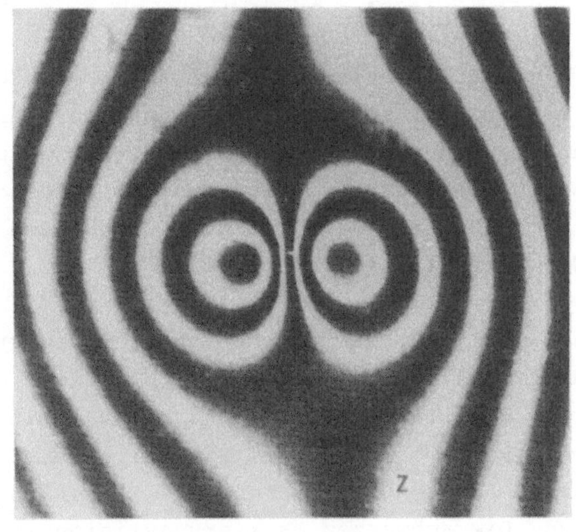

Bild 10 Rasterspiegelung an einer kreisförmigen Oberfläche mit Cosinusprofil

Bild 11 Konkave Verformung ("Delle") an einer Chromoberfläche bei Rasterbeleuchtung

Bild 12 Konvexe Verformung ("Beule") an einer Chromoberfläche bei Rasterbeleuchtung

5. Prinzipien der Auswertung von Rasterbildern

Da die relevanten Bilddaten von großen Oberflächenstrukturen nicht im Grauwert, sondern in der Lage der Rasterlinien enthalten sind, genügt zur Auswertung ein Binärbild (Zweipegelbild), das sich nach einer Schwellwertoperation aus dem Bildsignal ergibt. Die Oberflächenform läßt sich dann aus dem Verlauf und dem gegenseitigen Abstand der Rasterlinien berechnen /7/.

Bei kleinen Oberflächenstrukturen genügt die Erfassung von lokalen Helligkeitssprüngen bei gleichzeitiger Unterdrückung der Rasterkanten. Bild 13 zeigt als Beispiel das mit einer Videokamera aufgenommene Rasterspiegelbild. Die zeilenförmige Fernsehabtastung erfolgte dabei horizontal, während die Rasterlinien senkrecht orientiert waren. Die schwarzen Markierungslinien in Bild 13 sind das Ergebnis einer Elektronikschaltung zur Erfassung von Helligkeitssprüngen in vertikaler Richtung. Ihre Funktion basiert auf dem Vergleich von benachbarten Zeileninhalten - entsprechend einer Differentiation des Bildsignals in vertikaler Richtung - und nachfolgender Schwellwertoperation. Damit ist eine Trennung der Helligkeitssprünge von kleinen Oberflächenstrukturen und von Rasterlinien möglich.

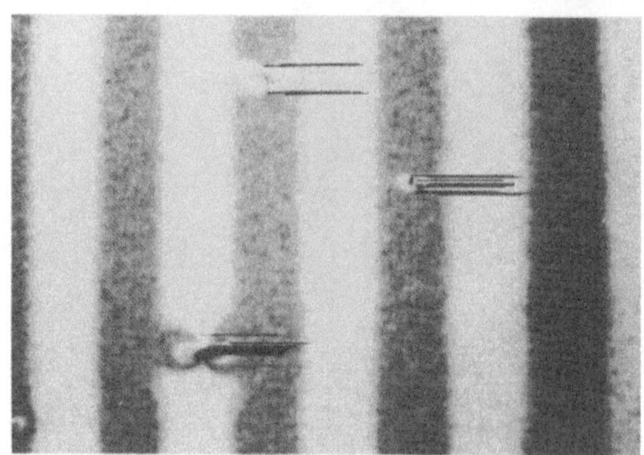

Bild 13 Rasterspiegelung an Lackierungsfehlern mit Fehlermarkierung

6. Aufbau einer automatisierten Prüfeinrichtung für die Oberflächenkontrolle

Der Prinzipaufbau eines Auswertesystems für Oberflächenbilder kann entsprechend Bild 14 aussehen. Mittels Rasterbeleuchtung werden dreidimensionale Strukturen kontrastiert und je nach Oberflächengröße mit einem oder mehreren Bildaufnahmesensoren erfaßt. Bei gekrümmten und großen Oberflächen kann zusätzlich eine Kinematik zur Kameraführung oder eine Zoom-Verstellung des Objektives erforderlich sein, damit konstante Abbildungsverhältnisse während des Transports des Prüfobjektes gewährleistet sind.

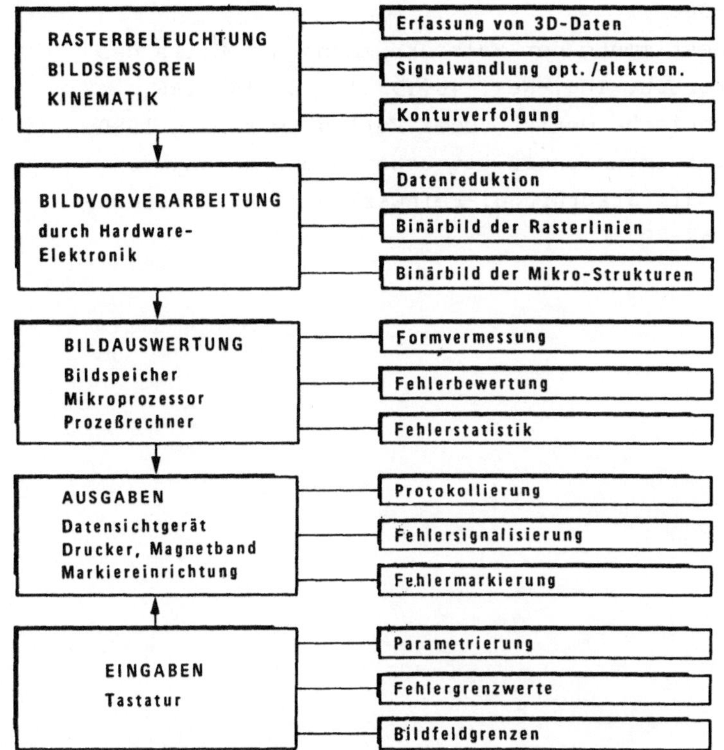

Bild 14
Prinzipaufbau eines Bildauswertesystems für die Oberflächenkontrolle

Die Bildvorverarbeitung bezweckt durch Binärbilderzeugung der Rasterlinien und der kleinen Oberflächenstrukturen eine Reduktion der im Bild enthaltenen Daten, um dadurch eine schnelle Bildverarbeitung zu ermöglichen. Die Formvermessung der Oberflächen, die Fehlerbewertung und Fehlerstatistik muß anschließend durch einen Rechner erfolgen. Mit einer Eingabetastatur können hierzu Bildfeldgrenzen, Fehlergrenzwerte und weitere Parameter vorgegeben werden. Durch entsprechende Ausgaben besteht die Möglichkeit zur Protokollierung, Fehlersignalisierung, Fehlermarkierung auf der Oberfläche und damit eine Einflußnahme auf den laufenden Fertigungsprozeß.

Schrifttum

/1/ Kazmierczak, H.: Erfassung und maschinelle Verarbeitung von Bilddaten. Springer Verlag Berlin/Heidelberg 1980

/2/ Koepcke, W.: Ermittlung von Biegemomenten in Platten mittels eines spiegeloptischen Verfahrens. Beton- und Stahlbetonbau 50(1955)6, S. 210-216.

/3/ Weidemann, H.: Das Spiegeloptische Verfahren. Dissertation, TU Berlin 1957.

/4/ Rieder, G.; Ritter, R.: Krümmungsmessung an belasteten Platten nach dem Lightenbergschen Moiré-Verfahren.Forsch.-Ing.-Wes. 31(1965)2, S. 33-68.

/5/ Ritter, R.: Zur Bestimmung der Balkenkrümmung mit Hilfe des Moiré-Prinzips. Forsch.-Ing.-Wes. 46(1980)5, S. 164-166.

/6/ Schröder, G.: Technische Optik. Vogel Verlag, Würzburg 1980.

/7/ Marguerre, H.: Dreidimensionale optische Formerfassung von Oberflächen zur Qualitätsprüfung. Feinwerktechnik & Meßtechnik 91(1983), S. 67-70.

BEOBACHTER IM PRAKTISCHEN EINSATZ

OBSERVERS IN PRACTICAL USE

G. Juen und M. Zeitz

Institut für Systemdynamik und Regelungstechnik
Universität Stuttgart
7000 Stuttgart 80, B.R. Deutschland

Summary

Pavlik's statement at the *IFAC World Congress* 1981 that "The whole world talks about the observer" characterises the current activities in the field of observer theory and applications. Theoretically new questions arise if the method of the linear *Luenberger* observer is transferred to nonlinear, distributed parameter, adaptive, or complex systems. There is also currently an increasing interest in practical uses of observers. This is due to the almost ideal implementation facilities of microcomputer technology. Moreover, the model-based reconstruction of not directly measured state variables provides a new tool for monitoring, control, optimization, or prediction of technical processes. This survey paper, as well as the other papers of this session, consider various aspects and examples of a practical use of observers.

1. Einleitung

Die Beschäftigung mit Beobachtern ist derzeit sehr aktuell. "Alle Welt redet vom Beobachter" heißt es in zwei Beiträgen von *Pavlik* in der Zeitschrift *Regelungstechnische Praxis* [1] und auf dem *IFAC-Weltkongreß* 1981 in Kyoto/Japan [2]. Wodurch ist dieses besondere Interesse an Beobachtern begründet?

Zunächst ist festzustellen, daß die Motivation, sich mit Beobachtern zu beschäftigen, gleichermaßen von der Theorie und der Praxis ausgeht. Theoretisch neue Fragestellungen entstehen u.a. dadurch, wenn die von *Luenberger* [3] ursprünglich für lineare zeitinvariante Systeme mit konzentrierten Parametern entwickelte Methode der Zustandsrekonstruktion auf andere Systemklassen übertragen werden soll; so gibt es eine Reihe von Untersuchungen und Publikationen zur Beobachtertheorie für

- Systeme mit verteilten Parametern [4],
- nichtlineare Systeme [5;6],
- Systeme mit unbekannten Parametern [7;8],
- Systeme mit komplexer Struktur [9].

Dimensionierung und Eigenschaften der *verteilten, nichtlinearen, adaptiven* oder *dezentralen* Beobachter gelten als durchaus noch nicht vollständig erforscht.

Trotz mancher offenen Fragen zur Beobachtertheorie besteht ein zunehmendes Interesse an dem praktischen Einsatz von Beobachtern. Hierfür gibt es mehrere Gründe. Für die Realisierung von Beobachtern bietet die Mikrorechentechnik inzwischen nahezu ideale Möglichkeiten. Außerdem werden ohnehin oft erhebliche Anstrengungen für die mathematische Modellierung und Rechnersimulation des dynamischen Prozeßverhaltens unternommen; mit der Kenntnis von genügend genauen Prozeßmodellen ist die wichtigste Voraussetzung für den Einsatz dieser modellgestützten Meßverfahren erfüllt [10]. Schließlich eröffnet die Rekonstruktion von nicht gemessenen bzw. nicht meßbaren Systemgrößen völlig neue Möglichkeiten für eine Überwachung, Steuerung, Regelung, Optimierung oder Prädikion von technischen Prozessen [1;2;11]; interessante Anwendungen hierzu werden in den folgenden Fachbeiträgen zu dieser Themengruppe behandelt:

- *G.Lappus:* Ein Beobachtersystem zur Ermittlung des Strömungszustands in Hochdruck-Gasverteilnetzen. Anwendungsorientierter Entwurf und praktische Erfahrungen.
- *H. Schuler:* Methoden zur Erkennung von gefährlichen Zuständen in chemischen Reaktoren.
- *H.-P.Tröndle:* Regelung eines Industrie-Roboters mit Hilfe eines adaptiven Beobachters.

Es ist das Ziel dieses Übersichtsreferats, verschiedene Fragestellungen im Zusammenhang mit dem praktischen Einsatz von Beobachtern zu erörtern. Hierzu gehören ein kurzer Abriß des Beobachter-Konzepts sowie einige Ausführungen über die Realisierung von Beobachtern. Die Beschreibung verschiedener Beispiele für deren industriellen Einsatz wird durch einen Ausblick auf zukünftige Beobachteranwendungen ergänzt.

Als Ergebnis der für diese Arbeit angestellten Recherchen nach praktischen Beobachtereinsätzen ist festzustellen, daß die überwiegende Anzahl der bekannt gewordenen Beobachteranwendungen ausschließlich mit Hilfe von Rechnersimulationen überprüft werden; praktische Einsätze von Beobachtern in industriellen Prozessen und Anlagen sind bisher nur sehr selten realisiert und publiziert worden.

2. Beobachter-Verfahren

Das auf *Luenberger* [3] zurückgehende und in den letzten 20 Jahren weiterentwickelte Beobachter-Konzept umfaßt die folgenden Verfahren:

- Beobachter vollständiger und reduzierter Ordnung,
- Störgrößenbeobachter,
- Beobachter im Regelkreis,
- Adaption der Systemparameter.

Hiervon zu unterscheiden sind Fragestellungen, die sich bei der Anwendung dieser für lineare Systeme entwickelten Verfahren auf andere Systemklassen ergeben. Im folgenden werden die verschiedenen Aufgabenstellungen für einen Beobachter sowie deren Lösungen ohne theoretische Herleitungen dargestellt; ausführliche Beschreibungen von linearen Beobachtern findet man in den Lehrbüchern [12;13], von adaptiven Beobachtern in den Aufsätzen [7;8].

Der wesentliche Bestandteil eines *Beobachters vollständiger Ordnung* ist ein möglichst genaues Modell des Prozesses, wobei - wie in Bild 1 dargestellt - zwischen dem Dynamik- und dem (stationären) Meßmodell unterschieden wird. Die damit durchgeführte Realzeit-Simulation der

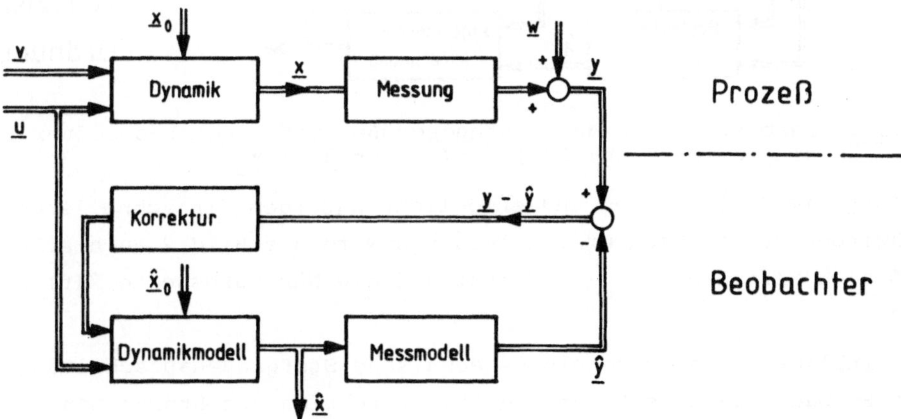

Bild 1 Rekonstruktion der Zustandsgrößen mit einem Beobachter vollständiger Ordnung: $\underline{\hat{x}}(t) \rightarrow \underline{x}(t)$ für $\underline{\hat{x}}_o \neq \underline{x}_o$.

Zustandsgrößen $\underline{\hat{x}}(t)$ und Meßgrößen $\underline{\hat{y}}(t)$ in Abhängigkeit von den Eingangsgrößen $\underline{u}(t)$ und Anfangswerten $\underline{\hat{x}}(0) = \underline{\hat{x}}_o$ wird über das Differenzsignal $\underline{y}(t) - \underline{\hat{y}}(t)$ korrigiert. Durch eine geeignete Dimensionierung dieser Korrektur wird sichergestellt, daß die berechneten Zustände

$\underline{\hat{x}}(t)$ auch für $\underline{\hat{x}}_o \neq \underline{x}_o$ in einer vorgebbaren Weise gegen die tatsächlichen Zustandsvariablen $\underline{x}(t)$ konvergieren. Hierzu ist vorauszusetzen, daß der Prozeß über die Meßgrößen $\underline{y}(t)$ vollständig beobachtbar ist; mit anderen Worten bedeutet dies, daß sich alle Zustandsvariablen in den Meßgrößen in einer unterscheidbaren Weise auswirken. Prozeßstörungen $\underline{v}(t)$ und $\underline{w}(t)$ sowie Modellfehler sind in der Struktur des Zustandsbeobachters nicht berücksichtigt; deren Auswirkungen auf den Beobachterfehler $\underline{\tilde{x}}(t) = \underline{\hat{x}}(t) - \underline{x}(t)$ können nur durch eine entsprechende Dimensionierung der Korrekturfaktoren minimiert werden.

Eine Verminderung der Beobachterordnung um die Zahl der Meßgrößen $\underline{y}(t)$ wird erreicht, wenn auf eine Rekonstruktion $\underline{\hat{y}}(t)$ der Meßgrößen verzichtet wird. Ein *Beobachter reduzierter Ordnung* besteht nach Bild 2 aus einem dynamischen Teil (Eingänge $\underline{u}(t)$ und $\underline{y}(t)$, Zustand $\underline{\hat{x}}_r(t)$ bzw. $\underline{\hat{x}}_r(0) = \underline{\hat{x}}_{ro}$) und einer algebraischen Berechnung von $\underline{\hat{x}}(t)$ aus $\underline{\hat{x}}_r(t)$ und $\underline{y}(t)$. Die reduzierte Beobachterordnung vereinfacht in einem gewissen

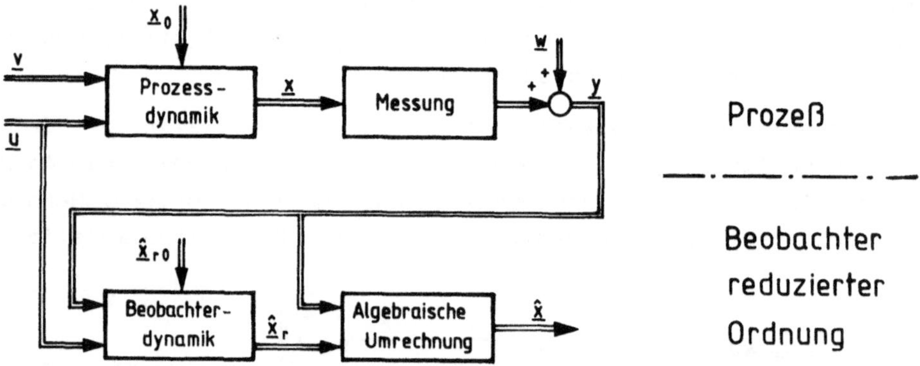

Bild 2 Rekonstruktion der Zustandsgrößen mit einem Beobachter reduzierter Ordnung: $\underline{\hat{x}}(t) \rightarrow \underline{x}(t)$ für $\underline{\hat{x}}_o \neq \underline{x}_o$.

Umfang die Realisierung und ermöglicht außerdem ein schnelleres Einschwingen des Beobachters. Allerdings wird aus Bild 2 auch erkennbar, daß sich Meßstörungen $\underline{w}(t)$ direkt auf die Näherungswerte $\underline{\hat{x}}(t)$ auswirken.

Im Hinblick auf eine regelungstechnische Störgrößenaufschaltung ist das Beobachter-Konzept für die Rekonstruktion von Störgrößen erweitert worden [14]. Dies setzt voraus, daß die Störsignale $\underline{v}(t)$ und $\underline{w}(t)$ als Ausgangsgrößen eines dynamischen Systems mit dem Zustand $\underline{z}(t)$ bzw. $\underline{z}(0) = \underline{z}_o$ modelliert werden, wie das in Bild 3 dargestellt ist. Wenn man das Prozeß- und das Störmodell zusammenfaßt, dann hat der *Zustands- und Störgrößenbeobachter* die gleiche Struktur wie der Beobachter in Bild 1. Für die Dimensionierung der Korrekturterme ist zu fordern, daß der um das Störmodell erweiterte Prozeß vollständig beobachtbar ist. Die rekonstruierten Störgrößen $\underline{\hat{v}}(t)$ und $\underline{\hat{w}}(t)$ können gegebenenfalls für eine regelungs- oder meßtechnische Störgrößenkompensation benutzt werden. - Auch andere externe Größen, wie z.B. Führungsgrößen lassen sich mit einem Beobachter rekonstruieren.

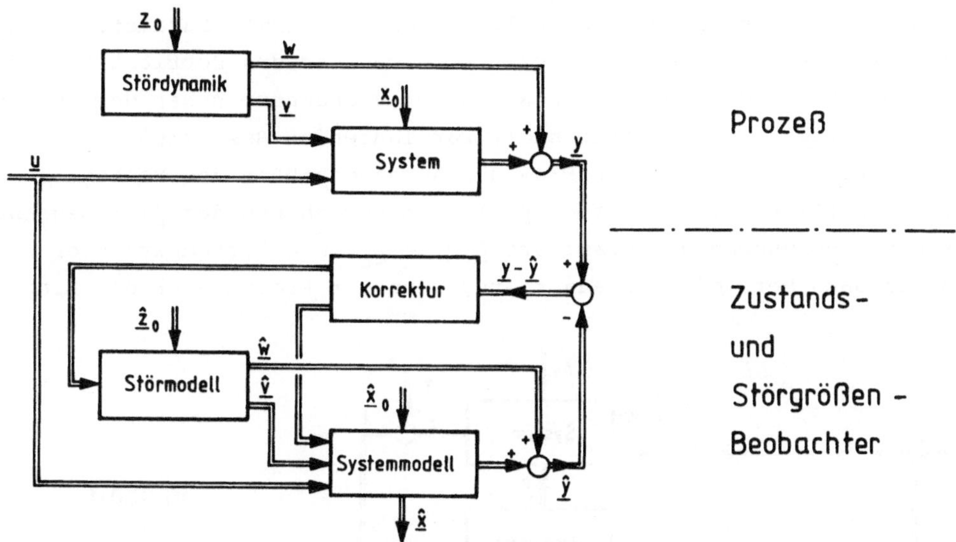

Bild 3 Zustands- und Störgrößenbeobachter: $\underline{\hat{x}}(t) \to \underline{x}(t)$, $\underline{\hat{v}}(t) \to \underline{v}(t)$, $\underline{\hat{w}}(t) \to \underline{w}(t)$ für $\underline{\hat{x}}_o \neq \underline{x}_o$, $\underline{\hat{z}}_o \neq \underline{z}_o$.

Für die Verwendung eines *Beobachters in einem linearen Regelkreis* in Bild 4a gilt das Separationsprinzip; dieses besagt, daß die Regelkreis- und Beobachterdynamik unabhängig voneinander entworfen werden können. Diese dynamische Entkopplung wird durch die äquivalente Darstellung des Regelkreises mit Beobachter in Bild 4b verdeutlicht; im Vergleich zur Rückführung des Zustandes $\underline{x}(t)$ wirkt der Beobachter in dem Regelkreis wie eine Aufschaltung des Beobachterfehlers $\underline{\tilde{x}}(t) = \underline{\hat{x}}(t) - \underline{x}(t)$, welcher im Idealfall unabhängig von den Größen des Regel-

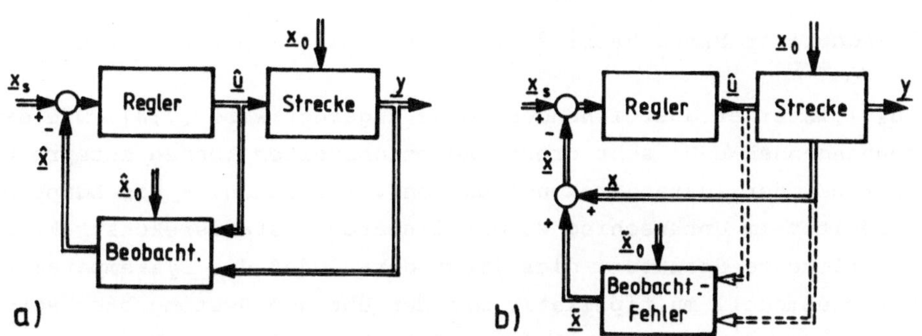

Bild 4 a) Regelkreis mit Beobachter
b) Separation von Beobachter und Regelkreis

kreises gegen Null konvergiert. Nur im Fall von Modell- oder Realisierungsfehlern sind die Beobachter- und Regelkreisdynamik miteinander verkoppelt, wie dies durch die gestrichelten Verbindungen in Bild 4b angedeutet ist.

Eine automatische Nachführung der Systemparameter durch einen *adaptiven Beobachter* ist dann erforderlich, wenn bestimmte Parameter nicht oder nur ungenau bekannt sind bzw. sich während des Betriebs verändern. Entsprechend Bild 5 umfaßt ein adaptiver Beobachter neben der Zustandsrekonstruktion einen Adaptionsteil zur laufenden Bestimmung der unbekannten Parameter $\underline{p}$ aus den Ein- und Ausgangsgrößen des Prozesses sowie dem Differenzsignal $\underline{y}(t) - \hat{\underline{y}}(t)$. Die Berechnung der $\hat{\underline{p}}(t)$ beginnt mit einem vorzugebenden Startwert $\hat{\underline{p}}(0) = \hat{\underline{p}}_0$. Die Systemparameter werden nur dann befriedigend adaptiert, wenn der Prozeß über die Eingangs-

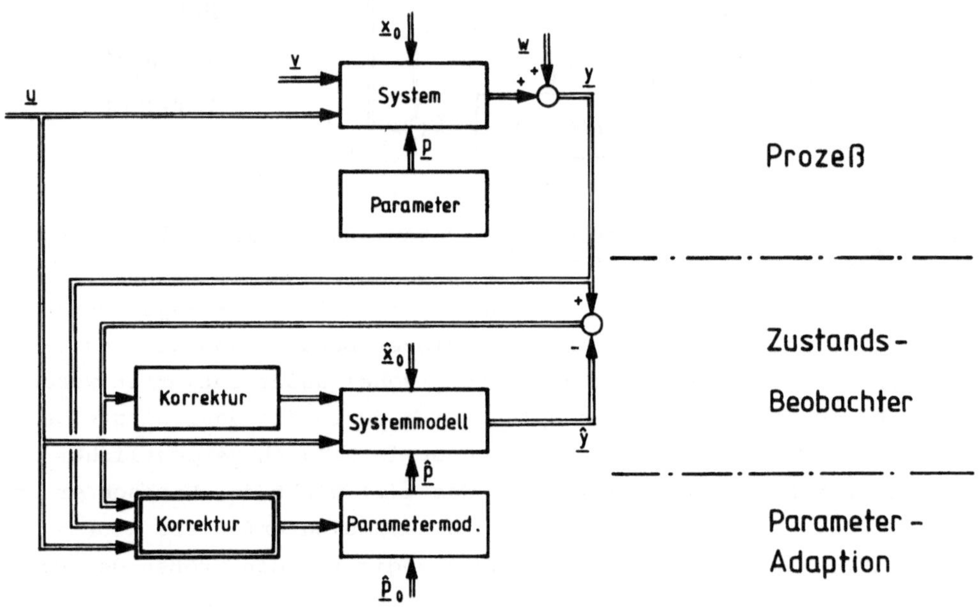

Bild 5 Adaptiver Beobachter: $\hat{\underline{x}}(t) \rightarrow \underline{x}(t)$, $\hat{\underline{p}}(t) \rightarrow \underline{p}$ für $\hat{\underline{x}}_0 \neq \underline{x}_0$, $\hat{\underline{p}}_0 \neq \underline{p}$.

größe $\underline{u}(t)$ in einer ausreichenden Weise angeregt wird [7;8]. Die damit zusammenhängenden u.U. sehr großen Adaptionszeiten können entsprechende Fehler bei der Zustandsrekonstruktion verursachen. - Das Adaptionsgesetz besitzt im Unterschied zu der linearen Zustandsrekonstruktion eine nichtlineare Struktur; dies liegt daran, daß die Systemparameter in dem Prozeßmodell multiplikativ mit den übrigen Systemgrößen verknüpft sind und demnach die gleichzeitige Zustands- und Parameterbestimmung eine nichtlineare Aufgabenstellung darstellt. Für die Parameteradaption werden z.T. ganz unterschiedliche Ansätze und Verfahren verwendet. Dabei ist vorauszusetzen, daß der adaptive Beobachter insgesamt asymptotisch konvergiert; der entsprechende Konvergenznachweis ist mathematisch nicht trivial [7].

Die dargestellten Beobachter-Verfahren gelten für die Klasse der linearen, zeitkontinuierlichen und zeitdiskreten Systeme mit konzentrierten Parametern als weitgehend untersucht und erprobt. Die Beobachter-Dimensionierung erfolgt mit relativ einfachen algebraischen Methoden. Eine gewisse Ausnahme bildet der Entwurf adaptiver Beobachter. - Wie bereits eingangs erwähnt, ergeben sich theoretisch neue Fragestellungen, wenn man diese Beobachter-Verfahren auf andere Systemklassen anwendet. Dabei bleibt die grundsätzliche Beobachterstruktur aus Prozeßmodell und einer Korrektur erhalten; die eigentlichen Unterschiede betreffen Form und Dimensionierung der Korrekturausdrücke sowie die dynamischen Eigenschaften der Beobachter [4-6;9].

3. Anmerkungen zum Beobachtereinsatz

Der praktische Einsatz eines Beobachters beinhaltet für den Anwender die folgenden Schritte:

- Modellierung des dynamischen Prozeßverhaltens (Prozeßmodell)
- Analyse des mathematischen Prozeßmodells (Beobachtbarkeit, Prozeßdynamik),
- Entwurf, Dimensionierung und Simulation des Beobachters (Beobachter-Algorithmus),
- Realzeit-Realisierung (z.B. Mikrorechner-Programm),
- Inbetriebnahme (Einstellregeln).

Die konkrete Ausführung der einzelnen Schritte orientiert sich an den Spezifikationen für den betreffenden Beobachtereinsatz. Für das Aufstellen des *Prozeßmodells* bedeutet dies, daß die Modell- und Parameterfehler die Genauigkeitsklasse des Beobachters festlegen. Die Kenntnis eines genügend genauen Prozeßmodells ist die wichtigste Voraussetzung für den Einsatz eines Beobachters [10]. Hierzu gehören auch geeignete Signalmodelle für Störgrößen und andere nicht gemessene Größen. Im Hinblick auf die Beobachter-Realisierung ist zu fordern, daß die verwendeten Prozeßmodelle möglichst einfach sind.

Die *Beobachtbarkeits-Analyse des Prozeßmodells* liefert Aussagen darüber, inwieweit der Prozeß über die vorhandenen Meßsensoren beobachtbar ist bzw. welche Sensoren gegebenenfalls zusätzlich zu installieren sind. Eine Information über die *Prozeßdynamik* benötigt man für die Dimensionierung des Beobachters, um sicherzustellen, daß das Meßsystem "Beobachter" schneller einschwingt als der jeweilige Prozeß.

Sowohl für die dynamische Analyse von linearen Prozeßmodellen als auch für den *Entwurf* und die *Dimensionierung* linearer Beobachter gibt es leistungsfähige Digitalrechenprogramme, z.B. [15;16]. Im interaktiven Dialog kann der Benutzer entscheiden, ob z.B. ein Beobachter vollständiger oder reduzierter Ordnung angesetzt und dimensioniert werden soll oder ob der Entwurf im zeitkontinuierlichen oder zeitdiskreten Bereich vorzunehmen ist. Eingabeparameter für die Dimensionierung der Korrekturfaktoren sind Angaben über das geforderte Einschwingverhalten des Beobachters; in den meisten Fällen geschieht dies durch eine Vorgabe der Eigenwerte des Beobachters [12;13]. Die übrigen Freiheitsgrade können dazu benützt werden, ein gewünschtes Übertragungsverhalten des Beobachters für die Eingangsgrößen und/oder für die nicht modellierten Störgrößen vorzugeben. Auch der Entwurf eines Beobachters, der sich robust gegenüber Parameteränderungen oder sogar Meßsensorausfällen zeigt, ist möglich [17;18]. Gegebenenfalls erfolgt die Dimensionierung eines Beobachters auch im Zusammenhang mit einem Reglerentwurf; Beispiele hierfür sind sogenannte Kontrollbeobachter [19] und optimale Beobachter [20]. In jedem Fall wird man den Beobachter-Algorithmus zusammen mit dem Prozeßmodell simulieren und dabei für möglichst realistische Betriebsbedingungen testen; gegebenenfalls muß der Beobachter nochmals dimensioniert werden.

Die *Beobachter-Realisierung* erfordert die Lösung der Differential- bzw. Differenzengleichungen des Beobachters in Realzeit. Eine Ausführung in Analogtechnik kommt praktisch nur für sehr einfache Beobachtersysteme in Frage. Demgegenüber ist die Realisierung eines Beobachters mit Hilfe von Prozeß- oder Mikrorechnern sehr flexibel. Oft ist die digitale Hardware bereits aus anderen Gründen installiert, so daß für den Beobachter nur noch ein entsprechender Programm-Modul erstellt und in die übrige Software integriert werden muß. Ein digital realisierter Beobachter berechnet, wie in Bild 6 gezeigt, aus den mit einer Periode T abgetasteten Eingangssignalen $\underline{u}(kT)$ und $\underline{y}(kT)$, $k = 0, 1, 2, \ldots$ die rekonstruierten Zustände $\hat{\underline{x}}(kT+T_R)$. Abtastzeit T und Rechnertotzeit $T_R \leq T$ werden durch die verwendete Hard- und Software bestimmt und verursachen einen zusätzlichen Beobachterfehler; dieser Fehler ist nicht zu vernachlässigen, wenn T und T_R im Bereich der Zeitkonstanten des Prozesses liegen. Deshalb ist bei schnellen Prozessen ein zeitdiskreter Beobachterentwurf mit einer Berücksichtigung der Rechnertotzeit notwendig [13;21].

Entscheidend für die praktische Beobachteranwendung ist es schließlich, daß bei der Vielzahl der einzustellenden Parameter eine solche Beobachterstruktur gewählt wird, für die sich klare und handhabbare

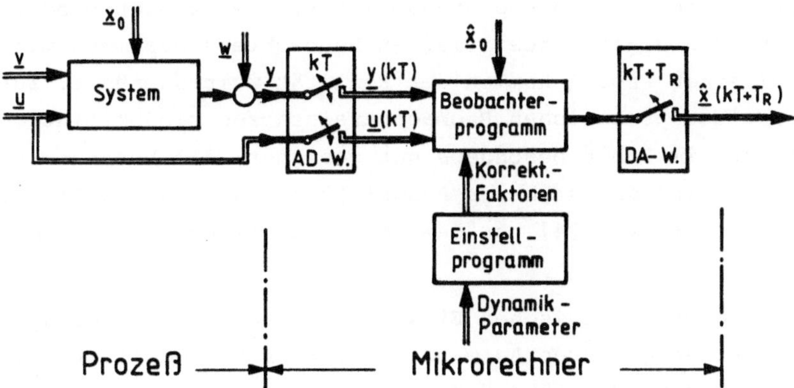

Bild 6 Beobachter-Realisierung mit einem Mikrorechner.

Einstellregeln angeben lassen [11]. Diese Forderung zielt in die Richtung von dezentralen Beobachtern niedriger Ordnung, wobei die einzelnen Beobachtergrößen außerdem physikalische Prozeßgrößen darstellen sollten. - Als Einstellparameter für den Beobachter können die in dem Algorithmus realisierten Korrekturfaktoren deshalb nicht verwendet werden, weil diese erst in ihrer Gesamtheit das Einschwingverhalten des Beobachters bestimmen. Eine Veränderung der Beobachtereinstellung ist wie eine Dimensionierung praktisch nur mit einem Entwurfsprogramm möglich, welches die Parameter für das Einschwingverhalten in die zu realisierenden Korrekturfaktoren umrechnet. Deshalb ist bei öfters nachzustellenden Beobachtern eine solche rechentechnische Einstellhilfe vorzusehen (Bild 6). Eine einfache Einstellregel für den Beobachter verlangt auch die Definition von wenigen aussagefähigen Parametern für das Einschwingverhalten, z.B. in Form eines Faktors zur Verschiebung des gesamten Eigenwertspektrums. All diese Maßnahmen sind erforderlich, wenn ein Beobachter von dem Bedienungspersonal z.B. wie ein PID-Regler eingestellt und in Betrieb genommen werden soll.

4. Beispiele für den praktischen Beobachtereinsatz

Beobachteranwendungen lassen sich nach den folgenden Realisierungsstufen unterscheiden:

- rechentechnisch in einer Simulation,
- experimentell im Labor,

- industriell in technischen Prozessen.

Die meisten Publikationen über Beobachteranwendungen beschreiben eine digitale Simulation von Prozeß und Beobachter. Eine Simulation des Beobachters mit gemessenen und abgespeicherten Prozeßdaten oder ein hybrider Test des digital realisierten Beobachters zusammen mit dem analog simulierten Prozeß kommen der Realität weitaus näher. Zur Demonstration eines praktischen Beobachtereinsatzes sind kleintechnische Versuchsanlagen im Labor besonders gut geeignet; die bekanntesten Laborexperimente sind das stehende Pendel [22], das Kranmodell [23] und der lineare Wärmeleiter [4] zur Demonstration einer Regelung mit Beobachter.

Der Schritt zum großtechnischen Einsatz von Beobachtern bedeutet in erster Linie einen größeren Aufwand bei der Prozeßmodellierung. Außerdem gelten strengere Maßstäbe für die Zuverlässigkeit und Kosten einer industriellen Beobachterrealisierung. Über erste Erfahrungen mit Beobachtern in großtechnischen Anlagen wurde 1975 auf einem Aussprachetag der *VDI/VDE-Gesellschaft Meß- und Regelungstechnik* über "Filterverfahren und Beobachtersysteme" [24] berichtet:

- Beobachter vollständiger (28.) Ordnung für einen Kraftwerksblock [25],
- Beobachter reduzierter Ordnung für das Tragregelsystem eines Magnetschwebefahrzeugs [26].

Nachfolgend werden weitere Beobachteranwendungen bei industriellen Prozessen beschrieben:

- Stoffaustausch-Beobachter zur Regelung einer Destillationskolonne [10;27-29],
- Lenkwinkel-Beobachter bei der Spurregelung von Kraftfahrzeugen [30],
- Wellenmomenten-Beobachter zur Überwachung von Turbosätzen [11; 31;32],
- Leitkabel-Beobachter für eine Kursregelung von Schiffen [33],
- Last-Beobachter für die adaptive Regelung eines Gleichstromantriebs [34],
- Beobachter reduzierter Ordnung für die Zustandsregelung eines Radioteleskops.

Andere Beispiele werden in den bereits erwähnten Fachbeiträgen behandelt.

Der in [10;27-29] beschriebene *Beobachter für eine Destillationskolonne* ermöglicht eine sehr elegante Lösung des Meßproblems, das bei der

Regelung dieser großtechnischen Anlage auftritt. Die Grundlage für den Entwurf des *Beobachters vollständiger Ordnung* bildet ein stark vereinfachtes Prozeßmodell; das Modell 3. Ordnung beschreibt die Bewegung der für eine Extraktiv-Kolonne charakteristischen Stoffaustauschzone

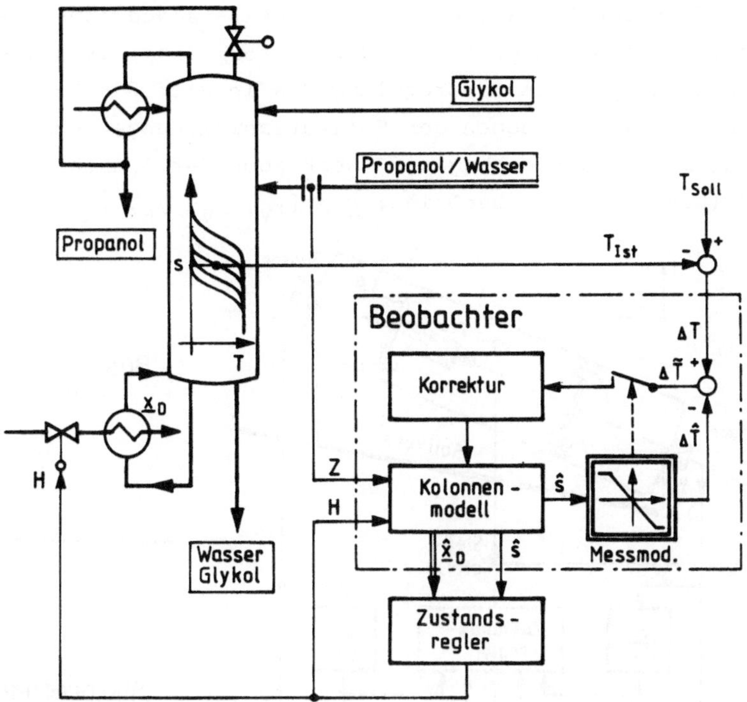

Bild 7 Zustandsregelung mit Beobachter für eine Extraktiv-Destillationskolonne.

in Abhängigkeit von dem Heizdampfstrom H(t) und dem Zulauf Z(t). Die eng begrenzte Stoffaustauschzone ist mit einem entsprechend steilen Anstieg der Temperatur T verbunden (Bild 7). Der Ort s(t) der Temperaturfront ist mit einem Thermoelement nur in einem begrenzten Ortsbereich erkennbar; eine Ausregelung von größeren Störungen ist daher nicht möglich. Die Begrenzung des Meßbereichs kann dadurch teilweise beseitigt werden, daß der zeitliche Verlauf des Ortes s(t) mit einem Beobachter rekonstruiert wird; der rekonstruierte Ort $\hat{s}(t)$ steht dann zusammen mit den ebenfalls rekonstruierten Zustandsgrößen $\hat{\underline{x}}_D(t)$ des Verdampfers als Istwert für eine optimale Zustandsregelung zur Verfügung. Durch die Regelung ist weitgehend sichergestellt, daß die Temperaturfront im Meßbereich des Thermoelements bleibt; anderenfalls wird die Beobachter-Korrektur abgeschaltet, und der Beobachter arbeitet wie ein Realzeit-Simulator der Kolonne. Der auf einem Mikrorechner zusammen mit dem Regler realisierte Beobachter wurde vor der Inbetriebnahme an eine digitale Simulation des vollständigen nichtlinearen Kolonnenmodells 114. Ordnung angeschlossen und getestet. Der Einsatz des Beobachters hat im Vergleich zu der konventionellen Meßtechnik zu einer drastischen Verbesserung des Regelverhaltens der Extraktiv-Destillationskolonne geführt [27;28].

In [30] wird über den Einsatz eines *Lenkwinkel-Beobachters* als Software-Ersatz für einen Meßsensor bei der *Spurregelung von Bussen* berichtet. Für eine optimale Kursregelung des in Bild 8 schematisch dargestellten Busses werden neben den Sollkursabweichungen und deren Zeitableitungen von Fahrzeugbug und -heck auch der Einschlagwinkel der Vorderräder (Lenkwinkel β) benötigt: $\underline{x} = [y_V, \dot{y}_V, y_H, \dot{y}_H, \beta]^T$. Die

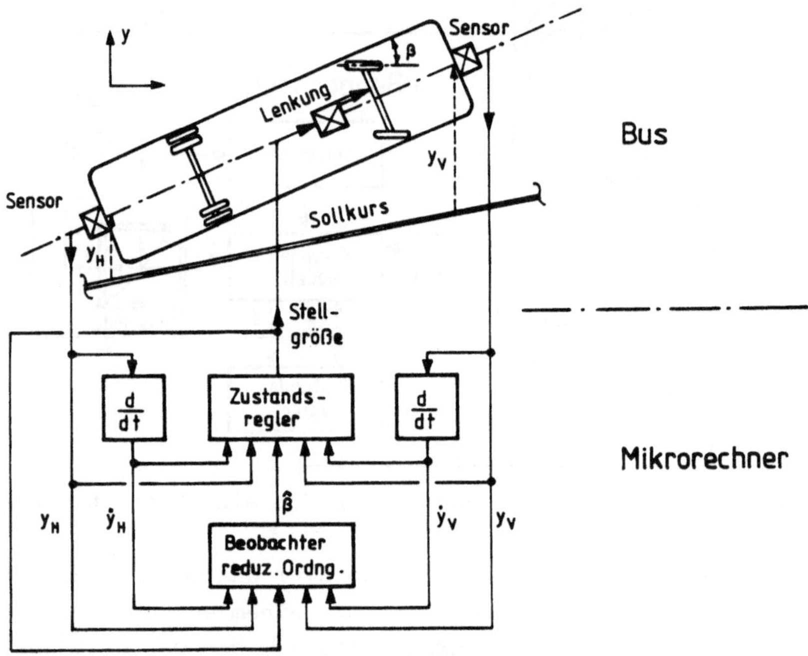

Bild 8 Elektronisch geführter Bus mit Lenkwinkel-Beobachter reduzierter Ordnung für eine optimale Kursregelung.

Messung der Kursabweichungen $y_V(t)$ und $y_H(t)$ ist für eine Vor-/Rückwärtsfahrt des Busses aus Stabilitätsgründen unbedingt erforderlich; dagegen läßt sich der Lenkwinkel $\beta(t)$ aus den anderen Meßgrößen auch mit dem des mathematischen Busmodells rekonstruieren. Hierzu wird als *Beobachter reduzierter Ordnung* ein Beobachter 1. Ordnung für die Rekonstruktion von $\hat{\beta}(t)$ verwendet. Beobachter und Zustandsregler werden zusammen auf einem Mikrorechner realisiert. Die durchgeführten Fahrversuche zeigen ein "gutmütiges Verhalten" [30] des Lenkwinkel-Beobachters; dies gilt für die Auswirkung von Parameterschwankungen und auch im Hinblick auf das Regelkreisverhalten.

Ein Beobachtereinsatz für Überwachungszwecke im Bereich der Energietechnik wird in Bild 9 vorgestellt [11;31;32]. Es handelt sich um die *Rekonstruktion der Wellenmomente von Turbosätzen*, um damit Ermüdungsgradberechnungen durchzuführen, wenn durch Netzkurzschluß Torsionsschwingungen angeregt werden. Eine direkte Messung der Wellen- bzw.

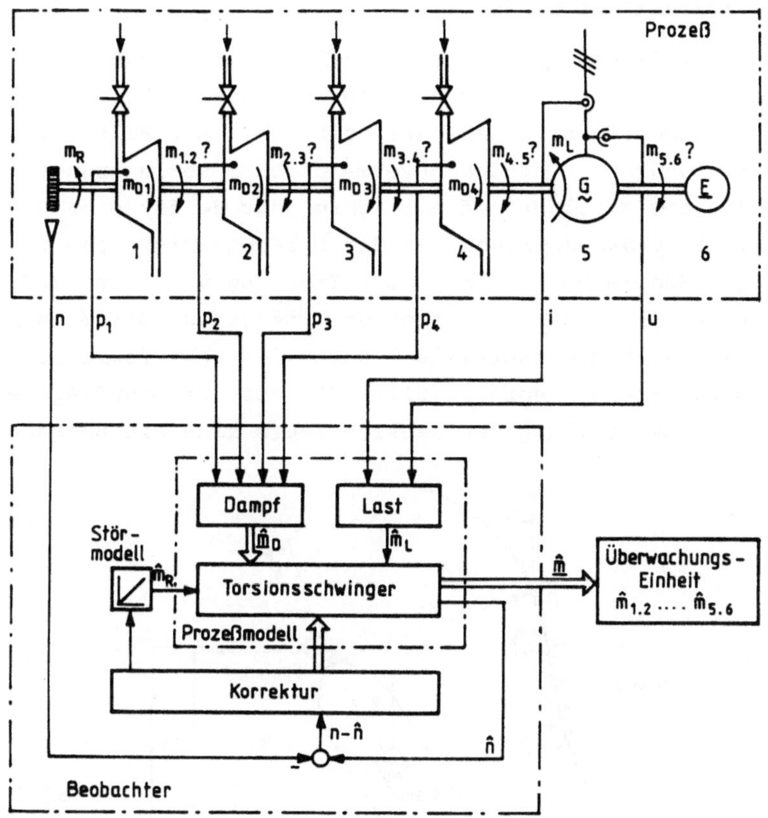

Bild 9 Rekonstruktion der Wellenmomente eines Turbosatzes; Bild aus [11].

Torsionsmomente ist nur mit großem Aufwand realisierbar. Der Turbosatz wird als Torsionsschwinger mit sechs Massen und geringer Dämpfung modelliert. Die Anregung erfolgt durch die Dampfmomente $\underline{m}_D(t)$ in den Turbinenstufen sowie durch das elektrische Lastmoment $m_L(t)$. In einem stationären Dampfmodell werden die auf das Torsionsmodell wirkenden Momente $\hat{\underline{m}}_D(t)$ aus den gemessenen Turbinendrücken $\underline{p}(t)$ bestimmt; entsprechend wird das Lastmoment $\hat{\underline{m}}_L(t)$ aus Generatorstrom $i(t)$ und -spannung $u(t)$ berechnet. Das unbekannte Reibungsmoment $\hat{m}_R(t)$ wird zusammen mit anderen Modellungenauigkeiten in einem Integrator nachgebildet. Eine Realzeit-Simulation des Prozeß- und Störmodells führt wegen der fehlenden Dämpfung zu bleibenden Amplituden- und Phasenfehlern bei den Simulationsergebnissen; daher wird das Torsionsmodell durch die für die Drehzahlregelung des Turbosatzes ohnehin gemessene Drehzahl n(t) nachgeführt. Dabei sind außerdem Maßnahmen zur Unterdrückung von unvermeidbaren Meßstörungen erforderlich [31;32]. Der *Zustands- und Störgrößenbeobachter* zur Rekonstruktion der Wellenmomente wird in analoger Technik aufgebaut und ist bereits in mehreren Kraftwerken installiert worden.

Ein wesentlicher Aspekt der *leitkabelgeführten Kursregelung von Binnenschiffen* [33] ist die Erzeugung einer geeigneten Leitlinie aus dem schiffsseitig gemessenen Verlauf des Leitkabels mit Hilfe eines *Führungsgrößenbeobachters*. Infolge unvermeidlicher Verlagerungen des Leitkabels ist der Kabelverlauf als Führungsgröße für eine Kursregelung nicht unmittelbar geeignet, da die Unregelmäßigkeiten zu einer sehr unruhigen Ruderarbeit führen. Die Trennung von Nutz- und Störanteilen des Kabelverlaufs setzt neben den induktiven Differenzmessungen $\Delta y(t)$ und $\Delta\psi(t)$ auch die inertiale Messung des Schiffswinkels $\psi(t)$ z. B. mit einem Kurskreisel voraus (Bild 10). Auf der Grundlage einer mathematischen Beschreibung des Kabelverlaufs kann ein Beobachter zur

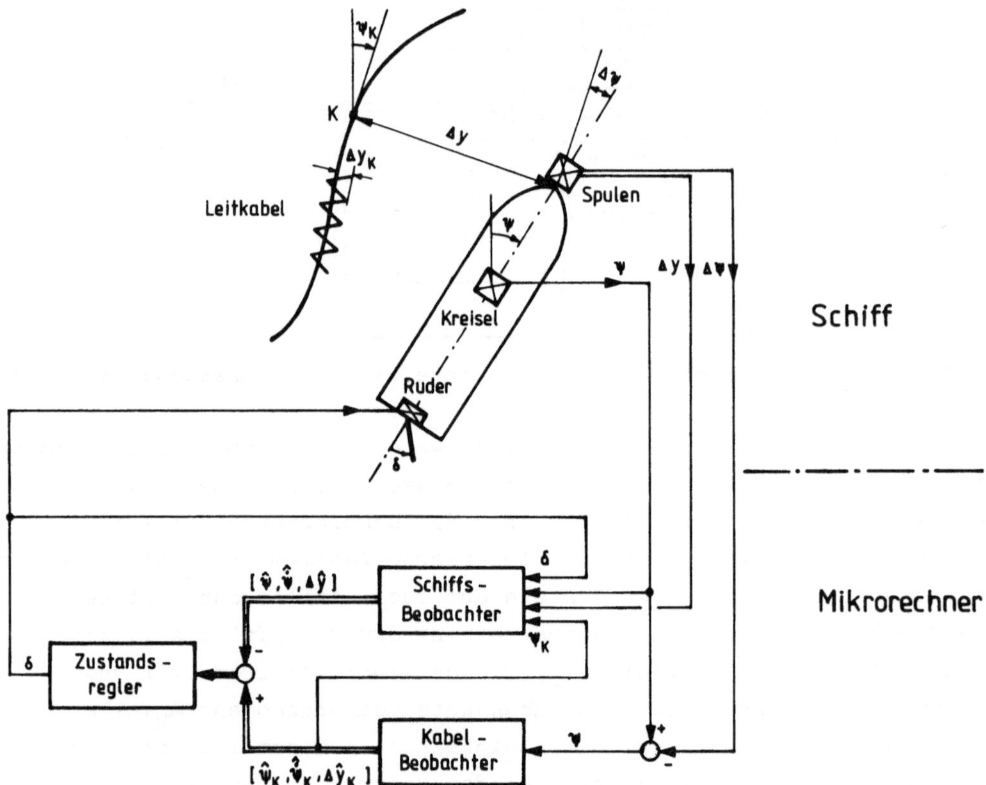

Bild 10 Führungs- und Zustandsgrößenbeobachter für eine leitkabelgeführte Kursregelung von Schiffen.

Rekonstruktion der Kabelgrößen $\hat{\underline{x}}_K = [\hat{\psi}_K, \hat{\dot{\psi}}_K, \Delta\hat{y}_K]^T$ entworfen werden; diese werden als Führungsgrößen für eine Zustandsregelung der ebenfalls mit einem Beobachter rekonstruierten Schiffsgrößen $\hat{\underline{x}} = [\hat{\psi}, \hat{\dot{\psi}}, \Delta\hat{y}]^T$ verwendet. Die genaue Struktur und Dimensionierung des Führungsgrößenbeobachters hängen wesentlich von den Annahmen für die Störgrössen in dem Kabelmodell ab. Das Beobachter- und Regelkonzept wurde bei einer Versuchsfahrt mit einem vollbeladenen Motorgüterschiff (1500 t, 86 m) auf dem Neckar erprobt; die Ruderamplituden für eine automatische Führung liegen in Anbetracht der erreichten Spurgenauigkeit von 1 bis 2 Metern in einem durchaus normalen Bereich [30].

In verschiedenen industriellen Pilotanlagen für *elektrische Antriebssysteme* werden als Alternativen zur konventionellen Kaskadenregelung Zustands- und adaptive Regelungen untersucht, wobei die zusätzlich notwendigen Informationen über die Regelstrecke mit Beobachtern rekonstruiert werden [34-38]. Als Beispiel ist in Bild 11 eine adaptive Regelung eines starren *Gleichstromantriebs* mit Hilfe eines *adaptiven Beobachters* dargestellt [34]. Unterschiedliche Belastungen solcher Antriebe für Aufzüge, Werkzeugmaschinen oder Roboter wirken sich als Störmoment $m_L(t)$ und als additives Trägheitsmoment Θ_L aus; beide Grössen beeinflussen das dynamische Verhalten einer fest eingestellten Regelung der Drehzahl n(t). Höhere Anforderungen an die Regelgüte lassen sich nur erfüllen, wenn diese Einflüsse im Regler weitgehend kompensiert werden. Hierzu wird in einem adaptiven Beobachter das Störmoment $\hat{m}_L(t)$ durch den Ansatz eines integralen Störmodells rekonstruiert und eine Adaption des Gesamtträgheitsmoments $\hat{\Theta} = \Theta_M + \hat{\Theta}_L$ durchgeführt. Die Parameteradaption erfordert ausreichende zeitliche Ände-

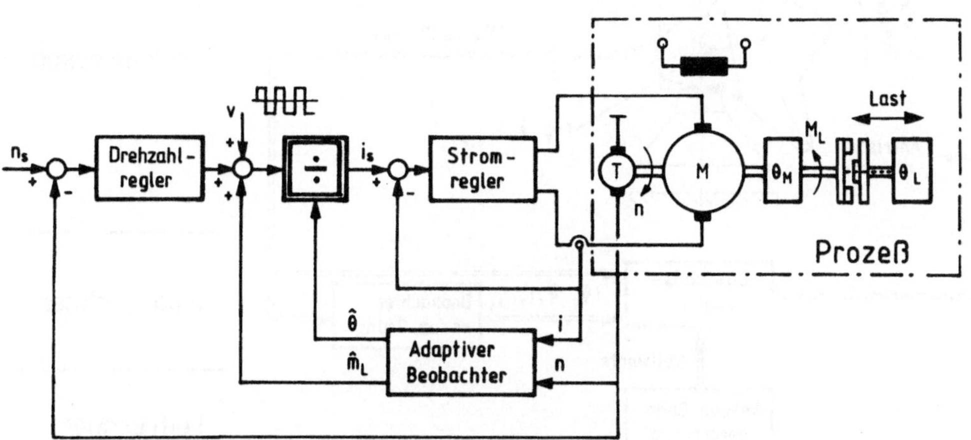

Bild 11 Adaptive Regelung eines Gleichstromantriebs mit einem adaptiven Beobachter zur Rekonstruktion des Lastmoments $\hat{m}_L(t)$ und des Trägheitsmoments $\hat{\Theta} = \Theta_M + \hat{\Theta}_L$; Bild aus [34].

rungen des Motorstromes $i_A(t)$, was gegebenenfalls durch die Aufschaltung eines Signals v(t) erreicht wird. Die rekonstruierten Größen $\hat{m}_L(t)$ und $\hat{\theta}$ werden in dem Regler für eine Störgrößenaufschaltung bzw. eine Division zur Konstanthaltung der Kreisverstärkung verwendet; durch die adaptive Regelung wird eine deutliche Verbesserung des Führungs- und Störverhaltens des Gleichstromantriebs erreicht [34].

Bisher noch nicht publiziert ist der Beobachtereinsatz bei der Regelung eines *30m-Radioteleskops*, das von den Firmen *Fried. Krupp GmbH* und *MAN AG* im Auftrag des *Max-Planck-Instituts für Radioastronomie* in 2900 m Höhe in Südspanien gebaut wird. Voruntersuchungen der Autoren [39] mit Hilfe von Simulationsmodellen zeigen, daß die für normale Windverhältnisse verlangte Pointierungsgenauigkeit von wenigen Bogensekunden nur mit einer Zustandsregelung erreicht werden kann. Während für den Entwurf der konventionellen Kaskadenregelung einfache Antennenmodelle in der Form

Motor - Getriebefeder - Reflektor

durchaus ausreichen, werden nunmehr aufgrund der größeren Bandbreite der Zustandsregelung kompliziertere Modelle erforderlich, die das Antennenverhalten bis zur zweiten Resonanzfrequenz etwa richtig wiedergeben. Bei dem 30m-Radioteleskop ist das einfache Antennenmodell

- im Falle der Elevationsbewegung (El) um die Biegeschwingung des den Reflektor tragenden Aufbaus,

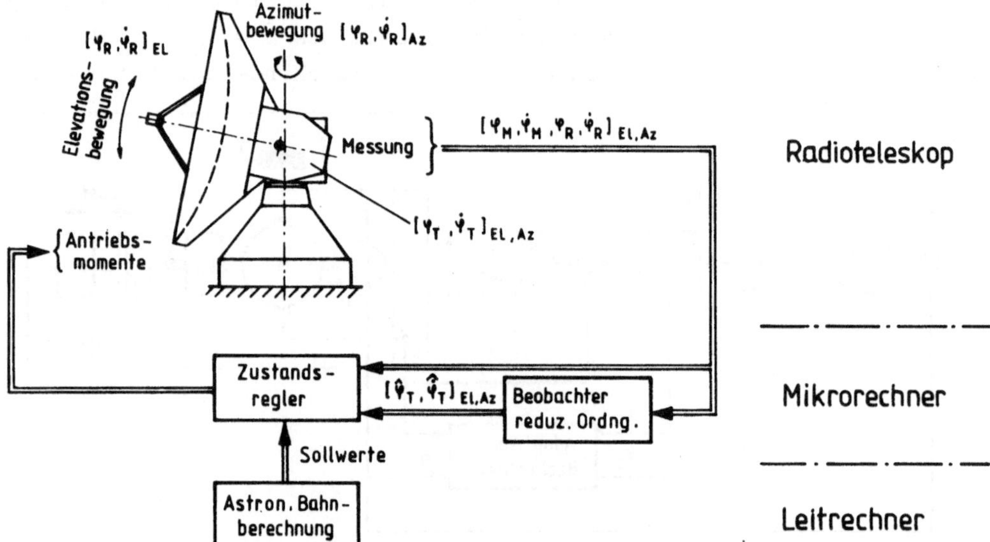

Bild 12 Einsatz Beobachter reduzierter Ordnung für die Zustandsregelungen der Elevations- und Azimutbewegungen eines Radioteleskops.

- im Falle der Azimutbewegung (Az) um das Schwingungsverhalten der Ballastausleger [39]

zu erweitern. Diese Erweiterung bedeutet für die Zustandsregelung, daß neben den Positionen und Geschwindigkeiten von Motoren und Reflektor $[\varphi_M, \dot{\varphi}_M, \varphi_R, \dot{\varphi}_R]_{El,Az}$ auch die Zustandsgrößen dieser Teilsysteme $[\varphi_T, \dot{\varphi}_T]_{El,Az}$ zurückgeführt werden müssen. Letztere stehen jedoch zunächst nicht als Meßgrößen zur Verfügung. Die Rekonstruktion von $[\hat{\varphi}_T, \hat{\dot{\varphi}}_T]_{El,Az}$ in einem *Beobachter reduzierter Ordnung* (Bild 12) hat - wie Simulationsuntersuchungen zeigen - im Vergleich mit einer direkten Messung nur eine unwesentliche Verschlechterung des Regelverhaltens zur Folge, so daß sich der Einsatz von teuren Meßsensoren erübrigt. Die Beobachter sind zusammen mit den Zustandsreglern für die entkoppelten Antennenkoordinaten jeweils in einem 16bit-Mikrorechner mit einer Abtastzeit von T = 6 ms implementiert.

5. Zukünftige Beobachteranwendungen

Entwurf und Anwendung von Beobachtern stehen meist im Zusammenhang mit einer Prozeßregelung. Eine Ausnahme bildet der beschriebene Beobachtereinsatz zur Überwachung der Wellenmomente eines Turbosatzes [31; 32]; auch in den schon erwähnten Fachbeiträgen über einen Beobachter für Gasverteilnetze sowie über die frühzeitige Erkennung gefährlicher Zustände in chemischen Reaktoren fehlt der unmittelbare regelungstechnische Bezug. Der Einsatz von Beobachtern *im offenen Kreis als modellgestütztes Meßverfahren* ist auch typisch für die folgenden Beobachteranwendungen, auf die neuerdings in der Literatur hingewiesen wird:

- Instrumentenfehlerentdeckung durch eine Software-Redundanz für die Meßinstrumentierung [40-42],
- Komponentenfehlerentdeckung mit einer Erkennung und Lokalisierung von Störfällen [43;44],
- Prädiktion des Prozeßverhaltens zur Prozeßführung oder Prozeßüberwachung [45;46].

Diese Aufgabenstellungen verlangen u.U. auch eine Modellierung von stochastischen Einflußgrößen; dadurch wird aus der deterministischen Beobachteraufgabe eine stochastische Filteraufgabe, für deren Lösung mit dem *Kalman*-Filter ein insbesondere im Bereich der Luft- und Raumfahrt bereits praktisch bewährtes Verfahren zur Verfügung steht [47-49].

6. Literatur

[1] *Pavlik, E.:* Aspekte des praktischen Einsatzes von "Beobachtern" für die Prozeßautomatisierung. Regelungstechnische Praxis 21 (1979), S. 37-44.

[2] *Pavlik, E.:* The impact of the observer-theory for distributed process automation. Preprints of VIII IFAC-World Congress Kyoto, 1981, Paper 92.1.

[3] *Luenberger, D.G.:* An introduction to observers. IEEE Transactions on Automatic Control 16(1971), S. 596-602.

[4] *Köhne, M.:* Zustandsbeobachter für Systeme mit verteilten Parametern - Theorie und Anwendung. Fortschr.-Ber. VDI-Z. Nr. 8/26, VDI-Verlag, Düsseldorf, 1977.

[5] *Zeitz, M.:* Nichtlineare Beobachter - Übersichtsaufsatz. Regelungstechnik 27(1979), S. 241-249.

[6] *Bestle, D.; Zeitz, M.:* Observer canonical form and observer design for nonlinear time-variable systems. International Journal of Control 1983.

[7] *Kreisselmeier, G.:* Adaptive observers with exponential rate of convergence. IEEE Transactions on Automatic Control AC-22(1977), S. 2-8.

[8] *Ichikawa, K.:* Principle of Lüders-Narendra's adaptive observers. International Journal of Control 31(1980), S. 351-365.

[9] *Kuhn, U.:* Verfahren zur dezentralen Zustandsbeobachtung linearer Systeme mit komplexer Struktur. Regelungstechnik 31(1983), S. 44 -50.

[10] *Gilles, E.D.:* Modellbildung, ein Hilfsmittel der Meßtechnik. Technisches Messen 46(1979), S. 225-232 und 271-274.

[11] *Weihrich, G.:* Beobachtersysteme in industriellen Regelungen und Überwachungseinrichtungen. VDE-Fachberichte 30(1978), S. 285-292.

[12] *Föllinger, O.:* Regelungstechnik. Einführung in die Methoden und ihre Anwendungen. 3. Auflage. Elitera-Verlag, Berlin, 1980.

[13] *Ackermann, J.:* Abtastregelung. 2. Auflage. Band I: Analyse und Synthese. Springer-Verlag, Berlin-Heidelberg-New York, 1983.

[14] *Johnson, C.D.:* Accomodation of external disturbances in linear regulator and servomechanism problems. IEEE Transactions on Automatic Control AC-16(1971), S. 635-644.

[15] *Schmid, Chr., Unbehauen, H.:* KEDDC - Ein kombiniertes Prozeßrechnerprogrammsystem zum Entwurf und Einsatz von DDC-Algorithmen. Lehrstuhl für Elektrische Steuerung und Regelung der Ruhr-Universität Bochum.

[16] *Grübel, G.:* Die regelungstechnische Programmbibliothek RASP - Einführungsaufsatz. Regelungstechnik 31(1983), S. 75-81.

[17] *Breinl, W.; Müller, P.C.:* Ein parameterunempfindlicher Zustandsbeobachter und seine Anwendung bei einem Tragregelsystem eines Magnetschwebefahrzeugs. Regelungstechnik 30(1982), S. 403-411.

[18] *Ackermann, J.:* Abtastregelung. 2. Auflage. Band II: Entwurf robuster Systeme. Springer-Verlag, Berlin-Heidelberg-New York, 1983.

[19] *Grübel, G.:* Beobachter zur Reglersynthese. Schriftenreihe des Lehrstuhls für Meß- und Regelungstechnik der Ruhr-Universität Bochum, Heft 9, 1977.

[20] *Müller, P.C.; Truckenbrodt, A.:* Entwurf eines optimalen Beobachters. Regelungstechnik 25(1977), S. 381-387.

[21] *Meisinger, R.; Lange, B.:* Berücksichtigung der Rechnertotzeit beim Entwurf eines diskreten Regelungs- und Beobachtungssystems. Regelungstechnik 24(1976), S. 232-238.

[22] *Malentisky, W.; Senning, M.F.; Wiederkehr, F.:* Observer based control of a double pendulum. Preprints of VIII IFAC-World Congress Kyoto, 1981, Paper 63.4.

[23] *Schmidt, U.:* Ein adaptiver Beobachter für einen Brückenkran. Regelungstechnik 28(1980), S. 304-310.

[24] *Oetker, R.:* Aussprachetag "Filterverfahren und Beobachtersysteme in der Meß- und Regelungstechnik". Regelungstechnik 23(1975), S. 206-211.

[25] *Dettinger, R.; Welfonder, E.:* Ermöglichung viel steilerer Leistungsgradienten durch strukturoptimal geregelte Kraftwerksblökke - erprobt im Heizkraftwerk der Universität Stuttgart. Brennstoff-Wärme-Kraft 29(1977), S. 33-39.

[26] *Gottzein, E.; Lange, B.:* Magnetic suspension control systems for the MBB high speed train. Automatica 11(1975), S. 271-284.

[27] *Gilles, E.D.; Retzbach, B.; Silberberger, F.:* Modeling, simulation and control of an extractive destillation column. ACS Symposium Series 124(1980), S. 481-492.

[28] *Eckelmann, W.:* Erfahrungen mit einem Zustandsbeobachter für die Regelung von Destillationskolonnen. Regelungstechnische Praxis 22(1980), S. 120-126.

[29] *Retzbach, B.:* Einsatz von systemtheoretischen Methoden am Beispiel einer Mehrstoffdestillation. Chemie-Ingenieur-Technik 55(1983), S. 235.

[30] *Darenberg, W.:* Einsatz eines Lenkwinkel-Beobachters bei der Spurregelung von Kraftfahrzeugen. Regelungstechnik 28(1980), S. 323-328.

[31] *Wilharm, H.; Fick, H.:* Einsatz eines Beobachters zur genauen Bestimmung von Torsionsschwingungen. VDI-Berichte 320(1978), S. 69-76.

[32] *Wilharm, H.:* Design of observers for oscillating multi-mass systems. Siemens Forsch.- u. Entwickl.-Ber. 9(1980), S. 276-282.

[33] *Liebmann, M.; Mezger, K.; Gilles, E.D.:* Leitkabelgeführte Kursregelung von Schiffen. Regelungstechnik 31(1983).

[34] *Weihrich, G.; Wohld, D.:* Adaptive speed control of d.c. drives using adaptive observers. Siemens Forsch.- u. Entwickl.-Ber. 9(1980), S. 283-287.

[35] *Willner, L; Falk, M.:* Beitrag zur Regelung mechanischer Schwingungen beim Haspeln vom Band. Regelungstechnik 25(1977), S. 101-107.

[36] *Weihrich, G.:* Drehzahlregelung von Gleichstromantrieben unter Verwendung eines Zustands- und Störgrößen-Beobachters. Regelungstechnik 26(1978), S. 349-354 und 392-397.

[37] *Waschatz, U.; Leonhard, W.:* Adaptive Regelung elektrischer Antriebe durch Mikrorechner. Wissenschaftliches Kolloquium der TH Ilmenau, Oktober 1982.

[38] *Stute, G.; Hesselbach, J.; Swoboda, W.:* Digitale Lageregelung an numerisch gesteuerten Maschinen für Hochgeschwindigkeitsbearbeitungen. Preprints of 13th CIRP International Seminar on Manufacturing Systems, Leuven 1981, S. 79-90.

[39] *Juen, G.; Zeitz, M.:* Regelung der Azimutbewegung eines 30m-Radioteleskops. Regelungstechnik 31(1983), S. 81-87 und 132-137.

[40] *Clark, R.N.:* Instrument fault detection. IEEE Transactions on Aerospace and Electronic Systems AES-14(1978), S. 456-465.

[41] *Frank, P.M.; Keller, L.:* Sensitivity discriminating observer design for instrument failure detection. IEEE Transactions on Aerospace and Electronic Systems AES-16(1980), S. 460-467.

[42] *Isermann, R.:* Process fault detection based on modeling and estimation methods. Proceedings of 6th IFAC-Symposium on Identification and System Parameter Estimation, Washington, DC./U.S.A., 1982.

[43] *El Madbouly, Frank, P.M.:* Robust failure detection via Luenberger observers in nuclear power plants. Proceedings of International Conference on Large High Voltage Electric Systems, Florence/Italy, 1983.

[44] *Janßen, K.; Frank, P.M.:* Komponenten- und Instrumentenfehlererkennung unter Verwendung von Zustandsschätzern. 1. Berichtskolloquium des DFG-Schwerpunktprogramms "Messen, Steuern, Regeln von Systemen mit komplexer Struktur", Stuttgart 1983 (nicht veröffentlicht).

[45] *Paijo, B.; Schmidt, G.:* Anwendung des prädiktiven Regelverfahrens auf ein Teilsystem eines Erdgasverteilnetzes. wie [44].

[46] *Gilles, E.D.; Schuler, H.:* Zur frühzeitigen Erkennung gefährlicher Reaktionszustände in chemischen Reaktoren. Chemie-Ingenieur-Technik 53(1981), S. 673-682.

[47] *Gelb, A.:* Applied optimal estimation. The M.I.T. Press, Cambridge/Mass.-London, 1974.

[48] *Brammer, K.; Siffling, G.:* Kalman-Bucy-Filter. Deterministische Beobachtung und stochastische Filterung. R. Oldenbourg-Verlag, München-Wien, 1975.

[49] *Schrick, K.-W.:* Anwendungen der Kalman-Filter-Technik. Anleitung und Beispiele. R. Oldenbourg-Verlag, München-Wien, 1977.

EIN BEOBACHTERSYSTEM
ZUR ERMITTLUNG DES STRÖMUNGSZUSTANDES IN HOCHDRUCK-GASVERTEILNETZEN.
ANWENDUNGSORIENTIERTER ENTWURF UND PRAKTISCHE ERFAHRUNGEN.

OBSERVING THE STATE
OF PRESSURE AND FLOW IN HIGH PRESSURE GAS TRANSMISSION NETWORKS.
APPLICATION ORIENTED OBSERVER DESIGN AND RESULTS FROM FIELD TESTS.

G. Lappus

Lehrstuhl und Laboratorium für Steuerungs- und Regelungstechnik
Technische Universität München, 8000 München 2, B.R. Deutschland

Summary

Supervision and control of high pressure gas transmission networks by means of advanced methods require a precise knowledge of the transient state of pressure and flow within the total pipeline system. For economical reasons it is necessary to estimate the actual state using only a few measurements at discrete locations. This task can be solved by a Luenberger type observer. In this paper we will discuss an application oriented design of such a large scale nonlinear distributed parameter observer and we will show some results from field tests.

1. Einführung

Bei Gasverteilnetzen werden sowohl für die aus Sicherheitsgründen notwendige umfassende Prozeßüberwachung als auch für die aus wirtschaftlichen Gründen angestrebte prädiktive Prozeßführung /1/ mit Hilfe der heute verfügbaren leistungsfähigen Simulationsmodelle /2/ und Verbrauchsprognosen /3,4/ laufend genaue Informationen über den aktuellen Strömungszustand im gesamten Rohrleitungsnetz benötigt. Da eine hinreichend vollständige direkte Messung des Netzzustandes wirtschaftlich nicht vertretbar ist, muß ein Verfahren zur algorithmischen, modellgestützten Meßwertermittlung /5/ eingesetzt werden. Zur Lösung dieser Aufgabe wurde ein Zustandsbeobachtersystem vom Luenberger-Typ entwickelt und realisiert /6,7/, über das hier berichtet wird. Der Aufsatz knüpft thematisch an einen Beitrag /8/ zum *Interkama Kongress 1977* an, in dem u.a. die Rekonstruktion des Strömungszustandes in einer Gasrohrleitung auf vereinfachter Basis andiskutiert wurde. Auf alternative Verfahren zur Ermittlung des Strömungszustandes in Gasverteilnetzen (Ausgleichsrechnung /8/, Kalman Filter /9,10/, Parallel Simulation /11/) wird hier nicht eingegangen. Zu erwähnen ist aber, daß Vergleiche gezeigt haben, daß unter praxisrelevanten Gesichtspunkten das Beobachtersystem eine Reihe von Vorteilen gegenüber diesen Alternativen aufweist.

Im Abschnitt 2 werden zunächst der betrachtete Prozeß und die verfügbaren Meßinformationen beschrieben. Der Entwurf und die Realisierung des Beobachtersystems werden im Abschnitt 3 behandelt. Der durchgeführte funktions- und prozeßorientierte Entwurf erscheint in seiner Methodik auf strukturell ähnliche Systeme übertragbar, obwohl er hier speziell für Gasverteilnetze ausgeführt wird. Im Abschnitt 4 werden einige praktische Erfahrungen anhand konkreter Ergebnisse dargestellt. Ein Ausblick auf spezielle Nutzungsmöglichkeiten des Beobachtersystems schließt den Beitrag ab.

2. Der Gasverteilprozeß und die verfügbaren Meßinformationen

Als Basis für den hier diskutierten Beobachter wird das in /2/ für on-line Simulationszwecke entwickelte *Prozeßmodell* verwendet, das sowohl validiert als auch industriell bewährt ist. Durch die Einführung von Knoten wird das betrachtete Netz in Teilsysteme mit jeweils ähnlichen Eigenschaften zerlegt, nämlich in die verteilt-parametrisch (v.-p.) zu modellierenden Netzelemente Rohrleitungen und in die konzentriert-parametrisch (k.-p.) beschreibbaren Netzelemente Kompressor-, Regler- und Schieberstationen, s. Bild 1. Das dynamische Gesamtverhalten ist geprägt durch die im Minuten- bis Stundenbereich liegenden Transport-, Speicher- und Ausgleichsvorgänge in den Rohrleitungen. Die Gasströmung durch die i-te Rohrleitung (i=1,..,NR; NR=Anzahl der Rohrleitungen im Netz) wird unter gewissen Annahmen /2/ durch ein in den Zustandsgrößen Druck $p_i(z_i,t)$ und Fluß $q_i(z_i,t)$ nichtlineares partielles Dgl.-system vom hyperbolischen Typ beschrieben:

$$\frac{\partial}{\partial t}\begin{bmatrix} p_i(z_i,t) \\ \\ q_i(z_i,t) \end{bmatrix} = \begin{bmatrix} -a_{1i}(p_i)\cdot\frac{\partial q_i}{\partial z_i} \\ \\ -a_{2i}\cdot\frac{\partial p_i}{\partial z_i} - a_{3i}(p_i)\cdot\frac{q_i\cdot|q_i|}{p_i} \end{bmatrix}, \qquad i=1,..,NR. \tag{1}$$

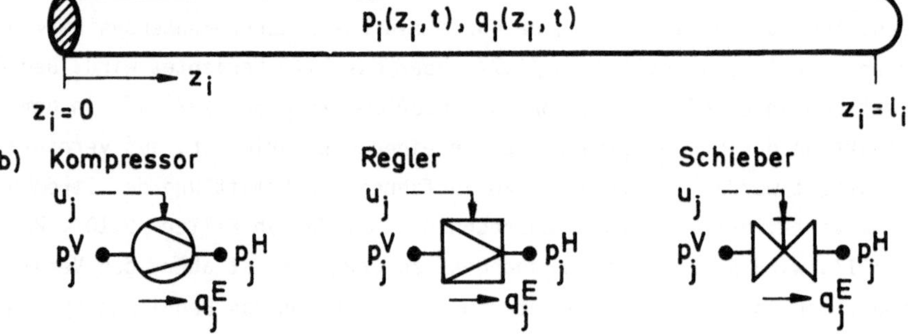

Bild 1. Elemente eines Gasverteilnetzes

a) i-tes verteilt-parametrisches Element (Rohrleitung),
b) j-tes konzentriert-parametrisches Element (Kompressor , Regler oder Schieber)

$z_i \in (0,l_i)$ ist die Orts- und $t \in (t_0,\infty)$ die Zeitkoordinate. Die (schwach) druckabhängigen Koeffizienten a_{1i}, a_{3i} und die Konstante a_{2i} sind durch die physikalischen Rohrleitungs- und Gaseigenschaften bestimmt. Die zugehörigen Randbedingungen für $z_i \in \{0,l_i\}$ ergeben sich aus den Kopplungsbedingungen zu den jeweils angrenzenden Teilsystemen und/oder durch eingeprägte Zeitfunktionen für den Fluß bzw. Druck. Die Anfangsbedingungen zur Zeit t_0 sind für die zu diskutierende Beobachtungsaufgabe als unbekannt zu betrachten.

Kompressor-, Regler- und Schieberstationen weisen im Vergleich zu den Rohrleitungen eine vernachlässigbare örtliche Ausdehnung und Eigendynamik auf; sie werden daher statisch und k.-p. modelliert. Mit den Bezeichnungen nach Bild 1b gelten für das j-te Element (j=1,..,NE; NE=Anzahl der k.-p. Elemente im Netz) i.a. Beziehungen der Form:

$$\begin{aligned} & h_j(p_j^V,\ p_j^H,\ q_j^E,\ u_j) = 0; \quad j=1,..,NE; \\ & p_{jmin}^V \le p_j^V \le p_{jmax}^V; \quad p_{jmin}^H \le p_j^H \le p_{jmax}^H; \quad q_{jmin}^E \le q_{jmin}^E \le q_{jmax}^E . \end{aligned} \tag{2}$$

Diese beschreiben die im eingeschwungenen Zustand gültige Relation zwischen dem Vordruck p_j^V, dem Hinterdruck p_j^H, dem Elementdurchfluß q_j^E, und ggf. einer Steuergröße u_j, wobei aber technisch bedingte Zustandsgrößenbeschränkungen zu beachten sind. Da Gl. (2) die (zustandsabhängigen) Randbedingungen für die angrenzenden v.-p. Teilsysteme bestimmt, läßt sich nach /2/ die allgemeine Beschreibung auf vier Randwertvorgabefälle reduzieren. Der jeweilige Vorgabewert für p_j^V oder p_j^H oder $p_j^V-p_j^H$ oder q_j^E ist entweder durch die Steuergröße u_j als Sollwert oder durch eine Zustandsbegrenzung als Grenzwert gegeben.

Das gesamte Prozeßmodell besteht also aus einer Reihe von verkoppelten Teilmodellen, die jeweils ein Netzelement beschreiben. Die Kopplungsbedingungen an den Netzknoten ergeben sich aus den verallgemeinerten Kirchhoffschen Sätzen (Massenkontinuität, Druckgleichheit).

Zur Abkürzung werden die Zustandsvektoren $\underline{x}_i(z_i,t) = [p_i(z_i,t),\ q_i(z_i,t)]^T$ und die Parametervektoren $\underline{a}_i = [a_{1i},a_{2i},a_{3i}]^T$ eingeführt und die rechte Seite von Gl. (1) mit $\underline{f}(\cdot)$ bezeichnet. Weiterhin werden der Netzzustandsvektor $\underline{x}_{Netz}$, der alle $\underline{x}_i$ umfaßt, und die Vorgabewertevektoren $\underline{v}_i$ definiert, welche ggf. die in die Randbedingungen des i-ten v.-p. Netzelementes eingehenden Vorgabewerte (z.B. Einspeiseflüsse, Abnahmeflüsse, Reglersollwerte) enthalten. Mit geeignet definierten Zuordnungsmatrizen bzw. -operatoren D_i, V_i, K_i lautet das Gesamtprozeßmodell dann in kompakter Form

$$\begin{aligned} & \frac{\partial}{\partial t}\,\underline{x}_i(z_i,t) = \underline{f}(\underline{a}_i,\underline{x}_i,\partial\underline{x}_i/\partial z_i); && z_i \in (0,l_i) \\ & D_i\underline{x}_i + V_i\,\underline{v}_i + K_i\,\underline{x}_{Netz} = \underline{0}; && z_i \in \{0,l_i\} \quad i=1,..,NR. \\ & \underline{x}_i(z_i t_0) = \underline{x}_i^0(z_i) = ? && z_i \in [0,l_i] \end{aligned} \tag{3}$$

Die an zentraler Stelle verfügbaren, zyklisch erfaßten Informationen über das aktuelle Prozeßgeschehen in einem Gasverteilnetz sind aus regelungstechnischer Sicht zunächst einzuteilen in (die in Klammern genannten Größen beziehen sich auf das in Bild 2 als Beispiel skizzierte Teilsystem eines Gasverteilnetzes):

Steuergrößen $(y^{I}(t) = u(t))$,

Störgrößen $(y^{II}(t) = q_2(t) = q(1,t))$,

Ausgangsgrößen $(\underline{y}^{III}(t) = [p_1(t), q_1(t), p_2(t)]^T = [p(0,t), q(0,t), p(1,t)]^T)$.

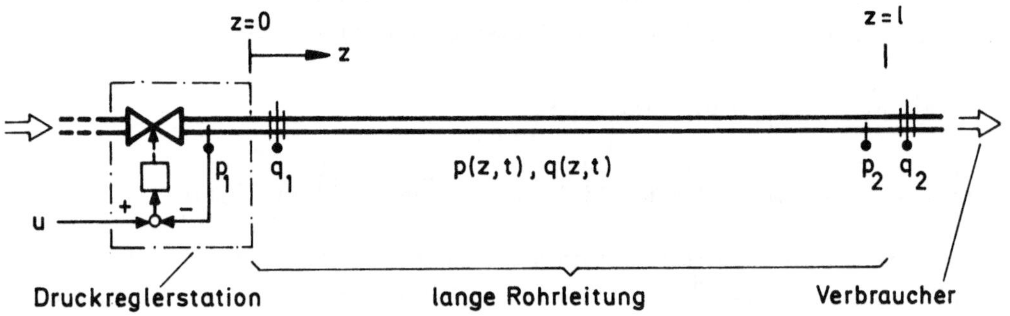

Bild 2. Verfügbare Prozeßinformationen (Beispiel).

Für die Simulation des realen Netzverhaltens und für die Behandlung von Netzsteuerungsaufgaben ist die Unterscheidung zwischen den in die Netzmodellierung als Randwerte der v.-p. Teilsysteme eingehenden Steuer- und Störgrößen und den nicht in das Prozeßmodell eingehenden Ausgangsgrößen notwendig. Für die Zustandsbeobachtung hingegen ist es vorteilhaft, alle Informationen über den Prozeßzustand zunächst gleich zu behandeln und im *Netz-Meßgrößenvektor* $\underline{y}(t)$ zusammenzufassen. Dies ermöglicht später eine gezielte Nutzung des Sachverhaltes, daß bei derartigen Versorgungsnetzen häufig *lokal redundante* Prozeßinformationen verfügbar sind (im Beispiel nach Bild 2 sind dies q_2 und p_2 sowie q_1 und p_1, wobei infolge der speziellen Modellierung hier auch noch $u=p_1$ gilt).

Weiterhin stehen noch Informationen über die Schaltzustände der Kompressorstationen (ein/aus) und der Schieber (auf/zu) zur Verfügung. Diese seien im *Netz-Schaltzustandsvektor* $\underline{y}_{Schalt}(t)$ enthalten.

Für die Zustandsbeobachtung muß nun aber berücksichtigt werden, daß - typisch für derartige flächenmäßig weit ausgedehnten Großprozesse - in der Regel nur relativ wenige Meßwerte verfügbar sind, die infolge von Wartungs- und Datenübertragungsproblemen von schlechterer Qualität sind als bei örtlich konzentrierten Kleinsystemen. Zum Teil dadurch bedingt sind auch Modellparameter häufig nur ungefähr identifizierbar.

Bei Gasverteilnetzen muß insbesondere mit dem Vorhandensein bzw. Auftreten von à priori unbekannten

- zeitlich konstanten Modellparameterfehlern,
- zeitlich konstanten und veränderlichen Meßwertfehlern
- sowie mit vorübergehenden Meßwertausfällen

gerechnet werden. Für die Zustandsbeobachtung stehen also nur fehlerbehaftete Größen

$$\begin{aligned} \underline{a}_i' &= \underline{a}_i + \Delta a_i; \quad i=1,..,NR \\ \underline{y}'(t) &= \underline{y}(t) + \Delta\underline{y}(t) \end{aligned} \tag{4}$$

zur Verfügung, wobei vereinfachend angenommen wird, daß diese Fehler additiv wirken, und daß die ursprünglichen Gl. und Größen den realen Prozeß exakt beschreiben. Meßwertausfälle (incl. grobe Meßwertfehler) werden von modernen Datenerfassungssystemen erkannt und gemeldet (Meßwertausfallvektor $\underline{y}_{Ausfall}(t)$).

3. Netzzustands-Beobachtersystem

Für den Einsatz eines Zustandsbeobachters ist vorauszusetzen, daß der Netzzustand rekonstruierbar oder zumindest bestimmbar ist. Untersuchungen /6/ zeigen, daß diese Forderung mit den typischerweise verfügbaren Meßgrößen in einer praktisch hinreichenden Art erfüllt werden kann, worauf hier aber nicht näher eingegangen werden soll.

Beobachter-Grundgleichungen

Zur Rekonstruktion des Netzzustandes wird das folgende, strukturell auf bekannten Ansätzen /12,13,14/ basierende Beobachtersystem eingesetzt

$$\begin{aligned} &\frac{\partial}{\partial t}\,\hat{\underline{x}}_i(z_i,t) = \underline{f}(\underline{a}_i',\hat{\underline{x}}_i,\partial\hat{\underline{x}}_i/\partial z_i) + G_i(z_i)\cdot(\underline{y}_{si}'-\hat{\underline{y}}_{si}); \\ &\hat{D}_i\,\hat{\underline{x}}_i + \hat{V}_i\,\underline{y}_{Ri}' + K_i\,\hat{\underline{x}}_{Netz} = \underline{0}\,; \qquad i=1,..,NR. \\ &\hat{\underline{x}}_i(z_i,t_0) = \hat{\underline{x}}_i^0(z_i); \end{aligned} \tag{5}$$

Das Beobachtersystem besteht also aus NR verkoppelten Teilbeobachtern mit den Zuständen $\hat{\underline{x}}_i(z_i,t)$, die in ihrer Gesamtheit mit $\hat{\underline{x}}_{Netz}$ bezeichnet werden. Die durch $\hat{D}_i$, $\hat{V}_i$, $\hat{K}_i$ festgelegten Randbedingungen der v.-p. Teilbeobachter werden - soweit sie sich nicht alleine aus der Netztopologie ergeben - erst im Rahmen des Beobachterentwurfes festgelegt. Der Beobachterabgleich ("Modellstützung") erfolgt über die Korrekturterme $G_i(z_i)\cdot(\underline{y}_{si}'-\hat{\underline{y}}_{si})$. Die Vektoren $\underline{y}_{si}'$ umfassen die im i-ten Teilbeobachter verwendeten m_i Stützmeßwerte, die i.a. nicht nur dem i-ten Teilsystem angehören. Mit $\hat{\underline{y}}_{si}$ werden die entsprechenden Größen des Beobachtersystems bezeichnet. Die Gewichtungsmatrizen

$$G_i(z_i) = \begin{bmatrix} g_{11}^i(z_i),..,g_{1k}^i(z_i),..,g_{1m_i}^i(z_i) \\ g_{21}^i(z_i),..,g_{2k}^i(z_i),..,g_{2m_i}^i(z_i) \end{bmatrix} ; \quad i=1,..,NR \tag{6}$$

sind ebenfalls im Rahmen des Beobachterentwurfes noch festzulegen. In den Vektoren $\underline{y}'_{Ri}$ sind die in die Randbedingungen eingehenden Prozeßinformationen, kurz Randmeßwerte genannt, zusammengefaßt. Die Anfangszustände $\hat{\underline{x}}_i^0(z_i)$ seien beliebig, aber physikalisch sinnvoll gewählt.

Anforderungen

Vor dem eigentlichen Entwurf sind zunächst die vom Beobachtersystem zu erfüllenden Anforderungen festzulegen. Statt der bekannten, in der Regel aber nur für den Nominalfall (exaktes Prozeßmodell, fehlerfreie Meßwerte) erfüllbaren Forderung, daß der rekonstruierte Zustand asymptotisch gegen den realen Zustand konvergieren soll,

$$\lim_{t\to\infty} \tilde{\underline{x}}_i(z_i t) = \lim_{t\to\infty}[\underline{x}_i(z_i,t)-\hat{\underline{x}}_i(z_i,t)] = \underline{0}\ , \quad i=1,..,NR, \tag{7}$$

wird hier nur die realistischere Forderung

$$|\tilde{x}_{i,\nu}(z_i,t)| < \varepsilon_{i,\nu}(z_i) \text{ für } t > t_e\ ; \quad \nu=1,2; \quad i=1,..,NR \tag{8}$$

gestellt. Für die Praxis erscheint dies als zweckmäßig, da einerseits die Fehlerschranken $\varepsilon_{i,\nu}(z_i)$ und die Einschwingzeit t_e zur (nachprüfbaren) Spezifikation des Beobachters verwendet werden können und da andererseits keine unerfüllbaren Erwartungen beim Anwender geweckt werden.

Weiterhin wird gefordert, daß der rekonstruierte Zustand konsistent ist in dem Sinne, daß er in $z_i \in (0,l_i)$ einen physikalisch sinnvollen Zustand darstellt. Hiermit soll insbesondere ausgeschlossen werden, daß unter dem Einfluß von Meßfehlern der rekonstruierte Fluß in seiner Richtung dem örtlichen Gradienten des geschätzten Druckes widerspricht, was das (notwendige) Vertrauen des Anwenders in das Beobachtersystem sofort beeinträchtigen würde.

Für das hier angestrebte Ziel selbstverständlich wird schließlich noch gefordert, daß das Beobachtersystem für (im Rahmen der Modellierungsannahmen) beliebige Gasverteilnetze mit wirtschaftlich vertretbarem Aufwand anwendbar, realisierbar und bedienbar ist.

Entwurf

Die endgültige Auslegung des Beobachtersystems (5) umfaßt noch zwei Teilaufgaben, nämlich die Wahl des im Beobachter zu verwendenden Prozeßmodells ("Beobachter-Prozeßmodell") und die Dimensionierung der Beobachter-Gewichtungen. Zum Entwurf wird eine an der Beobachterfunktion und am Prozeß orientierte Vorgehensweise gewählt, die in /6/ näher beschrieben und begründet wird. Einige Aspekte und Ergebnisse dieses anwendungsbezogenen Beobachterentwurfes werden nachfolgend skizziert.

- Die Modellierungsfrage stellt sich hier nicht mehr in voller Breite, da das oben beschriebene Simulations-Prozeßmodell aus /2/ bereits zur Verfügung steht. Im Rahmen des Beobachterentwurfes ist aber erstens noch zu prüfen, ob für die Zustandsbeobachtung eine Modellvereinfachung zweckmäßig ist, und zweitens müssen die noch offenen Randbedingungen der partiellen Beobachterdgln. geeignet festgelegt werden.

- Ein bekanntes, auf singulärer Perturbation beruhendes vereinfachtes Modell geht mit $\partial q_i/\partial z_i = 0$ aus Gl. (1) hervor. Im Hinblick auf die Wiedergabegenauigkeit der in Gasverteilnetzen auftretenden instationären Strömungsvorgänge kann dieses vereinfachte (für Simulationszwecke unzureichende /2/!) Modell als Beobachter-Prozeßmodell verwendet werden, *wenn* fehlerfreie Meßwerte verfügbar sind. Ist diese Bedingung, wie i.a. in der Praxis, nicht erfüllt, so erweist sich die Verwendung des vollen Modelles (1) als Beobachter-Prozeßmodell jedoch als vorteilhafter.
- Hingegen ist es zweckmäßig, die für Simulationszwecke notwendigerweise in das Prozeßmodell einzubeziehenden Zustandsbegrenzungen der k.-p. Netzelemente (2) im Beobachter-Prozeßmodell nicht explizit zu berücksichtigen.
- Die noch offenen Randbedingungen der partiellen Beobachterdgln. werden schließlich - soweit möglich - durch Flußmeßwerte vorgegeben. Diese Festlegung, die sowohl aus Beobachtbarkeitsgründen als auch im Hinblick auf die Auswirkungen potentieller Meßfehler günstig ist, wird unabhängig von den (für Simulationszwecke zu beachtenden) technischen Gegebenheiten des realen Systems getroffen. Für das in Bild 2 skizzierte Beispiel heißt dies, daß für die Beobachtung die verfügbaren Meßgrößen wie folgt in Randmeßwerte und Stützmeßwerte aufgeteilt werden (s. auch Bild 3a):

$$\underline{y}_R(t) = [q_1(t), q_2(t)]^T; \quad \underline{y}_S(t) = [p_1(t), p_2(t)]^T \,. \tag{9}$$

- Zur Dimensionierung der Beobachter-Gewichtungen werden von der Beobachterfunktion ausgehend zwei Phasen der Zustandsrekonstruktion unterschieden, nämlich die *Einschwingphase* zu Beginn der Beobachtung ($t_o \leq t \leq t_e$) und die sich anschließende, im Idealfall unbegrenzte *Folgephase* ($t > t_e$). Für jede Phase wird eine spezielle Gewichtung gewählt und durch Umschalten von der einen zur anderen Gewichtung zur Zeit t_e der Beobachter an die unterschiedlichen Anforderungen angepaßt. Der à priori unbekannte Umschaltzeitpunkt t_e kann aus Erfahrung oder durch Auswerten des Korrektursignals $\tilde{\underline{y}}_S' = (\underline{y}_S' - \hat{\underline{y}}_S)$ festgelegt werden.
- In der Einschwingphase muß der rekonstruierte Zustand von möglicherweise großen Anfangsfehlern $\tilde{\underline{x}}_i^o(z_i)$ ausgehend in die durch Gl. (8) vorgegebene Nähe des realen Zustandes einschwingen. Fehlereinflüsse spielen in der Regel eine untergeordnete Rolle, so daß die Dimensionierung für den Nominalfall durchgeführt werden kann. Das gewünschte Einschwingverhalten kann mit Gewichtungsfunktionen $g_{1k}^i(z_i) = a_k^i + b_k^i \cdot z_i$ und $g_{2k}^i = 0$ als Elemente der Gewichtungsmatrizen G_i, Gl. (6), erzielt werden. Als Beispiel sind für das im Bild 2 skizzierte Teilsystem die aus einem groben Schätzwert für den realen Druckzustand folgenden Gewichtungen im Bild 3b dargestellt.
- In der Folgephase muß der rekonstruierte Zustand dem realen Zustand möglichst gut nachgeführt werden, wobei insbesondere die Auswirkungen der o.g. Modell- und Meßwertfehler auf den geschätzten Zustand zu beachten sind. Für diese Phase erweisen sich punktförmige, jeweils nur am Meßort z_{ik} selbst wirkende Gewichtungsfunktionen

$g^i_{1k}(z_i) = c^i_k \cdot \delta(z_{ik})$ und $g^i_{2k}=0$ als Elemente von G_i, Gl. (6), als vorteilhaft, siehe Bild 3c.

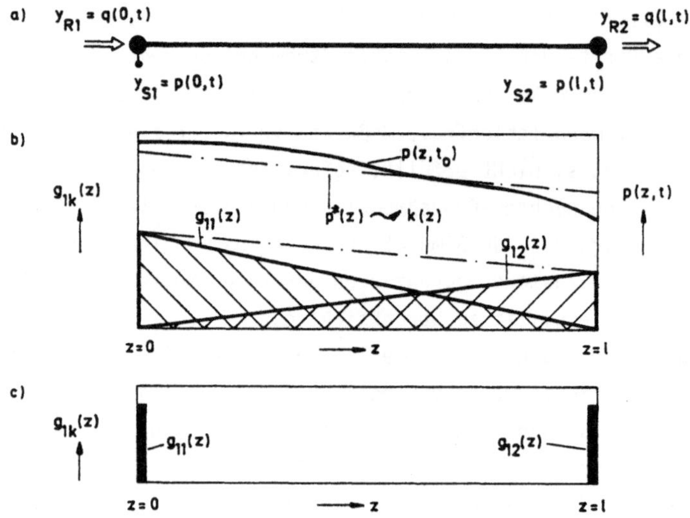

Bild 3. Erläuterung des Beobachterentwurfes am Beispiel des in Bild 2 skizzierten Netzteilsystems:
a) Randmeßwerte $\underline{y}_R$ und Stützmeßwerte $\underline{y}_S$,
b) Gewichtungen für die Einschwingphase,
c) Gewichtungen für die Folgephase.

- Die durch das Datenerfassungssystem gemeldeten transienten Meßwertausfälle oder groben Meßwertfehler bedürfen einer gesonderten Behandlung, da derartige Fehler offensichtlich die gewünschte laufende Zustandsverfolgung in Frage stellen oder zumindest erheblich beeinträchtigen, wenn mit einer festen Aufteilung der Meßgrößen in die Menge R der Randmeßwerte und die Menge S der Stützmeßwerte gearbeitet wird. In Gasverteilnetzen werden Drücke und Flüsse häufig an nahe nebeneinanderliegenden Meßorten erfaßt. Unter Verwendung - falls möglich - derartiger "lokal redundanter" Meßgrößen oder - falls notwendig - vorab definierter Ersatzwerte (Zeitfunktionen) werden im Beobachter die Mengen R und S neu aufgeteilt, wenn ein Meßwert ausfällt oder nach einem Ausfall wieder verfügbar wird. Durch diese mit einer Anpassung der Beobachter-Gewichtungen einhergehenden Umverteilung gelingt es, die Auswirkungen von solchen Fehlern auf den rekonstruierten Zustand klein zu halten.

Realisierung

Das resultierende Gasnetzzustands-Beobachtersystem, dessen Struktur in Bild 4 skizziert ist, wurde in Form eines Digitalrechnerprogramms realisiert. Dieses unter dem Namen GANBEO bekannte Programm /7/, das auf dem Simulationsprogramm GANESI /2/ basiert, ist für im Rahmen der Modellierungsannahmen beliebige Gasverteilnetze anwendbar und zeichnet sich durch eine einfache Bedienbarkeit sowie durch eine große Zuverlässigkeit infolge umfangreicher Fehlerabsicherungs- und 'Recovery'-Maßnahmen aus. Von den topologisch orientierten Eingabedaten ausgehend werden programmintern die Beobachterdgln. aufgestellt und mit dem aus /2/ bekannten, nur leicht modifizierten Verfahren numerisch gelöst.

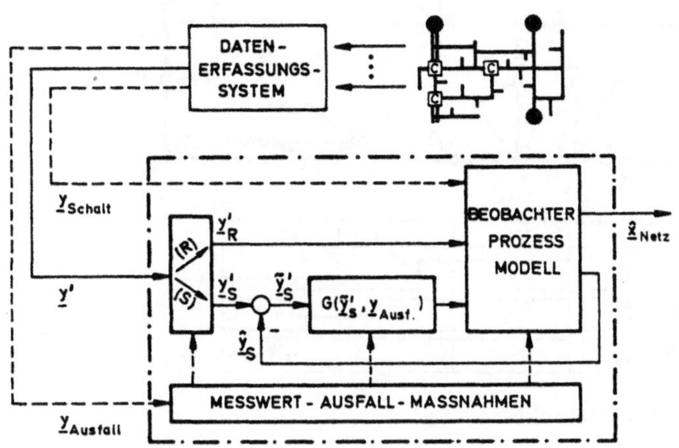

Bild 4. Struktur des Gasnetzzustands-Beobachtersystems (schematisch).

4. Praktische Erfahrungen

Das beschriebene Gasnetzzustands-Beobachtersystem wurde u.a. mit *Betriebsmeßdaten* aus einem Teilnetz des Gastransportsystems der *N.V. NEDERLANDSE GASUNIE* erprobt *). Das Teilnetz, s. Bild 5, umfaßt ca. 50 Rohrleitungen mit einer Gesamtleitungslänge von 375 km. Die Meßdaten beschreiben alltägliche instationäre Strömungsvorgänge, die durch zeitvariable Abnahmen und durch Steuerung der drei Schieber, s. Bild 5, angeregt werden.

Für die Zustandsbeobachtung werden 2 Drücke (Knoten A149, A095) sowie 20 gemessene und 4 geschätzte Abnahmeflüsse als Randmeßwerte $\underline{y}_R'(t)$ verwendet. Als Stützmeßwerte $\underline{y}_S'(t)$ werden 5 Drücke benutzt (Knoten A151,A107,A105,A161,M106). Die in Bild 5 eingezeichneten übrigen Druckmeßwerte (z.B. am Knoten A111) werden nur zur Beurteilung der Ergebnisse herangezogen.

Bild 6 zeigt beispielhaft für den Knoten A111 (s.Bild 5) die Ergebnisse der Zustandsrekonstruktion. Im Bild 6a ist das von einem bewußt falsch gewählten Anfangszustand (Druck 99bar und Fluß 0 im Gesamtnetz) ausgehende Einschwingverhalten und im Bild 6b das Folgeverhalten des Beobachters dargestellt. Die Zeitverläufe zeigen, daß der

*) Die Berechnungen wurden in Zusammenarbeit mit der Firma ESG-Elektronik System Gesellschaft mbH, München, durchgeführt.

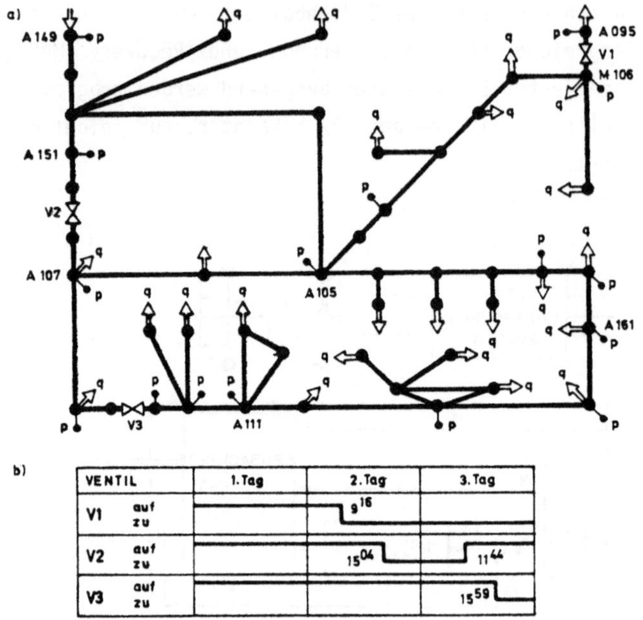

Bild 5. Erprobung des Beobachtersystems:

a) Netzschema mit den Druck- (p) und Flußmessungen (q),
b) Ventilstellungen während des Meßversuches.

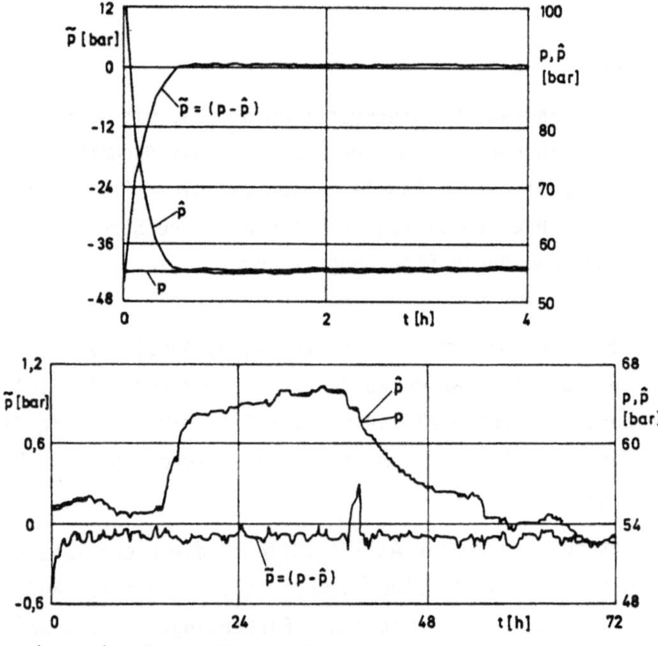

Bild 6. Erprobung des Beobachtersystems:

a) Einschwingverhalten des Druckes am Knoten A111,
b) Folgeverhalten des Druckes am Knoten A111.

Beobachter gut einschwingt und dem realen Zustand mit hoher Genauigkeit folgt.

Über weitere praktische Erfahrungen, insbesondere über den Einsatz des Beobachtersystems bei einem Gasversorgungsunternehmen im Rahmen eines on-line Netzführungssystems /15/, wird im mündlichen Vortrag berichtet werden.

5. Ausblick

Untersuchungen und praktische Erfahrungen zeigen, daß das vorgestellte Groß-Beobachtersystem bei einer geeigneten Dimensionierung auch zur indirekten Überwachung der Rohrnetzanlage sowie der Steuer- und Meßeinrichtungen incl. der Fernwirkanlage vorteilhaft eingesetzt werden kann. Diese aus sicherheitstechnischen und wirtschaftlichen Gründen (z.B. Erkennung von Rohrleitungsbrüchen; gezielte Anlagenwartung) bedeutsamen Anwendungen setzen eine hinreichende Anzahl von Meßgrößen voraus und beruhen auf einer adäquaten Auswertung der Abweichungen zwischen den gemessenen und rekonstruierten Drücken und Flüssen.

6. Literatur

/1/ *Lappus, G.; Schmidt, G.:* Prozeßführungshilfen für Gasverteilnetze. gwf-gas/erdgas, 124(1983), S. 131-137.

/2/ *Weimann, A.:* Modellierung und Simulation der Dynamik von Gasverteilnetzen im Hinblick auf Gasnetzführung und Gasnetzüberwachung. Dissertation, Technische Universität München, 1978.

/3/ *Winkler, P.: GAPP* - Ein Programmbeispiel zur kurzfristigen Gasverbrauchsprognose. Bericht PDV-E 137, Kernforschungszentrum Karlsruhe, 1980.

/4/ *Ady, E.; Rauch, E.:* Ein adaptives Prognoseverfahren zur Vorhersage des Gasverbrauches. gwf-gas/erdgas 120(1979), S. 458-462.

/5/ *Gilles, E.D.:* Modellbildung, ein Hilfsmittel der Meßtechnik. Technisches Messen 46(1979), S. 225-232 und 271-274.

/6/ *Lappus, G.:* Beiträge zur Zustandsbeobachtung großer nichtlinearer Systeme mit verteilten Parametern am Beispiel von Gasverteilnetzen. Dissertation, Technische Universität München (in Vorbereitung).

/7/ *Lappus, G.:* Programmsystem GANBEO. Dokumentationsbericht I bis III, Berichte PDV-E 153, E 154, E 155. Kernforschungszentrum Karlsruhe, 1982.

/8/ *Fischer-Uhrig, F.; Weimann, A.:* On-line Anwendung von Prozeßmodellen bei der Führung von Gasverteilnetzen. In: Syrbe, M. (Hrsg.):Automatisierungstechnik im Wandel durch Mikroprozessoren, INTERKAMA Kongreß 1977, Springer-Verlag, Berlin, 1977, S. 206-220.

/9/ *Hastings-James, R.:* A Recursive Filter for Gas Pipeline Networks. IEEE-Trans. on Industrial Electronics and Control Instrumentation, 32(1976), S. 455-461.

/10/ *Girbig, P.:* Einsatz eines Kalman-Filters zur Schätzung des Strömungszustandes in einfachen Gasrohrnetzen. Unveröffentlichte Diplomarbeit, Technische Universität München, 1981.

/11/ *Lappus, G.; Schmidt, G.:* Supervision and Control of Gas Transportation and Distribution Systems. In: Isermann, R. (Hrsg.): Preprints of the 6th IFAC/IFIP Conf. on Dig. Comp. Appl. to Proc. Contr. 1980, Düsseldorf 14/17 Oct., Pergamon Press, Oxford, 1980, S. 251-258.

/12/ *Köhne, M.:* Zustandsbeobachter für Systeme mit verteilten Parametern. Fortschr.-Ber. Nr. 8/26, VDI-Verlag, Düsseldorf, 1977.

/13/ *Liu, Y.A.; Lapidus, L.:* Observer Theory for Distributed Parameter Systems. Int. J. Systems Science, 7(1976), S. 731-742.

/14/ *Zeitz, M.:* Nichtlineare Beobachter. Regelungstechnik 27(1979), S. 241-249.

/15/ *Kersting, M. u.a.:* On-line Ganesi zur Unterstützung der Gasnetzführung und Überwachung. Wird veröffentlicht in gwf-gas/erdgas.

METHODEN ZUR ERKENNUNG VON KRITISCHEN ZUSTÄNDEN IN CHEMISCHEN REAKTOREN

METHODS FOR THE DETECTION OF CRITICAL STATES IN CHEMICAL REACTORS

H. Schuler *

BASF AG, Abt. Technische Informatik

D-6700 Ludwigshafen, B.R. Deutschland

Summary

This contribution deals with methods for the detection of critical states in chemical reactors. These methods are similar to those of pattern recognition. In their structure is applied a-priori-information on process behaviour. When using these algorithms the critical states will be detected in early stages. Then one can adopt adequate countermeasures to save the plant.

Bei der Durchführung von stark exothermen chemischen Umsetzungen führt die nichtlineare Abhängigkeit der Reaktionsgeschwindigkeit von den Zustandsgrößen zu einer hohen parametrischen Empfindlichkeit des Reaktionsablaufs. Unter bestimmten Bedingungen können bereits kleinste Schwankungen von Betriebsparametern eine Beschleunigung der Synthesereaktion oder ein Anspringen von parasitären Neben- und Folgereaktionen auslösen. Als Folge der dabei auftretenden Temperaturerhöhungen kann es zu einem beträchtlichen Druckanstieg im Reaktionsbehälter kommen, der zusätzliche Sicherungsmaßnahmen erforderlich macht. Zur Führung solcher Prozesse empfiehlt sich deshalb ein Überwachungssystem, das in der Lage ist, bereits die Tendenz zu derartigen Zuständen in einem möglichst frühen Stadium zu erkennen /1/.

---

* Dieser Beitrag geht auf Arbeiten zurück, die am Institut für Systemdynamik und Regelungstechnik der Universität Stuttgart (Leiter: Prof. Gilles) durchgeführt wurden /1/.

Der vorliegende Beitrag behandelt Methoden zur Erkennung kritischer Zustände in chemischen Reaktoren. Nach einer Darstellung von Beispielen für unzulässige Reaktionsverläufe wird gezeigt, daß sich die Problematik mit den Methoden der Mustererkennung behandeln läßt. Die Bereitstellung von Verfahren zur Merkmalsextraktion und Klassifikation dient im Rahmen der Mustererkennung zum Aufbau von Überwachungssystemen, deren Arbeitsweise an zwei Beispielen demonstriert wird.

1. Beispiele kritischer Zustände in chemischen Reaktoren

Das Auftreten von grundlegenden Typen kritischer Reaktionszustände läßt sich bereits bei diskontinuierlich betriebenen Rührkesselreaktoren beobachten. In Bild 1a sind die Temperaturverläufe eines Polymerisationsreaktors als Beispiel für das Durchgehen einer Synthesereaktion im Satzbetrieb dargestellt /2/.

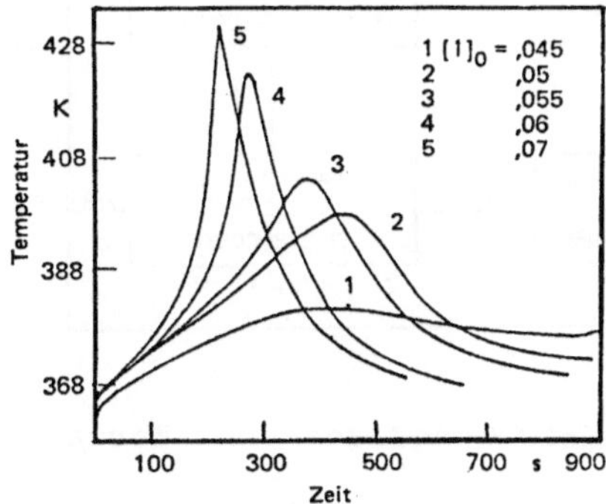

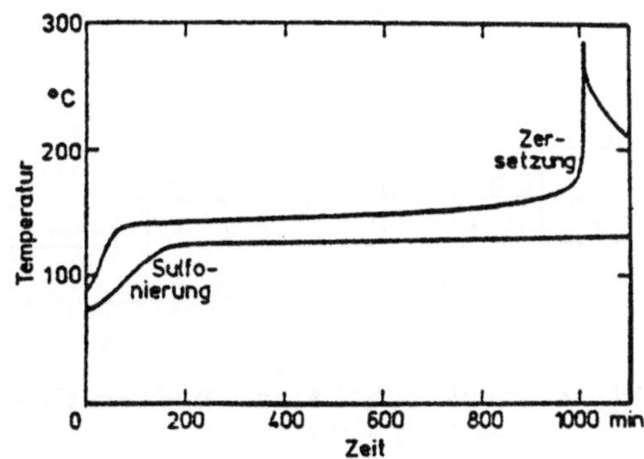

Bild 1: Beispiele für unerwünschte kritische Reaktionszustände

Einige wichtige Umsetzungen müssen in Temperaturbereichen durchgeführt werden, in denen sich das Reaktionsprodukt unter heftiger Wärmeentwicklung zu zersetzen beginnt. Bild 1b zeigt Temperaturverläufe eines Batch-Prozesses für zwei verschiedene Einfülltemperaturen /3/. Ausgehend von der höheren Anfangstemperatur werden Temperaturbereiche erreicht, bei denen die parasitäre Reaktion anspringt und die Zersetzung des gebildeten Produkts beginnt. Die Selbstbeschleunigung dieser parasitären Reaktion stellt in Störfällen die eigentliche Gefährdung bei der Durchführung solcher Umsetzungen dar.

2. Die Überwachungsaufgabe als ein Problem der Mustererkennung

Zur sicheren Führung von empfindlichen Prozessen empfiehlt sich ein Überwachungssystem, welches in der Lage ist, bereits die Tendenz zu kritischen Zuständen in einem möglichst frühen Stadium zu erkennen.

Die Entscheidung über das Vorliegen von "kritischen" oder "unkritischen" Zuständen wird nach folgender Regel gefällt:

$$\alpha = A\{\underline{y}\} = \begin{cases} 1 & \text{bei kritischen Prozesszuständen} \\ 0 & \text{bei unkritischen Prozesszuständen} \end{cases} \tag{1}$$

Nimmt die mit dem Funktional A erzeugte Alarmvariable α aufgrund eines speziellen Verlaufs der Messungen $\underline{y}$ den Wert 1 an, dann wird das Vorliegen eines kritischen Zustands in der Meßwarte angezeigt.

Das Problem der Erkennung unzulässiger Zustände in chemischen Reaktoren läßt sich nach Bild 2 in einer Form darstellen, die eine Anwendung von Methoden der Mustererkennung erlaubt.

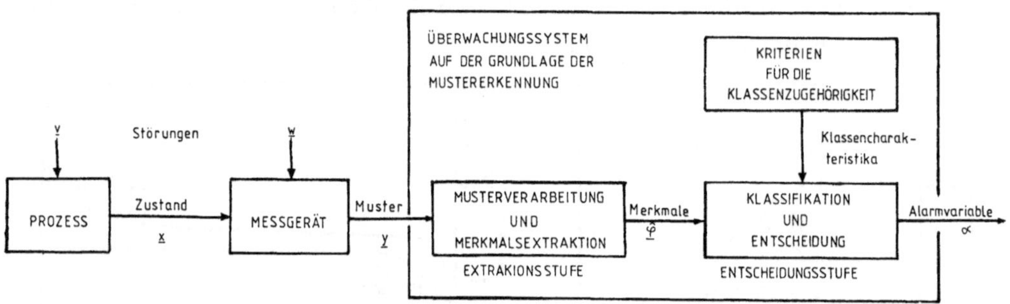

Bild 2: Strukturbild der Mustererkennung als Grundlage von Überwachungssystemen

Bei der Mustererkennung werden die Meßsignale $\underline{y}$ als Muster angesehen, in denen sich ein Teil des inneren Zustands $\underline{x}$ der Anlage abbildet. Als Meßsignale stehen bei Reaktoren nur die Temperaturen zur Verfügung. Eine Verarbeitung dieser Muster in der Extraktionsstufe führt zu Schätzwerten $\hat{\underline{\varphi}}$ wichtiger Merkmale, die eine Charakterisierung des Prozeßverhaltens erlauben. Der Definitionsbereich dieser Merkmale wird nach vorgegebenen Kriterien in paarweise disjunkte Klassen aufgeteilt: Die Klasse Ω_0 enthält die unkritischen Zustände, während die Klasse Ω_1 die unerwünschten, kritischen Zustände umfaßt. Die Aufgabe der Entscheidungsstufe besteht darin, den Schätzwert des Merkmalvektors einer dieser Klassen zuzuordnen.

3. Modelle für den Reaktionsablauf

Einen Einblick in die chemisch-physikalischen Vorgänge in Reaktoren erlauben Modelle, die auf Bilanzgleichungen der Energie und der im Prozeß vorhandenen Stoffe beruhen. Bei einer Reaktion $A \xrightarrow{r_1} B$ lauten diese Bilanzen in dimensionsloser Form /1/:

$$\frac{dx_1}{d\tau} = a_1 r_1(x_1, x_2) - bx_1 + v_1 \quad ; \quad \frac{dx_2}{d\tau} = r_1(x_1, x_2) + v_2 \tag{2}$$

Hierin ist x_1 die Temperatur und x_2 der Umsatz der chemischen Reaktion. Neben den Reaktions- und Kühltermen enthalten diese Gleichungen zusätzliche Terme v_1 und v_2, mit denen Modellierungsfehler und Störungen in den Bilanzen berücksichtigt werden. Mit Modellen dieser Struktur können Reaktionsverläufe berechnet werden, die den Verläufen in Bild 1a ähnlich sind.

Bei komplizierteren Reaktionen müssen weitere Reaktionsterme und gegebenenfalls zusätzliche Umsatzgleichungen ergänzt werden. Für einen Mechanismus mit exothermer Folgereaktion $A \xrightarrow{r_1} B \xrightarrow{r_2} C$ ergibt sich folgendes Modell (die Störterme v_i sind hierin weggelassen worden):

$$\frac{dx_1}{d\tau} = a_1 r_1 + a_2 r_2 - bx_1 \; ; \; \frac{dx_2}{d\tau} = r_1 \; ; \; \frac{dx_3}{d\tau} = r_2 \tag{3}$$

Mit Gleichungen dieser Struktur ist man in der Lage, die in Bild 1b dargestellten Verläufe zu beschreiben.
In der Meßgleichung

$$y = h(x_1) + w \tag{4}$$

ist die Meßtemperatur y über die Kennlinie $h(x_1)$ durch die Reaktortemperatur x_1 festgelegt. Zusätzlich sind Meßfehler w berücksichtigt. Die anderen Elemente des Zustandsvektors $\underline{x}$ sind nicht als Meßgrößen verfügbar.

4. Definition kritischer Reaktionszustände

Zur Definition kritischer Zustände lassen sich unterschiedliche Aspekte des Verhaltens von chemischen Prozessen heranziehen.

Ein häufig verwendetes Kriterium bezeichnet einen Reaktionsverlauf als kritisch, wenn die Reaktortemperatur x_1 im Laufe der Zeit τ beschleunigt anwächst:

$$\varphi_1 = \frac{dx_1}{d\tau} > 0 \quad \text{und} \quad \varphi_2 = \frac{d^2 x_1}{d\tau^2} > 0 \tag{5}$$

Als Merkmale zur Charakterisierung des Reaktionsverlaufs dienen bei diesem Kriterium die erste und zweite Ableitung der Temperatur.

In einer anderen Definition unzulässiger Zustände wird das Verhalten des Prozesses mit Mustern bestimmter Betriebszustände verglichen.

Ein Reaktionsverlauf wird als kritisch bezeichnet, wenn die Meßsignale des Prozesses mit Mustern eines Störfalls besser übereinstimmen als mit Verläufen, wie sie im Normalbetrieb beobachtet werden. Zur Beurteilung der Übereinstimmung eignen sich die Innovationen

$$\begin{aligned} \underline{\gamma}_I &= \underline{y} - \hat{\underline{y}}_I \quad \text{mit} \quad \hat{\underline{y}}_I = \underline{h}_I(\hat{\underline{x}}_I) \\ \underline{\gamma}_{II} &= \underline{y} - \hat{\underline{y}}_{II} \quad \text{mit} \quad \hat{\underline{y}}_{II} = \underline{h}_{II}(\hat{\underline{x}}_{II}) \end{aligned} \tag{6}$$

Mit $\hat{\underline{y}}_I$ wird hierin der Schätzwert der Messung bezeichnet, der aus dem Modell des Normalbetriebs gewonnen wurde. Demgegenüber ist $\hat{\underline{y}}_{II}$ mit dem Modell des zu erkennenden Störfalls zu berechnen.

5.Berechnung von Mustermerkmalen

Bei der Überprüfung des momentanen Zustands müssen die Merkmale des Prozeßverhaltens als Zahlenwerte vorliegen. Man erhält sie bei Verwendung des Modells (2) als Funktionen der Zustandsgrößen:

$$\begin{aligned} \varphi_1 &= a_1 r_1 - b x_1 && = g_1(x_1, x_2) \\ \varphi_2 &= a_1 r_1 \frac{\partial r_1}{\partial x_2} + (a_1 r_1 - b x_1)(a \frac{\partial r_1}{\partial x_1} - b) && = g_2(x_1, x_2) \end{aligned} \tag{7}$$

Bei der Berechnung dieser Merkmale wird ebenso wie bei der Auswertung von (6) die Kenntnis von nicht gemessenen Zustandsgrößen benötigt.

Die Systemtheorie stellt mit den modellgestützten Meßverfahren (Kalman-Filter, Luenberger-Beobachter) ein geeignetes Instrument zur Verfügung, um aus den Meßgrößen und einem geeigneten Modell optimale Schätzwerte der nicht gemessenen Zustandsgrößen zu berechnen /4,5/. Die Filterwerte als das Ergebnis dieser Rechnungen enthalten die vollständige Information über den Gesamtzustand des Prozesses.

$$\begin{aligned} &Pr\{\underline{x} \in (\underline{x}', \underline{x}' + d\underline{x}')\} = p(\underline{x}')\, d\underline{x}' \\ &p(\underline{x}) = [(2\pi)^n \det \underline{\underline{P}}]^{-1/2} \exp\{-\tfrac{1}{2}(\underline{x} - \hat{\underline{x}})^T \underline{\underline{P}}^{-1} (\underline{x} - \hat{\underline{x}})\} \\ &\hat{\underline{x}} = E\{\underline{x}\} \; ; \; \underline{\underline{P}} = E\{(\underline{x} - \hat{\underline{x}})(\underline{x} - \hat{\underline{x}})^T\} \end{aligned} \tag{8}$$

Eine Zustandsschätzung auf der Grundlage des Modells (2) liefert somit neben dem geglätteten Wert $\hat{x}_1$ der Temperatur einen Schätzwert $\hat{x}_2$ des momentanen Umsatzes der chemischen Reaktion. Setzt man diese Schätzwerte in die Merkmalfunktionen (7) ein, so ergeben sich Rechenwerte der Merkmale, welche sich auf das physikalische Modell (2) stützen.

Im Kriterium (6) werden die Innovationen zweier Modelle verglichen. Stellt das Anspringen einer exothermen Folgereaktion den zu erkennenden Störfall dar, dann lassen sich die Muster dieses Störfalls mit dem Modell (3) berechnen. Ein Filter auf der Grundlage dieses Modells liefert die Innovationsfolge $\underline{\gamma}_{II}$. Demgegenüber zeichnet sich der Normalbetrieb dadurch aus, daß die Folgereaktion r_2 nicht angesprungen ist. Die Innovationsfolge $\underline{\gamma}_I$ des Normalbetriebs ergibt sich aus einem Filter auf der Grundlage des Modells (2), welches die Folgereaktion gerade nicht enthält. Der Vergleich von statistischen Eigenschaften dieser beiden Innovationsfolgen ermöglicht dann eine Entscheidung, ob die unerwünschte Folgereaktion angesprungen ist.

6. Klassifikation des Prozeßverhaltens

In der Entscheidungsstufe der Mustererkennung wird die Zuordnung der berechneten Mustermerkmale zu den Musterklassen des Prozeßverhaltens vorgenommen. Das Gebiet Ω_1 der kritischen Zustände wird vom Kriterium (5) im Merkmalraum festgelegt. Seine Grenze erhält man durch Nullsetzen der Merkmalfunktionen. In der Phasenebene des Modells (2) umfaßt Ω_1 das Gebiet in Bild 3, welches durch hohe Temperaturen x_1 und niedrige Umsätze x_2 gekennzeichnet ist.

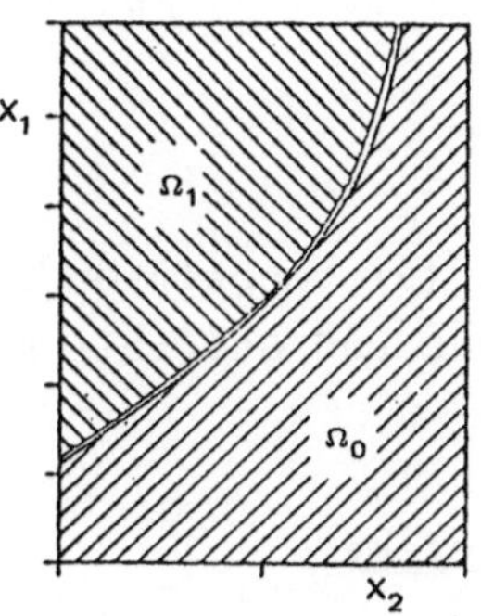

Bild 3: Unterteilung der Zustandsebene in die Klasse Ω_0 der unkritischen und die Klasse Ω_1 der kritischen Zustände.

Bei der Klassifikation des Prozeßverhaltens muß entschieden werden, in welchem Gebiet sich der Prozeß momentan befindet. Diese Entscheidung ist besonders einfach, wenn die Zustände deterministische Größen sind. In diesem Spezialfall erhält man die sehr einfache Entscheidungsregel

$$\alpha = \begin{cases} 1 & \text{falls } \underline{x} \in \Omega_1 \\ 0 & \text{falls } \underline{x} \in \Omega_0 \end{cases} \tag{9}$$

welche das Prozeßverhalten, auf der Grundlage der geometrischen Zugehörigkeit des momentanen Zustandspunkts zu Ω_0 oder Ω_1, klassifiziert.

Besitzt jedoch der Zustandsvektor durch die Einwirkung von Modell- und Meßfehlern stochastischen Charakter, so muß eine Entscheidung getroffen werden, in der unter Berücksichtigung der unsicheren Kenntnis der Merkmale das Entscheidungsrisiko minimiert wird. Das Risiko R definiert man als den Erwartungswert der Folgekosten einer Entscheidung:

$$R(\alpha|\underline{y}) = \beta(\alpha|\Omega_0)\,Pr\{\Omega_0|\underline{y}\} + \beta(\alpha|\Omega_1)\,Pr\{\Omega_1|\underline{y}\} \quad (10)$$

Hierin bezeichnet $\beta(\alpha=1|\Omega_0)$ die Kosten einer überflüssigen Notabschaltung, während sich die Kosten eines nicht erkannten Störfalls auf $\beta(\alpha=0|\Omega_1)$ belaufen. Es wird diejenige Entscheidung getroffen, die durch das geringste Risiko bestimmt ist. Man erhält die folgende Entscheidungsregel:

$$\alpha = h\{R(0|\underline{y}) - R(1|\underline{y})\} = \begin{cases} 1 & \text{bei kritischen Zuständen} \\ 0 & \text{bei unkritischen Zuständen} \end{cases} \quad (11)$$

Die bei der Berechnung der Risiken benötigte Wahrscheinlichkeit $Pr\{\Omega_0|\underline{y}\}$ ergibt sich im Falle des Kriteriums (5) durch eine Integration der Wahrscheinlichkeitsdichte (8) über das Gebiet Ω_0:

$$Pr\{\underline{x} \in \Omega_0|\underline{y}\} = \iint_{\Omega_0} p(\underline{x}')\,d\underline{x}' \quad (12)$$

Zur Berechnung der für das Kriterium (6) benötigten a-posteriori-Wahrscheinlichkeiten von Normalbetrieb und Störfall sei auf /1/ verwiesen.

7. Beispiele spezieller Erkennungssysteme

Die Methoden der Merkmalsextraktion und Klassifikation ermöglichen den strukturellen Aufbau von Überwachungssystemen zur Erkennung kritischer Zustände in chemischen Reaktoren. Diese Erkennungssysteme können als Realisierungen des Alarmfunktionals (1) angesehen werden.

a) Erkennungssystem auf deterministischer Grundlage

Bei der Realisierung des Kriteriums (5) werden nach Bild 4 die Schätzwerte $\hat{\underline{x}}$ mit der geometrischen Entscheidungsregel (9) klassifiziert. Der mit einem Filter berechnete Zustandsvektor $\hat{\underline{x}}$ enthält auch unzugängliche Prozeßzustände wie z.B. den Umsatz der chemischen Reaktion.

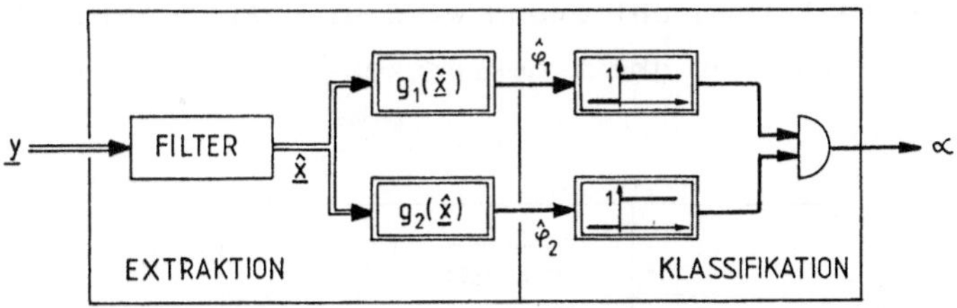

Bild 4: Erkennungssystem auf deterministischer Grundlage

b) Erkennungssystem auf stochastischer Grundlage

Diese Realisierung geht von der stochastischen Formulierung der Mustererkennungsaufgabe aus. Der Zustandsschätzer liefert gemäß dem in Bild 5 dargestellten Signalflußbild die Wahrscheinlichkeitsverteilung $p(\underline{x})$ des Zustandvektors. Eine Integration dieser Größe über das Gebiet Ω_0 ergibt eine Aussage über die Zugehörigkeit des Prozeßzustands zur Klasse der unkritischen Zustände. Anschließend wird eine Entscheidung nach dem Kriterium minimalen Risikos gefällt.

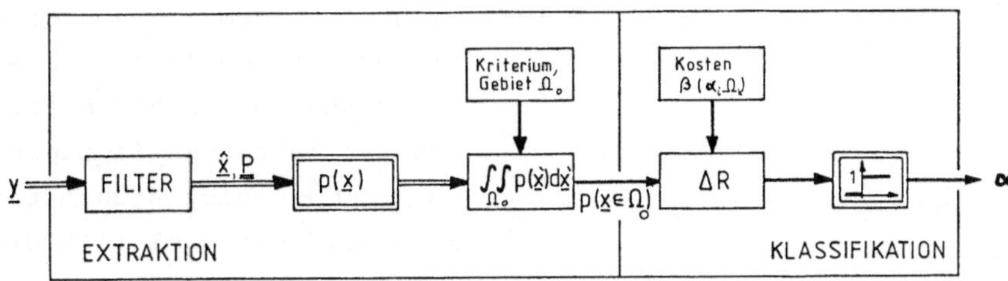

Bild 5: Erkennungssystem auf stochastischer Grundlage

c) Erkennung des Anspringens einer exothermen Folgereaktion

Das Anspringen einer exothermen Folgereaktion läßt sich nach Bild 6 aus den Innovationen von zwei parallel betriebenen Filtern erkennen. In Filter I ist das Modell (2) enthalten, welches den Einfluß der Folgereaktion nicht umfaßt. Dieses Filter liefert solange gute Schätzwerte der Temperatur, wie sich der Prozeß im normalen Betriebszustand befindet. Das Filter II auf der Grundlage des Modells (3) enthält darüberhinaus den Einfluß der Folgereaktion. Trotz möglicher Modellierungsfehler im Ansatz r_2 der Folgereaktion lassen sich mit diesem Filter bessere Schätzwerte der Temperatur berechnen, sobald die Folgereaktion angesprungen ist. Ein Vergleich der mit den Innovationen gegebenen Schätzgenauigkeiten ermöglicht eine Wahrscheinlichkeitsaussage über den Eintritt des Störfalls. Anschließend wird eine Entscheidung minimalen Risikos über die Zugehörigkeit des Prozesses zu den Musterklassen getroffen.

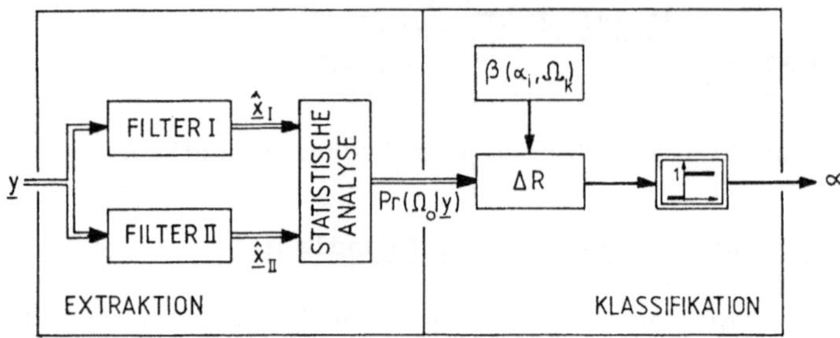

Bild 6: Überwachungssystem mit zwei parallelen Filtern zur Erkennung des Anspringens einer exothermen Folgereaktion.

8. Beispiele zur Erkennung kritischer Reaktionszustände

Als Testfall wird den Systemen nach Bild 4 und 5 der in Bild 7 dargestellte Temperaturverlauf vorgegeben, bei dem die zweite Ableitung mehrmals ihr Vorzeichen wechselt. Bild 7 zeigt außerdem die von einem Filter mit Modell (2) berechneten Zustandsschätzungen. Aus der Wahrscheinlichkeit $Pr\{\underline{x} \in \Omega_0\}$ ergibt sich mit der Entscheidungsregel (11) die Alarmvariable α. Benützt man dagegen die geometrische Entscheidungsregel (7), so erhält man den gestrichelten Verlauf. Die verzögerte Alarmauslösung des Erkennungssystems nach Bild 5 ist Folge des Mißtrauens, das den ungenauen Modellgleichungen und den verrauschten Meßwerten entgegengebracht wird.

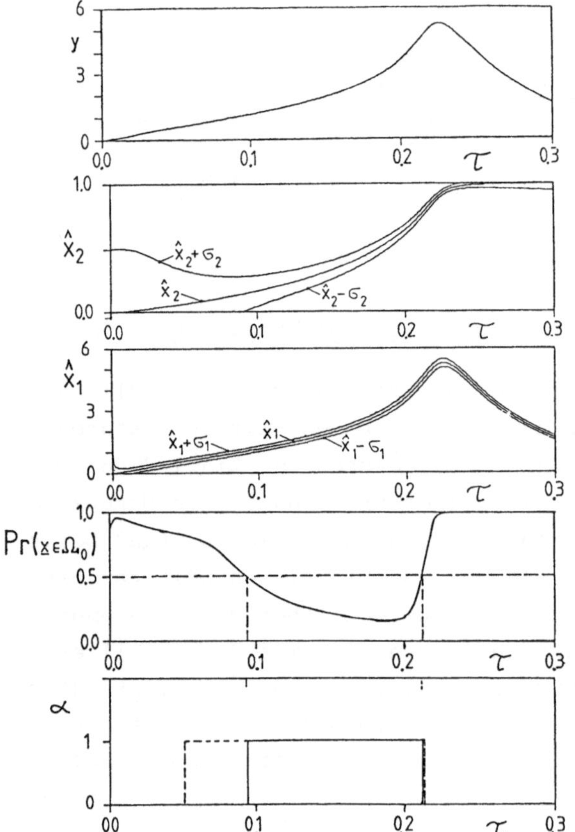

Bild 7: Erkennung eines kritischen Reaktionsverlaufs mit dem Kriterium (5)

Als Testfall für die Erkennung des Anspringens einer exothermen Folgereaktion dienen die in Bild 8 dargestellten Temperaturverläufe y. Diese Verläufe werden einem Erkennungssystem nach Bild 6 als Musterverläufe vorgegeben. Die Ergebnisse der Rechnungen sind im unteren Teil von Bild 8 dargestellt.

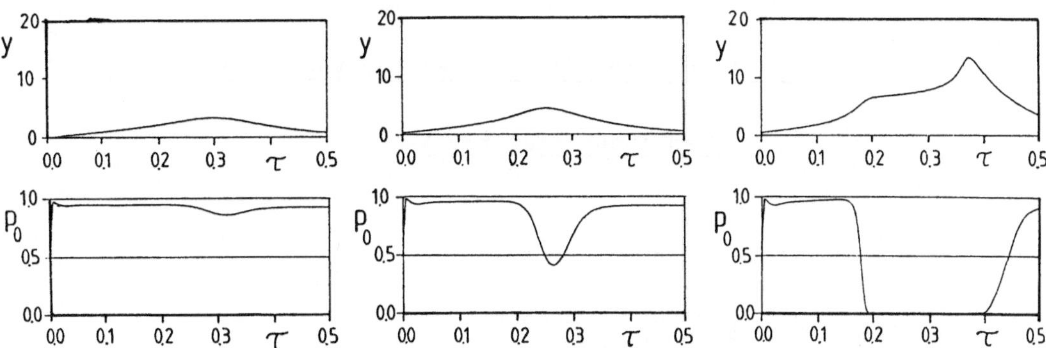

Bild 8: Erkennen des Anspringens einer exothermen Folgereaktion

Beim Reaktionsverlauf mit der höchsten Anfangstemperatur wechselt die Zustandswahrscheinlichkeit p_0 in kurzer Zeit nach Null. Nach diesem Übergang darf angenommen werden, daß die Folgereaktion angesprungen ist.

Die Überwachungssysteme erkennen das Anspringen der Reaktion in einem frühen Stadium. Es vergeht dann einige Zeit, bis aufgrund der Wärmefreisetzung ein Temperaturmaximum durchlaufen wird. Diese Zeitspanne genügt meist, um zusätzliche Maßnahmen zur Sicherung der Anlage ergreifen zu können.

9. Zusammenfassung

Dieser Beitrag behandelt Methoden, mit denen unzulässige Zustände in chemischen Reaktoren erkannt werden können. Die auf diesen Methoden basierenden Überwachungssysteme sind in der Lage, diese Zustände schon in einem frühen Stadium zu erkennen. Dadurch läßt sich die Sicherheit bei der Durchführung solcher Reaktionen weiter erhöhen.

Literatur

/1/ Schuler,H.: Fortschr.ber. VDI-Z. Reihe 8 Nr. 52 (1982)
/2/ Sebastian,D.H., Biesenberger,J.A.: ACS Symposium Series 65 (1978) 178
/3/ Grewer,Th.: 17. Tutzing Symp. der DECHEMA (1980) 21
/4/ Gilles,E.D.: Technisches Messen (1979) 225, 271
/5/ Krebs,V.: Nichtlineare Filterung, München 1980

Regelung eines Industrie-Roboters mit Hilfe eines adaptiven Beobachters

Use of an adaptive observer for the control of an industrial robot

H.-P. Tröndle

Siemens AG Erlangen
8520 Erlangen

Summary

A robot is generally not a completely rigid structure. Robot axes, which may be approximately described as twin-mass elastic systems, can be noticeably improved in their control behaviour by means of an adaptive observer. In the concept presented here the observer is extended to take account of friction and gear backlash. Until now identification is carried out by the method of steepest descent. Parameterization and adaption of controller and observer are achieved by the double ratio method. A primary control backed up by the observer (compensation of friction and backlash) improves the control performance, particularly in the creep speed range.

1. Der Roboter als Regelstrecke

Die Freiheitsgrade der Bewegung teilt man beim Roboter (Bild 1) ein in sog. Grundachsen und Handachsen. Die Handachsen bestimmen die Orientierung des Werkzeugs im Raum während die Grundachsen maßgebend sind für den im Raum angefahrenen Punkt.

Als Regelstrecke erweist sich der Roboter in mehrerer Hinsicht als schwierig:

- Bei den Grundachsen ist die Elastizität der Mechanik i.a. nicht vernachlässigbar.
- Mit Lose und Reibung muß gerechnet werden.

- Während des Betriebs können sich die Kenndaten der Regelstrecke in weiten Grenzen ändern. Bei den Handachsen kann das Trägheitsmoment variieren, bei den Grundachsen ist sowohl das Trägheitsmoment als auch die Federsteifigkeit der elastischen Struktur veränderlich.

Die folgenden Überlegungen gelten für die regeltechnisch schwierigeren Grundachsen. Darüberhinaus wird angenommen, daß sich die Mechanik der Grundachsen hinreichend genau durch einen Zwei-Massen-Schwinger beschreiben läßt.

Zur besseren Übersicht ist vor den Bildern ein Verzeichnis der verwendeten Formelgrößen und Indizes angeordnet.

2. Konventionelle Roboter-Regelung

Die bisher eingesetzte Regelung (Bild 2) ist aus unterlagerten Regelkreisen aufgebaut: PI-Strom-, PI-Drehzahl-, P-Weg-Regler. Diese Regelstruktur zeigt Schwächen beim Beherrschen von elastischer Robotermechanik sowie beim Überwinden von Lose und Reibung. Der beim Fahren einer Raumkurve auftretende Konturfehler wird durch eine einfache Geschwindigkeitsvorsteuerung eliminiert. Beim Anfahren einer Position führt diese Vorsteuerung jedoch zu einem an sich unerwünschten Überschwingen. Die Verstärkung des Wegreglers ist entscheidend für die erreichbare Positioniergenauigkeit. Die Höhe der Verstärkung hängt wiederum ab von der Schnelligkeit des unterlagerten Drehzahlregelkreises. In dieser Hinsicht läßt das Konzept Wünsche offen. Der bislang übliche Verzicht auf die Adaption des Reglers an die sich ändernde Regelstrecke führt zu einem Verlust an Regeldynamik.

3. Roboter-Regelung mit adaptivem Beobachter (Bild 2)

3.1 Zustandsregler

Dem Regler, dem Beobachter, dem Idenfizierer und der Adaption liegt jeweils ein Zwei-Massen-Schwinger als Streckenmodell zu Grunde. Der Drehzahl-Regler ist rein proportional. Zur Bedämpfung des mechanischen Schwingers werden aus dem Beobachter die Differenzdrehzahl der Drehmassen $\hat{\Omega}_{\Delta} = \hat{\Omega}_M - \hat{\Omega}_L$ und das Torsions- bzw. Biegemoment $\hat{M}_T$

zurückgeführt. Durch Aufschalten der im Beobachter ermittelten mechanischen Störgröße $\hat{L}$ erspart man einen Integrator im Drehzahlregler und wird in der Dynamik überdies um einen Faktor 2 schneller. Eine weitere Verbesserung des dynamischen Verhaltens ergibt sich dadurch, daß als Istwert nicht die Motordrehzahl Ω_M, sondern die aus dem Beobachter gewonnene Roboter-Drehzahl $\hat{\Omega}_L$ verwendet wird. Ebenso ist es zweckmäßg, als Winkelistwert nicht nur die Motorposition ϕ_M, sondern auch noch die Durchfederung ϕ_T zurückzuführen (Kap. 3.5). Um die durch Lose und Trockene Reibung drohenden nichtlinearen Grenzzyklen zu vermeiden, darf der Wegregler - wie bislang auch - keinen Integralanteil enthalten. Regeldynamik und Positioniergenauigkeit können gegenüber dem bisherigen Konzept merklich verbessert werden.

3.2 Beobachter

Das Stütznetzwerk des Beobachters (Bild 3) ist bei vorgebbarer Einschwingzeit ausgelegt auf einen Standardfrequenzgang (z. B. reeller Mehrfachpol, Doppelverhältnisse). Bei der angestrebten Schnelligkeit des Beobachters erwies es sich als sehr vorteilhaft, die (meßbare) mech. Lose und die Reibung am Antrieb mit in den Beobachter einzubringen. Steht zur Korrektur des Beobachters nur die Antriebsdrehzahl zur Verfügung, ist es zweckmäßig, die Reibung am Roboter der linearen Störgrößen-Schätzung $\hat{L}$ des Beobachters zu überlassen.

3.3 Identifikation

Die Identifikation geschieht nach dem Verfahren von Marsik /1/ mit Hilfe der Gradienten-Methode (steepest descent). Es werden nicht die Koeffizienten sondern die Zeitkonstanten der Übertragungsfunktion F(s) identifiziert, damit das Regelsystem beim Einschwingen des Identifizierers nicht so leicht instabil wird und die Grenzwert-Kontrolle möglich ist. Der Einfluß deterministischer Laststörungen auf die Identifikation wird durch Hochpaßglieder am Eingang des Identifizierers unterdrückt. Darüberhinaus wird die Identifizierung nur freigegeben, solange eine Sollwertänderung der Drehzahl für einen ausreichend starken Strom sorgt.

Obwohl das Gradientenverfahren bezüglich der Konvergenz schlechter ist als die Least-Squares-Verfahren, wird es bislang aus folgenden Gründen verwendet:

- Es können echt die Zeitkonstanten und Verstärkungen der kontinuierlichen Strecke identifiziert werden. Damit kann die Adaption des Zustandsreglers z. B. nach den erprobten Vorschriften der Doppelverhältnisse erfolgen (Kap. 3.4). Vorkenntnisse und Parametergrenzen sind leicht in den Identifiziervorgang einzubringen.
- Der Algorithmus kann auf einem 16-Bit-Mikroprozessor ohne größere Probleme realisiert werden. Es wird relativ wenig Rechenzeit benötigt und 16-Bit-Festkomma-Arithmetik reicht i.a. aus.

Bei den Least-Squares-Verfahren werden die Koeffizienten der Tast-Übertragungsfunktion F(z) der Strecke identifiziert und nicht die physikalischen Kenngrößen. Die Parametrierung von Regler und Beobachter ist damit schwieriger. Sinnvolle Parametergrenzen können nicht eingegeben werden. Weiterhin stört bislang der hohe Multiplizier-Aufwand und die erforderliche Gleitkomma-Multiplikation. Bezüglich der Identifikation ist noch manches im Fluß, so daß dieses Problem noch länger aktuell sein wird.

3.4 Parametrierung, Adaption

Die Parameter von Weg- und Drehzahlregelkreis sowie das Stütznetzwerk des Beobachters werden nach der Methode der Doppelverhältnisse bestimmt. Die gesuchten Parameter erhält man dabei aus einer Reihe von Ungleichungen (2), die von den Koeffizienten a_i der charakteristischen Gleichung (1) des dynamischen Systems erfüllt werden müssen.

Charakt. Gl.: $N(s) = a_o + a_1 s + a_2 s^2 + \dots$ (1)

Doppelverhältnisse: $D = \frac{a_i \cdot a_{i+2}}{(a_{i+1})^2} \leq 0{,}5 \quad i = 0, 1, 2 \dots$ (2)

3.5 Nichtlineare Vorsteuerung, Fehlwinkel-Kompensation

Der beim Bahnfahren auftretende Wegfehler wird durch eine dynamisch symmetrierte Drehzahl-, Winkel-Sollwert-Aufschaltung kompensiert.
Die Winkelregelung muß sich auf die allein meßbare Motorposition abstützen. Eigentlich interessiert jedoch die Lage der Roboterspitze. Der Fehlwinkel zwischen Motor und Roboterspitze hängt ab von der mech. Lose und der durch Reibung und Last bedingten Durchfederung der elastischen Mechanik. Soll der Fehlwinkel zwischen Antrieb und Roboter korrigiert werden, dann wird mit Hilfe der im Beobachter anstehenden Größen der nach Sollwertänderung, Lose, Belastung, Reibung und Elastizität erwartete Fehlwinkel vorgesteuert und kompensiert.
Entspricht das Verhalten der Mechanik zwischen Antrieb und Roboterspitze wirklich dem eines Zwei-Massen-Schwingers, dann hat man bei exakt parametriertem Modell auch echt die Position der Roboterspitze im Griff.

4. Simulationsergebnisse

Auch bei optimal eingestelltem PI-Drehzahlregler und linearen Verhältnissen ist der Zustandsregler eindeutig besser (Bild 5). Je niedriger die mech. Eigenfrequenz ist, desto langsamer wird die PI-Regelung, und hochfrequente mech. Schwinger lassen sich mit der PI-Regelung schon gar nicht beherrschen. Wird die PI-Regelung - wie bisher üblich - nicht an die Mechanik adaptiert, dann werden die dynamischen Verhältnisse noch viel schlechter.
Die Identifikation kann sehr unterschiedlich verlaufen. Kleine Robotermassen werden relativ schnell identifiziert (Bild 6), große dagegen relativ langsam.
Der Wert der Vorsteuerung erweist sich vor allem bei kleinen Winkeländerungen und im Schleichdrehzahlbereich (Bild 7). Je geringer die Regeldifferenz wird, desto länger verweilt die lineare Regelung in der Lose bzw. bleibt sie in der Reibung hängen.

5. Schlußbetrachtung

Erwartungsgemäß bringt das bessere Regelkonzept auch bessere Ergebnisse. Die real erzielbaren Ergebnisse werden jedoch abhängen von der Diskrepanz zwischen Modell und Prozeß. Die Genauigkeit der Modellparameter (Reibung, Lose, ...) wird insbesonders die Güte der Vorsteuerung beeinflussen. In der Praxis muß bei der Beurteilung solcher Konzepte dazu immer noch der Gewinn verglichen werden mit dem Aufwand und den technologischen Forderungen. Da überdies die Kosten für Rechner und die Rechengeschwindigkeiten noch voll im Fluß sind, wird eine Antwort immer vom jeweiligen Einzelfall abhängen.

Literatur:

/1/ Marsik, H.: Quick response adaptive identification. Vorabdrucke des IFAC Symposiums, Prag 12. bis 17. Juni, 1967

Verzeichnis der verwendeten Formelgrößen

ϕ	Winkel
Ω	Drehzahl
M	Moment
J	Strom
L	Determinist. Störmoment
T	Zeitkonstante
s	Laplace-Operator
z	Operator der Z-Transformation
f_e	Mech. Eigenfrequenz
t	Zeit
F	Übertragungsfunktion
D	Doppelverhältnis
a_i	Koeffizient der charakteristischen Gleichung eines dynamischen Systems

Indizes:

M	Größe des Motors
L	Größe des Roboters
F	Größe der elast. Feder
W	Sollwert
$\hat{}$	Größe des Beobachters bzw. Identifizierers
T	reine Deformation
R	Reibung

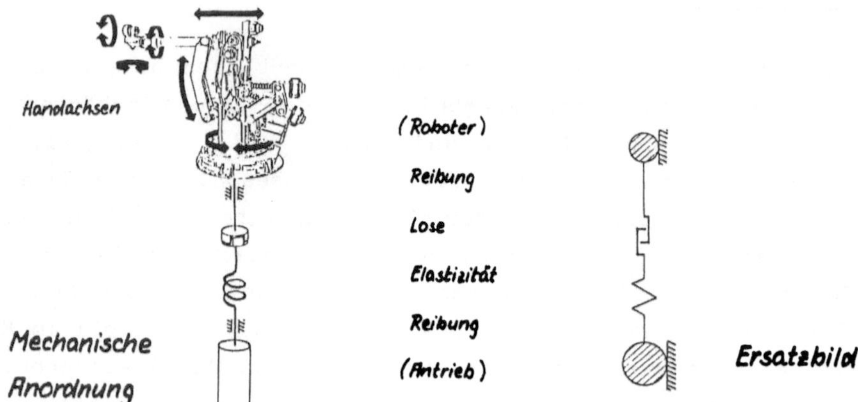

Bild 1 Mechanische Struktur der Regelstrecke

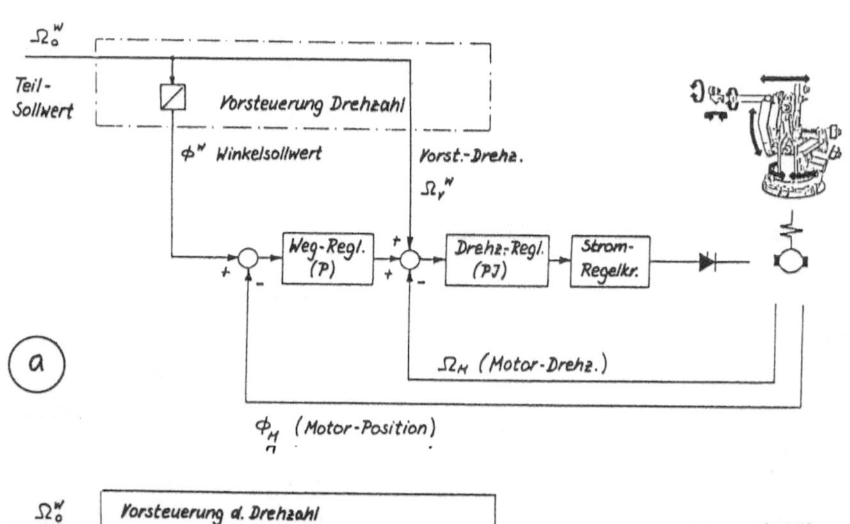

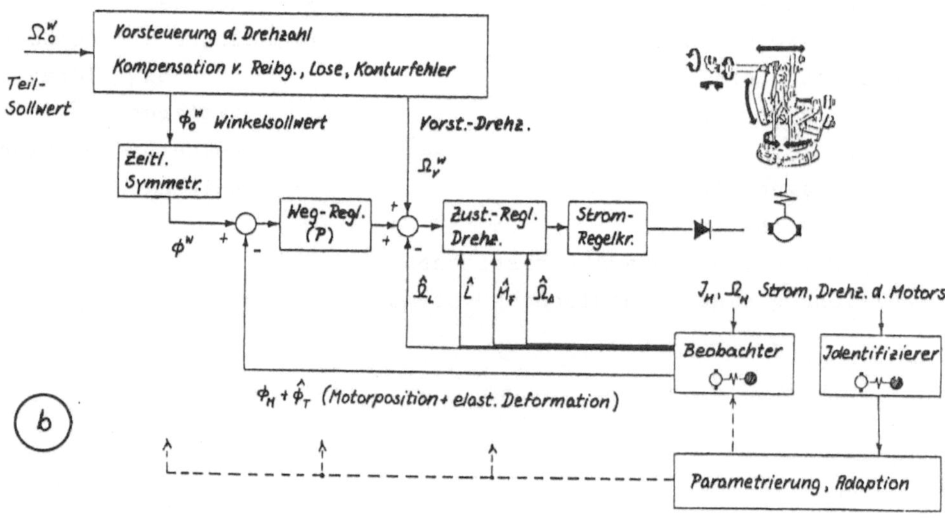

Bild 2 Gegenüberstellung von altem (a) und neuem Regelkonzept (b)

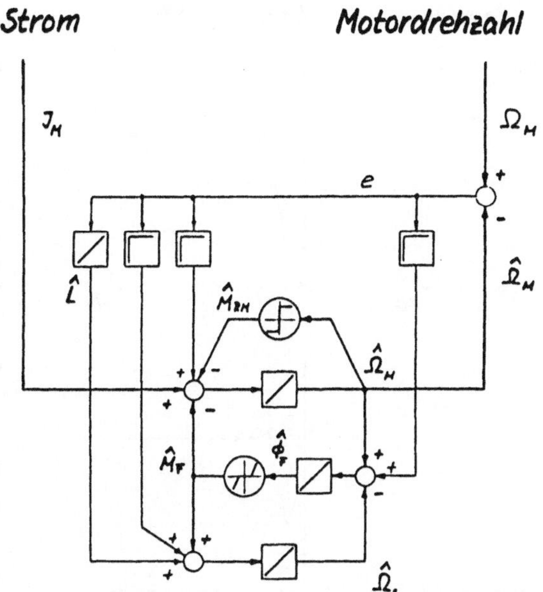

Bild 3 Beobachter mit Lose, Reibung und Störgrößen-Schätzung $\hat{L}$

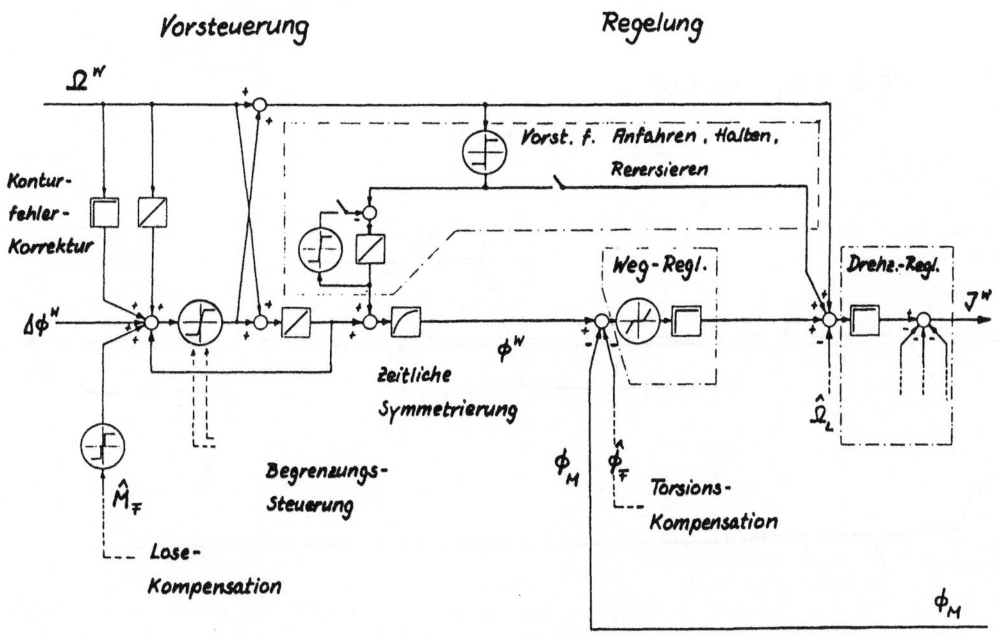

Bild 4 Nichtlineare Vorsteuerung mit Fehlwinkel-Kompensation

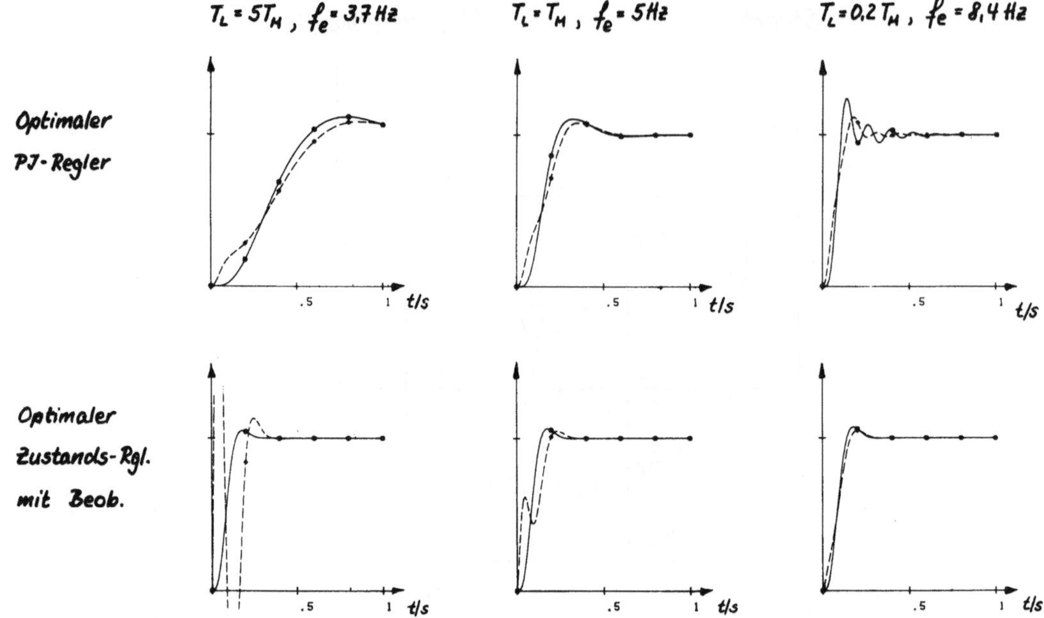

Bild 5 Führungsverhalten der Drehzahlregelung bei altem und neuem Konzept. Variation der Robotermasse. Jeweils optimal eingestellte Regler
-◆- Antriebsdrehzahl , —o— Roboterdrehzahl

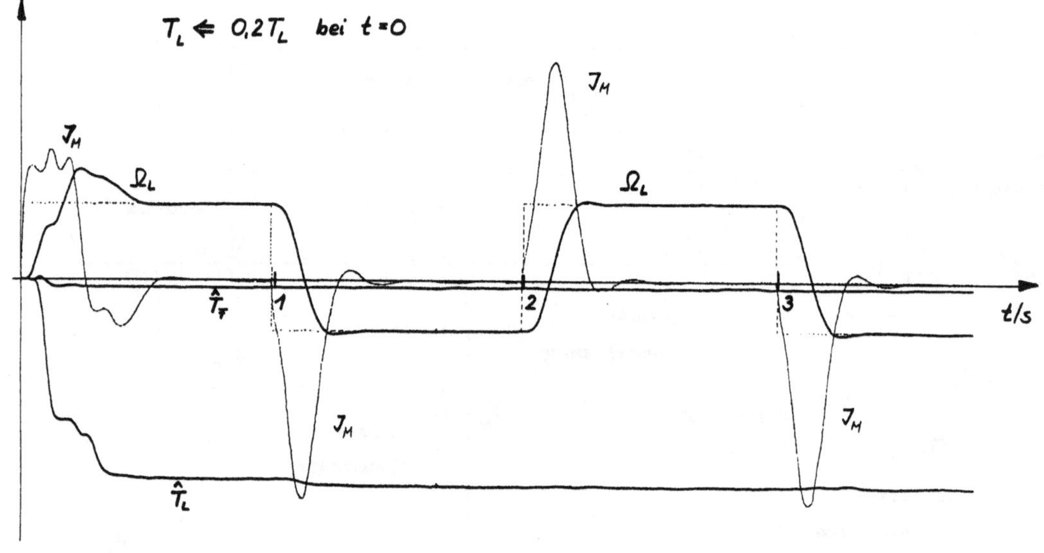

Bild 6 Identifikationsvorgang beim neuen Regelkonzept bei einer plötzlichen Verminderung der Robotermasse T_L

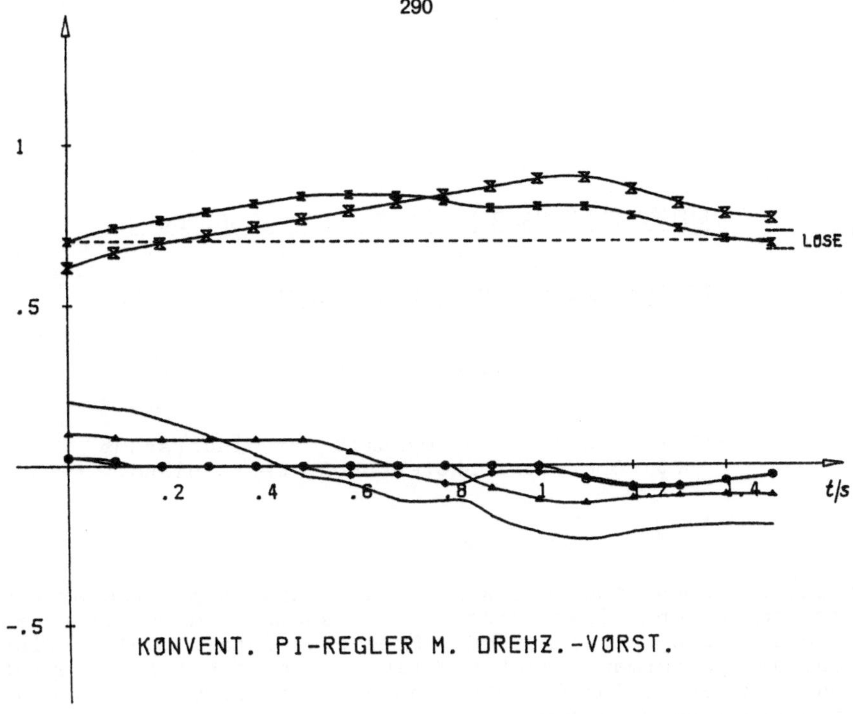

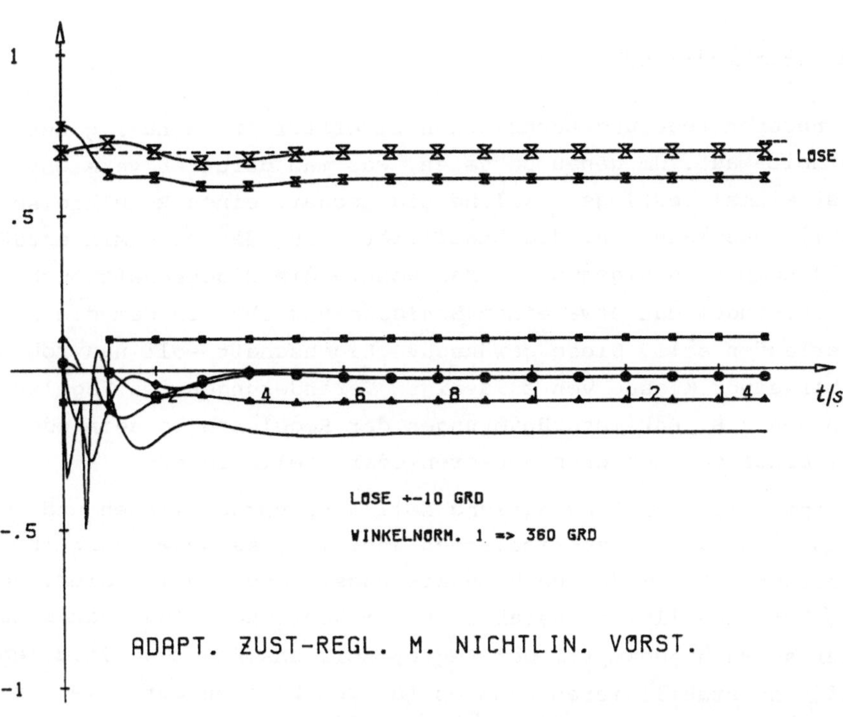

Bild 7 Vergleich der Regelkonzepte beim Reversieren bei Schleichdrehzahl Ω^W = + 0.005 ↷ - 0.005.
⧗; ⧖ Antriebs-; Roboterposition, ; ◇ Antriebs-; ○ Roboterdrehzahl, △ Torsionsmoment, □ Störgrößenschätzung, — Motorstrom

ENTWURFSVERFAHREN FÜR ROBUSTE REGELUNGEN

DESIGN METHODS FOR ROBUST CONTROL SYSTEMS

J. Ackermann

DFVLR, Institut für Dynamik der Flugsysteme
8031 Oberpfaffenhofen, B.R. Deutschland

Summary

The problem of robust control is introduced and formulated as a multi-model problem. A controller structure is assumed and its free parameters are designed by three methods: Frequency domain, pole region assignment and performance vector optimization. A brief survey of other robustness approaches for frequency domain stability margins and robust asymptotic tracking concludes the paper.

1. Was ist robuste Regelung

In der neueren regelungstechnischen Literatur tritt häufig der Begriff "Robustheit" auf. Um genau zu sagen, was man darunter versteht, muß man zunächst einmal festlegen, welche Eigenschaft eines Regelkreises robust sein soll. Das kann z.B. die Stabilität sein oder eine Mindestdämpfung für alle komplexen Eigenwerte. Man könnte die Eigenschaft auch beschreiben, indem man etwa einen Schlauch vorgibt, in dem die Sprungantwort verlaufen soll. Diese gewünschte Eigenschaft soll nun robust sein gegenüber einer Klasse von zulässigen Veränderungen des Regelkreises. Dies können z.B. Parameteränderungen der Regelstrecke sein oder der Ausfall eines von mehreren Sensoren oder Stellgliedern.

Ein Beispiel aus der Flugregelung soll dies verdeutlichen und zwar die Stabilisierung der kurzperiodischen Anstellwinkelschwingung in der Längsbewegung. Bei modernen Hochleistungsflugzeugen ist diese Bewegungsform im Unterschallflug instabil und im Überschallflug zwar stabil, aber nur schwach gedämpft. Der Regler soll das Flugzeug in allen Flugzuständen so stabilisieren, daß es für den Piloten gut fliegbar wird. Was von dem Piloten als gut angesehen wird, ist in vielen Versuchen ermittelt worden und in den sogenannten MILSPECS festgelegt. Im wesentlichen fordern diese Spezifikationen, daß die Eigenwerte der kurzperiodischen Anstellwinkelschwingung in ein Gebiet Γ der komplexen s-Ebene verschoben werden müssen, wie es in Bild 1 dargestellt ist. Wir nennen diese gewünschte Eigenschaft kurz Γ-Stabilität, wobei Γ in jedem Anwendungsfall geeignet vorgegeben wird. Der Fall der gewöhnlichen Stabilität ist ein Spezialfall, bei dem Γ die linke s-Halbebene ist.

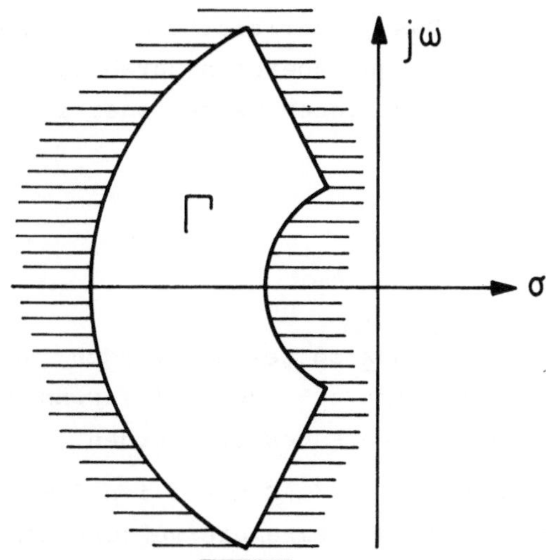

Bild 1
Zulässiges Polgebiet bei der Flugregelung

Wenn wir nur einen Flugfall betrachten, zum Beispiel den schnellen Reiseflug in großer Höhe, so kann diese Forderung z.B. durch Vorgabe von Polen in Γ erfüllt werden. Wir möchten aber erreichen, daß der gleiche Regler auch in anderen Flugfällen den Kreis Γ-stabilisiert, z.B. im Landeanflug oder im schnellen Tiefflug. Damit wird das Ganze zu einem Robustheitsproblem: Γ-Stabilität soll robust gegen Änderungen von Flughöhe und Fluggeschwindigkeit gemacht werden.

Ein in der Flugregelungs-Praxis beschrittener Weg ist der, die Reglerverstärkungen dem jeweiligen Flugzustand anzupassen. Dies könnte durch eine adaptive Regelung geschehen, häufiger ist jedoch eine gesteuerte Verstärkungsanpassung, bei der z.B. einige Reglerverstärkungen in Abhängigkeit vom Staudruck verändert werden. Solche Regler sind jedoch kompliziert, es müssen z.B. redundante Staudruckmesser vorgesehen werden. Außerdem ist die Analyse und das Austesten in der Simulation aufwendiger und fehleranfälliger, als bei einem festeingestellten Regler. Man möchte möglichst mit einem einfachen, festeingestellten Regler auskommen.

In der Vergangenheit hat es an geeigneten Entwurfsverfahren gefehlt, mit denen die Frage untersucht werden konnte, ob ein festeingestellter, robuster Regler existiert, und mit denen er auf systematische Weise gefunden werden konnte. Einige neuere regelungstechnische Werkzeuge zum Entwurf robuster Regelungssysteme sollen in diesem Vortrag vorgestellt werden.

2. Problemformulierung

Die veränderlichen oder ungenau bekannten Parameter der Regelstrecke seien zu einem Vektor $\underline{\theta}$ zusammengefaßt. Das linearisierte Modell der Regelstrecke n-ter Ordnung kann dann im Frequenzbereich durch die Matrix der Übertragungsfunktionen $\underline{P}(s,\underline{\theta})$ beschrieben werden oder in Zustandsdarstellung

$$\begin{aligned} \dot{\underline{x}} &= \underline{A}(\underline{\theta})\underline{x} + \underline{B}(\underline{\theta})\underline{u} \\ \underline{y} &= \underline{Cx} \end{aligned} \qquad (1)$$

mit $\underline{P}(s,\underline{\theta}) = \underline{C}[s\underline{I} - \underline{A}(\underline{\theta})]^{-1}\underline{B}(\underline{\theta})$

Es wurde angenommen, daß die Zustandsgrößen $\underline{x}$ so gewählt wurden, daß die Meßmatrix $\underline{C}$ nicht von $\underline{\theta}$ abhängt. Dies ist z.B. der Fall, wenn die Meßgrößen $\underline{y}$ als Komponenten des Zustandsvektors benutzt werden.

Eine klassische Problemformulierung benutzt die E m p f i n d l i c h k e i t . Dabei wird ein Wert $\underline{\theta}_o$ des Parametervektors als Nominalwert gewählt und der reale Fall als $\underline{\theta} = \underline{\theta}_o + \Delta\underline{\theta}$ dargestellt. Man versucht dann, den Regler so zu entwerfen, daß ein kleines $\Delta\underline{\theta}$ auch nur einen geringen Einfluß auf die Regelgüte hat. Unempfindlichkeit eines Regelkreises ist also eine lokale Eigenschaft, bei größeren Abweichungen $\Delta\underline{\theta}$ bringt sie nicht unbedingt Vorteile. Entwurfsverfahren für parameterunempfindliche Systeme benutzen meist gar nicht die Kenntnis der Größe von $\Delta\underline{\theta}$.

Der Entwurf auf R o b u s t h e i t dagegen versucht, bestimmte Mindestanforderungen an die Regelgüte in dem gesamten Bereich Θ einzuhalten, in dem $\underline{\theta}$ liegen kann. Häufig wird der Bereich Θ durch einige typische oder extreme Werte $\underline{\theta}_i \in \Theta$, i = 1,2 ... r, repräsentiert. Dies führt zum M u l t i - M o d e l l - P r o b l e m , bei dem für eine Familie von r Regelstrecken

$$\underline{P}_i(s) = \underline{P}(s,\underline{\theta}_i) \text{ bzw. } \underline{A}_i = \underline{A}(\underline{\theta}_i)\ ,\ \underline{B}_i = \underline{B}(\underline{\theta}_i) \qquad (2)$$

ein gemeinsamer Regler gesucht wird. Das Multi-Modell-Problem kann auf verschiedene Weise entstehen:

1. Die Regelstrecke ist eigentlich nichtlinear, wie z.B. das Flugzeug. Für stationären Flug mit einer konstanten Höhe und Geschwindigkeit ergibt sich jeweils ein linearisiertes Modell, das kleine Abweichun-

gen vom stationären Flug beschreibt. Die Lösung des Multi-Modell-Problems stellt hier nur eine notwendige, nicht jedoch hinreichende Bedingung für die Stabilität des nichtlinearen Systems dar. Sie liefert jedoch vielversprechende Regler-Kandidaten, die in einer nichtlinearen Simulation überprüft werden. Sie erlaubt es auch, wie in den MILSPECS, mehr als nur Stabilität, nämlich Γ-Stabilität, zu fordern, die beim nichtlinearen System gar nicht definiert ist.

2. Die Regelstrecke kann zwar gut als linear beschrieben werden, es gibt aber Komponenten von $\underline{\theta}$, die sich zeitlich ändern. Beispiele: a) Das Flugzeug wird entlang einer in Raum und Zeit vorgegebenen Landeflugbahn linearisiert; b) Entsprechendes geschieht beim Anfahrvorgang eines Prozesses; c) Bei dem Bus mit automatischer Spurführung aus dem Vortrag Darenberg, Gipser, Türk ist die Fahrgeschwindigkeit ein wesentlicher Streckenparameter. Die Γ-Stabilität für verschiedene konstante Geschwindigkeiten ist wieder nur eine notwendige aber nicht hinreichende Stabilitätsbedingung für das zeitvariable System. Dazu müßte man das bezüglich der Stabilität bösartigste Beschleunigungsprofil suchen, das der Busfahrer vorgeben kann, oder zumindest für ein fest vorgegebenes Beschleunigungsprofil den zeitvariablen Regelkreis in Simulation oder Fahrversuch untersuchen.

3. Bei einer linearen Regelstrecke ist $\underline{\theta}$ unbekannt, aber während einer Mission konstant. Beispiele: Anzahl der Passagiere, Masse der Zuladung bei einem Flug oder einer Busfahrt. Lastmasse bei einem Transportvorgang eines Krans. Hier entspricht die Behandlung als lineares zeitinvariantes System der Realität und es bleibt nur die Frage, wie dicht die Rasterpunkte $\underline{\theta}_j$ gewählt werden sollen, um eine gesicherte Aussage für das Gebiet Θ zu erhalten.

4. Ein ganz ähnlicher Fall ist der, daß es sich um mehrere konstante Regelstrecken von ähnlichem Typ handelt, für die ein serienproduzierbarer Standardregler gesucht wird.

5. $\underline{\theta}$ kann nur diskrete Werte annehmen, der Übergang vollzieht sich sprungförmig. Beispiele: Ausfall eines Kreisels oder Beschleunigungsmessers im Flugzeug, Massenänderung durch Ausklinken einer Rakete, Automatic-Hand-Umschaltung in einem Teilsystem oder störungsbedingte Strukturänderung im elektrischen Energienetz, wie im Vortrag von Björnsson, Cuno, Handschin und Voß. Hier ist der Multi-Modell-Ansatz die einzig mögliche Formulierung.

6. Schließlich können auch andere Entwurfsziele auf das Multi-Modell-Problem zurückgeführt werden. Beispiel ist der Entwurf eines stabilen Reglers. Seine Berechnung ist die Lösung eines Zwei-Modell-

Problems: Der Regler muß sowohl die gegebene Regelstrecke, als auch die Null-Regelstrecke stabilisieren.

Mit den genannten sechs Fällen sollte verdeutlicht werden, daß die Formulierung eines Multi-Modell-Problems eine gewisse Abstraktion des realen, nicht lösbaren Problems darstellt. Die Ergebnisse sind daher mit entsprechender Vorsicht in die Anwendung zu übertragen, wie es der Regelungstechniker bei nichtlinearen und zeitvariablen Regelstrecken ohnehin gewöhnt ist. Wir setzen im folgenden stets voraus, daß die Regelstrecken steuerbar und beobachtbar sind.

3. Strukturelle Lösungsansätze für das Multi-Modell-Problem

Als erster Schritt zur Lösung des Multi-Modell-Problems muß ein Ansatz für die Struktur des Regelkreises gemacht werden. Im Falle nur einer Regelstrecke hat sich die Struktur mit Beobachter und Rückführung der darin rekonstruierten Zustände bewährt. Wenn q die Anzahl der Meßgrößen ist, so genügt bereits ein Beobachter der Ordnung n-q, um alle Eigenwerte beliebig festlegen zu können. Nun gibt es zwar Untersuchungen zu robuster Zustandsvektor-Rückführung und zu robusten Beobachtern. Leider nur fügen sie sich nicht zu einem robusten Regelkreis zusammen, da bei veränderlichen Streckenparametern die Separation von Polvorgabe und Beobachterentwurf nicht mehr gilt. Es ist daher vorteilhafter, von vornherein den gesamten Regler anzusetzen und beim Entwurf günstige Reglerparameter zu suchen.

Über die Ordnung des Regleransatzes gibt es noch wenig allgemeine Aussagen. Für Mehrgrößensysteme können hinreichende Bedingungen angegeben werden, unter denen für mehrere Regelstrecken gleichzeitig und unabhängig voneinander die Pole des geschlossenen Kreises vorgegeben werden können. Autoren, die sich mit dieser Frage befassen, sind Saeks und Murray, Vidyasagar und Viswanadham, Byrnes und Ghosh, Hazewinkel. Ich zitiere die Arbeiten nicht einzeln, da 1) sie teilweise noch nicht erschienen sind, 2) das Gebiet noch in rascher Entwicklung ist und 3) die Ergebnisse derzeit für die Anwendung noch nicht besonders geeignet sind. Sie sind allerdings in dem Fall interessant, daß die Anzahl der Stellglieder oder Sensoren größer ist als die Anzahl r der Regelstrecken-Modelle.

Es besteht kaum Hoffnung, einfache notwendige und hinreichende Bedingungen für die simultane Stabilisierung einer Familie von Regelstrecken zu finden. Formuliert man die Hurwitz-Bedingungen in Abhängigkeit von den freien Reglerparametern, so erhält man ein System von nichtlinearen

Ungleichungen. Die Frage ist also äquivalent mit der, ob die Lösungsmenge dieser Ungleichungen nicht leer ist.

In [1] werden Zwei-Modell-Probleme untersucht, bei denen eine Zustandsvektor-Rückführung keine simultane Stabilisierung erlaubt. Hier gibt es Beispiele, bei denen die Stabilisierung durch Einführung einer Rückführdynamik möglich wird, und solche, bei denen das selbst bei beliebig hoher Ordnung des Reglers nicht gelingt. Allgemeingültige Ergebnisse über die erforderliche Reglerordnung liegen noch nicht vor.

In einigen praktischen Anwendungsfällen hat sich die folgende Vorgehensweise bewährt: Man bestimmt zunächst eine robuste Zustandsvektor-Rückführung, ersetzt dann wesentliche, nicht meßbare Zustände durch ein gefiltertes Meßsignal und führt mit dieser abgeänderten Struktur des Regelkreises einen neuen Entwurf durch. Ein typisches Beispiel ist im Vortrag von Darenberg, Gipser und Türk enthalten. Für die Stabilisierung des spurgeführten Busses muß nicht nur die gemessene seitliche Versetzung des Busses gegenüber dem Leitkabel, sondern auch deren Ableitung, die Quergeschwindigkeit, zurückgeführt werden. Anstelle eines Beobachters, der das veränderliche Bus-Modell enthält, wurde die Ableitung durch ein Filter mit der Übertragungsfunktion

$$\frac{s \cdot \omega_0^{\,2}}{s^2+\sqrt{2}\cdot\omega_0 s+\omega_0^{\,2}} \tag{3}$$

innerhalb der gewünschten Bandbreite ω_0 angenähert.

Wir betonen in diesem Aufsatz den Rückführungsteil der Reglerstruktur, da er allein für Stabilisierung, Störungskompensation und Robustheit verantwortlich ist. Das Führungsverhalten läßt sich dann noch zusätzlich durch den Vorfilter-Teil der Regelungsstruktur beeinflussen.

Der Ansatz einer geeigneten Reglerstruktur bleibt also nach wie vor ein Problem der Ingenieurskunst und Erfahrung des Regelungstechnikers. Für die Bestimmung der darin auftretenden freien Rückführverstärkungen gibt es aber systematische Vorgehensweisen, die in folgenden drei Abschnitten behandelt werden. Der Übersichtlichkeit halber werden dabei bevorzugt Regelstrecken mit nur einer Stellgröße angenommen. Die Verfahren lassen sich jedoch auch auf Mehrgrößensysteme erweitern.

4. Entwurf im Frequenzbereich

Dieses Verfahren wurde insbesondere von Horowitz [2] entwickelt. Er nimmt eine Regelkreisstruktur an, wie sie in Bild 2 für zwei Sensoren gezeichnet ist. Bei mehr Sensoren muß sie entsprechend erweitert werden.

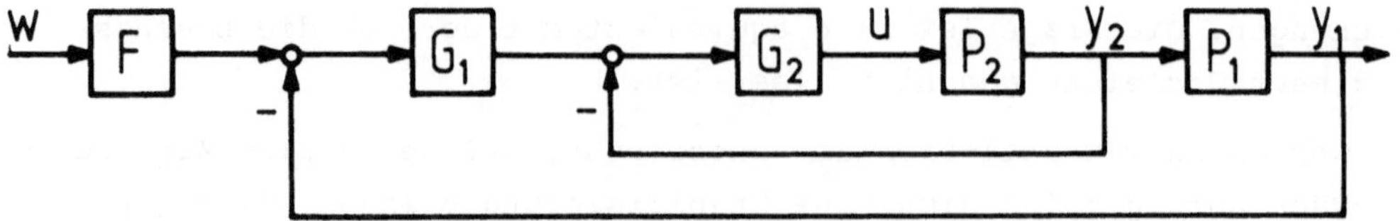

Bild 2 Regelkreis mit zwei Meßgrößen y_1 und y_2

Horowitz geht von Spezifikationen für die Antwort $y_1(t) = c(t)$ auf eine sprungförmige Führungsgröße w(t) aus. Toleranzen von c(t) und seinen Ableitungen übersetzt er in Toleranzen für den Frequenzgang $T(j\omega)$ des geschlossenen Kreises in der Form

$$A_1(\omega) \leq |T(j\omega)| \leq A_2(\omega) \tag{4}$$

Bei Phasenminimum-Systemen genügt diese Beschränkung des Betrages, sonst kommen entsprechende Beschränkungen für den Phasenwinkel von $T(j\omega)$ hinzu. Die Toleranzen werden mit Hilfe des Nichols-Diagramms in Toleranzen für den Frequenzgang des offenen Kreises

$L_1 = G_1P_1 \cdot \frac{L_2}{1+L_2}$, $L_2 = G_2P_2$ übersetzt. Beim Entwurf wird von außen beginnend L_1 mit niedriger Bandbreite für ideal angenommenen inneren Kreis, dann L_2 mit größerer Bandbreite entworfen. In einem Entwurfsschritt muß bei jeder Frequenz $\omega = \omega_1$ nicht nur ein Punkt der Ortskurve $P_1(\omega_1)$ bzw. $P_2(\omega_1)$ in das gewünschte Gebiet verschoben werden, sondern alle r Punkte des Multi-Modell-Problems. Bei Darstellung im Nyquist- oder Bode-Diagramm muß man ebenfalls den Frequenzgang der Regelstrecke ersetzen durch einen "Schlauch" von r Frequenzgangkurven. Die Erweiterung auf den Mehrgrößenfall wurde von Horowitz [3] durchgeführt.

5. Entwurf durch Polgebietsvorgabe [1]

Bei Regelstrecken mit einer Stellgröße wird durch Polvorgabe die Zustandsvektor-Rückführung eindeutig bestimmt, d.h. ein Kompromiß mit anderen Regelstrecken des Multi-Modell-Problems ist nicht mehr möglich. Andererseits ist die Vorgabe der genauen Lage aller n Eigenwerte aber eine unnötig strenge Forderung; man weiß meist gar nicht so genau, wo man sie hinlegen soll. Die Grundidee der Polgebietsvorgabe ist daher, die Forderung nach Polvorgabe zu lockern und lediglich ein Gebiet Γ in der komplexen s-Ebene vorzugeben, in dem alle Pole des geschlossenen Kreises liegen sollen.

Bei dem eingangs erwähnten Flugregelungs-Beispiel ist das vorgegebene Γ sogar eine wesentliche technische Spezifikation, deren Erfüllung bei der Musterzulassung des Flugzeugs nachgewiesen werden muß. Auch bei anderen Regelungssystemen lassen sich wesentliche Forderungen in Form eines Eigenwertgebiets darstellen. Ein Beispiel ist in Bild 3 angegeben. Γ wird erstens begrenzt durch einen Kreis, dessen Radius ω_o gleich

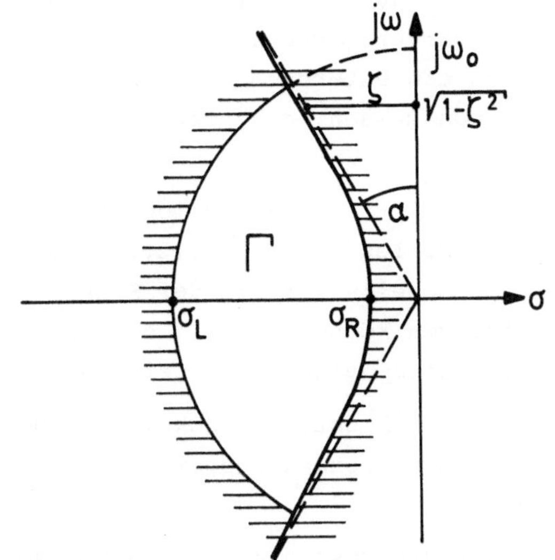

Bild 3
Beispiel für ein Polgebiet Γ

der höchstens zulässigen Bandbreite des Regelkreises ist. Diese muß z.B. bei mechanischen Systemen unterhalb der ersten Struktur-Schwingungsfrequenz liegen. Die zweite Grenze ist eine Hyperbel, die durch den Winkel α der Asymptoten und den reellen Achsenschnitt σ_R bestimmt ist. Damit wird für alle komplexen Eigenwerte (d.h. Faktoren $s^2+2\zeta\omega_n s+\omega_n{}^2$ im charakteristischen Polynom) eine Mindestdämpfung ζ garantiert, mit $\tan\alpha = \zeta/\sqrt{1-\zeta^2}$. Durch den Achsenabschnitt σ_R wird ein Mindestwert für den negativen Realteil aller Eigenwerte vorgeschrieben.

Angewandt z.B. auf das Problem der automatischen Spurführung im Vortrag Darenberg, Gipser, Türk ergibt sich die Mindestdämpfung ζ aus der Forderung an den Passagierkomfort, σ_R ergibt sich aus der Forderung nach straffer Führung des Busses durch das Leitkabel, insbesondere im Kurveneinlauf.

Die Polgebietsvorgabe liefert nun nicht mehr nur eine Zustandsvektor-Rückführung $u = -\underline{k}'\underline{x}$, sondern eine zulässige Lösungsmenge K_Γ im Raum der $\underline{k}$-Vektoren. Sie wird begrenzt durch 3 Flächen: a) eine Hyperebene, auf der alle Rückführverstärkungen liegen, die zu einem reellen Pol bei σ_L führen, b) eine entsprechende Hyperebene für σ_R und c) eine gekrümmte Fläche, auf der alle Rückführverstärkungen liegen, die zu einem konjugiert komplexen Polpaar auf der Berandung von Γ führen.

K_Γ kann entweder algebraisch durch Ungleichungen beschrieben werden [4] oder in zweidimensionalen Schnitten mit Hilfe der Rechner-Grafik sichtbar gemacht werden [5]. Für die Wahl der Schnittebenen gibt es verschiedene Hilfsmittel, z.B. kann die Ebene dadurch festgelegt werden, daß man n-2 Eigenwerte festhält und nur zwei besonders kritische in einem Entwurfsschritt bewegt [6]. Wenn einige Zustände nicht zurückgeführt werden oder die entsprechenden Rückführverstärkungen im $\underline{k}$-Vektor bereits festgelegt sind, wird auch dadurch ein Unterraum des K-Raums festgelegt, in dem zulässige Lösungen liegen müssen, d.h. den man mit Rechner-Grafik erkunden möchte.

Liegt nun ein Multi-Modell-Problem mit r Regelstrecken-Modellen vor, so ergibt jedes Modell ein anderes zulässiges Gebiet $K_{\Gamma i}$, i = 1,2...r im K-Raum. Simultane Γ-Stabilisierung aller r Modelle wird in der Schnittmenge im K-Raum erreicht. Solche Schnittmengen können gut mit der oben dargestellten Rechner-Grafik auf dem Bildschirm dargestellt werden.

Aus der zulässigen Lösungsmenge wird schließlich unter Berücksichtigung zusätzlicher Entwurfsforderungen eine geeignete Lösung ausgewählt. Leicht zu berücksichtigen ist insbesondere

- Die Lösung Min $||k||$, d.h. der Punkt, der dem Ursprung des K-Raums am nächsten liegt, und damit die Polgebietsforderung mit den kleinsten Rückführverstärkungen und damit dem kleinsten Bedarf an Stellamplitude erfüllt.
- Sicherheitsabstände von den Grenzen für ungenaue Regler-Implementierung.
- Verstärkungs-Reduktions-Reserven, z.B. zur Ausfallsicherheit bei parallelgeschalteten Sensoren oder Stellgliedern.

Gute Erfahrungen in der Anwendung der Polgebietsvorgabe beim Multi-Modell-Problem liegen vor bei Flugzeugen (JAS 39 und Experimentalflugzeug F4E mit Entenflügeln [1], [7]) sowie bei der automatischen Spurführung für einen Bus [6]. Dabei wurden auch dynamische Rückführungen als Reglerstruktur zugrundegelegt.

Die Erweiterung der Polgebietsvorgabe auf Regelstrecken mit mehreren Stellgrößen wird in [1] behandelt.

6. Entwurf durch Optimierung vektorieller Kriterien

Dieses Verfahren wurde insbesondere von Kreisselmeier [8] entwickelt, das zugehörige Rechnerprogramm REMVG wurde maßgeblich von Steinhauser gestaltet. Es wird zunächst eine Reglerstruktur mit den freien Parametern $\underline{k}$ angenommen. Beim Entwurf muß nun durch Wahl von $\underline{k}$ ein Kompromiß zwischen sehr verschiedenartigen Forderungen geschlossen werden, z.B. Forderungen an das Führungs- und Störverhalten, die benötigten

Stellamplituden, Lage der Eigenwerte, Betrag der Rückführverstärkungen usw. Beim Multi-Modell-Problem werden für jeden der r Betriebsfälle solche Kriterien aufgestellt. Damit ergeben sich insgesamt N Gütekriterien J_i, i = 1,2...N, die so formuliert sind, daß sie zur Einhaltung der Spezifikation kleiner als ein vorgegebener Wert sein sollen. Man weiß allerdings nicht von vornherein, ob die Spezifikationen miteinander verträglich sind, bzw. zwischen welchen ein Kompromiß erforderlich wird. Dies läßt sich nur in iterativen Entwurfsschritten feststellen. Eine denkbare Vorgehensweise bestünde darin, ein skalares Kriterium als gewichtete Summe der Einzelkriterien J_i zu formulieren und zu minimieren. Beim Spielen mit den Gewichtungen wird man dann allerdings auch Einzelkriterien, die eine geforderte Schwelle schon einmal erreicht haben, wieder verschlechtern. Das Verfahren der vektoriellen Kriterien erlaubt es dagegen, solche einmal erreichten Schwellen einzuhalten und gezielt einzelne Kriterien so weit wie möglich zu verbessern.

Die Vorgehensweise soll hier nur skizziert werden. Man bildet einen Gütevektor $\underline{J}(\underline{k}) = [J_1(\underline{k}),\ J_2(\underline{k})\ \ldots\ J_N(\underline{k})]^T$. Für zwei reelle Vektoren $\underline{x}$ und $\underline{y}$ soll im folgenden die Schreibweise $\underline{x} < \underline{y}$ bedeuten, daß $x_i \leq y_i$ für jede Komponente i und $\underline{x} \neq \underline{y}$. Man beginnt mit einer anfänglichen Schätzung $\underline{k}^o$ für die Reglerparameter und wählt $\underline{c}^o$ so, daß $\underline{J}(\underline{k}^o) < \underline{c}^o$. Man wählt nun ein $\underline{c}^1$ derart, daß

$$\underline{J}(k^o) < \underline{c}^1 < \underline{c}^o \tag{5}$$

Dabei verkleinert man gezielt die Komponenten von $\underline{c}$, für die der Wert des entsprechenden Teilkriteriums im nächsten Entwurfsschritt reduziert werden soll. Durch die Wahl von $\underline{c}^1$ bestimmt der Anwender also die Richtung des nächsten Entwurfsschritts. Durch Optimierung findet man nun $\underline{k}^1$ derart, daß

$$\underline{J}(\underline{k}^1) < \alpha^1\ \underline{c}^1 \tag{6}$$

für das kleinstmögliche skalare α^1, d.h. man bestimmt

$$\alpha^1 = \min_{\underline{k}}\ \max_{i}[J_i(\underline{k})/c_i{}^1] \tag{7}$$

Entsprechend zu Gl. (5) wird dann eine neue Entwurfsrichtung festgelegt durch Wahl von $\underline{c}^2$ derart, daß

$$J(\underline{k}^1) < \underline{c}^2 < \underline{c}^1 \tag{8}$$

Man berechnet $\underline{k}^2$ aus der Minimierung

$$\alpha^2 = \min_{\underline{k}}\ \max_{i}[J_i(\underline{k})/c_i{}^2] \tag{9}$$

Diese Iteration endet, wenn $\alpha^\nu \geq 1$ wird. Es ist dann eine Pareto-optimale Lösung erreicht, bei der kein Teilkriterium mehr verbessert werden kann, ohne daß gleichzeitig mindestens ein anderes Teilkriterium verschlechtert wird.

Der Optimierungs-Algorithmus wird in [9] beschrieben. Gute Erfahrungen in der Anwendung des Verfahrens liegen vor bei Flugzeugen (JAS 39 und F4c [10]), bei einem Lenkflugkörper [11] und bei der Regelung eines Kryo-Windkanals [12]. Beim letzteren mußte insbesondere Robustheit gegenüber variabler Totzeit erzielt werden. Im Vortrag von Cuno wird auf die Anwendung in der Regelung der elektrischen Energieerzeugung eingegangen, siehe hierzu auch [13]. In [1] wird als Demonstrations-Beispiel ein robuster Regler für eine Verladebrücke entworfen, die auch mit Polgebietsvorgabe behandelt wird. Es kommt dabei auf Robustheit gegen Laständerungen bei kleinen Stellamplituden an.

Das Ergebnis der Optimierung des vektoriellen Gütekriteriums kann von dem gewählten Startwert $\underline{k}^o$ abhängen. Man kann durch das Verfahren zu einem lokalen Optimum geführt werden, ohne zu erkennen, daß es ein besseres globales Optimum gibt. Außerdem muß $\underline{k}^o$ so gewählt werden, daß es alle Betriebsfälle des Multi-Modell-Problems simultan stabilisiert, andernfalls würden nämlich in Gl. (5) Elemente von $\underline{J}(\underline{k}^o)$ unendlich groß.

Es empfiehlt sich daher, die beiden Entwurfswerkzeuge Polgebietsvorgabe und Gütevektoroptimierung kombiniert anzuwenden. Mit der Polgebietsvorgabe gewinnt man eine globale Übersicht. Gibt es mehrere nicht zusammenhängende Stabilitätsgebiete im K-Raum, so wählt man aus jeder Zusammenhangskomponente einen Startwert $\underline{k}^o$. Je nach Art der Spezifikationen wählt man $\underline{k}^o$, so daß es das Multi-Modell-Problem simultan stabilisiert oder Γ-stabilisiert. Mit der Gütevektoroptimierung kann dann dieser schon recht gute Startwert in einer kleineren Anzahl von weiteren Entwurfsschritten in der gewünschten Richtung verbessert werden. Hierbei ist es möglich, Kriterien J_i zu benutzen, die eine aufwendigere realistische Simulation der Regelstrecke (z.B. mit Berücksichtigung zunächst vernachlässigter Nichtlinearität, Kopplung, Strukturschwingung usw.) erfordern oder gar die Optimierung an der realen Regelstrecke vornehmen. Andererseits ist es auch bei einer durch Optimierung gefundenen Lösung wünschenswert, sich die Umgebung der Lösung im K-Raum anzuschauen. Damit können Sicherheitsabstände und erforderliche Genauigkeit der Reglerrealisierung beurteilt und gegebenenfalls verbessert werden.

Mit der Kombination beider Verfahren bearbeiten wir zur Zeit in Oberpfaffenhofen ein Flugregelungsproblem (JAS 39) und wollen demnächst ein robustes Regelungskonzept für Industrieroboter erarbeiten.

Der Entwurf von Regelungssystemen mit verschiedenartigen Spezifikationen in Form von Ungleichungen wird von verschiedenen Autoren mit Optimierungsmethoden zum Teil für vektorielle Gütekriterien behandelt, beispielhaft seien die Arbeiten [14], [15], [16], [17], [18] und [19] genannt, die auch weitere Referenzen und Anwendungsbeispiele enthalten.

7. Stabilitätsreserven im Frequenzbereich

In den vorhergehenden Abschnitten wurden Entwurfswerkzeuge für das Multi-Modell-Problem behandelt, d.h. es werden große, aber strukturierte Parameterstörungen angenommen. Verschiedene Autoren behandeln Robustheits-Probleme, bei denen weniger spezifische Kenntnisse über die Störungen in der Regelstrecke vorausgesetzt werden. Der Entwurf geschieht dann für einen Nominalfall und berücksichtigt, daß zusätzliche Phasenverzögerungen oder Verstärkungsänderungen oder Nichtlinearitäten im realen Regelkreis auftreten. Die Eigenschaft, die gegenüber solchen Effekten robust sein soll, ist die Stabilität. Im wesentlichen wird dabei der ungünstigste Fall analysiert. Die Abweichung D der Regelstrecke von ihrem Nominalverhalten P kann additiv, multiplikativ oder als Rückführung angesetzt werden, Bild 4. D ist ein linearer oder nichtlinearer Operator, für $D \equiv 0$ ergibt sich jeweils der Nominalfall.

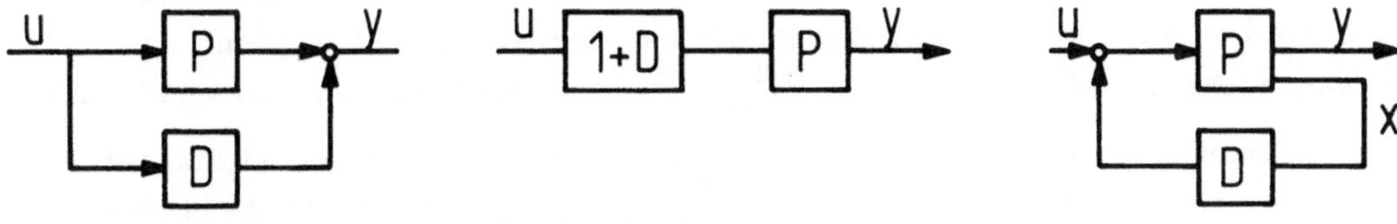

a) additive Abweichung b) multiplikative Abweichung c) Abweichung in Rückführung

Bild 4 Ansätze für unstrukturierte Abweichungen D vom Nominalfall P.

Ansatz a) bietet sich z.B. an bei vernachlässigten Strukturschwingungen mit D als Hochpaß oder Bandpaß, Ansatz b) berücksichtigt Stellglied-Dynamik oder -Nichtlinearität und Ansatz c) erlaubt nichtlineare Regelstrecken $\dot{\underline{x}} = f(\underline{x}, u)$.

Die Art der Aussagen, die hier möglich sind, sei an einem ganz einfachen Fall verdeutlicht. Es wird eine additive Abweichung angenommen, P und D seien linear und P(s) sei die Übertragungsfunktion des offenen Kreises. Man bestimmt die Stabilitätsreserve

$$\rho = \operatorname*{Min}_{\omega} |1 + P(j\omega)| \tag{10}$$

das ist der minimale Abstand der Nyquist-Ortskurve $P(j\omega)$ vom kritischen Punkt -1 der P-Ebene, siehe Bild 5.

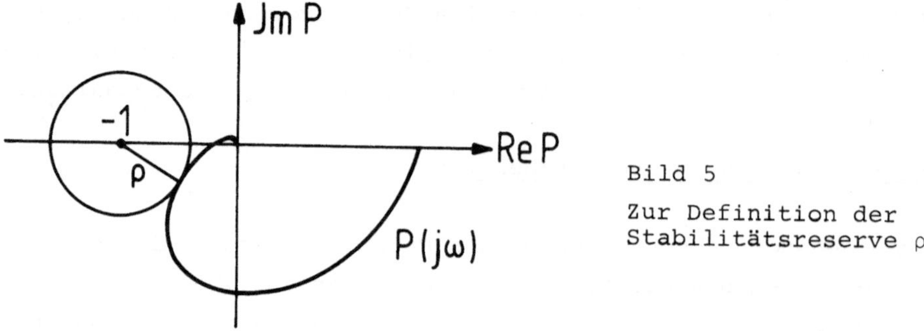

Bild 5
Zur Definition der Stabilitätsreserve ρ

Eine hinreichende Bedingung für die Stabilität ist offenbar, daß

$$|D(j\omega)| < \rho \quad \text{für } 0 \leq \omega < \infty \tag{11}$$

da $P(j\omega) + D(j\omega)$ dann den kritischen Punkt -1 in gleicher Weise umschlingt wie $P(j\omega)$. Entsprechende Bedingungen können für andere Ansätze für D und für den Regler angegeben werden. Bei der Erweiterung auf den Mehrgrößenfall wird ρ ersetzt durch die singulären Werte der Rückführ-Differenz, siehe z.B. [20], [21], [22] und [23].

Gern benutzt wird die Robustheits-Eigenschaft des Riccati-Entwurfs, die für den Eingrößenfall aus einem grundlegenden Ergebnis von Kalman [24], von Anderson und Moore [25] hergeleitet wurde. Für die Regelstrecke $\dot{\underline{x}} = \underline{A}\,\underline{x} + \underline{b}\,u$ sei durch Lösung der Riccati-Gleichung die Zustandsvektor-Rückführung $u = -\underline{k}^T\underline{x}$ bestimmt worden, die das quadratische Kriterium $J = \int_0^\infty \underline{x}^T\underline{Q}\,\underline{x} + u^Tu\,dt$, $\underline{Q}$ positiv definit, minimiert. Die Frequenzgang-Ortskurve $\underline{k}^T(j\omega\underline{I} - \underline{A})^{-1}\underline{b}$ hat dann eine Stabilitätsreserve $\rho = 1$, siehe Bild 5. Sie vermeidet also den Einheitskreis um den kritischen Punkt -1 und hat damit $\pm 60^o$ Phasenreserve, unendliche Amplitudenreserve und 50 % Amplituden-Reduktions-Reserve. Für die Robustheit gegenüber vernachlässigter Stellglied-Nichtlinearität gilt beim Riccati-Entwurf: Wird die Stellgröße über eine zeitvariable, nichtlineare Kennlinie $f(u, t)$ erzeugt, dann ist eine hinreichende Bedingung für die asymptotische Stabilität des geschlossenen Kreises, daß

$$0{,}5 < \frac{1}{u}f(u,t) \leq M < \infty \quad \text{für alle } t \text{ und bei beliebig großem } M \tag{12}$$

Für eine Sättigungskennlinie des Stellgliedes ist damit Stabilität gesichert, solange das Eingangssignal den doppelten Amplitudenwert der Sättigungsgrenze nicht übersteigt.

Diese Ergebnisse wurden von Safanov und Athans auf Mehrgrößensysteme erweitert, eine gute Übersicht gibt [26]. Hier wird auch darauf eingegangen, wieweit solche Robustheits-Eigenschaften bei Verwendung eines Kalman-Filters oder Beobachters erhalten werden können. Leider gelten die Ergebnisse nicht für den praktisch besonders interessierenden Fall von Abtastsystemen [27].

8. Robustheit des stationären Verhaltens

In diesem Abschnitt werden Lösungsansätze besprochen, bei denen eine weitergehende Eigenschaft als nur Stabilität robust sein soll, nämlich das asymptotisch genaue Nachführen bekannter Eingangssignale. Jedem Regelungstechniker geläufig ist die Verwendung eines Integralanteils im Regler. Damit wird die Regelabweichung e = w - y integriert. Wenn der Regelkreis stabil ist, bleiben bei einer sprungförmigen Führungsgröße w alle Signale im Regelkreis beschränkt, d.h. auch $\int_0^t e(\tau)d\tau$ geht für $t \to \infty$ gegen einen konstanten Wert und es wird asymptotisch

$$\lim_{t\to\infty} e(t) = 0 \qquad (13)$$

Entsprechendes gilt für sprungförmige Störgrößen, die auf die Regelstrecke wirken. Diese durch die Reglerstruktur erreichte Eigenschaft ist robust gegenüber Änderungen der Parameter und der Ordnung der Regelstrecke, auch gegen Nichtlinearitäten im Regelkreis, solange nur der Regelkreis stabil bleibt.

Dieses Konzept mit der Forderung von Gl. (13) kann auf andere Stör- und Führungsgrößen erweitert werden, vorausgesetzt, man kann ihre Entstehung durch eine Differentialgleichung modellieren, von der lediglich der Anfangszustand unbekannt ist. Dies kann z.B. ein rampen- oder parabelförmiges Ansteigen sein, d.h. eine doppelte oder dreifache Integration. Zur Modellierung ungedämpfter periodischer Störungen mit bekannter Frequenz aber unbekannter Amplitude und Phasenlage eignet sich ein Oszillator, d.h. ein Störungsmodell zweiter Ordnung mit einem rein imaginären Polpaar. In der Praxis tritt dies z.B. auf bei der Schwingungsisolation von Hubschraubern. Dabei sollen Vibrationen, die von der auf konstante Drehzahl geregelten Rotordrehung erzeugt werden, durch aktive Elemente von der Zelle ferngehalten werden. Auch bei einem Magnetschwebefahrzeug, das mit konstanter Geschwindigkeit über eine aufgeständerte, girlandenförmig durchhängende Fahrbahn fährt, treten solche periodischen Störungen auf.

Eine Lösung für dieses Robustheitsproblem existiert unter mild einschränkenden Bedingungen, die in [28] für verschiedene Fälle und Fragestellungen aufgeführt sind. Die Struktur des erforderlichen Reglers ist dadurch gekennzeichnet, daß der Regler sämtliche Eigenwerte der Störungs- und Führungsgrößenmodelle enthält. Damit ist z.B. eine Verallgemeinerung des klassischen PID-Reglers möglich, derart, daß alle Meßgrößen sowohl proportional als auch angenähert differenziert zurückgeführt werden und schließlich die Regelabweichung über ein internes Modell für die Erzeugung der von außen auf den Regelkreis einwirkenden Größen. Anstelle der P- und D-Anteile kann auch ein dynamischer Regler vorgesehen werden, der eine beliebige Polvorgabe erlaubt [29]. Bei Abtastsystemen ist noch zu berücksichtigen, daß ein digital realisiertes internes Modell die stationäre Regelabweichung nur zu den Abtastzeitpunkten zu Null macht, während ein analog realisiertes internes Modell dies für jeden Zeitpunkt erreicht, siehe [29].

Es sei darauf hingewiesen, daß das stationäre Verhalten dieser Regelkreise nicht robust ist gegenüber einer Änderung der Frequenz der Stör- oder Führungsgröße. Bei der Magnetschwebebahn beispielsweise garantiert diese Struktur keine Robustheit gegenüber Geschwindigkeits-Änderungen. Abgesehen vom häufig anwendbaren I-Regler ist dieser Lösungsansatz daher im wesentlichen für Fälle interessant, wo die Stör- und Führungsfrequenzen genau bekannt sind. Durch den Reglerpol bei dieser Frequenz erzeugt er eine unendliche Kreisverstärkung bei dieser speziellen Frequenz.

Es gibt andere Verfahren, die auf eine hohe Kreisverstärkung für einen größeren Bereich von Frequenzen zielen, eine Übersicht gibt [30]. Dieser Vergleich schließt auch nichtlineare Regler variabler Struktur ein, die ebenfalls interessante Robustheitseigenschaften haben, siehe hierzu auch [31].

9. Zusammenfassung

In dieser Übersicht über die robuste Regelung wurden insbesondere die Lösungsansätze zum Multi-Modell-Problem behandelt, da sie es erlauben, Kenntnisse über große Parameteränderungen der Regelstrecke, wie sie häufig vorhanden sind, in einen maßgeschneiderten Entwurf einzubringen. Nach der Erfahrung des Autors hat sich besonders die Kombination von Polgebietsvorgabe und Gütevektoroptimierung bei praktischen Problemen bewährt. Eine Übersicht wird auch über Verfahren gegeben, bei denen für mäßig große, nicht strukturierte Abweichungen von einem Nominalfall Robustheit erzielt wird. Die Idee eines Nominalfalls, die auch schon in der Empfindlichkeitstheorie eine zentrale Rolle gespielt hat, führt jedoch von einer einfachen Grundregel der robusten Regelung mit beschränkten Stellamplituden weg und die ist: Man soll ein schnelles System (z.B. Flugzeug im schnellen Tiefflug, Kran mit maximaler Last) schnell lassen und ein langsames (z.B. Flugzeug im Landeanflug, Kran mit leerem Lasthaken) langsam lassen.

Es sei zum Schluß nochmals darauf hingewiesen, daß Robustheit sich auf eine Systemeigenschaft und eine Klasse von Störungen bezieht. Viele Verfahren, die sich "Entwurf robuster Regler" nennen, sind eigentlich nur Robustheitsanalyse, nämlich dann, wenn

a) die Systemeigenschaft vorgegeben wird und die zulässige Größe der Störungen analysiert wird, oder

b) die Klasse von Störungen vorgegeben ist und der ungünstigste Fall in dieser Klasse gesucht wird, der zur größten Verschlechterung der Systemeigenschaft führt.

Die schwierigste und noch keineswegs umfassend gelöste Fragestellung ist

c) Gegeben ist Systemeigenschaft und Störungsklasse. Existiert eine Reglerstruktur und darin eine Menge von zulässigen Parametern, die die gewünschte Robustheit garantiert, und wie findet man systematisch einen geeigneten Regler?

10. Literatur

[1] Ackermann, J.: Abtastregelung, Bd. II Entwurf robuster Systeme, Berlin: Springer 1983.

[2] Horowitz, I., Sidi, M.: Synthesis of cascaded multiple-loop feedback systems with large plant parameter ignorance, Automatica (1973), vol. 9, 589-600.

[3] Horowitz, I.: Quantitative synthesis of uncertain multiple input-output feedback system, Int.J.Control (1979), vol.30, 81-106.

[4] Sondergeld, K.P.: A generalization of the Routh'-Hurwitz stability criteria and application to feedback design, IEEE Trans. Aut. Control (1983).

[5] Ackermann, J., Kaesbauer, D.: D-Decomposition in the space of feedback gains for arbitrary pole regions, Preprints VIII IFAC Congress, Kyoto, Vol. IV, 12-17. (Eingereicht auch bei Automatica)

[6] Ackermann, J., Türk, S.: A common controller for a family of plant models. Preprints IEEE Conf. on Decision and Control, Orlando 1982, 240-244.

[7] Franklin, S.N., Ackermann, J.: Robust flight control: A design example. AIAA J. Guidance and Control (1981), vol.4, 597-605.

[8] Kreisselmeier, G., Steinhauser, R.: Systematische Auslegung von Reglern durch Optimierung eines vektoriellen Gütekriteriums, Regelungstechnik (1979), vol. 27, 76-79.

[9] Kreisselmeier, G.: Controller design using a performance index vector and a gradient-free parameter optimization algorithm, Eingereicht bei IEEE Trans. Aut. Control.

[10] Kreisselmeier, G., Steinhauser, R.: Application of vector performance optimization to a robust control loop design for a fighter aircraft, Int. J. Control (1983), vol. 37, 251-284.

[11] Sander, N., Steinhauser, R.: Entwurf eines Flugzustandsreglers für einen Flugkörper mittels Optimierung eines vektoriellen Gütekriteriums, DFVLR-Forschungsbericht, erscheint 1983.

[12] Steinhauser, R.: Regelung eines Tieftemperatur-Windkanals, Vortrag beim Regelungstechnischen Kolloquium Boppard, Feb. 1983.

[13] Cuno, B., Steinhauser, R.: Design of automatic generation control by optimizing a vector performance index. Eingereicht bei Automatica.

[14] Zakian, V., Al Naib, U.: Design of dynamical and control systems by a method of inequalities, Proc. IEE (1973) 120, 1421.

[15] Harvey, C.A. Pope, R.E.: Insensitive control technology development, NASA Contractor Report 2947, Feb. 1978.

[16] Vinkler, A., Wood, L.: A comparison of several techniques for designing controllers of uncertain dynamic systems, Preprints IEEE Conf. on Decision and Control, San Diego, 1978, 31-38.

[17] Gembicki, F.W., Haimes, Y.Y.: Multiobjective optimization approach to performance and sensitivity: The goal attainment method. IEEE Trans. Aut. Control (1975), vol. 20, 669-771.

[18] Tabak, O., Schy, A.A., Giesy, D.P., Johnson, K.G.: Application of multiobjective optimization in aircraft control systems design, Automatica (1979), vol. 15, 595-600.

[19] Mayne, D.Q., Polak, E., Sangiovanni-Vincentelli, A.: Computer-aided design via optimization: A review, Automatica (1982), vol. 18, 147-154.

[20] Doyle, J.C., Stein, G.: Multivariable feedback design: Concepts for a classical/modern synthesis, IEEE Trans. Aut. Control (1981), 4-16.

[21] Postlethwaite, I., Edmunds, J.M., MacFarlane, A.G.J.: Principal gains and principal phases in the analysis of linear multivariable feedback systems, IEEE Trans. Aut. Control (1981), 32-46.

[22] Safanov, M.G., Laub, A.J., Hartmann, G.L.: Feedback properties of multivariable systems: The role of the return difference matrix. IEEE Trans. Aut. Control (1981), 47-65.

[23] Cruz, J.B., Freudenberg, J.S., Looze, D.P.: A relationship between sensitivity and stability of multivariable feedback systems, IEEE Trans. Aut. Control (1981), 66-74.

[24] Kalman, R.E.: When is a linear system optimal? Trans. ASME, J. Basic Engineering (1964), vol. 86, 51-60.

[25] Anderson, B.D.O., Moore, J.B.: Linear optimal control, Englewood Cliffs: Prentice Hall, 1971.

[26] Lektomaki, N.A., Sandell, N.R., Athans, A.: Robustness results in LQG based multivariable control designs, IEEE Trans. Aut. Control (1981), vol. 26, 75-93.

[27] Willems, Jacques, van der Voorde, H.: The return difference for discrete-time optimal feedback systems, Automatica (1978), vol. 14, 511-513.

[28] Davison, E.J.: Robust controller design. Kapitel 13 in Bell, Cook, Munro (ed.): Design of modern control systems. Stevenage: Peregrinus, 1982.

[29] Ackermann, J.: Abtastregelung, Berlin, Springer 1972 und 1983, Bd. I, 237-243.

[30] Young, K.K.D., Kokotovic, P., Utkin, V.: A singular perturbation analysis of high-gain feedback systems. IEEE Trans. Aut. Control (1977), vol. 22, 931-938.

[31] Franke, D.: Strukturvariable Regelung ohne Gleitzustände, Regelungstechnik (1982), 271-276.

AUSLEGUNG ROBUSTER REGELSYSTEME IN DER ELEKTRISCHEN ENERGIEVERSORGUNG

DESIGN OF ROBUST CONTROL SYSTEMS IN ELECTRIC POWER SYSTEMS

B. Björnsson
Institut für Stromrichtertechnik und Antriebsregelung
Technische Hochschule
Darmstadt

B. Cuno
Systemtechnische Entwicklung
AEG-TELEFUNKEN
Frankfurt

E. Handschin J. Voß
Lehrstuhl für elektrische Energieversorgung
Universität Dortmund

SUMMARY

This paper addresses the topic of robust control theory applied to the power- frequency as well as to the voltage control problem. In both cases it is shown that these new controller design criteria lead to an improved system behaviour without resorting to adaptive control schemes. The advantages in view of the design as well as the implementation aspects are discussed in detail and illustrated by various numerical examples.

1. Einleitung

Der Verbundbetrieb elektrischer Netze ermöglicht den sicheren Transport elektrischer Energie, schafft die Voraussetzung für eine wirkungsvolle Störungsaushilfe der Partner und ermöglicht den kostengünstigen Einsatz der Primärenergie. Die Aufrechterhaltung eines ungestörten und wirtschaftlichen Betriebes erfordert eine enge Zusammenarbeit, der an einem Verbundsystem beteiligten Partner. In diesem Zusammenhang spielt die Auslegung der Regelsysteme eine wichtige Rolle. Die vorliegende Arbeit befaßt sich mit dem Problem der Frequenz-Leistungs-Regelung, die im Mittelzeitbereich das dynamische Verhalten des Netzes bestimmt. Die vor allem im Kurzzeitbereich eingreifende Spannungsregelung wird im Hinblick auf gute Dämpfungseigenschaften mit Hilfe der Entwurfskritierien der robusten Regelung ausgelegt. Die im vorliegenden Bericht zusammengestellten Ergebnisse sind im GMR-Ausschuß 1.4 erarbeitet worden.

2. Frequenz-Leistungsregelung

Da elektrische Energie in ausreichendem Maße nicht speicherbar ist, besteht die Hauptaufgabe der Führung des Verbundbetriebs elektrischer Versorgungssysteme darin, die erzeugte elektrische Leistung ständig an den Leistungsbedarf der Verbraucher anzupassen. Fehlende bzw. überschüssige elektrische Leistung wird zunächst durch im Netz rotierende Schwungmassen aus- bzw. eingespeichert. Dadurch ändert sich die Netzfrequenz.

Durch die proportionale Rückführung der Drehzahlabweichung bewirken die an fast allen Antriebsmaschinen der Generatoren vorhandenen Primärregler eine im Sekundenbereich wirksame Stützung der Netzfrequenz. Aufgrund des proportionalen Regelgesetzes entsteht jeweils eine bleibende Frequenzabweichung. Ebenso weicht die vertraglich vereinbarte Übergabeleistung zwischen zwei benachbarten Netzen im Verbund vom Übergabeplan ab. Diese Abweichungen werden durch die Frequenz-Leistungs-Regelung ausgeregelt, indem ausgewählte Regelkraftwerke durch Korrektur ihrer Wirkleistungsabgabe das Leistungsungleichgewicht beseitigen.

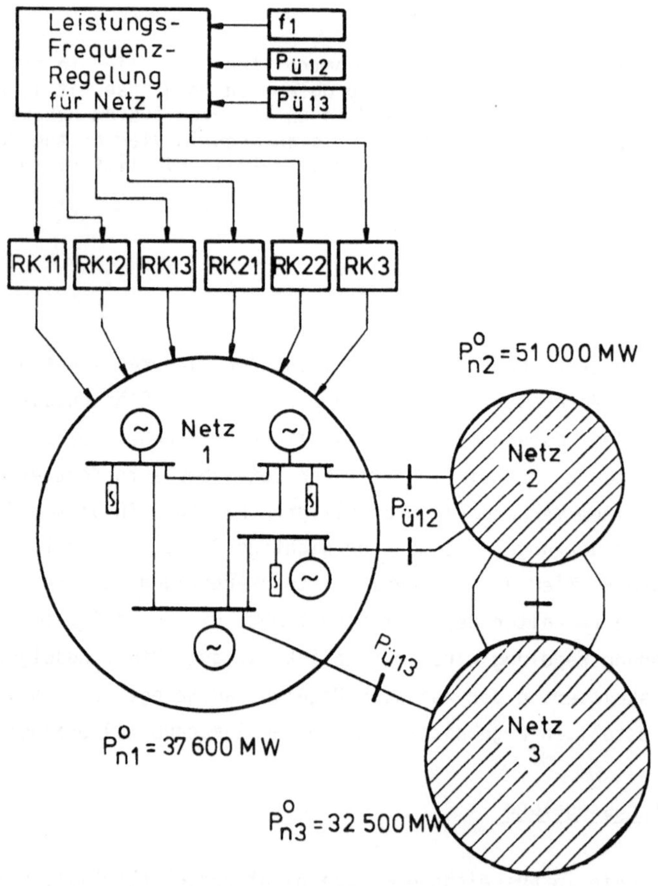

Bild 1: Prinzipskizze des untersuchten Verbundnetzes
(RKij: Regelkraftwerk j innerhalb der dynamisch äquivalenten Kraftwerksgruppe i)

Das im folgenden als Anwendungsbeispiel zur Auslegung einer Frequenz-Leistungs-Regelung betrachtete Verbundnetz besteht aus drei Teilnetzen, die über Koppelleitungen miteinander verbunden sind (Bild 1). Während für Netz 2 und 3 ein konventioneller analoger Regler bzw. dessen diskretisierte Version eingesetzt wurden, soll der Regelalgorithmus für Netz 1 neu entworfen werden. Der hier gewählten, neuen Regelstruktur (siehe Bild 1) liegen folgende Prinzipien zugrunde:

- Zur Ermittlung der Regelabweichung wird das bewährte Netzkennlinienverfahren beibehalten. Damit wird die einfache Einhaltung des Verursacherprinzips gewährleistet.
- Durch Wahl der Reglerpole im Ursprung der z-Ebene wird hier eine bleibende Regelabweichung vermieden.
- Es wird jeweils ein Regelalgorithmus auf eine Gruppe von in ihrem dynamischen Verhalten äquivalenten Kraftwerken abgestimmt. Innerhalb einer Kraftwerksgruppe erfolgt eine statische Aufteilung des Regelkreises durch vorgebbare Beteiligungsfaktoren.
- Aufgrund der gegenüber den Streckenzeitkonstanten i.a. nicht vernachlässigbaren Meßwerterneuerungszeiten kann beim Entwurf nicht von einem kontinuierlichen Regelkreisverhalten ausgegangen werden, d.h. es wird eine Abtastregelung betrachtet.

Das nach Festlegung der Reglerstruktur zu lösende Problem der Parameterbestimmung erfordert die Berücksichtigung wesentlicher Nichtlinearitäten im Prozeßverhalten, wirtschaftlicher und dynamischer Güteanforderungen sowie aus technischen Beschränkungen und Sicherheitsvorgaben resultierende Nebenbedingungen.

Für einen systematischen Reglerentwurf ergibt sich daraus die Notwendigkeit, alle für das Entwurfsergebnis entscheidenden Anforderungen schon bei der Entwurfsdurchführung explizit zu berücksichtigen. Da zur Gewährleistung des Verursacherprinzips die Netzregelzahl K_R gleich der Leistungszahl des Netzes gewählt wird, verbleiben im vorliegenden Anwendungsbeispiel noch sechs zu bestimmende Reglerparameter.

Die meisten bekannten Verfahren für einen Reglerentwurf können nur einen geringen Teil der Regelkreisanforderungen miteinbeziehen. Die übrigen müssen unberücksichtigt bleiben oder sie können aufgrund der großen Anzahl der Anforderungen keinen streng systematischen Weg zum Entwurfsziel weisen und sind auf mehr oder weniger zufälliges Probieren angewiesen.

G. Kreißelmeier und R. Steinhauser stellen in /2/ ein Regler-Entwurfsverfahren vor, das alle Anforderungen an den Regelkreis schon beim Entwurf berücksichtigt. Die Entwurfsaspekte werden in Form von Gütekriterien formuliert und zu einem Gütevektor zusammengestellt. Wichtiges Hilfsmittel des Entwurfs ist dann eine direkte Optimierung des Gütevektors, welche auf die einfach zu realisierende Minimierung einer skalaren Zielfunktion zurückzuführen ist.

Die Gewichtung bestimmter Komponenten des Gütevektors - was gleichbedeutend ist mit der Hervorhebung bestimmter Eigenschaften des Kreises durch entsprechende Vorgabewerte - erlaubt dem Anwender die Optimierung und somit das Verhalten des gesamten Regelkreises in eine bestimmte Richtung zu dirigieren.

Bei dem nächsten Optimierungsschritt können die Gewichte wieder anders verteilt und somit das Verhalten des Kreises in der gewünschten Weise verbessert werden. Das Ergebnis zeigt nach entsprechend vielen Optimierungsläufen den bestmöglichen Kompromiß zwischen den physikalisch an den Regelkreis gestellten Anforderungen. Bei ausschließlicher Verwendung des Digitalrechners als Entwurfshilfsmittel treten bei den hier vorliegenden komplexen Systemen, die durch Modellgleichungen hoher Ordnung unter Beachtung wesentlicher Nichtlinearitäten beschrieben werden müssen, durch die notwendigen Simulationsphasen i.a. unvertretbar hohe und somit teure Digitalrechnerbelastungen auf.

Durch den Einsatz eines Hybridrechners als Entwurfsanlage werden diese Nachteile dadurch beseitigt, daß das Rahmenprogramm des Entwurfsvorgangs, die eigentliche Optimierung sowie die digitalen Regelalgorithmen auf dem Digitalteil der Hybridanlage realisiert werden, während die Zeitsimulation der Strecke sowie die Auswertung vorgegebener Gütekriterien auf dem Analogrechner erfolgt.

Die Hauptvorteile dieses Entwurfs liegen in u.U. großen Kosteneinsparungen sowie im günstigen Lerneffekt durch Einblick in die physikalischen Gegebenheiten des Prozesses während der Simulation.

Durch die Realisierung der Regelalgorithmen auf dem Digitalrechner kann außerdem eine wirklichkeitsnahe Untersuchung zur technischen Realisierung erfolgen. Dabei werden bereits beim Entwurf Echtzeitprobleme (Totzeiten durch begrenzte Rechengeschwindigkeiten) und Quantisierungseffekte (Fehlerfortpflanzung durch begrenzte Rechnerwortlänge mit berücksichigt. Außerdem kann die Steuer- und Regelsoftware der Netzautomatisierung termin- und kostengünstig auf der Entwurfsanlage entwickelt und ausgetestet werden (siehe auch /3/).

Mit Methoden der adaptiven Regelung oder mit parameterunempfindlichen Entwurfsverfahren kann eine Regelung in gewissen Grenzen unempfindlich gegenüber Änderungen des Systemverhaltens gemacht werden. Dabei ist der mathematische und rechentechnische Aufwand der adaptiven Regelung sehr hoch. Sie ist daher in vielen Fällen nicht oder nur mit großem Aufwand realisierbar.

Im folgenden wird deshalb versucht, bereits von Anfang an eine parameterunempfindliche Regelung zu entwerfen. Mit dem verwendeten Reglerentwurfsverfahren läßt sich dies ohne wesentliche Änderungen in der Entwurfssystematik relativ einfach dadurch erreichen, daß man nach dem Prinzip des "worst case" die problematischsten Störfälle im Netz bei der Bestimmung des Gütevektors mit berücksichtigt. Aus Simulationen des Systemverhaltens ergibt sich, daß eine kritische Veränderung des Zeitverhaltens nur bei größeren Abweichungen in der Kopplung mit Nachbarnetzen und bei einem Ausfall von Regelkraftwerken auftritt. Unterschiedliche Lastzustände des Netzes oder die Veränderungen im Verbraucherverhalten fallen i.a. so wenig ins Gewicht, daß sie keinen robusten Reglerentwurf erfordern.

Neben dem ursprünglich vorgegebenen zu erwartenden Störfall, einem Leistungsausfall von 1000 MW in Netz 1, sollen im folgenden zwei weitere repräsentative Störfälle mitberücksichtigt werden, um mit dem entworfenen Regler bei möglichst vielen kritischen Netzbetriebszuständen ein zufriedenstellendes Reglerergebnis zu erzielen. Die Parameteroptimierung für den zu entwerfenden robusten Regler erfolgt unter Berücksichtigung des Störverhaltens bei:

A) Leistungsausfall von 1000 MW in Netz 1 durch Ausfall eines Kraftwerks bzw. Kraftwerkblocks.
B) Leistungsausfall von 1000 MW in Netz 1 und zusätzlichem Totalausfall eines Regelkraftwerks mit einer Grundlast von 400 MW etwa 20 Sekunden nach dem Eintreten der ersten Störung.
C) Leistungsausfall von 1000 MW in Netz 1 bei gleichzeitigem Ausfall der Koppelleitung von Netz 2 nach Netz 1.

Einige der an die Regelung gestellten Anforderungen sind
- Die durch die Regelung von einem Regelkraftwerk geforderte Leistung darf die Grenzen des vorgegebenen Regelbandes nicht überschreiten.
- Die maximale Änderung der Abgabeleistung eines Kraftwerks soll aus wirtschaftlichen und technischen Gründen möglichst klein bleiben. Sie darf aus Gründen thermischer und mechanischer Belastungen von Kessel und Turbine eine maximale Leistungsänderungsgeschwindigkeit keinesfalls überschreiten. Die wirtschaftliche Fahrweise verlangt eine bestimmte einzustellende Aufteilung der statisch aufzubringenden Regelleistung sowie möglichst gedämpfte Ausgleichsvorgänge in der Wirkleistungsabgabe.
- Eine Abweichung in der Netzfrequenz von ihrem Sollwert ist möglichst ohne Überschwingen auszuregeln.

Diese und weitere, z.B. in /4/ zusammengestellte, Entwurfskriterien lassen sich durch Vorgabe entsprechender Solltrajektorien in den Kraftwerkswirkleistungen und der Netzfrequenz leicht in das Regelerentwurfsverfahren einbringen /5,6/. Zur Berechnung des für den robusten Entwurf notwendigen Gütevektors werden drei Simulationen für

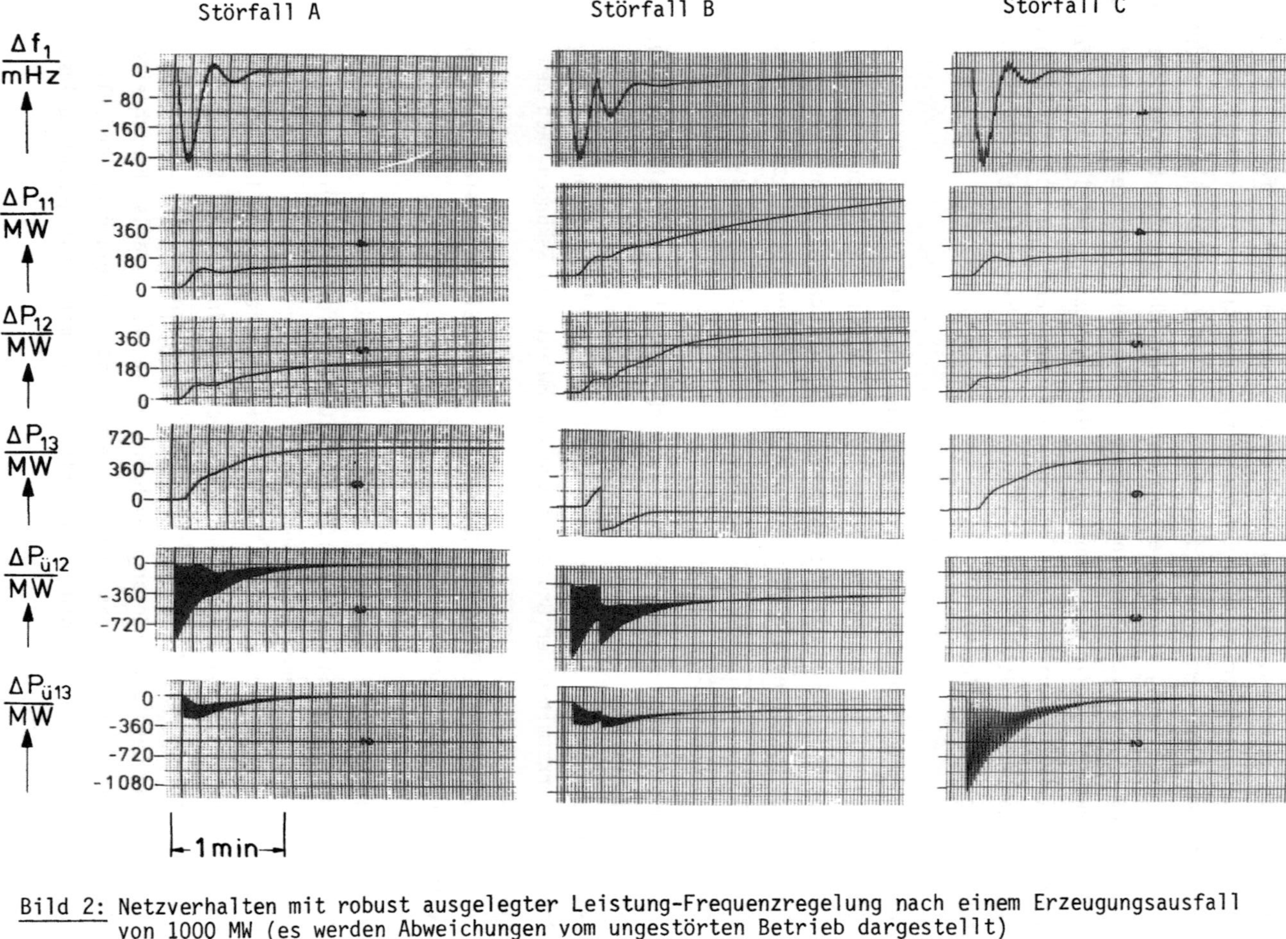

Bild 2: Netzverhalten mit robust ausgelegter Leistung-Frequenzregelung nach einem Erzeugungsausfall von 1000 MW (es werden Abweichungen vom ungestörten Betrieb dargestellt)

das Störverhalten des Verbundnetzes nötig, wobei sich der gesamte Gütevektor aus insgesamt zwölf gewählten einzelnen Gütekriterien zusammensetzt.

Bild 2 zeigt die Ausgleichsvorgänge im Verbundnetz nach den Störfällen A, B und C mit den durch den interaktiven Entwurfsvorgang gefundenen Reglerparametern. Dargestellt ist der Verlauf der Änderungen der Netzfrequenz, der Wirkleistungsabgabe der drei unterschiedlichen Kraftwerkstypen unter der Übergabeleistungs-Frequenzregelung sowie der Austauschwirkleistungen von Netz 1 mit den Nachbarnetzen.

Unmittelbar nach Fehlereintritt kommt es jeweils zu einem Frequenzeinbruch sowie einem sprunghaften Anstieg im Bezug von Aushilfswirkleistung von den Nachbarnetzen. Durch das schnelle Eingreifen der Primärregelung wird der Frequenzeinbruch auf maximal 260 mHz begrenzt. Die robust ausgelegte Leistungs-Frequenzregelung greift im anschließenden Zeitbereich ein, wobei im Fall B die vollständige Ausregelung der Frequenz- und Übergabewirkleistungsabweichung aufgrund der begrenzten sofort verfügbaren Regelreserve stark verzögert erfolgt. Der Vergleich der Simulationsergebnisse zeigt, daß die dem robusten Reglerentwurf zugrunde gelegten Störfälle ohne Netzschaltmaßnahmen oder Lastabwurf mit dem gewünschten statischen und dynamischen Frequenz- und Kraftwerksverhalten gut beherrscht werden.

3. Spannungsregelung

Die elektrische Energie muß bei einer bestimmten Spannung übertragen und dem Verbraucher zur Verfügung gestellt werden. Allerdings sind dabei die Regelgrenzen nicht so eng wie bei der Frequenz-Leistungs-Regelung gesetzt. Als Eingriffsmöglichkeiten für die Beeinflussung des Spannungsprofils kommen entweder die Spannungsregler der Synchrongeneratoren oder die Stufenschalter der Umspann- und Maschinentransformatoren in Frage. Ferner bestehen vereinzelt auch Eingriffsmöglichkeiten über Kompensationseinrichtungen.

Eng gekoppelt mit dem Problem der Spannungshaltung ist die Blindleistungsaufteilung auf die verschiedenen Kraftwerksblöcke, Kompensationseinrichtungen und Lasten. Die Regelung von Blindleistung und Spannung über eines der genannten Stellorgange beeinflußt stets nur die nähere Umgebung des Eingriffsortes (beschränkt elektrogeographisches System). Im Gegensatz zur Frequenz-Leistungs-Regelung handelt es sich hier also um mehrere dezentrale Regelungsaufgaben, die in den Kraftwerken von den Regeleinrichtungen des Erregerstromkreises der Synchrongeneratoren wahrgenommen werden. Vornehmliche Aufgabe dieser Regler ist, die Klemmenspannung bei unterschiedlicher Leistungsabgabe konstant zu halten. Dabei stellen gerade die starken Abhängigkeiten der Systemparameter der Synchrongeneratoren am Netz von Änderungen der Netztopologie wie z.B. planmäßiges oder störungsbedingtes Zu- und Abschalten von Übertragungsleitungen außerordentliche Anforderungen an die Regler. Nichtlinearitäten des Synchronmaschinenmodells, wie vereinfacht in Bild 3 als Blockschaltbild dargestellt, erschweren zusätzlich den Entwurf.

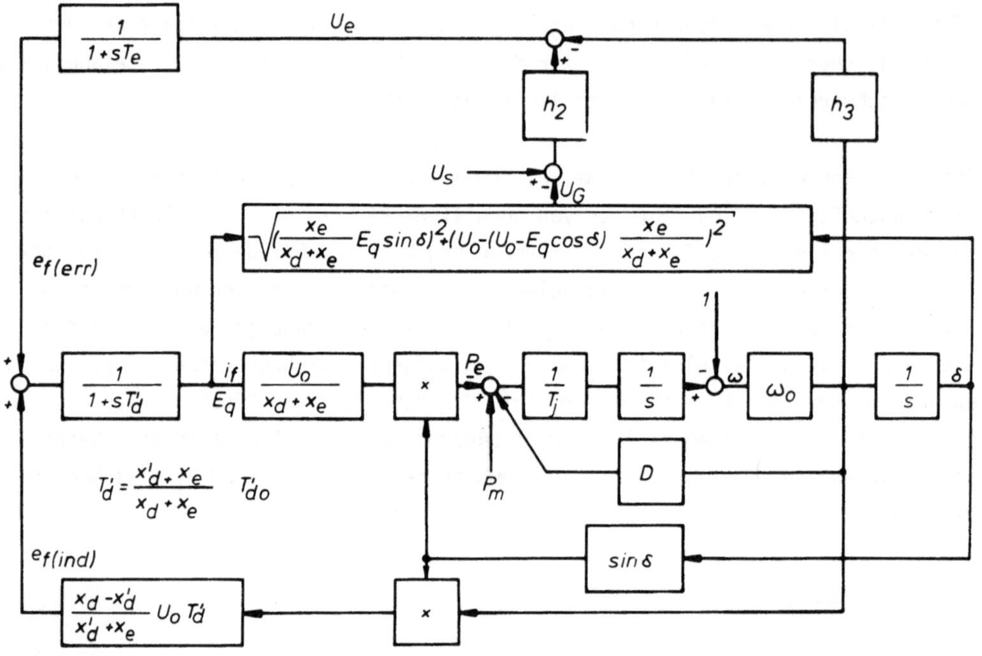

Bild 3: Strukturbild des nichtlinearen Generator-Leitungsmodells

Als Problemlösung wird in /7/ eine adaptive Erregerstromregelung auf der Basis eines Mikrorechners angeboten. Dieses Verfahren ist aber von der Identifizierung schwer meßbarer Systemgrößen abhängig, die in bestimmten Störfällen nicht schnell genug ermittelt werden können.

In dieser Arbeit wird daher auf der Basis eines linearisierten Modells ein parameterunempfindlicher Zustandsregler nach /8/ mit nicht vollständiger Zustandsrückführung vorgeschlagen, der für spezifizierte Mindestanfoderungen und für die unter Beachtung physikalischer Grenzen noch ausregelbaren Störfälle ein akzeptables dynamisches Verhalten aufweist.

Das vereinfachte lineare Modell 4. Ordnung

$$\dot{\underline{x}} = \underline{A}\,\underline{x} + \underline{b}\,u$$

mit den Zustandsgrößen

$$\underline{x}^T = [e, E, \omega, \delta]$$

e: Erregerspannung, E: Polradspannung, ω: Maschinendrehzahl, δ: Polradwinkelabweichung erlaubt auf einfache Weise nur die Messung

$$\underline{y} = \underline{C}\ \underline{x}$$

von zwei Größen

$$y^T = [U_g, \omega]$$

mit Ug: Klemmenspannnung. Um das Konzept der Zustandsregelung ohne zusätzliche Beobachter anwenden zu können, ist die Stellgröße $u = -\underline{r}^T\ \underline{y}$ die Linearkombination dieser beiden Größen, die als Linearkombination der Zustandsgrößen $\underline{x}$ dargestellt werden können, also $u = \underline{h}^T\ \underline{x}$ mit $\underline{h}^T = [h_1, h_2, h_3, h_4]$. Wegen der nichtvollständigen Rückführung der Zustandsgrößen ist $h_1 = 0$ und h_4 proportional h_2, so daß nur h_2 und h_3 unabhängig voneinander wählbar sind. Beide Größen h_2 und h_3 werden so gewählt, daß sich die Systemeigenwerte in einem bei allen Betriebsfällen vorgegebenen Segment der komplexen Ebene befinden. Das zulässige Parametergebiet zeigt Bild 4. Um die Regelabweichungen klein zu halten wird h_2 möglichst am rechten Rand des zulässigen Parametergebietes gewählt.

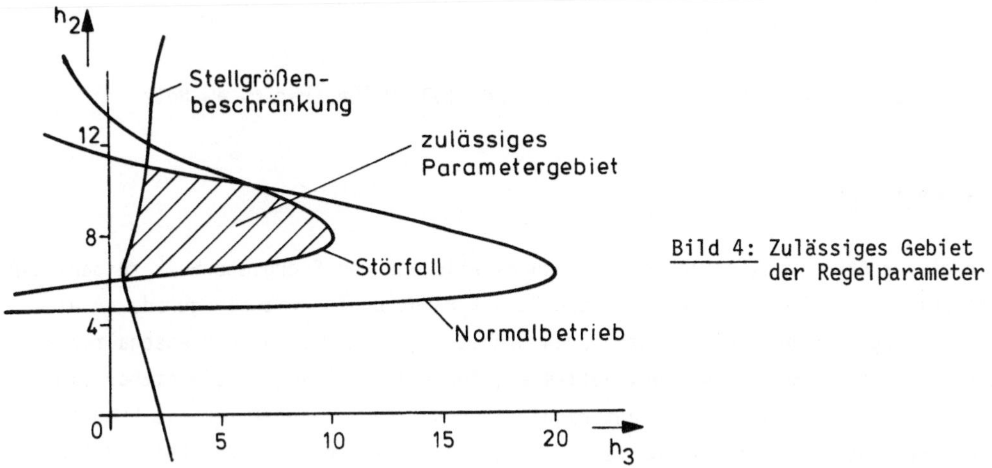

Bild 4: Zulässiges Gebiet der Regelparameter

Dem Entwurf lag ein 1000 MVA Kraftwerksblock zugrunde, der über Übertragungsleitungen verschiedener Spannungsebenen in das Verbundnetz einspeist. Die Simulation der Störfälle wie z.B. der Ausfall einer Leitung wurde anhand des nichtlinearen Modells auf einem Digitalrechner durchgeführt. Die Ergebnisse sind in Bild 5 dargestellt. Bild 5a zeigt den Ausfall einer 220 kV-Leitung, der von dieser Regelung sicher beherrscht wird. Eine bislang eingesetzte Einfachregelung der Klemmenspannung führte bei diesem Störfall zu Instabilitäten, die das Abschalten des Kraftwerks notwendig machten. Bild 5b zeigt das Wiedereinschalten und Bild 5c das Verhalten des Generators im Normal- und Störbetrieb.

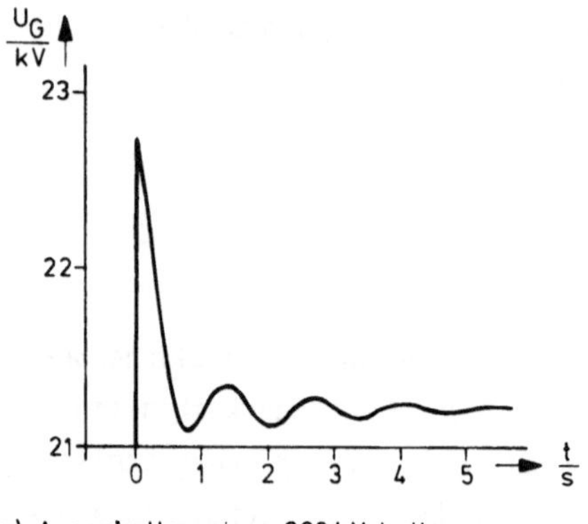

a) Ausschalten einer 220 kV Leitung

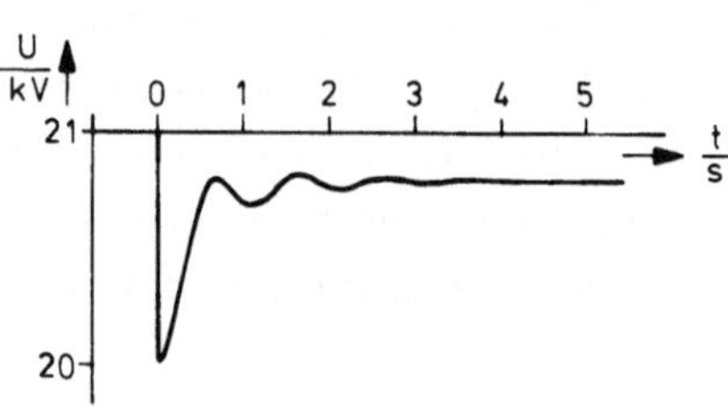

b) Einschalten einer 220 kV Leitung

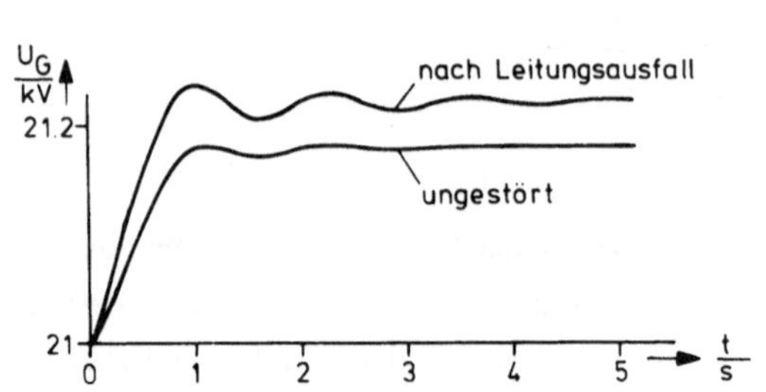

c) Sollwertsprung um 1.0 % im ungestörten und stark gestörten Betrieb

Bild 5: Simulationsergebnisse am Beispiel eines 1000 MW Generators am Netz

4. Zusammenfassung

Die in dieser Arbeit beschriebenen Anwendungsfälle aus der Energietechnik zeigen, daß selbst bei den starken störungsbedingten Strukturänderungen, wie sie gerade in elektrischen Energieversorgungssystemen durch Schaltvorgänge, wie Zu- und Abschalten von Leitungen, Lasten und Kraftwerken, auftreten, feste lineare Regler einsetzbar sind. Dabei kann der Weg dazu durchaus unterschiedlich sein. Hier wurde für die Frequenz-Leistungsregelung die Optimierung vektorieller Kriterien vorgenommen; bei der Spannungsregelung dagegen wurden die Reglerparameter durch Vorgabe von Polgebieten gewonnen. Beiden Verfahren ist gemeinsam, daß die stark nichtlinearen Systeme durch unterschiedliche lineare Modelle beschrieben werden, die sich in ihren Kenngrößen um so mehr unterscheiden, je weiter die Arbeitspunkte auseinanderliegen. Diese robusten Regler, die für alle linearen Modelle Mindestanforderungen erfüllen, sind gerade in diesen Anwendungsfällen, bei denen Strukturänderungen sich plötzlich vollziehen, adaptiven Reglern weit überlegen.

5. Literatur

/1/ Cuno, B.: " A new Design Technique for Automatic Generation Control",Proceedings Seventh Power System Computation Conference, Lausanne 1981, Westbury House, Guilford 1981, S. 677 - 688

/2/ Kreisselmeier, G. und Steinhauser, R.: "Systematic Control Design by Optimizing a Vector Performance Index", Proceedings IFAC Symposium Computer Aided Design of Control System, Zürich 1979, Pergamon Press, Oxford 1979, S. 113-117

/3/ Björnsson, B. und Cuno, B.: "Implementierung des Reglerentwurfsverfahrens mit vektoriellem Gütekriterium auf dem Hybridrechner", Lehrgangsband-Entwurf von Regelungssystemen mit Optimierungsmethoden - Güteveoktoroptimierung, Carl-Cranz-Gesellschaft, Oberpfaffenhofen 1983

/4/ Cuno, B.: "Anwendungsbeispiel zur robusten Regelung: Die Übergabeleistungs- Frequenzregelung", Beispielsammlung des GMR-Ausschusses 1.4 "Neuere theoretische Verfahren der Regelungstechnik", Interlaken 1982

/5/ Meierhöfer, N.: Realisierung eines in der Literatur beschriebenen Verfahrens zur Reglerparameteroptimierung auf einem Hybridrechner (I) Studienarbeit Nr.891, Institut für Stromrichtertechnik und Antriebsregelung, Technische Hochschule Darmstadt, 1982

/6/ Opfer, G.: "Reglerparameteroptimierung mit Hilfe eines Gütevektors auf einem Hybridrechner (Teil II), Studienarbeit 890, Institut für Stromrichtertechnik und Antriebsregelung, Technische Hochschule Darmstadt, 1982

/7/ Bonanomi, P.: "Adapted Regulator for the Excitation of Large Turbogenerators", International Symposium on Adaptive Systems, Bochum, März 1980

/8/ Ackermann, J.: "Entwurfsverfahren für robuste Regelungen, INTERKAMA 1983

/9/ Handschin, E.: "Spannungsregelung eines Synchrongenerators", Anwendungsbeispielsammlung des GMR-Ausschusses 1.4 "Neuere theoretische Verfahren der Regelungstechnik", 1981

/10/ Vogelpohl, H.: "Entwurf eines robusten Spannungsreglers für spezifizierte Mindestanforderungen", Studienarbeit EV 8105, Lehrstuhl für elektrische Energieversorgung, Universität Dortmund, 1981

PROBLEME DER ROBUSTEN REGELUNG AUS DEM BEREICH DER KRAFTFAHRZEUGFORSCHUNG

PROBLEMS OF ROBUST CONTROL IN THE AREA OF VEHICLE RESEARCH

W. Darenberg, M. Gipser

Daimler-Benz AG
7000 Stuttgart 60, B.R. Deutschland

S. Türk
DFVLR
Oberpfaffenhofen

Summary

The solution of control problems in vehicles nearly always requires a design with special regard to robustness because of the high demands on a car in its daily life. As a typical example for these requirements of robustness a problem in the area of vehicle research will be regarded which deals with automatic operation of buses on separate lanes in local public transport passenger systems. In this case robust control systems are required which with the ensurance of prescribed specifications, permit a lateral and longitudinal guidance of the vehicles during all operational disturbances. The partial task of automatic trackguidance of buses along a given nominal track has been solved with an electronic track control system by means of state space methods. In this case the requirements of robustness result from vehicle and roadway parameters, which vary in very wide ranges. It will be shown by means of new methods and evaluations how a systematical design with respect to robustness can be achieved.

1. Einleitung

An Regelungen in Kraftfahrzeugen werden im allgemeinen drei Anforderungen gestellt:

- sie sollen stets mit minimalem Aufwand realisiert werden, ihre Aufgabe in optimaler Weise erfüllen,
- sie müssen fast immer mit in sehr weiten Grenzen schwankenden Parametern und Störungen im Betrieb fertig werden,
- bei Auftreten von Fehlern oder Ausfällen von Komponenten muß gewährleistet sein, daß das Fahrzeug in einem sicheren Zustand bleibt.

Entwurfsverfahren, die besondere Rücksicht auf derartige Randbedingungen nehmen, sind daher für Regelungen in Kraftfahrzeugen von großer Bedeutung.

Seit einiger Zeit werden von einem Arbeitskreis /1/ Verfahren entwickelt und erprobt, die dieser spezifischen Problematik weitgehend entgegenkommen. Es handelt sich hierbei um Verfahren zur

Auslegung von robusten Regelungssystemen. Die Beurteilung neuer Verfahren erfolgt üblicherweise durch Tests an Beispielen und wenn möglich durch Vergleiche mit bereits vorhandenen Lösungen. Auf der anderen Seite besteht oft die Notwendigkeit, mit neuen Verfahren nach verbesserten Lösungen zu suchen oder neue erweiterte Aufgabenstellungen zu lösen. Das sind wesentliche Motivationen zur Durchführung der Arbeiten des vorliegenden Beitrags gewesen.
Im folgenden wird an einem konkreten Problem über die Ergebnisse mit neueren Lösungsansätzen unter dem Aspekt der Robustheit berichtet.
Es stammt aus einem Bereich der Kraftfahrzeugforschung, der sich mit neuen Systemen im Personen-Nahverkehr beschäftigt /2/, hat darüber hinaus jedoch auch in völlig anderen Bereichen, wie z. B. der Versuchsautomatisierung Bedeutung. Die hier betrachtete Teilaufgabe aus diesem Bereich ist die elektronische Spurführung von Kraftfahrzeugen. Der konkrete Fall ist ein Stadtomnibus O 305, Bild 1.
Im zweiten Abschnitt wird die Aufgabenstellung und als Referenz für die nachfolgenden Untersuchungen das bestehende Spurführungssystem beschrieben. Der dritte Abschnitt befaßt sich mit der Anwendung eines neueren Entwurfsverfahrens für robuste Regelungen auf die gleiche Aufgabe. Darauf aufbauend wird im vierten Abschnitt eine Lösung vorgestellt, welche schließlich auch der bestehenden Forderung nach Entwurf auf Robustheit bei minimalem Sensoraufwand gerecht wird.
Abschließend erfolgen einige zusammenfassende Bemerkungen.

2. Aufgabenstellung und Referenzsystem

Die Kurshaltung eines Kraftfahrzeugs ist eine typische Regelungsaufgabe und erfolgt normalerweise durch den Fahrer. Soll das Lenken des Fahrzeugs einem Automaten übertragen werden, so muß dieser Informationen über den Kursverlauf oder wenigstens die momentanen Kursabweichungen erhalten und außerdem die Fähigkeit, Kurskorrekturen vorzunehmen.
Im Bild 2 sind Einrichtungen im Fahrzeug und an der Fahrbahn dargestellt, mit deren Hilfe die Realisierung einer elektronischen Spurführung erfolgt.
Den Sollkursverlauf markiert das Magnetfeld eines stromdurchflossenen Kabels in der Fahrbahndecke.
Das Fahrzeug ist an Bug und Heck mit Sensoren für die Abweichungen d_v und d_h vom Sollkurs und einem Geber für den Einschlagwinkel der

Vorderräder β_v ausgerüstet.
Die Regeltätigkeit des Fahrers wird durch einen Rechner ersetzt, der die aufgenommenen Signale so verarbeitet und als Stellgröße u an ein elektrohydraulisches Lenkstellsystem weitergibt, daß das Fahrzeug in allen Betriebszuständen und unter Störungen dem vorgegebenen Kurs möglichst gut folgt.
Bei der Entwicklung derartiger Systeme spielt das Kosten-/Nutzenverhältnis stets eine große Rolle. Daher wurde bei Daimler-Benz, ausgehend von der Untersuchung einfacher Proportional-Regelstrategien über eine Zustandsregelung /3/, schrittweise eine elektronische Spurführung entwickelt, die schließlich durch Einführung dynamischer Anteile im Regler zu einem System /4/ führte, das mit nur einem Sensor am Fahrzeugbug auskommt und auf der in Bild 3 dargestellten Teststrecke schon seit einiger Zeit praktisch erprobt wird. Als Beispiel eines Fahrversuches zeigt Bild 4 die Einfahrt eines elektronisch spurgeführten O 305 in die Nordkurve der Versuchsbahn Rastatt.
Ein großes Problem bei dem Entwurf des Spurführungsreglers sind die sehr starken Schwankungen der Parameter Fahrzeuggeschwindigkeit, Masse, Trägheitsmoment und die Reifen- und Straßenbeschaffenheit, die in das Modell des Fahrzeugs eingehen. Da weiterhin das Fahrzeugmodell bei beliebig vorgegebenem Sollkursverlauf nicht linearisierbar ist, muß schon beim Reglerentwurf auf besondere Betriebsfälle, wie das Einfahren in eine Kurve, Rücksicht genommen werden /5/. Bei Geradeausfahrt wird das Fahrzeugverhalten mit guter Genauigkeit durch ein lineares Modell fünfter Ordnung wiedergegeben und hat die in /1/ ausführlich spezifizierte Struktur

$$\begin{aligned} \dot{\underline{x}} &= \underline{F}\,(v, m, \mu)\,\underline{x} + \underline{g}\,u + \underline{s} \\ \underline{x}^T &= (d_v\ \dot{d}_v\ d_h\ \dot{d}_h\ \beta_v) \end{aligned} \qquad (1)$$

Diese Modellgleichungen hängen von drei Parametern ab, deren Werte im Betrieb des Fahrzeugs in beliebigen Kombinationen variieren können. Die Fahrgeschwindigkeit v reicht vom Stillstand bis zur Höchstgeschwindigkeit von 20 m/s. Als niedrigste Geschwindigkeit wird v = 1 m/s angenommen, da das Modell bei extrem niedrigen Geschwindigkeiten seine Gültigkeit verliert. Die Fahrzeugmasse m liegt zwischen 9.950 kg und 16.000 kg bei voll besetztem Bus. Der Kraftschluß zwischen Reifen und Fahrbahn erreicht bei guten Verhältnissen einen Wert von μ = 1. Da ein zu kleiner Wert keine Chance mehr für regelungstechnische Eingriffe läßt, muß gefordert

werden, daß ein unterer Wert durch geeignete Maßnahmen stets garantiert ist. Als untere Grenze wird daher $\mu = 0.5$ angenommen.
Abhängig von den drei variablen Modellparametern v, m und μ wandern zwei der fünf Eigenwerte von (1) in einem sehr weiten Gebiet. Zwei der Eigenwerte liegen immer bei Null und einer bei $-4.5\ s^{-1}$ (Stellglied). Als Beispiel zeigt Bild 5 die Pollagen bei variabler Geschwindigkeit. Um das Verhalten des Fahrzeugs zu stabilisieren, kommt es vor allem darauf an, den beiden Eigenwerten bei Null einen negativen Realteil zu geben.
Die weiteren Betrachtungen zeigen, wie der Reglerentwurf mit neueren Lösungsansätzen gezielt unter den besonderen Aspekten der Robustheit und des minimalen Aufwands erfolgt und welche zusätzlichen Verbesserungen sich dabei für das implementierte Referenzsystem, das im folgenden mit Regler 1 bezeichnet wird, ergeben.

3. Entwurf nach dem Parameterraumverfahren

Für die durch (1) vorgegebene Regelstrecke wurde der Regler nach dem Parameterraumverfahren /6/, /7/ entworfen. Als Reglerstruktur wurde zunächst vollständige Zustandsrückführung angesetzt /8/, /9/. Der Grundgedanke dieses Verfahrens liegt in der Vorgabe eines Gebietes Γ in der Eigenwertebene, das die Eigenwerte bei Variation der Streckenparameter nicht verlassen dürfen. Innerhalb dieses Gebietes Γ dürfen sie sich allerdings beliebig bewegen. Man spricht dann von Eigenwertgebietsvorgabe anstatt von Eigenwertvorgabe.
Für die vorliegende Aufgabe ist der Bereich links des linken Astes der Hyperbel $\sigma^2/0.06^2 - \omega^2/0.12^2 = 1$, Bild 6, als Gebiet Γ geeignet /8/. Die Aufgabe lautet jetzt: Es ist ein Rückführvektor $\underline{k}$ gesucht, der für alle Betriebsfälle die Eigenwerte des geschlossenen Kreises in das Gebiet Γ legt. Als Betriebsfälle werden die acht extremen Parameterkombinationen der drei Variablen v, m und μ ausgewählt. Nachträglich muß dann geprüft werden, ob dazwischenliegende Fälle auch im gewünschten Sinne stabilisiert werden.
Mit Hilfe des Parameterraumverfahrens und der Einführung einer "Invarianzebene" gelang es, einen Rückführvektor $\underline{k}$ zu finden, der garantiert, daß die Eigenwerte des geregelten Systems das Gebiet Γ für keinen der möglichen Betriebsfälle verlassen (Γ-Stabilität).
Über diese Invarianzebene hängt der Reglervektor $\underline{k}$ von nur zwei freien Verstärkungen κ_1, κ_2 ab ($\underline{k}^T = \underline{\kappa}^T C^T$). Man kann dann die Abhängigkeit der Eigenwerte des geschlossenen Kreises von κ_1, κ_2 zweidimensional graphisch darstellen. Wählt man die Invarianzebene in geeigneter Weise /8/, kann man einen Bereich in der κ_1-, κ_2-

Ebene finden, der Γ-Stabilität für alle Betriebsfälle garantiert. Um Sensoren zu sparen, werden die Zustände $\dot{d}_v$ und $\dot{d}_h$ durch einen Differenzierfilter mit nachgeschaltetem Tiefpaß zweiter Ordnung näherungsweise aus d_v und d_h ermittelt /8/.
Bild 7 und Bild 8 zeigen für zwei sehr verschiedene Betriebsfälle die Sprungantworten des mit dem Parameterraumverfahren gefundenen Reglers 2.

4. Entwurf eines dynamischen Reglers

Um den konstruktiven Aufwand sowie die Störanfälligkeit in der Hardware möglichst klein zu halten, muß versucht werden, bei der Spurregelung mit nur einem Sensor auszukommen.
Wegen der unbekannten Systemparameter v, m und μ lassen sich hier nicht gemessene Zustandsgrößen jedoch nicht im Sinne von Luenberger /10/ beobachten. Deswegen wurde die Verwendbarkeit eines dynamischen Reglers der folgenden Struktur untersucht:

$$\underline{x}^{n+1} = \underline{A}\,(v, m, \mu)\ \underline{x}^n + \underline{b}\,(v, m, \mu)\ u^n + \underline{s}^n \quad \text{(Strecke)}$$

$$u^n = p\,(x_1{}^n + f^n) + \underline{k}^T\,\underline{z}^n \quad \text{(Stellgröße)} \qquad (2)$$

$$\underline{z}^{n+1} = \underline{q}\,(x_1{}^n + f^n) + \underline{C}\ \underline{z}^n \quad \text{(Reglerdynamik)}$$

Dabei ist

$\underline{x}^n$ der Systemzustand wie in (1) zu den Zeitpunkten $t^n = n\,\delta t$

$\underline{A}\,(v, m, \mu) = \underline{A}$ die System-Fundamentalmatrix zur Schrittweite δt (= 10 ms)

$\underline{b}\,(v, m, \mu) = \underline{b}$ der Steuereingangsvektor

$\underline{s}^n$ die Zusammenfassung der Störgrößen, resultierend aus Seitenwind, Fahrbahnneigung usw.

$\underline{z}^n$ der Reglerzustand

$\underline{C}$ die Regler-Systemmatrix

f^n der Fehler bei der Abstandsmessung

Die einzige zu messende Größe hierbei ist also $x_1 = d_v$. In Matrixschreibweise ergibt sich ($\underline{e}_1{}^T = (10\ldots0)$)

$$\begin{bmatrix} \underline{x}^{n+1} \\ \underline{z}^{n+1} \end{bmatrix} = \begin{bmatrix} \underline{A} + p\,\underline{b}\,\underline{e}_1{}^T & \underline{b}\,\underline{k}^T \\ \underline{q}\,\underline{e}_1{}^T & \underline{C} \end{bmatrix} \begin{bmatrix} \underline{x}^n \\ \underline{z}^n \end{bmatrix} + \begin{bmatrix} \underline{s}^n + \underline{b}\,p\,f^n \\ \underline{q}\,f^n \end{bmatrix} \qquad (3)$$

Die freien Parameter in p, $\underline{q}$, $\underline{k}$, $\underline{C}$ wurden mit Hilfe spezieller

Optimierungstechniken derart bestimmt, daß alle closed-loop-Eigenwerte der acht extremen Betriebsfälle, entsprechend der Vorgehensweise im vorigen Abschnitt, innerhalb des Eigenwertgebietes Γ liegen.
Es gelang schon bei Verwendung von nur zwei Reglerzuständen in (3) solche Parameter und damit einen robusten Regler zu finden. Im Fahrversuch zeigte sich jedoch, daß die durch den Koeffizienten p verursachte direkte Störungsrückführung bei der Abstandsmessung zu groß war. Bei Filterung der Meßwerte durch einen digitalen Tiefpaß ergibt sich das erweiterte System

$$\begin{aligned}
\underline{x}^{n+1} &= \underline{A}\,\underline{x}^n + \underline{b}\,u^n + \underline{s}^n && \text{(Strecke)}\\
u^n &= p\,w_1{}^n + \underline{k}^T\,\underline{z}^n && \text{(Stellgröße)}\\
\underline{z}^{n+1} &= \underline{q}\,w_1{}^n + \underline{C}\,\underline{z}^n && \text{(Reglerdynamik)}\\
\underline{w}^{n+1} &= \underline{r}\,(x_1{}^n + f^n) + \underline{G}\,\underline{w}^n && \text{(Filter)}
\end{aligned} \tag{4}$$

oder in Matrixschreibweise

$$\begin{bmatrix} \underline{x}^{n+1} \\ \underline{z}^{n+1} \\ \underline{w}^{n+1} \end{bmatrix} = \begin{bmatrix} \underline{A} & \underline{b}\,\underline{k}^T & \underline{b}\,p\,\underline{e}_1{}^T \\ 0 & \underline{C} & \underline{q}\,\underline{e}_1{}^T \\ \underline{r}\,\underline{e}_1{}^T & 0 & \underline{G} \end{bmatrix} \begin{bmatrix} \underline{x}^n \\ \underline{z}^n \\ \underline{w}^n \end{bmatrix} + \begin{bmatrix} \underline{s}^n \\ 0 \\ \underline{r}\,f^n \end{bmatrix} \tag{5}$$

Setzt man in (5)

$$\tilde{\underline{k}} = \begin{bmatrix} \underline{k} \\ p\,\underline{e}_1 \end{bmatrix}, \quad \tilde{\underline{q}} = \begin{bmatrix} 0 \\ \underline{r} \end{bmatrix}, \quad \tilde{p} = 0 \quad \text{und} \quad \tilde{\underline{C}} = \begin{bmatrix} \underline{C} & \underline{q}\,\underline{e}_1{}^T \\ 0 & \underline{G} \end{bmatrix},$$

so erkennt man, daß (5) wieder genau die Gestalt von (3) hat, jetzt allerdings mit fünf anstelle von zwei Reglerzuständen bei Verwendung eines Filters dritter Ordnung.
Zur Verringerung der Zahl der freien Parameter wurde das Regelgesetz vor einer erneuten Variation der Größen $\tilde{\underline{k}}$, $\tilde{\underline{q}}$ und $\tilde{\underline{C}}$ auf eine Normalform überführt. Aus Gründen der Rundungsfehlerempfindlichkeit und des Rechenaufwandes für den Regler erwies sich dabei eine Transformation als sinnvoll, die die Matrix $\tilde{\underline{C}}$ in folgende Block-Diagonalform überführt:

$$\underline{D} = \begin{bmatrix} 0 & 1 & 0 & 0 & 0 \\ a & b & 0 & 0 & 0 \\ 0 & 0 & 0 & 1 & 0 \\ 0 & 0 & c & d & 0 \\ 0 & 0 & 0 & 0 & e \end{bmatrix} \qquad (6)$$

Von dieser Normalform ausgehend erfolgte die weitere Optimierung des Reglers. Beurteilt wurden die Lage der Eigenwerte der acht Eck-Betriebsfälle, das Reglerverhalten bei Sprungantworten bezüglich Stellgeschwindigkeit, Stellbeschleunigung, Querbeschleunigung und Ausregelzeit, die Kursabweichung beim Einfahren in Kurven sowie der Einfluß von Störungen. Außerdem konnten die Auswirkungen real vorhandener Nichtlinearitäten wie Totzeit im Stellsystem und Begrenzung in der Stellgröße berücksichtigt werden.

Als Ergebnis dieser "Über-Alles"-Optimierung wurde ein Regelgesetz gefunden, das nur einen Sensor benötigt, in allen Betriebsfällen stabil ist und ausreichende Dämpfung aufweist, auch bei stark verrauschtem Abstandsmeßsignal zufriedenstellend arbeitet und nur geringen Rechenaufwand pro Tastschritt erfordert.

In den vergleichenden Bildern der Zeitsimulationen wird dieser Regler mit Regler 3 bezeichnet. Zum Vergleich wird Regler 1 herangezogen, da mit diesem Regler bereits umfangreiche Fahrversuche durchgeführt wurden.

In Bild 9 ist die Sprungantwort bei kleiner Geschwindigkeit dargestellt. Während die beiden dynamischen Regler 1 und 3 leichte Tendenz zum Überschwingen zeigen, benötigt Regler 2 eine große Ausregelzeit.

Bild 10 zeigt die Sprungantwort bei Maximalgeschwindigkeit. Auch hier zeigt Regler 1 schon schwingendes Verhalten, das sich mit zunehmendem Verhältnis m/μ verstärkt. Regler 2 ist wieder deutlich langsamer als Regler 3. Die Kreiseinfahrt mit Regler 1 und 3 ist im Bild 11 dargestellt. Regler 2 wurde für diesen Fall nicht ausgelegt. Bild 12 zeigt dann abschließend noch das zufriedenstellende Arbeiten des Systems mit Regler 3 bei einem unrealistisch stark verrauschten Meßsignal.

5. Zusammenfassende Bemerkungen

Mit der Parameterraummethode gelang es, eine ganze Familie von Regelstrecken, die Betriebsfälle eines elektronisch spurgeführten Stadtomnibusses O 305 mit einem konstanten Zustands-Regler zu stabilisieren. Genauso konnten diese Anforderungen durch einen einfachen dynamischen Regler erfüllt werden, der mit nur einem Sensor

auskommt und durch spezielle Optimierungsverfahren ausgelegt wurde. Erst durch diese "Über-Alles"-Optimierung konnten bei gleichem Hard- und Software-Aufwand Probleme, die bisher bei größeren m/µ-Verhältnissen noch auftraten, behoben werden.
Die dargestellten Untersuchungen haben besondere Bedeutung für eine möglichst einfache Auslegung von spurgeführten Fahrzeugen bei noch wesentlich höheren Geschwindigkeiten.
Wenn auch z. Z. noch keine theoretischen Vorabaussagen über die grundsätzliche Existenz einer Lösung verfügbar sind, so lohnt es sich doch, einen Versuch zu machen. Erste Untersuchungen an einem PKW mit 240 km/h Höchstgeschwindigkeit zeigen das.
Zum Schluß sei noch daran erinnert, daß der Robustheitsgesichtspunkt nicht nur eine Sache von Software-Überlegungen ist. Das zweite ganz wesentliche Standbein der Robustheit eines Systems hängt ab von der parallel durchzuführenden Hardware-Auslegung, bei der jedoch ganz andere Probleme zu lösen sind, die hier nicht dargestellt werden konnten.

Literatur

/1/ Beispielsammlung zur robusten Regelung des Ausschusses "Neuere theoretische Verfahren" der VDI/VDE-Gesellschaft für Meß- und Regelungstechnik, 1981
Herausgeber: J. Ackermann

/2/ Daimler-Benz AG: Die O-Bahn
Ein Systemkonzept zur Lösung der Nahverkehrsprobleme in Industrie- und Entwicklungsländern.

/3/ Christ, H., Darenberg, W., Panik, F., Weidemann, W.: Automatic Track Control of Vehicles, Theory and Experiment. Proceedings of the 5th VSD-2nd IUTAM Symposium 1977, Vienna.

/4/ Darenberg, W.: On Practical Experiences with Luenberger Observers for the Control of Electronically Trackguided Motor Vehicles. Proceeding of the VIII IFAC Congress 1981, Kyoto, Japan.

/5/ Darenberg, W., Panik, F.: Beitrag zur optimalen Spurregelung von Kraftfahrzeugen.
Automobil-Industrie 1/1978.

/6/ Ackermann, J.: Parameter Space Design of Robust Control Systems. IEEE Transactions on Automatic Control, Vol. AC-25, No. 6, December 1980, S. 1058 - 1072.

/7/ Ackermann, J.: Abtastregelung. 2. Auflage, Springer-Verlag, Berlin 1982.

/8/ Türk, S.: Entwurf eines robusten Reglers für die automatische Spurführung eines Stadtomnibusses. Interner Bericht im Institut für Dynamik der Flugsysteme, DFVLR Oberpfaffenhofen, August 1982.

/9/ Ackermann, J., Türk, S.: A Common Controler for a Family of Plant Models. 21st IEEE Conference on Decision and Control. Orlando Florida. December 1982.

/10/ Luenberger, D.G.: Observing the State of a linear System, IEEE Transactions on Military Electronics 8, 1964.

Bild 1 Elektronisch spurgeführter Stadtomnibus O 305

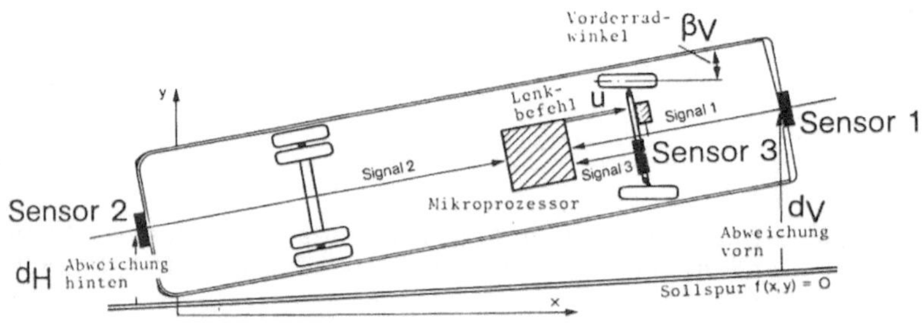

Bild 2 Komponenten der elektronischen Spurführung

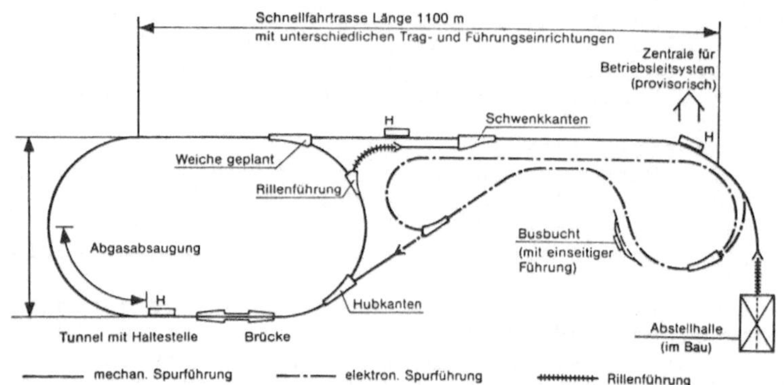

Bild 3 O-Bahn Versuchs- und Demonstrationsbahn Rastatt

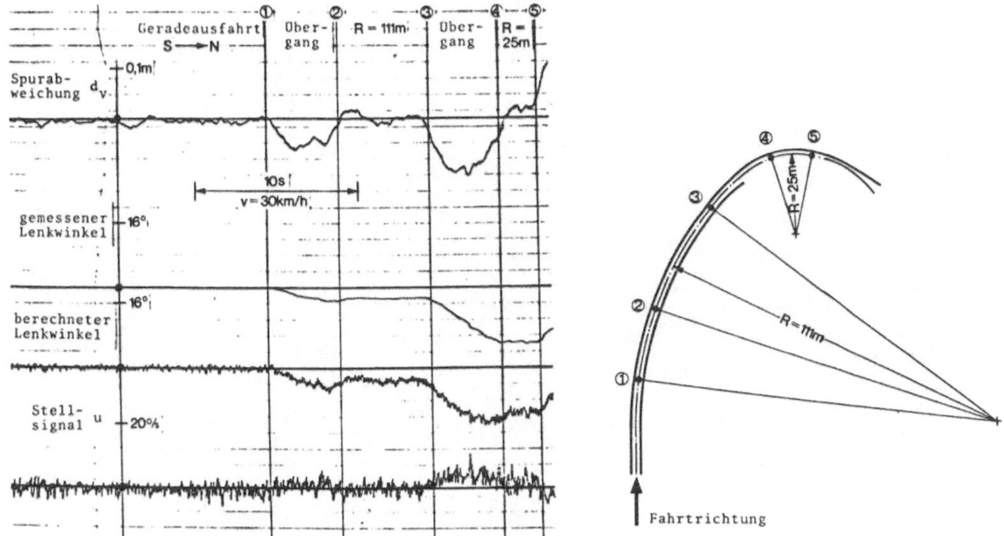

Bild 4 Kurveneinfahrt auf der Versuchsbahn Rastatt

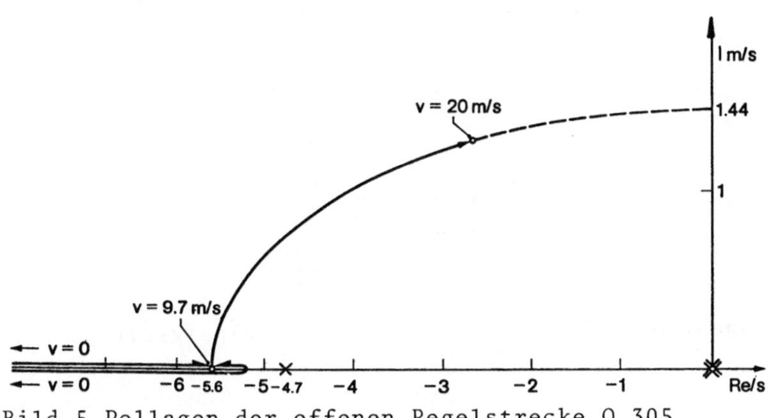

Bild 5 Pollagen der offenen Regelstrecke O 305 bei verschiedenen Geschwindigkeiten

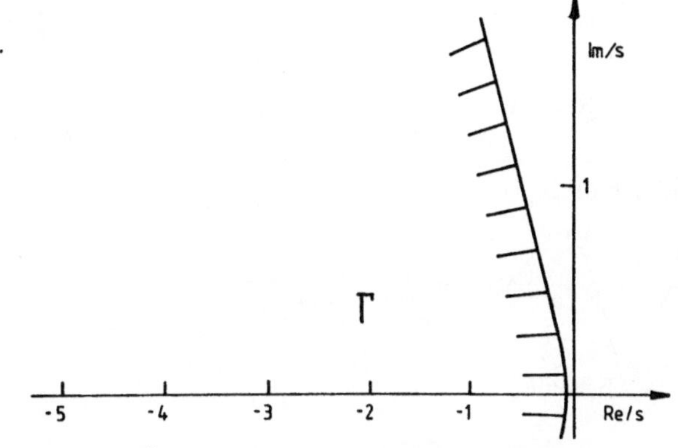

Bild 6 Eigenwertgebiet Γ des geschlossenen Kreises

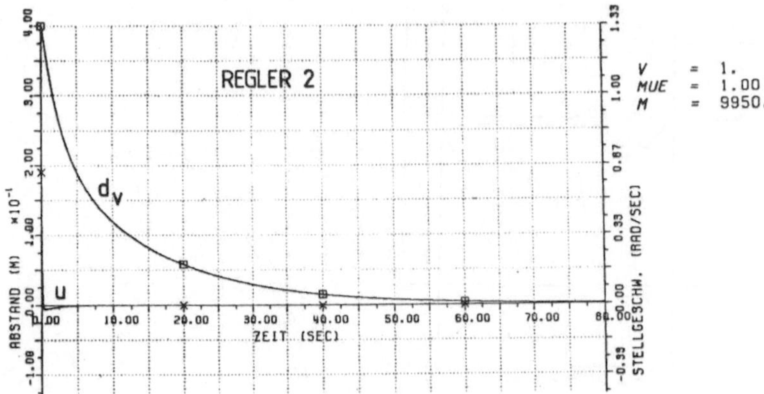

Bild 7 Sprungantwort REGLER 2 bei niedriger Geschwindigkeit

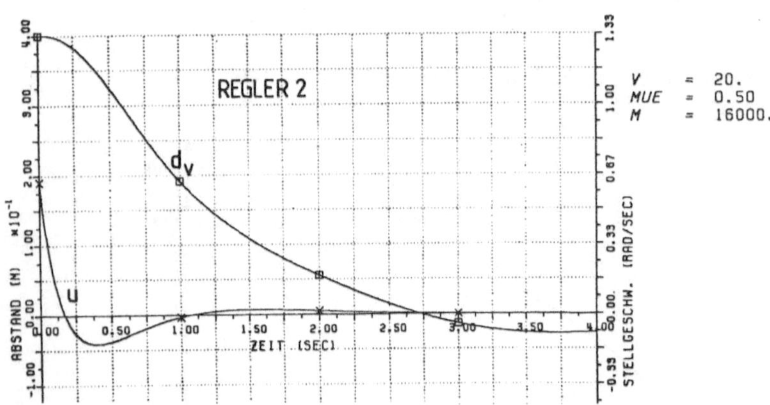

Bild 8 Sprungantwort REGLER 2 bei hoher Geschwindigkeit

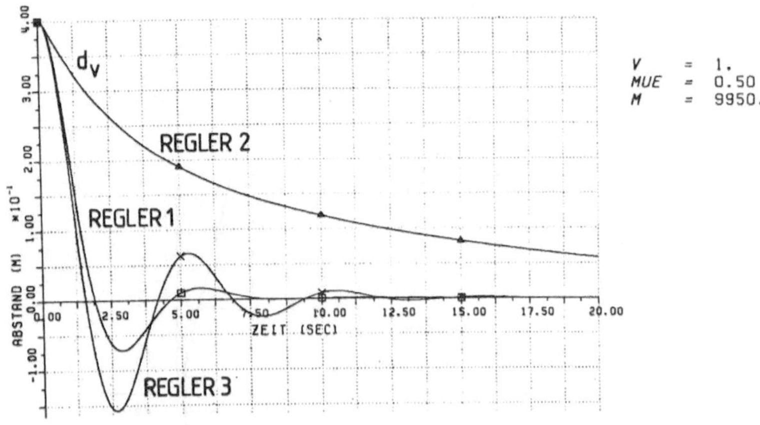

Bild 9 Sprungantworten bei niedriger Geschwindigkeit

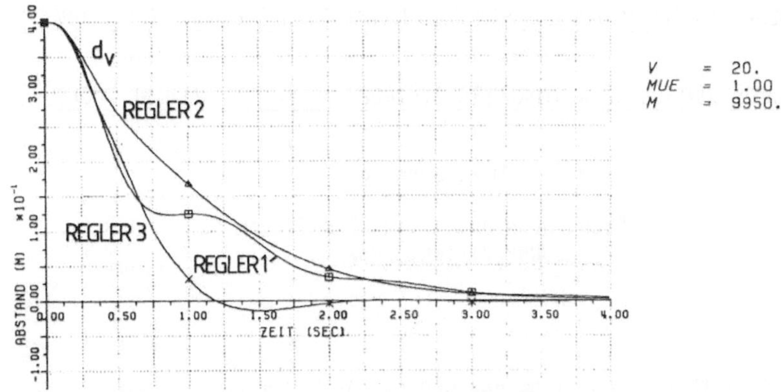

Bild 10 Sprungantworten bei hoher Geschwindigkeit

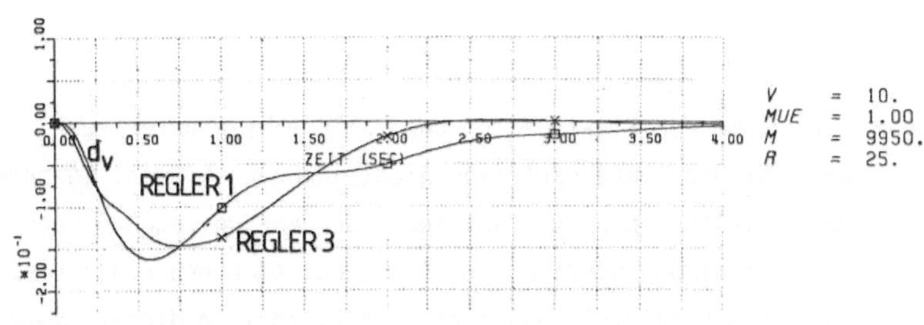

Bild 11 Kurveneinfahrt

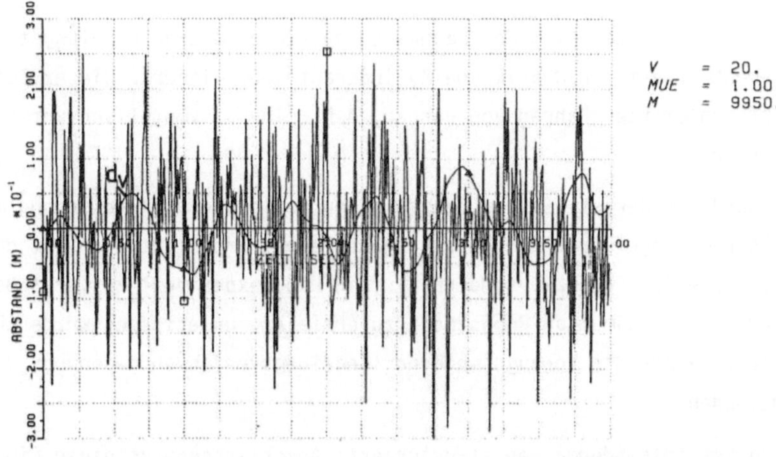

Bild 12 REGLER 3 bei sehr starkem Meßrauschen

ROBUSTE REGELUNG DES HYDRAULISCHEN ZYLINDERANTRIEBES EINER WERKZEUGMASCHINE

ROBUST CONTROL OF A HYDRAULIC CYLINDER DRIVE FOR MACHINE TOOLS

M.F. Senning

Fachgruppe Automatik, ETH-Zürich
8092 Zürich, Schweiz

Summary

This paper deals with the modelling and control of hydraulic cylinder drives. The problems to employ classical control techniques are elucitated. Implemented on a pilot plant, a robust control technique due to E.J. Davison is compared to a state-feedback controller. The robust control exhibits a significantly smaller drag error and a preferable disturbance rejection.

1. Einführung

Die Hydroantriebe sind heute den Elektroantrieben zahlenmässig unterlegen, lassen jedoch Aufgaben lösen, für die Elektroantriebe nicht in Frage kommen. Besonders bei grossen Leistungen wird vielfach den Hydroantrieben den Vorzug gegeben. Der Hydraulikzylinder, der ohne Spindel und Getriebe arbeitet, hat sich neben den Elektroantrieben als Antriebselement behauptet. Das dynamische Verhalten dieser hydraulischen Antriebe erschwert jedoch den Bau bahngesteuerter Maschinen. Die Eigenschaft zu hochfrequenten Schwingungen zu neigen, verunmöglicht eine Regelung mit klassischen Entwurfsverfahren.

Ziel der vorliegenden Arbeit ist der Nachweis, dass die moderne Regelungstechnik einfachere Reglerentwürfe für hydraulische Zylinderantriebe liefert. Dieser Entwurf erlaubt asymptotisch exaktes Fahren von Bahnen, d.h. einen asymptotisch verschwindenden Schleppfehler.

Diese Arbeit wurde im Herbst 1979 im Rahmen einer Vorlesung über Anwendung moderner Regelungstechnik durchgeführt. Die hier vorgeschlagene Implementation ist daher nicht als ein industriereifes Produkt, sondern als ein Laborexperiment zu verstehen, bei dem der Versuch, ein Optimum an Robustheit zu erzielen, unterlassen wurde. Die Regelung illustriert jedoch die Vorzüge moderner Regelungsverfahren gegenüber den herkömmlichen Methoden.

Dieser Beitrag ist folgendermassen strukturiert: Anschliessend an diese Einführung folgt eine Beschreibung der zu regelnden Strecke. Die in der Folge verwendeten Modellgleichungen werden hergeleitet. Im dritten Abschnitt wird die Regelung hydraulischer Servoantriebe behandelt. Zuerst wird gezeigt, weshalb klassische Regelverfahren (P, PD-Regler) für die Regelung von Hydrauliksystemen ungeeignet sind. Anschliessend wird eine Zustandsrückführung mit Beobachter untersucht. Den Vorteilen der Polvorgabe stehen nichtverschwindende Schleppfehler bei nicht-gemessener äusserer Last gegenüber. Anschliessend wird ein sog. robuster Reglerentwurf nach E.J. Davison [1] präsentiert, welcher eine asymptotisch schleppfehlerfreie Regelung liefert. Eine Implementation dieser robusten Regelung an einer Versuchsanlage eines hydraulischen Zylinderantriebes wird im letzten Abschnitt diskutiert.

2. Modellierung eines hydraulischen Zylinderantriebs

Ein hydraulischer Zylinderantrieb besteht aus einem Servoventil, einem Zylinder mit Kolben und einem Schlitten. Die Stellung des Steuerschiebers im Servoventil bestimmt den Druckunterschied im Zylinder, mit welchem die Bewegung des Schlittens gesteuert wird. Den Ausgang der Regelstrecke stellt die Position y des Schlittens, den Eingang die Stellung des Schiebers im Servoventil dar, welche proportional zu einer angelegten Spannung ist.

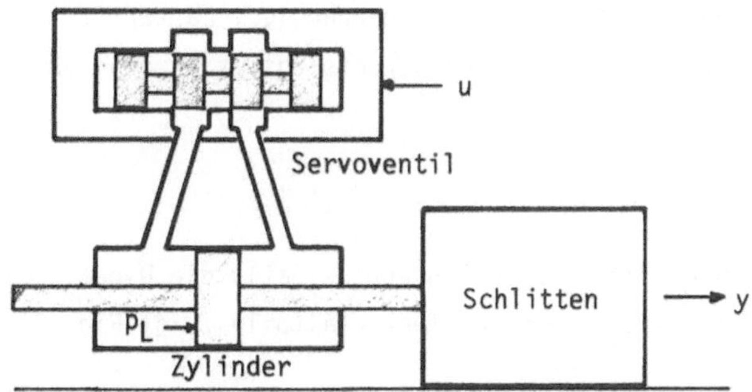

Fig. 1: Schematische Darstellung eines hydraulischen Zylinderantriebs

Das mathematische Modell für die Dynamik des Antriebs erhält man aus der Durchflussgleichung des Steuerschiebers, der Kontinuitätsgleichung und der Kräftebilanz am Schlitten. Der Durchfluss im Servoventil ist eine stark nicht-lineare Funktion, abhängig von der Stellung u des Schiebers und dem Lastdruck p_L [3]. Linearisiert man diese Funktion, erhält man folgenden Ausdruck:

$$\dot{V} = K_V \cdot u - \sigma \cdot p_L$$

Die Parameter K_V und σ nehmen wegen der Nichtlinearität je nach Betriebspunkt des Schiebers sehr verschiedene Werte an. Deshalb ist der Reglerentwurf stark erschwert, wenn der gesamte Bereich des Steuerschiebers ausgenützt werden soll. Eine Linearisierung dieser Durchflusskennlinie mit einem unterlagerten Regelkreis scheint bis heute im Werkzeugmaschinenbau nicht vorgenommen worden zu sein. Die Kolbenbewegung, die Volumenveränderung des Oels infolge Kompressibilität und der Leckölfluss bestimmen den gesamten Oelfluss.

$$\dot{V} = A \cdot \dot{y} + \frac{V}{4B} \cdot \dot{p}_L + \tilde{K}_L \cdot \mathrm{fkt}(p_L)$$

Dabei stellen V das eingeschlossene Oelvolumen, A die Kolbenfläche, $\dot{y}$ die Kolbengeschwindigkeit, B den Kompressibilitätsmodul und $\tilde{K}_L \cdot \mathrm{fkt}(p_L)$ den nichtlinearen Einfluss des Lecköls dar. Dieser Einfluss kann stark vereinfacht als eine lineare Beziehung $K_L \cdot p_L$ angenommen werden. Die Linearisierung der Durchflussgleichung des Steuerschiebers und der Kontinuitätsgleichung liefert somit

$$\dot{p}_L = \frac{4B}{V} \cdot (K_v \cdot u - \sigma \cdot p_L - K_L \cdot p_L - A\dot{y}) \quad . \qquad (*)$$

Die Kräftebilanz am Schlitten ergibt folgende Gleichung:

$$m\ddot{y} = p_L \cdot A - R\dot{y} - R_{C,H} - F_L \quad .$$

$R_{C,H}$ ist der nichtlineare Ausdruck der trockenen Reibung samt Haftreibung, F_L die äussere, von der Bewegung des Schlittens unabhängige, Lastkraft. Falls die Haft- und trockene Reibung in der Lastkraft F_L mitberücksichtigt werden, erhält man die lineare Beziehung

$$\ddot{y} = \frac{1}{m} \cdot (A \cdot p_L - R\dot{y} - F_L) \quad . \qquad (**)$$

Die Gleichungen (*) und (**) beschreiben approximativ die Dynamik eines hydraulischen Zylinderantriebes. Das sich ergebende Blockschaltbild zeigt Fig. 2.

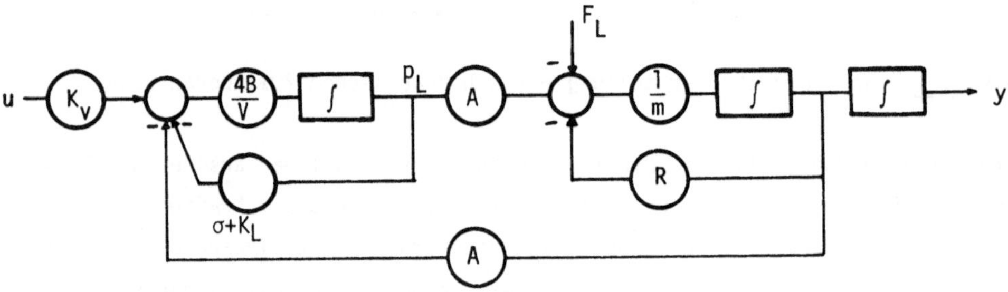

Fig. 2: Blockschema des linearisierten Zylinderantriebs

3. Regelung hydraulischer Zylinderantriebe

3.1. Klassische Entwurfsverfahren

Um das Verhalten des mit klassischen Methoden geregelten hydraulischen Systems analysieren zu können, werden die Zustandsgleichungen (*) und (**) transformiert. Seien

$$\alpha_1 := \frac{4B}{V}(K_L + \sigma)\ , \quad \beta_1 := \frac{4BA}{V} \quad \text{und} \quad \gamma_1 := \frac{K_v}{A}$$

sowie

$$\alpha_2 := \frac{R}{m}\ , \quad \beta_2 := \frac{A}{m} \quad \text{und} \quad \gamma_2 := \frac{1}{A}\ .$$

Dann können (*) und (**) im Frequenzbereich wie folgt geschrieben werden:

$$p_L = \frac{\beta_1}{s+\alpha_1}(\gamma_1 \cdot u - sy)$$

$$sy = \frac{\beta_2}{s+\alpha_2}(p_L - \gamma_2 \cdot F_L)$$

Die Uebertragungsfunktion von u(s) nach y(s) ergibt sich zu

$$y(s) = \frac{\beta_1\beta_2\gamma_1}{s(s^2 + (\alpha_1+\alpha_2)s + \alpha_1\alpha_2 + \beta_1\beta_2)} \cdot u(s)\ .$$

Hydraulische Systeme sind durch ein komplexes Polpaar in der Nähe der imaginären Achse und durch einen Pol im Ursprung gekennzeichnet. Diese Polkonfiguration erschwert den Einsatz von klassischen Reglern, was an den Beispielen des P- und des PD-Reglers illustriert werden soll.

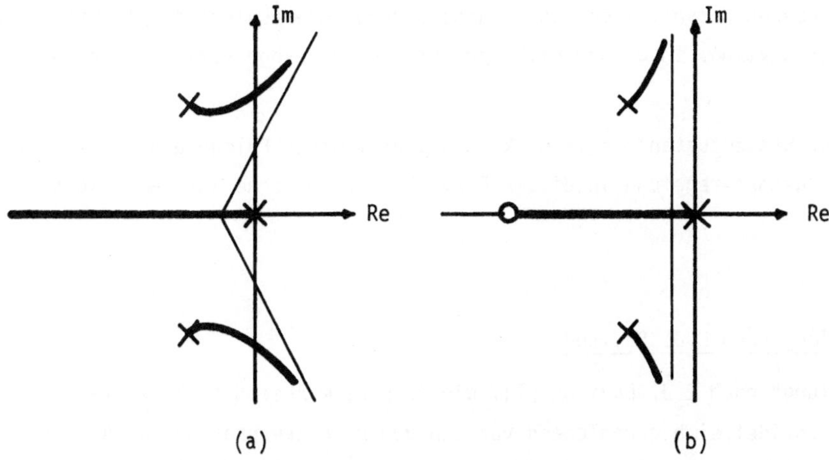

Fig. 3: WOK eines hydraulischen Zylinderantriebes.
a) P-Regler; b) PD-Regler.

Die Wurzelortskurve in Fig. 3a zeigt, dass das System bereits für kleine Verstärkungen des P-Reglers instabil wird. Wird der P-Regler um einen D-Anteil erweitert, ergibt sich die in Fig. 3b gezeigte WOK. Im Gegensatz zum P-Regler stabilisiert der PD-Regler das hydraulische System, falls der D-Anteil genügend gross ist. Die Dämpfung bleibt aber ungenügend.

Die Tatsache, dass viele hydraulische Antriebe in der Praxis dennoch mit klassischen Methoden geregelt werden, lässt sich mit dem dämpfenden Einfluss der nicht-linearen Reibung erklären, die ihrer nicht-linearen Natur wegen in der Analyse unberücksichtigt bleiben müssen. Diese nicht-linearen Effekte erlauben eine nur unwesentlich grössere Kreisverstärkung, so dass das Regelverhalten unbefriedigend bleibt.

3.2. Entwurf im Zustandsraum

Die Vorzüge der Zustandsregelung liegen in der Störungsausregelung. Bekanntlich können Pole des geschlossenen Kreises beliebig vorgegeben werden, so lange die Steuergrössen nicht durch die physikalischen Beschränkungen sättigen. Zudem ist bei Nicht-Minimalphasen-Systemen Vorsicht bei der Polvorgabe geboten.

Falls jedoch, messtechnisch nicht erfasste, additive Störungen der Systemdynamik vorhanden sind, ist die Zustandsregelung nicht in der Lage, den Systemausgang auf Null zu regeln. Entsprechend liefert ein Beobachter verfälschte Schätzungen der Systemzustände, falls nicht erfasste, additive Signale die Systemdynamik stören.

Bei der Regelung des hydraulischen Antriebes wird zusätzlich zur befriedigenden Störungsausregelung die Servoeigenschaft verlangt, d.h. dass der Systemausgang asymptotisch einer vorgegebenen Kurve folgen muss. Insbesondere interessiert das exakte Fahren einer Rampenfunktion. In diesem Fall spricht man von einem verschwindenden Schleppfehler.

Die Rückführung der Systemzustände erlaubt kein asymptotisches Folgen einer Sollfunktion, so dass die Zustandsregelung in dieser Form für hydraulische Antriebe nicht geeignet ist.

3.3. Robuste Regelung nach E.J. Davison

Die "robuste Regelung" nach E.J. Davison [1], die in diesem Abschnitt kurz präsentiert wird, unterscheidet sich grundlegend von den von H. Kwakernaak und J. Ackermann vorgeschlagenen Methoden [4,5]. Diese zwei Verfahren garantieren eine Robustheit des geregelten Systems im Sinne einer gewissen Unempfindlichkeit gegenüber Unsicherheiten in den Parametern des Systems. Dabei benutzt H. Kwakernaak die Eigenschaften des

High-Gain-Feedbacks. Diese Methode hat sich in einer Simulationsstudie [6] auch bei hydraulischen Werkzeugmaschinen bewährt. Obwohl es sich bei der Methode von Davison um ein Verfahren handelt, das schon früher angewandt wurde, kommt ihm das Verdienst zu, die Theorie für den allgemeinen Fall sehr ausführlich ausgearbeitet zu haben.

Das Verfahren soll an dieser Stelle lediglich soweit illustriert werden, wie dies für das Verständnis der Anwendung beim hydraulischen Antrieb nötig ist. Für eine exakte Behandlung der Theorie wird auf [1] verwiesen.

Die Grundidee des Verfahrens ist die des I-Anteils einer klassischen Regelung. Durch Hinzunahme einer Dynamik, des Integrators bei PI-Regler, kann eine verschwindende stationäre Regelabweichung bei konstanten Störungen oder Sollwerten erreicht werden. Falls nicht nur konstante Störungen ausgeregelt oder konstante Sollwerte eingehalten werden sollen, muss diese Dynamik, das sog. Exosystem, von entsprechend höherer Ordnung sein. Allgemein gilt, dass jede Störung ausgeregelt und jede Sollwertfunktion eingehalten werden kann, falls diese durch ein lineares System nachgebildet werden können. So kann z.B. eine Brummspannung von 50 Hz am Eingang eines Systems durch ein Exosystem zweiter Ordnung unterdrückt werden.

Auch wenn sich die Parameter des Systems stark verändern, behält das Regelsystem die genannten Eigenschaften, unter der Voraussetzung, dass das System stabil bleibt. Diese Robustheit gegenüber Parameteränderungen hat dem Verfahren seinen Namen gegeben. Im Gegensatz zu den Verfahren von H. Kwakernaak und J. Ackermann kann jedoch keine Aussage über das resultierende transiente Verhalten des Systems nach Parameteränderungen gemacht werden.

Der Entwurf einer robusten Regelung nach E.J. Davison ist zweistufig: Das Exosystem dient als Servokompensator, garantiert die Stabilität des Systems aber nicht. Deshalb muss das erweiterte System mit einer Zustandsregelung stabilisiert werden. Da die Zustände des Exosystems direkt messbar und Teil des Reglers sind, wird die Schätzung der Zustände für die Zustandsrückführung des erweiterten Systems zweckmässigerweise mit einem reduzierten Beobachter durchgeführt.

Als Alternative zur Polvorgabe bei den Rückführungen des Reglers und Beobachters kann eine optimale Rückführung mit zugehörigem optimalem reduziertem Beobachter [7] entworfen werden. Durch die Optimierung wird zusätzlich eine gewisse Robustheit bezüglich Parameterschwankungen und Sensorausfälle garantiert [8]. Das mit Zustandsrückführung und reduziertem Beobachter geregelte System nimmt folgende Gestalt an:

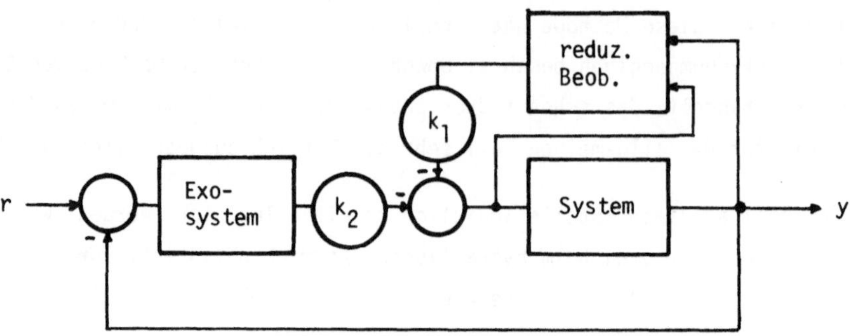

Fig. 4: Robuste Regelung nach E.J. Davison mit reduziertem Beobachter.

4. Diskussion einer Labor-Implementation

Dem Institut für Werkzeugmaschinen und Fertigungstechnik an der ETH, Zürich, steht eine Versuchsanlage eines hydraulischen Zylinderantriebs zur Verfügung. Bei dieser Versuchsanlage wurden möglichst genau definierte Versuchsbedingungen angestrebt, um zufällige Nebeneffekte ausschliessen zu können. So wurde auf starre Konstruktion und Regelung der Oeltemperatur bereits beim Entwurf geachtet. Zudem kann eine Last mit einer Servo-Bremse simuliert werden.

Mit den in [2] gegebenen Daten (vgl. auch [9] für die Bereiche der Parameterschwankungen) ergeben die Zustandsgleichungen (*) und (**) nach einer Aehnlichkeitstransformation zur Skalierung der Zustände das folgende System:

$$\begin{bmatrix} \tilde{y} \\ \dot{\tilde{y}} \\ \tilde{p}_L \end{bmatrix}^{\bullet} = \begin{bmatrix} 0 & 10 & 0 \\ 0 & -1.17 & 167 \\ 0 & -344 & -15.4 \end{bmatrix} \cdot \begin{bmatrix} y \\ y \\ p_L \end{bmatrix} + \begin{bmatrix} 0 \\ 0 \\ 555 \end{bmatrix} \cdot u + \begin{bmatrix} 0 \\ -46.6 \\ 0 \end{bmatrix} \cdot \tilde{F}_L$$

Die Regelung dieses Systems soll gewährleisten, dass eine konstante äussere Last zu keiner von Null verschiedenen Regelabweichung führt. Zudem soll eine Rampen-Bahnfunktion möglichst schleppfehlerfrei gefahren werden können. Als ersten Schritt beim Entwurf einer robusten Regelung nach E.J. Davison muss das Exosystem, d.h. der Servo-Kompensator, definiert werden. Um die Schleppfehlerforderung erfüllen zu können, muss das Exosystem von zweiter Ordnung sein:

$$\ddot{w} = y - r$$

wobei r die Sollwertfunktion bezeichnet.

Der zweite Entwurfsschritt ist das Berechnen einer stabilisierenden Rückführung. Dabei soll die Steuergrössenbeschränkung $|u| \leq 10$ V berücksichtigt werden. Auch bei maximaler Auslenkung (±50 mm) und Geschwindigkeit (±5000 mm/s) des Schlittens soll die Steuergrösse nicht in die Sättigung kommen. Daher ist die resultierende Regelung bei kleinen Auslenkungen eher konservativ.

Für das System wurde das Gütekriterium

$$\int_0^\infty (x'Qx + \dot{x}'w\dot{x} + R\cdot u^2)dt$$

mit $x = (\tilde{y}, \dot{\tilde{y}}, \tilde{p}_L, w, \dot{w})'$

$Q = \mathrm{diag}(100, 10, 0, 100, 10)$

$w = \mathrm{diag}(0, 500, 10, 0, 0)$

nach der Methode von R.A. Miller [7] für verschiedene Werte von R optimiert. Die Gewichtung R wurde dabei so gewählt, dass die Steuergrössenbeschränkung nicht verletzt wurde. Die Gewichtung von $\dot{x}$ erlaubt, das oszillatorische Verhalten des Systems besser zu dämpen. Diese Optimierung liefert folgenden reduzierten Beobachter samt Zustandsrückführung:

$$\dot{z} = \begin{pmatrix} -5.18 & 167 \\ -344 & -15.4 \end{pmatrix} \cdot z + \begin{pmatrix} -5.8 \\ -138 \end{pmatrix} \cdot \tilde{y}$$

$$u = (-1.6, -0.25, -1.05) \cdot \begin{pmatrix} w \\ \dot{w} \\ y-r \end{pmatrix} + (-0.47, -37.1) \cdot z$$

Der erste Teil des Ausdrucks für die Eingangsgrösse u ist der Beitrag des Servokompensators, der zweite stellt die Rückführung der Schätzungen der nicht messbaren Zustandsgrössen $\dot{\tilde{y}}$ und $\tilde{p}_L$ dar. Dieser Regler wurde mit einem Analogrechner realisiert.

Um das Verhalten des "robust" geregelten Systems vergleichen zu können, wurde eine ebenfalls nach der Methode von R.A. Miller entworfene optimale Zustandsrückführung mit dem Analogrechner realisiert. Die Gewichtungen wurden gleich wie bei der robusten Regelung gewählt, abgesehen vom hier nicht vorhandenen Servokompensator.

Der Sollwert ist eine Dreiecksfunktion, deren maximale Amplitude 1 mm beträgt. Zuerst werden die Regler ohne äussere Last verglichen, um die Schleppfehler zu untersuchen. Anschliessend wird eine Last (F_L = 2000 N) zugeschaltet, um das Ausregeln von additiven Störungen der Dynamik der Systems zu studieren. Da die Bremse mit Haft- und trockener Reibung arbeitet, ist diese äussere Last jedoch nicht sehr konstant.

4.1. Reglervergleich ohne äussere Last

Fig. 5 zeigt das Verhalten des geregelten hydraulischen Zylinderantriebs ohne äussere Last. Die obere Kurve zeigt die dreieckförmige Sollwertfunktion, die mittlere die Regelabweichung und die untere die Steuergrösse.

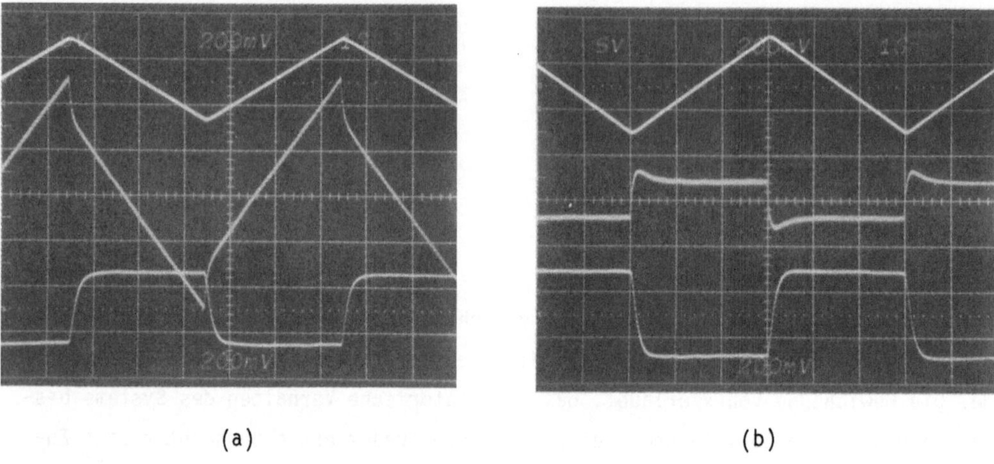

(a) (b)

Fig. 5: Zustandsregelung (a) und robuste Regelung (b) ohne äussere Last. Sollwert, Regelabweichung, Eingangsgrösse, 1 sec/div.

Der Schleppfehler, bei dem mittels Zustandsrückführung geregelten System nimmt linear mit der Zeit zu. Die maximale Regelabweichung beträgt etwa 10% des Sollwerts. Die Steuergrösse beträgt maximal 170 mV, d.h. 1.7% des zulässigen Wertes.

Wegen der stark nicht-linearen Natur hydraulischer Systeme konvergiert der Schleppfehler bei der robusten Regelung gegen einen von Null verschiedenen Wert, der nicht von der Amplitude der Sollwertfunktion abhängt. Er beträgt hier nach dem anfänglichen Ueberschwingen etwa 2% der Sollwertamplitude. Das Ueberschwingen ist eine Folge des "I-Anteils" der robusten Regelung. Somit schliessen sich die Forderungen nach überschwingfreiem und schleppfehlerfreiem Verhalten gegenseitig aus. Die Steuergrösse ist nur unbedeutend grösser als im Fall der Zustandsregelung. Würde die Kreisverstärkung vergrössert, d.h. würde die Gewichtung der Steuergrösse bei der Optimierung verkleinert, würde die Regelabweichung sowohl bei der Zustandsregelung wie bei der robusten Regelung entsprechend reduziert.

4.2. Reglervergleich mit äusserer Last

Die Zustandsregelung (Fig. 6a) verhält sich unter Last ähnlich wie im Fall ohne Last: die Regelabweichung nimmt linear mit der Zeit zu, ihre maximale Amplitude ist jedoch grösser als vorher. Um die äussere Kraft zu kompensieren, muss mehr Steuerenergie aufgewendet werden. Das in der Figur erkennbare "Zittern" zeigt den nichtlinearen

Einfluss der Haftreibung durch die Bremse. Die robuste Regelung weist mit und ohne äussere Last ein identisches Regelverhalten auf, obwohl auch hier die Haftreibung der Bremse stört. Eine Verbesserung würde mit einer Erhöhung der Ordnung des Exosystems erzielt. Dadurch vergrössert sich das Ueberschwingen jedoch erheblich.

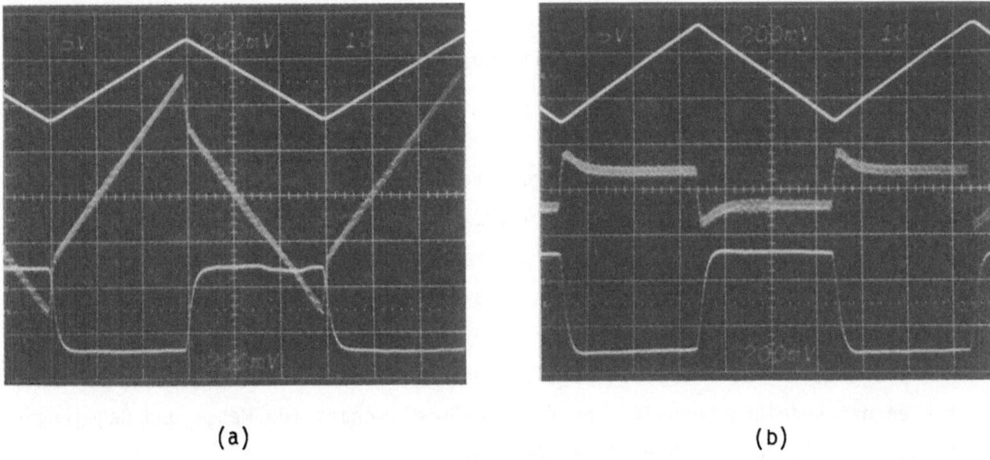

(a) (b)

Fig. 6: Zustansregelung (a) und robuste Regelung (b) mit äusserer Last. Sollwert, Regelabweichung, Eingangsgrösse, 1 sec/div.

5. Schlussbemerkungen

Die in diesem Beitrag präsentierte sog. robuste Regelung eines hydraulischen Zylinderantriebes stellt eine markante Verbesserung gegenüber klassischer Regelverfahren und der Zustandsregelung dar. Der Aufwand für den Entwurf und Implementation dieses Reglers ist unwesentlich grösser als bei der Zustandsrückführung.

Obwohl die Regelung an einer Versuchsanlage implementiert wurde, die möglichst linear und frei von Nebeneffekten konstruiert wurde, lassen sich durchaus Schlüsse auf die Eignung dieses Regelverfahrens für die industrielle Praxis ziehen.

Literaturverzeichnis

[1] E.J. Davison: The Robust Control of a Servomechanism Problem for Linear Time-Invariant Multivariable Systems. IEEE Trans. AC-21, 1976.

[2] H. Baumgartner: Die Nachlaufgenauigkeit des hydraulischen Zylinderantriebes im

Werkzeugmaschinenbau. Diss. ETH 5963, 1977.

[3] H. Merrit: Hydraulic Control Systems. John Wiley & Sons, New York 1967.

[4] H. Kwakernaak: A Condition for Robust Stabilizability. Systems & Control Letters, Vol. 2, 1982.

[5] J. Ackermann: Parameter Space Design of Robust Control Systems. IEEE Trans. AC-25, 1980.

[6] G. Qi-Tai, H. Kwakernaak: A Stability Robustness Criterion and its Application to Control Systems Design. Memorandum 352, 1981, Dept. Applied Math., Twente Univ. of Technology, Enschede, Holland.

[7] R.A. Miller: Specific Optimal Control of the Linear Regulator Using a Minimal Order Observer. Int.J.Control, 18, 1973.

[8] P.K. Wong, G. Stein, M. Athans: Structural Reliability and Robustness Properties of Optimal Linear-Quadratic Multivariable Regulators. IFAC World Congress 1976, Helsinki.

[9] Beispielsammlung zur robusten Regelung des Ausschusses "Neue theoretische Verfahren der Regelungstechnik" der VDI/VDE-Gesellschaft für Mess- und Regelungstechnik, 1981. Herausgeber: J. Ackermann.

REGELUNGSTECHNISCHE PROBLEME UND LÖSUNGEN BEI KOMPLEXEN ROBOTERANWENDUNGEN

FEEDBACK CONTROL FOR COMPLEX ROBOT APPLICATIONS

P.-J. Becker

Fraunhofer-Institut für Informations- und Datenverarbeitung (IITB)
7500 Karlsruhe, B.R. Deutschland

Manfred Egner

Institut für Steuerungstechnik der Werkzeugmaschinen und Fertigungseinrichtungen der Universität Stuttgart (TH)
7000 Stuttgart, B.R. Deutschland

Summary

Progress in flexible automation with industrial robots requires specific advanced control systems for specific tasks. In this paper we deduce feedback control algorithmes for applications where the robot is spraypainting milling and griding.

Einleitung

Mit dem ständigen Fortschritt der Automatisierung werden auch die Aufgaben, für die Industrieroboter eingesetzt werden, vielfältiger und komplexer. Nachdem man zunächst mit einfachen Handhabungen begonnen hat, führt man heute mit Industrierobotern auch komplexe Bearbeitungsaufgaben, wie Fräsen, Schleifen, Beschichten u.s.w. durch. Mit diesen Aufgaben werden aber auch neue Anforderungen an die Steuerung und Regelung der Roboter gestellt.

Für die einfachen Handhabungsaufgaben und das Punktschweißen sind Punkt-zu-Punkt (PTP) Steuerungen mit einfachen Lageregelkreisen ausreichend. Will man aber mit dem Roboter komplexe Handhabungs- oder Bearbeitungsprozesse durchführen, so sind neben Bahnsteuerungen mit linearer, zirkularer oder parabelförmiger Bahninterpolation auch komplexere Regelungsverfahren notwendig.

Im folgenden werden - ausgehend von konventionellen Regelungen - für einige anspruchsvolle Anwendungsgebiete, bei denen mit dem Roboter unterschiedliche Bearbeitungsaufgaben durchgeführt werden, neue Regelungsverfahren vorgestellt.

Einfache Regelungsverfahren

Die meisten derzeit auf dem Markt befindlichen Robotersteuerungen und -regelungen sind Weiterentwicklungen von konventionellen Werkzeugmaschinensteuerungen. Die Regelungseinrichtung besteht dabei meist aus einem digitalen P-Lageregler, dem eine in Analogtechnik aufgebaute PI-Geschwindigkeitsregelung unterlagert ist. Diese P-PI-Reglerstruktur führt bei Werkzeugmaschinen mit ihrer im Vergleich zu Robotern hohen mechanischen Steifigkeit und bei einfachen Roboteranwendungen zu befriedigenden Ergebnissen. Eine Möglichkeit zur Verbesserung des Führungsverhaltens, auch unter Beibehaltung der Grundstruktur, liegt in der Wahl einer PI-P Struktur, d. h. PI-Lageregelung mit unterlagerter P-Geschwindigkeitsregelung, und Aufschaltung der Sollgeschwindigkeit. Wie aus Tabelle 1 [1], die einen Vergleich der bleibenden Regelabweichungen bei verschiedenen Führungssignalen zeigt, zu erkennen ist, wird der Schleppfehler z. B. bei konstanter Führungsgeschwindigkeit gleich Null.

Führungssignal $q_r(t)$	P-PI-Struktur ohne $\dot{q}_r$	PI-P-Struktur ohne $\dot{q}_r$	PI-P-Struktur mit $\dot{q}_r$
Sprung	0	0	0
Rampe ($\dot{q}_r$ = const.)	$1/k_{po}$	0	0
Beschleunigung ($\ddot{q}$ = const.)	∞	$1/k_{p1}$	0

Tabelle 1: Bleibende Regelabweichungen ($t \rightarrow \infty$) bei verschiedenen Führungssignalen q_r mit und ohne Geschwindigkeitsaufschaltung

Lageregelung für Lackierroboter

Für den Lackierbereich haben sich aufgrund ihres günstigen Arbeitsbereiches Knickarm-Konstruktionen bei Industrierobotern bewährt. Im folgenden Beispiel wurde ein 4achsiger Automat (Bild 1) untersucht, eine fünfte Achse wurde als Zustellachse extern vom Roboter aufgebaut.

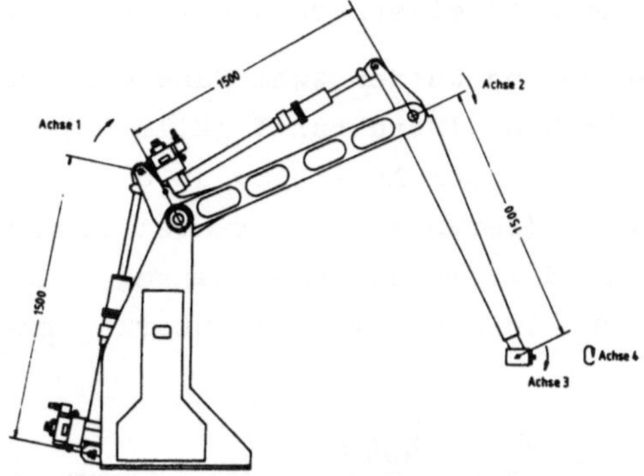

Bild 1
4achsiger Lackierroboter

Hierbei sollte die konventionelle Struktur - digitale Lageregelung, analoge Geschwindigkeitsregelung - beibehalten werden.

Die Anforderungen aus der Lackiertechnik waren Bahngeschwindigkeiten bis 1,2 m/s mit Abweichungen kleiner ± 2 %, maximale Bahnabweichung von ± 5 mm und ein Anfahrweg auf v = 1,2 m/s von ≤ 0,1 m. Um die Explosionsschutz-Bedingungen einfach erfüllen zu können, wurden hydraulische Direktantriebe eingesetzt. Sie haben neben vielen Vorteilen auch die Nachteile geringer Eigendämpfung,niedere Eigenfrequenz bei großen zu beschleunigenden Massen und stark nicht-lineares Verhalten. Die Antriebsanordnung bedingt zusätzlich eine nicht-lineare Kraft- und Bewegungsübertragung.

Dynamisch müssen die Antriebe als zwei elastische gekoppelte Feder-Masse-Schwinger behandelt werden (Bild 2).

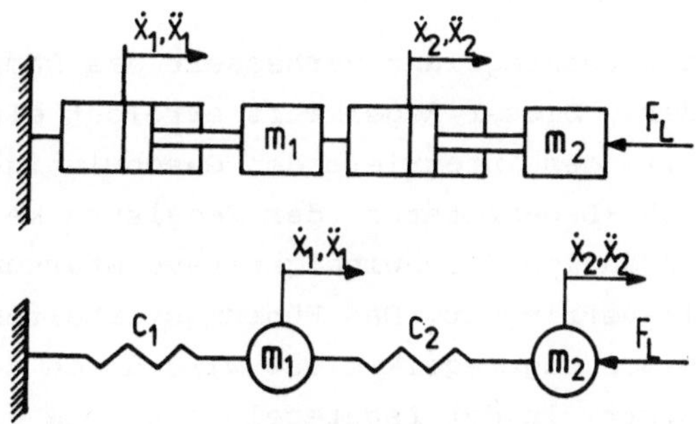

Bild 2
Modelldarstellung der Antriebe als zwei gekoppelte Feder-Masse-Schwinger

Bei dem dynamsichen Verhalten der Achse 1 (m_1, c_1) muß die Rückwirkung der elastischen Last (m_2, c_2, Achse 2) berücksichtigt werden, während sich die Achse 2 elastisch auf Achse 1 abstützt.

Zur Lageregelung wurden zwei Kaskadenregelungen untersucht. Einmal eine P-PIDT$_1$-Struktur (Struktur I)(Bild 3b), die keine zusätzliche Meßgröße benötigt. Zur Anpassung an die Dynamik des elektrohydraulischen Stellgliedes (Servoventil) erweist sich eine Verzögerung im Regler als günstig. In der zweiten Kaskadenregelung wurde zusätzlich der Lastdruck gemessen und in einer weiter unterlagerten Schleife geregelt (Struktur II) (Bild 3a).

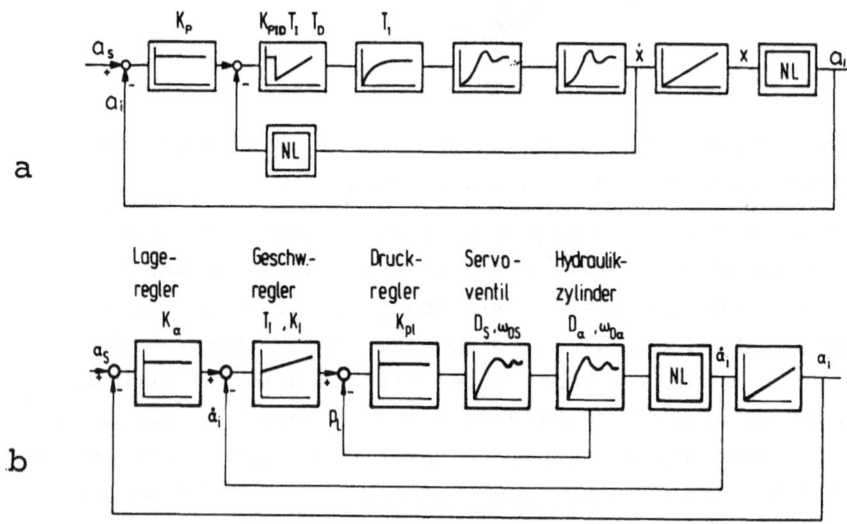

Bild 3a
Kaskadenregelung mit unterlagerter PI-Geschwindigkeits- und Druckregelung (Struktur II)

Bild 3b
Kaskadenregelung mit unterlagerter PIDT$_1$-Geschwindigkeitsregelung (Struktur I)

Die Lastdruckregelung verbessert das Dämpfungsverhalten des Hydraulikzylinders. Dieser Regelkreis erreicht eine Bandbreite von f_0 = 65 Hz. Mit Hilfe des integrierenden Geschwindigkeitsreglers werden Auswirkungen von Nicht-Linearitäten der Regelstrecke, wie z. B. richtungs- und positionsabhängige Geschwindigkeitsverstärkung auf die Regelgröße Geschwindigkeit verringert. Das Führungsverhalten und damit die erreichbare Bandbreite des Lageregelkreises wird durch den integrierenden Anteil aber verringert. In der Lageregelung konnte ein Überschwingen zugelassen werden, sofern der stationäre Zustand innerhalb von s = 10 cm Anfahr- oder Halteweg erreicht ist. Erreicht wurden für Struktur I s_{Anfahr} = 10 cm, s_{Halt} = 13 cm und für die Struktur II s_{Anfahr} = 6,5 cm, s_{Halt} = 8,9 cm.

Untersuchungen des Bahnverhaltens im Arbeitsbereich zeigten, daß bei der Struktur II die Bahnabweichungen kleiner als ± 5 mm sind. In der

Struktur I müssen größere Bahnabweichungen in Kauf genommen werden und das Regelverhalten verschlechtert sich bei der selben Einstellung bei kleineren Geschwindigkeiten. Die Kaskadenregelung mit unterlagertem Druckregelkreis kann die gestellten Anforderungen an das Regelsystem erfüllen. Werden noch höhere Anforderungen an die Regelgüte gestellt, müssen komplexere Regelstrukturen eingesetzt werden, die aber nicht mehr in analoger Technik realisiert werden können.

Zustandsregelung an Industrierobotern [2, 3]

Bei konventionellen Regelverfahren ist man mit der erreichbaren Dynamik des Lageregelkreises begrenzt. Moderne Verfahren, wie das der Zustandsregelung, ermöglichen insbesondere bei schwach gedämpften und elastisch gekoppelten Strukturen eine höhere Bandbreite der Lageregelkreise. An einem 5achsigen Industrieroboter (Bild 4) wurde der Einfluß einer Zustandsregelung in zwei Achsen (Z- und C-Achse) auf das Regelverfahren des Gesamtsystems untersucht.

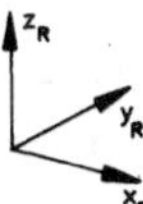

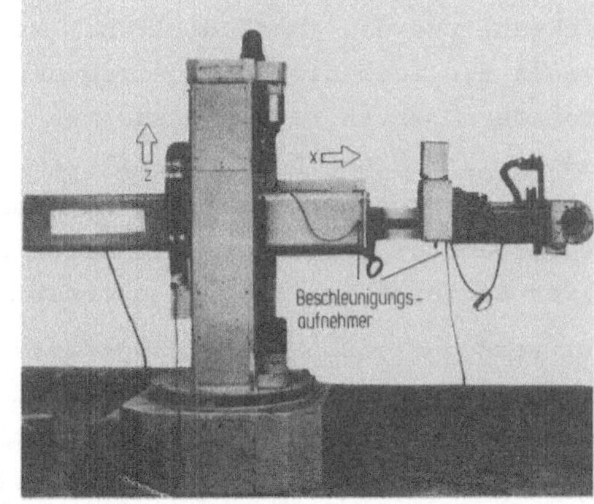

Bild 4
5achsiger Industrieroboter

Bei Beschleunigungen in Z-Richtung wird der Roboterarm zu Schwingungen angeregt. Die Kennkreisfrequenz hängt dabei von der (veränderlichen) Elastizität des auskragenden Roboterarmes und den am Armende befindlichen Massen ab. Das dynamische Verhalten des Antriebs kann hier als Verzögerungsglied 2. Ordnung in einem Arbeitspunkt (x = const.) angenähert werden. Das Zeitverhalten des gesamten Vorschubantriebes der C-Achse (Turmdrehachse) nähert in einem festen Arbeitspunkt ein Modell 5. Ordnung mit ausreichender Genauigkeit an (bild 5).

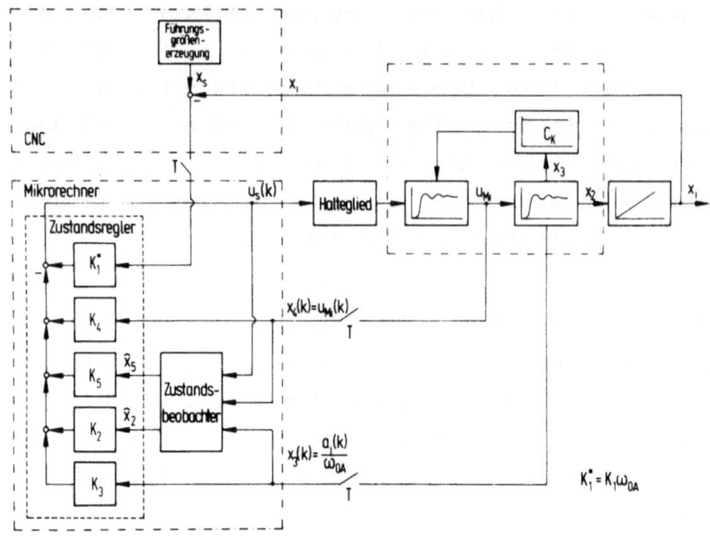

Bild 5 Blockschaltbild der Zustandsregelung für die C-Achse

Die Elastizität des Harmonic-Drive-Getriebes zur Untersetzung der Motordrehzahl und das (veränderliche) Massenträgheitsmoment des Roboterarmes legen die mechanische Kennfrequenz ω_{0mech} fest. Das dynamische Verhalten des Drehzahlregelkreises muß hier mit berücksichtigt werden ($\omega_{0A} \leq 4\omega_{0mech}$). Nicht oder nur mit großem Aufwand meßbare Zustandsgrößen, wie die Geschwindigkeiten am Armende und der Motorstrom, wurden mittels Beobachter berechnet. Mit Hilfe eines quadratischen Gütekriteriums konnte der Reglerentwurf rechnerunterstützt durchgeführt werden.

Angepaßt werden die Beobachter und Reglerkoeffizienten innerhalb des Arbeitsbereiches durch einen linearen Adaptionsalgorithmus. Die gesamten Regel- und Beobachteralgorithmen wurden innerhalb der Roboter-CNC auf einem schnellen Prozeßrechner realisiert. Denkbar und sinnvoll wäre hier auch eine Lösung mit einem dezentral angeordneten schnellen Mikrorechner mit einer Schnittstelle zur CNC.

Die Verbesserung des Übertragungsverhaltens gegenüber einer vergleichbaren konventionellen Lageregelung zeigt sich besonders im Verlauf der gemessenen Beschleunigung der beiden Achsen (Bild 6).

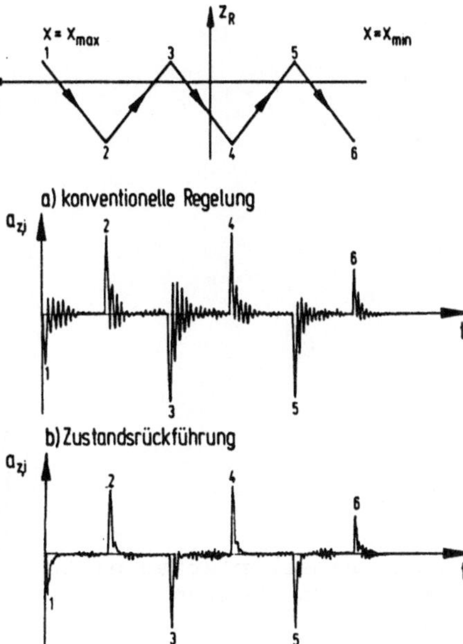

Bild 6

Dynamisches Verhalten der Zustandsregelung für die Z-Achse im Arbeitsbereich

Auch die Untersuchung des Bahnverhaltens zeigt eine deutliche Verbesserung gegenüber der konventionellen Lageregelung.

Roboter als Fräsmaschine

Als weiteres Beispiel einer realisierten Regelung sollen Ergebnisse beim Einsatz eines Roboters als Fräsmaschine beschrieben werden.

Die Aufgabenstellung besteht darin, von Stahlrohlingen die Gußhaut zu entfernen und sie auf Endmaß zu bearbeiten. Die Formen der Teile sind so komplex, daß diese Aufgabe auch nicht mit modernen 5-Achsen-Fräsmaschinen gelöst werden kann; die Arbeiten werden derzeit von Hand ausgeführt. Ein Roboter bietet sich wegen seiner höheren Flexibilität an (Bild 7), jedoch überschreiten die technischen Anforderungen das Leistungsvermögen der bisher angebotenen Roboter und Steuerungen: Es wird eine Genauigkeit der fertigen Oberfläche von einigen Zehntel Millimeter gefordert bei Teiledimensionen von ca. 2 m.

Wegen der mit der Flexibilität verbundenen Elastizität mußten Lösungswege gefunden werden für das genaue Vermessen der Lage und Orientierung des Werkstücks - auch bei den auftretenden Bearbeitungskräften bis ca. 1000 N - sowie für die Regelung der Bahnbewegung beim Fräsen (und auch für einige weitere Problemkreise) [4], [5].

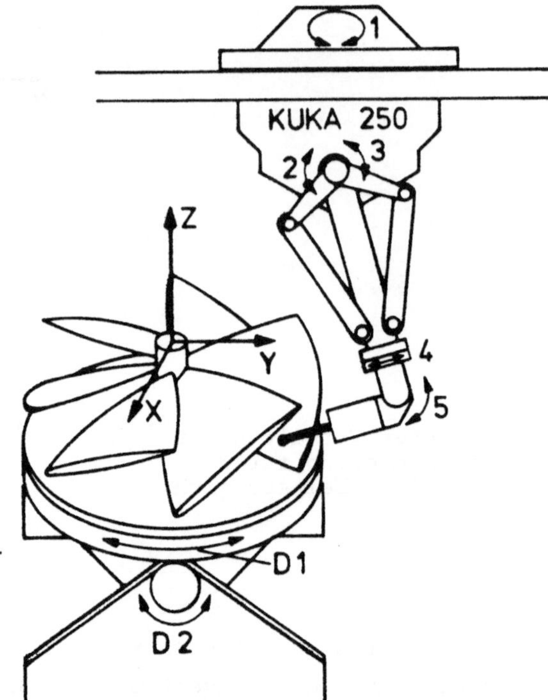

Bild 7

Aufbau des Arbeitsplatzes eines Roboters zum Bearbeiten von Gußrohlingen

Zur Lösung des meßtechnischen Problems wurden zusätzliche Lagemesssysteme (hochauflösende inkrementale Winkelgeber) hinter den elastischen Getrieben an den abgetriebenen Achsen angebracht. Die Struktur der Regelung einer Achse (wegen der geringen Bahngeschwindigkeiten beim Fräsen können dynamische Verkopplungen der Achsen vernachlässigt werden) ist in Bild 8 skizziert:

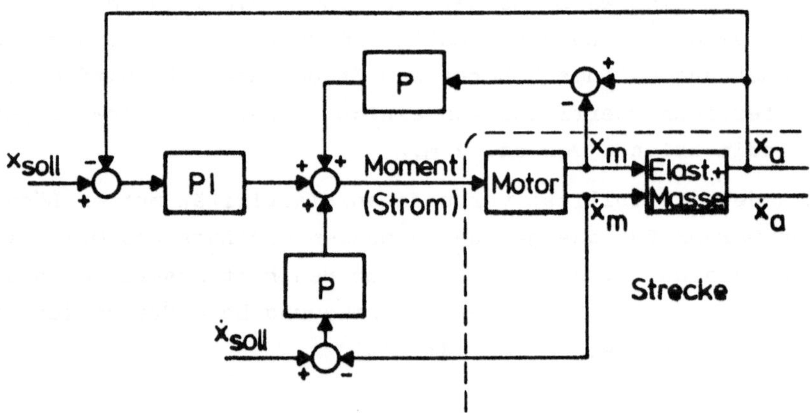

Bild 8 Struktur einer Mehrgrößenregelung einer Roboterachse mit Kraftkompensation

Die Lage der Achse wird über einen PI-Regelkreis, die Geschwindigkeit am Motor über einen P-Regelkreis rückgeführt. So entspricht die Regelung der eingangs erwähnten PI-P-Struktur mit Sollgeschwindigkeitsaufschaltung. Die Hauptstörungen in diesem Fall sind die variablen Bearbeitungskräfte. Um diese schneller kompensieren zu können, wurde die Differenz der Lagen am Motor und hinter dem Getriebe zusätzlich über einen P-Regler aufgeschaltet. Diese Differenz mißt die Verspannung der im Getriebe konzentrierten Elastizität und ist damit ein direktes Maß für die auftretenden Kräfte.

Bild 9 zeigt ein Ergebnis erster Fräsversuche mit einem Roboter. Die Sollform wird auf ± 0,1 mm genau eingehalten.

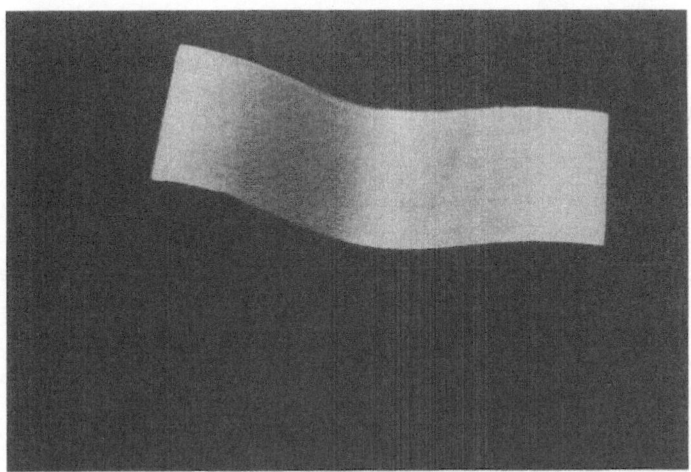

Bild 9 Bearbeitete Edelstahl-Oberfläche
Restwelligkeit < ± 0,1 mm

Regelung von technologischen Größen

Zur Führung des Bearbeitungsprozesses wurden bislang beim Roboter überwiegend geometrische Größen herangezogen. Auch im vergangenen Beispiel diente die Kraftmessung nur zur Störgrößenaufschaltung. Der nächste Schritt in Richtung Automatisierung stellt die Regelung des technologischen Prozesses dar, wie sie beim Zerspanen mit Werkzeugmaschinen seit langem bekannt ist (Adaptive Control) [2].

Ein Beispiel einer Bearbeitungsaufgabe für Industrieroboter, bei dem zusätzliche Prozeßgrößen mit berücksichtigt werden müssen, ist das Schleifen von Sanitärarmaturen [6], [7]. Sanitärarmaturen werden als Rohling gegossen. Bevor sie verchromt werden, müssen die Oberflächen der Amaturen geschliffen werden, um die Unebenheiten und Grate vom Giessen zu beseitigen. Zum Schleifen der Oberflächen muß ein Industrieroboter die Amaturen mit einer vorgegebenen Anpreßkraft an einem Schleifband vorbeiführen. Aufgrund der komplexen Werkstückgeometrie reicht es nicht aus, den Bewegungsablauf des Industrieroboters über die Vorgabe von Stützpunkten festzulegen. Der Lageregelung wird deshalb eine Kraftregelung überlagert, die die Geometrieänderung ausgleicht. Geometrische Führungsgröße ist dann nicht mehr die programmierte Bahnkurve, sondern die Werkstückoberfläche selbst. Die Kraftregelung bestimmt den gewünschten Werkstoffabtrag.

Die Regelstrecke Schleifen hat einfaches Proportionalverhalten mit einer arbeitspunktabhängigen Verstärkung. Die Verformung der Kontaktscheibe hat bei laufendem Band am Werkstück eine tangentiale und eine normale Kraft (F_T, F_N) zur Folge. Die Kräfte werden über einen Kraftsensor erfaßt. Zwischen den Kräften besteht der Zusammenhang

$$F_T = K\, F_N \quad (K < 1) \qquad , \tag{1}$$

wobei K vom Verschleiß des Bandes abhängt. Es besteht hier auch gleichzeitig die Möglichkeit, eine Verschleißüberwachung durchzuführen und die Kraftsollwerte entsprechend dem Verschleiß zu beeinflussen. Die Sollkraftverläufe werden dem Mikrorechner von der Roboter-CNC übergeben. Der adaptive Regelalgorithmus ist in einem externen Mikrorechner realisiert (Bild 10).

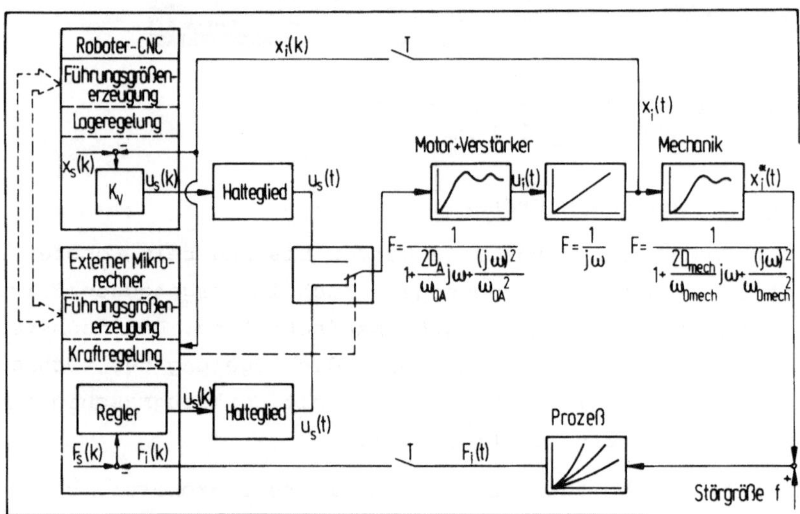

Bild 10 Blockschaltbild eines Lage- und Kraftregelkreises für einen Industrieroboter

Mit der Einheit konnten gute Ergebnisse beim Schleifen von Sanitärarmaturen erreicht werden. Der Einsatz dieser Regelstruktur der unterlagerten Kraftregelung, ist aber auch bei einem anderen Werkstückspektrum oder beim Verschleifen von Schweißnähten denkbar und möglich.

Ausblick

Komplexe Anwendungen von Industrierobotern, bei denen die Anpassung an unterschiedliche Umweltbedingungen oder die Regelung technologischer Größen verlangt ist, machen den Einsatz zusätzlicher Sensoren notwendig. Neben den in den vorangegangenen Abschnitten erwähnten Kraftsensoren sind dies taktile und optische Sensoren zur Erkennung und Bestimmung von Werkstückgeometrien und deren Oberfläche. Diese Sensoren sind meist in zur Lageregelung unter- oder überlagerten Regelkreisen eingebunden. Mit den Sensoren, die in unterschiedlichen Koordinatensystemen arbeiten, müssen neben den regelungstechnischen Problemen auch zusätzliche Probleme der Steuerung, z. B. der Koordinatentransformation bewältigt werden.

Eine Regelung und damit Vollautomatisierung eines technischen Prozesses scheitert heute noch häufig daran, daß der Prozeß selbst nicht ausreichen bekannt ist. Als Beispiel sei das Lackieren mit Robotern genannt, bei dem fast ausschließlich im Play-back-Verfahren gearbeitet wird. Eine Vollautomatisierung scheint aber zwingend, da es mit fortschreitendem Einsatz von Robotern immer weniger Erfahrungsträger zum Einlernen der Roboter durch "Vormachen" geben wird.

In den gebrachten Beispielen haben wir uns auf Bearbeitungsaufgaben für Industrieroboter beschränkt. Es wird aber auch an verbesserten Regelungsverfahren, die in gleichem Maße für komplexe Handhabungs- und Montageaufgaben notwendig sind, gearbeitet.

Literatur

[1] Kuntze, H.B.; Patzelt, W.: Regelungstechnische Verfahren für typische Roboteranwendungen. Fachberichte Messen-Steuern-Regeln. "Sehr fortgeschrittene Handhabungssysteme". Springer-Verlag Berlin, Heidelberg, New York, (1983) (im Druck).

[2] Stute G.: Regelung an Werkzeugmaschinen. Carl Hanser Verlag, München. (1981).

[3] Hesselbach, J.: Digitale Lageregelung an numerisch gesteuerten Fertigungseinrichtungen. Dissertation Stuttgart. Springer-Verlag Berlin, Heidelberg, New York, (1981).

[4] Becker, P.-J.: Roboter als Werkzeugmaschine. Mitteilungen aus dem Fraunhofer-Institut für Informations- und Datenverarbeitung. FhG-Berichte 3-82, S. 34-38 (1982).

[5] Becker, P.-J.; Meisel, K.-H.; Schill, W.; Salaba, M.: Roboter als Werkzeugmaschine im Versuchsbetrieb. Mitteilungen aus dem Fraunhofer-Institut für Informations- und Datenverarbeitung. FhG-Berichte 1983 (im Druck).

[6] Wurst, K.-H.: Schleifen von Oberflächen mit Industrieroboter. Wt-Zeitschr. industrieller Fertigung. Springer-Verlag Berlin, Heidelberg, New York, 69 (198), (1982).

[7] Stute, G.; Wurst, K.-H.: The Task of Grinding of Casting Surfaces with Industrial Robots. Proc. 23. Int. Machine Tool Design and Research Conf., Sept. 1982.

INDUSTRIE-ROBOTER MIT SENSORRÜCKFÜHRUNG AM BEISPIEL

KRAFT-MOMENTENSENSORIK

ROBOT CONTROL WITH SENSORY FEEDBACK IN PARTICULAR WITH

FORCE OR TORQUE MEASUREMENTS

Dr. G. Hirzinger

Deutsche Forschungs- und Versuchsanstalt für Luft- und Raumfahrt e.V.
(DFVLR) Institut für Dynamik der Flugsysteme
8031 Wessling, B.R. Deutschland

Dr. Ch. Meier

Siemens AG
Systemtechnische Entwicklung
8520 Erlangen, B.R. Deutschland

Summary

The paper deals with external sensory feedback loops in robotics, especially based on force-torque measurements. In the first part of the paper it is emphasized that taking the robot dynamics into account and assuring fast data transfers is of crucial importance. Appropriate control schemes based on finite robot stiffness are outlined. The sensorprogramming concept - a new way for teaching robots paths and forces/torques simultaneously - is presented. In the second main part of the paper it is outlined that for inserting sensory feedback into a present-day commercial robot control system, one needs an interface control function to handle the data flow via the interface, functions for computing sensor data and on-line correction functions. With the commercially available "ROBOT CONTROL RCM2" it is shown how speed and path control may be programmed by the user. For the system running the main time delays in the sensory feedback loop are given.

I. Einführung

Sensorik, die dem Roboter zumindest etwas Intelligenz verleiht, gilt als die Schlüsseltechnologie der nächsten Robotergeneration. Vor allem die Montagetechnik und die verschiedenen Bearbeitungsprozesse wie Schleifvorgänge sollen dadurch den Robotern erschlossen werden. Fragt man, welche Sensoren für künftige Roboteranwendungen besonders wichtig sind, so ist neben der optischen Sensorik gerade in der Montage und in der Materialbearbeitung der "Tastsinn" in der Roboterhand zu

nennen, ja bei sehr "feinfühligen" Vorgängen überhaupt nicht zu ersetzen durch das Auge. Ähnlich hohe Bedeutung darf in Zukunft der Näherungssensorik beigemessen werden, wegen der im Vergleich zur Bildverarbeitung geringen Komplexität bei guter Verwertbarkeit der Sensorsignale.
Unter "taktilen" Sensoren, versteht man i.a. Sensoren, die im Robotergreifer die Druckverteilung bei Berührung messen, das Rutschen eines Gegenstandes in der Hand oder die Kräfte/Momente in der Handwurzel. Diese Kraft-Momenten-Sensorik ist inzwischen am weitesten fortgeschritten. In der BRD hat die DFVLR einen solchen Sensor bis zur Industriereife entwickelt. Er beruht auf dem Dehnmeßstreifenprinzip und ist mit einer vergleichsweise komfortablen Signalverarbeitung versehen, die die Weitergabe der 3 Kräfte/Momente über wahlweise serielle oder parallele Schnittstellen vorsieht sowie ihre Anzeige im Balkendiagramm auf herkömmlichen Terminals. Der Sensor wurde verschiedentlich in Veröffentlichungen dargestellt /1,2/.
Für viele Anwendungen reicht die Erfassung der Kräfte/Momente in der Handwurzel des Roboters aus. Entscheidend ist beim augenblicklichen Stand der Technik

a) die Entwicklung und Verfeinerung von Methoden der Kraft-Momenten-Rückkopplung zunächst ohne Rücksicht auf bereits käufliche Robotersteuerungen
b) die Integration solcher Sensorsignale in heutige Robotersteuerungen, z.B. die SIEMENS ROBOT CONTROL (RCM2).

Beide Aspekte werden in diesem Aufsatz betrachtet (Abschnitt II bzw. III).

II. Methoden der Kraft-Momenten-Rückkopplung bei Robotern

In der Literatur wird gelegentlich unterschieden, ob ein Roboter bestimmte Kräfte/Momente auf seine Umgebung ausüben soll (z.B. beim Schleifen), ob er die gespürten Kräfte/Momente ausregeln, also zu Null machen soll (z.B. Montage), oder ob er wie eine programmierbare Feder reagieren soll. Für die Struktur von Rückführgesetzen interessiert mehr die Frage, was letztlich geregelt wird. Man kann zeigen, daß ein Kraft-Momentenvektor $\underline{f} = \begin{bmatrix} \underline{K}_{rob} \\ \underline{M}_{rob} \end{bmatrix}$ an der Roboterhand stationär durch einen Vektor $\underline{g}$ der Gelenkmomente aufgebracht wird mit

$$\underline{g} = \underline{J}^T \underline{f} \tag{1}$$

wo $\underline{J}$ die Jacobimatrix darstellt.

Man kann Gleichung 1 als Grundlage für eine Kraft-Momentenregelung verwenden, die bis auf die Motordrehmomente herabreicht. Dieser Ansatz bietet prinzipiell die meisten Möglichkeiten, hat aber den Nachteil, daß man den externen Sensorrückführkreis mit der Robotergelenkregelung vermischt. Die von SALISBURY /5/ vorgeschlagene Steifigkeitsregelung basiert auf solchen Prinzipien. Ein etwas anderer gedanklicher Zugang zur Kraft-Momentenregelung ist in Abb. 1 angedeutet. Jeder Roboter hat eine endliche (mechanische und elektrische) Steifigkeit, d.h. wenn seine aufgrund der Kommandos rechnerisch erreichte (d.h. den Gelenkstellungen entsprechende) Position $\underline{p}$ von der physikalisch möglichen $\underline{p}_w$ abweicht, dann entsteht über die Steifigkeitsmatrix $\underline{E}_K$ ein Kraftvektor

$$\underline{K}_{rob} = \underline{E}_K \cdot \Delta \underline{p} \tag{2}$$

Entsprechend Abb. 2 lassen sich mit dieser Vorstellung Regelkreise aufgbauen, die letztlich Kraftfehler $\Delta \underline{K}$ in Bewegungskommandos $\Delta \underline{p}_c$ umsetzen. NEVINS und WHITHNEY /4/ machten schon sehr früh entsprechende Vorschläge, die allerdings einer reinen Proportionalverstärkung entsprachen. Ein möglicher Nachteil einer Positionsregelung ist die begrenzte Genauigkeit der Positionsgeber in den Gelenken. Auch CRAIG/RAIBERT /6/, die die MASON'schen Vorschläge /7/ zur Trennung in positionsgeregelte und dazu orthogonale kraftgeregelte Richtungen realisierten, bewegten sich auf der Gelenkebene. Doch geht das z.Zt. verfolgte DFVLR-Konzept davon aus, daß schon heute dem Anwender die Möglichkeit zur Kraft/Momenten-Rückkopplung gegeben werden sollte, ohne daß er in die Gelenkregelung eingreifen muß. Der Roboter wird daher als linearisiertes dynamisches System im kartesischen Raum betrachtet. Gleichung 2 ist dann die Grundlage für die verschiedensten Anwendungen, z.B. die Geschwindigkeitsregelung bei Schleif- und Entgratvorgängen /2/. Für Montagevorgänge und die sogenannte "Sensorprogrammierung" wurden Zustandsraumkonzepte realisiert /11/. Der Begriff Sensorprogrammierung soll ausdrücken, daß in der Teach-in-Phase die Bearbeitungskräfte/Momente oder andere Sensorinformationen zusammen mit den Bahnen eingelernt werden. Eine Grundlage des Verfahrens stellt die sog. Sensorkugel dar (Abb. 3), d.i. ein in eine hohle Plastikkugel integrierter Kraft-Momenten-Sensor. Die Sensorkugel kann raumfest oder am Robotergreifer montiert sein. Umfaßt der Operateur sie mit einer Hand, dann werden die gemessenen Kräfte als translatorische Kommandos für den Roboter interpretiert, die Momente als rotatorische Kommandos. Im Fall der roboterfest montierten Kugel müssen die Sensorwerte natürlich zunächst ins inertialfeste Koordinatensystem transformiert werden. Jedenfalls gelingt es mit einer menschlichen Hand, alle 6 Freiheitsgrade eines Roboters zu steuern und so dem Roboter auf sehr direktem Weg mitzuteilen, wohin er sich bewegen soll.

Die Erweiterung dieses Prinzips bezieht einen Handwurzel-Sensor am Roboter ein. Die von der Kugel und vom Handwurzel-Sensor kommenden Kraft/Momenten-Vektoren werden jetzt addiert, bevor sie über ein Regelgesetz zur Robotersteuerung verwendet werden. Wieder sind die Fälle raumfeste Sensorkugel (Abb. 4) und roboterfeste

Sensorkugel (Abb. 5) möglich. Es werden jetzt gleichzeitig Bahnen und Bearbeitungskräfte eingelernt; solange der Roboter nämlich sich im freien Raum bewegt, kommen nur die Steuergrößen aus der Kugel zur Wirkung. Berührt er jedoch die Umgebung (z.B. ein Werkstück), so versucht er, die gleichen Kräfte/Momente auf diese auszuüben, wie sie von der menschlichen Hand vorgegeben werden. Die so erzeugte Bahn, und wenn nötig die mit ihr "assoziierten" Sensormuster werden z.B. in dem bei der DFVLR eingesetzten ASEA IRB6-Roboter im 30 msec-Takt abgespeichert und stehen dann für Wiederholvorgänge bzw. Korrekturen zur Verfügung. Möglich sind Korrekturen durch den menschlichen Operateur sowie Selbstkorrekturen durch den Roboter, z.B.:

a) Geschwindigkeitsvariation längs einer Bahn. Hierfür wird z.B. die vertikale Komponente des Kraftvektors auf die Sensorkugel verwendet. Je stärker der menschliche Operateur beim Wiederholvorgang drückt bzw. zieht, umso schneller bzw. langsamer läuft der Roboter längs der Bahn. Sensorkräfte in der Roboterhand können dabei gleichzeitig im gegenläufigen Sinn wirken.
b) Laterale Bahnkorrektur. Der Kraft-Momentenvektor auf die Sensorkugel wird jetzt verwendet, um für jedes Bahninkrement ensprechend kleine Positions- und Orientierungsänderungen zu erzeugen. Diese Änderungen können entweder irreversibel oder reversibel programmiert werden, d.h. in letzterem Fall, daß der Roboter bei Verschwinden der Korrekturkräfte/momente auf die Originalbahn zurückgezogen wird.
c) Die Differenz der beim Teach-Vorgang und beim Wiederholungsvorgang vom Roboter aufgenommenen Sensormuster kann on-line zur Bahnkorrektur verwendet werden. Wird z.B. der Teach-Vorgang mit der Vorgabe eines konstanten Kraft/Momentenbetrags durchgeführt, so zeigt sich i.a. bei Erhöhung der Arbeitsgeschwindigkeit wegen der immer vorhandenen Roboterdynamik, daß diese Werte nicht mehr eingehalten werden. Korrekturen anhand der sensierten Kräfte/Momente und iteratives Durchlaufen der Bewegung führen zur Wiederherstellung der gewünschten Bearbeitungskräfte. Auf diese Weise kann der Roboter z.B. lernen, eine Montageaufgabe allmählich immer schneller durchzuführen.

Auch im Fall c) kann der menschliche Lehrer über die Sensorkugel zusätzliche Korrekturen einbringen.

In Abb. 6 sind die bei der DFVLR für Aufsetz- und Montagevorgänge sowie für die Sensorprogrammierung entwickelten Zustandsrückführkonzepte skizziert. Der Roboter wird als stark vereinfachtes diskretes Zustandsmodell (Zustand $\underline{x}$) im kartesischen Raum dargestellt /11/. Der Ausgangsvektor $\underline{y}$ dieses Systems umfaßt den momentanen Positions- und Orientierungsvektor $\underline{p}$ bzw. $\underline{q}$: $\underline{y} = \begin{bmatrix} \underline{p} \\ \underline{q} \end{bmatrix}$.
Der Sollzustand $\underline{x}_{soll}$ zu jedem Abtastzeitpunkt k wird aus dem Sollausgang $\underline{y}_{soll}$

errechnet, der sich wiederum aus jener Position/Orientierung zusammensetzt, bei der man die gewünschten Kräfte/Momente erwarten kann. Bei Aufsetz- und Montagewiederholungsvorgängen, bei denen stationär ein bestimmter Kraft/Momentenvektor $\underline{f}_{soll}$ erreicht werden soll, ist dies typischerweise eine Position/Orientierung, die um

$$\Delta \underline{y} = \underline{E}^{-1} \underline{f}_{soll} \tag{3}$$

"hinter der verallgemeinerten Wand" $\underline{y}_w$ liegt, welche z.B. durch einen Beobachter aufgrund der sensierten Kräfte/Momente geschätzt wird. $\underline{E}$ sei die Robotersteifigkeitsmatrix. Bei der Sensorprogrammierung bezieht sich die zum Verschwinden der Kräfte/Momente nötige Verschiebung $\Delta \underline{y} = \underline{E}^{-1} \Delta \underline{f}$ mit

$$\Delta \underline{f} = \begin{bmatrix} \underline{K}_{hum} + \underline{K}_{rob} \\ \underline{M}_{hum} + \underline{M}_{rob} \end{bmatrix} \tag{4}$$

auf die momentan erreichte Position/Orientierung. Bei Nicht-Kontakt mit der Umwelt stellt $\underline{E}$ die angenäherte Steifigkeit der menschlichen Hand $\underline{E}_{hum}$ dar. Bei Kontakt ist es zweckmäßig, $\Delta \underline{f}$ in eine Komponente $\Delta \underline{f}_1$ in Richtung der vom Roboter sensierten Kräfte/Momente und eine dazu senkrechte $\Delta \underline{f}_2$ aufzuspalten:

$$\Delta \underline{y} = \underline{E}^{1}_{rob} \Delta \underline{f}_1 + \underline{E}^{-1}_{hum} \Delta \underline{f}_2$$

Eine interessante Möglichkeit ergibt sich dann, wenn man den Betrag von $\Delta \underline{f}_1$ von der menschlichen Hand unabhängig macht, d.h. auf vorgebbare Kräfte/Momente regelt. Der Roboter versucht dann, in Richtung der von ihm sensierten Kräfte/Momente auf bestimmte Werte zu regeln, während die dazu senkrechte Richtung unter dem Einfluß des Operateurs stehen. Eine Anwendung hierfür ist z.B. eine Konturverfolgung, die voll unter der Kontrolle des menschlichen Operateurs erfolgt, also nicht wie üblich auf eine Ebene beschränkt ist.

Es sollte an dieser Stelle darauf hingewiesen werden, daß die Sensorprogrammierung auch auf andere Sensoren in der Roboter-Hand anwendbar ist. Interpretiert man z.B. das Signal eines Entfernungsmessers als Kraft/Komponente mit Umkehr-Kennlinie, d.h. kleiner Abstand entspricht großer Kraft, dann kann man z.B. mit der Sensorkugel den Roboter über eine gekrümmte Fläche führen, wobei der Abstand zur Fläche konstant bleibt ("konstanter Andruck") und die menschlichen Kommandos nur tangential zur Fläche interpretiert werden. Entsprechend reagiert der Roboter im Wiederholungsfall nach Pkt. c) auf nachträglich eingebrachte Erhebungen durch Adaption seiner Bahn.

Auch mit einfachen PD-Reglern können bei derartigen Anwendungen brauchbare Ergebnisse erzielt werden, doch bieten die Zustandsraumkonzepte gerade bei den immer vorhandenen Totzeiten im Robotersystem erheblich mehr Möglichkeiten /3/.

III. Grundzüge der zyklischen Sensordatenverarbeitung in einer universellen Robotersteuerung

Betrachtet man eine universell einsetzbare Robotersteuerung, welche unterschiedliche Robotertypen zur Lösung der verschiedensten technologischen Aufgaben steuern kann, mit der Zielsetzung, diese Steuerung in Hinblick auf eine Sensorführung zu ertüchtigen, so ergeben sich für die Intergration der Sensordatenverarbeitung in die Steuerung folgende Hauptgesichtspunkte:

1. Es müssen verschiedenste Sensoren unterschiedlicher Funktionen und "Intelligenz" über weitgehend normierte Schnittstellen direkt an die Steuerung angeschlossen werden können.
2. Die Sensordatenaufbereitung muß innerhalb der Steuerung mit möglichst universellen, sensorunabhängigen Funktionen und durch den Steuerungsanwender freiprogrammierbar durchgeführt werden können.
3. Der Systemeingriff in die ablauf- und bewegungssteuernden Funktionsbereiche der Steuerung muß für den Anwender so transparent sein, daß er die technologisch relevanten Einflußgrößen selbst programmtechnisch beeinflussen kann.

Insbesondere bei im On-line-Betrieb ablaufenden bahnkorrigierten Sensorfunktionen ist diese "Transparenz" für den Anwender in zweifacher Hinsicht wichtig, da hier erstens Vorgänge räumlich mit vektoriellem Charakter ablaufen und welche zweitens in ihrem Zeitverhalten als dynamische Vorgänge in einem geschlossenen "Prozess"-Regelkreis zu betrachten sind: Abb. 7.

Die Sensorsystemstruktur

In /12/ wurde am Beispiel der Robotersteuerung ROBOT CONTROL (RCM) dargestellt, wie eine universell verwendbare Sensordatenverarbeitung strukturiert werden kann. Die Grundzüge dieser Struktur sind in Abb. 8 nochmals wiedergegeben.
Zu unterscheiden sind drei Funktionsgruppen, welche durch den Anwender per Programm aktiviert und beliebig kombiniert werden können:

1. die Datentransferfunktionen
2. die Unterbrechungsfunktionen und
3. die "zyklischen" Funktionen

Die D a t e n t r a n s f e r f u n k t i o n e n dienen der Abwicklung des Datentransfers über die Sensordatenschnittstelle (z.B. V24). Der Anwender kann über Sensorsteuerfunktionen die Arbeitsweise des Sensors beeinflussen (z.B. Modusumschaltung, Datenformatanweisungen etc.). Die Sensordatenanforderungsfunktion startet den Sensor und veranlaßt dessen Datenermittlung. Sensordatenlesefunktionen dienen dem zyklischen Empfang von Sensordaten. Der Datentransfer wird abgewickelt über zwischen Steuerung und Sensor vereinbarte Protokolle. Steuerdaten, welche von der Steuerung zum Sensor übertragen werden müssen, können vom Anwender in Steuertafeln definiert werden.

Die Unterbrechungsfunktionen dienen der Verarbeitung binärer Signalzustände, deren Eintreffen während der laufenden Programmbearbeitung spontan erfolgt und sofortige Reaktionen wie z.B. Geschwindigkeitsänderung, Bewegungsstop und Sprung im Anwenderprogramm erfordert.

Die "zyklischen" Funktionen stellen die eigentlichen zentralen Funktionen der Sensordatenverarbeitung dar. Ihre zyklische Arbeitsweise in einem festen Takt parallel zu laufenden Roboteraktivitäten erlaubt die Sensordatenaufbereitung in sogenannten Basisfunktionen und den Systemeingriff in sogenannte Komplexfunktionen. Zu den Basisfunktionen zählen beispielsweise Vergleichs- und Komparatorfunktion für Grenzwertüberwachungen, ferner arithmetische Funktionen, nichtlineare Funktionen etc. Typische Komplexfunktionen sind Bahnkorrekturfunktionen und Bahngeschwindigkeitsführungsfunktionen.
Die zyklischen Funktionen werden programmtechnisch in einem Definitionsblock individuell vom Anwender zusammengestellt und als Sensorfunktion mit einer Nummer versehen im Hauptprogramm mit abgelegt. Diese Funktionen können dann als ganze Funktionen mit einfachen Befehlen ein- und ausgeschaltet werden.
Als "Bindeglieder" stehen diesen Funktionen zur Führung des Datenflusses frei adressierbare Speicher für Eingangssignale, Zwischenergebnisse und binäre Informationen zur Verfügung.

Die Ablaufsteuerung

Die Systemsteuerung stellt sicher, daß die Sensordatenverarbeitung im richtigen Zeitraster vorgenommen wird. Betrachten wir diesen Aspekt für die Führung des Roboters durch einen Sensor, welcher über eine seriell arbeitende V24-Schnittstelle angeschlossen ist, näher.
Man erhält das in Abb. 9 wiedergegebene Zeitraster. Die vom Sensor im On-line-Betrieb fortlaufend ermittelten Daten - der Sensor wurde durch einen Steuerbefehl zur zyklischen Datenermittlung aktiviert - werden Byte für Byte über die serielle Schnittstelle übertragen und auf der Steuerungsseite zunächst unsynchronisiert in einen Eingangspuffer gelesen. Die Synchronisation mit der Steuerung erfolgt am Interpolationstakt.
Der letzte vollständig eingelesene Datenblock wird geschlossen in den Eingangsspeicher übertragen und steht jetzt für die weitere durch den Anwender program-

mierte Verarbeitung zur Verfügung.

In der Reihenfolge der vom Anwender programmierten Befehle erfolgt die Datenvorverarbeitung und die Berechnung der Bewegungskorrekturgrößen.
Zusammen mit dem vom Interpolator ermittelten Interpolationsschritt ergibt sich damit bei einer Bahnkorrektur der neue im kartesischen Raum definierte Sollpunkt für den Roboter. Nach Ausführung der Koordinatentransformation stehen damit die achsspezifischen Sollwerte für die Lageregler zur Verfügung, deren Abfahrt im nächsten Interpolationstakt erfolgt.
Aus diesem Funktionsablauf läßt sich sofort die regelungstechnisch relevante Systemtotzeit näherungsweise angeben zu

$$T_{ST} \approx N_B \cdot T_B + 1{,}5\ T_I + T_P$$

mit N_B = Gesamtzahl der Bytes je Datenblock (inclusive Steuerbyte)

T_B = Übertragungszeit für ein Byte (gegeben durch die Baudrate der seriellen Schnittstelle).

T_I = Interpolationstakt der Steuerungen. Der Folgetakt für die Lagereglerabfahrt ist näherungsweise mit 0,5 berücksichtigt.

T_P = Pausezeit zwischen Datenübertragung.

Die Hauptanteile der Systemlaufzeit sind also einmal durch die serielle Schnittstelle bedingt und zum anderen durch den Interpolationstakt der Steuerung.
Diese Zeit ist maßgebend für die erreichbaren dynamischen Grenzdaten wie kürzeste Reaktionswege und die Relation zwischen Geschwindigkeit und Genauigkeit.

Geschwindigkeitsführung

Während laufender Bewegungen kann die aktuelle Bahn- bzw. Achsfahrgeschwindigkeit über einen Override gesenkt bzw. gesteigert werden.
Auf Overrideänderungen reagieren die bewegungssteuernden Bausteine mit Geschwindigkeitsänderungen entsprechend der vorgegebenen Beschleunigungsrampensteilheit.
Mit diesem Instrument des Override ist der Systemeingriff der Geschwindigkeitsführungsfunktion durch $OV = 100\ \% \cdot (1 - K \cdot /V/)$, gegeben.

Ist nun eine Geschwindigkeitsführung durch den Kraft/Momentensensor gewünscht, muß der Anwender lediglich durch einen skalaren Zusammenhang die Variable V als Funktion der für den technologischen Prozeß relevanten Kraft- bzw. Drehmomentkomponenten bilden und die notwendigen arithmetischen Verknüpfungen als Basisfunktionen zusammen mit der Geschwindigkeitsführungsfunktion programmieren.

Bahnkorrektur

Im Gegensatz zur Geschwindigkeitsführung, welche stets unter Einhaltung der programmierten Bahn durchgeführt wird, erfolgt eine sensorgeführte Bahnkorrektur mit dem Ziel, die programmierte Bahn zu verlassen. Soll diese Bahnkorrektur unter Führung eines Kraft-/Drehmomentensensors erfolgen, so muß gesehen werden, daß sowohl die gemessenen Kräfte und Momente als auch die gewünschten Bahnkorrekturen vektorielle Größen im Raum sind.

In Abb. 10 sind diese vektoriellen Zusammenhänge für einen einfachen Fall dargestellt. In der ROBOT CONTROL werden die Korrekturrichtungen in einem Koordinatensystem angegeben, welches durch die Stellung des Werkzeuges zur Bahn definiert ist. Sensorkorrekturen können nun über zwei unabhängige Variable in der von der Normalen und Binormalen aufgespannten Ebene vorgenommen werden. Dabei kann für jede Variable deren Korrekturrichtung in der $\underline{N}$-$\underline{B}$-Ebene sowie deren Korrekturgeschwindigkeit individuell, d.h. entkoppelt programmiert wrden. Die Korrekturrichtungen können somit beliebig schiefwinklig zueinander sein: Abb. 10.
Mit diesen Freiheitsgraden, einer geeigneten räumlichen Justierung des Sensors an der Hand und einer passenden Handstellung zur Bahn wird es in der Regel gelingen, zwischen den Meßvektoren und Korrekturvektoren einfache, d.h. möglichst entkoppelte arithmetische Beziehungen zwischen ausgewählten Einzelmeßgrößen und zugeordneten Korrekturrichtungen herzustellen. Mit den Hilfsmitteln der Basisfunktionen können diese arithmetischen Funktionen dann durch den Anwender selbst programmiert werden.

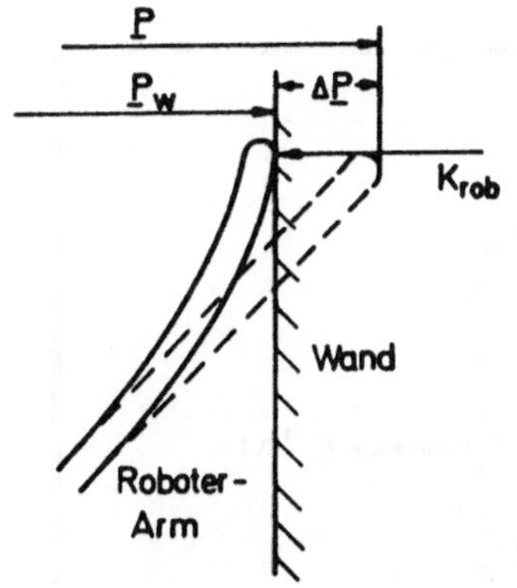

Abb. 1 Mechanische Deformation eines Roboterarms bei Auftreffen auf ein Hindernis

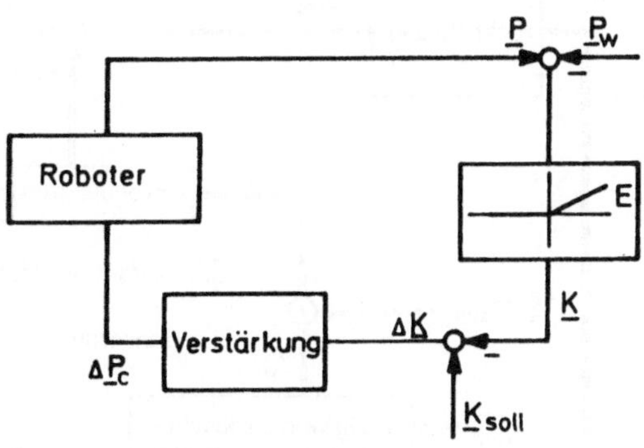

Abb. 2 Einfachster Kraftregelkreis für Abb. 1

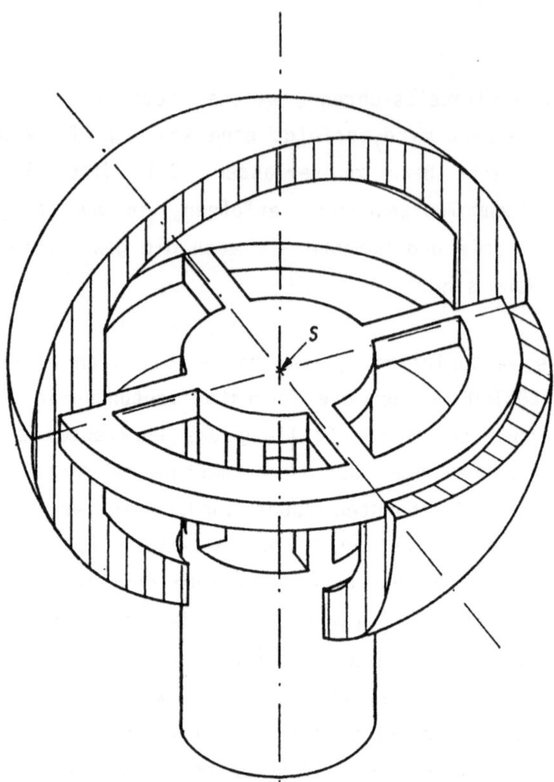

Abb. 3 Sensorkugel zum Programmieren von Robotern in 6 Freiheitsgraden

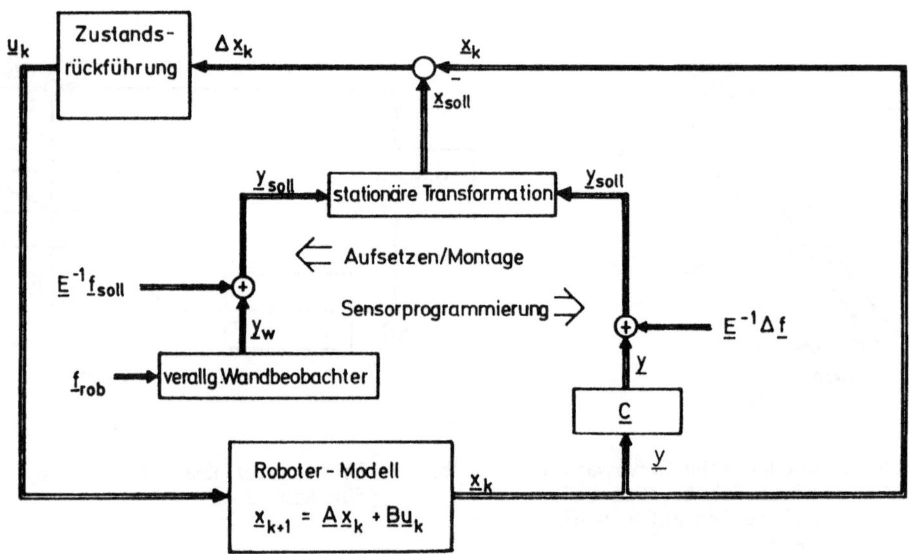

Abb. 6 Zustandsregelung für Kraft-Momenten-Rückkopplung

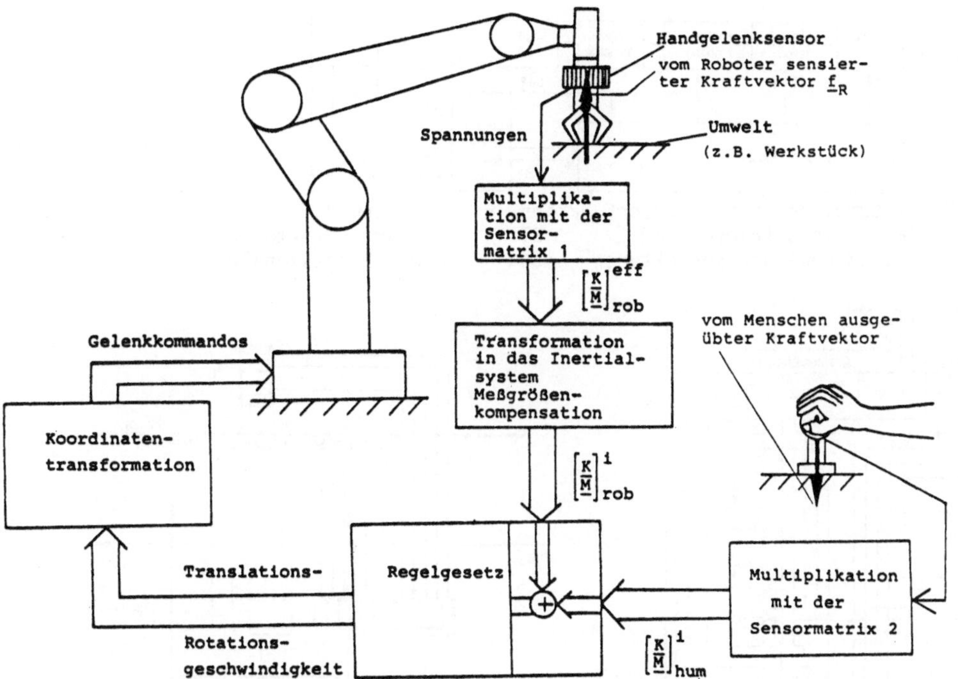

Abb. 4 Gleichzeitiges Teach-in von Bahnen u. Bearbeitungskräften mit raumfester Sensorkugel

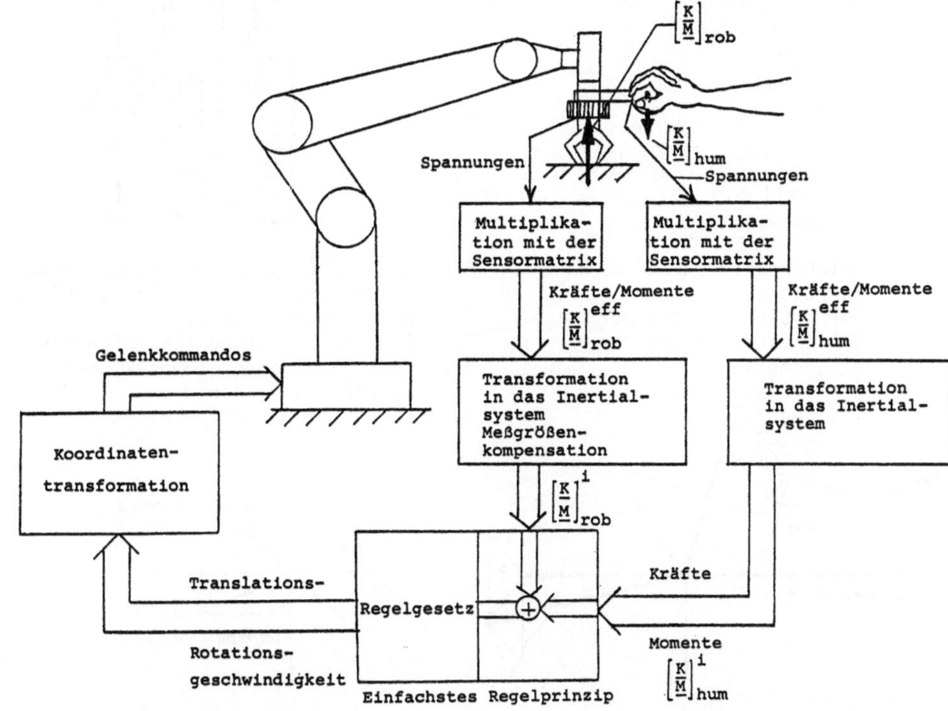

Abb. 5 Gleichzeitiges Teach-in von Bahnen und Bearbeitungskräften mit roboterfester Sensorkugel

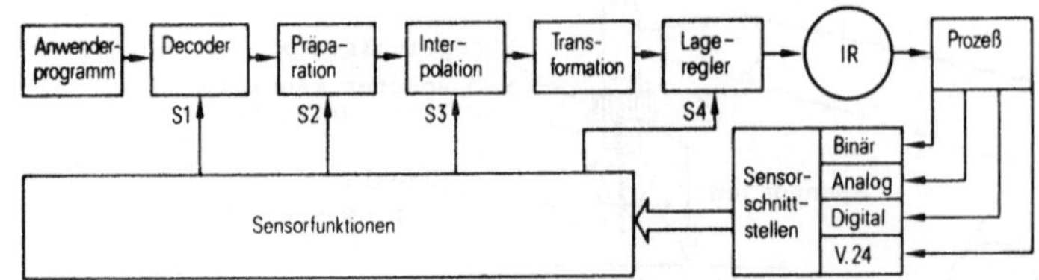

Abb. 7 Systemeingriff der Sensorfunktion in das System RCM

IR	Industrieroboter	S1	Programmkorrekturen
S2, S3	Bewegungskorrekturen	S4	Überwachungssignale

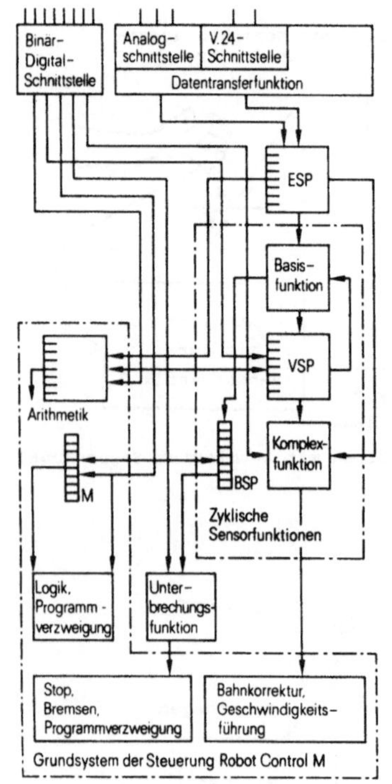

Abb. 8 Datenstrukturen für Sensorfunktionen

ESP	Eingangsspeicher
VSP	Variablenspeicher
M	Merker
BSP	Bitspeicher

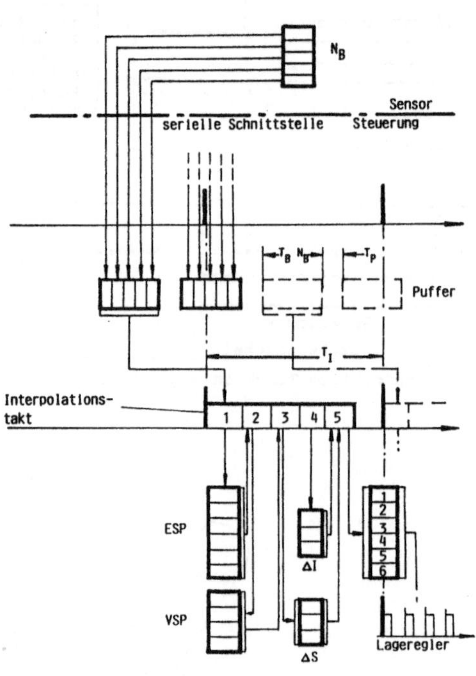

Abb. 9 Ablaufschema der Sensordatenverarbeitung bei serieller Schnittstelle

1. Datenblockübertragung
2. Datenaufbereitung (Basisfunktionen)
3. Systemanbindung (Komplexfunktionen)
4. Bahninterpolation
5. Koordinatentransformation

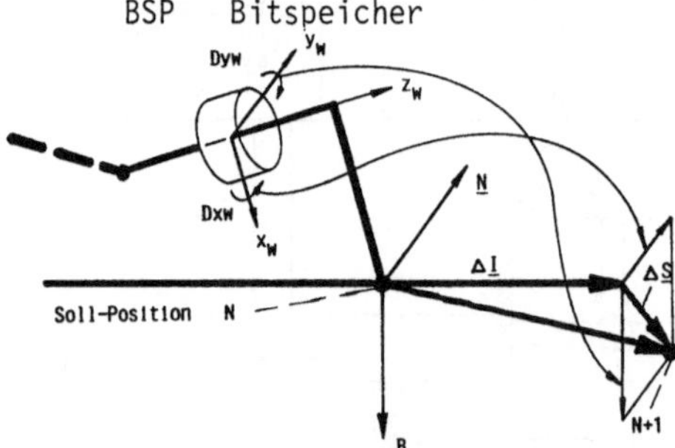

Abb. 10 Bahnkorrektur mit taktilem Sensor bei direkter Zuordnung von Meß- und Korrekturvektoren

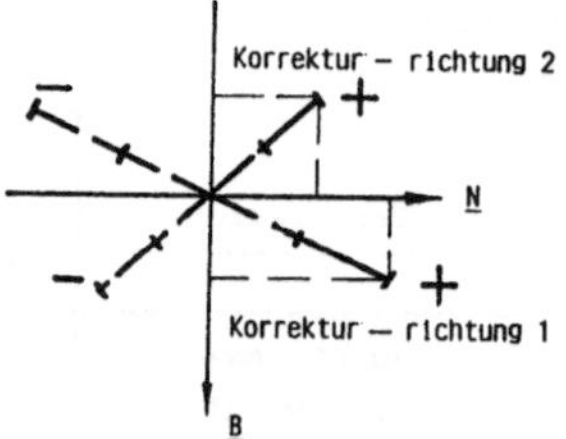

Freizügige Festlegung der Korrekturrichtungen

Literaturverzeichnis

/1/ Schmieder, L., Mettin,F., Vilgertshofer, G.
Kraft-Drehmoment-Fühler. Patent E01L1/22.

/2/ Plank, G., Hirzinger, G.
Controlling a Robot's Motion Speed by a Force-Torque-Sensor for Deburring Problems, 4th IFAC-IFIP Symposium on Information Control Problems in Manufacturing Technology, Gaithersburg, Maryland, USA, Oct. 26-28, 1982.

/3/ Hirzinger, G.
Direct Digital Robot Control Using a Force-Torque-Sensor, IFAC Symposium on Real Time Digital Control Applications, Guadalajara, Mexico, Jan. 15-21, 1983.

/4/ Nevins, J.L., Whitney, D.E.
The Force Vector Assembler Concept. On Theory and Practice of Robots and Manipulators. Proceedings 1st CISM Symposium, Udine, 1973.

/5/ Salisbury, J.
Active Stiffness Control of a Manipulator. 19th IEEE Conference on Decision and Control, Albuquerque, Dec. 1980.

/6/ Craig, J.J., Raibert, M.H.
Hybrid Position/Force Control of Manipulators. Transaction of the ASME, Journal of Dynamik Systems, Measurements and Control, Vol 102, June 1982, pp. 126-132.

/7/ Mason, M.T.
Compliance and Force Control for Computer Controlled Manipulators, IEEE Trans. on Systems, Man and Cybernetics, Vol. SMC-11, No. 6, June 1981, pp. 418-432.

/8/ Heindl, J., Hirzinger, G.
Kraft-Momenten-Sensorgriff und Verfahren zum kombinierten Programmieren von Roboterbewegungen und Bearbeitungskräften bzw. -momenten. Patent P3240251.1 applied 30.10.1982.

/9/ Heindl, J., Hirzinger, G.
Simultaneous Path-Force-Torque-Teach-In for Robots. Second IASTED International Symposium Robotics and Automation, June 22-24, 1983 Lugano, Switzerland.

/10/ Hirzinger, G.
Robot-Teaching via Force-Torque-Sensors. Sixth European Meeting on Cybernetics and Systems Research, EMCSR'82, Vienna, April 13-16, 1982.

/11/ Brunet, U., Hirzinger, G.
Fast and Self-Improving Compliance Using Digital Force-Torque-Control. 4th International Conference on Assembly Automation, Tokyo, Japan, Oct. 11-13, 1983.

/12/ R. Bartelt, H.-J. Massat, Dr. Ch. Meier,
Verarbeitung von Sensorsignalen in der Steuerung ROBOT CONTROL M.
Siemens Energietechnik 5, (1983) H. 3 S. 141-144.

VOLLAUTOMATISCHE KRISTALLZIEH-ANLAGE MIT RECHNERSTEUERUNG UND BILDVERARBEITUNG

COMPUTER CONTROLLED CRYSTAL PULLER WITH IMAGE PROCESSING

H. Birck

Leybold-Heraeus GmbH
6450 Hanau, B.R. Deutschland

Summary

The fast progress of semiconductor technologies leads to a growing market for integrated circuits. Increased requirements for the production tools for monocrystalline silicon are the result. The specifications for the crystals which are determined by semiconductor technology become more and more stringent with regard to physical properties. This leads to a request for better reproducibility of the process sequence provided by an intelligent process control system. Furthermore, automating crystal pullers which are built for production purposes means higher throughput and yield.

By employing a computer interfaced with a suitable camera for optical measuring it is now possible to automate the pull process completely.

Einleitung

Der Fortschritt auf dem Gebiet der Halbleitertechnologien hat einen wachsenden Markt für integrierte Schaltkreise mit sich gebracht. Dies führt zu einem langfristig steigenden Bedarf an monokristallinem Silizium, dem Rohmaterial, das bisher überwiegend die Ausgangsbasis zur Fertigung integrierter Schaltkreise ist.

In zweifacher Hinsicht ergeben sich daher erhöhte Anforderungen an die Produktionsanlagen für monokristallines Silizium. Einerseits müssen möglichst große Mengen in zuverlässigen Anlagen mit hohem Durchsatz kostengünstig produziert werden können, und andererseits werden die von der Halbleitertechnologie bestimmten Spezifikationen an die Kristalle hinsichtlich ihrer physikalischen Eigenschaften immer enger gefaßt. Der Trend zu immer größeren Kristallzieh-Anlagen mit hohem Fassungsvermögen wird daher begleitet von der Forderung nach immer besserer Reproduzierbarkeit des Prozeßablaufes durch eine intelligente Prozeßautomatik/1/,/2/.

Durch den Einsatz einer Halbleiter-Kamera in Verbindung mit einem Rechner ist es nun gelungen, das Ziehen eines Siliziumkristalls aus einer flüssigen Schmelze (Czochralski-Verfahren) vollständig zu automatisieren. Voraussetzung war dafür die optische Überwachung des Einschmelzvorganges, das Erkennen des Impflings kurz vor Eintauchen in die Schmelze sowie die Messung des Schmelzbadniveaus und des Kristalldurchmessers während des Ziehens von Hals, Schulter und Kristall-Körper mittels eines Kamera-Systems.

Ausgehend von diesen gemessenen Zuständen und Größen konnte unter Verwendung der Methoden der klassischen Regelungstechnik der gesamte Prozeßablauf automatisiert werden. Neben dem Steuerungsablauf sind 5 Regelkreise realisiert, von denen 2 untereinander verkoppelt sind. Der im Rechner dafür realisierte Programmumfang beträgt ca. 50 k Byte.

Gegenüber den seit den letzten 10 Jahren benutzten halbautomatischen Produktionsanlagen wurde der benötigte Personalaufwand zum Betrieb der Anlagen um ca. 50 % reduziert sowie Durchsatz und Ausbeute erheblich erhöht.

Der Czochralski-Prozeß

Ca. 85 % des auf der Welt verarbeiteten monokristallinen Siliziums wird nach dem Tiegelzieh-Verfahren, auch Czochralski-Verfahren genannt, produziert. Dazu schmilzt man polykristallines Reinstsilizium in einem Quarztiegel ein, Bild 1. Da bei der Schmelztemperatur des Siliziums von 1410°C der Quarz keine ausreichende mechanische Festigkeit mehr besitzt und plastisch wird, muß der Quarztiegel von einem hochtemperaturbeständigen Graphittiegel gestützt werden. Zum Ziehen des Kristalls hält man die Temperatur der Schmelze geringfügig oberhalb der Schmelztemperatur. Taucht man nun einen monokristallinen Impfkristall in die Schmelze, fließt an dieser Stelle Wärme ab. Dies reicht aus, um die benachbarte Flüssigkeit soweit abzukühlen, daß am Impfkristall die Erstarrung einsetzt. Dabei lagern sich die Atome in der gleichen Orientierung an, wie sie der Impfkristall hat.

Zieht man jetzt den wachsenden Kristall langsam aus der Schmelze, so ist man in der Lage, auf diese Weise einen monokristallinen Kristall von erheblicher Größe herzustellen.

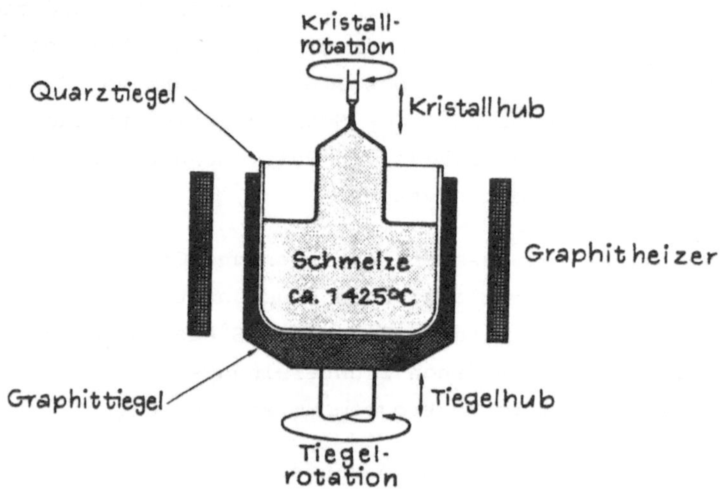

Bild 1: Czochralski-Verfahren

So einfach dieses Prinzip an sich ist, so schwierig ist es jedoch, die mechanischen und thermischen Bedingungen einzuhalten, um eine Produktion versetzungsfreier Kristalle in großem Stile zu gewährleisten.

Meistens muß die Badoberfläche an einem festen Ort in Bezug auf den Graphitheizer gehalten werden. Dieser Ort sollte einen möglichst hohen thermischen Gradienten haben. Da der Schmelze Material entzogen wird, erfordert dies ein Nachschieben des Tiegels über einen Tiegelantrieb. Weiterhin läßt man Kristall und Tiegel gegensinnig rotieren, um eine rotationssymmetrische Temperatur- und Materialverteilung sicherzustellen. An die vier Antriebe und die Gesamtanlage werden höchste Anforderungen an Laufruhe und Erschütterungsfreiheit gestellt. Andernfalls verliert der Kristall während des Ziehprozesses schnell seine Versetzungsfreiheit oder gar seine monokristalline Struktur.

Der ganze Prozeß läuft in einer vakuumdichten Anlage unter Argon-Schutzgas-Spülung bei einem Druck von ca. 15 mbar ab. Die Schutzgas-Spülung dient dem sofortigen Entfernen von Siliziumoxid-Flocken, die aufgrund einer chemischen Reaktion von Silizium mit dem Quarztiegel entstehen ($Si + SiO_2 \rightarrow 2\ SiO$). Berührt eine solche Flocke den Kristall an der Phasengrenze fest/flüssig, verliert er schlagartig seine monokristalline Struktur.

Die charakteristische Form des durch das Czochralski-Verfahren gezogenen Kristalls entsteht auf folgende Weise (Bild 2):

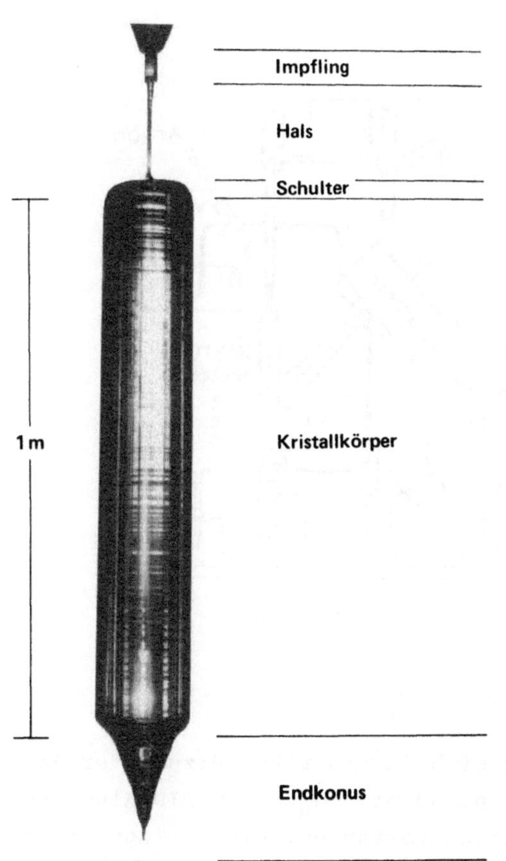

Bild 2: Typischer 5"-Kristall

Der Impfkristall-Durchmesser von ca. 15 mm wird konisch auf den Hals-Durchmesser von etwa 4 mm verringert. Das Ziehen des dünnen Halses hat den Zweck, den Kristall versetzungsfrei zu machen. Nach einer Länge von ca. 80 mm ist die Versetzungsfreiheit sicher erreicht. Danach läßt man eine flache Schulter wachsen, um möglichst schnell auf den Solldurchmesser des Kristallkörpers zu gelangen (3, 4 oder 5 Zoll). Den Kristallkörper möchte man mit möglichst genauem und konstantem Durchmesser bis zum Endkonus ziehen. Dieser hat den Zweck, den Materialverlust möglichst gering zu halten, der durch den thermischen Schock bei der Trennung von Kristall und Restschmelze entsteht. Dabei laufen nämlich Versetzungen rückwärts in das noch plastische Silizium hinein.

Regelkreise

Während des Wachstums des Kristalls sorgen Regelkreise für den Kristalldurchmesser, die mittlere Ziehgeschwindigkeit, das Schmelzbadniveau und den Druck für die gewünschten Wachstumsbedingungen. Ein zusätzlicher Regelkreis dient zum Anfahren und Stabilisieren der Badtemperatur nach dem Einschmelzen und vor dem Ansetzen des Impflings. Dazu liefert ein Pyrometer, das direkt auf die Badoberfläche schaut, den Meßwert. Stellgröße ist die Heizleistung. Im Gegensatz zu allen anderen Regelkreisen, die über quasianalog arbeitende PID-Regler realisiert wurden, wurde hierfür ein Kompensations-Algorithmus zum Erzielen einer endlichen Einstellzeit benutzt (Bild 3).

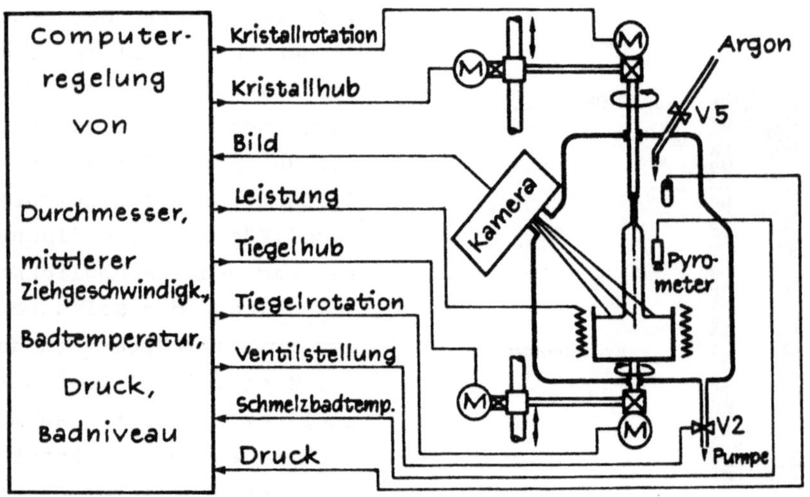

Bild 3: Schema der Anlagensteuerung

Der Vorteil dieses Verfahrens zeigt sich in einer Verkürzung der Anfahr- und Stabilisierungsphase von ca. 50 min bei einem PID-Algorithmus auf ca. 20 min bei dem Kompensationsverfahren. Dies bringt einen zusätzlichen Gewinn beim Durchsatz der Anlage.

Während des Kristallziehens bleibt der Temperaturregler ausgeschaltet. Dieser Prozeß wird im wesentlichen von den beiden verkoppelten Regelkreisen für den Kristalldurchmesser und die mittlere Ziehgeschwindigkeit bestimmt (Bild 4).

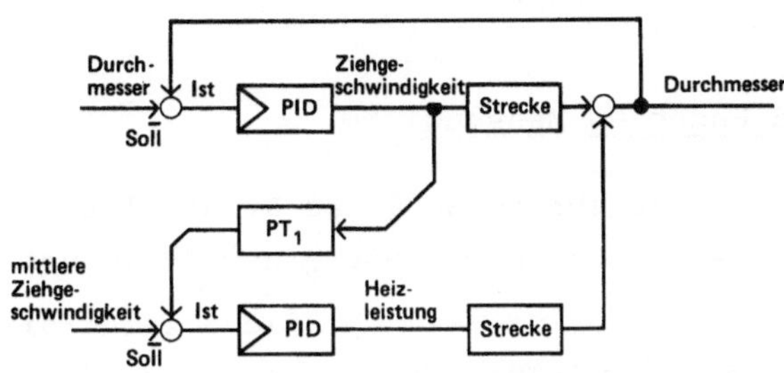

Bild 4: Regelkreise für Durchmesser und mittlere Ziehgeschwindigkeit

Zunächst wird der Durchmesser durch einen Eingriff auf den Kristallhub geregelt. Je schneller z. B. gezogen wird, desto dünner wird der Kristall und umgekehrt. Dieser Regelkreis arbeitet ziemlich schnell, d. h. mit einer Zeitkonstanten von ca. 30 s. Damit die thermischen Spannungen innerhalb des Kristalls nicht zu groß werden, ist es aber notwendig, eine bestimmte mittlere Ziehgeschwindigkeit, d. h. Wachstumsgeschwindigkeit, für den Kristall einzuhalten. Deshalb bildet man durch Filterung (PT_1-Glied) die mittlere Ziehgeschwindigkeit und regelt diese durch Verstellung der Heizleistung. Diese wirkt jedoch auch auf den Kristalldurchmesser: eine Erhöhung der Heizleistung führt z. B. dazu, daß der Kristall dünner wird, allerdings sehr langsam mit einer Zeitkonstanten von mehreren Minuten. Erst über den Durchmesser-Regelkreis wirkt die Leistungsverstellung auf die mittlere Ziehgeschwindigkeit. Man kann den Regelkreis für die mittlere Ziehgeschwindigkeit als Arbeitspunkt-Einstellung für den Durchmesser-Regelkreis interpretieren.

Aus bereits genannten Gründen möchte man weiterhin das Schmelzbadniveau während des Ziehprozesses konstant halten oder in selteneren Fällen gezielt variieren. Da der Kristalldurchmesser D_K laufend gemessen wird, ist man in der Lage, die Tiegelhub-Geschwindigkeit V_T anzugeben:

$$V_T = V_K \cdot \left(\frac{D_K}{D_T}\right)^2$$

mit V_K: Ziehgeschwindigkeit

D_T: innerer Tiegeldurchmesser

Da jedoch der Tiegeldurchmesser nie besonders genau erfaßt werden kann, insbesondere wegen der Plastizität des Tiegels, driftet der Badspiegel langsam davon. Um dies zu korrigieren, überlagert man dieser Störgrößenaufschaltung einen Regelkreis. Voraussetzung dazu ist eine Messung des Schmelzbadniveaus.

Durchmesser- und Badhöhen-Messung

Das wesentliche Element zur Messung des Kristalldurchmessers und der Badhöhe ist eine Halbleiterkamera mit einer Zeile von 2048 Dioden.

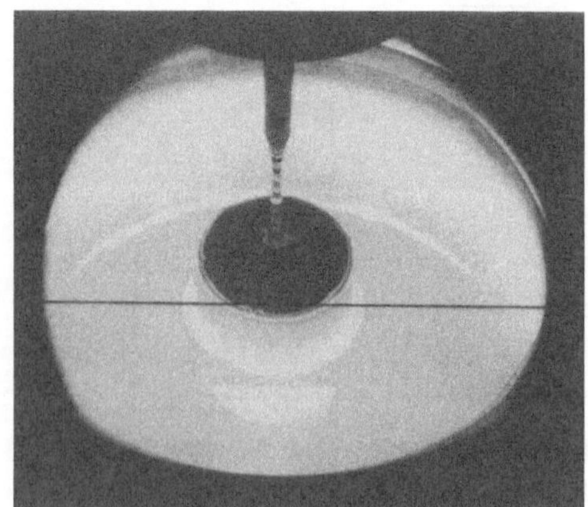

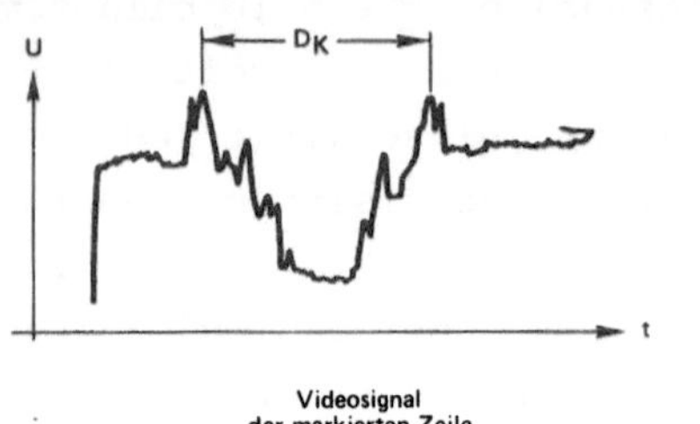

Bild 5: Bildauswertung

Bild 5 zeigt die typischen Verhältnisse während des Ziehens des oberen Kristallkörpers wie die Kamera selbst sie sieht. Das Bild zeigt einen hellen Ring um den Kristall an der Phasengrenze fest/flüssig, Meniskus genannt. Er entsteht durch Reflexion der Strahlung von Tiegelrand und Heizer. Legt man jetzt eine Zeile exakt durch die horizontale Hauptachse der durch den Meniskus gebildeten Ellipse, dann zeigt das Videosignal der Kamera eine Helligkeitsverteilung über diese Zeile an, wie sie unterhalb der Abbildung eingezeichnet ist. Der Meniskus stellt sich darin als Helligkeitsspitze dar. Jetzt wählt man einen Hell-/Dunkel-Schwellwert für dieses Videosignal, bei dem nur diese Spitzen des Meniskus als hell erkannt werden und der Rest als dunkel. Damit ist man in der Lage, durch Auszählen der Diodenanzahl, die zwischen den beiden äußeren Hell-/Dunkel-Übergängen liegt, den Kristalldurchmesser D_K zu bestimmen.

Im Interface zwischen Kamera und Rechner erfolgt eine gerätemäßige Vorauswertung des Videosignals. Die Interface-Schaltung schreibt die Nummern der Dioden, an denen ein Hell-/Dunkel-Übergang erfolgt, in den Speicher des Rechners. Daraus kann der Rechner die Zahl der zwischen den äußeren Hell-/Dunkel-Übergängen liegenden Dioden ermitteln. Unter Berücksichtigung des optischen Abbildungsmaßstabes berechnet der Computer dann den Kristalldurchmesser.

Damit man aber die richtige Zeile auf der Ellipsen-Hauptachse findet, ist es notwendig, das ganze Bild auf einen maximalen Durchmesserwert abzusuchen. Denn nur in der Hauptachse ist dieser Wert maximal und repräsentiert gleichzeitig den gesuchten Durchmesser. Das Auffinden der richtigen Zeile stellt also ein Extremwert-Suchproblem dar. Zum zeilenweisen Abtasten des Bildes ist in den Strahlengang Zeilenkamera ein drehbarer, positionsgeregelter Spiegel eingefügt. Der Rechner kann den Sollwert für die Spiegelposition vorgeben und so die Suche durchführen. Die Lage der Zeile, auf der die Ellipsenhauptachse für die Durchmessermessung liegt, ist gleichzeitig ein Maß für die Schmelzbad-Höhe. Unter Berücksichtigung der Abbildungsgeometrien kann der Rechner daraus die Badhöhe berechnen. Dies ermöglicht, den Regelkreis für die Badhöhe zu schließen und ein additives Korrektursignal auf die Tiegelhub-Geschwindigkeit zu geben.

Neben der Durchmesser- und Badhöhen-Messung wird das Kamerasystem für weitere Aufgaben eingesetzt. Beispielsweise wird das Einschmelzen des Siliziums überwacht und erkannt, daß alles vollständig eingeschmolzen ist. Da ein schwimmender Silizium-Brocken auch einen hellen Ring, einen Meniskus, aufweist und außerdem festes Silizium in der Nähe der Schmelztemperatur heller strahlt als die Schmelze, beschränkt sich diese Überwachung auf die Frage, ob sich noch Hell-/Dunkel-Übergänge finden oder nicht. Wird alles als Dunkel erkannt, ist alles eingeschmolzen.

Weiterhin wird das Kamerasystem noch dazu benutzt, beim Absenken des Impflings diesen kurz über der Schmelze zu erkennen und die Absenkgeschwindigkeit zum Eintauchen zu verringern.

Zusammenfassung

Bei den bisher gebauten, halbautomatischen Produktionsanlagen war nur das Wachstum des Kristallkörpers automatisiert. Der Rest des Prozeßablaufs wurde von Hand durchgeführt. Durch Nutzung eines Rechners in Verbindung mit einer Halbleiter-Kamera war es möglich, den gesamten Prozeß zu automatisieren, insbesondere das Einschmelzen von großen Silizium-Massen, das Stabilisieren der Badtemperatur nach dem Einschmelzen, das Absenken und Eintauchen des Impflings in die Schmelze, das Ziehen des Halses, der Schulter und des Endkonus. Es handelt sich um eine echte Einknopfanlage, die nach dem Chargieren mit festem Silizium automatisch einen Einkristall liefert. Dadurch verbessert sich die Reproduzierbarkeit des Prozeßablaufs und damit der Kristalleigenschaften erheblich.

Bemerkenswert ist, daß für die Durchführung des Automatisierungsprojektes keinerlei Geräteentwicklung erfolgen mußte. Das Kamera- und Rechnersystem inklusive Kamerainterface und Spiegelpositionierung wurde aus bestehenden, auf dem Markt verfügbaren Komponenten konfiguriert. Dies hat das Projekt erheblich verkürzt und zeigt, wie befruchtend die Entwicklung von Halbleiter- und Rechentechnik auf die Automatisierung wirkt.

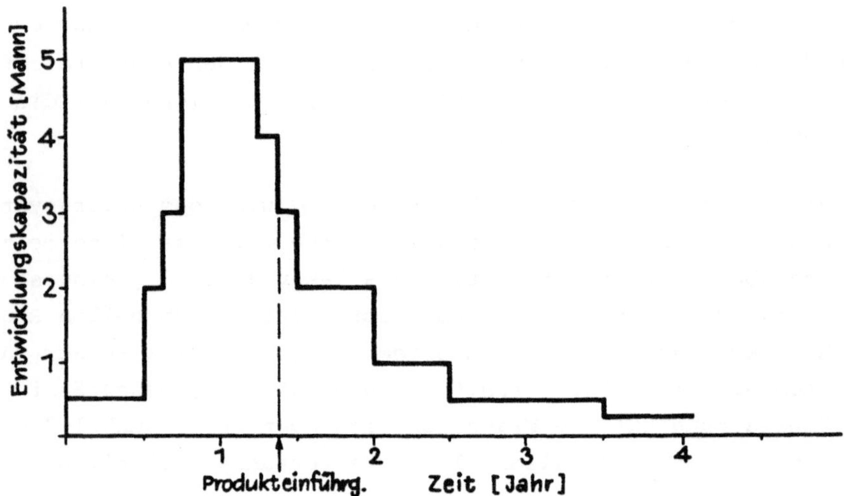

Bild 6: Programm-Entwicklungskapazität während der Laufzeit des Projektes

Bild 6 zeigt die benötigte Entwicklungskapazität während der Laufzeit des Projektes. Für die Durchführung war ein Team aus Ingenieuren mit Kenntnissen auf dem Gebiet der Regelungstechnik und der Prozeßdatenverarbeitung notwendig, das mit einem Verfahrensmann zusammenarbeitete. Das Diagramm weist auf einen Vorlauf für die Konzeptionsphase hin, an den sich ein großer Personaleinsatz für die Durchführung bis zur Produkteinführung anschließt. Auffällig ist der noch folgende hohe Aufwand für die Softwarepflege, der sich aus Beseitigung von später entdeckten Fehlern sowie Verfahrensverbesserungen ergibt.

Literatur

/1/ K. E. Domey: Computer Controlled Growth of Single-Crystal Ingots. Solid State Technology, Oct. 1971

/2/ W. Hegeland et al.: Growing Semiconductor Crystals Using the Czochralski Method. Microelectronic Manufacturing and Testing, April 1983

/3/ S. Dormeier et al.: Aufbau und Einsatz von DDC-Systemen. Elektrotechnik, 60, Heft 1/2, 27. Jan. 1978

MULTIVARIABLE CONTROL FOR OPTIMIZATION OF PAPER MACHINES

MEHRGRÖSSENREGELUNG FÜR DIE OPTIMIERUNG VON PAPIERMASCHINEN

B. Lebeau (1)
C. Foulard (2)
R. Arrese-Boggiano (3)

(1) Centre Technique du Papier, B.P. 7110, 38020 Grenoble Cedex, France
(2) Laboratoire d'Automatique de Grenoble ENSIEG - INPG, B.P. 46, 38402 Saint-Martin-d'Hères, France
(3) TELEMATIQUE, Zirst, 38240 Meylan, France

ZUSAMMENFASSUNG

Die Verbesserung der Regelgüte von Flächengewicht und Feuchtigkeit verlangt die Ausregelung sehr hochfrequenter Störungen im Stoffauflaufkasten. Der Stoffauflaufkasten ist ein Mehrgrößensystem mit starker Kopplung. Aus diesem Grund liefert die klassische Eingrößenkreisvorgehensweise unbefriedigende Resultate.

Als erstes beschreiben wir eine neuartige Mehrgrößenregelkreisstruktur unter Verwendung von Optimierungsmethoden und Referenzmodellen, die neben anderen interessanten Eigenschaften die statische Regelabweichung zu Null macht.

Als zweites zeigen wir Ergebnisse der Regelung von Flächengewicht und Stoffdichte im Stoffauflaufkasten, der Strahlgeschwindigkeit und des Niveaus im Kasten, die in einer Papiermühle aufgenommen wurden. Sie werden verglichen mit den Resultaten klassischer Regelungstechnik, wobei sich eine deutliche Verbesserung des Regelverhaltens zeigt.

1. INTRODUCTION

The number of paper machines provided with control systems has widely increased during these last twenty years.
Practically nil at the beginning of the sixties, it approximates today 25 % of the 12000 machines in operation in the world. In France, among some 310 running paper-machines, 50 % are under computer-control. The quality and productivity imperatives still increase this tendency.

Basis-weight and moisture controls of the paper in the machine-direction are nowadays widely used and at present, there is a spectacular spread of the control of these variables in the cross-machine direction, mainly because of the design of new reasonable-cost actuators, specific of this particular type of control.

On many paper-machines, the profitability of these systems is obtained, on one hand through basis-weight and moisture set-points optimization, leading to energy and raw-material savings, on the other hand through production optimization, leading to improved machine productivity.

Production optimisation of paper-machines requires them to be runned under variable-speed conditions, taking into account the various working constraints, and particularly the most frequent of them, namely drying evaporating capabilities. Such working conditions require good head-box control : the head-box of the paper machine is an essential element of the paper-making process since the properties of its output govern the sheet formation quality, on the wire, immediately next to it.

Today, on most head-boxes, only two variablesare controlled : stock-level inside the head-box and total head at the slices : discharge of the head-box ; the latter determines the speed of the pulp jet on to the wire.

These variables are controlled by monovariable control loops by means of P.I. controllers but it is well known that there is a strong interaction between these loops, and that these variables also interact on the paper-making quality parameters, such as pulp consistency and basis-weight. One is then faced with a multivariable system, which is very strongly coupled. It is obvious that, in order to improve the machine performances, decoupling these variables is highly advisable.

This is why this paper deals with the desing of a multivariable control system called MUVAR* and with its implementation on Paper Machine number 6 in the Voreppe mill of Papeteries de VOIRON et des GORGES, France, a machine producing fine printing and writing grades between 32 and 140 g/m^2 at speeds ranging from 180 to 600 m/mn.

2. DESCRIPTION OF PROCESS AND CONTROL-SYSTEMS

Figure 1 is a schematic description of paper machine number 6 in Papeterie de VOIRON et des GORGES and of its control system before setting-up of the MUVAR system.

The circuits comprise a double dilution of the stock flow , one before each screening stage. The cleaned and diluted pulp feeds the head-box which is of the air cushion type ; the air pressure allows creation of a uniform velocity jet, 3.6 meter wide. The pulp jet will then form a paper sheet on an endless wire. The white water which is drained through the wire is recirculated and used for stock dilution. The paper sheet is afterwards pressed, then dryed on steam-fed cylinders. The dry sheet is wound into reels at the end of the machine.

The control structure, prior to MUVAR, was as follows :

- P.I. electronic control of the level in the head-box, the actuator being the air flow valve

*registered trade-mark.

- P.I. electronic control of the total head in the head-box, the actuator being the rotation speed of the second dilution pump (driven by a thyristor variable speed motor)
- P.I. digital control of the ratio between wire speed and jet speed, cascading on the set point of the former total head controller
- Time-lag compensation and P.I. digital control (with a decoupling block) of paper basis-weight and moisture at the dry end of the machine, the actuators being the stock valve and the steam valves to the dryers
- Digital optimization of the production, the actuator being the machine speed.

All digital controls and optimization functions are implemented in a process control mini-computer. All control algorithms are monovariable; synthesis is made from one-input one-output blocks, even when there is a coupling action, as it is the case for basis-weight and moisture controls.

Figure 2 is a schematic description of the control structure including the MUVAR system. The measurements of level, jet speed (computed from total head in the head-box), consistency and dry end basis-weight are taken into account. The actuators (with a 2 seconds acting period) are : air valve, rotation speed of the 2nd dilution pump, stock valve and slices opening at the head-box (which determines the out put area for the pulp jet).
Moisture control and production optimization remained in the mill process control computer. The MUVAR control system was implemented in an extra process control computer, temporarily installed for the industrial trial period.

3. PROCESS MODELISATION

The knowledge-mathematical-model of the air cushion head-box (1), (2), is non linear, but the multivariable control system presented here is linear. Therefore, in order for the control to be used over the whole range of the paper machine running conditions, we defined several working points for the machine. The linearised model, in the transfer function representation is shown on figure 3.

The process input vector is :

$$\vec{U} \left\{ \begin{array}{ll} U_1 & \text{Air valve} \\ U_2 & \text{Fan pump speed} \\ U_3 & \text{Stock valve} \\ U_4 & \text{Slices opening} \end{array} \right.$$

and the output vector :

$$\vec{Y} \left\{ \begin{array}{ll} Y_1 & \text{Head-box level} \\ Y_2 & \text{Jet speed} \\ Y_3 & \text{Head-box consistency} \\ Y_4 & \text{Dry basis-weight at the reel} \end{array} \right.$$

The K_{ij} coefficients are gains. The dynamic elements are first order approximations, with T_{ij}:time constants and τ_i: time lags.
This paper machine model has been validated on a pilot circuit in Centre Technique du Papier and on an industrial machine (3).

One of the main features of this model is a succession of 3 time lags due to substance transport :

τ_p corresponds to the first dilution circuit called predilution circuit

τ_d corresponds to the second dilution circuit, called dilution circuit

τ_g corresponds to the transport along wire and dryers

- Model parameters identification is made by means of an identification method (4) which is a combination of a least square method and of linear programming. This identification software, called PROCIDENT* gives the process model in the ARMA representation (auto-regressive moving average). The multivariable control MUVAR makes use of a discrete state variable model as will be seen later. It is therefore necessary to change the model representation. The state variable model is shown on figure 4.
  The a_{ij} and b_{ij} coefficients are computed from the K_{ij} and T_{ij} of the transfer function model of figure 3 and from the sampling period Δt.
  The discrete lags corresponding to time lags τ_p and τ_d are :

$$l = \frac{\tau p}{\Delta t} \text{ and } m = \frac{\tau d}{\Delta t}$$

  Time lag τ_g (with $n = \frac{\tau g}{\Delta t}$) is not taken into consideration in the state variable model as it corresponds to the shift of an output.

*registered trade-mark

This allows considerable simplification in the design of the control matrices.

4. THE MUVAR MULTIVARIABLE CONTROL SYSTEM

It is based on a discrete state variable representation and on the optimization of a quadratic criterion. This criterion is, indeed, a "mathematical tool" providing means for a synthesis of the feed-back and feed-forward elements which are necessary to give a proper behaviour, both in control and tracking. These elements determine at each acting period, the $\tilde{u}$ variable of figure 5 (showing the prescribed control structure).

This structure is built around a representation model of the process (parallel internal model) and two reference models : one for control, the other for tracking purposes. An original feature of this structure is the ability to get rid of statical errors without using integrators.

The notations on figure 5, are :

$\underline{Z}$: process set points vector

$\underline{Y}_a$: process desired outputs vector (output of the tracking reference model)

$\underline{Y}_s$: process outputs vector

$\underline{Y}_n$: parallel internal model, outputs vector

$\underline{Y}$: inputs model, outputs vector

$\underline{Y}_p$: measured disturbances model, outputs vector

$\underline{Y}_2$: control reference model, outputs vector

$\underline{U}$: inputs vector to the process and the parallel internal model

$\underline{U}_p$: measured disturbances inputs vector to the process and to the parallel internal model.

Providing that the controlled process is by nature stable, several properties may be demonstrated when the $\tilde{u}$ control vector is computed by minimization of a quadratic criterion :

$$J = \sum_{k=o}^{\infty} \underline{\varepsilon}^T_{(k)} . Q . \underline{\varepsilon}_{(k)} + \tilde{u}^T_{(k)} . R . \tilde{u}_{(k)}$$

where :

$$\underline{\varepsilon}_{(k)} = \underline{Z}_{p\,(k)} - Y_{(k)}$$

k : time (number of sampling periods)

$Q > 0, \quad R > 0$

These properties are :

1. $\tilde{u}_{(k)} = -L.\underline{X}_{(k)} - P_a.\underline{X}_{a(k)} - P_r.\underline{X}_{r(k)} - P_p.\underline{X}_{p(k)}$

$$+ N.\underline{Z}_{p(k)} + Na.\underline{Z}(k) + N_r.\underline{E}p(k) + N_p.\underline{U}p(k)$$

with :

$\underline{X}_{(k)}$ inputs model, state variablesvector

$\underline{X}_{a(k)}$ tracking reference model, state variablesvector

$\underline{X}_{r}(k)$ control reference model, state variables vector

$\underline{X}_{p}(k)$ measurable disturbances model, state variables vector.

Matrices L, P_a, P_r, P_p N, N_a, N_r, N_p, with real coefficients, are computed by means of an algorithm developed in (6).
The full control structure is then the one of figure 6.

2. If we select :

$M = G^{-1}$ (case where G is regular) or

$M = G^T(G\ G^T)^{-1}$ (general case)

with G : inputs model, statistical gain matrix

On a statical point on view, the structure makes that :

$$\lim_{k \to \infty} U(k) = 0$$

and :

$$\underline{Y}_s = \underline{Z}$$

The process outputs become equal to the set-points (see (6)).

3. If we select a weighting factor R = 0 in the criterion (this is possible under some conditions for the model mathematical structure), we get :

$$M + N = 0$$

and :

$$\underline{Y}(k) = \underline{Z}_{p(k)}, \ \forall k$$

It means that the outputs of the tracking reference model are perfectly followed in this case (see (6)).

4. It is well known that if we have important time lags, the state variables vector dimensions of the different models may increase significantly, and thus lead to voluminous and lengthy computations. It may be shown that under some conditions (which are satisfied in the case of simple dilution head-box circuits) the time lags which cannot be placed in cascade with the process outputs, may be taken into account simply, taking them equal to 2 sampling periods.

   This property is very interesting in practice, as the real values of these lags are generally much higher.
   It considerably reduces computing times and storage requirements (see (6)).
   Of course, the proposed structure being of the "parallel internal model" type, when the time lags may be placed in cascade with the process outputs, they are taken into account on the outside of the inputs model and they do not interfere in the storage capacities and computing times.
   This is the case, in our exemple, for the time lag τ_g between the head-box discharge and the basis-weight measurement at the end of the machine.
   It is taken into account on the outside of the model as shown on figure 7.

5. APPLICATION AND RESULTS OF MUVAR CONTROL

MUVAR control has been implemented in a process mini-computer SOLAR 16-40 (SEMS) with :

. 256 K bytes core memory
. 2 floppy discs unit of 300 K bytes each
. 16 analog inputs
. 16 digital inputs
. 4 analog outputs.

This mini-computer was connected to the paper machine and to the process computer previously existing in the mill.

Two consistency sensors have been installed :

- one, for the measurement of stock consistency after first dilution. This sensor is only used in the identification phase, but not for control purposes
- the other, for the measurement of stock consistency after the second dilution. This sensor is used both for identification and control.

The remote actuation of slices opening and its measurement have been implemented. Some more modifications have been necessary to enable commutations between MUVAR control and the control previously existing in the mill, specially for stock valve, air valve and fan pump speed. MUVAR may control either the full system (4 inputs/4 outputs) :

- air valve	- level
- pump speed	- jet speed
- stock valve	- basis-weight
- slices opening	- consistency

Or, a sub-system (3 inputs/3 outputs) :

- air valve	- level
- pump speed	- jet speed
- stock valve	- basis-weight.

The choice between these two systems is made by selecting : manual or automatic control on slices opening.

MUVAR system may be used for the following control functions :

- level, jet speed, basis-weight and consistency control
- jet speed/wire speed ratio control
- production optimization
- grade change control
- set-points changes.

In the case of this industrial application, 3 tracking reference models have been used (see figure 7).

Non-interacting models have of course been selected. In this case, a different dynamic behaviour may be given to each output, adapted to the change to be done :

- tracking reference model n°1 (MRA1), for small set point changes from the operator
- traking reference model n°2 (MRA2), for set-point changes during production optimization
- tracking reference model n°3 (MRA3), for set-point changes during grade-change control.

A full set of results obtained with the complete (4 inputs/4 outputs) MUVAR system is presented together with comparative results from a classical monovariable control system.

Figure 8 shows a consistency change. In the monovariable case, a manual change of slice-opening is made, while in the multivariable case a consistency set-point change is performed. We note the good behaviour of the MUVAR system and the excellent decoupling of basis-weight.

Figure 9 shows the MUVAR control with 4 consistency set-point changes in J21, J22, J23 and J24. We note the excellent decoupling of level, jet speed and basis-weight.

Figure 10 shows a phase of production optimization control. Jet speed tracks well wire speed variations. We note the slices opening behaviour in order to keep constant basis-weight as well as consistency. This last parameter is never kept constant in conventional control systems.

Figure 11 shows again a phase of production optimization lasting about 1 hour. Machine speed has increased from 480 m/mn to 498 m/mn corresponding to 3.75 % production increase.

Figure 12 shows a comparison of MUVAR production optimization control and of conventional, constant machine speed control, in the case of a strong disturbance of the retention agent flow. We note the strong improvement on basis-weight and consistency disturbances.

The standard deviation, in the monovariable case is : $\sigma_{MUVAR} = 0.51\ g/m^2$

The standard deviation, in the multivariable case is : $\sigma_{mono} = 1.35\ g/m^2$

The dispersion reduction brought about by MUVAR control comes to : 2.65

6. CONCLUSIONS

Digital control has rapidly developed in many fields due to the very fast spread of microprocessors.
Instrumentation and control have both gained benefits in this development.
Still, this new component has mainly improved :

- equipements reliability
- measurement accuracy (digital treatment on the sensor itself)
- data transmission signal/noise ratio (exchange of digital instead of analog informations)
- man/machine interface (color monitors, graphic displays).

From the point of view of control algorithms, we have to recognize that the possibilities of digital technologies have not yet been used in their full extension.

Most of the time, we have made with digital technology what we used to do with analog techniques.
This multivariable head-box control study has shown that it is now possible to apply in industry new types of control algorithms which improve the paper machine performances.

A new step should be taken now in the field of processes multivariable control and specially paper machines.
Finally, we may sum up the main features of MUVAR control system, so :

- complete control package for paper machine
- may be adapted to others multivariable processes
- consistency control in the head-box
- perfect non interacting control
- separate tuning for control and tracking
- good robustness to parameters model change.

ACKNOWLEDGEMENTS

The authors are very grateful to all the members of Centre Technique du Papier and Papeteries de VOIRON et des GORGES who have contributed to the success of this project.

REFERENCES

(1) A. NADER DELGADO
Modélisation et commande adaptative multivariable des caisses de tête de machine à papier
Thèse de Docteur-Ingénieur, INP Grenoble 1978.

(2) A. NADER DELGADO, B. LEBEAU, J.P. GAUTHIER, C. FOULARD and A. RAMAZ
New developements in multivariable control of paper machine head-boxes
International Symposium Paper machines head-boxes. Mc Gill, University Montreal, Juin 3-5 1979.

(3) B. LEBEAU, R. ARRESE BOGGIANO, A. BARRAUD, R. PUJOL, C. FOULARD
Sur l'indentification et la commande multivariable de la caisse de tête de machine à papier
20e Conférence EUCEPA, Budapest, 18-22 Octobre 1982.

(4) A. BARRAUD et B. LEBEAU
PROCIDENT : Procédure d'identification de modèle mono-sortie, multi-entrées mis sous forme ARMA. Note interne CTP.

(5) C. FOULARD, S. GENTIL, J.P. SANDRAZ
Commande et régulation par calculateur numérique
Eyrolles, Paris, 1977.

(6) R. ARRESE-BOGGIANO
Commande numérique multivariable performante et simple des procédés industriels comportant un retard pur interne ; application aux caisses de tête de machine à papier.
Thèse de Docteur-Ingénieur, INP de Grenoble, 1982.

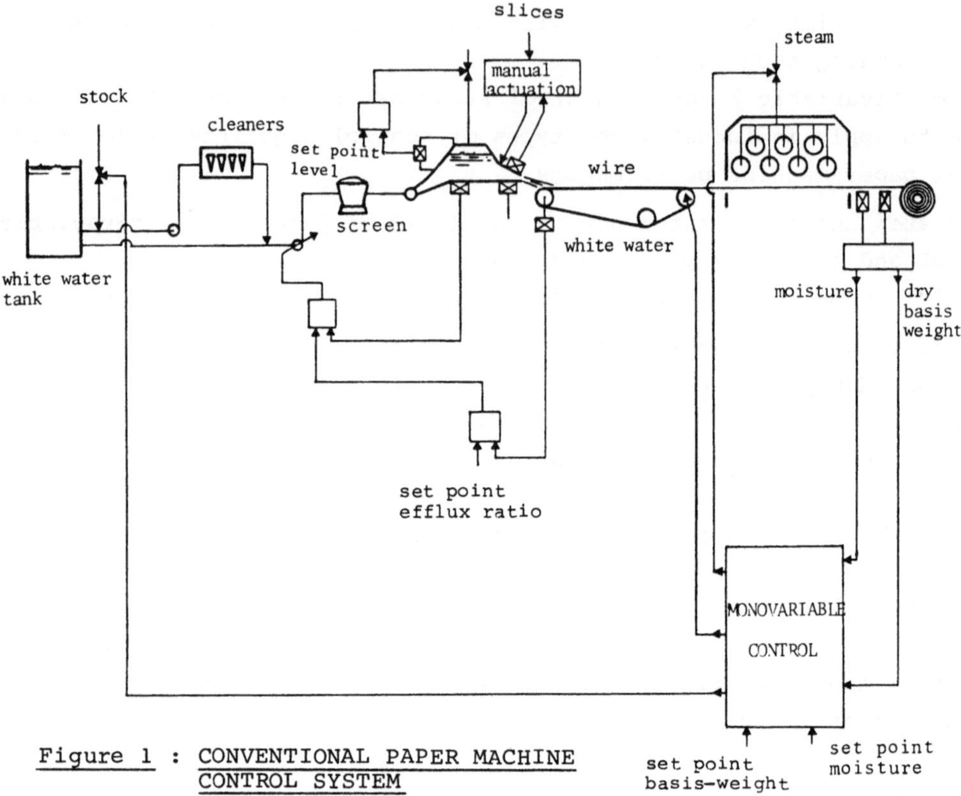

Figure 1 : CONVENTIONAL PAPER MACHINE CONTROL SYSTEM

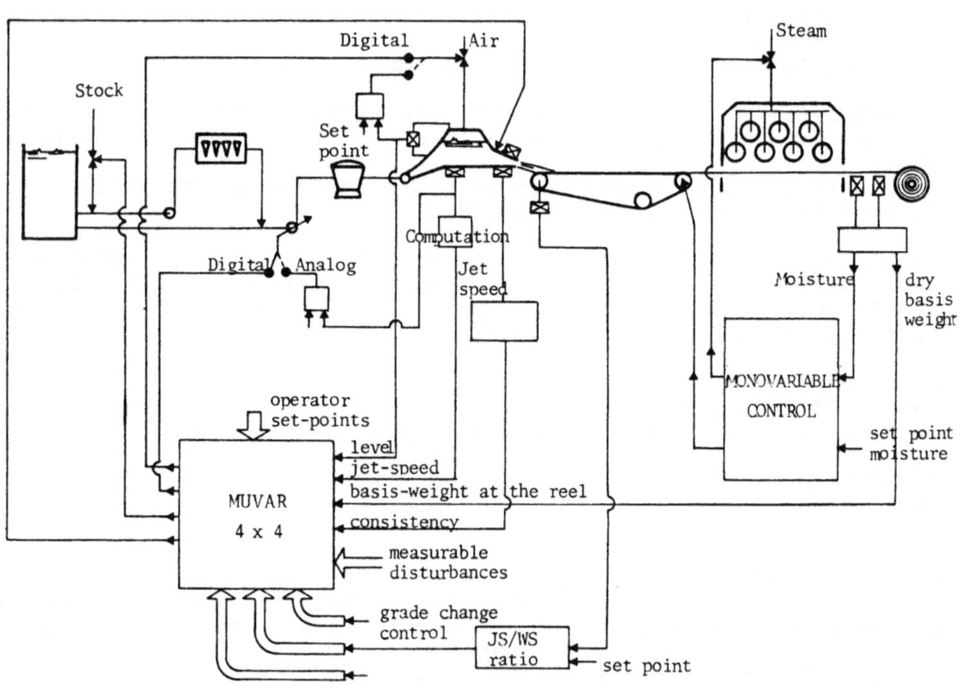

Figure 2 : PAPER MACHINE CONTROL SYSTEM WITH MUVAR

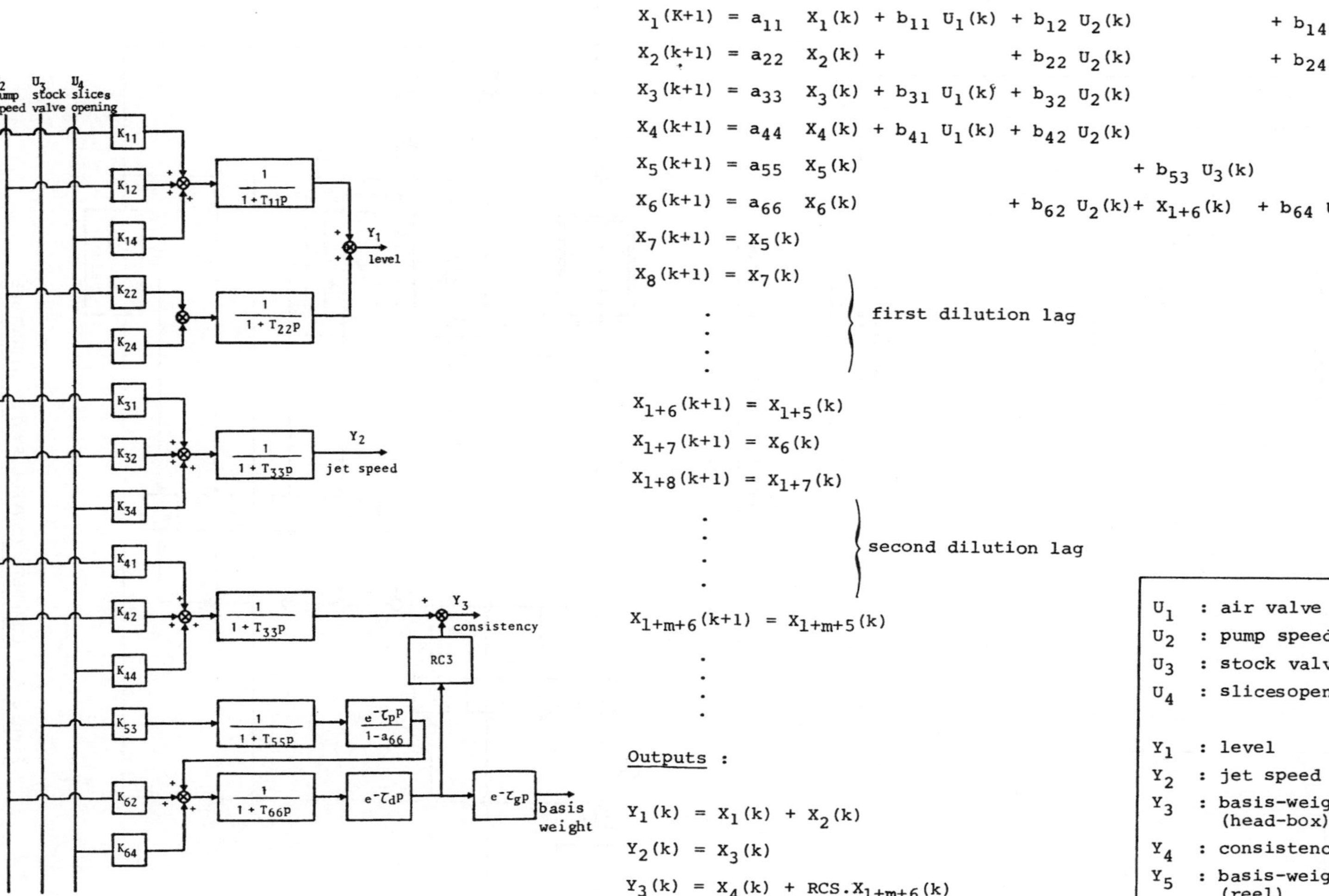

Figure 3 : HEAD-BOX MODEL : BLOCK DIAGRAM

$$X_1(K+1) = a_{11}\ X_1(k) + b_{11}\ U_1(k) + b_{12}\ U_2(k) + b_{14}\ U_4(k)$$
$$X_2(k+1) = a_{22}\ X_2(k) + \quad + b_{22}\ U_2(k) + b_{24}\ U_4(k)$$
$$X_3(k+1) = a_{33}\ X_3(k) + b_{31}\ U_1(k) + b_{32}\ U_2(k)$$
$$X_4(k+1) = a_{44}\ X_4(k) + b_{41}\ U_1(k) + b_{42}\ U_2(k)$$
$$X_5(k+1) = a_{55}\ X_5(k) + b_{53}\ U_3(k)$$
$$X_6(k+1) = a_{66}\ X_6(k) + b_{62}\ U_2(k) + X_{1+6}(k) + b_{64}\ U_4(k)$$
$$X_7(k+1) = X_5(k)$$
$$X_8(k+1) = X_7(k)$$
$$\vdots \quad \text{first dilution lag}$$
$$X_{1+6}(k+1) = X_{1+5}(k)$$
$$X_{1+7}(k+1) = X_6(k)$$
$$X_{1+8}(k+1) = X_{1+7}(k)$$
$$\vdots \quad \text{second dilution lag}$$
$$X_{1+m+6}(k+1) = X_{1+m+5}(k)$$
$$\vdots$$

Outputs :

$$Y_1(k) = X_1(k) + X_2(k)$$
$$Y_2(k) = X_3(k)$$
$$Y_3(k) = X_4(k) + RCS.X_{1+m+6}(k)$$
$$Y_4(k) = X_{1+m+6}(k)$$
$$Y_5(k) = Y_4(k-n)$$

U_1	: air valve
U_2	: pump speed
U_3	: stock valve
U_4	: slicesopening
Y_1	: level
Y_2	: jet speed
Y_3	: basis-weight (head-box)
Y_4	: consistency
Y_5	: basis-weight (reel)

Figure 4 : HEAD-BOX STATE VARIABLES MODEL

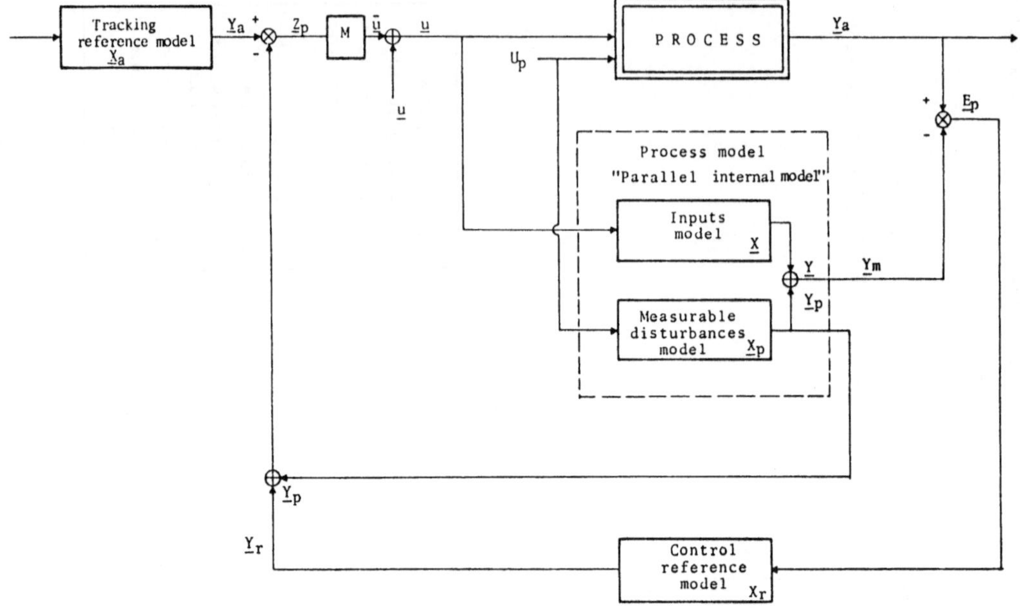

Figure 5 : SELECTED CONTROL STRUCTURE

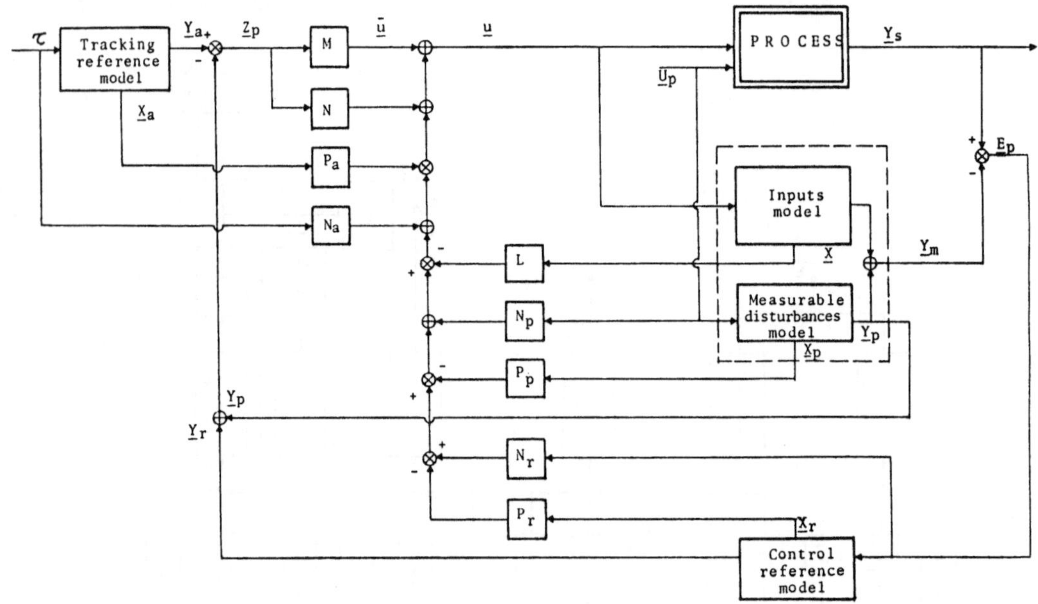

Figure 6 : COMPLETE CONTROL SYSTEM STRUCTURE

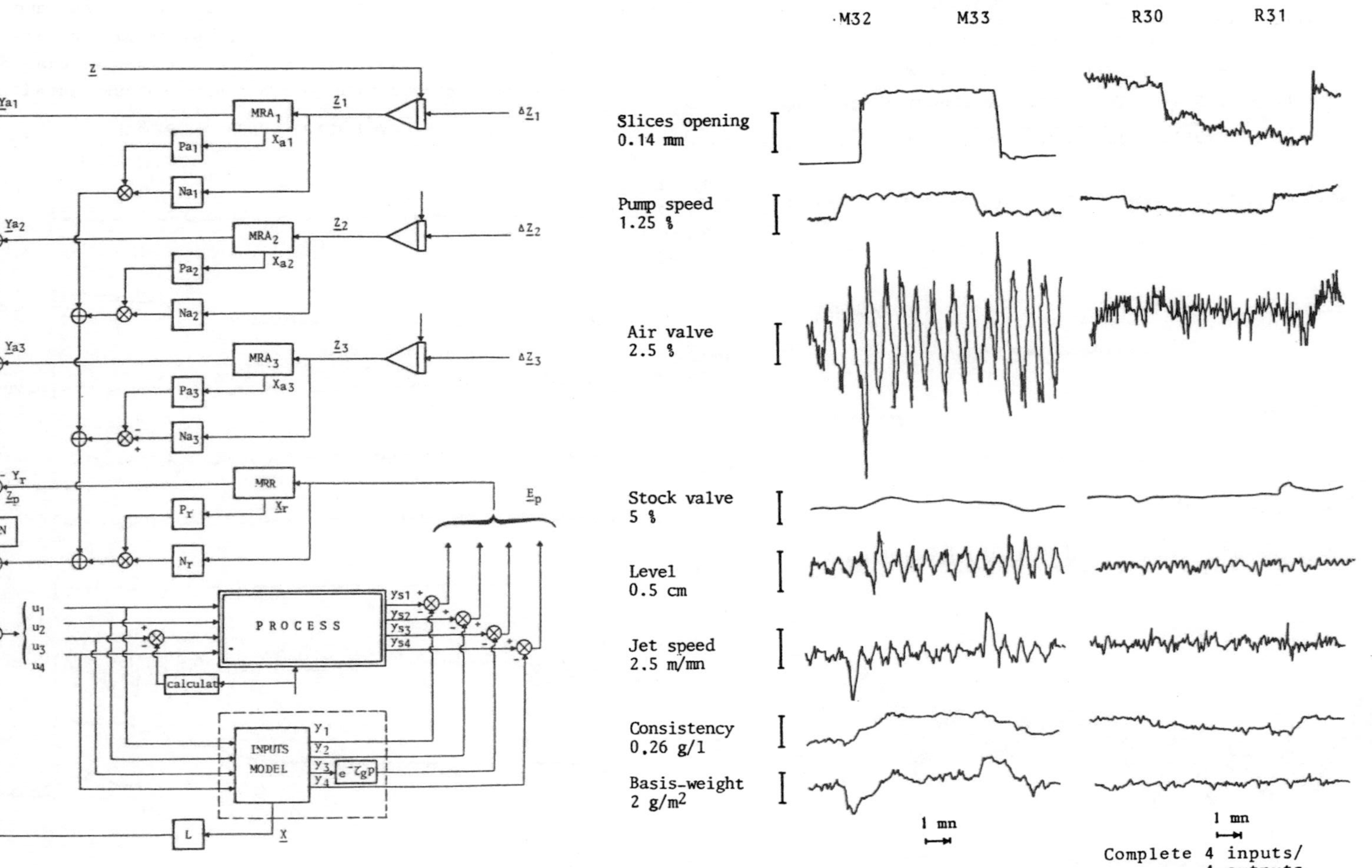

Figure 7 : MULTIVARIABLE CONTROL STRUCTURE APPLIED TO MACHINE n°6 OF "PAPETERIES DE VOIRON ET DES GORGES"

Figure 8 : CONSISTENCY CHANGE

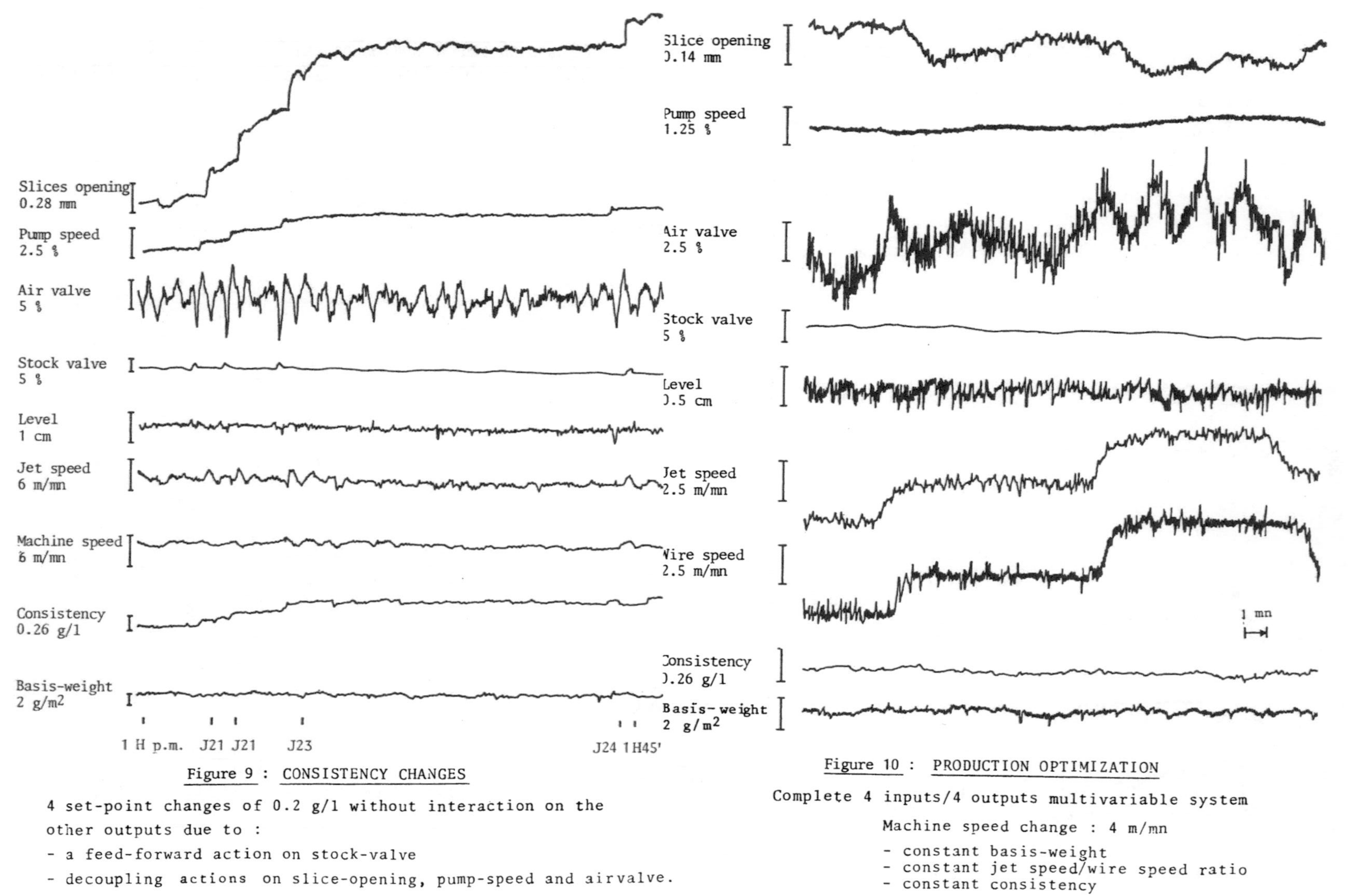

Figure 9 : CONSISTENCY CHANGES

4 set-point changes of 0.2 g/1 without interaction on the other outputs due to :

- a feed-forward action on stock-valve
- decoupling actions on slice-opening, pump-speed and airvalve.

Figure 10 : PRODUCTION OPTIMIZATION

Complete 4 inputs/4 outputs multivariable system

Machine speed change : 4 m/mn

- constant basis-weight
- constant jet speed/wire speed ratio
- constant consistency

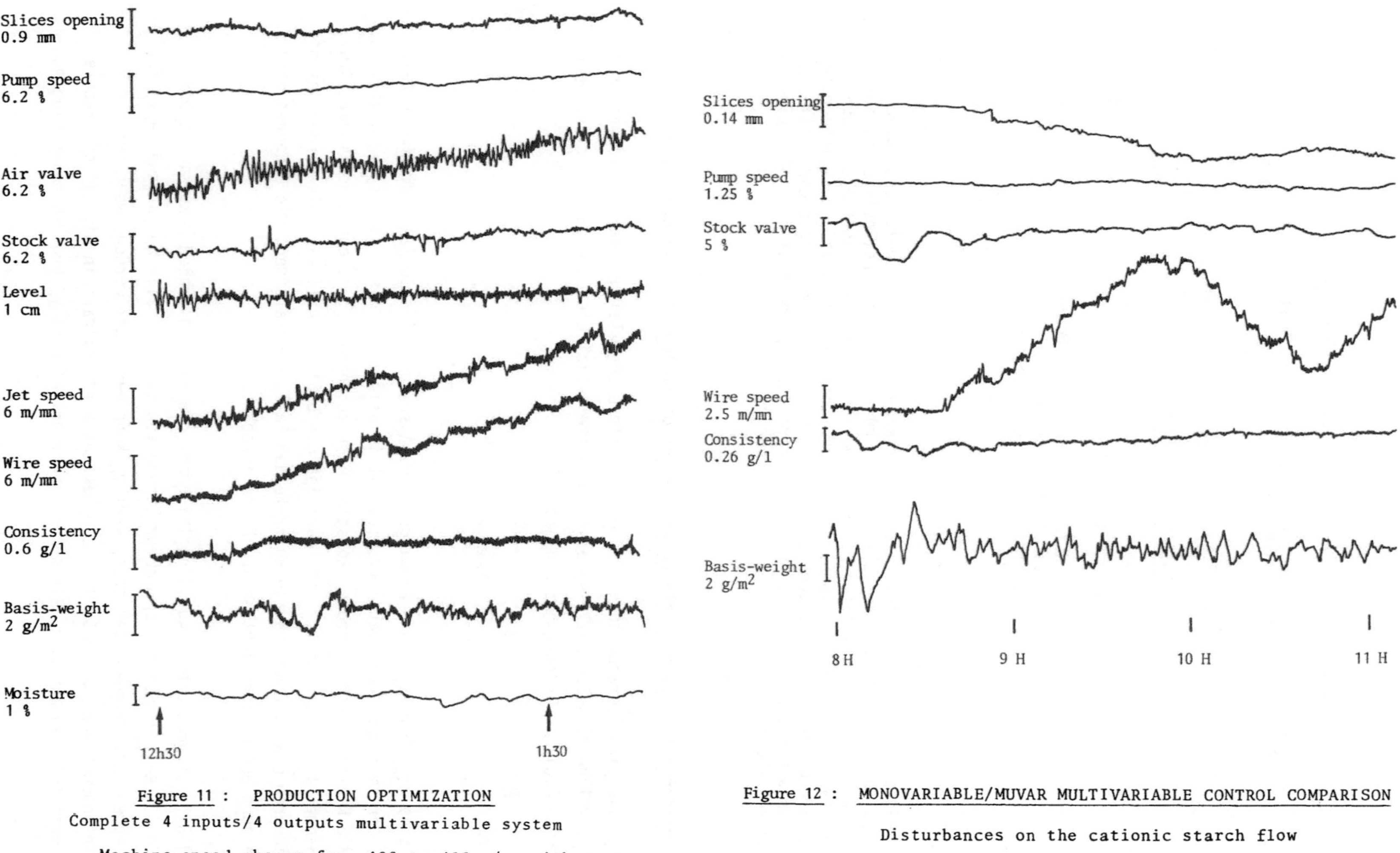

Figure 11 : PRODUCTION OPTIMIZATION

Complete 4 inputs/4 outputs multivariable system

Machine speed change from 480 to 498 m/mn with :

- constant basis-weight
- constant jet speed/wire speed ratio
- constant consistency

Figure 12 : MONOVARIABLE/MUVAR MULTIVARIABLE CONTROL COMPARISON

Disturbances on the cationic starch flow

NEUE MÖGLICHKEITEN DER MIKROELEKTRONIK ZUR SCHNELLEN DIGITALEN SIGNALVERARBEITUNG

NEW POSSIBILITIES OF MICROELECTRONICS FOR FAST DIGITAL SIGNAL PROCESSING

E. Lüder

Institut für Netzwerk- und Systemtheorie
Universität Stuttgart
7000 Stuttgart, B.R. Deutschland

Summary

Digital signal processing is described by difference equations which are solved recursively. The common hardware implementation consists of adders, delays and multipliers. The latter are eliminated by realizing the coefficients in the CSD-Code which increases the speed of signal processing. Economic realizations as integrated circuits are provided by gate-arrays or by digital signal processors especially in a new version without multipliers. An example covering a problem of control engineering demonstrates the economy of the various approaches.

1. Die Differenzen-Gleichung als Grundlage der digitalen Signalverarbeitung

Die digitale Signalverarbeitung wird durch Differenzen-Gleichungen (D.Gl.) beschrieben [1], welche dieselbe Rolle spielen wie Differential-Gleichungen in der analogen Welt. Eine D.Gl. N. Ordnung hat die Gestalt

$$y_n = \sum_{\nu=0}^{N} a_\nu x_{n-\nu} + \sum_{\nu=1}^{N} b_x y_{n-\nu}, \quad n = 0,1,2,... \tag{1}$$

Dabei sind $x_{n-\nu}$ bzw. $y_{n-\nu}$ die Eingangs- bzw. Ausgangsgrößen zu jenem diskreten Zeitpunkt, der im Index angegeben ist. Dies ist im Bild 1 für das Signal x_n verdeutlicht. Sind die Koeffizienten a_ν und b_ν konstant oder zeitabhängig, liegt eine lineare D.Gl. vor. Hängen a_ν und b_ν von $x_{n-\nu}$ ab, dann ist die D.Gl. nichtlinear. Wir werden uns mit den linearen D.Gl., einem häufig auftretenden Fall, beschäftigen. Die Lösungen sind jedoch auch auf einige nichtlineare Fälle ausdehnbar.

Eine D.Gl. ist auch eine Rekursionsgleichung, die folgendermaßen rekursiv gelöst wird: $n = 0$ sei der Startzeitpunkt zur Lösung von Gl. (1); alle Ausgangswerte y_n für $n < 0$ mögen verschwinden; der erste Wert y_o kann berechnet werden, wenn für $n = 0$ alle Anfangswerte $x_{-\nu}$, $\nu = 0, 1, ... N$ bekannt sind, da dann in Gl. (1) die rechte Seite ermittelt werden kann. Mit dem nun berechneten Wert y_o und dem neuen Eingangswert x_1 wird gleichermaßen y_1 bestimmt etc. Für diesen Mechanismus läßt sich eine Rechenschaltung angeben. Zur Vereinfachung beschränken wir uns im folgenden auf die Rekursionsgleichung 2. Ordnung, nämlich

$$y_n = a_o x_n + a_1 x_{n-1} + a_2 x_{n-2} + b_1 y_{n-1} + b_2 y_{n-2} \tag{2}$$

Das zugehörige Rechenwerk im Bild 2 [2] ist verständlich, wenn man beachtet, daß die Verzögerer einen Signalwert um eine Takteinheit nach späteren Zeiten verschieben. Wird also an seinem Eingang z.B. das Signal x_n eingespeist, dann wird am Ausgang der vorangegangene Wert x_{n-1} abgegeben; x_{n-1} war im Verzögerer gespeichert. Diese Verzögerer oder Speicher lassen sich als Schieberegister ausführen. Die Signalwerte werden im Bild 2 mit den Koeffizienten a_ν und b_ν multipliziert und zu y_n addiert. Eine sparsamere Schaltung mit nur zwei Verzögerern und wie zuvor fünf Multiplizierern zeigt Bild 3 [2]. Wie man zeigen kann, löst sie dieselbe D.Gl. und wird 1. kanonische Form genannt. Weitere äquivalente Schaltungen, die verschiedene Algorithmen zur selben Signalverarbeitung repräsentieren, sind in [3] zu finden. Zur digitalen Signalverarbeitung sind offenbar die Bauelemente Verzögerer, Multiplizierer und Addierer notwendig. Davon ist der Multiplizierer die langsamste Komponente, welche überdies den größten Bedarf and Leistung und chip-Fläche aufweist. Im folgenden soll deshalb ein Verfahren zum Ersatz einer Multiplikation durch eine geringe Zahl von Additionen angegeben werden. Mit Additionen läßt sich eine schnellere Signalverarbeitung erzielen und der Aufwand an hardware beträchtlich senken. Die genannte Aufgabe werden wir in den folgenden Schritten lösen:

a) Im nächsten Abschnitt wird als Beispiel für eine D.Gl. 2. Ordnung ein regeltechnisches Problem angegeben,

b) die Multiplizierer werden mit Hilfe einer Darstellung der bisher binären Koeffizienten durch eine solche im CSD-Code ersetzt, was nur einige wenige Additionen zur Folge hat,

c) für mäßige Stückzahlen werden Realisierungen der notwendigen Schaltkreise durch gate-arrays angegeben,

d) als vielseitige und programmierbare Lösung werden schließlich Signalprozessoren und insbesondere solche ohne Multiplizierer eingesetzt.

Bevor wir diese Aufgaben angehen, sollen zur Vertiefung der Überlegungen die D.Gl. mit Hilfe der z-Transformation [2] in den Frequenzbereich umgesetzt werden. Leser, die mit der z-Transformation nicht vertraut sind, werden trotzdem den sich anschließenden Kapiteln wieder folgen können. Die z-Transformation mit dem Symbol $\circ\!\!-\!\!\bullet$, ordnet dem Signal x_n und dem verzögerten Wert $x_{n-\nu}$ die folgenden Spektren zu:

$$x_n \circ\!\!-\!\!\bullet X(z) \tag{3}$$; $$x_{n-\nu} \circ\!\!-\!\!\bullet z^{-\nu} X(z) \tag{4}$$

mit $z = e^{i\omega T_A}$ (5), wobei ω die Kreisfrequenz und T_A der äquidistante Abstand der Signalwerte im Bild 1 sind. Die D.Gl (1) nimmt also nach der z-Transformation die Form

$$Y(z) = \sum_{\nu=0}^{N} a_\nu z^{-\nu} X(z) + \sum_{\nu=1}^{N} b_\nu z^{-\nu} Y(z) \tag{6}$$

an, woraus die Pulsübertragungsfunktion

$$\frac{Y(z)}{X(z)} = H(z) = \frac{\sum_{\nu=0}^{N} a_\nu z^{-\nu}}{1-\sum_{\nu=1}^{N} b_\nu z^{-\nu}} \tag{7}$$

folgt.

Eine D.Gl. N. Ordnung kann analog zu Bild 2 direkt durch eine Schaltung realisiert werden. Zu einer numerisch genaueren Berechnung des Ausgangssignales y_n faktorisiert man jedoch das Zähler- und Nennerpolynom in Gl. (7) in Terme 2. Grades in z^{-1}, d.h. man bildet

$$H(z) = \prod_{i=1}^{N/2} \frac{c_{oi} + c_{1i} z^{-1} + c_{2i} z^{-2}}{1 + d_{1i} z^{-1} + d_{2i} z^{-2}} \qquad \text{für N gerade.} \tag{8}$$

Bei ungeraden N treten noch Faktoren 1. Grades hinzu. Einen einzelnen Term 2. Grades in z realisiert man nach Bild 2 oder Bild 3. Die gesamte Schaltung entsteht durch Kettenschaltung aller Rechenwerke für jeweils 2. Grad. Das Problem ist demnach gelöst, wenn man die Verarbeitung der D.Gl. 2. Ordnung beherrscht.

2. Ein Beispiel aus der Regelungstechnik

Im Bild 4 ist ein digitaler Regelkreis dargestellt, in welchem die Vorschubgeschwindigkeit v(t) eines Werkzeugmaschinenschlittens durch den Abtastregler mit der Übertragungsfunktion

$$H(z) = \frac{Y(z)}{X(z)} \quad \text{und der zugehörigen D.Gl.}$$

$$y_n = 0{,}5423\, y_{n-1} + 0{,}4577\, y_{n-2} + 3{,}33\, x_n - 4{,}346\, x_{n-1} + 2{,}015\, x_{n-2} \tag{9}$$

in der kürzesten Zeit durch eine dead-beat-response-Regelung auf einen Sollwert gebracht wird. Dabei ist y_n das Ausgangssignal des Reglers, $x_n = w_n - v_n$ sein Eingangssignal; w_n ist der Sollwert und v_n der Istwert der Geschwindigkeit jeweils nach einer A/D-Wandlung; G(s) in Bild 3 repräsentiert die zeitkontinuierliche Übertragungsfunktion des Schlittens mit seinem Antrieb. Die Schaltung für den digitalen Regelkreis findet man nun in der folgenden Weise:

Ein Vergleich der D.Gl. (2) und (9) liefert die Koeffizienten

$$a_o = 3{,}33 \;;\; a_1 = -4{,}346 \;;\; a_2 = 2{,}015 \;;\; b_1 = 0{,}5423 \text{ und } b_2 = 0{,}4577$$

mit denen sofort die Schaltung Bild 3 angegeben werden kann. Eine darin auftretende Multiplikation z.B. das Produkt $b_2 y_{n-2}$ mit dem Faktor $b_2 = 0{,}4577$ müssen wir etwas näher betrachten. Dazu geben wir b_2 im Binär-Code als das 5-bit-Wort

$$b_2 = \left[0\cdot 2^{0} + 0\cdot 2^{-1} + 1\cdot 2^{-2} + 1\cdot 2^{-3} + 1\cdot 2^{-4}\right] \tag{10}$$

an.

Die Multiplikation eines binären Signales y_{n-2} mit b_2 bedeutet in ihrer einfachsten Form die Abarbeitung der folgenden Additionen, falls z.B. $y_{n-2} = 1\cdot 2^{0} + 1\cdot 2^{-1} + \ldots + 1\cdot 2^{-12}$ ist:

$0\cdot 2^{o} y_{n-2}$:	0 0 0 0 0 0 0 0 0 0 0 0 0
$0\cdot 2^{-1} y_{n-2}$:	0 0 0 0 0 0 0 0 0 0 0 0 0
$1\cdot 2^{-2} y_{n-2}$:	1 1 1 1 1 1 1 1 1 1 1 1 1
$1\cdot 2^{-3} y_{n-2}$:	1 1 1 1 1 1 1 1 1 1 1 1 1
$1\cdot 2^{-4} y_{n-2}$:	1 1 1 1 1 1 1 1 1 1 1 1 1
$b_2 y_{n-2}$:	0 1 1 1 1 1 1 1 1 1 1 1 1 1 0 0 1

Die Multiplikation besteht aus 4 Additionen. Eine solche Multiplikation erfordert, wie erwähnt, einen aufwendigen Multiplizierer, den man in einer Schaltung i.a. nur ein einziges Mal spendieren kann. Dieser Multiplizierer muß dann im Zeitmultiplex alle fünf Multiplikationen in Gl. (9) hintereinander ausführen. Eine Darstellung der Koeffizienten in CSD-Code wird die Signalverarbeitung vereinfachen.

3. Darstellung von Koeffizienten im CSD-Code und zugehörige Schaltung

Die Darstellung einer Zahl, z.B. von b_2, im CSD-Code [4] hat die Gestalt

$$b_2 = \sum_{i=-q}^{p} \lambda_i\, 2^{v_i} \qquad \text{mit } \lambda_i = \pm 1, 0\,, \quad v_i \text{ ganz} \quad \text{und } \lambda_i \cdot \lambda_{i+1} = 0 \tag{11}$$

Im Gegensatz zum Binär-Code, in dem nur die Werte $\lambda_i = 1{,}0$ zugelassen sind, tritt im CSD-Code noch der Wert $\lambda_i = -1$ hinzu. Diese zusätzliche Gewichtung erlaubt es, eine gegebene Zahl mit einer geringeren Anzahl von bits darzustellen als im Binär-Code. Man kann zeigen [4], daß unter allen Darstellungen mit der Gewichtung 0, ±1 oder 0,1 der CSD-Code die minimale Wortlänge hat. Er hat darüber hinaus die Eigenschaft, daß von zwei benachbarten λ_i stets eines Null ist, was in $\lambda_i \cdot \lambda_{i+1} = 0$ zum Ausdruck kommt. Ein Term $\lambda_i 2^{v_i} x_n$ bedeutet, daß das Signal x_n bei $v_i > 0$ um v_i bit nach links und bei $v_i < 0$ um $|v_i|$ bit nach rechts verschoben werden muß. Bei $\lambda_i = -1$ muß negiert werden, was bei Zahlen in 2-Komplementdarstellung bekanntlich leicht durchgeführt werden kann. Für die Verschiebung eines Datenwortes um $|v_i|$ bit wird das Symbol Bild 5 eingeführt. Die Umwandlung von b_2 in Gl. (10) in den CSD-Code geschieht nun folgendermaßen:

Zwei benachbarte Eins-Stellen im Binär-Code werden nach der Beziehung:

$$1 \cdot 2^{k+1} + 1 \cdot 2^k = 1 \cdot 2^{k+2} - 1 \cdot 2^k \tag{12}$$

umgeformt. Stellen, in denen ein Nachbar Null ist, werden unverändert belassen. Wendet man diese Regel von den Stellen geringster Wertigkeit nach höheren Stellen fortschreitend an, so erhält man im CSD-Code:

$$b_2 = 2^{-1} - 2^{-4} \tag{13}$$

Das 5-bit Wort mit 3 von Null verschiedenen Wertigkeiten wurde auf ein Wort mit 2 nicht verschwindenden Wertigkeiten reduziert; gegenüber dem Binär-Code wird i.a. beim CSD-Code die Wortlänge im ungünstigsten Fall auf die Hälfte, im Mittel aber auf ein Drittel reduziert. [4]

Nach der Umwandlung aller Koeffizienten in den CSD-Code entsteht die Schaltung Bild 6. Sie enthält als Bauelemente Verzögerer (Speicher), Verschieber (shifter) und Addierer [5]. Eine unveränderliche Verschiebung um v_i bit, wie sie in dieser Schaltung auftritt, wird einfach durch eine fest verdrahtete Verschiebung des Signalwortes nach Bild 7 verwirklicht. Nur bei veränderbarer Verschiebung muß ein programmierbarer shifter eingesetzt werden. Ein Addierer hat i.a. zwei Eingänge und einen Akkumulator; das Symbol ist in Bild 8 zu sehen. Die in Bild 6 notwendige Signalverarbeitung ist in der Tabelle 1 für Addierer nach Bild 8 zusammengestellt [6]. In einer Spalte stehen die Operationen, die ein Addierer in den einzelnen Zeitabsschnitten beginnend in der 1. Zeile, bis zur letzten Zeile durchführen muß. In der Kopfzeile ist angegeben, an welchem Knoten in Bild 6 die einzelnen Addierer arbeiten. Um die Verarbeitung zu beschleunigen, soll ein Ergebnis sofort, d.h. im nächstfolgenden Zeitabschnitt, weiterverarbeitet werden. Aus Tabelle 1 ist ersichtlich, daß die Ausgangswerte y_n nach 2 Additionsschritten anfallen. Benutzt man einen Addierer mit einer Additionszeit von z.B. $\tau_A = 50$ ns, so fallen Werte y_n im Abstand $\tau_y = 2\tau_A = 100$ ns an, was der hohen Abtastfrequenz oder Datenrate von $f_A = \frac{1}{2\tau_y} = 10$ MHz entspricht. Falls diese Geschwindigkeit nicht benötigt wird, können langsamere und billigere Bauelemente verwendet werden. Die Schaltung enthält nach Tab. 1 10 Addierer. Falls man Addierer im Zeitmultiplex betreibt, was in Tab. 1 durch Pfeile angedeutet ist, kommt man mit 6 Addierern aus, wobei aber zusätzliche Steuerbausteine nötig sind.

Tab. 1 kann direkt in die Schaltung Bild 9 umgesetzt werden, indem man die Addierer einzeln anzeichnet und nach den Signalen in Tab.1 miteinander verbindet. Die Akkumulatoren können als Verzögerer bzw. Speicher verwendet werden. Nach dieser Maßnahme ist dann nur noch ein zusätzlicher Verzögerer z^{-1} nötig. Bild 9 stellt eine kundenspezifische Schaltung dar.

Die regeltechnische Aufgabe, welche zu Bild 9 führte, ist ein Beispiel für die lineare digitale Signalverarbeitung. Weitere Anwendungen sind Filter, Entzerrer z.B. in Modems, Optimalfilter zur Erhöhung des Signal/Rausch-Verhältnisses, die Sprach- und Bildverarbeitung und die Verarbeitung von Meßwerten und Sensorsignalen.

4. Schaltungen mit gate-arrays

Eine Schaltung wie die im Bild 9 dargestellte, welche keine analogen Netzwerke enthält, kann mit Hilfe von gate-arrays als integrierter Schaltkreis realisiert werden. Ein gate-array besteht aus einer regelmäßigen Anordnung von Zellen nach Bild 10. Am Rande des chips sind Bondpads und Ein- und Ausgangsschaltungen untergebracht. In jeder Zelle befinden sich noch nicht verdrahtete einzelne Transistoren entweder in bipolarer oder in MOS-Technik. Eine solche Zelle zeigt Bild 11 mit z.B. 8 CMOS Transistoren, je 4 in p- und in n-Kanal-Technik. Das array in Bild 11 besitzt 2 Verdrahtungsebenen, die durch eine Isolationsschicht getrennt sind. Eine Ebene besitzt z.B. senkrechte Leiterbahnen aus Poly-Si, die andere waagerechte Bahnen aus Al. Über Kontaktfenster werden nach den Erfordernissen der zu realisierenden Schaltung Verbindungen zwischen den Leiterbahnen geschaffen. Verbindungsleitungen zwischen den einzelnen Zellen werden in den freien Flächen zwischen den einzelnen Zeilen untergebracht. Man gibt bei gate-arrays die Gatterzahl pro chip an. Darunter ist zu verstehen, wieviele NAND oder NOR-Gatter man aus der Zahl der auf dem chip vorhandenen Transistoren aufbauen kann. Gängige Werte sind hierfür ca 300 ... 2000 Gatter/chip, in seltenen Fällen bis zu 10 000 Gatter/chip. Eine zweite Kenngröße ist die Gatterlaufzeit τ_G, welche üblicherweise für ein fan out von 2 angegeben wird. Bei CMOS-gate arrays sind übliche Werte bei 5 V Versorgungsspannung $\tau_G = 2{,}5 \dots 8$ ns, während man bei ECL-arrays $\tau_G \geqq 0{,}4$ ns erzielen kann. Der Bau einer Schaltung mit gate-arrays geht nun folgendermaßen vor sich: Ausgangspunkt ist eine fertig dimensionierte digitale Schaltung, wie z.B. jene in Bild 9. Mit den Programmen einer Herstellerfirma zur sog. Logiksimulation wird die Schaltung mit den Daten des gate-arrays simuliert, insbesondere um die gewünschten Zeitabläufe sicherzustellen. Ein zweites Programm entwirft die Verdrahtung der einzelnen Transistoren. Dies sei an einem Beispiel näher erläutert. Ein Addierer, wie er in Bild 9 benötigt wird, ist, zur Vereinfachung nur für zwei 1-bit Worte, im Bild 12 dargestellt. Er enthält 5 Gatter und soll mit Zellen nach Bild 11 aufgebaut werden. Dies soll am Beispiel eines EXOR-Gatters aus Bild

12 vorgeführt werden. Die Schaltung dieses Gatters ist in Bild 13 zu sehen. Die zur Realisierung dieses Gatters am vorgefertigten array nach Bild 11 noch anzubringenden Verbindungen sind in Bild 14 durch starke Linien hervorgehoben. Diese Verdrahtung wird mit Rechnerprogrammen i.a. so entworfen, daß der Flächenbedarf und der Zeitverlust durch die Laufzeit auf den Leitungen beschränkt bleiben.

Eine Schaltung kann auf drei Arten mit Hilfe von IC's aufgebaut werden, nämlich

a) aus einzelnen käuflichen Standard-IC's wie Addierern, Speichern etc., welche auf einer Platte verdrahtet werden,

b) aus den beschriebenen gate-arrays und

c) als ein kundenspezifischer IC, der die spezielle Schaltung realisiert.

Im Bild 15 sind die Kosten für die einzelnen Lösungen in Abhängigkeit von den Stückzahlen aufgetragen. Danach sind gate-arrays bei Stückzahlen von 1000 bis über 100 000 Stück wirtschaftlich. Sie bieten auf jeden Fall eine Lösung, die eine viel kürzere Entwicklungszeit hat als eine kundenspezifische Schaltung, da die Bauelemente bereits vorgefertigt wurden. In Zukunft werden sich auch Schaltungen durchsetzen, die Zellenbausteine besitzen. Bei dieser Lösung liegen häufig vorkommende Elemente wie Addierer, Trennverstärker, Schieberegister usw. als fertige Bauelemente vor, die man nur noch in eine Schaltung einfügen muß.

5. Signalprozessoren zur Realisierung von Schaltungen

Bei Aufgaben, in denen die Koeffizienten a_ν und b_ν der D.Gl. von Zeit zu Zeit geändert werden müssen, bei adaptiven Systemen oder wenn mit der hardware einer Schaltung nacheinander verschiedene Aufgaben gelöst werden müssen, empfiehlt sich der Einsatz eines programmierbaren Signalprozessors. Dies ist, wie wir sehen werden, ein auf die digitale Signalverarbeitung zugeschnittener Rechner. Die große Flexibilität im Einsatz wird allerdings gegenüber speziellen IC's mit einer Einbuße an Geschwindigkeit erkauft werden.

Der Kern eines Signalprozessors ist das Rechenwerk, die sog. ALU (Arithmetic Logic Unit), in dem die folgenden Operationen ausgeführt werden können:

die Addition $$s_n = p_n + q_n \qquad (14)$$

oder die Multiplikation und Addition $$s_n = a_\nu x_n + r_n \qquad (15)$$

um nur zwei der wichtigsten Möglichkeiten zu nennen. Für Gl. (14) ist der Prozessor 2920 von Intel, der 1979 als erster am Markt erschienen ist, ein Beispiel. Er paßt zur hier vorgetragenen multiliziererfreien Signalverarbeitung, hat aber den Nachteil, eine für heutige Technologie langsame hardware zu besitzen. Eine Multiplikation muß, wie im Abschnitt 2 ausgeführt wurde, vom Benutzer selbst aus einzelnen Additionsschritten aufgebaut werden. Die 2. Art von Prozessoren nach Gl. (15) besitzt einen Multiplizierer und einen Addierer. Alle in einem System auftretenden Operationen müssen nach Gl. (15) seriell durch diese ALU ausgeführt werden, was zwar den hardware-Aufwand klein hält, aber auch die Geschwindigkeit reduziert. Eine wichtige Kenngröße ist die Zykluszeit τ_c, in welcher die Operationen nach Gl. (14) oder (15) abgearbeitet werden. Ein Prozessor mit einer ALU nach Gl. (14) oder (15) hat den in Bild 16 dargestellten prinzipiellen Aufbau (siehe z.B. [7]).

Ein multipliziererfreier Prozessor, der auf den vorgetragenen Überlegungen mit dem CSD-Code beruht, ist an unserem Institut entwickelt und gebaut [8] [9] worden. Er ist in Bild17 dargestellt. Die ALU besteht aus drei 16-bit-Addierern. Die vorgestellten Verschieber sind in einem Bereich von 2^{-11} bis 2^4 programmierbar. Die vier shifter-Koeffizienten seien A_ν, B_ν, C_ν und D_ν genannt. Die ersten beiden Addierer führen die Additionen

$$S_n' = A_\nu X_{1\nu} + B_\nu X_{2\nu} \quad \text{und} \quad S_n'' = C_\nu X_{3\nu} + D_\nu X_{4\nu} \tag{16}$$

aus. Die Signalworte $X_{1,\nu}$, $X_{2,\nu}$, $X_{3,\nu}$ und $X_{4,\nu}$ werden entweder über Zwischenspeicher (latches) aus dem Daten-Speicher oder direkt vom Eingang oder bei Rückkopplungen vom Ausgang der ALU bezogen. Der letzte Addierer bildet

$$S_n = S_n' \pm S_n'' \tag{17}$$

Die Gl. (17) wird bearbeitet, sobald die ersten Teilergebnisse aus Gl. (16) angefallen sind; das Ergebnis wird in einen Zwischenspeicher eingeschrieben.
Die Verwendung von Zwischenspeichern, zu denen sofortiger Zugriff besteht, vermeidet den Zeitverlust, der mit dem Zugriff zum RAM in z.B. ca 60 ns entsteht. Die Ausgangswerte der ALU fallen im zeitlichen Abstand τ_c = 95 ns an. Dabei wurden TTL Schaltkreise mit einer Gatterlaufzeit von 3 ns verwendet. Zur Bearbeitung der Aufgaben des Schaltkreises im Bild 8 mit den Gl. in Tab. 1 benötigt man vier Durchläufe durch die ALU, d.h. insgesamt 380 ns pro Abtastwert.

Gegenüber den IC's aus Abschnitt 4 hat der Prozessor den Vorteil, daß die shifter programmgesteuert mit neuen Werten aus dem RAM geändert werden können.

Zusammenfassung

Die digitale Signalverarbeitung mit einer Koeffizientendarstellung im CSD-Code macht den teuren Multiplizierer überflüssig und erhöht die Geschwindigkeit. Wirtschaftliche Schaltungen entstehen bei kleinen Stückzahlen mit Standardbausteinen, bei mäßigen mit gate-arrays (semi-kundenspezifisch) und bei großen mit kundenspezifischen IC's. Signalprozessoren liefern Lösungen für veränderliche Koeffizienten und im Zeitmultiplex abzuarbeitende Aufgaben, sind i.a. aber langsamer als die speziellen IC's. Ihre Geschwindigkeit wird durch multipliziererfreie Prozessoren erhöht. Eine neue Lösung für einen solchen Prozessor wurde vorgestellt.

Literatur

[1] H. Freeman, Discrete-Time Systems. An Introduction to the Theory. Wiley & Sons, New York, London, Sidney 1965

[2] H.-W. Schüßler, Digitale Systeme zur Signalverarbeitung. Springer-Verlag, Berlin, Heidelberg, New York 1973

[3] E. Lueder and K. Haug, The linear transformation of digital filters. Proc. ECCTD, Lausanne 1978

[4] G.W. Reitwiesner, Binary Arithmetic. Advances in Computers, Vol. I. Academic Press, New York 1960, pp. 232-313

[5] E. Lueder, K. Hoefer, Fast Digital Filters without Multipliers. Proc. ISCAS, Rome, May 1982. AEÜ 36 (1982), pp. 275...278

[6] E. Lueder, Design and Optimization of Digital Filters without Multipliers. ISCAS 1983, Newport Beach, USA

[7] Y. Kawakani, H. Tanaka, 7720 User's Manual. NEC-Japan, 1980

E. Epstein, 7720 Signal Processing Interface-Product Description. NEC Microcomputers Inc. MA 1981

[8] S. Steinlechner, E. Auer, E. Lueder, A Fast Signal Processor without Multipliers. Proceedings of the ECCTD 83, Stuttgart, Sept. 6-9, 1983

[9] S. Steinlechner, Ein digitaler Signalprozessor ohne Multiplizierer. Diplomarbeit, Institut für Netzwerk- und Systemtheorie, Stuttgart, 1983

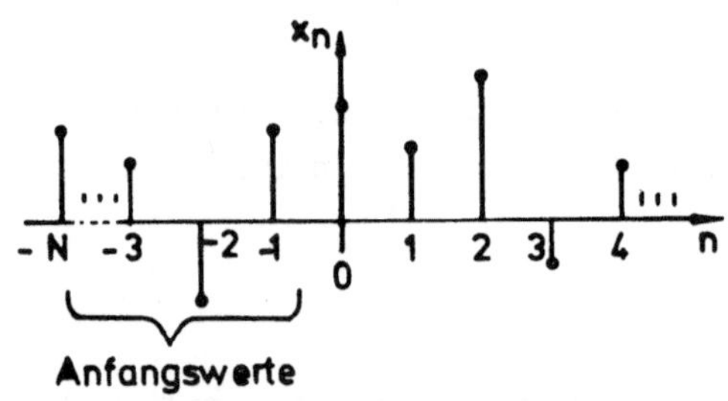

Bild 1: Die diskreten Werte der Eingangsgrößen x_n

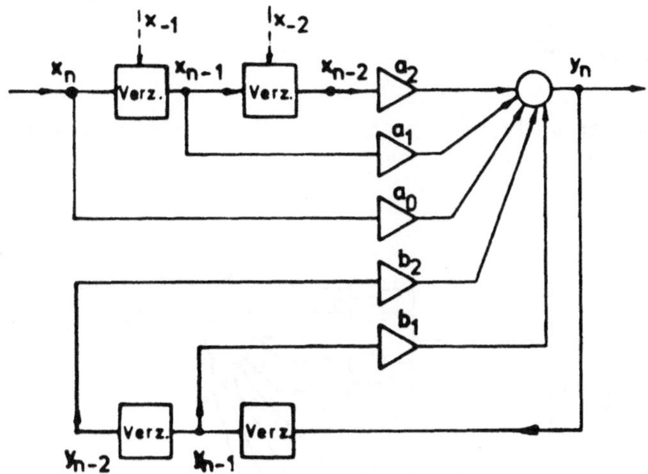

Bild 2: Rechenschaltung als sog. "direkte Form" zur Lösung von Gl. (2). Verz. = Verzögerer

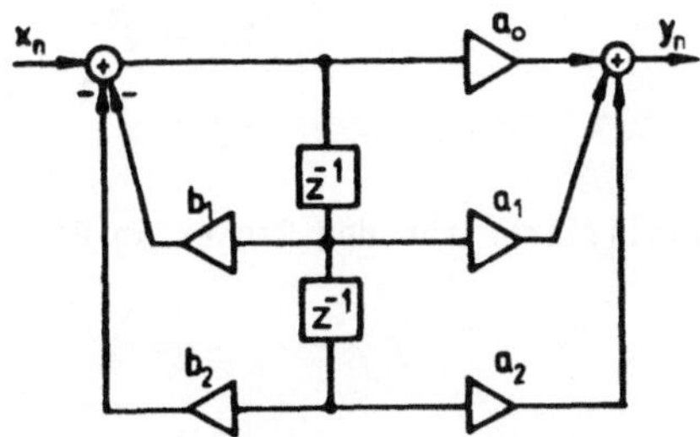

Bild 3: Rechenwerk als sog. 1. kanonische Form; z^{-1} ≙ Verzögerer

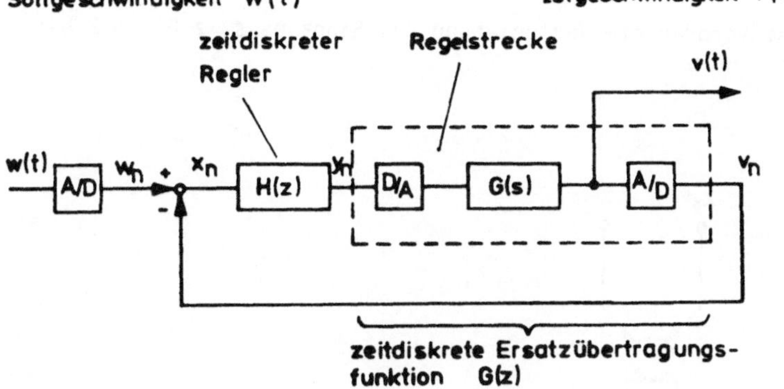

Bild 4: Zeitdiskreter Regelkreis für die Geschwindigkeit v eines Schlittens einer Werkzeugmaschine

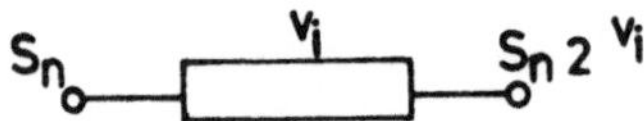

Bild 5: Verschieber um $|v_i|$ bit nach rechts für $v_i > 0$, nach links bei $v_i < 0$

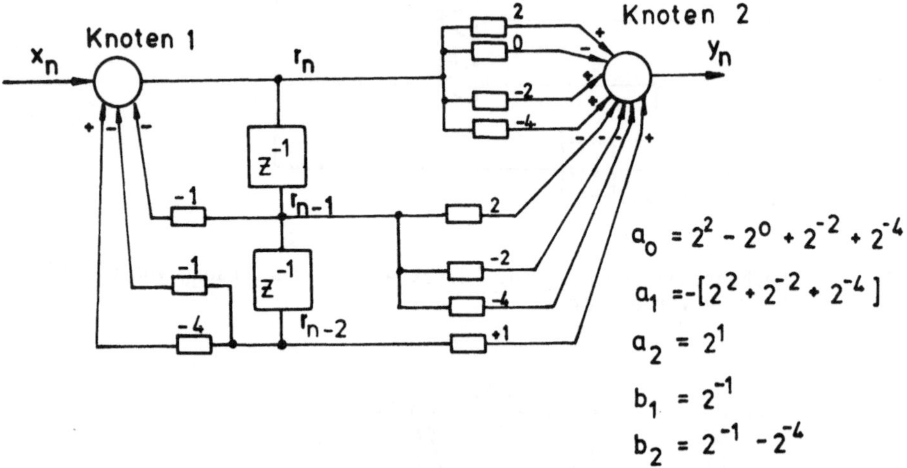

Bild 6: Schaltung ohne Multiplizierer für den Regler in Bild 4

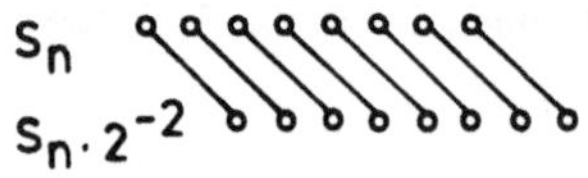

s_n

$s_n \cdot 2^{-2}$

Bild 7: Fest verdrahtete Verschiebung des Signales s_n z.B. um 2 bit

Bild 8: Addierer mit Akkumulator

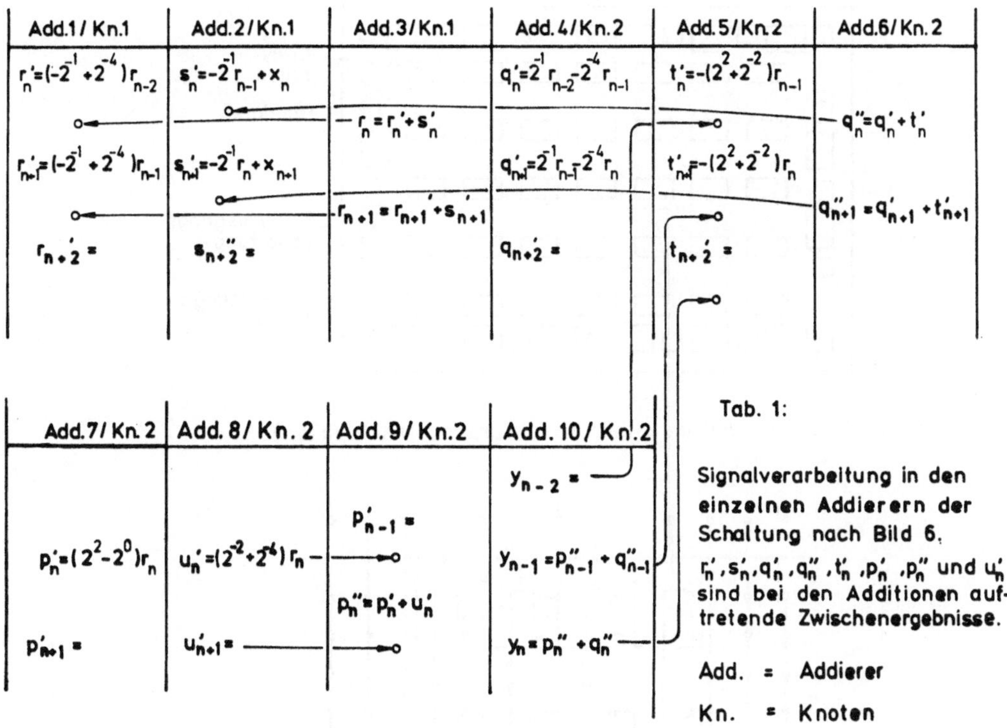

Add.1/Kn.1	Add.2/Kn.1	Add.3/Kn.1	Add.4/Kn.2	Add.5/Kn.2	Add.6/Kn.2
$r_n'=(-2^{-1}+2^{-4})r_{n-2}$	$s_n'=-2^{-1}r_{n-1}+x_n$		$q_n'=2^{-1}r_{n-2}-2^{-4}r_{n-1}$	$t_n'=-(2^2+2^{-2})r_{n-1}$	
		$r_n=r_n'+s_n'$			$q_n''=q_n'+t_n'$
$r_{n+1}'=(-2^{-1}+2^{-4})r_{n-1}$	$s_{n+1}'=-2^{-1}r_n+x_{n+1}$		$q_{n+1}'=2^{-1}r_{n-1}-2^{-4}r_n$	$t_{n+1}'=-(2^2+2^{-2})r_n$	
		$r_{n+1}=r_{n+1}'+s_{n+1}'$			$q_{n+1}''=q_{n+1}'+t_{n+1}'$
$r_{n+2}'=$	$s_{n+2}''=$		$q_{n+2}'=$	$t_{n+2}'=$	

Add.7/Kn.2	Add.8/Kn.2	Add.9/Kn.2	Add.10/Kn.2
			$y_{n-2}=$
		$p_{n-1}'=$	
$p_n'=(2^2-2^0)r_n$	$u_n'=(2^{-2}+2^{-4})r_n$		$y_{n-1}=p_{n-1}''+q_{n-1}''$
		$p_n''=p_n'+u_n'$	
$p_{n+1}'=$	$u_{n+1}'=$		$y_n=p_n''+q_n''$

Tab. 1:

Signalverarbeitung in den einzelnen Addierern der Schaltung nach Bild 6. r_n', s_n', q_n', q_n'', t_n', p_n', p_n'' und u_n' sind bei den Additionen auftretende Zwischenergebnisse.

Add. = Addierer

Kn. = Knoten

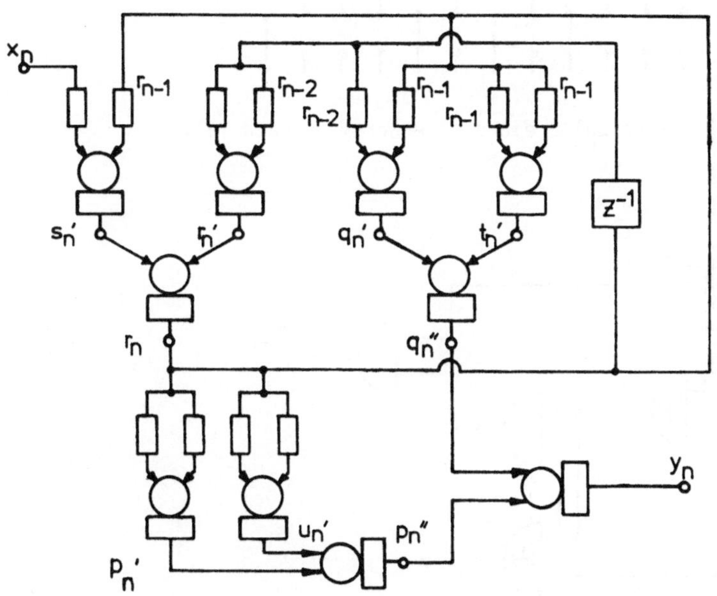

Bild 9: Schaltung zu Bild 6 mit Addierern mit zwei Eingängen, Speichern und Verschiebern

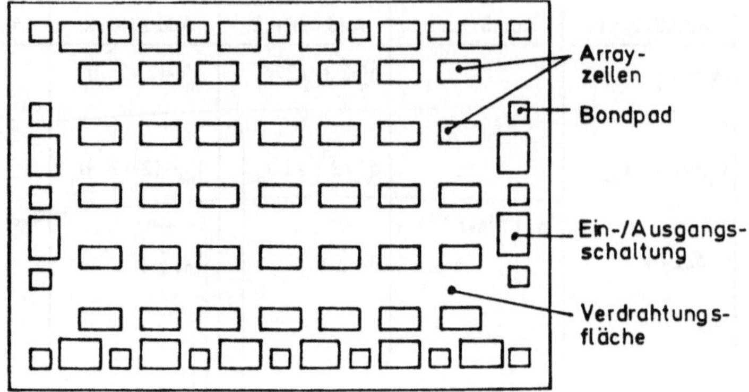

Bild 10: Aufbau eines gate-arrays (nach Valvo)

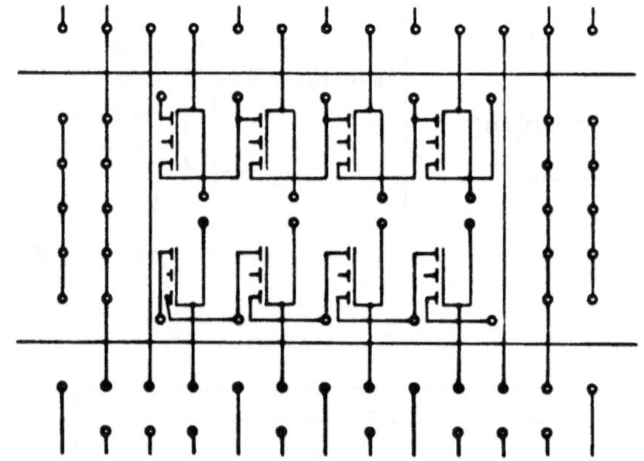

Bild 11: Eine Zelle eines gate-arrays (nach Valvo)

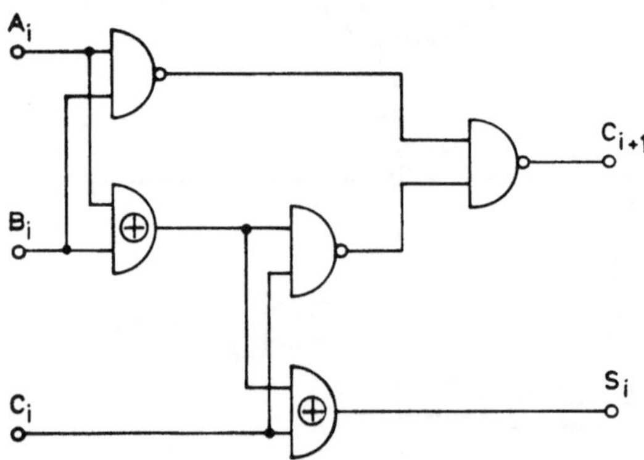

Bild 12: Volladdierer für zwei 1bit-Worte

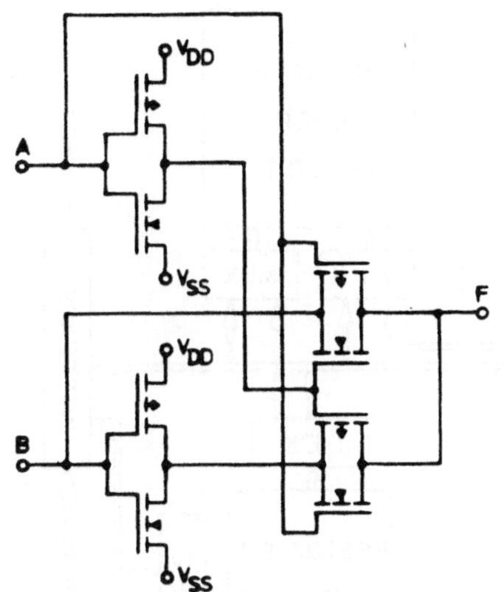

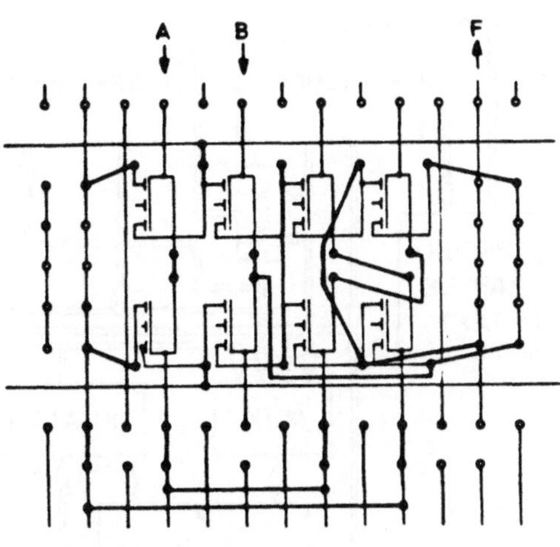

Bild 14: Schaltbild für Gatter in Bild 13, als gate-array realisiert. Zusätzlich nötige Verbindungen stark herausgezeichnet

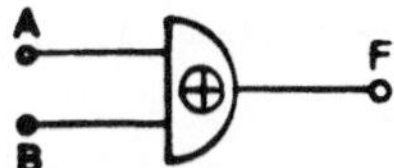

Bild 13: Schaltbild für ein EXOR-Gatter (Exclusiv-Oder) aus Bild 12

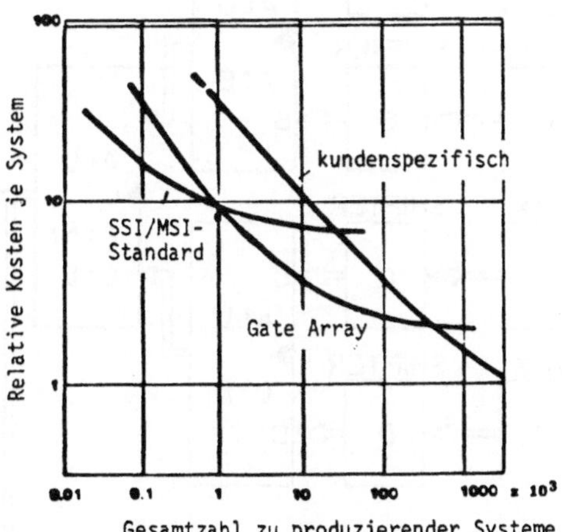

Bild 15: Kosten für verschiedene Typen von IC's als Funktion der Stückzahl (nach: Electronics, July 1980)

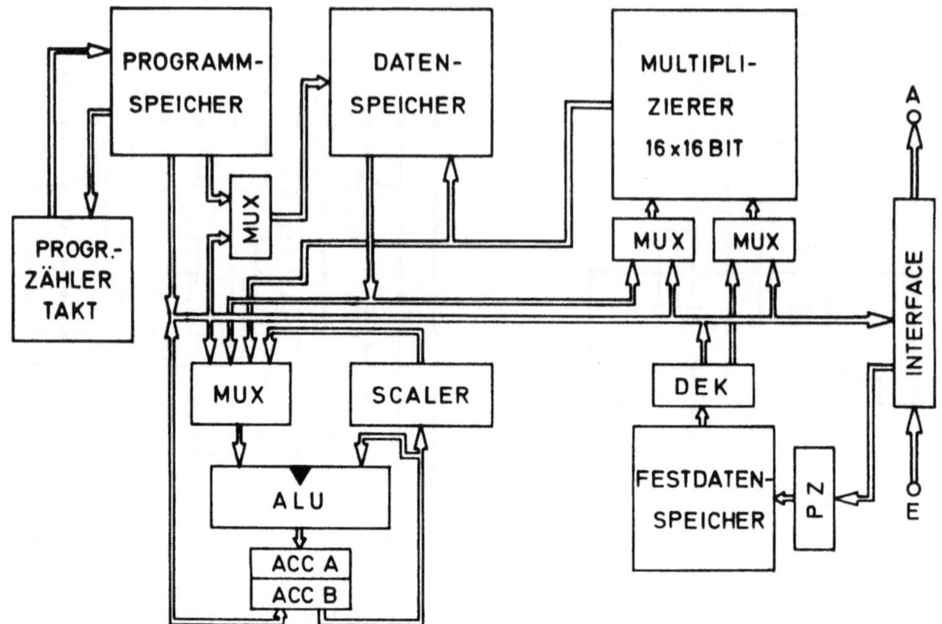

Bild 16: Prinzipieller Aufbau eines Signalprozessors mit einer A L U, der einen Multiplizierer enthält. (nach NEC)

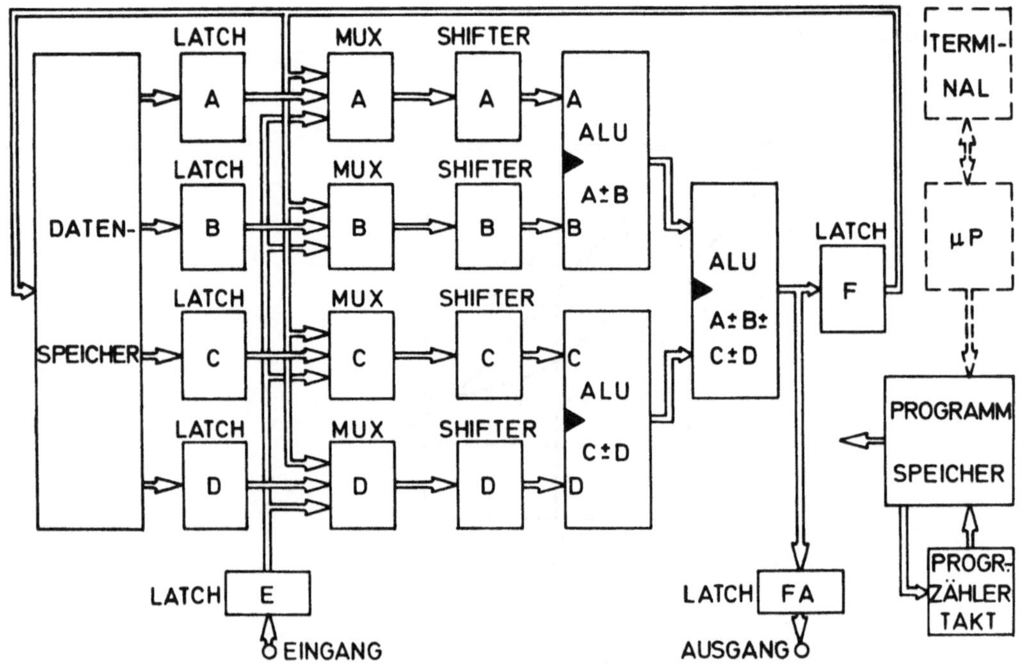

Bild 17: Ein multipliziererfreier Signalprozessor mit drei Addierern

ENTWURF UND ANWENDUNG DER PDV-BUS-ÜBERTRAGUNGSSTEUEREINHEIT (VALVO MEE 3000)

DESIGN AND APPLICATION OF THE PDV-BUS DATA LINK CONTROLLER (VALVO MEE 3000)

Dr. H. Siebert

Abt. Anlagenkomponenten (AT/EA 3)
im Geschäftsbereich Automatisierungstechnik

BROWN, BOVERI & CIE Aktiengesellschaft
6800 Mannheim 1, B.R. Deutschland

Summary

In this article the VLSI-Chip MEE 3000 is presented. It ist being designed by BBC and will be manufactured and distributed by VALVO. The design of the MEE 3000 has been supported by the German Federal Ministery for Research and Technology. The specifications accord to the draft of the German National Standard DIN 19241. Interfaces and features of the device are presented followed by explanations on the design process for the microprogram of the MEE 3000.

In diesem Beitrag wird der hochintegrierte Baustein MEE 3000 vorgestellt, der zur Zeit bei BBC entwickelt wird. VALVO wird diesen Schaltkreis fertigen und vertreiben. Die Entwicklung des MEE 3000 wurde vom Bundesministerium für Forschung und Technologie gefördert. Seine Spezifikationen entsprechen dem Entwurf zu DIN 19241. Der Baustein wird hier kurz in seinen Schnittstellen und seinem Funktionsumfang vorgestellt, anschließend wird der Entwurfsprozeß für das Mikroprogramm erläutert.

1. Hardware

Der MEE 3000 wird in NMOS-Technologie gefertigt, hat TTL-kompatible Ein- und Ausgänge und benötigt eine Spannungsversorgung von 5V + 10%. Er wird in ein 28-poliges DIL-Keramikgehäuse montiert. Bild 1 zeigt die Anschlußbezeichnungen. Nach links gezeichnet sind die Adreß-, Daten- und Steuerleitungen zum Anschluß des MEE 3000 an einen Mikroprozessorbus, nach rechts die Anschlüsse für die Daten-, Takt- und Rahmensignale der Seriellen Digitalen Schnittstelle (s. /1/ und /4/) bzw. der Leitungsschnittstelle (s. Abschnitt 2).

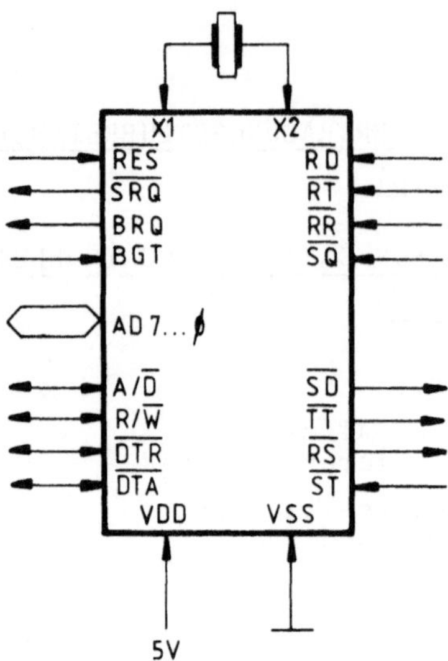

Bild 1: Ein/Ausgänge des MEE 3000

Die interne Architektur des MEE 3000 zeigt Bild 2. Der Memory access controller MAC steuert den Datenaustausch am Prozessorbus, der Auftragsspeicher enthält die für MEE 3000 und Prozeßeinheit (s. Abschnitt 2) zugänglichen 64 Byte RAM der Bussteuerschnittstelle.

Der Byte-Prozessor BOP ist der "Kopf" des MEE 3000. Er wickelt das Busprotokoll nach dem im ROM abgelegten Programm ab.

Die Telegrammeinheit TEL formatiert die Nachrichten, d.h. sie stellt die vom BOP übergebenen Daten zu Telegrammen zusammen. Sie erzeugt zu je zwei Datenbytes ein Prüfbyte bzw. wertet es bei Empfang aus. Die Telegrammeinheit erzeugt die Signale für die Serielle Digitale Schnittstelle (s. Abschnitt 2).

Der Manchester-Codierer/Decodierer MED erzeugt aus den vom TEL empfangenen NRZ-codierten Daten Manchester-Code und fügt Start- und Stopzeichen hinzu. Er bedient die Signale der Leitungsschnittstelle (s. Abschnitt 2).

2. Schnittstellen zum Leitungssystem

Der MEE 3000 kann wahlweise die Serielle Digitale Schnittstelle (SDS, s. /4/ oder eine sog. "Leitungsschnittstelle"(LS) bedienen, über die Manchester-codierte Signale und Synchronisationszeichen ausgegeben bzw. empfangen werden. In der Betriebsart über die Leitungsschnittstelle übernimmt der MEE 3000 also zusätzlich Aufgaben des Buskopplers.

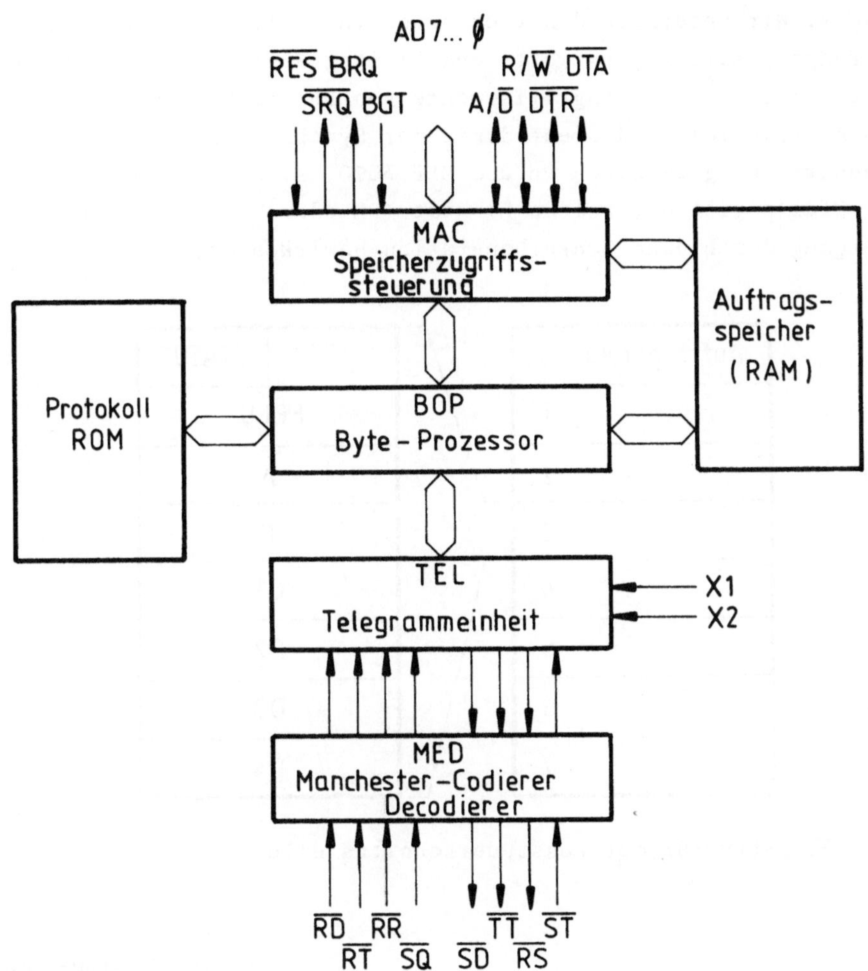

Bild 2: Blockdiagramm

3. Schnittstelle zur Prozeßeinheit

Der MEE 3000 enthält Schreib/Lese-Speicher, die sowohl für ihn als auch für die Prozeßeinheit (PE) zugänglich sind. Außerdem kann der MEE 3000 per DMA (direct memory access) auf den Speicher der PE zugreifen.

Die "Bussteuerschnittstelle" besteht physikalisch aus 64 Byte RAM, die sowohl von der PE als auch vom MEE 3000 schreib- und lesbar sind. Dieser Speicherbereich ist logisch in acht "Auftragsfelder" zu je acht Byte unterteilt, s. Bild 3.
Auf den Auftragsfeldern erteilt die PE dem MEE 3000 Aufträge (Arbeitsanweisungen). Die Variable ART gibt Auskunft über die Art des Auf-

trages. Wir unterscheiden vier Arten von Aufträgen, nämlich Initialisierungs-, Aufruf-, Antwort- und Empfangsaufträge. Die Variable STATUS beschreibt u.a. die Zugriffsrechte von PE und MEE 3000 zu dem jeweiligen Auftragsfeld und dient damit der Synchronisation der Nachrichtenübertragung zwischen PE und MEE 3000, s. Bild 4. Die Beschriftung der Pfeile gibt an, welche Einheit (PE oder MEE 3000) den Zustandsübergang durch eine Schreiboperation bewirken darf.

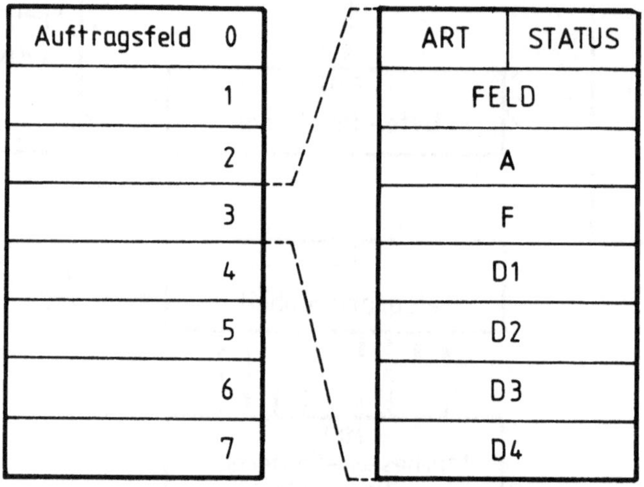

Auftragsfeld 0
1
2
3
4
5
6
7

ART | STATUS
FELD
A
F
D1
D2
D3
D4

Bild 3: Struktur der Bussteuerschnittstelle

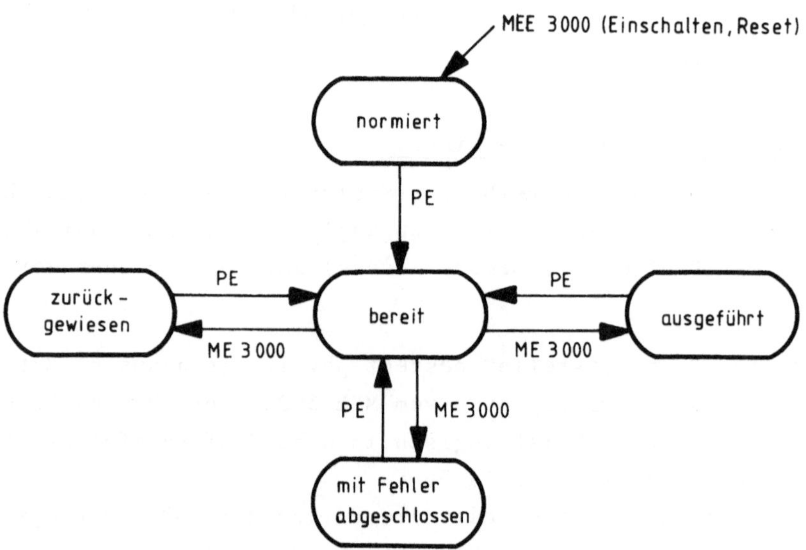

Bild 4: Zustandsdiagramm STATUS

Das Feld 0 ist für Initialisierungsaufträge reserviert und spielt für die Synchronisation eine Sonderrolle: hat die PE den Zugriff auf Feld 0, so hat sie grundsätzlich auch den Zugriff zu allen anderen Feldern, unabhängig von deren Status. Im Initialisierungsauftrag bekommt der MEE 3000 den Stationstyp (Leitstation, Unterstation, Mithörunterstation, Monitor), die Teilnehmeradresse und Parameter für die Behandlung von Übertragungsfehlern (Anzahl der Wiederholungen im Fehlerfall und Zeitschranken) mitgeteilt.

Bei Aufrufaufträgen schreibt die PE die Daten für kurze Telegramme (ohne Sicherungszeichen) direkt in die Speicherzellen A, F, D1,...,D4 des Auftragsfeldes ein; bei längeren Telegrammen wird der Inhalt von D3, D4 als 16-Bit-Adresse interpretiert, die auf die Fortsetzung des Telegrammes im RAM der PE verweist. Aufrufe werden durch ihren Funktionscode F weiter unterschieden, s. dazu /2/.

Mit Empfangsaufträgen wird Speicherplatz für das Empfangen von Schreibaufrufen anderer Stationen bereitgestellt.

Mit Antwortaufträgen werden Telegramme bereitgestellt, die als Antwort auf Lese-Aufrufe einer Leitstation gegeben werden sollen.

Bei längeren Telegrammen (mit mehr als zwei Datenwörtern) wird der im PE-RAM stehende Rest des Telegrammes vom MEE 3000 per DMA gelesen bzw. geschrieben.

Bei den Aufrufen mit dem Funktionscode "Lesen direkt" bzw. "Schreiben direkt" werden 16 Bit-Worte unter Umgehung der Auftragsfelder ebenfalls per DMA gelesen bzw. geschrieben.

Die Variable FELD enthält die Nummer des Auftragsfeldes, auf dem die PE den nächsten Auftrag derselben Art erteilen wird und auf dem der MEE 3000 demzufolge den nächsten Auftrag derselben Art erwartet.

Neben der Initialisierung über das Auftragsfeld 0 gibt es eine sog. "Eigeninitialisierung", bei der der MEE 3000 nur eine 8-Bit-Adresse einliest. Er arbeitet dann als Unterstation korrekt im Sinne des PDV-Bus-Protokolls und kann ohne Prozessor und ohne Benutzung der Auftragsfelder per DMA selbständig Lese- und Schreiboperationen ausführen (Ein/Ausgabe, Meßgeräte).

Um den Arbeitsablauf des MEE 3000 für den Anwender transparent zu machen und um ihm unnötiges Lesen des Auftragsspeichers zu ersparen, existiert ein Statusbyte, das für den Anwender relevante Informationen über interne Zustände des MEE 3000 enthält und das von der PE nur lesbar ist.

4. Funktionsumfang

Der MEE 3000 kennt vier Hauptbetriebsarten, nämlich als Leitstation, Unterstation, Monitor und Mithörunterstation. Ein Monitor hat keine eigene Adresse und arbeitet für jedes vom Bus fehlerfrei empfangene Telegramm einen Empfangsauftrag ab. Er generiert keine Antworten, ist also selbst am Bus nicht aktiv.

In einer Leitstation arbeitet der MEE 3000 die Aufrufaufträge ab, die seine PE ihm erteilt hat. In Unterstationen antwortet der MEE 3000 auf an ihn gerichtete Aufrufe und wickelt gegebenenfalls den Querverkehr mit anderen Stationen ab. In Mithörunterstationen wird zusätzlich für jede auf dem Bus erscheinende Antwort ein Empfangsauftrag abgearbeitet. Diese Betriebsart ermöglicht das quelladressierte Verteilen von Nachrichten. Anders als beim Senden von Daten in Aufrufen mit einem Einzelziel quittieren die Empfänger der Daten bei diesem Verfahren nicht deren Eintreffen.

Der MEE 3000 generiert Sicherungszeichen bzw. wertet sie aus. Er überwacht das Eintreffen von Antworten und die Abwicklung des Querverkehrs. Die Fehlerbehandlung geschieht nach dem Prinzip "Im Zweifel tue nichts", d.h. fehlerhaft empfangene Telegramme werden als ganzes verworfen. Im Fehlerfall wiederholt der MEE 3000 selbständig den gesendeten Aufruf. Die Anzahl der etwaigen Wiederholungen im Fehlerfall und die Überwachungszeiten werden dem ME 3000 im Initialisierungsauftrag mitgeteilt.

5. Buszutrittsprotokoll

Der MEE 3000 unterstützt die Implementierung verschiedener Buszutrittsprotokolle wie Monomastersysteme, Multimastersysteme mit "kalter" oder "heißer" Reserve, Systeme mit und ohne Querverkehr, Staffelholzsysteme usw..Redundante Leitstationen überwachen die gerade aktive Leitstation mit einem Zeitaus-Mechanismus.

6. Entwurfsmethode

In diesem Abschnitt soll über den Entwurf des Mikroprogramms des MEE 3000 berichtet werden.
In dem Standardisierungsvorschlag /1/ sind die Funktionen des PDV-Busses verbal dargestellt. Auf diese Weise konnten nur die leitungsnahen Funktionen des Übertragungssystems hinreichend präzise beschrieben werden, z.B. die Grundfunktionen zur Bedienung der Schnittstellenleitungen und die Codierung und Formatierung der Nachrichten. Um auch die höheren Schichten wie das Busprotokoll präzise darzustellen, benutzen wir weitere Beschreibungsmittel, nämlich Petri-Netz-Darstellung, Programmablaufplan und Pascal-Programm.

Petri-Netze sind eine Verallgemeinerung der Zustandsgraphen. Sie gestatten eine gemeinsame Darstellung mehrerer Zustandsgraphen und der Synchronisationsbedingungen zwischen ihnen. Sie sind darum gut geeignet für die Beschreibung von parallelen Prozessen, wie sie in den einzelnen Teilnehmern eines Bussystems ablaufen.

In der Übertragungssteuereinheit MEE 3000 wird das Protokoll durch ein sequentielles Programm abgewickelt. Dieser Aspekt steht bei Programmablaufplan und Pascal-Programm im Vordergrund. Der Programmablaufplan war die Grundlage für die Realisierung des Mikroprogramms des MEE 3000. Das Pascal-Programm dient zum einen als unmißverständliches genormtes Beschreibungsmittel, zum anderen wurde es benutzt, um auf einem Digitalrechner das Protokoll soweit wie möglich durch Simulation zu verifizieren. Als Programmsprache wurde Pascal unter anderem auch deshalb ausgewählt, weil das Angebot an Datentypen zu einem leicht lesbaren Programm führt.

Alle drei Darstellungen sind in dem Bericht /2/ vollständig enthalten. Zur Erläuterung bringen wir hier zwei Beispiele zum Petri-Netz. In Bild 5 ist RUHE der Zustand des MEE 3000 nach Zuschalten der Spannungsversorgung. Dieser Zustand wird verlassen, sobald ein Initialisierungsauftrag von der PE eingeschrieben worden ist,und zwar bei Initialisierung als Leitstation in den Zustand LFAKT (Leitfunktion aktiv), bei Initialisierung als Unter- oder Mithörunterstation in den Zustand LFPAS (Leitfunktion passiv) und bei Initialisierung als Mithörstation in den Zustand MONI (Monitor).

Der Zustand LFAKT wird verlassen, um Aufrufe abzuarbeiten, Kurz- und Statusabfragen abzuwickeln oder Querverkehr zuzuteilen und zu überwachen. Nach den jeweiligen Aktionen kehrt der MEE 3000 in den Zustand

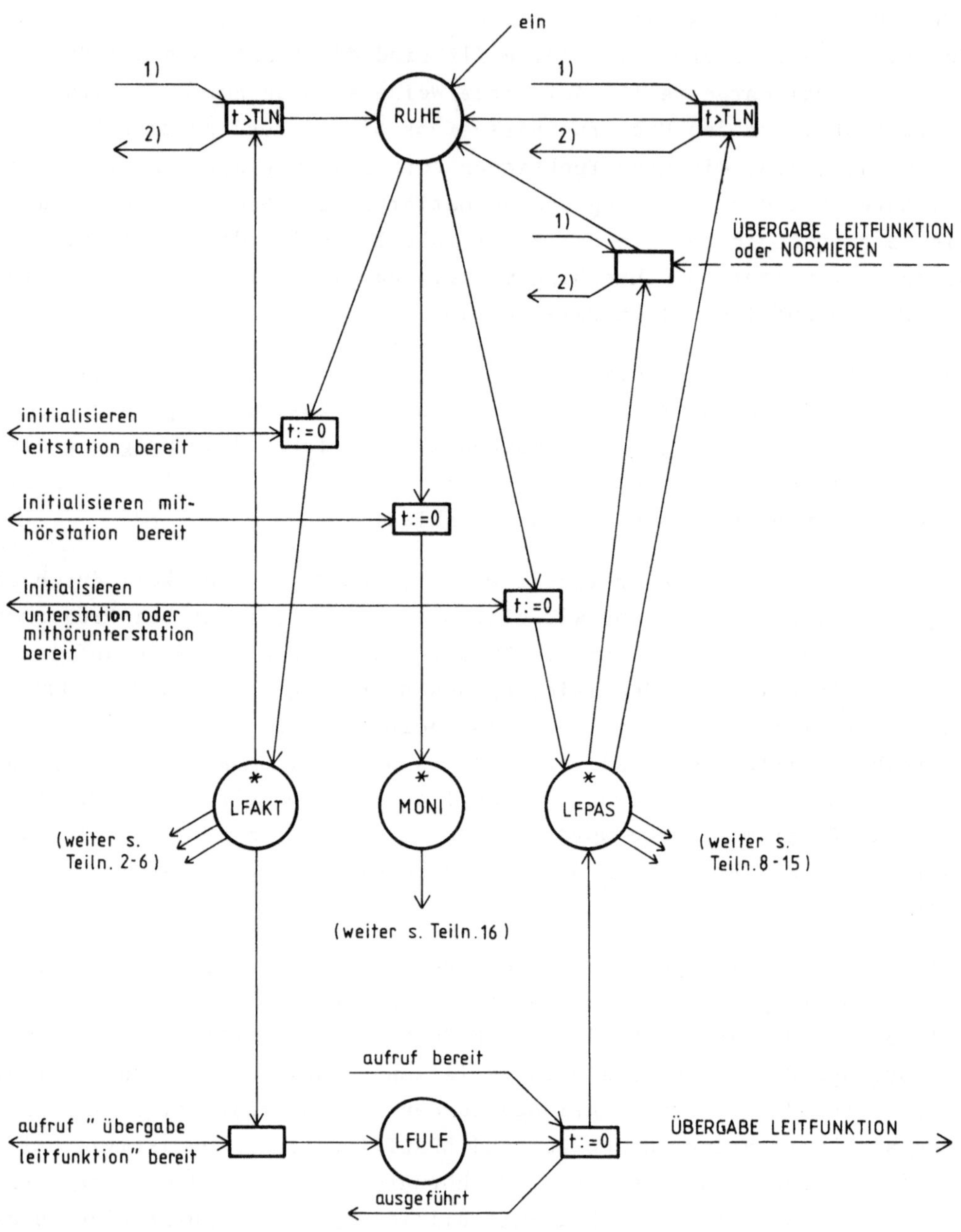

Bild 5: Beispiel 1 zum Petri-Netz

Teilnetz 6: Statusabfrage

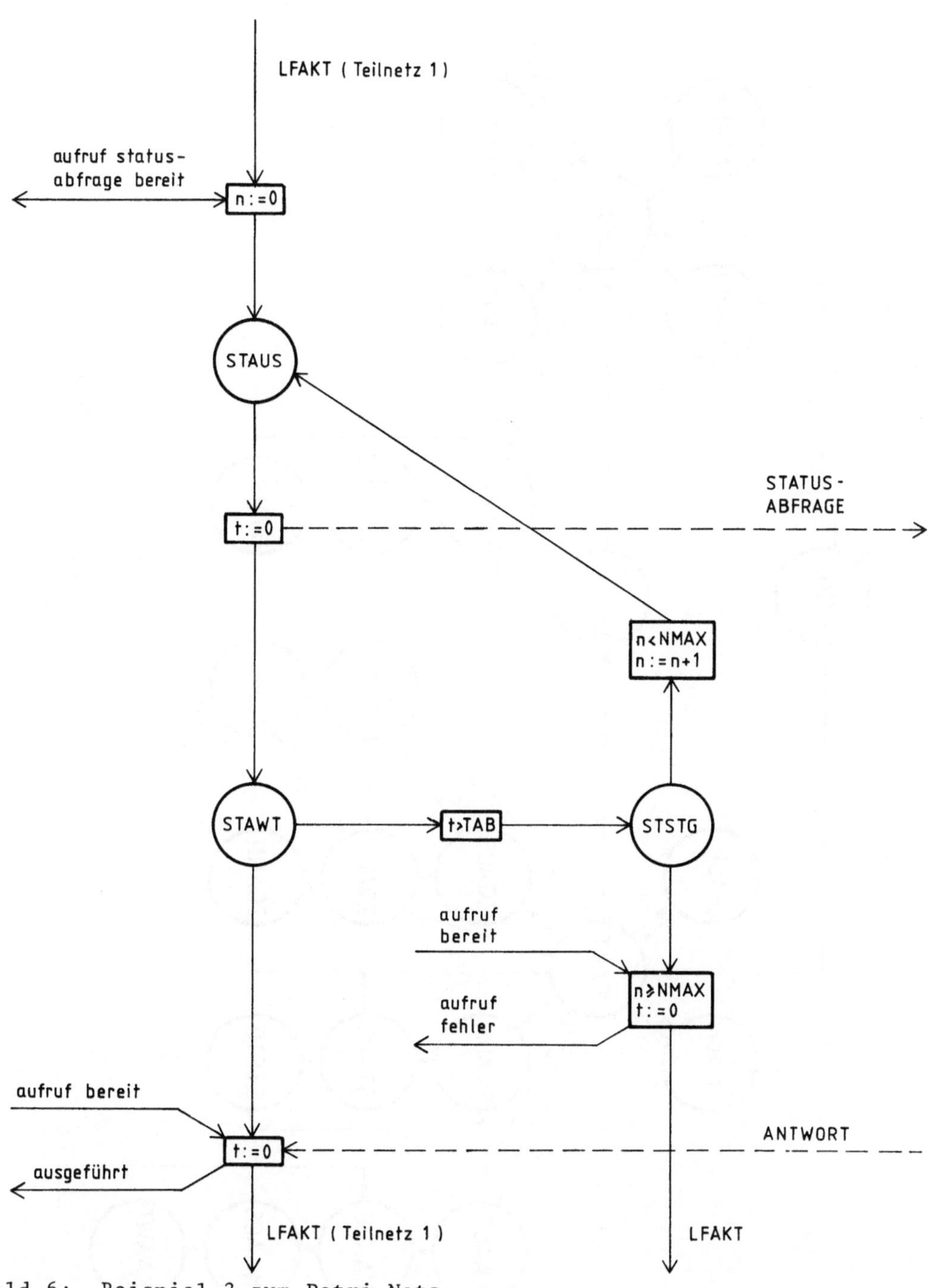

Bild 6: Beispiel 2 zum Petri-Netz

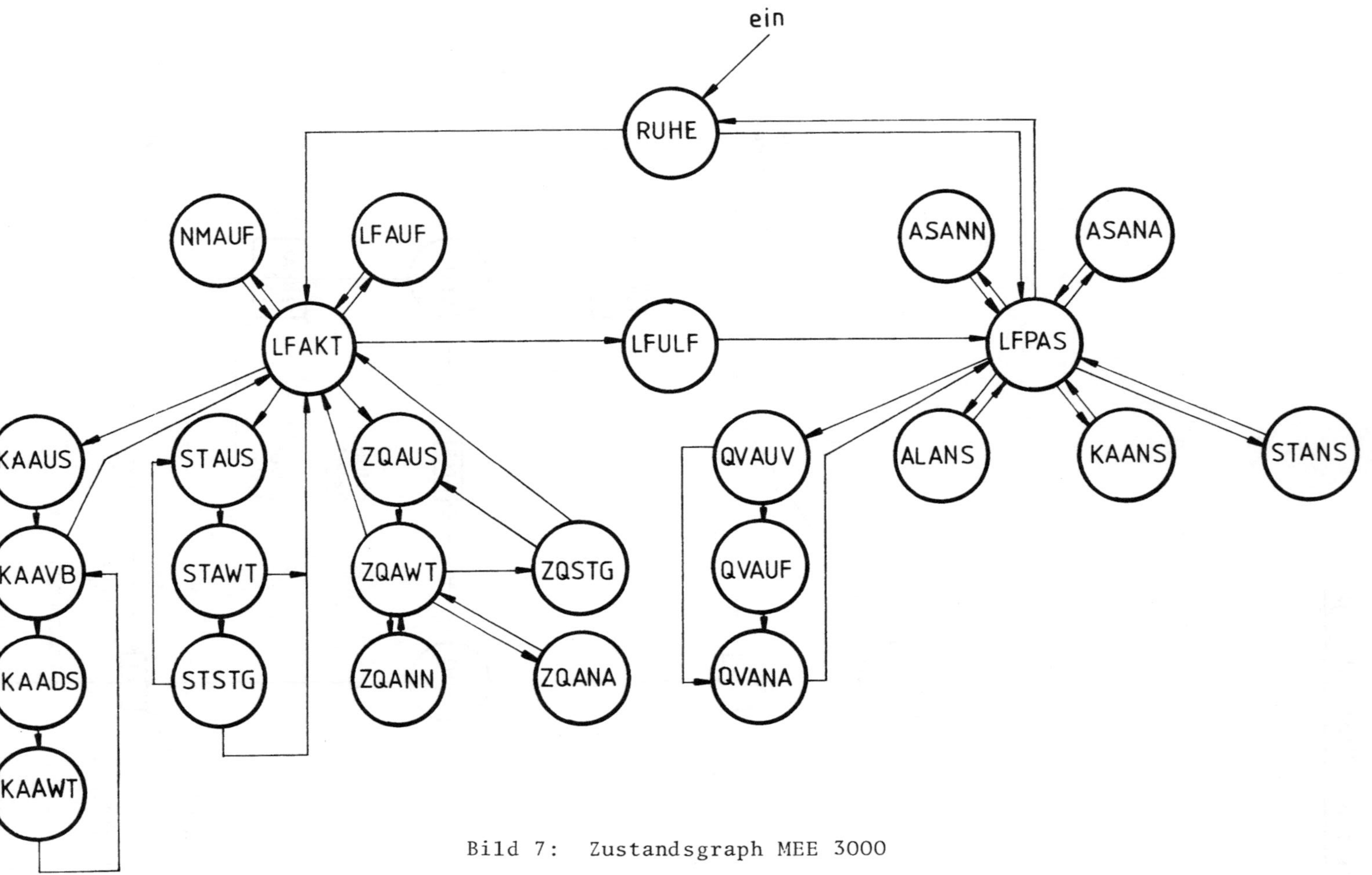

Bild 7: Zustandsgraph MEE 3000

LFAKT zurück.

Ein Aufruf "ÜBERGABE LEITFUNKTION", den die PE einem als Leitstation initialisierten MEE 3000 erteilt, führt zum Übergang in den Zustand LFULF (Übergabe Leitfunktion). In diesem Zustand wird der Aufruf gesendet und anschließend der Zustand LFPAS eingenommen.

Im Zustand LFPAS wird auf Aufrufe einer Leitstation bzw. einer Unterstation im Querverkehr reagiert. Ablaufen der Überwachungszeit TLN bzw. der Empfang von Aufrufen ÜBERGABE LEITFUNKTION oder NORMIEREN führen zum Übergang in den Zustand RUHE, in dem von der PE ein neuer Initialisierungsauftrag erwartet wird. Nach diesen ausführlichen Erläuterungen erklärt sich Bild 6 fast von selbst. Zur Bezeichnung: ST bedeutet Statusabfrage, die Zusätze AUS, AWT bzw. STG stehen für "Aufruf senden","auf Antwort warten" bzw. "Störung".

Die Zustände in allen Teilnetzen sind in Bild 7 zusammengefaßt. In der zweiten Spalte links unten finden wir die Zustände aus Bild 6 wieder. Die Zustände ganz links gehören zur Abwicklung der Kurzabfrage (KA) mit AUS (Aufruf senden), AVB (Adresse vorbereiten), ADS (Adresse senden) und AWT (auf Antwort warten). Die Zustände mit ZQ werden beim Zuteilen und Überwachen des Querverkehrs eingenommen, die mit QV beim Abwickeln des Querverkehrs durch eine Unterstation. Die übrigen Zustände, die von LFPAS aus angenommen werden, entsprechen Antworten auf verschiedene Aufrufe einer Leitstation. Im Zustand NMAUF werden Normierungsaufrufe gesendet, bei LFAUF werden die normalen Aufrufe wie Lesen und Schreiben abgewickelt.

In /2/ finden sich die drei Darstellungen des Protokolls durch Petri-Netz, Programmablaufplan und Pascal-Programm. Beim Entwurfsprozeß spielten alle drei Darstellungen eine Rolle. Die Petri-Netz-Darstellung zeigt am deutlichsten den Aspekt der in den verschiedenen Stationen ablaufenden parallelen Prozesse, die durch die Nachrichten auf dem Bus miteinander synchronisiert werden. Programmablaufplan und Pascalprogramm betonen den Aspekt der Realisierung des Protokolls durch ein sequentielles Programm. Es wurde zur Simulation des MEE 3000 in verschiedenen Buskonfigurationen und Zutrittsverfahren auf einem digitalen Rechner benutzt. Die Grundlage für die Realisierung des Mikrocodes war der Programmablaufplan.

Alle drei Darstellungen spielten also beim Entwurfsprozeß eine Rolle. Die unterschiedlichen Darstellungen haben aber nicht nur im Rahmen des Entwurfsprozesses einen Sinn. Sie erleichtern dem Systementwickler das Verständnis der Wirkungsweise des MEE 3000.

7. Quellen

/1/ E. Buxmeyer u.a.: Serielles Bussystem für industrielle Anwendungen unter Echtzeitbedingungen (PDV-Bus).
PDV-Berichte Kfk-PDV 150, Kernforschungszentrum Karlsruhe, Oktober 1978

/2/ T. Grams, H. Siebert: Die Übertragungssteuereinheit des PDV-Busses (Definition und Anwendung).
PDV-Berichte Kfk-PDV 223, Kernforschungszentrum Karlsruhe, Januar 1983

/3/ MEE 3000, Daten vorläufiger Muster.
Firmendruckschrift VALVO, September 1982

/4/ Normentwurf DIN 19241, Bitserielles Prozeßbus-Schnittstellensystem.
Teil 1: Serielle Digitale Schnittstelle, Juli 1982,
Teil 2: Übertragungsprotokoll und Nachrichtenstruktur, Oktober 1982

/5/ T. Grams, M. Schäfer: Übertragungsprotokolle des PDV-Bus in Netzdarstellung
Elektronik (1979) 23, 45-55.

EINSATZ INTELLIGENTER MESS- UND STELLEINRICHTUNGEN IN DER AUTOMATISIERUNGSTECHNIK

APPLICATION OF INTELLIGENT MEASURING DEVICES AND ACTUATORS IN AUTOMATION

H. Töpfer/W. Kriesel

Technische Universität Dresden, Sektion Informationstechnik/Technische Hochschule Leipzig, Sektion Automatisierungsanlagen
DDR

Summary

Proceeding from inadequacies and inconsistencier of the first generation of microcomputer-based instrument systems, new structures for the automation of plants are discussed. The application of intelligent measuring and setting devices is dealt with. The statements are illustrated by selected examples.

1. Ansatzpunkte für die Weiterentwicklung von Automatisierungsmitteln auf Mikrorechnerbasis

Die künftige Entwicklung der Automatisierung - die hier besprochen wird - wurde in den letzten Jahren unter solchen Aspekten betrachtet wie Anwenderforderungen /1/, Anwendungsausweitung /2/, strukturelle und funktionelle Veränderungen der Automatisierungsmittel /3, 4/ oder unter dem Gesichtswinkel Einfluß der Mikroelektronikentwicklung auf den weiteren Generationswechsel /5, 6, 7, 8/. Aus allen diesen Überlegungen ist ableitbar, daß die derzeitige erste Generation von Automatisierungsmitteln für die Anlagenautomatisierung auf Mikrorechnerbasis den Auftakt zu weiteren Generationen bildet.

Die erste Generation auf Mikrorechnerbasis, repräsentiert durch Automatisierungssysteme wie z.B. TDC 2000 (Fa. Honeywell), Teleperm M (Fa. Siemens), audatec (VEB Kombinat Automatisierungsanlagenbau) u.a., besitzt technisch-wirtschaftlich bedingte Unzulänglichkeiten, die unter Nutzung der Mikro- und Optoelektronik entsprechende Ansatzpunkte für die Weiterentwicklung bilden.

2. Strukturvorschlag für künftige Automatisierungsanlagen

Die Ausgangsbasis gemäß Tafel 1 erlaubt, als Orientierungsziel in Richtung der 90er Jahre, eine „Idealstruktur für die Anlagenautomatisierung" anzugeben, wie sie von den Verfassern in /3, 6/ aus anderen Zusammenhängen abgeleitet wurde und im Bild 1 dargestellt ist. Kennzeichnend für ein derartiges System ist der Einsatz intelligenter Meß-, Stell- und Leittechnik sowie deren direkte Kopplung durch ein Feldbussystem. Damit könnten die Prinzipien nach Tafel 2 erfüllt werden.

Die Vorteile eines solchen langfristigen Modells liegen nicht zuletzt in der Einordnung erprobter neuer Lösungsansätze sowie in der gezielten Erforschung und Einbeziehung von Grundlagenergebnissen für einen tiefergreifenden Wandel, der vor allem auch die Meß- und Stellseite sowie die Signale mit erfassen wird, und auf den nachfolgend an Hand praktischer Lösungsansätze einzugehen ist.

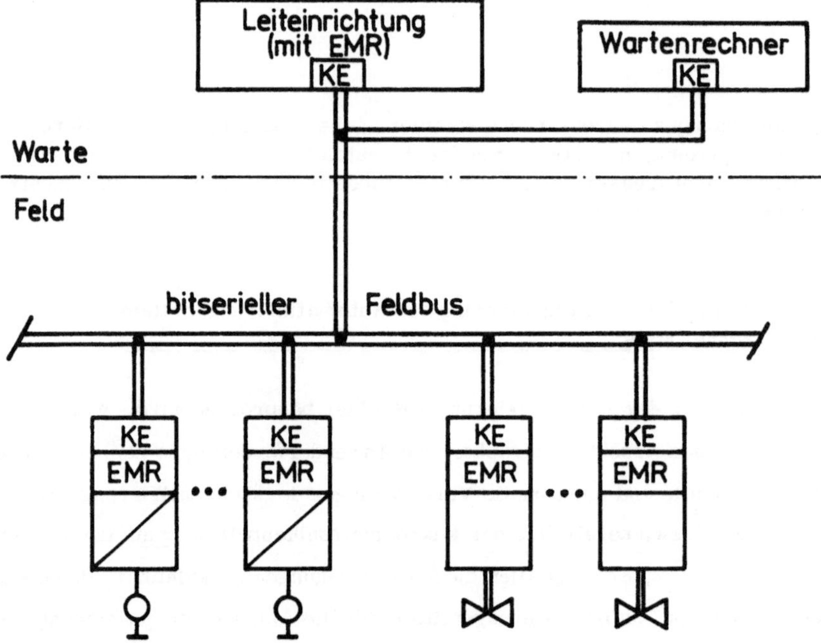

Bild 1. Automatisierungsstruktur mit intelligenten, buskoppelbaren Meß-, Stell- und Leiteinrichtungen
KE Koppeleinheit; EMR Einchip-Mikrorechner

Tafel 1. Ansatzpunkte für Weiterentwicklungen

Relative Unterbewertung von kostengünstigen Lösungen für mittlere und kleine Automatisierungsaufgaben
Einseitige Orientierung auf Automatisierungslösungen für Großobjekte (Kostengründe)
Mehrkanalkonzepte zur mehrfachen Ausnutzung der Mikrorechner bedingen komplizierte Zuverlässigkeitsstrukturen
Digitale Informationsübertragung durch bitseriellen Prozeßbus mit Linienstruktur im prozeßfernen Bereich gleichzeitig neben herkömmlichen Analogsignalen mit Sternstruktur im prozeßnahmen Bereich
Räumlich verteilte Mikrorechner erfordern im Anlagengelände den zusätzlichen Aufbau von Feldstationen
Informationsfluß mit mehreren funktionell gleichartigen Verarbeitungsfunktionen, z.B. Regelalgorithmen im analogen Meßumformer, in der Mikrorechner-Verarbeitungseinheit und im analogen Positioner
Stromversorgungskonzeption relativ traditionell

Tafel 2. Prinzipien für künftige Strukturen zur Anlagenautomatisierung

Informationsfluß sollte auf kürzestem Wege von den Meßeinrichtungen zu den Stelleinrichtungen gelangen
Nur spezielle Informationen, z.B. für Leit- und Koordinierungsaufgaben, sollten in die räumlich zentrale Warte geführt werden
In den Meßeinrichtungen sollte eine weitgehende Informationsverarbeitung einschließlich elementarer Prozeß- und Eigenüberwachung erfolgen
In den Stelleinrichtungen sollte die Informationsverarbeitung zur Stabilisierung elementarer Prozeßparameter sowie die Nachverarbeitung (z.B. Positionierung, Kennlinienkorrektur u.ä.) und Eigenüberwachung realisiert werden
Konzentration der eigenständigen Verarbeitungselektronik einschließlich Daten- und Bedienperipherie für Leitfunktionen im räumlich-zentralen Wartenbereich

3. Beispiele für neuartige Lösungswege

Bereits heute sind eine Reihe industrieller Ansätze bzw. Laboruntersuchungen bekannt, die einen Trend in Richtung auf das Orientierungsziel nach Bild 1 markieren. Nachfolgend werden dazu einige Beispiele vorgestellt, die durch Untersuchungen im eigenen Bereich abgerundet werden.

3.1. Abgesetzte Meßstellenumschalter

In Tafel 1 wurde bereits das Nebeneinander von digitaler Linienstruktur und analoger Sternstruktur bei der Informationsübertragung als Widerspruch gekennzeichnet, der durch Einführung dezentral abgesetzter Meßstellenumschalter (sog. MUX-Box) nach Bild 2b entschärft wird. Diese Maßnahme gestattet eine weitere Einsparung bei der Verkabelung, indem die prozeßnahe Sternstruktur nach Bild 2a reduziert wird. Zugleich bedeutet diese Anordnung einen Zwischenschritt in Richtung auf eine spätere konsequente Anwendung des Busprinzips gemäß Bild 1.

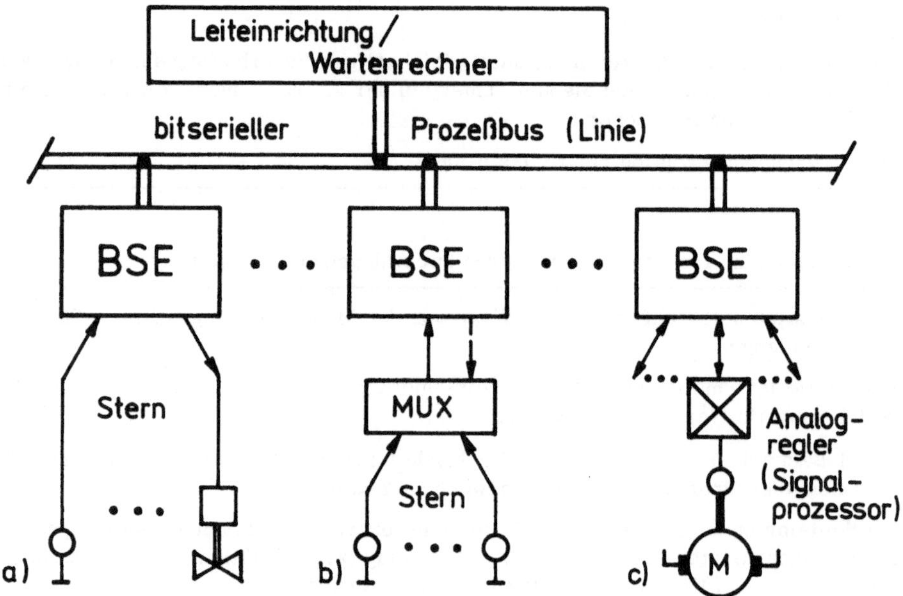

Bild 2. Linien- und Sternstrukturen in Automatisierungssystemen
BSE Basissteuereinheiten mit Mikrorechnern

3.2. Ersatz von Analogreglern durch Signalprozessoren

Signalprozessoren übernehmen verstärkt auch die Aufgaben von schnellen Analogschaltungen, weil sie etwa um den Faktor 50 schneller sind als bisherige Mikroprozessoren und u.a. schnelle Multiplizierer sowie Addierer enthalten, so daß ihr Einsatz für schnelle Antriebsregelungen, zur Verarbeitung optischer und vibroakustischer Signale für Diagnosezwecke u.ä. erfolgen kann. Diese Substitution analoger Regler für die Klasse der schnellen Regelstrecken führt zu einer strukturellen Vereinheitlichigung der Automatisierungssysteme (vgl. Bild 2c), wobei z.B. intelligente Antriebseinheiten für den Einsatz in Walzwerken, Zementlagern u.a. entstehen und somit ein weiterer Schritt in Richtung auf eine Struktur nach Bild 1 vollzogen wird.

3.3. Buskopplung von Meß- und Stelleinrichtungen

Die Einführung eines zusätzlichen prozeßnahen Feldbussystems anstelle der analogen Sternstruktur nach Bild 2a bzw. 2b stellt einen weiteren Schritt auf dem Wege zu einer Struktur gemäß Bild 1 dar. Eine derartige Struktur mit buskoppelbaren Meß- und Stelleinrichtungen wurde auch für eine fehlertolerierende Reglerstation vorgeschlagen /2/ und ist bereits von der Fa. BBC Brown Boveri im System Prokontrol/Datras für die Kraftwerksautomatisierung eingesetzt worden.

3.4. Intelligente Meßeinrichtungen

Eine beginnende Tendenz zu intelligenten Meßgeräten für die Anlagenautomatisierung war bereits auf der INTERKAMA 80 zu erkennen, die durch mehrere Industriebeispiele repräsentiert wurde, z.B. Schwebekörperdurchflußmesser, kapazitiver Füllstandsgrenzschalter, Ultraschall-Echolot-Füllstandsmeßeinrichtung, Füllstandsfernanzeiger, Wägeindikator, digitaler Industriekorrelator /9/. In /5/ wurde auf Probleme intelligenter Meßeinrichtungen hingewiesen.

Bild 3 stellt einen intelligenten Meßwerterfassungs-Modul dar, wie er in den Basissteuereinheiten BSE nach Bild 2 eingesetzt wird. Der Informationsfluß erfolgt hinter dem A/D-Um-

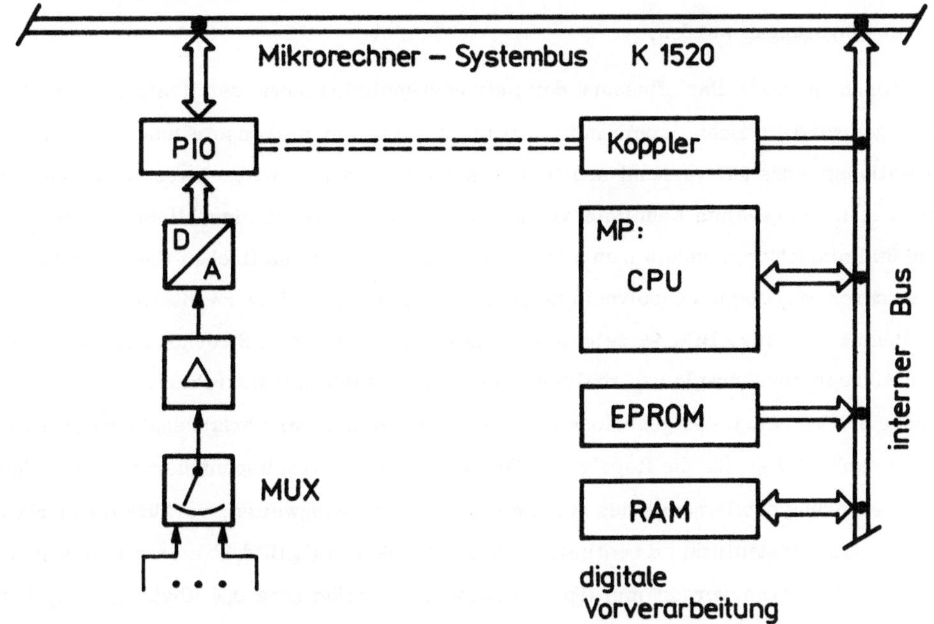

Bild 3. Intelligente Analogeingabe
(ursadat 5000, Kombinat Elektro-Apparate-Werke Berlin)

setzer wahlweise zum Mikrorechnersystem oder über einen zusätzlich zwischengeschalteten Mikrorechner zwecks Vorverarbeitung, z.B. Radizierung, Linearisierung, Nullpunktkorrektur, Mittelwertbildung, Summenbildung, Grenzwertvergleich, Plausibilitätsprüfung sowie Verknüpfung mehrerer Meßwerte /6/.

3.5. Intelligente Stelleinrichtungen

Die Anlagenstruktur nach Bild 1 erfordert buskoppelbare und intelligente Stelleinrichtungen mit folgendem Funktionsumfang:

- Steuerungsfunktionen in Form von
  - Grundfunktionen (Regelungsalgorithmen/Binärsteuerungen)
  - Zusatzfunktionen (Positionierung, Stellgrößen- und Kennlinienbeeinflussung)
- Eigenfunktionen bezüglich der
  - Stelleinrichtung (Eigenüberwachung, Diagnose)
  - Informationsübertragung (Buskopplung, Datenprüfung).

Die Steuerungsfunktionen wurden untersucht, indem ein universeller Mehrkanal-Mikroprozessorregler (Typ ursamar 5000 /12/) direkt mit elektrischen bzw. pneumatischen analogen Stelleinrichtungen für Stoffströme gekoppelt und im geschlossenen Regelkreis erprobt wurde /10/. Nachfolgend soll exemplarisch auf Zusatzfunktionen durch softwaremäßige Beeinflussung nichtlinearer Eigenschaften der Stelleinrichtungen wie Kennlinienkrümmung und Hysterese näher eingegangen werden.

Eine praktisch spürbare Beeinflussung der Betriebskennlinien sowie der Hysterese von Stelleinrichtungen wird erreicht, indem mit programmtechnischer Reihenschaltung eines inversen Kompensationsgliedes zur vorhandenen Nichtlinearität gearbeitet wird. Zweckmäßig kompensiert man z.B. die gesamte Kennlinienkrümmung der Regelstrecke einschließlich Meßumformer und Stelleinrichtung, indem man von (n + 1) Meßwerten der statischen Kennlinie ausgeht und diese durch ein Ausgleichspolynom n-ten Grades oder durch lineare Interpolation der Stützstellen nähert /11/. Bild 4a zeigt eine gemessene nichtlineare Streckenkennlinie sowie die vom Mikroprozessorregler zu realisierende Stellkennlinie mit Korrektur. Das hiermit gemessene Störverhalten des geschlossenen Regelkreises in einer verfahrenstechnischen Anlage weist nach Bild 4b für die Regelgröße Druck über weite Arbeitspunktbereiche eine deutliche Verbesserung der Dynamik aus (verkleinerte Überschwingweiten, verkürzte Einschwingzeiten, beseitigte Instabilität an bestimmten Arbeitspunkten vgl. Bild 4b). Durch dieses zusätzliche Linearisierungsprogramm (Speicherkapazität beträgt etwa 0,5 Kbyte) kann u.U. auf die Positionierung des Stellantriebes verzichtet werden.

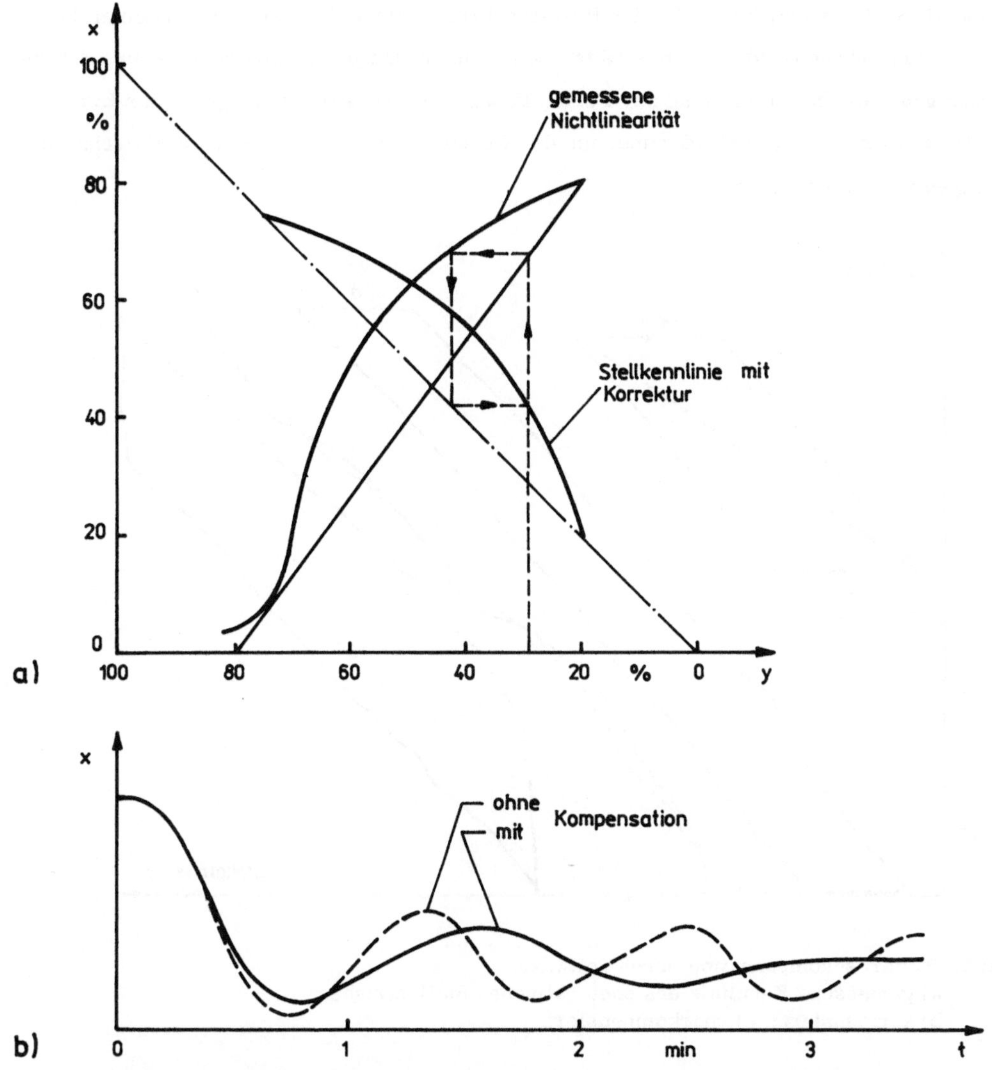

Bild 4. Kompensation einer Kennlinienkrümmung durch Mikroprozessor-Software
a) statische Kennlinien; b) Störverhalten des Regelkreises

Durch einen weiteren zusätzlichen Programm-Modul kann auch eine Hysteresekompensation erreicht werden. Bild 5 verdeutlicht das Prinzip der Vorgehensweise. Als A-priori-Information für diese Softwarenutzung muß die zu kompensierende Hysteresebreite bekannt sein. Wie die praktischen Untersuchungen gezeigt haben, kann z.B. bei einem pneumatischen Stellantrieb ohne Positioner, dessen Hysteresebreite etwa 10% beträgt (Bild 5a), ein annähernd eindeutiger Kennlinienverlauf durch den Mikroprozessorregler erreicht werden (Bild 5b).

Die mögliche Parameterdrift z.B. der Hysteresebreite könnte durchaus auch zu einer Überkompensation führen (Bild 5 c). Dies hätte - wie Untersuchungen gezeigt haben - eine Schwingungsneigung der Stelleinrichtung zur Folge. Daher wäre weitere „Intelligenz" zur Ermittlung der Hysteresebreite erforderlich, um den Einsatz auch unter extremen praktischen Bedingungen zu gewährleisten.

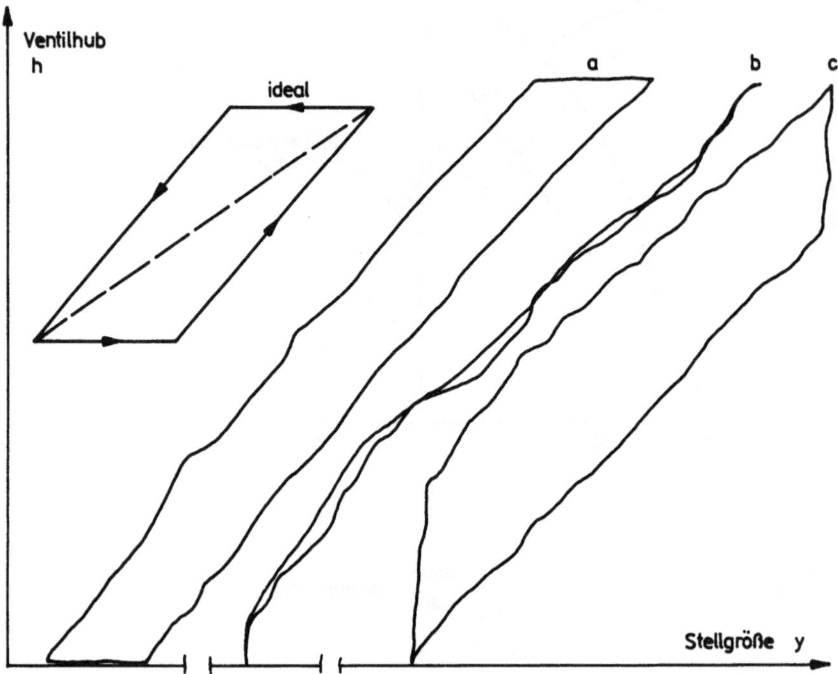

Bild 5. Hysteresekompensation durch Software
a) gemessene Kennlinie des pneumatischen Stellantriebes;
b) kompensiert; c) überkompensiert

4. Zusammenfassung

Ausgehend von typischen Widersprüchen und Unzulänglichkeiten der ersten Automatisierungsgeneration mit Mikrorechnern wird eine „Idealstruktur als Basis für die Anlagenautomatisierung" vorgeschlagen, die als längerfristige Orientierungshilfe gedacht ist und schrittweise angestrebt werden sollte. Durch intelligente Meß-, Stell- und Leiteinrichtungen, die über einen Feldbus direkt gekoppelt sind, würde eine weitgehende Digitalisierung bei Automatisierungssystemen sowie die volle Nutzung der Kosten-, Volumen- und Zuverlässigkeitsvorteile der VLSI-Technik (Einchip-Mikrorechner, Signalprozessoren usw.) erreicht. In letzter Konsequenz bedeutet dies neben einer gravierenden Umstellung der Meß- und Stelleinrichtungen auch die Eliminierung analoger Einheitssignale.

Literatur

/1/ Büsing, W.: Dezentrale Prozeßautomatisierungssysteme - Anforderungen und Schnittstellen. Regelungstechnische Praxis 22 (1980) H. 2, S. 37-42

/2/ Schmidt, G.; Freyberger, F.: Konzeptionelle Entwicklungen und Tendenzen der Prozeßautomatisierung. Regelungstechnische Praxis 23 (1981) H. 11, S. 383-390

/3/ Töpfer, H.; Kriesel, W.: Zur funktionellen und strukturellen Weiterentwicklung der Automatisierungstechnik. messen, steuern, regeln 24 (1981) H. 4, S. 183-188

/4/ Kaltenecker, H.: Funktionelle und strukturelle Entwicklung der Prozeßautomatisierung. Regelungstechnische Praxis 23 (1981) H. 10, S. 348-355

/5/ Richter, W.; Kriesel, W.: Künftige Applikation der Mikroelektronik in der Automatisierungstechnik. Nachrichtentechnik, Elektronik 32 (1982) H. 10, S. 412-415

/6/ Töpfer, H.; Kriesel, W.: Zum Generationswechsel bei Automatisierungssystemen. Regelungstechnische Praxis 24 (1982) H. 10, S. 336-341

/7/ Kompass, E.J.: The Future of Control: Technology Paces Developments. Control Engng. 29 (1982) No. 1, p. 14-16

/8/ Färber, G.: Mikroelektronik - Entwicklungstendenzen und Auswirkungen auf die Automatisierungstechnik. Regelungstechnische Praxis 24 (1982) H. 10, S. 326-336

/9/ Schneider, H.-J.: INTERKAMA 80: Betriebsmeßgeräte und Meßumformer. Regelungstechnische Praxis 23 (1981) H. 1, S. 3-12

/10/ Kriesel, W.; Telschow, D.: Mehrkanal-Mikroprozessorregler in direkter Kopplung mit Stelleinrichtungen. messen, steuern, regeln 26 (1983) H. 4, S. 206-208

/11/ Telschow, D.: Komponenten für intelligente Stelleinrichtungen. Dissertationsentwurf 1983

/12/ Schmidt, P.: Einfaches Mikrorechnerbausteinsystem für regelungstechnische Anwendungen - ursamar 5000. messen, steuern, regeln 24 (1981) H. 5, S. 244-247

VON DER MESSGRÖSSENAUFNAHME ZUR DATENAUSGABE - NEUE ENTWICKLUNGEN BEI ELEKTROMECHANISCHEN WAAGEN

MEASURING VALUE SENSOR TO DATA-OUTPUT - RECENT DEVELOPMENTS IN ELECTRONIC WEIGHING MACHINES

M. Kochsiek

Physikalisch-Technische Bundesanstalt
3300 Braunschweig, B.R. Deutschland

Summary

Future use of proven and novel weighing unit principles should be considered under the aspects of efficiency, accuracy, weighing range and the effect of climate. Determination and processing of the load cell signal occurs in the μP-system. Here one not only converts to mass units, corrects for influence factors and checks the operation mode, but tasks not specific to weighing such as operation control, statistical data etc. are undertaken. For the data output of simple balances one primarily employs 7-segment indication (LED-, LCD-, fluorescent indication) or matrix printouts (thermoprint for strips, or pinprint for forms); special screen indicating devices for balances allow the representation of any kind of data. Weighing installations or systems, e.g. several scales in a supermarket, can be combined with a central data processor or connected to a personnel computer.

1. Aufbau einer elektromechanischen Waage

Alle elektromechanischen Waagen arbeiten nach folgendem Funktionsschema, Bild 1: Die Last wird auf einen Lastträger aufgebracht. Die daraus resultierende Gewichtskraft wirkt direkt oder über ein Hebelwerk auf die Wägezelle (WZ) als Meßgrößenaufnehmer. Das der Gewichtskraft proportionale Wägezellensignal (je nach WZ-Prinzip, analog oder digital) wird zu einem ausgabefähigen Meßwert verarbeitet, wobei nicht nur die Umrechnung auf Masseneinheiten, Korrektur von Einflußgrößen (z. B. Temperatur, Druck) mit Überprüfung des richtigen Funktionsablaufes geschieht, sondern auch nicht wägespezifische Daten wie Bedienerführung, Statistik u. a. übernommen werden. Für die Datenausgabe werden Digitalanzeigen und häufig zusätzlich Druckeinrichtungen zur Dokumentation eingesetzt. Bei einer kompakten Waage sind alle Bauelemente in einem Gehäuse untergebracht, Bild 1a.

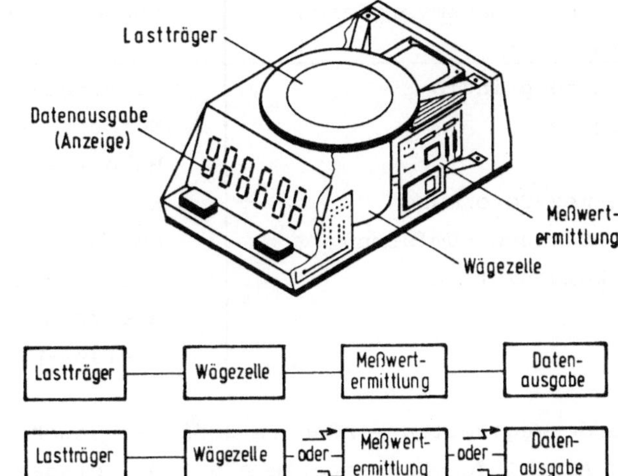

Bild 1:
Aufbau einer elektromechanischen Waage

a) in einem Gehäuse

b) räumliche Trennung der Funktionsblöcke

Bei Wägeanlagen oder -systemen können die einzelnen Funktionsblöcke über Schnittstellen hardwaremäßig getrennt werden, wobei die Daten über Kabel oder Funk übertragen werden /1/, Bild 1b. Ob die Meßwertermittlung weiterhin in der eigentlichen Waage verbleibt, oder von einer zentralen Datenverarbeitung übernommen wird, wird die Zukunft zeigen.

2. Wägezelle - physikalische Prinzipien, technische Ausführungen

Lastträger mit Hebelwerk und Krafteinleitung in die Wägezelle als rein mechanische Bauelemente werden hier nicht näher betrachtet.

Es sind mehr als 20 physikalische Prinzipien bekannt, die sich für Wägezellen eignen. Beruhen Sie auf der *Messung der trägen Masse*, arbeiten sie nach dem Newtonschen Bewegungsgesetz und seinen Ableitungen (Bewegungsgesetz, Impulssatz, Impulserhaltungssatz). Mit nach diesen Prinzipien gebauten Meßgeräten wird der Massedurchfluß strömender Medien (Flüssigkeiten, Gase, stükkiger oder staubiger Feststoffe) bestimmt.

Die uns unter dem Namen *Waage* bekannten Meßgeräte beruhen auf der *Messung der schweren Masse*. Sie arbeiten nach dem Gravitationsgesetz und seinen Ableitungen (Schwerkraft-Gesetz, Gesetz der Hydrostatik) /2/. Technisch realisiert in Waagen sind etwa 10 Prinzipien (Beispiel):

Kraft- bzw. Massevergleich nach/mittels	Ausgeführte Bauart
Quotientenprinzip	Schwingsaiten-WZ
Hebelgesetz	Neigungsgewicht - oder Hebelwaagen-WZ
Kraft-Weg-Umformung	Kapazitive-WZ
Kraft-Dehnungs-Umformung	DMS-WZ
Kraftkompensation	elektrodynamische WZ elektrostatische WZ Kreisel-WZ

Folgende Wägezellen werden in größeren Stückzahlen z in Waagen (mit einer Anzahl der Skalenteile n > 1000) eingesetzt. DMS-, Schwingsaiten- und Kreisel-WZ für Anwendungen in Industrie und Handel, Elektrodyn. Kraftkomp.-WZ für höhere Genauigkeitsansprüche.

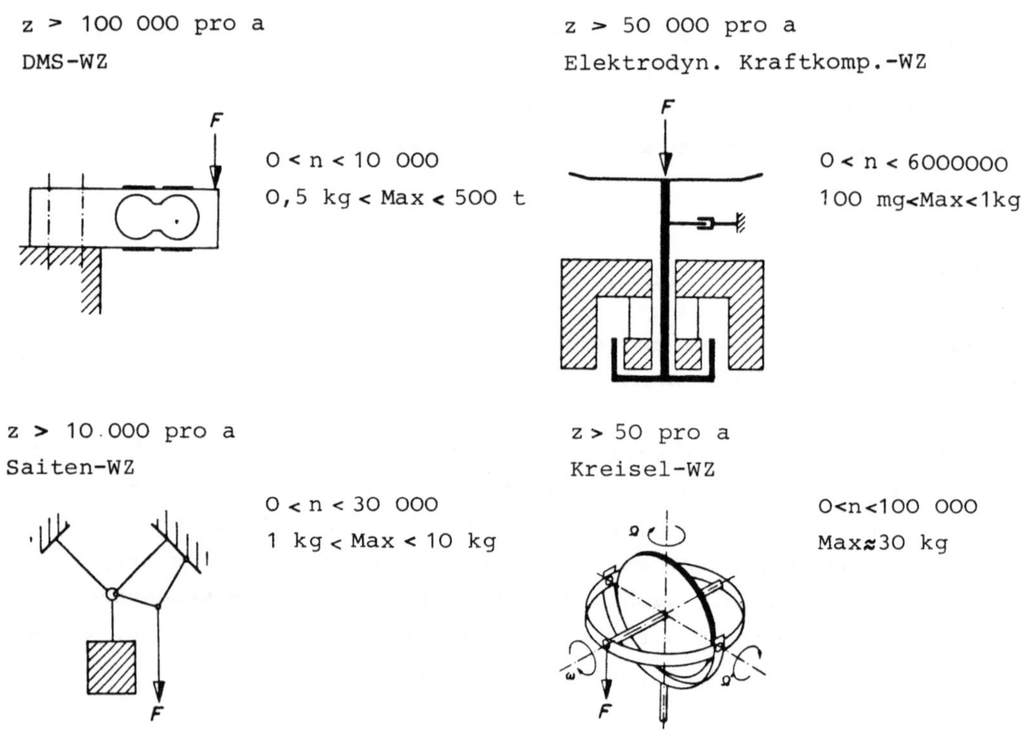

Bild 2: Einsatzbereich von Wägezellen
Prinzipskizze, Höchstlast der WZ, Anzahl der Skalenteile der Waage, Stückzahlen pro Jahr in Europa

Bei Waagen für den Haushaltsbereich (n ≤ 200), die in sehr großen Stückzahlen (z > weltweit 50 000 Stück pro Tag) gefertigt werden, setzt man anstelle der rein mechanischen Feder-WZ jetzt verstärkt DMS- und kapazitive WZ ein. Für neu entwickelte WZ wie Oberflächen-Wellen-Resonatoren wird mittelfristig noch keine Einsatzmöglichkeit (Preis, ungeklärte technische Fragen) in der Praxis gesehen.

Vielmehr werden die vier bereits bewährten Prinzipien weiter entwikkelt werden. Bild 3 zeigt die Einsatzmöglichkeiten (Last, Anzahl der Skalenteile) bei direkter Krafteinleitung. Über Hebelwerke ist eine Herabsetzung der Gewichtskraft (bis zum Faktor 10 000) möglich und damit eine entsprechende Erhöhung der Höchstlast der Waage. Tendenzen über die künftige Verwendung bewährter WZ-Prinzipien zeigt schematisch die folgende Übersicht:

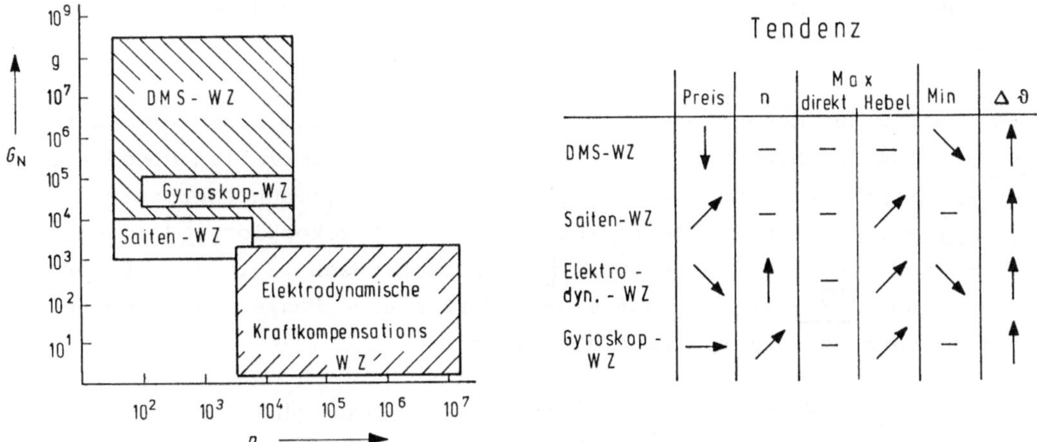

Bild 3: Tendenzen beim Einsatz von Wägezellen, Bereich der direkt wirkenden Last G_N und Anzahl der Skalenteile n

Für die DMS-WZ (rechte Seite, 1. Zeile) bedeuten: Der Preis gegenüber anderen Prinzipien wird heruntergehen (größere Stückzahlen, Einsatz offener WZ, andere Werkstoffe und Techniken), die Anzahl der Teilungswerte wird konstant bleiben, da z. Z. für Handelswaagen kein Bedarf besteht, höher aufzulösen. Ebenso bei den Höchstlasten mit oder ohne Hebelwerk sind keine wesentlichen Änderungen in Sicht, eher ist die Tendenz zu beobachten, auch kleinere Höchstlasten zu realisieren. Der Temperatur- (und Feuchte)einfluß wird z. Z. bei allen WZ verkleinert (bessere Materialien, Speicherung der Temperaturkurve in µP usw.), d. h. der Temperatur- bzw. Einsatzbereich (-10 °C bis +40 °C) aller WZ wird erweitert. Entsprechend können die anderen Tendenzen aus Bild 3 abgelesen werden.

3. Meßwertermittlung und -verarbeitung

Die Ermittlung und Verarbeitung des analogen Signals aus der WZ geschieht durch Verstärker, A-D-Wandler und µP-System, siehe Bild 4. Liegt das WZ-Signal in digitaler Form vor, kann es direkt dem µP-System zugeführt werden. Dabei übernimmt der µP nicht nur die Umrechnung auf Masseneinheiten, Korrektur von Einflußgrößen, Überprüfung des richtigen Funktionsablaufes in der gesamten Waage usw. sondern auch nicht wägespezifische Aufgaben wie Bedienerführung, Statistik usw.. Liegt das WZ-Signal in analoger Form vor [LC], so wird es zunächst verstärkt [AMP], danach A-D-gewandelt [A-D-C]. Das µP-System zählt, [C], und verarbeitet das Zählergebnis zum Meßwert (unter Berücksichtigung von Null, Tara usw.). Darüber hinaus werden die vorher beschriebenen Funktionen ausgeführt [CPU, ROM, RAM] einschließlich der Ausgabe des Meßwertes in den Ausgabeteil [I/O] und dessen Steuerung.

Die Ausgabe der Meßwerte erfolgt zur Anzeige und zum Druckwerk. Zur Anzeige muß der Meßwert hier in eine 7-Segment-Information decodiert, [DEC], entsprechend verstärkt [DR] und diese Funktionen überprüft [CHECK] werden. Das Druckwerk ist z. B. über Optokoppler [$\overline{O}$] potentialfrei und über Zwischenspeicher [M] angeschlossen /3/. Von der Vorverstärkung [AMP] an schließt dieses System eine Fehlererkennung bei Störung oder Ausfall von Bauelementen ein.

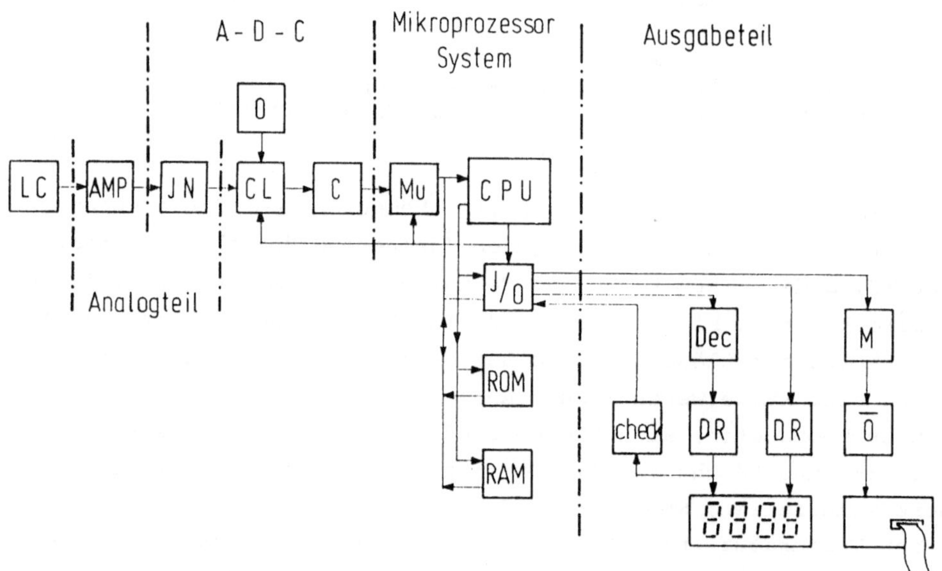

Bild 4: Blockschaltbild einer elektromechanischen Waage
Legende siehe Text, JN Integrator, CL Steuerlogik, Mu Multiplexer, O Oszillator

Bei der derzeitigen Entwicklung sind zwei Aspekte zu beobachten: einmal wird das µP-System in der Waage ausgebaut, zum anderen werden alle Informationen nach der WZ zentral verarbeitet, wobei die WZ-Signale über Schnittstellen mit Kabel oder Funk übertragen werden, Bild 1b. Die Aufgabe des µP-Systems in Waagen ist Zählen, Steuern (z. B. A-D-W, Anzeige, Drucker), Rechnen, Vergleichen, Speichern, Ausgeben (z. B. zur Anzeige, zur Steuerung, zum Abdruck), Überprüfen (auf richtige Funktion interner und externer Baugruppen). Auch im Waagenbau wird immer mehr der Einchip-µP- mit größerem Speicherplatz und nicht flüchtigen Speichern eingesetzt. Weiterhin versucht man, den Analogteil im µP-System zu integrieren und 16-bit-Prozessoren in CMOS-Technik einzusetzen. Als Beispiel für den Fortschritt der Miniaturisierung der Bauelemente durch konsequenten Einsatz eines µP-Systems: Auf der Achema 82 waren zwei Präzisionswaagen etwa gleicher meßtechnischer Daten zu sehen, gegenüber einem Volumen von 20 Litern bei Verwendung von TTL-Technik in der Elektronik hatten die Waagen in µP-Technik nur 6,5 Liter Volumen.

Die Verlagerung mechanischer Justierungen (z. B. Steilheit und Nullpunkt) und analoger Korrekturen (z. B. Temperaturkompensation, Linearitätsfehler) in den Digitalteil wird z. Z. realisiert.

4. Datenausgabe

Für die Datenausgabe einfacher Waagen reichen Anzeigeeinheiten mit 6 bis 7 Stellen aus. Müssen mehrere Datenblöcke gleichzeitig angezeigt werden, ordnet man in sich abgeschlossene Anzeigeeinheiten nebeneinander oder untereinander an. Während sich für die reine Ziffernanzeige 7-Segmentanzeigen (LED-, LCD-, Fluoreszens-Anzeigen) durchgesetzt haben, wird für die alphanumerische Anzeige wenigstens eine 14-Segmentanzeige benutzt. Waagenspezifische Bildschirmanzeigen ermöglichen Darstellungen jeglicher Art von Daten, Kurven usw. einschließlich einer Bedienerführung, die bei komplizierteren Wägungen immer mehr zum Einsatz kommt. Wegen des geringen Stromverbrauchs werden LCD- und Fluoreszenz-Anzeigen hinsichtlich Erkennbarkeit und Zuverlässigkeit laufend verbessert, und damit zunehmend in Waagen verwendet.

Für die Dokumentation werden z. Z. noch Druckwerke verschiedener Prinzipien eingesetzt, wie mechanische Typenraddrucker für rauhen Betrieb bis zu Nadel- und Thermodruckern. Sehr schnelle Druckwerke wie Laser- oder Tintenstrahldrucker sind kaum zum Einsatz gekommen, weil die Schreibgeschwindigkeit klein sein kann und Durchschreibmöglichkeit verlangt wird. Der Trend geht eindeutig hin zu Matrixdruckwerken, wobei Thermodrucker mehr für Streifen eingesetzt werden und Nadeldrukker für Formulare. Thermodrucker können z. Z. besser den EAN-Code abdrucken, so daß bei der Preisauszeichnung von Waren z. Z. ausschließlich Thermodrucker eingesetzt werden. Während der einfache Nadeldrukker weitgehend ausgereift ist, versucht man bei komfortablen Druckwerken das alphanumerische Druckbild weiter zu verbessern. Bei Thermodrucken ist die Temperaturabhängigkeit wesentlich vermindert worden.

5. Die Waage im Datenverbund

Arbeiten mehrere Waagen in einer Wägeanlage zusammen (Pharmazeutische Industrie, Supermarkt), so kann die Anlage mit oder ohne EDV-Anlage ausgerüstet sein.

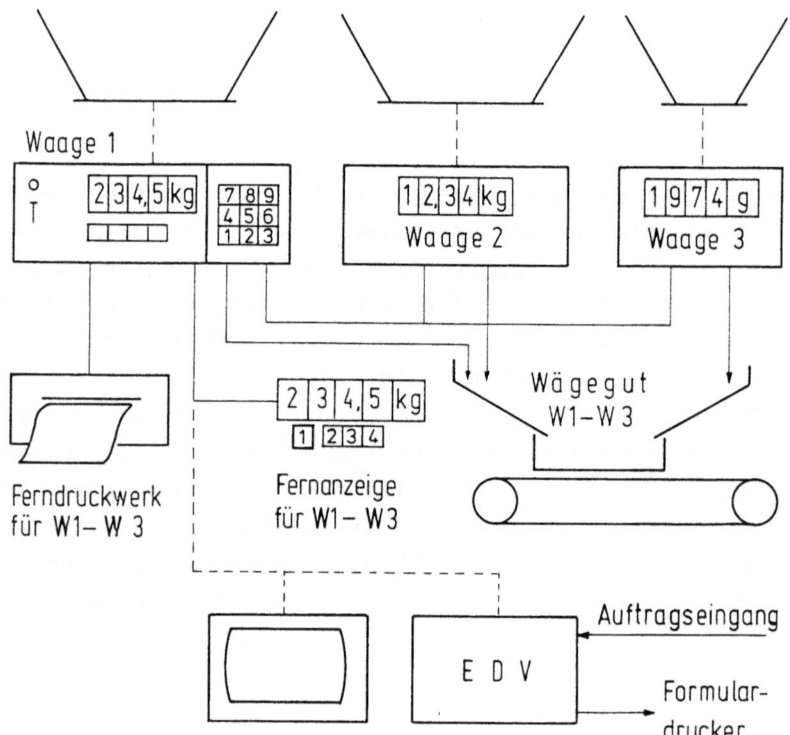

Bild 5: Rezeptur-Wägeanlage

Im Bild 5 ist die Rezeptur-Wägeanlage ohne EDV ausgeführt. Die Waage 1 übernimmt die sog. Master-Funktion. Über die Waagentastatur können Daten wie Rezeptnummer, Kundennummer, Sollwerte usw. eingegeben werden. Informationen und Meßwerte aller Waagen laufen über Waage 1, die Speicher und Rechner enthält.

In Bild 6 ist eine Anlage mit drei Waagen für ein Ladengeschäft ausgeführt, wobei alle drei Waagen gleich intelligent sind und alle Informationen und Meßwerte (Gewicht, Grundpreis, Kaufpreis, Kennziffer der Waage und des Verkäufers, gekaufte Ware im Klartext) der drei Waagen an jeder Waage abgerufen werden können. Soll der Grundpreis zentral vorgegeben werden, z. B. bei häufigen Änderungen, bietet sich der Einsatz eines EDV-Systems an, siehe Bild 6 (gestrichelt). Es braucht dann nur einmal für alle Waagen der Grundpreis in der Zentrale geändert zu werden. Statistiken, Verkauftrends usw. können laufend abgerufen werden. Diese Anlagen eignen sich sowohl in Ladengeschäften mit 3 Waagen, als auch in Supermärkten mit bis zu 30 Waagen für eine rationelle Kundenbedienung mit oder ohne EAN-Code-Abrechnung an den Registrierkassen.

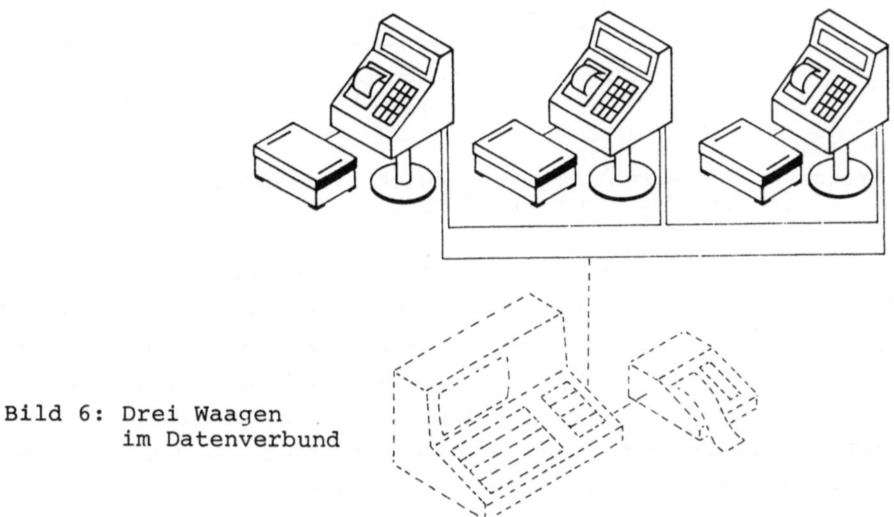

Bild 6: Drei Waagen im Datenverbund

Der Datenverbund aller mengen- und wertmäßigen Waren- und Informationsbewegungen, z. B. in einem großen Supermarkt, ist bereits Wirklichkeit /4/, Bild 7. Von der Eingangskontrolle mit Waagen bis zu den Ausgangskassen können alle Funktionen vom Rechner überwacht werden.

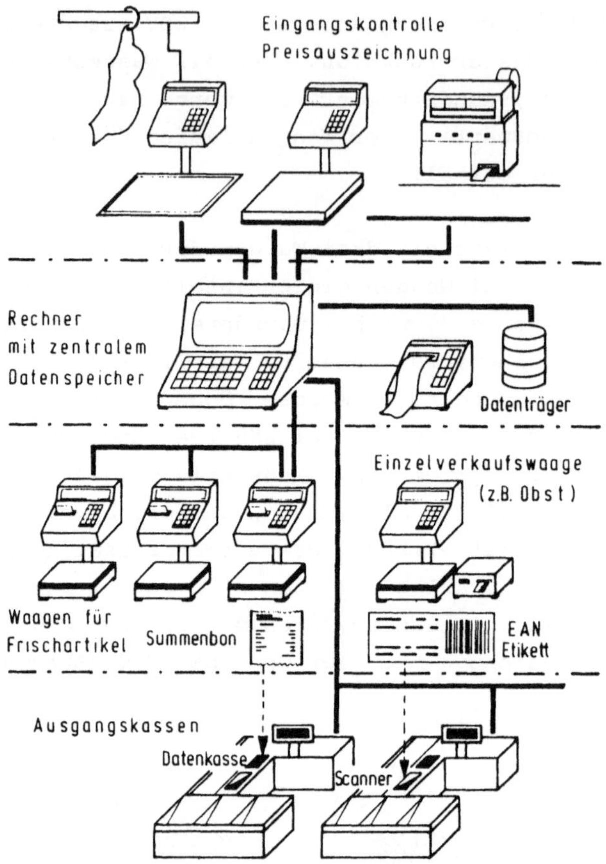

Bild 7: Erfassung und Abrechnung von gewichtsvariablen Frischartikeln in einem Supermarkt

Durch Eingangswägungen (Gewicht, Stückzahl), Verteilrechnungen, Preisauszeichnung, Einzelverkauf und Umsatzregistrierung kann eine bessere Betriebssteuerung und Ergebniskontrolle erreicht werden. Die staatliche Kontrolle im Eichwesen beschränkt sich dabei auf die richtige Ermittlung des Gewichtes, der Berechnung des Kaufpreises aus Grundpreis und Gewicht sowie den Abdruck auf einen für den Kunden bestimmten Bon. Bei der Zulassung des Gesamtsystems wird gefordert, daß sowohl die Waagenbediener als auch die EDV-Anlage die Gewichtsermittlung einschließlich Preisberechnung und Abdruck nicht unzulässig beeinflussen können. Dieses System wird in ähnlicher Weise bei Tankstellen zur volumetrischen Erfassung und Abrechnung von Mineralölen und anderen Produkten eingesetzt werden.

Literaturhinweise:

/1/ Wiedemann, K.: Funkübertragung von eichfähigen Meßwerten
wägen + dosieren 14 (1983), S. 45 - 47

/2/ Horn, K.: Physikalische Prinzipien für elektromechanische Wägezellen - Aufnehmerprinzipien für die Umformung der mechanischen Meßgröße "Kraft" in elektrisch nutzbare Meßgrößen
wägen + dosieren 5 (1976), S. 5 - 16

/3/ Brandes, P.; Kochsiek, M.: Pattern approval of electromechanical weighing machines with requirements for "operational fault perceptibility"
Bulletin OIML 23 (1982) No. 86, S. 3 - 16

/4/ Boelling, C.: Konzept zur Einbindung gewichtsvariabler Frischware für den Bedienungsverkauf in ein geschlossenes Warenwirtschaftssystem
ISB-Seminar "Frischware - die Lücke im Scanning, 5./6.5.81, Leverkusen

/5/ Büchel, H.: Miniaturisierung und Elektronisierung im Präzisionswaagenbau
Feinwerktechnik u. Meßtechnik 91 (1983) S. 102 - 104

AUTOMATISIERUNGSSYSTEME MIT DEZENTRALEM, FUNKTIONS-MODULAREM AUFBAU FÜR UNTERSCHIEDLICHE ANWENDUNGSBEREICHE

AUTOMATION SYSTEM WITH DECENTRALIZED FUNKTIONAL MODULES FOR SEVERAL APPLICATIONS

E. Götz

AEG-TELEFUNKEN
Fachgebiet Automatisierung industrieller Gesamtsysteme
6000 Frankfurt/M, B.R. Deutschland

Summary

Automation systems for certain applications have, in recent years, been designed with decentral control structures. The automation aids were extracted from existing technical systems, that in themselves had an autonomous character. Since integrated automation involves multi-user, multi-technique and multi-manufacturer characteristics, new solutions are to be designed. This presentation introduces suitable structures that are explained with the aid of practical examples in the field of programmable controllers and tele-control systems.

1. Prinzipielle Struktur automatisierter Gesamtsysteme

An die Automatisierungstechnik wird seit ihren Anfängen als besonders charakterisierendes Aufgabenfeld die Beherrschung von technischen Prozessen von z e n t r a l e n S t e l l e n aus herangetragen. Dieses Aufgabenfeld tritt besonders bei umfangreichen, komplizierten und komplexen Prozessen hervor, wie zum Beispiel bei der Energieverteilung, bei Versorgungsnetzen für Gas, Wasser, Öl und Wärme und bei produktionstechnischen Prozessen der Verfahrens- und Fertigungstechnik. Mit Verwirklichung der elektronischen Kommunikationstechnik zur gesicherten Übertragung von Bedien- und Prozeßinformationen im Nah- und Fernbereich konnte diese Automatisierungsaufgabe zunehmend besser gelöst werden. Es entstanden dabei Automatisierungssysteme mit typisch hierarchischer Struktur und - entsprechend den Prozeßanforderungen und der Lage der zentralen Stellen - räumlich gegebenenfalls weit verteilten Automatisierungseinrichtungen sowie Übertragungseinrichtungen zur Kommunikation zwischen den einzelnen Stellen.

Kennzeichnend für diese Struktur sind prozeßnahe Automatisierungseinrichtungen (Einzelsteuerebene, Unterstationenebene), zentrale Leitstellen oder Leitwarten und zwischen den prozeßnahen Teilen und den Leitstellen eingefügte Zwischenstationen (Gruppenebene, Unterzentralebene).

Die prozeßnahen Automatisierungseinrichtungen stellen dabei die Verbindung zu den Sensoren, Meß- und Stellgiedern am Prozeß her. In der Leitstelle erfolgt die Kommunikation zwischen den bedienenden und überwachenden Menschen und den Bedien- und Darstellgeräten sowie den Datengeräten des Automatisierungssystems. Die in den Zwischenebenen untergebrachten Automatisierungseinrichtungen haben Vorverarbeitungsaufgaben oder auch Unterleitstellenaufgaben.

In der Steuerungstechnik auf der Grundlage speicherprogrammierbarer Steuerungen haben sich auf dieser Grundstruktur Automatisierungssysteme mit großer Verarbeitungstiefe und schneller Reaktion herausgebildet. In der Fernwirktechnik steht die Überwindung großer Übertragungswege, auf denen mit starken Störungen gerechnet wird, mit gesicherten Telegrammen und die Verarbeitung großer Datenmengen und langfristig zu speichernden Daten bei insgesamt langsamerer Verarbeitung im Vordergrund/1/.

Das Prinzip der Strukturen zeigt Bild 1. Sie sind gekennzeichnet durch einen vom Prozeß zur Leitstelle hin sich immer mehr konzentrierenden Datenstrom und mehreren Ebenen zuordenbaren Automatisierungsgeräten, die über ein Kommunikationssystem gekoppelt sind/2/.

Mit der Nutzungsmöglichkeit der Mikroelektronik, insbesondere höchst-integierter Schaltkreise wie Mikroprozessoren und Speicher, wurde die ursprünglich in den Zentralen der Leitstellen als zentrale Intelligenz konzentrierte Verarbeitungsleistung auf alle Stellen des hierarchischen Systems verteilt. Die Leistungsfähigkeit solcher Systeme mit verteilter Intelligenz wuchs beträchtlich im Vergleich zu denen mit zentraler Intelligenz; insbesondere ließen sich dadurch die Teilsysteme so ausbauen, daß sie weitgehend autonom arbeiten konnten/3/, /4/.

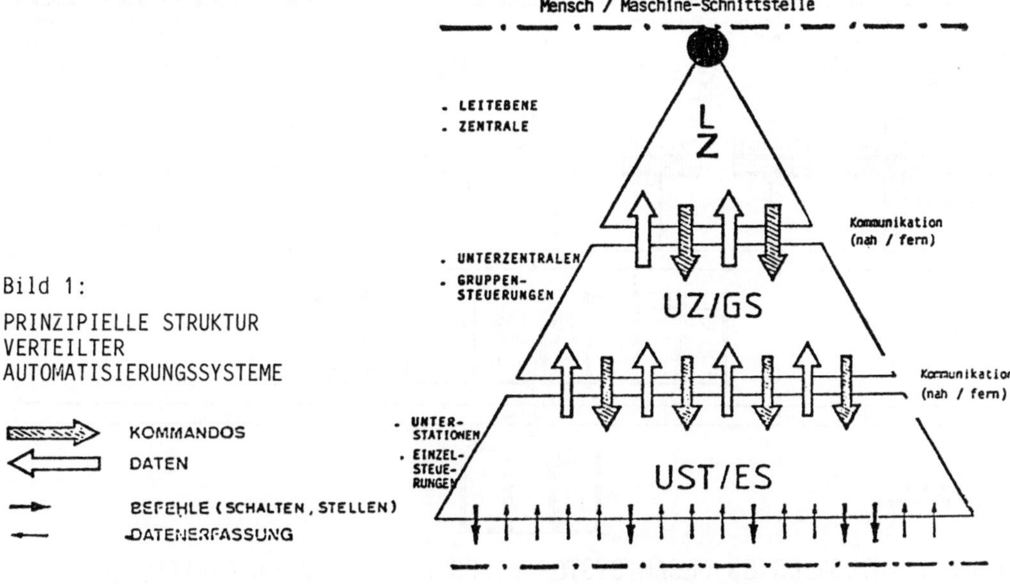

Bild 1:
PRINZIPIELLE STRUKTUR VERTEILTER AUTOMATISIERUNGSSYSTEME

Mit der Dezentralisierung der Intelligenz ist zwangsläufig die Modularisierung der Geräte und Programme des Gesamtsystems verbunden. Umgekehrt müssen Moduln eines verteilten Automatisierungssystems zu umfangreichen Gesamtsystemen integriert werden können. Mit der Dezentralisierung der Intelligenz wird es aber auch möglich, die auftretenden Kommunikationsschnittstellen zunehmend zu standardisieren. Dies ist ein wichtiger Schritt zur Öffnung der Systeme. Dadurch können im echten Sinne integrierbare Systeme entstehen, das sind Automatisierungs-Gesamtsysteme, die

multi-anwendungsbezogen
multi-technologisch
multi-technik
multi-herstellerbezogen

arbeiten können. Die bisher überwiegend eingesetzten Automatisierungssysteme, die in einer Technik, z.B. der Steuerungstechnik; auf eine Technologie hin, z.B. der Automatisierung einer Arbeitsmaschine; auf eine Anwendung hin, z.B. zum Fördern, von einem Hersteller ausgelegt sind, können auf diese Weise zu einem höheren Verbund integriert werden. Beispiele solcher Systeme treten z.B. bei der Produktionsautomatisierung (Bild 2) auf.

Das Bild verdeutlicht, daß die verschiedenen prozeßnahen Automatisierungsinseln der Ausführungsebene in den technologie- und anwendungsbezogenen Bereichen zum Bearbeiten, Verarbeiten, Handhaben, Prüfen, Fördern, Lagern über übergeordnete Automatisierungsmittel integriert sind und von einer zentralen Leitstelle aus beherrscht werden können. Generell stellt sich für integrierte Gesamtsysteme die durch Bild 3 umrissene Aufgabe dar. Das Bild zeigt, daß die Automatisierung

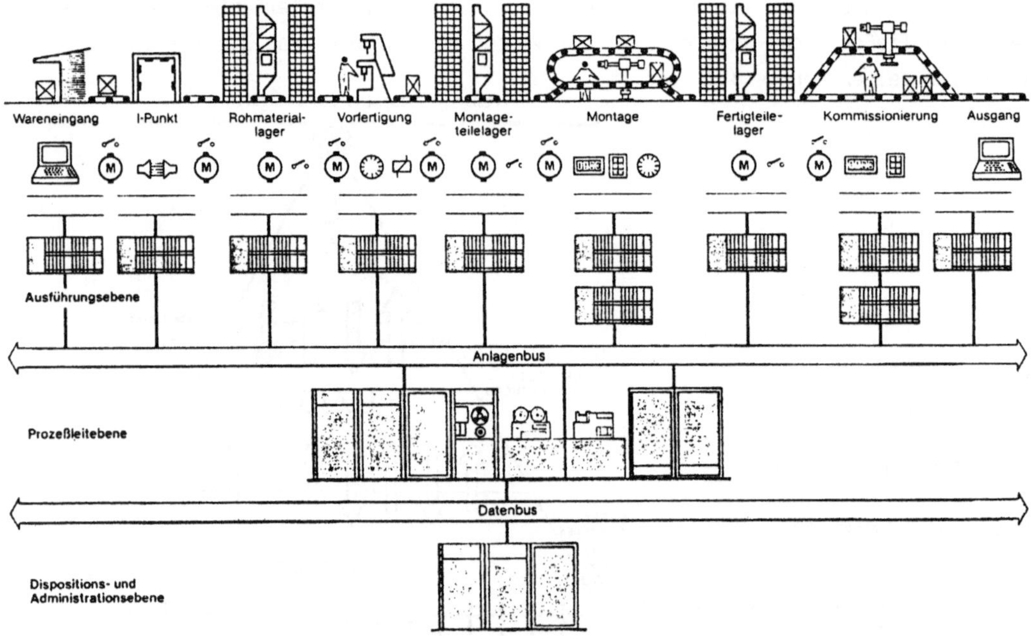

Bild 2 : INTEGRIERTES GESAMTSYSTEM EINER PRODUKTIONSAUTOMATISIERUNG

Bild 3:
AUTOMATISIERUNG der PROZESS-AUFGABEN "LEITEN" und "LEISTUNGS-BEREITSCHAFT ERHALTEN"

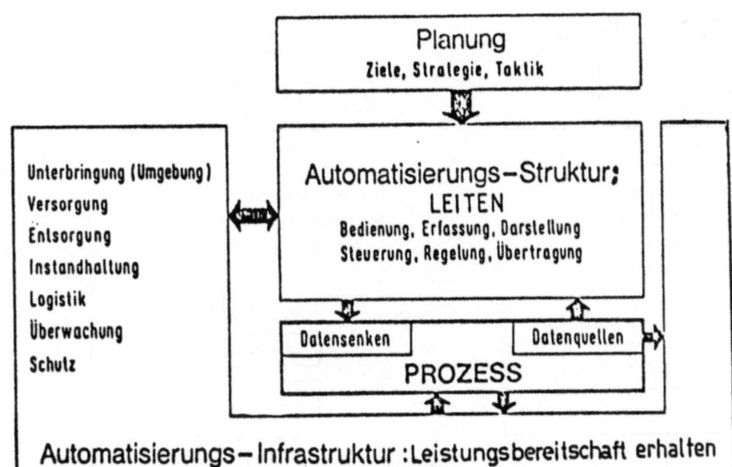

eines gesamten Prozesses grundsätzlich von zwei Seiten her erfolgt. Die eine Seite erfüllt die Automatisierung des Prozesses entsprechend seiner primären Zielsetzung. Diese Aufgabe kann durch den Begriff "Leiten" bestimmt werden. Die andere Seite ist auf die Infrastruktur des Prozesses gerichtet und kann durch den Begriff "Leistungsbereitschaft erhalten" umschrieben werden. Die Integrationsaufgabe bezieht sich bei großen Systemen auf jede Seite getrennt, bei kleineren Systemen wachsen beide Seiten zusammen.

2. Integrationsfähigkeit als Aufgabe an Automatisierungsmittel

Die Integrationsfähigkeit von Automatisierungsmitteln ist somit eine Haupteigenschaft zur Herstellung von Systemen mit den geschilderten Eigenschaften. Leistungsfähigkeit, Verfügbarkeit, Sicherheit, Aufwand, Realisierungszeit und Anpassungsfähigkeit an sich ändernde oder erweiternde Aufgabenstellungen der entstehenden Gesamtsysteme sind wesentlich von der Integrationsfähigkeit abhängig. Integrationsfähigkeit läßt sich vorwiegend durch Fügbarkeit einzelner Teilfunktionen zu einer Gesamtfunktion erklären (Bild 4).

Diese Funktionsmodularität verlangt, daß alle Funktionen eines Systems so geschnitten und organisiert sind, daß ihre jeweilige Vereinigungsmenge die Gesamtfunktion ergibt. Dies kann einerseits durch die strukturelle Gestaltung in den Automatisierungsmitteln und die Kommunikationstechnik zwischen Automatisierungsmitteln erreicht werden. Diese müssen so ausgebildet sein, daß die Vereinigung grundsätzlich, technisch leistungsfähig und wirtschaftlich möglich ist.

Zweckmäßig ist es, Gesamtsysteme in die vier Gruppen:

- Automatisierungsgeräte
- Bedien- und Darstellgeräte
- Koppelsysteme
- Werkzeuge

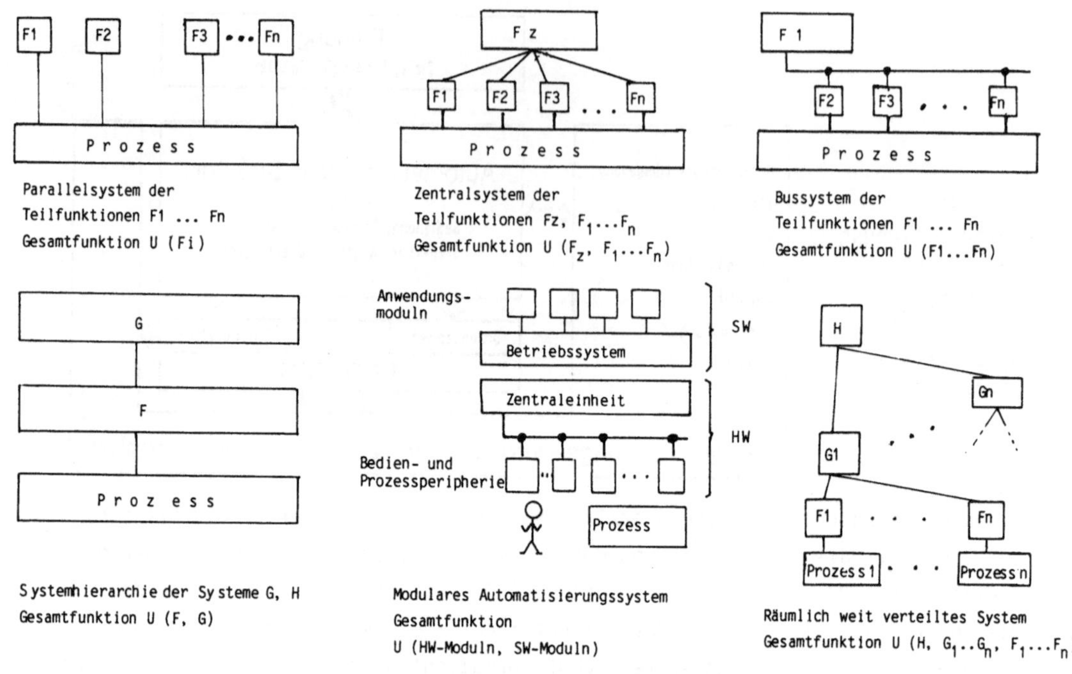

Bild 4 : BEISPIELE der FUNKTIONSMODULARITÄT INTEGRIERTER GESAMTSYSTEME

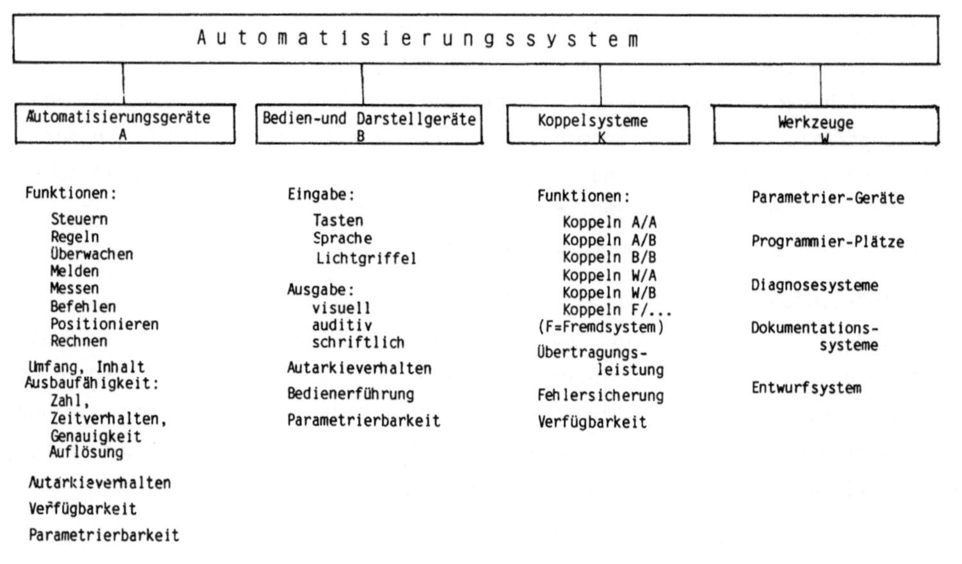

Bild 5 : UNTERGLIEDERUNG eines AUTOMATISIERUNGSSYSTEMS mit INTEGRIERBAREN TEILSYSTEMEN

zu untergliedern (Bild 5). Automatisierungsgeräte sind durch ihre Funktionen, ihre Größe und Ausbaufähigkeit, ihre Schnittstellen, die Autarkie-Eigenschaften, Verfügbarkeitseigenschaften sowie die Strukturierung und die Parametrierfähigkeit gekennzeichnet. Bedien- und Darstellgeräte bestimmen die Mensch/Maschine-Schnittstelle, Koppelsysteme die Topologie, Struktur, Informationsübertragung der Kommunikationstechnik. Werkzeuge sind Mittel und Methoden zum Programmieren, Parametrieren, Inbetriebsetzen und zur Fehlersuche. Bei allen Teilen ist die Integrationsfähigkeit ausschlaggebend für den Einsatz in Gesamtsystemen.

3. Kommunikationstechnik

Bei integrierten, seriell arbeitenden Kommunikationssystemen hat sich zur Orientierung, Erläuterung der entsprechenden Zusammenhänge und der Definition von Schnittstellen das ISO-Referenzmodell /5/ bewährt. Bei diesem Modell werden die Anwenderfunktionen schrittweise in sogenannten Schichten zur eigentlichen physikalischen Übertragung, die schließlich die Schicht 1 leistet, aufberei-

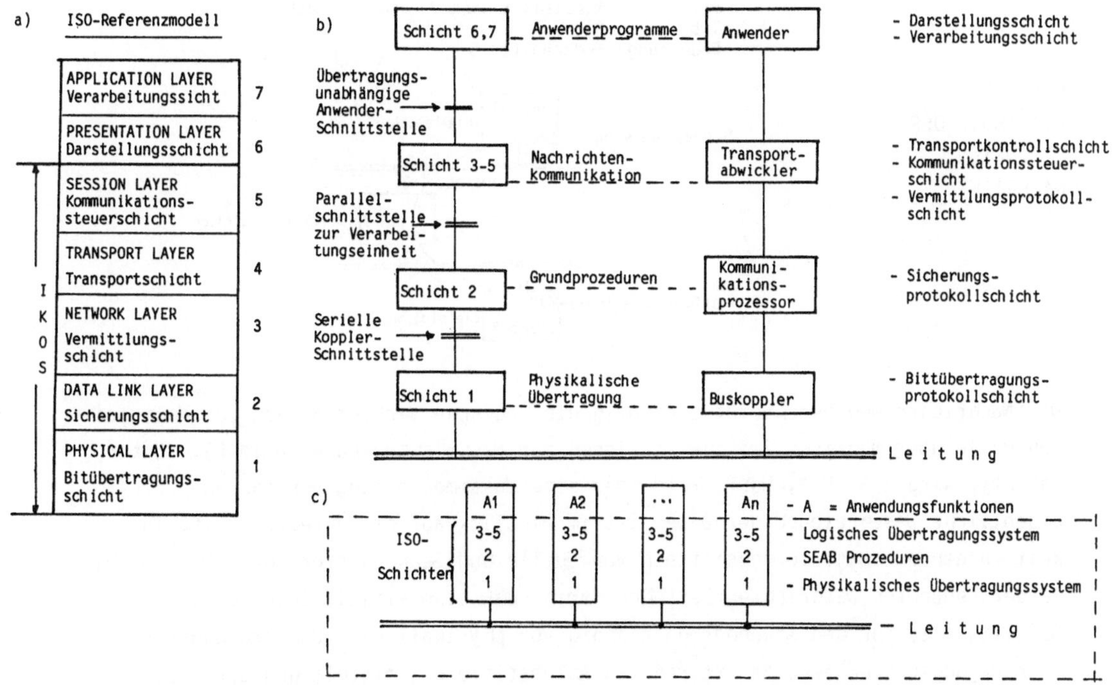

Bild 6: Integriertes Kommunikationssystem (IKOS)
a) ISO-Referenzmodell b) Zuweisung der Funktionen im ISO-Referenzmodell
c) Anwendungsbezogene Nutzung

tet. Damit wird es möglich, eine übertragungsunabhängige Anwender-Schnittstelle (Schicht 5) zu schaffen. Automatisierungsmittel mit seriell arbeitenden Schnittstellen, die mit den Schichten 1 bis 5 ausgerüstet sind, können zwischen ihren jeweiligen anwendungsbezogenen Funktionen Kommunikationen durchführen. Bild 6 zeigt das ISO-Referenzmodell, die Zuweisung von Funktionen zu den einzelnen Schichten des Referenzmodells und beispielhaft die Kommunikation zwischen den Anwenderfunktionen A1 ... An (A1 z.B. Prozeßrechner, A2 ... Ax z.B. speicherprogrammierbare Steuerungen, Ax + 1 ... Ay z.B. Bedien- und Darstellgeräte usw.).

Die anwenderunabhängige Kommunikationsschnittstelle ist bei Nutzung des Schichtenmodells unabhängig vom physikalischen Übertragungssystem, unabhängig von den Übertragungsprozeduren, unabhängig von der Struktur der Automatisierungsmittel und unabhängig von der Art der Programmierung. Ausgetauscht werden sogenannte b e n a n n t e Nachrichten, die Nachrichtenname, Nachrichtenweg, Typ der Daten und die technologische Bedeutung der Daten beinhalten. Bild 7 zeigt diese Attribute der benannten Nachrichten an einem Beispiel. Der Nachrichtenname ermöglicht die eindeutige Identifikation der Nachricht im Gesamtsystem.

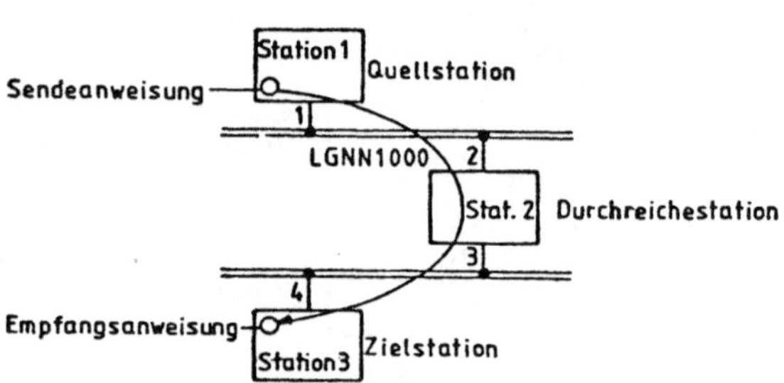

Bild 7:
ATTRIBUTE DER BENANNTEN NACHRICHT

Der Nachrichtenweg beschreibt eindeutig die logische Verbindung von der Nachrichtenquelle über mögliche Zwischenstationen zur Nachrichtensenke (Bild 8). Unter Datentyp wird z.B. Bit, Wort, Feld oder eine Zusammensetzung verstanden. Die eigentliche Beschreibung der Daten ist im Hinblick auf die Integrationsfähigkeit in den Automatisierungsmitteln von Quelle und Senke hinterlegt. Die Vorteile der benannten Nachrichten bestehen darin, daß eine einheitliche Kommunikations-Schnittstelle für den Anwender unabhängig von physikalischen Übertragungssystemen, Übertragungsprozeduren, Strukturen von Automatisierungsmitteln und der Programmierung, entsteht. Damit können einfachste und komplexe Datentypen übertragen und Nachrichten über mehrere Durchreichestationen unabhängig vom physikalischen Weg (Stern, Bus, Punkt-zu-Punkt) geleitet werden. Änderungen der Verarbeitung oder Nachrichtenablage im Zielprozeß sind unabhängig vom Quellprozeß und umgekehrt möglich. Diese Kommunikationstechnik erfüllt somit alle Forderungen der Integrationsfähigkeit. Alle Automatisierungsmittel, die mit ihr ausgestattet sind, können gekoppelt werden. Fremdsysteme können darüber hinaus jederzeit durch eine Punkt-zu-Punkt-Kopplung über eine nicht-anwenderunabhängige Verbindung einbezogen werden.

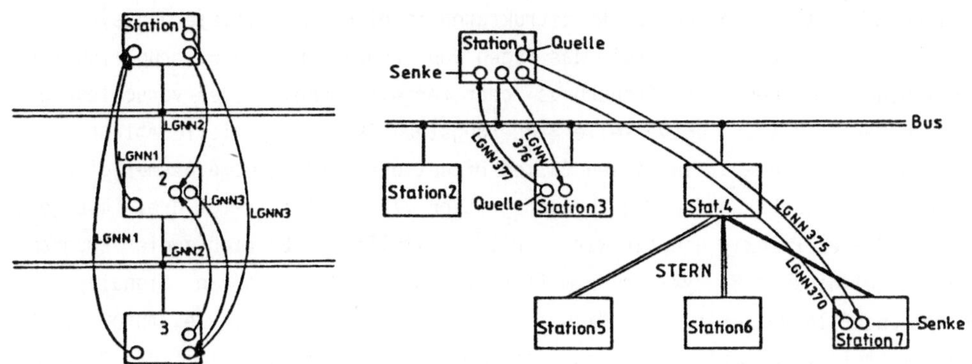

System-Nachrichtenwege

Gerichtete Nachrichtenwege

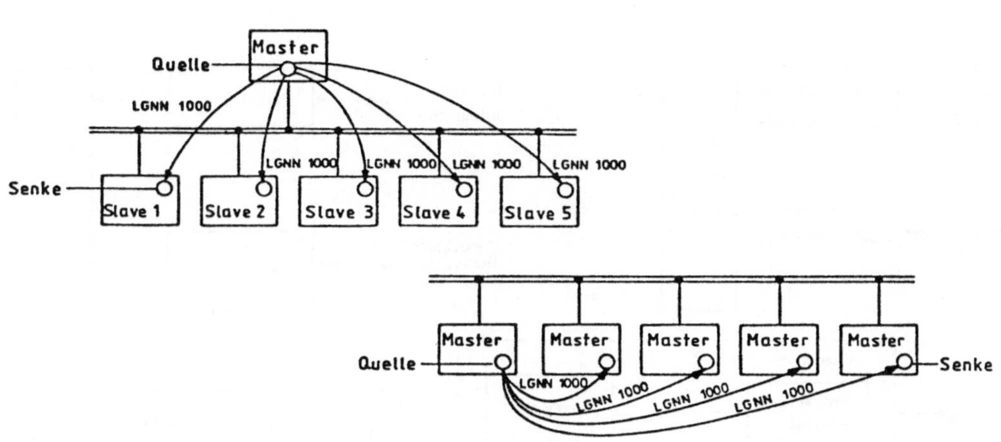

Busglobale Nachrichtenwege

Bild 8: LOGISCHE NACHRICHTENWEGE

4. Integrierte Systeme

Eine frühe Art Systeme unterschiedlicher Hersteller in Automatisierungssystemen zu integrieren, erfolgte bei der Fernwirktechnik durch universelle serielle Interfaces (USI). Auf diese Weise werden bestehende Unterstationen an moderne Zentralen angekoppelt. Durch das USI wird hierbei die systemfremde Schnittstelle in eine systemeigene umgesetzt. Das USI wird dazu durch einen Mikrocomputer befähigt, der für jede Fremdschnittstelle ein dafür geeignetes Umsetzprogramm benötigt /6/. Auf diese Weise konnten integrierte Systeme nach dem Multi-Hersteller-Prinzip geschaffen werden.

Durch die Standardisierung der Gerätetechnik und der Grundprogramme sowie der seriellen Schnittstellen und der Netzstrukturen in einem Automatisierungssystem ist eine nächste Integrationsstufe das Fügen von Programmen, die ursprünglich für verschiedene Techniken (z.B. Steuerungs- oder Fernwirktechnik) oder verschiedene Anwendungsbereiche (z.B. universelle Steuerungstechnik oder spezielle Ablaufsteuerungen) entstanden. In diesen Fällen öffnet die Nutzung gemeinsamer Signalspeicher oder Datenbasen den Weg zur Integration /7/. Bild 9 zeigt drei Lösungen, bei denen dieses Prinzip genutzt wird. Bild 9a stellt den Betrieb zweier Programme dar, wobei diese z.B. zyklisch zum Einsatz kommen und e i n e n Signalspeicher nutzen; Bild 9b zeigt die Bedienung unterschiedlicher Kanäle des Automatisierungsmittels vom gemeinsamen Signalspeicher. Bild 9c verdeutlicht das Zusammenwirken einer Datenbasis mit angeschlossenen Verarbeitungsprogrammen mit einem Signalspeicher, dessen Inhalt eine Untermenge der Datenbasis darstellt, und an diesen angeschlossenen Verarbeitungsprogrammen.

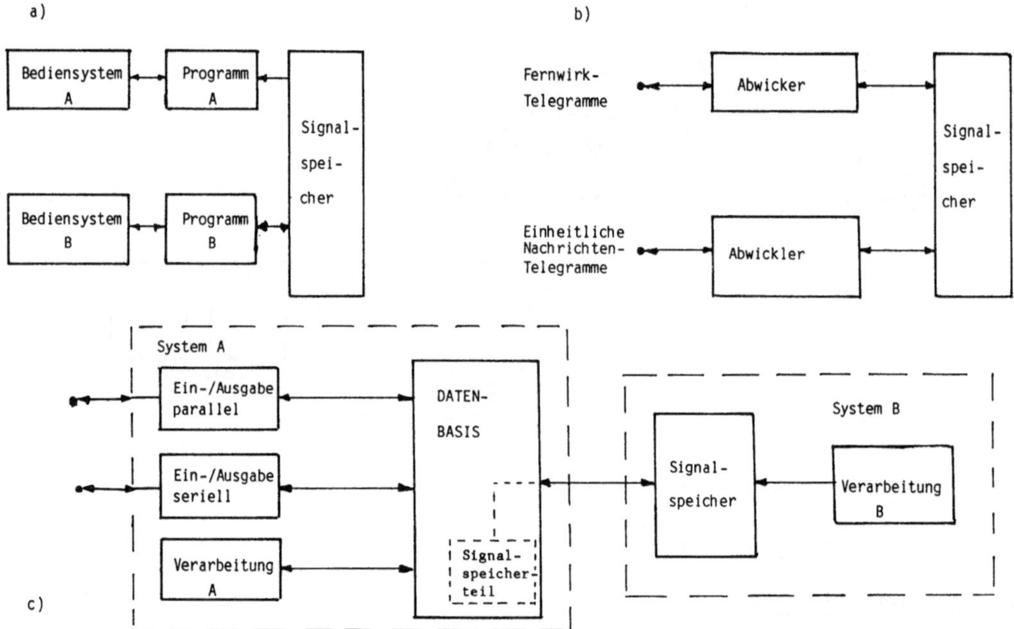

Bild 9: Integration von SW - realisierten Funktionen über gemeinsame Speicher
a) Zwei Programme zu einem Signalspeicher b) Zwei Schnittstellenabwickler an einem Signalspeicher
c) Integration zweier speicherbehafteter Teilsysteme

Ein integriertes Automatisierungssystem unter Nutzung der in Abschnitt 3 dargestellten Kommunikationstechnik ist schließlich in Bild 10 dargestellt.

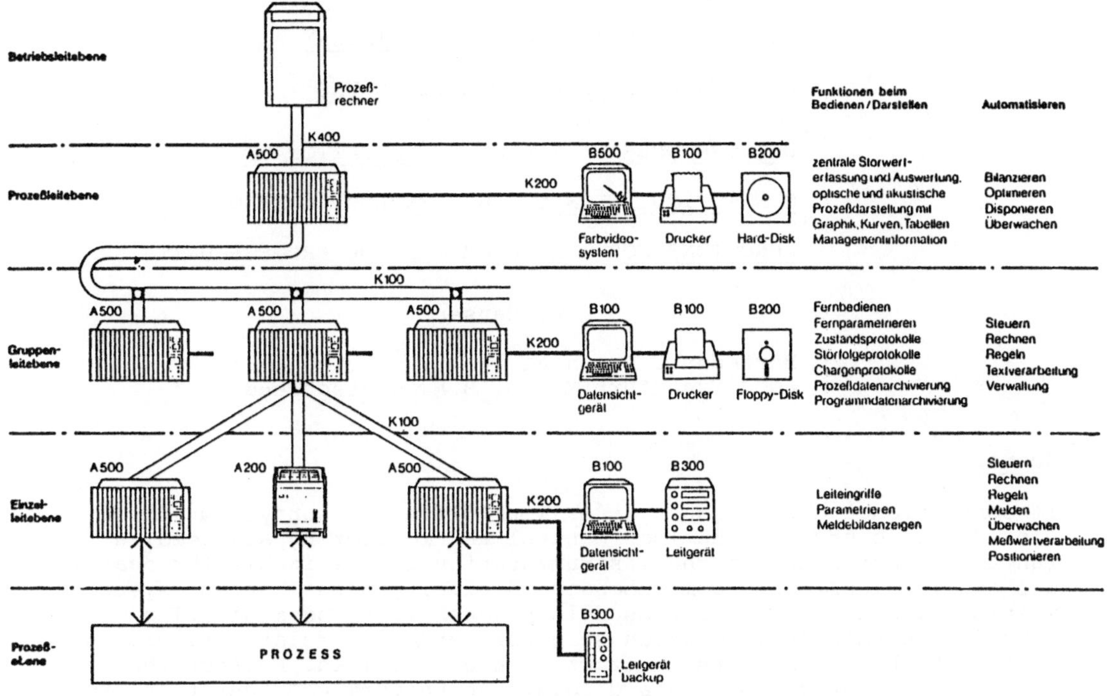

Bild 10: INTEGRIERTES AUTOMATISIERUNGSSYSTEM (Grundlage AEG-LOGISTAT)

5. Literatur

/1/ E. Götz: Rechnerintegrierte Fernwirk- und Datenerfassungssysteme mit zentraler und dezentraler Intelligenz. Automatisierungstechnik im Wandel durch Mikroprozessor. INTERKAMA-Kongress 1977, Springer Verlag 1977

/2/ L. Kahl: Hierarchische Zusammenfügung von Mikroprozessoren und Prozessoren und Prozessrechnern zu Fernwirkanlagen. NTG-Fachberichte Band 66, VDE-Verlag 1978

/3/ E. Götz: Automatisierungsmöglichkeiten mit der Steuerungs- und Überwachungstechnik. VDI-Fachberichte 352, VDI-Verlag 1979

/4/ J.Mühlenkamp u. H.W. Weitzel: Das Automatisierungssystem LOGISTAT CP80, Technische Mitteilungen AEG-TELEFUNKEN 70 (1980) 2/3

/5/ ISO 7498

/6/ P. Langer: Integration von Fernwirkanlagen in ein modernes Automatisierungssystem. Technische Mitteilungen AEG-TELEFUNKEN 70 (1980) 2/3

/7/ Standard-Ablaufsteuerung AEG-LOGITAKT 3. Systembeschreibung AEG-TELEFUNKEN, A414 (1983).

/8/ J. Mühlenkamp: Innovationen bei speicherprogrammierbaren Steuerungen ETZ 103 (1982) 11, S. 572 ... 576.

EINHEITLICHES LEITEN UND KONFIGURIEREN FÜR ÜBERWACHEN, REGELN UND STEUERN BEI DER AGGREGATE-AUTOMATISIERUNG

UNIFORM OPERATION AND CONFIGURATION OF MONITORING, CLOSED AND OPEN LOOP CONTROL FUNCTIONS FOR THE AUTOMATION OF PROCESS UNITS

W. Hansen

Hartmann & Braun AG
6000 Frankfurt/M.-90, B.R. Deutschland

Summary

If conventional automation systems with different subsystems for closed-loop control, open-loop control and monitoring are used, a functional structure of the instrumentation is inevitable for nearly all applications. Only comprehensive digital process control systems with processing units for closed-loop, open loop and monitoring functions permit an automation structure which is related to process units. The benefits of this structure are described. Further the requirements for uniform data display and uniform configuration are discussed and examples are given for both to demonstrate the possibilities of integrated process control systems.

1. Einleitung

Zur Realisierung der Funktionen der Prozeßleittechnik hatten wir bis vor wenigen Jahren nur die Mittel der analogen und binären Halbleiterelektronik bzw. der Elektromechanik zur Verfügung. Aus funktionstechnischen aber auch aus wirtschaftlichen Gründen ließen sich damit nur Systeme oder Geräte bauen, die nur für Teilaufgaben der Prozeßleittechnik konzipiert waren. Viele Hersteller spezialisierten sich auch nur auf solche Teilsysteme. Dadurch fiel den Planern die Aufgabe zu, aus einer Vielzahl von Teilsystemen durch richtige Auswahl und Anordnung für den jeweiligen Anwendungsfall ein möglichst harmonisches Konzept für die gesamte leittechnische Anlage zu finden. Mit zunehmendem Automatisierungsgrad und stärkerer Vermaschung der Teilsysteme untereinander führte dies zu erheblichen Planungsaufwendungen mit intensiver Schnittstellenklärung. Mit der Mikroprozessor-Technologie hat sich die Möglichkeit eröffnet, alle MSR-Funktionen in ein und demselben Automatisierungsbaustein wirtschaftlich abzuarbeiten und somit die Instrumentierung nicht mehr nach Funktionen, sondern nach Anlagenabschnitten oder Aggregaten zu gliedern und darüber hinaus auch einheitliche Darstellungs-, Bedien- und Konfiguriermöglichkeiten für diese Funktionen zu schaffen.

2. Vorteile der Aggregate-Automatisierung

Unter dem Begriff "Aggregat" wird in Prozeßanlagen im allgemeinen eine aus mehreren Einzelmaschinen und -apparaturen zusammengesetzte verfahrenstechnische Einheit verstanden. Aus Verfügbarkeitsgründen sind häufig einzelne Aggregate redundant in der Prozeßanlage vorhanden, wobei diese Redundanzen durch die Wahl der Instrumentierungsstruktur nicht aufgehoben werden sollen, da andernfalls hoher Aufwand für die Verfügbarkeitssteigerung der Instrumentierungsmittel getroffen werden muß. Das Volumen der Prozeßinstrumentierung von Aggregaten liegt meist zwischen den Anforderungen bei einzelnen Apparaten und größeren Anlagenteilen, so daß der wirtschaftliche Einsatz von diskreten Teilsystemen infolge zu großer Funktionskapazität für einzelne Aggregate nicht gegeben war (Tabelle 1).

Aggregat-	Eingänge		Funktionen			Ausgänge	
Beispiele	binär	analog	R	ES/ABL	U	binär	analog
Autoklav	42	9	4	9/2	10	13	3
Gaskompressor	28	12	1	16/2	40	12	1
Drehherdofen	15	20	12	5	17	10	8
Kochapparat	14	8	4	14/1	25	15	4

Tabelle 1 R: Regelung ABL: Ablaufsteuerung
ES: Einzelsteuerung U: Überwachung

Mit modernen Prozeßleitsystemen, bei denen alle MSR-Funktionen (Regeln, Steuern, Überwachen) in einer Einheit realisiert werden können, hat der Planer die Wahl, die Instrumentierung nach Funktionen oder nach Aggregaten zu gliedern (Bild 1).

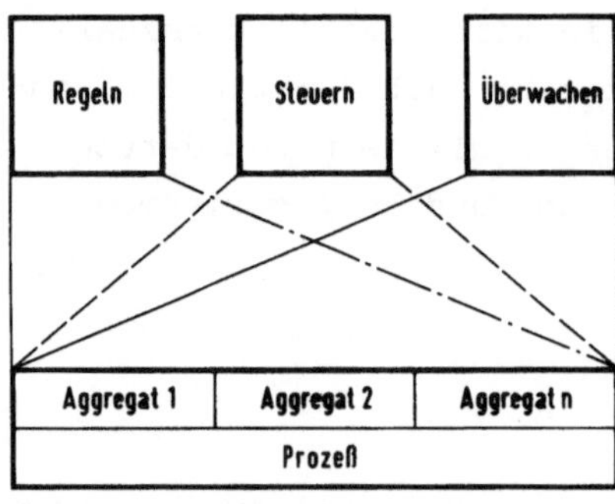

Bild 1 a: Gliederung der Leitanlage nach Funktionen

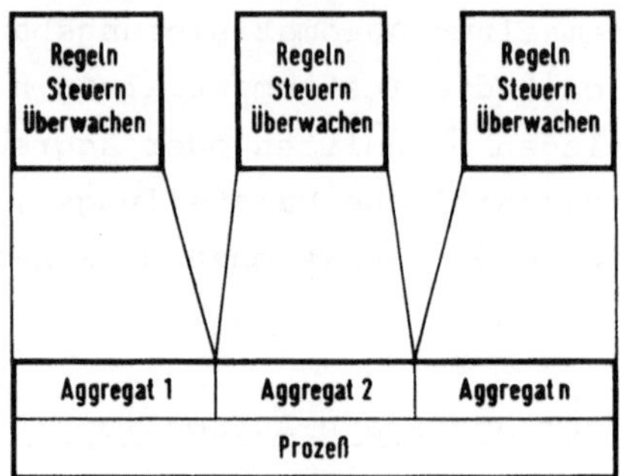

Bild 1 b: Gliederung der Leitanlage nach Aggregaten

Die Gliederung der Leiteinrichtung nach Aggregaten wird hauptsächlich aufgrund folgender Vorteile zunehmend angewendet:

- Bessere Anpassung an die Struktur der Prozeßanlage und damit gute Transparenz in den verschiedenen Betriebssituationen

- Verfügbarkeitssteigerung durch anlagenbedingte Redundanzen ohne zusätzliche Aufwendungen

- Dezentrale Meßwerterfassung, Vermaschung und Befehlsausgabe

- Reduzierung des Planungsaufwandes durch "Wiederholeffekt" bei gleichen oder sehr ähnlichen Aggregaten in verschiedenen Anlagen.

Auf den ersten Blick erscheint im Vergleich zur konventionellen funktionalen Gliederung der Planungsaufwand für die Definition der einzelnen Aggregate - d. h. die Entscheidung, welche Ein- und Ausgänge bzw. Funktionen welchen Leiteinrichtungen zugeordnet werden - höher.

Insgesamt reduziert sich jedoch der Aufwand durch den erheblich geringeren Anteil an Schnittstellenklärung zwischen den Funktionen. Insbesondere durch die auch aus der Sicht des Anlagenbetreibers wünschenswerte starke Kopplung der Leiteinrichtung zur Anlagentechnologie können weitere Aufgaben, z. B. Erreichen eines höheren Automatisierungsgrades durch übergeordnete Funktionen (An- und Abfahrautomatik, Rezepturverwaltung usw.) leichter gelöst werden. Durch die große Leistungsfähigkeit der einzelnen Einheiten in modernen Prozeßleitsystemen können auch kleinere Aggregate kostengünstig automatisiert und in ein Gesamt-Leitsystem einbezogen werden.

3. Komplette Prozeßinformation durch integriertes Prozeßleitsystem

Bei der Planung von Prozeßleitsystemen mit diskreten Teilsystemen für die unterschiedlichen MSR-Aufgaben werden meistens zur Begrenzung des Planungs- und Errichtungsaufwandes die Schnittstellen zwischen den Teilsystemen auf das gerade noch vertretbare Minimum begrenzt. Damit sind die Möglichkeiten sowohl für eine umfassende Prozeßinformation als auch für eine weitere Erhöhung des Automatisierungsgrades bereits stark behindert.

In modernen Prozeßleitsystemen sind die MSR-Teilfunktionen komplett integriert und sowohl die Prozeßdaten als auch Hilfsgrößen der MSR-Funktionen stehen auf leistungsfähigen BUS-Systemen an jeder Stelle des Systems zur Verfügung.

All diese Daten können unabhängig von ihrem Ursprung zu einer aggregatbezogenen Prozeßdarstellung benutzt werden, während in konventionellen Systemen - bedingt durch die Gerätetechnik - eine Darstellung getrennt nach Reglern, Anzeigern, Schreibern, Meldetableaus und Steuerelementen gegeben ist (Bild 2).

Bild 2: Ausschnitt aus einer konventionellen Meßtafel

Obwohl durch den Einsatz von Bildschirmen die Informationsgabe von Prozeßleitsystemen sehr freizügig möglich wäre, bieten die meisten Systeme konfektionierte Darstellungen, die in ihrer Gestaltung sehr stark an konventionelle Gerätelösungen angelehnt sind.

Vorteil dieser konfektionierten Darstellung ist der geringe Planungs- und Konfigurierungsaufwand zur Erzeugung dieser Bilder. Nachteilig ist, daß die Darstellungsstruktur gerätebezogen und nicht anlagenbezogen ist. Allerdings ergibt sich durch die Kombinierbarkeit der verschiedenen Darstellungsarten eine bessere aggregatebezogene Gruppierung der Informationen als mit konventioneller Gerätetechnik.

Entsprechend der unterschiedlich stark fortgeschrittenen Normierung konventioneller Geräte sind auch die konfektionierten Darstellungen in integrierten Prozeßleitsystemen untereinander bereits mehr oder weniger stark angeglichen. Am deutlichsten wird das bei der Darstellung von Regelfunktionen und analoger Größen (Bild 3 a/3 b).

Da bisher bei konventionellen Steuerungssystemen die Prozeßzustände individuell angezeigt werden, sind die konfektionierten Darstellungen sehr unterschiedlich. Selbst für die sehr klar definierte Funktion der Ablaufsteuerung wird sehr unterschiedlicher Informationsgehalt geboten. Während von einigen Systemen nur die Auflistung der aufeinanderfolgenden Schritte wiedergegeben wird (Bild 4 a), wird in einem System der aktuelle Zustand in Funktionsplan-Darstellung (DIN 40719, Teil 6) angezeigt, womit Kriterienstörungen sofort erkennbar werden und der Programmablauf auch im Handbetrieb transparent bleibt (Bild 4 b).

Anlagenbezogene Darstellung wird erst möglich mit Systemen, die über freikonfigurierbare grafische Farbdisplays verfügen. Hiermit läßt sich der früher oft gehegte Wunsch eines "Full Grafic Panel" mit vernünftigem Aufwand realisieren, und es lassen sich auch die notwendigen Aktualisierungen bei Verfahrensänderungen durchführen. Zur Vermeidung überladener Grafikbilder ist es oft notwendig, das Anlagenschema auf mehrere Bilder zu verteilen, die dann jedoch sinnvoll als Rollbilder auszuführen sind, damit der Anlagenzusammenhang erkennbar bleibt.

Die Prozeßbedienung sollte unabhängig von der gewählten Darstellungsart stets gleichartig erfolgen, damit auch eine Kombination der verschiedenen Darstellungsprinzipien in einem Leitstand möglich ist.

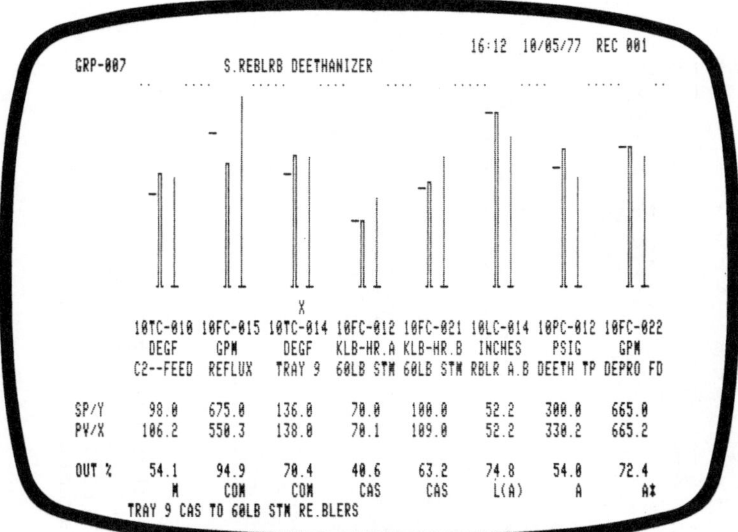

Bild 3 a: Gruppendarstellung
TDC 2000 (Honeywell)

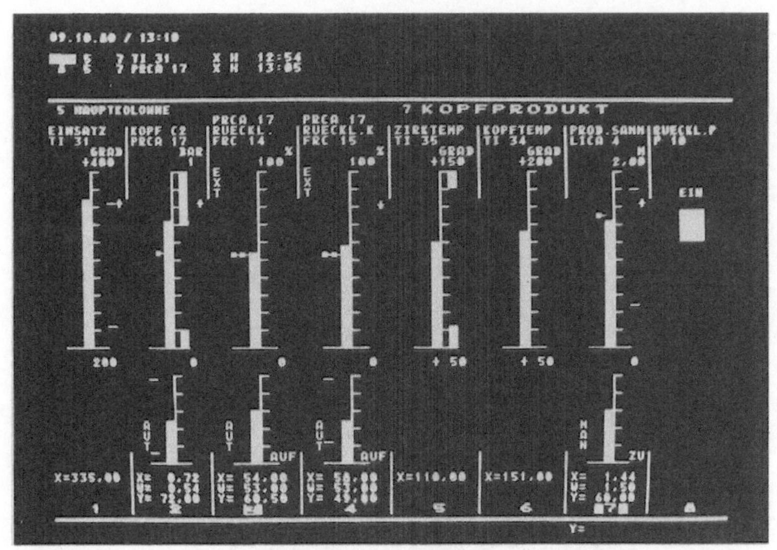

Bild 3 b: Gruppendarstellung
PLS 80 (Eckardt)

Bild 4 a: Darstellung der Ablaufsteuerung als Teil eines Gruppenbildes DCI 4000 (Fischer & Porter)

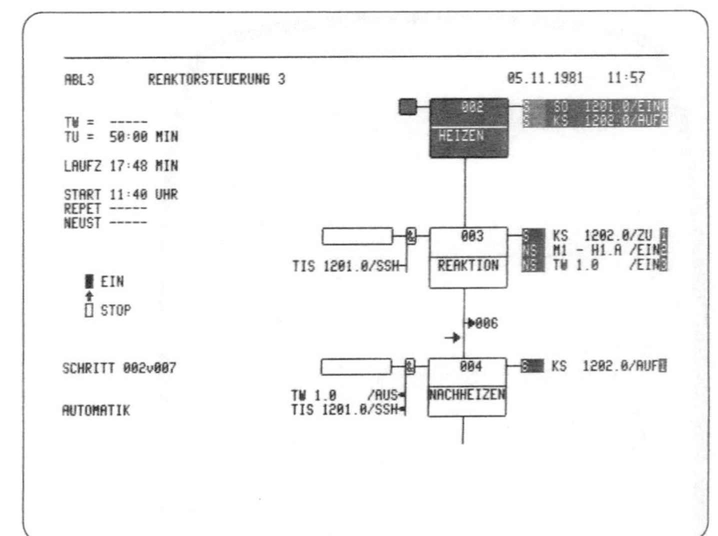

Bild 4 b: Ablaufsteuerung in Funktionsplandarstellung CONTRONIC P (Hartmann & Braun)

Während die ersten Prozessleitsysteme trotz teilweise noch eingeschränktem Funktionsumfang bereits über sehr umfangreiche Tastaturen verfügen, arbeiten modernere Systeme mit Multifunktionstasten mit virtueller Tastenzuordnung oder mit Lichtgriffelbedienung. Viele Anwender vertrauen jedoch mehr konventioneller Tastaturbedienung und wollen Lichtgriffel und virtuell zugeordnete Tasten nur für Anwahlvorgänge einsetzen, da hierdurch bereits die Anzahl der Tasten hinreichend reduziert wird.

Von besonderer Bedeutung ist die gleichberechtigte Integration aller MSR-Funktionen in einem System auch für die Melde- und Protokollierfunktion. Hierbei sind unabhängig von der Art der MSR-Funktion die Prozeß- und Systemereignisse zeitfolgerichtig zu erfassen, darzustellen und zu protokollieren. Auch für die lückenlose Fehlerdiagnose müssen die Störungen aller Signalgeber und Stellgeräte erfaßt werden, und zwar unabhängig von ihrer Zuordnung zur Regelung, Steuerung oder Überwachung. In manchen Systemen lassen sich sogar alle Bedienungshandlungen automatisch protokollieren, ohne daß zusätzlicher Planungs- und Konfigurieraufwand erforderlich wäre.

4. Einheitliches Konfigurieren vermaschter MSR-Funktionen

Unter Konfigurieren ist die anwendungsbezogene Funktionsfestlegung bei Überwachungs-, Regel- und Steuereinheiten zu verstehen. Bei konventionellen Teil-Automatisierungssystemen besteht es im wesentlichen im Auswählen der geeigneten Geräte und in der Verdrahtung zur Funktions- und Signalrangierung. Mikroprozessor-orientierte Teilsysteme bieten einen Vorrat an Automatisierungsfunktionen, wobei sich aber unterschiedliche Konfiguriermethoden für Regeln, Steuern und Überwachen erhalten haben.

Höhere Automatisierungsgrade und zusätzliche Optimierungsfunktionen, wie sie in letzter Zeit in immer stärkerem Maße gefordert werden, bedingen zwangsläufig eine größere Vermaschungstiefe. In der Vergangenheit scheiterte dies oft an Schnittstellenproblemen und der funktionsspezifischen Aufteilung ("Regelung" und "Steuerung") der Planungsabteilungen.

Integrierte Prozeßleitsysteme helfen diese Hindernisse zu überwinden, wenn neben einem umfassenden Funktionsvorrat für Regeln, Steuern und Überwachen das Konfigurieren nach einer Methode erfolgt. Zusätzlich ist ein einheitliches Bezeichnungs- und Adressierungssystem für Funktionsblöcke, Eingangs-/Ausgangs- und Zwischengrößen unerläßlich für problemloses Rangieren zwischen den MSR-Funktionen und für den Zugriff auf diese Größen zur zentralen Prozeßdatendarstellung. Die Voraussetzungen werden bisher nicht von allen Systemen erfüllt.

Anhand eines Beispiels soll das Konfigurieren vermaschter MSR-Funktionen im hierfür besonders geeignetem System CONTRONIC P dargestellt werden. Bild 5 zeigt einen Schritt aus einer Ablaufkette zur Steuerung eines chemischen Reaktors. Das Konfigurieren dieser Funktionen erfolgt nach der im folgenden aufgezeigten Methode, die an die Funktionsplandarstellung nach DIN 40719, Teil 6, angelehnt ist. Ein entsprechendes Konfigurierbild (Bild 6), das auf einem Monitor dargestellt wird, enthält im oberen Teil allgemeine Informationen zur Ablaufsteuerung - wie MSR-Name, Verriegelungen usw. - und darunter neben dem Schrittsymbol Bereiche zum Eintragen der Eingangsbedingungen und Befehle. Die Rangierung zu unterlagerten Überwachungs- und Regelungsfunktionen erfolgt über die jeweiligen MSR-Namen. Zusätzlich ist zur Spezifikation von Eingangs-, Ausgangs- und Zwischengrößen eine weitere Unteradresse ("Selektor") zu definieren. Diese Selektoren werden einheitlich verwendet und sind mit 3 Zeichen gekennzeichnet (z. B. SL1 = Signalzustand LOW 1).

Ein Vergleich mit dem Funktionsplan zeigt, daß beide Darstellungen direkt übertragbar sind. Eine derartige Vorgehensweise ermöglicht neben der direkten Eingabe von Planungsunterlagen in das System die automatische Rückdokumentation in grafischer Form.

Die Integration aller MSR-Funktionen in einem einheitlichen System bietet auch die Möglichkeit, alle Konfigurierdaten von zentraler Stelle aus über den Bus zu laden und den aktuellen Stand bei Anlagenmodifikationen ebenso über den Bus zum Zwecke der gemeinsamen Archivierung und Dokumentation zurückzulesen.

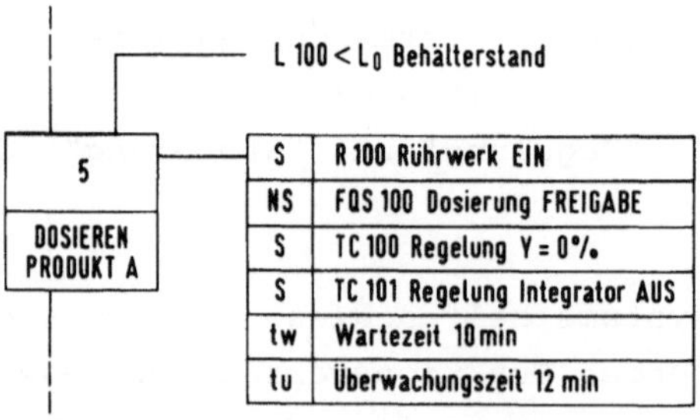

S	R 100 Rührwerk EIN
NS	FQS 100 Dosierung FREIGABE
S	TC 100 Regelung Y = 0%
S	TC 101 Regelung Integrator AUS
tw	Wartezeit 10 min
tu	Überwachungszeit 12 min

Bild 5: Steuerungsbeispiel in Funktionsplandarstellung

```
KONFIGUR. EINSTRANG                           STATION: 35   27.07.1983   17:21
NAME: ABL100        REAKTOR     ABLAUFSTEUERUNG REAKTOR 100

ANLAGEN-BEREICH: 0      SYS.FEHL.PRIOR: 0            ZYKL/EBENE: 00:00:01.00 / 4
KETTENFUNKT. (EIN/AUS) : EIN-PROGR  ANFANG:  1  ENDE:  6    MELDUNG (J/N) : J
                KETTENSTART (BEF/ZEIT) : BEF    FORTSCHALTUNG T > TU (J/N) : N


SCHUTZFUNKTION:                                       EING: *               /
                                           SCHUTZ STOP EING: *               /

VERRIEGELUNG: KETTENFUNKTION:         VERRIEG.EIN/AUS EING: *               /
          BEDIENT.VERR: TIP 3

SCHRITTFUNKTION:
   -   -   -   -   -   -   -   -           ----------
 I 1 I 2 I 3 I 4 I 5 I 6 I 7 I 8 I W I----I      5 E I S  /R100/I            /-1
VERKNUEPFE  U/O : U                    ! I----------I NS /FQS100/FRG        /-2
*               /  -I   L100/SL1       /S-I DOSIEREN I S  /TC100/OY0         /-3
*               /  -I   *              / -IPRODUKT A I S  /TC100/OIA         /-4
*               /  -I   *              / -I----------I *                     / 5
*               /  -I   *              / -I    I       *                     / 6
*               /  -I   *              / -I    I---*** *                     / 7
*               /  -I   *              / -I      6     *                     / 8
                                              TW : 10:00 MIN  TU : 12:00 MIN

 RETURN     LOESCHEN    SPEICHERN   PARAMETR     ZURUECK     WEITER
            DOKU        TEXT        DUPLIZIEREN  AUSTRAGEN   EINTRAGEN
```

Selektoren:

SL1	Signalzustand LOW 1
I	Befehl EIN
FRG	Freigabe
OY0	Stellgröße 0 %
OIA	Integrator - Abschaltung

Bild 6: Konfigurierbild Ablaufsteuerung (Hartmann & Braun)

5. Literatur

/1/ Büsing, W.: Dezentrale Prozeßautomatisierungssysteme -Anforderungen und Schnittstellen.
RTP 22 (1980) 2, S. 37 - 42

/2/ Korn, N.; Sowada, W.; Weitzel, H.-W.: Konzeption von Mikroprozessor-integrierten Automatisierungssystemen und ihre anwenderfreundliche Strukturierung und Parametrierung.
Fachberichte Messen, Steuern, Regeln, Band 5,
Springer-Verlag, Berlin, Heidelberg, New York

/3/ Sapita, R.F.: Die Schnittstelle: Mensch-Maschine oder Mensch-Prozeß?
RTP 24 (1982) 9, S. 289 - 294

/4/ Weidlich, S.; Prutz, G: Auswahlkriterien für den Einsatz digitaler dezentraler Automatisierungssysteme.
RTP 24 (1982) 5, S. 146 - 154

/5/ Wilking, H.: Anpassen von Automatisierungseinheiten durch Verknüpfen von Regel-, Steuer- und Überwachungsfunktionen in einem Mikroprozessorsystem.
Fachberichte Messen, Steuern, Regeln, Band 5,
Springer-Verlag, Berlin, Heidelberg, New York

SPEICHERPROGRAMMIERBARE STEUERUNGEN ANWENDERORIENTIERTE, GRAFISCHE METHODEN DER PROGRAMMIERUNG UND DES TESTS

PROGRAMMABLE CONTROLLERS USER-ORIENTED GRAPHIC PROGRAMMING AND TEST METHODS

S. RABUS
SIEMENS AG
8520 ERLANGEN

SUMMARY

The introduction deals with the principle of operation of programmable controllers and the reasons for their application. This is followed by a description of the languages used in the planning of PC systems. A hierarchical language model illustrates what possibilities there are for arriving at technology-oriented structures for given automation tasks. Alternative editor concepts also exist for graphic input.

An explanation is also given of the basic principles of debugging, visualisation and diagnostics functions and the displays associated with these.

1. Einleitung

In der konventionellen Steuerungstechnik wird die Logik durch Relais, Schütze, hydraulische Elemente oder verbindungsprogrammierte Elektronik abgebildet. Sobald sich ein gesteuerter Prozeß im mechanischen Bereich verändert, wird es nötig, die Steuerung anzupassen. So entstand der Wunsch, mit Hilfe von "**freiprogrammierbaren Steuerungen**" die teuren Überarbeitungen und Anpassungen von Steuerwerken zu umgehen.

Zum anderen machten es die Fortschritte der Halbleitertechnologie möglich, anwendungsorientierte Prozessoren zu schaffen. Durch deren Einsatz in der Steuerungstechnik konnten kostengünstige "**speicherprogrammierbare Steuerungen**" (**SPS**) realisiert werden. Die Rolle des Stromlaufplans übernimmt das Programm. Das übliche "**Verdrahten**" wird abgelöst vom "**Programmieren**" und der "**Schaltschrank**" bisheriger Prägung wird ersetzt durch ein "**Automatisierungsgerät**".

Was ist damit gewonnen?

Eine Projektierung wird - mit entsprechenden Hilfsmitteln - einfach und weniger zeitaufwendig. Die freie Programmierung macht die Steuerung änderungsfreundlich und erleichtert damit die Inbetriebnahme erheblich. Die leichte und kostengünstige Reproduzierbarkeit des Programms und die Verschleißfreiheit der Steuerung sichern weitere Vorteile.

2. Arbeitsweise einer speicherprogrammierbaren Steuerung

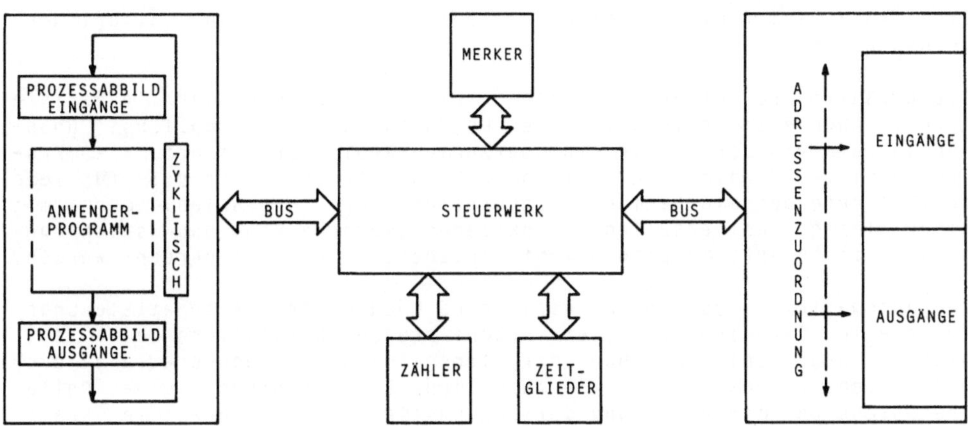

Abb. 1

Abb. 1 zeigt die grundsätzliche Arbeitsweise einer Steuerung. Es gibt zwei funktionelle Komponenten - Programm und Peripherie - die über ein "**Steuerwerk**" miteinander verknüpft werden. Das Programm enthält im wesentlichen Anweisungen zur logischen Verknüpfung und Bearbeitung von

- Peripherie-Signalen,
- "**Merkern**" (maschineninterne Binär- und Digitalwerte)
- komplexen Funktionen wie Zeitglieder, Zähler etc.

Charakteristisch für speicherprogrammierbare Steuerungen ist der sogenannte zyklische Betrieb; d.h. das Programm wird entweder zyklisch freilaufend oder zeitgetaktet bearbeitet. Die zentrale Initiative ist dominant, obwohl mit den meisten Geräten auch eine peripher gesteuerte Interruptbearbeitung (Alarme) möglich ist.

Häufig wird auch mit einem "**Prozeßabbild**" gearbeitet; d.h. die Signal-Zustände der Peripherie werden zu Beginn eines Zyklus gelesen und für die Dauer des Programmlaufes "**eingefroren**". In ähnlicher Weise werden die Modifikationen der Ausgangssignale während der Programmbearbeitung im Prozeßabbild gesammelt und am Zyklusende als Block über die E/A-Baugruppen ausgegeben. Während der Programmlaufzeit ist der Prozeß somit - bis auf die Alarmeingänge - abgehängt. Es soll hier nicht weiter vertieft werden, welche Konsequenzen dies für die Projektierung von Steuerungen hat.

3. Projektieren und Programmieren

Die Wahl der Darstellungsform bei der Lösung einer Automatisierungsaufgabe ist von sehr unterschiedlichen Kriterien abhängig.

Primär geht der Automatisierungsfachmann von der **technolo-**

gischen Aufgabenstellung aus, die er bei der Entwicklung der Problemlösung in (eventuell) verschiedenartige Teilaufgaben zerlegt. Es müssen z.B. logische Verknüpfungen, oder zeitliche Abläufe definiert werden, es sind Regelkreise oder Algorithmen zu beschreiben.

Die gewählte Projektierungssprache sollte vorrangig der jeweiligen Aufgabe angemessen sein und in der Entwurfsphase noch möglichst unabhängig sein von der später einzusetzenden Realisierungsform, wie Prozeßrechner, SPS, diskrete Logik oder Relaissteuerung. Es gilt für jede der Teilaufgaben die geeignete Darstellungsform zu wählen; denn mit einer einzigen universellen Projektierungssprache kann man solch gegensätzlichen Anforderungen nicht gleichzeitig optimal gerecht werden.

Der Automatisierungsfachmann wird seine Lösung der Automatisierungsaufgabe in der ihm geeignet erscheinenden Darstellungsweise entwickeln. Dabei spielen neben der technischen Aufgabenstellung auch persönliche Eigenschaften, wie Ausbildung und Erfahrung, eine Rolle. Spätestens bei der Umsetzung der Lösungsidee in die angewandte Realisierungstechnik muß sich der Entwickler aber der speziellen Projektierungssprachen bedienen, die das eingesetzte Automatisierungssystem verlangt.

Diese Umsetzung aus der meist grafischen Darstellung, die der technologischen Aufgabe angemessen ist, in die Formulierung, die das Automatisierungsgerät verlangt, soll möglichst einfach sein. Deswegen strebt die SPS-Technik als wichtiges Ziel an, diese beiden Ebenen durch die **technologisch orientierte** Arbeitsweise zusammenzuführen (Abb. 2). Darum sind die obengenannten SPS-Projektierungssprachen wie KOP, FUP, Ablaufkette direkt von den

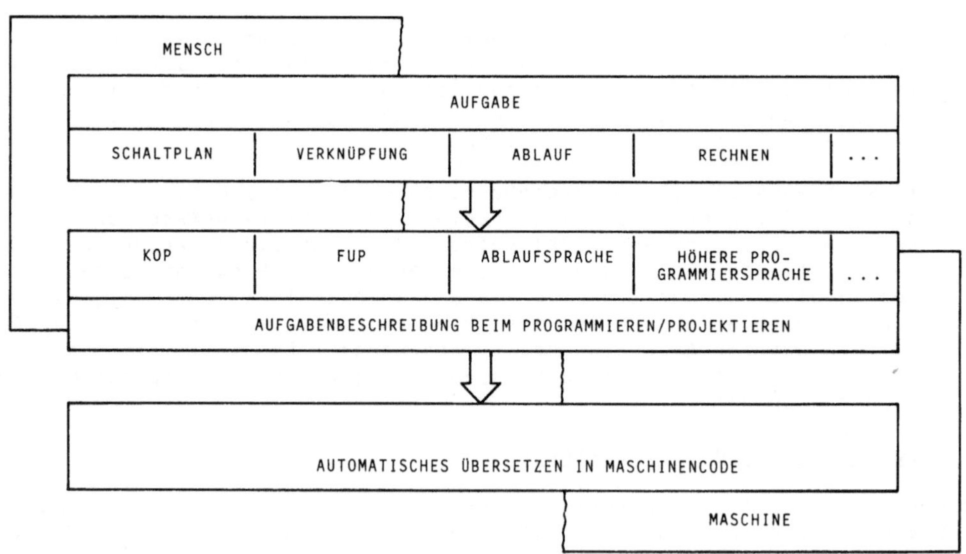

Abb. 2 Technologieorientierte Arbeitsweise

allgemein gebräuchlichen technologisch bedingten Darstellungen abgeleitet. Der SPS-Anwender ist somit in der Lage, seine Lösungsidee unmittelbar einzugeben; ein geeignetes Programmiersystem oder -gerät übersetzt automatisch in die interne Darstellungsweise des jeweiligen Maschinencodes der SPS.

Im Bereich der konventionellen Automatisierungstechnik existieren zahlreiche Normen für die Schaltplandarstellung mit Relais, Logikbausteinen usw., die in Teilen als genormte Projektierungssprachen in die SPS-Technik übernommen wurden (z.B. VDI 2880 oder DIN 19239).

Der **K o n t a k t p l a n** (**KOP**) ist eine derartige Projektierungssprache, die zur grafischen Beschreibung von Schütz- und Relaisschaltungen dient. Im Kontaktplan werden elektrische Kontakte in Serien- und Parallelschaltung zusammen mit Spulen und komplexen Schaltgliedern verknüpft. (-I/I- = Öffner, -I I- = Schließer, -( )- = Spule, T = Zeitglied). Die gedachte Stromrichtung ist aus darstellungstechnischen Gründen von links nach rechts festgelegt, statt von oben nach unten, wie es beim konventionellen Schaltplan üblich ist.

```
I                                      I
I  E 1     E 2     E 4   +-T 1-+  A 1 I
+--I I--+--I/I--+--I/I---!S   Q!---( )-I
I       I       I        !     !       I
I       I  M 3  I        !     !       I
I       +--I I--+        +-----+       I
```

Abb. 3.1

Das Beispiel (Abb. 3.1) zeigt eine Zeitfunktion T1 mit einer Vorverschaltung und einer angesteuerten Ausgangsspule A1. T1 wird ausgelöst, wenn die Kontakte E1 und M3 geschlossen sind und die Kontakte E2 und E4 nicht geöffnet sind. Es genügt, wenn E2 oder M3 die Bedingung erfüllt, weil sie parallel geschaltet sind.

Der Kontaktplan ist stark in der amerikanischen PC-Technik (Programmable Controller) verbreitet und ist besonders bei Anwendungen im unteren Leistungsbereich zu finden, um die konventionellen Steuerungen zu ersetzen. Die Nähe zum herkömmlichen Stromlaufplan bietet die Vorteile der weiten Verbreitung bzw. der leichten Erlernbarkeit bei SPS-Neuanwendern und der hohen Anschaulichkeit der Grafik, sofern sich der Einsatz auf die typischen Verknüpfungsaufgaben beschränkt.

Der **F u n k t i o n s p l a n** (**FUP**) ist ebenfalls eine für die SPS-Technik genormte grafische Projektierungssprache, die direkt von der konventionellen Technik abgeleitet wurde. Im Funktionsplan werden, wie in Schaltplänen mit Logikbausteinen, UND- und ODER-Funktionen mit komplexen Schaltfunktionen (Zeit, Zähler etc.) verknüpft.

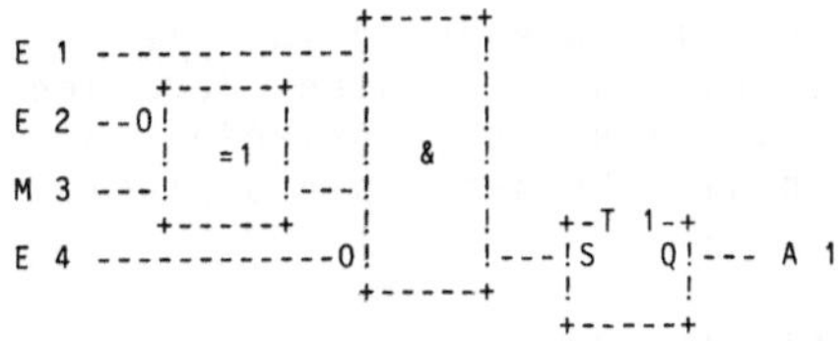

Abb. 3.2

Das Beispiel (Abb. 3.2) hat die äquivalente Wirkung wie das oben beschriebene KOP-Beispiel: Die Zeitfunktion T1 wird aufgerufen, wenn die UND-Funktion das logische Signal "**1**" liefert; das ist der Fall, wenn die Eingangssignale E1 auf "**1**" und E4 auf "**0**" sind und die ODER-Funktion von /E2 und M3 "**1**" liefert.

Der Anwendungsbereich des FUP entspricht etwa dem des KOP; d.h. er ist auch vorrangig für Verknüpfungslogik geeignet. Die Verbreitung ist in Deutschland allerdings erheblich größer; was man mit dem breiten Einsatz von elektronischen Logikbausteinen in der konventionellen Automatisierungstechnik erklären kann.

Für die anschauliche Formulierung von zeitlichen Abläufen sind ganz andere grafische Darstellungen erforderlich. Auch hierfür gibt es eine genormte Darstellung, die unter den Namen "**Ablaufkette**" oder "**Schrittsteuerung**" in DIN 40719 festgelegt ist. Die Ablaufkette beschreibt die zeitliche Reihenfolge von Zuständen (Schritten) mit ihren Aktionen und die zugehörigen Bedingungen, die den Schrittwechsel auslösen. Es lassen sich Kombinationen von Ketten, Schleifen und Verzweigungen darstellen.

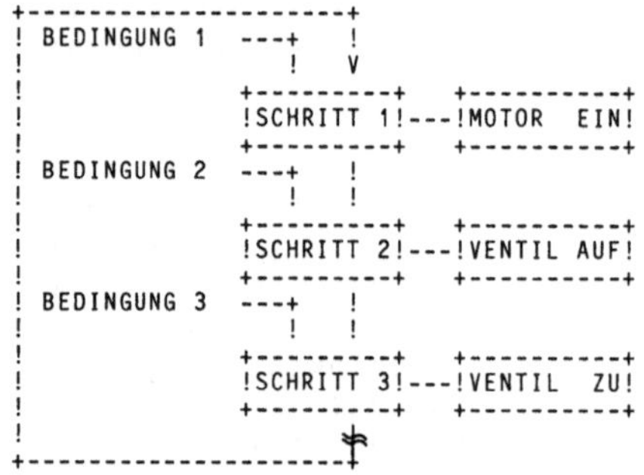

Abb. 3.3

Das Beispiel (Abb. 3.3) zeigt eine Schleife mit drei Schritten. Die Bedingung 1 schaltet den Schritt 1 ein, der die Aktion "**Motor ein**" ausführt. Wenn die Bedingung 2 erfüllt ist, wird Schritt 1 abgeschaltet und Schritt 2 eingeschaltet. Bedingung 3 ist Voraussetzung zum Umschalten von Schritt 2 nach Schritt 3. Die Schleife wird durch Bedingung 1 erneut begonnen. Obwohl die große Anschaulichkeit für eine weite Verbreitung dieser Darstellungsweise in der herkömmlichen Technik sorgte, ist die Ablaufkette bisher in der SPS-Technik als grafische Projektierungssprache kaum anzutreffen. Manche Hersteller bieten allerdings zu Dokumentationszwecken eine Ausgabemöglichkeit an.

Eine weitere Darstellung, die der Ablaufkette verwandt ist, wird in Frankreich unter dem Namen "**GRAFCET**" stark propagiert. Sie ist von der Theorie der "**Petri-Netze**" abgeleitet und wird sich wohl in Deutschland auch verbreiten. Wir wollen sie hier **A b l a u f s t e u e r u n g** nennen.

Der Unterschied gegenüber der Ablaufkette ist eine andere Betrachtungsweise bei den Bedingungen und den damit verbundenen Zustandsübergängen. Bei der Ablaufkette ist die Bedingung an jeweils **e i n e n** Schritt gebunden und bewirkt dessen Einschaltung, vorausgesetzt der Vorgängerschritt ist gerade aktiv. Bei der Ablaufsteuerung ist die Bedingung als ein Schalter auf der Wirkungslinie zu betrachten, der den Übergang von den vorausgehenden Zuständen in die Folgezustände auslöst. Hiermit lassen sich anschaulich auch die beiden unterschiedlichen Verzweigungen darstellen:

die Simultan- und die Alternativ-Verzweigung.

Das Beispiel (Abb. 3.4) zeigt den Ausschnitt aus einer Ablaufsteuerung mit einer Simultanverzweigung. Vom Zustand "**Motor ein**" geht das System beim Eintreffen der Bedingung 1 in die zwei gleichzeitig auszuführenden Aktionen **"Ventil 1 zu"** und **"Ventil 2 zu"** über. Die Bedingung 2 schaltet synchron die beiden parallelen Aktionen ab und der Folgezustand wird aktiv.

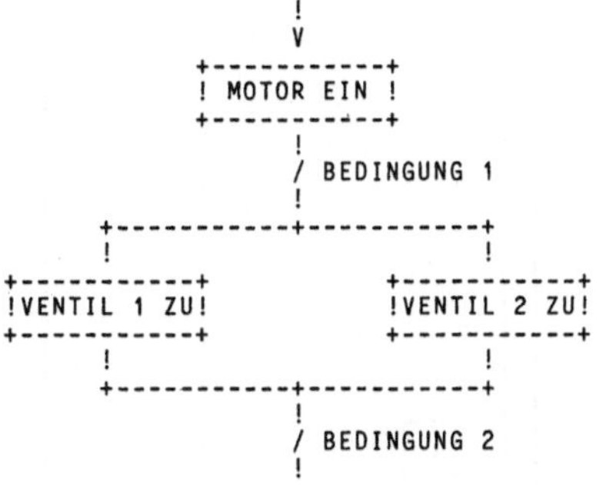

Abb. 3.4

Bei der Gliederung der Automatisierungsaufgabe in Teilaufgaben ist ein Projektierungsmodell anzustreben, das die zeitlichen und logischen Abhängigkeiten der Module untereinander nach den klassischen Regeln der **"strukturierten und modularen Programmierung"** festlegt. Solch ein **h i e r a r c h i s c h e s M o d e l l** (Abb. 4) könnte die meist übergeordnete zeitliche Ablaufsteuerung des Prozesses als Hauptprogramm in den Mittelpunkt stellen. Die Bedingungen und Aktionen sind als Unterprogramm z.B. in FUP, in einer SPS-Listensprache (**AWL**) oder in einer höheren Programmiersprache (**HLL**) programmierbar.

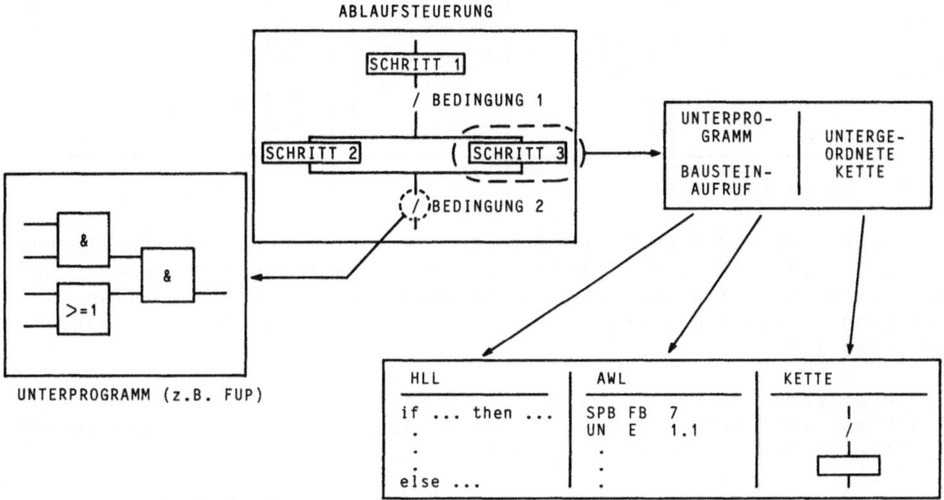

Abb. 4 Hierarchisches Modell

Wichtig für ein Programmiersystem, das grafische Projektierungssprachen vereinigt, ist die Bedienerführung bei den Übergängen zwischen den Darstellungsarten und Hierarchiestufen. Die Technik der **"schrittweisen Verfeinerung"** (**top down**), die bei der Entwicklung der Lösung anzuraten ist, könnte bei der Projektierung auf dem Bildschirm als Lupeneffekt (Fenstertechnik) realisiert sein.

Die Bedienerführung beim Programmieren innerhalb einer grafischen Darstellungsart kann auf sehr unterschiedlichen **E d i t o r k o n z e p t e n** basieren (Abb. 5).

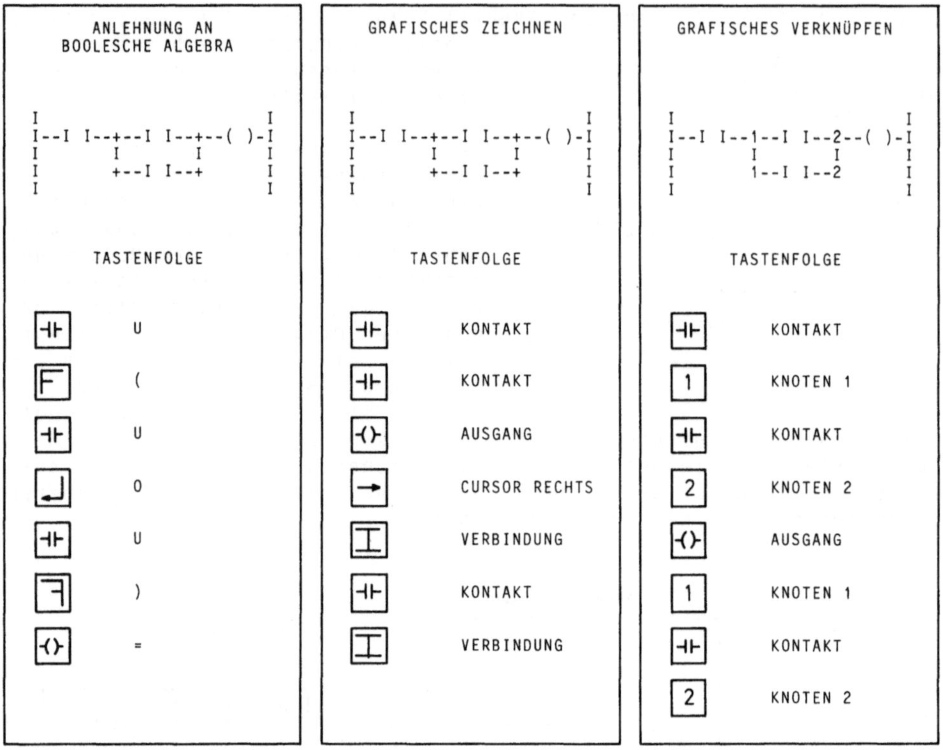

ANLEHNUNG AN BOOLESCHE ALGEBRA

```
I                           I
I--I I--+--I I--+--( )-I
I       I       I          I
I       +--I I--+          I
I                           I
```

TASTENFOLGE

U

(

U

O

U

)

=

GRAFISCHES ZEICHNEN

```
I                           I
I--I I--+--I I--+--( )-I
I       I       I          I
I       +--I I--+          I
I                           I
```

TASTENFOLGE

KONTAKT

KONTAKT

AUSGANG

CURSOR RECHTS

VERBINDUNG

KONTAKT

VERBINDUNG

GRAFISCHES VERKNÜPFEN

```
I                           I
I--I I--1--I I--2--( )-I
I       I       I          I
I       1--I I--2          I
I                           I
```

TASTENFOLGE

KONTAKT

1 KNOTEN 1

KONTAKT

2 KNOTEN 2

AUSGANG

1 KNOTEN 1

KONTAKT

2 KNOTEN 2

Abb. 5 Editorkonzepte

Am Beispiel des KOP sind drei typische Varianten der Tastenbedienung erläutert. Die Eingabe mit "**Anlehnung an die boolesche Algebra**" benutzt Tasten wie "**Klammer auf**" und "**Klammer zu**" zur Definition der Abzweigung. Typisch dabei ist, daß keine freie Cursorführung möglich oder nötig ist.

Beim "**grafischen Zeichnen**" können die Bildelemente des KOP sehr freizügig kombiniert werden. Es sind hier Tasten für Verbindungselemente und freie Cursorführung erforderlich.

Ein drittes Konzept benutzt statt der vertikalen Verbindungselemente Knotennummern an den Abzweigpunkten. Ein Vorteil ist dabei die leichte Eingabemöglichkeit der Grafik auch über preiswerte, einzeilige Displays ohne Verlust der Übersicht und eine freie Verknüpfbarkeit, die Kreuzungen erlaubt.

4. Test und Diagnose

Für einen effizienten Test und eine kompakte Inbetriebnahmephase spielt die Aussagekraft grafischer Anzeigen eine wesentliche Rolle (Abb. 6). Dadurch wurden komfortable grafische Test- und Beobachtungsfunktionen zu den besonders erwähnenswerten Eigenschaften der SPS-Technik.

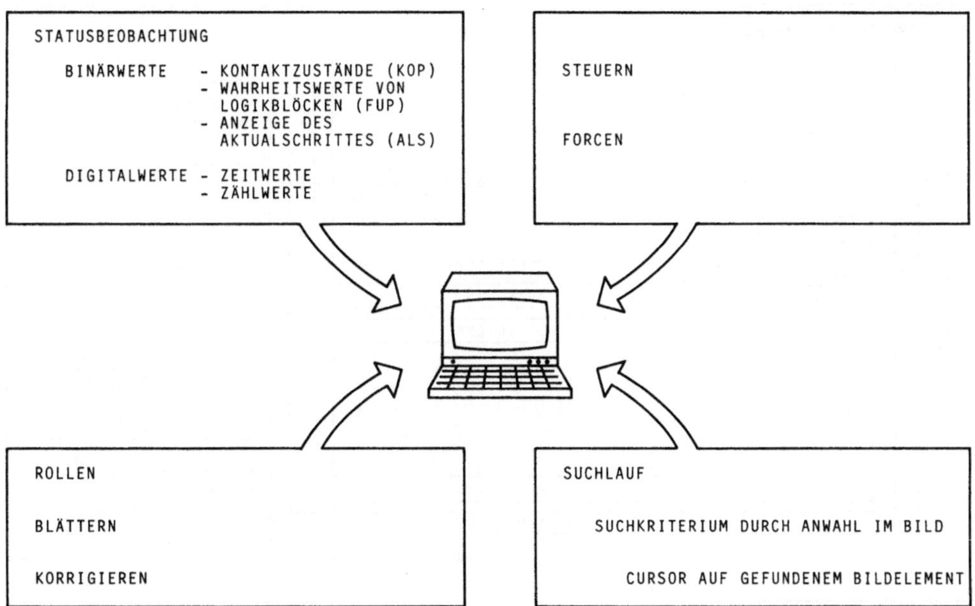

Abb. 6 Grafisch unterstützte Testfunktionen

Basis einer jeden Inbetriebnahme ist die Prozeßbeobachtung. Sämtliche aktuellen Binärwerte des Prozesses müssen beobachtbar sein - möglichst in ihrem logischen Zusammenhang, d.h. in der zugehörigen Programmverknüpfung. Gleiches gilt für die Digitalwerte. Diese sogenannte Statusbeobachtung gibt insbesondere bei der grafischen Programmdarstellung in KOP oder FUP einen schnell erfaßbaren Überblick über das aktuelle Prozeßgeschehen. Außer der Beobachtung müssen auch aktive Eingriffe in den Prozeß möglich sein, sei es zur Simulation oder zur Vorgabe von Prozeßzuständen. "**Steuern**" und "**Forcen**" sind derartige Werkzeuge für den Anwender. Während mit "**Steuern**" eine einmalige Beeinflussung der Prozeßperipherie - auch ohne laufendes Programm - geschehen kann, kann beim "**Forcen**" ein bestimmter Signalzustand eines Prozeßsignals, z.B. EIN-Signal, auf Dauer erzwungen werden.

Stellt sich ein Programmfehler heraus, so ist es wichtig, on-line, d.h. während der Inbetriebnahme korrigieren zu können, um den Test unmittelbar mit der korrigierten Programmversion fortsetzen zu können.

Damit der Anwender sein Programm im Griff behält und in einfacher Weise handhaben kann, werden ihm leistungsfähige Editoren mit Roll- und Blätterfunktionen angeboten. Darüberhinaus stehen häufig Suchfunktionen zur Verfügung, die zum einen die schnelle Lokalisation einer Fehlerstelle erleichtern und zum anderen die Programm-Konsistenz bei gewissen Korrekturen - z.B. die Mehrfach-Änderung eines Operanden im Programm - unterstützen.

Abb. 7 zeigt die Grundstruktur und das Zusammenwirken der SPS-Kompo-

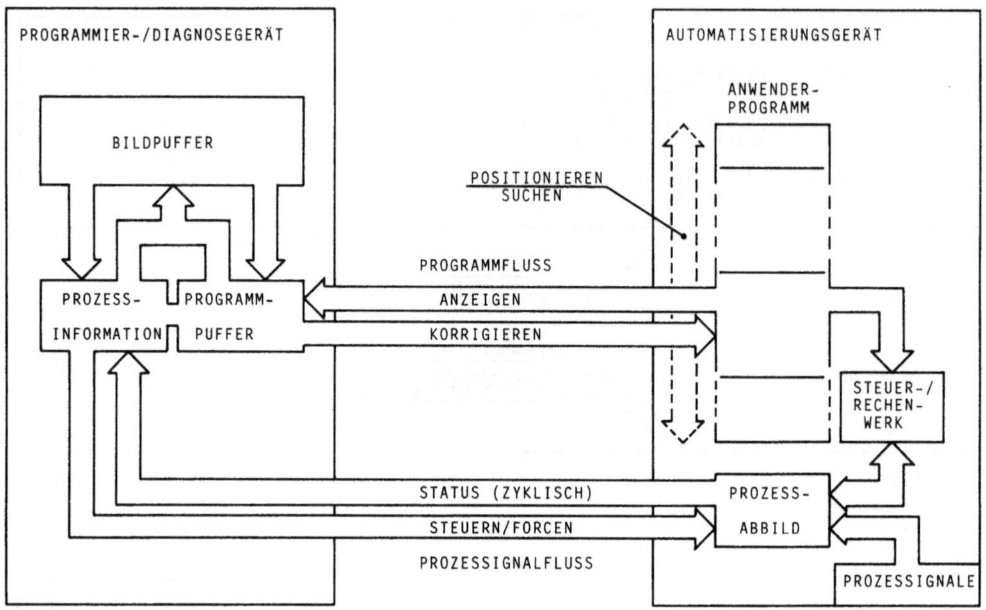

Abb. 7 Testen und Beobachten (Datenfluß)

nenten für die Betriebsart "**Test und Beobachtung**". Das Programmiergerät (**PG**) wird mit dem Automatisierungsgerät (**AG**) verbunden und gestattet im Echtzeitbetrieb sowohl die Anzeige und die Korrektur des Programms, als auch die Ausgabe und Beeinflussung der Prozeßdaten. Dabei wird der angewählte Programmausschnitt grafisch angezeigt und mit dem zyklisch aktualisierten Status des Prozeßabbildes kombiniert. Das bedeutet z.B. bei KOP-Darstellung, daß die Kontakte entsprechend den Prozeßsignalen als "**geöffnet**" oder "**geschlossen**" dargestellt werden.

Diese Signalzustände können vom Bediener auch direkt verändert werden. Er "**zeigt**" einfach mit dem Cursor auf den entsprechenden Kontakt und steuert den aktuellen Zustand nach Belieben auf "**0**" oder "**1**". Dies gilt in ähnlicher Weise auch für alle anderen variablen Größen des Programms (Spulen, Zeitwerte, Zählwerte etc.).

Funktionen der Prozeß- und Systemdiagnose sowie Zustandsanzeigen sind Komponenten einer umfassenden Steuerungskonzeption (Abb. 8).

Die **Prozeßdiagnose** mittels Bildschirmanzeige läßt sich vierfach klassifizieren (Abb. 9). Abgesehen von technologischen Notwendigkeiten ist es für den Anwender die Frage einer Kosten-/Nutzenanalyse, welche Art der Prozeßdiagnose er wählt.

Bei der **Systemdiagnose** kann unterschieden werden zwischen den Selbsttest-Funktionen - wie z.B. Speichertests - und der Anzeige und Auswertung von Unterbrechungsursachen - wie z.B. Netzausfall, Quittungsverzug etc.-. Diese Informationen wurden meist textuell auf dem Bildschirm ausgegeben.

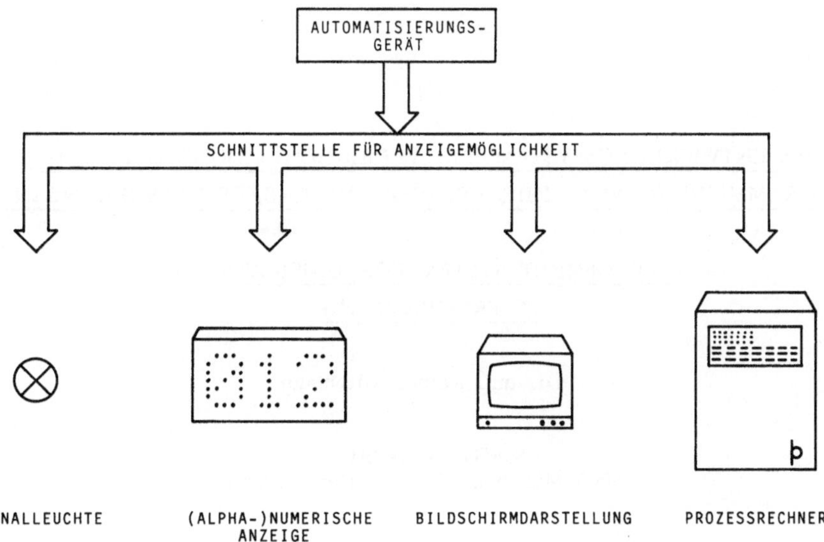

Abb. 8 Diagnose

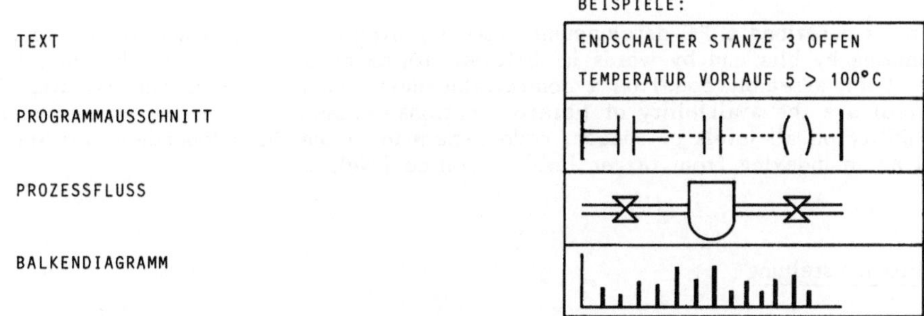

Abb. 9 Prozeßdiagnose

Literaturverzeichnis

VDI-Berichte 481:
Speicherprogrammierbare Steuerungsgeräte;
Düsseldorf, VDI-Verlag, 1983

H. Linnemann, G. Mollath:
Programmier- und Testeinrichtungen für speicherprogrammierbare Steuerungen; ZwF 77 (1982) 4, S. 164 - 177

L. Deja, O. Struger:
Die Sprache ist entscheidend;
Markt & Technik (1982) H. 28, S. 22 - 26; H. 29, S. 25 - 32

EIN ENTWICKLUNGSSYSTEM ZUR VEREINHEITLICHUNG DER PROGRAMMIERUNG VON SPEICHERPROGRAMMIERBAREN STEUERUNGEN

A DEVELOPMENT SYSTEM FOR UNIFICATION OF PC-PROGRAMMING

Dr.-Ing. Rainer Mittmann

SOFTING GmbH
8000 München 40, B.R. Deutschland

Summary

There is described a PC-development system providing for a producer-independent programming by bits and by words in different forms of display (ladder diagram, function-plan, Bool, assembly code) on a comfortable development system. The essential features whereof are the availability of library functions, reliance on existing standards, indexing possibility on all levels of speech, code generation from PC-independent interim code as well as re-indexing from target level to source level.

1 Problemstellung

Speicherprogrammierbare Steuerungen sind innerhalb der letzten 10 bis 15 Jahre zu einem unentbehrlichen Instrumentarium der EDV-Anwendung in vielen Industriebereichen geworden. Ohne sie wäre eine rationelle Fertigung kaum mehr möglich: zum Beispiel in der Förder- und Lagertechnik, im Maschinenbau sowie in der Automobilindustrie.

Dies gilt sowohl für kleine Steuerungsaufgaben wie auch für umfangreiche Teilautomatisierungen zusammen mit ergänzenden Regelungs-, Rechen-, Überwachungs- und Protokollieraufgaben.

Im Bereich der Gerätetechnik wurden hierbei für Steuerungen aller Leistungsklassen grosse Fortschritte erzielt. Dies gilt in gleicher Weise für die Zuverlässigkeit und Sicherheit der Geräte und ihre Funktionen im Prozeßeinsatz, als auch für die Kommunikationseinrichtungen, für die Gerätemodularität, für die Zyklusgeschwindigkeiten und für die Diagnoseeinrichtungen. Umso mehr allerdings fertigungstechnische Probleme durch PC-Technologie gelöst werden, umso mehr wirft die Anwendung dieser Technologie selbst Probleme auf; Probleme für den Anwender, der hochdotiertes Personal für die Softwareerstellung einsetzen muß, Probleme für den Betreiber, der Ausfallsicherheit und fehlerfreie Arbeitsweise garantieren muß und schließlich Probleme auch für den Hardwarehersteller, der den ständig sich wandelnden und steigenden Ansprüchen des Marktes genügen muß.

Diese Probleme sind in starkem Maße geprägt durch die nahezu vollständige Inkompatibilität der Steuerungen bzw. ihrer Programmiergeräte. Insbesondere bei der PC-Programmierung besteht ein großes Defizit an Komfort, Sicherheit und Portabilität./1/

Je breiter die Vielfalt an Programmiergeräten, -methoden und -dialekten ist, umso problematischer zeigt sich der unbefriedigende Stand der Programmiermöglichkeiten und der Anwendersoftwareunterstützung. Bis jetzt gab es kein komfortables Entwicklungssystem mit PC-unabhängiger Programmiermöglichkeit.

2 Die Aufgabe

In diesem Zusammenhang konzentrieren sich die Forderungen der Anwender im wesentlichen auf zwei Problemkreise

a) Es fehlen für die meisten auf dem Markt befindlichen PC-Steuerungen Programmiereinrichtungen, die wahlweise in verschiedenen Darstellungsformen (Anweisungsliste, Kontaktplan, Funktionsplan, usw.) ein komfortables Programmieren mit Systemunterstützung (Bereitstellung von Standardmodulen, Kommentierung, etc.) zulassen. Auch sind die Dokumentationsmöglichkeiten für SPS-Programme nur sehr unvollkommen und in keiner Weise einheitlich.

b) Es gibt bis heute keine PC-typenunabhängige Programmiermöglichkeit. Die Übertragung eines PC-Programmes von einer Steuerung auf eine andere ist daher ebenso zeitraubend wie fehleranfällig und sie bedeutet durchwegs eine kostenintensive Neuprogrammierung. Erforderlich ist deshalb ein System, das die volle Portabilität der SPS-Software sicherstellt, so, wie es bei Prozeßrechnern und NC-Steuerungen bereits verwirklicht ist./2/,/3/

Eine Systemlösung, die beide Problemkreise bewältigt und unabhängig von Branche und Hardwareausstattung wirksame PC-Programmierung erlaubt, muß eine Reihe wichtiger Charakteristika enthalten und Leistungsfaktoren bieten:

- Steuerungstyp-unabhängige Sprachen
- Anlehnung an bereits vorhandene Normen der Standardisierung (z.B. DIN 19239, DIN 47719.6, VDI 2880) /4/,/5/,/6/
- Dokumentationsmöglichkeiten auf allen Sprachebenen
- Bereitstellung von Bibliotheksfunktionen
- Funktionstastenorientierte Programmierung
- Beliebige Vermischung von Programmen verschiedener standardisierter Beschreibungssprachen (z.B. Mischen von Anweisungsliste und Kontaktplan)
- Erzeugung von mnemotechnischem Zielcode für das Programmiergerät der Zielmaschine (für Programmtests in der Zielmaschine auf mnemotechnischer Ebene)
- Codegenerierung für verschiedene PC-Geräte aus einem gemeinsamen Zwischencode über Postprozessoren
- PC-spezifische Auflösung von Standard-Makrobefehlen (für hohen Sprachkomfort auch bei sehr einfachen Steuerungen)
- Rückübersetzungs- bzw. Rückdokumentationsmöglichkeiten im Zielsystem geänderter Programme
- Kommentierbarkeit der Programme in allen möglichen Eingabesprachen (also auch für Kontakt- und Funktionspläne)
- Bereitstellung eines leistungsfähigen Software- und Hardwareservices
- Leichte Erlernbarkeit und problemlose Handhabung

3 Die Systemstruktur des Sprachübersetzers

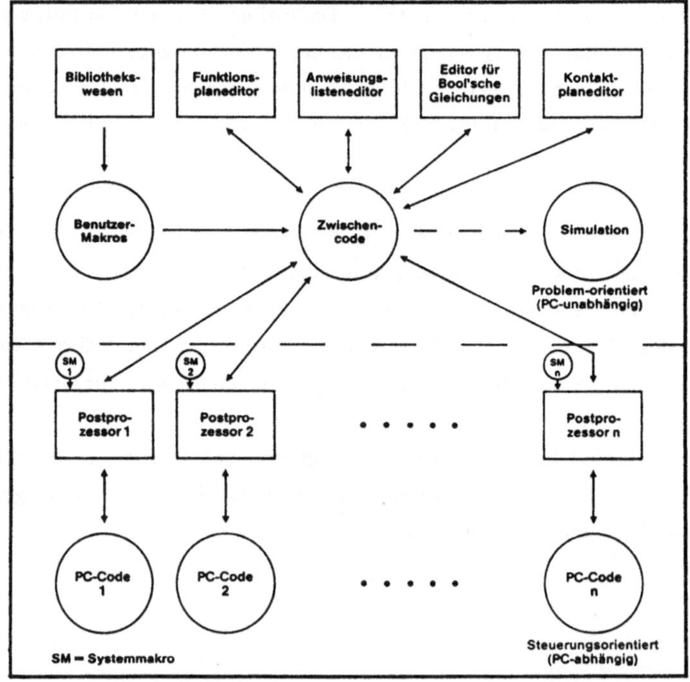

Die Struktur des Sprachübersetzers zeigt deutlich eine Zweiteilung des Gesamtsystems. Während auf der problemorientierten Ebene die eigentliche PC-Programmierung und der funktionelle Logiktest der Programme herstellerunabhängig durchgeführt werden, erfolgt die Abbildung der Programme über die Postprozessoren und Lader auf der steuerungsorientierten Ebene.

Ein Zwischencode bildet das Zentrum des gesamten Systems. Er ist sowohl steuerungs- als auch darstellungsunabhängig. In oder aus diesem Sprachlevel werden sämtliche Operationen durchgeführt.

Dabei werden Editoren oder Transformatoren eingesetzt. Zwei Editoren sind textorientiert, zwei weitere Editoren sind graphikorientiert. Die textorientierten Darstellungsarten bestehen in der Anweisungsliste und boolschen Gleichungen (basicähnlich), die graphischen Editoren bearbeiten Programme in Kontakt- und Funktionsplantechnik.

Die zugehörigen Transformatoren übersetzen die Darstellungsform in Zwischensprache oder aus der Zwischensprache zurück in eine beliebige Darstellungsart. Sämtliche Darstellungsarten verfügen über dieselbe Sprachmächtigkeit. Damit wird die beliebige Programmierung bestimmter Programmodule in verschiedenen Darstellungsarten möglich.

Die PC-unabhängige Ebene wird durch ein Simulationsmodul der durch Syntax und Semantik der Zwischensprache bzw. der Eingabesprachen festgelegten hypothetischen Maschine vervollständigt. Das zu testende SPS-Programm wird in der Simulation mit Umgebungsparametern, z.B. Zustand der Eingänge, Vorbelegung von Merkern und Speicherworten, Zykluszeiten, etc., beschickt. Auf diese Weise kann die Logik der SPS-Programme ohne Zuhilfenahme der tatsächlichen Steuerungsumwelt bequem auf dem Entwicklungsrechner ausgetestet werden.

Die steuerungsspezifische Ebene wird aus einem Satz von je vier Programmodulen für jede zu bedienende Steuerung gebildet. Diese Programmodule bestehen aus Codegenerator, Lader, Rücklader und Rückdokumentation.

Das über den Codegenerator erzeugte Zielprogramm gelangt über den Lader in die Zielmaschine. Dort kann es, wenn erforderlich, noch geändert werden. Das geänderte Programm kann über den Rücklader wieder in den Entwicklungsrechner übernommen werden. Die etwaige Veränderung kann aus dem Vergleich mit dem ursprünglich erzeugten Programm mit Hilfe des Moduls "Rückdokumentation" dem Benutzer mitgeteilt werden. Die Zielmaschine eines Postprozessors kann je nach Einsatzfall entweder das Programmiergerät einer SPS oder die Steuerung selbst sein.

4 Ablauf bei der Programmerstellung

Das gesamte System wird über hierarchisch aufgebaute Softkeylines bedient. Damit ist eine sehr leichte Erlernbarkeit der Programmbedienung und dabei eine entsprechend geringe Fehlerquote gewährleistet.

Für die Softkeys werden die beiden letzten Zeilen des Bildschirms reserviert. In der letzten Zeile werden die Kommandos im Klartext angeboten. In der darüberliegenden Zeile wird eine dem Kommando zugeordnete Taste angezeigt.

Der Benutzer hat die Auswahl aus sechs Grundoperationen:

1. EDITIEREN
2. SPRACH-TRANSFORMATION/RÜCKTRANSFORMATION
3. DATEI-/LISTOPERATIONEN
4. SIMULATION
5. PC-CODEVERWALTUNG
6. BIBLIOTHEKSVERWALTUNG

Bei einer typischen Programmerstellung und -bearbeitung werden nun folgende Schritte durchlaufen:

Zunächst wird der gewünschte PC-Editor angewählt. Danach wird PC-typenunabhängig ein Steuerungsprogramm erstellt. Sodann wird das Programm in den Zwischencode transformiert, wobei gleichzeitig eine Syntaxprüfung erfolgt. Das Programm wird im Anschluß SPS-unabhängig in der Simulation getestet unter Beifügung umweltsimulierender Parameter aus einer speziell dafür erstellten Datei.

Falls Fehler auftreten, werden sie umgehend mit Hilfe eines PC-Editors korrigiert. Anschließend erfolgt wiederum der Simulationstest. Dieser Vorgang wiederholt sich, bis eine gewünschte Programmversion in der PC-Codeverwaltung über einen PC-spezifischen Postprozessor im Zielcode übersetzt werden kann.

Die Postprozessoren verfügen über drei Typen von Eingabefiles,

- das Quellprogramm (Zwischencode)
- die Makrobibliothek
- die Definitionsdatei

Der Code gelangt über den Lader schließlich in die Zielmaschine. Von dort aus kann er verändert, zurückgeladen und im Entwicklungssystem rückdokumentiert werden.

Beim Laden in die Zielmaschine, beim Rückladen aus der Zielmaschine sind drei grundsätzlich verschiedene Wege möglich:

- Online-Koppelung über serielle Schnittstelle

  Diese Möglichkeit besteht im Prinzip immer, denn nahezu alle PCs auf dem Markt bzw. deren Programmiergeräte verfügen über entsprechende Schnittstellen.

  Dieses Verfahren hat einen möglichen Nachteil: Entweder muß eine Zielmaschine zum Laden/Rückladen beim Entwicklungssystem aufgestellt sein oder der Benutzer muß über eine möglicherweise aufwendige Verkabelung zwischen Entwicklungs- und Zielsystem verfügen.

- Offline-Koppelung über SPS-spezifische Datenträger

  Hierfür kommen insbesondere Kassetten und Minifloppy-Laufwerke oder auch E-PROMS in Betracht.

  Nachteil dieser Methode: Der Entwicklungsrechner muß über spezifische Datenträger-Hardwareeinrichtungen jeder bedienten PC verfügen. Das jeweils verwendete Aufzeichnungsverfahren/Dateisystem wird in aller Regel von den Herstellern nicht publiziert.

Die beiden Lösungen stehen nicht alternativ. Die Online-Koppelung eignet sich eher für kleine Steuerungen ohne Hintergrundspeicher, die Offline-Koppelung mehr für größere Steuerungen bzw. deren Programmiergeräte. Einen einheitlichen Weg mit vertretbarem wirtschaftlichen Aufwand bietet folgende Lösung:

- Laden mit transportablem Übertragungsrechner

  Es wurde eigens für den PC-Sprachübersetzer ein transportabler Übertragungsrechner konzipiert. Er verfügt in der Grundausstattung über die Möglichkeit, Codes für alle bedienbaren PCs über ein Band aus dem oder in den Entwicklungsrechner (bzw. aus der oder in die Zielmaschine) zu laden.

  In einer erweiterten Ausstattung wird der Übertragungsrechner auch Teile der Übersetzerintelligenz vor Ort transportieren können. Hierdurch wird ein besonderes Maß eines neuen Komforts erreicht, nämlich die Programmänderung, die Übersetzung in Zielcode und Laden auf PC-unabhängiger Ebene vor Ort. Damit ist zugleich auch der echte Vor-Ort-PC-Programmtest auf der PC-unabhängigen Sprachebene möglich.

5 Wesentliche Sprachmerkmale der PC-unabhängigen Ebene

Wie bereits bemerkt, verfügen alle Darstellungsarten über dieselbe Sprachmächtigkeit und sind daher über die Zwischensprache ineinander austauschbar.

Die Entwurfsziele der PC-Sprache sind unter Beachtung der bereits genannten Normen an den Designzielen höherer Programmiersprachen orientiert. Dies bedeutet eine strukturelle Beschränkung auf wesentliche Komponenten zur Erhöhung der Sicherheit bei der Programmerstellung und der Erleichterung der Programmverifikation.

Abgesehen von einer optionellen Makrodatei sind grundsätzlich zwei verschiedene Eingabefiles zur Bildung eines PC-Programmes notwendig, nämlich der Zielmaschinen-abhängige Definitionsteil und der Zielmaschinen-unabhängige Programmteil. Der Definitionsteil ist für beliebig viele PC-Programme verwendbar und wird in einer eigenen Datei abgelegt. Hier werden den PC-unabhängigen mnemotechnischen Operandenbezeichnungen Zielmaschinen-spezifische Operandenadressen zugewiesen. Ferner können hier den Eingängen und Ausgängen, Merkern und Speicherworten prozeßspezifische Bezeichnungen als Kommentare zugeordnet werden. Diese Kommentare werden zu Dokumentationszwecken herangezogen, z.B. werden sie bei den Crossreferenzläufen mit ausgegeben.

Dem eigentlichen PC-Programm kann ein Deklarationsteil vorangestellt werden, in dem Definitionen aus dem Definitionsteil lokal für dieses Programm überlagert werden können. Dies bedeutet, daß man in diesem speziellen Programm für bestimmte Datenobjekte andere Namen verwenden kann, als im Definitionsteil angegeben wurde.

Der Anweisungsteil ist blockorientiert aufgebaut. Hierbei existieren folgende Bausteinarten:

- Binärbausteine
- Wort- oder Rechenbausteine
- Makroaufrufe
- Unterprogramme
- bedingt übersetzbare Programmteile

Die Binär- und Wortbausteine sind formal identisch aufgebaut. Die Semantik der hypothetischen PC-Maschine beinhaltet einen Bit-Akkumulator sowie einen Wort-Akkumulator. Innerhalb eines Bausteines wird die Präzedenz der Abarbeitung von links nach rechts bzw.

Anweisungsliste	Boolsche Darstellung	Kontaktplan	Funktionsplan
PROGRAM WISCHRELAIS BEGIN "Dies ist ein AWL-Programm LBlock 1: L IN1 AN MERK2.E = MERKER1 LBlock 2: L MERKER1 S MERK2.E LBlock 3: LN IN1 R MERK2.E EP	PROGRAM WISCHRELAIS BEGIN "Dies ist ein Bool-Programm EVAL IN1 • N MERK2.E ASSIGN MERKER1 END EVAL MERKER1 IF TRUE S MERK2.E END EVAL N IN1 IF TRUE R MERK2.E END EP	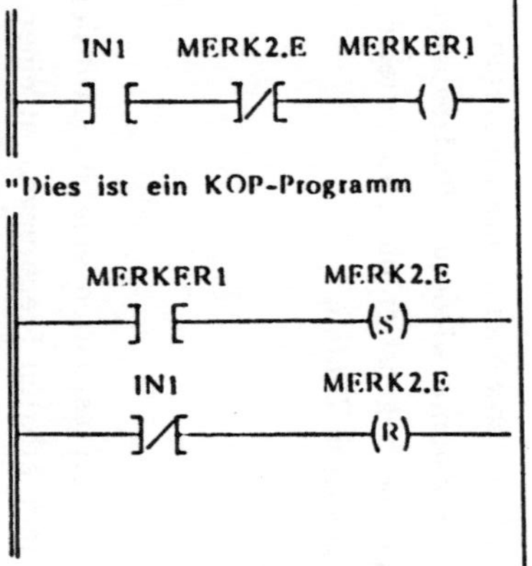 IN1 MERK2.E MERKER1 "Dies ist ein KOP-Programm MERKER1 MERK2.E (S) IN1 MERK2.E (R)	IN1 & MERK2.E → MERKER1 "Dies ist ein FUP-Programm MERKER1 → S MERK2.E IN1 → R MERK2.E

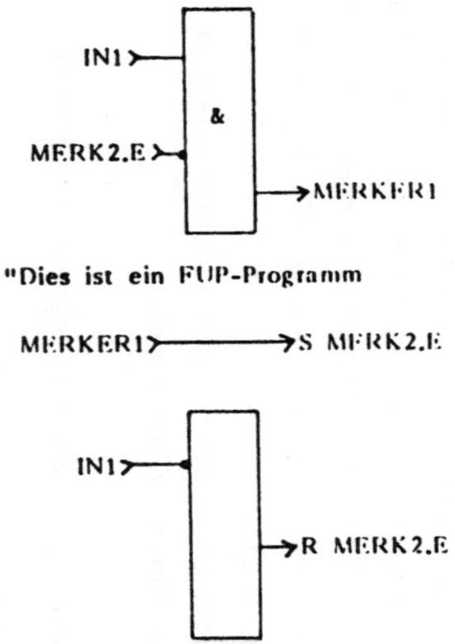

Programmbeispiel in den verschiedenen Darstellungsarten

von oben nach unten befclgt. Diese kann durch die Veıwendung von Klammern beliebiger Schachtelungstiefe durchbrochen werden. Ein Baustein ist durch eine symbolische Adresse markierbar und sonst mit Hilfe von bedingten oder unbedingten Sprüngen im Ablauf ansprechbar. Innerhalb eines Bausteines sind Marken allerdings nicht erlaubt und es ist somit nicht möglich, in einen Baustein hineinzuspringen, wie es auch nicht erlaubt ist, aus einem Baustein herauszuspringen. Die Bausteine sind nochmals unterteilt in jeweils einen Werterarbeitungsteil und einen Wertverarbeitungsteil.

Kommentare sind an beliebiger Stelle im Programm in beliebiger Häufung eingebbar.

Die frei programmierbaren Makroaufrufe sowie die Unterprogramme und bedingt übersetzbaren Programmteile beinhalten als Elemente wiederum Binärbausteine und Wortbausteine. Diese Bausteinrasterung der PC-Sprache begünstigt die strukturierte SPS-Programmierung bzw. erzwingt sie sogar in einem gewissen Umfang.

6 Ausblick

Zweck der vorgestellten Entwicklung war es, durch eine standardisierte und strukturierte Programmierung von speicherprogrammierbaren Steuerungen zu einer zuverlässigen und letztlich billigeren PC-Software zu kommen. Dies setzt selbstverständlich ein gewisses Mindestmaß an Gemeinsamkeiten der bedienten Steuerungen voraus. Keinesfalls bestand die Absicht, sämtliche auf dem Markt befindlichen PCs nivellieren zu wollen. Ein Großteil der in Deutschland marktrelevanten Steuerungstypen der mittleren und oberen Leistungsklasse besitzt allerdings genügend Gemeinsamkeiten in der Sprachmächtigkeit, so daß eine universelle Programmierung hierfür ermöglicht wurde. Es ist zu hoffen, daß im Interesse der Anwender durch eine verstärkte Zusammenarbeit der Standardisierungsgremien diese Gemeinsamkeiten zunehmen werden.

Literaturverzeichnis

/1/ G. Mollath: Neues vom Stand der Technik von SPS, VDI Berichte 481, 1983

/2/ D. Schmid: Programmierbare Steuerungen: Probleme und Lösungsansätze, Maschinenmarkt 87, 1981

/3/ M. Heinrich, E.-W. Jüngst, P.Schäfer: Programmiersystem für speicherprogrammierbare Steuerungen, Studie AEG-Telefunken Berlin, Kernforschungszentrum Karlsruhe (PFT) 1982

/4/ DIN 40719, Teil 6: Schaltungsunterlagen, Regeln und graphische Symbole für Funktionsplatten

/5/ DIN 19239: Steuerungstechnik, Speicherprogrammierte Steuerungen

/6/ VDI 2880, Blatt 4: Vereinheitlichung der Programmierung

STAND UND AUSWIRKUNG DER STANDARDISIERUNG LOKALER NETZWERKE FÜR DIE PROZESSAUTOMATISIERUNG

STATE AND IMPACT OF LOCAL AREA NETWORKS STANDARDIZATION FOR INDUSTRIAL AUTOMATION

Dirk Heger

Fraunhofer-Institut für Informations- und Datenverarbeitung (IITB)
7500 Karlsruhe 1, B.R. Deutschland

Summary

Nowadays, the task of industrial automation of the office and of technical systems is becoming increasingly more voluminous and complex. In particular, one recognizes a strong trend towards the interconnection of computer aided singular solutions for different applications in process control, industrial management, design and development etc. This situation requires the powerful, economic and reliable interconnection of distributed computer systems by means of local area networks (LANs). This paper is a short account of the research carried out on performance analysis in the IITB. The impact of media access control (MAC) mechanisms on the real time performance of LANs is studied. A LAN classification scheme based on the nature of the MAC mechanism is presented. Then a standardized method for describing MAC and transfer mechanisms by means of state diagrams is presented. Simple benchmark load patterns are used to conduct a performance evaluation/comparison of several LANs, including ETHERNET and RDC-Ring. It is shown that analysis and comparisons at least to this extent should be performed before standardizing MAC mechanisms. More detailed evaluations of additional realtime performance measures and priority MAC mechanisms are being done as part of the European research project COST 11 Bis.

1. Einführung

Die Vielfalt, der Umfang und die Komplexität der Aufgaben heutiger Automatisierungssysteme ist einem anhaltenden Wachstum unterworfen. Unsere industrielle Leistungsgesellschaft ist wegen ständig steigender Kosten und struktureller Arbeitslosigkeit gezwungen, durch Steigerung der volkswirtschaftlichen Wertschöpfung unsere Konkurrenzfähigkeit zu verbessern, um die Arbeitsplätze wenigstens zu erhalten. Dies kann im wesentlichen durch Verbesserung der industriellen Produktivität - im weiteren Sinne, z.B. durch Einsatz fortgeschrittener Rechner- und Datentechnologie erzielt werden, womit

- mehr Flexibilität, um sich den Marktgegebenheiten schneller anpassen zu können,
- steigende Produktivität, um die Kostenbelastung unserer Produkte zu verringern,
- verbesserte und steuerbare Qualität, um geringere Ausschußraten zu erzielen und Märkte kostengerecht zu bedienen,
- gesteigerte technische Leistung bei der Konzeption, Entwicklung und Konstruktion, Dokumentation und Archivierung sowie der Wartung

herbeigeführt werden.

Fortgeschrittene Rechner- und Datentechnologie bedeuten Einsatz heute verfügbarer Einzellösungen wie

- verteilbare fehlertolerierende Rechnerkartensysteme,
- höhere standardisierte Programmiersprachen,
- problemorientierte Programmiersprachen,
- anthropotechnisch optimale Anzeige- und Bediensysteme wie Farbbildschirmsysteme mit Lichtgriffel- und Spracheingabe,
- Kommunikationssysteme über öffentliche und offene Netzwerke (z.B. DATEX-P) bzw. lokale und geschlossene Netzwerke,
- Datenbanksysteme,
- Methodenbanksysteme und
- verbesserte Produktionsverfahren.

Das Fraunhofer-Institut für Informations- und Datenverarbeitung (IITB) befaßt sich mit der Integration dieser Einzellösungen und führt hierzu auch Realisierungen unter industriellen Einsatzbedingungen durch /1, 2, 3, 4, 5/, um zu demonstrieren, daß beispielsweise auch fehlertolerante Systeme mit dynamischer funktionsbeteiligter Redundanz nach entsprechender Modellierung /6, 7/ beherrscht werden können.

2. Problemstellung, Stand der Technik und des Wissens

Dieser Beitrag befaßt sich nun mit einem Ausschnitt aus dem geschilderten Problemfeld, nämlich mit den Leistungsmerkmalen von technischen Kommunikationssystemen als Mittel zur Datenkommunikation zwischen teilweise weitverstreuten Teilnehmern. In nicht öffentlichen und geschlossenen Systemen wird diese Aufgabe besonders kostengünstig und leistungsfähig durch bitserielle Datensammelleitungen, auch "lokale Netzwerke" genannt, erfüllt. Bild 1 zeigt die Struktur eines Rechnerverbundsystems mit einer gemeinsamen Datensammelleitung DSL, an die jeder Teilnehmerrechner über eine Anschaltung AS angeschlossen ist. Um die Vielfachbenutzung der Datensammelleitung zu ermöglichen, werden sowohl Breitbandverfahren angewandt, die mehrere Kanäle im Frequenzmultiplex bereitstellen, als auch Basisband-Modulationsverfahren zur Realisierung eines physikalischen Kanals. In jedem Fall ergibt sich das Problem, einen derartigen Kanal möglichst effizient zwischen den Teilnehmern aufzuteilen. Dies geschieht durch eine zeitlich verschachtelte Kanalbenutzung für einzelne Kommunikationsvorgänge zwischen Teilnehmern (Zeitmultiplex). In den meisten Fällen werden die für den gesteuerten Vielfachzugriff notwendigen Steuerungsvorgänge über die gleiche Leitung abgewickelt. Technologisch wird das Übertragungsmedium üblicherweise mit verdrillten Leitungspaaren oder Koaxialkabeln realisiert, jedoch finden Lichtleitkabel zunehmend Anwendung /8/.

Seit einigen Jahren entwickeln viele verschiedene Hersteller eine ständig wachsende Vielfalt unterschiedlicher Verfahren zur Steuerung und Datenübertragung auf Sammelleitungen, die prinzipbedingt unterschiedliche Übertragungsleistungen aufweisen. Beispielhaft seien nur wenige Produktnamen genannt: ETHERNET, ARCNET, Net/One, HYPERchannel, C-Net, CS 275, PLS 8Ø, SEAB, BAB,... Weitere Systeme werden erprobt oder befinden sich an der Schwelle zum Produkt: Cambridge Ring, RDC-Ring, MLMA, DLCN,...

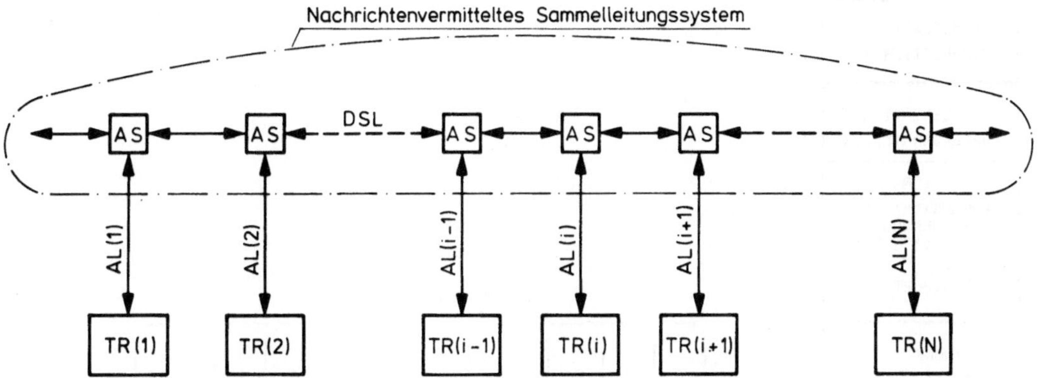

Bild 1: Struktur eines Rechnerverbundsystems mit Datensammelleitung.

AL(i) ... Anschlußleitung des Teilnehmers i
AS ... Anschaltung eines Teilnehmerrechners an die DSL
DSL ... Datensammelleitung
TR(i) ... Teilnehmerrechner i

Einen Ansatz zur Strukturierung der für Kommunikationssysteme benötigten Grundfunktionen stellt der bei der "International Organization for Standardization" (ISO) in Entwicklung befindliche Standard für ein "Reference Model of Open Systems Interconnection" (ISO/RM) dar /9/. Dieses Referenzmodell wird in breiter Abstimmung mit Hersteller- und Anwenderfirmen, wissenschaftlichen Instituten und anderen Normungsgremien mit dem Ziel entwickelt, eine gemeinsame Basis für die Entwicklung weiterer Standards für Systemverbindungen zu schaffen, wobei bestehende und sich herausbildende Standards möglichst in die übergeordnete architektonische Grundstruktur des Referenzmodells einordenbar sein sollen. Die CCITT hat das OSI/RM inzwischen ebenfalls als Standard eingeführt. Unter Berücksichtigung der durch das OSI/RM vorgegebenen Schichtenstruktur (Bild 2) befaßt sich das IEEE im Rahmen des Projektes 8Ø2 mit drei Standardisierungsvorschlägen für Datensammelleitungen bzw. Lokale Netzwerke (Local Area Networks, LANs), die unter den Verfahrensbezeichnungen CSMA/CD (ähnlich ETHERNET von Rank Xerox, INTEL und DEC), Token Bus (entsprechend ARCNET von DATAPOINT und PHILIPS) und Token Ring (von IBM) geführt werden /1Ø, 11/. IEEE 8Ø2 befaßt sich mit dem Funktionsumfang der Schichten 1 und 2 des OSI/RM. Im Jahr 1982 hat die ECMA TC24 das ETHERNET genau in der Spezifikation von Rank Xerox, Intel und DEC angenommen. Der Funktionsumfang, mit dem sich dieses Gremium befaßt, schließt jedoch zusätzlich die Schichten 3 und 4 des OSI/RM ein. Es sei erwähnt, daß für die Zugriffssteuerung des ETHERNET bereits teilweise VLSI-Schaltkreise verfügbar sind. Neben den bereits genannten Normungsgremien entfalten die IEC im SC65A/WG6 Aktivitäten, um in Anlehnung an den Token Bus von IEEE 8Ø2 einen Bus für prozeßtechnische Anwendungen mit der Bezeichnung PROWAY zu normen. Hier wird besonderer Wert auf determinierte Echtzeiteigenschaften und auf gesicherte Datenübertragung gelegt. Dieses Gremium hat in 1982 eine Reihe von Entwürfen fertiggestellt und verhandelt mit IEEE 8Ø2 über entsprechende Änderungen bzw. Optionen im IEEE 8Ø2 Standard.

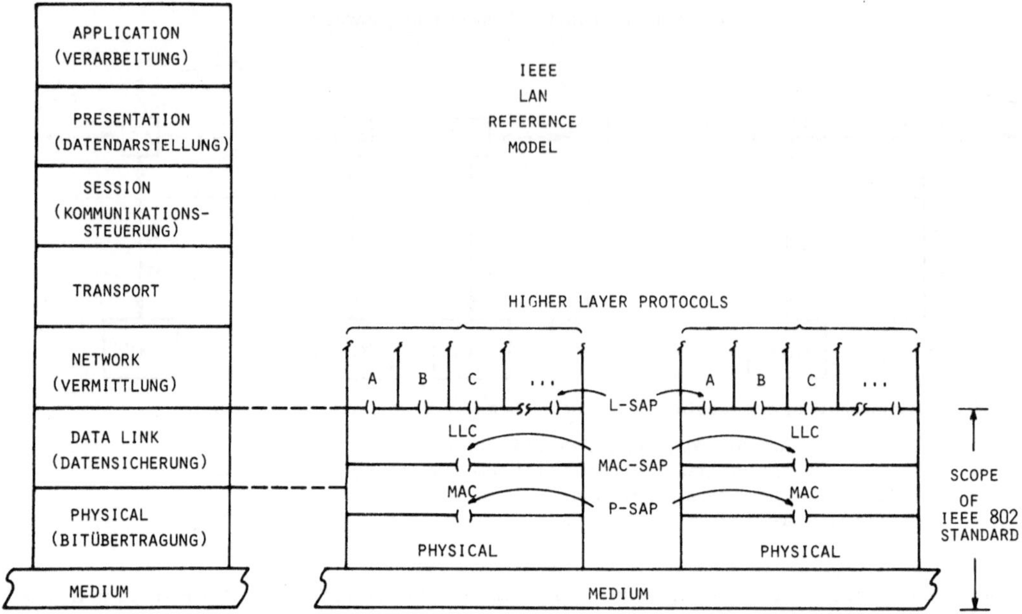

Bild 2: ISO-Referenzmodell für "Open Systems Interconnection" (OSI/RM) mit Zuordnung des durch IEEE 8Ø2 behandelten Funktionsumfanges für Local Area Networks (LANs).

LLC ... Logical Link Control
MAC ... Media Access Control
SAP ... Service Access Point

Darüberhinaus erarbeitete DIN im "Zusammenhang mit einer bei der International Electrotechnical Commission (IEC) in Vorbereitung befindlichen Norm" ebenfalls 1982 den Entwurf für ein bitserielles Prozeßbus-Schnittstellensystem /12/ - im wesentlichen mit den gleichen Zielsetzungen wie PROWAY.

Diese Situation führt zu den Fragen:

(1) Wieviele dieser Verfahren mit grundsätzlich unterschiedlichen Übertragungseigenschaften gibt es?

(2) Wie lassen sich diese Verfahren ordnen?

(3) Wie lassen sich diese Verfahren quantitativ beschreiben, d.h. modellieren?

(4) Welche Verfahren sind für welche Einsatzfälle am günstigsten und für eine Normung geeignet?

Der Stand des Wissens gibt hierzu keine allgemeingültigen Antworten, die einen Vergleich der Übertragungseigenschaften aller möglichen oder vorhandenen Verfahren auf einheitlicher Basis gestatten, sondern stellt entweder nur sehr spezielle für weitere Vergleiche ungeeignete Aussagen oder Übersichten mit Klassifizierungen ohne Relevanz für die Leistungsbeurteilung zur Verfügung /13-24/.

3. Klassifizierungsschema für Datensammelleitungen nach bedientheoretischen Gesichtspunkten

Das in /25/ abgeleitete Klassifizierungsschema gibt hierzu eine wesentliche Hilfe. Es erfaßt die möglichen Steuerungs- und Übertragungsverfahren vollständig und ordnet sie so in sechzehn Klassen, daß nach Einordnung beliebiger Repräsentanten Aussagen über deren wesentlichste Merkmale der Übertragungsleistung getroffen werden können. Es werden die in Bild 3 wiedergegebenen Netzwerktypen zugrunde gelegt. Ein Datensammelleitungssystem hat die Aufgabe, mehrere Teilnehmer über einen Kanal als gemeinsames Betriebsmittel so miteinander zu verbinden, daß sie Daten in Form von Telegrammen austauschen können. Hierzu sind die Teilnehmer T(i) sowohl in Sende- wie in Empfangsrichtung an den Kanal angeschlossen. Ein Übertragungsvorgang beginnt im Sinne des Bildes 2 mit dem Erteilen eines Sendeauftrages für ein Nutztelegramm am "Media Access Control - Service Access Point" (MAC-SAP) des Quellteilnehmers T(i). Er endet mit der Freigabe des Sammelleitungssystems nach der Nutzübertragung. Eingeschlossen in den Übertragungsvorgang sind also die Erteilung der Zugriffsberechtigung eines Quellteilnehmers T(i) auf den gemeinsamen Kanal, die vollständige Übertratung des Nutztelegrammes vom Quellteilnehmer T(i) über den Kanal zum Zielteilnehmer T(i) und die Freigabe des Sammelleitungssystems für die nächste Übertragung.

Dementsprechend gliedert sich ein Übertragungsvorgang in folgende elementare Operationen, die Teilvorgänge einer Übertragung:

(a) Kanalzuteilung,
wodurch dem sendewilligen Teilnehmer der Zugriff auf den Kanal ermöglicht wird und infolge deren der Sendevorgang eines Nutztelegrammes beginnt.

(b) Telegrammübertragung,
für deren Dauer der Kanal durch das Nutztelegramm belegt ist.

(c) Kanalfreigabe,
um das nicht mehr benötigte Telegramm aus dem Kanal zu entfernen und für den nächsten Übertragungsvorgang gegebenenfalls mit Hilfe eines speziellen Steuertelegramms freizugeben.

Es sei angemerkt, daß hier sowohl die Nutz- wie die Steueroperationen über den gleichen Kanal, und zwar zeitlich nacheinander ausgeführt werden. Weiterhin wird bei den Zielteilnehmern die Empfangsbereitschaft grundsätzlich vorausgesetzt. Dies stellt keine unzulässige Einschränkung dar, da alle bekannten Sammelleitungssysteme beide Voraussetzungen erfüllen.

Die drei Teilvorgänge einer Übertragung können auf jeweils verschiedene Arten durchgeführt werden. Folgende Attribute zu den Elementoperationen beschreiben ihre Durchführung:

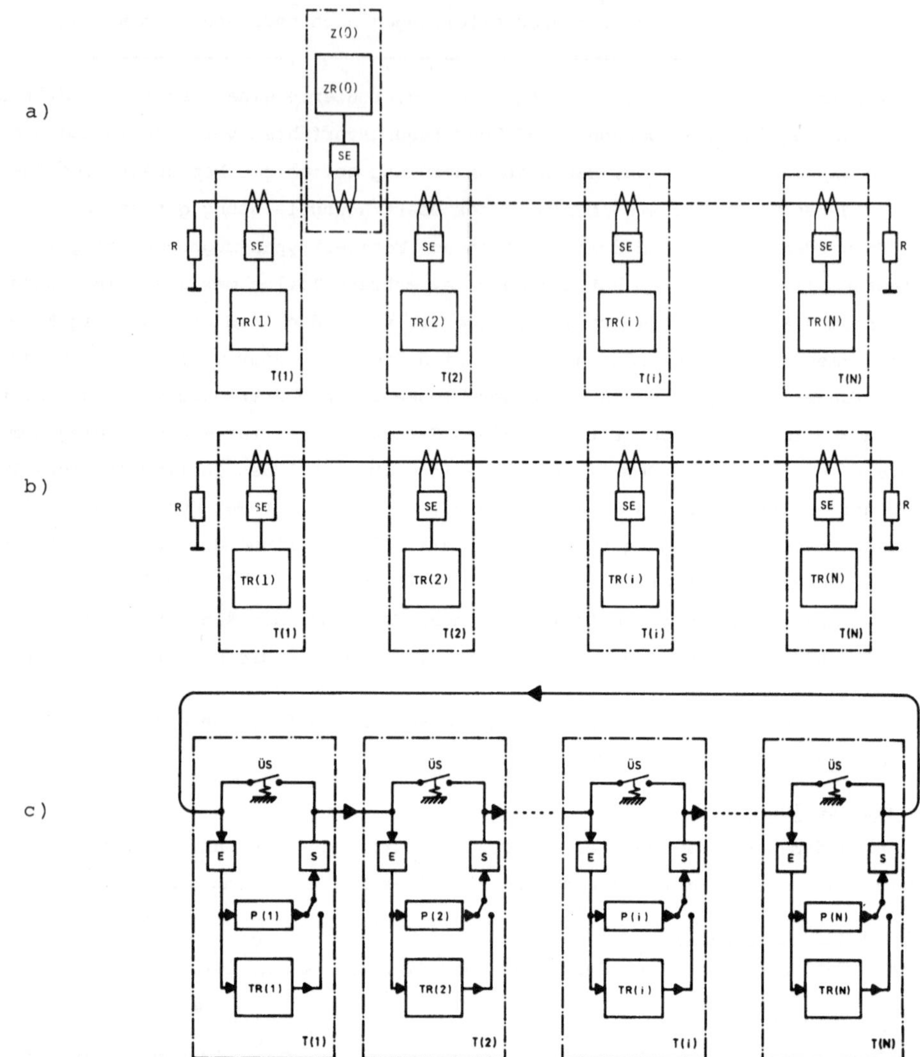

Bild 3: Topologische Strukturen, Konfigurationen und Ankopplungsschemata für Datensammelleitungen mit

a.) passiv gekoppelten Teilnehmern und einer Zentrale zur Steuerung der Telegrammübertragung.

b.) passiv gekoppelten Teilnehmern und dezentraler Steuerung der Telegrammübertragung.

c.) aktiv gekoppelten Teilnehmern, dezentraler Steuerung der Telegrammübertragung und ringförmig geschlossener Leitung.

T(i) ... Teilnehmer i
TR(i) ... Teilnehmerrechner i
Z(Ø) ... Steuerungszentrale für die Telegrammübertragung
ZR(Ø) ... Rechner von Z(Ø)
S ... Sender
E ... Empfänger
R ... Abschlußwiderstand
P(i) ... Zwischenpuffer in T(i) für weiterzuleitende Telegramme
ÜS ... Überbrückungsschalter für Spannungsausfall

(1) mit zentraler Funktion: Z
ohne zentrale Funktion: D
(dezentral)

(2) abfragegesteuert : A
ereignisgesteuert : E

Weitere Attribute zu den Elementoperationen sind möglich, wie Einplanungsanlaß oder Prioritierung der Übertragungsvorgänge, sind jedoch für die angestrebte Übersicht nicht nötig und würden eher die Übersichtlichkeit erschweren und die wesentlichen Grundeigenschaften der Übertragungsleistung verdecken.

Auf die Elementaroperation a sind beide Attribute 1 und 2 anwendbar. Die Kanalzuteilung kann entweder mit Hilfe einer Zentralinstanz Z oder ohne Hilfe einer solchen D erfolgen. Außerdem läßt sie sich entweder abfragegesteuert A, z.B. durch Einzelumfrage bei allen Teilnehmern mittels belastungssteigernder Abfragetelegramme, oder ereignisgesteuert E mittels möglichst belastungsneutraler Mechanismen, etwa nach dem Kollisionsprinzip (z.B. ETHERNET), durchführen.

Auf die Elementaroperation b läßt sich nur Attribut 1 anwenden. Einerseits kann ein Nutztelegramm vom Quellteilnehmer T(i) über die Zentrale zum Zielteilnehmer T(j) übertragen werden. In diesem Fall wird mit dem Buchstaben Z gekennzeichnet. Andererseits kann ein Quellteilnehmer T(i) direkt zum Zielteilnehmer T(j) übertragen, also im direkten Querverkehr ohne Einschaltung einer Zentrale, auch nicht, um eine derartige Betriebsart kurzfristig einzuschalten. In diesem Fall wird mit dem Buchstaben D gekennzeichnet.

Auf die Elementaroperation c schließlich ist das Attribut 1 anwendbar. Bei passiver Teilnehmerankopplung erscheint im Warteschlangenmodell, wie später ausgeführt, ein zentraler Absorber zur Beendigung eines Übertragungsvorganges, da sich hier jeder Übertragungsvorgang auf die gesamte Sammelleitung auswirkt. Daher wird bei passiver Teilnehmerankopplung mit dem Buchstaben Z gekennzeichnet. Bei aktiver Teilnehmerankopplung ist jeder Teilnehmer dazu in der Lage, ein an ihn gerichtetes Telegramm an seiner Anschlußstelle aus der Sammelleitung zu entfernen. In diesem Fall besitzt er eine "logisch aktive" Eigenschaft bezüglich der Kanalfreigabe, und im entsprechenden Warteschlangenmodell (s.u.) verfügt jeder Teilnehmer über einen Absorber für den Abschluß eines Übertragungsvorganges. Es erscheinen also N dezentrale Absorber im Warteschlangenmodell, was mit dem Buchstaben D gekennzeichnet wird.

Nun liegt eine vollständige Aufstellung aller Elementaroperationen mit den zugehörigen Attributen für eine Übertragung über einen Kanal vor. Bei Mehrkanalbetrieb handelt es sich um die Überlagerung mehrerer Einkanalbetriebe, und die Überlegungen lassen sich sinngemäß übertragen. Hiermit ergibt sich nun ein Klassifizierungsschema, das in Form eines morphologischen Tableaus mit den Elementaroperationen und zugehörigen Attributen als Ordnungsbegriffe gebildet wird (Bild 4). Es liefert hinsichtlich der gewählten Aspekte eine allgemeingültige und vollständige Aufstellung aller möglichen Steuerungs- und Übertragungsverfahren für Datensammelleitungen. Jede der sich ergebenden sechzehn Klassen wird durch ein Quadrupel aus den Buchstaben der Attribute gekennzeichnet. Die Analyse der bekannten Datensammelleitungssysteme zeigt, daß sie in das Klassifizierungsschema eingeordnet werden können. Somit lassen sich eine Reihe von Feldern besetzen. Für eine Reihe anderer Felder lassen sich keine Vertreter finden, hierfür können jedoch technisch plausible Gründe angegeben werden.

		TELEGRAMMÜBERTRAGUNG			
		ZENTRAL (ÜBERTRAGUNG INDIREKT)		DEZENTRAL (ÜBERTRAGUNG DIREKT)	
KANALZUTEILUNG ZENTRAL	ABFRAGE-GESTEUERT	ZAZZ	ZAZD	ZADZ	ZADD
	EREIGNIS-GESTEUERT	ZEZZ	ZEZD	ZEDZ	ZEDD
KANALZUTEILUNG DEZENTRAL	ABFRAGE-GESTEUERT	DAZZ	DAZD	DADZ	DADD
	EREIGNIS-GESTEUERT	DEZZ	DEZD	DEDZ	DEDD
		ZENTRAL (LOGISCH PASSIV GEKOPPELT)	DEZENTRAL (LOGISCH AKTIV GEKOPPELT)	ZENTRAL (LOGISCH PASSIV GEKOPPELT)	DEZENTRAL (LOGISCH AKTIV GEKOPPELT)
		KANALFREIGABE			

Bild 4: Klassifizierungsschema für Datensammelleitungen nach Steuerungs- und Übertragungsverfahren

4. Funktionsbeschreibung von Datensammelleitungen nach Steuerungs- und Übertragungsverfahren

Die Funktionsabläufe zur Abwicklung der Übertragungsvorgänge in einer Datensammelleitung lassen sich als stochastische Prozesse mit endlich vielen Zuständen auffassen. Zu ihrer Beschreibung eignen sich Zustandsdiagramme, ähnlich wie sie aus der Automatentheorie bekannt sind. Dies sind bewertete gerichtete Graphen, in denen jeder Knoten als Kreis dargestellt wird und einem Zustand entspricht. Jede gerichtete Kante bedeutet einen Übergang von einem Zustand in einen anderen (oder denselben). Die Teilvorgänge einer Übertragung werden nochmals in Einzelaktivitäten unterteilt, so daß jeder einzelne logische Schritt erkennbar wird. Diese Einzelaktivitäten nun repräsentieren die Zustände. Jeder Zustand wird mit einem mnemotechnischen Kürzel für seine Bedeutung im Übertragungsprotokoll versehen, es ist im Kreisinneren eingetragen. Die Zeit, für die das System in einem Zustand verharrt, ist jeweils neben diesem vermerkt. Die gerichteten Kanten sind mit ihren Übergangswahrscheinlichkeiten bewertet. Eine solche Übergangswahrscheinlichkeit ist die Wahrscheinlichkeit für das Vorhandensein eines inneren Zustandes des Systems, der aus Gründen der Übersichtlichkeit nicht dargestellt wird. Dieser innere Zustand wird hier im Sinne der Automatentheorie als Eingabe interpretiert, die mit einer bestimmten Wahrscheinlichkeit auftritt. Zur Demonstration dieser Beschreibungsmethode seien hier zwei Systeme aus zwei verschiedenen Klassen beispielhaft beschrieben.

4.1 System der Klasse ZAZZ

Eine mögliche topologische Struktur des Systems ZAZZ ist in Bild 3a dargestellt. Hier teilt die Zentrale Z(Ø) den Kanal einem sendewilligen Teilnehmer zu, nachdem sie ihn mittels eines Abfragetelegrammes auf Sendebereitschaft abgefragt hat. Nach Erhalt der Kanalzuteilung überträgt T(i) als Quellteilnehmer sein(e) Nutztelegramm(e) an die Zentrale Z(Ø), die es (sie) empfängt und versehen mit der (den) Zielteilnehmeradresse(n) j erneut auf die Leitung sendet. Der jeweilige Zielteilnehmer quittiert nach Empfang eines Nutztelegramms an die Zentrale und gibt damit den Kanal für die nächste Benutzung frei. Die Zustandsfolge des ZAZZ-Systems ist in Bild 5a dargestellt. Wir beginnen mit dem Zustand P(Ø), der bedeutet, daß die Zentrale an Teilnehmer T(1) ein Abfragetelegramm (Polling von Ø nach 1) sendet, womit der innere Zustand von T(1) im System ermittelt wird und beim Übergang in den Folgezustand wie eine Eingabe im Sinne der Automatentheorie wirkt. Der Abfragezustand nimmt die Zeit t(p) in Anspruch. Mit der Wahrscheinlichkeit p(1;Ø) liegt in T(1) zum Abfragezeitpunkt kein sendebereites Nutztelegramm vor, so daß der Zustand N(1;Ø) folgt, in dem T(1) an die Zentrale Z(Ø) eine Negative Quittung von 1 nach Ø der Dauer t(n) sendet. Liegt hingegen in T(1) mindestens ein sendebereites Nutztelegramm vor, so geht T(1) mit der Wahrscheinlichkeit 1-p(1;Ø) in den Sendezustand für Nutztelegramme S(1,Ø) über, in dem er seine Nutztelegramme an Z(Ø) sendet. Daraufhin geht Z(Ø) in den Sendezustand S(Ø,j) über, in dem sie die Nutztelegramme an die Zielteilnehmer T(j) sendet. Die Sendezustände S(1,Ø) und S(Ø,j) beanspruchen jeweils die gleiche für T(1) spezifische Sendezeit t(1;s), die je nach Bedienstrategie der Übertragung von einem oder mehreren Nutztelegrammen von T(1) entspricht. Nach Empfang eines Nutztelegramms schickt T(j) eine Quittung an Z(Ø). Hierzu verweilt er für die Dauer t(t) im Zustand T(j,Ø), danach ist der Übertragungsvorgang abgeschlossen (Terminiert) und der Kanal für die nächste Aktivität von Z(Ø) freigegeben. Sie befindet sich dann im Zustand P(Ø,2), in dem sie als nächsten Teilnehmer T(2) auf das Vorhandensein eines sendebereiten Nutztelegrammes abfragt. Der geschilderte Ablauf wiederholt sich nun für jeden Teilnehmer, und die Zentrale kehrt nach Beendigung der Bedienung von Teilnehmer T(N) zu Teilnehmer T(1) zurück. Damit ist ein vollständiger Übertragungszyklus mit einfach-zyklischer Abfragefolge abgeschlossen. Das hier geschilderte ZAZZ-System entspricht der ursprünglichen Definition des PDV-Busses, im 1982 erschienenen DIN-Entwurf /12/ sind jedoch Sonderprozeduren zur Einrichtung der Betriebsart "Querverkehr" und "Übergabe der Leitfunktion" (Mastertransfer) spezifiziert. In der Betriebsart "Querverkehr" wird für eine begrenzte Dauer zwei Teilnehmern ermöglicht, Daten direkt ohne Umweg über die Zentrale auszutauschen. Während dieser Zeit sind die anderen Teilnehmer jedoch vom Verkehr ausgeschlossen. Diese Betriebsart entspricht dann kurzzeitig der Klasse ZADZ und ist für die Übertragung längerer Datenblöcke zwischen zwei Teilnehmern vorteilhaft.

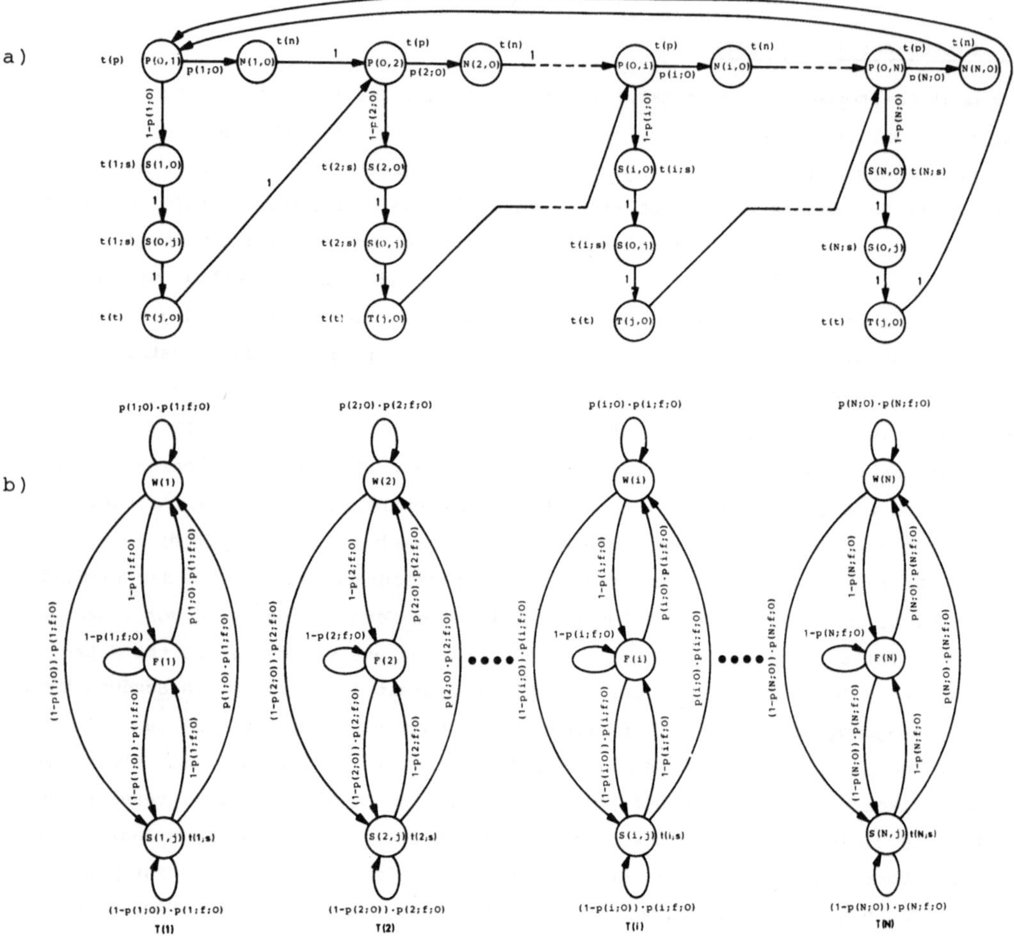

Bild 5: Zustandsdiagramm von Datensammelleitungen,
a) Klasse ZAZZ.
b) Klasse DEDD.

4.2 System der Klasse DEDD

Als zweites Beispiel sei ein System der Klasse DEDD beschrieben, wie es vom IITB als RDC-Ring realisiert wurde und sich seit 1979 im Einsatz in industriellen Produktionsanlagen befindet /8/. In dieser Datensammelleitung werden sämtliche Teilvorgänge eines Übertragungsvorganges ohne Hilfe einer Zentrale durchgeführt. Die Teilnehmer sind aktiv an eine Unterbrechungen tolerierende Ringleitung angeschlossen (Bild 3c).

In der hier betrachteten Betriebsart ist eine Übertragungsrichtung fest eingestellt. Jeder Teilnehmer reicht alle Telegramme, die nicht an ihn selbst adressiert sind, an den Nachbarteilnehmer weiter. Es gibt keine Telegramme zur Steuerung der hier betrachteten Übertragungsvorgänge. Ein sendewilliger Teilnehmer t(i) hört auf seiner Empfangsseite E mit und beginnt über den Sender S mit dem Senden eines Nutztelegramms, sobald er kein weiterzuleitendes Telegramm empfängt und falls sich kein derartiges Telegramm in seinem Zwischenpuffer P(i) befindet. Trifft während seines Sendevorganges auf seiner Empfangsseite ein weiterzuleitendes Telegramm ein, so speichert er es in P(i) zwischen ("buffer insertion"-Prinzip), um nach Abschluß des Sendevorganges die in P(i) aufgestauten Telegramme oder Telegrammteile mit Priorität vor eigenen Telegrammen weiterzuleiten. Telegramme, die von dem Zielteilnehmer empfangen werden, nimmt dieser von der Sammelleitung und stellt sie dem in der anschließenden Funktionsschicht befindlichen Teilnehmerrechner TR(i) zu. Auf diese Weise werden die Telegramme ereignisabhängig in das Sammelleitungssystem eingeschleust, und es können je nach dem Weg, den ein Telegramm vom Quellteilnehmer zum Zielteilnehmer durchläuft, mehrere Telegramme gleichzeitig übertragen werden. Bild 5b zeigt den Funktionsablauf im zugehörigen Zustandsdiagramm. Zur Erläuterung gehen wir bei Teilnehmer T(i) vom Untätigkeitszustand W(i) (Wait state) aus, in dem T(i) mit der Verbundwahrscheinlichkeit $p(1;\emptyset)\cdot p(i;f;\emptyset)$ solange verharrt, bis entweder in ihm mindestens ein sendebereites Nutztelegramm vorliegt, oder bis er ein nicht an ihn adressiertes Telegramm weiterzuleiten (Forward) hat. Liegt ein weiterzuleitendes Telegramm vor, geht er mit der Wahrscheinlichkeit $1-p(i;f;\emptyset)$ in den Zustand F(i) über, in dem er solange verbleibt, wie er Telegramme weiterzuleiten hat. Erst wenn in P(i) keine weiterzuleitenden Telegramme mehr enthalten sind, geht er entweder nach W(i) zurück oder in den Sendezustand S(i,j), falls dann in ihm ein Sendewunsch vorliegt. Im Sendezustand verbleibt er mindestens für die Sendedauer eines Nutztelegrammes. Er geht nach F(i) zurück, falls während S(i,j) in seinem Zwischenpuffer P(i) ein Telegramm oder ein Teil davon eingetroffen sind und geht nach W(i) über, falls alle Sendewünsche erfüllt sind. Der Empfangszustand erscheint in diesem Zustandsdiagramm nicht, da er gleichzeitig zu den anderen Zuständen eines Teilnehmers abläuft und somit den Bedienvorgang nicht beeinflußt. Der Teilvorgang der Kanalfreigabe geschieht einfach durch den Empfang des Telegrammes im Zielteilnehmer, womit das Telegramm aus der Sammelleitung entfernt wird. Die Verkopplung der Teilnehmer untereinander spiegelt sich im Zustand F(i) mit den zugehörigen Übergangswahrscheinlichkeiten wieder.

5. Bedienmodelle und Kenngrößen zur Leistungsbewertung

In den obigen Abschnitten wurden die Bedienvorgänge (Übertragungsvorgänge) in Datensammelleitungen in Teilvorgänge zerlegt und einerseits zu ihrer Klassifizierung sowie andererseits zu ihrer Beschreibung als "Bedien"-Automaten mittels Zustandsdiagrammen verwendet. Zur bedientheoretisch vollständigen Modellierung ist das gesamte

Bediensystem zu erfassen. Es besteht aus

- den Auftragsquellen, die die Aufträge in das System einspeisen,
- den Warteschlangen für Aufträge, die auf Bedienung warten,
- der Bedienstation und
- den Auftragssenken, die die Aufträge nach Abschluß der Bedienung aus dem Bediensystem entfernen.

Ein Netz von Warteschlangen und Bedienstationen kann wiederum eine komplexe Bedienstation bilden (s. auch Bild 6b).

Die beiden Grundmodelle, die in den hier ausgewählten Datensammelleitungen realisiert sind, werden in Bild 6 dargestellt. Bild 6a zeigt das Modell für alle Datensammelleitungen mit "zentraler Kanalfreigabe", also der Klassen xxxZ. Das sind die Systeme mit "logisch passiv angekoppelten" Teilnehmern und damit einer zentralen Auftragssenke A. In Bild 6b ist das Modell für alle Datensammelleitungen mit "dezentraler Kanalfreigabe", also der Klassen xxxD, abgebildet. Es gilt für die Systeme mit "logisch aktiv gekoppelten" Teilnehmern und daher für Systeme mit dezentralen (verteilten) Auftragssenken A(1) bis A(N). In beiden Fällen verfügt jeder Teilnehmer T(i) über eine Auftragsquelle G(i) und eine eigene Warteschlange Q(i), in der generierte Aufträge bis zur Bedienung durch die allen Teilnehmern gemeinsame Bedienstation warten. Im Falle der Klassen <u>xxxZ</u> gibt es also <u>eine zentrale Auftragssenke A</u>.

Hingegen verfügt im Fall der Klassen <u>xxxD</u> <u>jeder Zielteilnehmer</u> T(j) in <u>dezentraler</u> Anordnung über eine <u>eigene Auftragssenke A(j)</u>. Man kann nun den Generierungsprozeß für Aufträge beschreiben und verwendet zweckmäßigerweise sog. Benchmarks als Standardlastmuster /26/. Für die hier vorgestellte Untersuchung mit Übersichtscharakter wurde angenommen, daß die Generierungsraten für Nutztelegramme in allen Teilnehmern gleich sind, und die Sendewünsche poissonverteilt auftreten. Es wurde ein Telegrammtyp, nämlich das "gerichtete Einzeltelegramm" zugrundegelegt und dessen Nutzlänge negativ exponentiell verteilt mit Mittelwerten von 208 Nutzbits/Telegr. und 1024 Nutzbits/Telegr. angenommen. Als Bediendisziplin in den Warteschlangen wurde das FIFO-Verfahren (first in first out) und die Zieladressen wurden gleichverteilt gewählt. Mit diesen Annahmen lassen sich wegen der markanten Unterschiede der verschiedenen Klassen trotz der Einfachheit der Lastmuster die wesentlichen Unterschiede herausarbeiten. Als Kenngrößen zur Leistungsbewertung wurde die mittlere relative Übertragungszeit a, kurz Bitzeit genannt, und der mittlere maximal erreichbare relative Nutzdurchsatz S_{max} gewählt, mit

$$a = \frac{\text{mittlere Übertragunszeit}}{\text{mittlere Zahl der Nutzbits je Telegramm}}, \qquad (5.1)$$

wobei die Übertragungszeit für ein Telegramm vom Auftreten des Sendewunsches im Quellteilnehmer bis zur vollständigem Empfang im Zielteilnehmer zählt und

$$S_{max} = \frac{\text{maximaler mittlerer Nutzdurchsatz}}{\text{Kanalkapazität}} \tag{5.2}$$

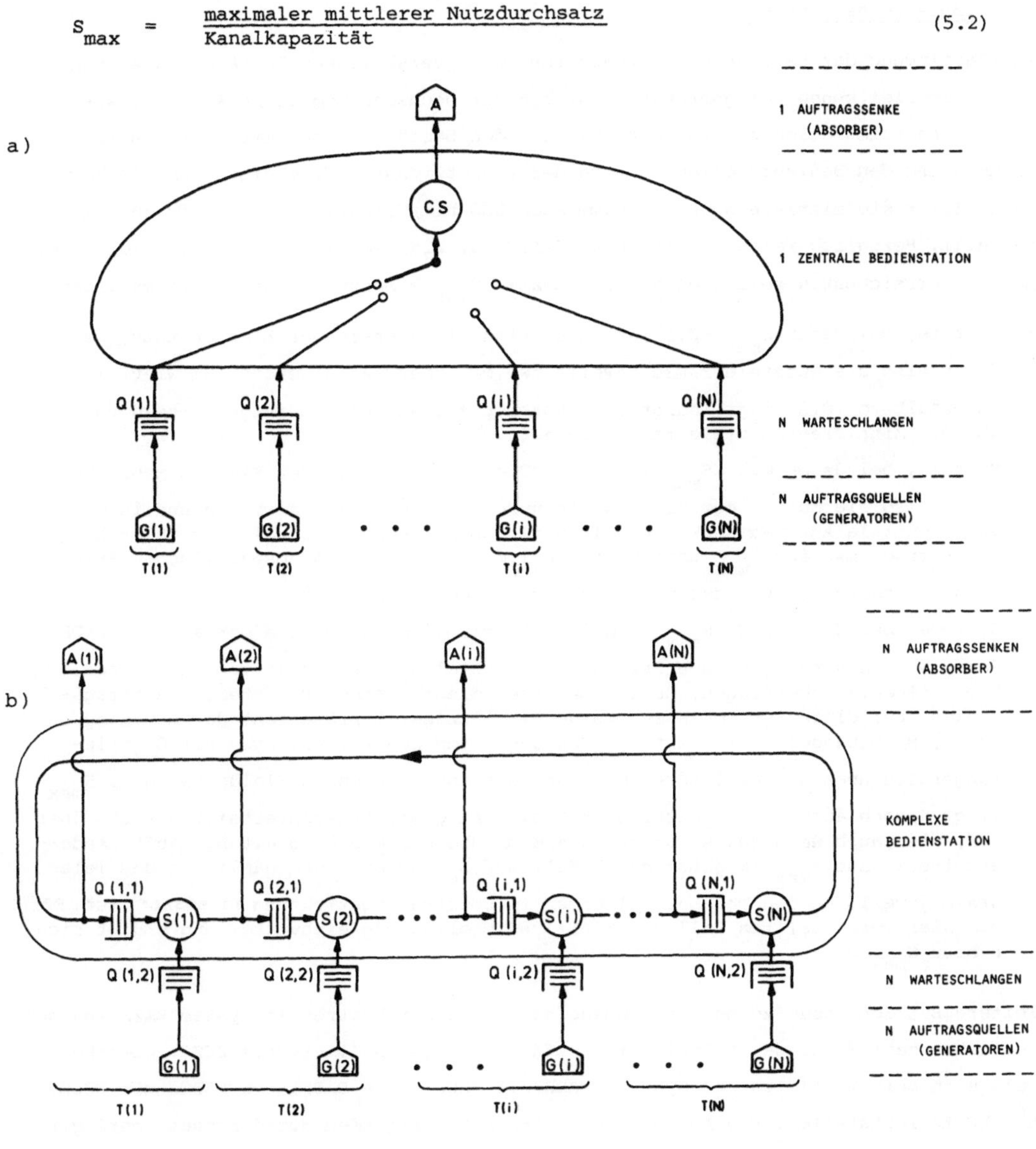

Bild 6: Bediensysteme für Datensammelleitungen,
a) Klassen xxxZ.
b) Klassen xxxD.

A ... zentrale Auftragssenke (Absorber)
A(i) ... Auftragssenke i (Absorber)
CS ... zentrale Bedienstation (central server)
G(i) ... Auftragsquelle i (Generator)
Q(i) ... Warteschlange von T(i)
Q(i,1)... Warteschlange in T(i) mit Priorität 1
Q(i,2)... Warteschlange in T(i) mit Priorität 2
S(i) ... Sender in T(i) (server)
T(i) ... Teilnehmer i

6. Simulationsergebnisse

Zur Bestimmung der Leistungskenngrößen für zwölf verschiedene Repräsentanten von Datensammelleitungen, eingeordnet in sieben der sechzehn möglichen Klassen, wurde eine Rechnersimulation benutzt entsprechend den Beschreibungen mit Zustandsdiagrammen und den Bedienmodellen. Einige der wesentlichsten Ergebnisse sind in Tabelle 1 für die mittlere Nutztelegrammlänge 2ø8 bit/Telegr. beispielhaft zusammengestellt. Bezüglich weiterer Ergebnisse wird auf /25/ verwiesen. Beim Vergleich der maximal erreichbaren relativen Nutzdurchsätze S_{max} erkennt man drei Systemklassen:

- Systeme, bei denen $S_{max} < ø.5$ ist. Dies sind die Systeme der Klassen xxZx, bei denen also die Nutztelegramme jeweils zweimal übertragen werden. Um wieviel S_{max} unterhalb von ø.5 liegt, hängt vom systemspezifischen Steuerungsoverhead und von der mittleren Nutztelegrammlänge ab.
- Systeme, bei denen $ø.5 < S_{max} < 1.ø$ ist. Dies sind Systeme der Klassen xxDZ, bei denen also die Nutztelegramme jeweils nur einmal übertragen werden und in denen eine zentrale Auftragssenke enthalten ist (passive Ankopplung). Auch hier hängt der Betrag, mit dem S_{max} unterhalb von 1.ø liegt, vom systemspezifischen Steuerungsoverhead und von der mittleren Nutztelegrammlänge ab.
- Systeme, bei denen $1.ø < S_{max} < 2.ø$ ist. Hierzu gehören Systeme der Klassen xxDD. Genau wie im vorhergehenden Fall werden Nutztelegramme direkt vom Quell- zum Zielteilnehmer übertragen, jedoch besitzen diese Systeme N verteilte Auftragssenken. Für diese Systemklassen wurde als einziger Repräsentant der RDC-Ring /2, 3, 8/ behandelt. Hier ist S_{max} abhängig von den Verteilungen der Generierungsraten über den Quelladressen i und den entsprechenden Zieladressen j. S_{max} liegt jedoch auch bei ungünstigster Ziel- und Quelladressenverteilung stets über 1.ø, also auch wenn jedes Nutztelegramm um die gesamte Ringleitung läuft. Andererseits wächst S_{max} im günstigsten Fall auf $S_{max}=N$ an, wenn nämlich jedes Telegramm jeweils an den Nachbarteilnehmer in Übertragungsrichtung adressiert ist. Für den hier vorgestellten Fall der Ziel- und Quelladreßgleichverteilung ergibt sich nahezu $S_{max}=2$.

Weitere Betrachtungen zeigen die Abhängigkeit des Durchsatzes im System ZAZZ von der Teilnehmerzahl N. Diese Abhängigkeit entfällt weitgehend im System ZEZZ. Gleiches läßt sich beim Vergleich der Systeme ZADZ mit ZEDZ sowie DADZ1 und DADZ2 mit DEDZ1 und DEDZ2 feststellen. Die Abhängigkeit wird mit steigendem Nutzdurchsatz geringer. Die Idealform eines ereignisgesteuerten Systems stellt das System REF1 (ZEDZ) dar, in dem sämtliche Steuerzeiten zu Null gesetzt wurden. Scheinbar im Widerspruch zu dieser Aussage stehen die Systeme DEDZ3 und DEDD. Diese beiden Systeme besitzen tatsächlich ereignisgesteuerte Kanalzuteilungen ohne erkennbaren Abfragecharakter. Hier werden andere Ursachen mit ähnlichen Folgen wirksam. Beim System DEDZ3 (ETHERNET) steigt u.a. die Kollisionswahrscheinlichkeit mit der Anzahl der Teilnehmer an, weil die aufgrund von Kollisionen nicht ausgeführten Aufträge sich dem stochastischen Ankunftsprozeß in den davon betroffenen Teilnehmern additiv überlagern und damit auch die Kollisionswahrscheinlichkeit für andere Teilnehmer erhöhen. Beim System DEDD führen die Eigenschaften der komplexen Bedienstation zu der besonders

	S(a=2)		S(a=5)		S(a=10)		S_{max}	S = 0	
	N=20	N=2	N=20	N=2	N=20	N=2	(a→ oo)	a(N=20)	a(N=2)
ZAZZ	<0	<0	<0	0,25	0,15	0,35	0,43	6,84	2,51
ZEZZ	<0	<0	0,25	0,30	0,38	0,38	0,46	2,42	2,26
ZADZ	<0	0,28	0,06	0,60	0,40	0,67	0,675	5,98	1,54
ZEDZ	0,41	0,46	0,69	0,75	0,85	0,87	0,95	1,22	1,09
DADZ1	0,28	0,46	0,66	0,75	0,84	0,88	0,94	1,48	1,11
DADZ2	0,05	0,40	0,59	0,70	0,75	0,86	0,92	2,01	1,12
DEDZ1	0,41	0,41	0,73	0,73	0,92	0,92	0,95	1,11	1,11
DEDZ2	0,41	0,41	0,70	0,73	0,85	0,87	0,93	1,26	1,10
DEDZ3	0,22	0,32	0,33	0,47	0,40	0,50	0,60	1,13	1,13
DEDD	0,48	1,00	1,20	1,60	1,50	1,80	1,95	1,69	1,00
REF1	0,50	0,50	0,80	0,80	0,92	0,92	1,00	1,00	1,00

Tabelle 1: Zusammenstellung einiger wichtiger Simlationsergebnisse für die Nutztelegrammlänge 2ø8 bit/Telegramm.

starken Abhängigkeit der Bitzeit a von der Teilnehmerzahl N. Die Hauptursache ist darin zu sehen, daß unter den hier getroffenen Annahmen mit wachsender Teilnehmerzahl N auch die Anzahl der durch die Übertragung vom Quell- zum Zielteilnehmer im Bedienvorgang behinderten Teilnehmer wächst und damit die Zeit ansteigt, die ein Nutztelegramm durchscnittlich vom Auftreten des Sendewunsches bis zum Sendebeginn in der Warteschlange des Quellteilnehmers verbringt. Hat der Sendevorgang begonnen, so gelangt das Telegramm dank der Prioritierung der im Leitungszug befindlichen Warteschlangen gegenüber den Warteschlangen für neu hinzukommende Telegramme in den Teilnehmern mit vergleichsweise geringer Verzögerung an sein Ziel.

7. Schlußfolgerung

Bei Bussystemen mit passiv gekoppelten Teilnehmern ist ein Übertragungs- und Steuerungsverfahren vorzuziehen, das den Querverkehr zwischen beliebigen Teilnehmern unmittelbar zuläßt und über ein möglichst belastungsneutrales, telegrammlängenunabhängiges, ereignisgesteuertes Kanalzuteilungsverfahren verfügt. Systeme der Klasse DEDD mit aktiver Ankopplung bieten gegenüber den anderen Systemen von ihrer Leistungsfähigkeit her klare Vorteile. Die vermuteten Zuverlässigkeitsnachteile lassen sich mit Fehlerdiagnose- und Fehlertoleranzmaßnahmen und zwar gerade wegen der aktiven Ankopplung mehr als ausgleichen /8/. Die Untersuchung zeigt, daß Leistungsanalysen und Vergleiche mindestens dieser Art durchgeführt werden sollten, bevor Übertragungs- und Steuerungsverfahren durch Normen festgeschrieben werden. Nur so können Fehlentwicklungen vermieden werden. Detailliertere Untersuchungen mit zusätzlichen Leistungskenngrößen für Realzeitanwendungen und mit Prioritierungen von Nutztelegrammen werden augenblicklich als Teil des europäischen Forschungsprojektes COST 11 Bis /27, 28/ durchgeführt.

Literatur

/1/ Becker, P.-J., Grimm, R., Heger, D.: Fortgeschrittene rechnergestützte Automatisierung durch Datentransparenz und Kommunikation. FhG-Berichte 2/82, München 1982.

/2/ Heger, D., Steusloff, H., Syrbe, M.: Echtzeitrechnersystem mit verteilten, Mikroprozessoren, Forschungsbericht Datenverarbeitung des BMFT, BMFT-FB-DV 79-Ø1, Karlsruhe 1979.

/3/ Heger, D. (Herausg.): Systemergänzungen und Piloterprobung eines fehlertoleranten Echtzeitrechnersystems mit verteilten Mikroprozessoren (RDC-System). Forschungsbericht Datenverarbeitung des BMFT, BMFT-DV 81-ØØ7, Karlsruhe 1981.

/4/ Haubruck, A., Früchtenicht, H.W.: THYNET, ein Rechnernetz für industrielle Anwendungen. IKD "82, Berlin 1982.

/5/ Wissel, H.: Datenverarbeitung im technischen Bereich, eine Voraussetzung zur integrierten Produktionssteuerung. IITB-Mitteilungen 1983, Karlsruhe 1983.

/6/ Syrbe, M.: Über die Beschreibung fehlertoleranter Systeme. Regelungstechnik, H. 9, Karlsruhe 198Ø.

/7/ Bähre, R.: Rechnergestützter Entwurf von Rechnersystemen: Programmstruktur und Dialogsystem. IITB-Mitteilungen 1983, Karlsruhe 1983.

/8/ Bähre, R., Heger, D., Saenger, F.: Der RDC-Ring, ein fehlertolerantes, dezentral- und ereignisgesteuertes Lichtleiter-Kommunikationsnetz. Kommunikation in verteilten Systemen-Anwendungen und Betrieb, GI/NTG-Fachtagung, Berlin, Januar 1983. Informatik-Fachberichte 6Ø, Springer-Verlag 1983.

/9/ ISO/TC97/SC16: Data Processing - Open Systems Interconnection - Basic Reference Model, Draft Proposal ISO/DP 7498, Dec. 3, 198Ø.

/10/ IEEE Project 8Ø2 Local Area Network Standards, Draft C, May 17, 1982.

/11/ IEEE Project 8Ø2 Local Area Network Standards, Draft D Standard 8Ø2.4, Token-Passing Bus Access Method and Physical Layer Specification, IEEE P8Ø2.4/82/4Ø, Dec. 1982.

/12/ DIN 19241 (Entwurf): Bitserielles Prozeßbus-Schnittstellensystem; Teil 1, Juli 1982; Teil 2, Oktober 1982.

/13/ EDN, Febr. 17, 1982, S. 1Ø8-15Ø, Special Report: Local-area networks.

/14/ Electronics, January 27, 1982, S. 86-95. Local Networks Will Multiply Opportunities in the 198Øs.

/15/ Kümmerle, K.: Local-Area Communication Networks - An Overview. NGT/GI-Fachtagung "Struktur und Betrieb von Rechensystemen", 1982; NTG-Fachberichte Bd.8Ø.

/16/ Kryskow, J.M., C.K. Miller: Local Area Networks Overview - Part 1: Definitions and Attributes; Part 2: Standards Activities. Computer Design, Febr. 1981, S. 22-35 und March 1981, S. 12-2Ø.

/17/ Clark, D.D., K.T. Pogran, D.P. Reed: An Introduction to Local Area Networks. Proceedings of the IEEE, Nov. 1978, S. 1497-1517.

/18/ Penney, B.K., A.A. Baghdadi:Survey of computer communications loop networks: Part 1 and Part 2. Computer Communications, Vol. 2, No. 4 and No. 5, Aug./Oct. 1979.

/19/ Hayes, J.F.: Local Distribution in Computer Communications. IEEE Communications Magazine, March 1981, S. 6-14.

/20/ Bux, W.: Local-Area Subnetworks: A Performance Comparison. IEEE Trans. Comm., Vol. COM 29, 1981, S. 1465-1473.

/21/ Anderson, G.A., E.D. Jensen: Computer Interconnection Structures: Taxonomy, Characteristics, and Examples. Computing Surveys of the ACM, Vol.7, No.4, Dec. 1975, S. 197-213.

/22/ Luczak, E.C.: Global Bus Computer Communication Techniques. IEEE Computer Networking Symposium, Dec. 13, 1978, S. 58-71.

/23/ Tanenbaum, A.S.: Network Protocols. Computing Surveys of the ACM, Vol. 13, No. 4, Dec. 1981, S. 453-489.

/24/ Spaniol, O.: Konzepte und Bewertungsmethoden für lokale Rechnernetze. Informatik-Spektrum, H. 5, 1982, S. 152-17Ø.

/25/ Heger, D.: Zur Klassifizierung, theoretischen Beschreibung und Bewertung lokaler Datensammelleitungen. Dissertation an der Fakultät für Informatik der Universität (TH) Karlsruhe, 1983; Fortschritt-Bericht der VDI-Zeitschriften, Reihe 1Ø, Nr. 24, 1983.

/26/ Heger, D., K. Watson: Modelling of Load Patterns and Benchmarks for Performance Evaluation of Local Area Networks. Messung, Modellierung und Bewertung von Rechensystemen, GI/NTG-Fachtagung, Stuttgart, Februar 1983; Informatik-Fachberichte 61, Springer-Verlag 1983.

/27/ COST 11 Bis, Concertated Action Research in Teleinformatics, A Short Description. Computer Networks 7, S. 61-64, 1983.

/28/ Interim Report for COST 11 Bis, Performance Analysis of LANs; edited by IITB. IITB-Bericht Nr. 9716, März 1983.

KONZEPT UND ANWENDUNG VON FELDBUS-SYSTEMEN MIT VERTEILTEN PROZESSPERIPHERIE-MODULN

DESIGN AND APPLICATION OF LOCAL BUS SYSTEMS AND DISTRIBUTED PROCESS INTERFACE-MODULES

G. Färber

Lehrstuhl für Prozeßrechner
Technische Universität München
8000 München 21, B.R. Deutschland

Summary

Technological advances allow for the realisation of decentralized concepts of process interfaces as they are required for costreductions in planning and installation of process automation systems. A concept of a local bus system is presented and discussed in the first section of the paper.

Small process interface modules (providing a small number of I/O-signals) communicate on a 2-wire-bus-system that carries information as well as electrical power for the modules; they use a 1-chip-microcomputer concerned with the tasks of communication and process-I/O.

The master of the local bus maps a consistent image of the external process-state in a local memory that may be accessed by the hostcomputer. Centralized polling protocolls are used for simplicity and effectiveness.

Finally some typical applications are discussed and an outlook is given to the future development of sensors and actuators that perhaps will have direct access to the local bus-system.

1. Anforderungen an ein Feldbus-System

Prozeßperipherie-Systeme haben die Ankopplung zwischen dem technischen Prozeß und dem Automatisierungssystem zur Aufgabe: Ihre technische Realisierung hat in den vergangenen 10 Jahren einen erheblichen Wandel erfahren. Bild 1a zeigt die klassische Prozeßrechner-Anordnung mit zentralisierter Prozeßperipherie und einem Verkehrsverteiler, über welchen sämtliche Prozeßsignale (analoge und digitale Form) über zum Teil weite Entfernungen bis zum Installationsort des Rechners herangeführt werden.

Mit der Verfügbarkeit preiswerterer Rechnermoduln (Mikrorechner) ergab sich eine Tendenz zu mehr verteilten Anordnungen der Prozeßperipherie, wie sie in Bild 1b dargestellt sind. Über ein Bussystem (z.B. PDV-Bus

/1/) wird ein übergeordneter Prozeßleitrechner mit Front-End-Prozessoren verbunden, welche vor Ort eine im allgemeinen weniger umfangreiche Prozeßperipherie anbieten und zu einer erheblichen Reduktion des Verkabelungsaufwands zwischen dem technischen Prozeß und dem Automatisierungssystem beitragen. Die meisten modernen Prozeßleit- und Überwachungs-Systeme sind nach diesem Schema aufgebaut, wobei die Front-End-Prozessoren entweder einfache Datentransfer-Aufgaben und gewisse Überwachungsfunktionen übernehmen, oder auch mit komplexeren Teilaufgaben beauftragt sind (z.B. Regelungs- und Steuerungs-Aufgaben).

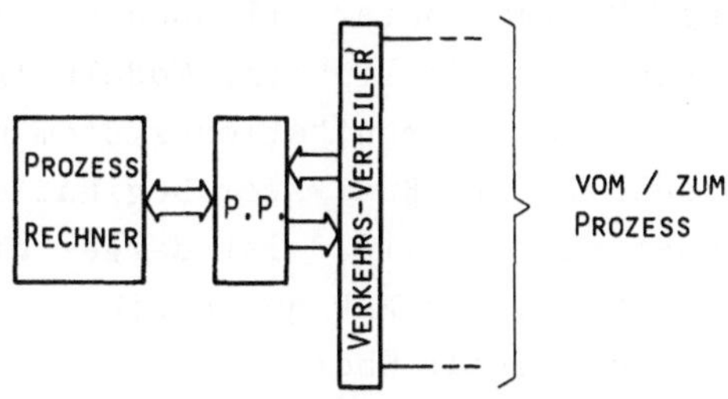

A) ZENTRALISIERTE PROZESSPERIPHERIE

P.P.: PROZESSPERIPHERIE
BK : BUS-KOPPLER
FEP : FRONT-END-PROZESSOR

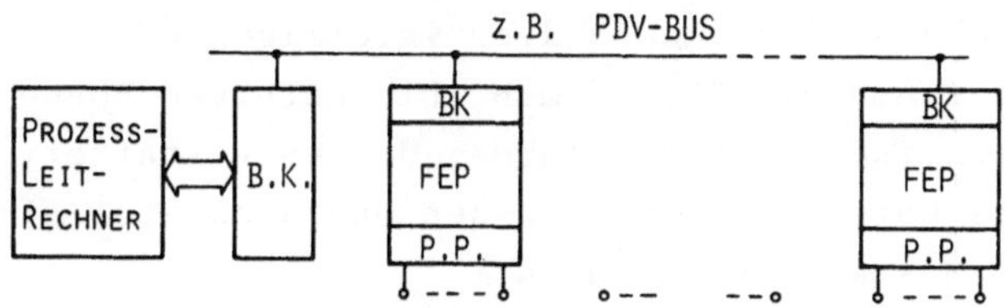

B) LEITRECHNER MIT FRONTEND-PROZESSOREN

Bild 1: Klassische Prozeßperipherie-Systeme

Auch bei dieser bereits dezentralisierten Form der Prozeßperipherie bleiben jedoch noch einige der Probleme übrig, wie sie von den zentralen Systemen her bekannt sind. Zum einen tendieren die Front-End-Prozessoren (häufig wird die Bezeichnung "Unterstation" verwendet) dazu, selbst wieder über einige Hundert analoge und digitale Ein- und Ausgänge zu verfügen und damit ähnliche Probleme für die Planung und Projektierung aufzuwerfen, wie dies von den zentralen Systemen her bekannt war. Auch die Kosten für die Installation und Inbetriebnahme sind zwar gegenüber zentralen Lösungen geringer, bei den zunehmend komplexer werdenden technischen Prozessen ergeben sich jedoch bereits bei den Subzentralen ähnliche Schwierigkeiten wie früher bei den Zentralen, so daß eine weitergehende Dezentralisierung wünschenswert ist.

Die Entwicklung der Halbleitertechnologie bietet nun alle Voraussetzungen, welche zur Realisierung eines noch viel weitergehend dezentralen Prozeßperipherie-Konzeptes benötigt werden. Besonders hochintegrierte Modem-Schaltkreise und 1-Chip-Mikrocomputer erlauben die Implementierung sehr kleiner intelligenter Prozeßperipherie-Moduln (Anschluß-Moduln), welche über ein spezielles Kommunikationssystem miteinander gekoppelt sind: Für dieses sehr lokale Bussystem beginnt sich die Bezeichnung "Feldbus" durchzusetzen. In Bild 2 ist dargestellt, wie die Prozeßperipherie am Front-End-Prozessor FEP durch die Anwendung des Feldbusses weiter dezentralisiert wird: Über einen Feldbuskoppler und den eigentlichen Feldbus (im Idealfall ein 2-Draht-System) werden die Anschlußmoduln angeschlossen, welche die direkte Verbindung zum technischen Prozeß bereitstellen. Typisch ist hier eine maximale Anzahl von 32 bis 64 Anschlußmoduln pro Feldbus-Strang. In Bild 2 wird auch die in Zukunft zu erwartende Bushierarchie deutlich: Der Prozeßleitrechner ist über ein Kommunikations-Interface mit übergeordneten Informationssystemen gekoppelt und stellt seinerseits die Verbindung zu einem Prozeßbus (z.B. PDV-Bus) dar. Am Prozeßbus hängen über Buskoppler die Front-End-Prozessoren, welche gewissermaßen die "intelligente" Versorgung der dezentralen Anschlußmoduln übernehmen. Die unterste Ebene der Bushierarchie bildet schließlich der Feldbus, der es gestattet, Sensorsignale direkt am Ort des Entstehens zu erfassen und auch Stellglieder in Zukunft direkt vom Bus aus anzusteuern.

Folgenden Anforderungen muß die Konstruktion der Anschlußmoduln gerecht werden:

- Einfache Montage. Die Anschlußmoduln sollten in einer dem Installateur gebräuchlichen Technik ausgeführt sein (z.B. auf DIN-Normschiene aufschnappbar). Der Feldbus sollte als 2-Draht-Verbindung sowohl für die Übertragung der Information als auch der elektrischen Energie verantwortlich sein. Das Einstellen der Moduladresse muß einfach und verwechslungsfrei möglich sein.
- Die elektrische Struktur der Moduln muß an den Bedarf angepaßt sein, wie er sich aus der Struktur der Prozeßsignale ergibt.

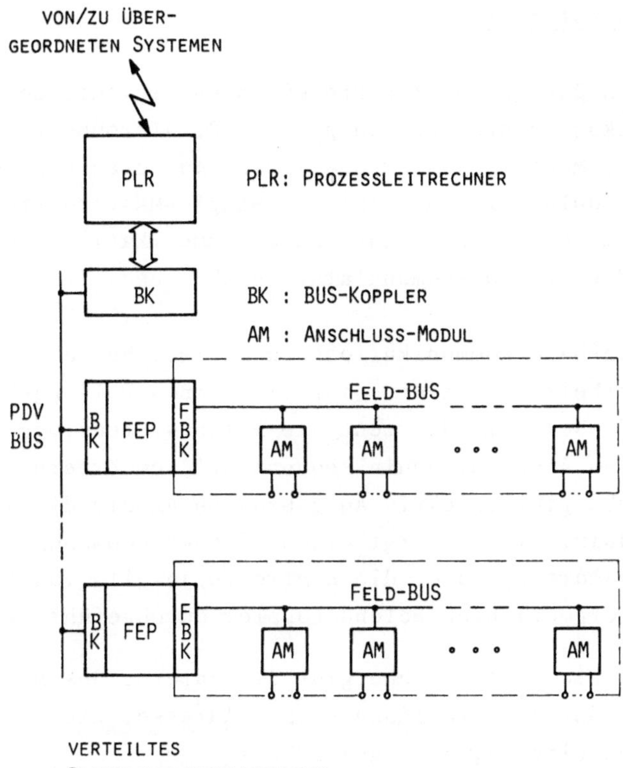

Bild 2: Weitere Dezentralisierung mit Feld-BUS

- Das Zeitverhalten des gesamten dezentralen Prozeßperipherie-Systems darf unter der Serialisierung aller Nachrichten auf dem Bussystem nicht leiden.
- Die Wartbarkeit des Gesamtsystems muß wegen der dezentralen Anordnung besonders gut sein; dazu dienen zum einen Diagnose-Mechanismen (Identifikation fehlerhafter Moduln), zum andern Methoden für den einfachen Austausch defekter Moduln.
- Insgesamt wird eine hohe Zuverlässigkeit verlangt, wobei sowohl gegen transiente Störungen (z.B. Übertragungsfehler) als auch permanente Ausfälle Vorsorge getroffen werden muß.

Im folgenden wird zunächst ein Überblick über Kommunikationsprotokolle für derartige Feldbus-Systeme gegeben, danach erfolgt eine Beschreibung der dezentralen und zentralen Komponenten des Feldbusses. Der Beitrag schließt mit der Beschreibung einiger Einsatzbeispiele.

2. Kommunikationsprotokolle

Während es bei den übergeordneten Prozeßbussen die Anforderung nach komplexen Kommunikationsprotokollen gibt (z.B. Alarmübertragung, Stations-Querverkehr, Mastertransfer usw.), kann man sich bei dem Feldbus und den Anschlußmoduln auf eine einfache Single-Master-Struktur zurückziehen. Das im folgenden beschriebene Kommunikationsprotokoll wird in Anlehnung an die PDV-Bus-Nomenklatur beschrieben.

Das einfachste denkbare Kommunikationsschema, welches ausreichende Übertragungssicherheit garantiert, ist ein reines Polling-Protokoll: Der Master - in diesem Fall die zentrale Feldbus-Steuerung - adressiert die angeschlossenen Anschlußmoduln sequentiell, um externe Zustände zu übernehmen, und übergibt selektiv Ausgabedaten an die direkt adressierbaren Anschlußmoduln. Bild 3 zeigt ein einfaches Command/Response-Protokoll für 4 Signalarten, wobei die Kontrolle jeweils von dem im Front-End-Prozessor untergebrachten Feldbuskoppler durchgeführt wird:

- M e l d u n g. Die Zentrale übergibt die Adresse des Melde-Moduls, dieses reagiert durch Rückmeldung seiner Adresse, eines Digitalwertes (z.B. 8 bit) und eines Sicherungszeichens.
- M e ß w e r t. Auch in diesem Fall wird der Anschlußmodul durch eine Kommando-Adresse selektiert und meldet sich mit der Anwortadresse, zwei Datenbyte (welche Kanaladresse und Meßwert enthalten) und Sicherungszeichen zurück.

Eine explizite Alarm-Übertragung ist nicht vorgesehen, Änderungen der digitalen Eingangszustände oder Über/Unterschreiten von Analogwerten müssen durch entsprechende sequentielle Abfrage in dem Front-End-Prozessor festgestellt werden.

In ganz ähnlicher Weise laufen die Ausgabekommandos ab, wobei im vorliegenden Fall die übertragenen Daten aus Sicherheitsgründen und zu Kontrollzwecken wieder zurückübertragen werden:

- Beim S c h a l t b e f e h l wird die Kommandoadresse, das auszugebende Datum sowie ein Sicherungszeichen übertragen, der Schaltmodul meldet sich mit seiner Adresse, den ausgegebenen Daten und dem Sicherungszeichen zurück.
- Beim S t e l l b e f e h l werden jeweils 2 Byte übertragen, der Anschlußmodul ist für die Ausgabe des Analogwertes verantwortlich.

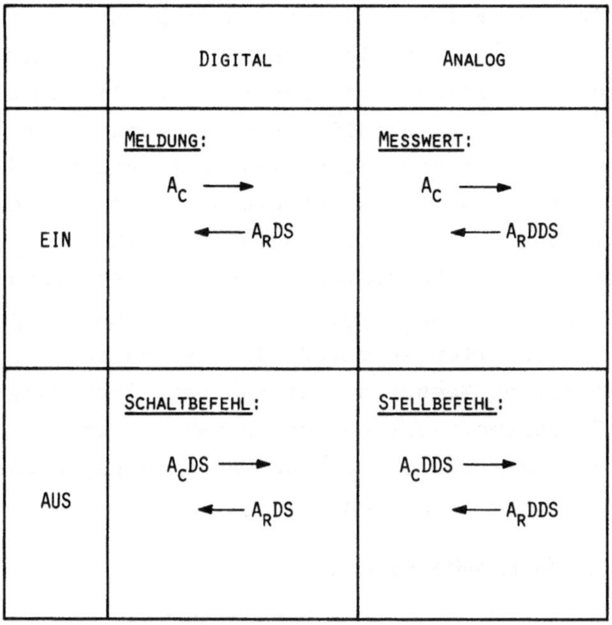

	DIGITAL	ANALOG
EIN	MELDUNG: A_C ⟶ ⟵ A_RDS	MESSWERT: A_C ⟶ ⟵ A_RDDS
AUS	SCHALTBEFEHL: A_CDS ⟶ ⟵ A_RDS	STELLBEFEHL: A_CDDS ⟶ ⟵ A_RDDS

A_C : ADRESSE COMMAND

A_R : ADRESSE RESPONSE

D : DATENBYTE

S : SICHERUNGSBYTE

Bild 3: Einfaches Command/Response-Protokoll

Sollen an ein Feldbus-System maximal 64 Moduln angeschlossen werden, und soll eine maximale Zeitverzögerung in der Prozeßsignal-Übertragung von 50 msec nicht überschritten werden, dann ergibt sich bei der oben beschriebenen Nachrichtenstruktur (ca. 4 bis 8 Byte pro Modul) eine erforderliche Datenrate von etwa 50 bis 100 Kbyte pro Sekunde. Natürlich sind insbesondere die Zeitanforderungen recht unterschiedlich: So sind etwa in Anwendung der Gebäudeleittechnik Übertragungs-Zeitverzögerungen bis zu einer Sekunde ohne weiteres tolerabel, während für Anwendungen in programmierbaren Steuerungen bereits Zeiten von 5 msec nicht toleriert werden können. Entsprechend verändern sich naturgemäß die Anforderungen an die Datenrate.

Bei allen Darstellungen von Kommunikationsprotokollen ist es heute üblich, sich an dem ISO-Schichtenmodell zu orientieren. In /3/ wird auf dieses Modell näher eingegangen. Bild 4 gibt diese Schichtenstruktur für den Feldbus wieder. Während in den dezentralen Anschlußmoduln im allgemeinen nur ein einziger Anwenderprozeß (z.B. Messen oder Melden) abläuft, gibt es in der Buszentrale entsprechend viele Anwender-Prozesse, welche mit den dezentralen Prozessen in einer 1:1-Kommunikationsbeziehung stehen. Die unterste (physikalische) Schicht nimmt die Übertragungsdienste des physikalischen Feldbusses in Anspruch und stellt der darüberliegenden Link/Netzwerk-Schicht einen noch nicht fehlerfreien Bit-Strom zur Verfügung. Die Übertragungssteuerungs- und Netzwerkebene läßt sich bei einem solchen Bussystem nurmehr schwer trennen, weil ja hier die Nachrichten nach einem Broadcast-Mechanismus ausgetauscht werden. Die jeweils adressierten Anschlußmoduln erkennen ihre Adresse und überprüfen die empfangene Nachricht auf korrekte Sicherungsinformation; sie bereiten die Rückantwort vor und übergeben sie über den Feldbus zurück an die Zentrale. Auf die Schicht der Anwendungsprozesse wird in Abschnitt 3 und 4 näher eingegangen.

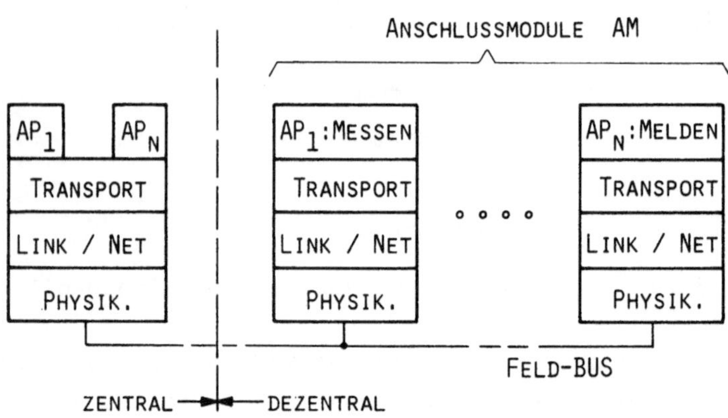

Bild 4: Schichtenstruktur zum Feldbus

3. Dezentrale Komponenten

Den unter wirtschaftlichen Gesichtspunkten schwierigsten Teil bilden die dezentralen Komponenten (Anschlußmoduln). Im Vergleich mit der Lösung einer im Front-End-Prozessor zentralisierten Prozeßperipherie ergeben sich a priori höhere Hardware-Kosten: Zusätzlich zu den - immer benötigten - Prozeßsignalwandlern kommen im dezentralen Fall die intelligenten Steuereinheiten, ihre Stromversorgung sowie die notwendigen Modem-Schaltungen. Obwohl hier die Entwicklung der Halbleiter-Elektronik den Kosten-Abstand laufend verringert, führt die Berücksichtigung der Hardware-Kosten allein zu einer ungünstigen Wirtschaftlichkeitsbetrachtung.

Allerdings erscheint es notwendig, hier die Gesamtkosten einer Prozeßperipherie-Installation zu betrachten: Zu den eigentlichen Hardware-Kosten kommen ja folgende zusätzlichen Dienstleistungs-Kosten hinzu:

- Kosten für die Planung und Projektierung, welche durch die hohe Flexibilität der Anschlußmoduln erheblich reduziert werden können.
- Kosten für die Verkabelung, welche - sowohl für die eigentlichen Kabel- als auch die Verlegungs- und Installations-Kosten - bei der dezentralen Lösung deutlich billiger sind, und
- Kosten für die Inbetriebnahme.

Da die Gerätekosten eine sinkende Tendenz zeigen, während die Dienstleistungskosten immer noch steil ansteigen, führt das Feldbus-Konzept zu insgesamt geringeren Gesamtkosten.

Bild 5 gibt die Implementierungsstruktur eines Anschlußmoduls wieder; Es besteht aus folgenden Komponenten:

- dem Netzteil, welches - entweder aus der über den Feldbus übertragenen Energie oder aus einem zusätzlichen Netzanschluß - die Versorgungsleistung für den Anschlußmodul bereitstellt (Leistungsbedarf 1 bis 2 Watt),
- dem Modulator/Demodulator (Modem), welcher die über den Feldbus übertragene Information demoduliert und moduliert. Hier gibt es bereits sehr leistungsfähige 1-Chip-Modem-Bausteine, insbesondere kann hier auf den Baustein LM 1893 verwiesen werden, der ursprünglich für die Informationsübertragung über das elektrische Netz (beispielsweise im Haushalt) entwickelt wurde /2/.
- Zentraler Baustein des Anschlußmoduls ist ein Single-Chip-Microcomputer, der über einen integrierten seriellen Ein/Ausgabe-Baustein verfügt und im übrigen eine große Anzahl von parallelen Ein/Ausgabeleitungen zur Verfügung stellt. Einige dieser Eingabeleitungen dienen als Adresse, mit dem daran eingestellten, statisch anliegenden Bitmuster vergleicht der Mikrocomputer die über den Feldbus übertragenen Adressen. Am Markt sind bereits vorprogrammierte Mikroprozessor-Bausteine für diese Übertragungs-Aufgabe verfügbar (z.B. Mostek SCU 20 /4/). Allerdings handelt es sich dabei um einen NMOS-Prozessor, der einen verhältnismäßig hohen Eigenleistungsbedarf erfordert. Besser geeignet ist auch hier die CMOS-Technik, für welche der 1-Chip-Mikrocomputer Hitachi 6301 /5/ ein gutes Beispiel abgibt: Dieser CMOS-Prozessor verfügt über eine schnelle serielle Schnittstelle,

über 4 K ROM sowie 256 Byte RAM-Speicher und über eine ausreichende Zahl von parallelen Ein/Ausgängen. Der Leistungsbedarf dieses Prozessors liegt im 50-mW-Bereich.

- Die Prozeßsignal-Adapter übernehmen die Aufgabe der Signalanpassung zwischen Mikrocomputer (TTL-Level) und den Prozeßsignalen. Hier sind auch Analog-Digital-Converter (im allgemeinen ebenfalls in CMOS-Technik) enthalten, falls es sich um einen Meßmodul handelt. Von besonderer Bedeutung ist die galvanische Entkopplung zwischen Prozeßperipherie-System und technischem Prozeß. Durch die weitgehende Dezentralisierung der Prozeßperipherie ist es jedoch möglich, die galvanische Entkopplung nicht zwischen Mikrocomputer und Prozeß, sondern zwischen Feldbus und Mikrocomputer durchzuführen: Sowohl die Stromversorgungs-Einheit als auch der Modem sorgen für eine vollständige galvanische Entkopplung von dem Feldbus-System. Nur damit ist auch eine kleine und kompakte Realisierung der Prozeßsignal-Adapter möglich mit dem Nachteil, daß die einzelnen Prozeßsignal-Ein/Ausgänge eines Moduls untereinander galvanisch nicht entkoppelt sind.

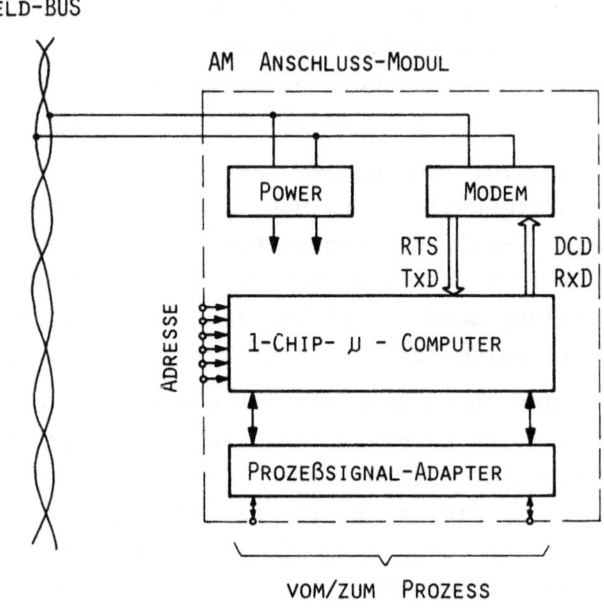

Bild 5: Struktur eines Anschlußmoduls

Die Software-Struktur des Anschlußmoduls arbeitet mit einem internen Prozeß-Abbild, welches jeweils im RAM-Speicher des Mikrocomputers abgelegt wird. Im wesentlichen enthält die Mikrocomputer-Firmware zwei Tasks:

- Eine Task ist für die Übertragung aus der Prozeß-Umgebung in den internen RAM-Speicher (bzw. für die umgekehrte Richtung) verantwortlich, sie muß in der Eingaberichtung für eine möglichst konsistente Abbildung des Prozeßzustandes in den Intern-RAM sorgen, und auf der Ausgabenseite solche Kommandofolgen nach außen auslösen, daß der Prozeß-Zustand mit dem Soll-Zustand übereinstimmt. Gelingt dies - z.B. aufgrund von Fehlern in den Prozeßanschlüssen - nicht, so müssen entsprechende Fehlermeldungen nach oben übertragen werden (Fehlerzustände der Prozeßperipherie).
- Die zweite Task befaßt sich mit dem Übertragungs-Protokoll des Feldbusses, es empfängt alle über die Leitung übertragenen Nachrichten und filtert die an den Anschlußmodul selbst gerichteten Nachrichten heraus. Zum Modul gesendete Nachrichten werden direkt in dem internen RAM abgelegt, Nachrichten zu der Zentrale werden ebenfalls aus dem RAM-Prozeßabbild übernommen. Dadurch ist es der Übertragungs-Task möglich, das Busprotokoll ohne Wartezustände zu befriedigen. Natürlich ist diese Task auch für die Fehlerbehebung bei Übertragungsfehlern auf dem Feldbus verantwortlich.

Typische Varianten für solche Anschlußmoduln verfügen über die folgenden Prozeßsignal-Kombinationen, welche sich in der Praxis bereits bewährt haben:

- Meldemodul. Hier handelt es sich um 4 bzw. 8 Digital-Eingänge, welche beispielsweise zur Kontaktabfrage eingesetzt werden können.
- Schaltmodul. Hier handelt es sich um 4 Relais-Ausgänge, welche dezentral Schaltfunktionen auslösen können.
- Meßwertmodul. Der Meßwertmodul stellt 4 differenzielle Eingänge zur Verfügung, über welche wahlweise Eingangsspannungen oder Ströme (20-mA-Schaltkreise) angeschlossen werden können.
- Stellmodul. Hier werden 1 oder 2 Stellausgänge bereitgestellt, welche mit einem nachgeschalteten Servopotentiometer in die Lage versetzt werden, einen Analog-Wert nach außen abzugeben (z.B. Stellung eines Drosselventils).
- Analog-Ausgabe-Modul. Hier handelt es sich um 4 Analog-Ausgänge, über welche beispielsweise Soll-Werte an dezentrale Regler übergeben werden können.

Diese Moduln unterscheiden sich nur durch die Ausprägung ihrer Prozeßsignal-Adapter sowie durch die zugehörige Firmware. Dabei kann davon ausgegangen werden, daß die Firmware für alle 5 Modul-Typen in einem ROM (4 K) untergebracht werden können, die Auswahl des jeweiligen Teilprogramms erfolgt durch die Belegung von Brücken im Anschlußmodul.

Die Probleme, welche sich bei der Festlegung dieser Konfiguration nun ergeben (wenn beispielsweise ein Analog-Eingang und drei Digital-Eingänge benötigt werden), führen zu einem zusätzlichen Modularisierungswunsch, welcher durch Anfügen mehrerer Anschlußmoduln an einer Stelle im Prozeß gelöst werden kann. Betrachtet man jedoch die Kostenstruktur innerhalb des Anschlußmoduls, so stellt man fest, daß die meisten Kosten durch den Anschluß an den Feldbus (Modem, Netzteil) entstehen.

Bild 6 gibt daher ein modulares Anschlußkonzept wieder, nach welchem mehrere Anschlußmodul-Kerne (bestehend jeweils aus Mikrocomputer und Prozeßsignal-Adapter) an einem internen Bus angeschlossen werden, der über dem Modem aus dem Feldbus abgeleitet ist. An die Stelle eines parallelen Bussystems, wie es heute standardmäßig in Prozeßperipherie-Kartensystemen eingesetzt wird, tritt also ein serielles, lokales Bussystem: Die Pin-Limitation der 1-Chip-Mikrocomputer führt dazu, daß diese serielle Lösung sehr viel wirtschaftlicher ist als der Aufbau von Prozeßperipherie-Komponenten aus konventionellen MSI-Schaltkreisen. Eine interessante Lösung des Inter-IC-Busproblems bietet im übrigen die Firma Valvo mit ihrem I^2C-Bus /6/.

Die Unterbringung der Elektronik-Komponenten der Anschlußmoduln kann in sehr unterschiedlicher mechanischer Form erfolgen. Eine Variante ist die Unterbringung in Standard-Schaltgehäusen, wie sie heute für Koppelrelais oder kleine Schütze verwendet werden, und welche auf den DIN-Normschienen der Installationstechnik eingeschnappt werden können. Durch Aneinanderstecken solcher Moduln über der Normschiene kann das oben beschriebene Modularitätsprinzip auch physikalisch realisiert werden.

4. Zentrale Komponenten

Der zentrale Feldbus-Koppler übernimmt die Aufgabe der Integration des dezentralen Prozeßperipherie-Systems in das Host-System (z.B. Front-End-Prozessor). Die Prozeßstruktur des zentralen Feldbus-Adapters ist in Bild 7 wiedergegeben:

- Die logische Ankopplung an den Feldbus erfolgt über ein Feldbus-Protokoll, welches beispielsweise ebenfalls über einen Single-Chip-Mikroprozessor abgewickelt wird. Dieses Feldbus-Protokoll ist für die Auf-

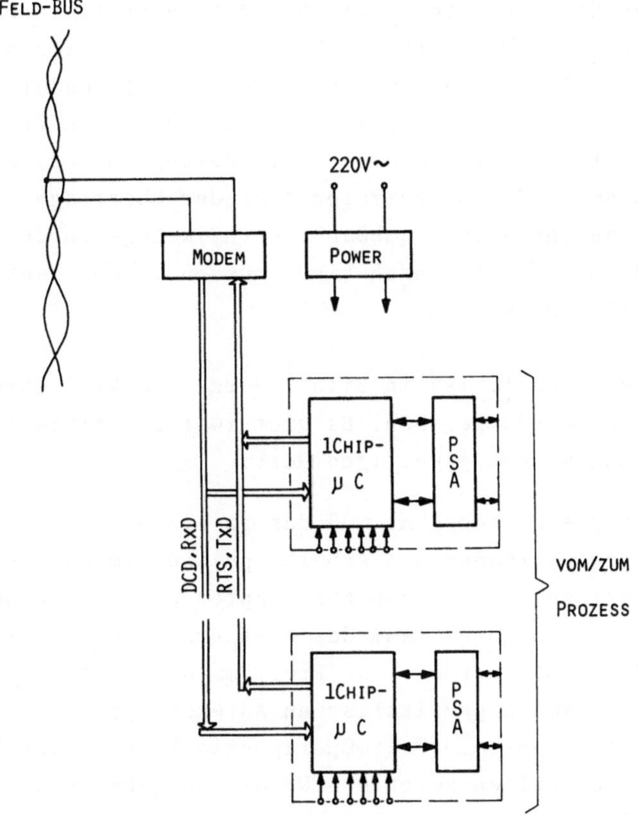

Bild 6: Modulares Anschlußkonzept

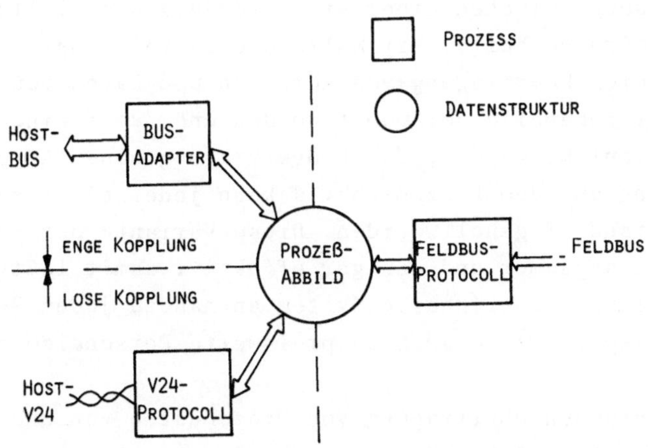

Bild 7: Prozeßstruktur des zentralen Adapters

rechterhaltung der Konsistenz zwischen dem zentralen Prozeßabbild (in einem internen RAM-Speicher gehalten) und den externen Prozeßabbildern, wie sie in den RAM-Speichern der Anschlußmoduln gehalten werden. Änderungen im Prozeßabbild, welche durch den Front-End-Prozessor ausgelöst sind und zu einer Veränderung im Prozeß führen sollen, müssen also in die dezentralen Abbilder übertragen werden, Änderungen in den dezentralen Prozeßabbildern, welche durch Veränderungen von Eingangssignalen entstanden sind, müssen in dem zentralen Prozeß-Abbild nachvollzogen werden.

Das zentrale Prozeßabbild ist in Bild 7 durch die kreisförmig bezeichnete Datenstruktur wiedergegeben. Es gibt zwei prinzipielle Möglichkeiten der Ankopplung an den jeweiligen Host:

- Bei einer e n g e n Kopplung muß das in einem Speicher abgelegte Prozeßabbild gewissermaßen als Arbeitsspeicher im Adressraum des Host-Rechners erscheinen. Über einen Bus-Adapter wird daher der Prozeßabbild-Speicher in den Adressraum des Host-Bus (z.B. Multibus, Q-Bus usw.) hinein "gemappt" werden. Das Programm des Host-Rechners findet damit unter bestimmten physikalischen Adressen jeweils das Prozeßabbild für dieses dezentrale Prozeßperipherie-System, durch Ausgabe auf bestimmte Speicherzellen sorgt er für die Ausgabe an den Prozeß. Diese enggekoppelte Variante erlaubt eine enge Einbindung in das Hardware- und Software-System des Host-Rechners.
- Bei der l o s e n Kopplung sorgt wiederum ein Protokoll-Konverter für die Abbildung zwischen einer standardmäßigen seriellen Verbindung (V24) und dem Prozeßabbild. Mit Hilfe dieses Voll-Duplex-Protokolls kann also - durch Übertragung von Adressen und Daten von seiten des Hosts - das Prozeßabbild verändert werden und damit eine Ausgabe an den Prozeß veranlaßt werden, durch Übertragung einer Adresse und Rückübertragung aus dem Prozeß-Abbild kann jederzeit Information über den Prozeßzustand eingeholt werden. Diese Variante der losen Kopplung ist natürlich langsamer und weniger effektiv, damit läßt sich jedoch das dezentrale Prozeßperipherie-System an nahezu jeden Rechner anschließen (beispielsweise auch an preiswerte Personalcomputers).

Neben dieser einfachen Übertragung von Prozeßdaten von und zum Prozeß unter Nutzung des Prozeßabbildes kann es im zentralen Feldbus-Koppler optional auch Prozesse geben, welche dieses Prozeßabbild auf unzulässige oder besonders kritische Kombinationen von Eingabesignalen bzw. Rückmeldungen von Ausgabesignalen hin untersuchen. Hierzu müssen zusätzliche Datenstrukturen aufbereitet werden, welche jetzt für jeden externen Datenpunkt eine entsprechende Signalbeschreibung bereitstellen (z.B. Alarm-Auslösung bei Übergang eines bestimmten Digital-Eingangs bzw. des Überschreitens eines Analog-Einganges). Diese Überwachungsprozesse führen damit zur Erzeugung von Alarmen, welche im Falle der engen Kopplung zu Programmunterbrechungen im Host-Rechner führen können, und welche im Fall der losen Kopplung zur Übergabe von spezieller Statusinformation führen.

Neben diesen eigentlichen Betriebsfunktionen müssen die zentralen Komponenten noch weitere infrastrukturelle Dienstleistungen anbieten. Eine wichtige Aufgabe ist etwa die Initialisierung nach dem Einschalten des Prozeßperipherie-Systems. Hier soll eine automatische Anpassung an die jeweilige Konfiguration möglich sein. Dies geschieht auf folgende Weise:

- Nach dem Einschalten beginnt die Zentrale alle nur möglichen Adressen mit einer Kommandoart abzufragen, welche als Rückmeldung den Modultyp des unter der jeweiligen Adresse angehängten Anschlußmoduls zurückspiegelt.
- Die Zentrale erfährt damit, ob und welcher Anschlußmodul unter welcher Adresse des Feldbusses erreichbar ist.
- Die zentrale Komponente kann damit die entsprechenden Speicherzellen für das Prozeßabbild anlegen.

Ein ähnlicher Mechanismus läuft auch bei der kontinuierlich durchgeführten Systemdiagnose ab. Hier werden die als vorhanden bekannten Anschlußmoduln zyklisch auf ihre Funktionsfähigkeit überprüft, sie übergeben dabei ein Statuswort, welches den internen Zustand des jeweiligen Anschlußmoduls mitteilt. Die zentrale Komponente macht diese Information im Fehlerfall auch dem Host-Rechner bekannt.

5. Einsatzbeispiele

Ein dezentrales Prozeßperipherie-Konzept, wie es in den beiden letzten Abschnitten vorgestellt wurde, kann in zahlreichen Anwendungen Einsatz finden. Typisch sind insbesondere die folgenden Einsatzbereiche:

- Betriebsdatenerfassung. Die Anschlußmoduln sind eine ideale Ergänzung von Betriebsdatenerfassung-Terminals, bei welchen die Tendenz immer mehr zu einem direkten Anschluß von Maschinenzustandsgebern, Waagen usw. geht. Dabei ist es besonders problematisch, innerhalb der Betriebsdaten-Terminals ein modulares Prozeßperipherie-Steckkartensystem unterzubringen, da diese Geräte einerseits kompakt, andrerseits jedoch für schwere Umgebungsbedingungen ausgelegt sein müssen. Ein Feldbus-Adapter kann dagegen standardmäßig im BDE-Terminal untergebracht sein, über den Feldbus können individuelle Maschinen-Anschlüsse realisiert werden.

- Eine interessante Anwendung ist auch die Anschlußperipherie für programmierbare Steuerungen (PC). Besonders bei nicht so zeitkritischen Anwendungen (geringe Übertragungsraten) bietet sich dieses Konzept für eine modulare Erweiterung der Steuerungs-Ein/Ausgänge an. Speziell bei der Steuerung von Sondermaschinen, bei welchen die konventionellen programmierbaren Steuerungen über spezielle, im allgemeinen einzel gefertigte (und bei jeder Modifikation neu zu erstellenden) Kabelbäume mit den Signalgebern/Aktuatoren verbunden sind, ergeben sich erhebliche Einsparungen.
- Gebäudeleittechnik. Unter den leittechnischen Anwendungen ist es besonders die Gebäudeleittechnik, für welche die Feldbus-Lösung ideal geeignet ist. Die gebäudetechnischen Einrichtungen (Gewerke) sind in einzelnen Gebäuden oder ganzen Gebäudekomplexen weitverstreut, so daß über den Feldbus und Anschlußmoduln eine ideale Anpassung an die gegebene Topologie möglich wird. Natürlich gibt es auch zahlreiche andere leittechnische Aufgaben (z.B. Industrieleittechnik), für welche das Feldbus-Konzept gut geeignet ist.
- Schließlich eignen sich die Anschlußmoduln auch für Aufgaben der allgemeinen Automatisierungstechnik, insbesondere wenn die zeitlichen Anforderungen nicht extrem hoch sind. Zusammen mit geeigneten Software-Konzepten in den Front-End-Prozessoren sind die Anschlußmoduln eine interessante Basistechnik für zukünftige Automatisierungssysteme.

Die meisten Unternehmen der Automatisierungsindustrie befassen sich heute mit der Konzeption oder Entwicklung von Feldbus-Systemen; einige haben bereits Produkte am Markt angekündigt. Daneben gibt es neue Mitbewerber (beispielsweise aus der Halbleiterindustrie, von klassischen Komponenten-Herstellern usw.), welche Basiskomponenten für diesen Markt anbieten bzw. anbieten werden. Damit entsteht immer dringender die Forderung nach einem Feldbus-Standard, über welchen auch Anschlußmoduln unterschiedlicher Hersteller im selben System zusammengeschaltet werden können.

Dieses Bedürfnis nach einem Standard wird noch dringender, wenn man die Tendenz berücksichtigt, daß die Anschlußmoduln in Zukunft mit in die Sensoren und Stellglieder hineinintegriert werden: Es entstehen damit spezialisierte "intelligente" Sensoren/Stellglieder, welche über einen Feldbus direkt mit einem Prozeßperipherie-freiem Front-End-Prozessor kommunizieren. In ähnlicher Weise, wie man heute mit dem 20-mA-Analog-signal-Standard beliebige Sensoren und Stellglieder miteinander mischen kann, sollte es in Zukunft auch möglich sein, diese intelligenteren Einheiten über einen einzigen Feldbus zu koppeln.

Literatur

/1/ Buxmeyer, E., Deck, W., Haussmann, G., Janetzky, D., Möhl, R., Walze, H.: Serielles Bussystem für industrielle Anwendungen unter Echtzeitbedingungen (PDV-Bus). KfK-PDV-Bericht 150, Karlsruhe Oktober 1978.

/2/ Anonym: Intelligentes Kabel. Abschlußbericht zu dem gleichnamigen PDV-Vorhaben, Firma PCS, München 1982.

/3/ Heger, D.: Stand und Auswirkung der Standardisierung lokaler Netzwerke für die Prozeßautomatisierung. Interkama-Kongreß 1983, Springer-Verlag 1983.

/4/ Anonym: SCU 20 Serial Control Unit, Operation Manual. Firmenschrift der Firma Mostek, 1982.

/5/ Anonym: Microcomputersystem HD6301V MCU. Firmenschrift der Firma Hitachi, 1982.

/6/ Anonym: Specification IIC BUS. Firmenschrift der Firma Philips Elcoma, Eindhoven, May 1981.

KOMMUNIKATION MIT LOGISCHEN NACHRICHTENWEGEN - EIN ANWENDUNGS- UND RECHNERUNABHÄNGIGES VERFAHREN ZUM DATENAUSTAUSCH IN VERTEILTEN SYSTEMEN ZUR PROZESSAUTOMATISIERUNG

COMMUNICATION BY PORTS - AN APPLICATION AND MACHINE INDEPENDENT TOOL FOR MESSAGE EXCHANGE IN DISTRIBUTED PROCESS CONTROL SYSTEMS

H.D.Ferling, W.Seifert

AEG-TELEFUNKEN
Systemtechnische Entwicklung
6000 Frankfurt 71

Summary

Following a short discussion of the requirements of an application independent communication interface in distributed computer systems for process control, the concepts of such an interface based on message passing through ports are presented. It is outlined that communicating by ports is a valuable and efficient tool for application programmers using different languages on different machines. Configuring the communication structure and programming distributed application tasks are shown to be interdependent steps in the system design procedure.

1. Einführung

Für Automatisierungssysteme mit verteilter Intelligenz spielt die Kommunikation zwischen den unterschiedlichen Automatisierungseinheiten eine zentrale Rolle. Es gibt eine Reihe von Normungsaktivitäten, die das Ziel haben, diese Kommunikation zu vereinheitlichen und damit Schnittstellen zu definieren, die im Endziel gestatten, auch Komponenten verschiedener Hersteller für den Aufbau von dezentralen Systemen miteinander zu koppeln /1, 2/.

Grundlage von Überlegungen zur Festlegung der Dienste, die ein Kommunikationssystem zu erbringen hat, ist heute im jeden Fall das OSI-Referenzmodell /3/, das die Funktionen des Kommunikationsvorganges gliedert und sie in einem Schichtenmodell darstellt.

Im vorliegenden Beitrag wird ein Kommunikationssystem beschrieben, das sich aus den speziellen Anforderungen der Prozessautomatisierung ergeben hat.

2. Anforderungen

Bild 1 zeigt den prinzipiellen Aufbau eines verteilten Automatisierungssystems. Rückgrat der Kommunikation ist ein serieller Anlagenbus, der dem Normentwurf DIN 19241 für den PDV-Bus entspricht, und dessen Prozeduren auch für die Sternverbindungen verwendet werden.

Um die Problemstellung für die Kommunikation zu verdeutlichen, sind in Bild 1 Rechner- und Mikrocomputersysteme wiedergegeben, wie sie in ähnlicher Kombination bei realen Systemen vorkommen. Die dargestellten Teilsysteme wurden ursprünglich für unterschiedliche Anwendungsbereiche entwickelt. Damit stand bei ihrem Entwurf nicht von vorneherein die Kombination in verteilten Systemen im Vordergrund.

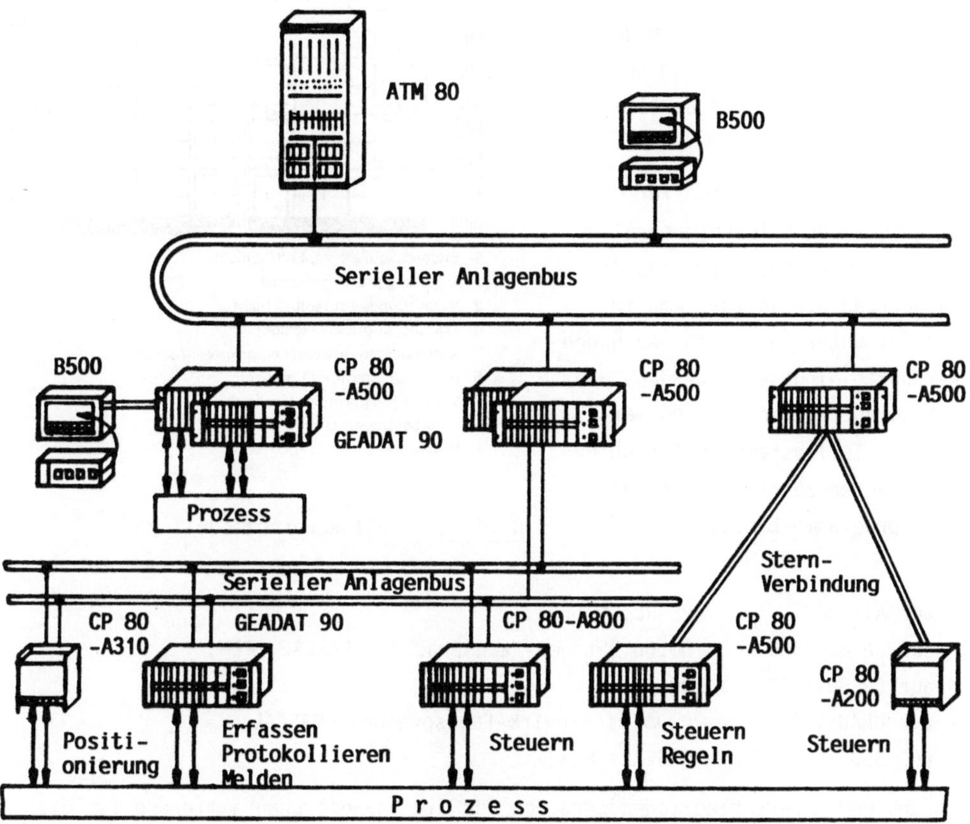

Bild 1: Dezentrales Automatisierungssystem

Im Einzelnen sind folgende Anwendungsbereiche vertreten:

- ATM 80: Prozessrechner / Leitrechner
- GEADAT 90: Datenerfassung / Fernwirktechnik

- CP 80-A500: Steuerungs- und Regelungstechnik
- CP 80-A800: Steuerungstechnik
- CP 80-A200: Steuerungstechnik
- CP 80-A310: Positionierung
- B500: Modulares Prozessbedienungssystem

Bild 2 zeigt das bereits in der Einführung erwähnte OSI-Referenzmodell, das zur Diskussion der geeigneten Schnittstellenfestlegung für die Kommunikation herangezogen werden soll. Wünschenswert wäre aus der Sicht der Anwender von dezentralen Automatisierungssystemen eine genormte Schnittstelle auf dem Level 6 oder besser noch auf dem Level 7 des OSI-Referenzmodells.

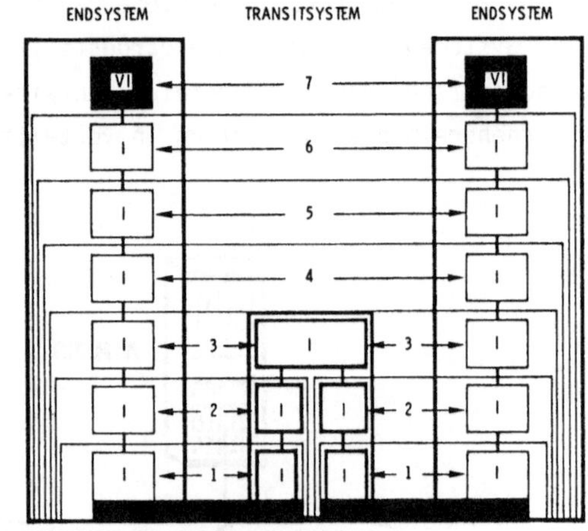

Bild 2: OSI-Referenzmodell /3/

Technische Schwierigkeiten für die Festlegung einer solchen generellen Schnittstelle ergeben sich aus der Tatsache, daß die Teilsysteme in Bild 1 für unterschiedliche Aufgabenschwerpunkte eingesetzt werden. Hierdurch bedingt werden auf den verschiedenen Teilsystemen unterschiedliche Sprachen zur Erstellung der Anwenderprogramme benutzt, wie z.B.

- auf ATM 80: PEARL, PASCAL;
- auf CP 80-A500: DOLOG (Steuer-Fachsprache), PASCAL, PLM;
- auf CP 80-A200: DOLOG;
- auf GEADAT 90: DODAT (Fernwirk-Fachsprache), PASCAL;
- auf B500: PASCAL, PLM;

Auf Grund der unterschiedlichen Sprachen für die Anwenderprogrammierung ist die Voraussetzung für die Festlegung einer einheitlichen Schnittstelle für die Kommunikation auf dem Level 7 nicht gegeben. Die Vielfalt der verwendeten Anwendersprachen verhindert jedoch auch ein einheitliches Datenformat und eine einheitliche Datendarstellung für das gesamte System, und damit die Festlegung einer durchgängigen Schnittstelle auf dem Level 6 des OSI-Referenzmodells.

Dabei muß betont werden, daß sich dieser Zustand nicht nur daraus ergibt, daß heute versucht wird oder versucht werden muß, verteilte Systeme aus Teilsystemen unterschiedlicher Herkunft aufzubauen, sondern daß der dargestellte Zustand sich verstärken wird, je weiter der Wirkungsbereich von solchen Automatisierungssystemen gespannt wird. Die Tendenz, immer weitere Anwendungsrichtungen in ein Automatisierungssystem zu integrieren, zeichnet sich ganz klar ab.

Aus den bisher dargestellten Randbedingungen ergibt sich, daß man nach heutigen Gegebenheiten eine vereinheitliche Schnittstelle zur Anwenderseite hin nur unterhalb des Levels 6 des OSI-Referenzmodells definieren kann. Praktisch ist das auch diejenige Ebene, auf der eine saubere Abgrenzung der übertragungsspezifischen und der anwender- oder programmspezifischen Leistungen eines verteilten Systems möglich ist.

Folgende Eigenschaften einer solchen einheitlichen Schnittstelle sollen gefordert werden:

- die Schnittstelle zum Anwenderprogramm muß unabhängig vom eingesetzten Rechner- oder Prozessortyp sein;
- sie muß weiterhin unabhängig sein von den unterlagerten Übertragungsprotokollen;
- über die Bedeutung und den Aufbau einer Nachricht brauchen nur die direkt betroffenen Kommunikationspartner eine Verabredung zu treffen;
- der Sender einer Information braucht keine Kenntnis darüber zu haben, in welcher Form oder zu welchem Zweck der Empfänger die Information weiterverarbeitet oder benutzt;
- in gleicher Weise braucht der Empfänger keine Kenntnis über die Entstehung einer übertragenen Information zu haben.

Die Erfüllung dieser Forderungen stellt sicher, daß die Erstellung der Anwenderprogramme, die über das Übertragungssystem kommunizieren, weitgehend unabhängig voneinander erfolgen kann, und daß insbesondere spezielle programmtechnische Vorgaben, wie z.B. Datenadressen, aus denen zu übertragende Informationen zu entnehmen oder in denen sie beim Empfänger abzulegen sind, keine Rolle für die Übertragung der Information spielen.

Die eindeutige Trennung von übertragungsspezifischen und programmspezifischen Festlegungen und die Berücksichtigung der aufgestellten Forderungen führt zur Definition einer allgemeinen logischen Übertragungsschnittstelle, die sich mit Hilfe benannter Nachrichten realisieren läßt.

Benannte Nachrichten bilden in der Literatur die Grundlage der unterschiedlichsten Vorschläge für die Kommunikation in verteilten Rechnersystemen /4,5,6,7,8,9,10,11/, wobei in den genannten Veröffentlichungen, die nur eine beispielhafte Auswahl darstellen können, die Kommunikation zwischen Rechnern aus ganz verschiedenen Blickwinkeln behandelt wird.

In der Folge werden benannte Nachrichten mit speziellen Eigenschaften betrachtet, die als Grundlage für die Realisierung des Datenaustauschs in verteilten Systemen zur Prozessautomatisierung dienen sollen.

3. Benannte Nachrichten

Eine benannte Nachricht ist im Kommunikationssystem durch vier Attribute gekennzeichnet, die grundsätzlich miteinander assoziiert sind, nämlich durch

- den Nachrichtennamen (die Nachrichtennummer),
- den Nachrichtenweg,
- den Datentyp der Nachricht und
- die technologische Bedeutung der Nachricht.

Bild 3 verdeutlicht die Zuordnung dieser Attribute einer benannten Nachricht zu den funktionalen Ebenen der Software auf Quell- und Zielstation.

Der Nachrichtenname stellt die im gesamten System eindeutige Identifikation einer Nachricht dar. Er wird aus Platz- und Effizienzgründen als Nachrichtennummer angegeben, und stellt jeweils den Bezug zu allen weiteren Attributen der benannten Nachricht her. Im Folgenden wird immer die Nachrichtennummer als logischer Name einer Nachricht angesehen und in diesem Sinne benutzt.

Der Nachrichtenweg beschreibt die Weiterleitung einer Nachricht im verteilten System, ausgehend von dem der Nachrichtennummer zugeordneten Sendeauftrag auf der Quellstation bis hin zum zugehörigen Empfangsauftrag auf der Zielstation, eventuell über mehrere Busse und Zwischenstationen hinweg. Der Nachrichtenweg beeinflußt den Vermittlungsvorgang (Routing) auf den einzelnen Stationen.

Der Datentyp einer Nachricht kennzeichnet programmtechnisch gesehen Aufbau und Struktur der in der Nachricht übertragenen Daten. Auf Grund der festen Verknüpfung von Nachrichtennummer und Datentyp ist sowohl auf der Sende- als auch auf der Empfangsseite eine eindeutige Datenzuordnung und -aufteilung möglich, ohne daß dazu Zusatzinformationen - außer der Nachrichtennummer selbst - im Telegramm mit übertragen werden müssen.

Die technologische Bedeutung einer Nachricht umfaßt die anwenderseitige Verabredung über den technologischen Informationsgehalt der zusammen mit einer bestimmten Nachrichtennummer übertragenen Daten. Aus ihr folgt die verarbeitungsmäßige Datenzuordnung im jeweiligen Anwenderprogramm auf der Sende- und Empfangsseite.

Aus der Untrennbarkeit der beschriebenen Attribute einer benannten Nachricht folgt, daß das auf dem physikalischen Weg übertragene Telegramm neben notwendigen busspezifischen Telegrammteilen nur die Nachrichtennummer und das Datenfeld selbst enthalten muß, wobei erstere als Schlüssel sowohl zur Weiterleitung im System bis hin

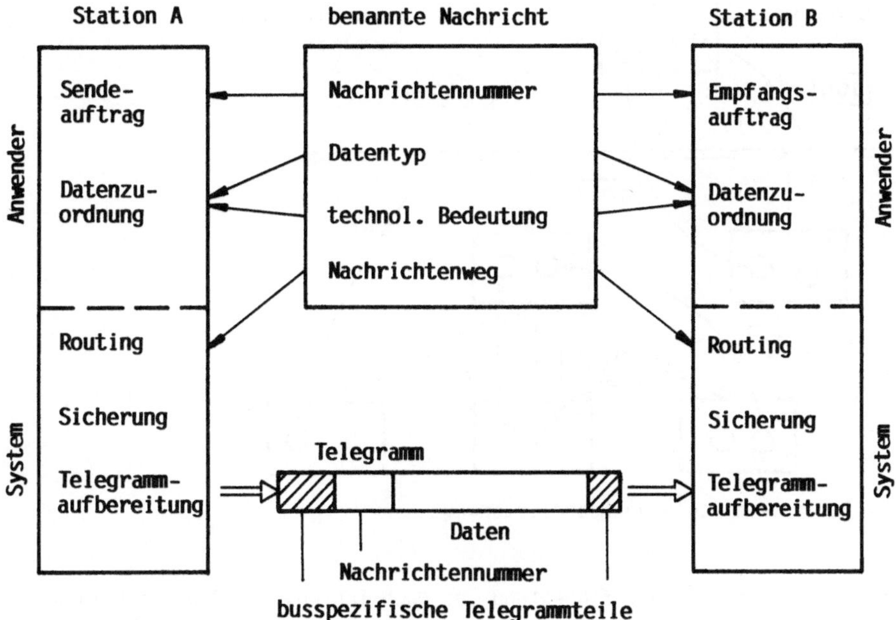

Bild 3: Benannte Nachricht im System

zum Anwenderprogramm, als auch für die Interpretation von Aufbau und Bedeutung der Daten dient.

4. Gerichtete logische Nachrichtenwege

Zu jeder benannten Nachricht gehört ein Sendeauftrag als Nachrichtenquelle und ein Empfangsauftrag als Nachrichtensenke. Der Weg einer benannten Nachricht im System stellt somit eine gerichtete logische Verbindung zwischen Quelle und Senke dar; er soll im Folgenden als gerichteter logischer Nachrichtenweg bezeichnet werden. Die Nachrichtennummer dient als logischer Name eines solchen Nachrichtenweges.

Die Kommunikationsstruktur eines verteilten Automatisierungssystems läßt sich mit Hilfe gerichteter logischer Nachrichtenwege wie im Beispiel Bild 4 darstellen. Für jede gewünschte Nachrichtenübertragung bestimmter Daten von einer Station zur anderen wird ein logischer Nachrichtenweg eingerichtet. Werden auf gewisse Nachrichten Antworten erwartet, so sind entsprechende Rückwege vorzusehen (Bild 4,Nachrichtenwege 300/301). Logische Nachrichtenwege können auch über Hierarchieebenen hinweg eingerichtet werden (Bild 4, Nachrichtenweg 501). Das Weiterleiten der entsprechenden Telegramme im System erfolgt mit Hilfe von Routing-Informationen, die über die sogenannte globale Projektierung der physikalischen Struktur und der Kommunikationsstruktur gewonnen und auf den einzelnen Stationen abgelegt werden. Hierauf wird weiter unten noch näher eingegangen.

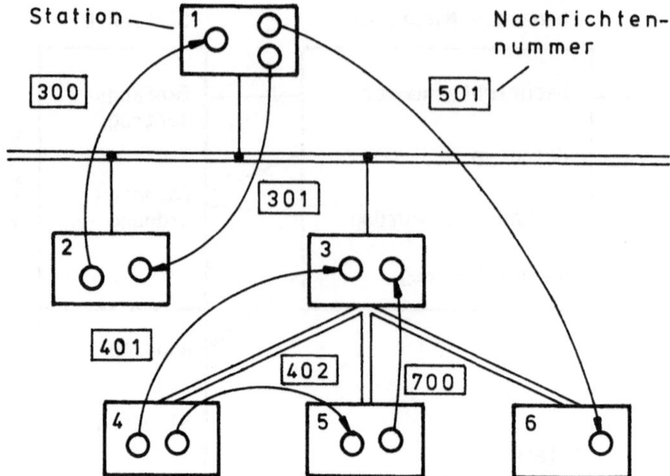

Bild 4: Gerichtete logische Nachrichtenwege

In Bild 5 ist als Beispiel die Einbettung des Nachrichtenweges 300 aus Bild 4 in das verteilte System der Anwendertasks dargestellt. Auf Station 2 läuft z.B. eine zyklische Anwendertask T_k, die steuerungstechnische Aufgaben erfüllt und in einer Fachsprache programmiert wurde. Bei Eintritt bestimmter Bedingungen führt diese Task einen Sendeauftrag für den Nachrichtenweg 300 aus, wobei die Daten X aus dem Signalspeicher des Steuergerätes übertragen werden sollen.

Der zugehörige Empfangsauftrag für den Nachrichtenweg 300 ist in der Anwendertask T_i auf der Station 1 programmiert. Diese Task kann z.B. eine von mehreren in einer höheren Programmiersprache formulierten Tasks sein. Sie wartet in einer Empfangsanweisung auf das Eintreffen einer Nachricht auf dem Weg 300; wenn die Nachricht eintrifft, wird das im Telegramm übergebene Datenfeld in der zur Task gehörenden Daten-

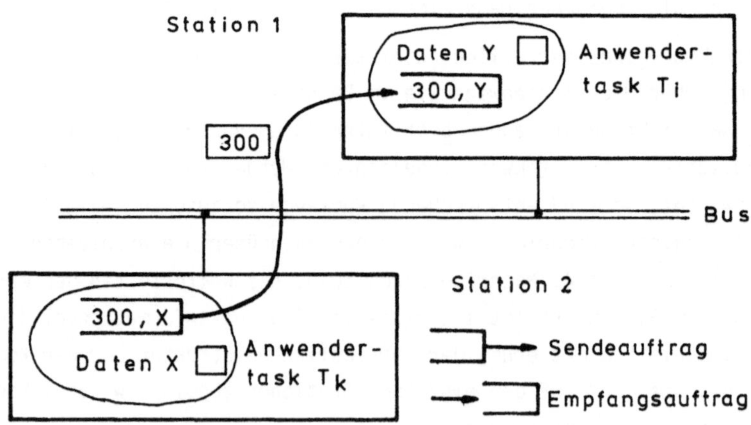

Bild 5: Logischer Nachrichtenweg zwischen Anwenderprozessen

struktur Y abgelegt und die Task fährt mit der Ausführung der nächstfolgenden Anweisung fort.

Die unterschiedliche Notation für die Formulierung des Sende- bzw. Empfangsauftrages in einer höheren Programmiersprache und einer Fachsprache ist in Bild 6 verdeutlicht. In der höheren Programmiersprache stellt die Empfangsanweisung einen Prozeduraufruf dar, wobei als Parameter die Nachrichtennummer und die Variablen für die Ablage der empfangenen Daten auftreten. Die Vereinbarung der zugehörigen Datentypen erfolgt in der bei höheren Programmiersprachen üblichen Variablendeklaration. In der Fachsprache wird die Sendebeauftragung mit Hilfe eines Sendebausteins formuliert. Als Parameter treten hier ein Freigabebit, die Angabe der Nachrichtennummer und die Signalspeicherbezeichnungen der zu übertragenden Daten auf. Die Datentypangabe ist in den Kennungen der Parameter enthalten (BIT, WORT).

Das Beispiel stellt klar, in welcher Form programmtechnisch auf Anwenderebene die Zuordnung zwischen Empfangsauftrag und Sendeauftrag unabhängig von der Art der Programmierung der Stationen nur durch die logische Nachrichtennummer ausgedrückt wird. Ebenso verdeutlicht es, wie die Abbildung der übertragenen Daten auf das entsprechende Datenmodell in der dem jeweiligen Anwendungsprogrammierer geläufigen Notation erfolgt.

Diese sogenannte lokale Projektierung bzw. Programmierung der Stationen läßt sich damit - abgesehen von den Absprachen und Festlegungen des Nachrichtenaustauschs über logische Nachrichtenwege - völlig unabhängig voneinander ausführen. Das ist nicht nur eine notwendige Voraussetzung, wenn, wie im Beispiel, verschiedene Stationen in unterschiedlichen Sprachen programmiert werden, sondern kann auch bei gleichen Projektierungsverfahren auf den Stationen von Vorteil sein, wenn dort unterschiedliche

Station 1: höhere Programmiersprache

```
                "Empfangsanweisung"
meldebit: boolean;
zaehlerstand: integer;

empfange(300,meldebit,zaehlerstand);
```

Station 2: Fachsprache

```
                "Sendebaustein"
SENDE
   FREIGABE   M205
   WEG        300
   BIT        M70
   WORT       MW105
```

Bild 6: Lokale Projektierung bzw. Programmierung benannter Nachrichten

technologische Aufgaben bei relativ geringem Datenaustausch untereinander zu lösen sind.

Zu der Auftragsnotation in Bild 6 ist anzumerken, daß dort nur diejenigen Parameter aufgeführt werden, die für das Verständnis des Grundsätzlichen notwendig sind. Für den praktischen Betrieb werden im allgemeinen weitere Paramter, wie z.B. eine Zeitüberwachung beim Empfang oder eine Quittungsangabe beim Senden benötigt. Auf weitere Einzelheiten kann hier nicht eingegangen werden.

5. Projektierung

Bei der Projektierung eines verteilten Systems zur Prozessautomatisierung, das mit Hilfe gerichteter logischer Nachrichtenwege aufgebaut ist, sind, wie oben schon andeutungsweise behandelt, zwei Stufen zu unterscheiden:

1. Die globale Projektierung beschreibt die physikalische Konfiguration des Systems und die Einbettung der logischen Nachrichtenwege mit ihren Spezifikationen in diese Konfiguration.
2. Die lokale Projektierung der einzelnen Stationen realisiert deren technologische Aufgaben unter Einbeziehung der durch die globale Projektierung festgelegten Kommunikationsschnittstellen.

Bild 7 verdeutlicht den Zusammenhang und das Wechselspiel zwischen den einzelnen Projektierungsschritten. Die globale Projektierung der physikalischen Systemkonfiguration wird vorausgesetzt für die Festlegung der Nachrichtenwege im Rahmen dieser Konfiguration zur Gewinnung der Routing-Informationen. Zwischen der globalen Projektierung der Nachrichtenwege und der lokalen Projektierung der Stationen besteht ein enges Wechselspiel auf Grund der notwendigen Abstimmung der datentechnischen und

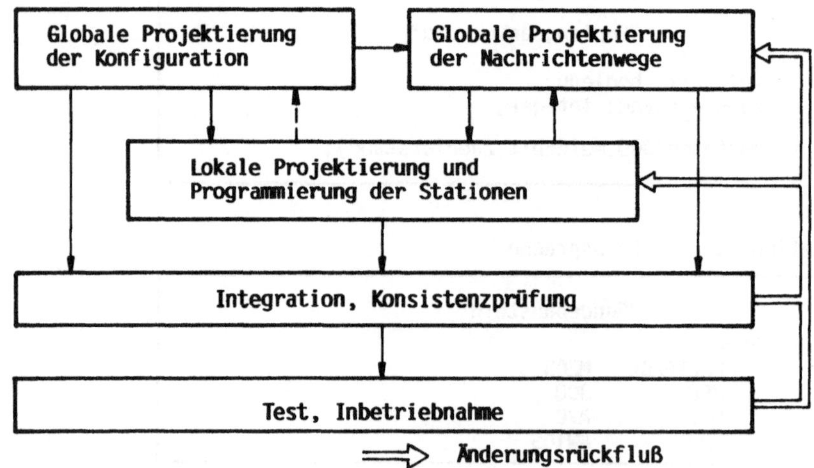

Bild 7: Projektierungsgang

technologischen Spezifikationen. Unabhängig davon können Teile der lokalen Programmierung, die keinen oder nur unwesentlichen Anteil an der Kommunikation haben, parallel ausgeführt werden.

Wünschenswert sind Mittel zur Integration und Konsistenzprüfung der einzelnen Projektierungsschritte, da sie Fehler bei der Datenübergabe im Kommunikationssystem vermeiden helfen. Die Bereitstellung solcher Hilfsmittel wird allerdings aufwendig, wenn die Stationen in unterschiedlichen Sprachen programmiert werden. Einfacher haben es in dieser Hinsicht Ansätze, in denen die Kommunikationshilfsmittel als Sprachelemente implementiert sind /8,9,10,11/, da in diesem Fall die notwendigen Prüfungen vom Compiler vorgenommen werden können.

Bei der Integration des beschriebenen Kommunikationsverfahrens in ein vorhandenes Steuerungssystem (CP 80-A200/A500/A800, siehe Bild 1) wurde ein ähnlicher Weg gewählt: Durch Erweiterung der bestehenden steuerungstechnischen Fachsprache DOLOG um Kommunikationselemente (ähnlich Bild 6) ließ sich eine systematische Konsistenzprüfung der globalen Projektierung der Nachrichtenwege und der lokalen Fachsprachenprogramme relativ problemlos realisieren. Die parallel durchgeführte Implementierung des Kommunikationssystems auf der Prozessrechnerlinie ATM 80 erlaubt zwar einen Datenaustausch zwischen Steuergeräten und Prozessrechnern auf der Basis logischer Nachrichtenwege; das Problem der Konsistenzprüfung bei unterschiedlicher lokaler Programmierung der Teilsysteme ist aber zunächst noch ungelöst.

6. Ausblick

Das beschriebene Kommunikationsverfahren wird auf Steuergeräten des Typs CP 80-A500 und CP 80-A200 inzwischen bei konkreten Projekten eingesetzt und hat dort seine Eignung in der Praxis bewiesen. Das Kommunikationssystem wird abgerundet durch zusätzliche Dienste wie z.B. Bedienfunktionen, Inbetriebnahme- und Diagnosefunktionen,ein Redundanzkonzept und die schon erwähnte globale Projektierung mit den dazugehörigen Konsistenzprüfungen. Es sollte hervorgehoben werden, daß das System insofern als "offen" bezeichnet werden kann, als z.B. weitere Steuergeräte oder andere Mikroprozessor-Systeme durch Aufrüsten mit der Kommunikationssoftware und entsprechende Programmierung in einen Verbund überführt werden können. Dies gilt im Prinzip auch für Fremdrechner, sofern dort die notwendige Software zur Implementierung des logischen Kommunikationssystems zur Verfügung gestellt werden kann.

Schrifttum

/ 1/ Walze, H.: Stand der internationalen Aktivitäten auf dem Gebiet der Normung von Übertragungssystemen. In: VDI-Berichte 451(1982), S.69-73.

/ 2/ Büsing, W.: Welche Schnittstelle ist aus der Sicht des Anwenders normenswert? In: VDI-Berichte 451(1982), S.75-78.

/ 3/ Burkhardt, H.J.: Überblick über die Normungsarbeit an der Kommunikation Offener Systeme, OSI-Referenzmodell, zu erwartende Dienst- und Protokollnormen und ihre Umsetzung in Produkte. DIN-Mitt. 62(1983)1, S.9-13.

/ 4/ Walden, D.C.: A system for interprocess communication in a resource sharing computer network. Comm. ACM 15(1972)4, S.221-230.

/ 5/ Brinch Hansen, P.: Distributed Processes: a concurrent programming concept. Comm. ACM 21(1978)11, S.934-941.

/ 6/ Feldman, J.A.: High level programming for distributed computing. Comm. ACM 22(1979)6, S.353-368.

/ 7/ Mao, T.W.; Yeh, R.T.: Communication Port: a language concept for concurrent programming. IEEE Trans. Softw. Eng. 6(1980)2, S.194-204.

/ 8/ Cook, R.P.: *MOD - a language for distributed programming. IEEE Trans. Softw. Eng. 6(1980)6, S.563-571.

/ 9/ Massar, R.; Racke, W.F.: LADY - eine Implementierungssprache für verteilte Betriebssysteme. In: Berichte des German Chapter of the ACM 7(1981), S.133-152.

/10/ Fleischmann, A. et al.: Ein Mechanismus zur Kommunikation für verteilte Systeme in PEARL. PEARL-Rundschau 3(1982)5, S.239-245.

/11/ Grünewald, W.J.: DISTRIBUTED PASCAL - eine Spracherganzung zur Programmierung verteilter Systeme. In: NTG-Fachberichte 80(1982), S.72-83.

NEUE MÖGLICHKEITEN DER KOMMUNIKATIONSTECHNIK - AUCH FÜR DIE AUTOMATISIERUNG

COMMUNICATIONS TECHNOLOGY OPENS NEW HORIZONS - ALSO APPLICABLE TO AUTOMATION

G. Glünder

Zentrallaboratorium für Kommunikationstechnik
Siemens AG
8000 München 70, B.R. Deutschland

Summary

Today's data communication systems use private networks or telecontrol channels, operating principally at 50 or 200 bit/s, to automate extensive processes. The transition to Integrated Services Digital Network operation in the global public telephone network will allow connections to be made within the space of a second at a standard rate of 64 kbit/s. This opens up new dimensions for reducing costs in process data communication. In addition, optical waveguides will ensure troublefree transmission at 34 Mbit/s even in regions strongly affected by electromagnetic fields.

1. Anforderungen der Prozeßdaten-Übermittlung

Prozesse in weiträumigen Anlagen der Produktion, der Versorgung, des Verkehrs und der Umweltüberwachung werden durch Fernwirktechnik kontrolliert und gesteuert. Quantisierungs-, Codierungs-, Datensicherungs- und Multiplexverfahren sorgen dafür, daß die dem Prozeß entstammenden oder ihn führenden Informationen mit geringem Leitungsaufwand zuverlässig zwischen den Anlagenstationen übermittelt werden. Aber je komplexer und ausgedehnter die Aufgaben werden, um so notwendiger sind jederzeit verfügbare Verbindungen mit reproduzierbaren und möglichst kurzen Durchgabezeiten. Das gilt vor allem bei zunehmendem Automatisierungsgrad, denn die hier erforderliche Kommunikation zwischen Maschinen läßt wenig Spielraum für verzögernde Wartezeiten. Deshalb werden oft unternehmenseigene Nachrichtennetze eingerichtet, obwohl öffentliche Netze die Prozeßdaten kostengünstiger übermitteln könnten.

2. Hindernisse bei der Benutzung öffentlicher Netze

Das von den Postverwaltungen für das Fernsprechen eingerichtete Netz verbindet über 500 Millionen Teilnehmer in aller Welt über Vermittlungseinrichtungen sowie über Kabel-, Funk- und Satellitensysteme miteinander /1/. Dieses Netz kann natürlich auch Prozeßdaten weltweit übermitteln, z.B. zur Kontrolle und Steuerung von Raumfähren. Wenn es dennoch nicht einmal im nationalen Bereich, etwa für Fernwirkaufgaben der Deutschen Bundesbahn, immer benutzt wird, dann deshalb, weil es für das Fernsprechen konzipiert ist: Es übermittelt analoge Signale mit einer für die Sprach- und Festbild-Kommunikation ausreichenden Verfügbarkeit (Bild 1).

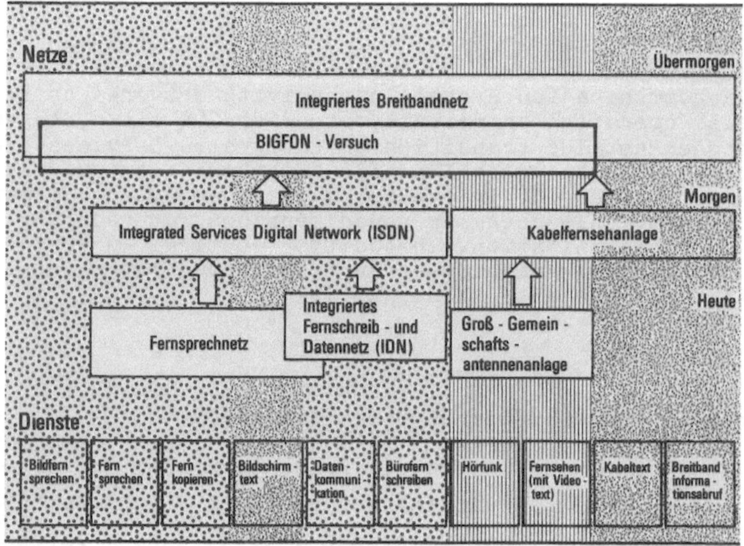

Bild 1: Dienste und Netze

Zwar kann man im Fernsprechnetz auch digitale Signale übermitteln, aber das ist mit maximal 4800 bit/s nicht sehr rationell. Deshalb hat die Deutsche Bundespost ein eigenes Integriertes Fernschreib- und Datennetz (IDN) errichtet, über dessen Datenvermittlungsstellen Prozeßdaten mit Bitraten bis zu 9600 bit/s geleitet werden können (Bild 2) /2/. Jedoch auch hier werden vielfach noch Direktdatenverbindungen benutzt, weil man das Risiko besetzter Leitungen nicht eingehen will. Lieber beschränkt man sich aus Kostengründen auf Kanäle mit 50 bis 200 bit/s /3/. Die dann zwar hohen Übermittlungszeiten sind immerhin konstant.

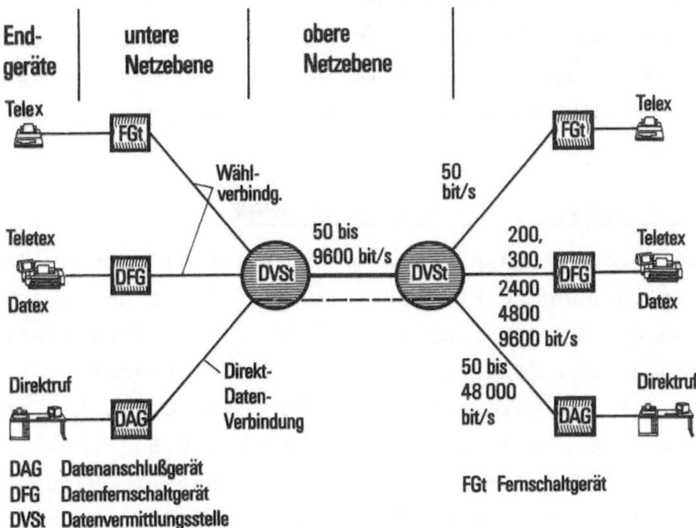

Bild 2: Integriertes Fernschreib- und Datennetz (IDN)

3. Der Weg zum diensteintegrierenden Digitalnetz

Es gibt in Deutschland also zwei öffentliche Netze, das eine analog, aber digital nur begrenzt nutzbar, das andere digital, aber nicht weltweit verbreitet. Wenn man Sprache digitalisiert, können das Fernsprechnetz und IDN zu einem einzigen Netz zusammengeführt werden, das alle auf zweiadrigen Kupferleitungen möglichen Dienste den Telefonteilnehmern in aller Welt zur Verfügung stellt. Dieses international geplante "Integrated Services Digital Network ISDN" übermittelt die Informationen für Sprache, Text, Daten und Festbilder einheitlich mit 64 kbit/s /4/. Die hohe Bitrate ist der Sprache wegen erforderlich und sie erlaubt der weiträumigen Prozeßführung den Sprung in eine neue Dimension, denn sie ist mehrere hundertmal größer als die des heute oft benutzten Telegrafiekanals.

Die Deutsche Bundespost will nach jetzt anlaufenden Erprobungen 1986 mit der allgemeinen Einführung von ISDN beginnen, zuerst natürlich bei Teilnehmern, die besonderen Bedarf haben. Da jedem Hauptanschluß dann zwei Basiskanäle von 64 kbit/s zur Verfügung stehen, zu denen ein Signalkanal mit 16 kbit/s hinzukommt, ist die Variationsfähigkeit für Fernwirkzwecke sehr groß: Im Wählbetrieb ist eine Verbindung in höchstens einer Sekunde hergestellt, jeder Kanal ist voll duplexfähig, er kann natürlich in mehrere Zeitkanäle unterteilt werden, beide Basiskanäle zusammen bieten 128 kbit/s. Ein erweiterter ISDN-Anschluß wird auch mit 2 Mbit/s verfügbar sein, die Verbindung zu genormten Busleitungen ist vorgesehen. Bei 64 kbit/s dauern viele Prozeßsignale nur wenige ms, so daß man sie nahezu unbemerkt in andere Informationen, z.B. in Dienstgespräche einschleusen kann.

4. Anschluß- und Vermittlungstechnik im ISDN

Die zweiadrige Kupferleitung, die von der nächstliegenden ISDN-Vermittlung zum Teilnehmer führt, endet auf einem Leitungsabschluß LT (Bild 3). Er sorgt für die Duplexfähigkeit der Zweidrahtleitung, indem er Empfangs- und Sendesignale voneinander trennt. Ein Netzabschluß NT bildet die beiden Basiskanäle B von 64 kbit/s und den Signalkanal D von 16 kbit/s für die Endgeräte, z.B. einen Digitalfernsprecher E1, einen Bürofernschreiber E2 oder ein Bildschirmtelefon E3. Bei Fernwirkgeräten E4 mit besonders geringem Informationsfluß, etwa zur Zählerablesung in Privathaushalten, soll der Signalkanal mitbenutzt werden können.

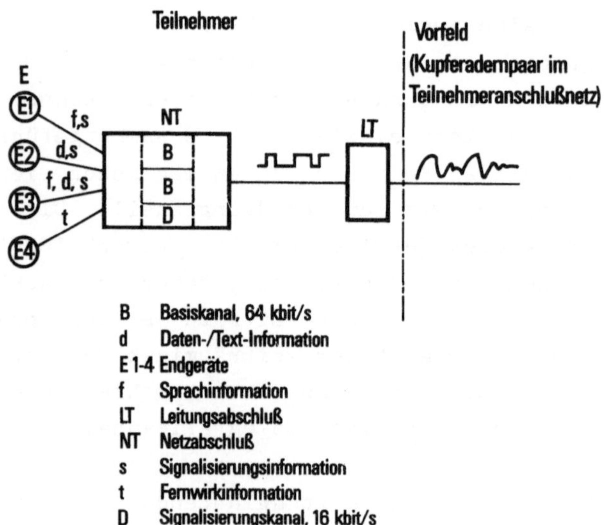

Bild 3: ISDN - Anschlußtechnik

Auf der Teilnehmer-Anschlußleitung laufen die Signale mit 144 kbit/s von und zu der ISDN-Vermittlung. Die Koppelfelder schalten elektronisch durch und sie werden von Computern angesteuert, welche die Signale des D-Kanals auswerten, so daß Verbindungen erheblich schneller hergestellt werden als in heutigen Netzen. Die 64 kbit, die einer Sekunde Sprachinformation entsprechen, stellen als Prozeßdaten eine beachtliche Informationsmenge dar. Auf einem Fernschreibkanal mit 50 bit/s hätte man zu ihrer Übermittlung 21 Minuten gebraucht und das kostet heute tausendmal mehr als 1 s Sprechzeit. Wegen dieses ungünstigen Kostenverhältnisses wurde beim Datennetz IDN nicht nur eine Leitungsvermittlung (Datex-L) vorgesehen, sondern auch eine Paketvermittlung (Datex-P). Sie nutzt aus, daß beim Datenverkehr meistens kurze Informationen mit langen Pausen abwechseln. Die Information wird daher zu Paketen gebündelt, mit Absender, Laufnummer und Anschrift versehen und in das Netz geschickt. Die Vermittlungsstellen in den Netzknoten bringen die Pakete auf jeweils freien Verbindungsleitungen zu anderen Knoten in Zielrichtung. So wird ein Netz zwar wesentlich besser ausgenutzt als mit einer Leitungsvermittlung, aber in Zeiten hoher Belastung gibt es ähnlich wie bei Straßennetzen Stauungen, die Verzögerungen bewirken und bei einer Maschine-Maschine-Kommunikation stören.

5. Optische Breitbandnetze

Im ISDN wird es natürlich sowohl vermittelte Verbindungen wie auch festgeschaltete Leitungen mit 64 kbit/s geben. Die Steigerung der Datenrate erfordert neue Einrichtungen der Übertragungs- und Vermittlungstechnik, aber die vorhandenen Kupferleitungen -- im Ortsnetz Doppeladern, im Weitverkehrsnetz Koaxialleitungen -- sind weiter verwendbar. Mit Lichtwellenleitern könnte allerdings nochmal eine Steigerung der Bitrate um den Faktor 500 erreicht werden.

Innerhalb der nächsten Jahrzehnte werden unbrauchbar gewordene Kupfer-Ortskabel durch Glasfaserkabel ersetzt werden und dann bekommen die Teilnehmer statt der Audiokanäle von 64 kbit/s Videokanäle mit 34 Mbit/s ins Haus geliefert. Es entsteht damit ein Breitband-ISDN. Natürlich lösen auch im Weitverkehr Lichtwellenleiter die Koaxialleitungen ab, ein Vorgang, mit dem die Deutsche Bundespost bereits schon in diesem Jahr beginnen will /5/.

Die selbst für Fachleute überraschend schnell verfügbar gewordene Möglichkeit, Digitalsignale mit hoher Bitrate über Lichtwellenleiter übertragen zu können, beruht auf Erfolgen der Festkörperphysik (Bild 4). Die Verfahren der Halbleitertechnik haben auch die Glasfertigung wesentlich beeinflußt: In beiden Fällen ist das Ausgangsmaterial Silizium, bei den Glasfasern das Oxyd SiO_2, also Quarz. Über Lichtwellenleiter mit Gradientenprofil, kann man auf einer Faserlänge von etwa 7 km 140 Mbit/s übertragen. Noch höhere Bitraten erreicht man mit Monomodefasern, bei denen der lichtführende Kern nicht 50, sondern nur 9 µm Durchmesser hat. Hier kann sich nur ein Lichtweg ("Modus") ausbilden. Derartige Lichtwellenleiter wird man bevorzugt im Weitverkehr benutzen.

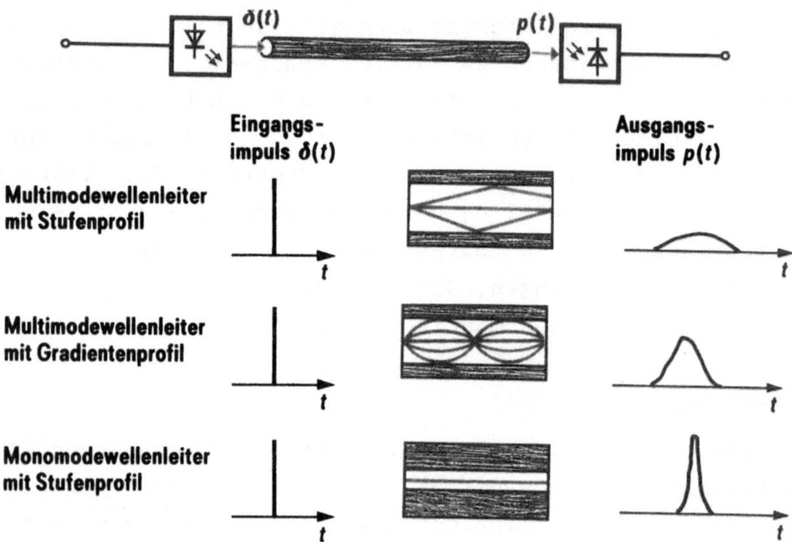

Bild 4: Lichtwellenleiter, Arten und Signalbeeinflussung

Obwohl die Herstellung von Glasfaserkabeln sowie die Spleiß- und die Steckverbindungstechnik schon einen hohen Reifegrad erreicht haben, wird bis zum allgemeinen Einsatz der optischen Übertragungstechnik noch einige Zeit vergehen. Es müssen nämlich noch viele Einsatzvarianten erprobt werden, z.B. benutzt man zur Zeit Infrarotlicht von 850 nm Wellenlänge, aber bei 1300 nm ist die Reichweite dreimal größer. Hierzu ist aber ein anderes, schwerer beherrschbares Halbleitermaterial für die elektrooptischen Wandler erforderlich.

Die Deutsche Bundespost muß vor der Einführung öffentlicher optischer Breitbandnetze natürlich die Einsatzmöglichkeiten praktisch erproben (Bild 5). Die Reichweite der Glasfasern erlaubt es, unter Beibehaltung der Vermittlungsstellen und Kabelwege im Ortsnetz jedem Teilnehmeranschluß vier Video-, vier Stereoton- und 16 Schmalband-ISDN-Kanäle zu liefern. Drei der Video- und die Stereotonkanäle sind nur einseitig gerichtet, die anderen Kanäle aber doppelseitig. So erlaubt das Versuchsprojekt "Breitbandiges integriertes Glasfaser-Fernmelde-Ortsnetz BIGFON" neben einer Menge von ISDN-Diensten auch ein echtes Bildtelefon und das Anwählen beliebiger Ton- und Bildprogramme. Am Ziel dieser Arbeiten steht die Integration aller Dienste, also der Dialog-, Abruf- und Verteilkommunikation aus verschiedenen Netzen in ein einziges integriertes Breitband-ISDN (vgl. Bild 1).

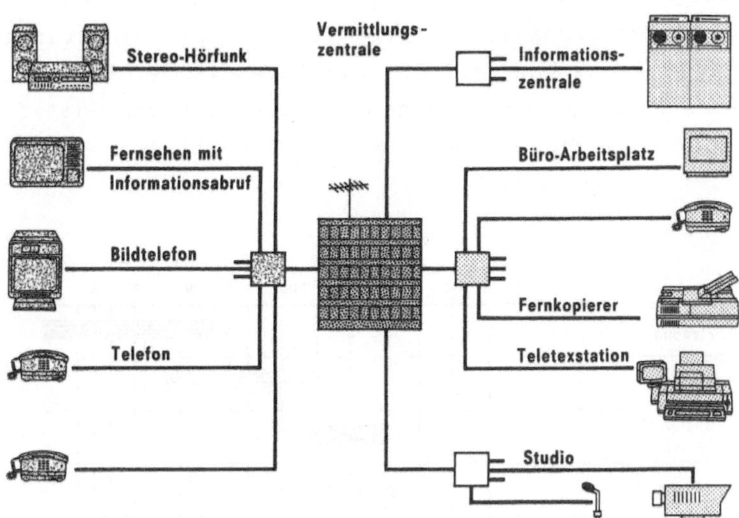

Bild 5: Optisches Breitbandnetz

6. Nutzung neuer Kommunikationsnetze für die Automatisierung

Die Automatisierungstechnik hat ihre Kommunikationsaufgaben zunächst ähnlich bewältigt wie die Datentechnik: Mit abgeschlossenen Netzen, in denen nur Geräte mit dazu passenden Schnittstellen und Protokollen zusammenarbeiten können. In vielen dieser Netze findet Busverkehr statt, d.h. die Teilnehmer geben ihre Informationen mit Absender und Adresse auf ein Leitungssystem, das alle Teilnehmer direkt miteinander verbindet. Eine zentrale Vermittlung ist nicht erforderlich, jedoch muß jedes Teilnehmergerät dafür sorgen, daß die Informationen auf dem Leitungsnetz nicht ineinanderlaufen.

Mit dem Ausbau technischer Anlagen wächst das Bedürfnis, vorhandene Kommunikationsinseln zu verbinden. Wenn dabei große Entfernungen zu überbrücken sind, bieten sich dafür die öffentlichen Netze an. In den weitaus meisten Fällen wird das Kupfernetz ausreichen, sobald man mit 64 kbit/s arbeiten kann. Betrachtet man die Zeitforderungen zur Übermittlung von Fernwirkinformationen, z.B. im Bereich der Elektrizitätsversorgung, so werden im ISDN viele Informationen den

Prozeßstationen und Zentralen sekundenschnell über Vermittlungen zugesandt (Bild 6). Das betrifft zeitlich unkritische Überwachungs- und Steuerungsinformationen sowie alle Prozeßdaten für die Statistik und die Planung. Wenn es dagegen um Millisekunden geht, muß man im ISDN mit fest geschalteten Leitungen arbeiten /6/. Bisher erforderliche aufwendige Methoden der Zeitspeicherung und -übermittlung bei Netzschutz- und Fehleranalyse-Informationen können aber eingespart werden. Die erhebliche höhere Leistungsfähigkeit der ISDN- Kanäle erfordert neue Geräte für die Prozeßdatenübermittlung, die dann allerdings auch neue Einsatzmöglichkeiten erschließen.

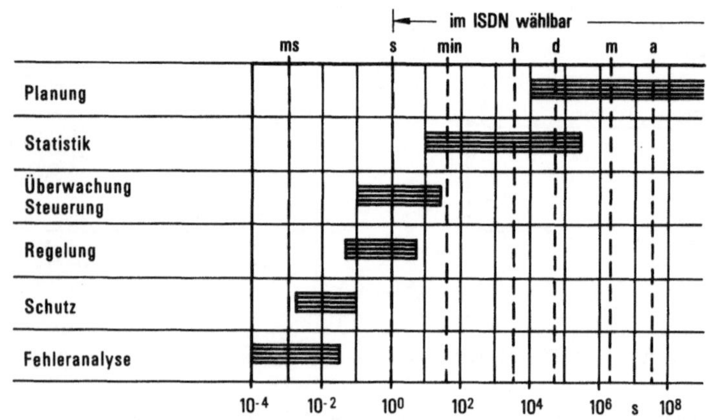

Bild 6: Zeitbereiche in Anlagen

Die sehr große Kapazität der Lichtwellenleiter ist im Bereich der Automatisierungstechnik nicht vordringlich, obwohl es durchaus reizvoll ist über Verfahren nachzudenken, die einen ganzen Videokanal ausnutzen. Beispielsweise könnte man vorhandene Warteneinrichtungen per Fernsehen zusammenfassen oder ein besonders sicherungsbedürftiges Gelände auf Eindringlinge überwachen. Eine andere Eigenschaft der Lichtwellenleiter ist aber derzeit wichtiger: Die völlige Unempfindlichkeit gegen elektromagnetische Felder. Außerdem gibt es keine Probleme mit verschiedenen Erdpotentialen und mit Blitzbeeinflussung, denn die Glasfasern sind hervorragende Isolatoren. Bild 7 zeigt abschließend an einigen Beispielen, wo ISDN-Kanäle mit 64 kbit/s und wo Lichtwellenleiter LWL vorteilhaft in der Fernwirktechnik und damit zur weiträumigen Automatisierung eingesetzt werden können.

	64 kbit/s	LWL
In der Elektrizitätsversorgung		
Fernwirken auf Hochspannungsleitung		X
Meßwertübertragung in Schaltanlagen		X
Selektivschutz - Übertragung	X	
In elektrisch verseuchten Gebieten		
Übertragung nahe elektrischen Antrieben		X
Einsatz in Nachrichtenanlagen (Hochfrequ., Erdung)		X
Übertragung in elektrisch leitender Umgebung		X
In weiträumigen Produktionsanlagen		
Fertigungsüberwachung und -prüfung	X	
Kanalausnutzung durch Anwahl und Speicherung	X	
Einbruchsschutz durch Geländeüberwachung	X	
Im Verkehr		
Wege- u. Abstandskontrolle, Leitwegvorgabe im Auto	X	
Personalruf und -führung in unbekannter Umgebung	X	
Zugbeeinflussung und Eisenbahnsignalwesen	X	X
Im Heim		
Leistungsmessung und Energieeinsparung	X	
Hausleittechnik	X	
Fernwirken von der Telefonzelle aus	X	

Bild 7: Neue Fernwirkmöglichkeiten

Literatur:

/1/ Broß, P.: Entwicklung des Telekommunikationswesens in den nächsten Jahrzehnten. Nachr.-techn. Z. 36 (1983) 302 - 309

/2/ Nöller, H.: Auswirkungen der digitalen Wegeführung im IDN. Nachr.-techn. Z. 36 (1982) 78 - 82

/3/ Eckenweber, H.: Der Einsatz von Minicomputern in einem hierarchischen Fernwirksystem eines regionalen EVU. NTG-Fachberichte 66 (1978) 147 - 154

/4/ Rosenbrock, K.H.: Integration von Diensten im ISDN der Deutschen Bundespost. Nachr.-techn. Z. 35 (1982) 364 - 366

/5/ Braun, E., Möhrmann, K.H.: Optische Nachrichtenübertragung in Breitbandkommunikationsnetzen des Nah- und Fernbereichs. telcom report 6(1983), Beiheft "Nachrichtenübertragung mit Licht" S. 212 - 215

/6/ Benndorf, H. u. Andere: Fernwirktechnik, Überwachen und Steuern von Prozessen. Düsseldorf, VDI 1975, S. 3 - 4

RECHNERGESTÜTZTER ENTWURF VON AUTOMATISIERUNGSSYSTEMEN ÜBERSICHT, BEISPIELE, NUTZBARKEIT

COMPUTER AIDED DESIGN OF AUTOMATION SYSTEMS SURVEY, EXAMPLES, UTILIZATION

H. Steusloff

Fraunhofer-Institut für
Informations- und Datenverarbeitung (IITB),
D-7500 Karlsruhe

Summary

The design of automatic control systems requires the correct and complete execution of several design steps or phases, in order to achieve a reliable and economic system performance corresponding to the system requirements. These design phasesare introduced irrespective of possible computer support. The evaluation of some existing computerized design tools for automatic control systems shows their incompletenes regarding all the design phases or the formulation of real-time conditions. Therefore this paper concludes by giving some hints for the realization of integrated, computer supported design systems with uniform and user adapted application interfaces.

1. Einleitung

Der Entwurf von Automatisierungssystemen besteht aus einer Folge von Entwurfsphasen, an deren Ende die Implementierung und der Betrieb eines Gesamtsystems, bestehend aus einem zu automatisierenden Prozeß und dem zugehörigen Automatisierungssystem stehen. Dieser Entwurfsprozeß hat also nicht nur die Definition eines geeigneten Rechnersystems und der darauf ablaufenden Programme zu leisten, sondern muß mit den Anforderungen an das Automatisierungssystem aufgrund der Eigenschaften des zu automatisierenden Prozesses beginnen.

Grundlage eines jeden Entwurfes von Automatisierungssystemen ist ein Dualitätsprinzip [1], das strukturelle und funktionale Dualitäten zwischen dem zu automatisierenden Prozeß und dem Automatisierungssystem aufzeigt und begründet:

> Ein automatisiertes, technisches System (technischer Prozeß) besteht aus verteilten, parallel ablaufenden und gekoppelten Teilprozessen. Das duale automatisierende System besteht aus mindestens derselben Zahl von zugeordneten Rechenprozessen, die in gleicher Weise gekoppelt sind und parallel ablaufen. Geräte- und/oder Programmtechnik sind hierdurch bestimmt.

Bild 1 veranschaulicht das Dualitätsprinzip in seiner allgemeinen Form vernetzter Teilprozesse und gleichartig vernetzter Teilautomatisierungssysteme. Hieraus lassen sich grundlegende Entwurfsanforderungen für Automatisierungssysteme ableiten:

- Die Teilprozesse TPi können parallel zueinander (d.h. zur gleichen Zeit) ablaufen. Eine entsprechende parallele Ablaufstruktur der Teilautomatisierungssysteme TAi (sog. konkurrierender Ablauf) muß gegeben sein.

- Die Teilprozesse TPi kommunizieren und synchronisieren sich untereinander durch Material- und Energieflüsse. Eine ensprechende Kommunikation und Synchronisation zwischen den Teilautomatisierungssystemen TAi über Daten- und Ereignisflüsse ist erforderlich.

- Die Teilprozesse TPi laufen unter Echtzeitbedingungen ab. Auch die Teilautomatisierungssysteme TAi müssen daher Echtzeitbedingungen genügen.

- Zwischen den TPi und den TAi müssen Verbindungen zur Erfassung und Beeinflussung der Prozeß-Zustandsgrößen existieren.

- Aus den Zustandsgrößen und den zugehörigen Übergangsfunktionen der TPi sind die notwendigen Datenstrukturen und Funktionen der TAi abzuleiten.

Jeder Systementwurf hat prinzipiell die spezielle, dem Anwendungsfall angepaßte Festlegung und Beschreibung der oben genannten Anforderungen aus dem Dualitätsprinzip zu leisten.

Zur Beschreibung dieses Entwurfsvorganges haben sich Phasenmodelle als geeignet herausgestellt, wie sie auch als sog. life-cycle-Modelle in der Programmproduktion benutzt werden. Anhand eines solchen Phasenmodelles sei im folgenden der Entwurf von Automatisierungssystemen erläutert. Dabei endet der vorliegende Beitrag mit dem Geräte- und Programmentwurf; die nachfolgenden Phasen der Implementation und des Betriebes von Automatisierungssystemen sind in [2] dargestellt.

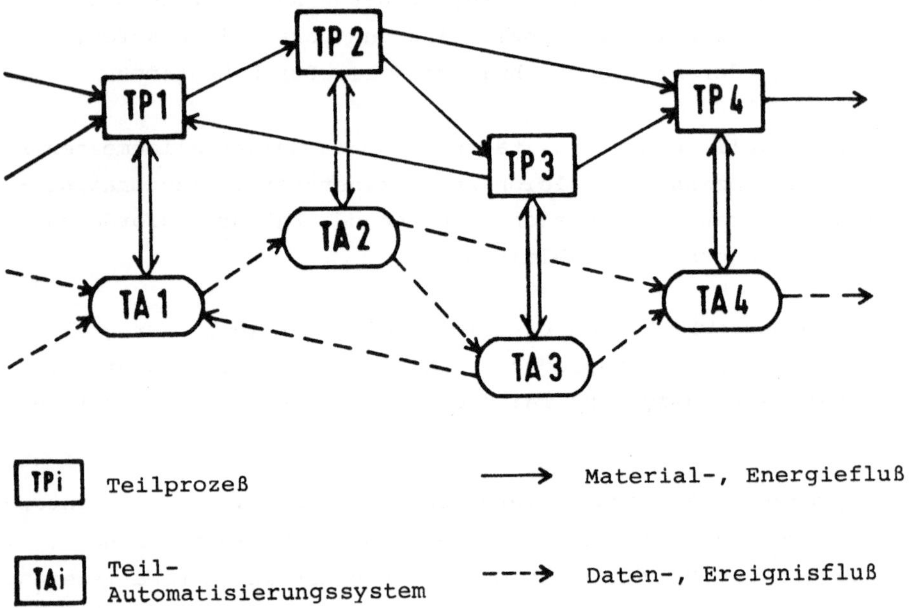

Bild 1: Zum Dualitätsprinzip

Die Bedeutung der konsequenten Anwendung eines Phasenmodells, mit Rückkopplungszweigen zur iterativen Verbesserung der Ergebnisse früherer Phasen durch die Erfahrungen und Ergebnisse von Folgephasen, ist aus Bild 2 abzulesen. Hier sind die in [3] zusammengefaßten Erfahrungen mehrerer amerikanischer Softwareprojekte zusammengestellt bezüglich der Fehlerbeseitigungskosten in Abhängigkeit von der Phase der Fehlerauffindung. Bild 2 macht deutlich, daß Entwurfsfehler, die erst in der Nutzungsphase entdeckt werden, den mehr als 100-fachen Aufwand zu ihrer Beseitigung erfordern gegenüber ihrer Beseitigung in der Entwurfsphase selbst. Ein möglichst sorgfältiger Entwurf von Automatisierungssystemen macht sich also nachweislich bezahlt.

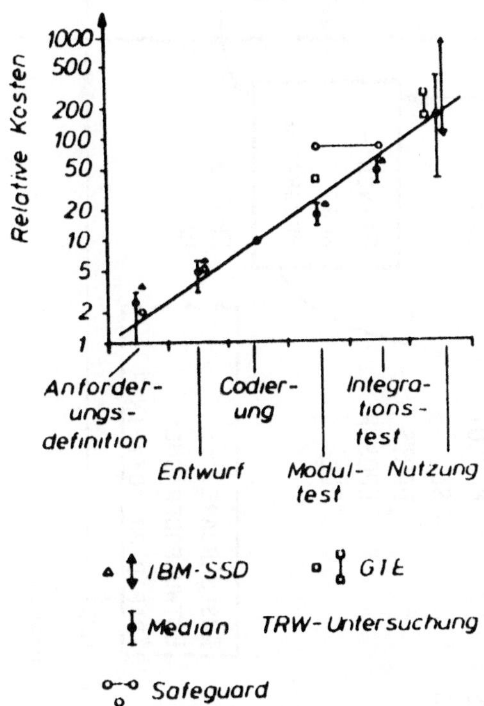

Bild 2: Fehlerbeseitigungskosten [3]

2. Die Phasen des Entwurfs von Automatisierungssystemen

Die im vorhergehenden Abschnitt begrpndeten Entwurfsphasen sind in Bild 3 dargestellt. Zu den jeweiligen Ohasen sind exemplarisch Entwurfsmethoden und -Werkzeuge angegeben, die in der Literatur beschrieben bzw. als Produkt erhältlich sind.

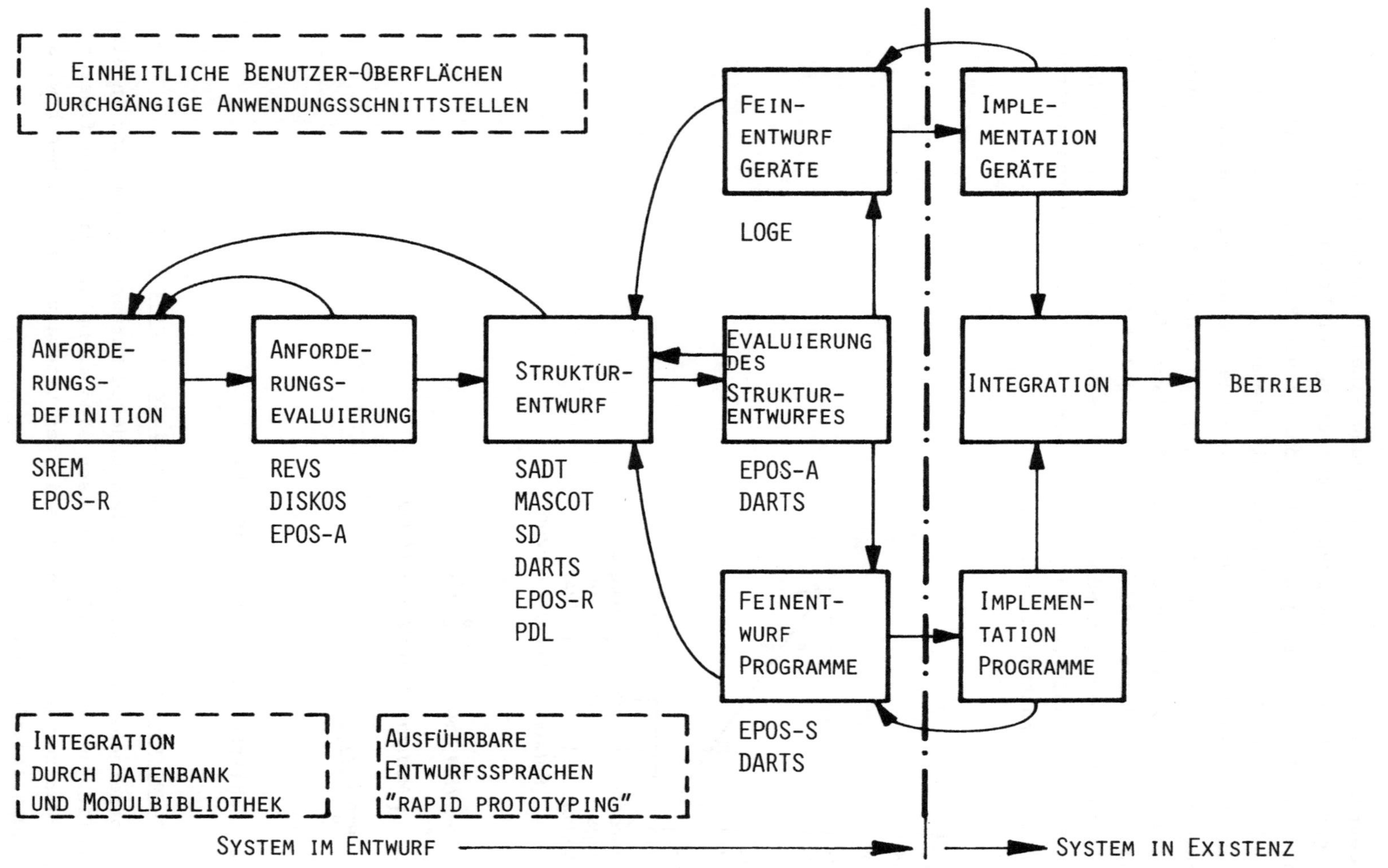

Bild 3: Phasen des Systementwurfs

Die gestrichelt eingerahmten Eigenschaften markieren die heute bei Entwurfsprozessen besonders zu beachtenden Problembereiche. Wie schon einleitend festgestellt, behandelt dieser Beitrag nur den Entwurfsprozeß, also nicht die Phasen des "Systems in Existenz" (siehe [2]). Eine detaillierte Vorstellung typischer Entwurfswerkzeuge folgt in Abschnitt 3.

2.1 Anforderungsdefinition

Die Anforderungsdefinition dient der Analyse und Festlegung der durch ein Automatisierungssystem zu lösenden Probleme sowie seiner Soll-Eigenschaften. Hierzu gehören Leistungsdaten, Benutzer- und/oder Systemschnittstellen einschließlich der Ein-/Ausgabedaten sowie die Funktionen des Systems. Das Ergebnis der Anforderungsdefinition ist ein sogenanntes Pflichtenheft.

Die Anforderungsdefinition ist eine besonders schwierige Systementwurfsphase, da hier hohe Kreativität mit ausgeprägter Exaktheit der Formulierung und genügender Breite der Betrachtungsweise verbunden sein muß, um Vollständigkeit und Fehlerfreiheit des Pflichtenheftes zu gewährleisten.

Werkzeuge für diese Entwurfsphase können strukturierend und ordnend unterstützen sowie in gewissem Maße auf Widerspruchsfreiheit prüfen. Sie können jedoch keinesfalls die Kreativität des Systementwerfers und seiner Partner, der zukünftigen Benutzer des Systems, ersetzen. Fehler in der Anforderungsdefinition sind häufig deshalb schwer zu erkennen, weil die Anwender eines Automatisierungssystems als Kenner des technischen Prozesses oft eine andere Begriffswelt voraussetzen als Automatisierungs-Fachleute, die heute vielfach technische Informatik als Ausbildungshintergrund haben. Unentdeckte Fehler in der Anforderungsdefinition werden in den Entwurfs- und Implementationsphasen einer Systementwicklung als gültige Anforderungen behandelt und machen sich erst beim Betrieb des Systems bemerkbar (siehe Bild 2).

Bei der Anforderungsdefinition ist daher vor allem eine modulare Top-down-Entwicklung des Gesamtsystems zu fordern. Durch schrittweise Verfeinerung der Funktionen und ggf. Datenstrukturen wird die Übersichtlichkeit der Anforderungsdefinition soweit unterstützt, daß die Gefahr von Fehlern sinkt.

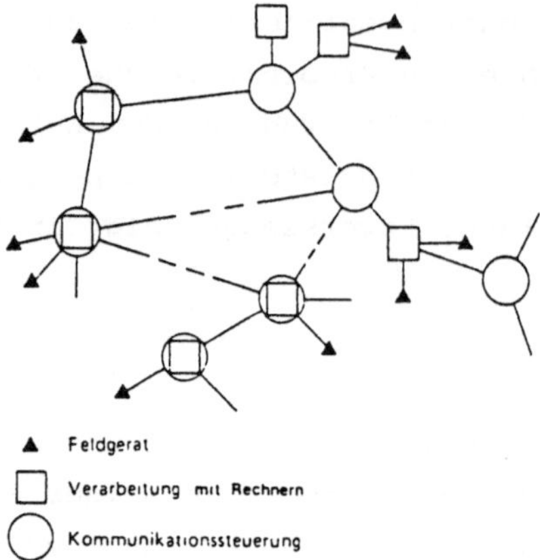

Bild 4: Allgemeines Netzwerk (Polyeder)

- Verarbeitungseinheiten (z.B. Funktionen, Rechenprozesse oder Prozessoren),
- Datenquellen und -senken (z.B. Meßgeräte, Stellglieder, Datenbasen) sowie
- Kommunikationswege und -steuerungen (z.B. Rechnerkopplungen, lokale Netze aber auch gemeinsam genutzter Speicherraum)

bilden ein Netzwerk, dessen Struktur für das zu entwerfende Automatisierungssystem festzulegen und zu beschreiben ist. Hierfür sind verschiedene Beschreibungsverfahren verfügbar, die z.B. in Form von Ereignisnetzen oder markierten Netzen [5] die logische Struktur und auch gewisse Synchronisationsvorgänge in Automatisierungssystemen zu beschreiben gestatten.

Auch für solche Strukturbeschreibungsmittel sind Evaluierungsmethoden und Simulatoren verfügbar, die es ermöglichen, zumindest manche Eigenschaften solcher Netzwerkstrukturen zu überprüfen und Korrekturen des Strukturentwurfes zu veranlassen.

Der Strukturentwurf kann auch Änderungen des Pflichtenheftes verursachen (siehe Bild 3), indem er die einfache Realisierbarkeit verbesserter Systemeigenschaften zeigt oder auf Schwierigkeiten aufgrund von Pflichtenheftanforderungen hinweis

2.2 Evaluierung der Anforderungsdefinition

Die im Pflichtenheft niedergelegten Eigenschaften eines Automatisierungssystems sind nun auf ihre Vollständigkeit, Widerspruchsfreiheit und Realisierbarkeit zu untersuchen, um bei Erkennen von Fehlern frühzeitig korrigieren zu können. Hier sind zwei Richtungen der Evaluierung zu nennen:

- Überprüfung in einer formalen Sprache notierter Anforderungsdefinitionen auf formale Richtigkeit, Vollständigkeit und Widerspruchsfreiheit, insbesondere über mehrere Hierarchiestufen bei schrittweiser Verfeinerung.
- Überprüfung der im Pflichtenheft vorgesehenen Funktionen, Funktionsstrukturen und Parameter auf ihre Realisierbarkeit und technische Richtigkeit.

Während für die erstere Art der Anforderungsevaluierung ein Sprachenprozessor (z. B. Vergleicher für Schlüsselbegriffe etc.) genügt, ist die zweite Art vor allem durch Simulation der definierten Pflichtenhefteinträge gekennzeichnet. So kann z. B. die Eignung eines im Pflichtenheft niedergelegten Regelungsverfahrens für einen im Pflichtenheft durch Strukturen und Parameter beschriebenen Teilprozeß durch digitale Simulation festgestellt und dabei u. U. sogar die Einstellung der Reglerparameter ermittelt werden. In Bild 3 zeigt die Rückkopplung von der Evaluierung zur Anforderungsdefinition diesen Vorgang an.

2.3 Systementwurf

Bild 3 zeigt nach Abschluß der Anforderungsdefinition und ihrer Evaluierung die Systementwurfsphase, aufgeteilt in einen Grob- und zwei Feinentwurfsschritte. Diese Unterteilung ist in der Literatur nicht immer explizit erkennbar [4]. Sie dient hier aber zur Verdeutlichung zweier grundsätzlich notwendiger Phasen des Systementwurfes, nämlich

- des Strukturentwurfes und
- des Daten-/Funktionsentwurfes

2.3.1 Strukturentwurf

Diese, manchmal auch als Grobentwurf bezeichnete Phase hat die Aufgabe, die Struktur eines Automatisierungssystems festzulegen. Unter Struktur sei hier das Netzwerk von Teilautomatisierungssystemen gemäß Bild 1 verstanden, das sich als Polyeder gemäß Bild 4 verallgemeinern läßt.

2.3.2 Feinentwurf Geräte-/Programmsystem

Mit dem Strukturentwurf ist eine logische Struktur des Automatisierungssystems entworfen, die nun auf reale Rechnergeräte und deren Programme abzubilden ist (siehe Bild 3). Für diesen Feinentwurf des Automatisierungssystems sind bislang kaum Methoden bekannt, die alle Aspekte gleichzeitig abdecken und optimieren, wie z. B.

- Wirtschaftlich optimale Lösungen,
- Wartungstechnisch günstige Lösungen,
- Optimale Fehlertoleranz,
- Vermeiden von Überlastungen bei Kommunikationskanälen und Prozessoren,
- Optimale Modularisierung der Programme,
- Beachtung von Funktionsabhängigkeiten und Kommunikationsbeziehungen u.a.m.

Hier ist heute noch vielfach die Erfahrung und das Wissen des einzelnen Entwerfers ausschlaggebend. Auch hier wird z. Zt. intensiv an Methodensammlungen ("Methodologien") gearbeitet und deren maschinelle Unterstützung - zumindest evaluierend und simulierend - verfügbar gemacht.

Mit dem Feinentwurf, der wiederum auf den Strukturentwurf - prinzipiell bis auf die Anforderungsdefinition - zurückwirken kann, ist das Entwurfsstadium eines Automatisierungssystems abgeschlossen. Die Implementation von Geräten und Programmen kann beginnen [2]. Vielfach wird auch der Feinentwurf schon - zumindest teilweise - zur Implementation gerechnet. Sicher ist, daß erst mit der Implementation (siehe Bild 3) das Automatisierungssystem aus dem Zustand "im Entwurf" in den Zustand "in Existenz" übergeht.

3. Methoden und Werkzeuge zu den Systementwurfsphasen

Für die Durchführung der in Abschnitt 2 vorgestellten Phasen des Systementwurfes ist seit etwa 1975 eine Vielfalt von Methoden entwickelt worden, zunächst ausschließlich für den Entwurf kommerzieller Programmsysteme (z. B. [6]). Einige der heute verfügbaren Methoden sind in Bild 3 zu den jeweiligen Phasen vermerkt; bei der Vielfalt der Methoden kann Bild 3 nur eine beispielhafte Auswahl zeigen.

Der Entwurf von Automatisierungssystemen stellt spezielle Anforderungen an geeignete Entwurfsmethoden:

- Die Teilprozesse TPi und Teilautomatisierungssysteme TAi gemäß Bild 1 können gleichzeitig ablaufen. Die Entwurfsmethode muß also die Beschreibung paralleler Rechenprozesse und ihrer Synchronisation erlauben.

- Bei der Automatisierung technischer Prozesse sind Zeitabhängigkeiten und zu beliebigen Zeiten eintretende Ereignisse (z. B. manifestiert durch Interrupts) wesentliche Systemeigenschaften, die im Entwurf zu berücksichtigen sind.

- Im Gegensatz zur kaufmännischen Datenverarbeitung, die eine Vielfalt von Datenstrukturen überwiegend mit relativ wenigen allgemeinen Funktionen (z. B. Sortieren, Suchen, Summieren, Zählen) bearbeitet, ist für die Automatisierung technischer Systeme eine Vielfalt von Funktionen und Algorithmen kennzeichnend. Entwurfsmethoden müssen daher hier die Beschreibung eines breiten Spektrums zum Teil sehr spezieller Funktionen mindestens ebenso unterstützen, wie die Beschreibung von Datenstrukturen.

Für den Systementwurf sind zunächst die geeigneten M e t h o d e n wesentlich. Ihre Unterstützung durch rechnergestützte W e r k - z e u g e ist prinzipiell zweitrangig, für die effiziente Durchführung des Entwurfsprozesses allerdings durchaus von Bedeutung. Im folgenden ist daher der Erläuterung der Methoden der Vorzug gegeben vor der Beschreibung evtl. verfügbarer Werkzeuge.

Zur Einordnung der Methoden seien einige generelle Kriterien eingeführt, die für alle Phasen des Systementwurfes Bedeutung haben:

- Unterstützt oder fördert die Methode den h i e r a r c h i - s c h e n S y s t e m e n t w u r f ? Die Methode muß dazu ein top-down-Vorgehen erlauben und in jeder Hierarchiestufe eine Verfeinerung der Festlegungen aus übergeordneten Stufen zulassen.

- Wird die Beschreibung komplexer D a t e n s t r u k t u r e n unterstützt?

- Wird die Beschreibung beliebiger Algorithmen unterstützt?

- Ist die Festlegung von E c h t z e i t anforderungen, p a r a l - l e l e n A b l ä u f e n , Synchronisation und Ereignisreaktion möglich?

- Wie ist die Methode nutzbar? Neben ggf. vorhandenen rechnergestützten Werkzeugen sollen hier auch die Einführungsaufwendungen und die Art der erzeugten Dokumente erwähnt werden.

Im folgenden sind zu jeder Entwurfsphase nur einzelne Methoden erläutert, um die besonderen Merkmale der jeweiligen Phase zu verdeutlichen; Vollständigkeit der Methodenaufzählung ist im Rahmen dieses Beitrages nicht möglich und sinnvoll.

3.1 Anforderungsdefinition

Die Entwurfsphase der Anforderungsdefinition muß den Übergang von den "Vorstellungen" der Systemanwender zu einer schriftlich fixierten, im Pflichtenheft niedergelegten Beschreibung der Systemmerkmale leisten. Die dazu erforderliche Methode muß daher der Kreativität Spielraum lassen, aber genügend formal sein, um die Verbindlichkeit der Anforderungsdefinition zu sichern. Dies sei anhand der beiden Methoden SREM (Software Requirements Engineering Methodology) [7] und EPOS (Entwurfsunterstützendes, Prozeß-Orientiertes Spezifikationssystem) [8] erläutert.

SREM wurde in den USA u. a. für Projekte der Luft- und Raumfahrt entwickelt. Es ist daher bewußt auf die Erfordernisse der Prozeßautomatisierung ausgerichtet. Der SREM-Entwurf beginnt mit einer Erfassung der Schnittstellen zur Außenwelt des Systems (INTERFACEs), der Datenflußbeziehungen und der verarbeitenden Funktionen. Die Beschreibung der sogenannten ENTITYs dient der Erfassung von Objekten in der Außenwelt des Systems, über die innerhalb von SREM Informationen ausgewertet werden sollen. Während die Schnittstellendaten und ENTITY-Datenstrukturen in SREM von Beginn an stark formalisiert sind, werden die Funktionen zunächst informell durch Texte angegeben, in weiteren Stufen jedoch bis zu prototypischer Ausführbarkeit verfeinert; die in Bild 5 [9] enthaltenen ALPHA-Teile sind eine solche textuelle Funktionsbeschreibung, die später als BETA und GAMMA über vorläufigen Code bis zum optimierten endgültigen Code verfeinert werden. Ziel dieser Vorgehensweise ist eine frühzeitige Ausführungsmöglichkeit des Entwurfes für Prüfzwecke (REVS: Requirement Evaluation and Validation System als Teil von SREM), auch als "rapid prototyping" bezeichnet.

Die Formulierung der Anforderungen geschieht ab Beginn formal durch die Sprache RSL (Requirements Statement Language). RSL enthält Sprachobjekte für die Beschreibung von Relationen zwischen Objekten und Programmteilen (Synchronisation). Dies bedeutet allerdings, daß SREM eigentlich ein nicht formales Pflichtenheft voraussetzt. RSL läßt sich

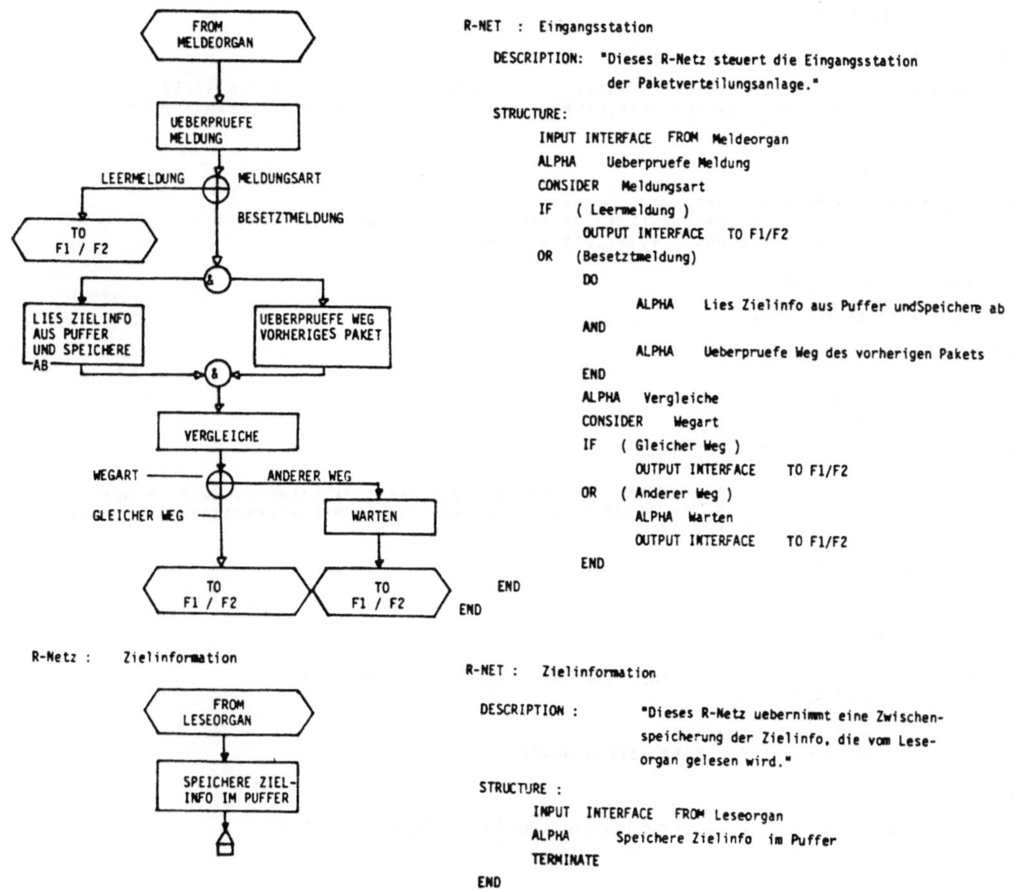

Bild 5: Methode SREM: R-NET und RSL [7]

umsetzen in R-NETs (Bild 5) und liefert dadurch eine grafische Dokumentation des Entwurfes. Diese Dokumentationsqualität und die frühzeitige Validierung des Entwurfes werden bezahlt durch einen hohen Lernaufwand und einen großen Bedarf der unterstützenden Werkzeuge an Rechenkapazität.

EPOS verzichtet in der Phase EPOS-R (Requirements) auf eine derart formale Darstellung der Anforderungsdefinition. Ein einfacher formaler Rahmen enthält verbale Beschreibungen (Bild 6) [9], die damit später referenzierbar und verfeinerbar sind. EPOS ist dadurch leichter erlernbar als SREM. Im Gegensatz zu SREM, das den hierarchischen Entwurf erlaubt und unterstützt, erzwingt EPOS dieses Entwurfsvorgehen. Auch EPOS liefert grafische Entwurfsdokumente, die zunächst nicht einzelne Funktionsabläufe sondern die Entwurfshierarchie baumförmig darstellen.

```
ACTION PAKETVERTEILUNG .

DESCRIPTION :

    PURPOSE : "DURCH DIESEN VERARBEITUNGSVORGANG WERDEN DIE BEI DER AUTOMATISIERUNG DER
              PAKETVERTEILANLAGE ANFALLENDEN STEUERUNGS- UND ORGANISATIONSAUFGABEN
              BEWAELTIGT. ".

DESCRIPTIONEND .

DECOMPOSITION : INITIALISIERUNG ;
                SET ( PAKETEINLAUF-IRPT , SAMMELINTERRUPT , BEDIENINTERRUPT )
                (/ ES-STEUERUNG , VS-STEUERUNG , BEDIENUNG /) .

TRIGGERED : SYSTEMSTART .

PROCESSED : PROZESSRECHNER .

ACTIONEND


DEVICE PROZESSRECHNER .

DESCRIPTION :

    PURPOSE : "DIE  AUTOMATISIERUNGSFUNKTIONEN FUER DIE PAKETVERTEILANLAGE WERDEN AUF EINEM
              PROZESSRECHNER AEG 80-20 IN DER HOEHEREN PROZESSRECHNERPROGRAMMIERSPRACHE
              PEARL IMPLEMENTIERT. "

    FULFILS : REQ 14 ( 0 ) ,
              REQ 15 ( 0 ) ,
              REQ 3 ( 1 ) .

DESCRIPTIONEND

FEATURES : "DIE E/A-EINHEIT DES PROZESSRECHNERS BENOETIGT UNBEDINGT:
           - DIGITALEINGABE
           - DIGITALAUSGABE
           - INTERRUPTEINGABE
           - ANSCHLUSS FUER STANDARDPERIPHERIE.

DEVICEEND
```

Bild 6: Methode EPOS: Anforderungsdefinition (EPOS R) [8]

Schon diese beiden Beispiele für Methoden der Anforderungsdefinition zeigen die unterschiedliche Unterstützung des Entwurfsprozesses durch die verfügbaren Methoden, deren weitere Vertreter in [9] vorgestellt werden.

Eine dritte Art des Strukturentwurfes benutzt Entwurfssprachen, wie z. B. PDL (Program Design Language) [14]. PDL ist ein Pseudocode, oft auch als "strukturiertes" Englisch (Deutsch) bezeichnet, der wegen seiner einfachen Konstrukte leicht verständlich und anwendbar ist (Bild 9 aus [9]). Nachteile der Methode liegen in den Beschränkungen bei der Beschreibung von Datenstrukturen und Echtzeitkomponenten, während die Algorithmenbeschreibung und der hierarchische Entwurf unterstützt werden. DARTS [4] und EPOS-R [8] benutzen solche auf der PDL-Methode aufbauende Pseudocodes.

3.2 Evaluierung der Anforderungsdefinition

Die beiden Aufgabenkreise der Anforderungsevaluierung,

(a) die Prüfung der Anforderungsdefinitionen auf Konsistenz, Vollständigkeit und Widerspruchsfreiheit und

(b) die Prüfung des so definierten Systems auf technische Machbarkeit und Wirtschaftlichkeit

werden durch die erhältlichen Methoden sehr unterschiedlich unterstützt. So bieten viele Methoden rechnergestützte Überprüfung des Aufgabenkreises (a), während der Aufgabenkreis (b) fast nicht unterstützt wird. Eine Ausnahme stellt SREM mit dem Untersystem REVS dar; REVS (siehe 3.1) unterstützt die Untersuchung der in RSL formulierten Abläufe.

Für die Überprüfung des Gesamtentwurfes bietet sich die Simulation des Gesamtsystems aus TPi und TAi (Bild 1) an. Solche Simulationssysteme existieren für die unterschiedlichen Systemtypen in großer Vielfalt; über Erfahrungen berichtet [10]. Als Beispiel sei DISKOS [11] für die Simulation kontinuierlicher Systeme genannt: Die Programmiersprache ist blockorientiert, die Parametrierung erfolgt durch Zahleneingabe und die Ausgabe geschieht grafisch oder numerisch.

Auf eine wesentliche Schwierigkeit bei der Nutzung von Simulationssystemen für die Evaluierung von Anforderungsdefinitionen sei hingewiesen: Die Umsetzung der gemäß 3.1 definierten Anforderungen in Struktur- und Parameterdaten von Simulationsprogrammen muß heute durchweg von Hand erfolgen und ist fehleranfällig.

3.3 System-Strukturentwurf

Für den Strukturentwurf von Systemen wurde schon Mitte der 1970er Jahre eine Methode entwickelt, die Structured Analysis and Design Technique [12] (SADT) genannt wurde und durch ein Netz von "Aktigrammen" und "Datagrammen" die Funktionen und Daten eines Systems beschreibt. SADT ist eine g r a p h i s c h e Methode (Bild 7), die bis heute maschinell kaum unterstützt ist.

Eine weitere, auf dem Prinzip der Aktionennetze (z. B. Petrinetze [5]) basierende Methode ist MASCOT [13]. Bild 8 zeigt ein MASCOT-Netz, das - ohne hier weiter erläutert zu werden - die Struktur des Systementwurfes deutlich macht. MASCOT ist auch für Realzeitprobleme und parallele Abläufe geeignet und bietet Rechnerunterstützung für die Analyse des Strukturentwurfes.

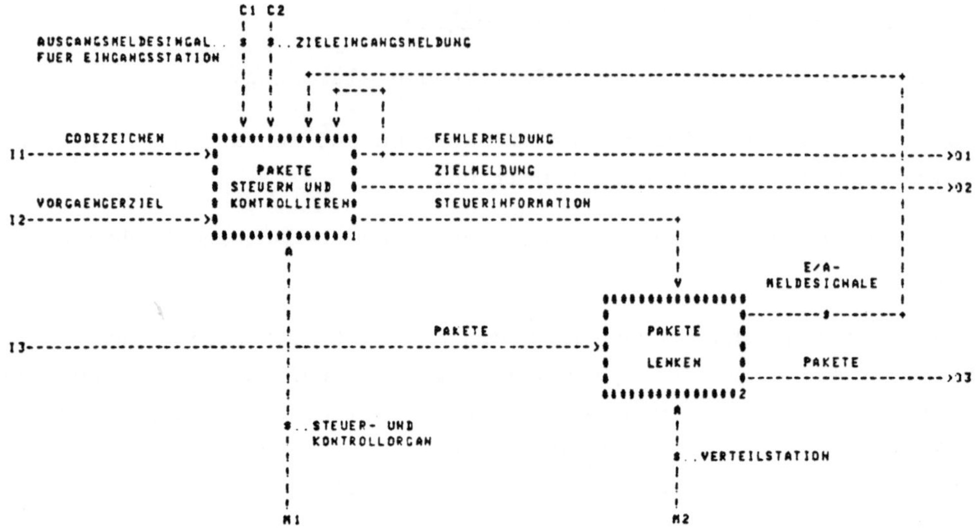

Bild 7: Methode SADT: Aktigramme [12]

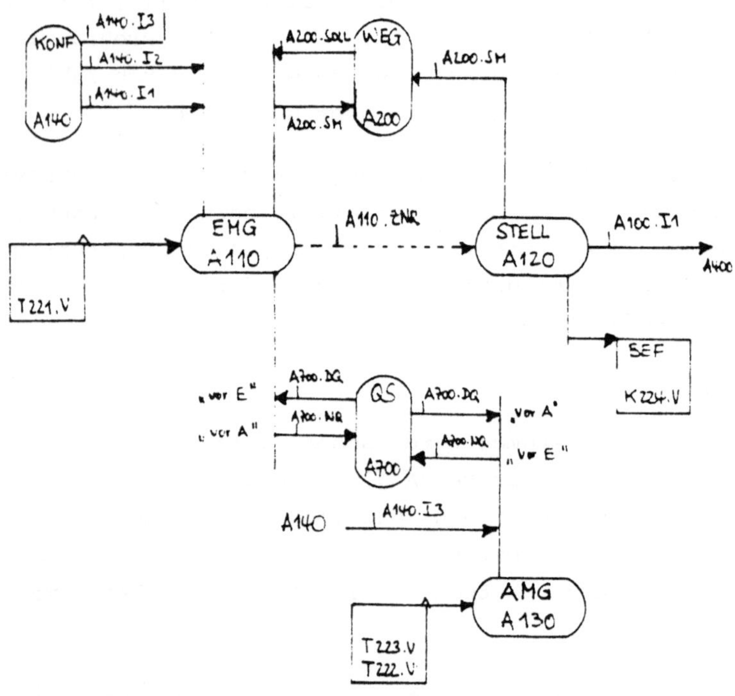

Bild 8: Methode MASCOT:
Aktionen-Netz [13]

```
BELEGE WARTESCHLANGE DER VERTEILSTATION AUSGANG GEMAESS WEICHENSTELLUNG
ENTNIMM NAECHSTES ZIEL
GIB WARTESCHLANGE DER VERTEILSTATION AUSGANG FREI GEMAESS WEICHENSTELLUNG
IF WARTESCHLANGE LEER
    BELEGE WARTESCHLANGE DER VERTEILSTATION AUSGANG ENTGEGEN WEICHENSTELLUNG
    ENTNIMM NAECHSTES ZIEL
    GIB WARTESCHLANGE DER VERTEILSTATION AUSGANG ENTGEGEN WEICHENSTELLUNG FREI
    SETZE FEHLERZEICHEN
ENDIF
BELEGE PAKETZAEHLER
ERNIEDRIGE PAKETZAEHLER
LIES PAKETZAEHLER AB
GIB PAKETZAEHLER FREI
IF KEIN PAKET MEHR IN VERTEILSTATION
    BELEGE WARTESCHLANGE DER VERTEILSTATION EINGANG
    LIES NAECHSTES ZIEL
    GIB WARTESCHLANGE DER VERTEILSTATION EINGANG FREI
    IF WARTESCHLANGE LEER UND VERTEILSTATION IST ERSTE VERTEILSTATION
        SETZE VERTEILSTATION-1 FREI
    ELSE SETZE WEICHE
    ENDIF
ENDIF
IF PAKET BISHER KEIN FALSCHLAEUFER
    FALSCHLAEUFERPRUEFUNG FUER AKTUELLES PAKET
ENDIF
IF VERTEILSTATION IST LETZTE VERTEILSTATION VOR ZIELSTATION
    ZIELBEHANDLUNG
ELSE BELEGE WARTESCHLANGE DER FOLGENDEN VERTEILSTATION EINGANG
    TRAGE ZIEL EIN
    GIB WARTESCHLANGE DER FOLGENDEN VERTEILSTATION EINGANG FREI
ENDIF
SETZE VORGAENGER-ZIEL AUF ZIEL
```

Bild 9: Methode PDL: Pseudocode [14]

Ein Strukturentwurf ist, auch wenn über die Anforderungsdefinition einige Grundstrukturen vorgegeben sind, ein kreativer Vorgang; die Qualität seines Ergebnisses sollte meßbar sein. Hierzu gibt [4] eine Metrik an, die im wesentlichen die Komplexitätssteigerung einer entworfenen hierarchischen Struktur für jede neue Strukturstufe bestimmt. Die Komplexität wird dabei aus der Zahl der Verzweigungen bestimmt. Wächst die Zahl der Verzweigungen zwischen zwei Stufen sprungartig, so kann dies ein Zeichen für nicht optimalen, fehleranfälligen Entwurf sein (Bild 10).

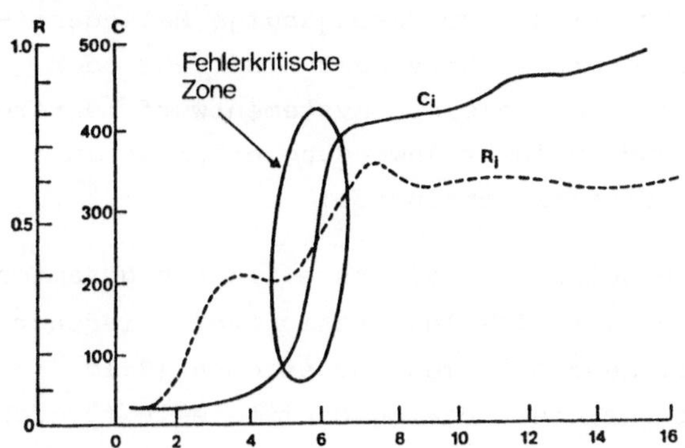

Bild 10: Methode DARTS: Komplexitätsdarstellung [4]

3.4 Feinentwurf Gerätesystem

Zur Festlegung des Gerätesystems für das zu entwickelnde Automatisierungssystem sind nach [15] drei Vorgänge notwendig, die Bild 11 wiedergibt:

(a) die Untersuchung der erforderlichen Systemleistung und -struktur,

(b) die Festlegung des Zuverlässigkeitsnetzes (Fehlertoleranzmaßnahmen),

(c) die Festlegung der Systemdiagnosemittel (Betriebserhaltungsmaßnahmen).

Die gerätetechnische Systemstruktur ergibt sich aus dem Strukturentwurf unter Beachtung der Anforderungen aus (a) und (b). Methoden hierzu sind die Simulation des Geräteentwurfes mittels Bedienmodell (Warteschlangenmodell) (Bild 12) sowie der rechnergestützte Entwurf von Schaltwerken turentwurfes soweit, daß anschließend ihre Codierung möglich ist. Dazu wird überwiegend Pseudocode entsprechend PDL verwendet, der - als wesentliche Eigenschaft - unabhängig von bestimmten Programmiersprachen sein muß. Es sind heute rechnergestützte Umwandler von Pseudocode in gängige Programmiersprachen erhältlich (z. B. EPOS-S nach PEARL [19]), die übersetzbare Quellcodesequenzen erzeugen. Wenn auch dieser Code für den endgültigen Einsatz oft noch zu optimieren ist, so reicht er doch für eine frühzeitige Überprüfung der Funktionen eines Automatisierungssystems aus. Im übrigen ist der Weg vom Feinentwurf der Geräte und Programme eines Automatisierungssystems bis zu dessen Betrieb im Beitrag von Denert ([2] in diesem Band) behandelt.

4. Die Nutzbarkeit von Entwurfssystemen

Die in den vorstehenden Abschnitten diskutierten Entwurfsmethoden unterscheiden sich bezüglich ihrer Prinzipien, ihrer Anwendungsschnittstellen und -breite erheblich. Insbesondere sind kaum durchgängige Methodenlinien für alle Entwurfsphasen verfügbar; Ansätze dazu sind EPOS oder CAMIC [20]. Die Notwendigkeit, für e i n e n Systementwurf mehrere Methoden und Werkzeuge benutzen und in ihrer Anwendung erlernen zu müssen, hat bisher ihren breiten Einsatz verhindert.

Um bewährte existierende Methoden nutzen und gleichzeitig den gesamten Entwurfsprozeß abdecken zu können, ist eine Integration verschiedener Methoden unter einem vereinheitlichenden Rahmen anzustreben (Bild 13 aus [21]). Dieser Rahmen besteht aus einer Dialogschnittstelle für den

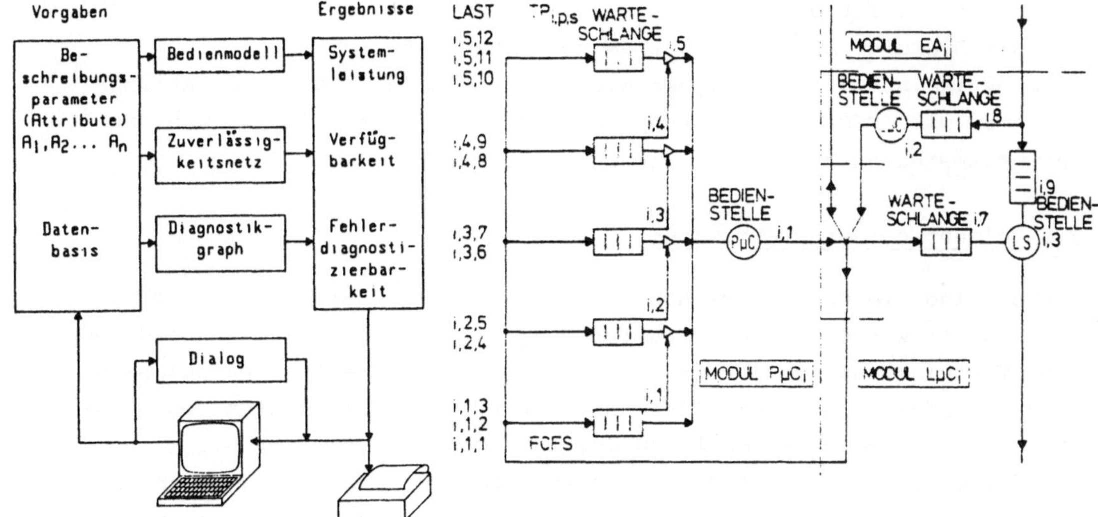

Bild 11:

Programmsystem zum rechnergestützten Geräteentwurf [15]

Bild 12: Bedienmodell eines Knotenrechners [15]

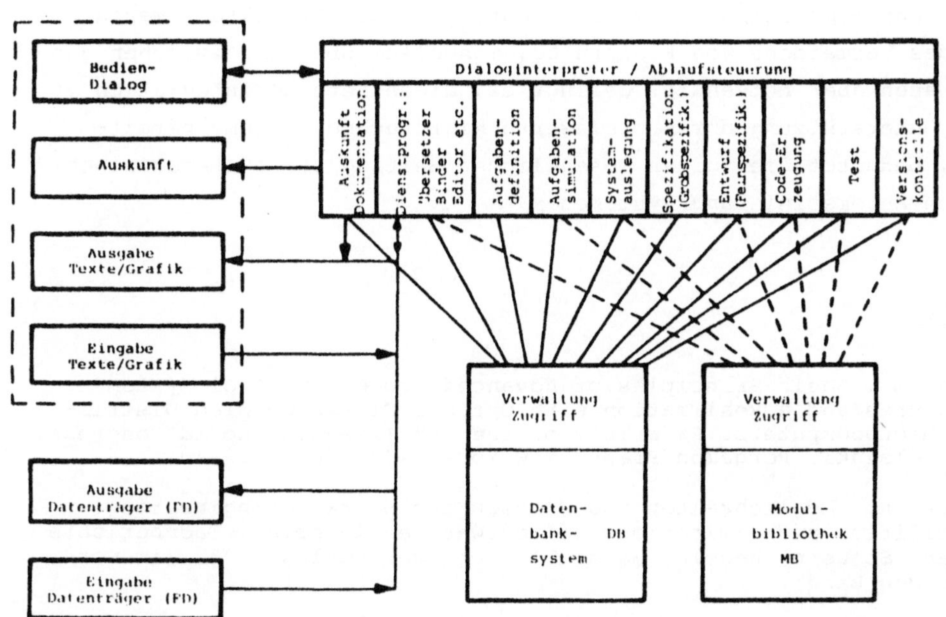

Bild 13: Integriertes Software-Produktionssystem

und deren Simulation (LOGE [16], siehe auch [17, 18] in diesem Band). Für die Evaluierung des Entwurfes von Zuverlässigkeitsnetzen und Diagnostikeinrichtungen eignen sich allgemeine diskrete Simulationssysteme, wie GPSS (General Purpose Simulation System [15]), während Entwurfsmethoden hierzu erst in Entwicklung sind.

3.5 Feinentwurf Programmsystem

Hierzu sind die meisten Methoden einsetzbar, die bereits in Abschnitt 3.3 erwähnt wurden, soweit sie für Realzeitprobleme geeignet sind und eine Verfeinerung der Entwurfsobjekte des Strukturentwurfes zulassen. Feinentwurfsmethoden detaillieren die einzelnen Komponenten des Struk-Anwender, die eine einheitliche Bedienoberfläche erzeugt. Die Methoden für die einzelnen Phasen des Entwurfsprozesses erhalten in ihren "Steckplätzen" den Anschluß an eine Ein-/Ausgabe und - als integrierende Elemente - ein Datenbanksystem und eine Modulbibliothek.

Erwünscht, aber in der Durchführbarkeit noch zu untersuchen, ist eine automatische Umsetzung der Entwurfsergebnisse einer Phase in das Eingabeformat der Folgephase. Dies ist bei voneinander unabhängig entwikkelten Methoden sicher schwierig (z. B. Übergang zwischen Anforderungsdefinition und Simulation!), im Sinne durchgehender Projektdokumentation und des Vermeidens von Fehlern bei manuellem Übergang zwischen den Entwurfsphasen aber notwendig. Gelingt es, diese Methodenintegration mit einer Unterstützung durch preiswerte Mikrorechnersysteme bereitzustellen, bedeutet dies einen wesentlichen Beitrag zum systematischen Entwurf von Automatisierungssystemen.

5. Literatur

[1] Syrbe, M.: Basic Principles of Advanced Process Control System Structures and a Realization with Optical Fibres-Coupled Distributed Microcomputers. Preprints of the 7th Triennial World Congress, IFAC Helsinki, Pergamon Press, New York, 1978, pp. 393-401.

[2] Denert, E.: Möglichkeiten und Grenzen des Software Engineering. Capabilities and limitations of software engineering. Fachberichte Messen, Steuern, Regeln, Band 10, Springer-Verlag, 1983 (im vorliegenden Band).

[3] Boehm, B.W.: Guidelines for Verifying and Validating Software Requirements and Design Specifications. EURO IFIP 79, North-Holland Publishing Company, IFIP, 1979, S. 711-719.

[4] Keutgen, H.: DARTS - ein Werkzeug zum Entwurf von Systemen. GEI, Aachen, Albert-Einsteinstr. 61, 1981.

[5] Genrich, H.J.; Lautenbach, K.; Thiagarajan, P.S.: Overview of Net Theory. Conference Report "Advanced Course on General Net Theory of Processes and Systems", erscheint in der Reihe Lecture Notes in Computer Science, Springer, Berlin, 1980.

[6] Jackson, M.A.: Principles of Program Design. Academic Press, New York, 1975.

[7] Alford, M.W.; Berrie, L.W.; Pasini, C.L.: Management of Requirements Development using SREM Technology. Ballistic Missile Defense Center, Huntsville, Alabama, USA, Technical Report No. 27332-6921-028, 1977.

[8] Lauber, R.: Rechnergestütztes Entwerfen und Dokumentieren von Prozeßautomatisierungssystemen mit EPOS. GI - 9. Jahrestagung Bonn. Springer-Verlag 1979.

[9] Hommel, G.: Vergleich verschiedener Spezifikationsverfahren am Beispiel einer Paketverteilanlage. Kernforschungszentrum Karlsruhe, KfK-PDV 186, August 1980.

[10] Fasol, K.-H.: Erfahrungen mit der Simulation technischer Systeme im Entwurfsstadium. Fachberichte Messen, Steuern, Regeln, Band 10, Springer-Verlag 1983 (im vorliegenden Band).

[11] Früchtenicht, H.-W.: Verbesserung und Rationalisierung des Systementwurfs durch Simulation mit DISKOS. FhG-Berichte 1/2-1979, Fraunhofer-Institut für Informations- und Datenverarbeitung, Karlsruhe, S. 34-37.

[12] Woysch, G.; Thielmann, U.: SADT - Structured Analysis and Design Technique. Eine kurze Einführung zum Spezifikationsbeispiel "Paketverteilanlage" in [9].

[13] RSRE Malvern: The Official Definition of MASCOT. Final Draft 13 March 78. RSRE, COmputer Applications Division. St. Andrews Road, Malvern (UK).

[14] Keutgen, H.: Program Design Language (PDL) in [9].

[15] Bähre, R.; Peschke, P.; Saenger, F.: Rechnergestützter Entwurf von Rechnersystemen. FhG-Berichte 3-82, Fraunhofer-Institut für Informations- und Datenverarbeitung, Karlsruhe, 1982, S. 42-47.

[16] Institut für Nachrichtenverarbeitung, Universität Karlsruhe: Programmsystem LOGE, Benutzerhandbuch, Karlsruhe, 1981.

[17] Finkelstein, L.; Abdullah, F.: Rechnergestützter Entwurf von Sensoren. Siehe [10].

[18] Lipp, H.M.; Reusch, B.: Rechnergestützte Entwicklung digitaler Schaltungen und Systeme. Siehe [10].

[19] Steusloff, H.: PEARL: A Realtime Programming Language for Process Automation. Proc. of DECUS Europe Meeting, Hamburg, 1981, S.209-217.

[20] PCS, München: CAMIC - Computer Aided Microprocessing. PCS-GmbH, 8000 München 90, Pfälzer-Wald-Str. 3, 1982.

[21] Keller, A.; Optiz, E.; Steusloff, H.: Integriertes Software Produktionssystem ISOP. Fraunhofer-Institut für Informations- und Datenverarbeitung, Karlsruhe, 1983, interner Bericht Nr. 9682.

COMPUTER AIDED DESIGN OF INSTRUMENT SENSORS

RECHNERGESTUTZTER ENTWURF VON SENSOREN

F. Abdullah - L. Finkelstein

Measurement and Instrumentation Centre
The City University
London EC1V 0HB, Great Britain

Zusammenfassung

Die rechnergestützte Analyse und der rechnergestützte Entwurf von Sensoren werden am Beispiel einiger Geräte dargestellt. MEDIEM ein neues System für die Simulation und die dynamische Analyse von Geräten wird am Beispiel eines Widerstandsthermometers dargestellt Die Anwendung der Methode von Finiten Elementen in der Berechnung und der Dimensionierung von gerätetechnischen Elementen wird beschrieben. Die Methode wurde bei der Analyse und dem Entwurf von verschiedenen Messgeräten angewendet: Druckmessern, Wegmessern, Thermometern, Durchflussmessern und Kraftmessern. Der heutige Stand der Anwendung dieser Methode wird an dem Beispiel der Berechnung eines Kraftmessers und eines Elektrodensystems dargstellt. Die rechnergestützte Berechnung und der rechnergstützte Entwurf von Geräten sind durch den Einsatz von interaktiven Rechneranlagen von hoher Effektivität ermöglicht.

Introduction

In the past the design of instrument transducers and sensors has been approached mainly from an experimental point of view once a design principle or concept has been established. An example is the orifice plate sensor used in the orifice meter for flow measurement. In this device many hundreds of man years of experimental effort have gone into establishing the discharge coefficient for a given plate geometry, pressure tapping locations, pipe geometry and flow Reynolds number. The results of this painstaking work have been documented in various national and international standards on orifice metering.

The complexity of physical processes associated with instruments and the increasing requirement for better accuracy has led to the development of more streamlined approaches to instrument design. These are based on mathematical models and in particular computer aided modelling and design techniques. Mathematical models can be applied to instruments treated as a system of components, each of known input/output behaviour. In such cases mathematical models can be developed to predict the dynamic response (time and frequency domain responses) of a complete instrument. For this purpose a general purpose interactive computer package MEDIEM has been developed and is described in the next section. Mathematical models can also be used for the design of individual components of an instrument. These may be the sensing or actuating subsystems of an instrument. In this case the models relate to component geometry and material properties and hence to constructional features. In terms of total design they are concerned with the so called dimensioning problem that arises after the establishment of a design concept and prior to the production of engineering drawings. Such models and their applications are described in the next but one section.

Dynamic models of complete instruments

At the authors' institution a package MEDIEM (Multi Energy Domain Interactive Element Modelling) has been developed to aid in the modelling for the dynamic response of instrument transducers. MEDIEM is a package which takes as input a set of elements which can represent energy storage, dissipation, conversion and signal transmission that may occur within an instrument. The set comprises: R (dissipative), L, C (storage) one port ; GY (Gyrator), TF (Transformer) two ports and some source signal and multiport field elements.

The elements are assembled into a structure graph which represents the complete instrument. An example of a structure graph for a simple mechanical system is given in Figure 1. It can be seen that the structure graph closely represents the topology of the mass-spring-dashpot system. This is a feature of structure graphs. For MEDIEM the structure graph is coded in the form of one or two lines of code for each element. **This information, includes the element type** (R,L etc.) arrow directions, energy domain, element values and any initial conditions in storage elements (L and C's). MEDIEM then both formulates and solves the total differential equations for the instrument to produce time (step, ramp, impulse) and/or frequency (amplitude and phase) response information in a variety of ways (tabulated or graphically displayed on a computer VDU or printer). MEDIEM can handle both linear and non-linear systems and being interactive it is particularly easy to use. The result is that instruments can be modelled quickly and design changes explored in an easy manner. Structure graphs and MEDIEM have been described in detail elsewhere

(Liebner et al ref. 1). Applications have been to differential pressure transducers, Bourdon Gauges, torque motors, platinum resistance thermometers and others. The most recent application is to resistance thermometers and thermometer plus well assemblies. This application will be discussed here.

The particular thermometer modelled was a Rosemount platinum resistance thermometer (No. E12382-392-A) When placed in a well (No. E15043-225-) a cross section through the well-thermometer assembly reveals a series of concentric cylinders (Figure 2) representing the well wall, outer air gap, thermometer steel sheath, inner air gap, aluminium cover for the sensor and ceramic containing platinum coils (the sensor). Assuming one dimensional heat flow a MEDIEM model was built for the system and is shown in Figure 3. . The source AS element is included to represent a step change in the fluid temperature which occurs when the assembly is plunged into a still liquid (in a plunge test). The source TS represents the step of heat (i^2R) generated at the sensor when the current through the sensor is deliberately changed. The R's and C's represent thermal resistances and capacitances. The values of the R's and C's were calculated using the material properties: k (thermal conductivity) c (specific heat), h (heat transfer coefficients) and appropriate simple equations (Chohan ref. 2). Results of a simulation using MEDIEM are compared with experiments in Figure 4 In this figure the FT response represents the case when the thermometer plus well assembly is plunged into an unstirred lagged bath of near boiling water (at a temperature of approximately 90°). In this case the sensor will reach the fluid temperature eventually. The ET response represents the case when the system is kept immersed in a bath of water at room temperature and the electrical current to the sensor platinum sensing element is changed in a stepwise fashion from normal operation at approximately 1 mA to 40 mA. In this case heat will flow from the sensor through the various layers of the thermometer to the fluid and reach a steady state with the sensor or wire temperature somewhat higher than the fluid temperature. As can be seen both the FT and ET responses agree closely with experiments for the whole time history. Similarly close results were also obtained when the thermometer on its own was modelled and results compared with experiments.

Such models can be used to study the affects of air gap variations or tolerances on time constants (defined as 63.2% of final value as if for a first order system). Such a sensitivity analysis showed that substantial variations ($\pm$20%) in time constants can occur due to allowed variations in air gaps. These types of models can and are being used to explore other thermometer and well systems used for industrial temperature measurement. A more complex example of the use of MEDIEM for the modelling of a differential pressure transducer is provided in a recent paper on MEDIEM (Liebner et al 1982).

Models for Sensing and Actuating Subsystems of Instruments

In instrumentation a large number of sensing and actuating subsystems can be categorised into the following: (i) elastic devices, (ii) electric and/or magnetic devices, (iii) flow devices, (iv) thermal devices. Elastic devices include pressure sensitive diaphragms, capsules and bellows; pressure and temperature Bourdon tubes; load cell billets for force measurement and various springs and guides. In the electric/magnetic category a whole host of devices exist from inductive and capacitive displacement transducers to small torque motors and d.c. motors for servo systems. Sensing devices for flow include the orifice plate, venturi, Dall Tube, pitot tube, bluff body in vortex shedding meters, electrodes in electromagnetic flow meters and many others. For temperature measurement typical sensors are the platinum resistance thermometer, thermocouples, bolometers, thermistors and others.

The accurate modelling of such devices requires the calculation of "field" quantities which are obtained from the solution of appropriate partial differential equations. For elastic elements or devices this would be the displacement field, for electromagnetic devices, electric and/or magnetic fields; for flow, point velocities and pressure fields and for temperature sensors heat flux and temperature fields. From such fields quantities of interest such as strains, stresses, resistances, inductances, discharge coefficients etc. can be calculated by integration.

A powerful method for the solution of appropriate partial differential equations which has become very popular in recent years is the finite element method which has largely superseded the finite difference method except perhaps in turbulent flow modelling. A number of excellent text books in finite element modelling are available, (Zienkiewicz, ref 3; Chari and Silvester, ref. 4; Taylor and Hughes ref 5. The trend in the development of finite element programs is towards the adoption of a modular scheme based on a library of subroutines specific to finite element manipulations. An example is the finite element library system adopted by the SERC (SERC ref. 6) which coupled with a computer with good graphics and editing facilities can lead to the efficient interactive development of complex finite element programs.

Finite element and finite difference techniques have been employed by the authors for the modelling and design of sensors and actuators. Table 1 summarises our present capabilities in this area. In this paper two examples: a load cell and a fringe field electrode system are described in more detail as examples of our capability.

Strain gauged load cells form the heart of modern electronic weighing systems. The design of the elastic element or billet can be approached using finite elements. In load cells the types of billets can be classified into bending, compression/tension and shear types. Detailed modelling and design of a shear type load cell has been considered in a previous paper (Abdullah and Erdem, ref. 6) and errors in shear and compression load cells in another paper (Abdullah, Erdem and Mirza, ref. 7). In this paper the modelling of a "square ring"bending type load cell is considered. The square ring load cell billet is shown schematically in Figure 5. The approximate dimensions of the load cell are 170 mm. height, 96.6 mm. width and 25 mm. depth (into the plane of the paper). The circular hole is 94 mm. diameter. The load cell is loaded at the top and was designed for 50 Kgf rated load. The design was produced using a finite element plane stress program. Because of symmetry only half the load cell billet needs to be modelled. Figure 6 shows this meshed with eight noded quadrilateral elements. As can be seen the density of meshing is increased where high stresses and strains are expected. Figure 7 shows a close-up of the mesh in the region in which the strain gauges are placed. Gauges are placed in the vertical direction on the outside and inside faces of the billet at the point of minimum thickness (this thickness being 1.3 mm.). A four active arm measuring bridge was used with one gauge in each arm. In both experiments and simulation an 80 lbf (36.4 Kgf) tension load was applied. The resulting displacement of the load cell figure (exaggerated 50 times) clearly shows that the load cell is going into bending at the strain gauge locations. The magnitude of the vertical strains sensed by the strain gauges are shown as strain contours in Figure 9. We have found that with careful choice of meshes in critical regions, agreement with experiment is better than 10% for quantities of interest to the designer such as sensitivity and nonlinearity errors.

The second example that we present is that of the use of a finite element model to calculate the capacitance of a pair of ring electrodes mounted on a perspex pipe. A typical such arrangement consists of a perspex pipe of outside diameter 150 mm. and wall thickness 6 mm. The ring electrodes are of width 12.8 mm., thickness 1 mm. and they are separated by 50 mm. The system being axisymmetric, Figure 10 shows the geometry with the axis of symmetry being along the vertical axis and the radial distance measured horizontally from this axis. Such electrode systems are being designed for the measurement of multi-component flows in pipelines; for example, water content in a crude oil pipeline. Our aim is to mathematically model such electrodes. A package PE2D developed at the Rutherford and Appleton Laboratory, Oxford, was used for this purpose. Figure 11 shows the geometry meshed into triangular elements (2642 elements together). Figures 12 and 13 show the equipotential contours for air and water respectively in the pipe. The ability to change pipe geometry, electrode sizes and separation and material within the pipe makes the modelling technique a powerful aid in electrode design. From the energy stored in the electrostatic field capacitances values can be calculated. Results for a variety of pipe and electrode configurations show that capacitances can be calculated to within 10 - 20% of experimental results (K.C. Lim, ref. 8). It is expected that further improvements can be achieved if the meshing is chosen more carefully; the jaggedness of some of the equipotential lines indicates that improvements could be made.

Conclusions

We have briefly described some of the research being conducted at the Measurement and Instrumentation Centre into computer aided modelling and design of instrument transducers and sensors. Some of these techniques are now being used for fairly routine industrial design. These include diaphragms and capsules for pressure sensors, load cell billets for force sensors and inductive type displacement sensors. A previous IMEKO paper (Abdullah and Finkelstein, ref. 9) reviewed in brief each application area. In this paper we have concentrated more on a few examples while at the same time tabulating our overal capabilities (Table 1). The cost of computers is coming down while their power is going up. In particular there is a trend towards highly interactive single user computer workstations which have the power of present day minicomputers or even some recent past mainframes. The typical cost of these systems is less than £20,000. The interactive nature of such systems allows the modeller to simulate instruments in a cost effective manner. For example, it is becoming feasible to set up and simulate the pipe-electrode system described in the text in an afternoon's work for a variety of pipe diameters and electrode separations. This tremendous power ensures that the application of the computer modelling techniques for transducer and sensor design will receive much greater attention in the future.

Acknowledgements

The authors wish to acknowledge the continued support of the Science and Engineering Research Council (SERC), the support and close collaboration of a number of instrument firms and the contribution made by past and present students and researchers of the Departments of Physics and Systems Science at The City University.

References

1. Liebner, R.D., Abdullah, F. and Finkelstein, L. "Structure Graphs: a New Approach to Interactive Computer modelling of Multi-Energy Domain Systems", J.Dynamic Systems, Measurement and Control, Vol. 104, pp. 143 - 150, 1982.
2. Chohan, R.K. "Mathematical Modelling of Industrial Thermometers", Ph.D Thesis in preparation, The City University, London EC1.
3. Zienkiewicz, O.C. "The Finite Element Method in Engineering Science", McGraw Hill 3rd Edition, 1975.
4. Chari, M.V.K. and Silvester, P.P. "Finite Elements in Electrical and Magnetic Field Problems", John Wiley and Sons, 1980.
5. Taylor, C. and Hughes, T.G. "Finite Element Programming of the Navier Stokes Equations", Pineridge Press, 1981.
6. Abdullah, F. and Erdem, U. "Mathematical Modelling and Design of a Shear Force Load Cell Transducer", IMEKO Symposium, published in VDI Berichte No. 312 pp. 149 - 155, VDI-Verlag GmbH, Dusseldorf, 1978.
7. Abdullah, F., Erdem, U. and Mirza, M.K. "Linearity and loading errors in High Precision Load Cells", IMEKO Symposium published in 'Weighing Technology', Krakow N.O.T. pp.105-111, 1980.
8. Lion, K.C. "Computer Aided Capacitor Modelling", B.Sc. Final Year Project, Department of Systems Science, The City University, London EC1, 1983.
9. Abdullah, F. and Finkelstein, L. "A Review of Mathematical Modelling of Instrument Transducers", Acta IMEKO Separatum, pp. 145 - 157, 1982.

TABLE 1 CURRENT CAPABILITIES IN INSTRUMENT MODELLING

	INSTRUMENTS (generally with axi- or plane symmetry in geometry and loadings)	TYPES OF PREDICTIONS
Elastic devices	•diaphragms, capsules, bellows, Bourdon tubes for pressure sensing •load cell billets for force sensing •snap action diaphragms	sensitivity linearity displacements stresses strains stiffnesses effective areas and effective masses Dynamic responses
Electro magnetic devices	•inductive and capacitive displacement sensors •fringe field electrode systems •magnetic circuits for transducers •Torque motors and solenoid actuators	sensitivity linearity saturation air gap fluxes Inductance, resis- and capacitance forces and torques
Flow devices	•Turbulent flow through orifice plates, venturi and other head flow type meters	Discharge coefficients pressure loss
Thermal devices	•Platinum resistance and Thermocouples in well systems	time and frequency response stem correction errors

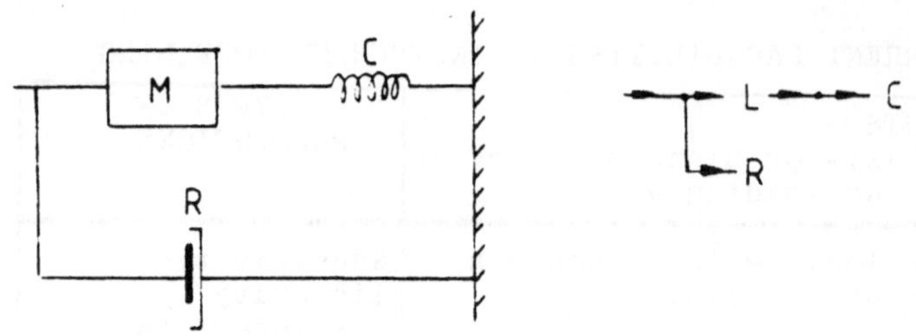

Figure 1 Schematic and Structure Graph for a spring-mass-dashpot system

Figure 2 Cross section through a thermometer and well assembly

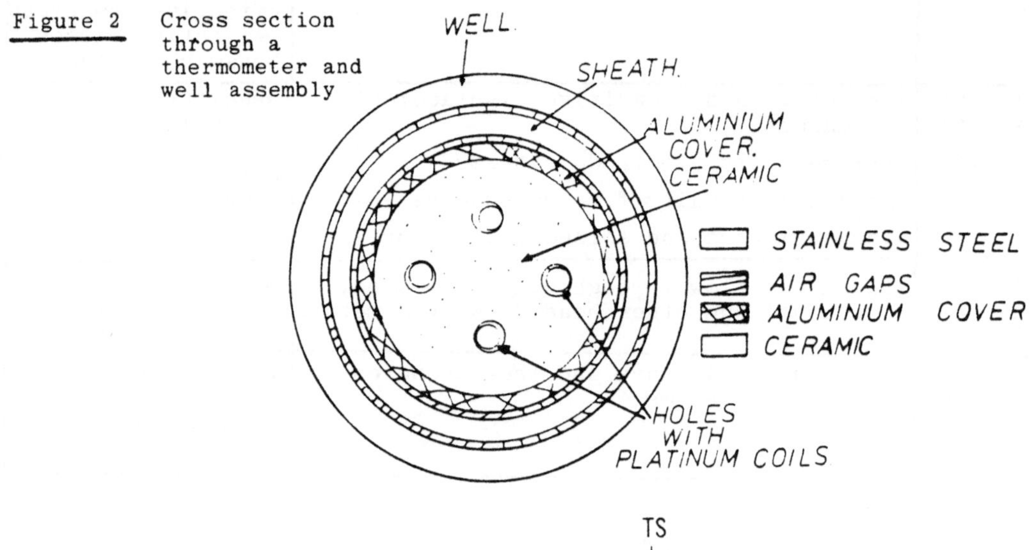

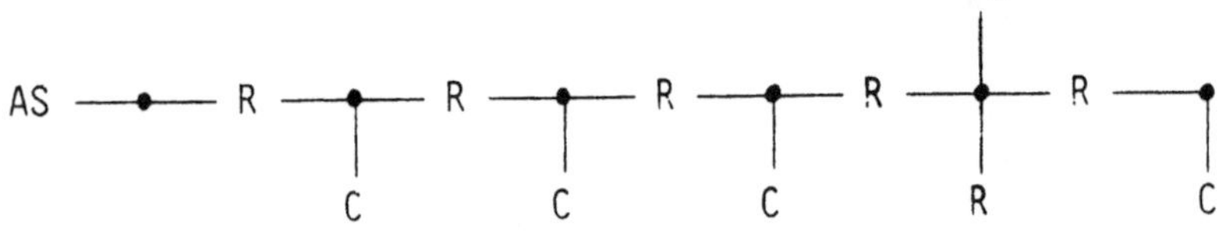

Figure 3 Structure graph for thermometer and well assembly

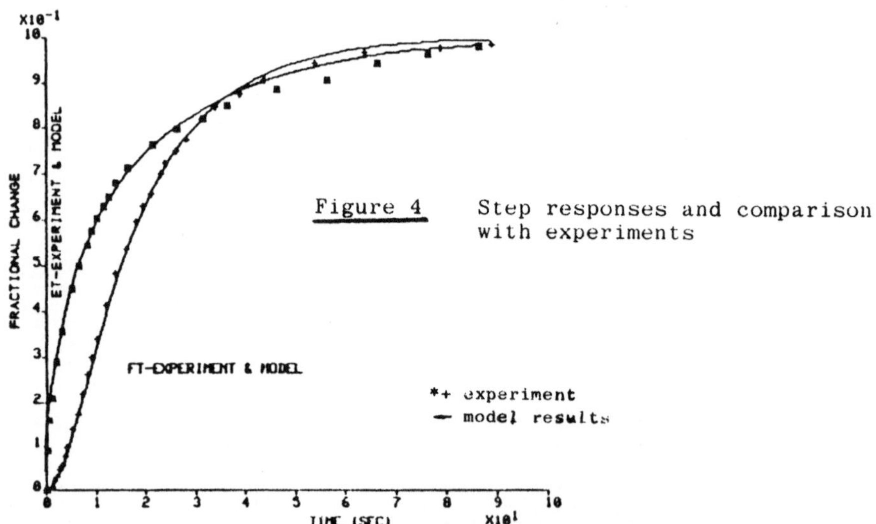

Figure 4 Step responses and comparison with experiments

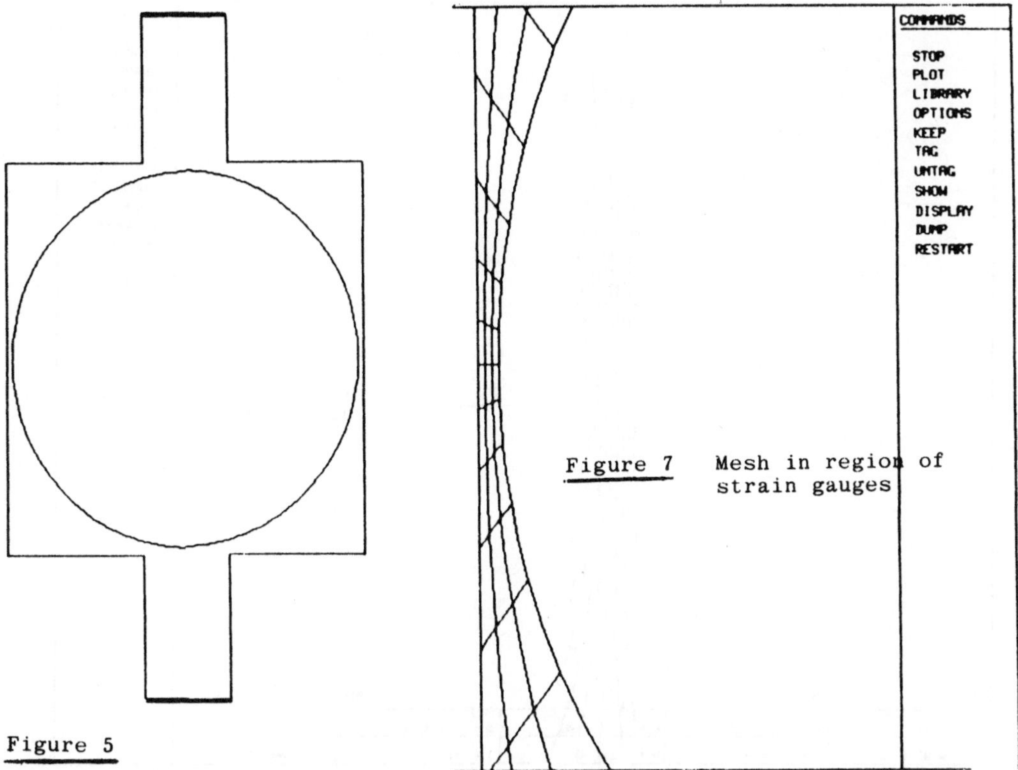

Figure 5

"Square Ring" load cell billet

Figure 7 Mesh in region of strain gauges

DISPLACEMENTS
RESULTANT
SQDEMO
FACTOR = 50.0

COMMANDS
DISPLAY
SHAPE
VALUES
PEAKS
CONTOUR
GRAPH
VECTORS
LOADCASE
COMBINE
LIBRARY
OPTIONS
PLOT
EXIT
STOP

Figure 8 Displaced shape of load cell under a tensile load

Figure 6 Finite element model including mesh

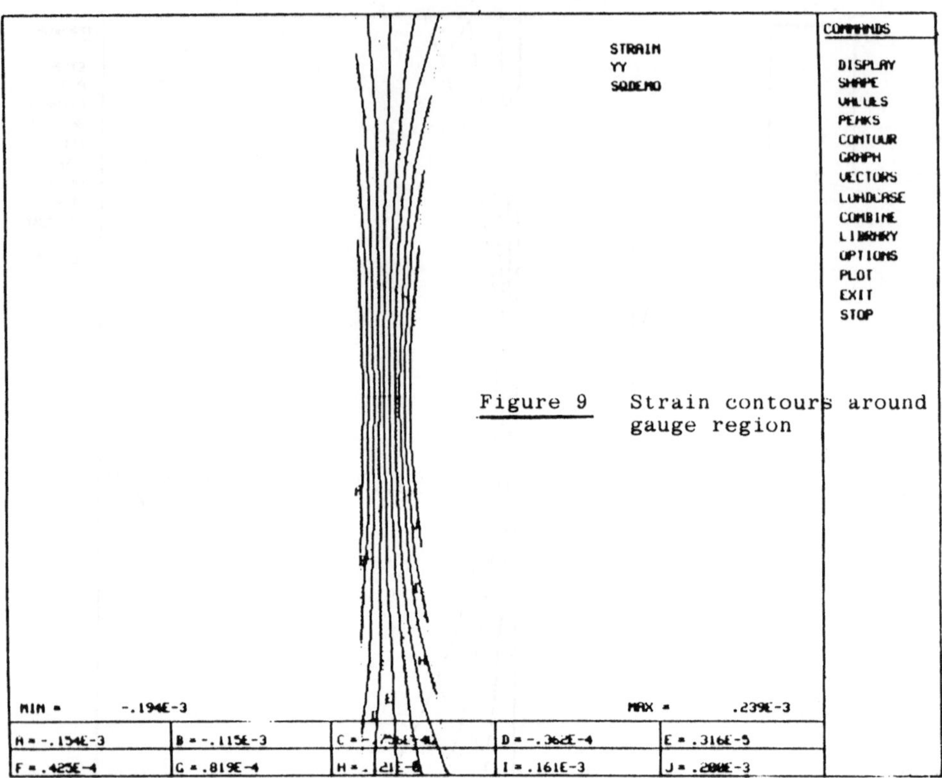

Figure 9 Strain contours around gauge region

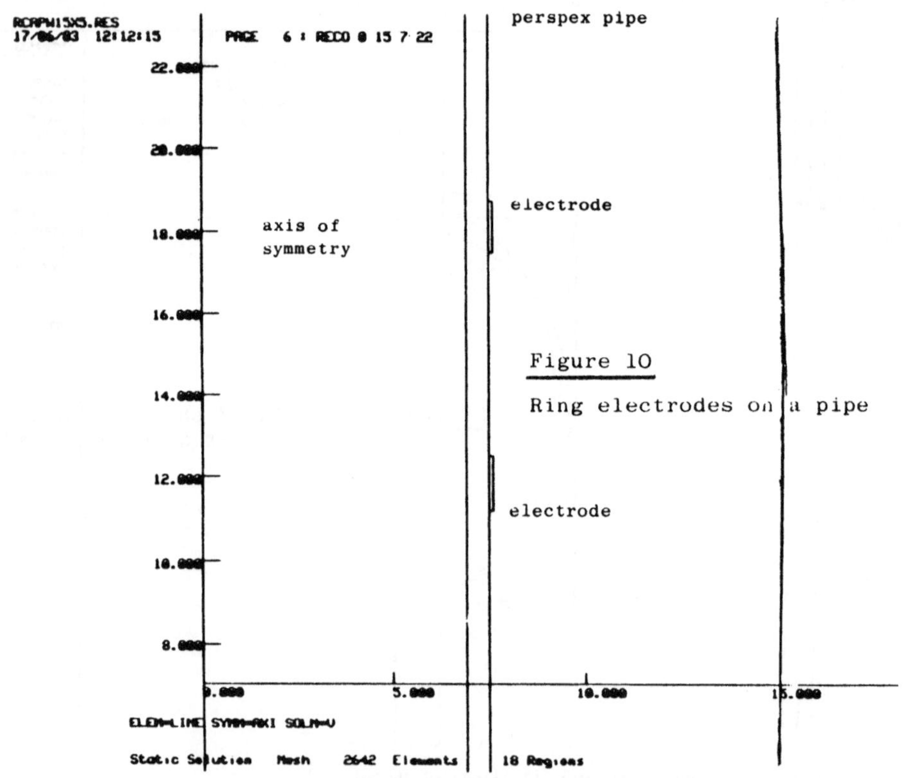

Figure 10

Ring electrodes on a pipe

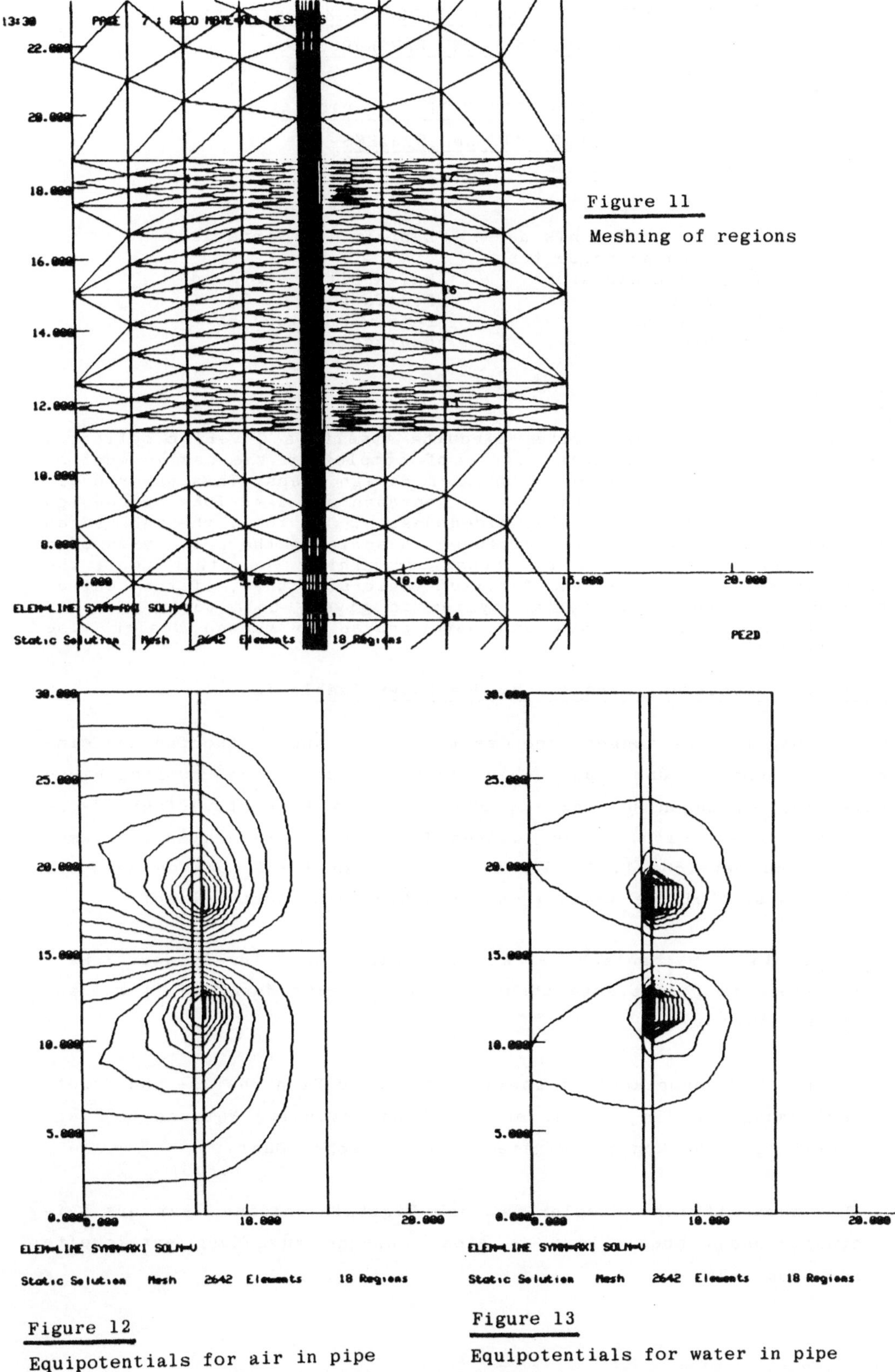

Figure 11

Meshing of regions

Figure 12

Equipotentials for air in pipe

Figure 13

Equipotentials for water in pipe

RECHNERGESTÜTZTE ENTWICKLUNG ELEKTRONISCHER BAUELEMENTE UND BAUGRUPPEN

COMPUTER-AIDED DESIGN OF DIGITAL CIRCUITS AND SYSTEMS

H.M. Lipp
Institut für Technik der Informationsverarbeitung
Universität Karlsruhe
Postfach 63 80
D-7500 Karlsruhe
Deutschland

B. Reusch
Lehrstuhl Informatik I
Universität Dortmund
Postfach 50 05 00
D-4600 Dortmund 50
Deutschland

Summary

The design of complex digital circuits itself is a very complicated process. To cope with this degree of complexity the design must be subdivided into a sequence of smaller design steps. This paper deals with some principal aspects of this approach and describes two design-tools for methodical, computer-aided design. One tool, the CAP system, primarily supports the steps of formal describing the properties of a design and of simulating its behaviour, while the other tool, the LOGE system, synthesizes the detailed logic structure, if the control flow description of a digital system is given. Both tools are used in industrial environments and have proven to reduce design time significantly.

1. Eine schematische Darstellung des Entwurfsablaufs

Obwohl Digitalschaltungen schon seit vielen Jahren entworfen und eingesetzt werden, und man daher annehmen kann, daß umfangreiche Entwurfserfahrungen und eine große Zahl von Entwurfsverfahren vorliegen, richtet sich in den letzten Jahren ein verstärktes Interesse auf diesen Bereich /1, 2, 3/. Analysiert man die Situation genauer, so lassen sich einige wesentliche Ursachen dafür feststellen:

- Viele bisher mechanisch, elektromechanisch oder in analoger Schaltungstechnik realisierte Lösungen werden heute durch digitale Bausteine ersetzt.

- Höherer Bedienungskomfort sowie verschärfte Sicherheits- und Schutzbestimmungen bedingen eine entsprechend intensive Nutzung von Verarbeitungstechniken auf digital-elektronischer Basis.

- Die heute übliche Komplexität der Digitalbausteine legt aus Leistungsgründen spezielle, für eine einzelne Anwendung entwickelte Lösungen nahe.

- Die Entwicklungszeiten technischer Geräte und Systeme haben sich deutlich verkürzt. Dementsprechend muß auch die zugehörige Digitalelektronik rascher zur Verfügung stehen als bisher.

- In Hardware realisierte Lösungen können i.a. gegen den Abfluß des System-Know-Hows besser geschützt werden als reine Software-Lösungen.

- Aus Zeit- und Kostengründen muß heute der Entwurf einer Digitalschaltung einen solchen Grad von Fehlerfreiheit und Übereinstimmung der Funktionen mit dem Pflichtenheft sicherstellen, der Maßnahmen zur Nachbesserung möglichst ausschließt.

Es müssen daher für den Entwurf komplexer Digitalschaltungen (bevorzugt in integrierter Technik) verbesserte Methoden entwickelt werden, die den genannten Punkten und insbesondere der Tatsache Rechnung tragen, daß schon heute, aber besonders in Zukunft viele Nutzer der Digitaltechnik ihre Schaltungen selbst konzipieren und teilweise auch detailliert entwerfen müssen, ohne schwerpunktmäßig in diesen Aufgabenbereichen tätig zu sein.

Im folgenden sollen Ansätze beschrieben werden (siehe Kapitel 2 und3), welche die genannten Bestrebungen unterstützen. Um ein besseres Verständnis für die dabei eingeführten Konzepte und Entwurfswerkzeuge zu ermöglichen, soll zuvor anhand eines abstrakten Schemas der Entwurfsablauf diskutiert und wesentliche Eigenschaften zusammengestellt werden (siehe Bild 1). Die Aufgabe, eine meist systembezogene Aufgabenstellung durch geeignete integrierte Schaltungen zu realisieren, stellt prinzipiell eine Transformation dar, bei der die funktionsbezogenen Beschreibungsdaten der Ebene der Aufgabenstellung in die geometrischen Beschreibungsdaten auf der Maskenebene überführt werden müssen. Daran schließt sich dann die eigentliche Herstellung der integrierten Schaltung an. Die Transformationsrichtung von der Systembeschreibung hin zur Maskenebene wird als "Top-Down"-Entwurf bezeichnet und heute bevorzugt, da sie am besten mit Entwurfsverfahren unterstützt werden kann. - Grundsätzlich ist auch die umgekehrte Transformationsrichtung möglich, "Bottom-Up"-Entwurf genannt; sie ist allerdings nur für kleine und wenig komplexe Schaltungen sinnvoll, die besonders gut die technologischen Gegebenheiten ausnützen. Häufig werden solche Schaltungsentwürfe dann als Grund-Bausteine in Bausteinbibliotheken aufgenommen und im Top-Down-Entwurf bevorzugt als Zielstrukturen berücksichtigt.

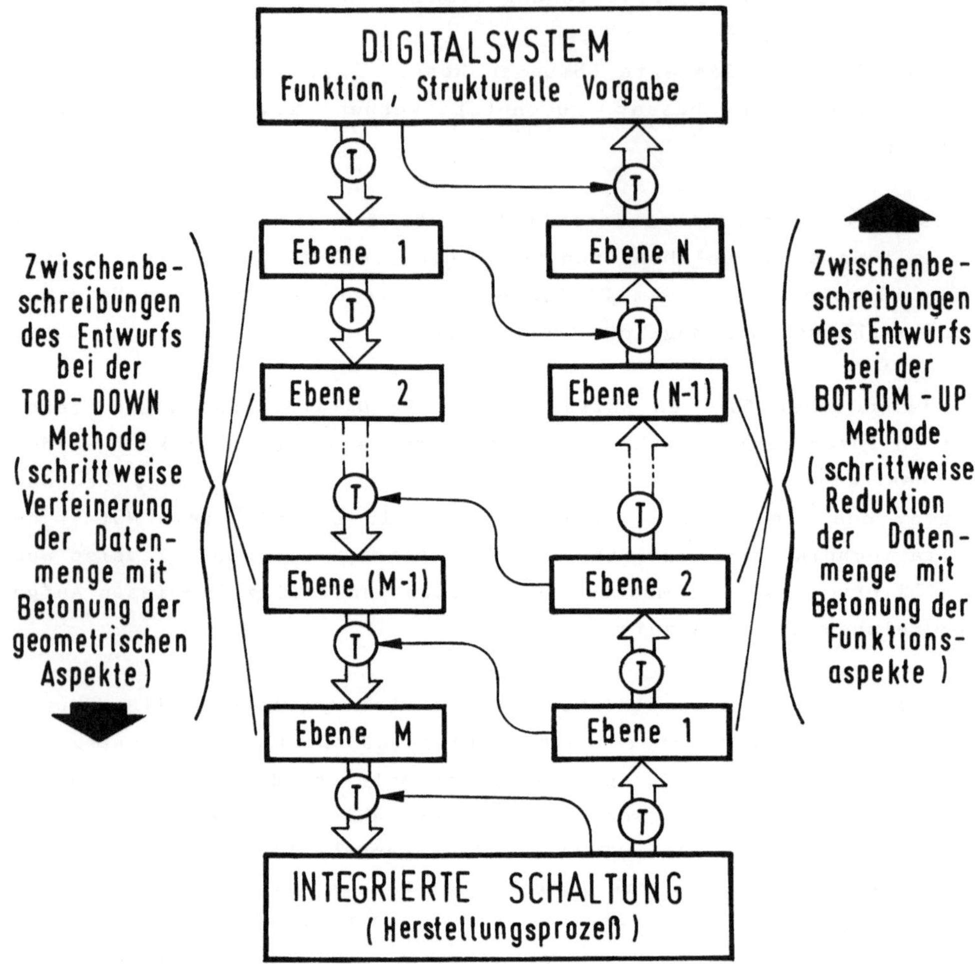

Bild 1. Schema des Entwurfsprozesses

Für beide Entwurfsrichtungen gilt jedoch, daß die überführende Transformation nicht aus einem einzigen Schritt bestehen kann, da selbst bei einfachen Digitalschaltungen die Verhältnisse zu kompliziert sind. Stattdessen muß ein solcher Schritt eine große Zahl aufeinanderfolgender Einzeltransformationen aufgelöst werden. Damit entstehen grundsätzlich weitere Ebenen der Schaltungsbeschreibung mit nach unten zunehmenden Detaillierungsgrad. Typische Zwischenbeschreibungen sind z.B. Modul-, Register-, Gatter- und Transistorebene, um nur einige zu nennen.

Die so entstandene Gliederung des Entwurfsablaufs geht von der Existenz von zwei wesentlichen Komponenten aus:

- Der Schaltungsbeschreibung
  Sie muß geeignete Mittel bieten, um auf jeder Ebene der Detaillierung die Funktion geeignet und korrekt abzubilden;

- der Transformation
  Sie muß in der Lage sein, die Datenmenge einer Beschreibungsebene i in die detailliertere der Beschreibungsebene i+1 zu überführen. Dabei muß sichergestellt werden, daß die Transformation die Funktion der Schaltung nicht unzulässig verändert.

Das Hilfsmittel Schaltungsbeschreibung sollte Möglichkeiten zur Verfügung stellen, welche es einerseits erlauben, auf der Basis der Beschreibung einer Ebene i Aussagen über für diese Ebene typischen Merkmale (z.B. Durchsatz, Grenzfrequenz, usw.) zu machen, also eine Beschreibung in Hinsicht auf funktionelle Gesichtspunkte bewerten zu können; andererseits sollte es auch möglich sein, durch Vergleich der Beschreibung zweier verschiedener Ebenen festzustellen, ob sie im Sinne der Aufgabenstellung funktionell gleichwertig sind. Da für beide Fälle mathematisch/logische Ableitungen und Aussagen heute noch kaum in praxisnahen Methoden zur Verfügung stehen, ist meist die Anwendung des Softwareexperiments, der sogenannten Simulation, unverzichtbar.

Die Überführung der Beschreibung einer Ebene in die andere wird auch heute noch weitgehend durch den Entwerfer von Hand vorgenommen (siehe Bild 2a). Teilweise stehen hierfür auch interaktive Arbeitsmöglichkeiten zur Verfügung (Bild 2b), bei denen bevorzugt die Generierung einer graphischen Beschreibung (z.B. eines Blockschaltbildes oder eines Ablaufschemas) rechnergestützt erfolgen kann. Da sich dabei aber die Unterstützung weitgehend auf geometrische Aspekte beschränkt, muß die eigentliche Transformationsleistung vom Entwerfer erbracht und daher auch mit Hilfe der Simulation auf Korrektheit überprüft werden. Langfristig sind daher Verfahren anzustreben, welche die Transformation automatisch Durchführen (Bild 2c) und auf der Basis mathematisch/logischer Beweisführung für die verwendeten Algorithmen sicherstellen, daß die Transformation prinzipiell korrekte Ergebnisse liefert.

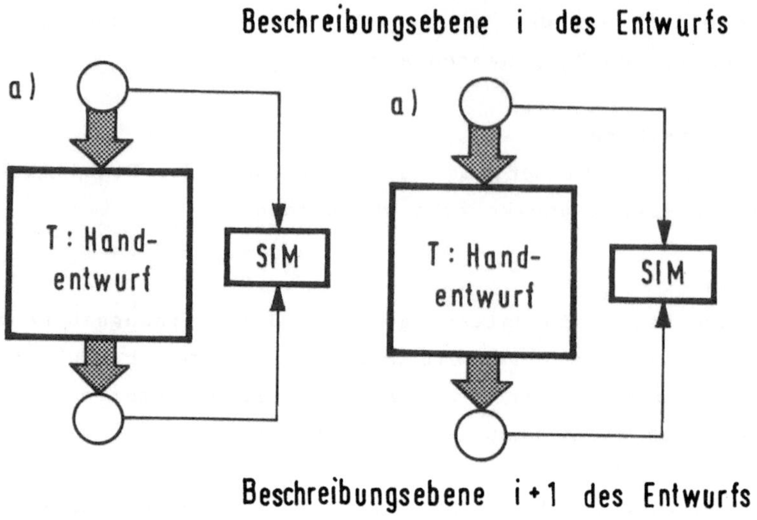

Bild 2. Möglichkeiten für den einzelnen Transformationsschritt

2. Das CAD-System CAP/DSDL zur formalen Beschreibung und Simulation von Digitalschaltungen auf verschiedenen Abstraktionsebenen.

In Abschnitt 1 wurde geschildert, wie ganz allgemein Entwurfsschritte aufeinander folgen und daß sie gegeneinander verifiziert werden müssen um den letzlich resultierenden Entwurf einer Schaltung als korrekt im Sinne der ursprünglichen Aufgabenstellung zu beweisen. Ohne die Namensgebung im einzelnen zu erläutern sind in Bild 3 die Ebenen benannt, die heute üblicherweise beim Entwurf höchstintegrierter Schaltungen unterschieden werden. Wie schon geschildert, ist es erstrebenswert, die Entwurfsschritte "absolut sicher" durchzuführen. Im Idealfall geschieht dies durch korrekt bewiesene Transformations-Algorithmen, heute häufig durch Simulation auf benachbarten Ebenen. Auf jeden Fall ist die Grundvoraussetzung eines überprüfbaren Entwurfs die völlig formale Beschreibung des Entwurfsprojekts auf jeder Abstraktionsebene. Die formale Sprache CAP/DSDL ermöglicht dies für alle Ebenen zwischen Systemebenen und Transistorebene (diskret) (siehe Bild 3).

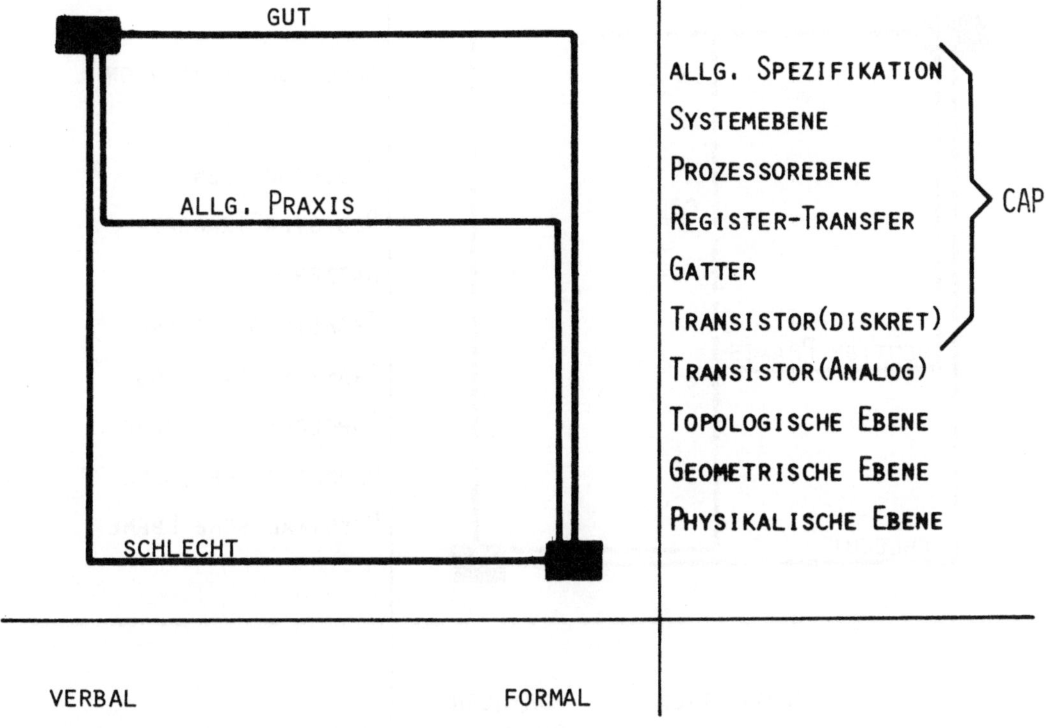

Bild 3. Beschreibungsebenen für höchstintegrierte Schaltungen

Beim Verifizieren von Entwurfsschritten stellt der Einsatz von Simulatoren bereits einen wesentlichen Fortschritt auf dem Weg zur formalen Verifikation dar. Sie ersetzen das in anderen Disziplinen heute noch übliche Experiment am Prototyp, das zumindest bei höchstintegrierten Schaltungen aus ökonomischen Gründen völlig ausgeschlossen ist. Bild 4 schildert die Situation und den Einsatzbereich des Systems CAP/DSDL. Es muß betont werden, daß "unterhalb" von CAP/DSDL die durch Simulation zu klärenden Fragestellungen ihrer Natur nach "analog" werden und deshalb mit prinzipiell anderer Methoden bearbeitet werden müssen. Daraus folgt, daß CAP/DSDL den sinnvollen Bereich vollständig abdeckt.

Das System CAP/DSDL ist ein kompliziertes Softwaresystem, das aus einer Reihe von Komponenten aufgebaut ist, wie in Bild 5 stark vereinfacht angedeutet.

Der Benutzer selbst hat folgende Leistungen selbst zu erbringen:

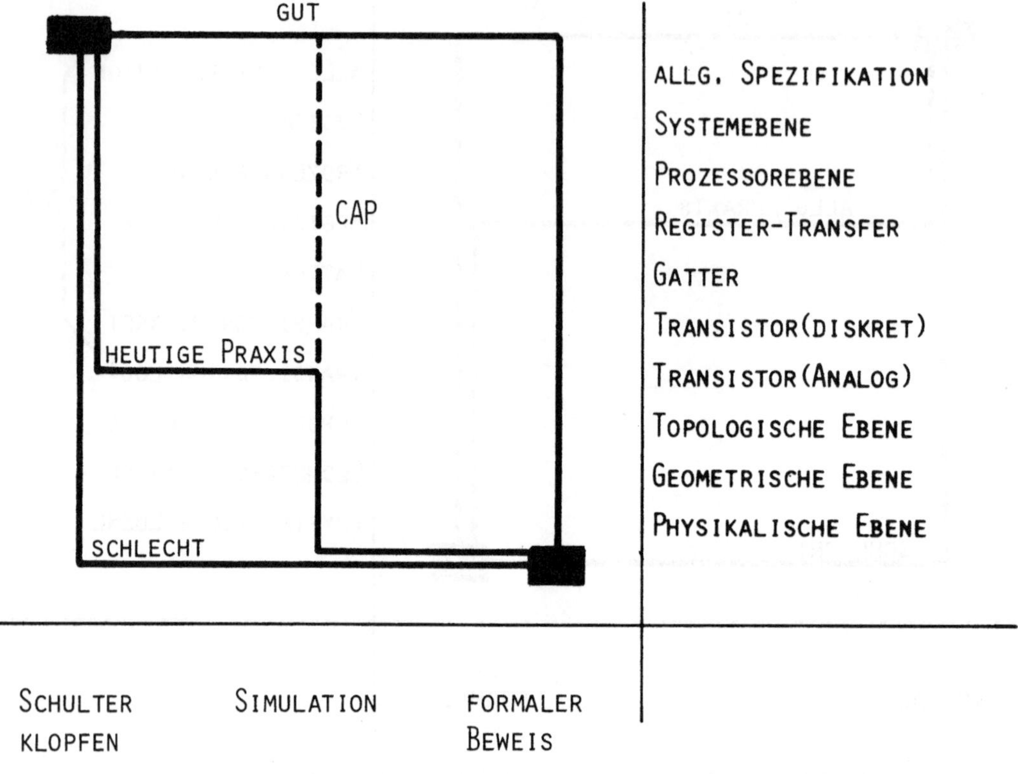

Bild 4. Validierung von Entwurfsschritten

ER muß sein Entwurfsobjekt auf der gewählten Abstraktionsebene in der Sprache CAP beschreiben, er muß das gewünschte "Experiment" mit dem Objekt beschreiben und er muß schließlich angeben, welche Informationen er über das abgelaufene Experiment zu erhalten wünscht. Alles übrige läuft automatisch im System CAP/DSDL ab.

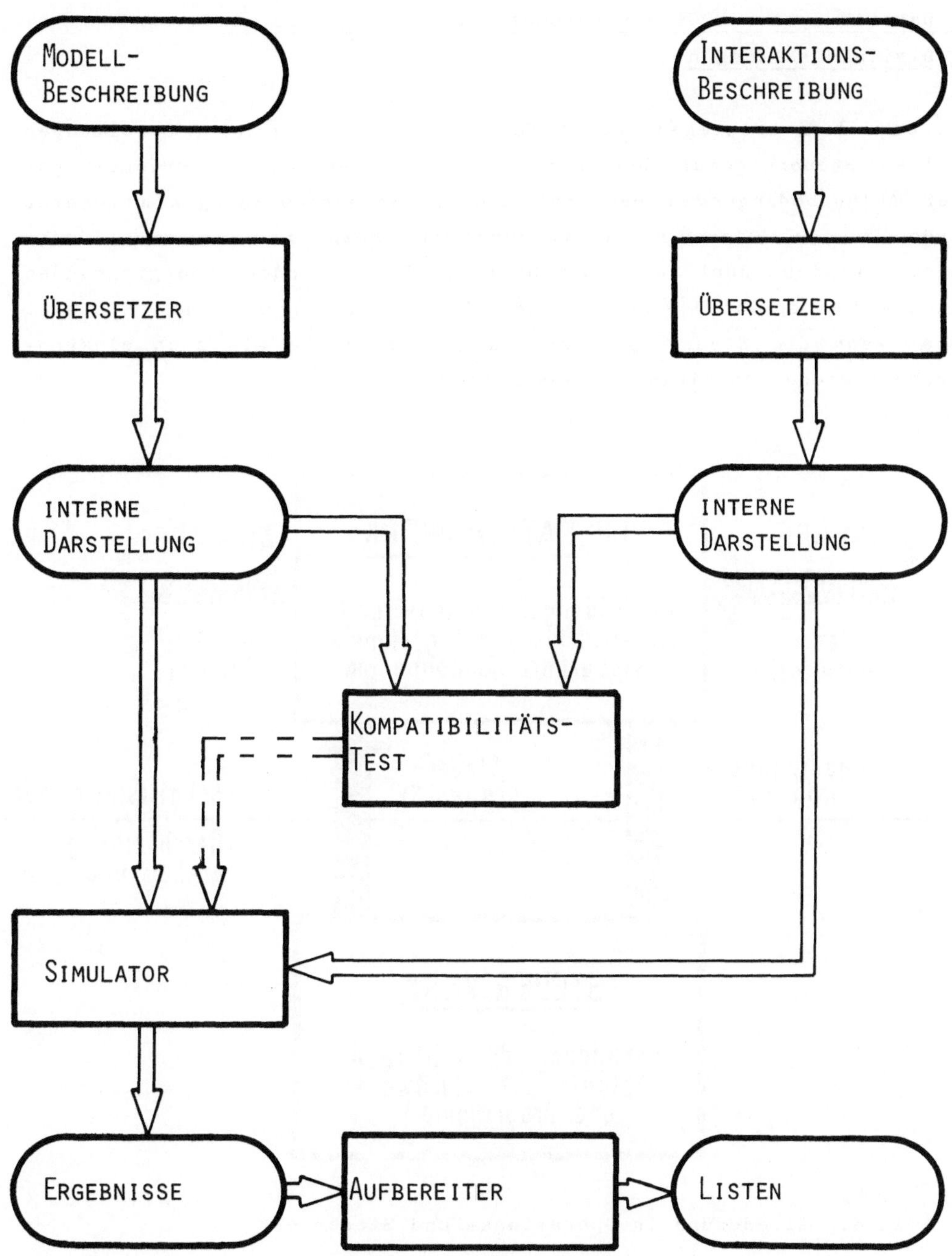

Bild 5. Das System CAP/DSDL

3. Das CAD-System LOGE zur automatisierten Synthese von Digitalschaltungen

Ein besonders wichtiges Gebiet für den Einsatz digitaler Schaltungen stellen Steuerungsaufgaben dar, bei denen entweder Verriegelungs- oder Ablaufbedingungen beachtet und in Steueranweisungen umgesetzt werden müssen. Neben der Verwendung von freiprogrammierbaren Steuerungen kommen dort aus Durchsatz-, Platz- oder Energiegründen zunehmend speziell entworfene Datensteuerungen zum Einsatz. Dabei kann die Steuerung sowohl auf mechanische als auch elektronische Komponenten wirken (siehe Bild 6).

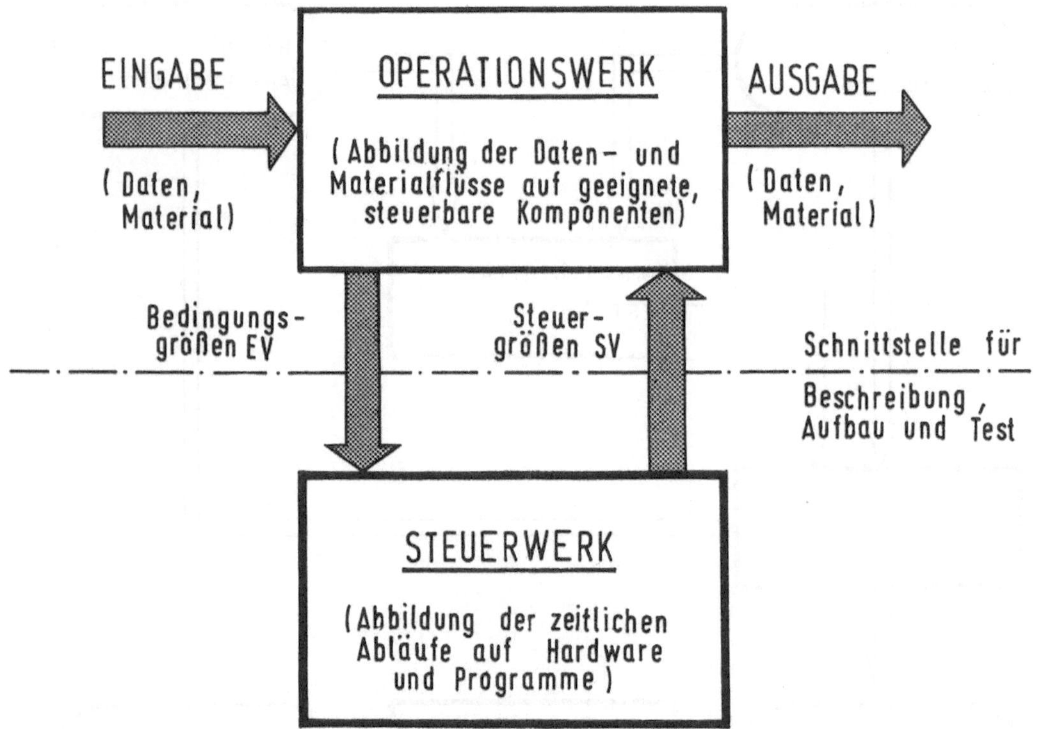

Bild 6. Gliederung in Operations- und Steuerwerk

Das CAD-System LOGE stellt nun einen Platz von Syntheseverfahren zur Verfügung (/i, j/), welche es mit Rechnerunterstützung erlauben, aus der formalen Aufgabenbeschreibung eines Steuerungsablaufs heraus den vollständigen und optimierenden logischen Entwurf von Steuerungen vorzunehmen. Wesentlich ist dabei, daß zuvor die Schnittstelle zwischen Operations- und Steuerwerk korrekt erfaßt und das zeitliche Wechselspiel zwischen

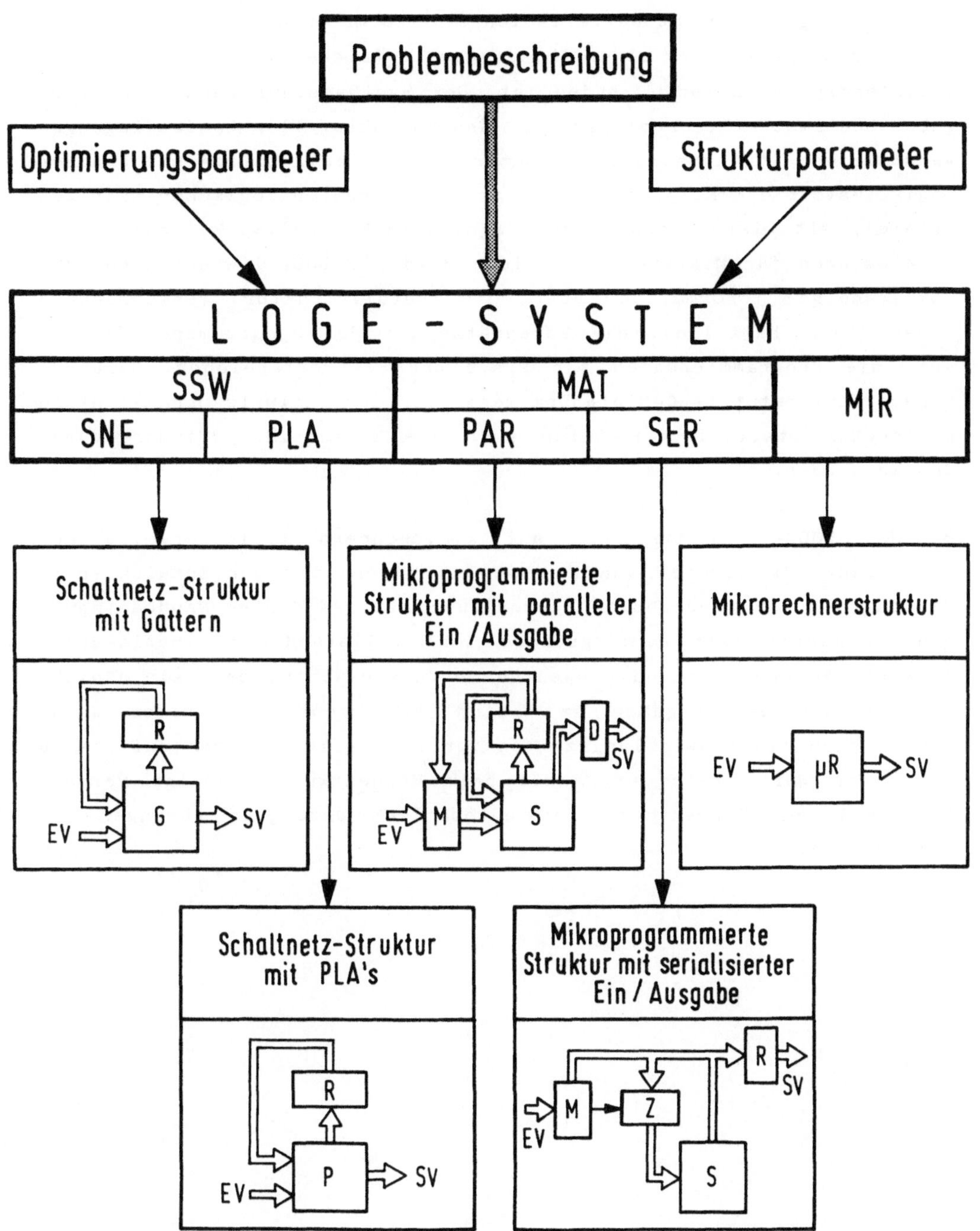

Bild 7. Vom CAD-System LOGE unterstützte Lösungsstrukturen (R = getaktetes Register, G = Gatternetz, M = Multiplexernetz, D = Dekodernetz, S = Speicher für Mikroprogramm, P = PLA, Z = ladbarer Zähler, μR = Mikrorechner).

Entscheidungs- und Steuervariablen in Form eines Ablaufdiagramms (siehe z.B. /k/) oder einer Ablauftabelle (siehe /i, j/) funktionell vollständig beschrieben worden ist. Der Syntheselauf kann unter Vorgabe bestimmter technologischer und struktureller Randbedingungen verschiedene Lösungsstrukturen unterstützen, z.B. solche mit krauser Logik (Gatter und Flipflops), mit programmierbaren logischen Matrizen (PLA's), mit mikroprogrammierten Werken (ROM-Schaltwerke) oder Softwarelösungen für Mikrorechner (siehe Bild 7). LOGE liefert dabei die vollständige Information über die Detailstruktur (entsprechend einem Blockschaltbild), die Datensätze, für den Programmspeicher und ggf. die Programmierdaten für PLA's und Festwertspeicher. Darüberhinaus unterstützt LOGE die Dokumentation des Entwurfs und mit Hilfe geeigneter statistischer Daten auch die Entscheidungsfindung durch den Entwerfer.

Da die LOGE-Programme auch auf Minirechnern typischerweise nur Rechenläufe im Bereich von Minuten benötigen, ist der Entwickler in der Lage, durch wiederholte Rechenläufe mit geänderten Randbedingungen in kurzer Zeit eine größere Zahl vollständig synthetisierter Entwürfe zu erhalten und denjenigen herauszusuchen, der seinen nicht formalisierbaren Vorgaben am besten entspricht. Auf diese Weise lassen sich die Entwicklungszeiten für Digitalsteuerungen auf bis zu 30 % der Werte reduzieren, die beim Handentwurf benötigt werden. Der Grad der Korrektheit der automatisch erzeugten Lösungen ist extrem hoch.

4. Literaturhinweise

Die folgende Liste mit den Literaturhinweisen stellt lediglich eine kleine Auswahl dar. Weiterführende Arbeiten können insbesondere den Zitatstellen 1, 2, ... entnommen werden.

/1/ Lipp, H.M., Strukturiertes Entwerfen in der Digitaltechnik, ntz-Archiv Bd. 4 (1982) H.1, S. 3-9.

/2/ Lipp, H.M., Methodical Aspects of Logic Synthesis, Proc. IEEE, Vol. 71 (Jan. 1983) No. 1, pp. 88-97.

/3/ Mead, C. and Conway, L., Introduction to VLSI Systems, Addison-Wesley, Reading, MA, 1980.

/i/ Seng, U., Programmsystem LOGE. Rechnerunterstützter Entwurf digitaler Steuerungen, elektronik industrie (1980) H. 10, S. 13-18.

/j/ Lipp, H.M., Nolle, M., Sutter, K., LOGE - ein leistungsfähiges CAD-System zum Entwurf digitaler Steuerungen, 10. Internationaler Kongress Mikroelektronik, München, 9.-11. Nov. 1982, Tagungsbericht, S. 403-413, 1982.

/k/ Grass, W., Steuerwerke - Entwurf von Schaltwerken mit Festwertspeichern, Springer-Verlag, Heidelberg, Berlin, 1978, 236 S.

ERFAHRUNGEN MIT DER SIMULATION TECHNISCHER SYSTEME IM ENTWURFSSTADIUM

EXPERIENCES WITH THE SIMULATION OF TECHNICAL SYSTEMS AT THE STAGES OF DESIGN

K. H. Fasol

Lehrstuhl für Mess- und Regelungstechnik
Ruhr-Universität Bochum
D-4630 Bochum 1, B.R.Deutschland

Summary

A computer simulation of an industrial system may be understood as computer-aided design of that plant.Critical operating cases can be investigated, the control systems can be designed and checked for sufficient performance within prescribed specifications, and results of variations of constructional details can be studied. Thus, simulation is an indispensable tool for commissioning. In the first part of the paper, this motivation to simulation is outlined: Essential knowledge about critical behaviour experienced in the simulation prevents very costly failures later on. Simulation at the stages of plant design requires theoretical modelling. Therefore, the ideas of modelbuilding and model reduction are indicated. Finally, two case studies are presented and some results are discussed.

Dieser Beitrag behandelt den rechnergestützten Entwurf industrieller Anlagen und ihrer Regelungssysteme. Unter Rechnerstützung wird dabei die Systemsimulation aufgrund verläßlicher Prozeßmodelle verstanden. Die modellhafte Vorstellung ermöglichte es nämlich dem Ingenieur immer schon, die inneren Zusammenhänge komplexer Systeme besser zu verstehen. Allerdings waren wegen des Fehlens geeigneter Rechenanlagen und wohl auch wegen der nicht so hohen Ansprüche an die Prozeßführung in früheren Jahren Simulationsstudien technischer Systeme verhältnismäßig selten. Heute hingegen ermöglichen die Fortschritte in der Rechentechnik u.a. durch die Entwicklung preiswerter und leistungsstarker dezentral einsetzbarer Mikroprozessoren sowie durch das Bereitstellen entsprechender Simulationssprachen aber auch durch die Entwicklung moderner Hybridrechner die Simulation auch sehr komplexer Anlagen. Daher hat dieses Gebiet etwa in den letzten zehn Jahren an Bedeutung sehr stark zugenommen. Die mit der Simulation unmittelbar verbundene Systemanalyse und Modellbildung sind schon seit langem ein eigenständiges Gebiet der Systemtheorie, deren Anwendung in technisch-naturwissenschaftlichen Bereichen nur einen kleinen Teil des breiten Anwendungsspektrums darstellt.

Dieser Beitrag wird mit zwei Fallstudien über Erfahrungen mit der Simulation technischer Systeme berichten. Dabei soll jedoch weder in Einzelheiten über die Modellbildung noch über die Frage der Analog- oder Digitalsimulation und auch nicht über Simulationssoftware gesprochen werden. Es soll lediglich versucht werden, den Anwender zur Durchführung von Simulations-Fallstudien als Vorbereitung von Inbetriebnahmen zu motivieren. Diese Motivation ist durch Zusammenwirken des wissenschaftlichen und des industriellen Bereiches gegeben.

1. Motivation zur Simulation

Im wissenschaftlichen Bereich stehen heute Methoden zur Verfügung, mit denen auch für komplexe, aus regelungstechnischer Sicht bisher schwer beherrschbare Prozeßabläufe wirkungsvolle Regelalgorithmen entwickelt werden können. Die Simulation ist dazu ein wichtiges Hilfsmittel. Die Systemsimulation bzw. die sinnvolle und kritische Interpretation der Simulationsergebnisse kann dem Ingenieur ein besseres Gefühl für die Systemdynamik vermitteln und damit die Grundlagen für ein erfolgreiches Anwenden der verfügbaren Entwurfsverfahren verbessern.

Im industriellen Bereich müssen heute wegen der Knappheit an Energie und Rohstoffen auch bei sehr komplexen Prozessen viel engere Toleranzgrenzen eingehalten und die Prozeßführung muß besser optimiert werden. Wegen des zunehmenden Umweltbewußtseins treten an Stelle offener Systeme immer mehr abgeschlossene Prozesse, deren Dynamik zunehmend komplexer wird. Es muß daher versucht werden, einerseits die konstruktive Gestaltung der Anlagen zu optimieren und andererseits auch die Prozeßführung besser als bisher mit dem dynamischen Verhalten der Prozesse in Einklang zu bringen. Eine entscheidende Hilfe ist dabei die Simulation des gesamten Systems mit einem möglichst genauen mathematischen Modell, das auch komplizierte Zusammenhänge deutlich werden läßt.

Modellbildung und Simulation dienen also dem Erlangen eines grundlegenden Verstehens des Verhaltens dynamischer Systeme und der Synthese und Erprobung der Regelalgorithmen.

2. Modellbildung / 7 , 12 /

Mathematische Systemmodelle als Voraussetzung für eine Simulation können zwar auf verschiedene Weise gewonnen werden; soll aber die Simulation für eine noch im Planungsstadium befindliche Anlage durchgeführt werden, dann ist die Modellbildung nur durch eine theoretische Systemanalyse aufgrund aller verfügbaren Planungsunterlagen als a-priori Information möglich. Dazu gehören neben der genauen Kenntnis der Prozeßabläufe alle Konstruktionspläne, Angaben über Material, Kennwerte der Arbeitsmedien, Kennlinien und Stellgesetze von Regelventilen und ähnlichen Organen samt deren Antrieben, Erfahrungswerte über verschiedene Verlustkoeffizienten, berechnete oder bereits gemessene Kennfelder von Verdichtern, Turbinen, Pumpen und vieles mehr.

Aus dem komplexen Innenleben realer Systeme vermag ein Prozeßmodell nur einen formalisieren Funktionsprozeß mit seinen charakteristischen Gesetzmäßigkeiten zu erfassen und muß alle untergeordneten Effekte unberücksichtigt lassen. Diese Trennung des Wesentlichen vom Unwesentlichen, das Treffen sinnvoller Annahmen und die Erarbeitung eines geordneten Strukturkonzeptes unter Berücksichtigung der geforderten Genauigkeit und des Gültigkeitsbereichs des Modells bilden den ersten und zugleich schwierigsten Teil der theoretischen Systemanalyse. Er verlangt eine funktionelle Dekomposition und Abstraktion, wodurch die Vorgänge im Prozeß auf mathematische Teilformulierungen abgebildet werden. Dazu müssen die Prozesse in reale oder auch fiktive Teilsysteme (Bilanzräume) zerlegt werden, wobei größte Sorgfalt, praktische Erfahrung sowie Kenntnisse auf dem jeweiligen Fachgebiet und dadurch Einfühlungsvermögen in das Prozeßgeschehen nötig sind. Auf die einzelnen Bilanzierungsräume werden sodann im wesentlichen die Erhaltungssätze für Masse, Energie und Impuls angewendet. Auch Zustandsgleichungen und phänomenologische Gesetze werden zu beachten sein. Die Formulierung dieser Bilanzen führt für jedes Teilsystem auf einen Satz von gewöhnlichen oder partiellen in der Regel nichtlinearen Differentialgleichungen samt Anfangs- und Randbedingungen. Das so erhaltene Gesamtmodell ist zunächst einerseits nach verschiedenen Gesichtspunkten in seiner Gültigkeit zu bestätigen und es ist in eine auf die zu verwendende Simulationstechnik zugeschnittene Darstellungsweise umzuformen. Das zunächst viel zu umfangreiche Gesamtmodell muß schließlich einer Modellreduktion unterworfen werden, um Fehlerquellen zu reduzieren und um einen sinnvollen Kompromiß zwischen Aufwand und geforderter Genauigkeit zu finden. Diese Reduktion kann durch Anwendung bekannter Verfahren auf gemessene Sprungantworten und Frequenzgänge in einer Reihe von Betriebspunkten, durch modale Ordnungsreduktion für betriebspunktabhängige lineare Modelle oder durch ähnliche Verfahren erfolgen. Nach Erfahrung des Verfassers hat sich jedoch bei komplexen Modellen eine durch Simulation unterstützte deduktive Reduktion am besten bewährt. Dabei werden schrittweise einzelne Terme und kleine Zeitkonstanten vernachlässigt, einzelne der Nichtlinearitäten linearisiert sowie für untergeordnete komplizierte Terme einfache Ersatzausdrücke ermittelt. Diese Teilschritte werden jeweils durch Simulationsergebnisse beurteilt, wobei über die Abhängigkeiten und die Einflüsse einzelner Prozeßgrößen bereits Erfahrungen gesammelt werden können. So entsteht bereits bei der Modellbildung ein guter Einblick in den Prozeß und ein Einfühlen in die Prozeßdynamik.

Aus den beiden Fallstudien wird erkennbar sein, daß bestimmte Klassen von industriellen Systemen immer wieder gleichartige Bauteile enthalten. Bei den Anlagen nach Bild 1 bis 3 sind dies Rohrleitungssysteme mit instationärer Strömung, Ventile und Klappen, Kühler, Pumpen, Gasturbinen und Turboverdichterstufen verschiedener Bauart. Sorgfältig ausgearbeitete und verifizierte Modelle dieser Komponenten bilden einen Modellkatalog. Jedes Modell dieses Katalogs kann als aufruffähiger Block in einer blockorientierten Sprache oder als Unterprogramm direkt zur Verfügung stehen. Für die Analogsimulation können standardisierte Schaltpläne oder sogar fertige Einschübe verfügbar sein.

3. Simulation als Entscheidungshilfe

Eine bereits in Betrieb genommene Anlage kann natürlich nicht in vielen Varianten vorübergehend umgebaut werden, um die Auswirkung solcher Umbauten auf die Prozeßdynamik zu studieren. In den meisten Anlagen kann oder darf nach der Inbetriebnahme mit Rücksicht auf entstehende Kosten und vielfach auch mit Rücksicht auf Sicherheitsaspekte kaum experimentiert werden. Damit ist eine weitere sehr wichtige Motivation zur Simulation gegeben: Die Simulation als Entscheidungshilfe bei der Vorbereitung von Inbetriebnahmen. Besonders dann, wenn man regeldynamisch ungünstige Eigenschaften des Prozesses erwarten muß, kann eine vor der Inbetriebnahme durchgeführte Simulation spätere Überraschungen, Ärger und vor allem Kosten ersparen. Dabei ist zu bedenken, daß der Simulationsaufwand im Vergleich zu den Anlage- und Gerätekosten und in Relation zu den Kosten von Schäden und Betriebsausfällen beinahe vernachlässigbar ist. Aber auch dann, wenn sich in einer bereits fertigen Anlage Probleme ergeben, sind solche Untersuchungen vorteilhaft. Die Autoren von / 19 / und / 23 / beschreiben einige solche Fälle, bei denen nach dem Anfahren der Anlage große Schwierigkeiten auftraten und zum Teil sogar ein stabiler Bereich unmöglich war. Nachträgliche Simulationen und die daraus gewonnenen Kenntnisse schafften Abhilfe. In den zitierten Arbeiten werden auch die Beträge abgeschätzt, die durch eine vor der Inbetriebnahme durchgeführte Simulation eingespart worden wären.

Nur in einer Simulationsstudie können die möglichen kritischen Betriebszustände durch Variation der einflußnehmenden Parameter herbeigeführt, dadurch systematisch festgestellt und untersucht werden. Anfahr- und Stillsetzvorgänge können nach sicherheitstechnischen Gesichtspunkten gefahrlos überprüft werden. Die Auswirkungen der konstruktiven Änderung einzelner Anlageteile können im Sinne einer Entwurfsoptimierung überprüft werden. Zahlreiche weitere Punkte ließen sich aufzählen. Wenn man das simulierte System schließlich als Prozeß-Simulator betrachtet, dann lernt man durch uneingeschränktes Manipulieren die Anlage richtig kennen und sammelt "Betriebserfahrung".

4.1 Fallstudie 1

In Bild 1 ist das sehr stark vereinfachte Schema der Verdichteranlage einer Öl- und Gas-Förderplattform dargestellt. Die Verdichter dienen dem Gaslifting sowie dem Gastransport zu einer anderen Plattform und zur Küste. Die Erdölförderung dieser Plattform beträgt etwa 10.000 m^3/d.

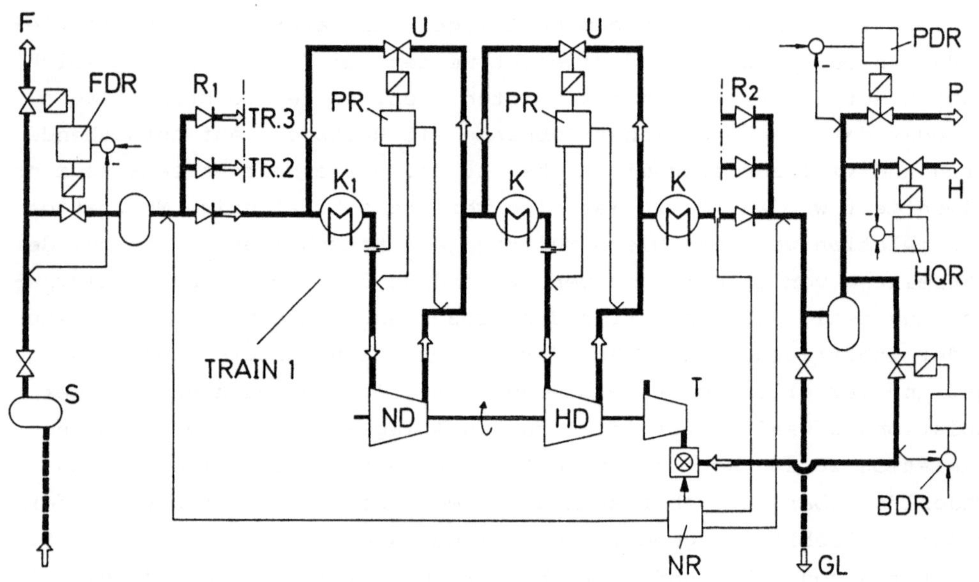

Bild 1: Schema der Verdichteranlage auf einer off-shore Plattform (MANNESMANN-DEMAG)

In Separatoren S wird das Gas vom geförderten Öl getrennt und drei parallelen Verdichter-Trains zugeführt. Im Bild ist nur einer dieser Stränge dargestellt. Jeder der drei Verdichtersätze besteht aus einem Niederdruckteil ND und einem Hochdruckteil HD; der Antrieb erfolgt durch eine Gasturbine T mit einer Antriebsleistung von 8 MW. Das Gas wird von etwa 8 bar auf 110 bar verdichtet und in je einem temperaturgeregelten Zwischen- und Nachkühler K gekühlt. Die Regelungen dieser Kühler sind im Bild nicht angedeutet. Für den normalen Betrieb sind nur zwei Trains notwendig, der dritte Strang dient zur Bereitstellung für verschiedene Bedarfsfälle. Auf der Hochdruckseite der Anlage wird sowohl das zum Gaslifting GL benötigte Gas in die Lagerstätte gepumpt als auch das für die Gasturbine benötigte Brenngas entnommen. Bei Bedarf wird Gas auch zu einer anderen, 11 km entfernten Plattform geleitet (H). Das restliche Erdgas wird über eine 82 km lange Pipeline zur Küste gefördert (P).

Auf der Saugseite der Verdichteranlage wird der Eintrittsdruck durch eine Förderdruckregelung FDR geregelt, wobei in speziellen Fällen auch abgefackelt wird (F). Auf der Druckseite erfolgen Enddruckregelung (PDR), Brenngas-Druckregelung (BDR) und Hilfsgas-Durchflußregelung (HQR). Jede Verdichterstufe besitzt eine eigene Pumpschutzregelung PR /9,12/. Dabei wird durch Öffnen des Umblaseventils U die Fördermenge der Stufe erhöht, sobald der Betriebspunkt eine im Kennfeld im sicheren Abstand zur Pumpgrenze festgelegte Abblaselinie erreicht. Das heiße Gas wird dabei im geregelten Eintrittskühler K_1 abgekühlt. Soll- und Istwerte der Pumpschutzregelungen werden aus Meßwerten für Fördermengen und Druckverhältnisse gebildet. Die Drehzahl jedes Verdichtersatzes wird durch die Drehzahlregelung NR über die Brennstoffzufuhr in Abhängigkeit von Vor- und Enddruck der Anlage sowie von der Fördermenge des betreffenden Stranges geregelt. Der Parallelbetrieb von Verdichtern bereitet meist Schwierigkeiten, weil bei unterschiedlichem Betriebsverhalten, bei etwas unterschiedlicher Lastverteilung oder beim Zu- oder Abschalten eines Trains eine gegenseitige Beeinflussung der Verdichter eintreten kann. Der für die Drehzahlregelung angewandte Algorithmus soll dies verhindern. Pumpgrenzregelung und Drehzahlregelung beeinflussen sich gegenseitig.

Die knappe Beschreibung der Anlage läßt erkennen, daß es sich um eine recht komplexe Mehrfachregelstrecke handelt. Die angegebenen Daten lassen auch verstehen, daß Betriebsausfälle durch Versagen der Regelungen wegen der dadurch verursachten hohen Kosten unbedingt vermieden werden müssen. Daher wurde im Sinne der in den vorhergehenden Abschnitten geführten Argumentation rechtzeitig vor der Inbetriebnahme ausführliche Simulationsstudien durchgeführt.

Zur Simulation des ausgeprägt nichtlinearen Systems war ein im gesamten Betriebsbereich verläßliches Prozeßmodell erforderlich. Die Modellbildung erfolgte durch theoretische Systemanalyse, wofür alle nötigen Unterlagen und Informationen zur Verfügung standen. Die stationären Kennfelder von Gasturbine und Verdichterstufen lagen von bereits früher am Prüfstand durchgeführten Abnahmeversuchen vor. Da u.a. diese Kennlinien beträchtlichen Einfluß auf die Modellgenauigkeit haben, war die Verläßlichkeit des Modells in dieser Hinsicht gesichert. Den dynamischen Modellen von Turbine, Verdichterstufen und anderen Systemkomponenten lagen die aufgrund früherer Erfahrungen ausgearbeiteten Teilmodelle eines Modellkatalogs zugrunde /2,6,11,12,25/.

Das Modell eines einzelnen Verdichtertrains einschließlich der Rückschlagventile R1 und R2 bestand (ohne die Regelungen) zunächst aus den mittels Funktionsgebern erzeugten Kennfeldern von Turbine und Verdichtern, den ebenso gebildeten Kennlinien aller Stellorgane und Ventile sowie aus einem System von 27 Gleichungen, darunter eine größere Anzahl nichtlinearer Differentialgleichungen erster und zweiter Ordnung. Durch Modellreduktion konnten diese Gleichungen in ihrer Anzahl und vor allem in ihrer Struktur und Ordnung stark reduziert werden. Der Vergleich zwischen detailliertem und reduziertem Modell erfolgte anhand von Sprungantworten und Beschreibungsfunktionen in einzelnen Betriebspunkten; die Abweichungen betrugen letztlich nur wenige Prozent. Das so ausgearbeitete gesamte Prozeßmodell bestand schließlich aus 9 Kennfeldern, 15 Kennlinien und einem System von 105 Gleichungen; die Ordnung des Systems lag etwa bei 40; das Blockschaltbild umfaßte rund 300 Komponenten.

Die Ausarbeitung der einzelnen Teilmodelle des Modellkatalogs sowie einzelne Vergleichssimulationen zur Modellreduktion erfolgten mittels der blockorientierten Sprache SIMUL 2 /26/ des Lehrstuhls des Verfassers auf einer PDP 11/40. Die Fallstudie selbst erfolgte dann mittels mehrerer gekoppelter Analogrechner, u.a. EAI 2000.

Im Vordergrund der Untersuchungen stand die Beherrschung des stabilen Parallelbetriebs der Verdichterstränge bei unterschiedlichen Lastaufteilungen sowie das Zu- und Abfahren von einem oder gleichzeitig zwei Trains in verschiedenen Arbeitspunkten. Um dabei u.a. den Einfluß von Herstellungsungenauigkeiten, Unterschieden in den Verdichterkennfeldern oder ähnlichen Abweichungen, aber auch den Einfluß der Simulationsgenauigkeit zu untersuchen, wurden die dynamischen Eigenschaften einzelner Trains voneinander abweichend in gewissen Grenzen variiert. Untersuchte Störfälle waren auch der Ausfall und das Wiederanfahren der Separatoren sowie die radikale Variation der einzelnen Abnahmemengen. Die umfangreichen Versuchsreihen ermöglichten vor allem eine eingehende Erprobung des entworfenen Drehzahl-Regelalgorithmus sowie der anderen Regelgesetze im Zusammenwirken mit den Pumpschutzregelungen, denn alle kritischen Betriebsfälle sollten natürlich ohne wesentliche Pumpgefährdung der Verdichterstufen vor sich gehen. Die Simulationsstudie ermöglichte durch Vermitteln wertvoller Vorkenntnisse und durch Sammeln von "Betriebserfahrung" eine gute Vorbereitung der Inbetriebnahme.

Zuletzt wird den Leser noch der gesamte Zeitaufwand aller mit der Untersuchung befaßten Mitarbeiter interessieren: Er betrug 10,5 Mann-Monate. Davon entfielen 63% auf Vorarbeiten, Systemanalyse, Modellbildung und Programmierung bis zum fehlerlos lauffähigen Modell. Die eigentlichen systematischen Versuchsreihen beanspruchten nur 17% des gesamten Zeitaufwands; der Rest entfiel im wesentlichen auf Dokumentation und Berichtsausarbeitung.

4.2 Fallstudie 2

Bild 2 zeigt eine Ansicht des kombinierten Schmieröl- und Sperröl-Versorgungssystems für eine Prozeßgas-Verdichteranlage und deren Antriebsturbine. In Bild 3 ist die sehr stark vereinfachte schematische Darstellung eines solchen Versorgungssystems wiedergegeben. Das Absinken des Öldrucks an den einzelnen Wellenabdichtungen der Verdichterstufen unter einen kritischen Wert führt zum automatischen Abschalten der gesamten Anlage. Da das Wiederanfahren des Prozesses sehr lange dauert, wäre der durch den Betriebsausfall entstehende Schaden sehr hoch. Eine Simulationsstudie, auch in diesem Fall lange vor der Inbetriebnahme durchgeführt, sollte einen sicheren Betrieb garantieren. Im Gegensatz zur vorher beschriebenen Fallstudie stand neben dem Reglerentwurf und dem Vergleich verschiedener Regelungskonzepte die Untersuchung mehrerer konstruktiver Änderungen der Anlage im Vordergrund des Interesses.

Aus einem Reservoir R wird das ca. 60°C heiße Öl mit einer Elektromotor-betriebenen Pumpe P über ein Rückschlagventil V in das System gepumpt. Bei Ausfall dieser Pumpe wird automatisch eine ebensolche Reservepumpe P zugeschaltet. Bei Störung der Stromversorgung steht eine dritte, durch Dampfturbine angetriebene Ölpumpe DP zur Verfügung. Nach

Bild 2: Ölversorgungssystem einer Prozeßgas-Verdichteranlage (Photo: MAN-GHH Sterkrade)

den Rückschlagventilen wird zur Druckregelung ein Teil des Volumenstroms über zwei parallele, direkt wirkende Regelventile RV abgesteuert. In einem geregelten Kühler K wird das Öl auf ca. 45°C abgekühlt; ein dazu parallel geschalteter Reservekühler ist im Bild nicht gezeichnet. Durch ein Filter (die Umschaltung zu einem parallel liegenden zweiten Filter ist nicht angedeutet) wird das Öl über ein weiteres Rückschlagventil in eine Verteilleitung M gepumpt. Kurzzeitige Druckeinbrüche sollen durch einen Akkumulator A ausgeglichen werden. Von der Verteilleitung werden über Regelventile die Sperrölzuführungen zu den einzelnen Hochdruck- und Niederdruck-Verdichterstufen (HD, ND) sowie über direkt wirkende Regelventile die Schmierölzuführungen S abgezweigt. Die Wellenabdichtungssysteme sind hier für jede Verdichterstufe nur einmal mit einem Symbol angedeutet. Für eine verläßliche Abdichtung muß zwischen den äußeren und den inneren Dichtungskanälen eine Druckdifferenz von 3,0 bar aufrecht erhalten werden. Dies wird durch die Regelungen DR erreicht. Der erforderliche Vordruck in der Verteilleitung M ist vom Prozeßdruck der einzelnen Verdichterstufen abhängig, weil dieser Druck auch in den inneren Dichtungskanälen der Wellenabdichtungen herrscht. Der Vordruck wird über die Regelventile RV beeinflußt, wobei der Sollwert über eine Auswahlschaltung in Abhängigkeit zu dem wirksamen jeweils höheren Prozeßdruck steht.

Auch in diesem Fall erfolgte die Modellbildung durch theoretische Systemanalyse. Auf Einzelheiten der Modellbildung und Modellreduktion soll nicht mehr eingegangen werden. Das ausgearbeitete Prozeßmodell (ohne die Regelungen) umfaßte schließlich insgesamt 10 nichtlineare

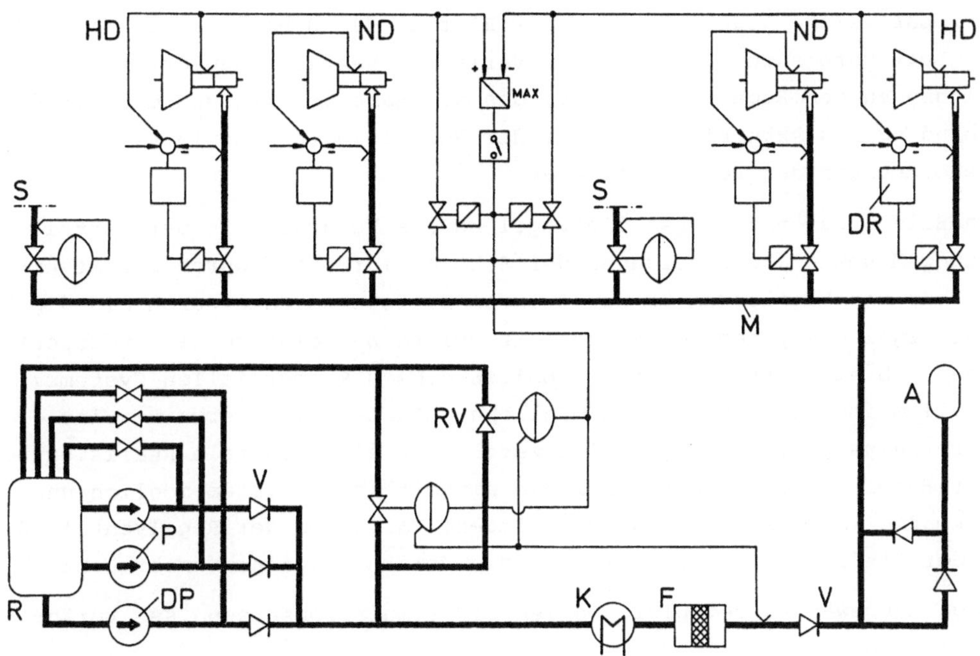

Bild 3: Schema des Schmier- und Sperröl-Versorgungssystems aus Bild 2 (MAN-GHH)

Kennlinien und einen Satz von 67 Gleichungen, darunter 31 lineare und 8 nichtlineare Differentialgleichungen meist zweiter Ordnung. Das Blockschaltbild umfaßte rund 180 Komponenten.

Die Simulation auf einer Analogrechenanlage sollte klären, wie bei allen möglichen Störfällen die notwendige Druckdifferenz an den Wellenabdichtungen eingehalten und dadurch eine Notabschaltung vermieden werden kann, ob und wie kritische Schwingungen im System durch entsprechende Maßnahmen verhindert werden können, welche konstruktive Veränderungen das dynamische Verhalten des Systems verbessern, und schließlich welche Art der Regelungen die günstigste ist.

Um diese Fragen zu beantworten, wurden mehrere konstruktive Varianten der Anlage, auch mit verschiedenen Regelungen, bei einer Reihe von Störfällen untersucht. Die wichtigsten dieser Störungen waren u.a. der Ausfall einer Ölpumpe und das automatische Umschalten auf eine Ersatz- oder Notpumpe, oder auch das willkürliche Zuschalten einer Pumpe zu einer laufenden Pumpe. Es wurden natürlich auch die Abschaltvorgänge von einer oder von beiden Verdichtergruppen ebenso untersucht, wie z.B. das wiederholte Auftreten von solchen Störfällen solange der Akkumulator noch nicht wieder voll aufgeladen war. Bei wesentlich kritischen

Betriebsfälllen wurde z.B. auch der Einfluß des Gehalts an im Öl gelöster Luft untersucht.Konstruktive Varianten betrafen den Ort der Abzweigung zu den Regelventilen RV, das wirksame Volumen und die Art der Verbindung des Akkumulators A mit der Verteilleitung sowie verschiedene Anordnungen der Regelventile RV.

Nach Bild 3 waren zunächst die Regelung des Vordrucks in der Verteilleitung M sowie die Regelungen der Schmieröldrücke S durch Direktventile und die Regelungen DR der Sperröl-Differenzdrücke durch ein digitales Regelungssystem vorgesehen. Es sollte nun einerseits untersucht werden, ob ein befriedigendes Arbeiten dieses kommerziellen Systems, vor allem im Hinblick auf die mögliche Abtastzeit, zu erwarten ist. Andererseits sollte festgestellt werden, ob eine digitale Realisierung aller Regelkreise mit einem solchen einheitlichen System möglich und zweckmäßig ist. Dazu wurden verschiedene Varianten der Regelventile RV und der Einfluß der Abtastzeit auf die Vordruckregelung untersucht.

Einige ausgewählte Beispiele sollen die Simulationsergebnisse veranschaulichen.

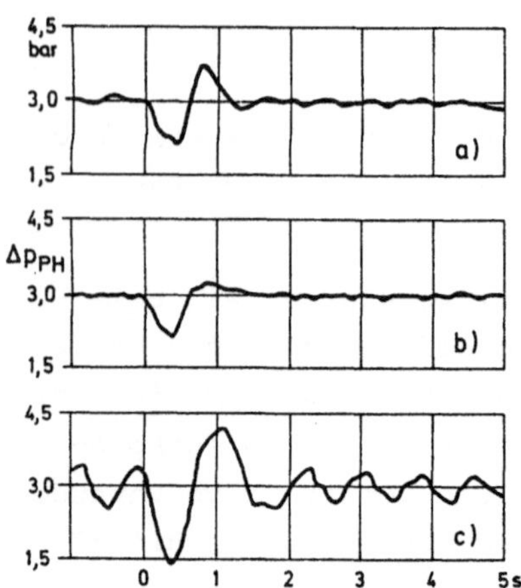

Bild 4:

Beispiel für ein Simulationsergebnis mit der Anlage Bild 3. Einfluß der Abtastzeit auf die Sperröl- Differenzdruckregelung

Bild 4 zeigt ein Ergebnis der Untersuchung des Einflusses der Abtastfrequenz auf die Regelung DR des Sperröl-Differenzdruckes der Hochdruckstufen. Als Störfall wurde eine rasche rampenförmige Änderung des Prozeßgasdruckes in der inneren Sperrölkammer simuliert. Der Sollwert des Differenzdruckes beträgt 3,0 bar; bei Erreichen von 2,4 bar wird ein Alarmsignal ausgelöst und bei 1,8 bar würde das Abschalten des gesamten Prozesses erfolgen. Die konstruktive Ausführung der Anlage war in diesem Fall noch nicht optimal. Die Druckverläufe a) und b) stellen sich bei jeweils identischem Störfall bei einer Abtastzeit von 0,3 s ein. Je nach zufälligem Zusammentreffen von Störungseintritt und Abtastzeitpunkt ergeben sich unterschiedliche Verläufe, die bereits Alarmmeldung auslösen. Eine konstruktive Verbesserung erbringt jedoch wesentlich günstigere Ergebnisse (siehe Bild 5 und 6). Der instabile Verlauf c) zeigt, daß eine Abtastzeit von 0,4 s hier keinesfalls mehr zulässig wäre.

In Bild 5 sind einige Verläufe des Sperröl-Differenzdruckes bei verschiedenen Anordnungen des Akkumulators gezeigt. Als Störfall wurde ein Ausfall der Ölpumpe und das dadurch verursachte Anfahren der Ersatzpumpe simuliert. Der nur zur Information ermittelte, unbrauchbare Druckverlauf a) stellt sich ein, wenn überhaupt kein Akkumulator vorhanden ist. Bei dem Verlauf c) ist das wirksame Volumen des Akkumulators doppelt so groß wie bei b). Der Regelgrößenverlauf nach d) wird sodann bei gleichem wirksamen Volumen wie bei b), jedoch bei einer durch die Simulation festgestellten optimalen Anordnung der Verbindung mit der Verteilleitung erreicht.

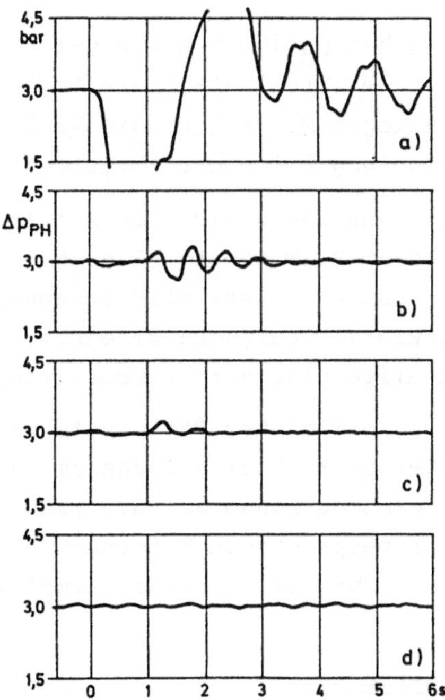

Bild 5:

Beispiel für ein Simulationsergebnis mit der Anlage nach Bild 3. Einfluß des Akkumulators

In Bild 6 sind schließlich die Verläufe der Regelgrößen Sperröl-Differenzdruck Δp_{PH} der Hochdruckstufen und Vordruck p_M in der Verteilleitung dargestellt und zwar bei gleicher Störung wie vorher. Im Gegensatz zu Bild 3 erfolgt jetzt die Regelung des Vor-

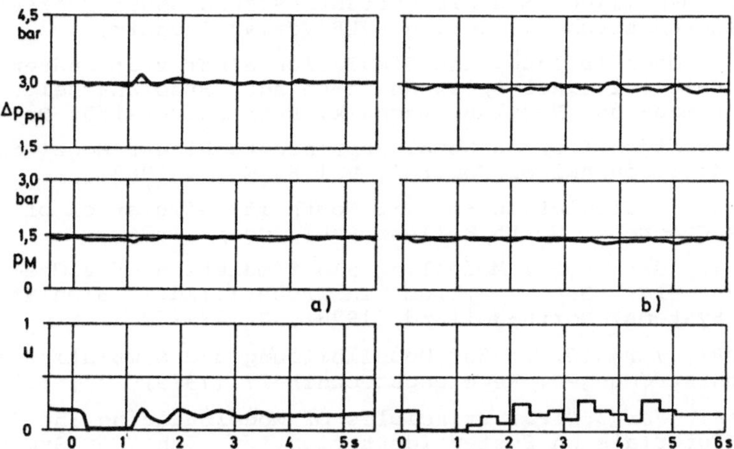

Bild 6: Beispiel für ein Simulationsergebnis mit der Anlage nach Bild 3. Verlauf der Regelgrößen bei optimaler konstruktiver Ausführung

druckes p_M durch ein Regelventil RV mit pneumatischem Stellantrieb; u ist der Stellbefehl des Reglers. Die Verläufe a) entsprechen einem analogen PI-Regler, die Verläufe b) einer dazu gleichwertigen digitalen Regelung bei einer Abtastzeit von etwa 0,3 s.

Wie aus den wenigen Beispielen erkennbar sein mag, erbrachte auch in diesem Fall die im Planungsstadium der Anlage durchgeführte Simulationsstudie wertvolle Erkenntnisse. Sie ermöglichte noch rechtzeitig gewisse Änderungen gegenüber dem zunächst vorgesehenen Konzept und sie stellte eine gute Vorbereitung der Inbetriebnahme dar.

Auch bei dieser Fallstudie wird abschließend der Zeitaufwand interessieren: Er betrug insgesamt 11 Mann-Monate. Dabei war die Aufteilung dieses Aufwands auf die einzelnen Tätigkeiten ähnlich wie bei der vorher besprochenen Untersuchung, jedoch mit einem etwas größeren Zeitanteil für die einzelnen Simulationsläufe.

Anerkennung

Ich danke den Herren R.Dreibholz, B.Gebhardt, M.Gronau, M.Hoppe und R.Vonnoe für die Mitarbeit an den beschriebenen Fallstudien.

Die Ausarbeitung eines Modellkatalogs wurde durch die Deutsche Forschungsgemeinschaft gefördert.

Literatur

/ 1/ *Brack,G.:* Dynamische Modelle verfahrenstechnischer Prozesse. Reihe Automatsierungstechnik, Berlin: VEB Verlag Technik, 1972

/ 2/ *Brunet,U.:* Modellbildung und Simulation einer stationären Gasturbine am Beispiel einer Split-Shaft-Anlage. Studienarbeit am Lehrstuhl für Meß- und Regelungstechnik, Ruhr-Universität Bochum,1981

/ 3/ *Chen,C.F., Shieh,L.S.:* A Novel Approach to Linear Model Simplification. Int. Journal of Control, Vol.8, No.6, 1968

/ 4/ *Crosbie,R.E.:* Simulation - Is it Worth it? Simulation of Systems, 8th AICA Congress. North Holland Publ. Comp. 1976

/ 5/ *Fasol,K.H., Gronau,M.:* Modelling and Simulation of a Chemical-Process Plant Blast Supply System. In Troch,I.(Ed.): Simulation of Control Systems. North-Holland (1978), S.167-172.

/ 6/ *Fasol,K.H., Jörgl,H.P.:* Zur Modellbildung und Simulation instationärer Rohrströmungen. Regelungstechnik 27 (1979), 12, S.387-393

/ 7/ *Fasol,K.H., Jörgl,H.P.:* Principles of Modelbuilding and Identification, Tutorials on System Identification, 5th IFAC Symposium on Identification 1979. Herausgegeben vom Institut für Regelungstechnik TH Darmstadt. Als überarbeitete Fassung erschienen in: Automatica 16 (1980), H.5, S.505-518

/ 8/ *Fasol,K.H.:* Theoretical Model Building and Simulation of Industrial Processes. Survey Paper, International Symposium on Systems Analysis and Simulation. IMACS, IFAC, WGMA, Berlin, DDR, September 1980, Akademie-Verlag Berlin, DDR

/ 9/ *Fasol,K.H.:* Anmerkungen zur Regelung großer Turboverdichter. BWK 35 (1983), S.55-61

/10/ *Giloi,W.K.:* Principles of Continous System Simulation. Stuttgart: Teubner Studienbücher Informatik, 1975

/11/ *Gronau,M., Zwink,E.:* Untersuchungen eines dynamischen Modells für Exzenter-Rückschlagklappen am Analog- und Digitalrechner. Erscheint demnächst in der Zeitschrift Regelungstechnik

/12/ *Gronau,M.:* Ein Beitrag zur theoretischen Modellbildung von Verdichter-Anlagen. Dissertation. Schriftenreihe des Lehrstuhls für Meß- und Regelungstechnik, Ruhr-Universität Bochum, H.19, 1983

/13/ *Himmelblau,D.M., Bischoff,K.B.:* Process Analysis and Simulation. New York: John Wiley & Sons, 1968

/14/ *Howe,R.M.:* Tools for Continous System Simulation: Hardware and Software, Simulation of Systems, 8th AICA Congress. North-Holland Publ. Comp. 1976

/15/ *Jörgl,H.P., Deich,A.:* Ein dynamisches Modell für Exzenter-Rückschlagklappen. Regelungstechnik 29 (1981), S.47-52

/16/ *Karplus,W.J.:* The Spectrum of Mathematical Modelling and Systems Simulation. Simulation of Systems, 8th AICA Congress. North-Holland Publ.Comp. 1976

/17/ *Litz,L.:* Reduktion der Ordnung linearer Zustandsraummodelle mittels modaler Verfahren. Freiburg: Hochschulverlag, 1979

/18/ *Macdougal,I., Elder,R.L.:* Simulation of Centrifugal Compressor Transient Performance für Process Plant Applications. ASME Journal of Engineering for Power, Paper No. 83-GT-25 (1983)

/19/ *Nisenfeld,A.E.:* Dynamische Regelsystem-Analyse als Hilfsmittel zur Behebung von Anfahrschwierigkeiten. Regelungstechnische Praxis 17 (1975), S.211-214

/20/ *Profos,P.:* Modellbildung und ihre Bedeutung in der Regelungstechnik. VDI-Berichte 276, Prozeßmodelle 1977, S.5-12

/21/ *Schmidt,G.:* Simulationstechnik. München, Wien: R.Oldenbourg-Verlag 1980

/22/ *Schöne,A.(Herausgeber):* Simulation technischer Systeme. München, Wien: Carl Hanser Verlag, 1974

/23/ *Stanley,R.A., Bohannan,W.R.:* Dynamic Simulation of Centrifugal Compressor Systems. Proc. of the 6th Turbomach. Symp., College Station, 1977. Published by Texas A & M University, College Station, 1977

/24/ *VDI/VDE-GMR:* Prozeßmodell-Katalog. Mathematische Modelle für das statische und dynamische Verhalten technischer Prozesse. Düsseldorf: VDI-Verlag, 1976

/25/ *Vonnoe,R.:* Untersuchung bekannter mathematischer Modelle und Ausarbeitung eines vereinfachten Modells für die Simulation von Wärmetauschern. Diplomarbeit, Lehrstuhl für Meß- und Regelungstechnik, Ruhr-Universität Bochum, 1979

/26/ *Weicker,R.:* Benutzer-Handbuch für das Simulationspaket SIMUL 2. Lehrstuhl für Meß- und Regelungstechnik, Ruhr-Universität Bochum, 1979

MÖGLICHKEITEN UND GRENZEN DES SOFTWARE-ENGINEERING

CAPABILITIES AND LIMITATIONS OF SOFTWARE ENGINEERING

Ernst Denert

sd&m gmbh
Führichstr. 70
8000 München 80

1. Einleitung

Die technische und wirtschaftliche Bedeutung der Datenverarbeitung in der Industriegesellschaft ist evident: Die meisten Unternehmen sind von ihrem Funktionieren sowohl in der Produktion als auch in der Verwaltung abhängig; wenn sie stillsteht, stockt der Betriebsablauf. Viele Maschinen und technische Geräte werden von (Mikro)Computern gesteuert und würden ohne sie gar nicht existieren, z.B. Roboter oder Computer-Tomographen.

Die Software spielt dabei eine prominente Rolle, denn sie realisiert die individuelle Problemlösung auf der Basis einer mehr oder weniger universell verwendbaren Hardware. Sie steht nicht nur unter technischen Gesichtspunkten im Mittelpunkt, sondern zunehmend auch unter wirtschaftlichen. Die Aufteilung der DV-Kosten auf Hard- und Software hat die in Abb. 1 dargestellte Verschiebung erfahren, und dieser Trend setzt sich fort: Die Hardware wird ständig billiger und leistungsfähiger und schafft damit das Bedürfnis und die Möglichkeiten für immer mächtigere und somit teurere Software.

Die wirtschaftliche Bedeutung der Software läßt sich auch durch einige Kenngrößen belegen: Die Softwareaufwendungen in der Bundesrepublik Deutschland betragen (Stand 1980) knapp 12 Milliarden DM und somit 0.8 % des Bruttosozialprodukts. Sie setzen sich zusammen aus 3.2 Milliarden DM Umsatz von Softwareanbietern (inclusive Herstellern) und 8.5 Milliarden DM Aufwendungen bei den Anwendern. Damit haben sie bereits einen beträchtlichen Anteil an den gesamten DV-Kosten, die durch einen Umsatz von 18 Milliarden DM gekennzeichnet sind. In den USA machen die Softwarekosten sogar 40 Milliarden Dollar bzw. 2 % des Bruttosozialprodukts aus.

Blickt man auf die kurze Geschichte des Computers zurück, so kann man sagen, daß 1950/60 Jahrzehnte der Hardware waren. Die 70er Jahre bildeten eine Phase des Übergangs und des sich herausbildenden Problembewußtseins für die Software. Nun befinden wir uns im Jahrzehnt der Software.

Perioden raschen Wachstums verursachen Probleme. So ist es nicht verwunderlich, daß die sich rasant entwickelnde Computertechnik ihre **"Softwarekrise"** im Gefolge hatte. Dieses dramatisch klingende Wort umreißt altbekannte Tatbestände: Die Entwicklung von Software ist meist teurer als geplant und nicht termingerecht. Die Qualität der fertigen Software ist mangelhaft, d.h. sie leistet nicht das, was sie soll, und ist benutzerunfreundlich, sie ist fehlerhaft und instabil, schwer zu erweitern und an veränderte Umstände anzupassen, in der Wartung zu teuer.

Die Antwort auf die Softwarekrise lautet: **Software-Engineering.** Damit ist eine Ingenieurs-Disziplin gemeint, die praktisch anwendbare und theoretisch fundierte Methoden, Verfahren und Werkzeuge für die Softwareentwicklung bereitstellt, für die technische Gestaltung ebenso wie für die Projektabwicklung.

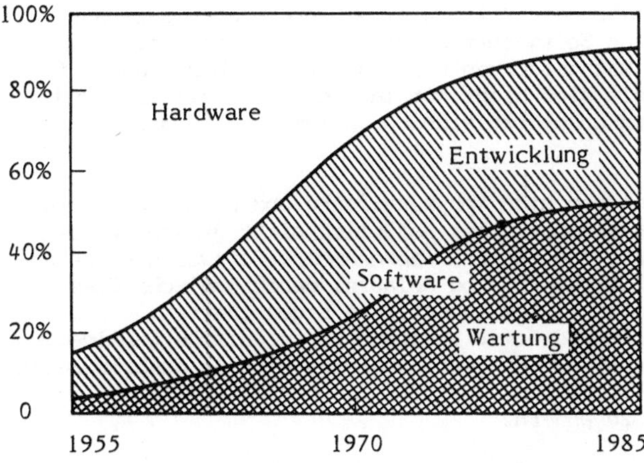

Abb 1. Entwicklung der Hardware/Software-Kostenverteilung

2. Was ist Software-Engineering?

Software erst macht einen Computer nutzbar; die Hardware allein ist - trotz all ihrer komplexen elektronischen Logik - nutzlos. Software treibt die Computer an, sie führt das Kommando und verursacht damit ihr gewünschtes, Nutzen bringendes Verhalten.

Programm ist ein verwandter Begriff. Er bezeichnet die Anordnung von maschinell, d.h. durch einen Computer ausführbaren Befehlen, die eine gegebene Handlungsvorschrift (Algorithmus) realisieren und dazu auf bestimmten Daten operieren: Programm = Algorithmus + Daten.

Das Wort Programm wird vielfach mit der Vorstellung von einer einzelnen, kleinen Lösung assoziiert, wohingegen die Software einen Computer zu einem nutzbringenden System macht. Man schreibt mal schnell ein Programm, Software dagegen wird entwickelt. Im Gegensatz zur Solo-Programmierung (im anglo-amerikanischen Fachjargon "programming-in-the-small"), bei der einer ein Programm ausschließlich zum eigenen Gebrauch schreibt, hat Softwareentwicklung ("programming-in-the-large") ein System zum Ziel, das von mehreren Personen zum Gebrauch durch ganz andere Personen erstellt wird und meist in mehreren Versionen existiert.

Man unterscheidet **Anwendungs-** und **Systemsoftware.** Mit Systemsoftware bezeichnet man Betriebs- und Datenbanksysteme, Compiler und andere Sprachsysteme, Kommunikations-Software, etc. - kurz: alle universell verwendbare Software, welche die Hardware zu einer funktionsmächtigeren und flexibleren Maschine macht, auf der die dedizierte Anwendungssoftware aufsetzt. Diese stellt eine aufgaben- und branchenspezifische Problemlösung dar.

Auf einem Computer koexistieren bzw. kooperieren in der Regel mehrere eigenständige Funktionskomplexe. Ein solches **Softwaresystem** ist die Gesamtheit aller Softwarebausteine (Moduln), die sich in einem ganzheitlichen Zusammenhang befinden. Es antwortet auf die Eingabe von Informationen mit einer wohldefinierten Reaktion, indem es Information speichert, transformiert und ausgibt.

Jedes Softwaresystem hat eine - mehr oder (oft) weniger gute - Struktur. Wir sprechen in diesem Zusammenhang von **Softwarearchitektur** und meinen damit *) den systematisch strukturierten, sachgerechten und modularen Aufbau eines Softwaresystems. Dieser Aufbau spiegelt sich nicht nur in dem maschinell les- und verarbeitbaren **Code** wider, sondern er drückt sich vor allem auch in der begleitenden **Dokumentation** aus.

Herkömmliche technische Systeme machen sich (physikalische und chemische) Naturgesetze zunutze, die von Menschen erkannt, aber natürlich nicht gemacht worden sind. Ihre Bauelemente sind Materie und dadurch wahrnehmbar. Softwaresysteme dagegen sind vom Menschen erdachte Strukturen und Abläufe, denen logische Gesetze zugrunde liegen. Daraus ergeben sich einige wesentliche Eigenschaften:
- Softwaresysteme sind immaterielle und damit unsichtbare technische Gebilde.
- Sie altern und verschleißen nicht. Für Softwarebausteine gibt es deshalb keine Ersatzteile.
- Sie sind (vermeintlich) leicht zu ändern.

Software-Engineering befaßt sich mit dem Prozess der Entwicklung von Softwaresystemen, mit den dafür erforderlichen und zweckmäßigen Methoden, Verfahren und Werkzeugen. Dabei geht es nicht nur um die technische Gestaltung von Systemen - also deren **Architektur** -, sondern auch um die geordnete Abwicklung von Softwareprojekten - also um **Management**fragen. Software-Engineering ist eine Ingenieursdisziplin, deren wissenschaftliche Grundlagen die Informatik schafft - ähnlich wie andere Ingenieursdisziplinen diese aus den Naturwissenschaften beziehen -, die aber darüber hinaus mit einem Fundus systematisierter Erfahrungen und einer praktischen Problemlösungshaltung arbeitet.

Software-Engineering ist ein junges Gebiet: Seine Geburtsstunde kann auf zwei Konferenzen des NATO Science Committees in Garmisch und Rom in den Jahren 1968/69 datiert werden. Dort wurde auch der Begriff geprägt. In der ersten Hälfte der 70er Jahre war es hauptsächlich ein akademisches Gebiet - Entwurfs- und Progammiermethoden wurden entwickelt, die inzwischen Eingang in die Praxis gefunden haben. Zu Beginn der zweiten Hälfte der 70er Jahre begannen einige Vorreiter in der Industrie - insbesondere in Softwarehäusern -, diese Methoden praktisch zu erproben und für ihre Bedürfnisse weiterzuentwickeln. Seit Beginn der 80er Jahre herrscht in der Bundesrepublik Deutschland ein regelrechter Boom in Sachen Softwaretechnologie: Nahezu jedes Unternehmen, das Software entwickelt oder wartet, hat eine Softwaretechnologie-Stabsstelle eingerichtet, schult seine Mitarbeiter auf diesem Gebiet, schreibt (oder läßt schreiben) Entwicklungshandbücher, versucht, sie in Projekten anzuwenden - häufig mit zweifelhaftem Erfolg.

Diese Historie spiegelt sich natürlich auch in der Fachliteratur wider: In den ersten zehn Jahren gab es nur Artikel in wissenschaftlichen Zeitschriften und Tagungsbänden - eine bemerkenswerte Ausnahme bildet das Buch von /Schnupp-Floyd 76/. Seit Ende der 70er Jahre ist dann eine Reihe empfehlenswerter Lehrbücher erschienen: /Kimm et al 79/, /Jensen-Tonies 79/, /Boehm 81/, /Pressmann 82/, /Balzert 82/, um nur einige der wichtigsten zu nennen. Daraus wird im Verlauf dieses Jahrzehnts sicherlich eine ganze Flut werden.

Als ergänzende Lektüre zu dem vorliegenden Artikel kann /Denert 81/ dienen.

---

*) in Anlehnung an Meyers Großes Taschenlexikon: **Architektonik** - kunstgerechter, strenger, gesetzmäßiger Aufbau (eines Bauwerks, Körpers, einer Plastik, Dichtung, Sinfonie usw.)

3. **Möglichkeiten des Software-Engineering oder: Was können wir?**

Es mag manchen Softwaregeschädigten als kühne These erscheinen, wenn ich behaupte, daß wir in Sachen Software-Engineering bereits Beachtliches erreicht haben, daß wir heute prinzipiell in der Lage sind,

(1) qualitativ hochwertige Software zu machen,
(2) die Wirtschaftlichkeit von Software erheblich zu verbessern und
(3) Softwareprojekte sicher durchzuführen.

Kurz: Beträchtliches Know-how über die geordnete Durchführung von Softwareprojekten ist potentiell vorhanden.

Nun soll damit nicht gesagt sein, daß bereits alles erreicht sei. Es kommt mir lediglich darauf an festzustellen, daß in den letzten fünf bis zehn Jahren ein wertvolles Potential an Software-Engineering-Methoden und -Werkzeugen entstanden ist. Dieses ist in der industriellen Praxis bislang nur punktuell zum Tragen gekommen. Aus diesem Grund wird auch der fachfremde, skeptische Beobachter, dem hauptsächlich die negativen Folgen der Softwarekrise begegnen, dem Optimismus der obigen These nicht so recht trauen - es fehlen noch die Breitenwirkung und die daraus resultierende positive Erfahrung.

Grundlage jeder geordneten Projektdurchführung ist ein **Projektmodell**, vielfach auch "software life cycle" genannt. Es definiert die für Manager und Entwickler gemeinsame und verbindliche Sicht der logischen und zeitlichen Struktur eines Projekts (Abb. 2). Der generelle Aufbau des zu entwickelnden Softwaresystems, d.h. seine Zerlegung in Komplexe, Komponenten und Moduln, seine Integration über Subsysteme, die definierenden und beschreibenden Dokumente, kurz: die Produktstruktur bestimmt die im Laufe des Projekts zu erarbeitenden Teilergebnisse. Es ist der Zweck der Phasenaufteilung festzulegen, wann welche Aktivitäten zu welchen Teilergebnissen und damit zu bestimmten Meilensteinen führen müssen. Die Phasen sind nicht unbedingt immer als scharf gegeneinander abgegrenzte Zeitabschnitte zu verstehen, sondern bezeichnen eher den Schwerpunkt der Projektarbeiten zu einem bestimmten Zeitpunkt.

3.1 Entwicklung qualitativ hochwertiger Software

Wenn ich behaupte, daß wir grundsätzlich in der Lage sind, gute Software herzustellen, so heißt das zunächst einmal, daß wir überhaupt Kriterien zu ihrer Beurteilung haben. Vor allem aber müssen wir über geeignete **Methoden** und **Werkzeuge** verfügen. Die folgenden Ausführungen hierzu können nur einen ersten unvollständigen Eindruck vermitteln. Der weitergehend interessierte Leser muß auf die genannte Literatur verwiesen werden.

Softwareentwicklung war zunächst einfach Programmierung, und so ist es nicht verwunderlich, daß für diesen Teilbereich zuerst und besonders viele Methoden und Werkzeuge entstanden sind. Typisches Beispiel dafür ist die Viel(Un)zahl der höheren Programmierprachen und ihrer Compiler. Zahl, Praxisnähe und Erprobtheit der Methoden und Werkzeuge in den frühen und späten Projektphasen sind erheblich geringer. Würde man diese Verhältnisse grafisch über einem waagerecht aufgezeichneten Phasenmodell darstellen, so wäre deutlich ein **Methodenberg** zu erkennen, dessen Gipfel bei der Programmierung liegt und dessen Flanken steil nach beiden Seiten abfallen.

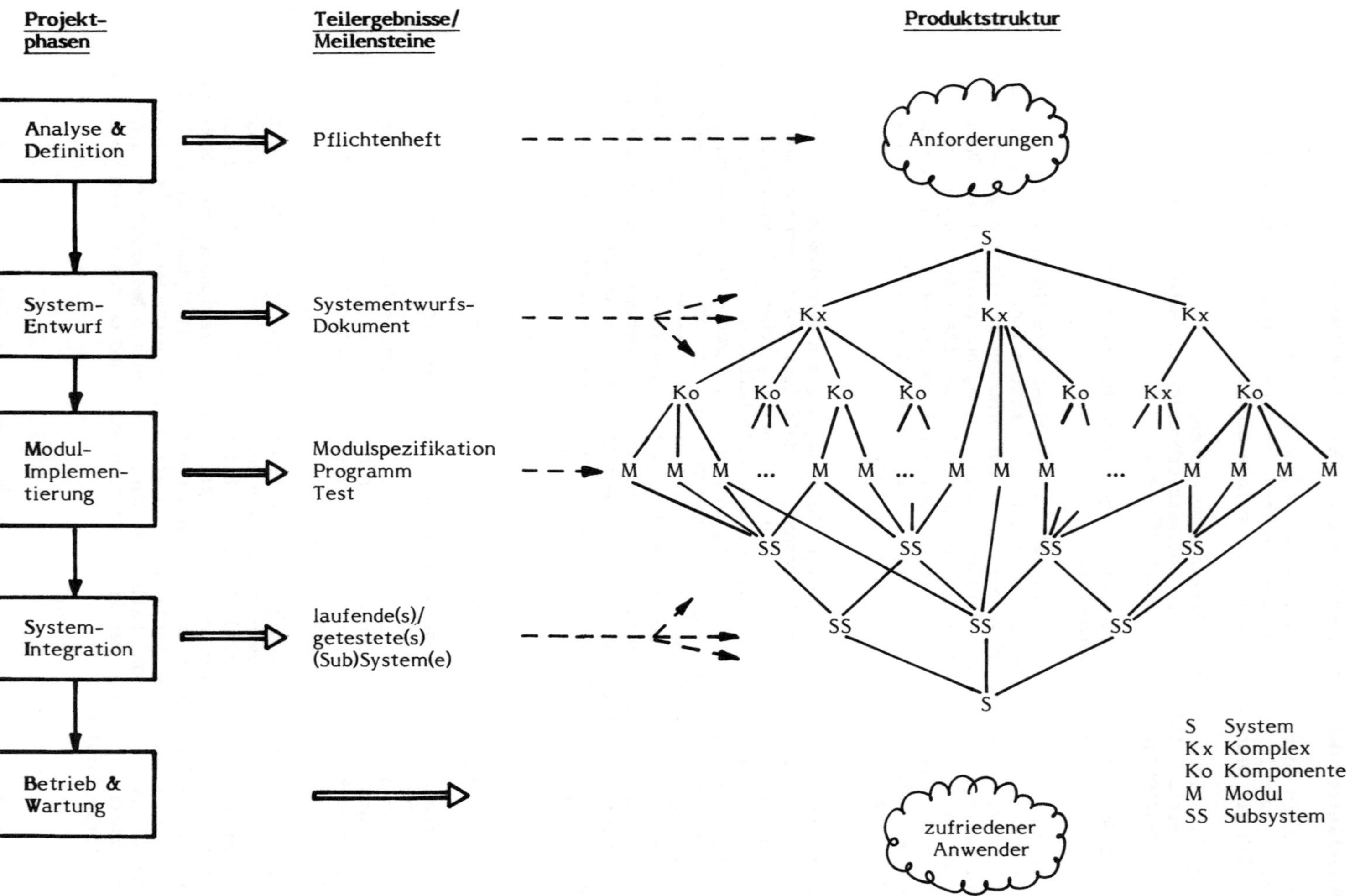

Abb. 2 **Projektmodell**

3.1.1 Merkmale qualitativ hochwertiger Software

Die folgenden Kriterien sind gute Anhaltspunkte für eine qualitative Beurteilung von Software, sie entziehen sich jedoch weitestgehend einer quantitativen Bewertung. Von zahlenmäßig genormten Qualitätsmaßstäben, wie sie etwa für High Fidelity (HiFi) Unterhaltungselektronik existieren, ist High Quality Software (HiQuSw) noch weit entfernt.

Benutzerfreundlichkeit
Im Zeitalter der dialogorientierten Computersysteme, die das (Arbeits)Leben von Millionen Menschen prägen, ist eine leicht und effizient zu bedienende Benutzerschnittstelle nicht nur ein wichtiger arbeitspsychologischer, sondern auch ein erheblicher Kostenfaktor. Gleichbleibend kurze Antwortzeiten sind eine stets selbstverständliche und auch sinnvoll quantifizierbare Anforderung. Zu wenig Wert wird dagegen auf gut verständliche Ein/Ausgabeschnittstellen (Kommandos, Bildschirmformulare, Listen) und eine logische Benutzer-(Dialog-)führung gelegt.

Zuverlässigkeit/Verfügbarkeit/Robustheit
Diese Kriterien beziehen sich immer auf das Gesamtsystem. Aber was nützt eine redundante Hardware (Stand-by), wenn eine fehlerhafte Software zu häufigen Ausfällen führt und damit das System unzuverlässig macht und seine Verfügbarkeit mindert? Software muß auch robust sein, d.h. auf Fehlverhalten anderer Systemteile oder der Benutzer unempfindlich und wohldefiniert - man sagt auch: fehlertolerant - reagieren.

Effizienz
Sie spielt heute bei weitem nicht mehr die Rolle wie vor zehn Jahren und davor. Der ständig leistungsfähiger und billiger werdenden Hardware kann man schon einiges aufbürden. Jedenfalls zahlt es sich nicht mehr aus, Softwarestrukturen aus Effizienzgründen zu verunstalten. Dagegen lohnt es sich meist, effiziente Algorithmen und Datenstrukturen zu konstruieren.

Modularität
Gut konstruierte Software zeichnet sich durch Modularität aus. Sie ist kein "Code-Bandwurm", sondern ein logisch strukturiertes System aus interagierenden Bausteinen (Moduln), von denen jeder eine wohldefinierte Aufgabe mit präzise spezifizierten Schnittstellen hat.

Dokumentation
Software ist nicht nur Code, sondern - eigentlich gleichermaßen - auch Dokumentation, die die Benutzerschnittstelle, den Systemaufbau, interne Schnittstellen, Testverfahren, etc. beschreibt. Unverständlich, wie nachlässig dieser Aspekt der Softwareentwicklung meist behandelt wird!

Wartbarkeit
In der Wartung - i.e. Fehlerbehandlung, Anpassung, Weiterentwicklung in der Betriebsphase - wird Softwareentwicklung zur klingenden Münze. Hier spätestens zahlen sich Modularisierung, saubere und logische Strukturen, gute Dokumentation etc. aus, werden die Aufwendungen, die dafür in der Entwicklung erforderlich waren, spielend amortisiert.

3.1.2 Methoden für Definition und Realisierung qualitativ hochwertiger Software

Vielfach ist eine gewisse Werkzeuggläubigkeit anzutreffen, die meint, man brauche nur ein Werkzeug einzukaufen und die Softwareproduktion laufe wie geschmiert. Dabei wird übersehen, daß Softwareentwicklung hohe intellektuelle Anforderungen stellt, denen man in erster Linie mit qualifiziertem Personal und dann erst mit Methoden, also gedanklichen Werkzeugen gerecht werden muß. Erst in dritter Linie folgen methoden-unterstützende Werkzeuge. An die Stelle der Werkzeuggläubigkeit muß also das **Primat der Methode** treten.

Der nach meiner Aufassung wichtigste methodische Leitgedanke des Softwareentwurfs ist der der strikten **Trennung von Spezifikation und Konstruktion.** Das bedeutet, in der Dokumentation die Außenansicht, das "Was", die Black-Box-Eigenschaften - eben die Spezifikation - eines Softwarebausteins - sei es ein ganzes System oder auch nur ein einzelner Modul - nicht zu vermengen mit der Innenansicht, dem "Wie", der Art der Realisierung, kurz: der Konstruktion. Damit soll nicht gesagt sein, daß der Entwickler eine Spezifikation erst vollständig erarbeitet haben muß, bevor er über die Konstruktion nachdenken darf. Dies ist nicht nur zulässig, sondern auch notwendig, um eine Spezifikation auf Machbarkeit zu überprüfen. In der Dokumentation jedoch müssen die beiden Aspekte sauber getrennt sein. Allzu häufig wird dagegen verstoßen! Die Folge davon ist, daß die Bausteine eines Softwaresystems unnötig stark miteinander verfilzt werden, indem in die Spezifikation von Schnittstellen unnötigerweise Realisierungsdetails aufgenommen werden. Änderungen lassen sich so kaum lokal eingrenzen, sondern ziehen weitreichende Folgeänderungen nach sich und werden dadurch manchmal gänzlich unmöglich.

Definitionsmethoden

Die Neuentwicklung, Erweiterung oder Anpassung eines DV-Systems geht meist von relativ vagen, unvollständigen und auch widersprüchlichen Wünschen und Ideen der künftigen Anwender oder anderer bestimmender Personengruppen aus. Diese zu einer präzisen, vollständigen, machbaren und tatsächlich gewünschten Anforderungsdefinition zu formen und in einem - landläufig so genannten - **Pflichtenheft** zu dokumentieren, ist ein schwieriger und kreativer Prozeß. Methoden dafür, soweit sie über gesunden Menschenverstand, strukturelles Denkvermögen und geschickte Darstellungstechniken hinausgehen, sind - und werden immer sein? - wenig entwickelt und verbreitet.

In der Literatur werden vor allem zwei Methoden für die Anforderungsdefinition behandelt:

- SADT (Structured Analysis and Design Technique), eine grafische Darstellungsform für die Zusammenhänge zwischen Funktion und Daten;

- PSL (Problem Statement Language), eine Sprache, die Objekte und die zwischen ihnen bestehenden Relationen zu beschreiben und mit dem Werkzeug PSA (Problem Statement Analyzer) formal zu analysieren gestattet. PSL/PSA hat einige jüngere Verwandte, z.B. RSL/REVS und EPOS.

Einen guten Überblick hierzu gibt /Balzert 82/. Meine persönliche Einschätzung dieser Methoden bzw. Sprachen, die sich jedoch nicht auf eigene praktische Anwendung stützen kann, ist skeptisch: Die ausgeprägten Formalismen - grafisch bei SADT, sprachlich bei PSL und Verwandten - lenken zu leicht von den oft sehr verschiedenartigen, nicht einheitlich zu behandelnden Problemen der frühen Projektphasen ab.

Der Definition eines Informationssystems muß man ein möglichst präzises Abbild (Modell) der realen, für das betroffene Unternehmen wesentlichen Informationsstrukturen zugrunde legen. Hierfür eignet sich der sog. **Entity-Relation (E/R)-Approach**, der zu einem relationalen Datenmodell und - richtig angewendet - zu einem unternehmensweiten, einheitlichen Informationsmodell führt.

Grundlegendes Darstellungsmittel dafür ist das E/R-Diagramm, in dem die wesentlichen eigenständigen Informationseinheiten (Entities) und die Beziehungen (Relations) zwischen ihnen grafisch dargestellt werden. Zu jeder Entity und Relation gehört je eine Liste der sie definierenden Attribute.

Entwurfsmethoden

Der Enwurf eines Softwaresystems hat vor allem zum Ziel, die Aufgabenstellung in überschaubar kleine Moduln zu zergliedern (modularisieren) und ihre Funktionen so zu spezifizieren, daß ihre gegenseitigen Abhängigkeiten (Schnittstellen) möglichst gering sind. Als Methode der **Modularisierung** hat sich die **Datenabstraktion** bestens bewährt, /Denert 79/. Sie besagt, daß bestimmte, von der Problemstellung her eng miteinander verwandte Daten den Kern eines Moduls bilden. Der Anwender - damit ist der Entwickler eines anderen Moduls gemeint - kennt lediglich ein abstraktes Modell der Daten, das von deren konkreter, physikalischer Repräsentation im Speicher unabhängig ist. Sämtliche Zugriffe erfolgen über Operationen und nicht direkt auf die Daten. Die Gesamtheit der Operationen eines Moduls zusammen mit ihren Parametern bilden seine Schnittstelle.

Das Prinzip der Datenabstraktion erlaubt eine scharfe Trennung zwischen dem "Was" (der Spezifikation) und dem "Wie" (der Konstruktion) eines Moduls. Es gewährleistet so eine wesentliche Qualitätseigenschaft guter Software, nämlich das "Geheimnisprinzip". Änderungen von Konstruktionsdetails ziehen damit keine Änderungen in anderen Bausteinen nach sich. Software wird vernünftig modifizierbar.

Dagegen sind andere Entwurfstechniken wie etwa
- HIPO-Diagramme,
- Petri-Netze,
- die Jackson-Methode,
- Composite/Stuctured Design (Myers/Constantine),
- die Warnier-Methode

schwer zu vergleichen und nach meiner Aufassung nicht als gleichwertige Alternativen zu sehen.

Realisierungsmethoden

Das Ziel der **Strukturierten Programmierung** sind einfach und klar aufgebaute und somit gut verständliche Programme. Sie zeichnen sich durch eine Ablaufstrukturierung aus, die das dynamische Verhalten (den Kontrollfluß) eines Programms möglichst unmittelbar aus seinem statischen, textuellen Aufbau erkennen läßt. Dies wird durch die Beschränkung auf wenige, "saubere" Sprachmittel und die Vermeidung undisziplinierter Sprünge stark gefördert.

Ebensolcher Wert wie auf die klare Struktur des Kontrollflusses muß auf eine gute Datenstrukturierung gelegt werden; denn sie ist nicht nur der Schlüssel zum Verständnis eines Programms, sondern vor allem auch die Grundlage für effiziente Algorithmen. Sie zeigt sich in der Wahl problemgerechter Datentypen, der geeigneten Zusammenfassung elementarer Daten zu größeren Objekten und einem zweckmäßigen, zugriffsoptimierenden Dateiaufbau.

Es ist in der heutigen Methodendiskussion wohl kein Streitpunkt mehr, daß die Strukturierte Programmierung d i e Programmiertechnik schlechthin ist.

Spezifikationsbezogener Test ist der jederzeit wiederholbare und überprüfbare Nachweis der Korrektheit eines Softwarebausteins relativ zu vorher festgelegten Abnahme-Anforderungen. Die Anforderungen werden in einem Testentwurf durch eine Reihe von Testfällen festgelegt und mit Unterstützung eines Testsystems zum Ablauf gebracht. Man kann sie sich als Anwendungsstichproben vorstellen, die direkt aus der Spezifikation abgeleitet werden. Spezifikation und Test stehen also in direktem Bezug, weshalb wir von "spezifikationsbezogenem Test" sprechen.

Die Testergebnisse müssen reproduzierbar und für Außenstehende überprüfbar sein, damit ihre Übereinstimmung mit den Abnahme-Anforderungen durch Inspektionen festgestellt werden kann. Im Erfolgsfall erhält der Baustein eine Art Zertifikat.

Die Wiederholbarkeit ist insbesondere auch im Hinblick auf Regressionstests wichtig, bei denen nach Änderungen an bereits freigegebenen Bausteinen festgestellt werden soll, ob und welche Auswirkungen auf die alten Testergebnisse vorhanden sind. Aus der Forderung nach Wiederholbarkeit und Überprüfbarkeit ergibt sich, daß ein Test nicht in der Weise interaktiv sein darf, wie es noch zu oft vorkommt - nämlich, daß der Entwickler irgend etwas am Terminal eingibt, die Ergebnisse am Bildschirm prüft und nach ihrem Verschwinden zufrieden nickt: "So ist es gut".

Da Programme zunächst praktisch immer fehlerhaft sind, kann der Nachweis der Korrektheit erst nach mehreren Versuchen gelingen; d.h. um einen Test zum Erfolg zu führen, ist meist eine Reihe von Fehlerbehebungen nötig. Fehlerbehebung (Debugging) ist die Aktivität zum Lokalisieren und Beseitigen von Fehlern. Leider wird sie oft fälschlich mit Test gleichgesetzt und ein Test, der im obigen Sinn eine Qualitätsfeststellung ist, gar nicht durchgeführt.

3.1.3 Werkzeuge für die Softwareentwicklung

Das bedeutendste und klassische Softwarewerkzeug ist die (höhere) **Programmiersprache** bzw. das sie realisierende Sprachsystem - insbesondere der Compiler. Sodann dient der **Editor**, mit dem Programme und die Dokumentation erstellt, und das **Dateisystem**, mit dem sie verwaltet werden, als zentrales Basiswerkzeug, das in allen Projektphasen zum Einsatz kommt.

Darauf baut die **Projektbibliothek** auf, welche die gemeinsame, integrierte Datenbasis für Produktion und Management bildet. Sie verwaltet die zu erstellende (Teil-)Produkte (= Dokumente) und führt die zugehörigen Planungs-Soll/Ist-Daten und dient damit zwei Herren: Der Entwickler braucht es und bearbeitet Dokumente a u s dem Projekt, das Management hingegen Informationen ü b e r es.

Die Projektbibliothek
- trägt dazu bei, daß die Dokumente im Einklang mit dem Projektfortschritt stehen,
- sorgt für konsistente Speicherung und Verwaltung aller Dokumente,
- gewährleistet die Aktualität der Dokumente,
- unterstützt das Projektmanagement bei Planung, Kontrolle und Qualitätssicherung.

Sie ist damit das zentrale Instrument, das die Fülle der Informationen in einem Softwareprojekt beherrschbar macht.

Für weitere Informationen siehe /Denert-Hesse 80/ und /PPS 83/.

Im Zusammenhang mit der Projektbibliothek ist der Einsatz eines **Datenlexikons** zu sehen, mit dem die Beziehungen zwischen den zu bearbeitenden Daten sowie ihre Benutzung durch verschiedene Moduln registriert und kontrolliert werden.

In enger Nachbarschaft zu den Programmiersprachen stehen die verschiedenartigen **Generatoren**, z.B. für Entscheidungstabellen, Listbilder, Bildschirmbehandlung. Zu dieser Kategorie sind auch die Prä- und Makroprozessoren zu zählen.

Zunehmende Beachtung finden **Testwerkzeuge**, worunter ich in erster Linie Hilfsmittel für die systematische Durchführung von reproduzierbaren spezifikationsbezogenen Tests mit automatischer Ergebnisprotokollierung verstehe. Dies hat bislang zu geringe Beachtung gefunden, zu sehr wurden und werden die Fehlerbehebungshilfsmittel (Debugger) als einzige Testwerkzeuge angesehen.

Wenig entwickelt, d.h. über das Stadium der wissenschaftlichen Untersuchung noch kaum hinausgekommen sind **Designtools**, also methodenunterstützende Werkzeuge für die frühen Phasen Analyse & Definition sowie Systementwurf.

Als Entwicklungssystem, auf dem man die Software erstellt - i.e. all die Texte (Spezifikationen, Programme, Testdaten), aus denen sie besteht - wird häufig das Zielsystem verwendet. Dieses ist von seiner Funktionalität, Leistungsfähigkeit oder Verfügbarkeit dafür oft wenig geeignet, so daß sich die Benutzung einer eigenständigen, vorgeschalteten **Toolmaschine** empfiehlt. Hierfür kristallisiert sich **UNIX** zusehends als Standard heraus, auf dessen Basis es eine Vielfalt von Softwareentwicklungs-Werkzeugen gibt und zunehmend mehr geben wird. Dieser Trend wird verstärkt durch ein wachsendes Angebot an UNIX-Implementierungen auf Mikrorechnern. Damit stehen leistungsfähige und kostengünstige Arbeitsplatzsysteme für Software-Ingenieure bereit, die untereinander, mit einem größeren Datenbanksystem (Projektbibliothek) und dem Zielsystem vernetzt werden.

Zum Abschluß dieser gerafften Darstellung der uns prinzipiell zu Gebote stehenden Methoden und Werkzeuge, die einem guten Software Engineering viele Möglichkeiten eröffnen, muß aber doch eingeschränkt werden: Wir haben heute kein geschlossenes Methodensystem, geschweige denn eine integrierte Werkzeugmaschine!

3.2 Wirtschaftliche Software

Wirtschaftlichkeit heißt, ein gutes Kosten/Nutzen-Verhältnis zu erzielen. Vorausgesetzt, der Nutzen aus dem Betrieb eines DV-Systems sei gegeben, dann ist die Wirtschaftlichkeit der zugehörigen Software eine Frage ihrer Kosten. Und dabei gibt es zwei Aspekte:
- die Entwicklungskosten und
- die während des Betriebs anfallenden Kosten für Wartung - genauer: Fehlerbehebung, Anpassung, Weiterentwicklung.

Senken der Entwicklungskosten ist gleichbedeutend mit Erhöhen der **Produktivität** in der Softwarefertigung. Welche Steigerungen hierbei möglich sind, zeigen die in Abb. 3 wiedergegebenen Zahlen eines bedeutenden deutschen DV-Anwenders. Derartige Erfolge lassen sich allerdings nur erzielen durch
- die konsequente Anwendung moderner Softwaretechnologie,
- unterstützt durch eine großzügige Werkzeugausstattung
- und vor allem ein hochqualifiziertes Team.

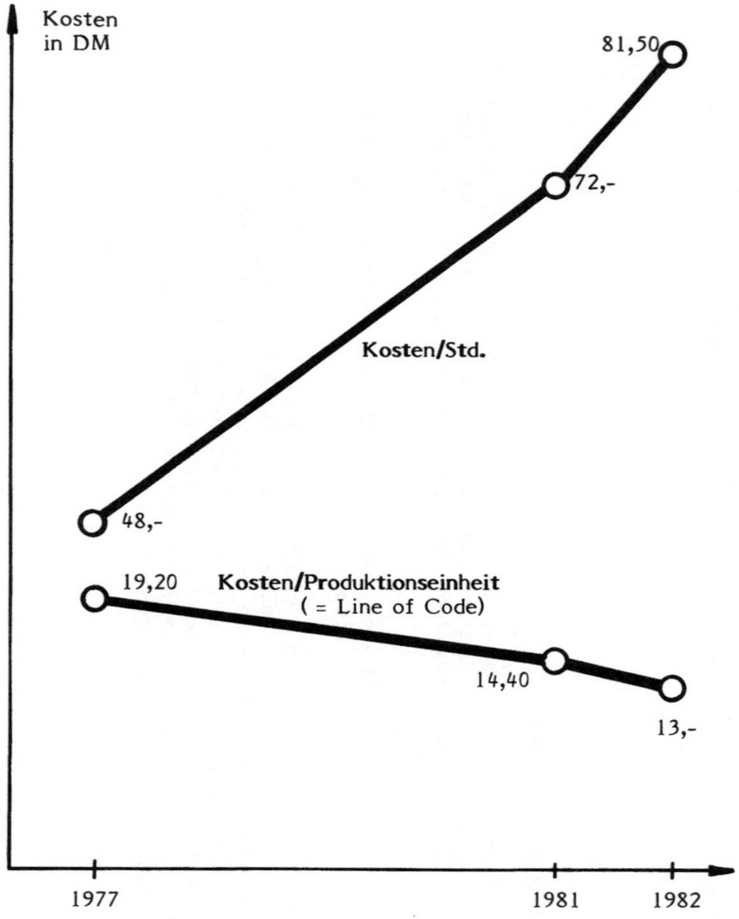

Kosten
in DM
81,50
72,-
Kosten/Std.
48,-
19,20
Kosten/Produktionseinheit
(= Line of Code)
14,40
13,-
1977
1981
1982

Abb. 3 **Mögliche Produktivitätssteigerungen**
(mit freundlicher Genehmigung der Bertelsmann Datenverarbeitung, Gütersloh)

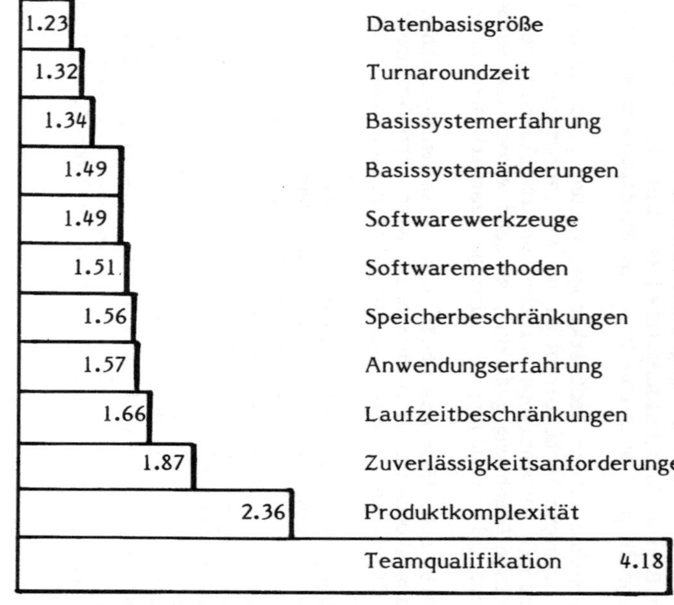

Abb. 4 **Produktivitätsfaktoren**
(nach /Boehm 81/)

Welch entscheidenden Einfluß die Personalqualifikation auf die Produktivität hat, zeigt die Grafik in Abb. 4. Daran wird manchen wohl überraschen, welch untergeordnete Rolle etwa die Programmiersprache spielt oder auch die softwaretechnischen Methoden und Werkzeuge. Die starke Dominanz der Entwicklerfähigkeiten über alle übrigen Produktivitätsfaktoren, wie sie Boehm aus einer Reihe von Projekten quantitativ ermittelt hat, deckt sich mit meiner intuitiven Einschätzung aus eigener Projekterfahrung.

Die **Wartungskosten** eines Softwaresystems sind umgekehrt proportional zu seiner Qualität, d.h. Software-Qualität - i.e. Modularität, strukturierter Code, sorgfältiger Test, gute Dokumentation, etc. - ist ein Beitrag zur Wirtschaftlichkeit von Software und steht nicht im Widerspruch dazu. Die höheren Entwicklungsaufwendungen für eine bessere Wartbarkeit zahlen sich in der Regel aus: Schlechte Wartungsvorsorge wird teuer!

3.3 Geordnete Projektdurchführung

Zunächst einmal gilt es, **das richtige Projekt** zu **machen.** Voraussetzung dafür ist eine zutreffende Aufgabendefinition. Oft verfaßt sie der zukünftige Anwender selbst - und ist damit überfordert. Sie präzise und vollständig, konsistent und machbar festzulegen, dazu fehlen ihm im allgemeinen die Fähigkeit und die Zeit; denn er hat ja eigentlich eine ganz andere Aufgabe. Hier ist der System- und Software-Architekt gefordert. Er muß die vagen Ideen und Wünsche des Anwenders aufnehmen, verstehen, strukturieren, teilweise mit formalen Methoden präzisieren und verständlich darstellen, kurz: sie als präzise Aufgabendefinition formulieren. Diese kann und muß der Anwender begutachten, modifizieren und schließlich verabschieden.

Und dann muß man **das Projekt richtig machen.** Darin liegt die Führungsaufgabe des Managements, das zunächst einmal für den konsequenten Einsatz der vorstehend skizzierten Software-Engineering-Methoden und -Werkzeuge sorgen muß. Projektkontrolle und -steuerung darf der Manager nicht nur mit rein formalen, an Phasenmodellen und anderen Schemata orientierten Mechanismen ausüben, sondern er muß sachkompetent führen. Daran mangelt es oft, nicht zuletzt, weil in den Managementpositionen, in denen eine allgemeine Führungsfähigkeit vorhanden ist, das spezielle Software-Know-how (heute noch) fehlt.

Zum Management von Softwareprojekten noch drei bedeutsame Aspekte:

Aufwands- und Terminplanung

Die Tatsache, daß nahezu alle Softwareprojekte nicht im geplanten Kosten- und Terminrahmen bleiben, zeigt, daß hier eine der fehleranfälligsten und schwierigsten Managementaufgaben liegt. Hierfür gibt es noch kaum zuverlässige Methoden, allenfalls Ansätze:

- Hochrechnen von Erfahrungswerten aus ähnlichen Projekten;
- Hochrechnen von bereits erbrachten Aufwendungen aufgrund eines aus Erfahrung gewonnenen Schlüssels für die Verteilung von Aufwand und Zeitbedarf auf die Projektphasen;
- Erstellen eines plausiblen Balkenplans mit Verteilung der Aufgaben auf ein fiktives Team und daraus Ermitteln von Aufwand und Terminen;
- Berechnen mit Formeln wie etwa denen des COCOMO-Verfahrens, /Boehm 81/, das von einer Schätzung der zu realisierenden "Lines of Code" ausgeht.

Auf jeden Fall empfiehlt es sich, stets mehrere Kalkulationen nach verschiedenen Verfahren möglichst unabhängig voneinander auszuführen.

Qualitätssicherung (QS)
Unter QS-Maßnahmen verstehe ich hauptsächlich die Begutachtung von Dokumenten, z.B. Pflichtenheften, Modulspezifikationen, Programmen, Testentwürfen. Sie werden in Form von **Reviews** und **Inspektionen** durchgeführt und stützen sich wesentlich auf die Sachkenntnis der beteiligten Experten. Das entscheidende Werkzeug ist der Verstand. Die dadurch angestrebten Hauptziele sind, die Qualität des gesamten Produkts zu gewährleisten und den Projektfortschritt transparent zu machen. Darüber hinaus haben sie den höchst erwünschten Nebeneffekt der Know-how-Verbreit(er)ung im Team.

Software-Management und -Architektur
Die Führung eines Projekts (Management) und die Gestaltung des zu entwickelnden Produkts (Architektur) sind zwei Aufgaben, die sehr unteschiedliche Anforderungen an die dafür verantwortlichen Personen stellen. Der Software-Manager sorgt dafür, daß das Projekt richtig läuft; der Software-Architekt ist für die Integrität des Systementwurfs und seiner Implementierung verantwortlich. Lediglich in kleineren Projekten (nicht mehr als fünf bis sechs Mitarbeiter) können sie in einer Person vereinigt werden, sonst sind sie jeweils ein (mehr als) full-time-job. Weiterhin ist die stark ereignisgetriebene und außenorientierte Arbeitsweise des Managers schwer mit der nötigen, nach innen gerichteten Kontinuität des Architekten vereinbar. Und schließlich sind die Macher (Manager) und Denker (Architekten) selten, ganz besonders aber die Macher-Denker.

4. Grenzen des Software-Engineering oder: Was können wir (noch) nicht?

4.1 Die Komplexität der Software

Große Softwaresysteme gehören zu den komplexesten technischen Gebilden, die Menschen je geschaffen haben. Die Ursachen dafür sind vielschichtig:

- Software dient häufig der Substitution geistiger Arbeit und ist somit komplexer als die klassischen Maschinen, die körperliche Tätigkeiten ersetzen.
- Software ist unsichtbar. Die Konstruktionen eines Software-Ingenieurs sind sehr abstrakt und können nicht ohne weiteres durch Augenschein beurteilt werden wie etwa die eines Architekten oder Autokonstrukteurs.
- Die elementaren Bausteine der Software, die Maschinenbefehle, können nahezu beliebig zusammengesetzt werden und miteinander interagieren - in einer für andere technische Systeme unvorstellbaren kombinatorischen Vielfalt.
- Die anhaltende Steigerung der Hardware-Leistungsfähigkeit bei gleichzeitigem Preisverfall lassen DV-Systeme technisch und ökonomisch machbar erscheinen, die höchste Ansprüche an uns Software-Ingenieure stellen. Man könnte beinahe sagen: Die Grenzen der Hardware werden ständig weiter hinausgeschoben und damit rücken die der Software immer näher heran!

Das Komplexitätsproblem wird häufig unterschätzt, weil es so leicht erscheint, Programme zu schreiben, Maschinenbefehle aneinanderzureihen. Das endet dann oft wie beim Turmbau zu Babel: Verwirrung setzt ein, das Projekt geht nicht weiter, eine Ruine bleibt zurück.

Ich habe selbst erlebt, wie die Komplexität großer, innovativer Projekte Grenzen setzt: Sie liegen nicht so sehr in der geistigen Überforderung einzelner als vielmehr in der des Teams als Ganzem, insbesondere seiner Führungsmannschaft. Wir brauchen das Team, denn ein Einzelner kann die Arbeit gar nicht bewältigen. Aber wie soll man die richtigen Leute, in ausreichender Zahl, zur selben Zeit, am selben Ort zusammenbringen? Und dann müßte das "Teamgehirn" funktionieren wie das eines Einstein; zu den technischen Fragen kommen soziale und gruppendynamische Probleme. Das markiert Grenzen ...

4.2 Die vorhandene Software

Eine ganz andersartige, praktisch sehr relevante Grenze wird durch existierende Softwaresysteme gezogen. Sie

- sind zumindest in ihrem Kern meist ziemlich alt und laufend ausgebaut worden. Ihre Strukturen - wenn man davon überhaupt sprechen kann - laufen moderner Softwaretechnik zuwider und erschweren Wartung und Weiterentwicklung erheblich;
- stellen beträchtliche Investitionen dar und sind für das Funktionieren eines Betriebes meist existentiell wichtig, so daß sie nicht ohne weiteres durch Neuentwicklungen zu ersetzen sind.

Daraus ist ein Teufelskreis entstanden, in dem sich veraltete Anwendungs- und Systemsoftware gegenseitig festhalten: Moderne Betriebssysteme, Programmiersprachen, Datenbanken, etc. können sich nur schwer durchsetzen und werden von den Computer-Herstellern nur zögernd entwickelt und angeboten, weil Kompatibilität mit der vorhandenen Anwendungssoftware nicht gegeben ist. Und die Entwicklung von softwaretechnisch fortgeschrittener Anwendungssoftware wird behindert durch die geringe Verbreitung entsprechender Systemsoftware. In diesem Teufelskreis wird außerdem das Personal festgehalten, das die veralteten Systeme am Laufen halten und ausbauen muß und dabei kaum Chancen hat, modernes Software-Engineering-Know-how zu erwerben.

Es ist eine besondere Herausforderung, einen Software-Altbau stufenweise durch einen Neubau zu ersetzen. Ein generelles Konzept der Software-Sanierung gibt es jedoch nicht. Die Grenzen, die die existierende veraltete Software setzt, sind beträchtlich, jedoch nicht unüberwindbar.

4.3 Geringe Verbreitung moderner Softwaretechnik

Was wir können, können bzw. machen zu wenige! Mit diesem paradox klingenden Satz will ich ausdrücken, daß das Potential an Software-Engineering-Know-how beträchtlich ist, jedoch nur von wenigen genutzt wird - hauptsächlich in Softwarehäusern, teilweise bei Herstellern und nur vereinzelt bei Anwendern. Diese Beobachtung, die sich auf langjährige Beratungstätigkeit in Sachen Softwaretechnologie stützt, hat auch zu Kontroversen in der Förderungspolitik des Bundesministers für Forschung und Technologie geführt: Soll man nicht besser die praktische Umsetzung und Verbreitung vorhandener Methoden und Werkzeuge fördern und dafür bei der Entwicklung neuer Ansätze kürzer treten?

Es wäre volkswirtschaftlich zweifelos von hohem Wert, vor allem bei der großen Zahl der DV-Anwender modernes Software-Engineering verstärkt zum Einsatz zu bringen. Wenn das nur sehr zögernd geschieht, muß man sich fragen, welche gegenwärtigen Grenzen überwunden werden müssen. Ich sehe folgende Probleme:

- Es ist den Softwaretechnologen noch nicht so recht gelungen, sich den Anwendern verständlich zu machen. Die einen reden über Pascal und Ada, die anderen müssen in COBOL programmieren. Die einen denken sich - durchaus gute - Konzepte aus, erproben sie aber nur an Spielbeispielen, die anderen müssen die Probleme der realen Welt lösen. Der notwendige Brückenschlag ist noch kaum erfolgt.
- Der Anwender ist durch Methodenstreitigkeiten verwirrt. Es werden ihm zu viele verschiedenartige, inkompatible Methoden und Werkzeuge für Teilbereiche angeboten. Was er braucht und was wir erst ansatzweise haben, ist eine in sich leidlich homogene und leicht zu handhabende Software-Entwicklungsumgebung.

- Das Software-Problemverständnis im Management ist vielfach zu schwach ausgeprägt. Vor allen Dingen wird die Komplexität unterschätzt, und Softwareprojekte werden mit ungeeigneter Organisation und falschen Leuten durchgeführt. Und das führt zum nächsten und wichtigsten Punkt:

- Es gibt zu wenig qualifiziertes und zu viel unzureichend qualifiziertes Personal. Softwareentwicklung ist eine anspruchsvolle Tätigkeit, die eine entsprechende Grundlagenausbildung erfordert. In den Anfangszeiten der Datenverarbeitung gab es diese nicht, und man mußte sich behelfen. Dabei hat dann die irrige Einschätzung, Programmieren könne eigentlich jeder in einem halbjährigen Kurs erlernen, zu einer Personalsituation geführt, die eine softwaretechnische Grenze und ein soziales Problem bildet: Viele DV-Leute stecken in einer beruflichen Sackgasse. Denn seit nahezu zehn Jahren kommen von den (Fach)Hochschulen gut ausgebildete Informatiker, von denen viele auch schon beträchtliche Berufserfahrung aufweisen. Sie sind Software-Ingenieure und können ohne weiteres mit neuen Methoden und Werkzeugen des Software-Engineering arbeiten und diese auch weiterentwickeln.

Dem breit gestreuten Einsatz moderner Softwaretechnologie sind heute also noch beträchtliche Grenzen gesetzt. Der Wille, sie zu überwinden, ist vielerorts erkennbar. Ein Zeichen dafür sind die in vielen Unternehmen eingerichteten DV-Stabstellen für Softwaretechnik - sie haben allerdings meist erhebliche Akzeptanzprobleme - und die rege Nachfrage nach einschlägigen Seminaren. Es mangelt hauptsächlich noch an der praktischen Umsetzung theoretischer Erkentnisse.

5. Zusammenfassende Schlußbemerkungen

Unter der Flagge Software-Engineering hat sich als Antwort auf die Softwarekrise ansehnliches theoretisches und praktisches Know-how über die Entwicklung qualitativ hochwertiger und wirtschaftlicher Software angesammelt. Es ist zwar noch nicht gelungen, die Vielfalt guter Methoden und Techniken zu einer durchgängigen Software-Entwicklungsumgebung zu konsolidieren, ihre konsequente Anwendung kann jedoch heute schon die Krise weitgehend entschärfen.

Die Lektion, die wir hauptsächlich im Bereich der großen DV-Systeme lernen mußten, haben also Früchte getragen. Ich sehe jedoch die Gefahr, daß bei den kleinen Systemen - Mikroprozessoren, Prozessrechner-Minis - die alten Fehler wiederholt werden. Die Softwareprobleme lassen sich nicht mit den Prozessoren miniaturisieren!

Ich habe drei Thesen für die heutigen **Möglichkeiten** des Software-Engineering aufgestellt: Wir sind prinzipiell in der Lage,

(1) qualitativ hochwertige Software zu entwickeln - Methoden und Werkzeuge dafür existieren;
(2) wirtschaftliche Software zu fertigen und
(3) Softwareprojekte mit hoher Planungssicherheit durchzuführen.

Und ebenso drei Thesen für seine **Grenzen:**

(4) Komplexität und Unsichtbarkeit von Software machen uns schwer zu schaffen.
(5) Die in existierender Software liegenden Rieseninvestitionen sind ein Innovationshemmnis.
(6) Das Software-Engineering-Potential liegt vielerorts brach, und seine Entfaltungsmöglichkeiten sind - vor allem aufgrund der Personalsituation - noch begrenzt.

Die Softwaretechnologie muß zuvorderst mit den Zielen weiterentwickelt werden,
- praxisrelevante Methoden und Werkzeuge aus guten theoretischen Konzepten zu gewinnen und zu erproben,
- einheitliche, durchgängige Software-Entwicklungsumgebungen zu schaffen.

Software ist ein erheblicher volkswirtschaftlicher Faktor mit steigender Tendenz, das Know-how zu ihrer Erstellung für eine Industrienation von größter Bedeutung. Es scheint so, als hätten die Japaner wieder einmal die Nase vorne: In pragmatischer Weise haben sie bereits Software-Entwicklungsumgebungen aus bekannten Teilen zusammengebaut, während hierzulande weiter theoretisiert wird. Und das bis 1990 geplante Programm für ihre 5. Computergeneration umfaßt natürlich auch die Softwaretechnologie ...

Literatur

/Balzert 82/
Balzert, H.: Die Entwicklung von Software-Systemen: Prinzipien, Methoden, Sprachen, Werkzeuge. Bibliographisches Institut 1982

/Boehm 81/
Boehm, B.W.: Software Engineering Economics. Prentice Hall 1981

/Denert 79/
Denert, E.: Software-Modularisierung. Informatik-Spektrum 2.4, pp. 204-218 (1979)

/Denert 81/
Denert, E.: Software Engineering: Experience and Convictions. Proc. ECI 81, München, Lecture Notes in Computer Science, Vol. 123, pp. 16-35, Springer (1981)
(Deutsche Version auf Anfrage vom Autor erhältlich.)

/Denert-Hesse 80/
Denert, E., Hesse, W.: Projektmodell und Projektbibliothek: Grundlagen zuverlässiger Software-Entwicklung und Dokumentation. Informatik-Spektrum 3.4, pp. 215-228 (1980)

/Jensen-Tonies 79/
Jensen, R.W., Tonies, C.C.: Software Engineering. Prentice Hall 1979

/Kimm et al 79/
Kimm, R., Koch, W., Simonsmeier, W., Tontsch, F.: Einführung in Software Engineering. de Gruyter 1979

/PPS 83/
Produktverwaltungs- und Projektführungssysteme. Fachgespräch der Fachgruppe Software-Engineering der Gesellschaft für Informatik, Juni 1983, München. Beiträge veröffentlicht in: GI-Softwaretechnik-Trends 3-2, 1983

/Pressman 82/
Pressman, R.S.: Software Engineering: A Practitioner's Approach. McGraw Hill 1982

/Schnupp-Floyd 76/
Schnupp, P., Floyd, Ch.: Software: Programmentwicklung und Projektorganisation. de Gruyter 1976

/Vetter 81/
Vetter, M.: Data Base Design Methodology. Prentice Hall 1981

EINSATZ DER ECHTZEITSIMULATION FÜR DEN SOFTWARE - QUALITÄTSTEST

APPLICATION OF REALTIME - PROCESS SIMULATION FOR TESTING PROGRAMMING QUALITY

G. GRIESSHAMMER

AEG - Telefunken
Anlagentechnik Industrieausrüstungen
6ooo Frankfurt 71, B.R. Deutschland

Summary

Realtime-Process-Simulation means process simulation using micro processor systems to substitute installation for test purposes plant erection. Process is simulated according to hard/software design criteria laid down in project documents (in detail interface description and problem descriptions).

The approach is similar to the traditional test-field procedures but transformed and suited to the requirements and tools of software-production. The speech compares the cost situation involved using Realtime-Process-Simulation for tests relative to common software tests under target environmental conditions.

1. Die Simulation als Werkzeug der Qualitätssicherung

Die Qualitätssicherung setzt den Einsatz geeigneter Prüfmethoden und Prüfwerkzeuge voraus. Erst die Prüfung ermöglicht den Vergleich mit den gestellten Anforderungen, die für einen einzelnen Modul durch Programmdesign, Schnittstellenbeschreibung und Fertigungsvorschriften fixiert sind.

Wie in einem normalen Fertigungsprozeß müssen auch bei der Softwareproduktion Fehler möglichst früh erkannt und korrigiert werden. Daß dies möglichst planmäßig geschieht, ist eine organisatorische Aufgabe und eine obligatorische Vorbedingung für das weitere Gelingen des Projekts.

Alle Vorprüfungen ersetzen jedoch nicht den Endtest, in dem alle im Pflichtenheft festgelegten Funktionen bezüglich ihres Normalablaufes und ihrer Belastbarkeit gegenüber Ausnahmezuständen verifiziert werden müssen.

Da in einem Prozeßrechner als Reaktion auf gleichzeitig auftretende Ereignisse (Signaländerungen) Programme verzahnt ablaufen können, die auf gleiche Betriebsmittel zugreifen müssen, kann ein zunächst im Einzeltest einwandfrei funktionierender Modul sich später im Gesamttest als fehlerhaft erweisen. Für den Endtest ist deshalb eine möglichst genaue Nachbildung der Signalumgebung mit einer der Wirklichkeit entsprechenden zeitlichen Ereignisdichte zwingend.
Weiterhin ist das für ein Automatisierungssystem eminent wichtige Restartverhalten nach Kurzzeit-Spannungsausfällen nur mit einer wirklichkeitsgetreuen Signalkonstellation überprüfbar.
Bei der Suche nach einer geeigneten Methode für die Realisierung dieser Testbedingungen denkt man zunächst an Zufallsgeneratoren. Diese Möglichkeit scheidet jedoch bei den meisten Projekten aus, da gerade Ereignishäufungen mit innerer Systematik, die sich bei stochastischer Ereignisbildung nicht einstellen würde, zu Spitzenbelastungen des Prozessrechners führen können. Außerdem sind weder die Anwender noch der Hersteller an einer theoretischen Maßzahl für die Systembelastung interessiert.

Die praktikabelste Lösung ist eine grobe Nachbildung der den Rechner umgebenden Funktionen, soweit sie zu einer für den Prozeßrechner relevanten Ereigniserzeugung beitragen.

Da ein solches Testwerkzeug für jedes Projekt hardwaremäßig neu konfiguriert und softwaremäßig größtenteils neu erstellt werden muß, fällt es bei der Kalkulation vielfach dem Rotstift zum Opfer. Eine Fehlentscheidung, die später kaum zu korrigieren ist und mit Sicherheit zu einer Belastung führt, die ein Vielfaches der vermeindlich eingesparten Kosten ausmachen kann. Denn in diesen Fällen wird eine für das Gelingen des Projekts entscheidende Phase der Qualitätsendprüfung in die Inbetriebnahme verlegt. Die Erfahrung lehrt, daß sich der Test während der Inbetriebnahme jeder Planung widersetzt, da durch Ausfall von Anlagenteilen ständig das ursprüngliche Prüfvorhaben gestört wird. Somit wird die Testarbeit uneffektiv und eine Aussage über den wirklichen Testfortschritt illusorisch.
Im folgenden soll veranschaulicht werden, daß sich die projektspezifische Simulation durch Einsatz einer modularen Hardware und einer Hochsprache kostengünstig realisieren läßt.

2. Simulation für eine Kommissionierlagersteuerung

Bild 1 zeigt eine nur in seltenen Fällen erreichbar optimale Konfiguration. Die Signalumgebung des zu testenden Prozeßrechner besteht nur aus den sternförmig gekoppelten unterlagerten Mikrorechnern und Datenperipherie. Bei einem Testaufbau benötigt man nur den Anschluß der seriellen V24-Leitungen an den Simulator. Eine solche Konfiguration sollte wegen geringer Hardwarekosten und standardisierbarer Treibersoftware stets angestrebt werden. Ein in dieser Form ausgeführtes Beispiel ist die Simulation der Beauftragung von insgesamt acht Regalförderzeugen (RFZ) bei einer Kommissionierlagerautomatisierung (Bild 2).

Der Normalablauf der nachgebildeten RFZ-Beauftragung ist durch einen Graphen mit vier Zuständen beschreibbar.
Die zustandverändernden Ereignisse sind die per Telegramm übermittelten Befehle des Lagerrechners und der Ablauf der im Simulator fiktiv nachgebildeten Zeit für das Fahren des RFZ und das nachfolgende Aufnehmen/Absetzen des Korbs.

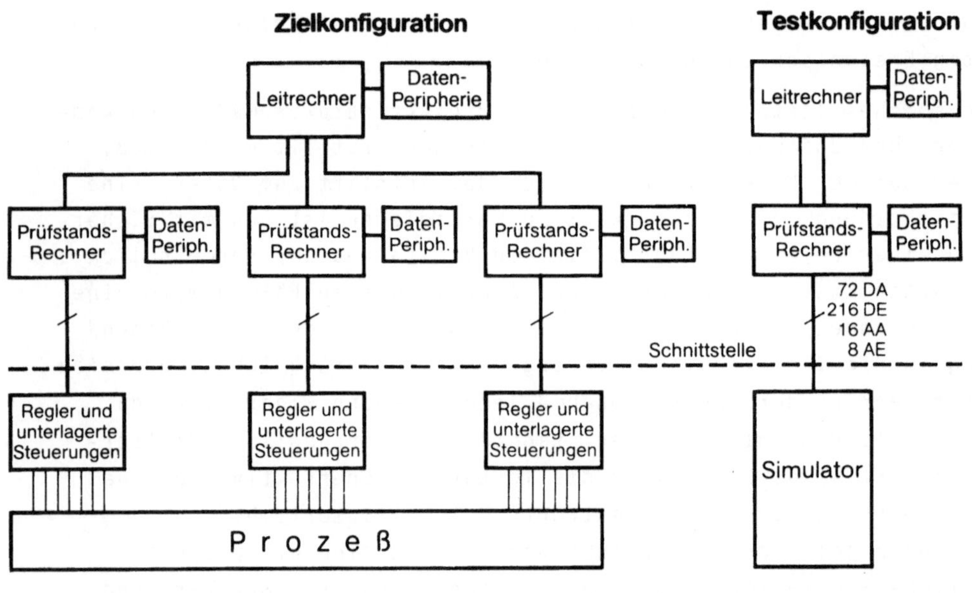

Bild 1: Hardware-Konfiguration für ein Kommissionierlager

Der gesamte Telegrammverkehr zwischen Rechner und den simulierten RFZ Steuerungen wird auf einen Magnetbandspeicher archiviert. Für die Auswertung des Tests können mit Schlüsselwörtern die interessierenden Telegramme gesucht und ausgedruckt werden.
Die Zustandsanzeige für acht Regalförderzeuge erfolgt als dynamische Anzeige auf einem Sichtgerät.

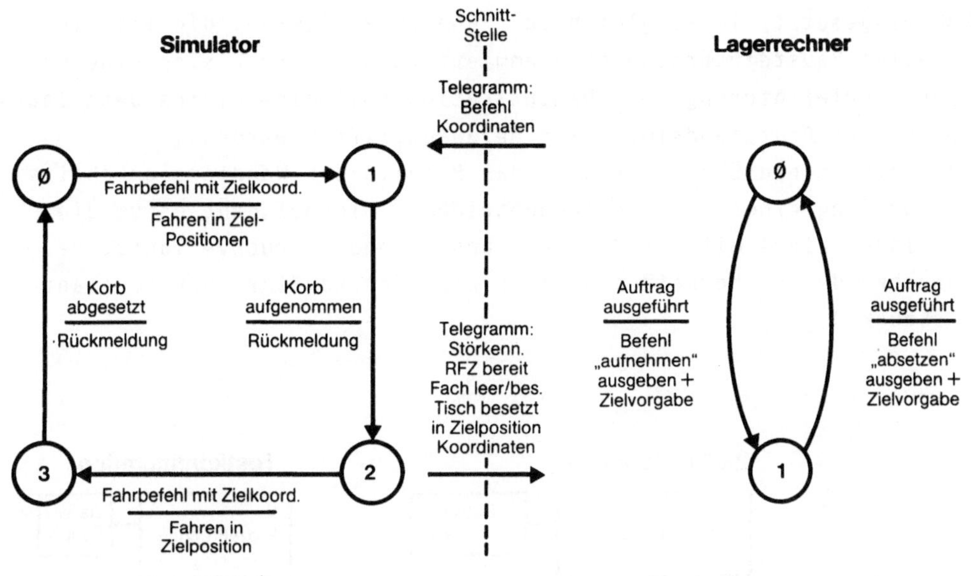

Bild 2: Zustandsgraphendarstellung der RFZ-Beauftragung (Hochregal-Lager)

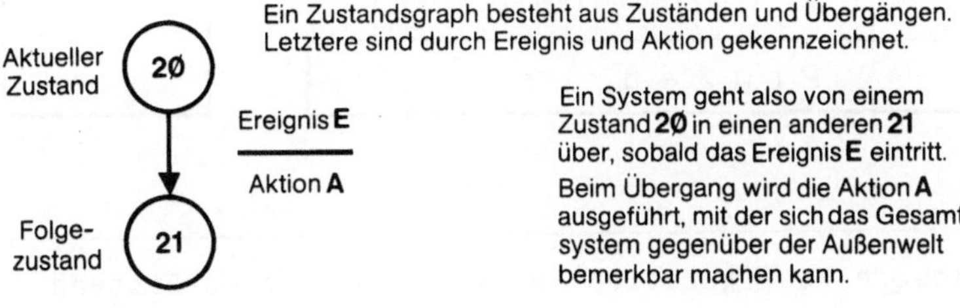

3. Simulation für eine Prüfstandsautomatisierung

Bei diesem Beispiel ist die Hardwarekonfiguration wegen der Vielzahl von Analog- und Digitalsignalen bedeutend größer (Bild 3). Durch den modularen Aufbau des Simulationssystems (Bild 4) ist jedoch die Hardware flexibel anzupassen und daher für jedes Projekt, gleich welcher Art, wieder verwendbar.

Die Software für diese Simulation wurde für den technologisch orientierten Teil in PASCAL 86 geschrieben. Als Betriebssystem wurde RMX88 eingesetzt. Im Vergleich zu früheren Projekten, die mit einer speziellen Bausteinsprache programmiert wurden, ergab sich eine bedeutende Erleichterung. Zur Demonstration soll eine kleine Detailaufgabe aus der Prüfstandsimulation herausgegriffen werden:
Bild 5 gibt einen Überblick über das Prinzip der Wandlersicherheitsventilprüfung eines Baumaschinengetriebes. Hierbei geht es um die Nachbildung eines mit der Drehzahl ansteigenden Druckverlaufs. Bei Ansprechen des Sicherheitsventils bleibt der Wandlerdruck konstant (Knickpunkt).

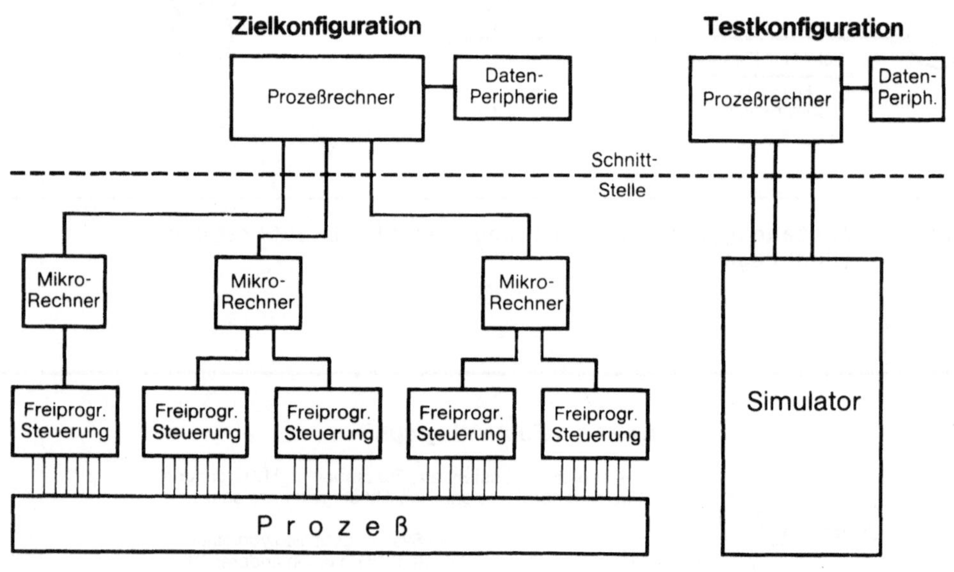

Bild 3: Hardware-Konfiguration für einen Getriebeprüfstand

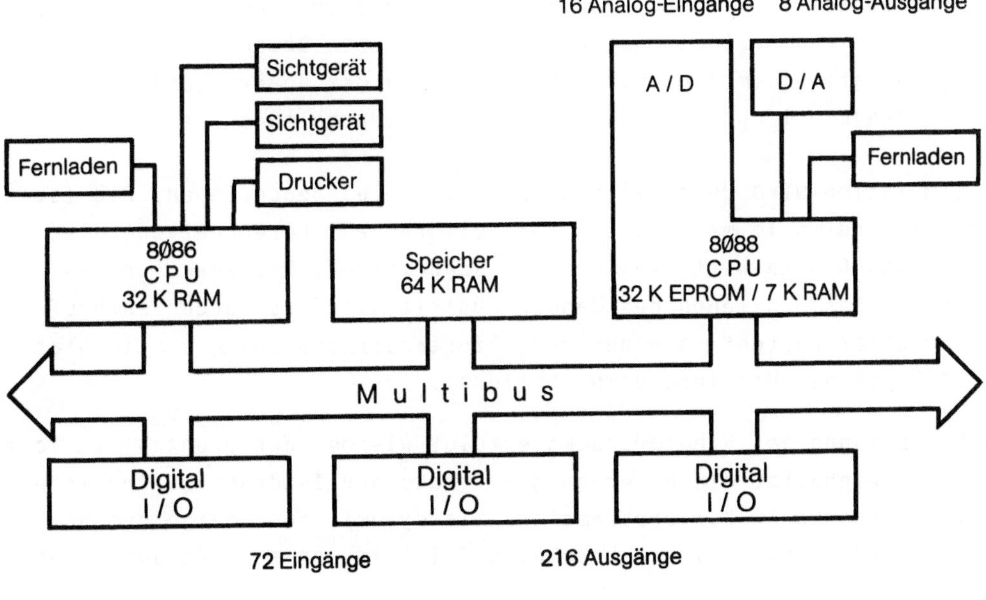

Bild 4: Hardware-Konfiguration der Prüfstands-Simulation

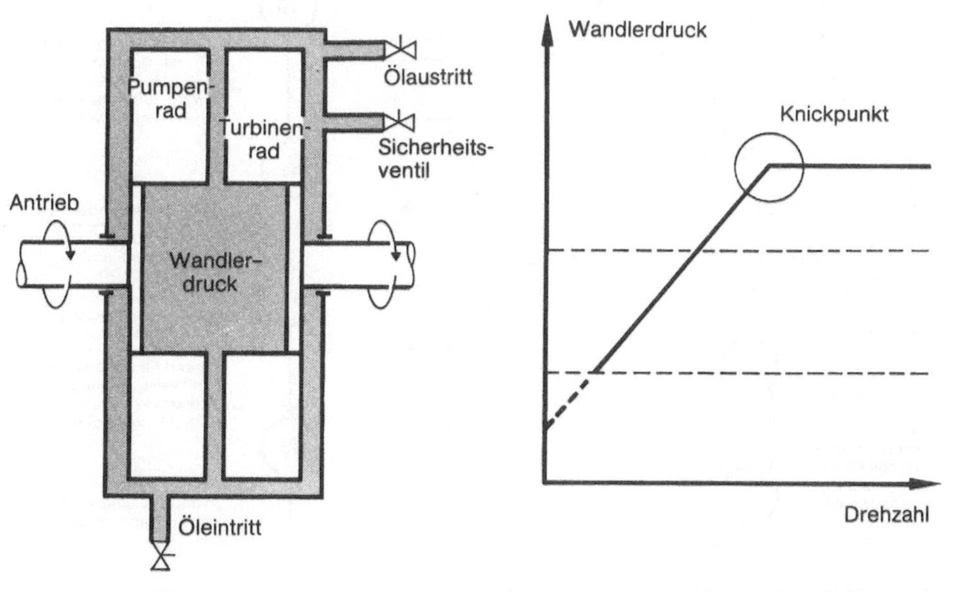

Bild 5: Prinzip der Wandlersicherheitsventil-Prüfung

Die Schnittstelle zwischen Prozeß (bzw. Simulator) und Rechner besteht aus Digital- und Analogsignalen. Eine für dieses Beispiel günstigere Analogsimulation kommt nicht in Betracht, da der überwiegende Teil der Prüfstandsnachbildung eine digitale Signalverarbeitung verlangt.

Die Simulation wird durch vier Graphen (Bild 6) beschrieben. Die Istdrehzahl wird im 1o ms Takt aus der Solldrehzahl berechnet und als Analog- und Digitalwert dem Rechner rückgemeldet. Die Reaktion das Öffnen und das Schließen des Wandleraustrittsventils durch den Prüfstandsrechner besteht in einer Ventilzustandsrückmeldung und im Start bzw. Abbruch der Wandlerdrucknachbildung.

Die Nachbildung des Wandlerdrucks erfolgt wie bei der Drehzahl im 1o ms Takt und beinhaltet die Berechnung aufgrund der Istdrehzahl und interaktiv veränderbarer Kurvenparameter. Die dynamische Anzeige des Anlagenzustands (Drehzahl und Drucke) erfolgt im 6oo ms Takt auf einem Sichtgerät.

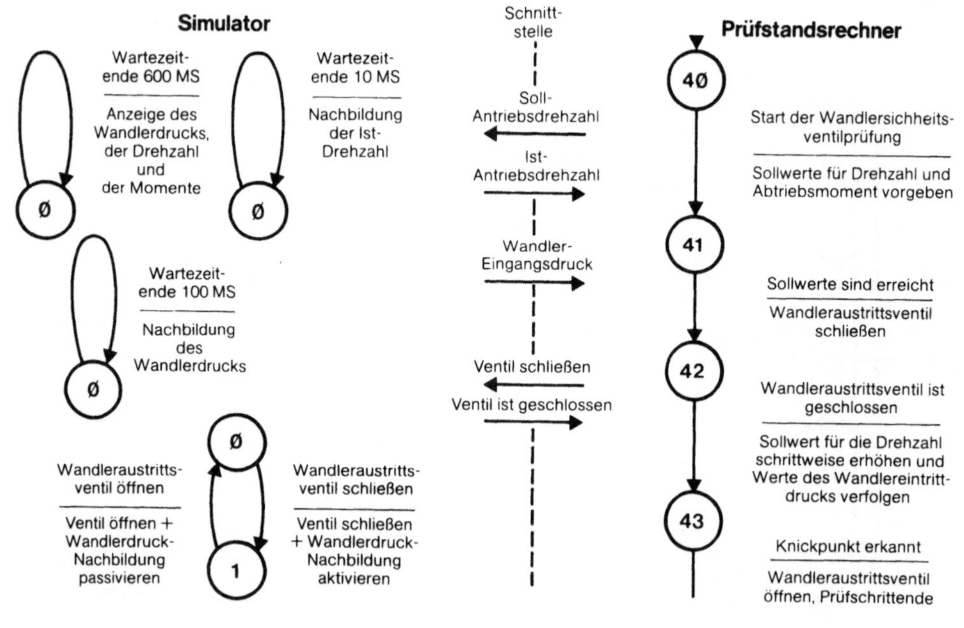

Bild 6: Zustandsgraphendarstellung der Wandlersicherheitsventil-Prüfung (Baumaschinengetriebe-Prüfstand)

```
MODULE ATRIEB-MODULE;
 PUBLIC ATRIEB-MODULE; PROCEDURE ATRIEB; PROCEDURE PWE-KURVE;
 PUBLIC KORRESPONDENZ;
        VAR  PWE, PWE-KONST, PWE-DIV, PWE-KNICK : INTEGER;
 PUBLIC FREMD;
        TYPE SIGNALE = (. . . . ,WANDLER-AUS-VENTIL, . . ); FLANKENZEICHEN = PACKED ARRAY [1. . 2] OF CHAR;
             TASKDESCRIPTOR = RECORD (. . . . . . . . ); EXCHANGEDESCRIPTOR = RECORD (. . . . . . . );
             MSGDESCRIPTOR  = RECORD (. . . IO-HOME-XCH. . . FLANKE. . . ANSTOSS-SIGNAL. . . . . . );
        VAR  AUS-SIGNALE : SET OF SIGNALE; NE-IST : INTEGER;
             PWE-KURVE-TD : TASKDESCRIPTOR;
             ATRIEB-XCH, PWE-ZEIT-XCH, IO-HOME-XCH : EXCHANGEDESCRIPTOR; (*BRIEFKAESTEN F. MSGAUSTAUSCH*)
        PROCEDURE WUENSCHE-MESSAGE ( VAR ANWENDER-XCH : EXCHANGEDESCRIPTOR; SIGNALNUMMER : INTEGER;
                                          FLANKE : FLANKENZEICHEN); (* STELLT VERBINDUNG MIT IO-PROGR. HER *)
        FUNCTION   RQWAIT  ( VAR ANWENDER-XCH : EXCHANGEDESCRIPTOR; ZEIT : WORD)  : ↑MSGDESCRIPTOR; (*RMX88*)
        PROCEDURE RQSEND  ( VAR ANWENDER-XCH : EXCHANGEDESCRIPTOR; MESSAGE-ADR : ↑MSGDESCRIPTOR; (*RMX88*)
        PROCEDURE RQSUSP  ( VAR ANWENDER-TD   : TASKDESCRIPTOR);                                 (*RMX88*)
        PROCEDURE RQRESM ( VAR ANWENDER-TD   : TASKDESCRIPTOR);                                  (*RMX88*)
PRIVATE ATRIEB-MODULE;
    VAR           ATRIEB-MSG-ADR : ↑MSGDESCRIPTOR;
    PROCEDURE  ATRIEB;
        BEGIN
        WUENSCHE-MESSAGE (AN-ATRIEB-XCH, 65, 'VR');          (* BRIEFKASTEN, SIGNALNUMMER, FLANKE *)
        PWE          : = 0;                                  (* WANDLERDRUCK *)
        PWE-KONST  : = 500;
        PWE-DIV      : = 2;
        PWE-KNICK   : = 1500;
        WHILE TRUE DO
        BEGIN
        ATRIEB-MSG-ADR : = RQWAIT ( ATRIEB-XCH, 0);           (* WARTEN AUF MESSAGE *)
        WITH ATRIEB-MSG-ADR↑ DO
        IF ANSTOSS-SIGNAL = 65 THEN                          (* WANDLERAUSTRITTS-VENTIL *)
           BEGIN
           IF FLANKE = 'V' THEN                              (* VORDERFLANKE *)
           BEGIN
           AUS-SIGNALE : = AUS-SIGNALE + [WANDLER-AUS-VENTIL];
           RQRESM ( PWE-KURVE-TD );                          (* FREIGABE DER PWE-KURVE *)
           END;
           IF FLANKE = 'R' THEN                              (* RUECKFLANKE *)
           BEGIN
           AUS-SIGNALE : = AUS-SIGNALE – [WANDLER-AUS-VENTIL];
           RQSUSP ( PWE-KURVE-TD );                          (* SUSPENDIEREN DER PWE-KURVE *)
           PWE : = 100;
           END;
        RQSEND (IO-HOME-XCH, ATRIEB-MSG-ADR);
        END; (* IF *)
        END; (* WHILE TRUE DO *)
    END; (* PROCEDURE ATRIEB *)

    PROCEDURE  PWE-KURVE;
        VAR ZEIT-MSG-ADR : ↑MSGDESCRIPTOR;
        BEGIN
        RQSUSP ( PWE-KURVE-TD );
        WHILE TRUE DO
        BEGIN
        ZEIT-MSG-ADR : = RQWAIT(PWE-ZEIT-XCH, 100);          (* 100 MS WARTEN *)
        PWE : = ( NE-IST (* IST-DREHZAHL *) DIV PWE-DIV ) + PWE-KONST;
        IF PWE > PWE-KNICK THEN PWE : = PWE-KNICK;
        END; (* WHILE TRUE *)
        END; (*PROCEDURE PWE-KURVE *).
```

PROG 1: PASCALPROGRAMM DER WANDLERSICHERHEITSVENTIL-PRUEFUNG (BAUMASCHINENGETRIEBE-PRUEFSTAND)

```
MODULE KORRESPONDENZ;
 PUBLIC KORRESPONDENZ;
        VAR  PWE-KONST, PWE-DIV, PWE-KNICK : INTEGER;
        PROCEDURE  KORR;
 PUBLIC FREMD;
        TYPE  EXCHANGEDESCRIPTOR = RECORD (.......); MSGDESCRIPTOR = RECORD (.........);
        VAR   KOR-ZEIT-XCH : EXCHANGEDESCRIPTOR; (* BRIEFKASTEN FUER ZEITMESSAGE *)
        FUNCTION    RQWAIT ( VAR ANWENDER-XCH : EXCHANGEDESCRIPTOR; ZEIT : WORD): ↑MSGDESCRIPTOR; (*RMX88*)
        FUNKTION    KOMMAN : CHAR;                          (* EMPFAENGT DAS KOMMANDOZEICHEN *)
        PROCEDURE FRAGE ( FRAGETEXT : ARRAY OF CHAR );       (* ZEIGT FRAGETEXT AN *)
        PROCEDURE ANTW ( ZU-VERAENDERNDE-VARIABLE : INTEGER ); (* AENDERT ANGEGEBENE VARIABLE *)

PRIVATE KORRESPONDENZ;
    VAR      EINGABEZEICHEN    : CHAR;
             KOR-ZEIT-MSG-ADR : ↑MSGDESCRIPTOR;
    PROCEDURE  KORR;
            BEGIN
            WHILE TRUE DO
                BEGIN
                KOR-ZEIT-MSG-ADR : = RQWAIT (KOR-ZEIT-XCH, 100); (* 100 MS WARTEN *)
                EINGABEZEICHEN : = KOMMAN;
                   IF EINGABEZEICHEN = 'F' THEN
                      BEGIN
                      FRAGE ('PWE-KONST          : ');
                      ANTW (PWE-KONST);
                      FRAGE ('PWE-DIV            : ');
                      ANTW (PWE-DIV);
                      FRAGE ('PWE-KNICK          : ');
                      ANTW (PWE-KNICK);
                      END; (* IF *)
                END; (* WHILE *)
            END; (* PROCEDURE KORR *).
```

PROG 2: PASCALPROGRAMM FUER DIE KORRESPONDENZEINGABE

```
MODULE ANZEIGE-MODULE;
 PUBLIC ANZEIGE-MODULE;
        PROCEDURE ANZEIGE;
 PUBLIC ATRIEB;
        VAR  PWE : INTEGER;
 PUBLIC FREMD;
        TYPE   EXCHANGEDESCRIPTOR = RECORD (.......); MSGDESCRIPTOR = RECORD (.........);
        VAR    ANZEIGE-ZEIT-XCH : EXCHANGEDESCRIPTOR; (* BRIEFKASTEN FUER ZEITMESSAGE *)
               NE-SOLL, NE-IST : INTEGER;
        FUNCTION RQWAIT ( VAR ANWENDER-XCH : EXCHANGEDESCRIPTOR; ZEIT : WORD) : ↑MSGDESCRIPTOR; (*RMX88*)
PRIVATE ANZEIGE-MODULE;
    VAR    ZEIT-MSG-ADR : ↑MSGDESCRIPTOR;
    PROCEDURE   ANZEIGE
        BEGIN
        WHILE TRUE DO
            BEGIN
            ZEIT-MSG-ADR : = RQWAIT ( ANZEIGE-ZEIT-XCH, 600);      (* 600 MS WARTEN *)
            (* ANZEIGE DER ANALOGEINGABEN *)
                WRITE ('L09S14', NE-SOLL);                        (* SOLL-DREHZAHL *)
                      (* CURSOR AUF LINIE 9 UND SPALTE 14 *)
            (* ANZEIGE DER ANALOGAUSGABEN *)
                WRITE ('L14S14', NE-IST);                         (* IST-DREHZAHL *)
                WRITE ('L14S28', PWE);                            (* WANDLERDRUCK *)
            END; (* WHILE TRUE *)
        END; (* PROCEDURE ANZEIGE *).
```

PROG 3: PASCALPROGRAMM FUER DIE AKTUELLEN ZUSTANDSANZEIGEN

Jeder Graph kann in eine Task umgesetzt werden. Das Programmbeispiel 1 zeigt den Modul, für die Nachbildung der Druckkurve, der die zwei Prozeduren ATRIEB und PWE-KURVE enthält. Beide Prozeduren werden vom Betriebsystem bei Restart des Simulators gemeinsam gestartet. Während sich die Prozedur PWE-KURVE sofort selbst suspendiert, stellt sich die Prozedur ATRIEB an einem Briefkasten 'ATRIEB-EXCHANGE'an.
Sobald an diesem Briefkasten die erwartete Message erscheint, wird anhand des Messageinhaltes nachgeprüft, ob sich der Zustand des Wandleraustrittventils (Signal Nr. 65) geändert hat. Danach folgt je nach Vorderflanke ('V') oder Rückflanke ('R') eine getrennte Reaktion. Mit Hilfe einer Mengenoperation wird das Signal 'WANDLER-AUSVENTIL' gesetzt oder zurückgesetzt, zusätzlich steuern die Systemaufrufe RQRESM und RQSUSP die Freigabe bzw. die Suspendierung der Task 'PWE-KURVE'.
Bei der Rückflanke wird zusätzlich der Druck auf einen konstanten Wert gesetzt. Bei Freigabe der Task 'PWE-KURVE' wird nach einer Wartezeit von 1oo ms die Berechnung der Druckkurve vorgenommen. Bis zur Suspendierung läuft dieses Programm zyklisch.

Die Einstellung der Kurvenparameter PWE-KONST,PWE-DIV und PWE-KNICK erfolgt durch die Task 'KORR' (Programmbeispiel 2). 'KOMMAN', 'FRAGE', und 'ANTW' sind Unterprogramme, die anhand der vorgegebenen Parameter die Eingabe abwickeln können.

Schließlich sorgt eine TASK 'ANZEIGE' (Programmbeispiel 3) für eine Anzeige der beteiligten Werte NE-S, (Solldrehzahl), NEA (Istdrehzahl) und PWE (Wandlerdruck).

Mit Hilfe solcher Programmstrukturen konnten alle Aufgaben der Prüfstandssimulation gelöst werden. Der Aufwand für die Programmierung der speziell für die Prüfstandssimulation geschriebenen PASCAL-Programme betrug ca 1o % der Erstellungskosten der getesteten Prozeßrechner- Software (PEARL-PROGRAMM).

RECHNERGESTÜTZTE SOFTWARE-QUALITÄTSSICHERUNG:

Messung und Steuerung während des Lebenszyklusses

COMPUTER AIDED SOFTWARE QUALITY ASSURANCE:

Measurement and Control During the Life Cycle

R. Konakovsky

Hartmann & Braun AG
6000 Frankfurt/M. 90, B.R. Deutschland

Summary

This paper describes a new method for measuring the software quality based on the monitoring and evaluation of the software development process. The lengths of all software documents (requirements specification, design description, program code etc.) are automatically acquired when changed during the whole life cycle. The result is a transition function of the document lengths (from zero to the last length) which is then evaluated applying the described approach.

To show the quantitative evaluation of the transition function of the software document length, an example is presented.

1. Einleitung

Die Sicherung einer hohen Qualität der Software ist eine sehr schwierige und aufwendige Aufgabe. Die Qualität der Software ist durch eine Reihe von Eigenschaften gegeben wie z.B. Zuverlässigkeit, Benutzerfreundlichkeit, Erweiterbarkeit, Testbarkeit, Klarheit, Verständlichkeit, Wartbarkeit usw. Diese Eigenschaften entstehen während des Software-Entwicklungsprozesses und sind durch ihn am stärksten bestimmt. Es ist bekannt, daß die Qualität in ein Software-Produkt nicht "hineingetestet" werden kann.

Eine deutliche Verbesserung der Software-Qualität ist nur über Verbesserungen im Entwicklungsprozeß zu erreichen [1, 2]. Dafür ist eine langjährige Erfahrung mit diesem sehr komplexen Prozeß erforderlich. Leider ist die gewonnene Erfahrung stark subjektiv. Sie hängt also von konkreten Projekten und von der vorhandenen Umgebung ab. Die Wirkung einer neuen Maßnahme bzw. Methode kann daher sehr unterschiedlich, sogar gegensätzlich eingeschätzt und bewertet werden. Ein neues Verfahren, eine neue Maßnahme werden oft erst dann angewandt, wenn sich der allgemeine Trend der Software-Technologie dahin bewegt hat und wenn die neue Maßnahme von den Entwicklern auch akzeptiert wird.

Die Verbesserung des Software-Entwicklungsprozesses und somit auch der Software-Qualität hängt daher von vielen meistens subjektiven und nicht zuletzt zufälligen Faktoren ab. Um auch hier gezielt, kontrolliert und effektiv vorzugehen, ist eine genaue Überwachung und Bewertung des Entwicklungsprozesses erforderlich.

Im vorliegenden Beitrag wird ein neues Verfahren, das eine solche Überwachung und Bewertung des Prozesses ermöglicht, beschrieben.

2. Aufgaben der Software-Qualitätssicherung und -Qualitätsverbesserung

Unter der Sicherung von Software-Qualität werden häufig nur Aufgaben, die mit der Prüfung von Software-Produkten und Zwischenprodukten zusammenhängen, verstanden. Da die Qualität durch den Entwicklungsprozeß bestimmt wird, werden hier auch solche Aufgaben, die mit der Festlegung und der Verbesserung des Entwicklungsprozesses verbunden sind, als Qualitätssicherungs- und -verbesserungsmaßnahmen verstanden. In diesem Sinne lassen sich die Aufgaben der Software-Qualitätssicherung und -Qualitätsverbesserung in folgende vier Bereiche einteilen:

- Festlegung
- Überwachung
- Beeinflussung und
- Bewertung

des Software-Entwicklungsprozesses (SW-EP) einschließlich Test, Wartung und Weiterentwicklung.

Der Prozeß der Software-Entwicklung wird über die Wahl der anzuwendenden Methoden, Normen, Richtlinien, Werkzeuge usw. festgelegt (Sollprozeß). Diese Festlegung spiegelt den derzeitigen Stand der Software-Technologie wider.

Der tatsächliche Entwicklungsprozeß (Istprozeß) wird überwacht.

Der Soll- und der Istzustand des Prozesses werden laufend verglichen. Zum Beispiel werden die Einhaltung von Richtlinien, die Anwendung von Methoden, der Gebrauch von Werkzeugen usw. geprüft. Bei Unterschieden zwischen Soll- und Istzustand des Prozesses wird er korrigierend beeinflußt.

Schließlich wird der Prozeß bewertet. Diese Bewertung dient dann als Grundlage für die Aufgabe, den festgelegten Entwicklungsprozeß zu verbessern, neue bessere Methoden, Maßnahmen oder Werkzeuge anzuwenden und somit die Software-Qualität gezielt und kontrolliert zu erhöhen.

Die vier Aufgabenbereiche der Software-Qualitätssicherung und -Qualitätsverbesserung lassen sich in Form eines Blockbildes darstellen (Bild 1).

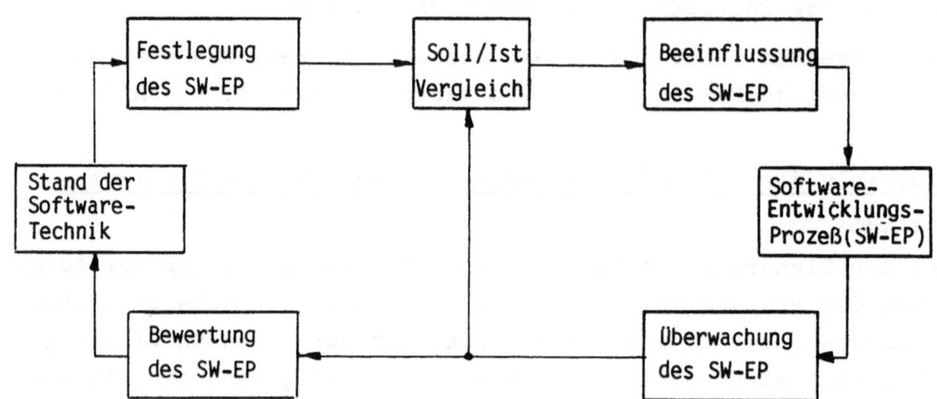

Bild 1: Software-Qualitätssicherungs- und -Qualitätsverbesserungskreis

Eine genaue Überwachung und Bewertung des Software-Entwicklungsprozesses ist die Voraussetzung für die gezielte, kontrollierte und effektive Verbesserung der Software-Qualität.

3. Überwachung und Bewertung des Software-Entwicklungsprozesses

Der gesamte Prozeß der Software-Entwicklung wird in vier Phasen eingeteilt [3]:
- Definitionsphase
- Entwurfsphase
- Implementierungsphase
- Testphase

Darauf baut sowohl die Projektplanung und -abwicklung als auch die Qualitätssicherung und -bewertung [4, 5, 6, 7] auf.

Während jeder Phase werden Zwischenprodukte erstellt, die an den Phasenenden einer Prüfung unterzogen werden:
- Pflichtenheft (Anforderungsdokument)
- Analyseheft (Entwurfsdokument)
- Programmkode (Realisierungsdokument)
- Testdokumentation

Eine Überwachung des Software-Entwicklungsprozesses ist dadurch in Meilensteinen gegeben. Eine Verfeinerung der Überwachung in kleinere Schritte ist durch die Zerlegung der Zwischenprodukte in kleinere Einheiten möglich.

Eine weitere Verfeinerung bis zur kontinuierlichen und lückenlosen Überwachung des Entwicklungsprozesses wird hier vorgeschlagen. Dieses Verfahren ist nur als ein zusätzliches Hilfsmittel, das die obige Überwachung in Meilensteinen nicht ersetzt, sondern ergänzt, zu betrachten. Auf diese Überwachung ist dann die quantitative Bewertung des Prozesses aufgebaut.

Der Lebenszyklus einer Software von der Definitionsphase bis hin zum Betrieb spielt sich in immer stärkerem Maße im Rechner ab. Alle Software-Dokumente (Texte und Zeichnungen) werden immer mehr im Rechner erstellt, korrigiert, geprüft oder gepflegt. Es gibt bereits solche Software-Spezifikations- und -Entwurfssysteme, die den Prozeß der Software-Entwicklung und -Pflege durch den Rechner stark unterstützen, wie z.B. EPOS [8]. Die Software-Qualitätssicherung kann und soll sich diesem Trend anschließen. Viele Aufgaben der Qualitätssicherung können durch denselben Rechner, der für die Software-Entwicklung verwendet wird, unterstützt werden. Eine automatische und lückenlose Überwachung des Entwicklungsprozesses kann durch die Erfassung der aktuellen Längen von allen Software-Dokumenten realisiert werden.

Die Software-Dokumente (Pflichtenheft usw.) werden nicht nur erstellt, sondern auch mehrfach korrigiert, ergänzt oder gekürzt. Der Prozeß der Software-Entwicklung ist also durch eine ständige Änderung aller Software-Dokumente gekennzeichnet. Einen möglichen Zeitverlauf der aktuellen Längen von Dokumenten der ersten drei Phasen zeigt Bild 2.

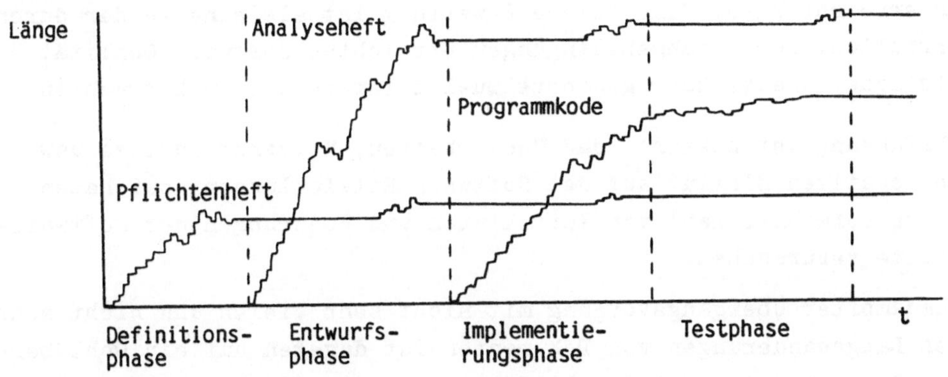

Bild 2: Zeitverlauf der Software-Dokumentenlängen

Unklarheiten, Mißverständnisse, Informationslücken oder widersprüchliche Angaben und Fehler im Pflichtenheft, im Analysenheft oder im Programm sind die Hauptursachen für viele Korrekturen und Änderungen dieser Dokumente. Die grafische Darstellung macht das Auftreten solcher Probleme sichtbar. Die gegenseitigen Beeinflussungen der Änderungen einzelner Dokumente werden ebenfalls durch den Zeitverlauf der Längenänderungen widerspiegelt. Der Übergangsvorgang der aktuellen Dokumentenlängen vom Beginn (Längen = 0) bis zum Ende des Entwicklungsprozesses (Endlängen) hat einen charakteristischen Zeitverlauf, der durch die verwendete Software-Technologie, die Organisation, das Qualitätssicherungssystem, die Erfahrungen der Entwickler usw. bestimmt ist. Eine Bewertung des Übergangsvorgangs kann man daher als eine bestimmte Art der Bewertung des Entwicklungsprozesses vom Standpunkt der Software-Qualität betrachten. Die Bewertungsmethode soll dabei einem Entwicklungsprozeß, der zu einer höheren Qualität führt, auch günstigere Werte liefern.

Im nächsten Abschnitt wird eine Bewertungsmethode beschrieben, die auf das folgende Bewertungsprinzip aufbaut:
Je weniger Korrekturen und Änderungen bei den erstellten Software-Dokumenten notwendig waren, um die gegebenen Abnahmebedingungen gleichermaßen zu erfüllen, um so klarer und unmißverständlicher waren auch die in den Einzelschritten des Software-Entwicklungsprozesses zu lösenden Aufgaben, und um so höher sind dann die Qualitätsmerkmale wie Klarheit, Verständlichkeit, Einfachheit, Korrektheit, Modularität, Änderbarkeit, Testbarkeit, Wartbarkeit und Wirtschaftlichkeit zu bewerten.

Nach diesem Prinzip ist die Qualität der Software (bezüglich der genannten Merkmale) dann höher zu bewerten, wenn das gleiche Ergebnis, das durch die Abnahmebedingungen bestimmt ist, mit weniger Korrekturen erreicht wird. Eine solche Bewertung ist als eine zu der durch die Erfüllung der Abnahmebedingungen erreichten Software-Qualität zusätzliche Aussage über genannte Qualitätsmerkmale zu betrachten.

Aus Erfahrung ist bekannt, daß Unklarheiten, Mißverständnisse usw. einen negativen Einfluß auf den Software-Entwicklungsprozeß haben und eine vermehrte Zahl von Korrekturen und Änderungen der Software-Dokumente verursachen.

Ein gedämpfter Übergangsvorgang mit nicht sehr vielen und nicht sehr großen Längenänderungen von Dokumenten ist dagegen auf ein wohlüberlegtes Konzept, eine gut durchgeführte Analyse (Grobentwurf, Feinentwurf) und auf eine klare Programm- und Datenstruktur zurückzuführen. Diese Zusammenhänge sind im Bewertungsprinzip berücksichtigt.

4. Bewertungsmethode

Die Bewertung eines Übergangsvorgangs der Dokumentenlängen wird nun beschrieben.

Ein Dokument wird nur zu bestimmten, diskreten Zeitpunkten t_i, $i = 1, 2, \ldots n$ geändert. Die aktuelle Länge l_i des Dokuments zum Zeitpunkt t_i erhält man aus der vorherigen Länge l_{i-1}, wenn die Länge a_i des neu erstellten Teils dazu addiert und die Länge b_i des weggelassenen Teils abgezogen wird:

$$l_i = l_{i-1} + a_i - b_i \,, \quad i = 1, 2 \ldots n, \; l_o = 0 \qquad (1)$$

Für die Bewertung des Übergangsvorgangs der Dokumentenlänge wird ein ähnliches Kriterium wie bei der Berechnung eines optimalen Reglers in der Regelungstechnik angewandt.

Zunächst wird eine Abweichung der aktuellen Länge l_i vom Endwert l_n gebildet:

$$d_i = l_n - l_i \,, \quad i = 1, 2 \ldots n \qquad (2)$$

Danach wird ein Flächenintegral über die Betragsfunktion (Absolutwert) dieser Abweichung von t_1 bis t_n berechnet, das hier als Summe darstellbar ist:

$$H_n = \sum_{i=1}^{n-1} |d_i| \cdot (t_{i+1} - t_i) \qquad (3)$$

Eine Quadratfunktion anstelle der Betragsfunktion der Abweichung kann ebenfalls verwendet werden. Wegen der Unterbewertung der kleinen Abweichungen wird sie hier nicht benutzt.

Der Wert H_n in (3) stellt die Bewertungsgröße des Übergangsvorgangs für den Zeitraum von t_1 bis t_n (vom ersten bis zum letzten Längenwert) dar. In dieser Berechnung werden nur die aktuellen Dokumentenlängen l_i aus (2) zum Zeitpunkt t_i berücksichtigt. Die tatsächlich vorgenommenen Änderungen nach (1), d.h. die Längen a_i, b_i gehen in diese Berechnung nicht ein.

Ein Programm, das z.B. zum Zeitpunkt t_i zu 50 % gekürzt und gleichzeitig auf die gleiche Länge mit einem neuen Kode gebracht wird, weist keine Änderung der aktuellen Länge auf. Es handelt sich hier um eine sog. impulsartige Änderung von der Größe

$$a_i = b_i \qquad (4)$$

Bild 3 zeigt diese Art der Längenänderung zum Zeitpunkt t_i.

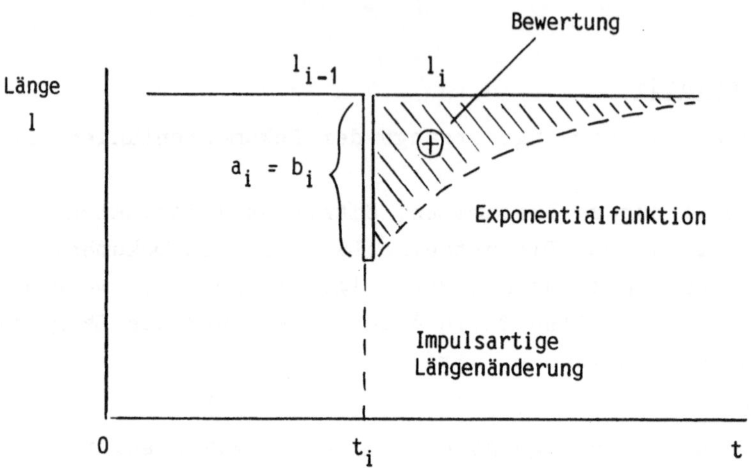

Bild 3: Impulsartige Längenänderung

Eine solche Änderung in einem Dokument wirkt sich sicherlich auf den weiteren Ablauf des Software-Entwicklungsprozesses aus und muß daher auch in die Bewertung eingehen.
Um die Bewertung über das gleiche Flächenintegral der Abweichung auch für diesen Fall durchzuführen, wird eine Exponentialfunktion als eine Antwortfunktion auf die impulsartige Längenänderung angenommen (in Bild 3 gestrichelt dargestellt).

Die durch die Exponentialfunktion zusätzlich erhaltene Fläche hat den Wert:

$$\int_{t_i}^{\infty} a_i \cdot e^{-\alpha^{-1}(t-t_i)}\, dt = \alpha \cdot a_i = \alpha \cdot b_i,\ \alpha > 0 \qquad (5)$$

Die Bewertung einer solchen Änderung ist der Impulslänge (4) proportional. Durch die Proportionalitätskonstante α wird das Abklingen der Auswirkung solcher impulsartigen Längenänderung bestimmt.

Falls sich die Längen a_i und b_i zum Zeitpunkt t_i unterscheiden, so läßt sich zeigen, daß eine impulsartige Längenänderung, die dem Minimalwert der Längen a_i und b_i entspricht, zusätzlich zu der Änderung der aktuellen Länge zu berücksichtigen ist.
Ein beliebiger Übergangsvorgang von Längenänderungen nach (1) kann jetzt entsprechend (2) bis (5) nach folgender Formel bewertet werden:

$$H'_n = \sum_{i=1}^{n-1} \left[|d_i| \cdot (t_{i+1} - t_i) + \alpha \cdot c_i \right] \qquad (6)$$

wobei

$$c_i = \text{Min}\ \{a_i,\ b_i\}$$

Ein Relativwert bezüglich des Endwerts l_n läßt sich leicht berechnen

$$H_n'' = H_n' \,/\, l_n \tag{7}$$

Falls man die tatsächlichen Änderungen a_i und b_i in (1) nicht erfassen kann, so lassen sich die zusätzlichen impulsartigen Änderungen c_i nicht ermitteln. Die Bewertung (6) reduziert sich dann auf die Formel (3), in der keine zusätzlichen impulsartigen Längenänderungen betrachtet wurden ($c_i = 0$).

Beispiel

Die Bewertung der Übergangsvorgänge von Dokumentenlängen wird an einem einfachen Beispiel gezeigt.

Tabelle 1 enthält die aktuellen Längen von drei Übergangsvorgängen.

i	0	1	2	3	4	5	6	7	8	9	10
$l_i^{(1)}$	0	50	100	130	120	120	120	110	110	110	100
$l_i^{(2)}$	0	40	40	60	60	80	80	100	100	100	100
$l_i^{(3)}$	0	10	20	30	40	50	60	70	80	90	100

Tabelle 1

Die Zeitpunkte der Längenänderungen werden als äquidistant mit einem Abstand $t_i - t_{i-1} = 1$ angenommen.

Der Zeitverlauf ist in Bild 4 dargestellt.

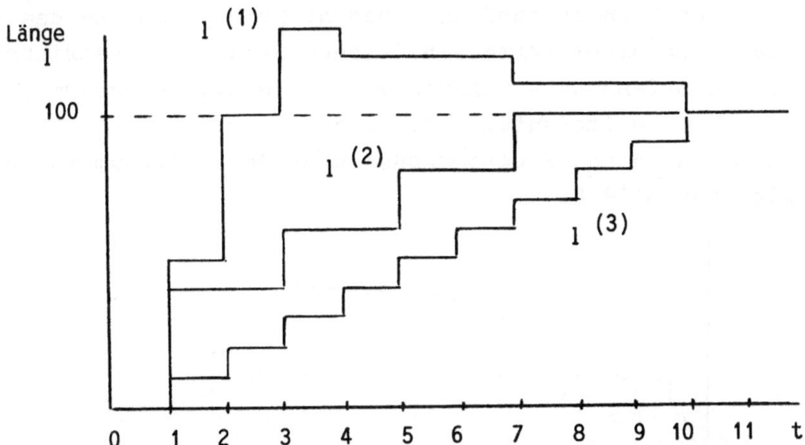

Bild 4: Beispiel zum Zeitverlauf von Dokumentenlängen

Die Bewertungen nach (6) und (7) für den Fall, daß keine zusätzlichen Änderungen vorgenommen wurden ($c_i = 0$), sowie daß zu jedem

Zeitpunkt t_i eine zusätzliche impulsartige Änderung der Größe

$$c_i = 10, \quad i = 1, 2 \ldots 10, \quad \alpha = 1$$

berücksichtigt wird, sind in der Tabelle 2 zusammengestellt.

Übergangsvorgang		Bewertungsgröße	
l_i	c_i	H_n'	H_n''
$l^{(1)}$	0	170	1,7
	10	270	2,7
$l^{(2)}$	0	240	2,4
	10	340	3,4
$l^{(3)}$	0	450	4,5
	10	550	5,5

Tabelle 2

Der Übergangsvorgang $l^{(1)}$ ist besser als $l^{(2)}$ und der besser als $l^{(3)}$ bewertet. Die Reihenfolge bleibt auch dann erhalten, wenn zusätzliche Änderungen (c_i = 10) berücksichtigt werden.

Das Beispiel soll nur das Verfahren erklären. Ein Vergleich der Qualität aufgrund der Bewertungsgröße ist hier nicht möglich, da die Abnahmebedingungen in diesen drei Fällen sicherlich nicht gleichermaßen erfüllt sind.

5. Anwendung des Verfahrens

Das hier beschriebene Verfahren wird z.Z. bei H&B erprobt. Eine lückenlose Erfassung der Längenänderungen von Software-Dokumenten war aus einer Reihe von Gründen zunächst noch nicht möglich. Da das Projekt sich bereits in einem fortgeschrittenen Stadium (Inbetriebnahme) befand, wurde die Erfassung von Daten auf nur wenige Programmteile beschränkt, die z.T. weiterentwickelt wurden.
Die aktuellen Längen eines Programmkodes über den Zeitraum von etwa 8 Monaten zeigt das Bild 5.

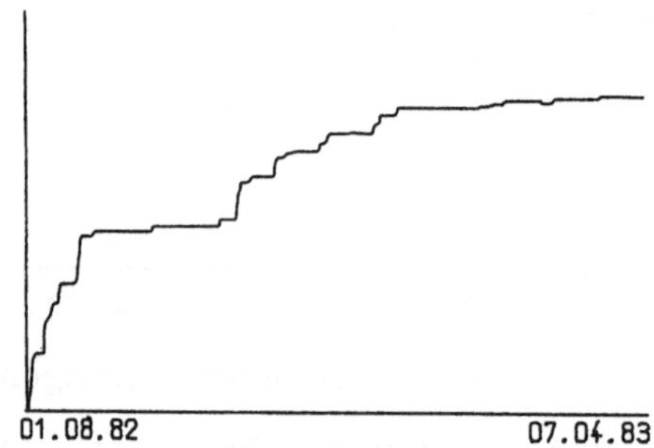

Bild 5: Zeitverlauf der Länge eines Programmkodes

Der Verlauf entspricht einem relativ gut gedämpften Übergangsvorgang. Die Bewertung des Übergangsvorgangs nach der Formel (3) ergibt den Wert $H_n'' = 56{,}4$ bei $t_n = 248$ Tage.

6. Zusammenfassung

Eine deutliche Verbesserung der Software-Qualität ist nur über die Verbesserung des Software-Entwicklungsprozesses zu erreichen. Die Qualität kann in der Testphase nicht mehr "hineingeprüft" werden. Der Entwicklungsprozeß ist daher genau zu beobachten, seine charakteristischen Prozeßdaten sind lückenlos zu erfassen und auszuwerten.

In diesem Beitrag wird die Erfassung der Längenänderungen der Software-Dokumente vorgeschlagen und die Auswertung beschrieben. Dadurch wird nicht nur der Fortschritt eines Software-Projekts in feineren Stufen als in den üblichen Meilensteinberichten sichtbar. Es treten vielmehr die inneren gegenseitigen Beeinflussungen ans Licht, die durch die Änderungen und Korrekturen im Pflichtenheft, Analyseheft und Programmkode ausgelöst werden.
Die erhaltenen Prozeßdaten (Längenänderungen) können nicht nur grafisch, sondern auch analytisch ausgewertet werden. Eine Möglichkeit einer solchen Bewertung wurde im Beitrag beschrieben. Das Verfahren wird z.Z. an einem industriellen Projekt erprobt. Mit der Bewertung der Längenänderungen des Programmkodes wurde dabei begonnen. Die Überwachung und Bewertung der Längenänderungen weiterer Software-Dokumente ist vorgesehen.

Literatur

[1] Fleckenstein, W.O.: Challenges in Software Development, Computer, March 1983, pp. 60 - 64

[2] Zilliken, P.: Qualitätssicherung eines Software-Produkts VDI-Berichte Nr. 460, 1982, S. 91 - 96

[3] Bruce, Ph., Rederson, S.M.: The Software Development Projekt J. Wiley & Sons, N.Y. 1982

[4] Chin-Kuei Cho: An Introduction to Software Quality Control, J. Wiley & Sons, N.Y. 1980

[5] Winkler, H.: Qualitätssicherung von EDV-Software in der Praxis QZ (1982) Heft 1, S. 7 - 9

[6] Kapatsch, A.: Erfahrungen mit Hilfsmitteln der Projektabwicklung und Qualitätssicherung VDI-Berichte Nr. 451, 1982, S. 105 - 108

[7] Jones, T.C.: Measuring Programming Quality and Produktivity IBM SYST J, Vol 17, NO. 1, 1978, pp. 39 - 63

[8] Lauber, R.: Development Support Systems IEEE Computer, Vol 15, NO. 5 (May 1982), pp. 36 - 46

Prüf- und Testwerkzeuge für die Software von Automatisierungssystemen

Anforderungen und moderne Lösungen

Control and Test Tools for the Software of Automation Systems

Requirements and Modern Solutions

M. Schlüter
Siemens AG, E STE 33
7500 Karlsruhe, B.R. Deutschland

Summary

After consideration of the local value of the tools of controling and debugging within the scope of software engineering the demands on a modern control and debugging system are determined via the characteristics of automation software.

Various implementations of debugging systems are compared and evaluated on the basis of the demands.

The implementation of a symbolic HLL-debugging system working on the object code is introduced.

1 Einleitung

In den letzten 10 Jahren sind auf dem Gebiet des Software-Engineering sehr viele Hilfsmittel für die Phasen Anforderung, Spezifikation und Entwurf von Software entwickelt worden. Forschung und Lehre haben sich der Probleme des Software-Engineering angenommen. Dies resultiert in einer Vielzahl von rechnergestützten Software-Entwicklungs-Systemen.

Gespiegelt an den Aufwendungen, die bei der Entwicklung eines Softwareproduktes in den Phasen Programmtest, Integration, Installation und Wartung anfallen, müßte auch für diese Phasen eine Vielzahl von Systemen existieren. Neue (und als erfolgsträchtig in der Forschung angesehene) Entwicklungen gab es nur auf dem Gebiet der Programmverifikation und der künstlichen Intelligenz. Existierende Prüf- und Testwerkzeuge sind häufig überaltert (10 Jahre und älter), und genügen nicht mehr den Anforderungen einer modernen Softwareerstellung von Automatisierungssystemen (Beispiel: Codeeinschübe zur Übersetzungszeit zum Zwecke des Testens, Testen von HLL-Programmen mit maschinennahen Testwerkzeugen, zeitaufwendiges manuelles Prüfen von Software).

2 Eigenschaften der Automatisierungssoftware

Die Anforderungen (/1/, /2/) an ein Prüf- und Testwerkzeug leiten sich aus der zu testenden und prüfenden Software ab.
Hardware-nahe Schnittstellen und hohe Laufzeit- und Speicherplatzanforderungen ließen in der Vergangenheit nur den Einsatz von Assemblersprachen auf dem Gebiet der Automatisierungssoftware zu.

Neue Anforderungen, wie

größere Qualität,
höhere Verfügbarkeit und
Sicherheit der Software

führen zum Einsatz moderner Engineering-Methoden. In der Codierungsphase von Software werden, begünstigt durch schnellere und billigere Hardware, problemorientierte Programmiersprachen eingesetzt. Neben speziellen Sprachen zur Erstellung von Automatisierungssoftware (PEARL, PROZEß-FORTRAN) werden in verstärktem Umfang Sprachmixes eingesetzt, um gezielt die Eigenschaften verschiedener Sprachen auszunutzen.

Der Einsatz von problemorientierten Programmiersprachen und die Größe und Komplexität der entstehenden Softwaresysteme hat zu erhöhtem Aufwand in den Phasen des Programmtests, der Integration, Pflege und Wartung geführt. Mit den Mitteln und Werkzeugen der Assemblerprogrammierung läßt sich der Aufwand nicht reduzieren. Zudem bilden die Werkzeuge der Assemblerprogrammierung eine unzureichende Basis für das Prüfen und Testen von Automatisierungssoftware, die in problemorientierten Programmiersprachen geschrieben wurde.

3 Anforderungen an Prüf und Testwerkzeuge

Die heterogene Zusammensetzung von Automatisierungssoftware spiegelt sich in den Anforderungen an Test- und Prüfwerkzeuge. Der Einsatz von Sprachmixes in der Codierungsphase von Software fordert eine Sprachunabhängigkeit der Werkzeuge. Diese Forderung hat tiefgreifende Rückwirkungen auf die Einsetzbarkeit und auf die Erlernbarkeit der Anwendung der Werkzeuge.

Änderungen zur Laufzeit eines Programms bleiben auf Daten beschränkt. Codeänderungen zur Laufzeit sind ohne entsprechende Systemunterstützung durch inkrementell arbeitende Übersetzer nahezu ausgeschlossen.

Sprachspezifisches Ansprechen der Werkzeuge ist aus Aufwandsgründen (für jede unterstützte Sprache ein Analyseteil) nicht realisierbar. Für den Anwender ergibt sich der Nachteil, neben den Programmiersprachen zur Erstellung der Automatisierungssoftware eine weitere Sprache lernen zu müssen, um seine Prüf- und Testwerkzeuge einsetzen zu können.

Zur Wahrung der Qualität der Anwendersoftware muß das Prüf- und Testsystem die semantischen Regeln der unterstützten Programmiersprachen beachten. So ist beim Referenzieren von Daten blockstrukturierter Sprachen eine Überprüfung auf Einhaltung von Lebensdauer- und Gültigkeitsbereichen unabdingbar. Zugriffskonflikte zu Daten sind vor der Anwendung des entsprechenden Werkzeugs dem Anwender mitzuteilen.

Benötigt werden Werkzeuge, die auf den Einsatz für Automatisierungssoftware abgestimmt sind und

- den Test auf HLL-Sprachniveau unterstützen,
- den Test von Mehrsprachensystemen auf einfache Art und Weise zulassen,
- einen Online-Test ermöglichen,
- den Regressionstest ermöglichen,
- für den Test von beliebig konfigurierten Programmen (abhängig von der Binde- Lade-Strategie) einsetzbar sein,
- den Aufbau von Testsystemen ermöglichen (testcontroller) und
- Daten zur möglichen Optimierung von Programmen liefern.

Von Anwenderseite wird eine komfortable und leicht erlernbare Bedienoberfläche gefordert.

- Die Aktivierung der Werkzeuge sollte sich in Syntax und Semantik dem Sprachniveau des zu prüfenden oder zu testenden Objekts anpassen.
- Das Quellsprachelisting sollte die einzige erforderliche Informationsquelle für den Anwender sein (keine Adreßlistings oder Ladelistings).

Weitere Anforderungen ergeben sich aus der Integration der Werkzeuge in ein bereits existierendes Software-System. Die Auswirkungen auf Übersetzer, Binder, Lader und Betriebssystem können vom Aufwand her ein Mehrfaches des Aufwandes für die Erstellung der Werkzeuge betragen.

4 Ausprägungen und Vergleich der Testsysteme

Zweck des Prüfens und Testens ist es, Fehler zu entdecken und ihre Ursachen zu bestimmen. In dieser Aufgabe sollen die Werkzeuge den Anwender unterstützen und den Zeitaufwand zur Erreichung des Ziels reduzieren.

4.1 Klassifizierung der Testsysteme

Die am schwierigsten zu handhabende Form des Testens ist der Konsoltest. Er besteht in der Anwendung der Schalter und Lampen an der Operator-Konsole. Aufgrund der Fehleranfälligkeit und extremen Benutzerunfreundlichkeit bleibt diese Form des Testens nur wenigen Spezialisten vorbehalten.

Auf fast allen Rechnern existieren interaktive, maschinennahe Testsysteme, um auf der Ebene des Objektcodes Programme zu testen. Mit dem Trend zu einer verstärkten Anwendung von höheren Programmiersprachen in der Automatisierungssoftware verlangt der Anwender Werkzeuge, mit denen er auf Quellspracheebene unter Verwendung der symbolischen Namen seines Programmes testen und prüfen kann.

Symbolische Testsysteme auf HLL-Niveau lassen sich grundsätzlich in ihrer Anwendung auf Testobjekte in 2 Kategorien einteilen: Systeme, die unmittelbar auf der Quellsprache arbeiten und Systeme, die auf dem erzeugten Code arbeiten. In jeder Kategorie existiert ein breites Spektrum von Implementierungen. Bei Systemen, die auf der Quellsprache arbeiten, existieren interpretierende Systeme und Systeme, die Inline-Code für gewisse Ereignisse absetzen (PL/1 checkout compiler /7/). Gemeinsam ist diesen Systemen, daß sie Informationen zur Anwendung der Werkzeuge aus der Quellsprache entnehmen und einen Online-Test nicht unterstützen.

Für Systeme, die auf dem Code des geladenen Objekts aufsetzen und dem Attribut 'symbolisch' gerecht werden wollen, müssen unbedingt weitere Informationen (außer Objektcode) bereitgestellt werden. Als ausreichend haben sich die Definitionstabellen, Typtabellen und Adreßbücher erwiesen, die beim Übersetzen, Binden und Laden anfallen. Im Falle von optimierenden Übersetzern benötigen die Testsysteme auch Information über die angewandte Optimierung.

Diese Informationen können durch

- zusätzlich im Zuge der Softwareerstellung erzeugte Dateien oder
- Interpretation der Übersetzer- und Binderprotokolle oder
- inkrementell arbeitende Übersetzer

den Prüf- und Testsystemen zugänglich gemacht werden.

4.2 Bewertung der Systeme und Einsatzmöglichkeiten

In der Tabelle 1 werden die Testsysteme mittels der Anforderungen bewertet. Auf Konsol- Test und maschinennahen Test wird nur zurückgegriffen, falls keine anderen Testmöglichkeiten existieren oder andere Systeme die erforderliche Leistung nicht oder nicht in ausreichendem Maße erbringen können (Änderungen, Online-Test, Test der Peripherie).

	Konsol-Test	masch.naher Test	symbolischer Test auf Quellsprache	symbolischer Test auf Objektcode
Test der Prozeß-peripherie	++	o	--	o
Test auf HLL-Niveau	--	--	++	++
Test von Mehr-sprachensystemen	o	o	+	++
Test von unter-schiedlich konfigurierten Programmen	o	+	+	++
Online-Test	o	+	--	+
Regressionstest	--	o	o	+
Erlernbarkeit	o	o	++	+
Anwendbarkeit	--	-	o	+
Integration in bestehendes System	--	+	o	o

Tabelle 1: Bewertung der Testsysteme (-- sehr schwach, ++ sehr gut)

Der symbolische Test auf Quellsprache findet seine Hauptanwendung in den Phasen der Codierung und des Modultests. Seine Werkzeuge sind für die Integrations-, Abnahme- und Wartungsphase unzureichend (mangelnde Online-Test- und Regressionstest-Eigenschaften, eigene Übersetzungsläufe für Testzwecke).

Am vielseitigsten einsetzbar ist der symbolische Test auf Objektcode. Er vereinigt alle positiven Eigenschaften des maschinennahen Tests und des symbolischen Tests auf Quellsprache. Die Effizienz eines solchen Testsystems ist jedoch in hohem Maße von zur Verfügung stehender Hardwareunterstützung abhängig (Hardware-Interrupts, Hardware-Traces). Beispiele derartiger Systeme sind in /3/ und /4/ beschrieben.

Bei der Realisierung von symbolischen Testhilfen werden bewußt Anforderungen vernachlässigt, um dadurch andere noch effektiver unterstützen zu können.
Der Aufbau der Tabelle 1 nimmt auf diese unterschiedlichen Ausprägungen der Testsysteme keine Rücksicht. Bei der Gegenüberstellung der verschiedenen Testsysteme wurde von einer Gleichgewichtung aller Anforderungen ausgegangen.

Im folgenden Kapitel werden die Lösung für ein symbolisches Testsystem von Objektcode anhand des im Hause Siemens entstandenen Systems DEBUG 300 /4/ für die Prozeßrechner des Systems 300 und mögliche alternative Lösungswege aufgezeigt.

5 Realisierung eines symbolischen Prüf- und Testsystems auf der Basis von Objektcode

Die Aufgabe bestand in der Realisierung eines symbolischen Prüf- und Testsystems auf der Basis von Objektcode für eine bestehende Prozeßrechnerfamilie. Hierbei war auf bestehende Systemprogramme Rücksicht zu nehmen (Neuentwicklungen kamen aus Kostengründen nicht in Frage), um die Auswirkungen für den Anwender auf den Erstellungsweg seiner Software so gering wie möglich zu halten.

Datenbasis aller Werkzeuge des Prüf- und Testsystems ist ein symbolisches Abbild des oder der Testobjekte. Die Beschaffung der Information (Testinformation) zum Aufbau des symbolischen Abbilds kann auf zwei verschiedene Arten geschehen:

Die am Softwareerstellungsweg beteiligten Dienstprogramme werden soweit modifiziert, daß sie neben ihrer eigentlichen Aufgabe auch Testinformation erzeugen und weiterverarbeiten können (Bild 1).

Die Erweiterung in den Übersetzern besteht in der Umsetzung der intern schon vorhandenen Tabelleninformation (Namens-, Art-, Definitions- und Adreßtabellen) in eine Datenstruktur (Testinformation), die von allen nachfolgenden Systemprogrammen weiterverarbeitet werden kann. Objektcode und Testinformation können physikalisch in zwei getrennten Dateien oder in einer Datei mit logischen Unterscheidungskriterien abgelegt werden. Zur Überprüfung der Konsistenz sind im ersteren Fall zusätzliche, eindeutige Zuordnungskriterien zwischen den Dateien zu schaffen. Die Erzeugung der Testinformation kann entweder standardmäßig oder über einen Parameter im funktionsauslösenden Kommando erfolgen. Die Aufgaben des Binders bzgl. des Objektcodes sind analog auf die Testinformation auszudehnen. Der Lader nutzt die physikalischen oder logischen Unterscheidungskriterien zwischen Objektcode und Testinformation und lädt nur den Objektcode.

Da auf diesem Erstellungsweg kein Dienstprogramm den Objektcode für Testzwecke modifiziert hat, ist das geladene Objekt identisch mit einem Objekt, das ohne Testinformation erzeugt wurde Der Ablauf des Objektes ist somit unabhängig von der Existenz einer Testhilfe.

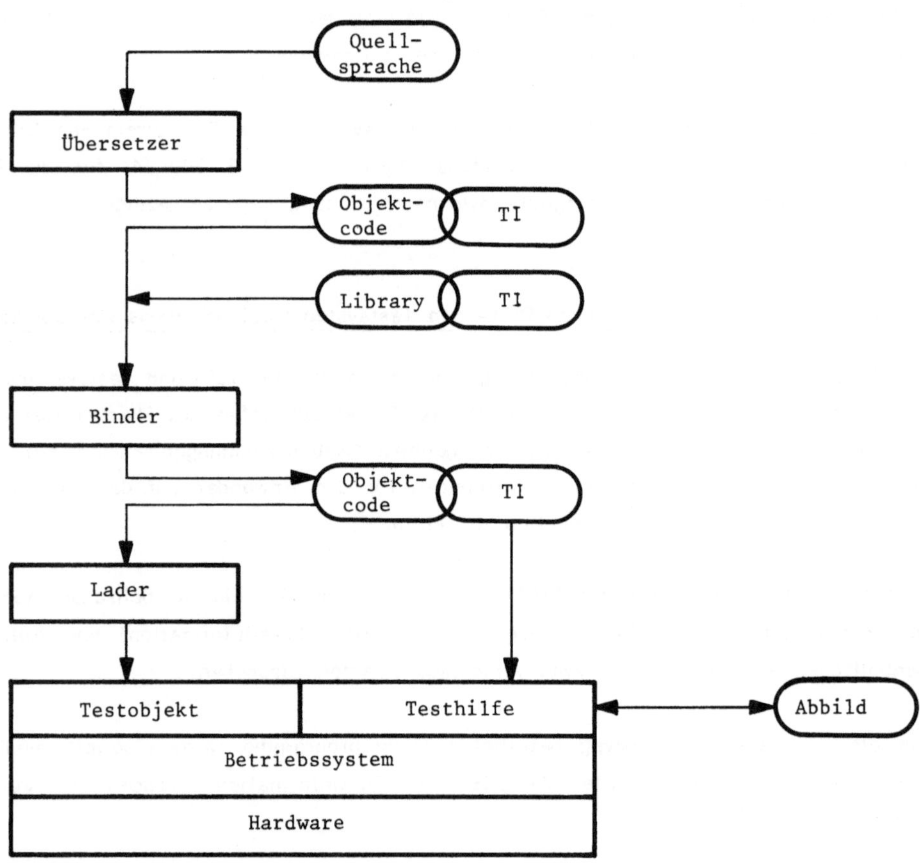

Bild 1 Erzeugung des symbolischen Abbildes aus zusätzlich generierter Testinformation (TI)

In einem alternativen Lösungsansatz wird die zum Aufbau des symbolischen Abbildes benötigte Testinformation nicht zusätzlich zum Objektcode generiert, sondern aus den Quellistings der beteiligten Dienstprogramme gewonnen (Bild 2). Hierbei werden Teilaufgaben der Übersetzer, Binder und Lader von der Testhilfe ein zweites Mal durchgeführt. Für die Testhilfe nicht ermittelbare Informationen müssen hierbei von den Dienstprogrammen im Listing hinterlegt werden. Dieser Lösungsansatz wurde wegen der Einschränkung der Lesbarkeit und Handhabbarkeit der Listings nicht realisiert.

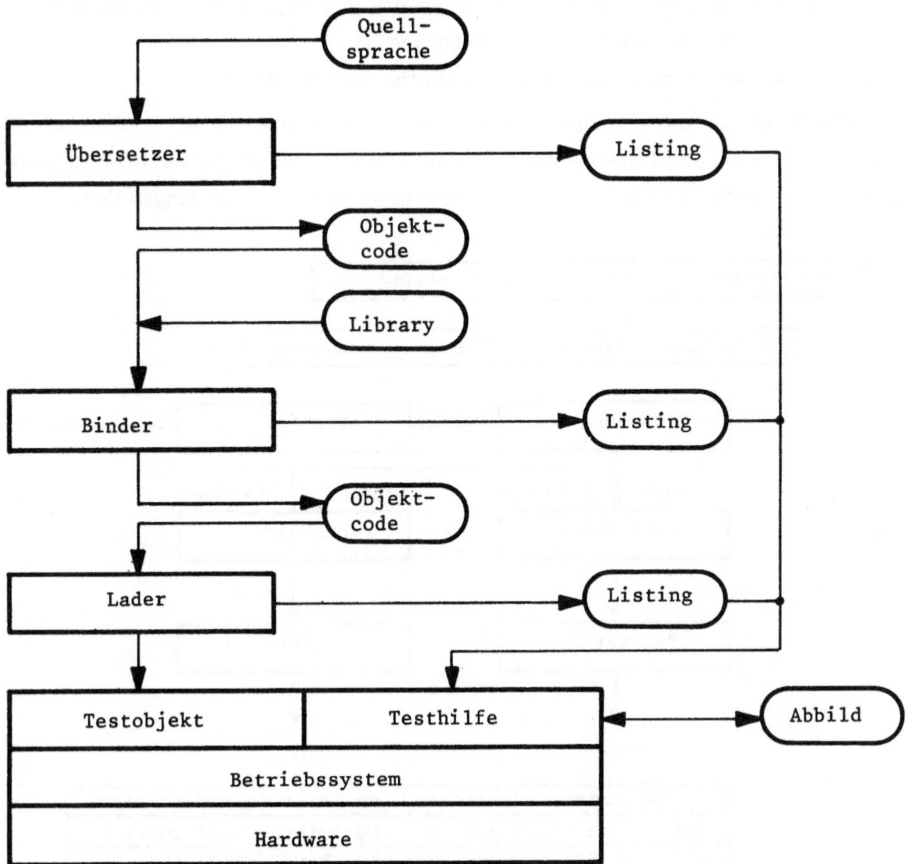

Bild 2 Erzeugung des symbolischen Abbildes aus den Listings der Systemprogramme

Beiden Lösungsansätzen ist gemeinsam, daß die Testhilfe ohne ausreichende Testinformation oder ohne symbolisches Abbild des zu testenden Objektes "blind" ist und nur noch Werkzeuge auf dem Niveau einer maschinennahen Testhilfe anbieten kann.

5.1 Beschreibung der Testinformation (TI)

Zentrale Schnittstelle zwischen den am Software-Erstellungsweg beteiligten Dienstprogrammen und der Testhilfe ist beim ersten Lösungsansatz eine Datenstruktur, über die die Testinformationen weitergereicht werden. Diese Datenstruktur muß von allen Übersetzern erzeugt und vom Binder und Lader verarbeitet werden. Sie muß alle für die Testhilfe relevanten Informationen über das zu testende Objekt enthalten. Mittels dieser Datenstruktur wird Information

- über die Programmstruktur (Modul-, Segment- und Programm-Informationen),
- über alle im Objekt deklarierten Größen und
- über die Anweisungsstruktur an die Testhilfe weitergereicht.

Aus Bild 3 ist der grundsätzliche Aufbau der Datenstruktur erkenntlich. Auf Modulebene untergliedert sich die Datenstruktur in ein Geflecht (Baumstruktur) zur Darstellung der deklarierten Größen und in die Tabelleninformationen für Anweisungszeilen.

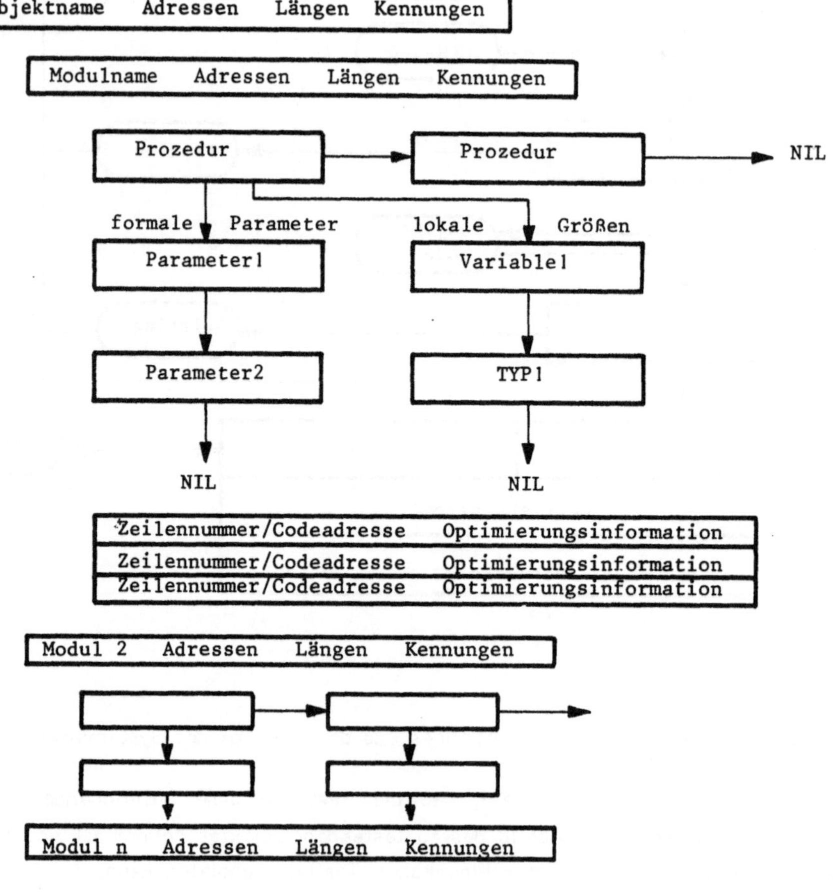

Bild 3 Aufbau der Testinformation für die Testhilfe DEBUG 300

5.2 Schnittstelle zum Anwender

Generell läßt sich die Schnittstelle zum Anwender sprachspezifisch gestalten. Die Testhilfe könnte vom Anwender gesteuerte Anwendereingaben nach den syntaktischen und semantischen Regeln der unterstützten Sprache analysieren. Für eine sprachunabhängige Testhilfe entsteht bei der Realisierung zum einen ein nicht tragbarer Aufwand für die Eingabeanalyse, zum anderen verfügt die Testhilfe über Werkzeuge, die nicht Bestandteil der unterstützten Sprachen sind. Daher wurde eine Eingabesprache definiert, die sich in der syntaktischen Darstellung eng an die Kommandosprache im Siemens System 300 anlehnt. Tabelle 2 zeigt einen Ausschnitt aus dem Funktionsumfang der Testhilfe.

DUMP	Abzug von Bereichen
DISPLAY	Ausgabe von Variablen
TRACE	Ablaufverfolgung
CHANGE	Ändern von Variablen
RUN	Testobjekt starten, fortsetzen
STOP	Testobjekt wartend setzen
TERMINATE	Testobjekt beenden
COUNT	Zählerpunkte setzen
CLOCK	Uhren deklarieren
WAIT	Koordinierungspunkte einrichten

Tabelle 2 Testkommandos der Testhilfe DEBUG 300 (Auszug)

Durch das Verketten verschiedener Funktionen und durch das Sprachmittel des Kommandofiles lassen sich beliebig komplexe und mächtige Werkzeuge konstruieren (z.B. Prüfvorschriften für Schnittstellen auf Anweisungs-, Prozedur-, Modul- oder Objektebene).

Beispiel:

Zu prüfende Schnittstelle:

```
100 PROCEDURE  xyz  (VAR a : INTEGER);
101    (*  ug<a<=og     und
102           a modulo 2<>0     *)
103    BEGIN
```

Prüfvorschrift der Testhilfe:

```
AT .103 IF NOT ((ug<a) AND (a<=og)
                  AND ((a modulo2)<>0))
              DISPLAY "ASSERTION ERROR IN PROCEDURE XYZ"
```

6 Ausblick

Die im Kapitel 5 ausführlich dargestellte Lösung wird sich aufgrund der vielseitigen Anwendungsmöglichkeiten (einsetzbar für symbolischen Test, Systemtest, Online-Test, Softwareabnahme, Softwarewartung und Betreuung, Optimierung) durchsetzen. Verstärkend werden hierbei 2 Aspekte aus dem Übersetzer- und Rechnerbau wirken:

1. Eine Übersetzerimplementierung von Hand, ohne Rechnerunterstützung durch Generatoren, ist sehr kostenaufwendig. Für Standardtechniken des Übersetzerbaus (Syntaktische Analyse, Semantische Analyse, in neuerer Zeit auch für die Codeerzeugung) werden in immer stärkerem Maße Generatoren eingesetzt. Dies führt zu einer Vereinheitlichung der Übersetzerstrukturen eines Rechnersystems. Die Kosten zur Adaptierung der Strukturen durch das Prüf-Testsystem können sich dadurch auf einen einmaligen Kostenanteil für das Prüf-Testsystem reduzieren.

2. In der Rechnerentwicklung ist ein deutlicher Trend zur Anpassung der Hardware an Softwarestrukturen zu erkennen. Sprachkonzepte von HLL's spiegeln sich in der Rechnerarchitektur wieder. In bestehenden Rechnersystemen durch Software realisierte Aufgaben werden zunehmend durch Hardware gelöst (Serviceprozessor mit Hardwaremithörpuffer, Adreßvergleicher, zusätzlichen Traps). Ein Katalog von weiteren Anforderungen an die Rechnerarchitektur ist in /5/ aufgeführt. Durch diese Architekturen können Funktionen in das Prüf-Testsystem eingebracht werden, die bisher aus Aufwands- und Laufzeitgründen nicht implementiert wurden.

Literatur:

/1/ Johnson, M.S.: The Design and Implementation of a Run-Time Analysis and Interactive Debugging Environment, Ph.D.Th. Draft, Department of Computer Science, University of British Columbia, April 1977

/2/ Grishman, R.: Criteria for a Debugging Language in Debugging Techniques in Large Systems, Prentice Hall, Inc. Englewood Cliffs, New Jersey, (1971)

/3/ Grishman, R.: The Debugging System AIDS. Proc. AFIPS Conf. 36 (1979), 59-64

/4/ DEBUG 300, SIEMENS-Anwenderbeschreibung, Bestell-Nr. P71100-E6071-X-X-35 (verfügbar ab 11/83)

/5/ Johnson M.S.: Some Requirements for Architecture Support of Software Debugging, SIGPLAN Notices, Vol 17, April 1982, 140-148

/6/ Johnson, M.S.: A Software Debugging Glossary, SIGPLAN Notices, Vol 17, Febr. 1982 52-70

/7/ Cuff, R.N.: A Conversational Compiler for Full PL/1, Computer Journal 15:2 (May 1972), 99-104

EXPERIENCES WITH THE SOFTWARE WORK BENCH SYSTEM, SWB IN A SOFTWARE FACTORY

ERFAHRUNGEN MIT DEM SOFTWARE WORK BENCH SYSTEM, SWB IN EINER SOFTWARE FABRIK

Shigeru Nakajima, Yoshihiro Matsumoto and Kunio Takezawa

Toshiba Corporation
1 Toshiba-cho, Fuchu-shi, Tokyo 183, Japan

ZUSAMMENFASSUNG

SWB ist ein unterstützte System mit dem Rechner für die Produktion der Software. Weil die real-zeitliche Software vergleichnissmässig gross ist, manche Leute beteiligen sich in unserer Fabrik an den verschiedenartigen Industriellen Anwendungen mit den verschiedenartigen Rechneren. Die verbesserung der Productivität und der Qualität der Softwarenprodukts ist sehr bedeutend. Unsere Anstrengung nach diesem Ziel ist klassifiziert folgendermassen.

(1) die Produktion der Software mit den geeigneten und einheitlichen Begriffe

(2) die Verwirklichung der Umgebung der Softwaren Produktionen die unabhängig von den speziellen Typen der gezielten Rechnern Systeme ist

(3) die unterstützende Werkzeuge die leicht und friendlich benützt von den Programmieren, Ingeneuren und Verwalteren

Von 1977, der SWB hat beigetragen zu der Verbesserung der gesamte Softwaren Productivitat der Fabrik.

1. INTRODUCTION

Industrial computer software is characterized by the fact that it is for real-time applications and is closely associated with plant equipments. Not single but many types of computers are applied to actual application systems. It ranges from large scaled minicomputers to small microcomputers to meet the wide variety of requirements, which makes the system complex and large and software development more difficult than non-industrial one.

The major objective of SWB (Software Work Bench) system, an integrated software production system, is to get better reliability, better producitvity and better maintenability of such software. In other words, it supports manufacturing a large volume of reliable software products within a given period of time efficiently.

2. SOFTWARE PRODUCTION

The software production consists of two major processes as shown in the figure 1. They are decomposition and realization. Decomposition means an iterative refinement process in which requirements specified in a problem domain are gradually transformed into modules of program codes. Realization implies the production and integration of the program modules to realize the requirements on a target computer. These processes are too complex to accomplish in a single step in a large system. Our actual production supported by the SWB is composed of following steps.

(1) Requirements definition. First, it begins with identifying the static, dynamic and kinetic aspects of the system quantitatively. With these measurements, we can clarify the objective of the system. Then, we determine the constraints necessary to be taken into consideration in realizing the objectives. As a result of this process, requirements specification is obtained, in which the above informations are clealy stated.

To support the requirements specification phase, we have developed the method called DST (Diagram oriented Specification Tool) based on SADT by SofTech. We also have developed the tool called TUPPS (Tools, User and Project Planner System) as the means to analyze users' requirements for the system and to identify the structure of requirements. Figure 2 is an example of the DST diagram. In this diagram boxes and ellipses correspond to Objects, or Entities called in ERA (Entity, Relationship and Attribute) model, while arrows correspond to Relations. Objects are identifiable clusters, and Relations indicates the relationships among these Objects.

Because the details of the Objects and the Relations cannot be shown fully in the diagram, tables and texts are used to describe the system in full detail. For instance, figure 3 is an example of the Object called Sensor-Data. It is a collection of sensor attributes composed of what software measures and parameters for the measurement in a table form. Management and documentation of these tables and text are supported by the tool named CASAD (Computer Aided Specification Analysis and Documentation).

(2) Software design. The designer must consider forms and structures of data and controls such as input/output data, process data, processes

or functional units, relationships among the functions, control flows and data flows, during the early stage of realization of the requirements. These factors are not mutually independent but are closely related each other. Since we must identify them to meet the given constraints, it is necessary to give designers the common ground to describe and evaluate the system.

FCL (Functional component Connection Language) and FCD (Functional component Connection Diagram) have been designed and developed for such purposes. FCL is free from complex rules like the one in programming languages but employs the methodology which enables the designers to describe the system by just filling out the forms. This alleviates the designers' burden of learning the new languages. The tool named FCL/FCD, which takes FCL as an input and generates the FCD diagram as an output as shown in the figure 4. FCD consists of the boxes representing the functions, the arrows indicating the control and data flows and so on. The boxes are to be placed along the diagonal line in the diagram. Control arrows are connected to the top or the right side of the box, while data arrows are to the bottom or the left.

The informations provided by the FCL/FCD are as follows:

1) Redundancy of object definitions
2) Consistency of each data flow and control flow
3) Modularity within the object, connectability among the objects, and the clusters based on them
4) Structure of the software body (program, file, data)

Using these informations, the designers can evaluate the result of their design both quantitatively and qualitatively.

<u>(3) Program design.</u> After dissolving all inconsistencies in the functional design mentioned above, program design phase begins to produce several modules to be written in the programming language. At this stage, we do not write program text directly but first identify program modules, in which details are hidden inside.

For this purpose, we use a design language called MCL (Module Connection Language). MCL embodies all the specification functions contained in ADA and it can define clustered code units to be regarded as program modules. A tool called MCL/MCD analyzes the packages, tasks, subroutines, functions, and subprograms, written in MCL. The MCL/MCD examines the contents and then outputs the diagrams called MCD (Module Connection Diagram), (see figure 5). The feature of the diagram is that the execution units and the data units, and the relations between them are clearly defined in visual forms called MCD. MCD is supposed to be useful for the maintenance as well as writing codes.

(4) Verification and validation. When the design activity is approaching to the coding level, the detail programming phase begins. The documents produced in this level are source program lists and what we call SCAT (Source Code Analysis Tool) diagrams, which are obtained from the source program in order to graspe the program structure in a glimpse. Figure 6 shows one of the output generated by the SCAT. Among other tools available for this stage. Both ASSIST (Advanced Support System for Interructive Symbolic Testing) and XMAS (Cross Manufacturing and Analysis System) measure the quality of program by means of the pass coverage test of modules.

As shown in the figure 7, final software products are tested on the target computers in the software factory using a plant simulator which simulates the behavior of plant environments before shipment.

QPIT (Qualified Performance Analysis Integrated Tool) is a tool which estimates the performance of the system from responce and load point of view to validate the result derived from each design level.

Industrial computer systems cannot be operated without external plant facilities. Therefore the quality assurance plan covering external equipments is essential for the effective reliability control. Above mentioned tools have been developed aiming at this job.

(5) Maintenance and reusing of the software. A completed software product is expected to be operated for more than ten years, so it go through improvements, reconstructions, and revisions during this period. Necessary informations for such a software maintenance are stored in data base for easy retrievals. These informations are:

1) Objective and outline of module
2) Problem report
3) Modification notice
4) Application notice
5) Related documents

A large portion of above information are maintained automatically by SWB tools presented in this paper.

As we complete many projects, a number of design data base are accumulated. The reusing of software then become possible based on these data bases. Reusing software contribute the productivity and reliability in a great deal.

(6) Production management. Progress of the software production is hard to measure. In order to visualize the progress, SWB system supports the following reports for each software project:

1) Current and estimated status of the progress
2) Productivity status
3) Load balancing status of project personnels
4) Cost accounts

These four criteria fairly represent the productivity and the progress of the system design.

3. SOFTWARE FACTORY

The facilities supporting the software production are centralized in the software factory, which is an organization to make an intangible software production tangible and systematic, by integrating the man power and computer power. The important tasks of the administration of the software factory are as follows:

1) To build up an organization in which each individual can contribute his or her power. It is necessary that the application oriented technology and software design methodology should be balanced well for the optimal system operation.
2) To construct the support system capable of visualizing the production progress in the abstract domain, and of establishing the management criteria. The administration of the system must be based on such criteria.
3) To raise the ratio of proven resources to the whole product. Rules, Standards, Norms, Prototypes, and Scenarios must be defined as precisely as possible.
4) To prepare effective software tools having friendly interface with the software engineers and managers.

A software factory including SWB system of the Toshiba Fuchu Works, have been developed cosidering the above mentioned points. Figure 8 shows the outline of the structure of the SWB. The SWB consists of a central computer, satellite computers and communication controllers forming computer networks among them. The target computers to be delivered can be connected to the networks via high speed dataway, and tested by the plant simulator. What engineers communicate with SWB are not only the program texts but also the literatures written in natural languages such as English or Japanese, and also the diagrams. The various kinds of terminals and workstations are incorporated together to support them. The SWB system consists of the following subsystems shown in the figure 9:

SWB-I : To provide the integrated and friendly interface with the engineers. It also includes various kinds of tools such as language processors and a data base management system.

SWB-II : To test the target systems under a simulated plant environments.

SWB-III : To support the software design process.

SWB-IV : To provide the effective of the maintenance and the reuse of the software.

SWB-P : To manage the production process and cost

SWB-Q : To validate and to evaluate the quality of the software products.

4. CONCLUDING REMARKS

For the SWB system has gone under actual operation since 1977, increase of the total software productivity has been recognized by 14% a year. Factors which contribute to the productivity increase are listed below:

Tool capability	30%
Reusing of the proven software	30%
Methodologies, standardization effort .	15%
Education	20%
Miscellaneous	5%

	100%

A size and capability of the SWB has been gradually expanded with respect to both hardware and software since the development was started.

SWB is now applied to many real system developments.

ACKNOWLEDGEMENT

The SWB system has been developed, evaluated and improved by the united efforts of a large number of people of the Toshiba Corporation. The authors wish to thank these colleages for their close and consistent cooperations.

REFERENCES

1) D.T. Ross, Structured Analysis (SA): A Language for communicating Idea, Trans. on Software Engineering, IEEE, Jan. 1977.
2) D. Teichroew and et al, Application of the entity relationship approach to Information Processing System Modeling, Entity - Relationship Approach to Systems Analysis and Design, North-Holland, 1980.
3) Y. Matsumoto and et al, SPS: Software Production System for minicomputers and microcomputers, Proc. COMPSAC '78, IEEE, Nov. 1978, pp. 396-401
4) Y. Matsumoto and et al, SWB: A Software Factory, Proc. Symposium on Software-Engineering Environments, Jun. 1980, pp. 305-318
5) Y. Matsumoto and et al, A Method to Bridge Discontinuity between Requirements Specification and Design, Proc. COMPSAC '80, IEEE, Oct. 1980, pp. 259-266
6) Y. Matsumoto, A software design methodology: bridge from requirements specification to software design, T. Kitagawa ed. Advanced Japanese Science & Technology Series, North-Holland, 1982, pp 175-192
7) Y. Matsumoto and et al, Specification transformations and requirements specification for real-time control, Proc. Symposium of Current Issue of Requirements Engineering Environments, Post Conference of 6th ICSE, IEEE, Sept. 1982, pp. 143-174
8) Y. Matsumoto and et al, Specification transformations in the program development, Proc. SAFE COMP 82 Workshop, IFAC, Oct. 1982, pp. 1-25
9) Y. Matsumoto, Application of a clustering technique to program development, Proc. COMPSAC '82, IEEE, Nov. 1982, pp. 167-174
10) K. Takezawa, Software Test Facilities with Distributed Architecture, Proc. DCCS Workshop, IFAC, May 1982

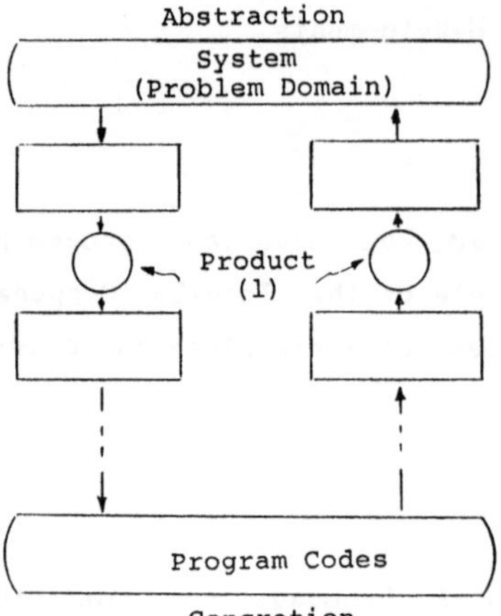

Figure 1. Software life-cycle

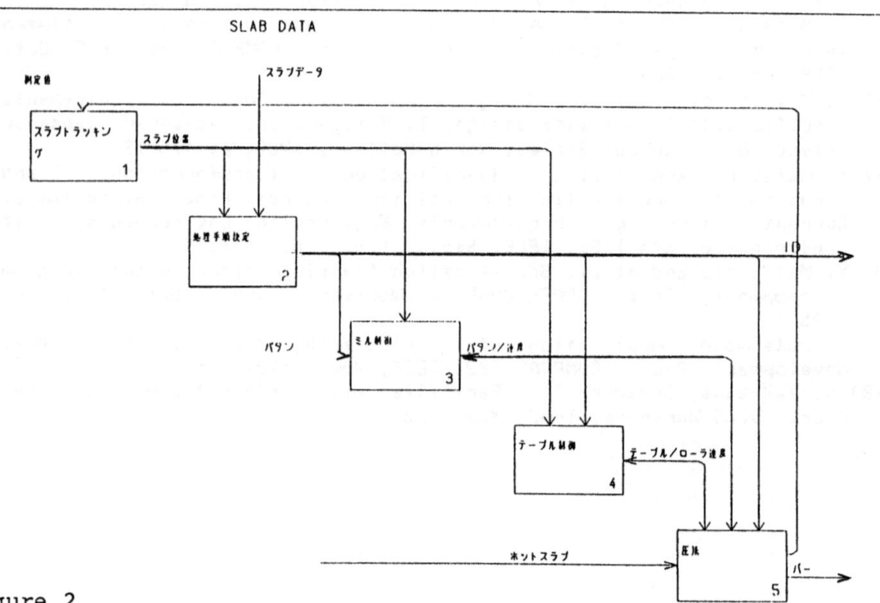

Figure 2.
Example of DST diagram

PID	入力点 名称 (和文) / 入力点 名称 (英文) / TAG NO	CWD	下限値	上限値	単位	IDX	NO 小数桁	クラス / タイプ	CNV IDX	センサー種別 / RLDX / 警報制限値	ANN 番号	クラスーベース・スキャン・クラス / CNVIDX / RLIDX	使用目的 / 備考
3A118	A-GRF モータ 巻線 温度				MV	0		5		CC		A16ANGA004650	
	A-GRFMTR COIL TMP		0	200	C	03	0	E	235	00	26	A26ANGA004660	
	TE-B491A	B								120		A36ANGA004670	
3A119	B-GRF 軸受 温度				MV	0		5		CC		A16ANGA004680	
	B-GRF BRG TMP INR		0	100	C	03	0	E	235	00	26	A26ANGA004690	
	TE-B478B	B								75		A36ANGA004700	
3A120	B-GRF 軸受 温度				MV	0		5		CC		A16ANGA004710	
	B-GRF BRG TMP OUTR		0	100	C	03	0	E	235	00	26	A26ANGA004720	
	TE-B477B	B								75		A36ANGA004730	
3A121	B-GRF モータ 軸受 温度				MV	0		5		CC		A16ANGA004740	
	G-GRFMTR BRG TMP I		0	100	C	03	0	E	235	00	26	A26ANGA004750	
	TE-B479B	B								75		A36ANGA004760	
3A122	B-GRF モータ 軸受 温度				MV	0		5		CC		A16ANGA004770	
	G-GRFMTR BRG TMP O		0	100	C	03	0	E	235	00	26	A26ANGA004780	
	TE-B480B	B								75		A36ANGA004790	
3A123	B-GRF モータ 巻線 温度				MV	0		5		CC		A16ANGA004800	
	G-GRFMTR COIL TMP		0	200	C	03	0	E	235	00	26	A26ANGA004810	
	TE-B491B	B								120		A36ANGA004820	
3A124	A-BCP モータ 温度				MV	0		5		CC		A16ANGA004830	
	A-BCP MTR TMP		0	200	C	03	0	E	235	00	26	A26ANGA004840	
	TE-B251											A36ANGA004850	

アナログ入力 様式A (—)

Ⓡ P-L80061(81/08)

Figure 3. Collection of Attributes

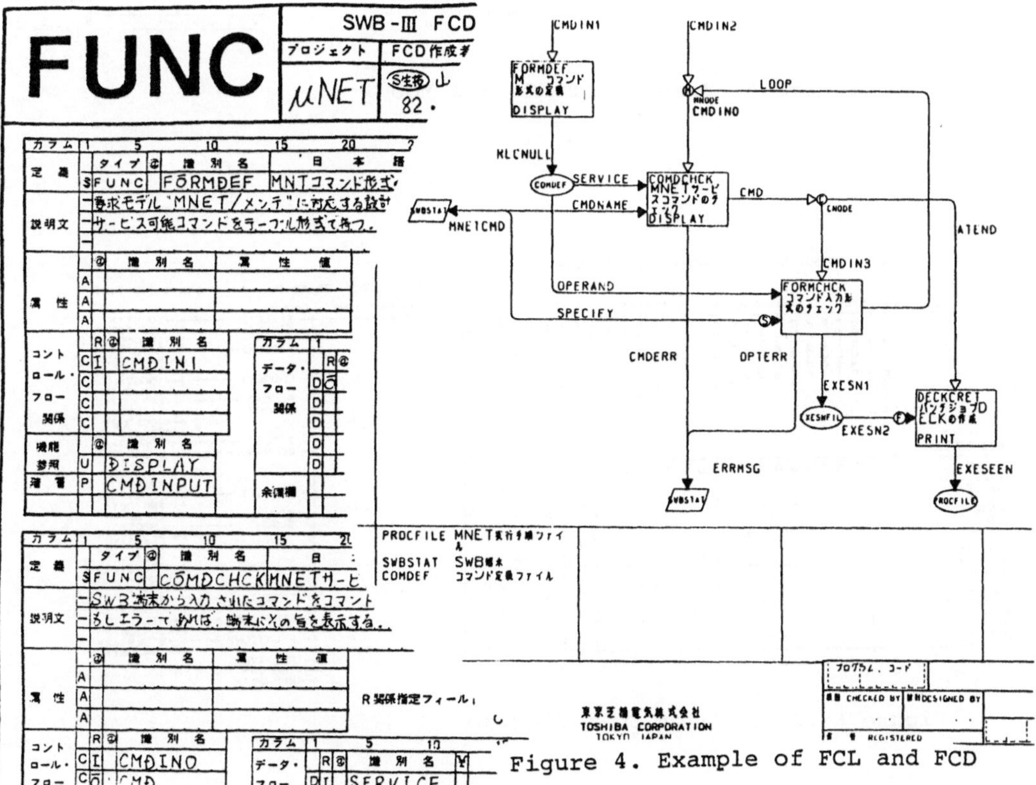

Figure 4. Example of FCL and FCD

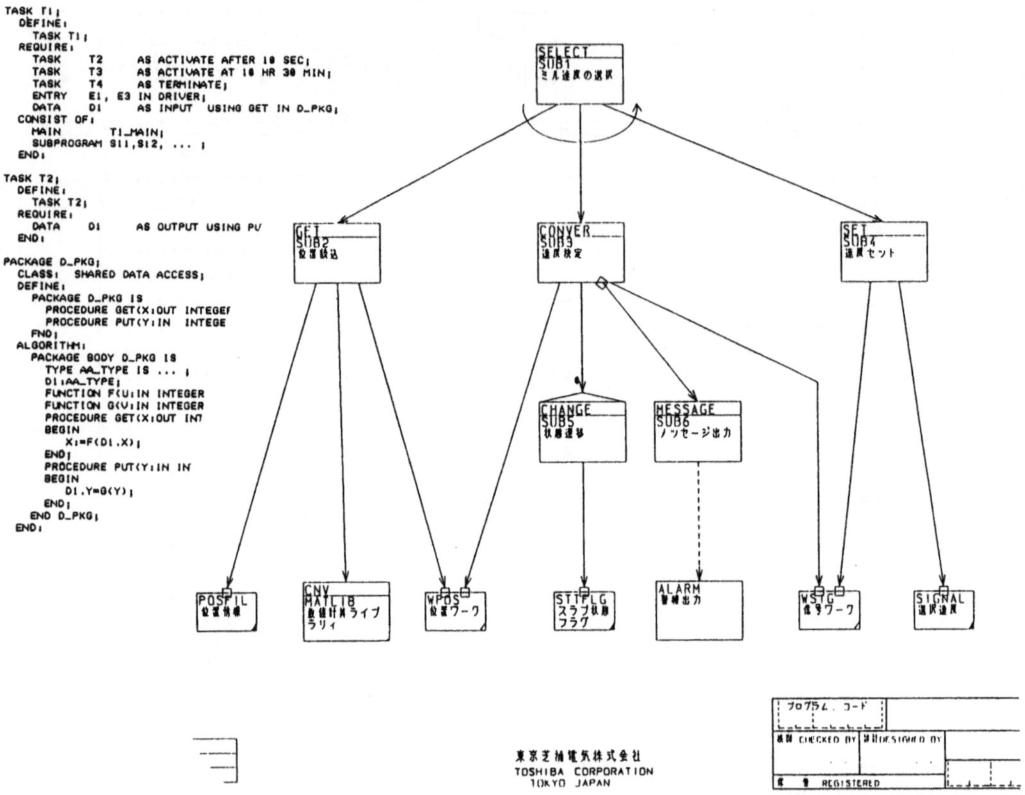

```
TASK T1;
  DEFINE:
    TASK T1;
  REQUIRE:
    TASK    T2      AS ACTIVATE AFTER 10 SEC;
    TASK    T3      AS ACTIVATE AT 10 HR 30 MIN;
    TASK    T4      AS TERMINATE;
    ENTRY   E1, E3  IN DRIVER;
    DATA    D1      AS INPUT  USING GET IN D_PKG;
  CONSIST OF:
    MAIN        T1_MAIN;
    SUBPROGRAM S11,S12, ... ;
  END:

TASK T2;
  DEFINE:
    TASK T2;
  REQUIRE:
    DATA    D1      AS OUTPUT USING PU
  END:

PACKAGE D_PKG;
  CLASS:  SHARED DATA ACCESS;
  DEFINE:
    PACKAGE D_PKG IS
      PROCEDURE GET(X:OUT INTEGEF
      PROCEDURE PUT(Y:IN  INTEGE
    FND;
  ALGORITHM:
    PACKAGE BODY D_PKG IS
      TYPE AA_TYPE IS ... ;
      D1:AA_TYPE;
      FUNCTION F(U:IN INTEGER
      FUNCTION G(V:IN INTEGER
      PROCEDURE GET(X:OUT INT
      BEGIN
        X:=F(D1.X);
      END;
      PROCEDURE PUT(Y:IN IN
      BEGIN
        D1.Y=G(Y);
      END;
    END D_PKG;
  END:
```

SELECT SUB1 ミル速度の選択

GET SUB2 位置読込

CONVER SUB3 速度決定

SET SUB4 速度セット

CHANGE SUB5 状態遷移

MESSAGE SUB6 メッセージ出力

POSFIL 位置情報

CNV MATLIB 数値計算ライブラリィ

WPOS 位置ワーク

STTFLG スラブ状態フラグ

ALARM 警報出力

WSTG 信号ワーク

SIGNAL 選択速度

プログラム. コード

CHECKED BY　DESIGNED BY

REGISTERED

東京芝浦電気株式会社
TOSHIBA CORPORATION
TOKYO JAPAN

Figure 5. Example of MCL and MCD

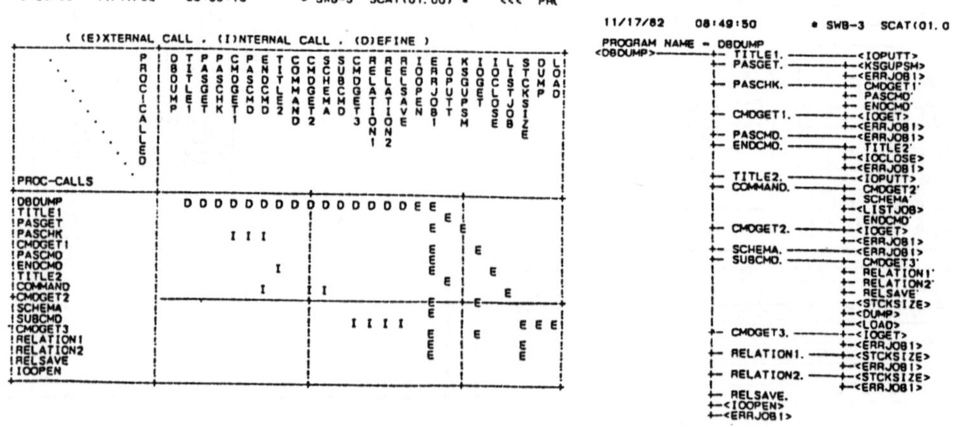

Figure 6. Example of SCAT diagram

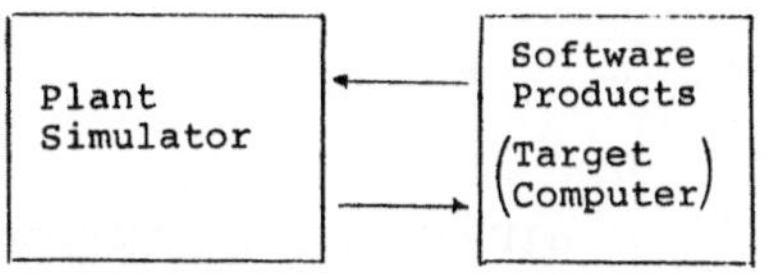

Figure 7. Simulation test of software

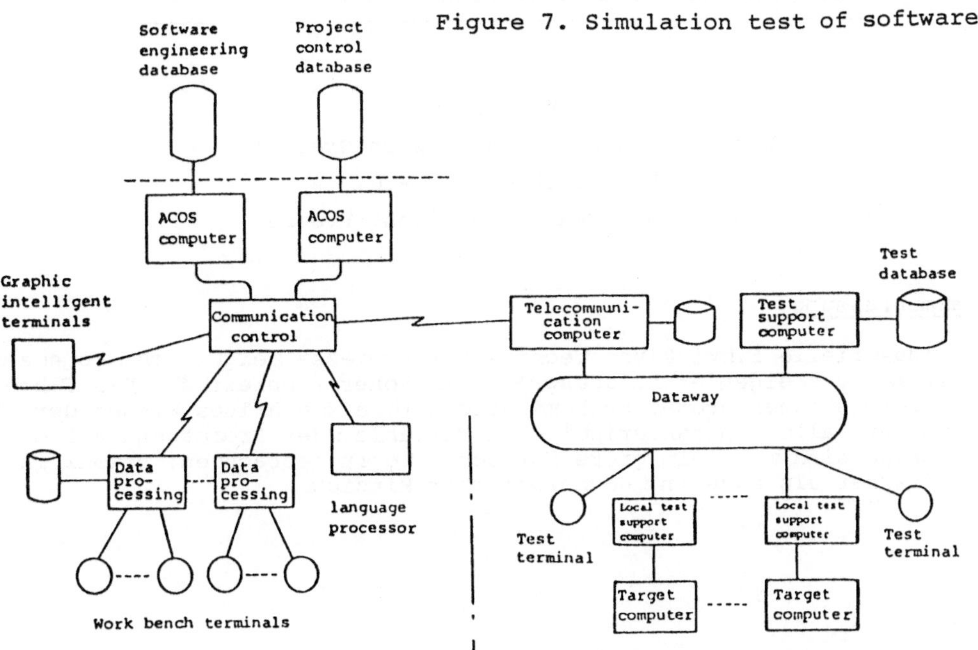

Figure 8. Hardware configuration of SWB

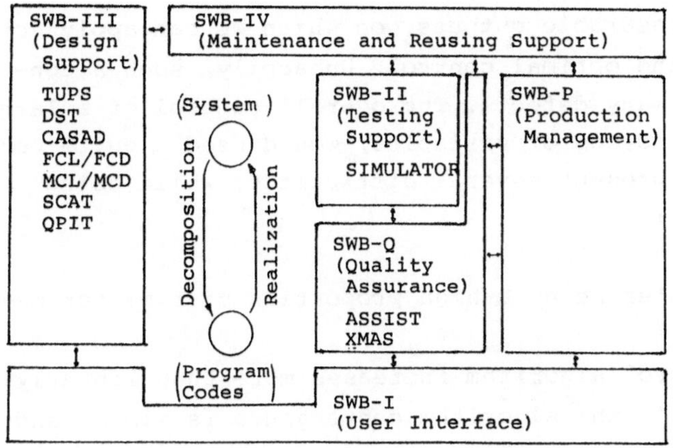

Figure 9. SWB tools

HIERARCHICAL CONTROL OF TECHNOLOGICAL PROCESS

HIERARCHISCHE AUTOMATISIERUNG TECHNISCHER PROZESSE

René Perret
Laboratoire d'Automatique de Grenoble
E.N.S.I.E.G.-I.N.P.G.
38402 Saint Martin d'Hères, France

Zusammenfassung

Die industrielle Entwicklung technischer Prozesse zeigt einen konstanten Trend zu steigender Anlagengröße und hoher Komplexität. Das Führen und Regeln solcher großen Systeme erfordert ein präzises Wissen der Veränderung aller charakteristischen Variablen des Prozesses. Auf diesem Gebiet sind zur Zeit große Fortschritte zu beobachten, sowohl in methodischer als auch in technologischer Hinsicht.

1 - LARGE SCALE PROCESS. (Fig. 1,2).

The first idea for controlling a large scale process would consist to consider it as one unique system with a large number of controllable inputs and measurable outputs, on which we can apply conventionnal multivariable and optimal control. Unhappily, such a control mode would suffer of many defects. The overall control of a large scale system, including hundreds of variables, would need a quite powerful computer which may present several difficulties while being used on a real time basis :

- The work of such a computer needs a high proportion of time for managing its own work.
- Computation time of control algorithm increases more than linearly with the process size, while the algorithm convergence is slower and slower.

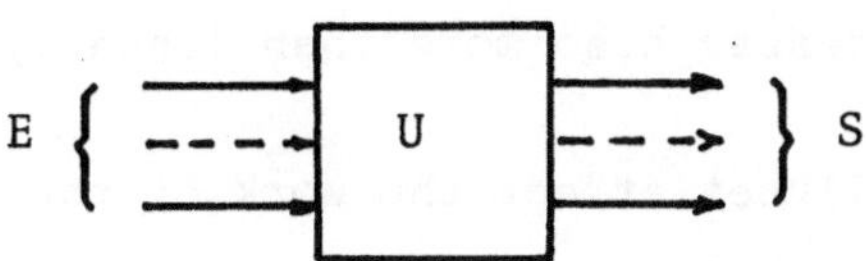

Figure 1. Centralised control.

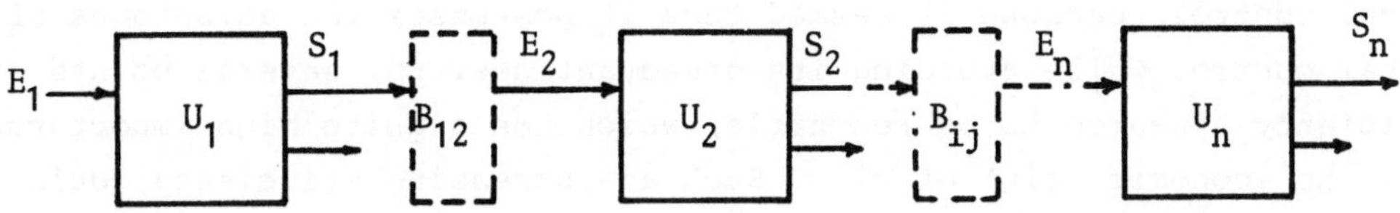

U : Production unit
B : Buffer unit.

Figure 2. Individual control.

- The memory capacity increases also more than linearly with the process size.
- Hardware or software failures affect the work of the whole process.

Naturally it is always possible to control a large process through individual control of every unit. It needs that units be not mutually coupled, which implies buffer units between coupled units. Buffer units may be tanks for fluids, stocking box for flexible workshops... In this case the overall dynamic is quite slow, the process cost is high, and the management not very efficient.

For nearly twenty years, interest has been upheld for hierarchical control, because it seemed that it possesses the advantages of global control while avoiding its disadvantages. So, several points of efficiency appeared to be reachable, which has a quite high importance from the economic point of view. Such an increasing efficiency could be due mainly to several factors :

- Modular aspect of the control
- Account of perturbations may be taken with the best anticipation by using different hierarchical levels.
- Transients may be minimized when changes of production are scheduled, a global adjustment of set points being made rather then an adjustment unit by unit.
- Changes in the structure of one unit need only the adaptation of the corresponding local control rather than the change of the overall control.

Simultaneously to these methodological research, the last decade has given way to many developments in the field of distributed computing through computer networks. Progress in microelectronics have led to very reliable and efficient mini and microcomputers, being able to work in parallel and well adapted to control applications.

We shall consider successively the methodological point of view and later the technological aspects of its effective implantation.

2 - HIERARCHICAL STRUCTURE. (Fig. 3).

If we look at human activities, they are all more or less dependant of hierarchical concepts. An interesting point is that these concepts are also well adapted to process management. A hierarchical structure includes several layers for the upwards transmission of information data from the process to the management. Reciprocally it includes several layers for the downwards transmission of control data from the management to the process.

The upwards flow of information data, issued from direct physical measurements on the process, crosses different layers of a hierarchy of elements, which may have either a hardware or a software character. Each element concentrates and aggregates data issued from a set of elements of a lower layer. It sends information data to an element situated at a higher layer. At the highest level an overall element synthesizes global information related to the work of the process.

Downwards flow of control data is related to the transmission of reference set points for the regulators or actuators. Like in the preceding case, this flow goes down accross different layers of a hierarchy of elements. Each element gets control data from an element situated on a higher layer and sends an augmented control data to a set of elements situated on a lower layer.

Such a structure is established for partitioning complex control computation according to several more simple computations. For the information it gives the possibility to extract progressively significant data, according to the level of supervising. Let us notice that both these hierarchies may use the same hardware apparatus.

General properties of these layers may be presented :

- To every layer corresponds a model, explicit or implicit, of the system. This model is more and more aggregated when we climb the hierarchy. For instance the lowest level corresponds to the local control of an unit and to the sensing of all physical measurements related to this unit. The next higher level may consider the unit as a whole and can compute its efficiency or perform the multivariable control of it. The next higher level may consider the set of units as the whole factory. This top level can appreciate the overall production and its

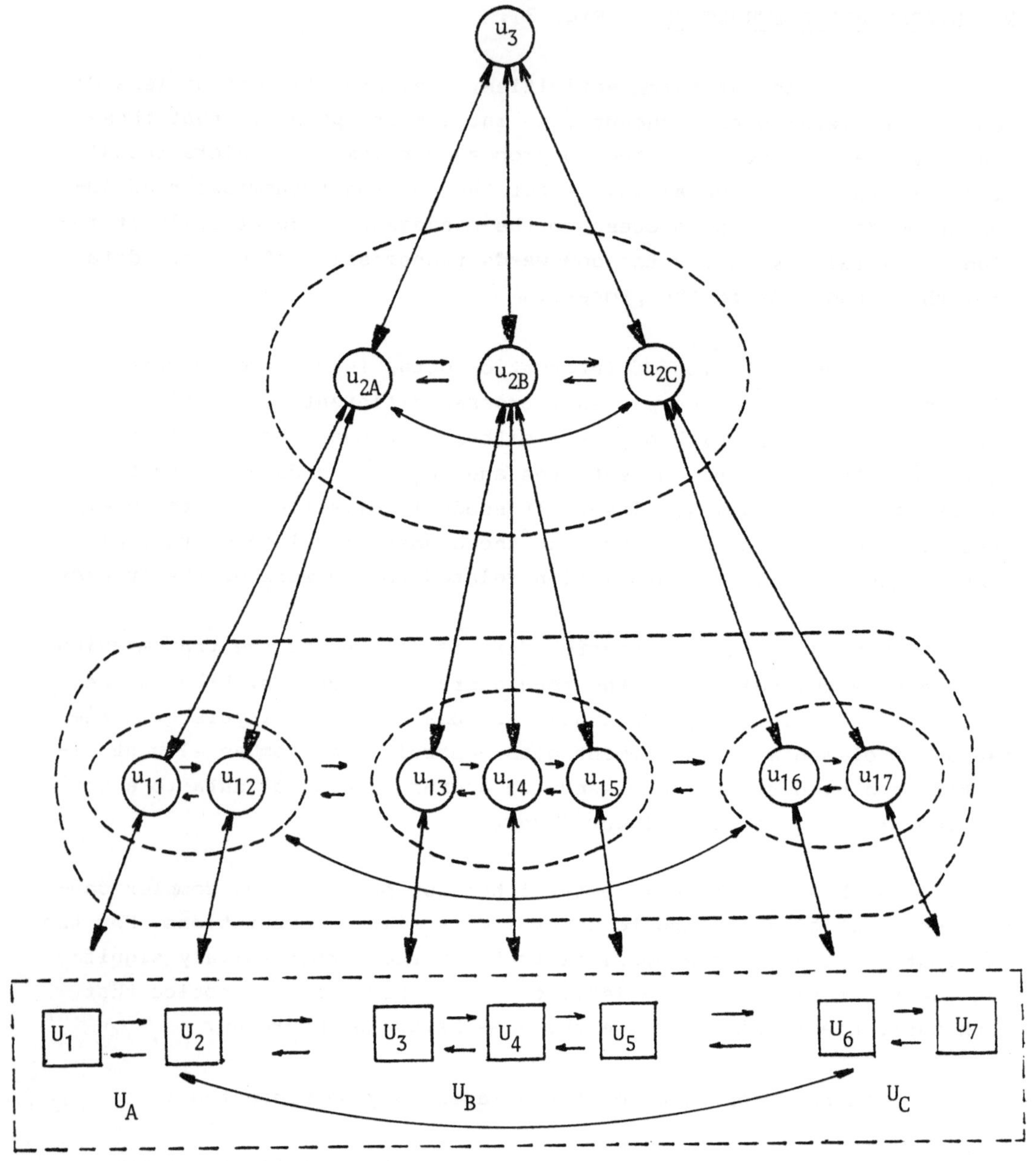

Figure 3. Information and control hierarchy.

rentability. Notice that the models associated to the different levels must be approximately of the same complexity, if we want to keep the modular simplicity. It implies a more and more elaborated aggregation while going up along the hierarchy.

- The highest is the level, the longer is the time scale of the associated model. For instance the time scale of the production schedule of a factory may be of the order of the day, while the time scale of one unit may be of the order of one hour, and for a local actuator it may be one minute.

- We mean by the general term of perturbation, the external factors which have an influence on the work of the process.

- Economic factors, related essentially to the cost of energy and of products, are most important at the highest level.

- Rough oil quality affects mainly the work of head units in a refinery. It is important at an intermediate level.

- Atmospheric perturbations, such as the temperature and the wind speed determine heat exchanges in distillation columns and their effects must be compensated permanently by the lowest level regulation.

3 - INFORMATION HIERARCHY.

During the last fifteen years the development of microelectronic elements associated to the digital representation of information has completely changed the technics of data acquisition and treatment. The wide capacities of microprocessors have emphasized the use of complex sensors in which the interpretation of a measurement needs several algebraic operations. The case of analysers is typical from this point of view. Presently we can say that, as soon as a measurement is extracted from a physical sensor, it is digitalized and eventually treated. But the most important advantage of digitalization concerns the transmission of information to a higher hierarchical level, human operator or supervision computer. Transmissions of a lot of measurements may be performed accross one connexion according to a serial procedure, which highly simplifies the apparatus. Moreover the transmission under a digital form is less sensitive to external noise. The easiness of memorizing information at any level of the system gives also the possibility to display the numerous data issued from a complex system under a series presentation rather than the parallel presentation used with the former analog presentation in the control rooms. Finally it is easy by software operation to present the information according to the best form corresponding to the wish of the human operator. The development of coloured consoles have given way to very convenient and concentrated displays.

An other interesting property of digital treatment and transmission is that they can be easily duplicated or even triplicated, which gives a high security by using redundancy properties. This property is quite important for the transmission of alarm signals. These signals can be exploited quite easily according priority rules. At a higher level, elaborated treatments may be programmed. Through the use of redundant measurements, it is possible for instance to check the correctness of material or thermal balances and eventually discover some deficiency in the work of a process element.

Finally, the use of distributed digital networks connecting micro or minicomputers is well adapted to maintenance job. It is possible to check the instrumentation quality almost continuously. Moreover the structure of digital networks is quite well adapted, by its modular character, for increasing reliability as much as we like.

4 - CONTROL HIERARCHY. (Fig. 4).

The control of a large scale technological system implies a large quantity of computations if we consider the problem globally, with the difficulties already mentionned. The use of hierarchical control consists to decompose this overall problem in a set of simpler subproblems. Generally every subproblem is associated with an element of the large scale process. At a first level the different subproblems are solved individually. The difficulty of the method comes from the fact that such a control does not respect the mutual constraints due to the interconnection of elements. For solving this problem we may imagine two categories of methodologies corresponding to upwards coordination or downwards decomposition.

In the first solution, controls elaborated on the first layer are coordinated according to some subsets of the second layer

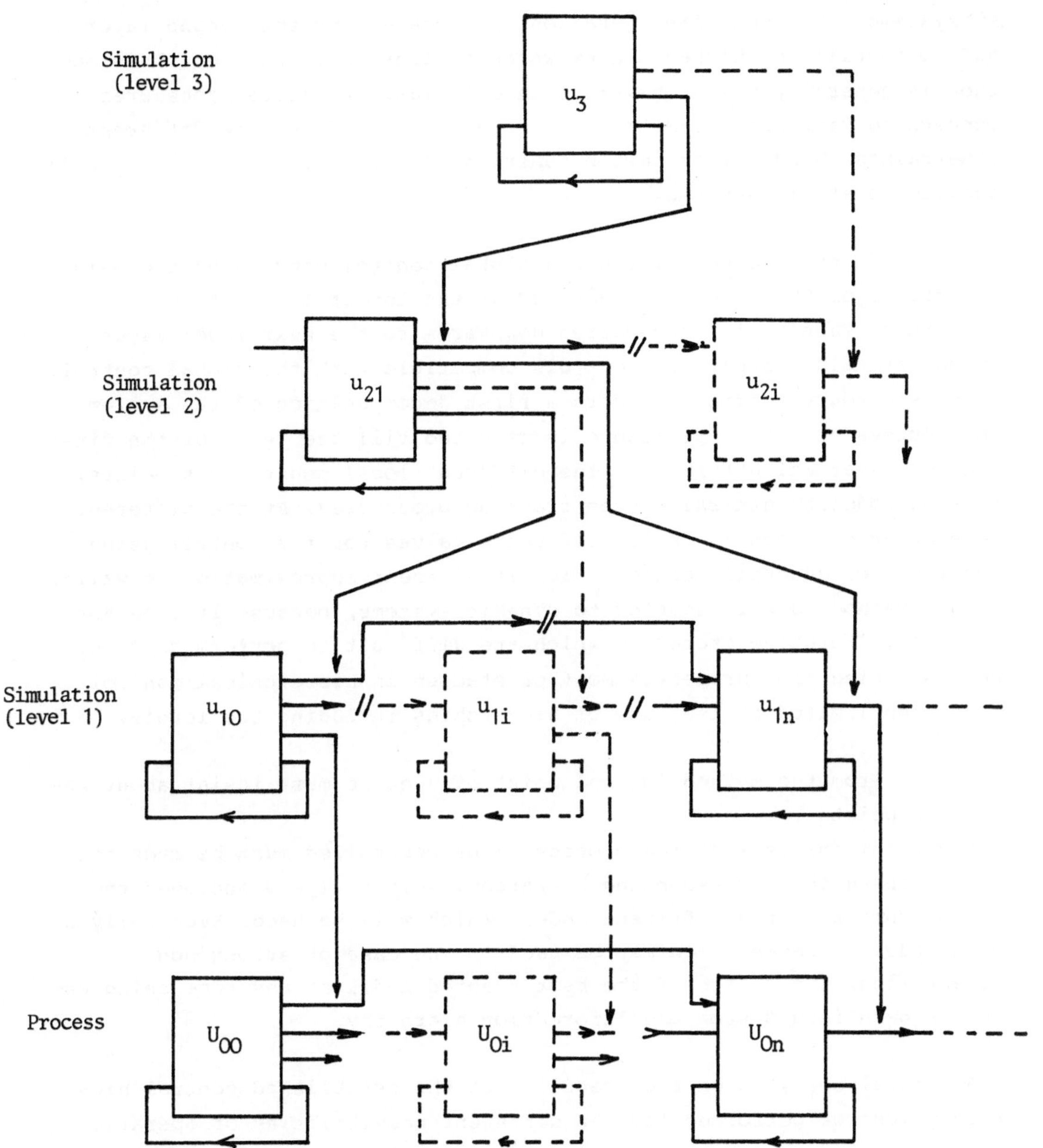

Figure 4. Coordinated control.

subsystems. Then the same operation is repeated for the second layer and so on till the highest layer which includes only one set. This method is generally based on variation calculus. Iterative procedures concerning Lagrange parameters are used for satisfying the different constraints. Gradient or Newton numerical methods are for instance well adapted to static systems.

In the second solution, a global control concerning the main objectives of the process is defined at the topest level of the hierarchy. Then it is transmitted downwards to the next lower layer which determines secondary controls compatible with the global control. These secondary controls concern a first decomposition of the system into subsystems. This procedure is repeated till the level of the first control layer which furnishes the different local control set points. This methodology generally uses tracking procedures. At the different levels, process models follow reference values for the control using for instance quadratic optimisation if a linear approximation is valid. Such a method is well adapted to dynamic systems, because it does not need long iterative procedure which are difficult to perform on line. Let us notice that presently most of studies in hierarchical control have been limited to the case of hierarchies including two levels.

From the methodological point of view we must insist about some main points :

- A careful analysis of the process to be controlled must be made for establishing the corresponding hierarchy. This analysis included the establishment of the different models which will be used. Eventually a multimodel representation may be used in the case of strong nonlinearities, the choice of the best adapted model at any time being based on data issued from the information hierarchy.

- A careful analysis of the stability of the established control hierarchy must be performed for the different possibilities of operation. Let us notice that the second class of control considered previously has very interesting properties from this point of view.

- The second class of methods have also the advantage that they can be implanted progressively layer by layer, every new layer bringing a better overall control. Moreover any extent of process structure implies just an extension of the control, without changing the existing control.

5 - DISTRIBUTED CONTROL TECHNOLOGY. (Fig. 5).

The methodologies which has been briefly described has a practical interest because it gives way to parallel computing. Both classes of the methodologies presented, may be implanted while using microcomputer networks. We have noticed the modular character of the algorithms which are used, so it is possible to establish an isomorphism between the algorithmic structure and the microprocessor network.

The most difficult problem to be solved in such a network is related to the conflict treatment for data access to the different computer elements. In an industrial process, these elements are connected to communication links which may be quite long. So the different microcomputers have their own clock and the transmitted information must be synchronised before its use in a specific unit. This problem is specially acute for the transmission of logical data. For this case any delay may change completely the sense of the information while giving way to hazards. Besides, the priority for transmission of data is generally different from the treatment priority. For instance in the case of alarms the initiative of transmission belongs to local units. Finally in case of a misfunction of some part of the system the remaining elements must be able to work individually with their own software.

Industrial realizations use generally two hierarchical levels. At the lowest level, regulation loops are grouped so that each group corresponds to a small number of loops, one or some units. Groups generally concern regulations included in the same part of a physical unity for security reasons. With each group is associated a first microprocessor which performs algebraic regulation task and a second microprocessor which manages communications with a central bus accross an interface element. This interface concentrates data issued from the regulators, memorizes it and selects it when an element of the second level asks for it through the main bus. This interface is made also of microprocessors associated with medium size memories.

To the main bus are connected second level elements, a supervisor computer, generally a minicomputer and the operator console. Due to its fundamental job the main bus is practically always duplicated. From the operator console it is possible to perform any usual supervisor operation on the different regulators and the associated logical elements, such as defining set-points, changing control coefficients,

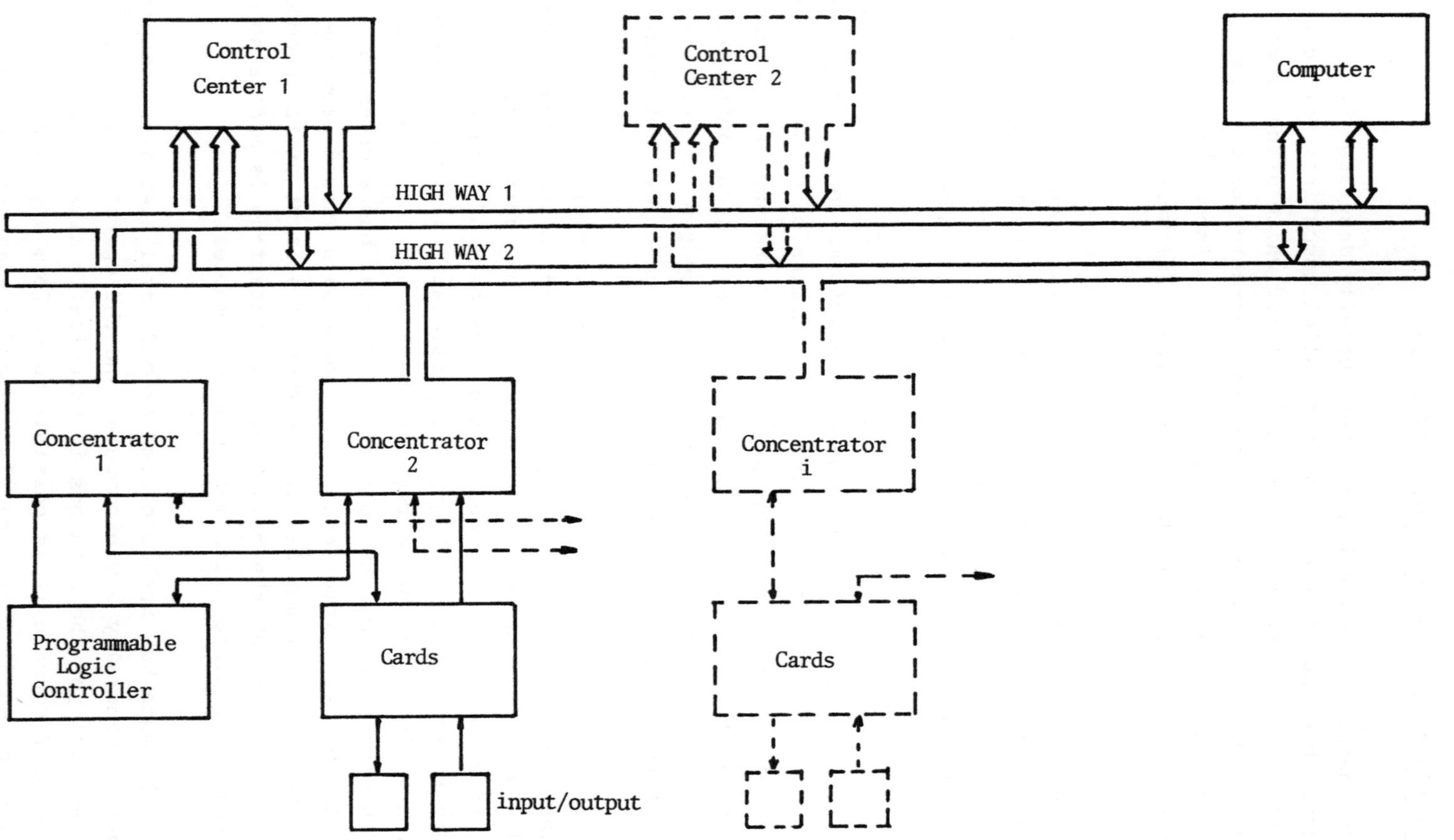

Figure 5. Control structure.

taking care of alarms, registering lot of data, and so on.... The extent use of interactive graphics gives way to easy control operations. We mention the possibility of appreciation of dynamic tendencies of the process.

The supervisor computer corresponds to the highest level of the hierarchy. It can be used for numerous overall functions such as :
- Global optimization of the process by using methodologies described precedently.
- Balance computations for testing the correct work of the process.
- Identification on line of parts of the process, which can be used for non linear control, through the use of several linear models.

Operators consoles are always duplicated, supervisor computer may be aslo duplicated. Such as organisation seems very reliable for at least two basic reasons :

- The use of discrete signals.
- The use of modular elements.

This structure is also very flexible and can easily be adapted to modifications or extensions of the control or of the process. At least a dozen types of systems of this type are working since the beginning of this decade.

6 - PROCESS CONTROL APPLICATION.

An interesting example of hierarchical organization of information and control is given by the refinery plant of ELF AQUITAINE in GRANDPUITS. Using the opportunity of an important extension of the production to more than 4 millions of tons by year, a modern hierarchical conception of information-control system has been implanted. Basic objectives were to increase the production efficiency and to save energy. From this point of view the pay-out time was to be about 18 months, which has been checked afterwards.

The principal characteristic of the project includes the realization of 700 control loops with supervision and alarm management by the use of microprocessor. From the information point of view 3.000 physical datas and 1.200 on-off alarms were considered. The computer system which have been used is the Honeywell TDC 2.000. In this system, standard regulators can collect 16 measurements and produce 8 actions. 28 different regulation algorithms can be used. At a time one regulator among 8 can be taken in charge automatically in case of failure. At the highest level 3 computers work in parallel for reliability motivations. These computers have a direct access memory of 256 K and a disc memory of 10 M. This triplicate computer performs the following jobs :

- Acquisition of analog measurements through microprocessors.
- Acquisition of alarms and of historical data.
- Sophisticated presentation of information on operator consoles.
- Operator guides.
- Elaboration of complex regulations and optimisation.

A special effort has been made for the man-machine dialog. Access to the process variables are possible :

- Through the regulation system, the operator can use four consoles. He has the following possibilities :

  - To get a global and synthetic view of 288 loops by groups of 8, which gives the possibility to detect eventual misfunctions.

  - To select a group for getting all information related to the associated variables and loop states.

- Through the use of coloured console for the display of :

  - Synthetic presentation of a part of the process.
  - Tables with values of characteristic variables.
  - Measurements under the form of curves.
  - Classic operations connected to acquisition.

From the human point of view, technicians have been accustomed quickly to this new philosophy of process-control. We can notice that the computer system is well adapted to the operator training by using process simulation on the supervisor computer.

According to ELF specialists, such an experience is positive from several points of view :

- The high flexibility of the control system has brought a much easier way for managing decisions. Let us notice the big interest of getting almost continuously material and energetic balances.

- Local and global optimizations are performed which give the possibility to save energy, to get the best material efficiency and eventually to adapt the work of the process to quickly changing charge conditions.

- The refinery worker conditions has been much improved, specially for outside work, because of the use of programmed automates for treating emergency stops for instance. A much better security have been reached for both people and process.

- From the economic aspect, the cost of the information-control system has represented less than 8% of the total investment and has led to a pay out of about one year.

Finally, new problems has appeared, which had to be solved :

- Organisation of the control room with its communications with different parts of the process.
- Organisation of the lot of information to be taken in charge, as related to the present economic strategy.
- Organisation of the human work. According to this aspect, the qualification of technicians has been improved.
- Training of people is an important point for the optimum use of hardware and software in such a process.

Nevertheless, we can predict that new progress will be made for an optimum use of this distributed control. It will concern :

- A better and more precise optimization of some complex parts of the process like the catalytic cracking.
- A full use of sequential control for the start-up of the process.
- An improvement of simulation technics, specially for the people training and for the use of process control studies.
- An improvement of diagnostic routines for checking the correctness of the process work.
- The elaboration of large industrial data files.
- Finally, last but not least, improvement and development of precise sensors and actuators.

7 - CONCLUSIONS.

We can say that the discretisation of information control systems is now quite well accepted in process control, specially in the case of new processes. Present control structures are well adapted. Nevertheless we think that they are still not used according to their full capacity for hierarchical control. Such developments will need more theoretical and experimental work. The prospective of hierarchical control till the nineties, may be considered according to three points of view : development of industrial processes, methodological work, real or simulated experimentations.

We can predict that we shall continue trying to get the best efficiency from processes. Due to economic factors, we think that future processes will be more versatile or flexible as to their production, which means a certain development of batch work. So, the importance of transient dynamics will become more crucial. Besides, global efficiency, specially as regards to energy saving, will remain an utmost necessity.

We think that the associated methodology of hierarchical control will proceed on one side towards a careful consideration of dynamic states and on an other side towards a deep research about non linear systems. The analysis of complex systems will be the object of investigation for establishing efficient hierarchies of representation. For instance, present hierarchies have mainly concerned continuous processes. The case of on-off work perhaps may lead to different kinds of hierarchies.

A lot of experiments will be made at the simulation level or at the process level. Both developments in communication and logic electronics will perhaps give the possibility of a gain factor of ten for the computer speed. It is also possible that a similar increase be obtained for the memory size, for the same cost. Such developments will enhance the use of more sophisticated on line control algorithms, with an increasing possibility of remote control. Certainly the diagnostic evaluation field will be extensively explored in this context. From the software point of view, flexible and portable tendancies will still be the objectives of basic research. It is always true that the life time of control apparatus is always less than half the life time of a process ! Finally, last but not least, the introduction of hierarchical control consideration will be a necessity as soon as the conception of a process.

We believe that we have the tools for facing this challenge during the next decade.

8 - REFERENCES.

1. Weitzman C. :
"Distributed Micro-minicomputer Systems"
Prentice Hall - 1980.

2. Buchner M.R., I. Lefkowitz :
"Distributed computer control for industrial process systems : characteristics, attributes and an experimental facility"
Control Systems Mag., CSM-2, 8-14, 1982.

3. Bowen B.A., R.J.A. Buhr :
"The logical design of multiple-microprocessor"
Systems, Prentice Hall 1980.

4. M. G. Singh, M.S. Mahmoud, A. Titli :
"A survey of recent developments in hierarchical optimisation and control"
I.F.A.C. 1981 - Session 43-1 - Kyoto.

5. H.D. Wend :
"On hierarchical control of complex technological systems"
Large Scale Systems n°1 - Feb. 1980.

ACKNOWLEDGEMENTS.

We are indebted to ELF AQUITAINE and CONTROL BAILEY companies for the worthy information furnished.

=:=:=:=:=:=:=:=:=:=:=:=:=:=:=

EINSATZ EINES SPEICHERPROGRAMMIERBAREN AUTOMATISIERUNGSSYSTEMS MIT FUNKTIONELL DEZENTRALER STRUKTUR AM BEISPIEL EINER HOCHOFENAUTOMATISIERUNG

APPLICATION OF A PROGRAMMABLE PROCESS AUTOMATION SYSTEM WITH FUNCTIONALLY DECENTRALIZED STRUCTURE DEMONSTRATED ON A BLAST FURNACE INSTALLATION

G. Pfrötschner, W. Tauchert

Mannesmannröhren-Werke AG, Duisburg
4100 Duisburg 25, B.R. Deutschland

Summary

The task of controlling the process and the automating system is described by the example of a new blast furnace with an effective content of 2.200 m^3. The entire system is located in a central instrument center. The areas of the installation are processed in separate automating equipment by means of a modular programme design for partial functions. The programme is controlled from a central instrument location with operating and monitoring facilities in the form of a luminous desplay. The functional collection of installation and process parameters on the CRT screen is a great help regarding the control of the process. The detached design of the installation means that it has flexible extension possibilities and is very easy to service.

In spite of problems at the start the system has been operating for the last 18 months without any interruptions worth mentioning.

Im Hüttenwerk Duisburg-Huckingen der Mannesmannröhren-Werke AG wurde am 15.12.1981 ein weiterer Großhochofen mit einer Roheisenerzeugung bis zu 6.000 Tonnen je Tag in Betrieb genommen. Er wurde nach modernsten Erkenntnissen der Technik konstruiert. Aus Gründen der Betriebssicherheit, Prozeßoptimierung und für Forschungszwecke wurden an die Steuerungs- bzw. Meß- und Regelsysteme sowie an die Datenübertragung und -auswertung höchste Ansprüche gestellt.

Aufgabenstellung für das Prozeßleit- und Automatisierungssystem

Steuern, Messen und Regeln:
Zur Versorgung des Hochofens müssen täglich bis zu 13.000 t Erze, Zuschläge und Koks zuverlässig gefördert, verwogen, mengenmäßig erfaßt und über ein kompliziertes Verteilersystem in den Hochofen B einge-

bracht werden.

Zum Betrieb des Hochofens werden mehr als 200 000 Nm^3/h auf über 1 100 °C erhitzter Wind benötigt. Er muß einschließlich der zugesetzten Medien Sauerstoff, Dampf und Heizöl nach Druck, Menge und Temperatur genau geregelt, gemessen und registriert werden.
Entsprechendes gilt für das beim Hochofenprozeß anfallende Gichtgas in einer Menge von über 300 000 Nm^3/h.

Die während des Hochofenabstiches entstehenden Staub- und Gasemissionen werden abgesaugt, gereinigt und die Abluft sorgfältig überwacht. Der hierfür erforderliche Energiebedarf muß aus wirtschaftlichen Gründen in Abhängigkeit von der Schadstoffbelastung geregelt und optimiert werden.

Die thermisch hochbeanspruchten Anlagenteile werden über zwei über ein Rückkühlsystem untereinander verbundene Wasserkreisläufe mit einem Fördervolumen von 9 500 m^3/h gekühlt. Hier sind besonders hohe Anforderungen an die Betriebssicherheit der Steuerungs-, Regel- und Überwachungsorgane zu stellen.

Datenerfassung und Datendarstellung:
Im Bereich Messen und Regeln sind bis zu 400 Meßstellen im Rhythmus von einer bis acht Sekunden abzufragen, zu registrieren, darzustellen und zu speichern.
Störmeldungen müssen zeitlich und örtlich präzise erfaßt und optisch, akustisch übermittelt dargestellt und archiviert werden.

Die Prozeßdaten sind aufzubereiten und in eine für den Betrachter übersichtliche funktionell zusammengehörige Darstellung zu übertragen.

Zur Optimierung der Verfahrenstechnik und Wirtschaftlichkeit müssen die Daten einem Rechnersystem in direktem Verbund zugeleitet werden.

<u>Anlagenaufbau zur Realisierung der Aufgabenstellung</u>
Zur Realisierung standen folgende Alternativen zur Auswahl:

1. Ein zentrales Rechnerkonzept für Messen, Steuern und Regeln.
2. Getrennte Systeme für Messen, Steuern und Regeln, die mit getrennten Bedien- und Beobachtungssystemen ausgerüstet sind.
3. Ein dezentral aufgebautes Automatisierungssystem mit gemeinsamer Bedienung und Beobachtung.

Aus Wartungs- und Betreibergründen wurde die dritte Alternative gewählt. Die gesamte Automatisierungsaufgabe wurde in die Bereiche Betriebssystem und Optimierungssystem aufgeteilt. Das Betriebs- und Optimierungssystem sowie die Meßwarte wurden zentral in einem Schalthaus in unterschiedlichen Räumen installiert. Die Signalanbindung an das Betriebssystem erfolgt mit Stammkabeln vom Prozeß über einen "Zentralen Rangierverteiler" zur Warte und zu der Niederspannungsschaltanlage.

Betriebssystem

Das Betriebssystem umfaßt alle Einrichtungen der Meß-, Steuer- und Regelungstechnik sowie die Bedienung und Beobachtung des Hochofenprozesses und kann unabhängig vom Optimierungssystem arbeiten. Bild 1

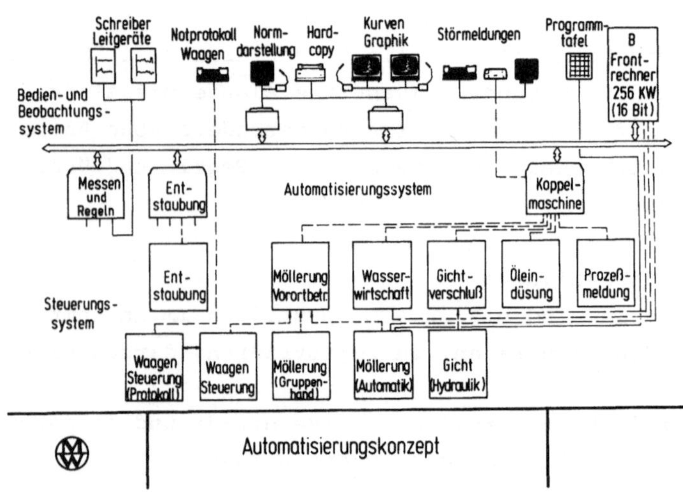

Der Prozeß wurde in die Automatisierungsbereiche Messen und Regeln, Entstaubung, Möllerung mit Wägetechnik, Wasserwirtschaft, Begichtung, Öleindüsung und Prozeßmeldung aufgeteilt.

Jeder Bereich wird durch ein autarkes System automatisiert. Für Steuerungsaufgaben wurde das System S5-150 und für MuR-Aufgaben das Teleperm M-System eingesetzt. Zur Bedienung und Beobachtung wurden die Systeme OS251 und OS252 gewählt.

Die Bereiche Möllerung und Begichtung sind auf Grund hoher Prozeßinformation und Verknüpfungstiefe mit mehreren speicherprogrammierbaren Steuerungen aufgebaut. Jede Steuerung von Möllerung und Begichtung bearbeitet einen abgeschlossenen Teilbereich. Die MuR-Funktionen ohne den Bereich Entstaubung sind in einem System integriert. Die Regelkreise sind mit Hardware-Reglern ausgerüstet. Der Bereich Entstaubung mit energetischer Optimierung ist in einer Kombination aus Regelungs- und Steuerungssystem realisiert.

Systemkopplung

Die Anbindung der Steuerungen an den Teleperm M-BUS erfolgt sternförmig über das Automatisierungssystem Kopplung. Bild 2

Auf der Steuerungsseite wird die Rechneranschaltung AS 512 eingesetzt. Als Anschaltung in der Kopplungsmaschine ist eine Feldmultiplexeranschaltung FM-A vorgesehen. Die Anschaltungen arbeiten unabhängig von den Automatisierungsgeräten. Die von der AS 512 gesendeten Telegramme werden in der FM-A gepuffert. Das daraufhin von der FM-A initierte Interruptsignal veranlaßt die Kopplungsmaschine, das Telegramm aus der Anschaltung auszulesen. Die Nutzdaten werden in festgelegten Datenbereichen abgespeichert und stehen dem System zur Verfügung. Steuerungssignale werden über binäre Ein-/Ausgaben unter den Systemen ausgetauscht.

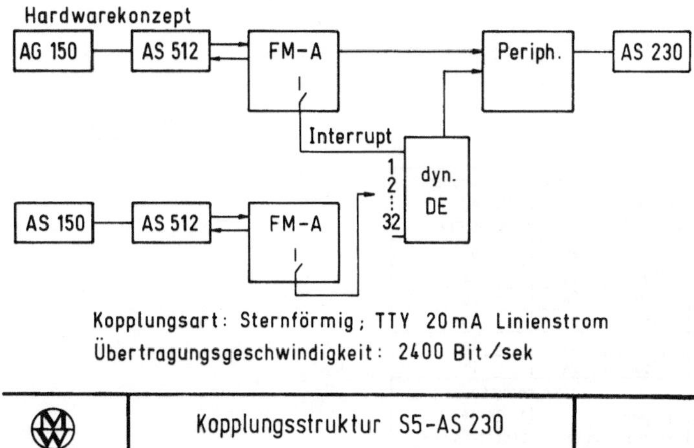

Kopplungsstruktur S5-AS 230

Zentrale Meßwarte

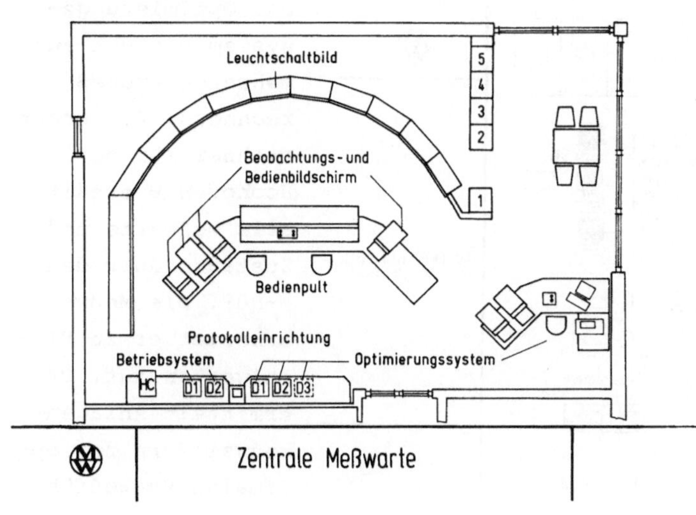

Zentrale Meßwarte

Bild 3

Die Meßwarte enthält die Komponenten Leuchtschaubild, Bedienpult, Protokolleinrichtung und Optimierungssystem. Das Beobachtungs- und Bediensystem besteht aus busgekoppelten Einrichtungen zur Grafik-, Kurven-, Norm- und

Störungsdarstellung. Ergänzt wird dieses System durch eine geringe Anzahl von konventionellen Schreibern, Leit- und Bediengeräten, um ein gesichertes Stillsetzen des Hochofens beim Ausfall von AS-Geräten zu ermöglichen.

Softwarekonzept des Betriebssystems

Der Hardware ähnlich ist auch die Software modular aufgebaut. Für gleiche Funktionen sind Firmwarebausteine für die Anwendersoftware benutzt worden. Alle benötigten Funktionen wurden in überschaubare Funktionsteile aufgelöst.

Systemauslastung

Bild 4

	Digital-eingänge	Digital-ausgänge	Programmspeicher (k Worte) nutzbar	Programmspeicher (k Worte) programmiert
Möllerung	2500	1800	96	87
Gicht	1600	1100	48	43
Wasserwirtschaft	900	400	24	20
Öleindüsung	450	380	24	20
Prozeß-, Störmeldung	560	300	24	13
Entstaubung	600	350	24	16
	Meß-kreise	**Regel-kreise**	**Programmspeicher (k Worte) nutzbar**	**Programmspeicher (k Worte) programmiert**
Meß-u. Regel	440	9	256	200
Entstaubung	20	10	128	40
Kopplung	5 Multiplexer		256	220

Auslastung der Automatisierungsgeräte

Optimierungssystem

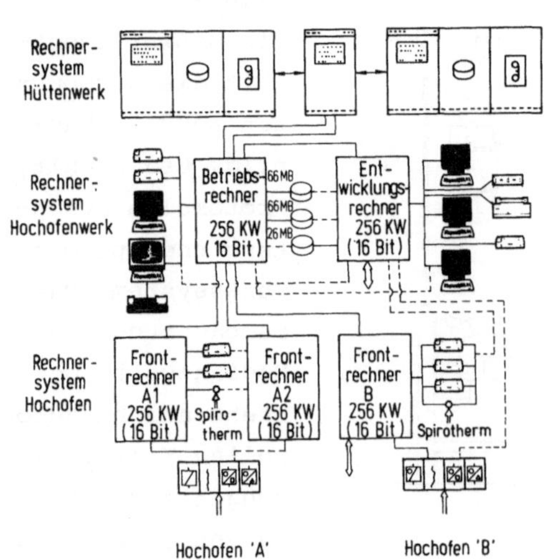

Rechnerkonzept

Bild 5

Das Optimierungssystem besteht aus mehreren Prozeßrechnern. Ein Frontrechner für den Hochofen B erhält alle Meßwerte und Zustände über den M-BUS. Die Meßwerte arbeitet er zu Mittelwerten auf. Er ermittelt Anlagenkennziffern zur optimalen Prozeßführung und stellt sie grafisch dar. Die Daten der Frontrechner werden an den Betriebsrechner Hochofen weitergeleitet und dort gespeichert. Sie sind als Kurven über den Bildschirm abrufbar. Im Betriebsrechner können Prozeßmodelle und Sollwerte für einen Online-Betrieb errechnet werden. Die Auswertung der Betriebsergebnisse für das geplante Forschungsprogramm soll ebenfalls auf dem Betriebsrechner erfolgen.

Erfahrungen mit dem Automatisierungssystem aus der Sicht des Betreibers

Das äußere Erscheinungsbild der Meßwarte wurde unter Berücksichtigung moderner ergonomischer Erkenntnisse einer bestehenden Anlage an Hochofen A angeglichen. Die neue, in eine vertraute Umgebung harmonisch integrierte Bildschirmtechnik wurde daher vom Bedienungspersonal nach einer relativ kurzen Einarbeitungszeit problemlos angenommen.

Das Bild 6 zeigt die Meßwarte des Hochofen B. Das Leuchtschaubild im Hintergrund enthält eine schematische Darstellung aller Anlagenteile mit Bedientasten und Meßwertgebern zur Sollwertvorgabe bzw. für Eingriffe bei Störungen. Die Bedienphilosophie entspricht der des Hochofen A. Die Anlagen arbeiten im Normalfall vollautomatisch. Auf der rechten Seite des Bedienpultes steht der Bildschirm für die Meß- und Regeltechnik. In normierter Darstellung sind dort alle Prozeßdaten anlagen- und funktionbezogen, gruppenweise abrufbar dargestellt.

Ansicht Betriebssystem

Wie Bild 7 zeigt, kann der Meßwärter alle Prozeßdaten eines Anlagenteiles mit einem Blick übersehen. Damit entfällt für ihn der umständliche Datenvergleich auf räumlich getrennten Meßstreifen. Änderungen von Soll- und Grenzwertvorgaben erfolgen über den gleichen Bildschirm. Störungen werden sowohl akustisch als auch im Bild durch Blinken und farbliche Veränderungen kenntlich gemacht. Auf der linken Seite des

Bedienpultes stehen zwei weitere Monitore. Sie sind redundant verwendbar und dienen der Darstellung von Anlagen und Zeitreihen.

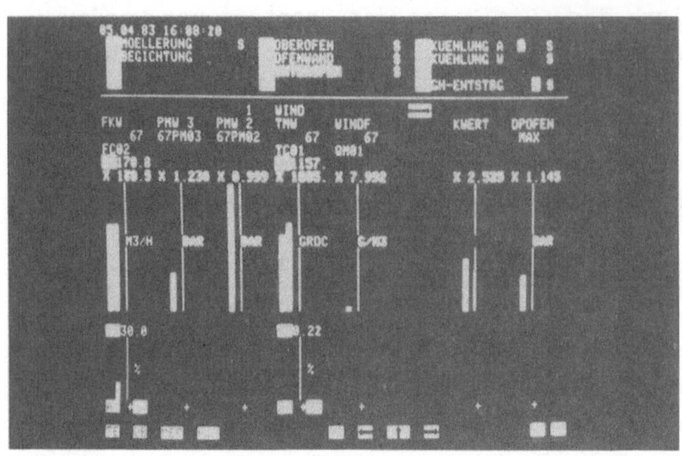

Meßwerte in Normdarstellung

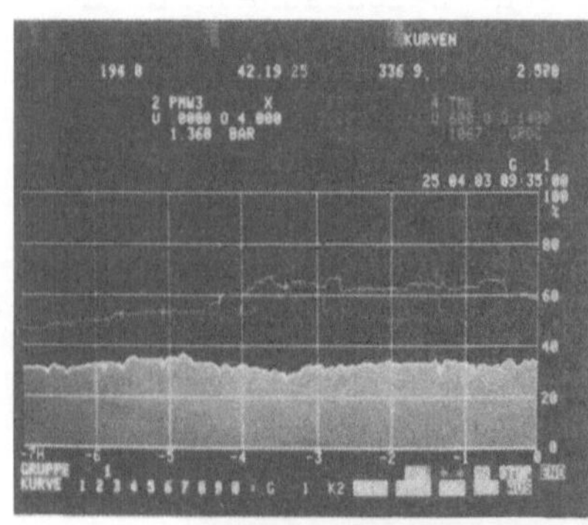

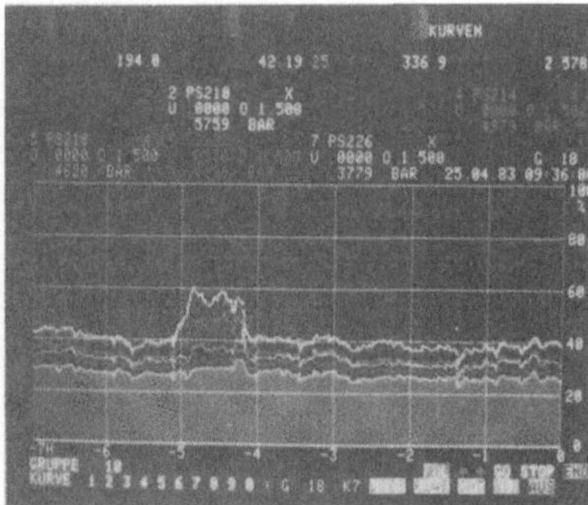

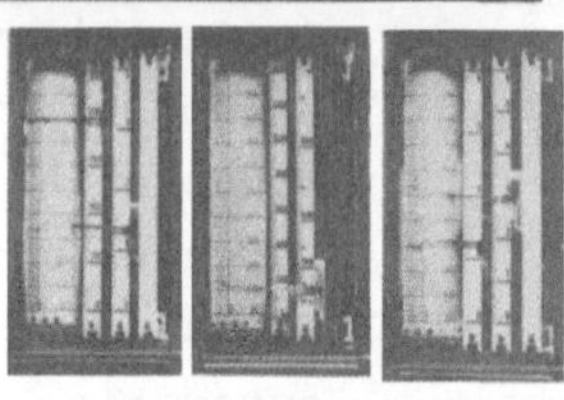

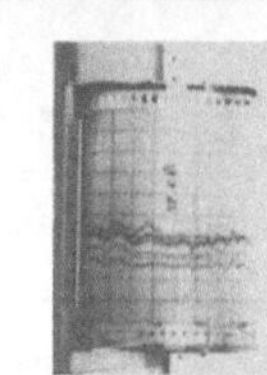

Vergleich der Kurvendarstellung
Prozeßschreiber - Monitor

Bild 8 zeigt eine für den Betreiber besonders wichtige Darstellungsform von Zeitreihen untereinander abhängiger aber örtlich getrennter Meßgrößen auf zwei Bildschirmen. Sie ist der konventionellen Meßschreibertechnik gegenübergestellt. Wie ersichtlich sind Prozeßverlauf und Trendentwicklung in der Bildschirmdarstellung weit übersichtlicher aufgezeichnet. Sie sind als Grundlage für prozeßrelevante Entscheidungen besser geeignet.

Ein weiterer Vorzug des Systems besteht darin, daß Anlagen und anlagenbezogene Prozeßdaten nebeneinander dargestellt werden können. Damit sind unmittelbare Rückschlüsse von Veränderungen im Anlagenzustand auf die zugehörigen Prozeßdaten und umgekehrt möglich. Durch die Einblendung von Mengen, Ventilstellungen, Flußrichtung usw. vermittelt

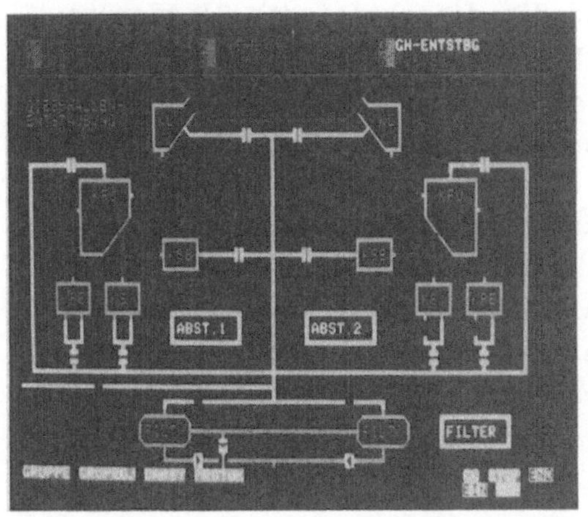

Graphik

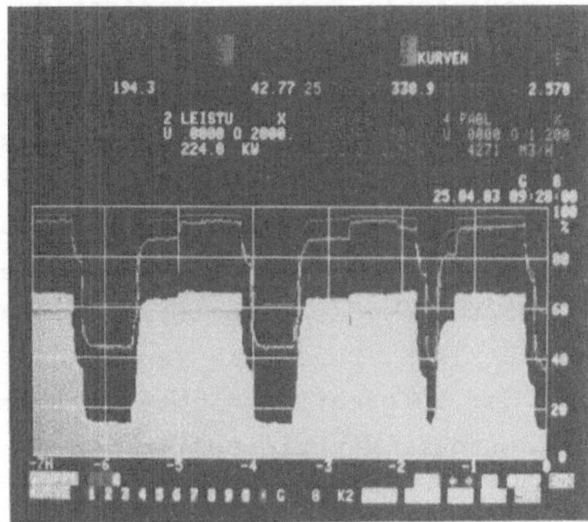

Kurven

Prozeßabbild

der Bildschirm eine größere Informationsdichte als das Leuchtschaubild. Bild 9

Die Anlagensteuerung vom Bildschirm aus ist nicht vorgesehen, jedoch wie erwähnt nachrüstbar. Das Leuchtschaubild könnte damit entfallen. Die Bedienung der Bildschirme erfolgt mit Lichtgriffel. Eine Bedientastatur steht zur Verfügung, wurde jedoch bisher nicht benutzt. Alle Störungen werden am Bildschirm erfaßt und auf einem Störwertdrucker protokolliert.

Die Protokollierung der Prozeßdaten erfolgt auf Druckern und Hardcopies. Alle Anlagen- und Prozeßdaten werden an das Rechnersystem weitergegeben. Sie können über das Optimierungssystem am Rechnerarbeitsplatz in der Meßwarte in aufbereiteter Form abgerufen werden.

Erfahrungen aus der Sicht des Erhalters

Während der Endphase der Montage in der Kalt- und Warminbetriebnahme des Hochofens zeigten sich erstmals die Vorzüge des dezentralen Automatisierungssystems. Die anlagenbezogene Gliederung des Steuerungsteiles ermöglichte die Montage und Inbetriebnahme einzelner Systeme ohne Störung benachbarter Anlagenteile. Die Soft- und Hardwarefehler konnten mit Hilfe des Störmeldesystems und mit Strukturiergeräten schnell geortet und behoben werden. Teilstörungen des Systems führten bisher nie zu Ausfällen der gesamten Hochofenanlage.

Die dezentrale System-Organisation und die differenzierte Gliederung in einzelne Prozeßabschnitte ermöglichte für den normalen Wartungsbetrieb den Einsatz eines handwerklich gut geschulten, jedoch nicht hochqualifiziert ausgebildeten Personals. Gerade im Hinblick auf diesen Personenkreis würde eine mannunabhängige Philosophie des Programmaufbaus und eine lückenlose stets aktualisierte Dokumentation sehr hilfreich sein. Im Störungsgeschehen zeigten sich bisher folgende Schwerpunkte: Die Kapazität des installierten Datenbusses erwies sich als zu klein. Durch die Verkürzung der Taktzeiten und die Vergrößerung der Informationsdichte je Telegramm konnte dieser Engpaß beseitigt werden. Künftig sollte bei der Projektierung die Busauslastung 60 % nicht überschreiten.

Fehler im Betriebssystem führten zu Bildschirmausfällen. Der Fehler wurde durch Korrekturen im Herstellerwerk beseitigt. Besondere Schwierigkeiten bereiteten die Schnittstellen an der S5 und dem Teleperm-M-System. Sie führten zu einer unzuverlässigen Protokollierung und Verarbeitung von Verbrauchsdaten im Rechner. Dieser Schwachpunkt wird zur Zeit behoben.

Schlußfolgerungen

Die Forderung der Hochofenbetriebsleitung für den Betrieb der Anlagen ein zuverlässig arbeitendes, anpassungsfähiges Steuer- und Überwachungssystem zu errichten, wurde erfüllt. Das Störmeldesystem arbeitet präzise. Die Aufgabenstellung bezüglich Informationsdichte und -inhalt über Anlagen- und Prozeßzustände wurde durch die Bildschirmtechnik gelöst.

Die Protokollierung und Archivierung der Daten ist zufriedenstellend. Die Verarbeitung im Rechnersystem bildet die Grundlage zur Optimierung der Betriebsergebnisse und für Forschungstätigkeiten. Die dezentrale, anlagenorientierte Organisation des Automatisierungssystems hat sich für den Instandhaltungsbetrieb bei der Inbetriebnahme, bei der Wartung und besonders bei der Behebung von Störungen bewährt.

Die Mängel im System wurden inzwischen weitgehend beseitigt. Seit 18 Monaten arbeitet das Gesamtsystem ohne komplizierte Störung zur Zufriedenheit von Anlagenbetreiber und Instandhaltung.

ERFAHRUNGEN MIT DIGITALEN LEITSYSTEMEN MIT BUSÜBERTRAGUNG BEI DER FÜHRUNG VON KOHLEGEFEUERTEN GROSSKRAFTWERKEN

EXPERIENCE WITH DIGITAL CONTROL SYSTEMS WITH DATA BUS FOR AUTOMATION OF FOSSILE POWER PLANTS

R. Stein

Projektleitung für Leitanlagen
Brown, Boveri & Cie. AG, Geschäftsbereich GK
6800 Mannheim 1, B.R. Deutschland

D. Hamm

Betrieb Elektrotechnik
Großkraftwerk Mannheim AG
6800 Mannheim 24, B.R. Deutschland

H. Zimmermann

Leittechnische Verfahren und Systeme
Brown, Boveri & Cie. AG, Geschäftsbereich GK
6800 Mannheim 1, B.R. Deutschland

Summary

The paper describes the application of a decentralized digital control system in a 475 MW power plant combined with destrict heating. A redundant remote bus connects the process-stations with the control room, approximately 5000 microprocessors communicate via the bus lines, a diagnosis system is integrated. Due to high flexibility during commissioning period and easy handling the system is accepted by operators and service personal, though some improvements of the new system had to be made during plant-installation. The digital processing allows the introduction of modern control structures with better control results.

1. Einführung

In der Kraftwerksleittechnik hat sich in den letzten Jahren ein Wandel vollzogen. Kennzeichnend für die bisherigen Leitanlagen sind eine parallele Informationsübertragung über einzelne Kabeladern und die Festlegung der geforderten Funktion durch projektspezifische Verdrahtung der Hardware-Baugruppen untereinander. Eine weitere Verbesserung der Funktion und der Handhabung sind wirtschaftlich durch den Einsatz neuer Techniken möglich. Die neue Leittechnikgeneration ist gekennzeichnet durch digitale Datenverarbeitung mit Mikroprozessoren, Festlegung der projektspezifischen Funktionen durch Strukturierung von Standard-Software-Bausteinen sowie Datenübertragung und Datenverteilung über leistungsfähige Datenbusse. In diesem Beitrag

Bild 1: Heizkraftwerksblock 7 des Großkraftwerkes Mannheim

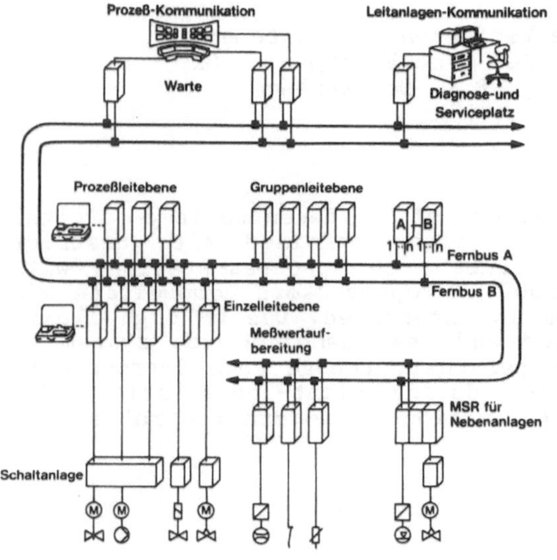

Bild 2: Systemübersicht Leitanlage

werden Erfahrungen mit einer ausgeführten Leitanlage dieser neuen Generation in einem kohlegefeuerten Großkraftwerk wiedergeben, Bild 1.

Die Leitanlage, Bild 2, besitzt ein redundant aufgebautes Bussystem. Der Datenbus erstreckt sich auch in verschiedene vor-Ort-Bereiche zum Sammeln von Meßwerten in Prozeßstationen. In den örtlich verteilten Prozeßstationen erfolgt die Digitalisierung und Meßwertaufbereitung. Die aufbereiteten Meßwerte werden mit dem Fernbus übertragen und stehen damit im Elektronikraum zur Verfügung, wo u.a. die Aufgaben von Steuerung und Regelung gelöst werden. Ein an das Bussystem angeschlossener Prozeßrechner erhält über den Datenbus Werte und Meldungen zur Informationsdarstellung auf Farbsichtgeräten und zur Erstellung von Protokollen. Er wird nicht für closed-loop-Aufgaben eingesetzt. Zusätzlich sind von einem Diagnose- und Serviceplatz aus über den Fernbus "Einsicht" und Eingriffe in die gesamte Leitanlage möglich.

2. Kraftwerksanlage und Leitanlagenaufbau

Die Leitanlage ist eingesetzt im neuen Block 7 des Großkraftwerkes Mannheim, Bild 3. Dieser Block besitzt einen Dampferzeuger für Öl- und Kohlefeuerung mit einer Dauerleistung von 1370 t/h Frischdampf.

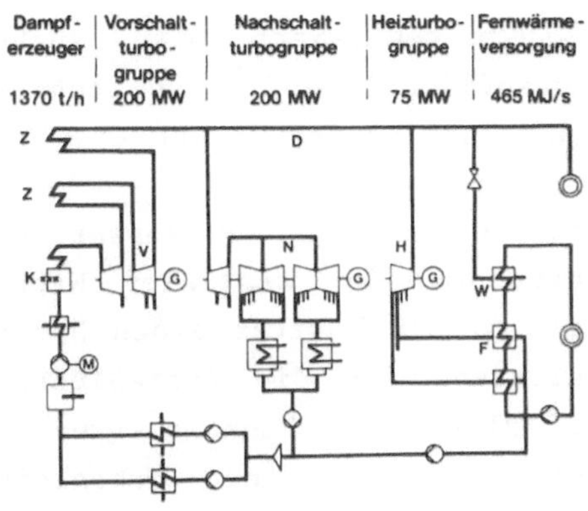

Bild 3: Wärmeschaltbild

Es handelt sich um einen einsträngigen Zwangsdurchlaufkessel (K) mit Umwälzeinrichtung und doppelter Zwischenüberhitzung (Z), sowie überkritischem Frischdampfzustand bei 255 bar/530°C. Der Dampf wird über eine Vorschaltgegendruckmaschine (V) von 200 MW oder direkt über Reduzierstationen in eine 20 bar Dampfsammelschiene (D) eingespeist. Die Dampfsammelschiene verbindet den neuen Block mit älteren Anlagen des Großkraftwerkes. Über die Dampfsammelschiene sind parallel geschaltet eine Kondensationsturbine (N) von 200 MW und eine Gegendruckturbine (H) von 75 MW zur Fernwärmeabgabe (F). Die Fernwärmeabgabe ist auch über Wärmetauscher (W) möglich.

Die Komplexität des Prozesses und die angestrebte flexible Fahrweise führten zur Entscheidung einer Vollautomatisierung der Gesamtanlage in moderner speicherprogrammierter Technik. Zur leittechnischen Aufgabenstellung gehörte die Automatisierung in sich geschlossener Teilanlagen, wie :
Dampferzeuger mit Vorschaltturbogruppe; Nachschaltturbogruppe; Fernwärmeversorgung mit Heizturbogruppe.

Bild 4: Leitstand

Zur leittechnischen Aufgabenstellung gehört weiterhin die Automatisierung des Fernheizbetriebes für das Heiznetz der Stadt Mannheim, ein geregelter Teillastbetrieb des Dampferzeugers ab 25% Leistung, sowie ein automatisches, zeitsparendes und materialschonendes An- und Abfahren von Anlage und Hauptkomponenten.

Steuerung und Regelung sind dezentral und hierarchisch aufgebaut.

Unterschieden werden die Blockleitebene, die Funktionsgruppenleitebene und die Antriebsleitebene. Alle leittechnischen Funktionen in den 3 Leitebenen sind speicherprogrammiert realisiert, mit Ausnahme des Kesselschutzes, der aus genehmigungspflichtigen Gründen festverdrahtet ausgeführt wurde, ebenso wie der Turbinenschutz und die Turbinenregelung.

Bild 5: Diagnose- und Serviceplatz

Bild 6: Prozeßstation

Die Führung des Prozesses erfolgt von der zentralen Warte, Bild 4. Sie besitzt einen Hauptleitstand für die Prozeßführung auf Block- und Funktionsgruppenleitebene und einen Nebenleitstand für die Antriebsleitebene. Ein Informationsbord enthält 4 Farbsichtgeräte für Anlagenschemata mit aktuellen Meßwerten, Balkenanzeigen, Kurvenanzeigen, Betriebsablaufanzeigen, sowie zusätzlich eine parallele Instrumentierung. Die polygone Bauform ermöglicht optimale Bedienung und Sichtverhältnisse für die Operateure.

Der Diagnose- und Serviceplatz, Bild 5, ist im Wartennebenraum untergebracht. Speicherprogrammierbare Leitsysteme mit Busübertragung ermöglichen Diagnoseeinrichtungen zur ständigen Selbstüberwachung der leittechnischen Komponenten. Vom Diagnose- und Serviceplatz sind über den Fernbus auch Servicehandlungen in der Leitanlage möglich; dazu gehören: Signalverfolgung, Simulation, Änderungen von Parametern. Dieselben Servicehandlungen können auch beliebig von jedem Elektronikschrank aus mit Hilfe eines transportablen Inbetriebnahme- und Servicegerätes durchgeführt werden, sodaß während der Inbetriebnahmephase ein "paralleles" Arbeiten an der

Anlage möglich ist.

Zur Erfassung und Aufbereitung der Meßwerte befinden sich ca. 1/4 aller Busstationen vor-Ort, was zu einer erheblichen Reduzierung an Kabelmassen führte, Bild 6. Die Prozeßstationen vor-Ort sind in gekapselter Bauform Schutzart IP54 ausgeführt. Die beiden redundanten Kanäle einer Fernbuslinie sind örtlich getrennt verlegt.

Leittechnik Aufgabenstellung:

166	Regelungen
153	Funktionsgruppensteuerungen
1254	automatisierte Stellglieder
ca. 4000	analoge Meßgrößen mit
ca. 5000	abgeleitete Grenzwertmeldungen
ca. 1700	Binärgeber

Leittechnik Lösung:

ca. 5000	Mikroprozessoren
ca. 12000	Datentelegramme im Bussystem
ca. 60000	Signale im Bussystem zu übertragen

Bild 7: Mengenangaben zur Leittechnik

Der Umfang von leittechnischer Aufgabenstellung und Lösung geht aus Bild 7 hervor. Bei diesen Zahlenangaben ist zu beachten, daß die vorgestellte Kraftwerksanlage 3 Turbosätze mit einer Dampfsammelschienenanlage und ein umfangreiches Fernheizsystem umfaßt.
Zu den Prozeßwerten kommen noch die in der Leitanlage gebildeten Zwischengrößen, Meldungen und Befehle, sodaß ca. 12000 Datentelegramme mit zusammen ca. 60000 Signalen im Bussystem zu übertragen sind.

April 1980	Auftragserteilung für PROCONTROL P
April 1981	Montagebeginn Leittechnik
Okt. 1981	Inbetriebnahme der Fernbuslinien
April 1982	Erste Zündversuche am Dampferzeuger
Juni 1982	Erster Turbosatz am Netz
Aug. 1982	Fernheizsystem erstmals in Betrieb
Nov. 1982	Vollastversuchsbetrieb für Gesamtanlage erreicht
Jan. 1983	Normaler Lastbetrieb

Bild 8: Abwicklungstermine

Das Übertragungssystem arbeitet ereignisorientiert, d.h., bei jeder Signaländerung wird eine Übertragung des neuen Signalzustandes ausgelöst. Zusätzlich werden während ereignisfreier Zeiten alle 12000 Datentelegramme unabhängig von Signaländerungen zyklisch übertragen. Die Betriebserfahrung hat gezeigt, daß digitale dezentrale Leitanlagen mit Busübertragung auch bei diesen Signalmengen hinsichtlich Abwicklung und Einsatz voll beherrscht werden.

Die Anlage befindet sich seit November 1982 im Lastbetrieb, die Abwicklungstermine sind in Bild 8 wiedergegeben.

3. Erfahrungen mit dem Leitsystem

Sofort nach Auftragserteilung noch im Sommer 1980 wurde eine Versuchsanlage in einem vorhandenen Anlagenteil des Großkraftwerkes installiert. Die Erfahrungen mit dieser Versuchsanlage flossen in die Serienfertigung der Geräte ein. Während der Inbetriebnahme zeigte sich, daß zum Teil weitere Verbesserungen der Grundsoftware notwendig waren. Dies erfolgte durch Austausch von PROM's auf den Baugruppen. Bei bisherigen Systemen wären stattdessen Hardware-Änderungen erforderlich gewesen. Die aufgetretenen Geräteausfälle waren für eine Geräteneueinführung normal, Systemfehler waren nicht erkennbar.

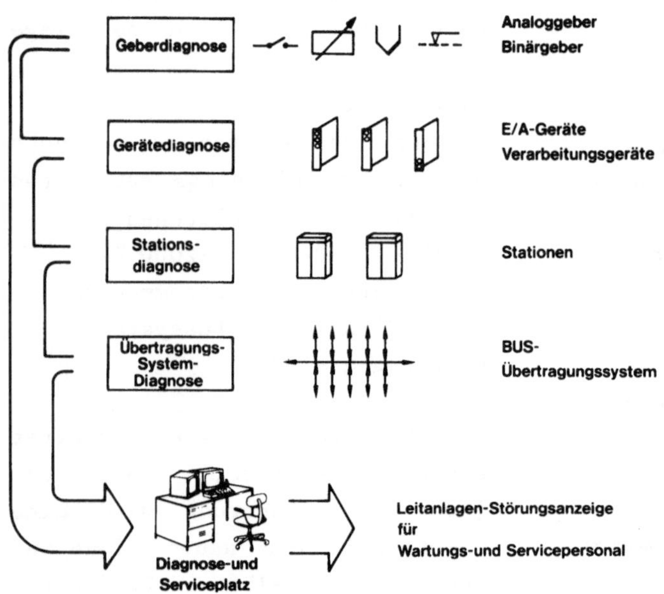

Bild 9: Diagnosesystem

Die Leitanlage überwacht sich selbst durch eine dynamische Diagnose von Gebern, Mikroprozessorbaugruppen, Anschlußstationen, Übertragungswegen und Stromversorgungen, Bild 9; Anzeige und Registrierung der Diagnosemeldungen erfolgt am Diagnose- und Serviceplatz.

Die Anzeige und Registrierung nach Zeit, Art und Ort eines erkannten Fehlers innerhalb der Leittechnik-Anlage versetzt das Servicepersonal in die Lage, den Fehler schnell zu beheben. Damit wird eine hohe Verfügbarkeit der Anlage erreicht. Es zeigte sich jedoch, daß die umfangreichen Diagnoseeinrichtungen bei noch unfertiger Anlage zu Inbetriebnahme-Beginn zu viele Fehlermeldungen gleichzeitig erzeugten, sodaß man dazu übergehen mußte, die Diagnose-Einrichtungen erst in Abständen schrankweise "scharf" zu schalten. Die Effizienz des Diagnosesystems konnte jedoch mit zunehmender Beseitigung von "Trivialfehlern" ständig gesteigert werden.

Als äußerst zweckmäßig erwies sich die Flexibilität und Änderungsfreundlichkeit der speicherprogrammierbaren Technik.
Wegen der Komplexität der verfahrenstechnischen Anlage wurden nach ersten Inbetriebnahmeversuchen noch verfahrenstechnische Änderungen und Ergänzungen durchgeführt, die Leittechnik mußte entsprechend nachgeführt werden. Dies war immer in kurzer Zeit möglich. Mikroprozessorkenntnisse sind dabei nicht erforderlich, die notwendigen Anweisungen erfolgen in der Sprache des Leittechnikers.

Der Leittechniker arbeitet dabei funktionsorientiert mit der Funktionsbeschreibung, ein Stromlaufplan entfällt. Nach Eingabe von Gerätetyp und Einbauort - aus der Funktionsbeschreibung zu entnehmen - über eine Tastatur kann der gewünschte Funktionsblock aufgerufen werden.
Der Diagnose- und Serviceplatz antwortet im Dialog und blendet über das Sichtgerät die aktuellen Eingänge, Ausgänge und Parameter der angesprochenen Funktion ein. Die gewünschte Änderung erfolgt durch Überschreiben der alten Anweisungen, bei unplausiblen Angaben wird auf dem Sichtgerät ein Fehlerhinweis gegeben. Nach Freigabe der Änderung wird diese auf dem angesprochenen Gerät übernommen, eine Rückdokumentation durch Ausdruck der aktuellen Anweisungsliste ist jederzeit möglich.

Erfahrungen mit Reaktionszeiten des Bussystems konnten während normaler verfahrenstechnischer Störfälle in der Inbetriebnahmephase gewonnen werden, z.B. bei Ansprechen des Kesselschutzes, Abschalten aller Brenner und gleichzeitigem Lastabwurf von zwei Turbinen. Trotz der hierbei auftretenden höheren Datenbelastung auf dem Bus gab es für das Führen des Kraftwerksprozesses keine Probleme mit den Reaktionszeiten des Bussystems. Ein zeitfolgerichtiges Erfassen des Betriebsablaufes mit 10 ms Zeitauflösung war möglich, Datenübertragungsengpässe traten bei keinem Betriebs- oder Störfall der Kraftwerksanlage auf. Die bisher gewonnenen praktischen Erfahrungen bei dieser datentechnisch umfangreichen Anlage bestätigen die theoretischen Untersuchungen bei der Systemauslegung.

4. Betriebserfahrungen mit einigen Funktionsauslegungen

Die speicherprogrammierbare Technik ermöglicht den vermehrten Einsatz hochwertiger Regelungen und umfangreicher Steuerungen, so wurden in dieser Anlage z.B. Entkopplungsregelungen und Parametervariationen in größerem Umfang als bisher üblich eingesetzt. Beispielhaft werden die Ergebnisse einer Endtemperatur-Regelung und eines Kannlastfalles gezeigt.

Die Endtemperatur-Regelung am Verdampferaustritt ist als modifizierte PI/P-Kaskade aufgebaut. Bei dem PI-Führungsregler werden Verstärkung und Nachstellzeit lastabhängig kontinuierlich geändert. Außerdem wird lastunabhängig beim Überschreiten einer bestimmten Grenztemperatur die Verstärkung erhöht und die Nachstellzeit verringert. Als Störgrößenaufschaltungen werden die meßbaren Störgrößen Temperatur nach Einspritzung, Frischdampfmenge, Summe Brennstoff Kohle und Summe Brennstoff Öl aufgeschaltet, und zwar über vorgeschaltete Proportional-, Differenzier- oder Verzögerungsglieder.

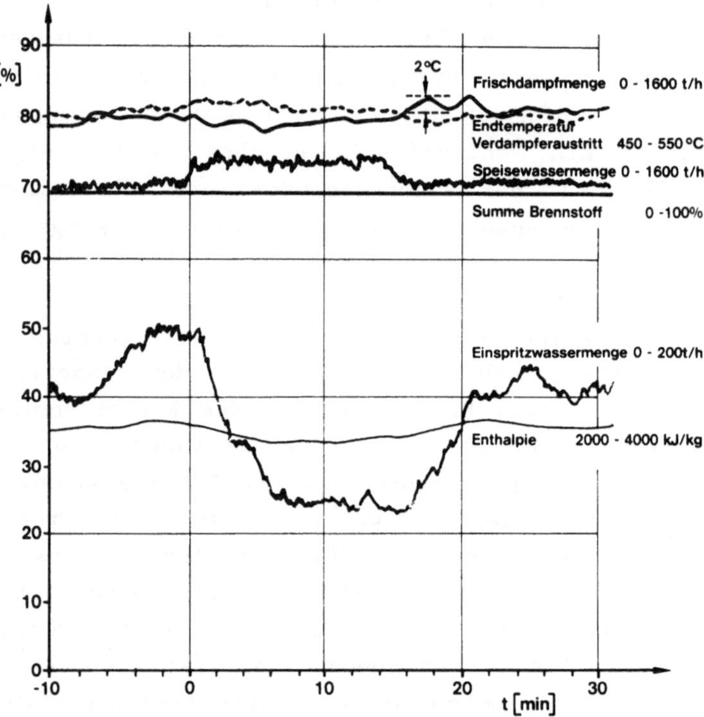

Bild 10: Endtemperatur-Regelung

Bild 10 zeigt das Verhalten der Endtemperatur Verdampferaustritt bei einer 3%igen Erhöhung der Speisewassermenge bei Vollast, ca. 1300 t/h, und konstanter Brennstoffzufuhr. Die Einspritzwassermenge wird zurückgenommen, die Endtemperatur ändert sich bei 530°C nur um 1-2°C, also ca. 0,3%.

Aufgrund der Parametervariationen wurde eine gleichwertige Regelgüte vom Schwachlastbetrieb bis hin zum Vollastbetrieb ohne gerätetechnischen Mehraufwand erreicht.

Bei dem nachfolgend beschriebenen Kannlastversuch wird neben einer gezielten Abschaltung auch eine Struktur- und Parameteradaption wirksam. Die Führungsregler von Dampfstrom, Enthalpie, Brennstoff und Speisewasser werden an die Störung angepaßt. Bei dem Versuch wurde davon ausgegangen, daß eine von drei Speisepumpen nicht verfügbar ist, und eine der beiden übrigen Speisepumpen schlagartig ausfällt. Dies hat einen Not-Aus-Befehl an die Kohlemühle 4 (oberste Brennerebene) zur Folge, die Kannlast des Dampferzeugers wird sprunghaft reduziert. Der Zustand bei Versuchsbeginn war Dampfdruck 255 bar, Dampfmenge 1400 t/h, 4 Kohlemühlen in Betrieb, 2 Speisepumpen in Betrieb. Der Zustand bei Versuchsende war Dampfdruck weiterhin 255 bar, Dampfmenge reduziert auf 900 t/h, noch 3 Kohlemühlen in Betrieb, nur 1 Speisepumpe in Betrieb.

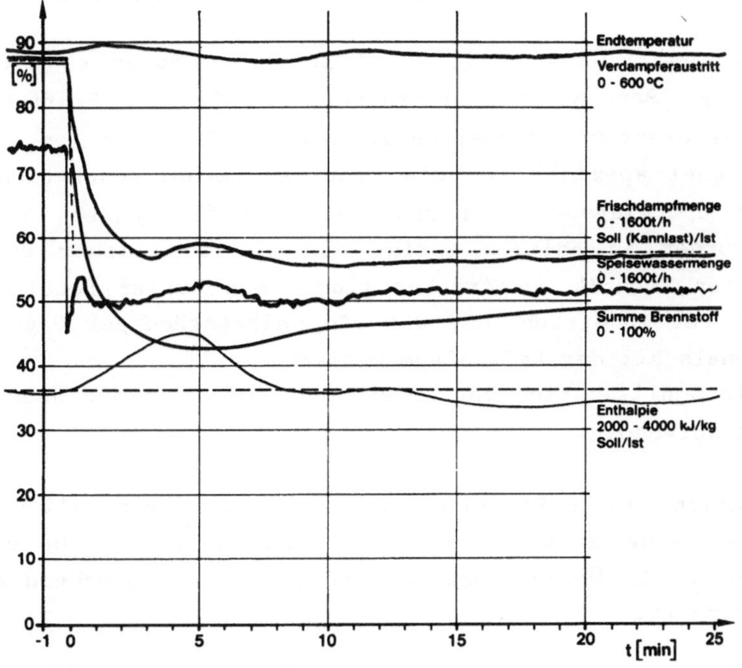

Bild 11: Kannlastversuch

Bild 11 zeigt, daß aufgrund der plötzlichen 50%igen Reduzierung der Speisewassermenge die Brennstoffmenge Kohle stark zurückgefahren wird und sich dann auf einem neuen Wert einpendelt.

Zu beachten ist auch das Verhalten der Enthalpie, die nach einem Überschwingen nach 8 Minuten auf den alten Wert zurückkehrt. Der sprunghaften Reduzierung der Kannlast von 1400 auf 900 t/h folgt die Dampfmenge unter Beachtung der in der Regelung wirksamen zulässigen Kannlastgradienten in nur 3 Minuten. Die Endtemperatur wird dabei nur unwesentlich um ca. 3°C reduziert.

Der Versuch zeigt, daß auch bei großen Prozeßstörungen und gegenseitig abhängigen Prozeßgrößen durch Entkopplungsschaltungen ein optimales Regelverhalten für Dampfstrom und Endtemperatur erreicht wurde.

Regelungen mit Parametervariationen, Entkopplungen, und Störgrößenaufschaltungen sind wirtschaftlich erst in der hier beschriebenen speicherprogrammierbaren Technik möglich.

5. Erfahrung mit Bedienungspersonal bei Umgang mit der Leitanlage

Für die Erfahrung im Umgang mit der Leitanlage erwies es sich als sehr zweckmäßig, Personal des Betreibers bereits im Prüffeld des Leittechnik-Lieferanten mitarbeiten zu lassen. Es wurde vom Betreiber kein Personal speziell für die neue Leittechnikgeneration eingestellt; der überwiegende Teil des Personals für Messen, Steuern, Regeln war vorher in Anlagen tätig, die mit der bisher üblichen festverdrahteten Technik ausgerüstet sind. Nach kurzer Schulung und Mitarbeit bei der Inbetriebnahme war ein selbstständiger Umgang des Betriebspersonals mit der Leitanlage möglich.
Eine spezielle Qualifikation des Servicepersonals für die neue Technik ist nicht notwendig.

Die Dokumentation der Leitanlage wurde aufgrund betrieblicher Belange in Abstimmung zwischen Betreiber und Lieferant in einigen Punkten ergänzt. Die Übergabedokumentation wird entsprechend dieser Abstimmung erstellt.

Weiterhin ist es für den Umgang mit der Leitanlage von großer Wichtigkeit, daß der Prozeßrechner, zumindest die Zeitfolgemeldefunktion zu Beginn der Inbetriebnahme ausgeliefert und in Betrieb genommen ist. Die nicht rechtzeitige Auslieferung führte zu Behinderungen in der ersten Inbetriebnahmephase.

6. Ausblick

Obwohl mit der hier beschriebenen ausgeführten Leitanlage bereits ein erheblicher Innovationssprung vollzogen wurde, ist langfristig noch weiteres Entwicklungspotential zu erkennen. Dazu gehört z.B.:

- Meßumformer mit digitalem Ausgang zum direkten Anschluß an Zubringerbusse und digital arbeitende Warteninstrumentierung
- Weitere Verbesserung der Funktionsqualität im Bereich der Regelung, Messung, Überwachung
- Selbstdokumentation als Ergänzung zur Selbstdiagnose
- Archivierung auf Magnetbändern anstelle Papier

Literatur:

/1/ Zimmermann: Busorientiertes Prozeßleitsystem im Kraftwerk. etz, Bd. 103, 1982, Heft 3, Seite 125.

/2/ Herrmann, Hamm: Kraftwerksleittechnik mit Bus-System. VGB Kraftwerkstechnik 63, Heft 3, März 1983, Seite 217.

PROJEKTIERUNGS- UND BETRIEBSERFAHRUNGEN MIT AUTOMATISIERUNGSSYSTEMEN IN DER CHEMISCHEN VERFAHRENSTECHNIK

EXPERIENCE GAINED IN PLANNING AND OPERATING AUTOMATION CONTROL SYSTEMS IN CHEMICAL TECHNOLOGY

S. Weidlich

Hoechst AG

D-6230 Frankfurt/Main 80, B. R. Deutschland

Summary

The article describes the use of digital automation systems which may be decentralized and whose configuration may be varied by the use of parameters. The author discusses standard applications and the reason for their use and explains the applicable automation systems. The approach to project execution adopted by our process control engineers in the realization of automation tasks is outlined. Experience in planning is described. The author points out the limitations of such automation systems in the light of present experience and describes the improvements requested by users. The article concludes by discussing the prospects of an integrated, hierarchical automation system for meeting increasing automation requirements.

1. Einleitung

Steigende Automatisierungsanforderungen, sowohl in qualitativer Hinsicht als auch vom Umfang her, erfordern in zunehmendem Maße den Einsatz leistungsfähiger und komplexerer Automatisierungsmittel. Der mit derart anspruchsvollen Automatisierungsaufgaben betraute Ingenieur findet heute zur Lösung seiner Aufgabe am Markt eine Fülle von digitalen Prozeßautomatisierungssystemen (PAS) - Systeme für die sich in der Zwischenzeit im Sprachgebrauch auch die Bezeichnung "Digitale Dezentrale Automatisierungssysteme" eingeführt hat. Diese Systeme haben - wie man den Hersteller- und Prospektangaben entnehmen kann - die Automatisierungstechnik revolutioniert und eröffnen dem Automatisierungsingenieur bei der Lösung seiner Aufgaben neue Dimensionen. Der vorliegende Beitrag will aufzeigen, welche Erfahrungen wir in der chemischen Verfahrenstechnik - d. h. insbesondere unsere mit der Projektabwicklung betrauten MSR-Ingenieure - mit dem Einsatz von PAS gemacht haben. Der Schwerpunkt der Ausführungen wird auf der Projektierung liegen, da Betriebserfahrungen zum gegenwärtigen Zeitpunkt erst seit Mitte 1982 vorliegen; neben Aspekten der Planung werden jedoch besonders auch Belange der Betriebsbetreuung angesprochen.

2. Typische Automatisierungsaufgaben in der chemischen Verfahrenstechnik

In der Regel liegt derzeit in der Chemie der größte Anteil an Automatisierungsaufgaben bei Anlagen, die insgesamt oder doch zum überwiegenden Teil nach einem Batch-Verfahren arbeiten. Hierfür bietet sich als geeignetes Lösungsprinzip die Ablaufsteuerung, dargestellt als Funktionsplan gemäß DIN 40 719, Teil 6, an. Somit ist von den hierzu zum Einsatz kommenden PAS gerade auf diesem Sektor - nämlich der Bearbeitungsmöglichkeit von verfahrenstechnischen Abfolgen - eine besondere Leistungsfähigkeit zu fordern. Daß Regelungsaufgaben selbstverständlich in den gleichen Automatisierungssystemen mitbearbeitet werden, bedarf keiner weiteren Erwähnung. Dieser Besonderheit der chemischen Verfahrenstechnik wird gegenwärtig dadurch Rechnung getragen, daß auch die ursprünglich von der Regelungstechnik her entwickelten digitalen Automatisierungssysteme durch Hard- und Softwaremodule zur Bearbeitung von Ablaufsteuerproblemen ergänzt werden.

Ein weiteres Charakteristikum für die Produktionsanlagen der chemischen Verfahrenstechnik ist, daß die Anlagen insbesondere bei Batchprozessen einer ständigen Weiterentwicklung in Richtung Verfahrensverbesserung und Steigerung der Produktqualität, Produktreproduzierbarkeit und Produktausbeute unterliegen. Diese Anforderungen resultieren nicht zuletzt daraus, daß gerade hier für uns die Chancen im internationalen Marktwettbewerb liegen. Obwohl die Komplexität der zu automatisierenden Anlagen in der Regel so hoch ist, daß eine Handfahrweise praktisch nicht durchführbar und somit der Automatikbetrieb unabdingbar ist, muß daher dennoch das Automatisierungskonzept von vornherein so flexibel gestaltet werden, daß die erwähnten Versuche mit möglichst geringem Aufwand und Verbesserungen ohne grundsätzliche Konzeptionsänderung durchgeführt werden können - eine anspruchsvolle Aufgabe für den Automatisierungs- bzw. MSR-Ingenieur.

Grundsätzlich stellt sich beim Automatisieren komplexer chemischer Verfahren eine Reihe immer wiederkehrender prinzipiell ähnlicher Automatisierungsaufgaben. Diese sind jedoch individuell für jedes Projekt zu lösen, lassen sich aber in etwa folgendermaßen differenzieren:

- Produktflußvorwahl und freie Konfiguration von Anlagenapparaturen
- Anwahlmöglichkeit verschiedener Fahrweisen, z. B. batch bis kontinuierlich.
- Darstellung unterschiedlicher dynamischer Fließbilder entsprechend der gewählten Fahrweise, Produktflußvorwahl usw.
- Rezepturvorwahl für verschiedene Produkt-Typen.
- Sollwertführungen, z. B. für das Hochfahren einer Anlage, Verändern von Anlagen- und Regelparametern.
- Regelfunktionen auch mit geführten Sollwerten.
- Steuerungsfunktionen, d. h. sowohl Ablaufketten als auch Verriegelungen.
- Notausprogramme.
- Übergeordnete Verriegelungen.
- Mengendosierungen, Zählfunktionen.
- Überwachungsfunktionen, z. B. für Schritt-, Laufzeit- oder Laufüberwachung.
- Meßwerterfassung und -verarbeitung, z. B. Grenzwertüberwachungen, Abspeichern und Archivieren des zeitlichen Verlaufs von Meßgrößen oder berechneten Größen usw.
- Arithmetikfunktionen.
- Alarmierung und Meldung.
- Protokollierung von Störungen und Alarmen, von Schalthandlungen und Bedieneingriffen, aber auch Protokolle für die Betriebsführung wie z. B. Schichtprotokolle, Mengenbilanzen, Produktionsfahrpläne.

Gleichermaßen sind es auch immer wieder ähnliche Einsatzgründe, die bei der Auswahl des geeigneten Automatisierungsmittels zur Entscheidung zu Digitalen Dezentralen Automatisierungssystemen führen. Als wesentlichste Einsatzgründe seien genannt:

- Zwang zur flexiblen Automatisierung einer chemischen Produktionsanlage: in der Regel wird die geforderte Vielfalt an Kombinationsmöglichkeiten von Apparaturen und verfahrenstechnischen Abläufen in einer Handfahrweise nicht mehr beherrscht, wodurch eine gute Produkt-Reproduzierbarkeit nicht mehr gewährleistet ist; trotz dieser Forderung nach Automatik-Fahrweise muß das PAS für den Betrieb dennoch ausreichend Freiheitsgrade aufweisen, um laufende

Verbesserungen und Weiterentwicklungen des Verfahrens aus dem Labor ohne Softwareänderungen auf die Anlage übertragen zu können.

- Hohe Flexibilität und gute Änderungsfreundlichkeit, da es sich bei den Produktionsanlagen meist um neue Verfahren handelt und somit Verfahrensänderungen abzusehen sind. Aus gleichem Grund besteht die Forderung, das PAS nach Anlagenteilen funktionell dezentralisieren zu können.
- Stufenweise Anpaßmöglichkeit des Automatisierungssystems entsprechend dem Ausbau der Produktionsanlage mit der Möglichkeit des Datentransfers zwischen den nach und nach zu installierenden Automatisierungseinheiten und der Ausbaubarkeit des Bedien- und Beobachtungssystems von Schwarz-Weiß-Bildschirm bis hin zu leistungsfähigem Farbbildschirm-Bediensystem.
- Vereinfachung der Prozeßführung in kleineren Meßwarten durch Informationsaufbereitung und -verdichtung und Zentralisierung von Bedienung und Beobachtung, verbunden mit der variablen Fließbilddarstellung am Farbbildschirm entsprechend der aktuellen Produktfahrweise und Konfiguration der Apparaturen und Anlagenteile.
- Verminderung der Schnittstellen zwischen den einzelnen Automatisierungsmitteln für Steuern, Regeln, Beobachten, Bedienen usw., d. h. ein System für die gesamte Automatisierungsaufgabe.
- Realisierung der Automatisierungsfunktion durch vorkonfektionierte Software in Form von fertigen Programm-Modulen und -bausteinen, die konfiguriert und parametriert werden.
- Projektierbare Erhöhung der Verfügbarkeit durch die Möglichkeiten von flexibel anpaßbarer Instrumentierungsstruktur und Redundanzauslegung, durch Systemselbstüberwachung und automatische Fehlerdiagnose.

Ein Beispiel aus der Praxis für eine typische Struktur eines PAS ist in Abb. 1 dargestellt, das deutlich die Möglichkeiten der funktionellen Dezentralisierung nach Anlagenteilen und Ausbaustufen zeigt. Redundanz ist hier nur auf der Ebene der Mensch-Maschine-Kommunikation insofern vorhanden, als zwei parallel arbeitende Bedien- und Beobachtungssysteme unterschiedlichen Leistungsumfanges installiert sind. Die Möglichkeit der räumlichen Dezentralisierung, d. h. Installation der Verarbeitungseinheiten verteilt in der Anlage und verknüpft miteinander über das Bus-System, wird in der Praxis seltener genutzt. Dies ist erst bei Produktions- oder sonstigen Anlagen ab einer gewissen räumlichen Ausdehnung angebracht, wie es beispielsweise bei Kläranlagen, weitverzweigten Massenproduktionsanlagen usw. der Fall ist.

Struktur Digitales Prozeßautomatisierungssystem

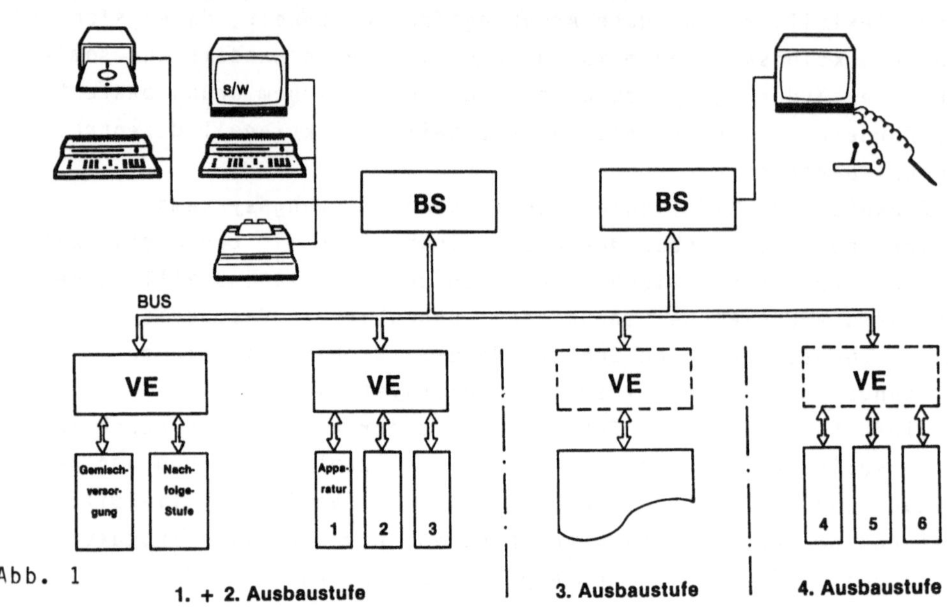

Abb. 1

3. Erfahrungen bei der Projektierung

Nach der Vorstellung typischer Einsatzgründe und einer typischen Struktur für Digitale Prozeßautomatisierungssysteme in der chemischen Verfahrenstechnik soll nun kurz auf die Projektierungsaufgabe des Automatisierungsingenieurs eingegangen werden. Hierbei spannt sich der Bogen der Aufgabenstellung von der Aufgabenklärung bis hin zur Rückdokumentation und durchläuft die in Abb. 2 dargestellten Projektierungsschritte. Da die einzelnen Projektierungsschritte sehr ausführlich in /1/ behandelt wurden, soll im Rahmen dieses Beitrages nur auf die wesentlichsten Aspekte bei der Projektabwicklung hingewiesen werden.

Als Kern seiner Tätigkeit hat der Automatisierungsingenieur aus der Aufgabenstellung eines Projektes heraus in geeigneter Form eine Aufgabenbeschreibung zu erstellen. Diese Systemanalyse - oder zutreffender formuliert: Automatisierungsanalyse - ist heute vom Automatisierungsingenieur zu leisten und nicht mehr - wie es früher beim Einsatz von Prozeßrechnern in der Regel üblich war - vom Programmierer, Softwarespezialisten oder Systemanalytiker. Dies ergibt sich einfach aus der Tatsache, daß die Automatisierungsfunktion nicht mehr in Assembler oder ggfs. einer höheren Programmiersprache zu realisieren ist. Diese Tätigkeit erfordert eine entsprechende Qualifikation und ist - wie in Abb. 3 gezeigt - jeweils durch drei wesentliche Komponenten charakterisiert:

Der intuitive Anteil wird durch einen fundierten Erfahrungsschatz geprägt, das systematische Vorgehen setzt logisches Denken voraus und nicht zuletzt ist ein gerüttelt Maß an Routinearbeiten schematisch abzuarbeiten.

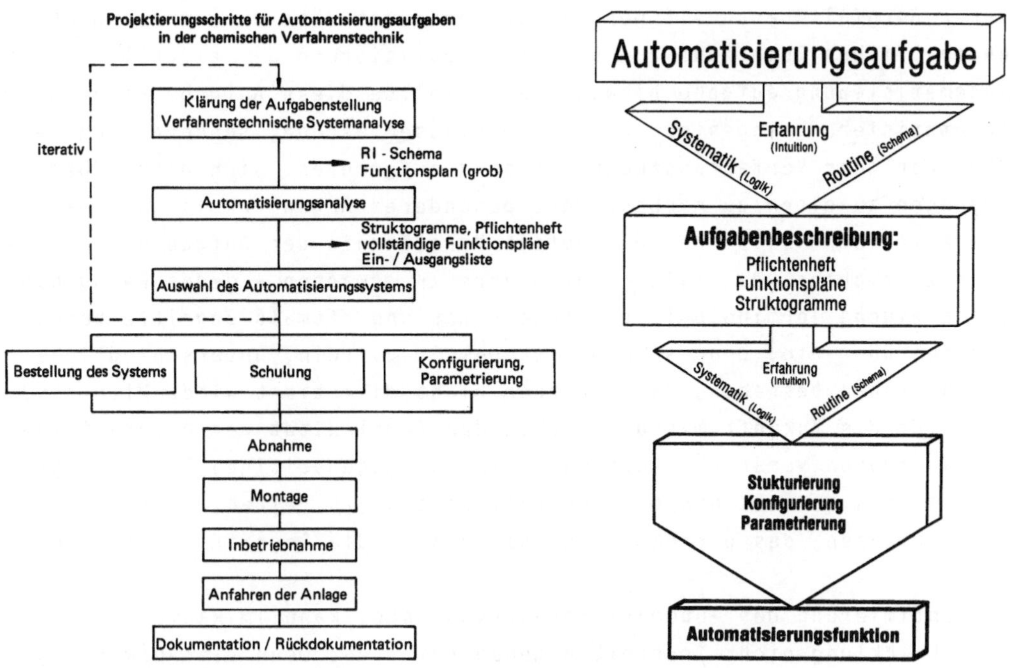

Abb. 2 Abb. 3

Mit der Aufgabenbeschreibung, für die sich als geeignete Form je nach Komplexität der Automatisierungsaufgabe die Form eines Pflichtenheftes, die Struktogramm-Form und der Funktionsplan gemäß DIN 40719, Teil 6, anbietet, ist die Basis zur Realisierung der geforderten Automatisierungsfunktion gelegt. Doch zur Erarbeitung der endgültigen Aufgabenbeschreibung ist zunächst die Aufgabenklärung durch ein Spezialistenteam, dem in der Regel Chemiker, Verfahrenstechniker, Elektrotechniker und Automatisierungsingenieur angehören, erforderlich. Aus den hierbei entwickelten Zielvorstellungen ist im Schritt "Automatisierungsanalyse" die endgültige Aufgabenstellung für das Automatisierungssystem zu erarbeiten und zu fixieren. Neben den Überlegungen zu den bereits angesprochenen erforderlichen Automatisierungsfunktionen sind als weitere Aspekte die Bedienungskonzeption, Handebene und Hand-Back-up, die Thematik Anlagensicherung und die Struktur des Automatisierungssystems zu behandeln.

Gerade die dezidierte und frühzeitige Betrachtung dieser Gesichtspunkte trägt dazu bei, die heutigen komplexen Produktionsanlagen für das Betriebspersonal bedienbar und beherrschbar zu machen, was letztlich auch ganz wesentlich zur Erhöhung der Produktionsverfügbarkeit einer Chemieanlage beiträgt. Deshalb müssen diese Punkte mit besonderer Sorgfalt behandelt werden; das bedeutet aber auch einen nicht unerheblichen Zusatzaufwand über die Realisierung der eigentlichen Automatisierungsaufgabe hinaus. Daher sollte diese Aufgabe nicht dem Automatisierungsingenieur allein überlassen werden, sondern auch der Chemiker oder Verfahrenstechniker sind aufgerufen, sich diese Überlegungen zu eigen zu machen. Ganz besonderes Augenmerk ist auf das für alle Fachdisziplinen eindeutige Verständnis der Aufgabenbeschreibung zu richten, da - wie nicht anders zu erwarten - jedes Fachgebiet seine eigene Terminologie entwickelt hat und oftmals Begriffe benutzt werden, über die, ohne sich dessen bewußt zu sein, unterschiedliche Definitionen bestehen, darüber aber nicht diskutiert wird. Hier sind wohl für die Zukunft mit der wachsenden Komplexität der Automatisierungsaufgaben verstärkt Anstrengungen zum gegenseitigen Terminologieverständnis zu unternehmen. Generell scheint zu gelten, je komplexer das Verfahren, desto größer zunächst einmal die Begriffsverwirrung.

Die Optimierung des Automatisierungskonzeptes kann im Rahmen der Projektabwicklung nicht frühzeitig genug erfolgen. Denn die Auswirkung von Fehlern und Ungenauigkeiten in der Konzeptionsphase ist nur sehr schwer so rechtzeitig zu erkennen, daß diese in der fortschreitenden Projektabwicklung ohne besonderen Aufwand korrigiert werden können. Dies gilt grundsätzlich und unabhängig von der Flexibilität und "Änderungsfreundlichkeit" der heutigen PAS. Insgesamt macht die Fülle der zu bedenkenden Aspekte eine iterative Vorgehensweise für den Schritt Automatisierungsanalyse notwendig, um aus der Zielvorstellung des Schrittes Aufgabenklärung die Grundstruktur des Automatisierungskonzeptes festzulegen und sukzessive die Feinstruktur zu erarbeiten.

Die Auswahl des geeigneten Automatisierungssystemes wird sich letztlich immer an der Aufgabenstellung des jeweiligen Projektes orientieren. Diese Feststellung haben wir im Rahmen der in unserem Hause durchgeführten Systemuntersuchungen treffen müssen. Dabei kann der Vergleich mehrerer Fabrikate nur anhand einer grobgerasterten Kriterienliste durchgeführt werden. Dieses Grobraster wiederum muß auf einen umfassenden Katalog sehr detaillierter Auswahlkriterien basieren wie er beispielsweise ausführlich in /2/ beschrieben ist. Darüberhinaus sind als weitere entscheidende Aspekte zu berücksichtigen: Systemstruktur: zentral, dezentral / Mächtigkeit der Verarbeitungseinheiten / Kenntnis- und Erfahrungsstand mit bereits eingesetzten Systemen eines Herstellers / Möglichkeit der modularen Ausbaubarkeit und damit unmittelbar verknüpft Betrachtung der Einstiegs- und Erweiterungspreise.

Die Bestellung enthält als einen Schwerpunkt den Hardwareanteil, wobei von vorneherein entsprechende Reserven vorzusehen sind. Dabei haben sich als gute Richtwerte 10 - 30 % Reserve bei der Zahl der Ein- und Ausgänge und 30 - 50 % Reserve in der Verarbeitungskapazität der Verarbeitungseinheiten herausgestellt. Weiterhin sind resultierend aus der Automatisierungsanalyse die Anforderungen bezüglich Funktionsumfang, Systemstruktur, Prozeßperipherie und Mensch-Maschine- Kommunikation zu berücksichtigen.

Der zweite Schwerpunkt der Bestellung betrifft den Engineeringanteil mit Konfigurierung, Parametrierung, Abnahme, Funktionstest, Dokumentation, Rückdokumentation. Der Bestellumfang hier ergibt sich aus der Personalkapazität des Anwenders, wobei wir anstreben, einen möglichst hohen Anteil im eigenen Hause zu erbringen.

Als weitere wichtige Aspekte sind neben den Garantieleistungen in der Bestellung zu fixieren die Gewährleistung der Kompatibilität bei System-Weiterentwicklungen, der garantierte Zeitraum für Ersatzteillieferungen und der Umfang der Schulungsmaßnahmen durch den Hersteller. Sofern nicht ein gesonderter Wartungsvertrag abgeschlossen wird, sind weiter festzuhalten Vereinbarungen über Ersatzteilvorhaltung beim Hersteller und über die Zeitspanne, bis ein Ersatzteil am Einsatzort zur Verfügung stehen kann, und ferner die Zeitspanne, in der ein Service-Techniker am Einsatzort eintreffen kann.
Mit Einführung der Digitalen Dezentralen Automatisierungssysteme ist - wie bei Einführung jeder neuen Technik - die hierauf ausgerichtete Schulung der Mitarbeiter erforderlich und darf als Kostenfaktor nicht außer Betracht gelassen werden. Wir differenzieren dabei zwischen dem Kenntnisstand, den der für die automatisierte Anlage zuständige Betriebsingenieur, das die Anlage betreuende MSR-Wartungspersonal und das die Anlage fahrende Betriebspersonal besitzen muß.

Die Realisierung der Automatisierungsfunktionen erfolgt durch die sogenannte Konfigurierung und Parametrierung. Hierunter ist zu verstehen, daß aus einer Angebotspalette an softwaremäßig vorkonfektionierten Programm-Modulen oder Funktionsbausteinen die benötigten Funktionen ausgewählt und definiert, miteinander softwaremäßig verschaltet und parametriert werden. Dazu bieten die Hersteller eine Vielzahl in sich geschlossener Funktionsmodule an, deren Funktionen sich an der bekannten konventionellen Gerätetechnik orientieren. Durch deren in der Regel sehr anwendungsnahe Gestaltung ist der Automatisierungsingenieur prinzipiell in die Lage versetzt, aus einer detaillierten Aufgabenbeschreibung mit MSR-Stellen-Plänen, Funktionsplänen usw. heraus die Konfigurierung vornehmen zu können. Selbstverständlich werden dazu systemspezifische Konfigurier-Kenntnisse vorausgesetzt, die durch entsprechende Schulung und Erfahrung erworben sein müssen. Keinesfalls sind jedoch spezielle Softwarekenntnisse oder die Beherrschung von Programmiersprachen erforderlich. Diese Tätigkeit erfordert gleichermaßen wie die Umsetzung der Automatisierungsaufgabe in die Aufgabenbeschreibung (Abb. 3) eine entsprechende Qualifikation.

Die Schritte Abnahme, Inbetriebnahme des PAS und Anfahren der Anlage sind prinzipiell - wenn auch entsprechend der Komplexität mit höherem Zeitaufwand - in gleicher Weise wie beim Einsatz bisheriger Automatisierungsmittel durchzuführen. Besonders ist auf rechtzeitige Einbindung des MSR-Personals, das für die Betriebsbetreuung zuständig ist, und des Betriebspersonals, das die Produktionsanlage zu fahren hat, zu achten. Dazu müssen zweckmäßigerweise zusätzlich zu den für den laufenden Betrieb installierten Bildschirm-Bediensystemen weitere Bedienplätze vorgesehen werden, die während dieser Zeit von den Systemherstellern zur Verfügung gestellt werden sollten.

Mit der wachsenden Komplexität der zu automatisierenden Anlagen wächst auch der Umfang der notwendigen Anlagen- und Automatisierungsdokumentation. Zudem ist erfahrungsgemäß die Inbetriebnahme eines Automatisierungssystems und das Anfahren einer Anlage mit Änderungen der ursprünglich erstellten Konfiguration verbunden. Daher stellt die Möglichkeit der automatischen Dokumentation und Rückdokumentation der Konfiguration eine nicht zu vernachlässigende Arbeitsersparnis dar. Wenn auch die von den verschiedenen System-Herstellern vorgesehenen Formen der automatisch erstellten Dokumentation bzw. Rückdokumentation der Konfiguration zu uneinheitlich sind und noch nicht die ideale Form für den Anwender darstellen, so zeigt sich doch neben der reinen Auflistung der Funktionsbausteine und Angabe der Parameter-Daten eine Tendenz zu quasigraphischen Ausdrucken, z. B. Darstellung der konfigurierten Ablaufsteuerung in Form von Funktionsplänen, zu Angaben über die Verknüpfung der Funktionsbausteine untereinander und - besonders wichtig - zu Querverweisangaben darüber, welche Größen in welchen Funktionsbausteinen verarbeitet werden. Die beiden letzten Punkte sollten auch ON-Line am Bildschirm abfragbar sein. Insgesamt scheint sich die Hoffnung auf Erfüllung dringender Anwenderwünsche abzuzeichnen, nämlich daß sich langfristig der Kreis von der strukturellen Darstellung der technologischen Aufgabenstellung über die Konfigurierung zum automatisch dokumentierten Konfigurationsplan schließt, also die Verschaltung der Funktionsbausteine in prägnanter, übersichtlicher Form graphisch dokumentiert wird. Ein anderer nicht minder wichtiger Aspekt ist die Erstellung von Bedienungsanleitungen für das Betriebspersonal, das die Anlage fährt. Hier reichen oftmals die Bedienerkurse für den täglichen Betrieb allein nicht aus; vielmehr sind anlagenspezifische Gegebenheiten besonders herauszuarbeiten und in möglichst verständlicher Form zu fixieren.

Zusammenfassend ergab sich aus einem Erfahrungsaustausch unserer für den laufenden Betrieb zuständigen und mit der Abwicklung von PAS-Projekten betrauten MSR-Ingenieure folgende interessante Kernaussage: Die neue Technik erfordert während der Projektabwicklung eine Mehrbelastung um den Faktor 2 bis 3. Das heißt: Ein PAS-Projekt in Höhe von 500 TDM ist - komplexes Verfahren und hoher Automatisierungsgrad vorausgesetzt - von Ingenieuraufwand zu vergleichen mit einem MSR-Projekt in herkömmlicher Technik in Höhe von 1 bis 1,5 MioDM. Dies ist letztlich der Tribut dafür, daß heute in angemessenem Kostenrahmen Aufgabenstellungen realisiert werden können, die mit bisheriger Technik nicht lösbar waren. Nicht berücksichtigt in dieser Betrachtung sind Abwicklungs-Vorteile der PAS bei Montage, Werkstattarbeiten und der eigentlichen administrativen Planungsabwicklung.

4. Betriebserfahrungen

Aus den betrieblichen Erfahrungen dürfte wohl die Frage nach der Akzeptanz der PAS durch das Bedienpersonal im Vordergrund stehen: Das Bedienen und Beobachten von Regelfunktionen bereitet keinerlei Schwierigkeit und wird von der Bedienungsmannschaft sehr schnell voll beherrscht. Dies ist eigentlich auch zu erwarten, da hier am Bildschirm im Prinzip analoge Verhältnisse zu dem konventionellen Kompaktregler in der Meßtafel vorliegen. Anders bei der Bedienung von Steuerfunktionen bzw. Ablaufsteuerungen. Hier sind wie schon früher angesprochen die verschiedensten Betriebsarten möglich und Eingriffe in den Steuerungsablauf notwendig, und das in der Regel bei Vermaschung mit anderen Ablaufketten oder Regelkreisen. Um hierfür eine reibungslose Bedienung zu erzielen, sind besondere Schulungen durchzuführen und ausführliche Bedienungsanleitungen zu erstellen. Erfahrungsgemäß dauert die Einlernphase vier bis sechs Chargen, dann sollte das Bedienpersonal aber auch durchaus allein gelassen werden, um hierdurch einen gewissen Zwang zum eigenständigen Bedienen und Studium der Bedienungsanleitungen auszuüben. Insgesamt hat die Akzeptanz die Erwartungen übertroffen; ist aber - und das kann nicht deutlich genug gesagt werden - eine Funktion der Motivation und Identifikation der Betriebsführung und der Bedienungsmannschaft mit dem PAS. Zu beachten ist, daß sich die Anzahl der vorgesehenen Bedienplätze an der für den Fall einer Betriebsstörung notwendigen Zahl orientiert, also nicht zu knapp ausgelegt wird. Generell sollten die Fließbilder nicht überladen werden, um eine Informationsüberflutung zu vermeiden. Gut bewährt haben sich die Darstellung von Kurzzeittrends zur Reglereinstellung und bei Ablaufketten die Phasendarstellung. Die erfahrene Mannschaft bedient in der Regel aus den vorkonfektionierten Übersichts- und Gruppendarstellungen heraus. Dazu sind Funktionstasten, sog. softkey's, dem Lichtgriffel vorzuziehen. Besondere Bedeutung kommt den Protokollen zur Betriebsführung, wie z. B. Chargenprotokolle, Bilanzierungen usw., und vor allem der Protokollierung über Bedienereingriffe in allen Bedienebenen zu.

Zur besseren Fehlerdiagnose und effizienteren Wartungsunterstützung sind über die systeminternen Selbstüberwachungs- und Fehlererkennungsfunktionen hinaus standardmäßig angebotene Diagnosefunktionen wünschenswert, die durch den Anwender selbst stärker auf den jeweiligen Anwendungsfall ausgerichtet werden können. So sollte beispielsweise für den Fall, daß innerhalb einer Ablaufkette Weiterschaltbedingungen fehlen, ohne Zusatzaufwand möglichst im Klartext angezeigt bzw. ausgedruckt werden können, welche Bedingung - z. B. "Ablaßventil 915 nicht geschlossen" - noch fehlt, und - ebenfalls textlich erläutert - welche Maßnahmen zur Fehlerbehebung vom Bedienpersonal vorgenommen werden sollen. Ein derart leistungsfähiges, auf den jeweiligen Anwendungsfall ausrichtbares Diagnosesystem kann die Verfügbarkeit der Produktionsanlage sicher steigern und sollte meines Erachtens bei den Systemherstellern konkret in die Überlegungen bezüglich Systemweiterentwicklungen einbezogen werden.

Die Verfügbarkeit der PAS ist gemessen an der Funktionstiefe bestechend hoch und wird von Ausfällen in der Peripherie bestimmt. Dennoch ist festzustellen, daß mit ca. 1 bis 4 Ausfällen an Zentralfunktionen zu rechnen ist. Diese sind allerdings zum überwiegenden Teil auf den Einfluß von Netzstörungen und -verschmutzungen und auf elektromagnetische Störeinflüsse zurückzuführen. Hier sind die Hersteller aufgerufen, verstärkt Anstrengungen bei der Netzfilterung und -pufferung und der EMC-Verträglichkeit zu unternehmen - eine Thematik, die mit zunehmendem Einsatz von drehzahlgeregelten Antrieben und anderen über Leistungselektronik gesteuerten Verbrauchern vermehrt Brisanz gewinnt. Bei der Installation ist diesbezüglich konsequent auf eine sternförmige Erdung, geeigneten guten Potentialausgleich, optimale Abschirmung und Anschluß aller Systemkomponenten an die gleiche Phase des Versorgungsnetzes zu achten.

5. Zusammenfassung und Ausblick

Der Beitrag sollte unsere ersten Erfahrungen mit dem Einsatz Digitaler Dezentraler Automatisierungssysteme aufzeigen, wobei dies schwerpunktmäßig aus dem Blickwinkel unserer mit der jeweiligen Projektabwicklung betrauten, für die Betreuung des Betriebes zuständigen MSR-Ingenieure geschah. Zusammenfassend ist festzustellen, daß mit den Digitalen Prozeßautomatisierungssystemen Automatisierungsaufgaben lösbar werden, die mit konventionellen Mitteln nicht, mit Prozeßrechnereinsatz schwieriger oder teurer realisierbar sind. Mit Lösung anspruchsvollerer Automatisierungsaufgaben ist natürlich auch die Erfassung vermehrter Informationen aus dem Prozeß - also die Erfassung unterschiedlichster physikalischer Größen - verbunden. Somit sind also auch vermehrt Probleme der klassischen Meß- und Analysentechnik zu lösen, wobei allerdings ggf. nicht erfaßbare Größen in einfacher Weise durch entsprechende Konfiguration der Systeme berechnet werden können. Die genannten Vorteile der neuen Generation von Automatisierungssystemen sind unbestreitbar, die Nutzung dieser Vorteile ist naturgemäß mit Engineeringleistung - also letztendlich Kosten - verbunden. Diese Systeme können und sollen nicht eine klar durchdachte Automatisierungsanalyse ersetzen, sie stellen aber ein exzellentes Werkzeug dar, durchdachte Konzepte in die Realität umzusetzen. Die Kernaufgabe besteht dabei - wie im Beitrag dargelegt - in der Automatisierungsanalyse, die nur gemeinsam mit dem Chemiker und dem Verfahrenstechniker erarbeitet werden kann. Alle Beteiligten müssen sich darüber im klaren sein, daß die Optimierung der Produktionsfahrweise letztlich nur so gut sein kann wie die Automatisierungsanalyse. Dazu ist es wichtig, die Mitarbeiter und Kollegen anderer Fachdisziplinen, die bisher nur in geringem Maße mit Automatisierungsproblemen Berührungspunkte hatten, in die Denkweise von Automatisierungsabläufen, verfahrenstechnischen "Phasen" und Steuerschritten und in das Verstehen von Funktionsplänen einzuführen.

Die Systeme selbst mit ihrer heutigen Leistungsfähigkeit verlocken, diese voll auszureizen. Zur Fixierung entsprechender Aufgabenstellungen reichen jedoch die bisherigen Darstellungsformen, wie Funktionsplan, Logikplan, Programmablaufplan usw. unter Umständen nicht aus, so daß nach geeigneten neuen Formen gesucht werden muß. In diesem Zusammenhang ist auf die automatische Dokumentations- bzw. Rückdokumentationserstellung hinzuweisen, ein Thema, zu dem noch deutliche Ansatzpunkte zu Verbesserungen im Sinne des Anwenders zu sehen sind. Besondere Anstrengungen sind erforderlich, den derzeit nur manuell erstellbaren, aber für die Betreuung der Produktionsanlagen unbedingt notwendigen Dokumentationsanteil zu verringern. Zu diesen Anstrengungen sind nicht nur die Systemhersteller aufgerufen; hier müssen meines Erachtens auch die Anwender für sie geeignete Dokumentationsformen erarbeiten.

Die Automatisierungssysteme weisen eine Flexibilität auf, die im Extremfall Änderungen bis kurz vor Inbetriebnahme zuläßt. Diese an sich sehr positive Eigenschaft nimmt aber auch den absoluten Zwang, frühzeitig genug über das Automatisierungskonzept nachdenken zu müssen. Dies kann sich - wenn die Projektabwicklung an dieser Stelle nicht konsequent genug betrieben wird - nachteilig auf die Erarbeitung eines optimalen Automatisierungskonzeptes auswirken. Besonders positiv wirkt sich die genannte Flexibilität bei Änderungen kleineren Umfanges ohne besonderen Dokumentationsaufwand aus.

Gute Schulung und umfassender Erfahrungsaustausch motivieren, vermitteln Verständnis und Vertrautsein mit der neuen Technik, und gerade hiervon hängt die Akzeptanz der neuen Systeme ab. Unsere Erfahrungen zur Akzeptanz dieser Systeme sind gut, auch die Akzeptanz der für das Bedienpersonal neuartigen Bildschirm-Bediensysteme.

Mit zunehmenden Automatisierungsanforderungen werden die klassischen Bereiche des Automatisierens verlassen werden müssen hin zu Optimierungsaufgaben und Aufgaben der Produktions- und Betriebsführung.

Aus dieser Erkenntnis ist eine geeignete, integrierende Struktur der Leit- und Automatisierungstechnik zu entwickeln (Abb. 4). Hieraus stellt sich dann die Aufgabe, neben der eigentlichen Automatisierungskonzeption frühzeitig ein Konzept des Datenaustausches zu erarbeiten, d. h. festzulegen welche Daten zur Lösung welcher Aufgabe in welcher Ebene erforderlich sind. Ganz wichtiger Aspekt dabei ist zu vermeiden, daß die geplante Integration nicht in eine unerwünschte Zentralisation abgleitet.

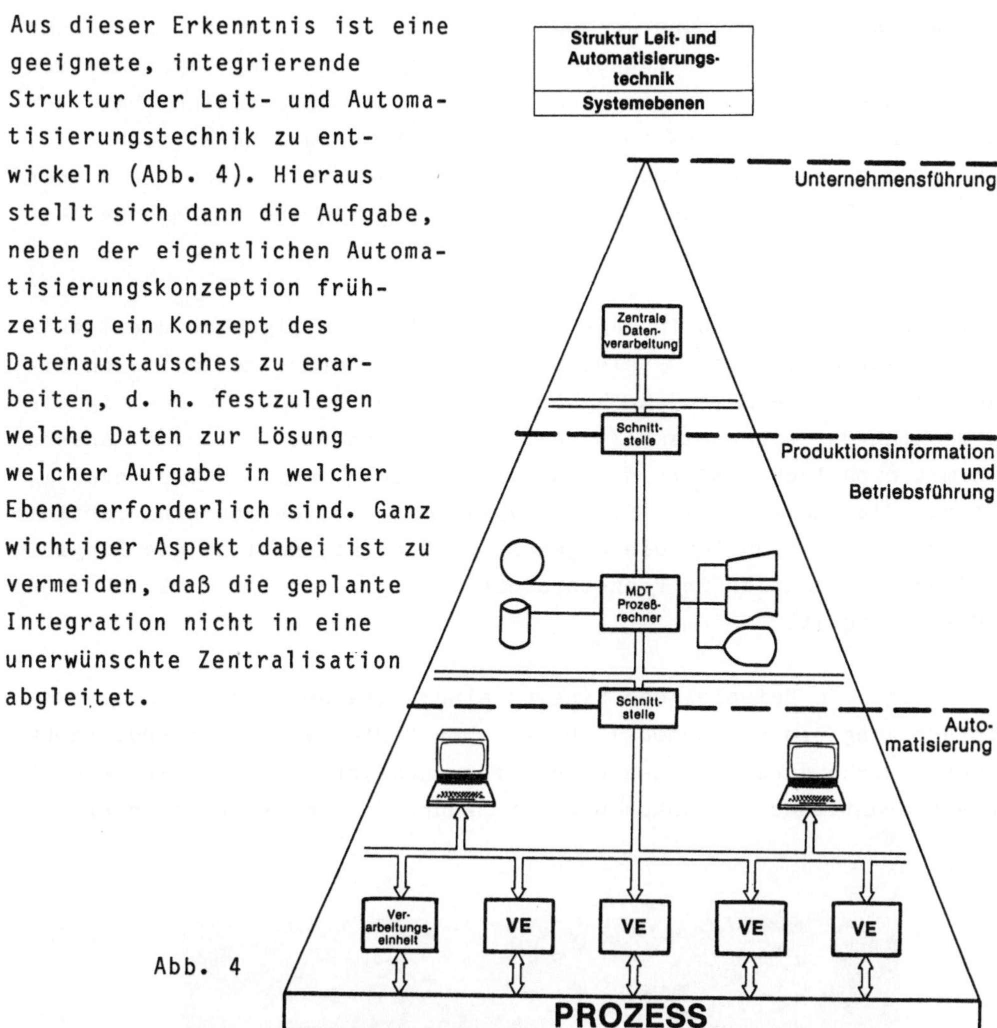

Abb. 4

Literatur

/1/ Mikrorechner-Automatisierungssysteme - Anwendungserfahrungen - Gemeinschaftsveranst. d. VDI/VDE-Bezirksvereine Frankfurt a. M./Darmstadt. Seminar vom 18. Okt. - 8. Nov. 1982 Hrsg. von K. Fleck - Berlin; Offenbach: VDE-Verlag. 1982

/2/ Weidlich, S.; Prutz, G.: "Auswahlkriterien für den Einsatz digitaler dezentraler Automatisierungssysteme" Regelungstechnische Praxis, 24 (1982) H. 5, S. 146 - 154.

Bei dieser Aufgabenstellung werden in den nächsten Jahren zunehmend auch die Möglichkeiten der automatischen Erkennung und Synthese von Sprachsignalen für die Eingabe und Ausgabe von Information bei der Prozeßautomatisierung eine Rolle spielen. Es wird dann möglich sein, mit Hilfe gesprochener Kommandos Prozeßvorgänge zu steuern und über synthetische Sprache Prozeßzustände auch über große Entfernung auszugeben.

Akustische Signale haben im Gegensatz zu optischen Signalen die Eigenschaft, nicht gerichtet zu sein. Eine Lautsprecheransage läßt sich also auch um "mehrere Ecken" noch hören. Zudem erregen solche Signale auch spontan die Aufmerksamkeit des Angesprochenen, da sich unsere Ohren mit natürlichen Mitteln nicht verschließen lassen. Gleichzeitig eröffnet die Möglichkeit, Sprachsignale mit kleinen Sendern drahtlos zu übertragen, auch für die umgekehrte Richtung, nämlich die Eingabe von Steuerinformation in Prozeßsysteme völlig neuartige Möglichkeiten der Freizügigkeit.

Abb.1 zeigt als Beispiel den Einsatz eines Spracherkenners in der Motorenfertigung einer Automobilfabrik. Der Prüfer gibt sein Prüfergebnis per Sprache direkt in das Datenerfassungssystem ein. Er benutzt dazu ein drahtloses Mikrophon und ist dadurch in seiner Bewegungsfrei-

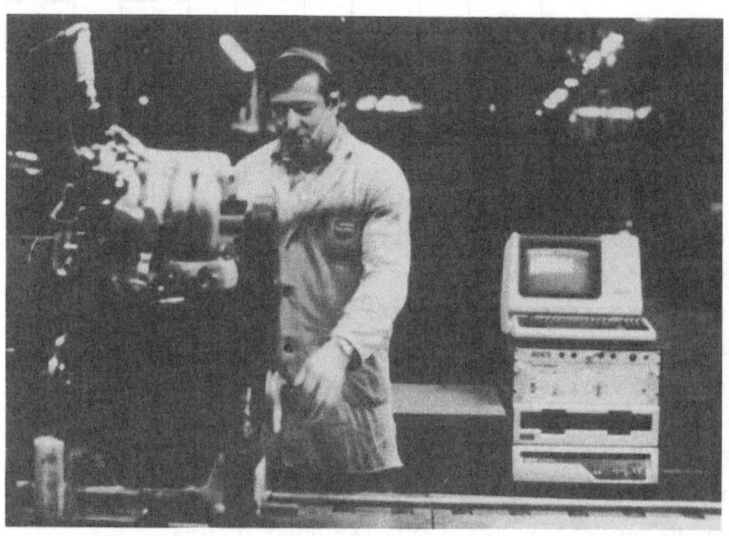

Abb. 1: Eingabe von Prüfergebnissen mit Spracheingabe bei der Prüfung von Motoren.

STAND UND MÖGLICHKEITEN DER AKUSTISCHEN SPRACH-EIN/AUSGABE FÜR ANWENDUNGEN IN DER PROZESSAUTOMATISIERUNG

STATE AND POSSIBILITIES OF ACOUSTIC SPEECH-INPUT/OUTPUT FOR USE IN INDUSTRIAL PROCESS AUTOMATION

Helmut Mangold
AEG-TELEFUNKEN, Kommunikationstechnik, Forschungsinstitut Ulm
7900 Ulm, Bundesrepublik Deutschland

Summary

The last and most important part in a system for process control is the human supervisor. If he is to do his job with good efficiency it is necessary to give him a perfect man-machine communication, which uses his special human communication possibilities. In future systems acoustic input of control commands and acoustic output of process results can bring some enhancements to this communication. Automatic recognition of speech signals may help for input and automatic speech synthesis can give a speech output. The principles of both techniques are described. There are very different basic concepts of speech-I/O-systems. Their characteristics will be presented. Additional examples for applications verify the possibilities and the restrictions of speech-I/O and shall demonstrate how speech can enhance today's optical output and tactile input systems.

1. Akustische Mensch-Maschine-Kommunikation

Die Steuerung und Überwachung komplexer Prozeßabläufe wird immer mehr von aufwendigen Datenverarbeitungsanlagen vorgenommen. Die Schnittstelle zwischen Mensch und Maschine verschiebt sich dank der ständig wachsenden Fähigkeiten dieser Steuerungsanlagen immer weiter weg von der direkten Anlagenbedienung zu einer rationalen Beherrschung verwikkelter Abläufe. Die rein mechanische Tätigkeit des Bedienens vieler Schaltknöpfe hat abgenommen zugunsten eines Eingreifens in den Gesamtablauf. Trotzdem muß natürlich die Beherrschung dieses Gesamtablaufs durch den überwachenden und steuernden Menschen oberstes Ziel der Prozeßsteuerung sein. Hier hat die Ergonomie in den letzten Jahren sehr viel geleistet durch sinnvolle Gestaltung von Bedienpulten, Displaydarstellungen von Funktionsabläufen und übersichtlichen Aufbau von Warten. Trotzdem bleibt in der engen Mensch-Maschine-Interaktion stets das Problem, sowohl den Gesamtablauf eines Prozesses übersichtlich und ermüdungsfrei darzustellen, wie auch sämtliche für ein Eingreifen wichtigen Prozeßparameter im Störungsfall verfügbar und kontrollierbar zu halten. Dabei sollte trotzdem die Kontroll- und Steuerfähigkeit des Menschen ungestört bleiben.

heit überhaupt nicht mehr eingeschränkt. Gleichzeitig erhält er über die Sprachausgabe Hilfsinformation -beispielsweise über Besonderheiten am zu prüfenden Objekt- mitgeteilt. Hier kann die Spracheingabe besonders deshalb wirkungsvoll eingesetzt werden, weil die Hände des Prüfers durch seine Arbeit bereits belegt sind, so daß eine schriftliche Protokollierung nur mit Verzögerung möglich ist. Gleichzeitig ist aber durch die direkte Erfassung der Daten an ihrem Entstehungsort - es sind beispielsweise keine zusätzlichen Ablochvorgänge mehr nötig- eine sofortige Reaktion auf irgendwelche systematischen Fertigungsfehler möglich. Dazu ist freilich in der Regel eine sehr direkte Integration der Sprach-Ein/Ausgabe (Sprach-E/A) in das Fertigungssystem nötig. Die Sprach-E/A wird damit zu einem wesentlichen Bestandteil des Prozesses selbst und hat nicht mehr lediglich periphere Eigenschaften. Das bedeutet, daß vor dem Einsatz solcher Systeme der gesamte Prozeßablauf daraufhin zu untersuchen ist, an welcher Stelle sinnvollerweise mit Sprach-E/A gearbeitet wird und an welcher Stelle besser die herkömmliche optische Darstellungsform bzw. die Steuerung über Tastatur eingesetzt wird. Wichtig wird also immer sein, wie sich ein Gesamtsystem durch den Einsatz der Sprach-E/A optimieren läßt und wie die Integration der verschiedenen Ein/Ausgabemedien zweckmäßig erfolgt. Dazu ist es nötig, fundiert die Möglichkeiten der Sprach-E/A zu kennen.

2. Entstehung und Eigenschaften von Sprachsignalen

Das Sprachsignal ist von seiner Entstehung her angepaßt an die Fähigkeiten unseres menschlichen Artikulationstraktes. Abb.2 gibt einen Überblick über die grundsätzlichen Vorgänge bei der natürlichen Spracherzeugung. Die Stimmbänder im menschlichen Kehlkopf schicken als Anregungssignale kurze Luftstöße -im Mittel im Abstand von etwa 10 Millisekunden bei Männerstimmen, d.h. etwa 100 mal pro Sekunde- in die Artikulationsorgane Rachen-, Mund- und Nasenhöhle. Dort werden diese Luftimpulse durch die Artikulation, also die Bewegung der Sprechorgane so geformt, daß daraus Sprache entsteht. Bei stimmlosen Sprachlauten sind die Stimmbänder an der Schallerzeugung nicht beteiligt, sondern es wird lediglich das Geräusch strömender Luft moduliert /1/.

Die eigentliche Sprachschwingung ist also in der Regel, d.h. bei stimmhaften Lauten periodisch, wobei die Periodendauer die Tonhöhe der jeweiligen Stimme bestimmt. Die einzelnen Perioden unterscheiden sich nicht wesentlich, weil sich auch die Schwingungseigenschaften des

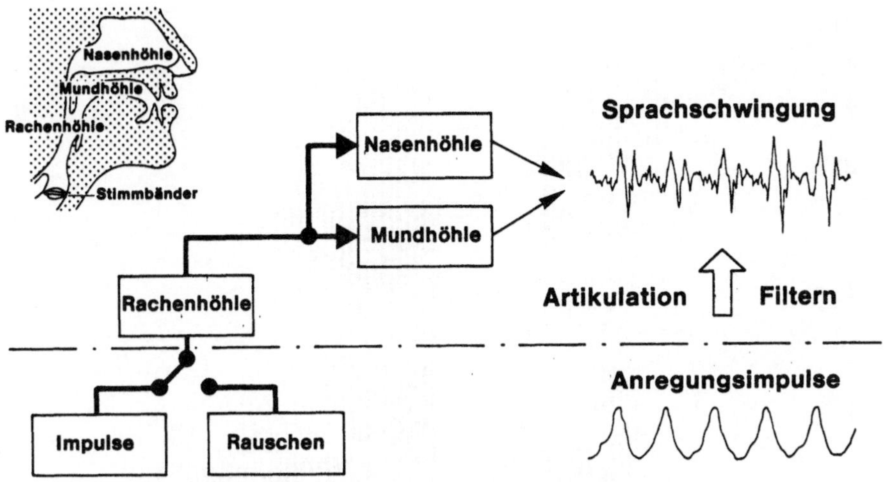

Abb. 2: Prinzip der natürlichen Spracherzeugung.

menschlichen Sprechtraktes innerhalb der Periode von etwa 10 ms nicht wesentlich ändern. Dementsprechend ändert sich auch die Zusammensetzung der Sprachschwingung aus Grund- und Oberschwingungen nur relativ langsam, d.h. eben im Rhythmus der Sprechgeschwindigkeit.

Das ist deutlich zu sehen, wenn man sich einer anderen Darstellungsform für das Sprachsignal bedient, nämlich der Spektraldarstellung. Dazu wird in kurzen Abständen, beispielsweise alle 10 ms, die spektrale Zusammensetzung des Sprachsignals bestimmt. Man erhält so ein Muster, das etwa für ein Wort die Zusammensetzung aus Grund- und Oberschwingungen im Verlaufe der verschiedenen Laute angibt. Ein solches Muster ist in Abb.3 dargestellt. Der Grad der Schwärzung bezeichnet hier den Energiegehalt gewisser Frequenzbereiche. Man kann deutlich erkennen, daß beispielsweise für den Zischlaut /s/ nur hohe Frequenzanteile vorhanden sind. Ein solches Leistungsspektrum dient nicht nur als anschauliche Darstellungsform für die Eigenschaften eines Sprachsignals, sondern ist auch Ausgangspunkt für die Erkennung von Sprachsignalen.

Abb. 3: Spektrum der gesprochenen Ziffer "Sieben", (phonetisch /sɪ:bən/)

Während also das Zeitsignal als Schwingungssignal gewissermaßen das natürliche Signal ist, das sich als Luftschwingung fortpflanzt, bzw. als elektrische Schwingung über das Telefon übertragen wird, stellt das Sprachspektrum ein abgeleitetes Signal dar, das genau Auskunft gibt über die charakteristische Zusammensetzung der Oberschwingungen des Sprachsignals. Diese Tatsache macht sich ja bekanntlich auch das menschliche Gehör zunutze, denn auch im Innenohr wird als erster Schritt des Hörvorganges zunächst eine solche Spektralanalyse vorgenommen.

3. Prinzipien und Eigenschaften von Sprachausgabesystemen

Wenn wir von den früher ausschließlich verwendeten einfachen Ansagesystemen absehen, bei denen lediglich eine vorher komplett gespeicherte Nachricht vom Tonband abgespielt wird, dann gibt es heute im wesentlichen zwei unterschiedliche Prinzipien, nach denen Sprachausgabesysteme konzipiert werden:

* Halbsynthetische Sprachausgabesysteme, bei denen nur ein eingeschränkter Wortvorrat gespeichert wird, der vorher von einem menschlichen Sprecher gesprochen werden muß.

* Vollsynthetische Systeme, bei denen ein völlig neues Sprachsignal geformt wird und mit denen deshalb beliebige Texte gesprochen werden können.

Beide Systeme haben gewisse Vor- und Nachteile, die sie für unterschiedliche Aufgabenstellungen geeignet machen. Beiden Systemen gemeinsam ist jedoch, daß zur Erzeugung des eigentlichen Sprachsignals ein Sprachsynthetisator verwendet wird.

Ein solcher Sprachsynthetisator besitzt im Prinzip große Ähnlichkeit mit dem in Abb.2 dargestellten natürlichen Spracherzeugungssystem des menschlichen Mundes. Abb.4 zeigt, welche technischen Prinzipien heute für die synthetische Erzeugung von Sprachsignalen verwendet werden.

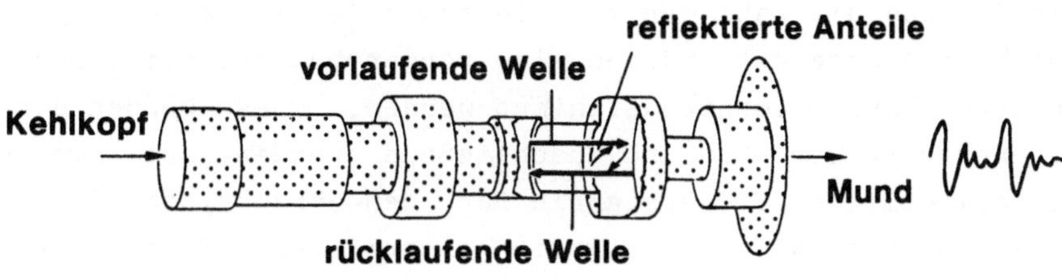

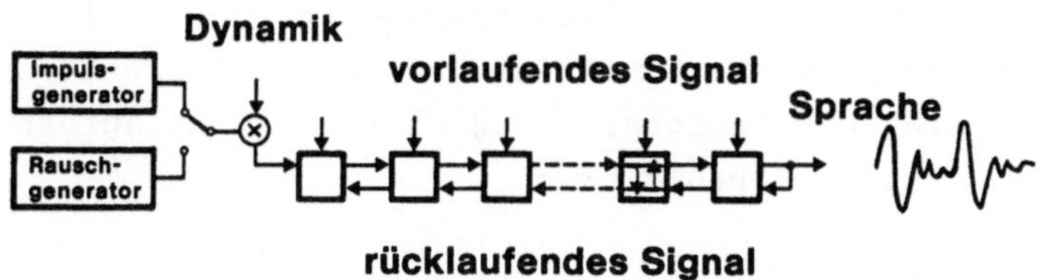

Abb. 4: Prinzip der synthetischen Spracherzeugung.

Eine direkte Analogie zu den natürlichen Vorgängen der Spracherzeugung stellt das elektronische Wellenfilter dar, bei dem die vor- und zurücklaufenden Schallwellen im natürlichen Sprechtrakt elektronisch nachgebildet werden. Man denkt sich hierbei den Sprechtrakt zwischen Kehlkopf und Mundöffnung aus einer Anzahl kurzer Röhren jeweils konstanten Querschnitts zusammengesetzt. Die Filtercharakteristik eines solchen Röhrenmodells wird dann im wesentlichen durch die Reflexionen an den Übergängen zwischen aufeinanderfolgenden Röhren bestimmt. Diese Wellenvorgänge kann man direkt in einem elektronischen Modell nachvollziehen, das kontinuierlich aus den Überlagerungsvorgängen zwischen hin- und rücklaufender Welle das Sprachsignal berechnet.

Ein solcher Sprachsynthetisator, vereinfacht gesprochen ein "elektronischer Mund", läßt sich heute ohne Schwierigkeiten auf einem Chip realisieren, so daß die letztlich entscheidende Frage nur noch ist, wie die Signale für die Steuerung dieses Sprachsynthetisators gewonnen werden.

3.1 Halbsynthetische Systeme

Bei den halbsynthetischen Verfahren werden die Steuersignale für einzelne Wörter oder Satzteile komplett gespeichert. Aus diesen Elementen kann dann ein fortlaufender Ansagetext erzeugt werden. Die mögliche Vielfalt der Ansagen kann zwar sehr groß sein, ist aber letztlich doch durch die Art und die Zahl der gespeicherten Textelemente vorgegeben. Die gewünschten Ansagetexte müssen also vorher bekannt sein. Dann können die nötigen Basiselemente definiert werden. Diese werden dann von einem Sprecher vorgesprochen und anschließend werden aus diesen Signalen die eigentlichen Steuersignale für den Sprachsynthetisator mit Hilfe komplexer mathematischer Algorithmen ermittelt. Solche Verfahren werden deshalb als "halbsynthetische Verfahren" bezeichnet, weil zwar für das Erzeugen des Sprachsignals ein Synthetisator verwendet wird, Ausgangspunkt für die Gewinnung der Steuerparameter jedoch immer direkt der von Menschen gesprochene Text ist. Durch die Anwendung des Synthetisators läßt sich der Speicher- und Verarbeitungsaufwand im Steuerrechner um den Faktor 50 reduzieren.

Die halbsynthetischen Verfahren garantieren höchste Sprachqualität, die bei geschickter Analyse nicht vom Original zu unterscheiden ist. Je nach Speicher- und Verarbeitungsaufwand kann so beispielsweise ein Sprachausgabesystem für einen Wecker, ein Warnsystem für eine chemische Fabrik oder ein Fahrplanauskunftssystem realisiert werden, bei dem die Namen hunderter von Zielbahnhöfen und eine Vielzahl verbindender und erläuternder Texte zu erzeugen sind.

Halbsynthetische Sprachausgabesysteme werden heute in vielen Varianten von sehr kleinen, einfachen Systemen für Konsumanwendungen bis zu komplexen Großsystemen gebaut, die bereits viel eigene Steuerintelligenz besitzen und gleichzeitig eine Vielzahl von Ausgabekanälen für öffentliche Auskunftssysteme bedienen können.

Ein Beispiel eines solchen Systems ist das in Abb.5 dargestellt SPRAUS /2/, das bis auf 256 gleichzeitig bedienbare Kanäle ausbaubar ist.

Abb. 5: Halbsynthetisches Sprachausgabesystem SPRAUS, eingebaut im Fahrplanauskunftssystem "Karlchen" der Deutschen Bundesbahn in Frankfurt.

Es ist sehr flexibel an unterschiedlichen Schnittstellen zu betreiben und läßt sich deshalb relativ leicht in beliebige Rechnersysteme integrieren.

3.2 Vollsynthetische Sprachausgabesysteme

Die auf dem Markt erhältlichen Sprachausgabesysteme haben bisher ausschließlich nach dem Prinzip der Halbsynthese gearbeitet. In jüngster Zeit gibt es erstmalig auch Prototypen vollsynthetischer Systeme. Bei ihnen ist lediglich die Buchstabenfolge des geschriebenen Textes einzugeben. Das Sprachausgabesystem macht dann daraus mit Hilfe umfangreicher linguistisch-phonetischer Regeln Steuersignale für einen Sprachsynthetisator. Das Prinzip solcher Systeme ist in Abb.6 dargestellt:

* In einer linguistisch-phonetischen Vorverarbeitung wird eine Transkription aus dem orthographischen in den phonetischen Bereich vorgenommen.

* Die anschließende zweite Stufe ermittelt aus den phonetischen Parametern die Steuerparameter für den Sprachsynthetisator.

* Der eigentliche Sprachsynthetisator erzeugt in der aus der halbsynthetischen Technik bereits bekannten Weise das Sprachsignal.

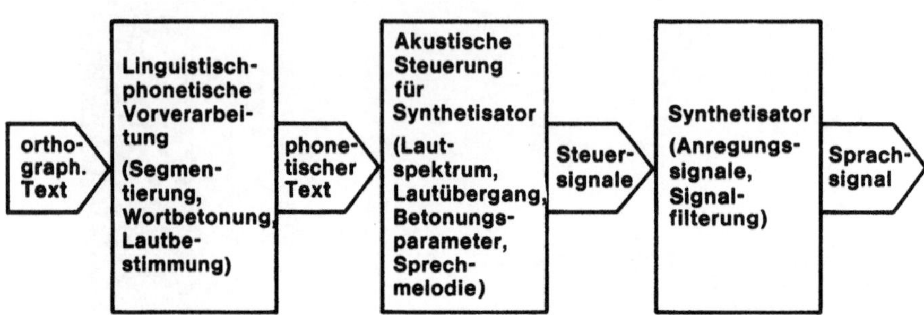

Abb. 6: Prinzip der Vollsynthese von Sprachsignalen.

Für diese Verarbeitungsstufen lassen sich Regeln erarbeiten, die recht gut das beschreiben, was der Mensch beim Lernen einer Sprache im Gedächtnis behalten hat oder einfach intuitiv aus dem Sprachgefühl heraus richtig macht.

Welche Probleme dabei auftreten können, sollen einige Beispiele aus dem Bereich der Betonungsregeln zeigen. So kann man aus einem "Nacht-Eilzug" durch falsche Betonung leicht einen "Nachteil-Zug", aus einem "Hühner-Ei" eine "Hühnerei" oder aus "Erst-Ehen" etwas "erstehen" lassen. Hier ist es also sehr wichtig, zusammengesetzte Wörter, wie sie im Deutschen sehr häufig sind, richtig zu zerlegen.

Die Sprachqualität ist bei solchen vollsynthetischen Systemen teilweise roboterhaft. Doch genügt der technische Stand auf alle Fälle, um ein gut verständliches, wenngleich auch nicht sehr natürlich klingendes Sprachsignal zu erzeugen. Heute verfügbare Vollsynthesesysteme sind auf der Basis sehr leistungsfähiger Mikroprozessoren realisiert und werden entweder als Single-Board-Systeme oder als Komplett-Systeme im Gehäuse angeboten.

4. Prinzipien und Eigenschaften von Spracherkennungssystemen

Grundlage und Ausgangspunkt aller modernen Spracherkennungssysteme ist eine spektrale Analyse des Sprachsignals, deren Endprodukt ein spektrales Muster nach Abb.3 ist. Der weiter Ablauf der Verarbeitung bei der automatischen Spracherkennung ist aus Abb.7 zu entnehmen.

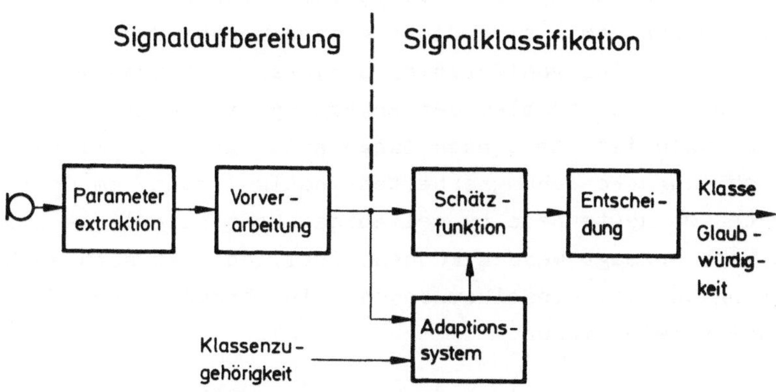

Abb. 7: Prinzip der automatischen Spracherkennung.

Das in der Parameterextraktion gewonnene Spektralmuster des zu erkennenden Wortes wird in einer Vorverarbeitungsstufe normiert. Dazu gehört beispielsweise auch die genaue Bestimmung von Wortanfang und Wortende, aber auch der Ausgleich von Lautstärkeschwankungen oder von Unterschieden in der Sprechgeschwindigkeit. Anschließend erfolgt die eigentliche Signalerkennung in einem lernfähigen Klassifikator. Ergebnis der Klassifikation ist eine Aussage über die erkannte Wortklasse und über die Glaubwürdigkeit der Erkennung. Damit läßt sich schließlich entscheiden, ob das Erkennungsergebnis als gültig akzeptiert oder als unglaubwürdig verworfen wird.

Jede Erkennung ist also mit einem Unsicherheitsmaß behaftet. Man kann die Zuverlässigkeit der Erkennung dadurch erhöhen, daß das Gerät an die Stimme eines Sprechers adaptiert wird, denn insbesonder die Unterschiede in der Sprechweise verschiedener Sprecher können sehr groß sein. Es ist also zunächst nötig, im Rahmen eines Lernvorganges alle später zu erkennenden Wörter dem System einige Male vorzusprechen. Bei diesem Lernvorgang werden dann die wesentlichen Spracheigenschaften gespeichert und für jedes zu erkennende Wort ein Klassifikator bzw. ein Referenzmuster gebildet.

Bisher praktisch einsetzbare Spracherkennungssysteme können mit wenigen Ausnahmen lediglich isoliert gesprochene Wörter zuverlässig erkennen. Aber schon in naher Zukunft wird es zahlreiche Systeme geben, die auch verbunden gesprochene Wörter, d.h. Wortfolgen zuverlässig erkennen. Damit paßt sich die Erkennung besser der natürlichen Sprechweise an. Die im praktischen Einsatz häufig vorkommenden Folgen von Einzelziffern etwa können damit sehr flott gesprochen werden. Auch einfache Sätze, die jedoch eine wohldefinierte Syntax besitzen müssen, lassen sich so erkennen. Das Problem der Erkennung beliebiger, kontinuierlicher Sprachsignale ist damit noch lange nicht gelöst. Hierzu sind sicherlich noch lange Forschungsarbeiten nötig, ganz im Gegensatz zur Sprachausgabe, wo heute bereits beliebige kontinuierliche Sprachtexte vollsynthetisch erzeugt werden können. Freilich läßt sich auch bereits mit der Eingabe von Einzelkommandos ein brauchbarer Einsatz der Spracheingabe verwirklichen.

Abb.8 zeigt die Möglichkeiten der heute verfügbaren Spracheingabesysteme, dargestellt an den drei wesentlichen Koordinaten, Preis, Sprecherabhängigkeit und Form der Sprache /3/.

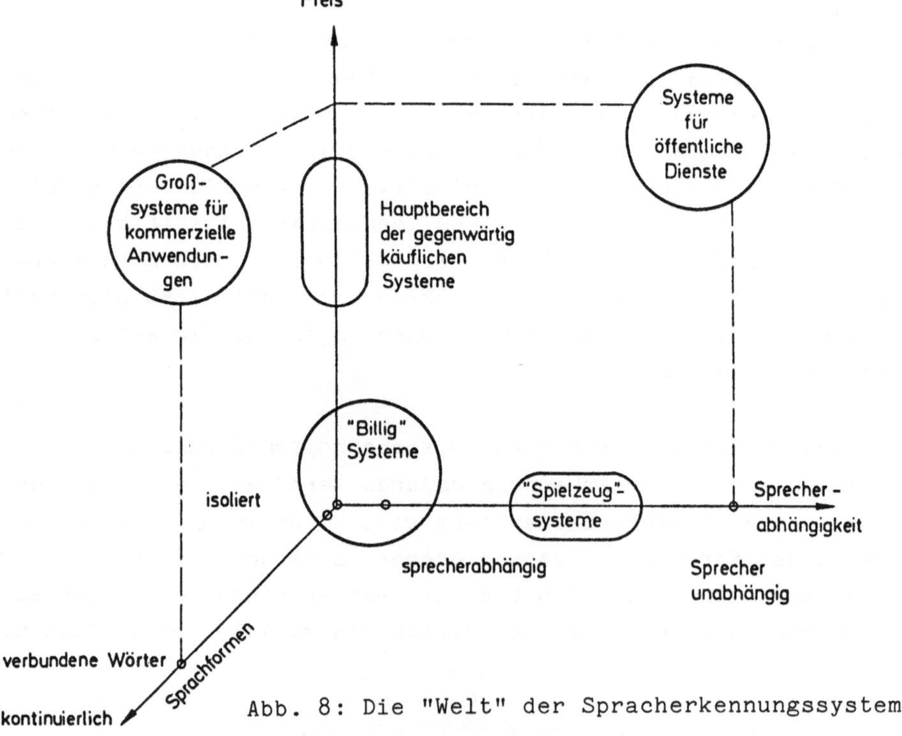

Abb. 8: Die "Welt" der Spracherkennungssysteme.

Daraus geht hervor, daß es, abgesehen von den nicht genügend leistungsfähgien Einfachsystemen drei wichtige Bereiche gibt, für die heute genügend brauchbare Spracherkenner existieren. Ein sehr breites Angebot gibt es bei sprecheradaptiven Systemen zur Erkennung isoliert gesprochener Kommandos. Nach Eingewöhnung des Benutzers sind für Vokabularien um 100 Wörter Fehlerraten von weit unter 1 Prozent erreichbar. Damit ist für solche Systeme die Eingabesicherheit besser als sie bei Eingabe mittels Tastatur möglich wäre. Solche Systeme besitzen meist zusätzlich zur Fähigkeit der Spracherkennung einen gewissen Komfort für die Systemintegration. Dazu gehört ein flexibles Softwaresystem, das eine Anwendung erleichtert. Der Preis solcher Systeme liegt in der Größenordnung des Preises von Personal-Computern.

Systeme zur Erkennung verbunden gesprochener Wörter liegen im Preis mindestens um den Faktor zwei darüber. Sie werden häufig als komplette Datenstationen angeboten und enthalten damit einen Prozeßrechner, der zusätzliche Anwenderaufgaben übernehmen kann. Der Vokabularumfang liegt bei diesen Systemen, abhängig vom Speicherausbau in der gleichen Größenordnung wie bei den Erkennern für isoliert gesprochene Wörter, nämlich zwischen etwa 100 bis 500 Wörtern. Die Fehlerrate kann allerdings bei schlampiger Sprechweise stark ansteigen und mehrere Prozent erreichen.

Die Systeme zur sprecherunabhängigen Erkennung existieren bisher nur in einzelnen Großanlagen, bzw. als hier nicht interessante "Spielzeugsystme". Sie dienen dazu, über das öffentliche Telefonnetz sprachliche Dateneingaben in Rechner zu machen, um damit etwa Banktransaktionen vorzunehmen, Bestellungen bei Versandhäusern aufzugeben oder aber auch um Flugauskünfte zu erfragen. Der Umfang des erkennbaren Vokabulars ist in der Regel sehr klein, beispielsweise 20 Wörter. Trotz dieser Einschränkung erreichen solche Systeme bei weitem nicht die Sicherheit der sprecherabhängigen Systeme. Abhängig vom Sprecher streut die Fehlerrate von einigen Prozent bis zu über 50 Prozent. Die Bedeutung solcher Systeme für die Steuerung üblicher industrieller Prozesse ist allerdings bisher, von Ausnahmen abgesehen, -es ließe sich beispielsweise damit ein akustischer Notabschalteknopf realisieren- noch nicht zu sehen. Es wird deshalb nötig sein, hier zunächst einmal die weitere Entwicklung abzuwarten. Durch neuartige Konzepte der Signalaufbereitung und zusätzliche Nachverarbeitungsschritte werden in Zukunft hierarchisch aufgebaute Spracherkennungssysteme möglich sein, die einen sehr sicheren und gleichzeitig außerordentlich flexiblen Verkehr zwischen Mensch und Maschine erlauben. Abb.9 soll einen kurzen Hinweis geben, welche Eigenschaften und Inhalte des Sprachsignals zusätzlich auszuwerten sind. Bisher bewegt sich die Erkennung fast ausschließlich auf der Ebene einer komplexen Signalverarbeitung. Nur in Ansätzen werden phonetische, lexikalische und syntaktische Aspekte mit einbezogen.

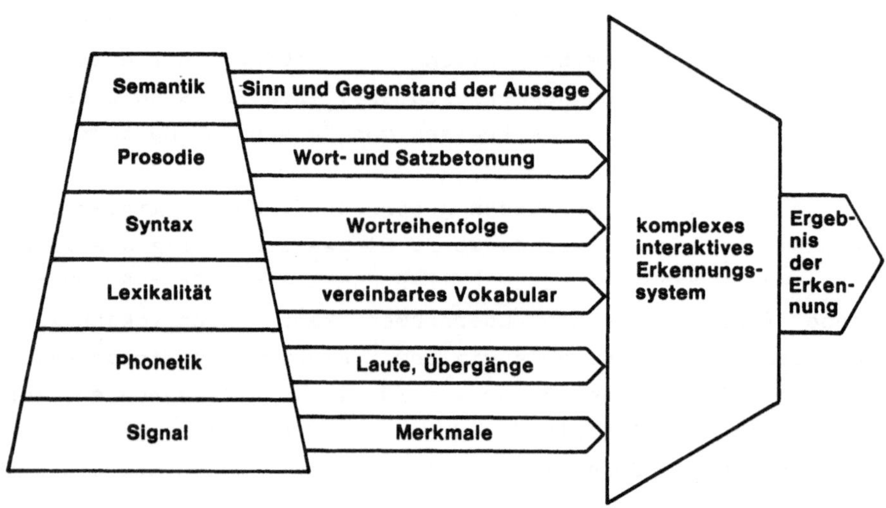

Abb. 9: Hierarchische Analyse von Sprachsignalen.

5. Anwendungsmöglichkeiten der Sprach-Ein/Ausgabe

Der Schlüssel zum erfolgreichen Einsatz von Sprach-Ein/Ausgabesystemen liegt in der geschickten Integration der menschlichen Fähigkeiten und Wünsche in die Bedürfnisse des vorliegenden Prozeßablaufs. Allein die Lösung des technischen Problems, Sprache automatisch zu erkennen oder zu erzeugen, genügt nicht. Die neuartigen Möglichkeiten greifen so tief in den Ablauf wohlvertrauter Prozesse ein, daß vielfältige ergonomische Fragen zu berücksichtigen sind.

Es soll deshalb anhand einiger typischer Beispiele versucht werden, die Verschiedenartigkeit der Einsatzmöglichkeiten der Spracheingabe und der Sprachausgabe deutlich zu machen. Im Bereich der industriellen Prozeßsteuerung im weitesten Sinn bietet sich Spracheingabe sofort an, wenn die Hände oder die Augen durch andere Tätigkeiten belegt sind.

Aber auch, wenn das nicht der Fall ist, kann die Sprach-E/A zur Steigerungung der Effizienz der Mensch-Maschine-Kommunikation dienen. Das kann beispielsweise in folgenden Bereichen der Fall sein:

* Programmierung und Steuerung von Prozessen
  In großen Warten können bestimmte Funktionen per Spracheingabe ausgelöst werden. Die Augen können auf den Anzeigeelementen verharren, so daß das Steuerergebnis sofort beobachtet werden kann. Die Zahl eventueller Bedienknöpfe kann drastisch reduziert werden. Erweiterungen der Steuerfunktionen sind ohne Schwierigkeiten möglich. Die Steuerung von Sortiervorgängen -beispielsweise bei der Paketsortierung oder bei der Gepäcksortierung- macht die Hände des Bearbeiters frei für das Hantieren der zu sortierenden Gegenstände. Mit Hilfe eines drahtlosen Mikrofons ist der Bearbeiter auch örtlich freizügig. Er kann direkt vom Ort des Geschehens aus eine Eingabe vornehmen und dort die Wirkung beobachten.

* Qualitätsprüfung
  Eingangs- und Ausgangsprüfungen erfordern die Führung von Protokollen, d.h. die Aufzeichnung von Prüfergebnissen. Da in der Regel dabei die Hände oder die Augen durch den Prüfprozeß belegt sind und die Dateneingabe möglichst ohne fehlerbehaftete Zwischenschritte erfolgen sollte, bringt Spracheingabe große Vorteile. Bei Eingangskontrollen stark verschmutzter Geräte in Wartungsabteilungen ist es ohnehin kaum möglich, schriftlich Protokoll zu führen.

* Militärische Prozeßabläufe
  Die Steuerung eines Flugzeuges ist durchaus mit der Steuerung eines komplexen industriellen Prozesses vergleichbar. Auch hier gibt es derzeit erste Ansätze, etwa die Kontrolle der Navigations- und der Radargeräte per Spracheingabe vorzunehmen. Ähnliches gilt für große Kommandosysteme, bei denen Spracheingabe andere Eingabemedien ergänzt.

* Fertigungssteuerung
  Die Fehlerrate bei mehrfacher Datenumsetzung ist häufig recht hoch, weshalb der nachträgliche Prüfaufwand stark ansteigt. Spracheingabe gibt die Möglichkeit, solche Zwischenstufen bei der Datenerfassung zu vermeiden und damit die Fehlerrate zu senken. Abb. 10 gibt ein Beispiel für den Einsatz des akustischen Datenerfassungssystems ADES bei der Bearbeitung von Schaltplandaten zur Steuerung von au-

tomatischen Verdrahtungsmaschinen. Hier erlaubt die Spracheingabe zusammen mit Plausibilitätskontrollen eine praktisch fehlerfreie Eingabe.

Abb.10: Akustisches Datenerfassungssystem ADES bei der Bearbeitung von Schaltplandaten.

* <u>Akustischer Notknopf</u>
  Notabschaltungen sollen extrem leicht zugänglich und sehr spontan möglich sein. Hier bietet Spracheingabe große Vorteile. Geräuscherfüllte Umgebung kann allerdings Probleme bereiten. Ein solches Erkennungssystem muß relativ sicher sein und gleichzeitig auf sehr verschiedene Stimmen und Sprechweisen reagieren. Allerdings genügt es in der Regel, nur ein Wort, etwa "Stop" oder "Halt" zu erkennen.

Die Zahl der Beispiele ließe sich ohne Schwierigkeiten fast beliebig erweitern; die dargestellten Anwendungsbereiche sollen deshalb nur beispielhaft stehen und letztlich als Anregungen dafür dienen, wo weitere Einsätze möglich sind.
Unter dem gleichen Gesichtspunkt sollen auch typische Anwendungsfälle für die Sprachausgabe im industriellen Bereich dargestellt werden:

* <u>Ausgabe von Prozeßresultaten</u>
  Die Ergebnisse von Prozeßabläufen werden in der Regel auf Instrumenten oder Bildschirmen dargestellt. Um die zur Beobachtung solcher Medien nötige dauernde Aufmerksamkeit zu entlasten, kann das Ergebnis zusätzlich per Sprache ausgegeben werden. Dann kann der Beobachter auch erreicht werden, wenn er sich gerade nicht an seinem Platz befindet. Sprache steigert hier den Aufmerksamkeitswert einer Ausgabe beträchtlich. Wartungspersonal, das sich im Gelände befindet, läßt sich per Funk direkt ansprechen und sofort mit Prozeßergebnissen versorgen, so daß eine direkte Reaktion möglich ist. Meßwerte lassen sich darüber hinaus auch über Telefon abfragen, ohne daß ein menschlicher Beobachter nötig ist.

* <u>Benutzerführung</u>
  Häufig erfordert die Bedienung verschiedener Vorgänge eine Hilfestellung für den Bedienenden. Dabei lassen sich optische und sprachakustische Hinweise geschickt kombinieren. Die Belastung des Bedienenden durch dauernde Beobachtung optischer Anzeigen kann stark vermindert werden.

* <u>Warnansagen</u>
  Sprachsignale können über Lautsprecher einen großen Kreis von Personen erreichen. Im Gegensatz zu Warnsirenen kann per Sprache nicht nur die Tatsache einer Störung angegeben werden, sondern auch die Art und erste Hinweise zum Verhalten. Warnansagen können mit Sprachausgabe sehr schnell und direkt durch das Prozeßsteuersystem gegeben werden.

Sprachausgabesysteme werden im öffentlichen Bereich eine zunehmende Rolle spielen. Hier gibt es bereits heute Bestell- und Auskunftssysteme von Versandhäusern, bei denen die Eingabe in der Regel über die Wählscheibe des Telefons erfolgt. Nicht unerwähnt bleiben soll schließlich der Bereich der Arbeitsplätze für behinderte Menschen. So können Blinde per Lesegerät und Sprachausgabe geschriebene Texte verarbeiten oder Personen mit Bewegungsstörungen per Sprache auch an Rechnerterminals arbeiten.

Wichtig wird in Zukunft sein, daß das Medium Sprache beim Kontakt zwischen Mensch und Maschine ganz natürlich benutzt werden kann, also keinerlei besondere Maßnahmen hinsichtlich der Sprachdisziplin erfordert. Die Erkennungssicherheit wird sicherlich im Laufe der nächsten

Jahre stark ansteigen, insbesondere auch bei der Erkennung verbunden gesprochener Wortfolgen. Gleiches gilt für die Sprachausgabe, wo die Natürlichkeit auch der vollsynthetischen Systeme weiter verbessert wird. Letztlich wird dadurch die Flexibilität und die Effizienz der Kommunikation zwischen Mensch und Datenverarbeitungsanlage entscheidend verbessert werden.

Literatur

/1/ J.L. Flanagan, Speech Analysis, Synthesis and Perception. Springer Verlag Berlin, Heidelberg, New York, 1972.

/2/ H. Mangold, SPRAUS gibt jedem Computer Stimme. Funkschau 4 (1981), S.66-70.

/3/ W.A. Lea, Selecting the Best Speech Recognizer for the Job. Speech Technology, Jan./Feb. 1983, Vol.1, S.10-29.

STRUCTURING INFORMATION ON VISUAL DISPLAY UNITS FOR PROCESS STATE SCANNING AND ALARM DETECTION

PROZESSINFORMATIONSSTRUKTURIERUNG AUF BILDSCHIRMGERÄTE FÜR SYSTEMATISCHE PROZESSZUSTANDBEOBACHTUNG UND ALARMDETEKTION

R.N. Pikaar, T.M.J. Lenior

Ergonomics Working Group
Twente University of Technology
Postbox 217, 7500 AE Enschede
the Netherlands

Zusammenfassung

Zwei grundsätzlich verschiedene Typen in der Darstellung eines Prozesszustandes - ein Fliessbild (Fig. 1) und eine strukturierte Tabelle (Fig. 2) - wurden untersucht.
Zeitbedarf für Suchen und für Alarmdetektion, Lernprozesse und subjektieve Vorzüge wurden analysiert.
In den ersten drei Experimenten wurden die beiden Darstellungstypen in schwarz und weiss angeboten zur Untersuchung der Strukturen unter Ausschliessung von starken Kodierparametern wie z.B. Farbe und Luminanz. In einer zweiten Experimentenreihe wurden diese letzten Parameter überprüft als "Hilfsmittel zweiter Ordnung" zur Strukturierung von Prozessinformation.

Resultate der ersten Versuchsreihe:

1. Flussdiagramm versus strukturierte Tabelle.
   Bei Suchaufgaben ergaben sich in dem Fliessbild für alle Variabelen kürzeren Suchzeiten im Vergleich zu den Tabellen. Durch optimale Anwendung der räumlichen Kodierungsmöglichkeiten ist die Tabelle dem Fliessbild signifikant überlegen bei Alarmdetektionsaufgaben.
2. Lerneffekte.
   Messungen über vier Versuchsreihen ergaben einen signifikanten Unterschied in den Lerneffekten zwischen zwei Typen von Variabelen: die isolierten Variabelen ergeben bessere Lerneffekte als die in einer Gruppe. In der strukturierten Tabelle waren die Lerneffekte gleich für alle Variabelen.

In der zweiten Versuchsreihe wurde untersucht in wiefern die Nachteile vom Fliessbild aufgehoben werden konnten durch Anwendung von Luminanz- oder Farbunterschieden. Als vorläufiges Resultat kann kein signifikanter Unterschied angezeigt werden zwischen der Anwendung von Grauskalen (Luminanzunterschiede) und Farben.

1. Introduction

In centralized process control systems the application of computerized Visual Display Units (VDU) is increasing rapidly.
Recently even the (back-up) wall-panel is disappearing.
Some people assume that further automation will lead to control by

exception. Experiences in our consultancy work point out that an operator is rather constantly busy controlling the process. Clearly one reason is that he often has to supervise more units than he did with the conventional instrumentation, but with the VDU-instrumentation he mostly has to scan many sequential presented pictures in order to obtain an overall idea of the process state. Hence it is of utmost importance to optimize information presentation in individual pictures, especially where it concerns overview pictures. With respect to the visibility and legibility the ergonomics literature gives a lot of detailed design guidelines (see for instance Cakir /1./, Umbers /2./).

Although there also exists a lot of information about each of the coding parameters, there are only vague guidelines about a balanced use of combinations of parameters in the design practice. To give an example, Christ concludes from his review paper /3./ that colour coding is superior to alpha-numeric, shape and brightness codes in reducing search time, but he also found that irrelevant colours can interfere. Nevertheless in many commercial systems the use of colour is overwhelming, while other coding possibilities are neglected. These considerations led us to a series of experiments presented in section 4.

The factors mentioned above are dealing with attention attracking characteristics. But the basic structure of the various pictures must fit properly to the different operator tasks. And, as practice shows, there are a number of principally different possibilities for choosing the formats, e.g. tables, graphics, bar graphs. One of the conclusions of the literature review by Umbers /2./ is that information on suitable formats is patchy and confused. Also in recent publications this lack of information is mentioned (e.g. Piso /4./). When a certain format is chosen there do exist some rather general guidelines for the composition (e.g. logical sequence, adequate spacing, simplicity).

However, the choice as such is very often not related to the tasks that have to be fulfilled but rather to the good (or bad) guessings of the systems designers. The design of the formats for our experiments as described in the next section, seems to characterize the conduct of affairs in design practice.

2. Description of formats and apparatus used.

We preferred to investigate formats that resemble practical designs

as much as possible. Therefore we asked the participants of a short course in ergonomics for process engineers to design a VDU-overview picture for a steam generating plant. They were divided in small groups and got an instruction that was equal, except for the last sentence. Concerning the two formats presented in this paper, they were respectively: "Let it look like a conventional situation" and "Let it be easy programmable". Both considerations are quite common in practice. As figures 1 and 2 show, the results are principally different, although the operator task situation is exactly the same. Figure 1 shows the so-called "flow-diagram", figure 2 the "structured table". In case of the first experiments the drawings of these figures were photographed on negative film. The resulting slides were projected, and recorded with a TV-camera, thus appearing on a monitor with white symbols on a black background.
In the second series of experiments the diagrams were programmed into a computerized visual display unit /5./.

It can be seen in the figures that the values of the process variables are numerical coded. The relationships between the variables are coded by structure. Alarm messages appear in the flow diagram in the upper right hand corner and consist of the name (mnemonic) of the process variable and the deviation from the alarm-limit-value. In the structured table this deviation is given on the same line as the process variable: in a column left (in case of an underflow) or right (overflow) of the variable value.

Both the 20 process variables as well as their values were arbitrarily chosen. We assumed that the subjects (mostly students) would not be disturbed by possible inaccuracies.

3. Experiments on flow- and table format.

In the first two experiments the two basic structures are investigated with respect to two experimental tasks. In experiment II also the effects of distraction tasks was studied. That part of the data is left out here. We will report about that item in future.

3.1 Experiments

3.1.1 Tasks

Assuming that faster responses and fewer errors in the process-inde-

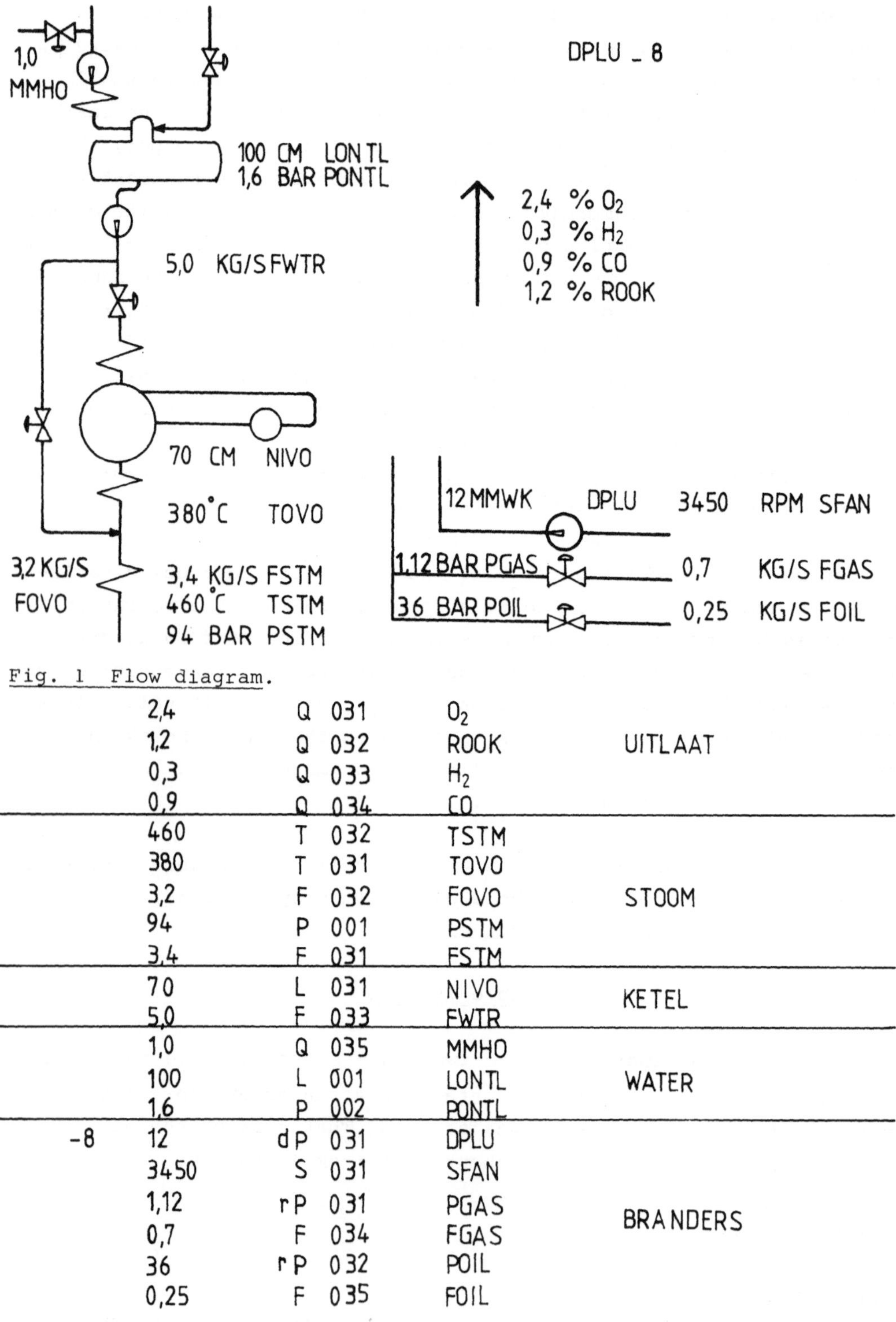

Fig. 1 Flow diagram.

	2,4	Q	031	O_2	UITLAAT
	1,2	Q	032	ROOK	
	0,3	Q	033	H_2	
	0,9	Q	034	CO	
	460	T	032	TSTM	STOOM
	380	T	031	TOVO	
	3,2	F	032	FOVO	
	94	P	001	PSTM	
	3,4	F	031	FSTM	
	70	L	031	NIVO	KETEL
	5,0	F	033	FWTR	
	1,0	Q	035	MMHO	WATER
	100	L	001	LONTL	
	1,6	P	002	PONTL	
-8	12	dP	031	DPLU	BRANDERS
	3450	S	031	SFAN	
	1,12	rP	031	PGAS	
	0,7	F	034	FGAS	
	36	rP	032	POIL	
	0,25	F	035	FOIL	

Fig. 2 Structured table.

pendent activities lead to better opportunities for efficient and effective assessment of the process state (Rijnsdorp, /6./), we chose for the following experimental tasks.

Both formats were presented in series of seperate pictures. At the appearance of each picture, the subjects had to carry out the following tasks:

1. Search-task; find the exact value of a process variable. The name of this process variable is displayed on the VDU during 5 seconds preceding the presentation of the picture.
2. Alarm-detection-task; in randomly chosen pictures alarm messages appear. Then the subject has to skip task 1. and determine the actual value of the process variable that is in alarm-state.

3.1.2 Hypotheses

Based on some pilot experiments and consideration of the structure features of the formats ten hypotheses were stated, some apply to the search-task, some to the alarm-detection-task. Two hypotheses apply to a comparison of both formats with respect to differences in the course of learning processes, and to different methods of alarm presentation. The features considered in the flow diagram are:

- central place of the variables near arrow vs. no central place.
- free standing process variables vs. the ones in a group.

In the structured table we considered the lines in the table, the section size, and the place of the variable within a section.

The hypotheses are discussed in more detail in section 3.2 (Results).

3.1.3 Experimental Variables

In the experiments the hypotheses were operationalized for both tasks,

Dependent variables

- Reaction-time ; defined by the moment of appearance of a picture, and the moment the subject starts to give an answer. At this last moment the picture also disappears. (Accuracy of measurements: 0.1 second).

  N.B. Normally spoken the reaction time of operators controlling a process will not be that critical. More important is that they make no errors. The measurement of errors, however, needs rather long experiments. So in view of speed-accuracy trade-off we chose for reaction-times.
- Subjective preferences and reproduction of the formats by heart.

Independent variables

- both formats, subdivided into parameters defining the location of a

variable. (For instance the line-number in the structured table).
- presentation sequence of series. Series of flow diagrams and of structured tables were alternated per subject.

The number of wrong answers, "overlooking an alarm-situation" were low. (1-3% per subject). The corresponding reaction times were skipped.

3.1.4 Subjects

In experiment I, 11 male subjects participated (9 students, 2 staff members), of which 7 students returned for experiment II.

3.1.5 Procedure

The experiments were carried out with the slide projection set-up. The human subjects were seated at about 100 cm distance in front of a 47 cm (diameter) monitor, in a separate experimental room.
The experiments and tasks were introduced to the subjects by means of a written instruction. The formats had to be learned by heart; the knowledge of the subject was tested before hand. After a learning series of pictures, the actual experiment started. In experiment I, 4 series of 8 alarm- and 15 normal-situations per format were presented. In experiment II, 4 of these series were presented. (Twice, but half of the measurements applied to the distraction task).
After the evaluation of the results, a third experiment with 10 subjects, concerning the table format, was decided upon. Containing one series of 9 alarm- and 38 normal-situations per experimental condition.

3.2 Results

As the distribution of the measured data was not known before hand, nor expected to have a normal-distribution, statistical analyses were performed by means of non-parametric statistics /7./; /8./ (Wilcoxon - matched pairs, signed ranks - test, Kendall's coefficiënt of concordance; (level of significance: 5%)).

3.2.1 Experiment I

Overall mean search time (and variance) of the last series of pictures was for the flow diagram 2.6 s. (σ^2 = 1.7), for the structured table 3.3 s. (σ^2 = 3.6). For the alarm detection task mean values are respectively: 3.2 s. (σ^2 = 1.4) and 2.1 s. (σ^2 = 0.3).

Within the flow diagram:
- search times of centrally placed process variables were, for the first series of pictures, significantly shorter than (a selection

of) all other variables.

- at the fourth series of pictures free-standing process variables (FWTR, MMHO and FOVO) also have significantly shorter search times. The initial difference between centrally placed and free-standing variables no longer exists.
- For the alarm-detection task (alarm-detection-times), no significant differences, between any of the variables, were found.

Within the structured table:

- Only search-times of the upper four lines (variables) yielded significant shorter search times. No other effects were found.
- For the alarm detection-task, no differences were found either.

Between the diagrams:

- In the first series no significant differences in search times between the formats were found.
- For the fourth series of pictures search times in the flow diagram were significantly shorter than for the structured table.
- For the alarm-detection-task on all series of measurements the table scored significantly better.

Differences within the diagrams for consecutive series of measurements:

- Learning effects are significant for both formats (decrease of search times and alarm detection times).
  For the flow diagram on 4 series of measurements: $p \leq 3.5\%$ for all individual subjects. For the table format: $p \leq 7\%$ for all subjects except one.

3.2.2 Experiment II

For the flow diagram the effects of isolated variables was further substantiated (NIVO). All other findings of experiment I were confirmed.

3.2.3 Experiment III

As originally hypothesized, the shorter search times for the upper four lines of the table format could be explained by the structure, but on the other hand the mnemonics of these variables also are very deviating. Three variants of the structured table were further tested:

1. Original format.
2. A format with section "uitlaat" placed between "water" and "branders".
3. A format that appears when the original format is mirrored along

the axis formed by the column of tag-numbers (such as Q 031). Comparison of variant 1 and 3 did not result into search time differences. Comparison of variant 1 and 2 showed both a strong effect of the mnemonics ($p \leq 2.8\%$) and an "upper line" effect ($p \leq 3.9\%$).

3.3 Conclusions of the first three experiments

1. Within the flowdiagram, across several series of measurements a significant difference in learning effects (for the search task) appeared between free-standing variables and variables in a group. Furthermore after a short learning period the free standing and centrally placed variables have significant shorter search times then the other variables, placed in more crowded areas.
2. In contrast with the flow diagram, in the table no significant differences in learning effects appeared. Variables placed at the top, or within a group of variables with striking mnemonics, yield shorter search times.
3. Regardless of different learning effects, all variables in the flow diagram have shorter search times then in the table. Due to optimal use of spatial coding for alarm messages, the latter is significantly better for the alarm detection task.

4. Explorative experiments on coding parameters.

The results of the experiments discussed above indicate that for the search-task the flow diagram should be prefered. However in the table-format the place of the alarm message easily leads to the actual value. In the flow format the actual value could of course also be given near the alarm message. Probably this will not keep the operator from checking related variables adjacent to the regular place of the variable in alarm. So as a secondary tool for structuring we carried on with some explorative studies (executed by students) on coding parameters. Now a computerized VDU-system was applied.

4.1 Format, colours and brightness

Colour coding is widely used for attention attracking and sometimes for further structuring purposes. While there exists sufficient evidence for a restrictive use of a strong parameter as colour we compare it with a parameter that does not disturb the calmness in the picture. From previous experiments /9./ we inferred brightness to be a useful alternative. This led to the experimental question formulated in 4.2.

Moreover we made several slight adjustments in the original flow diagram*, due to a careful use of ergonomic guidelines.

4.2 Experiments

In order to improve the accuracy of time measurement search- and detection task were integrated. We presented the mnemonic of the search item in the upper right-hand corner of the picture. The subjects had to fixate that corner of the screen. Further the course of the experiments resembled exp. I, II and III.

The experiments are aggravated to the question:
"Is it the colour as such that has the well-known facilitating effect in search tasks, or merely the inherent luminance contrast, that causes decreasing search times?"
Therefore in exp. IV and V we used luminances in the monochromatic pictures that correspond to the luminances of the colours in the compared picture. Because of the explorative nature diverse colours were investigated, but variations within one experimental condition were kept small.

Out of various possibilities to apply colour/brightness contrast in a picture we started with: two experiments.

- In exp. IV, just as an example of grouping through the picture, we gave pressures, temperatures, flow, etc. their own colour (4 variants from green to yellow), respectively corresponding brightness. (10 subjects; 2 series per variant).
- In exp. V we gave the target variable in the format a contrasting colour respectively brightness contrast; conditions:
  1a. red target/green picture/black background
  1b. grey picture with corresponding luminances
  2a. yellow target/red picture/black background
  2b. grey picture with corresponding luminances
  (4 subjects; 3 times each variant, repeated the next day).

The sixth experiment was executed to get an idea of the differences between the two original formats, just using grey-values as in exp. V, 1b and 2b. (10 subjects; 3 series per format).
Each of the experiments include black and white control conditions too.

* Amongst others: characters with 5 x 7 dot matrix, adequate spacing, SI-units omitted, values and mnemonics changed places, improvements on vertical structure, group near arrow shifted to the right.

4.3 Results and conclusion

Search times were paired per process variable over the experimental conditions and statistically analysed conform 3.2.

Exp. IV showed no significant differences at all.
Exp. V resulted in significant shorter search times for condition 2a (yellow target) compared to 2b. Significant diffences between 1a and 1b were found for two (out of four) subjects. In contrast with exp. IV the search times of the control condition were significantly longer in all comparisons. Also in exp. VI the only significant difference was found comparing the control condition to both brightness conditions. Between the formats no differences were found at all. Even the initial advantage of the table format in the alarm-detection task of the previous experiments didn't occur in this experiment. To what extent this is caused by different procedures or quality of the presentation will be investigated in future experiments.

So tentatively spoken, these experiments do not support the opinion that the use of colour should be prefered above brightness contrast.

5. Discussion

The results of the experiments reported in this paper show that an analysis of operator VDU-tasks should be carried out before a certain format is chosen. In view of aspects like better understanding of the process, training, etc. a flow diagram is probably preferred. For the search task used in our experiments the flow diagram scores better than the structured table. Furthermore from the second series of experiments it became clear that other coding parameters can be successfully used. Presumably brightness contrast as well as colour. It is remarkable that after an initial subjective preference for the structured table, all subjects in experiments with both formats, changed their opinion in favour of the flow diagram.

Acknowledgement

We would like to thank L.H.J.M. Verhagen and J. Mossink with whom we worked in close cooperation on this project, respectively during the first and the second half of the work reported in this paper. Furthermore we wish to thank the participating students.

References

/1./ Cakir A., Hart D.J., Stewart T.F.M.; Visual display terminals. John Wiley & Sons, Chichester, New York, 1980.

/2./ Umbers I.G.; CRT/TV displays in the control of process plant: a review of applications and human factors design criteria. Warren Spring Lab., Department of Industry, 1976.

/3./ Christ R.E.; Review and analysis of colour coding research for visual displays. Human Factors Vol. 17 (6), 1975.

/4./ Piso E.; VDT Ergonomics; guidelines versus task aspects. An application to process-operator tasks. Journal A, Vol. 24 (2), 1983.

/5./ de Groot H.J., Kuhlmann R.R., Bouw T.; A command language for the presentation of process information; Conference on Mini- and Microcomputers; Davos, 1982.

/6./ Rijnsdorp J.E.; Structuring of process information on visual display units. 26th Annual Meeting of the Human Factors Society, Seattle (Washington, USA), October 25-28, 1982.

/7./ Hays W.L.; Statistics for the social sciences. Holt, Rinehart and Winston, 1977.

/8./ Siegel S.; Non-parametric statistics for the behavioral sciences. McGraw-Hill, 1956.

/9./ Boxtel A.A.J. van, Slappendel C.; Evaluatie van enkele manieren waarop de wandbelasting van een hoogoven grafisch op een beeldscherm weergegeven kan worden. (EGKS-project 7245.32.004). Ergonomics Working Group, Twente University of Technology (Netherlands), 1981.

FLEXIBLE, HIERARCHISCHE PROZESSBEOBACHTUNG UND -BEDIENUNG BEI DEZENTRALEN AUTOMATISIERUNGSSYSTEMEN MITTELS FARBSICHTGERÄTESYSTEMEN UNTER GEMISCHTER VERWENDUNG VON FLIESSBILDERN UND BLOCKSTRUKTUREN

FLEXIBLE, HIERARCHICAL PROCESS MONITORING AND OPERATING FOR DECENTRALIZED AUTOMATION SYSTEMS BY MEANS OF COLOUR SCREEN SYSTEMS WITH MIXED DISPLAY OF PROCESS GRAPHICS (FLOW CHARTS) AND STANDARDIZED BLOCK STRUCTURES

P. Dreher[*], R. Grimm[**], I. Hertlin[**]

[*] Siemens AG, D-7500 Karlsruhe

[**] Fraunhofer-Institut für Informations- und Datenverarbeitung (IITB), D-7500 Karlsruhe

Summary

Technical processes are automated according to their structure (decentralized, locally and functionally distributed process parts). Process monitoring and control is done mainly by means of computer-driven colour screen systems in control rooms allowing mixed information coding and the ergonomically favourable "flow chart" organization. Often the transition from conventional to computerized automation takes place in the control room with conventional as well as computer-driven instrumentation in parallel with "block structure" organization of the information, i.e. similar input and control intruments are grouped without structure. Display and control principles are given here to ease this transition to computerized instrumentation concerning information hierarchies and concentration as well as user guidance and suitable forms for information input. Recommendations are made for the integration of the new forms of information display including function charts for process sequences and protection control.

1. Einführung

Technische Prozesse werden zunehmend entsprechend ihrer Struktur (dezentrale, räumlich bzw. funktional verteilte Teilprozesse) mit dezentralen Überwachungs-, Steuerungs- und Regelungssystemen automatisiert. Prozeßbeobachtung und -bedienung erfolgen dabei meist zentral mittels rechnergestützter Farbbildschirmsysteme als Mensch-Maschine-Schnittstelle. Sie erlauben freie Codierung der Information auch in geeigneten Mischformen (Symbole, Zeitverläufe wie Kurven, analoge und digitale Anzeigen) und die anthropothechnisch günstige Organisationsform "Fließbild", aber auch selbsttätige Situationsadaption und Dialogführung.

In einigen Bereichen vollzieht sich der Übergang von konventioneller zu rechnergestützter Automatisierung so, daß sowohl die konventionelle als auch die rechnergestützte Instrumentierung parallel in der Warte installiert sind, wobei die konventionelle Instrumentierung häufig - aus Platzgründen - in der Organisationsform "Blockstruktur" vorgenommen wurde, d.h. Zusammenfassung gleichartiger Anzeige- und Bedieninstrumente zu Gruppen. Zur Erleichterung des Übergangs zu rechnergestützter Instrumentierung werden Darstellungs- und Bedienprinzipien für Sichtgerätesysteme vorgestellt, die die Mischung beider Organisationsformen ("Fließbild" und "Blockstruktur") in Verbindung mit Darstellungs- und Bedienhierarchien ermöglichen.

2. Aufgabenverlagerung, resultierende Anforderungen

Die zunehmende Automatisierung bringt in der Regel für den Operateur eine wesentliche Aufgabenverschiebung. Während er vorher ständig in den Regelkreis eingeschaltet war und aktiv in den (wesentlich kleineren) Prozeß eingriff (Handeln aufgrund von Training bzw. Regeln), liegen seine Aufgaben bei einem (konventionell oder rechnergestützt) automatisierten Prozeß vorwiegend im Bereich des passiven Kontrollierens und Überwachens (der zunehmend größeren Anlagen). Die Eingriffe in den Prozeß erfolgen relativ selten zur manuellen Herbeiführung neuer Prozeßzustände bzw. Einleiten von Maßnahmen zur Beseitigung von Störzuständen (Handeln aufgrund von Wissen und Erfahrung, Bild 1 nach /1/).

Dem müssen auch die Instrumentierung und die Informationsverarbeitung Rechnung tragen: Eine parallele Instrumentierung mit einer Hierarchiestufe (wie sie i.a. in der konventionellen Automatisierung zu

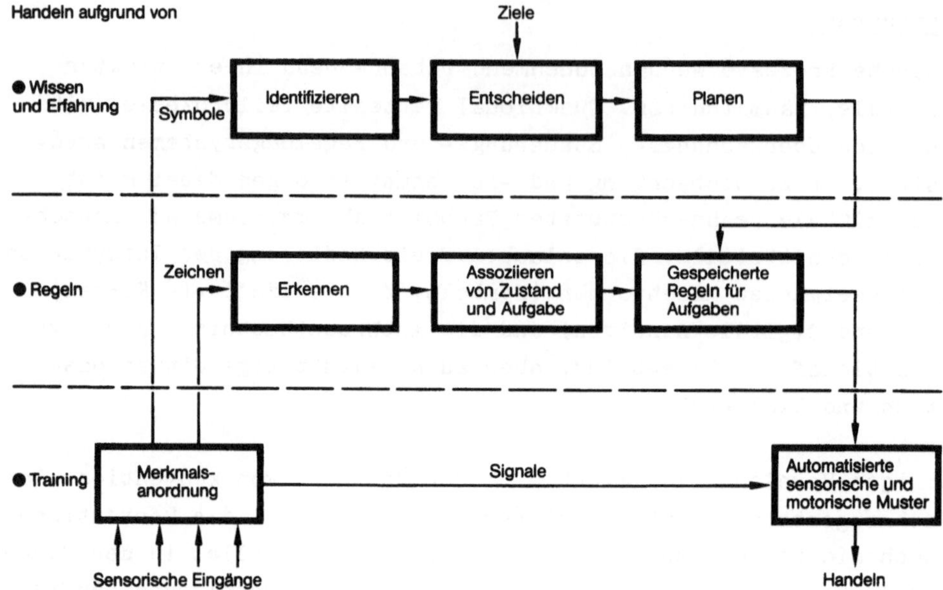

Bild 1: 3-Schichtenmodell des menschlichen Handelns nach Goodstein

finden ist) ist dann nicht mehr ausreichend. Es sind mehrere Hierarchiestufen erforderlich mit paralleler Anzeige auf der obersten Stufe (d.h. meist für den Gesamtprozeß) mit entsprechender Datenkonzentration (z.B. Sammelstörungsanzeigen). Bild 2 zeigt schematisch hierzu im linken Teil eine hierarchische Prozeßzustandsanzeige in Blockstruktur, im rechten Teil ist die hierarchische Prozeß- und Prozeßzustandsanzeige eines verfahrenstechnischen Prozesses in Form von Fließbildern wiedergegeben. Eine Benutzerführung ist dabei insbesondere zum Auffinden von Störursachen bei Störmeldungen notwendig. Die Bedienung selbst erfolgt stets sequentiell, bei der Darstellung ist zu berücksichtigen, daß die zur Lösung der momentanen Aufgabe nicht benötigte Information störend wirkt.

Mit rechnergestützten Sichtgerätesystemen können die vorgenannten Forderungen erfüllt werden mit optimaler Unterstützung der Darstellung und Bedienung durch multifunktionale Sichtgeräte:

- Informationskonzentration und -selektion mit selbsttätiger Situationsadaption sind rechnergestützt realisierbar.

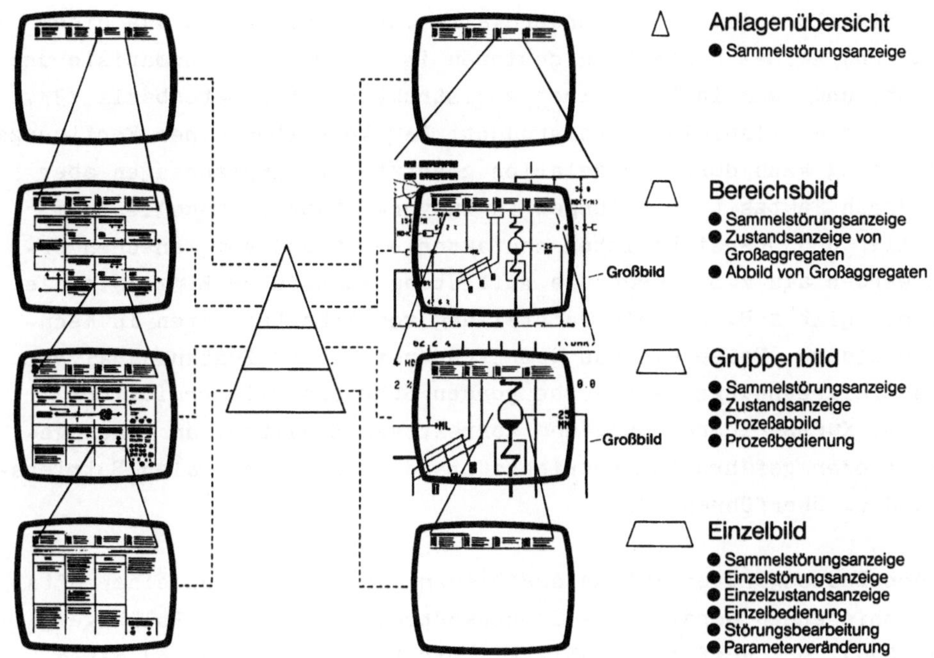

Bild 2: Beispiel für eine hierarchische Darstellung
links: Prozeßzustandsanzeige in Blockstruktur
rechts: Prozeß- und Prozeßzustandsanzeige als Fließbilder

- Zur Verbesserung des Dialogs zwischen dem Menschen und dem technischen System können Kommunikationshilfen durch Eingabe-, Auswahl- und textuelle Unterstützung sowie Hilfs- und Orientierungsfunktionen gegeben werden.
- Mischformen der Codierung sind einfach möglich mit semigrafischen frei projektierbaren Symbolen und alphanumerischen Zeichen sowie zeitlich varianten, analogen Darstellungen (Balken, Kurven), Farbe.
- Prozeßzustandsabbildungen können als Fließbilder mit räumlich und begrifflich kompatibler Alarmcodierung im Fließbild erfolgen /2/.

Ein "informationsorientiertes" statt "signalorientiertes" Arbeiten kann ermöglicht werden. Hierbei werden die einzelnen Daten aus dem meist komplexen Produktionsablauf nicht als Repräsentanten (nur) eines Signals verstanden, sondern alle Information, die aus einem Signal und seinem Kontext zu gewinnen ist, wird zur Automatisierung benutzt, und zwar in Form einer wohlstrukturierten Datenbasis /3/. Als einfache Beispiele seien erwähnt: Das Verhalten einer Fertigungseinrichtung kann durch in Relation gesetzte Störungsaussagen aber auch durch Taktzeitverteilungen in Kurven- statt in Tabellenform schneller und übersichtlicher charakterisiert und vom Menschen erfaßt werden als z.B. durch die Auflistung sämtlicher Einzelsignale. Gleiches gilt z.B. für die Darstellung von Arbeitspunkten in Kennlinienfeldern. Beispiele aus dem EVU-Bereich sind Zustandsanalyse und Ausfallrechnungen zur vorbeugenden Schwachstellenermittlung im Netz, Kurzschlußrechnung und korrektives Schalten, um einen gestörten oder gefährdeten Betriebszustand in einen normalen Betriebszustand zu überführen /4/.

Bei den Bediengeräten muß unterschieden werden zwischen einerseits positionierenden Geräten wie Steuerknüppel (Joystick), Rollkugel, Maus, Schalter, grafische Tabletts, Digitalisiergeräte und alphanumerische Tastaturen und andererseits zeigenden Geräten wie Lichtgriffel, Touch Panel und Funktionstastaturen. Während positionierende Geräte nach dem Prinzip der indirekten Rückkopplung arbeiten, d.h. der Bediener muß additiv zu seiner eigentlichen Aufgabe zur Anwahl eine Positionskontrolle und ggf. Korrektur vornehmen, ist bei zeigenden Geräten eine direkte Rückkopplung und damit geringere Belastung gegeben /5/. Am Beispiel der notwendigen Tätigkeiten vom Erkennen einer Störsituation bis zum Einleiten von Maßnahmen zur Störbeseitigung wird dies mit Hilfe der Ablaufschemata /6/ für die verschiedenen Prinzipien

- Anwahl mit Namens- und Nummerneingabe
- Anwahl mit Funktionstastatur und Cursor
- Anwahl mit Lichtgriffel und Quittungstaste
- Anwahl mit Lichtgriffel oder Funktionstastatur mit Bedienerführung bei hierarchischer Bildorganisation

aufgezeigt, von denen die beiden letzten Varianten die geringste Belastung für den Bediener bedeuten (Bild 3a bis d). Rechts neben den Ablaufschemata ist der jeweilige Zeitbedarf für die verschiedenen Anwahlvorgänge schematisch dargestellt, die Rückführungspfeile bedeuten mögliche Zeitverlängerungen durch notwendige Wiederholungen bei Fehleingaben. Es zeigt sich, daß die für große Prozesse unumgängliche hierarchische Bildorganisation bei geeigneter Bedienerführung nahezu keinen zusätzlichen Zeitbedarf bedeutet gegenüber der zeitoptimalen Anwahl mit Lichtgriffel und Quittungstaste.

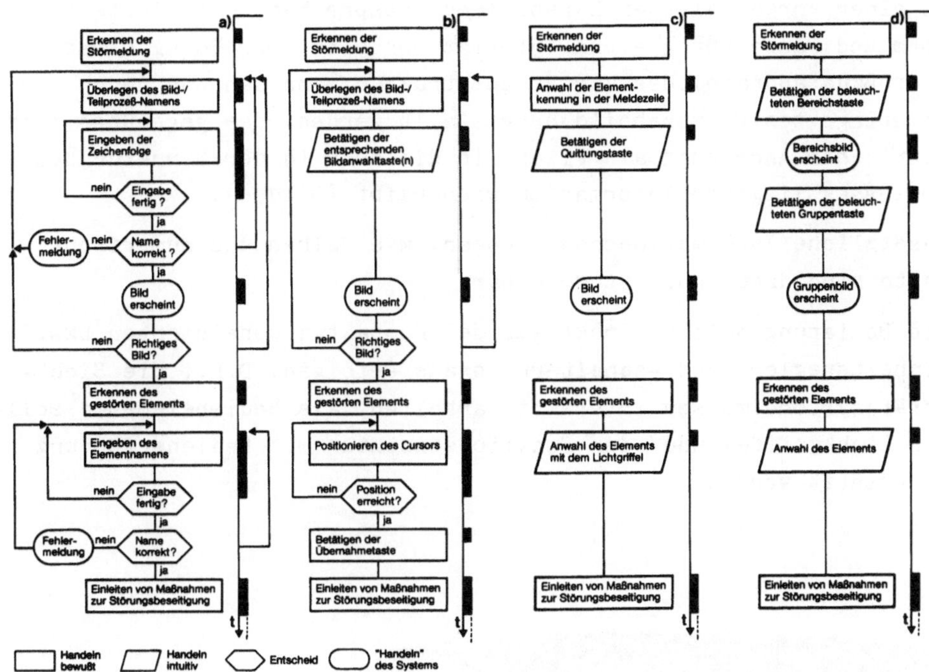

<u>Bild 3:</u> Notwendige Tätigkeiten des Bedieners und schematischer Zeitverlauf vom Erkennen einer Störsituation bis zum Einleiten von Maßnahmen zur Störbeseitigung
a) Anwahl mit Namens- und Nummerneingabe
b) Anwahl mit Funktionstastatur und Cursor
c) Anwahl mit Lichtgriffel und Quittungstaste
d) Anwahl mit Lichtgriffel oder Funktionstastatur mit Bedienerführung bei hierarchischer Bildorganisation

3. Lösung bei schrittweisem parallelen Übergang von konventioneller zu rechnergestützter Automatisierung

Die konventionelle Wartentechnik ist bei großen Prozessen nahezu ausschließlich in Blockstruktur ausgeführt mit Vereinheitlichungen in den Abmessungen, im Aussehen und oft mit Zusammenfassung gleichartiger Instrumenttypen zu Gruppen in metrischer, nicht strukturierter Anordnung (z.B. Kompaktwartenelemente, Einheitsregler) /7/. Bei einem Übergang zu rechnergestützter Automatisierung und Einsatz von Sichtgerätesystemen in der Warte parallel zur konventionellen Technik ist eine gleichartige Anzeige und Bedienung über das Sichtgerätesystem notwendig, was u.a. bedeutet:

- Die Anzeige sollte den Kompaktwartenelementen bzw. Einheitsreglern in einer vorgestalteten Darstellung entsprechen, d.h. feste Formate, Form und Farbe für gleiche Informationstypen. Der Bezug dieses Prozeßzustandsabbildes zur Prozeßstruktur kann dennoch durch ein unterlagertes Prozeßabbild hergestellt werden, das gegenüber rein metrischer Anordnung als Fließbild die auch in der Struktur des Prozesses liegende Information wiedergibt (Bild 4).
- Zusätzliche Informationscodierungen, wie Balken und numerische Werte sind dabei gut integrierbar.
- Die Bedienung sollte direkt aus den Kompaktwartenelementen bzw. Einheitsreglern und -schaltern heraus erfolgen. D.h., die Sichtgerätesysteme müssen interaktiv arbeiten, als Bedienelemente sollten Lichtgriffel und/oder Funktionstastatur mit Bedienerführung eingesetzt werden.

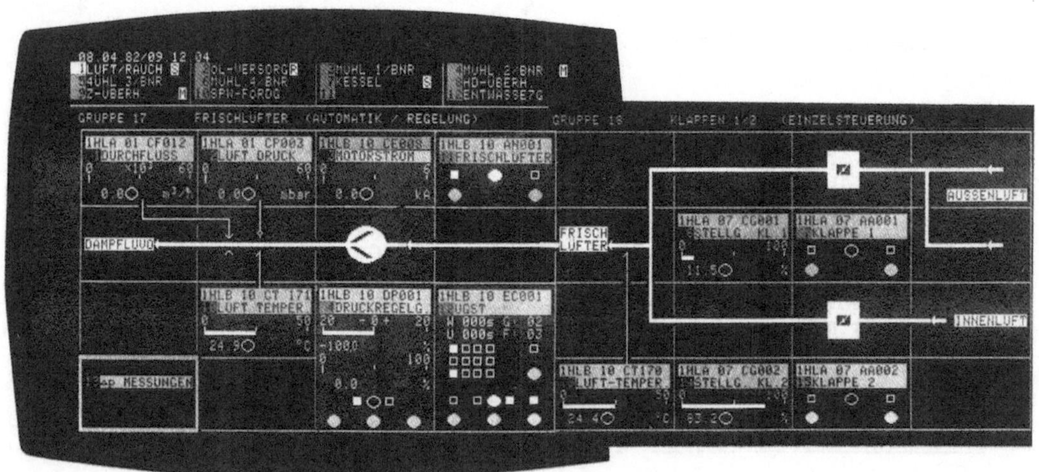

Bild 4: Prozeßzustandsabbild mit unterlagertem Prozeßabbild zur Wiedergabe auch der in der Struktur des Prozesses liegenden Information

Die Forderung nach einer Beibehaltung der Gleichartigkeit von Anzeige und Bedienung in der Warte bei parallelem Übergang von konventioneller zu rechnergestützter Automatisierung darf jedoch nicht dazu führen, daß die Möglichkeiten der rechnergestützten Sichtgerätesysteme für neue bzw. zusätzliche Informationsarten ungenutzt bleiben. Andererseits sollten diese Informationsarten aus Kompatibilitätsgründen nicht in die bisherigen Anzeigearten integriert, sondern getrennt hiervon dargestellt werden. Dies führt zu monofunktionalen Sichtgerätegruppen mit getrennter Darstellung z.B. für Blockstruktur, Kurven und Meldungsanzeigen, die multifunktionalen Möglichkeiten der Sichtgeräte werden hier nicht genutzt. Deshalb ist es bei einer hierarchischen Informationsorganisation erforderlich, daß alle Informationsarten parallel auf den anderen Sichtgeräten mitgeführt werden können, z.B. Darstellung einer Gruppe in Blockstruktur auf einem Sichtgerät und des zugehörigen Fließbildes selbsttätig auf einem parallelen Sichtgerät (Bild 5).

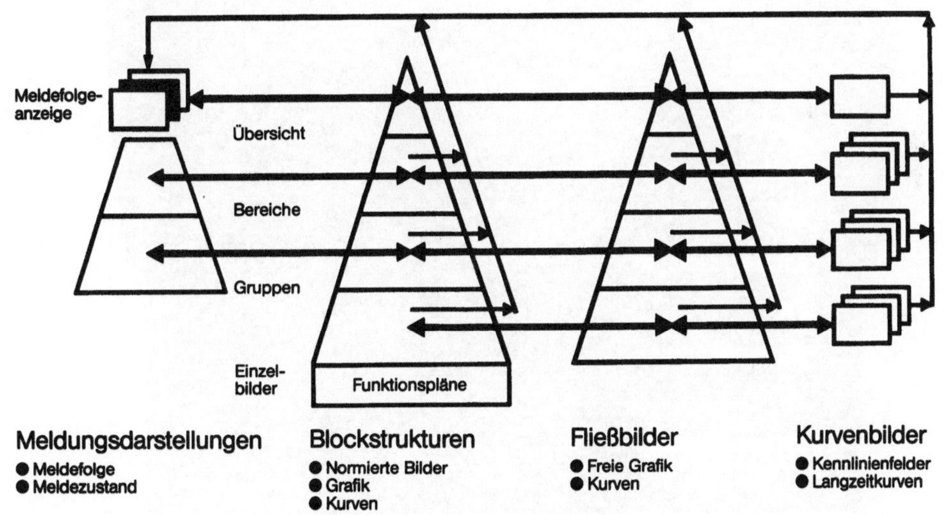

Bild 5: Konzept für die parallele Mitführung und Anwahl unterschiedlicher monofunktionaler Darstellungsformen bei hierarchischer Informationsorganisation

Zur detaillierten Darstellung von Ablauf- und Verriegelungssteuerungen bietet sich auf der Einzelbildebene eine enge Anlehnung an die genormte Funktionsplandarstellung an. Es handelt sich hierbei um ein Fließbild zur Darstellung der Steuerungslogik einschließlich der aktuellen binären und numerischen Werte und unterstützenden Erläuterungen im Klartext. Somit ist ein eineindeutiger Bezug zwischen Steuerungsabbild und -zustand möglich. Umfangreichere Steuerungen können in einem Großbild mit der Möglichkeit des kontinuierlichen Rollens abgebildet werden (Bild 6), für sehr große Abläufe sollte eine Kettung von Großbildern mit selbsttätigem Bildwechsel realisiert sein.

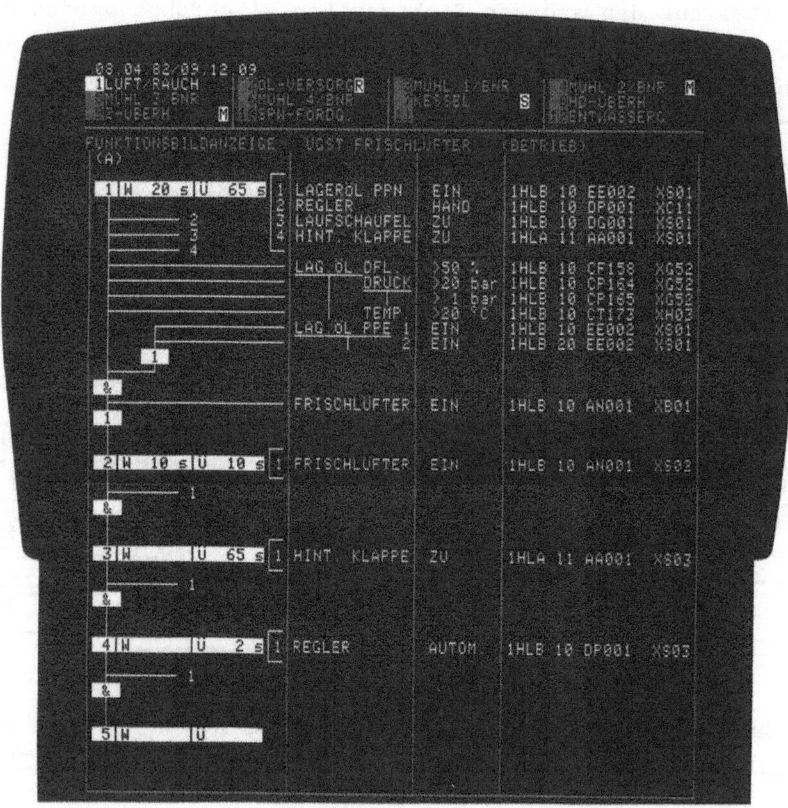

Bild 6: Funktionsplandarstellung einer Ablaufsteuerung in einem Großbild

4. Schlußbemerkung

Die vorgestellten Darstellungs- und Bedienprinzipien zur Mischung der Organisationsformen "Blockstruktur" und "Fließbild" in Verbindung mit Darstellungs- und Bedienhierarchien sind beispielhaft im Beobachtungs- und Bediensystem OS 254 des Prozeßleitsystems Teleperm M basierend auf EAF-P2A realisiert /8, 9/. EAF-P2A steht hierbei für ein portables in PEARL implementiertes, durch Kombination einer relationalen Datenbank mit einer Methodenbank einfach an Anwendungsaufgaben anpaßbares Ein-/Ausgabe-Farbbildschirmsystem /10/.

Literatur

/1/ Goodstein, L.P.: Display Support for Detection and Identification of Disturbances in Industrial Process Systems. Human Detection and Diagnosis of System Failures - A Nato Symposium, Roskilde, Denmark, 4-8 August 1980, S. 447-448, Plenum Press, New York, 1981.

/2/ Pikaar, R.N.; Lenior, T.M.J.: Structuring Information on Visual Display Units for Process State Scanning and Alarm Detection. In diesem Band, Themengruppe "Visuelle und autitive Mensch-Prozeß-Kommunikation".

/3/ Grimm, R.; Hertlin, I.: Informationsorientierte Fertigungsautomatisierung mit verteilten Rechnern. FhG-Berichte 3-82, S. 57-62.

/4/ Brückner, G.; Grimm, R.: Der Mensch in der EVU-Netzwarte. Elektrotechnische Zeitschrift, etz, Bd. 104, H.6, März 1983, S. 272-275.

/5/ Grimm, R.; Haller, R.; Syrbe, M.; Rudolf, M.: Bildschirme in der Prozeßwarte - Richtlinien, Systemstrukturen und Tätigkeitsmerkmale, Vergleich zum Bürobereich. Verlag TÜV Rheinland GmbH, Köln, 1983.

/6/ Grimm, R.: Zur ergonomischen Gestaltung der Mensch-Prozeß-Schnittstelle: Prozeßbeobachtung und Prozeßbedienung. Prozeßrechner-Aussprachetag, Lahnstein, 1982 (Veröffentlichung in Regelungstechnische Praxis in Vorbereitung).

/7/ Bindewald, K.: Vorteile und Grenzen neuer Darstellungsmittel in der Mensch-Maschine-Kommunikation. Fachberichte Messen, Steuern, Regeln, Bd. 5, Meß- und Automatisierungstechnik: Technologien, Verfahren, Ziele. INTERKAMA-Kongreß 1980, Springer-Verlag, Berlin, Heidelberg, New York, S. 794-810.

/8/ Fischer, A.; Kürner, H.; Schneider, E.: TELEPERM M, die leittechnische Alternative für große Kohlekraftwerke. Siemens-Zeitschrift 57 (1983) Heft 5.

/9/ Hildenbrand, K.; Ottenburger, U.; Zillich, H.: Kommunikation in Kraftwerkswarten mit dem neuen Bedien- und Beobachtungssystem OS 254 des Prozeßleitsystems TELEPERM M. Siemens-Energietechnik 5 (1983) Heft 5.

/10/ Syrbe, M.; Grimm, R.; Hertlin, I.; Lang, K.; Laubsch, H.; Schäfer, H.-A.: Bildgestützte Programmierung von Prozeßrechnern mittels einer MSR-Entwurfssprache. PDV-Entwicklungsnotizen PDV-E147, Kernforschungszentrum Karlsruhe, Dezember 1980.

DIALOGGEFÜHRTE ON-LINE NACHFÜHRUNG VON PROZESSDATEN DURCH DEN WARTENINGENIEUR

INTERACTIVE ON-LINE-INSERTION OF MANUAL COLLECTED PROCESS-CONTROL DATA

Dr. B. Engel

Fachbereich Netzleittechnik
BROWN,BOVERI & CIE AG
6802 Ladenburg, Deutschland

Summary

Three questions in respect to on-line-insertion of process-control date are discussed: What kind of data are to be inserted on-line? We decide it by the "dynamic" of the data. The second question is, what kind of handling is necessary for on-line-insertion. We find, special function keys mixed with software-keyboards are a good solution. The last point is the representation of inserted data. This is a function of the importance of the data for the operators.

1. WELCHE DATEN UNTERLIEGEN DER NACHFÜHRUNG ?

Zur Abklärung des Begriffs on-line-Nachführung und zum besseren Verständnis der speziellen Anforderungen an die Bedienung von "Nachführungen" ist es notwendig, sich das Umfeld klarzumachen. Das Thema Nachführung beschäftigt sich formal mit einem Weg der Datenbeschickung eines Leitsystems.

Im Bild 1 ist eine Leitsystem schematisch dargestellt, wobei der Aspekt der Datenhaltung und der Zugriffe auf die Datenhaltung im Vordergrund stehen. Drei externe und ein interner Pfad führen zu Datenänderungen in der zentralen Datenhaltung des Leitsystems. Während die Unterscheidung zwischen den gemessenen Prozeßsignalen, den intern erzeugten Signalen und der Bedienung sofort einsichtig ist, ist die Unterscheidung nach Bedieninformation und Änderungsdienst nicht so einfach festzulegen, da an beiden Schnittstellen eine Mensch-Maschine-Kommunikation stattfindet. Bei entsprechenden organisatorischen Maßnahmen ist zwar die Unterscheidung nach Quellen ebenso möglich, z.B. getrenntes Bedienpersonal in der Warte und Änderungs- und Planungspersonal an speziellen Dateneingabe- und Testplätzen; jedoch werden die Grenzen in der Praxis oft verschwimmen.

Es bedarf daher einer anderen Unterscheidung, die sich auf die Art der Daten und auf deren Änderungsgeschwindigkeit bzw. weitergehende Änderungsquelle bezieht. Dies führt zu der in Bild 2 dargestellten Aufteilung von Daten in dynamische, statische quasi dynamische und quasi statische.

Beginnen wir mit der Unterscheidung dynamischer Daten zu statischen Daten.

Dynamische Daten sind solche, die sich in normalem Prozeßablauf ständig ändern und somit die Auskunft über den Zustand des laufenden Prozeßes geben, typisch etwa die Meßwerte, die über geeignete Analogeingaben dem Leitsystem mitgeteilt werden. Hingegen sind statisch die Kennwerte der Anlage zu sehen wie Aufbau, physikalische Eigenschaften (z.B. elektrischer Widerstand), deren Änderung einen "Umbau" der Anlagen notwendig machen.

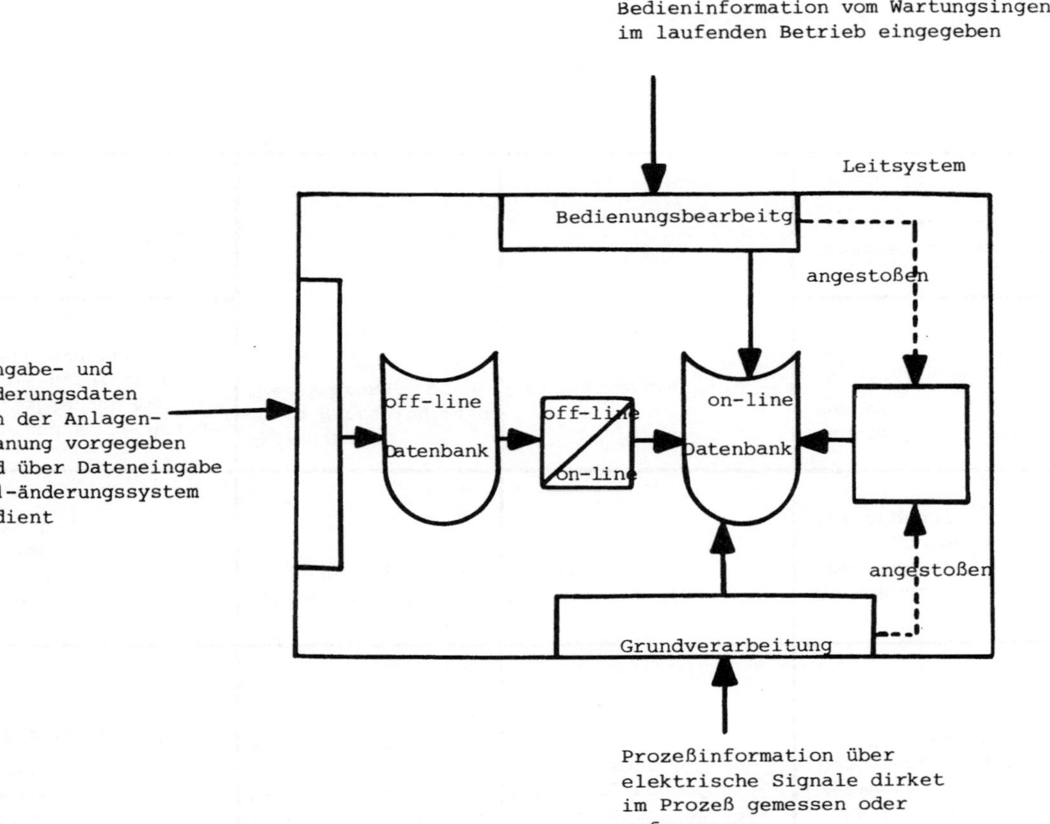

Bild 1 Änderungsquellen für die Zentrale Datenhaltung in einem Leitsystem

Klasse	Art	Herkunft	Wiederbeschaffung	Beispiele aus NCT
dynamische	Meldungen Meßwerte Zählwerte Verknüpfte Werte	Prozeß über Messung bzw. Meldung verknüpft an gemessenen Warten	Abfrage des Prozesses mit entsprechender Verarbeitung	Schalterstellung Messwert Durchschnittsleistung aus Zählwerten
statische	Anlage Objektarten Reaktion Nennwerte	Dateneingabe bzw. -änderungssystem	aus der off-line Datenbank	Anlagennamen Impedanzen Technologische Verknüpfung
quasi-dynamische	auf Grund von Störungen oder fehlender Meßtechnik nicht übertragene dynamische	Bedienung durch Warteningenieur "Nachführung	Datensicherung	nachgeführter Schalter Merker
quasi-statische	Kennwerte,die rasch änderbar sein sollen			Grenzwerte (Bedienergrenze, Bezugsfarben

Bild 2 Klassifizierung der Daten

Aus dieser Unterscheidung ergeben sich auch die Quellen für diese Daten-dynamische kommen aus dem Prozeß, werden ständig gemessen und können somit auch jederzeit wieder auf den aktuellen Stand gebracht werden.

Die statischen Daten sind aus der Anlagenplanung zu übernehmen in Bild 1 als "off-line-Datenbank" gekennzeichnet. Beide Arten von Daten können unter besonderen Umständen durch die Eingaben des Warteningenieurs teilweise beeinflusst werden. Derartige statische bzw. dynamische Daten, die vom Bediener verändert werden können, werden entsprechend als quasi-statische bzw. quasi-dynamische Daten bezeichnet. Die Bedienung, die zu ihrer Änderung führt, wollen wir als Nachführung verstehen. Ein Problem dieser Daten ist die Wiederherstellung nach Fehlerfällen. Während dynamische Daten jederzeit aus dem Prozeß abzufragen sind, statische in der off-line-Datenhaltung rekonfigurierbar aufgehoben werden können, bleibt für Nachführungen, die nicht abfragbar sind, nur eine Datensicherung (die als zyklische Sicherung des Standes oder als Journal ausgeprägt sein kann).

Im folgenden sind die Gesichtspunkte aufgeführt, die für oder gegen die Einführung quasi-statischer bzw. quasi-dynamischer Daten sprechen.

QUASI-DYNAMISCHE

+ Bei Störungen der Meßtechnik wird das Abbild im Rechner trotzdem richtig; auch Verknüpfungen und Rechenprozesse sind nur so sinnvoll
+ Bei sich selten ändernden Informationen können Investitionskosten gespart werden
- Die zeitliche Zuordnung der Ereignisse ist unsicher, bzw. von der Sorgfalt des Bedieners abhängig
- Die Reaktionszeit des Bedieners bis zur Nachführung führt zu zeitweise nicht richtigen Zuständen.

QUASI-STATISCHE

+ Schnelle Bedienbarkeit, einfaches Handling
- Softwaretechnik aufwendiger (Datensicherheit)
+ Bediener kann leichter sich außergewöhnlichen Situationen anpassen
- keine Plausibilisierung und Prüfung zu Anlagenplanung
- weniger übergreifende Plausibilisierungen, leichter Inkonsistenzen
- wenig Rationalisierung durch Typisierung möglich

In allen Fällen ist der Nutzen von einer schnellen unkomplizierten Bedienung abhängig. Der Vorteil liegt meistens in der flexibleren Anpassung auch an außergewöhnlichen Situationen. Aus dieser Folgerung ist erkenntlich, daß der richtigen Bedienphilosophie ein hoher Stellenwert bei Nachführungen zukommt.

2. BEDIENGERÄTE FÜR NACHFÜHRUNG

In Bild 4 wird qualitativ ein erfahrungsgemäß bestehender Zusammenhang zwischen der Art der Bedienung und den einzusetzenden Bedieninstrumenten dargestellt. Eine gute Bedienerführung kann jeweils die Grenzen zu Gunsten der gut geführten Bedienung verschieben.

FOLGENDE FAKTOREN FÜHREN ZU DIESEM ZUSAMMENHANG:

- Die *Überschaubarkeit* - Dies beschränkt den Umfang der Bedienfelder, somit den Einsatz von Funktionstasten
- Die *Gewöhnungsmöglichkeit* - Dies spricht für feste Bedienfelder und damit für Funktionstasten bzw. feste Menues bei weniger Objekten (sonst leidet die Überschaubarkeit) bzw. für alphanumerische Dialoge (hier ist der Blindschreibeffekt am größten) bei großen Datenmengen mit vielfältiger Bedienmöglichkeit.
- Die *Ausdrucksfähigkeit*- Dies ist natürlich in einer alphanumerischen Dialogführung am größten (erspart bei komplexen Bedienungen das Durchlaufen mehrerer Menueb bzw. die Benutzung mehrdeutiger Tasten bei Funktionstastaturen)
- Die *Zahl und Art der Bedienhandlungen* etwa in Form von notwendigen Tastendrücken oder von notwendigen Armbewegungen zwischen einzelnen Tastendrücken bzw. vergleichbaren Bedienhandlungen. Hier geht auch ein welche Handgriffe zu bewerkstelligen sind (z.B. ein entfernt stehender senkrechter Bildschirm mit Lichtgriffel ist komplizierter zu bedienen als eine vor einen in den Tisch eingelassene Tastatur).

Rein qualitativ kann man die Kurve so verstehen:

werden nur sehr wenige Objekte (Extremfall eines) bedient, so ergibt sich leicht eine Lösung mit einzelnen Tasten (in diesem Fall ist dies auch ohne Zweifel eine wirtschaftliche Lösung). Bei sehr vielen Objekten, die auch in komplexer Art bedient werden, wird man um eine sprachliche Formulierung nicht umhin kommen. Dies wird dann auch aus wirtschaftlichen Gründen erzwungen. Im Zwischenbereich streifen sich Funktionstastaturen und Softwaretastaturen mit den verschiedenen Bedieninstrumenten (Cursor Bewegen über verschiedene Mechaniken, Tasten, Joystick, Rollkugel, Lichtgriffel und Digitalisiertableau), sowie Mischformen mit teilweise alphanumerischer Eingabe. Gerade in diesem Bereich aber bewegen sich auch gemeinhin die Anwendungen für Nachführungen. Dabei ist ein vertretbarer (auch vielgebrauchter Kompromiß) eine gut geführte Funktionstastatur mit der Möglichkeit der Objektidentifikation - hier müssen die großen Objektzahlen bewältigt werden - über Softwaretastaturen oder Schlüsselwörter. Leider muß hinzugefügt werden, daß die Grenzen auch nach Geschmacksgesichtspunkten sich in verschiedene Richtungen verschieben und dieser Faktor schwer zu fassen ist.

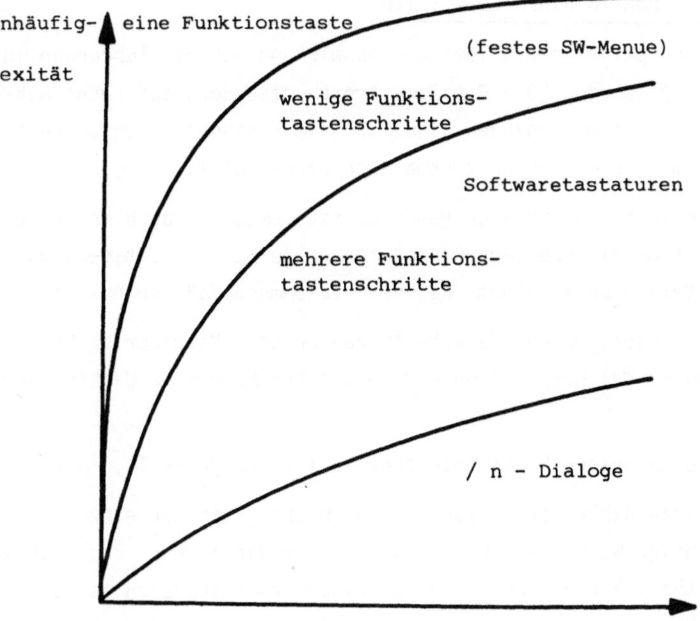

Bild 4 Auswahl der Bedieninstrumentes

3. WIRKUNG DER NACHFÜHRUNG IN EINEM LEITSYSTEM

Im folgenden sollen spezielle Probleme der Auswirkung von Nachführungen in einem Leitsystem aufgezeigt werden. Die Probleme treten besonders auf, wenn mehrere Bediener in einem Leitsystem vorhanden sind. In Bild 5 sind die möglichen Fälle verteiler Systeme mit ihren Warten schematisch dargestellt.

Es sind sowohl die Probleme hierarchischer Leitsysteme, als auch mehrerer paralleler Leitsysteme mit überlappenden Aufgaben zu berücksichtigen, wobei parallele Leitsysteme auch in einem "Rechner" zusammengefaßt sein können.

Es erhebt sich die Frage, welche Verarbeitungen an eine Nachführung anzuschließen sind und an welchen Stellen und in welcher Form eine Nachführung anzuzeigen ist.

In Bild 6 sind die einzelnen Reaktionen tabellarisch dargestellt.

Man sieht eine starke Abhängigkeit von Art und Wichtigkeit der einzelnen Werte. Dabei sollten wichtige Werte, wie Prozeßinformation den anderen Bediener mitgeteilt werden, (natürlich nur soweit sie in seinen Arbeitsbereich fallen - z. B. ein hierarchisch übergeordneter Lastverteiler wird nur eineInformation aus dem Hochspannungsnetz erhalten).

Bei weniger wichtigen Werten insbesondere im Langzeitspeicherbereich wird man andererseits auf Verarbeitung soweit möglich verzichten um Belastungen vom Leitsystem fernzuhalten und mit der Software in einem wirtschaftlichen Bereich zu bleiben. Schwierig ist eine Nachführung von durch den Rechner verknüpften Werten, da so Inkonsistenzen im Datenbestand entstehen; auf solche sollte verzichtet werden.

Ein spezielles Problem ist das Zusammentreffen von Nachführinformation und Prozeßinformation. Hier sollte die Gültigkeitsentscheidung manuell dem Bediener überlassen werden. Bei nachgeführten Werten wird die Prozeßinformation verworfen bis eine Aufhebung der Nachführung verfügt wird. Um diese Entscheidung dem Bediener zu ermöglichen, ist es nötig nachgeführte Objekte stets zu kennzeichnen. Die Sperre sollte dann für alle Systemteile gelten und von einem Bediener gesetzt werden (master) und für alle anderen gelten (slave). Dann muß in Störungsfällen jeweils nur ein Zuständiger benachrichtigt werden und dieser verbessert die Datenhaltung für alle anderen.

4. AUSBLICK

In den kurzen Ausführungen war es nur möglich die Aspekte der Nachführung anzuzeigen. Mein Bestreben hierbei war es auf die Wichtigkeit des Komplexes bei der Planung eines Leitsystems hinzuweisen.

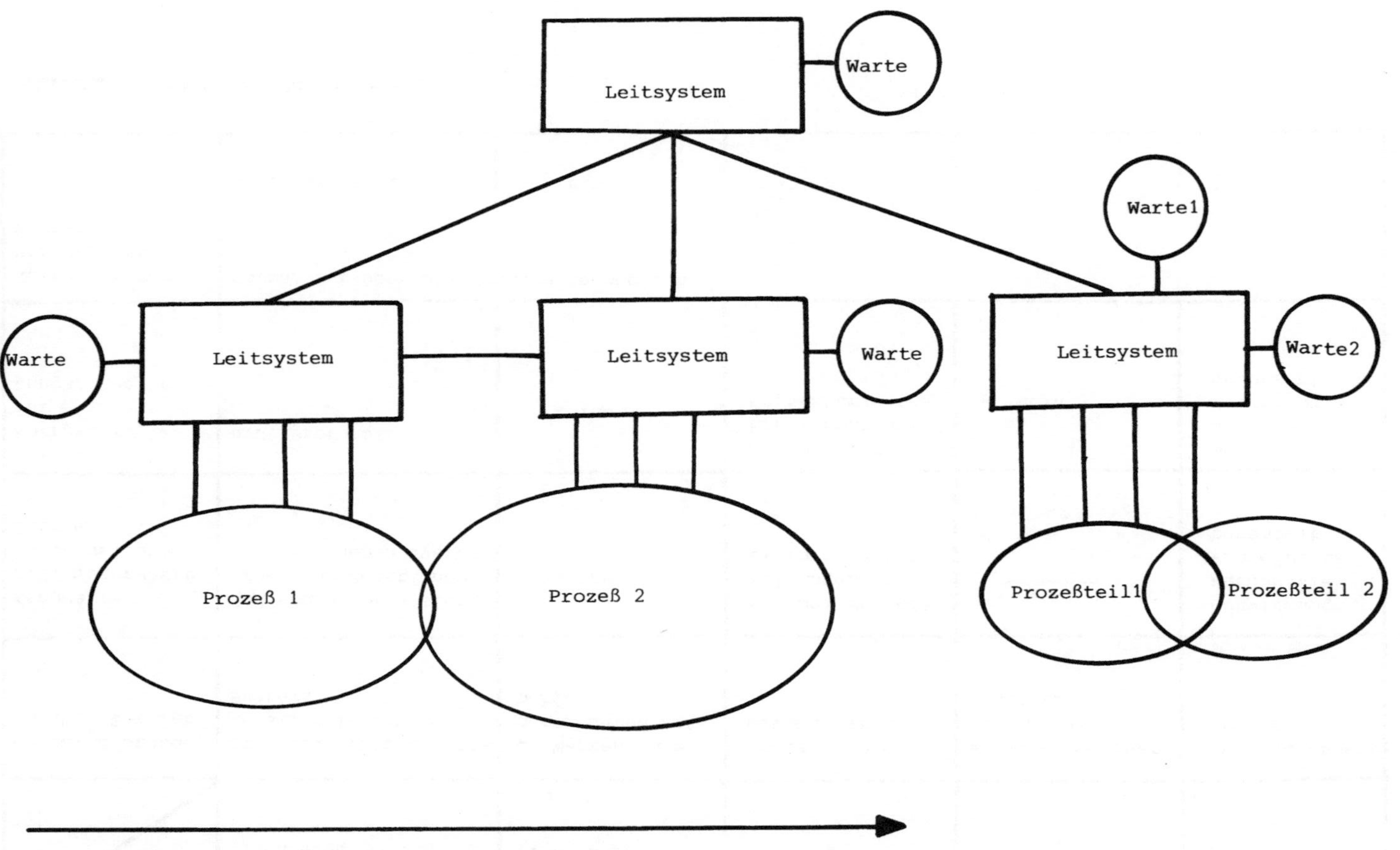

Bild 5 Arten der Systemverteilung

Reaktion / Art	Protokoll Anzeige	Aufmerksamkeits-signal z. B. Hupe	Verknüpfung	umfangreiche Rechnungen	Statistiken
Werte, Zustände im akt. Betrieb	speziell gekennzeichnet in allen Teilen des Systems	an Warten, die diese Daten mit-bedienen	stets, wie ge-messene Werte	wie gemessene Werte u.U. höhere Fehlerklasse	wie gemessene Werte
Kennwerte z.B. Grenzwerte im aktuellen Betrieb	Bedienung sowie sich ergebende Reaktionen nur im eigenen System	keine	wie bei Prozeß-meldungen im eigenen System	--------	Auswirkungen werden wie Prozeßwerte behandelt
Korrektur für Langzeitwerte	u.U. Protokoll	keine	bedingt zur Erreichung des Korrekturzwecks	nein	soweit nötig und als Korrektur gewünscht
Korrektur von verknüpften Werten	normal nur über die Grundwerte möglich u.U. nur Anzeige	keine	keine	keine	keine

Bild 6 Reaktion auf Nachführungen

KONZEPTE ZUR REALISIERUNG HOCHZUVERLÄSSIGER AUTOMATISIERUNGSSYSTEME

CONCEPTS FOR THE REALIZATION OF HIGHLY RELIABLE AUTOMATIC CONTROL SYSTEMS

H. Kopetz

Institut für Praktische Informatik
Technische Universität Wien,
A-1040 Wien

M. Syrbe

Fraunhofer-Institut für
Informations- und Datenverarbeitung (IITB),
D-7500 Karlsruhe

Summary

Reliability is a critical factor of automatic control systems in operation. Methods of improving reliability are of high economical interest. After a definition of reliability an overview is given about the mechanisms, which influence reliability: fault sources as physical failures, design and manufacturing errors, operating mistakes and fault avoidance by perfection and fault tolerance. Here especially fault tolerant methods are explained. A special intent of this explanation is to give a complete solution for the modelling of fault tolerant systems. Further an incomplete, exemplary table of fault tolerant computer control systems on the European market is given.

1. Einführung und Übersicht

Mit der Zunahme der Funktionalität technischer Anlagen in den vergangenen zehn Jahren ist der Umfang und die Komplexität der Automatisierungssysteme gestiegen, ermöglicht durch die signifikante Kostendegression der Computer-Hardware. Mit der Zunahme des Umfangs und der Komplexität der Automatisierungssysteme ist deren Zuverlässigkeit zu einem kritischen Faktor für den Betrieb von Industrieanlagen geworden. Betriebs- und Wartungsaufwendungen dürfen aber nicht steigen, sie müssen im Gegenteil dem Anforderungstrend folgen und fallen. Vergleicht man die Folgekosten von Anlagestörungen mit den Kosten des Automatisierungssystems so wird ersichtlich, daß die Verbesserung der Zuverlässigkeit von Automatisierungssystemen von großem wirtschaftlichen Interesse ist. Um diesen Bedarf zu befriedigen, wurden insbesondere in den 70er Jahren Anstrengungen gemacht, wirtschaftliche Lösungswege für hochzuverlässige Automatisierungssysteme zu finden und Einsatzerfolge nachzuweisen [1 bis 4]. In USA konnten neue Unternehmen mit der Vermarktung dieser Prinzipien rasch wachsen und bekannt werden (Beispiele sind TANDEM [5] und AUGUST SYSTEMS [6]). Nach einer Studie der ITON International Corporation [7] wird der Markt für hochzuverlässige Systeme bis 1986 auf mehrere Milliarden Dollar jährlich wachsen, wobei voraussichtlich nur ein Teil von den heute bekannten Firmen abgedeckt werden wird.

Die vorliegende Arbeit setzt sich zum Ziel, die grundlegenden Konzepte zur Realisierung von zuverlässigen Automatisierungssystemen darzustellen. Dies wird anhand von (Mikro-) Rechner-Automatisierungssystemen getan, die in Zukunft weitaus überwiegen werden.

Hierzu eine Begriffsdefinition und einige Wirkungszusammenhänge:

"Die Zuverlässigkeit (reliability) eines technischen Systems ist der Grad seiner Eignung (z. B. Wahrscheinlichkeit), die vorgesehene Aufgaben unter bestimmten Betriebsbedingungen während einer bestimmten Zeitspanne zu erfüllen".

Die Zuverlässigkeit eines Systems ist also als stochastische Größe definiert mit den Randbedingungen "Systemaufgaben", "Betriebsbedingungen" und "Zeitspanne (Ausfallabstand)". Wir werden dies später noch präzisieren.

Die Zuverlässigkeit von technischen Systemen wird herabgesetzt durch Fehler, die sich aufgliedern lassen in

(1) physikalische Fehler (Bauteil-Ausfälle),
(2) Entwurfs- und Herstellfehler und
(3) Bedienungsfehler.

Die klassische Methode, diese Fehler gering zu halten und damit die Zuverlässigkeit zu steigern, ist die vorbeugende Wartung und die Perfektion im Entwurf, in der Herstellung und in der Bedienung [8]. Hierbei sind genaue und vollständige Anforderungsdefinitionen (requirements) und eine durchgängige Qualitätssicherung von entscheidender Bedeutung. Beanspruchungsreserven werden häufig eingesetzt. Einen Überblick zum Geräte-Entwurf und -Herstellung gibt Koolman in diesem Berichtsband [9].

Perfektion ist im allgemeinen nur mit deutlichem Aufwand erreichbar und das für Systeme steigender Komplexität immer schwerer. Deshalb ist eine weitere Methode zur Fehlervermeidung entwickelt worden: Fehlertoleranz. Fehlertoleranz geht von Redundanznutzung aus, wie dies prinzipiell aus der Nachrichtentechnik für gestörte Übertragungskanäle bekannt ist. Durch Verwendung mehrerer gleichartiger Mikroprozessor-Module für gleiche oder verschiedene Funktionen e i n e s Automatisierungssystems entstehen Möglichkeiten zur Geräteredundanz. Diese kann verbunden mit einer Fehlererkennung benutzt werden, Fehler zu umgehen. Auch dies wird im folgenden noch näher ausgeführt.

2. Berechnung der Zuverlässigkeit

Zur Berechnung der Zuverlässigkeit als Eignungsgrad führt man die Zuverlässigkeitsfunktion R(t) ein. Diese Zuverlässigkeitsfunktion gibt die Überlebenswahrscheinlichkeit des Systems unter der Annahme an, daß das System zum Zeitpunkt $t = 0$ funktioniert hat. Damit kann die Ausfallwahrscheinlichkeit Q(t) berechnet werden zu

$$Q(t) = 1 - R(t), \tag{1}$$

Q bezeichnet man auch als Unzuverlässigkeit. Wenn ein System aus zwei Komponenten besteht, die in Serie geschaltet sind, so ergibt sich die Systemzuverlässigkeit R_s aus dem Produkt der Komponentenzuverlässigkeiten, R_1 und R_2, d. h.:

$$R_s(t) = R_1(t) \cdot R_2(t) \tag{2}$$

Im Intervall $0 < t < \infty$ ist die Zuverlässigkeitsfunktion monoton abnehmend, mit den beiden Grenzwerten $R(0) = 1$, $R(\infty) = 0$.

Die negative Ableitung der Zuverlässigkeitsfunktion nach der Zeit bezogen auf die Zuverlässigkeit zum Zeitpunkt t ergibt die Fehlerrate $\lambda(t)$:

$$\lambda(t) = - \frac{dR(t)}{R(t)\ dt} \tag{3}$$

Die Fehlerrate ist die wichtigste Kenngröße, um das Zuverlässigkeitsverhalten von Geräten zu beschreiben. Das Produkt $\lambda(t)\Delta t$ gibt an, welcher Anteil der zum Zeitpunkt t noch funktionierenden Einheiten in dem Intervall Δt ausfällt. Der Verlauf der Fehlerrate über die Zeit hat bei vielen technischen Systemen die in Bild 1 angegebene Form.

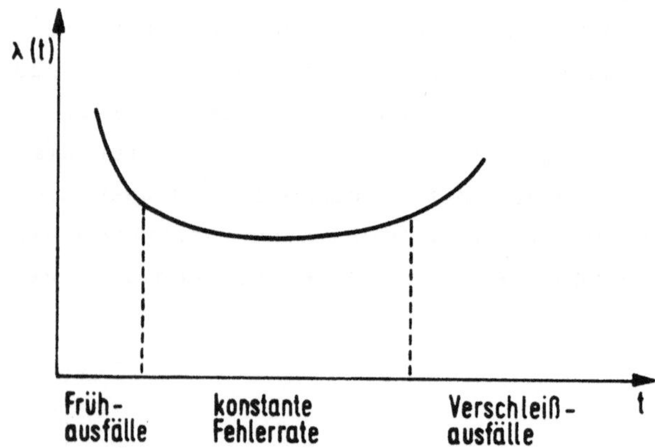

Bild 1: Phasen der Fehlerrate

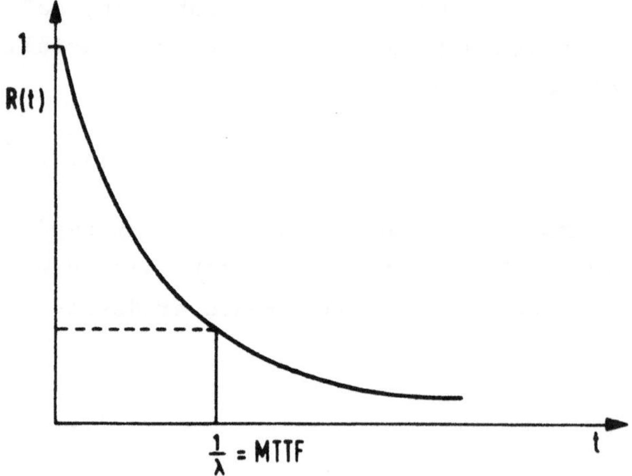

Bild 2: Zuverlässigkeit von Systemen mit konstanter Fehlerrate

An ein Intervall abnehmender Fehlerrate (Frühausfälle) schließt sich ein Intervall konstanter Fehlerrate an. Am Ende der Lebensdauer von Geräten nimmt die Fehlerrate normalerweise wieder zu (Verschleißausfälle). Besonders interessant ist die Phase der konstanten Fehlerraten, der für die Computer-Hardware im Betrieb typisch ist. Die Zuverlässigkeit in dieser Phase kann durch eine Exponentialfunktion beschrieben werden (Bild 2):

$$R(t) = e^{-\lambda t}; \ \lambda(t) = \lambda = \text{const} \tag{4}$$

Die mittlere Zeit bis zu einem Fehler MTTF (engl. Mean time to fail) ergibt sich bei Systemen mit konstanter Fehlerrate zu

$$MTTF = \int_0^\infty t \frac{dR(t)}{dt} dt = \frac{1}{\lambda} \tag{5}$$

Analog zu MTTF kann man auch eine mittlere Zeit bis zur Reparatur MTTR (engl. Mean time to repair), einführen. Als Verfügbarkeit V, das ist der Prozentsatz der Zeit während der ein System verfügbar ist, erhält man dann

$$V = \frac{MTTF}{MTTF + MTTR} \tag{6}$$

Jede Technologie hat eine für sie charakteristische Fehlerrate. Bei hochintegrierten Rechnerbausteinen kann die MTTF im Bereich von einigen hundert Jahren liegen. Durch eine sehr sorgfältige Selektion der Komponenten, einen robusten Aufbau der Geräte und umfangreiche Testverfahren kann die Zuverlässigkeit eines Produktes innerhalb gewisser Grenzen verbessert werden. Signifikante Zuverlässigkeitsgewinne - solche über mehrere Größenordnungen - sind mit dieser Methode der "Perfektion" jedoch nicht zu erreichen.

3. Fehlertoleranz

GRUNDTYPEN, WIRKUNGSWEISE

Wie bereits ausgeführt, nutzen fehlertolerante Systeme gleichartige System-Module dergestalt, daß bei Auftreten eines Fehlers oder in Grenzen auch mehrerer Fehler diese umgangen und damit die Systemaufgaben weiter erfüllt werden. Bild 3 zeigt die beiden Grundtypen fehlertoleranter Systeme:

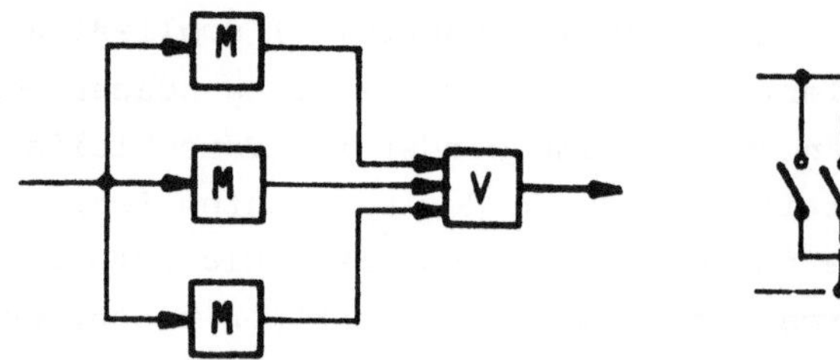

Statische, blinde Redundanz
(maskierend)
(z. B. 2 aus 3)

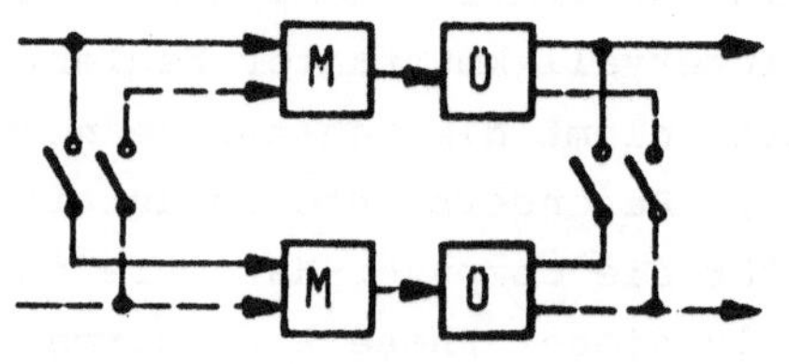

Dynamische, funktionsbeteiligte
Redundanz (rekonfigurierend,
wiederaufsetzend)

Bild 3: Grundtypen fehlertoleranter Systeme

Links im Bild sind drei Module M eines technischen Systems ständig parallel zur Lösung der gleichen Aufgabe eingesetzt. Die Ergebnisse werden mittels eines Vergleichers V verglichen. Weicht ein Ergebnis durch Fehler in einem Modul ab, so wird dieses maskiert. Man nennt diesen Systemtyp "n aus m-System", hier mit n = 2 und m = 3. Die Redundanz nennt man statisch, sie wird fortlaufend betrieben und benutzt. Als Fehlerort wird nur das ganze Modul M erkannt, der Fehler selbst wird detektiert (Abweichung erkannt), nicht diagnostiziert (Fehlerart und -ort).

Rechts im Bild 3 arbeiten zwei Module nebeneinander an verschiedenen Aufgaben. Je ein Überwacher Ü, der eine definierte Menge Fehler erkennen kann, testet die Module fortlaufend bezüglich dieser Fehler. Bei Eintritt eines Fehlers wird die Aufgabe des fehlerhaften Moduls auf das andere umgelenkt: Rekonfiguration und Wiederaufsetzen. Sie sind meist mit einer Leistungsrücknahme, z. B. durch längere Zyklen, verbunden (graceful degradation). Diese Redundanz nennt man dynamisch. Der Überwacher diagnostiziert Fehler und Fehlerort, allerdings nur für die vorgesehene Fehlermenge.

Ein Vergleich beider Systemtypen zeigt, daß in beiden Fällen die höhere Verfügbarkeit mindestens beim ersten Fehler durch Senkung der Reparaturzeit MTTR auf die sehr kleine Maskierungszeit bzw. Rekonfigurations- und Wiederaufsetzzeit bewirkt wird:

$$\overline{V} = \frac{MTTF}{MTTF + \varepsilon}, \text{ bei } MTTR = \varepsilon \rightarrow 0. \qquad (7)$$

Weiter zeigt er, daß der statische Typ (solange der Vergleicher selbst fehlerfrei ist) alle Fehlerarten der Module erkennt und deshalb auch für sichere Arbeitsweise geeignet ist. Der dynamische Typ ist dafür bei weitem wirtschaftlicher. Er erreicht eine Effektivität der Module bis zu 100% (1 Modul für 1 Satz Aufgaben), während der statische Typ bei 2 aus 3 höchstens 33% erreicht (3 Module für 1 Satz Aufgaben).

Das Verständnis der beiden Grundtypen erlaubt nun eine Gesamtübersicht über alle Redundanzvarianten in Form eines Entscheidungsbaumes (Bild 4). Nach unten sind die beiden Grundtypen aufgetragen. 1-aus-2-Systeme sind nicht fehlertolerant. Der erste Fehler führt zur Abschaltung (sicher!). Bei dynamisch redundanten Systemen ist auch eine Variante möglich, die beispielsweise das zweite Modul im fehlerfreien Zustand nicht belastet: "stand-by"-Betrieb, auch blinde oder passive Redundanz genannt. Nach oben ist ein zweiter Baum angegeben, der den Ort der Redundanz in einem verteilten System angibt und den Zugriff auf diese [10].

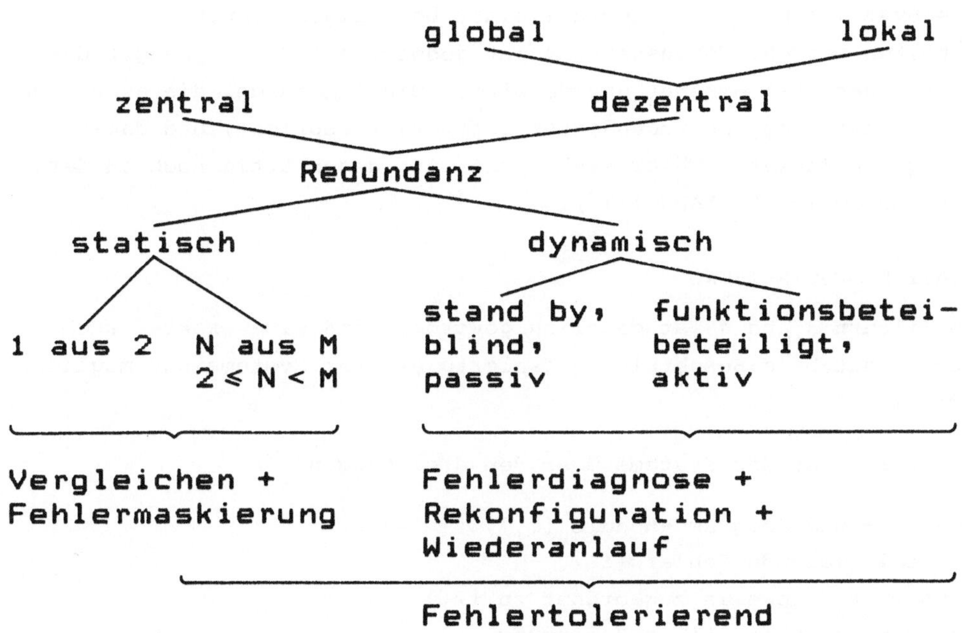

Bild 4: Gesamtübersicht über Redundanzvarianten

Eine andere Möglichkeit, Fehlertoleranz mit aktiver Redundanz zu implementieren, besteht im Einsatz von sich selbst überprüfenden (self checking) Komponenten. Im Rahmen dieser Methoden werden Komponenten, das sind autonome Rechner mit CPU und Speicher, entwickelt, die auftretende Fehler erkennen aber nicht korrigieren können. Im Fehlerfall wird die Komponente deaktiviert. Die Fehlererkennung erfolgt durch die Anwendung von klassischen Fehlererkennungsmethoden, wie z. B.:

- Überprüfung der Hardware durch Parity
- Zeitüberwachung
- Überwachung der Software durch dynamische Überprüfung der Endzusicherung und Plausibilitätskontrollen.

Self checking Komponenten liefern demnach entweder richtige oder keine Resultate. Durch die Duplizierung solcher self checking Komponenten kann die Systemfunktion bei Ausfall einer beliebigen Komponente aufrechterhalten werden. Voraussetzung ist jedoch, daß der Empfänger das duplizierte Resultat erkennt und verwirft. Diese Methode, die auch eine leichtere Einbindung von redundanter Software verspricht, und damit Toleranz gegen Entwurfsfehler ermöglicht, ist gegenwärtig noch in der Forschungsphase (z. B. MARS [11]).

QUANTITATIVE BESCHREIBUNG

Mit den Bildern 3 und 4 ist deutlich geworden, daß eine exakte, auch quantitativ nutzbare Beschreibung fehlertoleranter Systeme nur möglich ist [12] mit

- einer Definition des Systems über den drei Mengen

  (1) Geräte- und Programm-Module $\{m_i\}$,
  (2) zu tolerierende Fehler $\{f_i\}$,
  (3) Tests $\{t_i\}$ jeweils zugeordnet zu $\{f_i\}$
  als notwendige Definitions-Bedingung.

Ein fehlertolerantes System $\{m_i, f_i, t_i\}$ wird auch hinreichend definiert durch

- Ergänzung von Strukturfestlegungen mittels dreier Modelle,

  (I) dem Bedienmodell (Warteschlangenmodell, Bild 5)
  (II) dem Verfügbarkeitsnetz (Bild 6),
  (III) dem Diagnostikgraphen (Bild 7),
  jeweils abhängig von der (Re-)Konfiguration des Systems (also ggf. von einer dynamischen Struktur).

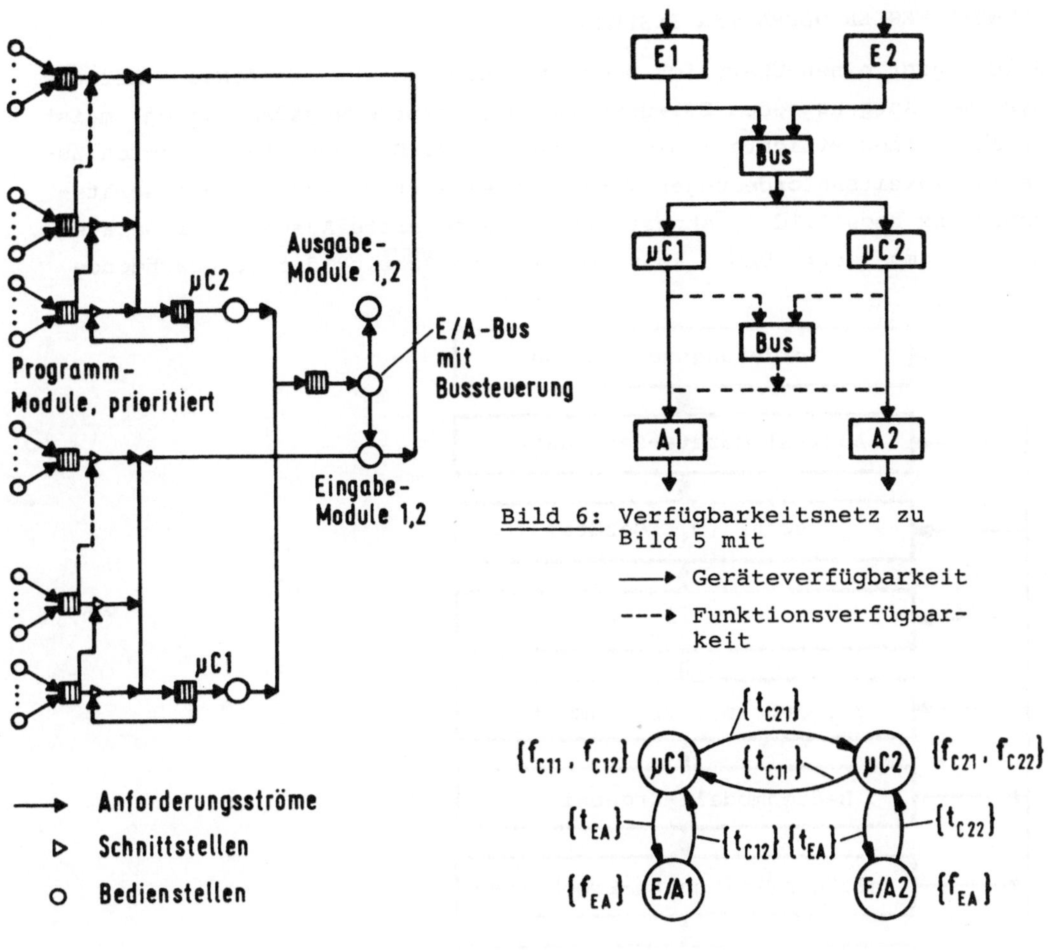

Bild 6: Verfügbarkeitsnetz zu Bild 5 mit
——▸ Geräteverfügbarkeit
---▸ Funktionsverfügbarkeit

Bild 5: Bedienmodell zweier, über einem E/A-Bus lose gekoppelter Mikrorechner μC 1,2

Bild 7: Diagnostikgraph zu Bild 5 beispielhaft.
mit $\{f_{i,j}\}$ Fehlermenge,
$\{t_{i,j}\}$ zugehörige Testmenge

Diese Modelle liefern quantitative Angaben zur Systemleistung, Verfügbarkeit und Fehlerdiagnostizierbarkeit. Die Modulmenge $\{m_i\}$ bestimmt die aufzuwendenden Kosten [13], [14], die Mengen $\{f_i, t_i\}$ die erreichbare Fehlerüberdeckung. Ein die Erfahrung vieler sammelnder, allgemein zugänglicher Katalog für $\{f_i, t_i\}$ würde den Entwicklungs-Fortschritt fördern [15].

ENTWURF FEHLERTOLERANTER SYSTEME

Bild 8 gibt einen Überblick über die Entwurfsschritte fehlertoleranter Systeme. Ausgang jeden Entwurfs ist die Anforderungsdefinition, meist in Form eines Pflichten- bzw. Lastenheftes. Die dort festgelegten Zuverlässigkeitsanforderungen werden in eine erste Auswahl der Geräteredundanz nach Bild 4, abgestützt auf eine erste Auswahl der Geräte-Module, umgesetzt. Damit kann im nächsten Schritt die zu beachtende

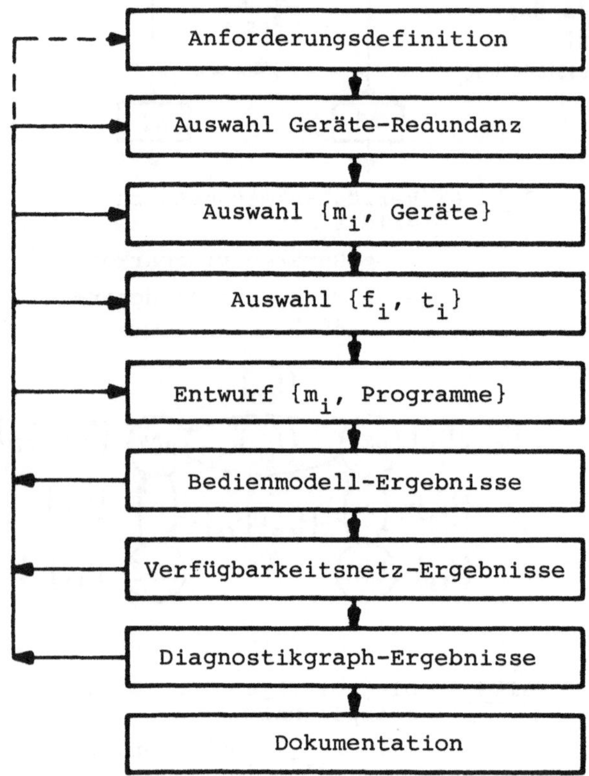

Bild 8: Entwurfsschritte für fehlertolerante Automatisierungssysteme, ggf. in mehreren, rückgekoppelten Schritten

Fehlermenge $\{f_i\}$ und zugehörige Testmenge $\{t_i\}$ festgelegt werden, die eine Grundlast der Bedienstellen ausmacht. Bei statischer Redundanz ist $\{f_i\}$ vorzugsweise durch abweichende Ergebnisse der parallelen Verarbeitungswege gegeben, $\{t_i\}$ durch die zugehörigen Vergleicher. Bei dynamischer Redundanz benutzt man einen Fehler- und Test-Katalog, wie oben bereits erwähnt. Im fünften Schritt werden die Programm-Module entworfen bzw. aus einer Bibliothek ausgewählt. Hierbei ist zu beachten, daß die Zuverlässigkeit von Programmen nicht nur durch Perfektion erhöhbar

Hersteller	Systemname	Redundanzbereich	Redundanztyp	Redundanzort	Fehlererkennung	Fehlerumgehung
AEG	LOGISTAT CP80	ganzes System	statisch, 1 aus 2 o.dynam., passiv	lokal	Vergleich und Test	Maskierung u./o. Rekonfiguration
AUGUST	AUGUST	Automatisierungsstation	statisch, 2 aus 3	lokal	Vergleich	Maskierung
BECKMANN	MV 8000	ganzes System	statisch, 1 aus 2 mit Überwacher	lokal	Vergleich und Test	Maskierung und Rekonfiguration
BBC	PROCONTROL	ganzes System	dynamisch, aktiv o. stat. 2 aus 3	lokal	Test oder Vergleich	Rekonfiguration oder Maskierung
ECKARDT	PLS 80	ganzes System	dynamisch, aktiv	lokal o.glob.	Test	Rekonfiguration
FISCHER & PORTER	DCI-4000	Automatisierungsstation, Sichtgeräte	dynamisch, aktiv oder passiv	lokal	Test	Rekonfiguration
H & B	CONTRONIC P	ganzes System, wahlweise Teilbereiche	dynamisch, passiv Leitstation u. Bus aktiv	global	Test	Rekonfiguration (ohne Leistungs-einschränkung)
HONEYWELL	TDC 2000	Automatisierungsstation, Bus	dynamisch, passiv	global	Test	Rekonfiguration
KROHNE	KROMAS	Automatisierungsstation	dynamisch, passiv	lokal	Test	Rekonfiguration
KRUPP ATLAS	SDR 1300	Synchron-Duplexrechner	statisch, 1 aus 2 mit Überwacher	lokal o. global	Vergleich und Test	Maskierung und Rekonfiguration
SIEMENS	TELEPERM M, SIMATIC 35 1)	ganzes System oder Automatisierungsstation	statisch, 2 aus 3 oder 1 aus 2 mit Überwacher oder dynamisch, passiv	lokal o. global	Vergleich u./o. Test	Maskierung u./o. Rekonfiguration
TANDEM	TANDEM	ganzes System	dynamisch, aktiv oder statisch, 2 aus 3	lokal	Test u./o. Vergleich	Rekonfiguration u./o. Maskierung
VALMET	DAMATIC	ganzes System	dynamisch, aktiv oder passiv	lokal	Test	Rekonfiguration

Tabelle 1: Unvollständige Aufstellung fehlertoleranter digitaler Automatisierungssysteme

1) hochzuverlässige SIMATIC HSS 31 seit 1976 im Einsatz, Erfahrungen auf Teleperm M übertragen (u.a. AS 200H, HF)

ist, sondern auch durch n-fach-Programmierung [16], wobei unterschiedliche Programmier-Teams mit unterschiedlichen Programmerstellungshilfsmitteln eingesetzt werden müssen, damit die Wahrscheinlichkeit deckungsgleicher Fehler genügend gering ist. Weiter ist zu beachten, daß bei Programmsystemen mit kooperierenden, parallelen Prozessen, wie dies bei Automatisierungssystemen die Regel ist, eine gute Abstimmung von Prioritierung, Aufrufhäufigkeit, Modulausführungszeit und Bedienstellen-Leistung erfolgt ist. Anderenfalls treten Modulverdrängungen auf, die als "Software-Wackelkontakt" verstanden werden können. Die nächsten drei Schritte bestimmen mittels Bedienmodell, Verfügbarkeitsnetz und Diagnostikgraph Kenndaten wie Bedienzeiten, Warteschlangenlängen, Gesamtverfügbarkeit, Verfügbarkeitsempfindlichkeit,und n-fach-Diagnostizierbarkeit quantitativ. Hierzu gibt es bei einfachen Strukturen analytische Verfahren, bei komplizierteren rechnergestützte Simulationsverfahren [13]. Je nach Ergebnis muß unter Beachtung der Systemkosten durch Rückkopplung und Wiederholung früherer Entwurfsschritte eine verbesserte Annäherung an die Anforderungen erreicht werden.

4. Eine unvollständige Marktübersicht

Wie eingangs bereits erwähnt, wurden nach dem Erfolgsnachweis des Prinzips "Fehlertoleranz" in den 70er Jahren von der Herstellerindustrie Anstrengungen gemacht, dieses Prinzip bei ihren Produkten zu nutzen. Im Vorfeld der INTERKAMA'83, in dem noch keine genauen Angaben zugänglich sind, muß eine Marktübersicht unvollständig bleiben, wofür der Leser Verständnis haben möge. Sie soll dennoch, unter anderem abgestützt auf die ACHEMA'82 [16], versucht werden, weil hier "etwas" besser als "nichts" ist. Das Ergebnis des Versuchs ist in Tabelle 1 dargestellt. Die Tabelle zeigt, daß inzwischen eine Vielzahl von Firmen die Problemstellung in ihrem Gewicht erkannt hat und nun Lösungen anbieten. Aus Kostengründen werden offensichtlich Systemstrukturen mit dynamischer Redundanz und Überwachern zur Fehlerdiagnostik bevorzugt. Letztere liefern auch direkte Hinweise auf die defekte Einzelbaugruppe. Eine interessante Lösung ist auch die Kombination einer statischen 1 aus 2-Redundanz mit einem Überwacher, die einerseits alle Fehler detektiert, andererseits eine vorgegebene Fehlermenge diagnostiziert und für diese eine Rekonfiguration auf die verbleibende Rechnereinheit erlaubt. Die Kostennutzung ist statt 33% bei 2 aus 3-Systemen hier rund 50%.

Weitere interessante Entwicklungen im Detail sind mit wachsender Nutzungsbreite zu erwarten [17], [18].

Literatur

[1] Heger, D.; Steusloff, H.; Syrbe, M.: Echtzeitrechnersystem mit verteilten Mikroprozessoren. Forschungsbericht Datenverarbeitung des BMFT DV 79-01 (1979).

[2] Heger, D.: Dezentrales Mikroprozessorsystem mit Farbbildschirmen zentral geführt. INTERKAMA-Kongreß 1980, Fachberichte Messen, Steuern, Regeln. Springer-Verlag Berlin, Heidelberg, New York, 1980, S. 501-516.

[3] Wensley, J.H., et. al.: Design and Analysis of a Fault Tolerant Computer for Aircroft Control. Proc. IEEE, Vol.66, No.10, Oct. 1978.

[4] Anderson, T.; Lee, P.A.: Fault Tolerance, Principles and Practice. Prentice Hall Int., 1981.

[5] Katzmann, J.A.: A Fault Tolerant Computing System. In: Self Diagnosis and Fault Tolerance. Ed.: M. Dal Cin; E. Dilger, Attempto Verlag, Tübingen, 1981.

[6] Wensley, J.: A Fault Tolerant Computer for Industrial Control. Proc. of the Mini/Micro Conference. Anaham, Ca, 1982.

[7] Press release from Iton Internat. Corp. Los Altos, Cal, July 6, 1982.

[8] Syrbe, M.: Zuverlässigkeit von Systemen. Regelungstechnische Praxis 6 (1983).

[9] Koolman, M.: Planung und Berechnung der Zuverlässigkeit moderner Automatisierungssysteme. In diesem Band, 12. Themengruppe.

[10] Neudorfer, E.; Schmidt, G.; Sendler, W.: Möglichkeiten der Fehlertolerierung und Projektierung der Zuverlässigkeit bei dezentralisierten Prozeßautomatisierungssystemen. INTERKAMA-Kongreß 1980, Fachberichte Messen, Steuern, Regeln, Band 5, Springer-Verlag, Berlin, Heidelberg, New York, 1980, S. 517-541.

[11] Avizienis, A.: The Four Universe Information System Model for the Study of Fault Tolerance. Proc. FTCS 12, pp. 6-13.

[12] Syrbe, M.: Über die Beschreibung fehlertoleranter Systeme. Regelungstechnik 28. Jhrg. (1980), H. 9, S. 280-289.

[13] Syrbe, M.; Saenger, F.: Modelle zum Entwurf fehlertolerierender Mehrrechnersysteme und deren Simulation. Informatik-Fachberichte, Band 54, Springer, Berlin, Heidelberg, New York (1982), S. 143-159.

[14] Bähre, R.; Peschke, P.; Saenger, F.: Rechnergestützter Entwurf von Rechnersystemen. FhG-Berichte 3-82 (IITB-Mitteilungen 1982), 1982, S. 42-47.

[15] Avizienis, A.: Fault-Tolerant Computing - Progress, Problems and Prospects. Information Processing 77. B. Gilchrist, Editor, IFIP, North Holland Publishing Company (1977), S. 405-420.

[16] Syrbe, M.; Saenger, F.; Lang, K.-F.: ACHEMA '82: Digitale Automatisierungssysteme. Regelungstechnische Praxis, 24. Jhrg., H. 12, 1982, S. 395-402.

[17] Lohse, K.: Kriterien zur Beurteilung von Redundanz und Zuverlässigkeit dezentraler Automatisierungssysteme. In diesem Band, 12. Themengruppe.

[18] Saenger, F.; Schäfer, M.: Verfügbarkeit und Fehlerdiagnose bei verteilten Mikrorechner-Automatisierungssystemen. In diesem Band, 12. Themengruppe.

PLANUNG UND BERECHNUNG DER ZUVERLÄSSIGKEIT MODERNER AUTOMATISIERUNGSSYSTEME

DESIGN AND DETERMINATION OF RELIABILITY FOR MODERN PROCESS CONTROL SYSTEMS

M. Koolman

Siemens AG, Bereich Energietechnik
Systemtechnische Entwicklung
7500 Karlsruhe 21

Summary

The use of modern process control systems has prompted interest in designing and evaluating the reliability. Quality assurance from the component level up to the complete system in combination with the design of modules and overall system structure under reliability aspects yield a quality-based inherent reliability.
By standard reliability modelling with Boolean and Markovian models the availability and other characteristics of interest can be calculated.
The evaluation of alternative structures provides hints for the design and layout of process control systems.

Zuverlässigkeitstheorie und deren Anwendung bei Berechnungen waren in der Vergangenheit nicht gerade gängige Thematik der Praktiker in der Automatisierungstechnik.
Gründe hierfür sind

* Skepsis des Praktikers gegenüber statistischen Daten und Aussagen mit Wahrscheinlichkeitscharakter
* Schwerpunkt der Anwendung in der Militärtechnik
* die relative Gutmütigkeit bei Ausfällen von Systemteilen in parallel-verarbeitenden Automatisierungsstrukturen

Mit dem verstärkten Einsatz von Prozeßrechnern - also seriell-verarbeitenden Automatisierungssystemen - und vor allem in den letzten Jahren mit dem Durchbruch der dezentralen Automatisierungssysteme auf Mikroprozessorbasis haben sich die Sichtweise des Themas Zuverlässigkeit und sein Stellenwert deutlich geändert.

1. Planung der Zuverlässigkeit

Planung der Zuverlässigkeit heißt für den Hersteller wie für den Anwender, nicht unvorbereitet den Ausfällen elektronischer Komponenten und Geräte gegenüberzustehen, sondern im Gegenteil gezielt die Zuverlässigkeit zu berechnen, zu bewerten und gegebenenfalls zu verbessern.

Zuverlässigkeitskenngrößen wie die mittlere Intaktzeit (MTBF) eines Systems oder die Verfügbarkeit ($\overline{v}$) einer Funktion sind statistische Angaben. Sie sagen aus, mit welcher Häufigkeit oder Wahrscheinlichkeit Ausfälle von Systemen und Funktionen auftreten können. Aus diesen Kenngrößen läßt sich auf den Aufwand schließen, der für Zuverlässigkeit getrieben wurde.

Angesichts der schnellen Entwicklung und des ausgreifenden Einsatzes moderner seriell-verarbeitender Automatisierungssysteme sind Berechnungsverfahren für Zuverlässigkeitskenndaten wichtiger geworden:
Es liegen einfache wie auch komplexe Verfahren vor, um mit Hilfe von Booleschen oder Markovschen Modellen oder durch Simulationsverfahren nachprüfbare und vergleichbare Ergebnisse zu erhalten. Durch gezielte Auswahl des jeweils besser dem Problem angepaßten Modells, Nutzung der numerischen Vorteile bei Kettenrechnungen durch Rechnerunterstützung, problemlose Parametervariation und Vermeidung von Fehlern durch unüberschaubare Auswirkungen von Vernachlässigungen wird dem Hersteller wie dem Anwender für die Praxis wertvolle Information über moderne Automatisierungssysteme gegeben.

1.1 Zuverlässigkeitsplanung in der Entwicklung

Erprobte, moderne Entwurfsverfahren zur Entwicklung von Hardware, Firmware und Software angewandt von Entwicklern mit langjährigen detaillierten Erfahrungen sind eine Grundlage zuverlässigkeitsbewußter Entwicklung. Diese Erfahrungen reichen vom Baugruppenentwurf bis zur Geräteaufbauplanung. Sie umfassen die gesamte Systementwicklung.

Begleitende Zuverlässigkeitskontrollen und schwerpunktmäßige Zuverlässigkeitsanalysen unterstützen den Entwickler bei der Auswahl von Alternativlösungen, sowohl beim Baugruppenentwurf wie auch bei der Strukturierung von Automatisierungssystemen.

1.2 Qualitätssicherung in der Fertigung

Qualität ist die Basis der Zuverlässigkeit.
Ohne Qualität in den Bauelementen und Baugruppen, aber ebenso auch in der Software und im Systementwurf können selbst aufwendige Automatisierungsstrukturen ein vorgegebenes Zuverlässigkeitsziel nicht erreichen - auch nicht durch Redundanz.

Qualitätssicherungsmaßnahmen ändern jedoch nichts am Ausfallverhalten von Bauelementen in der Phase der Zufallsausfälle. Sie machen nur die einwandfreie Funktion des Endprodukts wahrscheinlicher.
Die Ausfälle selbst können dadurch nicht ausgeschlossen werden.

Eingangsprüfung der Bauelemente, Losbewertung und Einordnung in Qualitätsstufen stehen am Anfang der Fertigung. Bauelementabhängig werden Stichprobenprüfungen, 100 % Sichtprüfungen, mechanische und elektrische Tests bis hin zum burn-in an integrierten Schaltkreisen durchgeführt. So werden mechanisch und elektrisch bedingte Frühausfälle rechtzeitig vor dem Einbau und Fehlfunktionen der fertigen Baugruppe verhindert.
Unter Druck und Temperaturzyklen sowie belastet durch Prüfprogramme "durchleben" hierbei die Bauelemente die Anfangsphase des bekannten Lebensdauerverlaufs - oder auch nicht (bei Ausfall). Sie werden künstlich gealtert. Typische Ausfallarten und deren Ursachen werden erkennbar und es können durch Ausscheiden der fehlerhaften Bauelemente ganze Fertigungslose qualitativ verbessert werden.
So kommt gleichmäßige, gleichaltrige Qualität zur Verarbeitung.

Eine bis zur Zerstörung führende Typprüfung weist die geforderten Eigenschaften hinsichtlich der Systemdaten, Umgebungs- und Betriebsbedingungen, d. h. den Erfolg der qualitätsbewußten Entwicklung und Fertigung nach.

Bei 100 % in-circuit-Tests der fertigen Baugruppen werden ihre funktionellen Eigenschaften geprüft, bei Soll-Ist-Vergleichstests Kenndaten des Einzelstücks mit denen einer Referenzbaugruppe verglichen. Wärmetests kompletter Subsysteme ermöglichen die Erkennung von Mängeln und Ausfällen nach dem Zusammenbau und dienen zusätzlich einer Vorwegnahme von Frühausfällen.

Im Systemprüffeld schließlich werden ganze Systeme im Verbund betrieben und auf ihre einwandfreie Funktion überprüft.

1.3 Ausfallraten

Mit dem Ende von Entwicklung und Fertigung liegen dann Baugruppen bzw. Systeme vor, die hergestellt wurden nach den Maßstäben, die auch bei der Berechnung der Ausfallrate entsprechend international bekannten Handbüchern angelegt werden [1].

Doch was geht eigentlich in die Aussagen zur Zuverlässigkeit ein?
Bei Anwendung der allgemein üblichen und vom Aufwand her vertretbaren parts-count-Methode ergibt sich die Ausfallrate einer Baugruppe aus der Ausfallrate sämtlicher (!) Bauelemente, die ausfallen können.
Das sind sowohl solche, die wesentlich an der Funktion beteiligt sind, als auch solche, die nur für Nebenfunktionen benötigt werden.
Es wird klar, daß bei einer parts-count-Ausfallratenermittlung solche Bauelemente erschwerend in die Ausfallrate der Baugruppe einbezogen werden, die "nur" für Diagnose- und Bedienzwecke vorgesehen sind. Auch die Bauelemente, die "nur" die Funktion zuverlässiger machen - wie z. B. Schutzbeschaltungen gegen Überspannungen oder potentialfreie Eingänge über Relais - tragen zu einer höheren theoretischen Ausfallrate bei. Bis zu 40 % der Ausfallrate kann für solche Funktionen anzurechnen sein.
Dieses zeigt an drei Beispielen Tabelle 1.

Aufwand	Nutzen	Ausfallrate	
		total	anteilig
Schutzbeschaltung von Prozeß-Ein/Ausgängen mit Schutzdioden und L/C-Gliedern	Steigerung der max. zulässigen transienten Störspannung auf 1.5 kV (lt. IEC 255-4, II)	29000 fit	500 fit
Diagnosefeld auf der Baugruppenfrontplatte	selektive, lokale Fehleranzeige, kurze Reparaturdauer	29000 fit	4700 fit
Quecksilber-Reed-Relais Zur potentialentkoppelten Durchschaltung von Analogsignalen	Kanalweise Potentialtrennung bis 60 V (lt. VDE 0110)	28000 fit	12000 fit

fit: failures in time [$10^{-9}h^{-1}$]

Tabelle 1: Aufwand und Nutzen von ausgewählten zuverlässigkeitswirksamen Funktionen

Das Verhältnis von funktionell wichtigen zu insgesamt verwendeten Bauelementen ist eine Erklärung für die oft deutlich divergierenden Ausfallraten, die aus Felddaten bzw. aus rechnerischen Daten ermittelt wurden.

Bei seriell-verarbeitenden Systemen sind Selbsttest, Fehlerlokalisierung und Meldepotential dank der erweiterten Möglichkeiten hierzu gegenüber parallel-verarbeitenden Systemen ausgebaut und verfeinert. Das sind also nützliche und zuverlässigkeitsfördernde Eigenschaften neuer seriell-verarbeitender Systeme.
Trotz teilweise höherer theoretischer Ausfallrate werden solche Funktionen die praktische Zuverlässigkeit steigern.

Auf dieser Grundlage:

* lange mittlere Intaktzeit dank hoher Basiszuverlässigkeit
* kurze mittlere Reparaturdauer dank hochwertiger Fehlerdiagnose

läßt sich mit modernen Automatisierungssystemen die Verfügbarkeit der Funktion steigern, denn mit

$$\bar{V} = \frac{MTBF}{MTBF + MDT}$$

kann sowohl eine lange mittlere Intaktzeit MTBF (d. h. geringe funktionsbezogene Ausfallrate) als auch eine kurze mittlere Ausfalldauer MDT (d. h. kurze Reparaturdauer wegen wirksamer Selbsttests und guter Fehlerdiagnose) zu einer hohen Verfügbarkeit führen.

Der Hersteller bestimmt durch hohe Basiszuverlässigkeit und sinnvollen Systementwurf wesentlich die mittlere Intaktzeit.

Der Anwender bestimmt durch die Qualifikation seines Bedien- und Wartungspersonals und durch die gute Organisation der Reparatur und der Ersatzteilhaltung wesentlich die mittlere Reparaturdauer.

Gute Fehlerdiagnose, selektive Fehlermeldungen, Systemeigenschaften wie selektive Stromversorgung, Einzelkreisfunktionen und schnelle Austauschbarkeit unterstützen ihn. Sie müssen von gut geübtem Personal auch ausgeschöpft werden.

So wird die Verfügbarkeit einer Einrichtung durch die Einflüsse beim Hersteller wie beim Anwender bestimmt.

2. Berechnung der erwarteten Zuverlässigkeit

Zuverlässigkeitsanalysen während der Lösung einer Projektierungsaufgabe geben wesentliche Entscheidungshilfen bei der Auswahl von Automatisierungssystemen und Automatisierungsstrukturen sowie Hinweise auf nicht offen sichtbare Planungsfehler.
Bei gleichen Randbedingungen, Ausgangsdaten und Annahmen können nicht nur alternative Strukturen eines Automatisierungssystems, sondern auch verschiedener Systeme miteinander in dem Merkmal Zuverlässigkeit verglichen werden.
Als Beispiel für die Anwendung von Booleschen und Markovschen Modellen zur Berechnung der wesentlichsten Zuverlässigkeitskenndaten sei hier auf eine bewährte Aufgabenstellung zurückgegriffen [2].

Für die Automatisierung von 5 Regelkreisen mit entsprechenden Bedien- und Beobachtungsmöglichkeiten werden in herkömmlicher parallel-verarbeitender Technik ca. 40 Baugruppen verwendet.
Bild 1 zeigt das Boolesche Modell der Einrichtung, in dem sämtliche Systemkomponenten dargestellt sind:
Jedes Systemteil kann hier die Zustände annehmen

0 - defekt, ausgefallen
1 - intakt

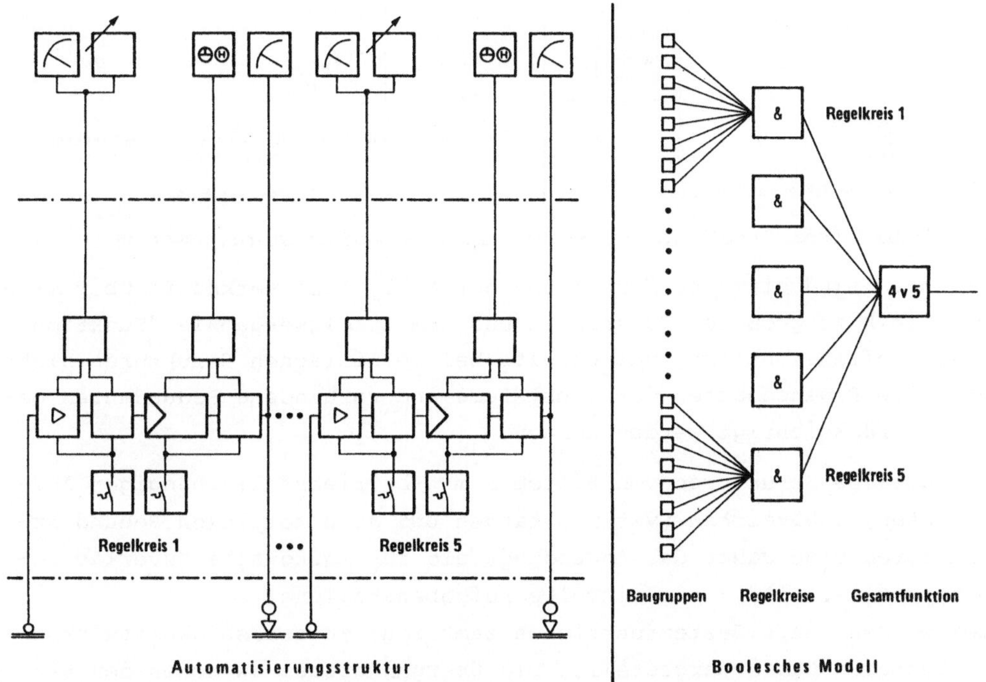

Bild 1: Boolesches Modell (parallel-verarbeitendes Automatisierungssystem)

Ein "Erfolgsbaum" (analog zum Fehlerbaum) verbindet die einzelnen Teile durch logische UND-, ODER- und MvN-Verknüpfungen zur Gesamtfunktion. An dieser Stelle würden sich quantitative Angaben zur Zuverlässigkeit ohne die gründliche Beschreibung der Aufgabe und der Randbedingungen als bedeutungsleer erweisen [3].

Benutzen wir ein modernes Automatisierungssystem, so würden wir bei gleicher Aufgabenstellung z. B. eine Struktur wie in Bild 2 finden.

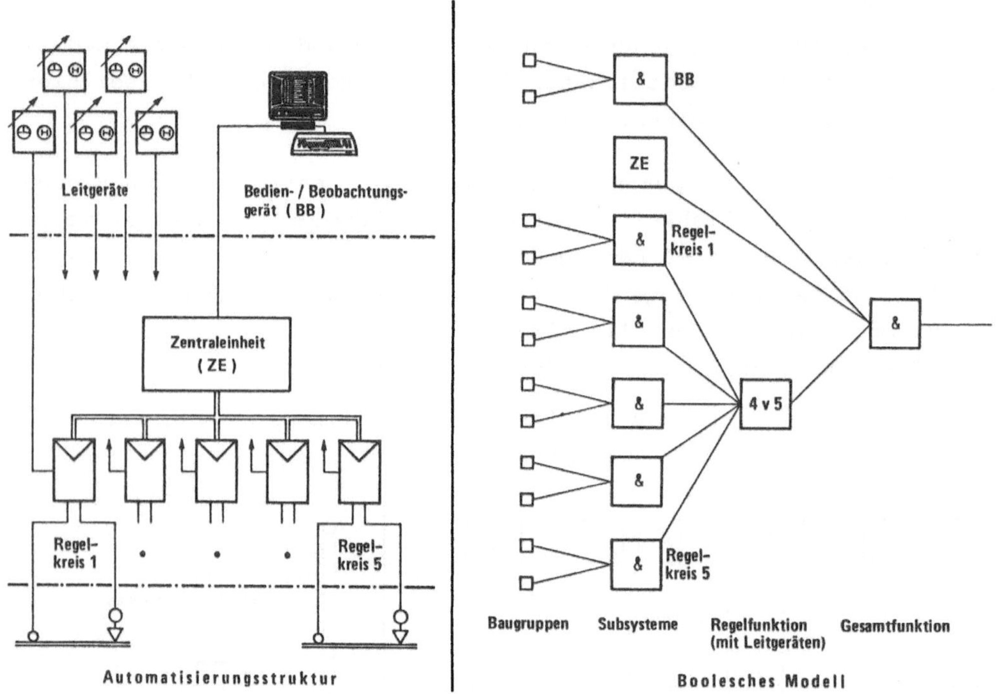

Bild 2: Boolesches Modell (seriell-verarbeitendes Automatisierungssystem)

Auch hier sind einzelne Funktionen der Subsysteme verknüpft über Boolesche Logik zu größeren Funktionen und zum Erfolgsergebnis "Funktion". Es wird offensichtlich, daß bereits bei so einfachen Strukturen nicht mehr alle Eigenschaften der Subsysteme und vorhandene Redundanzen gerecht berücksichtigt werden können.

Umfangreiche Strukturen von Systemen mit betriebsfallabhängigen Ausfallraten, zahlreichen Systemzuständen und auch komplexen Redundanzstrukturen sind daher das Anwendungsfeld für Markovsche Zuverlässigkeitsmodelle. Bild 3 hat dieselbe Aufgabenstellung.
Hier werden statt Systemfunktionen sämtliche zuverlässigkeitswirksamen Systemzustände dargestellt. Die Übergangsraten zwischen den Systemzuständen sind die Ausfallraten und Reparaturraten der Komponenten.

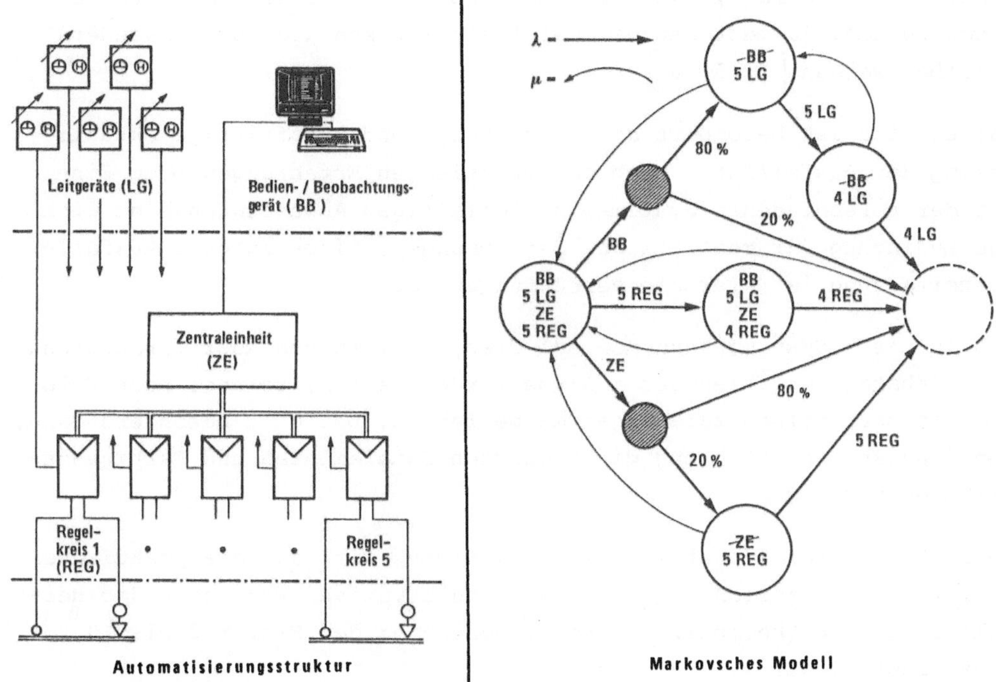

Bild 3: Markovsches Modell (seriell-verarbeitendes Automatisierungssystem)

Es zeigt die Rechnung, daß Boolesches und Markovsches Modell bei gleichen Annahmen auf die gleichen Ergebnisse führen.

Die Einführung von weiteren Redundanzen, z. B. durch eine redundante zentrale Verarbeitung mit synchroner 1:1-Reserve und redundanten Bedien- und Beobachtungsfunktionen bringt einen weiteren Zuwachs an Zuverlässigkeit über die genannte Basiszuverlässigkeit hinaus. Das Verhältnis von Zuverlässigkeitsgewinn und zusätzlichem Aufwand verschiedener Entwürfe läßt sich nach Berechnung mehrerer Varianten angeben.

Bereits im Planungsstadium lassen sich so - unterstützt durch Rechenprogramme - alternative Strukturen bei gleichlautenden Randbedingungen und Annahmen vergleichen.

Das ist eine wesentliche Hilfe für den Anwender zur Planung und für den Hersteller zur Entwicklung, Ausführung und Projektierung.

3. Kritischer Ausblick

Oft werden sowohl die Eingangsdaten solcher Betrachtungen - die Ausfallraten von Bauelementen oder von Baugruppen - als auch die Ergebnisse - lange mittlere Intaktzeiten und hohe Verfügbarkeiten - kritisiert.

Es muß erwähnt werden, daß sämtliche Aussagen umso eher noch zutreffender werden, je mehr genaue Ausfallstatistiken auch bei Anwendern betrieben werden [4, 5, 6].

Andererseits ist besonders die regelmäßige und kurzfristige Aktualisierung der Ausfallraten nach den praktischen Erfahrungen beim Einsatz der verschiedenen Systeme in vielfältigen Anwendungen eine wichtige Bedingung für realistische Berechnungen. Firmeninterne Ausfallratenerfassung ist hier ein vernünftiger Weg.

Auch für neue Systeme kann man auf diese Quellen von Ausfallraten und die erwähnten Verfahren der Analyse zurückgreifen, solange noch Felddaten in statistisch zulässiger Menge fehlen. Das gilt besonders dann, wenn langjährige Erfahrung mit bewährten Bauelementen und Fertigungsverfahren vorliegt.

Wie auch in Tafel 1 deutlich gemacht, wissen wir, daß die praktischen mittleren Intaktzeiten gegenüber den konservativen Prognosen der Hersteller und den theoretischen Berechnungen um den Faktor 2 bis 10 länger ausfallen.

Es wird daran gearbeitet, den Modellfehler, d. h. die Abweichung der errechneten Zuverlässigkeitskenndaten von den praktischen Erfahrungswerten verschwinden zu lassen.

Literatur

1. N.N.: Military Handbook MIL-HDBK 217D, Reliability Prediction of Electronic Equipment (15. Januar 1982). US Ministery of Defense, Washington DC

2. Jansen, J.P.: Integrated Instrumentation Systems: The role of engineering when evaluating a system. Journal A, volume 21, no 1, S. 1-8; no 2, S. 47-57 (1980)

3. Syrbe, M.: Zuverlässigkeit von Systemen. Vortrag anläßlich der 45. NAMUR-Hauptsitzung am 2. u. 3.12.1982 in Lahnstein

4. Fischer, W.; Schütte, A.: Betriebserfahrungen mit der Meß- und Regelungstechnik in Biblis A. Atomwirtschaft (Juli 1979), S. 379-383

5. Humphreys, M.: Reliability of nuclear-power-station protective systems. Electronics and Power (July/August 1982), S. 511-514

6. Fischer, W.; Hoemke, P.; Weingarten, J.: Gewinnung von Zuverlässigkeitskenngrößen und Zuverlässigkeit leittechnischer Komponenten bei Kernkraftwerken. Fachberichte Messen, Steuern, Regeln (INTERKAMA 1980). Springer Verlag Berlin 1980, S. 271-287

KRITERIEN ZUR BEURTEILUNG VON REDUNDANZ UND ZUVERLÄSSIGKEIT DEZENTRALER PROZESSAUTOMATISIERUNGSSYSTEME

CRITERIA FOR EVALUATION OF REDUNDANCY AND RELIABILITY OF CENTRALIZED PROCESS CONTROL SYSTEMS

K. Lohse

Standard Elektrik Lorenz AG, Zweigniederlassung Berlin,
Softwarezentrum, 1000 Berlin 42, B. R. Deutschland*)

Summary

The paper presents the way how reliability figures are calculated in principle to get an image about the meaning of such numbers. Several ideas are presented by which possibilities the reliability can increase. An example of a decentralized process control system will give a fealing about the influence of redundancy for reliability figures.

1. Einleitung

Der zunehmende Einsatz von dezentralen Prozeßautomatisierungssystemen hat die Frage nach der Zuverlässigkeit der verschiedenen Systemkomponenten, insbesondere im Zusammenhang mit den zugleich angebotenen Redundanzmöglichkeiten, zu einem aktuellen Thema werden lassen. Da der Begriff "Zuverlässigkeit" verbal in vielfältigen Farben dargestellt wird, besteht seitens der Anwender häufig der Wunsch, dies auch zahlenmäßig zum Ausdruck zu bringen. Eine Möglichkeit, die auch

---

*) Der Beitrag entstand während der Tätigkeit bei der VDO Meß- und Regeltechnik GmbH, 3000 Hannover 1, Hackethalstr. 7

zu Vergleichszwecken herangezogen werden kann, ist die Berechnung von Zuverlässigkeitszahlen, basierend auf dem Military Handbook 217 /1/ für elektronische Bauelemente.

Der vorliegende Beitrag will einen Einblick geben, wie diese Zuverlässigkeitszahlen ermittelt werden, welche Maßnahmen zu ihrer Erhöhung denkbar sind und zu welchen Ergebnissen sie in einer einfachen "1"zu"1"-Redundanz in den verschiedenen Ebenen eines dezentralen Automatisierungssystems führen.

2. Ermittlung von Zuverlässigkeitszahlen

Die Zuverlässigkeitszahlen eines Einzelgerätes oder Systems werden durch die Fehlerrate λ (failure rate) oder die Mean-Time-Between-Failure (MTBF) ausgedrückt. Diese Werte setzen sich aus den Fehlerraten seiner Teilmodule zusammen, deren Fehlerraten u. a. nach der Methode "Summation der Fehlerraten aller Einzelbauelemente" (parts count method) ermittelt werden.

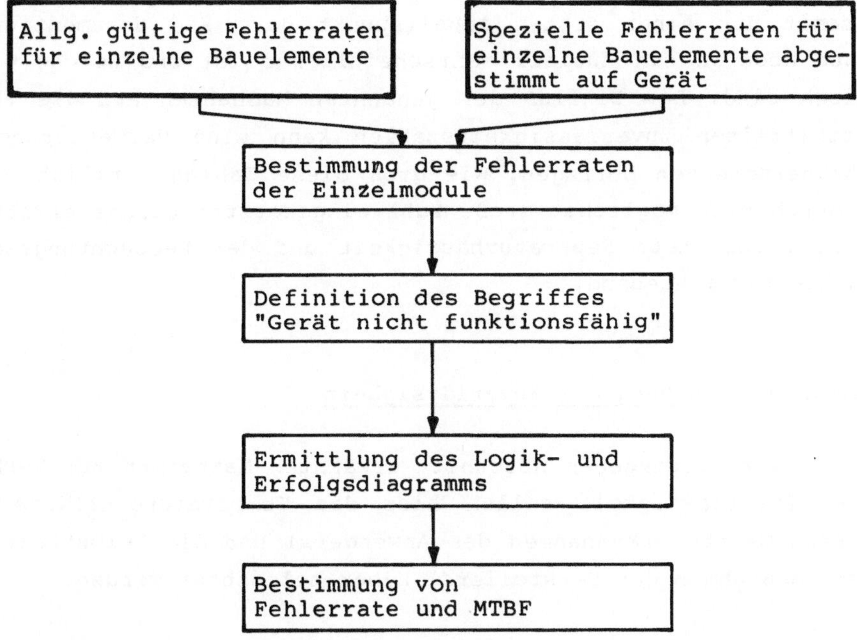

Bild 1: Prinzipielles Vorgehen zur Ermittlung von Fehlerrate und MTBF eines Gerätes

Der Aufwand dieser Methode liegt überwiegend in der Bestimmung der Fehlerraten der einzelnen Bauelemente. Sollten diese gerätespezifisch ermittelt werden, so gehen Parameter wie Umgebungstemperatur, Temperaturerhöhung infolge Leistungsverbrauches, bei integrierten Bauelementen die Anzahl der gespeicherten Bytes, der Gates oder Transistoren sowie die aktiven Pin's ein. Eine im Entwicklungsstadium durchgeführte Zuverlässigkeitsbetrachtung kann unzuverlässige Bauelemente oder Dimensionierungsfehler im Schaltungsentwurf entdecken und beheben helfen. Werden dagegen allgemein gültige Fehlerraten benutzt, so bleiben Temperatur- und Streßbedingungen unberücksichtigt. Steht ein Rechner mit dem weit verbreiten CP/M-Betriebssystem zur Verfügung, so existiert ein Programmpaket der Fa. Powertronic Systems, das die Ermittlung der Fehlerraten erheblich verkürzt /2/.

Das Military Handbook 217 /1/ enthält die zur Berechnung notwendigen Formeln und Parameter aller gängigen elektronischen Komponenten. Zu den ermittelten Werten ist grundsätzlich anzumerken, daß sie überwiegend pessimistisch ausfallen. Dies ist darin begründet, daß die Qualität der Entwurfsphase, die eingesetzten Tests, die Erfahrungen bei der Installation und die Umgebungsbedingungen im Dauerbetrieb nicht im einzelnen berücksichtigt werden können. Die ermittelten Zahlen stellen somit nur einen ersten Anhaltspunkt dar. Sie dokumentieren, bei welchen Modulen ein Ausfall wahrscheinlicher ist und welche weniger kritisch sind. Der Einfluß der genannten Maßnahmen auf die theoretisch ermittelten Zuverlässigkeitszahlen kann eine Verbesserung um mehrere Zehnerpotenzen betragen. Wie groß diese Zahlen wirklich sind, kann nur durch eine möglichst große Zahl eingesetzter Geräte ermittelt werden. Die beobachtete Reparaturhäufigkeit und der Beobachtungszeitraum sind hierfür maßgebend.

3. Maßnahmen zur Erhöhung der Zuverlässigkeit

Neben den im vorangegangenen Abschnitt erwähnten Maßnahmen zur Verbesserung der Zuverlässigkeit sollen hier die Temperatureinflüsse bei installierten Geräten (Maßnahmen des Anwenders) und die Selbsttestmöglichkeiten (Maßnahmen des Herstellers) näher beleuchtet werden.

Bei der Ermittlung der MTBF-Zahl eines Gerätes spielen die angenommene Umgebungstemperatur des Gerätes (Ambient Temperature) und die der Bauelemente (Case Temperature) eine wesentliche Rolle. Da die dezentralen Automatisierungssysteme zu ca. 80 % aus hochintegrierten Bauelementen bestehen, soll deren Temperaturverhalten sowie der Temperatureinfluß auf die Größe der Fehlerrate erläutert werden.

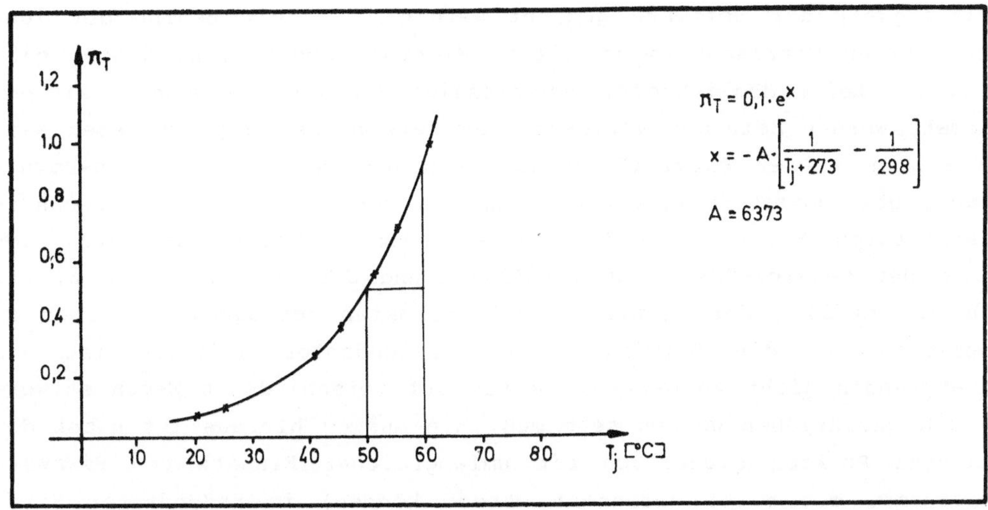

Bild 2: Temperaturfaktor π_T in Abhängigkeit der "Worst Case Junction Temperature" T_j für non-hermetic LSTTL-Bausteine /1/

Der Temperaturfaktor π_T hängt exponentiell von der Temperatur Tj ab. Ein Absenken dieser Temperatur um 10 Grad von 60°C auf 50°C verursacht eine Reduktion des Temperaturfaktors um 40 %. Dies kann durch Lüftungs- oder Klimatisierungsmaßnahmen erreicht werden, bedeutet aber nicht automatisch, daß die Fehlerrate des betrachteten Bauelements um denselben Faktor abnimmt, da die Gleichung zur Bestimmung der Fehlerrate (1)

$$\lambda = \pi_Q \cdot (\pi_T \cdot A + B) \qquad (1)$$

den Faktor π_T in einem Summenausdruck enthält. Der Faktor B ist gehäuseabhängig (Anzahl der aktiven Pin's, der integrierten Gates oder Transistoren, der gespeicherten Bytes) und liegt bei integrierten Bauelementen in derselben Größenordnung wie der Faktor $\pi_T \cdot A$. Eine Verringerung von λ um 5 - 10 % ist hierdurch möglich. Die Fehlerrate hängt aber viel wesentlicher von dem Qualitätsfaktor π_Q ab, der das Gehäusematerial (Plastik, Keramik, Metall) und die Testmethoden des Bauelementeherstellers berücksichtigt. Der Einsatz hochzuverlässiger vorgetesteter Bauelemente führt zu einer 1,2 - 1,5fachen Verteuerung der Bauteilekosten /5/.

Neben der Auswahl der zu verwendenden Bauelemente muß auch an die Zuverlässigkeit der Software gedacht werden /3/. Seit Beginn der 70er Jahre werden Überlegungen in dieser Richtung angestellt, jedoch gibt es z. Zt. keine Möglichkeit, zuverlässige Software zu quantifizieren. Vielmehr werden Methoden vorgeschlagen, wie diese zu produzieren sei. Sie setzen in der Entwicklungsphase ein und reichen vom "Top-Down"-Entwurf über modulare Programmierung bis zur Verwendung von rechnerunterstützten Entwurfsmethoden. Alle zusammen haben das Ziel, den Umfang der Service-Kosten nach Auslieferung der Software, die z. Zt. noch bis zu 50 % der Gesamtentwicklungskosten betragen, drastisch zu reduzieren. An die Entwicklung von redundanter Software ist aus Kostengründen nicht zu denken, da sie auf verschiedenen Wegen entworfen und geschrieben worden sein muß. Ein Ausweg hieraus ist neben den genannten Punkten sicherlich ein umfangreicher Einsatz von Firmware (Programme, die nicht verändert werden können) in redundanter Hardware, die insbesondere Geräteausfälle durch fehlerhafte Bedienungseingriffe weitestgehend ausschließt. Weiterhin sind Selbsttestprogramme enthalten, die nach Einschalten des Gerätes zyklisch bearbeitet werden. Auftretende Fehler bewirken eine automatische Umschaltung auf das redundante Gerät und erhöhen damit die Zuverlässigkeit beträchtlich.

4. Beispiel eines dezentralen Prozeßautomatisierungssystems

Am Beispiel einer einfachen Gerätekonfiguration sollen die verschiedenen Gesichtspunkte zur Beurteilung der Zuverlässigkeit bei unterschiedlichem Aufwand für Redundanzmaßnahmen erläutert werden.

Die grundlegende Philosophie dezentraler Automatisierungssysteme besteht ja in einer hierarchischen Struktur. Jede Ebene hat ihre eigenen getrennen Aufgaben.

Zur Beurteilung der Zuverlässigkeit muß entsprechend Bild 1 der Zustand "nicht mehr funktionsfähig" definiert werden. Dazu wird vereinfachend angenommen, daß ein Prozeß angeschlossen ist, der durch ein dezentrales Regel-, Steuerungs- und Meßwertaufnahmegerät bedient wird. Es ist einleuchtend, daß der Prozeß in einen Sicherheitszustand

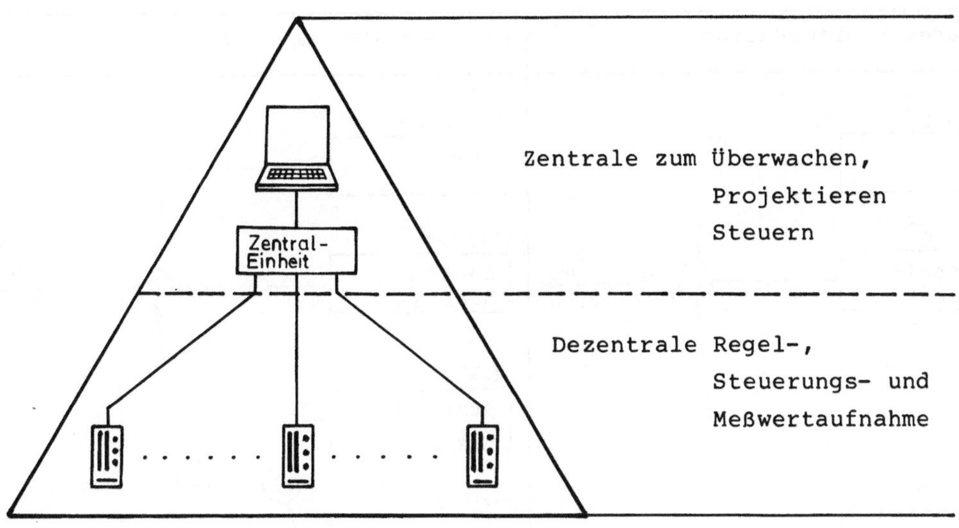

Bild 3: Hierarchische Struktur eines dezentralen Prozeßautomatisierungssystems

gefahren werden muß, wenn das dezentrale Gerät ausfällt, falsche Werte liefert oder durch eingebaute Selbsttestmaßnahmen defekte Baugruppen feststellt. Weiterhin wird ein ausgefallener Bildschirm in der Zentrale den Operator veranlassen, den Prozeß in einen Sicherheitszustand zu fahren, da eine zuverlässige Betätigung von der Zentrale aus nicht möglich ist. Auch Zentraleinheit und Datenübermittlungsleitungen müssen funktionsfähig sein. Da mit der heutigen Technologie sämtliche Einheiten mit Mikroprozessoren und bestimmten Programmen ausgerüstet sind, können sich diese Teilsysteme laufend gegenseitig testen und so dem Bedienungspersonal aktuelle Zustände melden. Dies erhöht die Zuverlässigkeit einer derartigen Konfiguration bei gleichzeitiger Reduktion der einzusetzenden Geräte, Verkabelungen und Kosten. Außerdem lassen sich Redundanzaufwand und Zuverlässigkeit übersichtlich projektieren.

Bei der folgenden Berechnung wurde angenommen, daß sich bei einer sog. "1"zu"1"-Redundanz die Fehlerrate λ um den Faktor 100 reduziert. Wesentlich beim Vergleich der Zahlen ist weniger der absolute Zahlenwert der MTBF in Stunden als vielmehr eine Aussage darüber, welche Komponenten eine geringere oder größere Ausfallwahrscheinlichkeit im Hinblick auf die projizierte Zuverlässigkeit bieten.

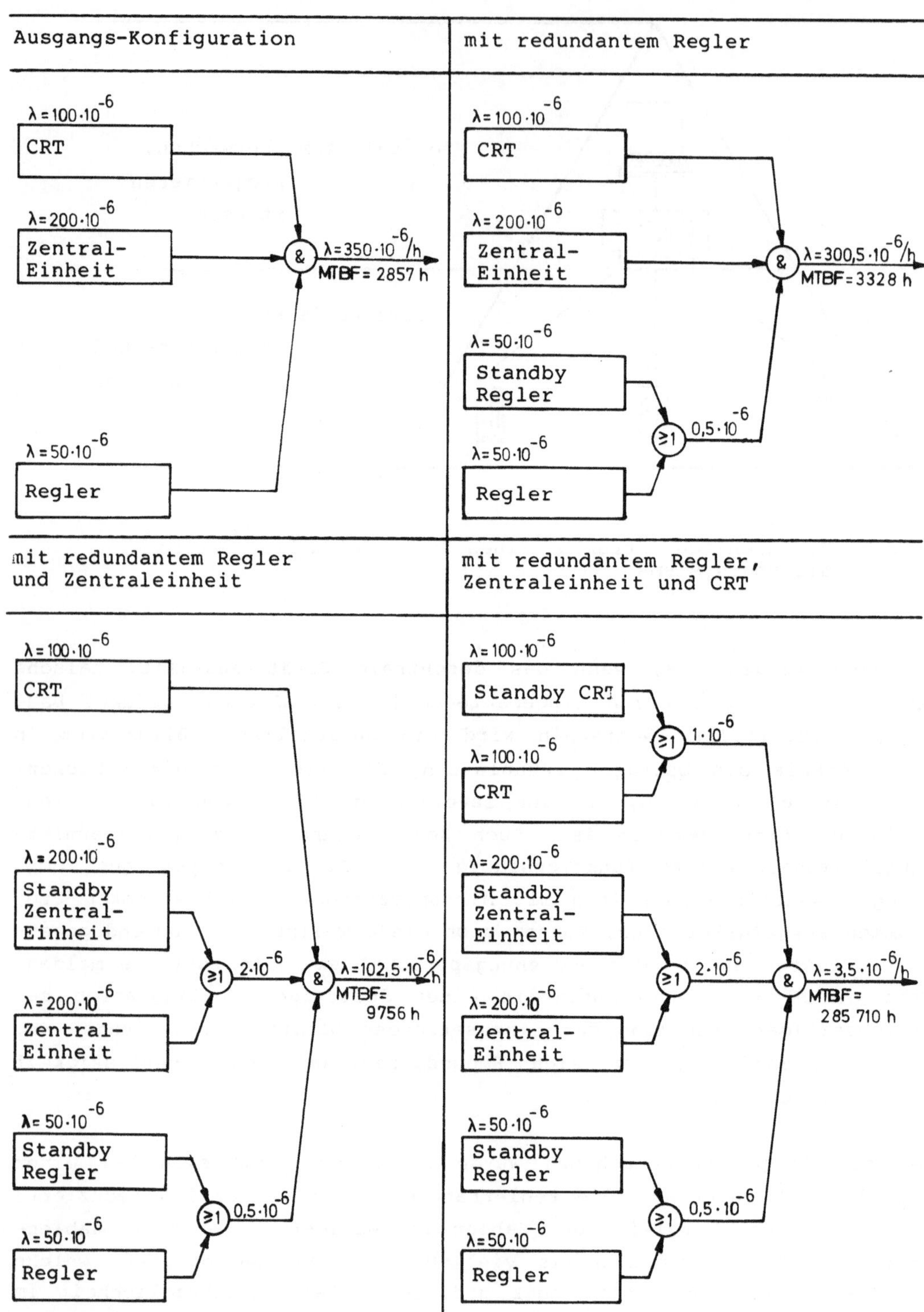

Bild 5: Zuverlässigkeitszahlen für verschiedene Redundanzstufen

5. Literatur

(1) The USA Military Standardisation Handbook MIL-HDBK-217C und 217D, Biffar GmbH, Planegger Str. 2, 8034 Germering 1

(2) Powertronic Systems, Inc.: Reliability Prediction Program for CP/M and CBASIC, basierend auf MIL-HDBK 217 C, Powertronic Systems, Inc., P. O. Box 29109, New Orleans, LA 70189

(3) B. K. Daniels: "Software Reliability", Reliability Engineering 4(1983), pp. 199-234, Applied Science Publishers Ltd., England, 1983

(4) E. Neudorfer, G. Schmidt, W. Sendler: "Möglichkeiten der Fehlertolerierung und Projektierung der Zuverlässigkeit bei dezentralen Prozeßautomatisierungssystemen", Fachberichte Messen - Steuern - Regeln, Nr. 5, S. 517-541, Springer Verlag, 1980

(5) P. I. Bajenescu: "Zuverlässigkeit elektronischer Komponenten", Teil 1, Feinwerktechnik & Meßtechnik, 89 (1981) 5, S. 232-240

VERFÜGBARKEIT UND FEHLERDIAGNOSE BEI VERTEILTEN MIKRORECHNER-AUTOMATISIERUNGSSYSTEMEN

AVAILABILITY AND FAULT-DIAGNOSIS OF DISTRIBUTED MICROCOMPUTER AUTOMATION SYSTEMS

M. Schäfer
ECKARDT AG
7000 Stuttgart 50, B.R. Deutschland

F. Saenger
Fraunhofer-Institut für Informations- und Datenverarbeitung
7500 Karlsruhe, B.R. Deutschland

Summary

It is shown at some examples, how the reliability calculation can be used as a means to compare, as manufacturer in the R and D phase, as user when selecting the system for a specific application, the qualities of different system structures, of ways of selecting elements etc. in order to achieve in connection with failure diagnosis programs and redundant elements an economic optimum for the overall availability of the plant.
A comprehensive overview of the state of the art in the field of fault diagnosis is given. Within this scope a classifying scheme for tests with eight classes is presented. Each test in the classifying scheme is represented as a triple describing test type, fault type and dependence on the effective system operations.

1. Einleitung

Die Frage der Verfügbarkeit verfahrenstechnischer Anlagen, insbesondere der zur Automatisierung verwendeten Mittel, wird besonders seit der Verwendung von zentralen Rechnereinheiten zu diesem Zweck intensiv diskutiert. Gesamtsysteme auf der Basis von Mikrorechnern haben zwar verteilte Funktionseinheiten, aber im allgemeinen immer noch zentrale Leitstationen. Es bieten sich aber hier neue Möglichkeiten, die Verfügbarkeit zu erhöhen, wenn man - neben entsprechender Auswahl und Anwendung der Bauelemente und entsprechendem mechanischem Gesamtaufbau - Eigentestverfahren zur Fehlerdiagnose einsetzt, die im Störungsfall automatisch redundante Elemente als Ersatz für ausgefallene einsetzen. Die Berechnung der Verfügbarkeit für ein definiertes Beispiel kann dazu verwendet werden, während der Entwurfs- und Entwicklungsphase eines Systems, aber auch beim Vergleich verschiedener angebotener Systeme,

Systemstrukturen und Auswahlkriterien für Bauelemente hinsichtlich ihrer Eignung zu beurteilen, in Zusammenhang mit einem System der Fehlerdiagnose eine Automatisierungseinrichtung mit hoher Verfügbarkeit zu ergeben.
Zusätzlich wird ein Überblick über den Stand der Fehlerdiagnose gegeben. In diesem Zusammenhang wird ein Klassifizierungsschema für Tests mit 8 Klassen vorgestellt, wobei jeder Test als kennzeichnendes Tripel von Testtyp, Fehlertyp und Abhängigkeit von den Nutzoperationen dargestellt wird.

2. Definition der Betrachtungseinheit

Ein Automatisierungssystem ist bei seiner Anwendung in verfahrenstechnischen Anlagen Bestandteil der Gesamtinstrumentierung in Feld und Warte (Bild 1).

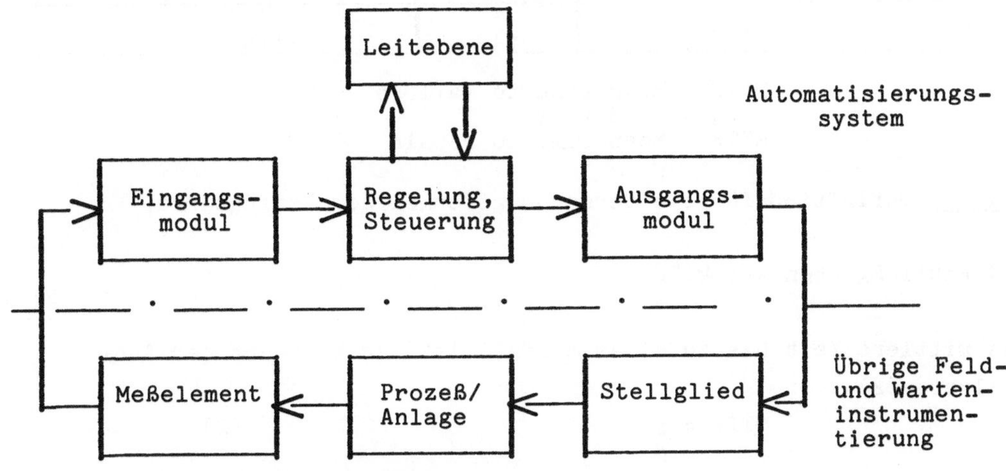

Bild 1: Automatisierungssystem und übrige Feld- und Warteninstrumentierung

Somit sind Verfügbarkeit und dafür einzusetzende Mittel eines Automatisierungssystems in Zusammenhang mit der Gesamtinstrumentierung einer Anlage zu betrachten. In [1] wird hieraus die Definition "Systemausfall" abgeleitet. Danach ist ein Automatisierungssystem nicht mehr verfügbar, wenn mehr als ein Regelkreis gestört ist. Die Ausfallrate des Automatisierungssystems darf etwa 1/10 der sonstigen Instrumentierung einer Anlage betragen.

3. Ermittlung der Verfügbarkeit eines Automatisierungssystems

Die Verfügbarkeit a (availability) eines Systems wird durch folgende Gleichung ausgedrückt:

$$a = \frac{MTTF}{MTTF + t_d + MTTR} \qquad (1)$$

Hierbei sind die in [1] erläuterten Definitionen entsprechend Bild 2 verwendet.

"Up time" System operative and available		"Down time" System non-operative and unavailable		
System in "use" Mode	System in "Stand by" Mode	System not available Unrevealed Fault	Failure diagnoses	Failure repair and testing
MTTF		t_d	MTTR	

MTTF = Mean time to failure
t_d = Dead time
MTTR = Mean time to repair

Bild 2: Definition für die Berechnungsformel der Verfügbarkeit

3.1 Einflußgrößen auf MTTF

Die mittlere Zeit bis zu einem Ausfall ist der Kehrwert der Ausfallrate (2).

$$MTTF = \frac{1}{\lambda} \qquad (2)$$

An einigen Beispielen soll die prinzipielle Vorgehensweise zur Erhöhung der MTTF gezeigt werden.

- Auswahl der einzusetzenden Bauelemente
  Einsatz möglichst hochintegrierter Bauelemente der Mikroelektronik, Mikroprozessor, Multiprotokollbausteine usw., dadurch wesentliche Verringerung der Bauelementezahl.
  Vergleich von Qualitätskennwerten: Keramikgehäuse 17
  Plastikgehäuse 35
  Einsatz von Kondensatoren
  Vergleich von Qualitätskennwerten: Keramik 0,3 bis 1
  Tantal 3
  Al-Elektrolyt 10

- Mechanischer Aufbau, Wärmeableitung,
  solider mechanischer Aufbau mit Steckerkodierung und z.B. 6,3 mm Flachsteckverbinder für die Prozeßverdrahtung, angepaßte Lüftertechnik ergibt eine Verringerung der Oberflächentemperatur der Bauelemente und damit auch eine deutliche Verringerung der Ausfallrate.
  Auch können bei entsprechender Konstruktion die Baugruppenträger mit ihren gedruckten Schaltungen für die Rückwandverdrahtung als Luftführungskanäle ausgenutzt werden. Damit kann man z.B. von Dachlüftern zu Drucklüftern mit direkt vorgeschalteten Staubfiltern in den Elektronik-Baugruppenträgern übergehen. Dadurch wird die Gefahr von, u.U. leitfähiger, Verschmutzung wesentlich verringert.

3.2 Einfluß auf t_d

Die Verringerung der nichterkennbaren Fehler ist eine wesentliche Aufgabe im Entwurfsstadium. Dazu können dienen:

- zyklische Eigen- und Systemtests
- Störungsmeldungen
- vorbeugende Wartungsmaßnahmen

Diese Maßnahmen betreffen das Automatisierungssystem selbst. Seine Standardfunktionen bieten darüberhinaus die Möglichkeit z. B. eine Temperatur-Meßstelle von Fühler über die Umformer bis zur Funktionseinheit des Systems durch Überprüfung auf Grenzwerte des Meßwertes und seiner Änderungsgeschwindigkeit selbstmeldend zu überwachen und ggf. Schaltvorgänge auszulösen.

3.3 Einflußgrößen auf MTTR

Die mittlere Reparaturzeit läßt sich vom System her verringern durch:

- automatische Fehlermeldung und Diagnose
- daran angepaßter modularer Hardware-Aufbau
- Wiederanlauf ausgefallener System-Komponenten

Die automatische Fehlermeldung, die schon eine Diagnose beinhaltet, erlaubt, über Bildschirm oder Protokolldrucker ausgegeben, eine rasche Lokalisierung von ausgefallenen System-Komponenten.

NR.	KE-ADR	KLASSE	CODE	AUFTRETEN	ENDE
1	102	1	4 09 02	11:05:16	13:45:00

Bild 3: Beispiel eines Störprotokolls

Im Aufbau der Hardware ist u.a. zu berücksichtigen:

- Reparaturzeit
- Kosten der Automatisierungseinrichtung
- Kosten der Ersatzteile
- Anzahl der Ersatzteil-Varianten
- Testbarkeit (on line, off line)
- Möglichkeiten für Eigentests
- Projektierbarkeit

Der Wiederanlauf ausgefallener und reparierter System-Komponenten soll möglichst stoßfrei und mit gesicherten Konfigurierungs- und Parameterdaten erfolgen, die nicht neu in das Automatisierungssystem einzugeben sind, sondern aus intakten Funktionselementen übernommen bzw. aus dem automatisch aktuell gehalteten Archiv nachgeladen werden.

4. Erhöhung der Verfügbarkeit durch Redundanz

Beim Entwurf von Systemen mit Redundanz muß insbesondere berücksichtigt werden, daß der spätere Einsatz in verfahrenstechnischen Anlagen sehr unterschiedlicher Größe und funktionellen Umfangs ebenso wichtig ist, wie die möglichst transparente Erweiterung von einer Anfangsinstrumentierung bis zur Gesamtanlageninstrumentierung einschließlich Anschluß von Prozeßrechnern zur Aufbereitung von Prozeßführungs- und Managementdaten. Im folgenden werden für die drei hauptsächlichen Systemkomponenten Leitstation, Bussystem und Funktionseinheiten einige Beispiele für den Einsatz von Redundanz erläutert.

4.1 Bedienredundanz

Da in den Leitstationen alle Hardware-Komponenten in gleicher Weise mehrfach genutzt sind, bietet sich hier eine Erhöhung der Verfügbarkeit durch Einsatz von mehr als einer Leitstation an. Die für den Betrieb einer Anlage erforderlichen Konfigurierungs- und Parameterdaten werden dann redundant in den Archivspeichern der betreffenden Leitstationen geführt.

4.2 Busredundanz

Aus der Vielfalt redundanter Bussysteme sei hier nur ein Beispiel ausgewählt, das gleichzeitig eine Erläuterung einer nicht nur "kalt" bereitstehenden, sondern aktiv durch wechselnden Einsatz auch zyklisch überprüfbaren Redundanz-Lösung entspricht. Die PLS 80 Buskabel, Buskoppler und die Buszuteilung sind redundant ausgeführt. Die Kommunikationseinheiten der aktiven Bus-Teilnehmer (z.B. Leitstationen und Managementrechner) senden ihre Telegramme abwechselnd über beide Bus-Kabel und erwarten auf dem entsprechenden Bus das Antworttelegramm. Durch den Einsatz von geeigneten Prüfverfahren wird eine sehr hohe Übertragungssicherheit erreicht.
Die Buszuteilung besteht aus zwei Bussteuerungen, sie ist also redundant ausgeführt. Die Bussteuerung fragt zyklisch die maximal 16 aktiven Bus-Teilnehmer ab, ob eine Busanforderung vorliegt. Ist dies bei einem der abgefragten Teilnehmer der Fall, so wird die Zuteilung des Busses für die Übertragung eines Telegramms gewährt. Eine Zeitüberwachung sorgt dafür, daß auch im Fehlerfalle eine Blockierung des Busses durch einen Teilnehmer nicht möglich ist. Ein zusätzlich eingesetzter Mikrorechner schaltet abwechselnd die redundanten Bussteuerungen aktiv und überprüft gleichzeitig auf Fehler. Beim Auftreten von Fehlern werden Fehlermeldungen erzeugt, die noch lauffähige Bussteuerung bleibt aktiv.

4.3 Funktionsredundanz

Am Beispiel der Funktionseinheit "Mehrfachregler" des PLS 80-Systems werden die in den Kapiteln 2. und 3. gemachten Ausführungen bezüglich Fehlerdefinition und Einflußgrößen der Verfügbarkeit im Redundanzkonzept erkennbar.

Die Hardware-Komponenten sind nach funktionellen und kostenoptimalen Gesichtspunkten in eine geringe Zahl von Hardware-Moduln aufgeteilt. Diese wiederum werden in einen Baugruppenträger mit durch gedruckte Schaltungen vorverdrahteten Steckplätzen eingesetzt.

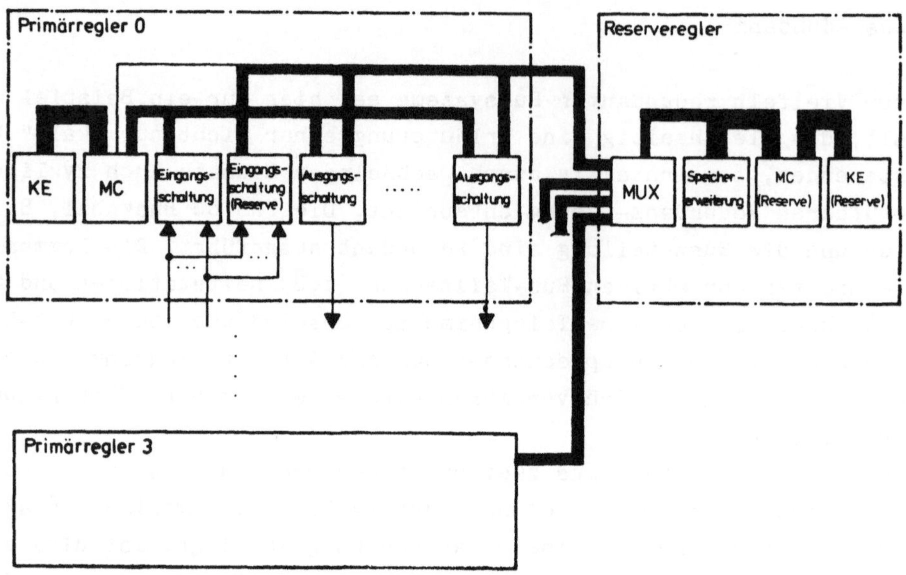

Bild 4: Redundanzkonzept Mehrfachregler PLS 80

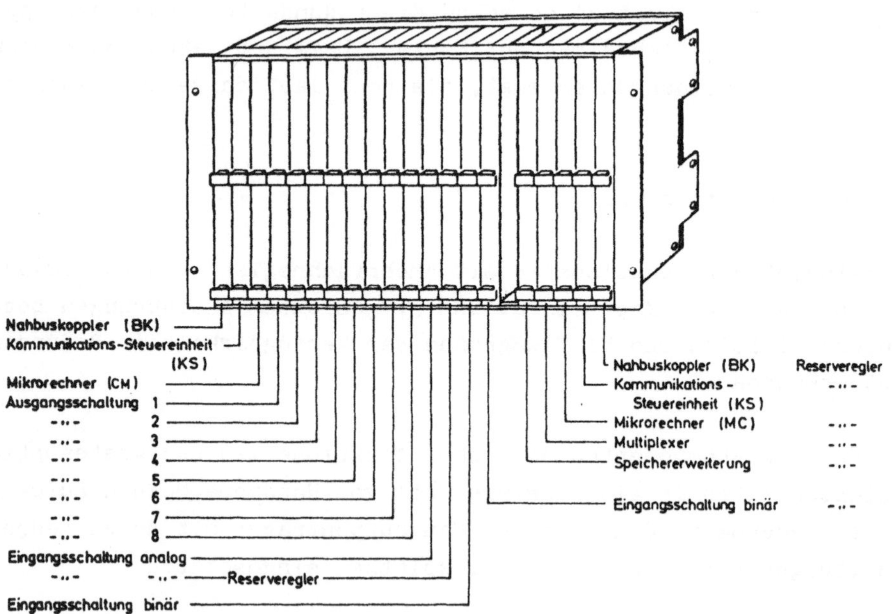

Bild 5: Baugruppenträger Mehrfachregler mit Reserveregler

Das Ausgangsmodul AI ist entsprechend der Ausfalldefinition nach [1], da nur einen Kreis betreffend, nicht redundant ausgeführt und enthält alle für eine stoßfreie Übernahme auf Reserveregler nötigen aktuellen Daten.
Alle mehrfach genutzten Moduln sind redundant ausführbar.
Dem Anlagenplaner stehen einfach projektierbar und ebenso nachrüstbar in einem Systemschrank vorbereitet, ein Reserveregler für 1 bis 4 Primär-Mehrfachregler zur Verfügung. Der Reserveregler ist mit einer Speichererweiterung zur redundanten Speicherung aller Konfigurierungs- und Parameterdaten der Mehrfachregler ausgestattet. Diese Daten werden automatisch beim Konfigurieren des Systems durch eine Leitstation eingetragen.
Über den Multiplexer werden im Reserveregler während dem Bereitschaftsbetrieb zyklisch die Funktion der bis zu vier Primär-Mehrfachregler abgearbeitet, dabei werden auch alle Selbsttestprogramme bis zur Ausgabe auf die Ausgangskarte durchgeführt. Über den Multiplexer wird im Betriebsfall der Reserveregler für die Zeit der Reparatur des Primärreglers den Prozeßein- und ausgängen der ausgefallenen Einheit zugeordnet.

Der Ausfall einer Primäreinheit wird selbsttätig von der Reserveeinheit erkannt und die Umschaltung in $<1{,}5$ sec durchgeführt.
Beim Wiederanlauf der Primäreinheit werden die aktuellen Betriebsdaten des Reservereglers in die Primäreinheit übernommen und so in sehr einfacher Weise ein rascher Wiederanlauf ohne besondere Bedieneingriffe ermöglicht.

5. Fehlerdiagnose bei verteilten Mikrorechner-Automatisierungssystemen

5.1 Einleitung

Die Fehlerdiagnose wird zunehmend eine unverzichtbare Eigenschaft heutiger verteilter Mikrorechner-Automatisierungssysteme. Systemausfälle mit langen Reparaturzeiten - bedingt durch das Fehlen geeigneter Maßnahmen zur Fehlerdiagnose - verursachen hohe Kosten für qualifiziertes Wartungspersonal einerseits und durch Produktionsausfälle andererseits. Wie ein typischer Ausfall- und ReparaturZyklus eines Rechensystems ohne Fehlerdiagnose aussieht, zeigt Bild 6 aus [1].

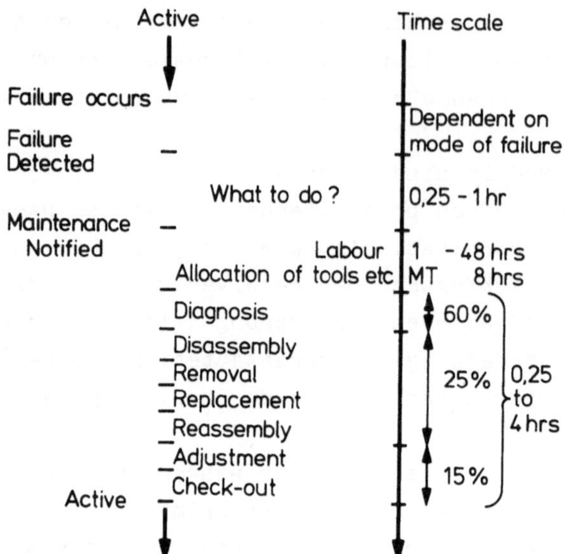

Bild 6: Typical down time cycle

Zur Vermeidung der nicht unbeträchtlichen Zeiten, die unmittelbar und auch mittelbar die Fehlersuche betreffen, werden zunehmend verteilte Mikrorechner-Automatisierungssysteme mit Diagnose-Einrichtungen sehr unterschiedlichen Komforts und Ausbaustandes ausgerüstet. Auch für fehlertolerante Automatisierungssysteme, mit denen die Verfügbarkeit noch wesentlich erhöht werden kann, stellt die Fehlerdiagnose eine Voraussetzung dar [3, 4, 5].

In der Folge soll ein zusammenfassender Überblick zum Entwicklungsstand hierzu gegeben und in diesem Rahmen ein Klassifizierungsschema vorgestellt werden. Die Fehlerdiagnose umfaßt die Fehlererkennung und die Fehlerlokalisierung. Die Fehlererkennung wird mit Hilfe von Tests durchgeführt, die in Hardware realisiert oder in Soft- bzw. Firmware implementiert sind. Zur Fehlerlokalisierung werden die Testergebnisse ausgewertet und angezeigt. Die Fehlerdiagnose kann die gegenseitige Überwachung von Subsystemen bzw. Komponenten miteinbeziehen (global) oder für jede Komponente isoliert betrieben werden (lokal). Für den globalen Fall wird zwischen zentraler und verteilter Fehlerdiagnose unterschieden entsprechend der Behandlung von Auswertung und Anzeige der Testergebnisse. Auf die globale Fehlerdiagnose wird später noch genauer eingegangen.

5.2 Klassifizierungsschema für Tests

Tests sind Schaltungen (in Hardware realisiert) oder Programme (in Firmware bzw. Software implementiert), die Fehler erkennen und entsprechende Informationen (die Testergebnisse) bereitstellen. Die mit Hilfe der Tests erkannten Fehler sind der Hardware (HW) oder der Firmware bzw. Software (FW bzw. SW) zuzuordnen, wie in der aufgeführten Zuordnung angegeben:

- physikalische Fehler (HW)
- Entwurfsfehler (HW, FW, SW)
- Bedienungsfehler (FW, SW)

Ein weiteres wichtiges Merkmal ist die Abhängigkeit der Tests von den Nutzoperationen eines Systems. Wir unterscheiden von den Nutzoperationen eines Systems unabhängige und abhängige Tests. Im ersten Fall ist eine parallele Ausführung möglich. Bei Abhängigkeit der Tests ist nur eine zeitlich verschachtelte Arbeitsweise möglich (seriell), d.h. Tests werden nur in bestimmten Intervallen ausgeführt mit begrenzter Dauer und i.a. in einem speziellen Test- bzw. Wartungsmodus. Die Tests werden entsprechend den beschriebenen Merkmalen in ein Klassifizierungsschema mit 8 Klassen eingeordnet und mit dem kennzeichnenden Tripel := (Testtyp, Fehlertyp, Abhängigkeit von den Nutzoperationen) dargestellt.

Es ist Testtyp $\in \{H, S\}$ mit

H : Test in Hardware realisiert

S : Test in Firmware oder Software implementiert

Fehlertyp $\in \{H, S\}$ mit

H : Test für Hardware-Fehler

S : Test für Firmware- oder Software-Fehler

Abhängigkeit von den Nutzoperationen $\in \{P, S\}$ mit

P : Test unabhängig von den Nutzoperationen (parallele Ausführung)

S : Test abhängig von den Nutzoperationen (serielle Ausführung)

Die Testklassen XXP bieten den Vorteil der permanenten Überwachung von Systemen, d.h. Fehler werden unmittelbar bei ihrem Auftreten entdeckt, wenn ihnen ein entsprechender Test zugeordnet ist.

Damit kann auch ein Ausbreiten des Fehlers, z.B. durch Transport verfälschter Information, vermieden werden. Auch sporadische Fehler, die sonst u.U. unentdeckt bleiben, werden erkannt. Den genannten Vorteilen

Bild 7 zeigt das Klassifizierungsschema für Tests mit 8 Klassen.

Test von den Nutzoperationen	Fehlertyp	Testtyp: Hardware	Testtyp: Firmware, Software
unabhängig	Hardware	HHP	SHP
unabhängig	Firmware, Software	HSP	SSP
abhängig	Hardware	HHS	SHS
abhängig	Firmware, Software	HSS	SSS

Bild 7: Klassifizierungsschema für Tests nach Testtyp, Fehlertyp und Abhängigkeit der Tests von den Nutzoperationen

steht im Vergleich zu den Testklassen XXS ein höherer Aufwand gegenüber. Dieser ist bedingt durch den Einsatz von Redundanz, um das parallele Ausführen der Tests zu den Nutzoperationen zu gewährleisten.
In der Folge werden beispielhaft Tests und Testgruppen für die 8 Testklassen (TK) angegeben:

TK HHP:
- fehlererkennende Codes,
- Zeit- und Frequenzüberwachung von Ereignissen,
- Schaltungsverdopplung mit Vergleich,
- m - aus - n - Schaltungen mit Vergleich und Mehrheitsentscheidung (Voter),
- Wartungsprozessor HW (Arbeitsweise: unabhängig von den Nutzoperationen)

TK HSP:
- fehlererkennende Codes (z.B. für Maschinenbefehlsfehler),
- Speicherschutz,
- Opjektschutz für Daten,
- Kennzeichnung von Datentypen,
- Bereichsüberschreitungsschutz

TK HHS:
- Wartungsprozessor HW (Arbeitsweise: abhängig von den Nutzoperationen),

. Testmustergeneratoren und Signaturanalyse (z.B. für VLSI-Schaltungen)

TK HSS: nicht belegt

TK SHP: . Wartungsprozessor FW, SW (Arbeitsweise: unabhängig von den Nutzoperationen)

TK SSP: . n - Version - Programming sowohl für Anwender- als auch für Betriebssystem-Software

TK SHS: . Testprogramme,
. Informationsvergleich,
. fehlererkennende Codes,
. Plausibilitätsprüfungen,
. Wartungsprozessor FW, SW (Arbeitsweise: abhängig von den Nutzoperationen)

TK SSS: . Testprogramme (z.B. für Funktionstest),
. Plausibilitätsprüfungen

5.3 Fehlerlokalisierung

Zur Lokalisierung defekter Moduln ist die Auswertung und Anzeige der Testergebnisse erforderlich. Wichtig ist zunächst die Vorgabe der Granularitätsstufe der Moduln für die intakt/defekt-Anzeige, die prinzipiell alle Stufen vom Bauelement bis zum intelligenten Subsystem umfassen kann. Als sehr zweckmäßig hat sich hierbei die Wahl der bestückten Leiterplatte als anzuzeigender Modul erwiesen. Die Anzeige der Testergebnisse dient der Wartung zum Zweck des Austausches defekter Moduln und nachfolgender Reparatur. Sie kann lokal am Ort des Fehlers und/oder zentral über Bildschirm am zentralen Leitstand erfolgen. In fehlertoleranten Systemen dient die Anzeige der Testergebnisse zusätzlich dem Betriebssystem zum Zweck der Rekonfiguration [5].
Die gegenseitige Überwachung von Moduln in verteilten Systemen erhöht die Wahrscheinlichkeit der korrekten Identifizierung von defekten Moduln. Bereits 1967 haben Preparata, Metze und Chien für dieses Diagnoseproblem ein graphentheoretisches Modell angegeben [6]. Dieses Modell wurde in späteren Arbeiten unter Berücksichtigung realer Verhältnisse und verteilter Mehrrechnersysteme weiterentwickelt [7, 8]. Die

Diagnostizierbarkeit ist die Wahrscheinlichkeit dafür, daß bei einer Selbstdiagnose eines Systems alle defekten Moduln lokalisiert und intakte Moduln nicht fälschlicherweise als defekt angesehen werden. Für die Diagnostizierbarkeit von verteilten Systemen gilt folgende Definition:

> "Ein verteiltes System ist k-diagnostizierbar, wenn jeder intakte Modul exakt alle defekten und intakten Moduln im System identifizieren kann, vorausgesetzt, die Zahl der defekten Moduln überschreitet nicht k."

Die Diagnostizierbarkeit ist dann gleich 1. Zur Verdeutlichung der Problematik und Notwendigkeit der gegenseitigen Überwachung soll der in Bild 8 gezeigte Testgraph bezüglich der Bewertung der Testergebnisse näher untersucht werden.

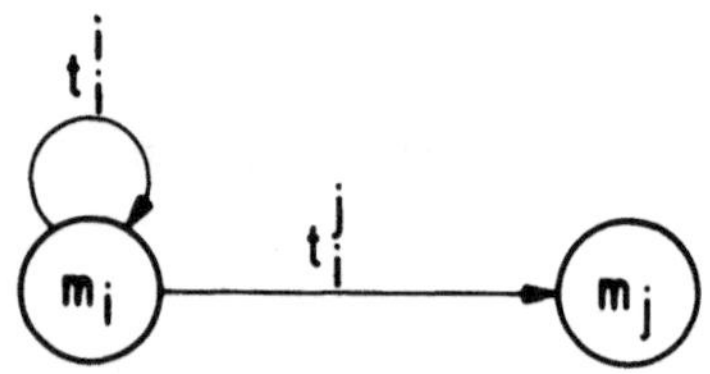

Bild 8: Testgraph für einen Modul m_i, der sich selbst (t_i^i) und seinen Nachbarmodul m_j testet (t_i^j)

Die beiden Moduln m_i und m_j sollen einen Ausschnitt aus einem verteilten Mikrorechner-Automatisierungssystem darstellen. Jeder Modul sei ein Subsystem oder eine intelligente Komponente eines Subsystems und verfüge über einen Testkern. Dieser Testkern ist fähig, den eigenen Modul (Selbsttest des Moduls) und andere Moduln des Systems zu testen. Während einer Testphase möge der Modul m_i sich selbst (t_i^i) und einen seiner Nachbarmoduln m_j (t_i^j) testen.

Als Testergebnis erhält man vom Modul m_i die Aussage: m_i selbst oder m_j ist intakt oder defekt. Wie in Tabelle 1 aufgeführt, können die Testaussagen bei defektem Testkern von m_i falsch sein. Zur Erhöhung der Diagnostizierbarkeit, also der Wahrscheinlichkeit, defekte Moduln korrekt zu identifizieren, ist eine gegenseitige Überwachung der Moduln erforderlich, wobei der Vernetzungsgrad der gegenseitigen Tests entsprechend der geforderten Diagnostizierbarkeit vorgegeben werden kann [9]. Die Fehlerdiagnose kann zentral oder verteilt sein. Bei zentraler Fehlerdiagnose ist eine Zentrale im System zuständig für Annahme, Auswertung und Anzeige der Testergebnisse, d.h. der Status des Systems ist nur dieser Zentralen bekannt. Zentrale Fehlerdiagnose ist in vielen Fällen unbefriedigend für verteilte Mikrorechner-Automatisierungssysteme, da sie bezüglich der Fehlerbehandlung eine zentrale Organisation voraussetzt; die meisten Fehlertoleranzkonzepte, z.B. basieren ebenfalls auf einer verteilten Fehlerdiagnose. Bei verteilter Fehlerdiagnose verfügt jeder Modul über den Fehlerstatus des Gesamtsystems. Dieser sollte zyklisch und bei Fehlerereignissen spontan auf den neuesten Stand gebracht werden.

Testkern von m_i	Testergebnis von t_i^i für m_i	Testergebnis von t_i^j für m_j	Bewertung der Testergebnisse
intakt	defekt		korrekt
intakt	intakt		korrekt
intakt		defekt	korrekt
intakt		intakt	korrekt
defekt	defekt		korrekt
defekt	intakt		inkorrekt
defekt		defekt	unbestimmt
defekt		intakt	unbestimmt

Tabelle 1: Testergebnisse eines testenden Moduls m_i mit intaktem und defektem Testkern und ihre Bewertung

Verteilte Fehlerdiagnose verbunden mit der entsprechenden Anzeige, nämlich der Mitteilung der Testergebnisse bzw. Fehlerstati an alle Teilnehmer läßt sich relativ leicht in Automatisierungssysteme integrieren, die über Busse mit aktiver Ankopplung der Teilnehmer verfügen. Bei beliebig vernetzten Systemen ist zwar eine gute gegenseitige Überwachung durch Tests möglich, die Mitteilung der Fehlerstati an alle Teilnehmer ist jedoch komplex, zeitaufwendig und fehleranfällig. Fehlerstati müssen teilweise über mehrere Teilnehmer transportiert werden. Bei Bussystemen mit passiver Ankopplung der Teilnehmer ist dagegen die gegenseitige Überwachung nur unbefriedigend zu lösen, da z.B. diese Tests nur bei entsprechender Zuteilung des Busses durchgeführt werden können. Diese Verzögerung gilt auch für die gegenseitige Mitteilung der Fehlerstati.

Wie ein Diagnosekonzept für ein Mikrorechnersystem mit Duplexbus für aktive Ankopplung der Teilnehmer aussehen kann, zeigt Bild 9.

6. Zusammenfassung

Die wenigen ausgeführten Beispiele zeigen wie die Berechnung der Verfügbarkeit während der Entwurfs- und Entwicklungsphase die Möglichkeit gibt, den Einfluß verschiedener Realisierungsmöglichkeiten auf ihre Verfügbarkeitsdaten hin zu untersuchen. Hieraus entstand das Grundkon-

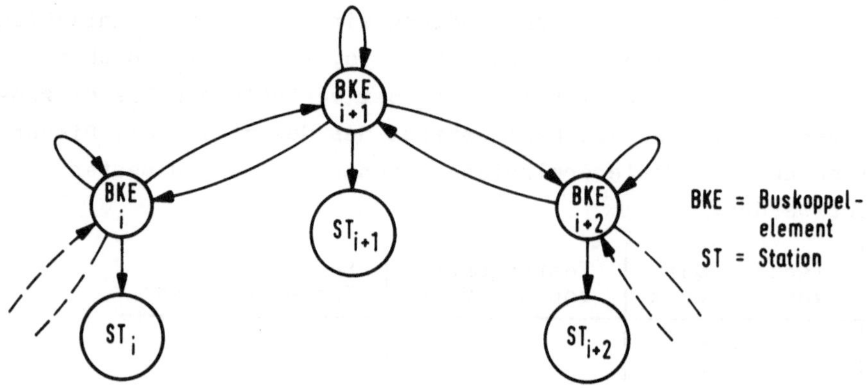

Bild 9: Testgraph für ein Mikrorechnersystem mit aktivem Duplexbus

zept der Aufteilung in unabhängige Funktionseinheiten mit Redundanz, redundantes Bus-System zur sicheren Datenübertragung für Prozeßbedienung und Meldesystem in den Leitstationen und den ankoppelbaren Managementrechnern zur Prozeßführung und für Managementinformationen. Ebenso klar zeigte sich, daß ein Verdrahtungskonzept, das sich auf möglichst weitgehenden Einsatz von gedruckten Leiterplatten als sichere Verbindungselemente und robuste Steckerelemente abstützt, einen wesentlichen Beitrag zur Zuverlässigkeit des Systems leistet. Fehlerdiagnose und ein modularer Aufbau von Redundanz mit gesicherter Datenbasis ergeben zusammen wirtschaftlich sinnvolle Lösungsmöglichkeiten angepaßt an die jeweilige Aufgabe.

7. Literatur

[1] Jansen, J.P.: Integrated instrumentation systems: The role of reliability engineering when evaluating a system. J A, vol.21, 1,2 1980

[2] Kopetz, H.; Syrbe, M.: Konzepte zur Realisierung hochzuverlässiger Automatisierungssysteme. In diesem Tagungsband.

[3] Avizienis, A.: Fault-tolerant systems. IEEE Transactions on Computers, C-25 (1976), No. 12, p. 1304-1312.

[4] Heger, D.; Steusloff, H.; Syrbe, M.: Echtzeitrechnersystem mit verteilten Mikroprozessoren. Forschungsbericht DV 79-01, 1979.

[5] Bonn, G.; Patz, M.; Saenger, F.: Grundprinzipien und Betriebserfahrungen mit Fehlererkennung und -anzeige bei fehlertoleranten .... Meß- und Automatisierungstechnik, FB, MSR 5, INTERKAMA Kongreß 1980 Springer-Verlag Berlin, Heidelberg, New York.

[6] Preparata, F.P.; Metze, G.; Chien, R.T.: On the connection assignment problem of diagnosable systems. IEEE Trans. on El. Computers EC-16 (1967) p. 848 - 854.

[7] Kuhl, J.G.; Reddy, S.M.: Distributed Fault-tolerance for Large Multiprocessor Systems. CAN, Sigarch Newsl. Vol.8, No.3, May 6-8, 1980

[8] Saenger, F.; Bähre, R.: Error Detection and Location Methods in the Real Time and Fault Tolerant Multi Computer System "RDC". Werkh.der Uni. Tübingen,Nr.4,S.201-215. Attempto Verlag Tübingen GmbH.

[9] Dal Cin, M.: Fehlertolerante Systeme. Verlag B.G.Teubner,Stgt.79

Lecture Notes in Engineering

Edited by C. A. Brebbia and S. A. Orszag

Vol. 1: J. C. F. Telles,
The Boundary Element Method
Applied to Inelastic Problems
IX, 243 pages. 1983

Vol. 2: Bernard Amadei,
Rock Anisotropy and
the Theory of Stress Measurements
XVIII, 479 pages. 1983

Vol. 3: Computational Aspects of
Penetration Mechanics
Proceedings of the Army Research
Office Workshop on Computational
Aspects of Penetration Mechanics
held at the Ballistic Research Laboratory
at Aberdeen Proving Ground, Maryland,
27–29 April, 1982
Edited by J. Chandra and J. E. Flaherty
VII, 221 pages. 1983

Vol. 4: W.S. Venturini
Boundary Element Method in Geomechanics
VIII, 246 pages. 1983